中国花谱 卷二

刘青林 张永春 总编

中国宿根花卉

Herbaceous Perennials in China

夏宜平 李淑娟 吴学尉 ◎主编

中国林業出版社
CFPH China Forestry Publishing House

图书在版编目（CIP）数据
中国宿根花卉 / 夏宜平，李淑娟，吴学尉主编 .
北京：中国林业出版社，2025. 6. -- ISBN 978-7-5219-3261-4
Ⅰ . S682.1
中国国家版本馆 CIP 数据核字第 20258S5R49 号

书名题字：包满珠
责任编辑：贾麦娥
Zhongguo Sugen Huahui

出版发行：中国林业出版社
（100009，北京市西城区刘海胡同 7 号，电话 010-83143562）
网址：https://www.cfph.net
印刷：河北京平诚乾印刷有限公司
版次：2025 年 6 月第 1 版
印次：2025 年 6 月第 1 次印刷
开本：889mm×1194mm 1/16
印张：75
字数：1900 千字
定价：880.00 元

《中国宿根花卉》编委会

序

宿根花卉是多年生草本植物（herbaceous perennials），既包括冬季落叶的宿根花卉（狭义），也包括四季常绿的多年生草本植物，是观赏植物的瑰宝，兼具美学价值与生态价值。因其抗逆性强、适应范围广、养护成本低等特点，在景观营造、城乡绿化、生态修复中发挥着不可替代的作用。近年来，在国家生态文明建设和“美丽中国”战略的指引下，宿根花卉的研究与应用更凸显其时代意义，既能服务于城市建设的花境营造，又能为乡村振兴注入生态活力；既承载着生物多样性保护的科学使命，又为园林艺术的创新提供丰富素材。可以说，宿根花卉是自然与人文交织的纽带，也是生态文明建设的重要载体。

宿根花卉涵盖了广泛而丰富的植物。它们的多样性令人惊叹，有高大挺拔或阔叶大叶的直立性宿根花卉，也有低矮匍匐或小叶的地被类宿根花卉；有色彩斑斓的观花类宿根花卉，也有叶形奇特的观叶类宿根花卉。千姿百态的宿根花卉，可以广泛应用于城乡环境、切花切叶、家庭园艺等，能够满足不同场景和风格的需求，不仅在园林景观中扮演着关键角色，还在生态平衡、文化传承等方面发挥着不可忽视的作用。

宿根花卉的研究对理解多年生植物生长规律、繁育技术、抗逆性机制等方面具有重要的学术价值。作为园艺植物中的重要类群，宿根花卉的多样性为科学研究提供了丰富素材。通过对不同属、种宿根花卉的研究，科学家们可以揭示植物适应环境的机制，探索植物与环境的相互作用，并为新品种的培育提供理论支持。近年来，随着分子生物学、基因组学等技术的快速发展，宿根花卉的研究进入了新的阶段。科学家们通过对菊花、兰花、秋海棠、黄花菜等宿根花卉基因组的研究，揭示了多年生特性的遗传基础，为培育更具观赏性和适应性的新品种提供了可能。同时，宿根花卉在药用、食用以及工业原料等方面的潜在价值也逐渐被发掘，为相关领域的研究开辟了新的方向。

文化传承也是宿根花卉的重要价值之一。许多宿根花卉早已超越单纯的物种意义，在中国悠久的历史文化中，被赋予了深厚的文化内涵和象征意义。例如，菊花象征着高洁和长寿，莲花代表着纯洁和清净，兰花则寓意着高雅和君子之风。这些花卉不仅在文学作品、绘画艺术中频繁出现，还融入传统节日和民俗活动中，成为文化传承的重要载体。

《中国宿根花卉》专著以系统性、科学性、实用性为特色，体现了三大核心价值。其一，内容全面精深，全书涵盖了258属（隶属67科）的宿根花卉，内容极为丰富，填补了国内该领域系统性著作的空白。从植物学特征到生物学特性，从种质资源到园艺分类，从繁殖技术到栽培管理技术，再到价值与应用，均做了详尽的阐述。这样的编排体例，不仅便于读者系统地了解每一属宿根花卉的全面信息，还能满足不同专业背景和需求的读者的查阅需求。其二，论述权威严谨，每一章节尤其是12个重点属的宿根花卉，均植根于扎实的科研数据与实践经验，既立足传统分类学与品种分类的根基，又融合了分子生物学等前沿技术成果，还注重与产业实践的紧密链接，体现了我国宿根花卉研究的本土智慧与国际视野。其三，表达生动实用，书中配以千余幅高清原色图谱，图文辉映，既能为科研工作者提供翔实参考，亦可为广大观赏园艺从业者带来直观指导，堪称学术性与科普性兼具的范本。

《中国宿根花卉》是一部凝聚国内众多专家智慧与心血的权威专著，由全国从事宿根花卉教学、研究、生产和应用相关的53家单位的114位专家共同撰写，历时数载倾心编撰而成，是我国宿根花卉领域的重要成果，不仅为园艺科研人员、教育工作者提供了权威的参考资料，也为广大园艺爱好者打开了一扇了解宿根花卉世界的窗口。

我要向所有参与本书编写的专家、提供照片的单位和个人，以及在背后默默支持的团队表示衷心的感谢！为中国园艺学会球宿根花卉分会及其编委会主委刘青林教授和张永春研究员的全面策划与统稿，为夏宜平教授、李淑娟研究员和吴学尉教授三位主编的精心组稿、悉心审稿、倾力付出致以诚挚的敬意！正是大家的辛勤付出和智慧结晶，成就了这部优秀的著作。

期待《中国宿根花卉》一书能成为相关领域科研、教学与生产的"案头必备"，推动我国花卉产业向更高质量、更可持续的方向迈进。相信在广大园艺工作者的共同努力下，宿根花卉必将以更加绚丽的姿态绽放于城乡之间，为美丽中国绘就生态底色，为人与自然和谐共生谱写新的篇章。

中国园艺学会　副理事长

南京农业大学　校长

2025年4月7日

《中国宿根花卉》编者

主　编　夏宜平　李淑娟　吴学尉

副主编　贾文杰　李　艳　魏　钰　杨柳燕　屈连伟

编者（作者 114 人，53 家单位）

序号	作者	单位	职称	编写内容	审稿人
1	包满珠	华中农业大学园艺林学学院	教授	香石竹	夏宜平
2	蔡晓洁	温州市鹿城区园林绿化管理中心	高级工程师	血水草、杜若	夏宜平
3	产祝龙	华中农业大学园艺林学学院	教授	苜蓿等 3 属	吴学尉
4	陈　尘	陕西省西安植物园 / 陕西省植物研究所	副研究员	老鼠簕等 6 属	李淑娟
5	陈　朋	深圳市仙湖植物园管理处	工程师	楼梯草	吴学尉
6	陈　叶	河西学院	高级实验师	甜叶菊	吴学尉
7	陈纪巍	上海辰山植物园	工程师	藿香等 3 属	夏宜平
8	陈煜初	杭州天景和水生植物园	工程师	莲	夏宜平
9	房伟民	南京农业大学园艺学院	教授	菊花	夏宜平
10	傅小鹏	华中农业大学园艺林学学院	教授	香石竹等 3 属	吴学尉
11	高　含	宁夏大学		露薇花	吴学尉
12	高素萍	四川农业大学园林研究所	教授	白花丹	吴学尉
13	葛亚英	浙江省农业科学院花卉中心	副研究员	观赏凤梨	夏宜平
14	郭方其	浙江省农业科学院	副研究员	非洲菊	夏宜平
15	郭　微	仲恺农业工程学院园艺园林学院	教授	五星花	吴学尉
16	何俊娜	中国农业大学园艺学院	副教授	香石竹	夏宜平
17	何燕红	华中农业大学园艺林学学院	副教授	黄蓉菊	吴学尉
18	胡惠蓉	华中农业大学园艺林学学院	副教授	吉祥草	吴学尉
19	贾文杰	云南省农业科学院	研究员	龙胆、补血草	吴学尉
20	金桂宏	温州市鹿城区园林绿化管理中心	高级工程师	小冠花等 3 属	夏宜平
21	雷家军	沈阳农业大学园艺学院	教授	草莓	吴学尉
22	李　丹	辽宁省农业科学院花卉研究所	副研究员	蒲公英	李淑娟
23	李丹青	浙江理工大学风景园林系	特聘副教授	鸢尾等 5 属	夏宜平

续表

序号	作者	单位	职称	编写内容	审稿人
24	李海燕	沈阳农业大学园艺学院	讲师	白头翁	吴学尉
25	李　军	黑龙江省牡丹江市林业和草原局五林林业站		荚果蕨	吴学尉
26	李丽芳	北京市花木有限公司	高级工程师	矾根，供图	吴学尉
27	李咪咪	浙江大学园林研究所	助理研究员	细辛、白及	夏宜平
28	李淑娟	陕西省西安植物园 / 陕西省植物研究所	研究员	类叶升麻等 83 属	李淑娟
29	李团结	陕西省龙草坪林业局	工程师	柳叶菜等 8 属	李淑娟
30	李晓扬	云南省农业科学院高山经济植物研究所		重楼	吴学尉
31	李亚娇	内蒙古包头市园林科技研究所		风铃草	吴学尉
32	李　艳	陕西省西安植物园 / 陕西省植物研究所	研究员	岩白菜等 6 属	李淑娟
33	李彦慧	河北农业大学园林与旅游学院	教授	白鲜、香花芥	吴学尉
34	李兆文	福建省厦门市园林植物园	农艺师	伽蓝菜	吴学尉
35	梁　楠	太原植物园	工程师	罗布麻等 9 属	李淑娟
36	刘安成	陕西省西安植物园 / 陕西省植物研究所	研究员	山桃草等 4 属	李淑娟
37	刘东焕	北京市植物园［国家植物园（北园）］	研究员	玉簪	夏宜平
38	刘克龙	浙江省景宁畲族自治县标溪乡农技站		天胡荽	吴学尉
39	刘青林	中国农业大学园艺学院	教授	羽衣草等 10 属	李淑娟
40	娄晓鸣	苏州农业职业技术学院	教授	水苏、马鞭草	夏宜平
41	陆国权	浙江农林大学薯类作物研究所	教授	番薯	夏宜平
42	毛少利	陕西省西安植物园 / 陕西省植物研究所	研究员	马蹄香	李淑娟
43	牛玉璐	衡水学院生命科学学院	教授	沙参	吴学尉
44	彭泽思	华中农业大学园艺林学学院	硕士	凤眼莲	李淑娟
45	屈连伟	辽宁省农业科学院花卉研究所	研究员	菊花	夏宜平
46	任保青	太原植物园	高级工程师	罗布麻等 9 属	李淑娟
47	任梓铭	浙江理工大学风景园林系	特聘副教授	牛舌草等 5 属	夏宜平
48	沈　亮	北京市科学技术研究院北京自然博物馆	副研究员	人参	吴学尉
49	苏　扬	浙江大学建筑设计研究院	高级工程师	蓍草、刺芹	夏宜平
50	孙崇波	浙江省农业科学院	研究员	兰花	夏宜平
51	田丹青	浙江省农业科学院花卉中心	副研究员	花烛	夏宜平
52	王灿洁	湖北省天门市农业环境保护站		慈姑	吴学尉
53	王　聪	北京农学院园林学院	实验师	舞鹤草	吴学尉

续表

序号	作者	单位	职称	编写内容	审稿人
54	王方圆	陕西省西安植物园 / 陕西省植物研究所	助理研究员	吊兰	李淑娟
55	王继华	云南省农业科学院	研究员	龙胆	吴学尉
56	王菊萍	甘肃省祁连山国家级自然保护区管护中心		荷包牡丹	吴学尉
57	王丽花	云南省农业科学院花卉研究所	研究员	罗勒	吴学尉
58	王　琪	陕西省西安植物园 / 陕西省植物研究所	助理研究员	百脉根	李淑娟
59	王　庆	陕西省西安植物园 / 陕西省植物研究所	副研究员	活血丹等 3 属	李淑娟
60	王文和	北京农学院园林学院	教授	蛇莓等 3 属	吴学尉
61	王　馨	云南省农业科学院药用植物研究所	研究员	飞蓬	吴学尉
62	王秀云	浙江大学园林研究所	特聘研究员	马蹄金、芭蕉	夏宜平
63	王雪芹	北京市植物园［国家植物园（北园）］	高级工程师	老鹳草、肥皂草	李淑娟
64	王艳平	华中农业大学园艺林学学院	副教授	芦荟、天门冬	李淑娟
65	王云山	山西省农业科学院园艺研究所	研究员	萱草	夏宜平
66	魏　钰	北京市植物园［国家植物园（北园）］	正高工	紫草、桔梗	李淑娟
67	吴　昀	浙江理工大学风景园林系	副研究员	秋葵等 4 属	夏宜平
68	吴棣飞	温州市鹿城区园林绿化管理中心	高级工程师	小冠花等 5 属	夏宜平
69	吴红芝	云南农业大学园艺学院	教授	雨久花等 3 属	吴学尉
70	吴沙沙	福建农林大学园林系	副教授	独蒜兰	吴学尉
71	吴学尉	云南大学农学院	教授	乌头等 21 属	吴学尉
72	吴芝音	上海恒艺园林绿化有限公司		供图	
73	伍环丽	贵州综璟花境景观工程有限公司		供图	
74	夏宜平	浙江大学园林研究所	教授	秋葵等 31 属	夏宜平
75	向　林	华中农业大学园艺林学学院	副研究员	金粟兰等 3 属	李淑娟
76	胥成刚	江苏省建湖县农业委员会		马兰	吴学尉
77	徐　瑞	中国农业大学园艺学院	硕士	矢车菊	李淑娟
78	薛彬娥	仲恺农业工程学院园艺园林学院	副教授	商陆	吴学尉
79	薛　莉	沈阳农业大学园艺学院	讲师	草莓	吴学尉
80	杨　斌	云南省农业科学院高山经济植物研究所		重楼	吴学尉
81	杨海坡	华中农业大学园艺林学学院	博士	芦荟	李淑娟
82	杨佳明	辽宁省农业科学院花卉研究所	副研究员	假龙头花	李淑娟
83	杨俊杰	河南省平顶山市园林绿化中心		勋章菊	吴学尉
84	杨柳燕	上海市农业科学院林木果树研究所	研究员	玉簪	夏宜平

续表

序号	作者	单位	职称	编写内容	审稿人
85	杨秀云	山西农业大学林学院	教授	百里香	李淑娟
86	叶　康	上海辰山植物园	高级工程师	獐耳细辛	李淑娟
87	于晓南	北京林业大学园林学院	教授	芍药	夏宜平
88	尉　倩	陕西省西安植物园 / 陕西省植物研究所	助理研究员	月见草、王莲	李淑娟
89	岳　玲	辽宁省农业科学院花卉研究所	副研究员	马利筋	李淑娟
90	詹书侠	浙江省农业科学院花卉中心	副研究员	观赏凤梨	夏宜平
91	张光飞	云南大学生态学与地植物学研究所	副教授	耳蕨	吴学尉
92	张宏伟	浙江清凉峰国家级自然保护区	高级工程师	半蒴苣苔等 3 属	夏宜平
93	张佳平	浙江大学园林研究所	特聘副研究员	海石竹等 7 属	夏宜平
94	张佳琪	华中农业大学园艺林学学院	副教授	眼子菜、万年青	吴学尉
95	张晓菲	辽宁省农业科学院花卉研究所	助理研究员	射干	李淑娟
96	张艳秋	辽宁省农业科学院花卉研究所	副研究员	金莲花	吴学尉
97	张　燕	陕西省西安植物园 / 陕西省植物研究所	副研究员	荞麦等 3 属	李淑娟
98	张艺萍	云南省农业科学院花卉研究所	研究员	龙胆等 3 属	吴学尉
99	赵国成	黑龙江省宾县林业和草原局		白屈菜	吴学尉
100	赵惠恩	北京林业大学园林学院	教授	亚菊	李淑娟
101	赵雪艳	陕西省西安植物园 / 陕西省植物研究所	副研究员	八宝	李淑娟
102	赵叶子	深圳市天健园林绿化工程有限公司	工程师	赛菊芋等 10 属	吴学尉
103	赵　瑜	陕西省西安植物园 / 陕西省植物研究所	助理研究员	筋骨草等 3 属	李淑娟
104	赵志琴	北京市花木有限公司	高级工程师	金鸡菊	吴学尉
105	郑　坚	浙江省亚热带作物研究所	研究员	铁线莲	夏宜平
106	郑日如	华中农业大学园艺林学学院	副教授	凤眼莲	李淑娟
107	周　泓	浙江大学园林研究所	助理研究员	萼距花等 4 属	夏宜平
108	周厚高	仲恺农业工程学院园艺园林学院	教授	网纹草	吴学尉
109	周丽霞	北京林业大学园林学院		乌头	吴学尉
110	周守标	安徽师范大学生命科学学院	教授	旋蒴苣苔	吴学尉
111	周淑荣	中国农业科学院特产研究所		蜀葵	吴学尉
112	周翔宇	上海辰山植物园	高级工程师	藿香等 8 属	夏宜平
113	朱军杰	上海辰山植物园	工程师	松果菊等 4 属	夏宜平
114	朱旭东	苏州农业职业技术学院	教授	巴西鸢尾	夏宜平

（一）首先，需要说明本书收录宿根花卉的范围。我们在界定时，遵循以下四条原则。

（1）多年生作一二年生栽培和应用的，归一二年生。一是因为多年生在生产实践中更受欢迎，需要从严把握；二是因为一二年生种类较少（约 40 属）。

（2）同一属有多种生活型的，按多数种或代表种归类；难以划分的可并列或多列，如石竹属 *Dianthus*、大戟属 *Euphorbia*、木槿属 *Hibiscus*，本书只收宿根类。

（3）花境应用多的归多年生，花坛应用多的归一二年生；花境用的观赏草单列，但地被植物用的常绿草本归入此书。

（4）半（亚）灌木（subshrub）归多年生；但完全木质化的（木本），无论大小、高矮、室内外应用，均归木本。

最终收录 258 属，隶属 67 科。其实，英文没有宿根一词，只有多年生草本（herbaceous perennials）；后者包括球根、宿根（落叶）和常绿三大类。本书囊括了宿根和常绿多年生草本，即广义的宿根花卉。董长根、原雅玲主编的《多年生草本花卉》（陕西科学技术出版社，2013）收录 70 科 302 属 700 种，美国 Allan M. Armitage 编著的《多年生草本植物》（*Herbaceous Perennial Plants*）（3rd edi. Stipes Publishing，2008）收录 569 属 3500 多种（含变种和品种），英国 Graham Rice 主编的《RHS 多年生草本植物百科全书》（*RHS Encyclopedia of Perennials*）（DK，2011）收录 100 科 450 属 2000 种。如果加上《中国球根花卉》（中国林业出版社，2024）收录的 70 属，多年生草本的总数达到 328 属，可能是目前国内最多的。

（二）其次，说明宿根（多年生）花卉的分类，亦即本书的目录依据。我们遵循以下五条原则。

（1）根据生产上的重要性，先按序号列出"1 重点花卉"12 属（科或种）。

（2）按植物分类系统，蕨类植物归为"6 蕨类草本"7 属。

（3）按照器官特性，分列"7 多浆草本"4 属。

（4）按生境，分列"8 水生草本"14 属。

（5）按落叶习性，分列"5 常绿草本"40 属，包括室内盆栽和露地栽培的种类。

（6）剩余的狭义的宿根花卉（种子植物、陆生、落叶），参照英国皇家园艺学会（RHS）按植株高度 H（含叶丛、花莛）分为"2 高大宿根"（H ＞ 120 cm）23 属、"3 中型宿根"（60 cm ≤ H ≤ 120 cm）83 属、"4 低矮宿根"（H ＜ 60 cm）73 属、"5 藤本宿根"2 属。同属植物的株高不一，在此按平均高度或代表种的高度归类。其中，高大型属于直立茎；中型多属于直立茎，少数短缩茎或根状茎；低矮型属于平卧茎、匍匐茎；藤本为缠绕茎或攀缘茎。

显然，上述分类标准并不单一，主要是为了容易区分和方便应用。比如，花境是宿根花卉的主要应用场景，常绿草本花卉和高大型宿根花卉可作花境的骨架或背景，中型宿根花卉多作中景（或主景），低矮型宿根花卉一般作前景、镶边或地被植物。

（三）再次，说明各个条目及其标题。除了观赏凤梨以凤梨科 Bromeliaceae、香石竹以种 *Dianthus caryophyllus* 为条目之外，其余均以属名为条目（"属"字省略）。一级标题包括四个（不含引言）。

（1）引言　主要介绍名称（释名）、该属世界和中国种的数量，主要分布及用途，不含照片等实质性内容。其中，属内种的数量依据为 Maarten J. M. Christenhusz, Michael F. Fay 和 Mark W. Chase 编著的《世界植物：维管植物图解百科全书》（*Plants of the World*：*An Illustrated Encyclopedia of Vascular Plants*）（University of Chicago Press，2017）一书；我们相信这是最新的数据，尽管可能与国内现有工具书或网站差异较大。如果释名内容较多，也可能将国内外种的数量和分布下移到种质资源部分。

（2）形态特征与生物学特性　主要包括形态和观赏特征，生长发育规律（年周期和生命周期），生态习性。

（3）种质资源与园艺分类（品种）　园艺品种是种质资源的一部分，但我们常将种质资源限定为原种（野生种）。一般在前文介绍属的特征，这部分介绍种的特征。单种属种的特征多省略（同属）。根据各属的实际情况，有园艺（品种）分类的就用园艺分类，没有的就用园艺品种，园艺品种少的直接省略标题。种源和亲本明确的品种，我们尽量放在各种之下，用数字加字母（1a）的形式编号；种源不清的将原种和品种分开编号。有些种类在此还包括育种和栽培简史、品种起源和演化或育种方法，我们尽量做到文题相符。

（4）繁殖与栽培管理技术　繁殖技术一般包括播种繁殖（不用种子或有性繁殖）、各种营养繁殖（不用无性繁殖）、组培快繁（micropropagation，不用组织培养）。栽培技术分为园林栽培、露地栽培、田间栽培（有大田生产的经济作物）、促成栽培、盆栽等。这里的管理主要包括病虫草害的防治。

（5）价值与应用　依次介绍文化、观赏、园林、生态、食用、药用和工业用的价值和概况。

显然，以上的一级标题是被合并了。如果是重点花卉，可能包括多个一级标题。前面的种质资源与园艺分类、繁殖与栽培管理技术等，都可以拆分为多个一级标题。需要说明的还有，本书的二级标题“（一）”是基本固定的，相当于 1.5 级标题；一级标题下面直接出现三级标题也是正常的。

不同种类的研究积累不同，导致各种属的篇幅差异很大。超过 10 页的只有 13 种，包括萱草、菊花、睡莲、芍药、兰花、玉簪、鸢尾、补血草、莲、蜀葵、香石竹、非洲菊和番薯，仅占 5%；5 ～ 9 页的有 54 种，占 21%；2 ～ 4 页的有 191 种，占 74%。

（四）最后，说明编排体例。文前部分包括编委会、编者、序、前言、目录。其中，目录按照宿根花卉的分类（参见前文）排列，之下按属名字母顺序排列（前后条目的页码不连续）。正文按照属名的字母顺序排列。文后部分包括参考文献（汇编）、宿根花卉（440 属）重要性状一览表、APG Ⅳ分类索引、中文名索引和学名索引。限于篇幅，参考文献部分，省略了原稿中 10 年以前的论文；全书通用文献之后，按属名字母顺序，列出各自的参考文献；没有专用文献的不列。

本书是由全国从事宿根花卉教学、研究、生产和应用相关的 53 家单位的 114 位专家撰写的、是集体智慧的结晶！在夏宜平教授、李淑娟研究员和吴学尉教授三位主编与其他编写人员多次审阅、修改的基础上，最后由主委刘青林教授和张永春研究员统稿。照片是图书质量的生命线，除了作者自拍的照片之外，上海恒艺园林绿化有限公司吴芝音理事、贵州综璟花境景观工程有限公司伍环丽理事、北京市花木公司李丽芳理事，分别提供了大量的、高质量的生产一线的实景照片，为本书增添了更佳的色彩。除有署名者外，其余均为各部分作者提供。

感谢 100 多位作者及其所在单位的重要贡献和鼎力支持！

感谢中国园艺学会副理事长、南京农业大学校长陈发栋教授为本书作序！

感谢中国林业出版社贾麦娥编审为本书的辛勤付出！

《中国宿根花卉》编委会

2024 年 10 月 25 日初稿，11 月 19 日修改

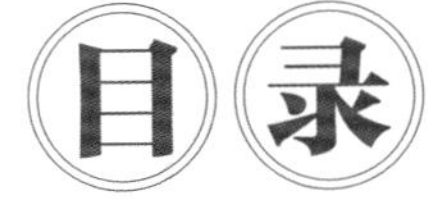

中型宿根

低矮宿根

藤本宿根

常绿草本

蕨类草本

多浆草本

水生草本

宿根花卉　绚美华夏

刘青林

用绚丽多彩、绚丽多姿来形容宿根花卉的色彩和姿态再合适不过了；用宿根花卉来建设美丽中国，当然是“绚美华夏”。宿根花卉有广义与狭义之分。狭义的宿根花卉是指地上部分冬季枯萎的多年生草本植物，可简称为落叶宿根花卉。其实，“落叶”二字是多余的，是“宿根”自有之意。广义的宿根花卉大致包括两类：一类比较耐寒，也称落叶宿根花卉（同狭义），秋季将养分贮藏于根部，于根颈部分形成越冬芽，然后地上部分枯萎；来年春季萌发成株。一类比较喜温，也称常绿草本花卉（称常绿宿根花卉似自相矛盾），四季常绿。从地理分布上来看，大致以秦淮一线分南北：北方是落叶宿根花卉，南方多常绿草本花卉。本书所谓宿根花卉是广义的范畴。宿根花卉国外称为（或含在）多年生草本植物（herbaceous perennials），或简称多年生（perennial，英文没有“宿根”一词）。宿根花卉或多年生花卉属于植物的一种生活型（life form）或生长模式（growth pattern），属于地面芽植物（hemicryptophyte）。在花卉中，宿根花卉与球根花卉、一二年生花卉三足鼎立，具有种类的多样性、形态的美观性、应用的广泛性、观赏的可持续性，在园林绿化、生态文明和美丽中国建设中的应用越来越广泛。

一、种类的多样性

美国佐治亚大学 Allan M. Armitage 教授编著的 *Herbaceous Perennial Plants*（3rd edi., Champaign, IL 61820, USA: Stipes Publishing，2008）收录宿根花卉 569 属 3500 多个种、变种和品种，这主要是美国的。英国皇家园艺学会 Graham Rice 编著的 *RHS Encyclopedia of Perennials*（DK, 2011）收录 100 科 450 属 2000 种。荷兰瓦赫宁根大学编写的《多年生草本花卉名录 2016—2020》（*List of Names of Perennials* 2016—2020）收录宿根花卉 24000 种，比 2010—2015 版本增加了 3500 个种或品种，这是欧洲大陆的。陕西省西安植物园董长根、原雅玲主编的《多年生草本花卉》（西安：陕西科学技术出版社，2013）收录了多年生草本花卉 70 科 302 属 700 种（其中，双子叶植物 53 科 229 属 536 种，单子叶植物 17 科 73 属 164 种），这些都是作者亲自引种、栽培，能在西安露地越冬的耐寒种类。

在自然界中，宿根花卉是优势的生活型，占有较高的比例。比如，在我们编著的《秦巴山区野生花卉》（北京：中国林业出版社，2019）中，宿根（多年生）花卉 130 种，占全部乔灌草的 30%。在世界 30 万种植物，或中国 3 万种植物中，宿根花卉到底有多少，还没有见到数据；以上的数据足以说明宿根花卉种类的多样性。

二、形态的美观性

这里所谓形态的美观性，也是多样性的表现。从株高、株型、叶形、叶序、花序、花型、

花色、果型、果色等植物生长的各个器官、各个阶段，我们都能看到宿根花卉丰富的多样性和美观性。事实上，除了植物不可能有的黑色花，宿根花卉无色不有。就连其他花卉比较缺乏的蓝色、紫色，在宿根花卉里面也比较常见，比如蓝色的飞燕草、绿绒蒿，黑紫色的蜀葵等。一般我们说的绿化美化，植树是绿化，种花是美化，这里“种花”绝大多数种的都是宿根花卉。

大多数的宿根花卉都是夏秋开花。也有早春开花的铁筷子、桔梗等，晚秋开花的紫菀、菊花等，还有冬季开花的兰花等。可以说，宿根花卉无时不花。

宿根花卉的生态习性很多样，我们最青睐的是耐阴性，尤其是能在林下和立交桥下面生长的、可作耐阴地被的宿根花卉，如玉簪、麦冬、一叶兰、矾根等。

宿根花卉的生境也很多样，水生、湿生、陆生、旱生、岩生等，无处不在。

三、应用的广泛性

宿根花卉的花、叶均可观赏。观花、观叶的均可作花境植物，观叶的要么是观赏草（本书不含），要么作盆栽观叶植物（所谓的绿植）。其中的盆栽观叶植物由来已久，在家庭养花和绿色装饰上一直发挥着很大的作用。近年异军突起的是花境植物和观赏草。

花境有一二年生花境、球根花境、混合花境等多种生活型的植物，但宿根花卉一直是花境的主体。从近年出版的《花境赏析》（2018、2019、2020、2021、2023）（成海钟等主编，中国林业出版社）里面粗略估算，宿根花卉能占到花境植物总数的3/4左右。英国邱园大宽道花境（The Great Broad Walk Borders）有8个种植床，应用的植物种类有109属199种（含亚种、变种和品种）。可见，植物种类的多样性是花境的重要属性。

除了花境之外，常绿草本植物既有家庭养花的观叶植物（绿植），如绿萝、喜林芋、龙血树等；也有地被植物，如麦冬、路易斯安那鸢尾等，是家庭园艺和园林绿化中出镜率最高的生活型。

四、观赏的可持续性

花坛和花境都是花卉应用的两种主要形式。前者的主体材料是一二年生花卉和部分球根花卉，后者的主体是宿根花卉。二者有很多区别，最大的区别在养护管理上。花坛是一二年生花卉含苞待放时移栽的（甚至直接摆盆，即移动花坛）；花后就要换花，重新移栽花期接续的新花卉。花境用的是多年生的宿根花卉，利用不同植物种类的观赏性状及观赏期的搭配与衔接，一次种植，多年（3年以上）观赏。目前为了美观，也会少量（20%）更换一二年生或球根花卉，但基本结构（骨架）不会变。

The
Great
Broad
Walk
Borders
at the Royal Botanic
Gardens, Kew
Richard Wilford

五、宿根花卉的宿根性

很多年前，一位园林公司老总问我，什么宿根花卉来年的发芽率最高，补植的最少？我带着这个问题，请教了中国科学院植物研究所北京植物园草花组的费砚良研究员。他说，理论上来讲，所有的宿根花卉来年都应该100%发芽；但实际情况并非如此，受种类、环境和立地的影响，变化较大。我们借用甘蔗上的宿根性（ratoon ability）一词来说明这个现象。宿根性用一年以后根蔸的存活率表示。存活率高，宿根性强。主要取决于自身前茬有效分蘖数量、地下芽数量和质量的影响，也受病虫害、自然环境和栽培管理等一系列外界因素的影响（覃伟 等，2017）。另外，花卉的观赏性状也会随着地域或自然条件的不同而有所变化。目前，我们并不确切知道某种宿根花卉、在某地的宿根性和性状表现，这是我们宿根花卉研究面向生产实践的一个大课题。只有通过多点、多年的区域试验，我们才能知道各种宿根花卉在不同地区的适应性、宿根性及观赏性，为园林应用提供重要依据。

令人欣慰的是，陕西省西安植物园原雅玲研究员根据20多年从事宿根花卉研究的实践，在第十八届中国球宿根花卉年会（呼和浩特，2024年8月）上，发表了《宿根花卉宿根性研究》报告。她根据所引种的宿根花卉在西安地区（关中平原）越冬、越夏、与杂草的竞争力、耐粗放管理等适应性，用可持续生长（存活）年数，将宿根花卉分为3年以内、3～10年、10年以上3类（表1），并深入探讨了各类宿根花卉可持续生长的关键因素，为宿根花卉宿根性的研究开创了先例。更令人高兴的是，能在西安存活10年以上的种类超过了半数。

鉴于宿根花卉的多样性，我们正在推动宿根花卉种质创新和品种试验的协作。随着我们对宿根花卉研究的不断深入，如生物学特性与生态习性的鉴定、新品种的培育与筛选、宿根性与配套栽培技术的研制等，凭借宿根花卉本身的多样性、美观性、广泛性和可持续性，绚丽的宿根花卉必将在乡村振兴、美丽城市等生态文明建设中发挥巨大的作用。

表1　宿根花卉在西安露地生长的存活年限

存活年限	种类（种）及占比	代表品种	原因初探
3年以内	51，7.3%	血草，翠芦莉，紫叶车前草，勋章菊，百子莲，墨西哥鼠尾草，羽扇豆，须苞石竹，密花毛蕊，白头翁，蓝羊茅……	不耐寒、不耐湿，不耐高温等
3～10年	268，38.1%	常绿屈曲花，岩生庭荠，落新妇，绵毛水苏，起绒草，龙胆，肺草，吴风草，中华秋海棠，柳穿鱼……	不适宜的土壤、气候，不科学的栽培，人为破坏等
10年以上	384，54.6%	金鸡菊，钓钟柳，山桃草，萱草，串叶松香草，费菜，八宝景天，聚合草，水甘柳……	抗性强，适应性广
合计	703，100%		

2018年7月8日初稿，
2024年11月11日修改

Abelmoschus 秋葵

锦葵科秋葵属（*Abelmoschus*）一年生或多年生草本植物。尽管 *Plants of the World*（《世界植物》，以下简称 PW）已将其并入木槿属（*Hibiscus*），我们按照 www.iPlants.cn（植物智）仍单列。该属包含约 15 个种，分布于东半球热带和亚热带地区；我国有 6 种和 1 变种（包括栽培种），产于东南至西南各地。该属植物以大而美丽的花朵著称，观赏价值高，并在食用、药用等多个领域有着广阔的应用前景，全球范围内均有广泛的栽培。

一、形态特征与生物学特性

（一）形态与观赏特征

叶全缘或掌状分裂。花单生于叶腋；小苞片 5 ～ 15，线形；花萼佛焰苞状，一侧开裂，先端具 5 齿，早落；花黄色或红色，漏斗形，花瓣 5；雄蕊柱较花冠短，基部具花药；子房 5 室，每室具胚珠多枚，花柱 5 裂。蒴果长尖，室背开裂，密被长硬毛；种子肾形或球形，多数，无毛。

秋葵属与木槿属（*Hibiscus*）极相似，主要不同处在于前者花萼佛焰苞状，一侧开裂，在果时环状脱落；而后者萼宿存。

（二）生物学特性

自然环境常生长于山谷草丛、田边或沟旁灌丛间。气温 13℃，地温 15℃左右，种子便可发芽，但最佳生长温度为 25 ～ 30℃。26 ～ 28℃时开花繁茂，果实发育快，结果率高。花期主要为 6 ～ 8 月，夏季是其丰产季节。

喜温暖、怕严寒，耐热、耐旱，但不耐严寒和霜冻。对土壤类型适应性广，偏好于疏松肥沃、土层深厚且排水良好的壤土或砂壤土。

二、种质资源与园艺品种

（一）种质资源

1. 咖啡黄葵（黄秋葵）*A. esculentus*

一年生草本。茎圆柱形，疏生散刺。花梗短，长 1 ～ 2 cm。蒴果筒状尖塔形，长 10 ～ 25 cm。原产印度。由于生长周期短且耐干热的特性，已广泛栽培于热带和亚热带地区。我国湖南、湖北等地栽培面积也相当广泛（图 1）。

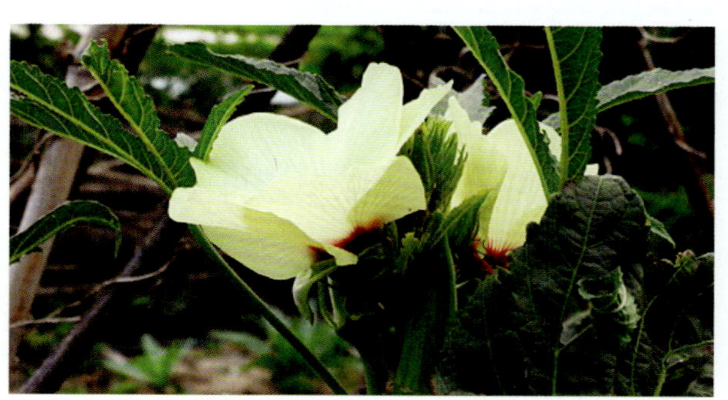

图 1　咖啡黄葵

2. 黄葵 *A. moschatus*

一二年生草本，株高 1 ～ 2 m。具有直根。小苞片在果时紧贴。花黄色，花瓣基部暗紫色。蒴果长 5 ～ 6 cm。种子具有麝香味，

图 2　黄葵

图 3　黄蜀葵（吴棣飞　摄）

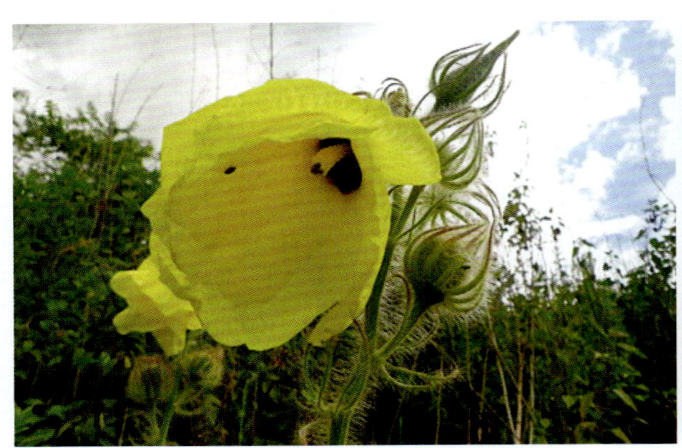

图 4　长毛黄葵

图 5　箭叶秋葵（吴棣飞　摄）

是高级调香料的原材料，具药用价值。根部含黏质，是供制棉纸的糊料。常生于平原、山谷、溪涧旁或山坡灌丛中。分布于老挝、越南、泰国、印度和柬埔寨。现广泛种植于热带地区（图 2）。

3. 黄蜀葵 *A. manihot*

一年生或多年生草本，植株疏被长硬毛。小苞片卵状披针形，宽 4 ～ 5 mm。花黄色。本种花朵艳丽，常作为园林观赏用途。其根部含有黏质，可用作造纸糊料。种子、根和花均有药用价值，可作中药应用。常见于山谷草丛、田边或沟旁灌丛间。原产我国南方，广泛分布于河北、河南、陕西、山东、湖北、湖南、贵州、四川、云南、广东、广西和福建等地（图 3）。

4. 长毛黄葵 *A. crinitus*

全株均被黄色长硬毛。小苞片线形，长 15 ～ 20 mm，宽 1 ～ 2 mm。蒴果近圆球形，长 3 ～ 4 cm。花期 5 ～ 9 月。生于海拔 300 ～ 1300 m 的草坡。广泛分布于缅甸、老挝、越南、印度和尼泊尔等热带地区（图 4）。

5. 箭叶秋葵 *A. sagittifolius*

多年生草本，高 0.4 ～ 1 m。地下部分具有块茎状根。小苞片在果时开展或反曲。花红或黄色。蒴果长约 3 cm。常见于低丘、草坡、旷地、稀疏松林下或干燥的瘠地（图 5）。

（二）园艺品种

黄秋葵主要种植地区有印度、斯里兰卡、菲律宾，以及美国和巴西等地。由于气候优势，非洲地区的尼日利亚、科特迪瓦、加纳等国一直是世界上黄秋葵重要的生产地，然而其育种相对落后。

目前，国内外在黄秋葵的优良品种选育、栽培制种、病虫害防治、综合利用、种子生理等方面的研究方兴未艾，但我国黄秋葵新品种培育的相关报道较少，大面积种植的黄秋葵一般为进口种，只有少量品种为国内筛选及选育。国内黄秋葵在新品种选育方面发展迅速，多采用系统选育法，如‘绿白1号’‘石秋葵1号’等均是系统选育而成。国内栽培品种主要为‘五角’‘五福’‘清福’‘红秋葵’‘卡里巴’‘绿星’‘纤指’黄秋葵等。

1. 黄秋葵‘绿星’

中国科学院长沙农业现代化所1983年从日本引进。株高130～160 cm，叶大，节间短。主茎结果为主，开黄色花，坐果节位低，连续坐果性好。5～7片叶时现花，开花后6～8天、果长10～12 cm时采摘嫩果。果6～9棱，采收期长，产量高，耐热，抗病虫害（图6）。

2. 黄秋葵‘五福’

我国台湾地区的杂交一代品种。株高约1.5 m，果荚5棱，偶有6棱或多棱，果皮柔滑无刚毛，翠绿色。植株生长旺盛、早熟，主枝第5节开始结果，定植后35天成熟，主枝和侧枝同时结果（图7）。

图6 黄秋葵‘绿星’

图7 黄秋葵‘五福’

3. ‘闽秋葵4号’

茎粗3.3 cm，节间长3 cm，主茎结果。叶片掌状深裂，叶柄和叶脉红绿相间。始花节位5节，花大，黄色，雌雄同花。蒴果5棱，粉色，亮丽无刚毛（图8）。

4. 秋葵‘殷红’

果荚殷红色，宜生食，加热后颜色变绿；果荚长约8 cm，横断面呈五角形。茎、叶、花、果均为殷红色，极具观赏价值。植株长势旺盛，易栽培，最适合庭院种植（图9）。

三、繁殖与栽培管理技术

（一）播种繁殖

播前浸种12小时，再置于25～30℃催芽处理，待60%～70%种子露芽时即可播种。在适宜温度条件下，播后4～5天即可发芽。选择在土层深厚、疏松肥沃的区域种植，将地块翻整好，浇透水，水渗下去后放种子，种子平躺放置，间隔10 cm左右，播好种后覆盖半干细土，

图8 ‘闽秋葵4号’（练冬梅 摄）

图9 秋葵‘殷红’

厚度在 1 cm 左右。保持土壤微微湿润，一般 1 周左右即可出苗。

（二）扦插繁殖

选取生长健壮、无病害的植株，其枝条、顶芽及腋芽均可作为插穗。针对中上部枝条剪取长度 10 cm 左右，确保每段至少包含 3 个芽。上端剪口水平，离芽约 2 cm；下端斜 45°，离芽 1 cm，仅保留上部半片叶。对顶芽和腋芽截取长度 10 cm，下端芽下 1 cm 处，斜 45° 修剪下部叶片，仅留顶端 2 ～ 3 片叶。插穗剪取后迅速放清水中浸泡，以减少水分流失。将插穗基部浸入 0.2% 萘乙酸（NAA）溶液中 3 ～ 5 cm，速蘸 3 ～ 5 秒以促其生根。扦插深度 5 cm，采用先打孔再扦插的方式，可提高成活率。

（三）组培快繁

以黄秋葵为例。嫩茎愈伤组织诱导培养和继代增殖培养的适宜培养基是 MS+6–BA 0.75 mg/L+2, 4–D 2.1 mg/L。愈伤组织分化培养的适宜培养基是 MS+$AgNO_3$ 1 mg/L+NAA 0.1 mg/L+ZT 1.6 mg/L。试管苗生根培养的适宜培养基是 1/3MS+ABT 0.6 mg/L+ 蔗糖 10 g/L+IAA 0.4 mg/L。试管苗移栽成活率为 93.9%，定植成活率为 97.5%。

（四）露地栽培

1. 基质

秋葵对栽植地要求严格，适合在气候温暖的地区生长，喜热不耐寒冷。宜选土地黏性较高，地势平坦，阳光照射充足，通风透光良好，方便灌溉、排水和管理的地块。

2. 移栽管理

待秋葵生出 2 ～ 3 片真叶、株高 5 cm 时即可移栽。土石山上黑色疏松的土质最佳，用砂质土也可，需加一些农家肥拌匀。如大面积种植则需起垄，垄高 20 cm，垄间距 80 ～ 100 cm，株距 25 ～ 30 cm。待株高 20 cm 时，可施少量复合肥水或淡淡的粪水。移栽时用小竹片挖取，带宿土。种后须及时浇定根水，以保证其成活率。

3. 水肥

黄秋葵的根系强健，吸肥能力高，在施肥时应重视施用基肥，化肥应限量使用。有机肥、无机肥按照 10∶1 的比例施加，每亩* 一次性施优质农家肥 3000 kg，同时施入高钾复合肥 10 ～ 12 kg。定苗稳定生长后，适当施加提苗肥，施尿素 6 ～ 7 kg/亩。现蕾初期，施复合肥 25 ～ 30 kg/亩。结果期追施复合肥 10 ～ 15 kg/亩。结果期后，每 15 天施肥 1 次，主要施用尿素 4 ～ 6 kg/亩；同时配合钾肥、磷肥施用。注意肥料用量，避免过度施肥。

4. 光照

秋葵畏严寒、喜温暖，具有较强的耐热力。对光照比较敏感，对光的需求量较高。在实际栽培中，为充分利用自然光资源，应选择向阳的地块种植，并注意合理密植，使植株通风透气，避免遮光。

5. 修剪及越冬

秋葵作为一种主蔓结果植物，需要通过管理侧枝数量以减少养分消耗。黄秋葵果实成熟的中后阶段，下部叶片逐渐老化，叶片发黄，光合作用下降，应及时摘除老叶，减少养分消耗，改善通风透光条件，防止病虫蔓延。当株高为 100 cm 时，需要打顶，保留下部叶 1 ～ 2 片，以控制植株生长高度。开花后，把残花及残叶剪掉，可以延长开花期。

（五）病虫害防治

秋葵病虫害较少，常见病害以病毒病为主，而虫害则主要是蚜虫、棉铃虫和蓟马等。播种前用生石灰 70 ～ 150 kg/亩对土壤进行消毒可预防病虫害。病毒病的防控以预防为主，可优先选择抗病毒品种种植。

四、价值与应用

秋葵属植物资源丰富，应用领域广。花大而

* 1 亩≈ 667 m^2，后同。

艳丽，花期长，是园林观赏佳品，具有园艺和美学双重价值。

黄秋葵（*A. esculentus*）作为一种营养丰富的新兴保健型蔬菜，主要以嫩果食用。在美国被尊称“植物黄金”；在菲律宾更是被誉为国家菜肴；在非洲及其他一些国家，因其高营养价值已成为运动员们的首选食品。其嫩果富含高蛋白、维生素、矿物质等，为运动员推崇的保健蔬菜，兼具药用价值。秋葵黏液主要由水溶性的膳食纤维构成，包括果胶、纤维素、半纤维素和多糖等。由于人体缺少相关的酶进行水解，膳食纤维无法被人体分解吸收，不会产生热量；但能让人产生饱腹感，刺激肠道蠕动，有一定的减肥作用。

黄蜀葵药用历史悠久，全株入药，具有利咽、通淋等功效。

（吴昀　夏宜平）

Acanthus 老鼠簕

爵床科老鼠簕属（*Acanthus*）多年生草本或灌木，巨大的叶丛和高耸挺立的花序引人注目。人们常把老鼠簕放在老鼠经常出没的地方或洞口，老鼠就退避三舍，绝不逾越一步，故名“老鼠簕”。该属虾蟆花（茛力花）（*A. mollis*）被选为希腊国花，体现出人们对它的喜爱。根可入药，有凉血清热、散痰积、解毒止痛功能。

一、形态特征与生物学特性

（一）形态与观赏特征

直立或攀缘，常稍肉质。叶对生，羽状分裂或浅裂，常有齿及刺，稀全缘。穗状花序，顶生。苞片大，边缘常具刺；萼裂片 4，前后两裂片较大，基部常软骨质，两侧的较小。花冠二唇，上唇极小而成单唇状；下唇大，伸展，3 裂；花冠管短，常为软骨质。雄蕊 4，近等长或二强，着生于喉部；花丝粗厚，后雄蕊花丝先端变细，有时呈“S”状弯曲；花药长圆形，1 室，具髯毛。花盘无，子房 2 室，每室 2 胚珠，柱头 2 裂（图 1）。蒴果椭圆形，两侧压扁，有光泽，栗棕色，含 4 种子。种子两侧压扁，近圆形或宽卵形，有珠柄钩。

图 1　老鼠簕属花结构

（二）生物学特性

花期 5 月上旬至 6 月下旬，花期长。耐寒性强，畏强光，又不耐阴，喜排水良好、深厚肥沃的石灰质砂壤土。

二、种质资源

老鼠簕属全球 22 种，分布于亚洲、非洲和地中海地区；中国有 4 种，产于西南部和南部（张娆挺，1985）。老鼠簕（*A. ilicifolius*）和小花老鼠簕（*A. ebracteatus*）为灌木，是构成我国南部海岸红树林的重要成员之一，分布于海南、广东、福建、云南，生于海岸及潮汐能至的海滨地带；仅刺苞老鼠簕（*A. leucostachyus*）为宿根种。我国园林中应用的刺老鼠簕（*A. spinosus*）和虾蟆花（茛力花）（*A. mollis*）均为外来宿根种。

1. 刺老鼠簕 *A. spinosus*

多年生草本植物，原产南欧。株高 70 ～ 100 cm，叶广卵圆形或长椭圆形，一至二回羽状深裂，小叶尖呈刺状。穗状花序，小花较密集。耐寒性强，畏强光，喜排水良好的石灰质砂壤土（图 2）。

2. 虾蟆花 *A. mollis*

又名爵床花、茛力花、金蝉脱壳，英文名 bear's breech（熊臀）。其苞片先端的形态酷似熊

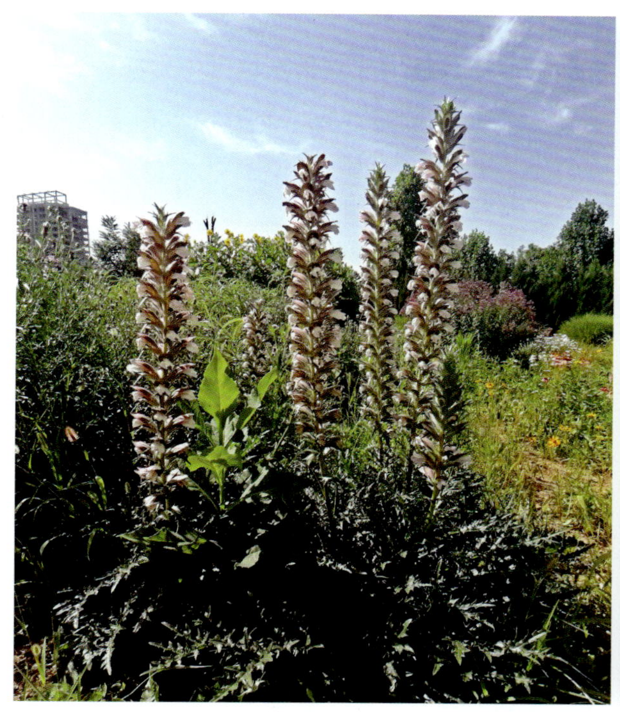

图 2　刺老鼠簕

图 3　虾蟆花（莨力花）开花植株

的爪子（图 3、图 4），这个名字应该是从意大利语“orsina（熊的）brance（爪子）”演化而来（Stearn，1996）。

大型宿根草本，丛生，株高 50 ～ 90 cm。叶大型，长椭圆形、卵圆形至心形，边缘深波状。一至二回羽状深裂，叶缘有锐刺状齿缺，色浓绿富光泽。穗状花序顶生，长约 40 cm，小花较密集，花白或玫瑰紫色，花冠广筒状，花苞长圆状披针形，下唇 3 深裂，上唇退化，唇瓣淡蓝紫色，3 浅裂。花期夏季。

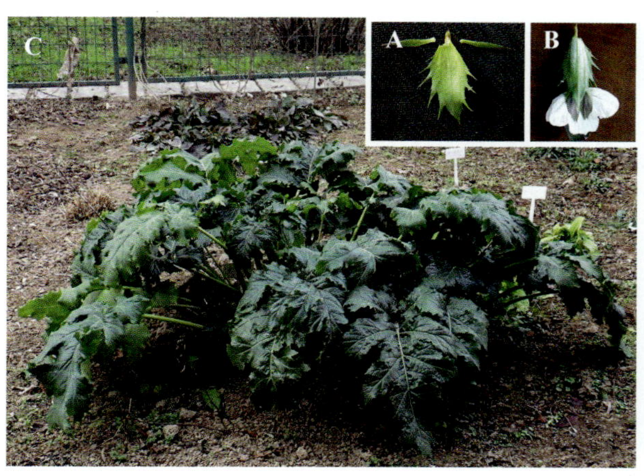

图 4　虾蟆花

注：A. 苞片腹面；B. 苞片背面；C. 冬态（2019 年 12 月 23 日，西安）。

原产意大利。耐寒性强，喜光，稍耐荫蔽，在阳光充足处生长茂盛。喜肥沃、富含腐殖质、排水良好的土壤。叶形奇特，花色淡雅秀丽，花期较长，深受人们的喜爱，是目前景观中应用最多的种。

园艺品种‘白浪’（‘Whitewater’），新叶白色或淡黄色，后白色或淡黄色渐退转绿。植株呈现中心叶黄色和白色，老叶绿色上有白色洒金斑点，甚为美观（图 5、图 6）。

图 5　白浪

图 6　白浪之幼花序

三、繁殖与栽培技术

（一）播种和分株繁殖

春播，覆土厚 5 cm 左右。20 ～ 25 ℃条件下，15 ～ 20 天出苗。幼苗期适当遮阴。移栽时，生长点与土壤平齐即可，不能太深。缓苗过程忌阳光直射。

分株繁殖可于 3 月或 10 月进行。

（二）组培快繁

1. 外植体及消毒

以虾蟆花顶芽为外植体，经自来水冲洗干净，去掉叶片和肥厚的肉质根后，修切为直径约 0.5 cm、高约 0.5 cm 的近圆柱状。茎尖生长点位于中央，并留 2 片极短的叶柄基部，保护中间的生长点，以减弱消毒液对生长点分生细胞的伤害。以 0.1% 升汞加 5 滴乳化剂吐温 80 作为消毒液浸泡 20 秒，无菌苗获得率为 60%。

2. 初代培养

培养基为 MS + 6–BA 0.2 mg /L + NAA 0.2 mg / L。

3. 增殖及壮苗培养

增殖培养选用 MS + 6–BA 3 mg/L + NAA 1 mg/ L 培养基，可获得发育正常、叶色浓绿、长势旺盛的丛生芽，增殖率可达 4 倍以上。将丛生芽分切后，转移至壮苗培养基 MS + 6–BA 0.2 mg/L + IBA 0.2 mg/L 中培养 20 天后，不定芽可以普遍长至 4 cm。

4. 生根培养

壮苗培养获得的不定芽可以用来诱导生根。培养基选用 1/2MS + NAA 4 mg/L + 蔗糖 20 g/L 配方，生根率可达 95%。

5. 移植与炼苗

将生根试管苗从瓶中取出，用自来水彻底洗净根部的培养基，以免腐烂而影响成活率，并注意保护根不被折断。用托布津 500 倍液浸泡根部数秒，然后移栽到蛭石：草炭：珍珠岩比例为 1 ∶ 1 ∶ 1 的基质中。移栽初期，保持空气相对湿度 95% 左右，并适当遮阴。后期可逐渐增加光照至全光照，成活率可达 95%（吕秀立，2012）。

（三）园林栽培

1. 基质

喜肥沃、富含腐殖质、排水良好的砂质壤土。地栽、盆栽均可。地栽从坡地到平地均能生长。家庭盆栽需选用较深大的瓦盆，可用泥炭土或腐殖土与园土混合作为盆土。

2. 水肥

注意旱季适当浇水，雨季适当排水。秋末或早春施用腐熟有机肥；花前追施 1 ～ 2 次液体肥，则花叶繁茂。花后从花茎基部剪去残花序。

3. 光照

喜向阳，但耐半阴，在栽培中给予足够光照。

4. 越冬

喜阳光充足，耐寒性弱，北方地区冬季须覆盖防寒，注意保暖。

四、价值与应用

老鼠簕株型高大，叶色浓绿，花序挺拔秀丽，花形奇特，花朵密集。庭院中多自然式丛植，或用于花坛中心、花境背景、建筑物旁。一般露地栽培，花境、花坛、林缘均很适宜。

也可家庭盆栽莳养，或作鲜切花供瓶插观赏。

（李淑娟　陈尘）

Achillea 蓍草

菊科蓍草属（*Achillea*）多年生草本植物，本属130种，我国产10种。原产欧、亚及北非北部；我国东北及内蒙古、新疆少见野生，东北、西北、华北及华中地区为栽培适宜区。属名*Achillea*来源于古希腊神话中的阿喀琉斯（Achilles）。据说在特洛伊战争期间，希腊最伟大的英雄阿喀琉斯使用蓍草来治疗士兵们的伤口，因此这种植物被赋予了他的名字，这种草药也被称为“军队的药草”。

一、形态特征与生物学特性

（一）形态与观赏特征

根系发达，具有匍匐根茎，有助于其在适宜的环境中迅速扩散。叶互生，叶片呈灰色或绿色，常带有芳香，二至三回羽状深裂，也有部分种类叶片完整，椭圆形至披针形，边缘有锯齿。叶片长度多为15～30 cm，小型叶片长度为5～13 cm。基部叶片通常比茎部叶片大。头状花序小，直径3～15 mm，密集形成伞房状花序。花序色彩丰富，包括白色、黄色、粉红色、紫色等。花期5～8月。某些人的皮肤可能对该属植物的叶片和花序产生过敏反应。

（二）生物学特性

喜温暖、湿润环境，耐寒，抗干旱能力较强，适应性强，对土壤要求不严格，能在多种土壤类型中生长，包括干旱的草原、岩石缝隙、河岸以及森林边缘，偏爱排水良好的土壤。

二、种质资源

1. 西洋蓍（千叶蓍）*A. millefolium*

具细的匍匐根茎。茎直立，高50～100 cm，有细条纹。叶无柄，披针形、矩圆状披针形或近条形，长5～7 cm，宽1～1.5 cm。头状花序多数，密集成直径2～6 cm的复伞房状。瘦果矩圆形，长约2 mm，淡绿色，有狭的淡白色边肋，无冠状冠毛。花果期7～9月（图1）。

广泛分布于欧洲、非洲北部、伊朗、蒙古、俄罗斯西伯利亚；在北美广泛归化。我国各地庭园常有栽培，新疆、内蒙古及东北少见野生。生于湿草地、荒地及铁路沿线。叶、花含芳香油，全草又可入药，有发汗、祛风之效。

目前，较多应用的蓍草种类，花丛紧簇，花期长达3个月，是理想的花境用材。

1a.‘月光’‘Moonshine’

株高40～60 cm，冠幅50 cm。叶片灰绿色，羽状复叶，细裂为方形至披针形多毛的片段。花朵微小，花头大，扁平头状花序，花纯黄色。花期5～9月（图2）。

1b.‘红女王’‘Cerise Queen’

株高20～40 cm，冠幅30 cm。一种具有非常强健根茎的多年生植物，叶片可形成深绿色的垫状。以其亮粉红色的舌状花而闻名。明亮的洋红色花头生长在扁平的花序中；夏季和初秋时，带有白色的中心花盘，随着时间的推移，花头颜色会逐渐变淡（图3）。

1c.‘Lansdorferglut’

株高50～100 cm，冠幅10～50 cm。一种自由开花的多年生植物，具有羽毛状的叶片和平坦的深粉红色花，花色随着时间的推移会逐渐褪色至淡奶油色。夏秋季开花（图4）。

2a. 凤尾蓍‘金盘’*A. filipendulina*‘Gold Plate’

株高1～1.5 m，冠幅50～100 cm。具有

图 1 千叶蓍（吴棣飞 摄）

图 2 西洋蓍‘月光’

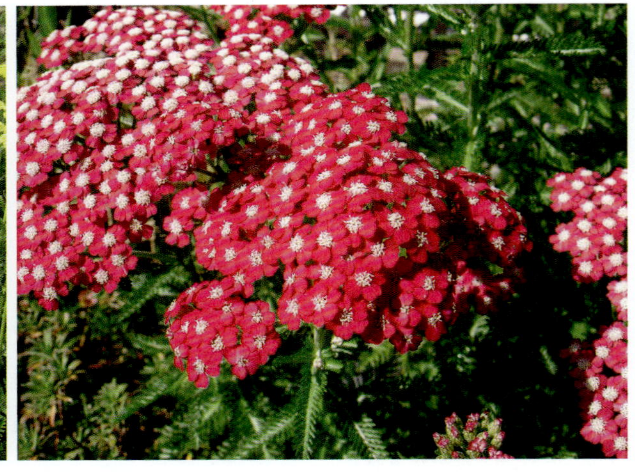

图 3 西洋蓍‘红女王’

羽毛状的绿色叶片和大而平坦的头状花序，上面布满了小朵的深金黄色花朵，这些花朵生长在直立且多叶的茎上。夏秋开花（图 5）。

2b. 凤尾蓍‘金衣’*A. filipendulina*‘Cloth of Gold’

株高 50 ～ 100（～ 180）cm，冠幅 10 ～ 50cm。高大而强健的多年生草本，具有分裂的叶片和大而扁平的鲜黄色花头。夏季开花（图 6）。

3. 齿叶蓍 *A. acuminata*

茎直立，高 30 ～ 100 cm。花果期 7 ～ 8 月。产青海（西宁）、甘肃、宁夏（六盘山）、陕西（太白山）、内蒙古及东北等地。生于山坡下湿地、草甸、林缘。朝鲜、日本、蒙古、俄罗斯也有分布。

图 4 *A. millefolium*‘Lansdorferglut’

4. 高山蓍 *A. alpina*

具短根状茎。茎直立，高 30 ～ 80 cm。花果期 7 ～ 9 月。产东北及内蒙古、河北、山西、宁夏、甘肃（东部）等地；朝鲜、日本、蒙古、俄罗斯东西伯利亚及远东地区也有。常见于山坡草地、灌丛间、林缘。

5. 柳叶蓍 *A. salicifolia*

具短根茎。茎直立，高 35 ～ 90 cm。叶无柄，灰绿色，条状披针形，长 1.5 ～ 6 cm，宽 3 ～ 6 mm。头状花序卵球形，生于 5 ～ 12 mm 长的细花序梗上，多数头状花序集成伞房状。花果期 8 ～ 9 月。产我国新疆阿尔泰山区（阿勒泰、富蕴）。生于海拔 500 ～ 1200 m 的河滩桦木林下、湿润高草地，少见。欧洲中部至俄罗斯也有分布。

6. 云南蓍 *A. wilsoniana*

有短的根状茎。茎直立，高 35 ～ 100 cm。头状花序多数，集成复伞房花序。瘦果矩圆状楔形。花果期 7 ～ 9 月。产云南、四川、贵州、湖南（西北部）、湖北（西部）、河南（西北部）、山西（南部）、陕西（中南部）、甘肃（东部）。生于山坡草地或灌丛中。全草药用，可解毒消肿、止血止痛，也可用来健胃。

园艺上可以根据花色、花序形态、植株高度、叶片形状以及生长习性等特征进行分类。

三、繁殖与栽培管理技术

（一）播种繁殖

种子发芽适宜温度为 18 ～ 22℃，1 ～ 2 周发芽。春季播种，生长迅速，当年即可开花。秋播苗于翌年夏天开花。

（二）分株繁殖

春季或秋季均可进行，通常每 2 ～ 3 年进行 1 次分株或移栽。可在 7 月第一季花衰败后进行，此时正是植株的旺盛生长时期，根部有茂盛的新株，剪去地上部，保留新株高度 10 cm 左右。由于夏季气温高、水分蒸发量大，修剪易给植株造成创伤，亦可在秋季 10 月上旬进行分株。分株时以 2、3 个芽为一丛，种植间距以 30 ～ 40 cm 为佳，分株前需进行缩剪。生长 2 年的植株若需继续种植，可在秋季将植株挖起，施肥、整地后重新种植，并灌足水。

（三）扦插繁殖

以初夏 5 ～ 6 月为佳。选择健康的茎段，剪取其开花茎，除去顶上的花序，剪成 15 cm 长插

图 5 凤尾蓍‘金盘’（吴棣飞 摄）

图 6　凤尾蓍‘金衣’

条，上部保留只少许叶片。扦插于疏松、透水的基质中，及时浇水、遮阴，2～4 周生根。

（四）园林栽培

适应性强，园林栽培时对土壤及气候要求不高，但以湿润、排水良好的土壤为佳。需要充足的阳光，至少每天 6 小时以上的直射光。蓍草耐旱，但生长初期需要适量的水分，成熟后可减少浇水，为城市绿化中的“节水植物”。若水分过多，生长过于旺盛，植株过高，高茎品种梅雨季节易发生倒伏；如有积水则会烂根。

在生长季节适量施用有机肥，以促进植株健康生长。此外，定期修剪枯枝和叶片也可促进植株的健康生长。

（五）病虫害防治

可能受到白粉病和锈病的危害，可通过合理施肥、适当修剪和使用生物农药进行防治。也可能遭受蚜虫和红蜘蛛的侵害，可通过物理方法和生物农药进行控制。

四、价值与应用

蓍草花序大而独特，花期长、花色丰富、开花繁盛，耐旱、芳香，具有非常广泛的园林应用，是花坛、花境中理想的线条材料。片植能形成自然美丽的田园风光；亦适合作为边界植物，形成林缘花带；有些矮小的品种可布置岩石园。也是吸引蝴蝶和蜜蜂的良好蜜源植物。

高茎品种的蓍草可用做鲜切花；具有干制不易变形、不脱落、易染色等优点，也是制作干花的优质材料。

全草供药用，其药用价值在古代就已被认知，具有抗菌、抗炎、镇痛和促进伤口愈合等功效，用于治疗各种创伤、炎症和感染，有助于伤口愈合和控制出血。

（苏扬　夏宜平）

Aconitum 乌头

毛茛科乌头属（*Aconitum*）多年生草本植物。全球300种，国产约167种，主要分布于四川、陕西、云南。乌头俗称乌药，又名附子（乌头经炮制后的块根）、川乌。

一、形态特征与生物学特性

（一）形态与观赏特征

茎下部叶在开花时枯萎，茎中部叶有长柄。叶片薄革质或纸质，五角形，长6～11 cm，宽9～15 cm；基部浅心形3裂达或近基部，中央全裂片宽菱形；急尖，有时短渐尖近羽状分裂；二回裂片约2对，斜三角形，生1～3枚牙齿，侧全裂片不等二深裂；叶柄长1～2.5 cm。顶生总状花序长6～10 cm；下部苞片3裂，其他的狭卵形至披针形；花梗长1.5～3 cm；小苞片生花梗中部或下部；萼片蓝紫色，外面被短柔毛，上萼片高盔形，高2～2.6 cm，自基部至喙长1.7～2.2 cm；下缘稍凹，喙不明显；侧萼片长1.5～2 cm；花瓣无毛，瓣片长约1.1 cm，通常拳卷；雄蕊无毛或疏被短毛，花丝有2小齿或全缘；心皮3～5，子房疏或密被短柔毛（图1）。蓇葖长1.5～1.8 cm；种子三棱形，只在两面密生横膜翅。花期9～10月，果期10～11月。

（二）生物学特性

乌头喜温和湿润气候和充足的阳光，耐寒，怕高温积水。

二、种质资源及主栽品种

（一）种质资源

乌头属分为乌头亚属、露蕊乌头亚属及牛扁亚属3个亚属（表1）。

乌头亚属（Subgen. *Aconitum*）所含种最多，300余种，3组，我国有2组，分别是乌头组（Sect. *Aconitum*）和多果乌头组（Sect. *Sinaconitum*）。

露蕊乌头亚属（Subgen. *Gymnaconitum*）仅

图1　乌头开花及叶片

辖露蕊乌头（*A. gymnandrum*）1 个单种。

牛扁亚属（Subgen. *Paraconitum*）40 余种，分布于亚洲和欧洲，我国有 2 组，分别为独花乌头组（Sect. *Fletcherum*）和牛扁组（Sect. *Paraconitum*）。

表 1 乌头属分亚属（组）检索表

1 根为一年生直根；萼片有爪，因此雄蕊露出，上萼片船形；花瓣的唇扇形，边缘有小齿，不分裂；心皮 6 ～ 8；叶掌状全裂，全裂片细裂（西藏、四川西部、青海、甘肃）	露蕊乌头亚属
1 根为多年生直根或由 2 到数（1 ～ 10）个块根组成	（2）
2 根为多年生直根	牛扁亚属
2 根由 2 或数个块根组成；上萼片盔形、高盔形、船形或镰刀形，少数种类（岩乌头、菱叶乌头、瓜叶乌头等）近圆筒形	乌头亚属
3 叶全部基生；花莛只有 1 花；上萼片船形；花瓣的瓣片小，唇和距均不明显；心皮 6 ～ 8（西藏东南）	独花乌头组
3 叶茎生并基生，或基生叶不存在，偶尔全部基生（花葶乌头）；花数朵至多数组成总状花序；上萼片圆筒形或高盔形；花瓣有明显的唇，距存在或不存在；心皮 3	牛扁组

乌头属的演化从外部形态方面大致表现在以下诸点：①地下部分从多年生到二年生和一年生。②叶的分裂程度从小到大，从掌状深裂到掌状全裂，一回裂片从浅裂到细裂。③上萼片从船形到盔形、高盔形、圆筒形。④花瓣的瓣片从小发展到较大，从分化程度小到分化成明显的唇和有短到长的距。⑤种子表面平滑到出现膜质横翅。

我国乌头属植物分布广泛，存在着较为显著的水平地带性与垂直地带性分布规律。四川、云南、西藏交界的高寒山地是乌头属现代分布的最大的频度中心和多样性中心，东北地区是我国乌头属的第二大分布中心。

（二）主栽品种

附子的新品种选育卓有成效。四川选育的‘川药 1 号’‘川药 6 号’‘中附 1 ～ 4 号’已通过附子新品种登记。陕西和云南产区部分种植基地栽培品种以‘川药 1 号’（南瓜叶型）、‘川药 6 号’（丝瓜叶型）为主，四川产区还混杂有少量小花叶型。四川省中医药科学院系统选育的 4 个附子优良新品种正在逐步推广中。‘中附 1 号’主要示范推广应用于四川江油和雅安等地，‘中附 2 号’主要推广应用于江油，‘中附 4 号’于江油河西和漳明镇等地共推广超过 2000 hm^2。近年来，云南选育出了‘滇草乌 1 号’‘滇草乌 2 号’和‘滇草乌 3 号’3 个黄草乌新品种。

根据对乌头 3 个主产区的调查，多数药农种植的都是种一级的混杂群体，无品种之分；部分公司种植的分为品系，如附子分为“南瓜叶”“丝瓜叶”“大花叶”“小花叶”“艾叶”等品系。

三、繁殖技术

（一）播种繁殖

乌头种子一般秋季成熟，经过低温萌发，当年长出子叶，翌年春季长成完整植株，并形成附子，第三年由附子长出植株。北乌头的种子在秋季脱落时，尚为心形胚或鱼雷形胚，早期于低温湿润条件下，大约 3 个月完全长成种子出土萌发，但仅子叶顶着种皮出土，幼苗茎端一直位于地表之下，形成短缩的地下茎，与增粗肥大的根（下胚轴）一起休眠越冬。第二年幼苗抽出地上茎；同时，上一年已形成的基生叶腋芽产生不定根，并膨大成为附子；附子将于翌年形成地上茎，成为乌头植株；其上的腋芽又形成新的附子，如此不断循环生长。

乌头种子萌发需要较低的温度，温度过高则抑制其萌发。种子萌发时对光照没有严格的要求；但出苗后如果光线不足，就对幼苗生长不利。如黄花乌头（*A. coreanum*）的种子适宜发芽温度为 18 ～ 24℃，低于 15℃或超过 28℃则不能萌发。雪上一枝蒿（岩乌头）（*A. racemulosum*）种子温度高于 22℃ 时萌发则受到抑制；30℃时则完全抑制其萌发。

乌头种子发芽率及发芽势比较低，低温和赤

霉素（GA_3）能有效提高种子发芽率和发芽势。如雪上一枝蒿 4℃低温湿藏和 GA_3 500 mg/L 处理显著提高雪上一枝蒿发芽率和发芽势。黄花乌头种子经 4℃低温湿藏和 GA_3 处理均可有效解除休眠，低温湿藏 2 周效果最好。

（二）块根繁殖

块根收获之后，大的制成附子（商品），小的留种。

（三）组培快繁

将从苗端部形成的芽，在添加 6-BA 5 mg/L 的培养基培养 6 周后，繁殖率约为 7 倍。MS+ 6-BA 1 mg/L + KT 1 mg/L 可以从叶腋产生健壮的苗。后将分开的芽在添加 IAA 0.5 mg/L 的 MS 培养基、20℃、光照条件下培养 6 周，生根形成幼苗。再置于黑暗条件下培养 6 周，下方节的腋芽肥大，不定根伸长，同时形成子根。子根形成率约为 90%，平均形成 2 个子根。

四、栽培管理技术

（一）产区

四川、陕西、云南是我国乌头属药材主要栽培产区。陕西汉中、四川江油为附子的两大主产地。2006 年、2008 年，江油附子和汉中附子分别获得了国家地理标志产品保护。近 5 年，由于附子价格低迷，其主产区逐步向云南转移。目前，云南已成为我国附子最大的种植基地，四川依然是附子的加工中心。

1. 陕西产区

陕西产区主要集中在汉中的南郑、城固、勉县等地区，其中以南郑种植面积最大，达 5000 亩。南郑附子主要依托其北亚热带湿润季风气候，海拔 500 m 左右，砂壤土和黏土为主。近几年，由于附子价格下跌，种植规模有减少趋势。

2. 四川产区

四川产区主要集中在绵阳的江油市、安州区及凉山彝族自治州的布拖县。依托亚热带湿润性季风气候，海拔 800 ～ 1500 m，砂质壤土区域种植。江油常年种植面积保持在 5000 亩左右。

3. 云南产区

云南产区主要集中在丽江的玉龙、宁蒗、永胜，迪庆的德钦、维西，大理的鹤庆、宾川，昆明的禄劝、东川、寻甸，曲靖的会泽等地。在横断山区腹地，依托东亚季风气候，海拔一般在 2000 m 以上，棕红壤种植。2019 年，丽江的附子种植面积达 1.9 万亩，是云南最大的附子种植基地，大理种植面积 8000 亩左右，2020 年昆明的禄劝等产区种植面积 1200 亩。

（二）田间栽培

1. 整地施肥

选择日照充足、地势较高、土层深厚肥沃、土质疏松、排灌方便的砂壤土为宜，不可连作。前茬作物收获后，及时旋耕耙平，耙地前亩施腐熟农家肥 2000 ～ 3000 kg、油饼 100 ～ 200 kg、磷酸二铵 14 kg、三元复合肥 56 kg 作底肥，拌匀后撒施，然后深翻、耙平（一般要求耕耙 2 ～ 3 次，使土壤充分细碎平整）。栽种时，亩用磷酸二铵 6 kg、三元复合肥 24 kg 作为种肥，混匀后在行内穴施，切记化肥不能接触种块。

2. 种块选用和处理

选择倒卵形、饱满、中等大小、色泽新鲜、芽口紧包，无病虫的健壮块根，俗称“和尚头”。这样的块根出苗整齐、健壮、抗逆性强、根茎大，可加工成优质附子片，商品率较高。

栽种时将种块周围的老根剪掉一半或 2/3 以利着土，并适当晾晒 1 ～ 2 天。用甲基托布津 800 倍液或多菌灵 800 倍液浸种杀菌，浸泡 10 ～ 15 分钟捞出，晾干后即可播种。

3. 种植时期和方法

10 ～ 11 月为最佳栽培期，产区农谚“乌药（附子）不离 10 月土（农历）”，平川地区 9 月下旬至 11 月下旬，浅山丘陵区 9 月中旬至 11 月中旬种植。

犁耙平田后，开好“三沟”（排水沟，包括边沟、中沟、腰沟 3 条），沟深 20 ～ 25 cm，宽约 30 cm。要求“三沟”平整、相通，利于排水，按 1 ～ 1.2 m 宽做畦。播种时用锄头在畦面上开沟备播，行距 25 ～ 30 cm，株距 10 ～ 15 cm，每畦 3 ～ 4 行，亩用种 2 万～ 2.5 万粒，亩用种量

150 ～ 200 kg，每穴放 1 粒，芽头向上摆正、按稳，用土覆盖，覆土厚 6 cm，不宜过深。

4. 田间管理

（1）中耕除草

出苗后及时除草松土，缺苗带土补栽。以后适时中耕除草，保持整个生长期土壤疏松、无杂草。

（2）打顶摘芽

为控制地上茎叶徒长，减少养分消耗，应及时打顶摘芽。当苗高 50 ～ 60 cm、主茎长出 13 ～ 14 片叶子时，选晴天摘除主茎顶尖，摘尖 5 ～ 7 天后及时掰掉腋芽，以后每隔 10 ～ 15 天掰 1 次，连续 2 ～ 3 次。

（3）修根

这是提高附子质量的重要措施。5 月中旬用小铲把根部周围的土刨开，露出主根和子根，每窝只选留主根上的 3 ～ 4 个较大的乌头，其余小乌头全部去掉，修根后盖土压实，留种的植株不修根。

（4）追肥

4 月上中旬可亩施腐熟尿水 50 担*（有灌溉条件的也可以用水浇），可同时追施尿素 5 ～ 10 kg，每担加入尿素 100 ～ 200 g 混匀穴施。5 月上旬结合打顶，每亩施复合肥 15 kg 或油饼 50 kg。

（5）浇水

3 ～ 6 月根据土壤干湿度和天气情况，间隔 7 ～ 10 天灌溉 1 次，保持土壤正常湿度，以利根系生长发育，提高产量。

（三）病虫害防治

乌头病害较重，忌连作；商品田最多只能连作 2 年，应实行轮作。可以安排水稻、玉米、蔬菜为前茬作物，不宜选择白绢病危害严重的作物，如豆科、茄子、地黄、玄参、白术等为前茬。下种后可在畦面上种菠菜、小白菜，翌年早春乌头出苗前菠菜或小白菜可全部收获。7 月下旬至 8 月上旬乌头收获后，可抢种一季白菜，可以减少病虫害的发生。乌头主要感染以下病虫害。

1. 根腐病

4 ～ 7 月发生，危害根部，地上部植株萎蔫，叶片下垂，严重时病株死亡。4 月下旬至 5 月上旬，可选苯醚甲环唑、代森锰锌、甲基硫菌灵、三唑酮（4 种药剂任选 1 种）进行喷雾防治，交替使用。

2. 白绢病

病原为真菌，乌头植株感染后块根开始腐烂，叶片由下到上逐渐变黄。发病初期叶片萎蔫下垂，严重时地上部分倒伏，叶子青枯，但茎不折断，母根仍与茎连在一起。发病初期，将病株和病土挖起带出去深埋并用生石灰撒施或 50% 多菌灵 1000 倍液淋病株附近的健壮植株，防止病害蔓延。

3. 叶斑病

病原为乌头壳针孢菌，俗称“麻叶病”，基部叶片先发病，逐渐向上部叶片延伸。危害初期在叶片上呈现针头大小的褐色斑点（网形或卵圆形斑块），具轮纹状，后期病斑上产生小黑点。注意提早预防，3 月底开始第 1 次用药，每 10 天喷 1 次，连喷 3 次。药剂可用 80% 甲基托布津 1000 ～ 1200 倍液，或 65% 代森锰锌 500 倍液喷雾防治。

4. 虫害

用敌百虫液拌青菜叶和炒香的麸皮做成毒饵，防治地老虎、蝼蛄等地下害虫。用 95% 敌百虫 1000 倍液于傍晚时喷雾，可防治钻心虫和蚜虫。

五、价值与应用

蓝紫色的乌头在宿根花卉中比较少见，很受花境设计者青睐；直立的花枝也可剪作切花之用。

乌头的侧根（子根）加工品入药为附子，具

* 1 担 = 45 ～ 50 kg。

有回阳救逆、补火助阳、温中止痛、散寒燥湿的功效，主治亡阳虚脱、风寒湿痹、坐骨神经痛、腹中寒痛、跌打剧痛等症状。以四川江油、陕西汉中种植历史悠久。甘肃、湖北等地近年也引种成功。汉中市为全国乌头生产的重要基地，产量大，质量好，最高年收购量 450 万 kg，为当地中药材的骨干品种之一。一般亩产鲜药 1000 kg 左右，高产田可达 1500 kg，干鲜比为 1 ： 3。每亩可收干品 300 ～ 500 kg，扣除生产成本 1500 元，纯收入可达 3000 ～ 5000 元。

（周丽霞　吴学尉）

Actaea 类叶升麻

毛茛科类叶升麻属（*Actaea*）多年生草本植物。之前的升麻属（*Cimicifuga*）现已并入该属。合并后该属有27种，分布于欧洲、亚洲及北美洲，我国有10种。属名 *Actaea* 意指喜湿的习性及多回羽状叶；英文名 baneberry（毒果）和 bugbane（驱虫）正是其果实与根茎具毒的写照。园林应用则比较晚。

一、形态特征与生物学特性

（一）形态与观赏特征

根状茎粗大，木质化。茎直立，丛生状。二至三回羽状复叶互生，小叶宽卵形至狭披针形，全缘至具重锯齿。稠密的总状花序顶生或分枝形成圆锥花序。小花小，3～4 mm，单性，雌雄异株；花瓣小或缺失，白、乳白、淡黄或粉色；花丝远长于花瓣。蓇葖果或浆果。

（二）生物学特性

生于林下、林缘及溪流边。喜斑驳光，喜潮湿土壤，耐寒。

二、种质资源与园艺分类

园林常用的有3种及其品种。从观赏角度分可分为两大类，一为观花（蓇葖果）类，一为观果（浆果）类（Armitage，2008；Graham，2012）。

（一）观花类

1. 总序类叶升麻 *A. racemosa*

也称黑升麻。株高70～250 cm。二至三回三出复叶，小叶20～70枚，顶端小叶卵圆形或倒卵圆形，3裂，缘具深齿或深裂；其他小叶缘具齿且不规则浅裂。4～9枝总状花序组成直立的圆锥状，长10～60 cm；花萼4，白色至白绿色；花瓣白色，短小；雄蕊多数，花丝白色，长0.5～1 cm（图1）。花期6～9月。

原生于北美洲东部林下及林缘等处。该种是应用最广泛的一个，极耐寒；花期夏季，高耸而密集的尖顶花序，使人们无法忽视。该种提取物主要用于治疗焦虑症，因此也常作为药材种植（Armitage，2008；Graham，2012）。

2. 单穗升麻 *A. simplex*

株高90～120 cm。二至三回三出近羽状复叶，小叶约27枚，窄卵形或菱形，长4.5～8.5 cm，3深裂或浅裂，具锯齿。总状花序长60～90 cm，纤细，不分枝或下部具短分枝；花瓣缺失，萼片、雄蕊均白色（图2）。花期8～9月。原产于我国中西部至东北亚（Graham，2012）。

2a. 暗紫品种群 Atropurpurea Group

包括单穗升麻种下所有具有暗紫色叶片的品种。由德国的恩斯特·佩格斯（Ernst Pagels）培育并推出，如‘Black Neeligee’‘Brunette’‘Chocoholic’和‘James Compton’等（图3），主要区别在于叶色的深浅；当然，这个性状也会随着生境有变化。

（二）观果类

3. 白果类叶升麻 *A. pachypoda*

种加词 *pachypoda* 意为“粗足”，指花梗变粗。株高60～90 cm。二至三回羽状复叶，长可达40 cm；小叶约27枚，菱形或椭圆形，最顶端小叶3裂。穗状花序，长5～10 cm，稀有

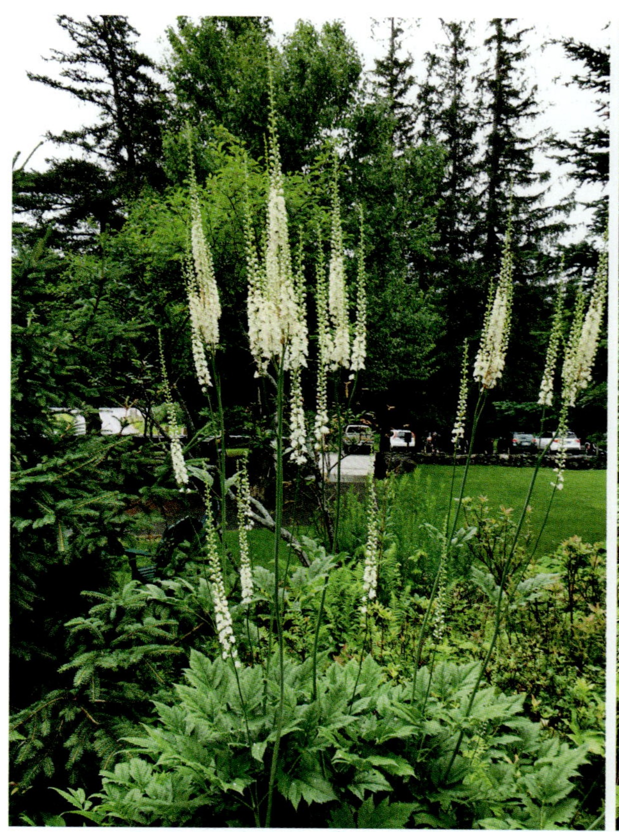

图 1 总序类叶升麻（Franwich 摄）

图 2 单穗升麻（Hsiangai 摄）

分枝；花瓣白色，蜜腺状。随着果实成熟，艳红色的果梗变粗，特别是基部膨大；浆果白色，一直在枝头宿存到深秋；柱头痕在果实顶端留有椭圆形黑斑，该种也被称为贝贝之眼（doll's eye）。

有红果变型（f. *rubrocarpa*）（图 4、图 5）。花期 5～7 月。分布于东北美洲。

4. 红果类叶升麻 *A. rubra*

形态与白果类叶升麻相似，但该种叶片较白果类叶升麻的毛更密，果艳红色，果柄不变粗。

该种也有白果变型（f. *neglecta*）。在北美洲广泛分布。

三、繁殖与栽培管理技术

（一）播种繁殖

陈种子发芽困难，故宜随采随播；或采收后，于室外湿沙层积处理，翌年春播；或将播种后的湿润种子盘置于 21℃下 3 周，然后移至 -2～-1℃约 5 周，之后移至 4～10℃环境中萌发；或先在 25℃的黑暗条件下将种子层积两周，然后在 4℃黑暗条件下贮藏 3～4 个月，后在 25℃的 16 小时光照周期下培养出苗。播种苗需要 2～3 年方可开花（Armitage，2008；Bhavneet，2013）。

（二）分株繁殖

春季萌动前后可进行分株繁殖。

（三）园林栽培

1. 基质

以深厚而富含腐殖质的中性至微酸性土为好。

2. 水肥

多喜排水良好的湿润土壤，忌积水（特别是冬季），不耐旱。故需保持基质潮湿。施肥以有机肥为好。

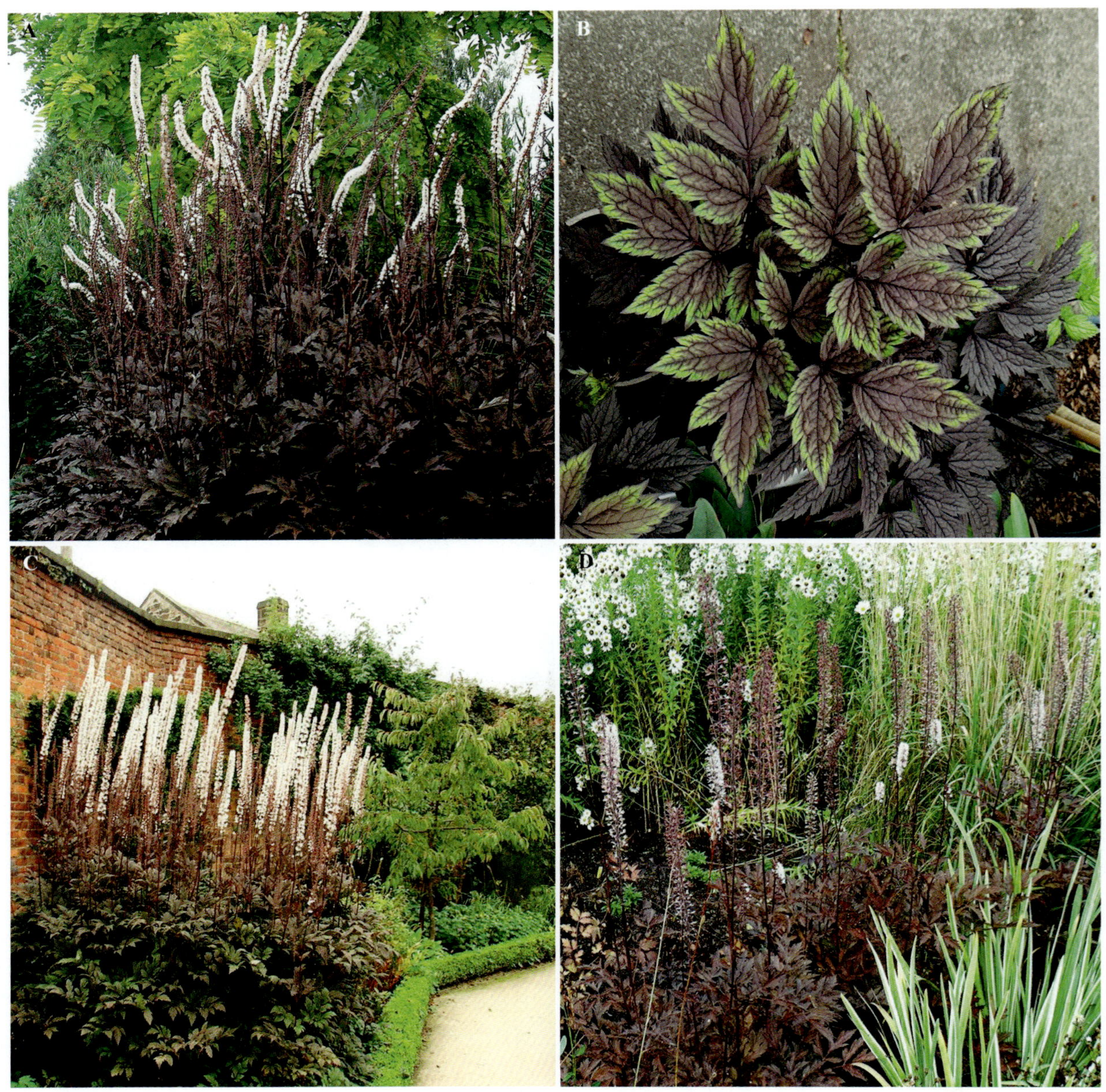

图 3　单叶升麻暗紫品种群

注：A.'Black Negligee'；B.'Chocoholic'；C.'Brunette'；D.'James Compton'。

3. 光照

喜林下或林缘的斑驳阳光，忌强光长期照射。

4. 修剪及越冬

观花类花后应及时修剪果序，以促根叶生长（需采收种子者除外）；入冬前修剪枯枝叶。耐寒性强，冬季无须保护。

（四）病虫害防治

时有蚜虫、蛞蝓和蜗牛危害，常规防治即可。

四、价值与应用

较稠密的大型二至三回羽状叶丛、挺拔的白色花序或光亮明艳的果实，无不吸引人们的眼球。极耐寒，是北方阴湿环境的良好地被及景观材料，常用于自然景观的林下、林缘、花境及溪流湖岸等处。

其药用功能早被先民们发现并应用，如美洲印第安人将有毒的果汁涂抹于箭头上，制成毒

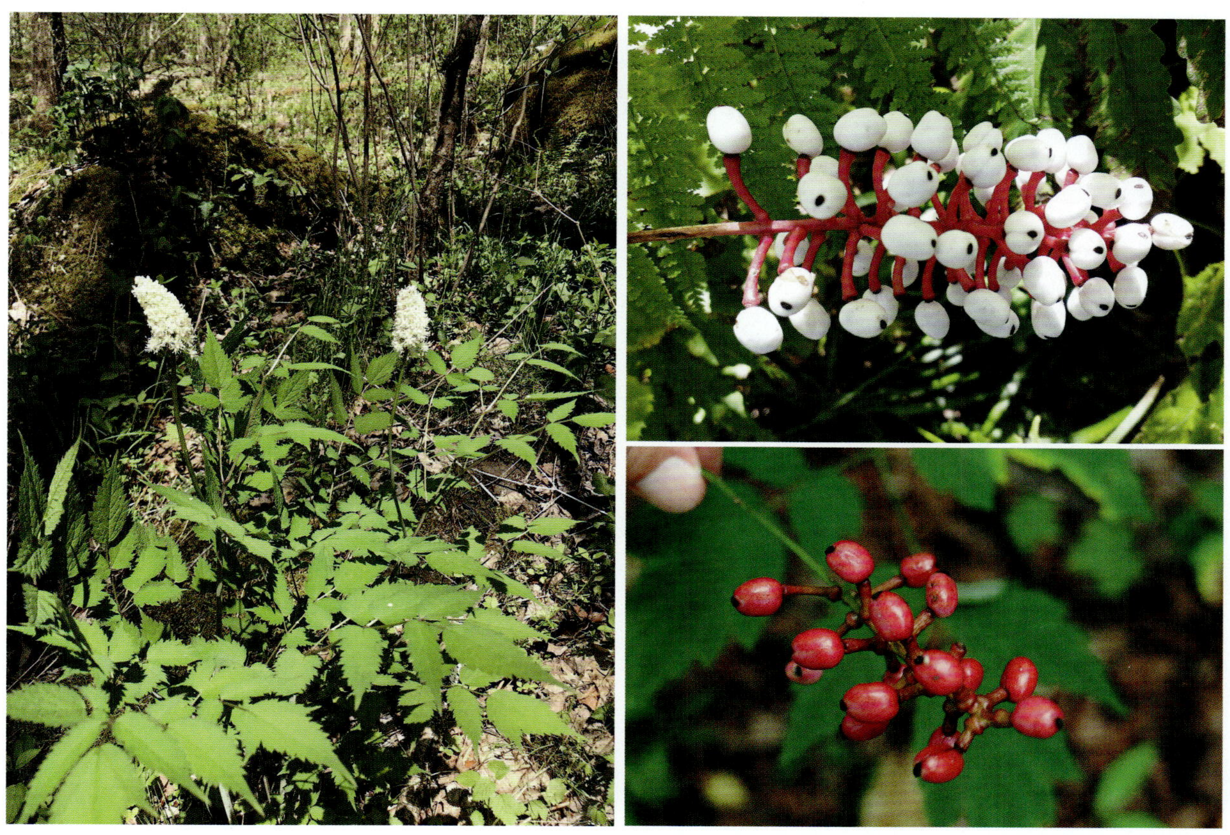

图 4 白果类叶升麻（James M 摄）

图 5 白果类叶升麻果序（Bourgault P 和 Hough M 摄）

图 6 红果类叶升麻（Miskelly K 摄）

图 7 红果类叶升麻白果变型（Tilley D 摄）

箭；在我国，升麻的根茎则是传统中药，具有发表透疹、清热解毒、升举阳气的功效；古人则将植株干燥磨粉后，填充于枕芯、床垫等以防虫蛀；近年来，发现该属物种含有影响人类激素系统的物质，可以显著减轻妇女更年期的症状（Armitage，2008；Graham，2012）。

（李淑娟）

Adenophora 沙参

桔梗科沙参属（*Adenophora*）多年生草本。全世界65种，主要分布于欧亚大陆温带地区；我国分布约40种，主要分布于四川、云南、贵州及东北一带。

一、形态特征与生物学特性

（一）形态与观赏特征

肉质根粗大。叶互生、对生或轮生。总状花序或圆锥花序，花蓝色、浅蓝色或白色。萼管与子房贴生，倒卵形或近球形，5裂；花冠钟状，5浅裂（图1）；雄蕊5，离生；子房下位，3室，胚珠多数，着生于中轴胎座上；花柱基部有深杯状的花盘或腺体。蒴果由基部开裂，种子卵形。

本属与风铃草属（*Campanula*）最近缘，区别仅仅在于本属植物在雄蕊与花柱之间有一个筒状或环状的花盘。本属植物起源较晚，变异大，不稳定；营养器官的性状，如叶形、被毛等，更是变化多样，甚至连叶轮生或互生这样的性状，在本属都难作分类的可靠依据。

（二）生物学特性

本属不少种类个别植株的部分花有无融合结籽的生殖方式，这种花的花萼裂片短而宽，花冠不开放、花冠空瘪而结籽，果实呈圆球状。

常见于草地、灌丛中，喜生于岩石上或多石的环境中。

二、种质资源

1. 展枝沙参 *A. divaricata*

株高30～80 cm。茎生叶3～4片轮生，极少稍错开；叶片菱状卵形、狭长圆形、狭卵形或披针形。圆锥花序顶生，宽塔形，花序中部以下的分枝轮生，中部以上的互生。花冠钟形，长1.8～2.6 cm，蓝紫色，花柱多伸出花冠。花期7～9月。生于海拔500～1500 m，常见于林下、灌丛、草地。

2. 杏叶沙参 *A. hunanensis*

株高30～80 cm。茎生叶互生，无柄或近无柄；叶片狭卵形、菱状狭卵形或矩圆状狭卵形。花冠深蓝色，钟状，长1.5～2.3 cm，大而疏散的圆锥花序；花柱与花冠近等长。花期7～9月。生于海拔1500 m以下，常见于山坡草地或林缘草地。

3. 石沙参 *A. polyantha*

株高20～70 cm。茎生叶互生，无柄；叶片薄革质或纸质，披针形至狭卵形。花序不分枝或下部有分枝，呈圆锥状，花常偏于一侧。花冠蓝色，钟状，长1.5～2 cm，花柱与花冠近等长或伸出。花期8～10月。生于海拔2000 m以下，常见于阳坡开阔草地。

4. 轮叶沙参 *A. tetraphylla*

株高50～100 cm。茎生叶3～6片，轮生；叶片卵形、椭圆状卵形、狭卵形或披针形。花序狭圆锥状，花冠钟形，长1～1.5 cm，蓝色或蓝紫色，花柱明显伸出花冠，长为花冠的1.5倍以上。花期6～8月。生于海拔1500 m以下，常见于草地、灌丛。

5. 多歧沙参 *A. wawreana*

株高50～120 cm。茎生叶互生，有柄；叶片卵形、狭卵形或披针形。圆锥花序长达45 cm，分枝斜展，花冠蓝紫色，钟状，长1.2～

图 1　沙参观赏特征

1.8 cm，花柱伸出或与花冠近等长。花期 6 ～ 8 月。生于海拔 2000 m 以上，常见于阴坡草丛或灌木林中，多生长在砾石中或岩石缝隙中。

三、繁殖与栽培管理技术

（一）播种繁殖

1. 种子的采收与保存

种子成熟期在 8 月下旬至 10 月中旬之间。采种时，选取发黄、干燥的蒴果，拨开果皮，将种子分别放置于写好植物名称标签的采集袋中；待种子自然干燥后放入种子瓶，保存于 4℃环境条件。新收的种子应在入冬前进行湿藏处理或采用干种子直播。种子可以与清洁细河沙混合后埋入地下越冬，以促进种子后熟。

2. 播种

春播或秋播。春播在 4 月下旬至 5 月上旬，秋播一般在 9 月中旬。选择疏松、肥沃的砂壤土，并具备有一定遮阴的小环境。播种地块要求施足底肥并混一定量的甲胺磷防治地下害虫。条播行距 40 ～ 50 cm，沟深 0.8 ～ 1.2 cm，种子与细河沙混合，均匀撒于沟内，覆土 0.5 ～ 0.7 cm。撒播可将种子均匀地撒于土面，耙平，使种子与土贴紧，不必覆土。一般 8 ～ 12 天出苗。幼苗具 3 ～ 5 片真叶时进行间苗。

3. 移栽

移栽的时间一般为 6 月中旬至 7 月上旬。新移苗周围的土壤要充分压实。沙参属植物主根发达，多年生肉质根肥大而较长。因此，挖坑要深，尽量避免伤害主根；挖后立即运回，带土坨移栽。按 20 cm × 30 cm 的株行距定植。移苗的土壤湿度以土壤含水量 60% ～ 65% 为宜。移苗后 7 ～ 10 天内不浇水，以利于移苗造成的根的伤口愈合。栽植后立即浇水，并适当遮阴 5 ～ 7 天，以后即可进行常规栽培管理。

（二）埋根繁殖

于 6 ～ 8 月，选取生长健壮、无病虫害的多年生沙参植株，挖掘其粗大肉质根以 30 cm × 40 cm 株行距斜插在扦插床，上端稍低于土面，扦插土壤含水量 50% ～ 60% 为宜。15 ～ 20 天即可生根、发芽并长出幼苗。

（三）园林栽培

1. 种植季节

可以在秋季（9 ～ 10 月）或春季（3 ～ 4 月）播种。秋播有利于种子越冬，而春播则有助于种子发芽。

2. 整地施肥

选择土层深厚、土质疏松肥沃、向阳、排水良好的砂壤地或淤沙地。深翻土壤 50 cm 以上，施入有机肥和适量的磷钾肥。

3. 田间管理

幼苗期需要进行松土和除草，以促进健康生长。同时，根据植株生长情况适时追肥。

4. 采收

一般在秋分至寒露季节采收。挖出的根茎应清洗干净，去除芦头以上部分，然后晒干或烘干保存。

（四）病害防治

常见的病害有根腐病、褐斑病和锈病等。发现病害后应及时采取措施，如使用退菌特等药剂进行喷雾防治。

四、价值与应用

沙参属植物花期长、花大、钟状，常悬垂，花常为蓝色或浅蓝色，属于少见的蓝色花卉。圆锥花序舒展或紧缩，整体宛如一串串风铃，观赏价值较高。沙参属野生花卉在园林景观设计中可用于布置花台、花境和点缀石景园等。茎、叶翠绿挺拔，可作地被材料。

轮叶沙参等可供药用，含沙参皂苷，有润肺、止咳的功效。根肥厚肉质，味甜，可充饥或作补充食品之用。

（牛玉璐　吴学尉）

Adiantum 铁线蕨

凤尾蕨科铁线蕨属（*Adiantum*）多年生草本植物。因茎细长且颜色似铁丝，故名铁线蕨。全属约200种，从冷温带到热带。大多数在南美洲；我国有34种，台湾、福建、广东、广西、湖南、湖北、江西、贵州、云南、四川、甘肃、陕西、山西、河南、河北、北京等地都有分布。钙质土指示植物，栽培最普及的蕨类植物之一。

一、形态特征与生物学特性

（一）形态与观赏特征

株高15～40 cm，根状茎细长横走，密被棕色披针形鳞片。叶远生或近生；柄长5～20 cm，纤细，栗黑色，有光泽，叶片卵状三角形，长10～25 cm，宽8～16 cm；尖头，基部楔形，中部以下多为二回羽状，中部以上为一回奇数羽状。羽片3～5对，互生斜向上，有柄（长可达1.5 cm），各回羽轴和小羽柄均与叶柄同色，往往略向左右弯曲。孢子囊群每羽片3～10枚，横生于能育的末回小羽片的上缘；囊群盖长圆形、长肾形或圆肾形，上缘平直，黄绿色，老时棕色，膜质，全缘，宿存，孢子周壁具粗颗粒状纹饰。

（二）生物学特性

生于溪边山谷湿石上，喜温暖、湿润和半阴环境，不耐寒，忌阳光直射。喜疏松、肥沃和含石灰质的砂质壤土。盆栽时培养土可用壤土、腐叶土和河沙等量混合而成。生长适温为13～22℃，越冬温度为5℃。

二、种质资源

1. 白背铁线蕨 *A. davidii*

株高20～30 cm；根茎细长横走，被卵状披针形鳞片。叶疏生；叶柄长10 cm，深栗色，基部被与根茎相同的鳞片；叶片三角状卵形，长10～15 cm，三回羽状。羽片3～5对，复叠，扇形，顶部圆。叶脉多回二歧分叉。叶干后坚草质，上面草绿色，下面灰绿或灰白色。孢子囊群每末回小羽片1～2枚；囊群盖肾形或圆肾形，褐色。

2. 半月形铁线蕨 *A. philippense*

株高15～50 cm；根茎短而直立，被褐色披针形鳞片。叶簇生；叶柄长6～15 cm，栗色，有光泽；叶片披针形，长12～25 cm，奇数一回羽状。羽片8～12对，互生，对开式半月形或半圆肾形，基部不对称（图1）。能育羽片近全缘或具2～4个浅缺刻或微波状；不育羽片波状浅裂。叶脉多回二歧分叉。叶干后草质，草绿色或棕绿色；羽轴、羽柄与叶柄同色，叶轴顶端鞭状，着地生根。孢子囊群每羽片2～6枚；囊群盖线状长圆形，褐色或棕绿色。

3. 鞭叶铁线蕨 *A. caudatum*

株高15～40 cm；根茎短而直立，被全缘鳞片。叶片披针形，长15～30 cm，一回羽状。裂片线形，全缘。羽片28～32对。叶脉多回二歧分叉，两面可见。叶干后纸质，褐绿色或棕绿色；叶轴顶端鞭状，着地生根（图2）。孢子囊群每羽片5～12枚；囊群盖圆形或长圆形，褐色。

4. 铁线蕨 *A. capillus*

常散生或成片生长，较低矮，株高10～30 cm；根状茎横走。小叶常中裂至深裂；孢子囊群长条形。叶薄草质；叶柄栗黑色，仅基部有鳞片；叶片卵状三角形，中部以下二回羽状，小羽片斜扇形或斜方形；叶脉扇状分叉（图3）。孢子囊群生于由变质裂片顶部反折的囊群盖下面；囊群盖圆肾形至矩圆形。

5. 掌叶铁线蕨 *A. pedatum*

根状茎直立或横卧。叶簇生；柄栗色或棕色。叶片阔扇形，由叶柄的顶部二叉成左右两个弯弓形的分枝，每个分枝上侧具4～6片一回羽状的线状披针形羽片。孢子囊群横生于裂片先端的浅缺刻内；囊群盖长圆形或肾形，淡灰绿色或褐色。

6. 扇叶铁线蕨 *A. flabellulatum*

株高20～45 cm。根茎短而直立。叶簇生；叶柄长10～30 cm，紫黑色，上面有纵沟；叶片扇形，长10～25 cm，二至三回不对称2叉分枝；能育部分具浅缺刻，不育部分具细锯齿；叶脉多回二歧分叉；叶干后近革质，栗色或褐色；各回羽轴及小羽柄均紫黑色（图4）。孢子囊群每羽片2～5枚；囊群盖半圆形或圆形，革质，黑褐色。

三、繁殖与栽培管理技术

（一）孢子繁殖

选取成熟的叶片，将其背面成熟的孢子剪下收集起来。育苗基质常用配方为腐殖土：壤土：河沙按6∶2∶2的比例混合。以上各原料必须过筛后拌匀，蒸汽灭菌后才能使用。待床土水分渗透后，将孢子粉均匀撒播于床面上，不要覆土，可稍稍淋水，使孢子与土面相接。播后在床面覆盖地膜，保温保湿。光线以散射光为宜，切忌暴晒。光照时间每天要在4小时以上。床土温度控制在25～30℃，温度低于15℃或高于

图1 半月形铁线蕨

图2 鞭叶铁线蕨

图 3 铁线蕨

图 4 扇叶铁线蕨

35℃时孢子萌发受阻。约 1 个月孢子可萌发为原叶体，待长满盆后便可分植。从播种到出叶需要 2 ～ 3 个月。

（二）分株繁殖

在室内四季均可，但一般在早春结合换盆进行。将母株从盆中取出，切断其根状茎，使每块均带部分根茎和叶片，然后分别种于小盆中。根茎周围覆混合土，灌水后置于阴湿环境中培养，即可获得新植株。

（三）种苗培育

1. 换穴盘

目前，生产企业多以购入专业化生产企业的种苗为主，刚购入的种苗多为 288 孔穴盘苗，需要马上移栽到 72 孔或 50 孔的穴盘里培养。上穴盘前，穴盘格内先铺好基质。栽植时，1 棵苗 1 个穴，根茎栽植深度为 1.5 ～ 2.5 cm。要用木棍挖出一个小洞，植入植株，这样可使小苗周围的土壤松软，栽后要及时浇水。种苗期一般不需要施肥，但要注意加湿，一天内要喷洒两次水。适宜的环境湿度为 90% 左右，温度在 15 ～ 25℃之间，同时控制光照在 10000 lx 以下。25 ～ 30 天，当种苗的叶子可以盖住穴口，植株拔出后其根部已经成为饱满团状的时候，可以进行移盆。移盆后的铁线蕨就进入幼苗期的管理。

2. 上盆

把 72 孔或 50 孔铁线蕨种苗移栽到口径 10 cm 或 12 cm 的花盆中，栽培基质同上，栽培时要不露根系，且根系四周要用手轻轻压实。栽后要及时浇 1 次透水。

3. 环境管理

棚室内温度一般在 15 ～ 28℃比较适宜。气温在 20℃左右时，保持室内的自然环境即可，温度在 28℃以上时生长不佳；若气温达到 30℃以上时，必须进行人工增湿降温。一般可以打开风机和水帘强制降温，也可以用高压喷雾系统降温，铁线蕨可适应的最低温为 10℃。

幼苗期适宜的空气相对湿度为 80% ～ 90%。在炎热的夏季和干燥的冬天，尤其在供暖期间，室内空气更加干燥，要注意室内的加湿。当湿度过高时，也要及时排风降湿。

生长的初期要防止光照过强，多遮阴，避免强光直射，种苗适宜反射光和散射光。光照强时可用 70% 的遮阳网，光线暗时打开遮阳网。但如果光线长期不足，则容易发生植株徒长，茎叶过于纤细，易倒伏。

4. 水肥管理

刚刚上盆的幼苗不要马上施肥，以浇水为主，最好在早晨进行。1 周以后，苗高 5 cm 左右时，再采用以氮肥为主的营养液淋施，一般用花多多 30 ： 10 ： 10 的肥料，稀释 2000 倍液，每 5 ～ 7 天淋施 1 次。所施的营养液不要太多，只需湿透土壤即可，施肥的浓度可以随着苗的长大适当地提高，其根系的发育才足够粗壮。

（四）成苗栽培

1. 上盆

当苗高 15 cm 时，根系已经长满盆，就要考虑换盆，以利于根茎进一步生长，提高观赏性和价值。一般选择盆口径 16 cm 或 18 cm 的塑料花盆，栽培基质同幼苗期的栽培基质，不露根系，根系四周要压实，栽后浇透水。

2. 环境管理

温度的控制同幼苗期温度即可，但要注意通风。

光照的控制同幼苗期光度的控制，也可略高于幼苗期的光照，一般最好控制在 15000 lx 范围内；光照过强，叶片易发黄，生长缓慢。

空气相对湿度控制在 80% 左右即可，在炎热的夏天可以一天喷两次水，既可增加空气湿度，又能使空气新鲜。

3. 水肥管理

一般在移栽后要及时浇水，促使种苗萌发新根。浇水也不要过于频繁，以见干见湿为主，切忌干盆，每天叶面喷水 2 ～ 3 次。换盆 1 周后每周施 1 次营养液，肥料的品种以花多多 30 ： 10 ： 10 和 20 ： 10 ： 20 两种交替进行。充足的氮肥会使植物生长旺盛；施肥不足，会使铁线蕨植株老叶呈灰绿色并逐渐变黄，叶片细小。总之，施配应薄施、勤施，逐渐增加肥料的浓度。此时的肥料浓度可控制在 1000 ～ 1500 倍液。

4. 换盆及修剪

叶丛过密会导致生长衰弱，叶片发黄，应及时分株繁殖或换盆。叶丛过密不利于新叶萌发，可于秋季适当修剪，去掉一些老叶黄叶，以利保持植株的清新优美。

（五）病虫害防治

1. 灰霉病

主要危害植株的茎和叶。发病时茎叶呈水浸状腐烂，严重时整株枯死。提高室内温度，注意通风透光，降低湿度，定期喷药，以预防为主。一旦发现病害，应立即用 50% 多菌灵 500 倍液或 70% 代森锰锌 500 倍液喷雾，7 ～ 10 天喷 1 次，连续 2 ～ 3 次，注意交替用药，以防产生抗药性。

2. 叶枯病

初期可用波尔多液防治，严重时可用 70% 甲基托布津 1000 ～ 1500 倍液防治。

3. 介壳虫

铁线蕨常见虫害，在温暖湿润环境、通风不良时容易发生。将 3% 呋喃丹颗粒剂或 1% 铁灭克颗粒剂埋于根周围基质内，一般直径 10 cm 的盆施药 2 ～ 5 g，也可以在若虫期用 40% 氧化乐果乳油剂 1000 倍液喷杀。

四、价值与应用

铁线蕨茎叶秀丽多姿，形态优美，株型小巧，极适合小盆栽培和点缀山石盆景，淡绿色薄质叶片搭配着乌黑光亮的叶柄，显得格外优雅飘逸。小盆栽可置于案头、茶几上；较大盆栽可用以布置背阴房间的窗台、过道或客厅，能够较长期供人观赏。叶片还是良好的切叶材料及干花材料。也可用作庭院绿化或成片种植于假山、水池边。

全草可入药，其味甘、淡，有清热解毒、利尿通淋等作用。用于治疗肺热咳嗽、跌打损伤等多种疾病。

（吴学尉）

Agastache 藿香

唇形科藿香属（*Agastache*）多年生高大草本，全株有香气。现有22种，分布于世界各地。藿香（*A. rugosa*）是国内两种药用藿香之一。药用藿香具有芳香化湿、祛暑解表的功效，被历代医家视为暑湿时令之要药，在临床上应用广泛。

一、形态特征与生物学特性

（一）形态与观赏特征

叶具柄，边缘具齿。花两性。轮伞花序多花，聚集成顶生穗状花序。花萼管状倒圆锥形，直立，具斜向喉部，具15脉。花冠筒直，逐渐而不急骤扩展为喉部，微超出花萼或与之相等。冠檐二唇形，上唇直伸，2裂；下唇开展，3裂，中裂片宽大，平展，基部无爪，边缘波状，侧裂片直伸。雄蕊4，均能育，比花冠长许多，后一对较长，向前倾；前一对直立上升。药室初彼此几平行，后来多少叉开。花柱先端短2裂。花盘平顶，具不太明显的裂片。小坚果光滑，顶部被毛。

（二）生物学特性

喜温暖湿润和阳光充足环境，年平均气温19～26℃的地区较宜生长，温度高于35℃或低于16℃时生长缓慢或停止。喜欢生长在湿润、多雨的环境，怕干旱，要求年降水量达1600 mm以上。幼苗期喜雨，生长期喜湿度大的环境。苗期喜阴，需搭棚或盖草，成株可在全光照下生长。根比较耐寒，在北方能越冬，翌年返青长出新叶；地上部分不耐寒，霜降后大量落叶，逐渐枯死。怕干燥和积水，对土壤要求不严，宜疏松肥沃和排水良好的砂壤土。

二、种质资源

1. 茴藿香 *A. foeniculum*

株高35～80 cm，茎直立，多分枝，叶片狭长心形，对生，叶缘呈粗锯齿状，有明显的叶脉，叶质柔软，轻揉叶片可闻到茴香的气味。轮伞花序多花，在主茎或侧枝上组成顶生密集的圆筒形穗状花序，花色紫色或白色（图1）。花期6～9月，果期9～11月。

2. 藿香 *A. rugosa*

茎部细柔毛，下部无毛。叶心状卵形或四棱形。花冠呈淡紫蓝色（图2）。果成熟后呈现坚果卵状长圆形。藿香在我国各地广泛分布，主要分布于四川、江苏等地；广东肇庆、高要及西江周边地区为藿香的道地产区。藿香喜高温，忌严寒，忌干旱，喜雨量充沛湿润的环境。

三、繁殖与栽培管理技术

（一）播种繁殖

多用种子繁殖，当年播种，收获为新藿香。北方春季播种在4月中下旬育苗，撒播或条播，湿润畦面撒基肥，整平耙细后播种。

撒播　将种子拌细沙或草木灰，均匀地撒在畦面上，用薄板轻轻拍打畦面，使种子与畦面紧密接触，覆土厚度1 cm。

条播　顺畦按行距25～30 cm开浅沟，沟深1～1.5 cm，浇透水，将种子拌细沙均匀地撒入沟内，覆土1 cm，稍加镇压。

育苗播种量2～4 g/m^2，每亩田地用种量500～800 g。最后畦面覆盖薄膜保温保湿。

当苗高12～15 cm、4～6片真叶时按株距

图 1　茴藿香

25 cm、行距 40 cm 定植。选择阴天浇稀薄粪水，每亩定植 6000 ～ 7000 株，定植后浇透定根水。当年春播的 7 月中旬开花。

（二）分株繁殖

宿根移栽（老藿香）极易成活，宿根在翌年 5 月出苗，用剪刀紧贴地面剪掉冬季枯死的地上残茎，然后浇 1 次稀薄粪水，促进新苗生长。到苗高 9 ～ 15 cm 时，即可将苗挖起，带土移栽大田，应于雨天或阴天随挖随栽，成活率高。移栽株行距 30 cm × 35 cm，每亩栽 6000 株。栽好后立即浇 1 次稀薄的粪水，促进成活。宿根生长的藿香高达 70 ～ 90 cm。宿根移栽 6 月底至 7 月初始花。

图 2　藿香

（三）园林栽培

1. 整地播种

选择排灌、管理方便、肥力中上的壤土或砂壤土设立苗床。结合翻耕施腐熟栏粪 22.5 t/hm^2 作基肥。开沟敲细土垡，整成边沟 1.5 m 宽的龟背形苗床，用腐熟人粪尿 7.5 t/hm^2 浇湿畦面。将种子拌细沙或草木灰均匀撒于畦面后，用细泥：草木灰 =1 ： 0.5 的肥土覆盖约 1 cm 厚。用竹片或小树枝在畦面上间隔约 80 cm 架成小拱形，盖上薄膜保温育苗。一般每公顷田地需要苗床 120 ～ 150 m^2、种子 2.25 ～ 2.7 kg。

2. 温度管理

气温保持在 20 ～ 25 ℃时，10 ～ 15 天出苗，出苗率达 70% 时，揭去薄膜，适宜生长温度 18 ～ 25 ℃。当年春播的藿香在苗高 12 cm、主茎有 5 对叶子时，基部的叶腋开始发生分枝。6 月以后气温升高，雨季来临，藿香进入旺盛生长期。

3. 水肥管理

藿香茎叶均作药用，施肥以“全肥”为好

（包括氮、磷、钾），如人畜粪、油饼等。第1次追肥在苗高3 cm松土后每平方米施腐熟稀薄人畜粪水1.5～2 kg；以后分别在苗高7～10 cm、15～20 cm、25～30 cm时，中耕除草后，每次每亩施腐熟人畜粪水1500 kg或施磷酸二铵10～12 kg。施肥后应浇水，封垄后不再追肥。旱季要及时浇水，抗旱保苗；雨季及时疏沟排水，防止积水引起植株烂根。

4. 中耕除草间苗

当苗高3 cm，及时间去过密苗，使幼苗营养面积约4 cm^2；或进行分苗，株距6～8 cm。穴播的藿香每穴留3～4株，条播可按株距10～12 cm间苗，两行错开定苗。缺苗要在阴天补栽，栽后浇1次稀薄人畜粪水，以利成活。第一次收获前中耕除草2～3次，分别在苗高3 cm、12～15 cm、21～24 cm时进行。苗高25～30 cm时第2次收割后培土6 cm护根。

5. 排水抗旱

藿香喜微潮土壤环境，在播种、移栽后，如遇干旱无雨，应及时浇（灌）水抗旱护苗；多雨天气及灌水后，应及时清沟排水，以防积水，引起烂根。

（四）病害防治

1. 根腐病

此病多发生于夏季多雨季节，病株从根部和根状茎处发生腐烂，逐渐延至地上部，使皮层变褐色，最后枯萎而死。拔除病株并集中烧毁，再在病穴上撒入石灰消毒，或用50%甲基托布津800倍液、或50%多菌灵500倍液浇灌病穴。

2. 枯萎病

此病在6月中旬至7月上旬发生，最初病株叶片及叶梢部下垂，青枯状，最后根部腐烂，全株枯死。①藿香收获后，清除病残株，集中烧毁，消灭越冬病原菌。雨后及时疏沟排水，降低田间湿度。②叶面喷施磷酸二氢钾，提高植株抗病力。③发病初期拔除病株并用50%多菌灵500倍液，或50%甲基托布津800倍液，或40%多菌灵胶悬液500倍液浇灌病穴及邻近植株根部，防止蔓延。

3. 角斑病

主要危害叶片，多雨季节发生，开始时呈水浸状病斑，以后逐渐扩大为多角形褐色病斑，严重时叶片干枯脱落，造成减产。发病初期用1∶1.5∶120倍波尔多液，或72%农用链霉素1000倍液、或77%可杀得500倍液喷雾防治，7～10天喷1次，连喷2～3次。

4. 褐斑病

真菌病害，主要危害叶片，5～6月在叶面形成近圆形的病斑，中间淡褐色，边缘暗褐色，并产生淡黑色霉状物，潮湿雨季严重。摘除病叶烧毁，用1∶1∶120倍波尔多液，或64%杀毒矾可湿性粉剂500倍液，或58%甲霜灵锰锌500倍液喷雾防治。

5. 斑枯病

叶片两面病斑呈多角形，初时直径1～3 mm，暗褐色，叶色变黄，严重时病斑汇合，叶片枯死。发病初期喷洒50%瑞毒霉1000倍液，每隔7天喷1次，连续喷2～3次。

（五）虫害防治

1. 蚜虫

成虫和若虫群集在嫩梢、嫩叶上危害，使植株生长不良，不能正常长出新芽新叶。用10%吡虫啉可湿性粉剂1000倍液喷洒，或50%抗蚜威可湿性粉剂2000倍液，或40%乐果乳油1500倍液喷洒。收前半个月停药，免留残毒。

2. 红蜘蛛

6～8月高温低湿季节发生严重，该虫主要吮吸植株营养。橘红色或黄色，在叶背面吸食汁液，受害部位初现黄白色小斑，逐渐成大黄褐色焦斑，最后全叶变黄脱落。用虫螨立克1500倍液，或40%速克朗或1.8%阿维菌素3000倍液喷洒。

3. 银纹叶蛾

其幼虫咬食叶片成孔洞或缺刻，幼虫白天潜伏在叶背，晚上和阴天多在叶面取食。用90%晶体敌百虫1000倍液，或25%杀虫脒水剂300～350倍液喷雾。

4. 卷叶螟

卷叶螟以其幼虫在幼芽、幼叶上吐丝卷叶，藏于其中咀食叶片。用敌百虫 300 ～ 400 倍液叶面喷洒。

5. 地老虎、蝼蛄

害虫咬断幼苗根茎，造成缺苗，影响产量。用 90% 晶体敌百虫做成毒饵诱杀，或用 50% 辛硫磷 1000 倍液拌毒土条施于沟内。

四、价值与应用

图 3　藿香的景观应用（王昕彦　摄）

藿香茎叶和花都具有香气，园林中可供草地、林缘、坡地、路旁栽植（图 3）。同时，藿香作为一种食用香草植物受我国人喜爱，尤其是藿香炖鱼引得清朝查嗣琛言“一瓶东阁莲花酒，半尾西斋藿香鱼”。由于藿香全株都具有香味，所以常常将藿香与其他具有芳香味的植物进行搭配，运用到一些盲人服务绿地，可以提高盲人对植物的认识。藿香在绿化中多用于花境、池畔和庭院成片栽植。

藿香始载于东汉杨孚的《异物志》，曰：“藿香交趾有之”，其后诸家本草多有记载，具有化湿醒脾、辟秽和中、解暑、发表散热的功效，但是过量服用可能会引起热势加重且还可能耗气、伤阴。

藿香是高钙、高胡萝卜素食品，嫩叶富含水分、蛋白质、脂肪、碳水化合物、胡萝卜素、维生素 B1、维生素 B2、尼克酸、维生素 C、钙、磷、铁。食用部位一般为嫩茎叶，为野味之佳品。可凉拌、炒食、炸食，也可做粥。亦可作为烹饪佐料或材料。因其具有健脾益气的功效，是一种药食同源的烹饪原料，故某些菜肴和民间小吃常利用其丰富口味，增加营养价值。

全草含芳香挥发油 0.5%，主要为甲基胡椒酚（约占 80%）、柠檬烯、α－蒎烯和 β－蒎烯、对伞花烃、芳樟醇、I－丁香烯等，对多种致病性真菌，都有一定的抑制作用。芳香挥发油是制造多种中成药的原料。藿香有杀菌功能，口含一叶可除口臭，预防传染病，并能用作防腐剂。夏季用藿香煮粥或泡茶饮服，对暑湿重症、脾胃湿阻、脘腹胀满、肢体重困、恶心呕吐有效。

（陈纪巍　周翔宇）

Agave 龙舌兰

天门冬科龙舌兰属（*Agave*）多年生肉质草本植物。龙舌兰又名番麻、美洲龙舌兰。*Agave* 在希腊语中是“高贵的”的意思。该属252种，原产南半球干旱和半干旱的热带地区，尤以墨西哥的种类最多；多种已在我国引种栽培。

一、形态特征与生物学特性

（一）形态与观赏特征

无茎或有极短的茎。叶剑形，呈莲座状紧密排列，在幼龄期都看似无茎；大而肥厚，肉质或稍带木质，边缘常有刺或偶尔无刺，顶端常有硬尖刺。花茎粗壮高大，具分枝；花通常排列成大型稠密的顶生穗状花序或圆锥花序，大多数种或品种一生只开花一次，花后死亡，但也有部分种类一生能多次开花；花直立。

（二）生物学特性

一般5～10年生植株可开花，普遍依靠蝙蝠传粉。

喜温暖，不能忍受-4℃以下的低温，且受霜冻后难以恢复；耐干旱和贫瘠土壤，若给予充足水分则生长得更快。适宜生长温度为15～25℃，喜光，但在强光照射时要适当遮光。生长季多浇水，保持土壤湿润，入秋后少浇水，保持土壤干燥。

二、种质资源

我国园林常用的种类均为外来种，这类肉质植物的命名比较混乱。

1. 金边龙舌兰 *A. americana* var. *marginata*

英文名century plant。叶厚、坚硬、倒披针形，灰绿色；莲座式排列，较松散，冠径约3 m。底部叶子部分较软，匍匐在地；较大的叶子经常向后反折，少数叶子的上半部分会向内折。叶长1～1.8 m，宽12.5～20 cm，叶基部正面凹，背面凸，至叶顶端形成明显的沟槽；叶顶端有1枚硬刺，长2～5 cm，叶缘具向下弯曲的疏刺（图1A）。花茎粗壮，具分枝，花簇生，有浓烈的气味；花通常排列成大型稠密的顶生穗状花序或圆锥花序。大多数种或品种一生只开花一次，花后死亡；但也有部分种类一生能多次开花。花被基部相连成漏斗状，黄绿色，花被管短，花被裂片6，花丝细长，常伸出于花被外，雄蕊长约花被的2倍。蒴果长圆形，长约5 cm。

2. 狭叶龙舌兰‘银边’*A. angustifolia*‘Marginata’

也有记为变种var. *marginata*。较老植株具明显的茎，茎高25～50 cm。叶呈莲座式排列，紧密簇生，冠径约为1 m；叶片剑形，先端及叶基渐窄，顶部常向叶轴方向弯曲，叶面顶部呈不明显沟槽状，但总体平展，叶长40～80 cm，宽5～10 cm；叶先端有1枚硬刺，长1.2～5 cm，叶缘常有小刺状锯齿，叶灰绿色，边缘有阔白边。圆锥花序长达5～7 m，有少数分枝，分枝广展，顶端再三歧分枝。花被管短，裂片6，雄蕊线形，伸出于花被裂片外。蒴果近球形，3裂。一般6～7年生植株可开花，花期夏季；花时叶多枯萎，花后母株枯死（图1B）。

原产地可能是墨西哥哈利斯科附近地区。性

喜温暖，不能忍受 -4℃以下低温；适合全日照至适当荫蔽的光照条件，耐干旱，但少至中等水量能使之生长更好。

3. 剑麻 *A. sisalana*

英文名 sisal；种加词 *sisalana* 意为“纤维的”。茎粗短。叶呈莲座式排列，刚直，肉质，剑形，初被白霜，后渐脱落而呈深蓝绿色，通常长 1 ～ 1.5 m，中部最宽 10 ～ 15 cm，表面凹，背面凸；叶缘无刺或偶有微刺，顶端有 1 硬尖刺，长 2 ～ 3 cm；叶捣碎后有恶臭。大型圆锥花序高达 5 ～ 8 m。花黄绿色，有浓烈气味，花丝黄色，伸出花被管外。一般 6 ～ 7 年生植株可开花，花期多在秋冬间；通常不能正常结实。花序轴上产生大量的珠芽进行繁殖，开花和长出珠芽后植株死亡。

原产墨西哥。其纤维耐腐、耐碱性强，耐摩擦，在干湿情况下伸张力变化不大等特点，是船舰绳缆、鱼网、防水布等主要原料。剑麻具有极高的经济价值，兼具一定的观赏价值。

4. 翡翠盘（狐尾龙舌兰）*A. attenuata*

株高 1 m，呈莲座状，茎部粗壮，叶片长约 60 cm，常年绿色，叶片柔软光滑。春季开黄花。

适宜生长温度为 15 ～ 25 ℃，夏季高温注意遮阴。可以水培，但需要放置在阳光充足的地方。

5. 五色万代锦 *A. kerchovei* var. *pectinata*

多年生肉质草本植物，株高 25 cm，无茎、呈莲座状。叶中间黄绿色，两边绿色，叶端和叶边缘均长有褐色硬刺。一般在夏季开花，花黄白色。

冬季温度在 10℃以上可以安全越冬，夏季强光照射时注意遮光。

6. 八荒殿（大刺龙舌兰）*A. macroacantha*

多年生常绿草本植物，株高 60 cm，呈莲座状，茎短，叶片长 45 cm，灰绿色，坚实展开，中间宽，基部窄。夏季开花，淡白色。

适宜生长温度为 18 ～ 24℃，冬季温度不得低于 8℃。喜光耐半阴，耐干旱，生长季多浇水，保持盆土湿润，夏季高温期采用喷雾式浇水保持空气湿润。

7. 雷神 *A. potatorum* var. *verschaffeltii*

多年生肉质植株，株高 20 cm，呈莲座状簇生。叶片长 25 cm，叶片边缘分布多对波浪状短刺，整体呈倒卵状。夏季开花，黄绿色，呈漏斗状。

适宜生长温度为 18 ～ 25℃，喜欢光照，不耐阴，夏季养护注意通风。

图 1 龙舌兰主栽品种

注：A. 金边龙舌兰；B. 狭叶龙舌兰‘银边’。

三、繁殖与栽培管理技术

（一）播种繁殖

播种在 4 ～ 5 月进行，约 2 周后可见发芽。要将种子覆盖以保温保湿，适宜的气温为夜晚 15℃以上，白天 30℃左右。

（二）分株和扦插繁殖

分株通常在早春 4 月换盆时进行，将母株取出，把旁边的分蘖芽剥下另行栽植即可。部分种类花后容易产生吸芽，也可用于分株繁殖。

扦插法是在生长旺盛时，将叶腋处萌发的幼芽取下，晾晒后扦插即可。

（三）组培快繁

常用幼苗茎段为外植体，愈伤诱导、增殖培养基 MS+6–BA 2 mg/L + NAA 0.5 mg/L + 3% 蔗糖 +0.6% 琼脂，pH 5.8，培养温度 25℃，光照 16 小时 / 天，光强 3000 lx。分化培养基 MS+6–BA 1 mg/L。

（四）园林栽培

龙舌兰栽培管理较简便，除热带、亚热带地区外，其他地区盆栽，冬季要放入温室保护过冬。翌年清明后移至室外。彩叶变种，在夏季要适当遮阳。生长季节应保持盆土湿润，浇水时不可将水洒在叶片上，以防发生叶斑病。随着新叶的生长，要将下部黄枯的老叶及时修除。盆栽栽培每年至少换一次土壤，以保持土壤的肥力和透气性。

1. 土壤

对于土壤没有过高的要求，但建议选择疏松、肥沃、排水良好的壤土，如腐叶土加粗沙混合使用。露地栽种时，应选择有肥力、土质松散、排水通畅的砂质土壤。可采用自配土（农耕土：腐熟的厩肥：粗沙石 =2∶1∶1 或 3∶2∶1），阔叶林下富含腐殖质、疏松、肥沃的壤土，秸秆腐化土等。

2. 光照温度

喜欢光照充足的环境，每天需要 7 ～ 8 小时的光照时间，不能忍受荫蔽，畏强烈的阳光久晒。盆栽栽培时应将其置于通风良好且向阳的地方，并每隔一段时间更换放置位置以均匀接受光照。生长温度范围为 10 ～ 35℃，最佳生长温度为 15 ～ 27℃。在气温高于 5℃的条件下能够在露地过冬；气温低于 5℃时就会产生冻害，气温在 –13℃就会冻伤根部。因此，夏季在室外放置的，中秋前后应及早放回室内。

3. 水分管理

较耐旱，对浇水要求不严，生长期间可以适量浇足水，冬季休眠期少浇水，避免引起根部腐烂。5 ～ 9 月龙舌兰生长较为旺盛，由于蒸腾作用的影响，对水分要求较多，因此要保持土壤湿润。10 月至翌年 4 月在室内越冬，蒸腾作用较小，要适当降低土壤湿度。补充水分可遵循两个原则：一是表土见干，浇透水；二是固定浇水天数，如 5 ～ 9 月 4 ～ 5 天浇水 1 次，而 10 月至翌年 4 月每隔 5 ～ 7 天或 7 ～ 10 天浇 1 次。浇水的时候要将水直接浇在土中，尽可能避免将水浇到叶片上，防止产生叶斑病。

4. 肥料管理

生长季节需每月施用 1 次肥料，可以使用有机肥料或氮：磷：钾为 15∶15∶15 的复合肥，进入秋天后不再施用肥料。每年追肥不少于 2 次：第 1 次在 5 月上中旬，第 2 次在 9 月中下旬。追肥的方法以根部追肥为主，将盆土扎成小洞穴。视盆大小，扎穴 3 ～ 4 个，穴深不超过盆高的 1/2，根据植株的大小每穴施入 2 ～ 5 g，然后覆土盖严。

（五）病虫害防治

及时修剪病枝和过密枝，保持植株通风透光，可防止病虫害的发生。龙舌兰常见的病虫害包括炭疽病和介壳虫。对于炭疽病，可以使用 50% 退菌特可湿性粉剂 1000 倍液进行喷施；对于介壳虫危害，可以使用 80% 敌敌畏乳油 1000 倍液喷杀。

四、价值与应用

我国南方地区可露天栽培，属观叶植物。

本属植物经济价值较高，有些种类的纤维通称龙舌兰麻类，是世界著名的纤维植物之一；有些种类还含有甾体皂苷元，是生产甾体激素药物的重要原料。

（吴学尉）

Agrimonia 龙牙草

蔷薇科龙牙草属（*Agrimonia*）多年生草本。全世界有13种，分布在北温带和热带高山及美洲部分地区；我国有4种，分布于南北各地。低矮茂密的叶丛及夏季高高挺立的细长黄色花序为其在花园中谋得一席之地。

一、形态特征与生物学特性

（一）形态与观赏特征

根状茎倾斜，常有地下茎。奇数羽状复叶，有托叶，多数基生，茎生叶渐小。穗状总状花序顶生；萼筒陀螺状，有棱，顶端有数层钩刺，花后靠合、开展或反折；花瓣5，黄色。

（二）生物学特性

喜光，亦耐阴，耐寒亦耐热。常生于溪边、路旁、草地、灌丛、林缘及疏林下。在疏松、肥沃的砂质壤土上生长最佳，石灰质土壤中也可生长（董长根 等，2013）。

二、种质资源

有1～2种应用于园林（Graham，2012；董长根 等，2013）。

1. 龙牙草 *A. pilosa*

株高30～120 cm；具块茎状根和地下芽（图1）。叶为间断奇数羽状复叶，小叶通常3～4对，向顶上减少为3小叶，倒卵形、倒卵状椭圆形或倒卵状披针形，长1.5～5 cm，先端急尖至圆钝，稀渐尖，缘具急尖至圆钝锯齿。顶生穗状、总状花序，分枝或不分枝，长15～20 cm（图2）；花瓣黄色。果实为倒卵状

图1　龙牙草植株

图2　龙牙草花序

图3　龙牙草果序

瘦果，顶端有钩刺（图 3）。花期 5 ～ 7 月。广布种。

2. 欧洲龙牙草 *A. eupatoria*

株高 80 ～ 100 cm。与龙牙草区别在于小叶 3 ～ 7 对；花序也更长，有时达 30 cm（图 4、图 5）。花期 6 ～ 7（～ 8）月。原产于欧洲、亚洲（西部）及非洲（北部）。是景观中应用较多的种。

图 4　欧洲龙牙草（陈煜初 摄）

图 5　欧洲龙牙草花序及果序

三、繁殖与栽培技术

（一）播种繁殖

春播或秋播。新鲜或存放的种子需 7℃低温层积处理 1 个月后再播种。适宜萌发温度 17 ～ 20℃，播后 10 ～ 15 天出苗。

（二）分株繁殖

于春秋两季进行分株繁殖。将老株地下根茎挖出后，分成带有 2 ～ 3 芽的小丛或小块，另行种植即可。

（三）园林栽培

1. 土壤

不择土质，但以排水良好的砂壤土为好。

2. 水肥

喜湿，亦可耐短时干旱。日常需要保持土壤湿度。喜肥也耐贫瘠，中等肥力即可，一般耕作层土中种植无须施肥。

3. 光照

喜光，稍耐阴。

4. 修剪及越冬

只需入冬前修剪地上部分；冬季无须保护。

四、价值与应用

春季叶丛茂盛，花色艳丽，抗逆性强。可用于野花花境或丛植、片植于自然景观中，也可作疏林地被。

该属植物在原产地均被当作传统草药栽培，中医认为龙牙草的干燥地上部分具有收敛、止血、健胃等功效。英国民间传说，欧洲龙牙草可以治疗刀枪伤，有助睡眠，还可抵御巫术。

（李淑娟）

Ajania 亚菊

菊科亚菊属（*Ajania*）多年生草本、小半灌木。头状花序较小，故名亚菊属。本属34种，主要分布我国除东南部以外的广大地区，我国西部干旱区域是其分布中心；日本、朝鲜（北部）、蒙古、俄罗斯、哈萨克斯坦、吉尔吉斯斯坦、印度及阿富汗（北部）也有分布。与菊属亲缘关系很近，有些学者曾经把亚菊属归并到菊属。该属第一种被大量应用到园林绿化及盆栽中的是主产日本的十倍体的金球菊（矶菊）（*A. pacifica*）；后来发现我国台湾地区也有自然分布，检测为九倍体。叶片边缘银色的女蒿（*A. trifida*）在园林盆栽中也曾有应用。其他亚菊则多用于菊花杂交育种。

一、形态特征与生物学特性

（一）形态与观赏特征

叶互生，多羽状或掌式羽状分裂。头状花序较小，多数或少数在枝端或茎顶排列成复伞房花序（图1）。边缘雌花少数（2～15个），细管状或管状，顶端2～3齿裂，少有4～5齿裂的。中央两性花多数，管状。小花黄色，花冠外面有腺点。总苞钟状或狭圆柱状，总苞片4～5层，草质。全部小花结实，瘦果，无冠毛，有4～6条脉肋。

图1 灌木亚菊头状花序

（二）生物学特性

喜光，多数耐旱、忌水湿，耐寒，抗逆性强。多生于荒漠、荒漠草原等干旱区域。

二、种质资源与品种分类

（一）种质资源

该属植物尽管种类丰富，但花型变化不大，其最大的优势在于分布广泛、适应性强，特别是在寒旱区域分布的种类具有极强的抗寒性和抗旱能力。

1. 金球菊（矶菊）*A. pacifica*

多年生直立草本或亚灌木。茎直立，株高30～60 cm。单叶互生，呈倒卵形，先端钝，有圆钝粗齿，背面密被银白色毛，叶边缘为银白色，叶为灰绿色。花顶生，头状花序顶生，呈小球形，花黄色，全为管状花，中间为两性花，边缘为雌花。春季开花，密集成团，花姿逸雅。果期8～9月。

2. 灌木亚菊 *A. fruticulosa*

亚灌木，株高8～40 cm。老枝稻草色。花枝灰白色或灰绿色，浓密或疏生短柔毛。中部茎生叶具叶柄，具全缘假托叶；叶片圆形、三角状卵形、肾形或宽卵形，两面灰白色或淡绿色，密被短柔毛。头状花序少数或多数排列成伞房花序或复伞房花序，总苞钟状，小花黄色；边缘雌花5～8，花冠狭管状；花盘小花多数，花冠管状。瘦果。花果期6～10月。

生于沙漠、荒漠草原；海拔500～4400 m。分布于我国甘肃、江苏、内蒙古、青海、陕西、新疆、西藏。哈萨克斯坦、蒙古、俄罗斯、土库曼斯坦等地也有分布。

3. 铺散亚菊 *A. khartensis*

多年生草本，株高10～20 cm，具纤细的须根。开花和不育茎多数，弥漫，浓密或疏生长柔毛或短柔毛。叶片圆形、近圆形、扇形或宽楔形，两面灰白色，被浓密贴伏短柔毛，双掌状或3～5掌状全裂。少数或多数头状花序在茎顶排列成伞房花序，直径2～4 cm。头状花序很少。总苞钟状，小花黄色；边缘雌花6～8，花冠狭管状；花盘小花很多，花冠管状。瘦果。花果期7～9月。

生于山坡；海拔2500～5300 m。分布于我国甘肃、内蒙古、宁夏、青海、四川、西藏、云南。印度北部也有分布。

4. 女蒿 *A. trifida*

亚灌木，株高达20 cm。茎纤细，长，灰白色，贴伏短柔毛。基生叶在莲座丛中，具叶柄；叶片匙形或楔形，两面灰绿色，贴伏白色短柔毛，3深裂或浅裂；裂片短，线形或长圆状线形，先端钝或圆形。中部和上部叶通常单叶。顶生紧缩的束状伞房花序；花序梗长0.2～1.5 cm，贴伏短柔毛。头状花序3～14。总苞狭钟状，花冠黄色。瘦果近圆柱状。花果期6～8月。

生于多石的沙漠草原、多石的山坡；海拔900～1400 m。分布于我国内蒙古。蒙古也产。

5. 蓍状亚菊 *A. achilleoides*

小半灌木。株高10～20 cm。根木质，垂直直伸。老枝短缩，自不定芽发出多数的花枝。中部茎叶卵形或楔形，长0.5～1 cm，二回羽状分裂。花枝分枝或仅上部有伞房状花序分枝，被贴伏的顺向短柔毛，向下的毛稀疏。花期8月。

产我国内蒙古草原和荒漠草原。

（二）品种分类

亚菊属和菊属等近缘属植物基本不存在生殖隔离，极易开展杂交育种工作。已经用作菊属杂交亲本的主要有灌木亚菊、铺散亚菊、蓍状亚菊、女蒿和金球菊。

我国南京农业大学也曾开展大量亚菊属植物资源的利用研究（赵宏波 等，2007，2008，2009；朱文莹 等，2012；徐莉莉 等，2014，2017）。目前，已经初步形成的菊花杂种品系：①铺散亚菊系列，保留了铺散亚菊铺散生长的特性。②灌木亚菊系列，遗传了灌木亚菊枝条斜上生长的特性。③蓍状亚菊系列，遗传了亲本枝条密集生长的特性。④女蒿亚菊系列菊花品种，叶片银灰色，具有基部半木质化特点。⑤矶菊系列，多为切花品种，遗传了其花朵较小但更加轻盈的特点。

亚菊属植物目前园艺品种还不多，但随着美丽中国建设、生态文明发展，未来亚菊属的新品种会越来越多。笔者根据目前谱系来源初步认定5个品种群，并给出了每个系列相应的代表品种。

1. 铺散亚菊系品种群

主要有‘昆仑萤火’‘高原探火’‘问天绕火’‘问天踏火’和‘高原凝香’等。

‘昆仑萤火’ 株高40～60 cm，第二年冠幅可达1.8 m。花单瓣，紫粉色，花径3～3.5 cm（图2）。花期9月底至10月中旬。

‘高原凝香’ 株高40～60 cm。花半重瓣，蕾期花橙色，盛开白色，花径3.5～4 cm。花期9月初至10月上旬。

2. 灌木亚菊系品种群

含‘丝路花雨’‘小小丝路’和‘丝路华彩’等。

‘丝路花雨’ 株高通常70～120 cm，第二年冠幅可达1.6 m。花枝斜生、中度密集，枝条较为硬实。花单瓣，黄色。花期9月底至10月中旬（图3）。

‘丝路华彩’ 株高60～110 cm，第二年冠幅可达1.5 m。花枝斜生、中度密集，枝条较为硬实。花复瓣，初开橙黄、盛开粉色。花期10月初至10月底。

3. 蓍状亚菊系品种群

含‘金色穹庐’‘阴山穹庐’和‘大漠秋雪’等（图4），均为蓍状亚菊的杂交后代。

‘金色穹庐’ 株高60～80 cm，第二年冠幅可达2.5 m。花单瓣，黄色。花期9月底至10月上旬。

‘大漠秋雪’ 株高60～80 cm，第二年冠幅可达1.6 m，具有根状茎且能够匍匐生根。花单瓣，厚实，白色略带绒光。花期9月底至10月中旬。

4. 女蒿系品种群

有‘晨雾木菊’等（图5）。基部半木质化，且具有根状茎，株高60～80 cm，第二年冠幅可达1.5 m。叶片密被茸毛，常呈银白至灰白色。花单瓣、白色，花期10月上旬至中旬。

5. 矶菊系品种群

日本学者柴田道夫等利用矶菊于1988年育成了2n=64的品种‘Moonlight’（Shibata et al., 1988）。荷兰的育种家De Jong和Rademaker也于1989年利用矶菊和菊花品种‘Rewilo’‘Carella’等育出了抗潜叶蝇能力较强的切花和盆栽类的品种并交于荷兰菊花育种公司进行市场开发和进一步育种（De Jong and Rademaker，1989）。随即Fides Holland B V也育成了Santini菊花系列品种，并很快风靡荷兰、德国等欧洲市场，在1990年推出时销量为50万支，1992年时很快就上升到240万支。

除Fides Holland B V培育的‘Country’和‘Ferry’

图2 铺散亚菊系菊花（杂种及品种‘昆仑萤火’）

图3 灌木亚菊系菊花（杂种及品种‘丝路花雨’）

图 4　蓍状亚菊系菊花（'金色穹庐'和'大漠秋雪'）

图 5　女蒿系后代及品种（'晨雾木菊'）

品种外，Dekker 也推出了'Adora''Aurinko'和'Aviso'等品种；Royal van Zanten 推出的品种有'Palm Green'和'Unique Sunny'；Deliflor 推出了'Argento''Argento Sunny'和'Carmela'等品种。

至今 Santini 类型小型切花菊（Minispray）已经和多头菊（Spray）及单头菊（Disbud）呈三足鼎立之势。笔者认定 Santini（小花型多头菊）为矶菊和 Spray 类型切花菊品种的杂交后代，其中栽培较广的主要有'John Lennon''Yoko Ono'和'Yin Yang'（图 6）等（Spaargaren，2015）。还有盆栽的品种，如 2005 年 CBA 推出的'Guam''Samoa'和'Tonga'；Amanda 2017 年展出的盆栽品种似乎也是矶菊系列的盆栽品种。

三、繁殖与栽培管理技术

（一）播种繁殖

花后 40 ～ 60 天种子成熟，干燥后 5 ～ 8℃贮藏有利于保持种子活力。春播种子萌发适宜温度 20℃左右。播种基质为泥炭：珍珠岩＝2：1，整平基质，开沟 0.5 cm 左右，条播或直接撒播。撒播后可再覆盖 0.5 cm 厚蛭石，适度镇压并保持基质湿度。15 天左右出苗。待长出 2 ～ 4 片真叶时即可移栽。小苗忌日光暴晒，夏季可置于遮光 50% 的条件下缓苗。

（二）扦插繁殖

切花品种需要预留种源母本或利用脱毒苗进行扦插繁殖，其他用途则通常于春季萌发后或温室内催芽后进行。采取生长健壮芽条，基质可以

图 6　矶菊系菊花［Amanda 2017 年展出的盆栽品种‘Yin Yang’（Deliflor）］

采用纯河沙、蛭石，也可采用一定比例珍珠岩、草炭、蛭石混合基质。插后 30 ～ 45 天时即可移栽，过迟移栽不利于菊苗后期生长。

（三）组培快繁

单头亚菊（*A. scharnhorstii*）的启动培养基为 MS+6-BA 0.5 mg/L + NAA 0.01 mg/L。继代培养基为 MS+6-BA 0.75 mg/L + NAA 0.01 mg/L，可获得较高的增殖率。不定根适宜诱导培养基为 1/2MS+ IBA 0.15 mg/L，生根率达 87% 以上。组培苗移栽成活率达 98%（红歌 等，2013）。

紫花亚菊（*A. purpurea*）的启动培养基为 MS+6-BA 0.5 mg/L +NAA 0.01 mg/L。继代培养基为 MS+6-BA 0.3 mg/L +NAA 0.05 mg/L，组培苗分化率高。不定根适宜诱导培养基为 1/2MS+IBA 0.15 mg/L，生根率达 90% 以上。组培苗移栽成活率达 95%（郑燕 等，2011）。

（四）切花栽培

亚菊属植物适应性强，可以进行轻简栽培。Santini 系列切花小菊也可按照常规多头菊切花生产模式进行管理，且其栽培管理可更为粗放。

（五）园林与生态修复

亚菊属植物多生长于生境恶劣的区域，且种子量大，繁殖系数高，同时多数种具有种子发芽不整齐的特点，可通过飞播或直接栽种应用于我国西部的生态修复中。

（六）虫害防治

在通风不良时，叶片上易发红蜘蛛，发病初期喷施 5% 唑螨酯悬浮剂 1000 倍液、8% 阿维・哒螨灵乳油 1500 倍液、73% 克螨特乳油 2000 倍液或 40% 三氯杀螨醇 1000 倍液，每隔 10 ～ 15 天喷洒 1 次，3 ～ 4 次即可控制其传播。

干旱时蚜虫危害严重，一般杀虫剂即可防治。

四、价值与应用

亚菊属植物适应性强，可片植于草坪、林缘，野趣盎然；也可丛植于庭院山石间或盆栽观赏；也宜自然式栽植于排水良好处作地被覆盖；花境中点植、丛植，与其他花卉搭配更可构建出千变万化之景。花枝可供切花或作饲料。

更多则可用于我国西部生态修复及寒旱区美丽中国建设，乃至一带一路陆路沿线干旱区域生态草牧业发展。

（赵惠恩）

Ajuga 筋骨草

唇形科筋骨草属（*Ajuga*）一二年生或多年生草本。全球45种，主要分布于欧亚大陆温带地区，极少数种出现在热带地区；我国18种12变种及5个变型，特有10种10变种，主要分布于秦岭以南各地的高山和低丘森林、山谷林下和山坡阴处。

一、形态特征与生物学特性

（一）形态与观赏特征

直立或具匍匐茎。茎四棱。单叶对生，通常为纸质，边缘具齿或缺刻（图1）。组成间断或密集的轮伞花序（图2）。花萼卵状或球状/钟状、漏斗状，通常具10脉。花冠通常为紫色至蓝色，稀黄色或白色，花盘环状，裂片不明显，等大或常在前面呈指状膨大。子房4裂，无毛或被毛。小坚果通常为倒卵状三棱形，背部具网纹。

（二）生物学特性

耐寒性强，耐高温、贫瘠与荫蔽，忌积水。

二、种质资源与园艺品种

筋骨草（*A. ciliata*）、多花筋骨草（*A. multiflora*）比较常见，匍匐筋骨草（*A. reptans*）在园林中应用较多。

1. 筋骨草 *A. ciliata*

株高40 cm，茎紫红或绿紫色，常无毛。叶卵状椭圆形或窄椭圆形，长4～8 cm，叶柄长1 cm以上或几无，有时紫红色，基部抱茎，被灰白色柔毛或仅具缘毛。轮伞花序组成长5～10 cm的穗状花序，花萼漏斗状钟形，长7～8 mm；花冠紫色，具蓝色条纹，冠筒被柔毛（图3）。花期4～8月。原产我国华北、西北及西南等地。景

图1　单叶对生（寻路路 摄）

图2　轮伞花序（汪弘毅 摄）

观应用较少。

2. 日内瓦筋骨草（直立筋骨草）*A. genevensis*

株高 10 ～ 30 cm，几无匍匐茎。基生叶莲座状，具长柄，叶倒卵形，长约 12 cm，具浅裂或齿。穗状花序生于具叶的茎顶端；花通常紫蓝色，稀粉红色或白色，最上端的花通常带蓝色（图 4）。花期 4 ～ 10 月。品种‘粉红美人’（‘Pink Beauty’），花玫红色（图 5）。

3. 多花筋骨草 *A. multiflora*

株高约 20 cm，茎直立不分枝。叶椭圆状长圆形或椭圆状卵形，长 2 ～ 4 cm，被绵毛状长柔毛。基脉三或五出，两面突起。花梗极短，花萼宽钟形；花冠蓝紫色或蓝色。小坚果倒卵圆状三棱形，背部具皱纹，腹部中间隆起，果脐是果长的 2/3（图 6）。花期 4 ～ 5 月。

4. 塔形筋骨草 *A. pyramidalis*

株高 5 ～ 20 cm，丛生状，无匍匐茎。茎 4 棱，具刚毛。基生叶莲座状，明显大于茎生叶，卵形，被密毛，缘波状。穗状花序顶生，苞片叶状，远大于花朵，向上渐小致使花序外形呈锥形；花冠蓝紫色（图 7）。花期 6 ～ 8 月。原产北欧和中欧。迷你小巧的塔形植株十分可爱，是优良的地被材料。

5. 匍匐筋骨草 *A. reptans*

株高 10 ～ 30 cm，全株被白色长柔毛。茎方

图 3　筋骨草（寻路路 摄）

图 4　日内瓦筋骨草（Сергей 摄）

图 5　‘粉红美人’（Kurt Nadler 摄）

图 6　多花筋骨草（李淑娟 摄）

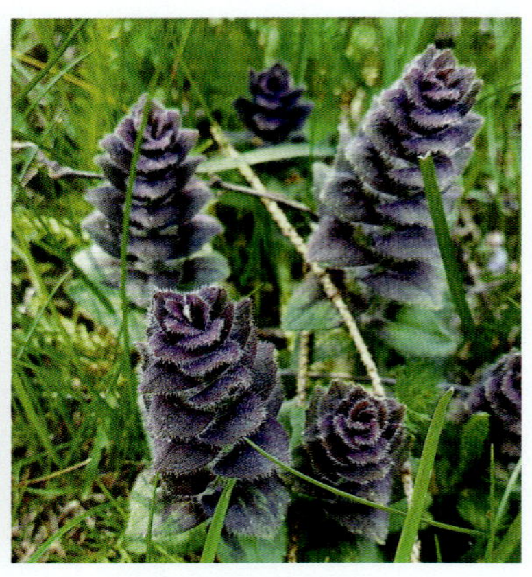

图 7　塔形筋骨草（Andres 摄）

形，基部匍匐。叶对生；叶片椭圆状卵圆形，暗绿色或紫铜色，具光泽；缘具不规则波状齿或缺刻。轮伞花序6朵以上，密集成顶生穗状花序；花蓝紫色（图8）。花常年零星开放，盛花期5～6月。极耐寒。

其匍匐茎节间生根，向外扩展，在温暖湿润条件下有侵占的可能（图9）。匍匐筋骨草在园林中应用广泛，品种众多。

'紫叶'（'Atropurpurea'） 在全光照下，具有比较稳定的紫铜色叶片（图10）。

'青铜之心'（'Bronze Heart'） 叶片深紫红色，具光泽，花深紫蓝色（图11）。

'青铜美人'（'Bronze Beauty'） 叶片绿色带紫红晕，具光泽，花深紫蓝色（图12）。

'酒红之光'（'Burgundy Glow'） 植株低矮，铺地而生，叶片为花叶，随气温降低呈现粉紫色，叶片亮丽。喜半阴，不耐寒，花期4～5月。可用于路缘、花境、岩石园等（图13）。

'巧克力薯片'（'Chocolate Chip'） 植株体型紧凑、矮小，花深紫蓝色，花朵密集。耐旱（图14）。

'金叶'（'Golden Glow'） 植株体型紧凑，叶片边缘金黄色，花深紫蓝色，花朵密集。耐旱（图15）。

'玫红'（'Rosea'） 花玫红色（图16）。

图8 匍匐筋骨草（汪弘毅 摄）

图9 匍匐筋骨草的匍匐茎（Ashley Bradford 摄）

图10 '紫叶'

图11 '青铜之心'（Kirk 摄）

图12 '青铜美人'（Cinda 摄）

图 13 ‘酒红之光’（李丽芳 摄）

图 14 ‘巧克力薯片’（Andrey Korzun 摄）

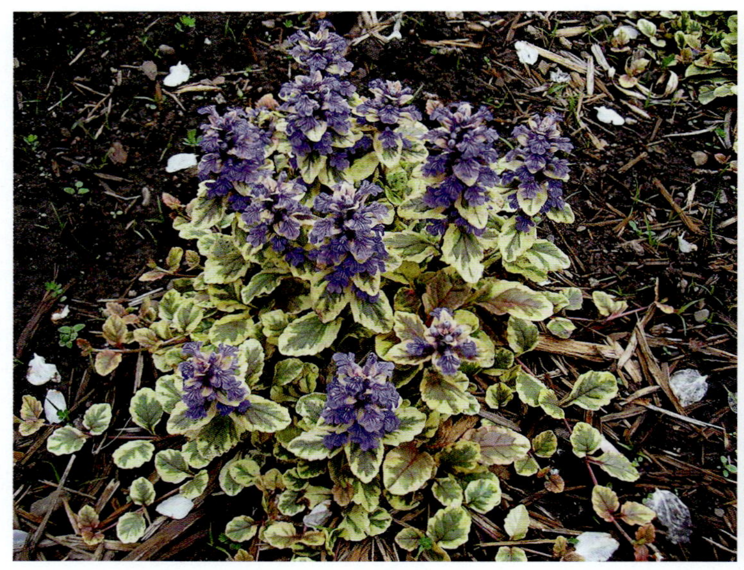

图 15 ‘金叶’（June Ontario 摄）

图 16 ‘玫红’（Caparks 摄）

三、繁殖与栽培管理技术

（一）播种繁殖

春季或秋播。播种前将种子低温处理 20 ～ 30 天，有利于萌发。适宜萌发温度 15 ～ 20℃，3 ～ 4 周萌发。

（二）分株繁殖

匍匐筋骨草的匍匐茎丰富，节间易生根并形成小植株，可于生长季随时掘起，另行种植。其他无匍匐茎的种类，根蘖均较多，2 ～ 3 年生株丛即显得拥挤，可于春秋两季掘起株丛，切分成带有 2 ～ 3 个芽的块，另行种植即可。

（三）园林栽培

1. 土壤

适宜有机质丰富、中等潮湿、排水性好的土壤。

2. 水肥

喜湿润，也耐短期干旱。在高温干旱的夏季，需要定期浇水，持续干旱会造成顶梢枯死。雨季及时排涝。种植前，视基质肥力情况施加基肥，以腐熟的农家肥为佳。

3. 光照

植株不耐强光照射，林下斑驳阳光是最好的选择，或仅在清晨或日落前有日光照射的环境。

4. 修剪及越冬

花后及时剪除残花梗，仍可作观叶地被。每3～4年分株1次，避免过度拥挤引起病害发生。抗寒能力强，冬季无须保护。

（四）病虫害防治

在排水不良或积水的土壤中易患茎腐病。在高温时段进行降温处理，减少土壤含水量，加强通风和排水。

四、价值与应用

植株低矮，花叶茂盛，根系发达，具有良好的水土保持作用，可作为潮湿、荫蔽环境下的园林观花地被，或带状布置在水景园沿岸、园林坡地（图17、图18）。

多见于民间药用，始载于《本草拾遗》，如筋骨草、紫背金盘、匍匐筋骨草等，全草药用，具有清热解毒、祛痰止咳、凉血止血的功效。

图17　筋骨草景观应用（一）（Fleur 摄）

图18　筋骨草景观应用（二）（Susan 摄）

（赵瑜）

Alcea 蜀葵

锦葵科蜀葵属（*Alcea*，曾写作 *Althaea*）多年生宿根草本。又名一丈红、端午锦、龙船花、麻秆花、饼子花、节节高等。原产于我国四川，故名“蜀葵”。又因其一般在端午节前后开花，为端午节节花，故称“端午锦”，意在纪念屈原。又由于它在龙船竞渡时节和作物成熟季节开放，故称为“龙船花”“熟季花”。蜀葵的茎纤维长而柔韧，拉力强，自古为民间编制和制绳的原料，能代麻用，故称“麻秆花”。因花朵较大且扁，故又称“饼子花”。枝高叶大，可达丈许，花多为红色，故称“一丈红”“节节高”，寓意高达，祝愿步步高升，启迪人们积极向上。蜀葵也是鼠年的幸运花，寓意丰收，还是6月23日和8月18日的幸运花，寓意热恋。花语为“单纯的爱”。蜀葵为我国山西省朔州市市花，当地人称“大花”。

一、形态特征与生物学特性

（一）形态与观赏特征

一二年生或多年生草本，通常直立，不分枝，大多数具星状短柔毛。叶具长叶柄；叶片卵形至近圆形，具角，浅裂或掌状深裂，边缘具圆齿或具牙齿，先端锐尖至钝。花腋生，单生或簇生，通常排列成顶生的总状花序。副萼裂片6或者7，基部合生。花萼5浅裂。花瓣粉红色、白色、紫色或黄色，花径通常超过3 cm。雄蕊柱先端具簇生花药，花药黄色，紧密。子房15室或更多室；胚珠每室1；柱头下延，丝状。分果，盘形；分果数多于15，2室，下部室具1种子，上部室不育。种子无毛或泡状突起。

（二）生物学特性

喜光照充足且凉爽的气候，生育期适温为15～30℃，开花前要经过一定的低温期。如果低温时间不足会引起开花晚甚至不开花，所以播种大多选择在春初或秋初。具有一定的耐寒能力，但不耐霜冻，忌炎热，故在我国南方一年四季均可开花；而在北方，由于气候寒冷，只作一年生栽培。

适应性强，耐半阴，不宜种植于树下及楼房阴面等背阴处。喜湿润，也较耐干旱，对土质要求不严，在壤土、轻黏土、砂土及轻微的盐碱土中均能生长，但在疏松肥沃、排水良好、富含有机质的肥沃砂质壤土中生长最好；忌种植于土壤黏重、易积水的地块。忌连作。

二、种质资源与园艺分类

（一）种质资源

蜀葵属约60种，分布于亚洲中部和西南部，欧洲东部和南部。我国有蜀葵和裸花蜀葵2种，原产西南，现在分布于我国各地，世界各地都有广泛种植。

1. 蜀葵 *A. rosea*

多年生宿根草本，须根发达，植株高大，株高可达1～3 m，茎直立、粗壮，少分枝，基部木质化，全株被白色星状毛。初生子叶似瓜苗（图1），单叶互生，叶柄长4～8 cm，具星状毛，叶片圆形至圆卵形，长5～10 cm、宽4～10 cm，基部心形，先端钝圆；通常具3～7浅裂，边缘具不整齐圆齿，叶面常皱缩，两面疏生星状毛，上部叶片毛甚密（图2）；托

图 1　蜀葵子叶期

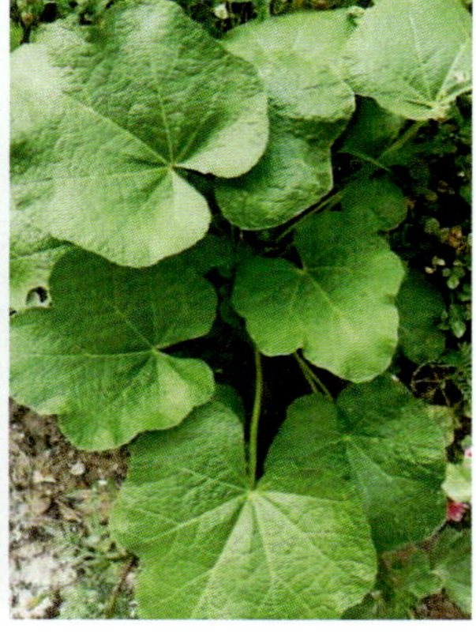

图 2　蜀葵苗期

叶 2 ～ 3 枚，离生，卵形。花腋生，单生、双生或近簇生，排列成总状花序。具叶状苞片，花柄长 2.5 cm；小苞片 7 ～ 8 枚，阔披针形，基部连合，附生于萼筒外面；萼杯状，萼片 5，副萼 6 ～ 10 片，萼片线形或披针形，先端尖，密被星状毛。花蕾绿色，花冠被萼片所包被；花蕾膨大后，花冠逐渐露出。花径 8 ～ 12 cm，最大 13 cm；原种花瓣 5 枚，有单瓣、半重瓣和重瓣，花瓣短圆形或扇形，边缘波状而皱缩或齿状浅裂，瓣爪有长髯毛。花色多样，有紫色、红色、淡红色、粉色、黄色、白色及墨紫色等，色彩艳丽。雄蕊多数，花丝基部连合成筒状并包围花柱，花柱线形并突出于雄蕊之上。无限花序随茎秆的生长自下而上次第开放，直到植株枯死，呈塔状，极为美观（图 3）。花期 6 ～ 9 月。果实为盘状蒴果，由 20 ～ 30 个心皮组成，成熟时，每个心皮自中轴分离；分果斜肾形，背侧具纵沟，边缘具明显翼，秋季成熟，黑色（图 4）。有自播习性。

2. 裸花蜀葵 *A. nudiflora*

叶片具较长的中央裂片，叶状苞片无，花梗较长，具白色或绿色的花冠。原产新疆至中亚。

（二）园艺分类

以重瓣程度为依据，将花型分为 8 个。其中单瓣型为基本型，花瓣自然增加为主者有复瓣型、疏球型；以雌蕊瓣化为主者有玉蕊型、密球型；以雄蕊瓣化为主者有托桂型、皇冠型和绣球型。

1. 单瓣型

花瓣 1 ～ 2 轮，较宽展，多为 5 瓣，少数花瓣数可达 9 ～ 12。正常雄蕊多数且合生，偶有少数雄蕊瓣化；雌蕊正常，结实率极高（图 5）。

2. 复瓣型

花瓣 2 ～ 4 轮，多由花瓣自然增加而形成，花瓣 10 ～ 23。偶有少数合蕊柱下部雄蕊瓣化；雌蕊正常，结实率极高（图 6）。

3. 疏球型

花瓣较复瓣更多，瓣数 20 ～ 26，雄蕊发生退化，雌蕊正常，内层花瓣向内皱折，形成疏球型，结实率较高（图 7）。

4. 玉蕊型

外部花瓣宽大，多为自然增生，瓣数 25 ～ 40；雄蕊完全退化，雌蕊全部瓣化但未彩化仍

图 3　蜀葵花器结构

图 4　蜀葵果实及种子

图 5　单瓣型

图 6　复瓣型

图 7　疏球型

为绿色，绿色瓣化瓣位于中心，多达 65 瓣，瓣堆间有丝状柱头伸出。几乎不结实。因其中间绿色瓣由雌蕊瓣化而类似碧玉，故称玉蕊型（图 8）。

图 8　玉蕊型

5. 密球型

外轮花瓣多为自然增大瓣，内轮多为雌蕊瓣化且形成彩化瓣。雄蕊完全退化，花瓣 25 ～ 37，多层褶叠，排列紧密，呈球形至椭球形。结实率很低（图 9）。

6. 托桂型

外瓣 1 轮，宽大；内瓣很小，多数且密集，多为合蕊柱上部雄蕊瓣化而成，内外瓣大小差异明显，总瓣数 20 ～ 30。结实率较高（图 10）。

7. 皇冠型

外瓣宽大平展。雄蕊大部分瓣化，雄蕊变瓣

图 9　密球型

间夹杂雄蕊小束，雄蕊变瓣群高耸，或仅合蕊柱上部雄蕊瓣化，部分外瓣内折，仍形成高耸形，类似皇冠。雌蕊正常，一般瓣数 20 ~ 40。结实率中等（图 11）。

8. 绣球型

雄蕊高度瓣化，内外瓣形状大小趋于一致，且多皱褶，瓣间仍有少量雄蕊小束，花瓣着生密集，一般花瓣数为 35 ~ 55。全花近球形。结实率低（图 12）。

三、繁殖技术

以播种繁殖为主，也可以分株繁殖、扦插繁殖及嫁接繁殖，为保留蜀葵品种性状，也可以进行组织培养繁殖。

（一）播种繁殖

秋播、春播均可，直接播种，只需间除弱苗，不需移植。在东北、华北地区一般当年播种，当年开花；我国南方部分地区，由于气温高，春季播种当年可能不开花。秋播繁殖一般在 8 月中下旬进行，种子成熟后即可用于播种。可直播或用营养钵育苗。苗床应选择在阳光充足且排水良好的地块。播种后需覆土 5 mm，压实后浇透水，并保持土壤湿润，在 15 ~ 20℃的条件下，经 10 天左右可出苗。幼苗出土后，适当间苗，拔除弱苗。幼苗长出 3 ~ 4 片真叶后，可按株、行距 10 cm × 10 cm 移植。移植起苗前需将幼苗的直根剪去一部分，以促进多生侧根。植株恢复生长后，浇施稀释 5 倍的人畜粪尿 2 ~ 3 次。当长出 4 ~ 6 片叶时定植。翌春定植，当年开花。霜降前为使植株免受冻害可覆土或盖草越冬。北方春播可在 4 月末 5 月初播种，南方在 3 月播种，播种后保持地块湿润，出苗后加强管理，在端午节前后即可开花。

（二）分株繁殖

分株繁殖宜在秋季花后休眠期至春季抽梢前

图 10　托桂型

图 11　皇冠型

进行。秋末分根是在地上部分枯萎后，可从离地 30 cm 处剪除，保留老叶，将根茎挖出，按植株大小将萌生的芽带根分割成数丛，每小丛需带 2 ～ 3 个芽，将根丛栽植在向阳、排水良好、土质肥沃的地块。也可在春季萌芽时分株，此时正值萌芽生长期，故分株时应带土栽植，栽植深度与原母株深度相同，栽后压紧土壤浇水即可。

（三）扦插和嫁接繁殖

扦插法仅用于繁殖某些优良品种。扦插于花后 9 月至冬季均可进行。选择老枝基部萌发的侧枝作为插穗，剪取 7 ～ 9 cm 长的插穗，去掉下部叶片，保留上部 2 对叶片，插入河沙或盆土中，用塑料薄膜覆盖保湿，置于 50% 遮光环境条件下，生长期温度不得低于 10℃，直至生根后即可移栽。

（四）组培快繁

用无菌苗的茎段作外植体进行离体快速繁殖。在组培过程中简化培养基和培养条件，茎段接种 4 ～ 5 周直接诱导出不定芽，芽诱导培养基以 6–BA 1 mg/L 为佳，增殖培养以 MS + 6–BA 2 mg/L + NAA 0.1 mg/L 为好，其增殖系数较高，幼苗生长快而健壮。而生根培养采用 1/2 MS + 蔗糖 10 g/L 较为理想。生根大约 15 天，一般炼苗 7 天。炼苗后用清水充分洗去幼苗根部培养基，移栽到透气性良好的塑料苗盘内，基质为珍珠岩与泥炭按 2∶1 比例混合。移栽前将基质浇透水，株行距均为 15 cm。移栽后盖上塑料薄膜，2 周内保持 80% 以上的湿度，2 周后要打开塑料薄膜。苗弱可以喷施用一些叶面肥，注意通风，移栽成活率可达 80%。

四、栽培管理技术

（一）园林栽培

1. 选地

宜选择土层深厚、肥沃、排水良好的地块

图 12　绣球型

种植。

2. 水分

喜湿润环境，每年早春老根发出新芽时，应及时浇水。第 1 次灌水宜在 3 月初，需浇足浇透，为植株萌发提供充足的水分。此后，可每隔 15 天浇水 1 次。6 月中下旬进入雨季后，如果雨水丰沛，分布较均匀，则不需另外浇水；如果降水较少、天气干旱，则应适当浇水，以保持土壤湿润而不积水为宜。秋末割除地上部茎秆后应浇足、浇透防冻水，以使根系安全越冬，避免根系因缺水而发生抽条现象。

3. 肥料

蜀葵喜肥，土壤肥沃可使植株生长旺盛、抗病力强、花大花多、花色艳丽。早春萌芽前或幼苗生长期，注意施肥、松土除草，以使植株生长健壮，可浇施腐熟的稀薄人畜粪尿水。蜀葵花期长，着花量多，在叶腋形成花芽后，应用磷酸二氢钾 1000 倍液灌根，每隔 15 天左右灌 1 次，可使植株花大色艳，着花量增多，并能延长花期，促进植株枝壮叶茂，防止植株倒状。秋末将地上部茎秆割除后，在植株根部施入腐熟的有机肥，有利于植株安全越冬。对于新分栽的植株，如当年长势不佳，可于 5 月初给植株喷施 1 次 0.5% 的尿素叶面肥，能有效促进植株的长势。

4. 光温

蜀葵喜光，露地栽培宜选阳光充足的地方，盆栽不宜久置于室内，否则生长不良。宜放在光照充足、通风良好的环境中。蜀葵怕炎热，夏季要多洒水降温，盆栽的蜀葵中午需遮光。

5. 修剪与断根

由于植株较高且花期长，进行适当修剪可有效提高观赏效果。疏剪在早春萌芽后、植株高 20 cm 左右时进行，根据植株萌芽量的多少，将萌发过多的枝茎进行适当疏除，使植株枝茎分布均匀，保持良好的通风透光状态。短截一般在春季花茎抽生后进行，可促使枝茎分枝，使其矮化，避免植株倒伏。对已倒伏的枝条应进行修剪，促使下部另发新芽，保持青枝绿叶，有时秋冷后可二次开花；但为了使养分集中于根部，促使翌春萌生枝条粗壮，一般在秋冷时节需摘除花蕾。为使植株矮化和延迟开花，可将部分植株摘心，使群体花期先后开放。

为使植株矮化，防止倒伏，可于 6 月在植株周围用铁锹作圆锥状下切断根，每 2 ～ 3 周断根 1 次，每次断根后立即浇水养护。

6. 保纯与采种

蜀葵易杂交，为了保持品种的纯度，不同品种种植应保持一定的距离，避免种间混杂。

当盘状蒴果变黄时，及时进行采收，以免种子散落，一般于秋季种子成熟但植株尚未完全干枯时采收。采收的种子置于阴凉通风处阴干。蜀葵种子的萌芽力可保持 4 年。

7. 刈割与分栽

花期结束后，可将植株地上部分刈割，待萌发新芽，形成丛生植株。

蜀葵为宿根，经 3 ～ 4 年需分栽 1 次，否则老根长势削弱。为促使开花繁茂，开花前，结合中耕除草追肥 1 ～ 2 次。

（二）盆栽

盆栽时，应在早春上盆，根据植株大小选择盆径。或现蕾后根据植株大小选择合适的花盆进行盆栽，管理参照露地栽培。

（三）病害防治

蜀葵常见的病害有蜀葵锈病、蜀葵白斑病和蜀葵褐斑病。

1. 蜀葵锈病

多年生的老株易发生蜀葵锈病，感病植株叶片变黄或枯死，叶背可见到棕褐色粉末状的孢子堆。春季或夏季在植株上喷施波尔多液，或在播种前进行种子消毒，可起到防治效果。发病初期可喷施 15% 的粉锈宁可湿性粉剂 1000 倍液或 70% 甲基托布津可湿性粉剂 1000 ～ 1500 倍液、75% 百菌清可湿性粉剂 600 倍液等，每隔 7 ～ 10 天喷 1 次，连喷 2 ～ 3 次，均有良好的防治效果。

2. 蜀葵白斑病

白斑病主要危害蜀葵叶片，发病初期叶面着

生褐色的小斑点，随后病斑逐渐扩展为圆形、椭圆形或不规则形，病斑中央呈灰白色，外缘呈红褐色。在湿润环境下病斑上可着生灰褐色霉层。白斑病为半知菌类蜀葵尾孢霉感染所致。病原菌以菌丝体及分生孢子在土壤及病残体上越冬，分生孢子借风雨及浇水传播。6 月中下旬开始发病，7、8 月为发病高峰期，高温高湿条件下易发病，可反复侵染，一年内可形成 2 ～ 3 次发病高峰期。及时摘除病叶，注意枝茎的密度，使植株保持通风透光状态。增施磷钾肥，少施或不施氮肥。发病初期，可用 75% 百菌清可湿性粉剂 800 倍液或 50% 多菌灵可湿性粉剂 500 倍液、70% 甲基托布津可湿性粉剂 1200 倍液喷雾防治，每隔 10 天喷 1 次，连续喷 3 ～ 4 次，可达到良好的防治效果。

3. 蜀葵褐斑病

褐斑病主要侵染蜀葵叶片。病斑初期为灰褐色斑块，斑块边缘呈淡黄绿色，病斑扩大后呈圆形、椭圆形或不规则形，边缘黑褐色，中部黄褐色。发病后期，病斑上着生黑色霉斑。此病为半知菌类交链孢霉感染所致。致病菌在寄主病残体及土壤中越冬，翌年 6 月开始侵染，8 ～ 9 月为高发期，发病严重时可导致植株落叶。应及时清理病叶。雨天注意及时排水，防止积水。发病初期可用 75% 百菌清可湿性粉剂 800 倍液或 50% 多菌灵可湿性粉剂 500 倍液、70% 代森锰锌可湿性粉剂 800 倍液进行喷雾防治，每隔 7 天喷 1 次，连续喷 3 ～ 4 次，可有效控制病害。

（四）虫害防治

蜀葵的虫害较多，常见的有棉蚜、棉卷叶野螟、大造桥虫、烟实夜蛾、红蜘蛛、小造桥虫、无斑弧丽金龟子和小地老虎等。在虫害较少时可进行人工杀除，也可利用害虫的天敌杀灭，一些害虫的成虫有趋光性，可利用黑光灯进行诱杀。

1. 蚜虫

发生较多时，可在棉蚜越冬刚孵化和秋季蚜虫产卵前喷施 40% 吡虫啉可湿性粉剂 1000 倍液或 48% 乐斯本乳油 1000 倍液进行防治。

2. 棉卷叶野螟

幼虫春末夏初开始取食蜀葵叶片，发生严重时可喷施植物药剂 1.2% 烟碱苦参碱 3500 ～ 4000 倍液或 1.8% 阿维菌素 8000 倍液、25% 灭幼脲悬浮剂 1500 ～ 2000 倍液、20% 米满悬浮剂 1500 ～ 2000 倍液等进行防治，均可取得较好效果，发现有虫卷叶时，要及时摘除。

3. 大造桥虫

幼虫盛发期，可用 20% 除虫脲悬液浮剂 7000 倍液进行喷杀。

4. 烟实夜蛾

在 3 龄幼虫期可喷洒 48% 乐斯本乳油 1500 倍液或 20% 除虫脲悬液浮剂 7000 倍液进行灭杀。

5. 红蜘蛛

发生时选用 20% 三氯杀螨醇乳油 1000 ～ 1500 倍液或倍乐霸可湿性粉剂 1000 ～ 2000 倍液、73% 克螨特乳油 1500 ～ 3000 倍液，每隔 10 ～ 15 天喷 1 次，建议几种杀螨剂交替使用，避免红蜘蛛产生抗药性。

6. 小造桥虫

幼虫发生时可喷洒 20% 除虫脲悬浮剂 7000 倍液进行杀灭。

7. 无斑弧丽金龟子

成虫数量较多时，可以喷施 50% 辛硫磷乳油 1500 倍液或 10% 吡虫啉可湿性粉剂 1500 倍液进行防治。

8. 小地老虎

在幼虫初孵期可使用 2.5% 溴氰菊酯 3000 倍液或 20% 氰戊菊酯 3000 倍液、20% 菊马乳油 3000 倍液、10% 溴马乳油 2000 倍液、90% 敌百虫 800 倍液、50% 辛硫磷 800 倍液进行喷洒防治，此外还可用 20% 甲基异柳磷乳油 2000 倍液对被害苗处灌根进行防治；成虫可用糖醋液进行诱杀。

五、价值与应用

我国栽培蜀葵的历史久远，也因为其栽培分布范围很广，名称多。蜀葵最早出自战国至西汉

图 13 蜀葵群植

之间的《尔雅》，其注释为“菺，戎葵”。这两个名称至迟在西汉时期已经出现。晋朝崔豹《古今注》记载：“荆葵，一名戎葵，一名芘芣，似木槿而光色夺目，有红，有紫，有青，有白，有黄。茎叶不殊，但花色有异耳，一曰蜀葵。”李时珍在《本草纲目》中载“蜀葵处处人家栽之。”罗愿《尔雅翼》中说：“今戎葵一名蜀葵，则自蜀来也。”言其名为“蜀葵”是因其来自蜀地。南宋陈景沂《全芳备祖》提到蜀葵的又一别名：“浙间又一种葵，俗名一丈红。”明代的《灌园草木识》、清代《广群芳谱》等花卉典籍，均提到此名。所以，在南宋已有“一丈红”之名。明朝陈正学《灌园草木识》中还提到“红葵”：“一丈红，一名蜀葵，一名红葵。”“卫足葵”一名见于清朝陈淏子《花镜》：“蜀葵阳草也，一名戎葵，一名卫足葵。”清朝汪灏《广群芳谱》载有：“肥地勤灌，可变至五、六十种，色有深红、浅红、紫、白、墨紫、深浅桃红、茄子蓝数色。形有千瓣、五心、重台、单叶、剪绒、锯口、细瓣、圆瓣、重瓣数种。茎有紫白两种，白者为胜”。可见，蜀葵在清朝已进入繁盛时期。

蜀葵植株挺拔高大，枝繁叶茂，花瓣大且花型丰富，花色绚丽，质地如绢，风姿清淡温和，花期长，且对二氧化硫和氰化氢的抗性较强，是优良的园林绿化美化植物，也是城市绿化美化中极具发展前景的夏季花卉，可作为花坛、花境的背景材料，还可孤植、丛植或群植于建筑物旁、假山旁、路旁、湖畔边或点缀草地等，也可与其他花期相近的花卉组成繁花似锦的花带（图 13）。

蜀葵也可剪取作切花，用于瓶插或作花篮、花束等，置于案头或客厅，别有一番韵味；此外，还可用于庭院篱边绿化美化，矮生品种可栽种盆景观赏。

蜀葵因独特的形态和生长特点，广泛用于环境绿化美化观赏和生态治理保护。盐碱地种植可改良土壤，改良生态环境；沙漠地区种植可以防风固沙；路边、堤坝及山岭种植分别具有固基、固堤及护坡作用。

（周淑荣）

Alchemilla 羽衣草

蔷薇科羽衣草属（*Alchemilla*）多年生草本。属名（*Alchemilla*）意为炼金术士，具神秘色彩，据说该属植物在炼金术中具有重要作用；英文名 lady's mantle，即女士斗篷，来源于掌状浅裂且缘具波状的叶形。本属约 1000 种，主要分布于欧亚大陆的高山草甸或林间空地中。

一、形态特征与生物学特性

（一）形态与观赏特征

多年生草本，稀为一年生，根状茎木质化，直立或外倾。单叶互生，掌状浅裂或深裂，极稀掌状复叶，基生和茎生，常被柔毛。清晨或雨后，毛绒绒的叶片上常挂满水珠，煞是可爱（图 1）。花小，两性，集合成疏散或密集的伞房花序或聚伞花序。萼筒（花托）壶形，永存，喉部收缩，萼片 2 轮，各为 4 ～ 5 片；无花瓣；花盘边厚，围绕在萼筒上方。

（二）生物学特性

喜冷凉气候，耐寒。喜全光，高温时喜明亮的阴影。宜生长于潮湿但排水性好的土壤中。

图 1　羽衣草斗篷状叶片和可爱的露珠

二、种质资源

景观中常用有以下 4 种（Graham，2012；Armitage，2008）：

1. 柔毛羽衣草 *A. mollis*

应用最为广泛。丛生状，密集，高 30 ～ 60 cm。叶圆扇形，叶径 15 cm，掌状浅裂，裂片 9 ～ 11，缘具齿，密被柔毛。聚伞形花序，小花黄绿色，稠密，几乎覆盖叶片（图 2）。花期 6 ～ 9 月。分布于土耳其。

适宜于我国秦淮线以北，冬季地温高于 −32℃的地区。南方多雨地区种植，过度潮湿及叶间积水使其极易感病而生长不良。是该属生长量最大的种，同时自播能力较强，花后要及时剪除花序。

2. 高山羽衣草（阿尔卑斯羽衣草）*A. alpina*

根状茎木质，长 5 ～ 20 cm。茎细弱，被丝状毛，高 10 ～ 15 cm。基生叶莲座状丛生，3.5 cm，掌状，小叶 5 ～ 7，披针形，顶端有利齿，稠密的丝状毛在叶缘形成银色的边，上面光滑，下面被密毛；茎生叶对生。聚伞花序密集，花灰黄绿色（图 3）。雌雄同体，可无融合发育。花期 6 ～ 9 月，果期 8 ～ 10 月。原产于欧洲山区，北达格陵兰岛南部。

适宜于我国秦淮线以北，冬季地温高于 −35℃的地区。

图 2 柔毛羽衣草（Thomas Koffel 摄）

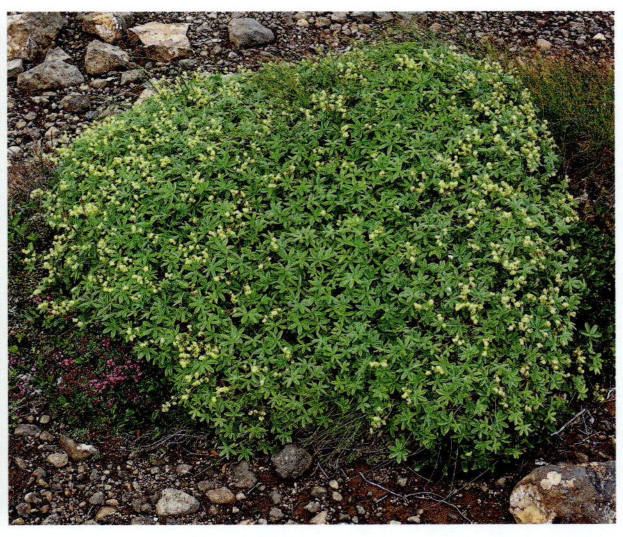

图 3 高山羽衣草（Donald Davesne 摄）

3. 垫状羽衣草 *A. ellenbeckii*

植株矮小，高 5 ～ 10 cm。茎酒红色，节间生根向外扩展，株丛常呈垫状。叶圆扇形，2.5 cm，深绿色，5 深裂（图 4）。花黄绿色，较稀疏。产于东非。

喜潮湿但排水良好的土壤，耐寒性较前两种稍差，适宜于我国秦淮线以北，冬季地温高于 –24℃的地区。最好采用分株繁殖。

图 4 垫状羽衣草（Marco Schmidt 摄）

4. 红柄羽衣草 *A. erythropoda*

植株呈垫状，整齐，高 15 ～ 25 cm。叶柄及叶片密被软毛，在阳光充足处生长时，茎及叶柄呈红色；叶圆扇形，7 ～ 9 cm，7 ～ 9 裂，裂缘具大而尖的齿，灰蓝绿色，全光照下有时泛红。花黄绿色，逐渐变红（图 5）。花期 5 ～ 8 月。产巴尔干半岛、喀尔巴阡和高加索。

耐寒性强，可耐 –35℃低温。

三、繁殖与栽培技术

（一）播种繁殖

春播，3 ～ 5 月进行，撒播后覆 3 mm 左右土或蛭石，保持基质潮湿但不积水，16 ～ 20℃条件下，2 ～ 3 周出苗（董长根 等，2013）。柔毛羽衣草的自播能力很强，常常溢出而影响原有景观。

（二）分株和扦插繁殖

一些种的根茎较大，不宜分栽大苗；但可于春季萌动时，分栽小苗。垫状羽衣草节间生根，故分丛很容易，也可于生长季枝插繁殖。

（三）园林栽培

1. 土壤

各种土质均可，中等肥力即可。

2. 水肥

除垫状羽衣草喜湿外，其他种都耐旱，忌积水。该属的适应性较强，耐贫瘠。

3. 光照

喜阳光充足，稍耐阴，但忌高温强光。

4. 修剪及越冬

对于自播能力极强的柔毛羽衣草，花后修剪花序是必需的。剪除残花序或回剪至地面，不仅

图 5 红柄羽衣草（A. Bogdanovich 摄；B. Hem North 摄）

可防止其肆意扩散，还可促使其产生新叶片，带来一个叶丛饱满的观叶期。

入冬前剪除地上枯枝叶。该属的耐寒性较强，冬季可根据不同种类的耐寒能力及立地条件进行适当保护。

四、价值与应用

该属植物抗寒、抗旱，适应性强。或大丛或低矮的垫状，稠密的黄绿色小花形成朦胧的花云，甚至笼罩整个植株。密被丝毛的扇形掌裂叶片，不仅有可爱的外形，还有极佳的手感。清晨，多毛的叶片带着晶莹的露珠，把它们像珠宝一样展示出来。较大的柔毛羽衣草可用于花境或植于景观的边缘。其他低矮种类可作地被。

早在欧洲文艺复兴时期就享有使女性永葆青春的雅誉，现代研究表明羽衣草含有的单宁酸、类黄酮、多酚等结合创造了一种协同效果，除了提供温和的收敛功效，消除自由基从而延缓衰老，还能镇静、缓和发炎及过敏肌肤，是很好的抗氧化抗炎剂，常用于治疗胃炎、妇科炎症等（Karaoglant et al., 2020），也作护肤品的添加剂。

（刘青林）

Alisma 泽泻

泽泻科泽泻属（*Alisma*）多年生水生、沼生或湿生草本。全球8种，主要分布于北温带和大洋洲；我国有6种。又名泥车前草或水车前草。俄罗斯人认为该植物是治狂犬病的一种特效药，因而有疯狗草之称。

一、形态特征与生物学特性

（一）形态与观赏特征

茎短缩，稀具根茎，有须根。叶基生，沉水或挺水，全缘，具长柄；叶片条状披针形、椭圆形至卵圆形；叶脉近平行，具横脉。花莛直，大型圆锥状复伞形花序，高7～120 cm。花小型，两性，辐射对称；花被片6枚，排成2轮，外轮花萼状，边缘膜质，绿色，宿存，内轮花瓣状，比外轮大，白色或淡红色，花后脱落；雄蕊6枚，心皮多数，离生，两侧压扁，轮生于花托上，花柱侧生于腹缝线的上部（图1）。瘦果小，革质，两侧压扁，彼此紧密靠合，聚集成头状（图2）。种子通常褐色，深紫色或紫色（陈耀东 等，2012）。

（二）生物学特性

生于湖泊、河湾、溪流、水塘的浅水带，沼泽、沟渠及低洼湿地亦有生长。喜光，亦可稍耐阴，对土壤、水位及温度适应范围较宽。

二、种质资源

1. 泽泻 *A. plantago-aquatica*

块茎较大，直径可达1～3.5 cm。沉水叶条形或披针形；挺水叶宽披针形至卵圆形，长2～11 cm，宽1.3～7 cm，先端渐尖，稀急尖，基部宽楔形，浅心形；叶柄长1.5～30 cm，基部渐宽（图3）。花莛高78～100 cm或更高；花序长15～50 cm，具3～8轮分枝；内轮花被片比外轮大，白色、粉红色或浅紫色，边缘具不规则粗齿；心皮多达17～23枚，排列整齐，花柱直立，长于心皮，柱头短；花托平凸，近圆形（图4）。瘦果椭圆形，背部具1～2条浅沟，果喙基部凸起。种子紫褐色，具凸起。花果期5～10月。染色体2n=14（陈耀东 等，2012）。

分布于东北至云南以西地区。泽泻适应性强，在该属中是花序较长、花较多、花期长的种类之一。叶片较大、亮绿，叶形美观，是较好的水生花卉。

2. 膜果泽泻 *A. lanceolatum*

水生或沼生，有时湿生。块茎直径1～2 cm，或更小。叶二型：沉水叶少数，线状披针形或叶柄状；挺水叶较多，叶片披针形至宽披针形，长9～13 cm，宽2.5～4.5 cm，先端急尖至渐尖，基部楔形或较宽（图5）；叶柄长13～25 cm，基部渐宽。花莛高35～85 cm，花序长15～46 cm，小花多数，花梗长1.5～2.5 cm，细弱；花白色、淡红色，边缘不整齐；雄蕊6枚，稀更多。瘦果扁平，倒卵形。种子黑紫色，有光泽。花果期6～9月。染色体2n=26、28。

生于浅水处。对环境适应性不强。植株较高大，叶片亮绿、美观，花莛高大、挺拔，分枝较多，花果期十分壮观，全株可用于观赏。

图 1 泽泻属的花

注：A. *Alisma triviale*；B. *Alisma subcordatum*；C. 膜果泽泻；D. *Alisma* sp.。

图 2 泽泻属的果

图 3 泽泻

图 4 泽泻（蕾期）

图 5 膜果泽泻

3. 东方泽泻 *A. orientale*

挺水叶片宽披针形、椭圆形，长 4 ～ 16 cm，宽 2 ～ 8 cm，先端渐尖，基部心形、近圆形或楔形（图 6）。花莛高 25 ～ 100 cm，花小，直径 6 ～ 7 mm；花梗不等长，内轮花被片近圆形，比外轮花被片大；白色、淡红色，稀黄绿色，边缘波状；雄蕊 6 枚。瘦果椭圆形，两侧压扁，长 1.5 ～ 2 mm，宽 1 ～ 1.2 mm；种子很小，长约 1 mm，紫红色。花期 5 ～ 7 月，果期 7 ～ 9 月。

较喜光，稍耐阴。对水位及气温的适应范围较宽，喜温暖，怕寒冷。喜水湿。喜肥及稍带黏性土壤。3 月中下旬萌芽，5 ～ 6 月花期，果期 7 ～ 9 月，9 月种子成熟。10 月地上部分逐渐枯萎。

4. 窄叶泽泻 *A. canaliculatum*

沉水叶条形，叶柄状；挺水叶披针形，稍呈镰状弯曲，长 6 ～ 45 cm，宽 1 ～ 5 cm，先端渐尖，基部楔形或渐尖；叶柄长 9 ～ 27 cm。花莛高 40 ～ 100 cm，直立；花序长 35 ～ 60 cm；内轮花被片白色，近圆形，边缘不整齐（图 7）。瘦果倒卵形，或近三角形，果喙自顶部伸出。种子深紫色，矩圆形。花果期 5 ～ 10 月。染色体 2n=42。

对水位、基质适应性较强，含腐殖质较多处生长更好。适应性强，性喜温热，但也较耐寒，喜光也较耐阴，其传播扩散能力强，种子通过水流等途径传播。叶片多少镰状弯曲，花序每轮分

图 6 东方泽泻

图 7 窄叶泽泻

枝亦较多，花果较多。叶形奇特、花序巨大，株型美观。果熟后形态披散，野趣盎然。

三、繁殖与栽培管理技术

（一）播种繁殖

9 月种子成熟后采收，阴干收藏。翌年 3 月播种前对种子进行消毒处理，浸种催芽，播种于苗床上，保持土壤水分饱和，发芽后要除去杂草，间苗，高 15 cm 左右时可分栽到大田。

（二）分株繁殖

分株在春季进行，将地下茎挖出洗净，去除须根，然后分切。每块留 1 ～ 3 个芽，然后消毒，待稍干后埋于疏松土中室内催芽，有 3 片叶后，移栽水中。

（三）园林栽培

1. 土壤

选择露地半阴的湿润环境或水中种植。种植土壤以肥沃的黏性土质为宜。幼苗期移栽后，放置于阳光充足环境，要求土深水浅。

2. 水肥

初栽时水位 3 ～ 5 cm，以后随生长增加土的厚度。生长适温 16 ～ 30℃，生长季节追肥 2 ～ 3 次。

3. 修剪及越冬

9 月种子成熟后全株多枯萎。如遇环境不宜可修剪，否则可到 12 月底修剪。南方可露地越冬。

（四）虫害防治

主要虫害为莲缢管蚜（*Rhopalosiphum nymphaea*），同翅目蚜科。在长江流域从 5 月上旬至 11 月均有发生，华南沿海地区全年都可危害。以若虫、成虫群集于寄主的叶芽、花蕾及叶背处，吸取汁液，每年发生 20 多代。可用 40% 乐果乳油 1000 ～ 1200 倍液，或 50% 抗蚜威 1000 ～ 2000 倍液进行喷雾，能得到有效防治。

四、价值与应用

用于园林沼泽浅水区的水景布置，整体观赏效果好。在水中既可观叶又可观花。春夏季叶片宽大，叶色翠绿，株型美观。9 月种子成熟后多呈全株枯萎，野趣十足。由于植株适应水深限制，多以小面积片植为主（图 8）。孤植于小水景中，盆栽用于家庭园艺，效果良好。

图 8　泽泻景观

东方泽泻在我国供药用，有利水、渗湿、泄热的功用。印地安人将根捣碎敷于肿胀、溃疡和外伤等部位。该种植物在治疗糖尿病时有较为显著的效果。全株具微毒，地下部位毒性较大，不能误食。

（李淑娟　陈尘）

Aloe 芦荟

阿福花科芦荟属（*Aloe*）灌木状肉质植物（多浆植物）。原产非洲热带干旱地区，南非尤盛；分布几乎遍及世界各地，在印度和马来西亚一带和东半球热带地区都有野生芦荟分布。我国云南元江地区，也有芦荟存在。“芦”字意为黑的意思，而“荟”字是聚集的意思。芦荟叶子切口滴落的汁液呈黄褐色，遇空气会被氧化变成黑色，又凝为一体，芦荟因此而得名。

一、形态特征与生物学特性

（一）形态与观赏特征

多年生常绿草本植物，少数为木本植物（图1）。茎短或明显。叶肉质，呈莲座状簇生或有时二列着生，叶常披针形或短宽，先端锐尖，边缘常有硬齿或刺（图2）。花莛从叶丛中抽出；花多朵，排成总状、伞形、穗状或圆锥形花序；色呈红、黄或具有赤色斑点；花被基部多连合成圆筒状，有时稍弯曲（图3）。花期2～3月。蒴果具多数种子。

图1　盆栽芦荟植株

（二）生物学特性

喜光耐半阴，不耐寒，生长最适温度为15～35℃，如果低于0℃，就会冻伤，在15℃左右停止生长。喜生长在排水良好、不易板结的疏松土质中。排水透气性差的土质会造成根部呼吸受阻，烂根坏死，但过多砂质的土壤也会造成水分和养分流失，生长不良。具有较强的抗旱能力，生长期需要充足水分，不耐涝，怕积水，容易叶片萎缩、枝根腐烂以致死亡。

图2　部分芦荟的叶丛

图 3 部分芦荟的花序

图 4 树型芦荟　　图 5 大树芦荟　　图 6 艳丽芦荟

二、种质资源与园艺分类

芦荟属 536 种，主要分布于非洲，特别是非洲南部干旱地区，亚洲南部也有。我国产 1 种。可分为观赏和药用两大类，前者可按株型分为 3 类。

（一）观赏类

1. 乔木（树）型

乔木型芦荟茎木质化程度高，有或无分枝，叶丛生于顶端或分生于茎秆上。

其中一类具有粗壮茎秆和顶部有大量分枝的树冠，茎一般光滑。例如贝恩斯芦荟（*A.*

bainesii)、树型芦荟（*A. vaombe*)、大树芦荟（*A. barberae*)、艳丽芦荟（*A. hexapetala*）等（图 4 至图 6）。

另一类茎秆有多层分枝，各个分枝末端都有 12 或更多的叶片叠生。例如扇形芦荟（*A. plicatilis*)、二歧芦荟（*A. dichotoma*)、皮尔兰斯芦荟（*A. pillansii*）等。

还有一类没有分枝，叶片一般远距离分生在茎秆之上，大部分具有宿存的干枯叶片。例如非洲芦荟（*A. africana*)、鬼切芦荟（*A. marlothii*）等（图 7）。

图 7　鬼切芦荟

2. 灌木型

灌木型芦荟叶螺旋生长呈莲座状，株型紧凑、丰满。叶丛顶部抽出大而鲜艳的花序。

一类呈攀缘状生长，茎纤细而长，叶片生于茎秆之上。例如纤毛芦荟（*A. ciliaris*)、僧帽芦荟（*A. mitriformis*)、皮氏芦荟（*A. pearsonii*）等。

另一类芦荟具有大型或中型近地面的叶丛，有茎或无茎，单生或簇生。例如波氏芦荟（*A. broomil*)、珊瑚芦荟（*A. striata*)、多花序芦荟（*A. divaricata*)、不夜城芦荟（*A. mitriformis*）（图 8）、多枝芦荟（*A. ramosissima*）等。

图 8　不夜城芦荟

3. 微型

微型芦荟植株矮小，叶片短小肥厚，有茎或无，花序小巧别致。常见的种和品种有木锉掌（*A. aristata*)、木锉芦荟（*A. humitis*)、什锦芦荟（*A. variegata*)、短叶芦荟（*A. brevifolia*)、狄氏芦荟（*A. descoingsii*)、喜芦荟（*A. jucunda*)、'马可'芦荟（*A.* 'Marco'）、白三隅锦芦荟（*A. deltoideodonta* var. *candicans*）等（图 9 至图 11）。

（二）药用类

以下几种常作为药用，也用于景观。

1. 库拉索芦荟 *A. vera*

茎较短。叶近簇生或稍二列（幼小植株），肥厚多汁，条状披针形，粉绿色，长 15 ~ 35 cm，基部宽 4 ~ 5 cm，顶端有几个小齿，边缘疏生刺状小齿（图 12）。花莛高 60 ~ 90 cm，不分枝或有时稍分枝；总状花序具几十朵花；苞片近披针形，先端锐尖；花点垂，稀疏排列，淡黄色而有红斑；花被长约 2.5 cm，裂片先端稍外弯；雄蕊与花被近等长或略长，花柱明显伸出花被外。

库拉索芦荟叶肉的胶汁特别丰富，适于提取原汁。其叶肉的冷冻干燥粉末，无嗅无味，是保健品的优良原料。叶片内的胶汁，对皮肤保水、滋润及防治老化有重要的作用。

2. 中国芦荟 *A. vera* var. *chinensis*

茎较短。叶近簇生或稍二列，肥厚多汁，条状披针形，边缘疏生刺状小齿。花梗长 60 ～ 90 cm（图 13）。总状花序，花柱明显伸出花被外。中国芦荟中大黄素含量只有库拉索芦荟的 1/10 ～ 1/5，更适合食用。生长量大，皮薄、色浅、苦味小，加工中脱色、脱苦工艺比较容易，一般一次就可以完成，在化妆品及食品的加工中有一定的优越性。

3. 木立芦荟 *A. arborescens*

叶细长，边缘有锯状齿，簇生（图 14）。花管状，小花序呈火炬状。

4. 皂芦荟 *A. saponaria*

须根系，叶簇生于基部，呈莲座状排列，叶肥厚；花茎单生或分枝，总状花序。皂芦荟叶片薄，新鲜叶汁也有一定护肤作用。其药用、保健、美容价值得到国际上的认可，种植面积不断增加。

5. 好望角芦荟 *A. ferox*

植株高大，叶大而硬，并有尖锐的刺。好望角芦荟是传统的药材，只作医药品专用，国内外未见关于其在食品和化妆品方面应用的报道。

图 9　喜芦荟

图 10　'马可'芦荟

图 11　白三隅锦芦荟

图 12　库拉索芦荟

图 13　中国芦荟

图 14 木立芦荟

三、繁殖与栽培管理技术

（一）分株繁殖

一般都采用幼苗分株或者扦插等进行营养繁殖，速度快，可以稳定保持品种的优良特征。分株繁殖于每年春季 3 ～ 4 月或者秋冬季 9 ～ 11 月，将芦荟每株周围分蘖出来的小苗连根挖取，并切断与母株连接的地下茎，即可定植。

（二）扦插繁殖

扦插繁殖是从母株的叶腋处切取长 5 ～ 10 cm 的新芽，放在阴凉的地方，夏季 4 ～ 5 小时，冬季 1 ～ 2 天，待切口稍干，扦插在搭有遮阳棚的苗床上。插后 20 天就能生根，在苗床培育 2 ～ 3 个月即可出圃定植。

（三）园林栽培

1. 土壤

应选择肥沃疏松、排水良好的砂质壤土。生长期多次松土除草，可促进土壤的通气性，加速转化土壤养分，促进根系发达。

2. 水分

适时浇水。芦荟虽喜光耐热，但在炎热的夏季，温度高，降水少，要注意防止干旱，必须及时淋水，保持土壤湿润；但是浇水不能过量，不宜过于潮湿。秋季要控水，避免烂根。

3. 温度

喜温怕冷，气温低于 15℃停止生长，低于 0℃就会冻伤甚至死亡。因此北方地区必须在大棚内种植或者在室内盆栽。

4. 施肥

在生长旺盛期，应及时施肥，以有机肥为主。每年施肥 3 ～ 4 次，每次施肥不宜过多，注意不要沾污叶片。

5. 光照

喜光照，耐半阴。因此秋冬季节要注意让芦荟获得充足的光照。室内盆栽的芦荟可以放到避风向阳的地方。同时也要避免阳光直射。

（四）病害防治

主要有炭疽病、褐斑病、叶枯病、白绢病及细菌性病害。发病初期喷洒 27% 铜高尚悬浮剂 600 倍液或 1100 倍波尔多液、75% 达科宁（百菌清）可湿性粉剂 600 倍液，可有效预防、抑制病菌侵入和蔓延。病害发生后，用内吸传导的治疗剂如托布津、瑞毒霉等，以及抗生素如硫酸链霉素、农用链霉素、春雷霉素、井冈霉素等直接施用，能杀死芦荟体内的病原菌，控制病害蔓延。

四、应用与价值

芦荟具有较高的观赏、食用和药用价值。芦荟属植物多无茎，叶簇生于基部呈莲座状，肉质。其中一些种的叶锐尖带刺；花黄或红色，总状花序，花、叶均美观，可供观赏，多数栽植于盆中，作家庭观赏盆栽，也适用于布置在花境之中（图 15）。不夜城芦荟既可观叶又可赏花；珍珠芦荟为小型芦荟，花为橙黄色，可作为家庭园

图 15　布置花境的芦荟

艺养植于阳台庭院。

关于芦荟属的记载最早始于公元前 1550 年的古代埃及医学书《艾帕努斯·巴皮努斯》。考古发现，在埃及芦荟通常被置于金字塔中木乃伊的膝盖之间。还记载了芦荟对腹泻和眼病的治疗作用。此后，由于马可多利亚帝国的扩展，芦荟被传到了欧洲。公元前 1 世纪，罗马皇帝的御医蒂俄斯可利蒂斯著有医书《克利夏本草》，有针对不同病症使用芦荟的处方，并把芦荟称为万能药草。另外，在《圣经新约》中也记载，人们埋葬耶稣的时候，将香根芹与芦荟混合后涂在其身体上。芦荟的效用在欧洲得到了广泛的承认。12 世纪时被记载于德国的药局方里，这也是芦荟首次在一个国家的法令里得到认可。此后芦荟通过丝绸之路传到了中国。李时珍所著《本草纲目》记载了芦荟是一种药用植物，并对其描述为“色黑、树脂状”。当时入药所用的芦荟是从欧洲传来的，将汁熬干形成的块状物。

芦荟叶片厚且肉质，富含多种活性物质，可用于防晒、抗炎。芦荟中含有的羧肽酶、黏多糖等物质对于溃疡疾病具有良好的疗效。有些种的汁液可供制作成化妆品、泻药和烫伤药以及用于食品加工中。因此，利用芦荟作为原材料进行加工利用将进一步拓展它的应用空间。我国芦荟产业还处于初级阶段，在芦荟的种植规模、加工技术、产品开发能力等方面还需要继续提升水平，期待走上科技发展之路。

（王艳平　杨海坡）

Alyssum 庭荠

十字花科庭荠属（*Alyssum*）一二年生或多年生草本或半灌木状花卉。该属约 100 种，主要分布于地中海及中东地区。属名源于希腊语，"*a*"的意思是不，"*lyssa*"暗指疯狂、愤怒或恐水症。英文名 madwort，madwort 和 *Alyssum* 这两个名字都表明该属植物具有药用功能。该属原有的金庭荠（*Aurinia saxatilis*）已归属于金庭荠属。

一、形态特征与生物学特性

（一）形态与观赏特征

茎少分枝，斜升或匍匐，全株密被星状毛。单叶互生，全缘，小，短于 2.5 cm；叶柄圆柱状或稍扁平，基部从不膨大。紧缩的总状花序顶生，果期伸长；萼片直立；花瓣黄色或淡黄色。短角果为双凸透镜形、宽卵形、圆形或椭圆形，花柱宿存。

（二）生物学特性

喜光但不喜炎热，耐旱，忌水湿，喜排水良好的土壤，耐贫瘠，耐寒。多数在湿热的夏季表现不佳。在西安退化严重，可露地生长 3 ～ 10 年。

二、种质资源

园林常用的有 2 ～ 3 种。

1. 山庭荠 *A. montanum*

多年生，矮小的垫状，低于 15 cm，冠幅可达 35 ～ 45 cm。不育枝匍匐，开花枝直立或斜升。叶小，倒卵状长圆形，密被星状毛，灰白色。花亮黄色，极芳香（图 1）。花期 4 ～ 8 月。原产于欧洲，极耐寒。

品种 'Mountain Gold' 株型更紧凑，丰花性

图 1　山庭荠（Deutschle 摄）

图 2　山庭荠 **'Mountain Gold'**（Joy Wooldridge 摄）

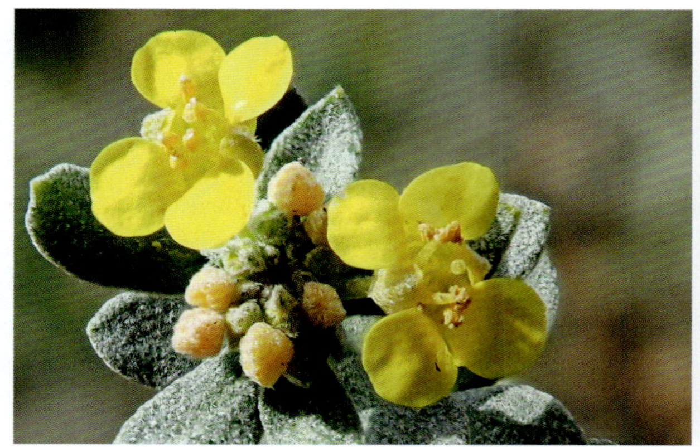

图 3　倒卵叶庭荠叶片（Denis Krivenko 摄）

图 4　倒卵叶庭荠花（Denis Krivenko 摄）

更好（图 2）（Dudley，1966；Armitage，2008）。

2. 倒卵叶庭荠 *A. obovatum*

宿根，丛生，茎基常木质化，全株密被星状毛，高 7 ～ 15（～ 20）cm。茎生叶近无柄，宽倒披针形、倒卵状匙形或倒卵形，长 0.6 ～ 1.4（～ 1.7）cm，向上渐小（图 3）。总状花序伞房状顶生，花亮黄色（图 4）。花期 5 ～ 7 月。原产于西伯利亚、加拿大及我国最北部。

3. 金球庭荠（高山庭荠）*A. wulfenianum*

宿根或常绿草本，匍匐生长，高 25 cm，冠幅可达 30 ～ 45 cm。叶小，倒卵状圆形，先端稍尖，被星状毛，灰白色。花亮黄色（图 5）。花期 3 ～ 5 月。原产于阿尔卑斯山脉东南部。品种‘金泉’（‘Golden Spring’），株型浑圆紧凑，明亮的黄色小花密布株丛表面（图 6）（Dudley，1966；Armitage，2008）。

三、繁殖与栽培技术

（一）播种繁殖

庭荠属的种子生命力较强，存放 5 年的种子仍具活力。一般春播，4 ～ 5 月露天播种或于 3 月大棚播种，易萌发。

（二）扦插及分株繁殖

春季掰下萌发的新枝，扦插于避光且潮湿处，半月即可生根；生长季节枝插，易生根。

也可切分老植株根茎来繁殖。

（三）园林栽培

1. 土壤

喜排水良好的砂质土，中性至微碱性。

图 5　金球庭荠（Alenka Mihoric 摄）

图 6　金球庭荠‘金泉’（Laurie 摄）

2. 水肥

该属植物一旦成活，极耐旱，无须再浇水；一般肥力即可满足生长开花，过多的有机质对其生长不利。

3. 光照

喜光，需种植于阳光充足处，也可耐少量庇荫。

4. 修剪及越冬

花后及时修剪枯败的花头，可促进植株扩展，以形成茂盛的冬季莲座叶丛，也可带来新一轮花期。极耐寒，冬季一般无须保护。

四、价值与应用

该属植物低矮、紧凑、花朵明艳而密集，同时具有耐旱、耐寒及耐贫瘠的特性，使其成为理想的岩石园及垂直美化材料，同时也被应用于花境、花坛、山坡等景观中。

（李淑娟）

Amsonia 水甘草

夹竹桃科水甘草属（*Amsonia*）一年生或多年生草本植物。本属有19种，主要分布于北美洲；我国产1种（一年生）。该属宿根类浓密而带有金属蓝色的浓密叶丛，及夏季密布其上的淡蓝色花朵，无不给人以清新淡雅之感，也给炎炎夏日带来一丝清凉。

一、形态特征与生物学特性

（一）形态与观赏特征

直立，具乳汁。叶互生，膜质。顶生聚伞花序，聚伞圆锥状或者伞房状；花冠蓝色或带蓝色，高脚碟状，中部以上膨大，喉部外侧具长柔毛；裂片5，重叠。蓇葖果2，圆筒状。种子圆筒状。

（二）生物学特性

适应性强，恢复力强。全光照及部分遮光条件均可生长，喜湿润土壤，耐寒性强。常生于林下或潮湿草原或更干旱处（Armitage，2008；Graham，2012）。柳叶水甘草抗性强，耐移植，在西安可露地生长10年以上。

二、种质资源

仅有3～4种应用于景观（Armitage，2008；Graham，2012；董长根 等，2013）。

1. 缘毛水甘草 *A. ciliata*

茎直立或斜倾，高60～90 cm。叶条形，叶宽变化较大，0.2～1 cm，长4～8 cm，几无柄；幼叶缘密被长茸毛，后渐稀疏（图1）。花冠淡蓝色（图2）。花期3～5月。较耐寒，可耐 –26℃低温。

2. 胡氏水甘草 *A. hubrichtii*

与缘毛水甘草的区别在于，叶片几乎是线形的，叶缘无毛；秋叶金黄色（图3）。

2. 得克萨斯水甘草 var. *texana*

花蓝色至淡蓝色（图4）。花期春末夏初。耐寒性强，可耐 –30℃低温。

3. 柳叶水甘草 *A. tabernaemontan*

与缘毛水甘草的区别在于，叶片长披针形，柳叶状，叶缘无毛。花蓝色（图5、图6）。花期春末夏初。极耐寒，可耐 –37℃低温。

低矮品种‘蓝冰’（‘Blue Ice’），株高30～35 cm，冠幅45～60 cm；茎多斜升，花蓝色；秋叶金黄色。极耐寒，是一个非常优秀的品种。可用作地被、花境填充材料或用于花坛布置（图7、图8）。

三、繁殖与栽培技术

（一）播种繁殖

春播或秋播均可。种子萌发需经4～6周4℃低温处理，故秋季可直播于户外，来年春季萌发较慢。4～5月春播，种皮较厚，播前剪破种皮，并浸种1天，有利于萌发。

（二）分株或扦插繁殖

分株繁殖在春季萌动期进行。

扦插繁殖在5月采集萌发的侧枝，以嫩梢为插穗，生根剂处理后，生根更快更整齐。

图 1　缘毛水甘草的叶茎（示缘毛）（Brandon Wheeler 摄）

图 2　缘毛水甘草的花（Samlutfy 摄）

图 3　胡氏水甘草（Audreycobb 摄）

图 4　得克萨斯水甘草（Julia Roze 摄）

图 5　柳叶水甘草

图 6　柳叶水甘草花序

图 7　‘蓝冰’（Carol H. Sandt　摄）

图 8　‘蓝冰’（Rick Webb　摄）

（三）园林栽培

1. 土壤

不择土质，黏壤土、多砾石者及砂土均可。

2. 水肥

喜湿润，耐短期积水，也耐旱。故生长期保持土壤处于中等至湿润状态即可。生长期追肥 1 ～ 2 次，复合有机肥即可。

3. 光照

全光及半阴环境均可，炎热夏季全光照下，则需保证土壤湿润；遮光环境生长，株型易松散甚至倒伏，需立竿扶持。

4. 修剪及越冬

花后回剪枝条至 1/2 ～ 2/3，可促株型饱满；入冬前剪除地上枯枝。耐寒性强，冬季一般无须保护，极冷地区可做适当防护。

四、价值与应用

叶片茂密，花繁如星，部分种秋叶金黄，抗逆性强，无须过多养护，是极好的低维护景观植物。可丛植或片植，用于花境、城市绿地或野生花园。

《本草图经》中记载，产自我国的一年生草本水甘草（*A. sinensis*），味苦，性凉，具有清热解毒之功效。也见作为经济植物种植以提取水甘草碱（tabersonine），称波宁。

（李淑娟）

Anchusa 牛舌草

紫草科牛舌草属（*Anchusa*）多年生草本或亚灌木。叶子大多为长圆形或卵状披针形，相对宽大，形状与牛的舌头有一定的相似性，因此，人们形象地将其命名为“牛舌草”。该属约 33 种，分布于欧洲、非洲北部和亚洲西部等地区，在我国新疆、江苏等地有栽培。

一、形态特征与生物学特性

（一）形态与观赏特征

茎直立，高可达 1 m，通常不分枝或上部花序分枝，密生白色长硬毛。基生叶和茎下部叶为长圆形至倒披针形，全缘，两面被有贴伏的硬毛，先端短渐尖或急尖，基部渐狭成柄；茎上部的叶无柄。花被片通常为蓝色、紫色或白色，也有一些品种的花为粉红色或黄色，花呈漏斗状或管状，花冠通常有 5 个裂片，裂片呈覆瓦状排列。雄蕊通常有 5 个，内藏于花冠管内；雌蕊由 2 个心皮组成，子房上位，花柱细长，柱头 2 裂。聚伞花序顶生，二歧或一侧生花，有时呈圆锥状或穗状（图 1）。

（二）生物学特性

通常生长在温带地区，尤其是地中海地区，从靠近海平线到低海拔的山区都有分布。多数种类喜欢充足的阳光，但也有一定的耐阴性。适应温和的气候条件，不同品种对温度的适应范围有所不同。宜在肥沃、排水良好的土壤中生长。

二、种质资源

1. 南非牛舌草 *A. capensis*

高可达 60 cm；叶狭披针形至线形（图 2）；萼片三角形，花蓝色带红边，喉部白色，花冠小而密生；花期 7 ～ 8 月。株型柔美，花色新颖，是布置花坛和花境的主要蓝色花种类（图 3），花枝也是极好的切花材料和蜜源植物，还可盆栽种植用来装饰阳台、室内、几桌等。

2. 意大利牛舌草 *A. azurea*

茎直立，通常不分枝或上部花序分枝，密生

图 1　药用牛舌草花、叶部特写（吴棣飞 摄）

图 2　南非牛舌草（吴棣飞 摄）

图 3　南非牛舌草‘蓝天使’

具基盘的白色长硬毛。基生叶和下部茎生叶长圆形或卵状披针形至倒披针形，全缘；上部茎生叶较小，全缘或有波状齿，无柄。花序顶生及腋生，有分枝；苞片线形至线状披针形；花萼5裂至近基部，裂片线状披针形；花冠蓝色，筒部等长或稍长于花萼，檐部裂片近圆形；雄蕊内藏。花期5～6月。小坚果具网状皱褶及小疣点。

3. 心叶牛舌草 *B. macrophylla*

一种缓慢蔓延、丛生的多年生耐阴草本植物，原产于西伯利亚和地中海部分地区。早春开花，小小的5瓣蓝紫色花朵，花期能维持4周左右，茎稍多毛，叶子呈心形，而且叶片较大（图4），稍有皱褶，许多叶子卷曲或有卷曲的倾向，杂色，叶片或有银白色斑点（图5）。开花高度30～45 cm，冬季半常绿，叶片高度10～20 cm。

三、繁殖与栽培管理技术

（一）播种繁殖

可在春季或秋季进行播种。选择合适的土壤，将种子均匀撒播在土壤表面，播后覆盖基质，覆盖厚度为种粒的2～3倍。播后可用喷雾器、细孔花洒把播种基质淋湿，以后当盆土略干时再淋水，仍要注意浇水的力度不能太大，以免将种子冲出。

（二）分株繁殖

春季或秋季，当植株生长旺盛时进行。将牛舌草的母株挖出，小心地分离出带有根系的侧芽或分蘖，然后分别栽种到新的位置。

（三）扦插繁殖

剪取适当长度的健康的枝条作为插穗，去除下部叶片。将插穗插入准备好的疏松基质中，保持适宜的湿度和温度，促使其生根。

（四）园林栽培

1. 基质

喜排水良好、肥沃疏松的土壤。可以使用腐叶土、园土和河沙混合配制，以保证土壤的透气性和肥力。

2. 水肥

保持适度湿润，但避免积水。在生长季节，根据土壤墒情适时浇水，夏季高温时增加浇水频率。在生长期间，每隔2～3周施1次稀薄的复合肥。花期前可适当增加磷钾肥的施用量，以促进花芽分化和开花。

3. 光照

喜欢充足的阳光，但在夏季高温时，可能需要适当遮光，以避免强光灼伤叶片。

4. 修剪及越冬

定期修剪可以促进植株的分枝和生长，保持

图 4　心叶牛舌草‘亚历山大’（夏雨 摄）

图 5　心叶牛舌草‘亚历山大大帝’（夏雨 摄）

植株的形态美观。在花期过后，及时剪掉残花，减少养分消耗。多年生草本具有一定的耐寒能力。在较为寒冷的地区，冬季可以采取覆盖保温材料的方式帮助其越冬。在冬季来临前，减少浇水，停止施肥，使植株进入休眠状态。

（五）病虫害防治

常有叶斑病、霜霉病和蚜虫危害。病害用70% 甲基托布津可湿性粉剂 1000 倍液喷洒防治。虫害用 2.5% 鱼藤精乳油 1200 倍液喷洒防治。

四、价值与应用

花色丰富，花形美观，常被用于园林景观的营造（图 6）。可以种植在花坛、花境中，形成美丽的花卉景观。部分观叶类品种适合营造阴生花境等植物景观，也适合作为盆栽植物，用于室内装饰和美化环境。同时，作为植物群落的一部分，为昆虫等生物提供了食物和栖息地，有助于维持生态平衡和生物多样性。

在传统医学中被用于治疗多种疾病。可能具有清热解毒、祛痰止咳、消肿止痛等功效，对于感冒、咳嗽、支气管炎、咽喉炎、肺炎等呼吸道疾病有一定的疗效。部分种类可能具有抗炎、抗菌作用，对一些炎症和感染性疾病有辅助治疗效果。中国牛舌草（*A. italica*）主要分布于新疆、江苏等地。以干燥地上部分入药，收录于《中华人民共和国卫生部药品标准维吾尔药分册》，具有生湿生热、调节异常黑胆质、生湿补脑、祛寒补心、爽心悦志、润燥消炎、止咳平喘、通便等功效。

图 6　牛舌草（中间紫色花）景观应用

（任梓铭　夏宜平）

Anthemis 春黄菊

菊科春黄菊属（*Anthemis*）一年生或多年生草本植物。该属约 170 种，主要分布于中东及地中海地区。以可爱的花朵、浓香的叶片及极强的抗逆性而早早应用于景观中。

一、形态特征与生物学特性

（一）形态与观赏特征

叶互生，一至二回羽状全裂。头状花序单生枝端，有长梗，具异型花；舌状花 1 层，通常雌性，白色或黄色；管状花两性，黄色；总苞片通常 3 层，覆瓦状排列，边缘干膜质。花期 6 ～ 10 月。瘦果矩圆状或倒圆锥形。

（二）生物学特性

喜光，忌湿，耐贫瘠，耐寒，常生于干燥、阳光充足、贫瘠的石质土壤中，可耐 –35℃低温。

二、种质资源与园艺品种

（一）种质资源

仅有 4 种宿根类栽培应用。

1. 春黄菊 *A. tinctoria*

英文名 golden marguerite（金色玛格丽特），应用最广泛。茎直立，高 30 ～ 60 cm，具条棱，带红色，上部多分枝，被白色疏绵毛。叶羽状全裂，裂片矩圆形，有三角状披针形、顶端具小硬尖的篦齿状小裂片，叶轴有锯齿，下面被白色长柔毛。头状花序单生枝端，花径达 3（～ 4）cm，具长梗；总苞半球形，边缘干膜质；舌状花金黄色；两性花黄色（图 1）。瘦果四棱形，稍扁。花期 7 ～ 10 月。

1a. 圣约翰春黄菊 var. *sancti-johannis*

植株簇生，茎直立，稀疏分枝，高约 40 cm。花深橙黄色，花径 3 ～ 5 cm（图 2）；花期 6 ～ 8 月。该变种极易与原种杂交（Armitage，2008）。

2. 西西里春黄菊 *A. punctata* subsp.*cupaniana*

半灌木，茎斜升至平铺，植株常呈垫状，全株密被白绵毛。叶二回羽状，小裂片先端三角形。头状花序单生枝顶，具长梗，花径 3 ～ 4 cm；舌状花白色，两性花黄色（图 3）。

图 1　春黄菊（Evgenyboginsky 摄）

图 2　圣约翰春黄菊（Joy 摄）

花期 4 ～ 8 月。

3. 高加索春黄菊 *A. marschalliana*

多年生草本，全株密被白绵毛，触感丝滑，远观呈银灰绿色。基生叶二回羽状，小裂片自由伸展，不在一个平面上，长条状，具尖头；茎生叶互生，二回羽状，向上渐小。头状花序单生枝端，花径达 2.5 ～ 5 cm，具长梗；舌状花及两性花均金黄色（图 4）。花期 5 ～ 8 月。

（二）园艺品种

1940 年，最早的春黄菊品种出现在爱尔兰的一个名为 Grallagh 的小镇，是春黄菊的变种圣约翰春黄菊的自然杂交后代，如现在仍在使用的 'Beauty of Grallagh' 和 'Grallagh Gold'。该属常见的品种如下（Graham, 2012）。

'巴克斯顿''E. C. Buxton'　株高 60 ～ 75 cm；舌状花浅黄色，管状花柠檬黄色，极为丰花。花期 6 ～ 8 月（图 5）。

'Beauty of Grallagh'　株高 60 ～ 75 cm；舌状花浅黄色，管状花柠檬黄色，极为丰花。花期 6 ～ 8 月。

'Grallagh Gold'　株高 45 ～ 50 cm，冠幅 30 ～ 40 cm；花金黄色至橙黄色。（图 6）花期夏季。

'荷兰酱'（'Sauce Hollandaise'）株高 45 ～ 60 cm，冠幅 30 ～ 40 cm；舌状花纯白色或稍带黄晕，管状花金黄色，酷似荷包蛋（图 7）。花期 5 ～ 8 月。

图 3　西西里春黄菊（David Hocken 摄）

图 4　高加索春黄菊（burdsvints 摄）

图 5　'E. C. Buxton'（Sue Taylor 摄）

图 6　'Grallagh Gold'（Sue Taylor 摄）

图 7 'Sauce Hollandaise'（IrisLilli 摄）

'Tetworth' 株高 45 ~ 60 cm，叶片灰绿色；花半重瓣，舌状花白色，管状花金黄色。为春黄菊与其变种的杂交品种。花期 5 ~ 9 月。

三、繁殖与栽培管理技术

（一）播种繁殖

种子采收后，最好 2 ~ 3 年内使用，不耐贮藏。3 ~ 4 月于冷棚中播种。种子撒播于湿润的基质表面，不用覆土，光照有利于种子萌发。保持基质湿度，15 天左右萌发。品种一般不用种子繁殖，后代性状会出现分离。

（二）分株和扦插繁殖

春秋季进行分株繁殖，常规操作即可。可于初夏进行嫩枝扦插。

（三）园林栽培

1. 土壤

喜中性至碱性、排水良好的砂壤土，石灰质土壤也可生长。

2. 水肥

喜中度至稍干燥的土壤，忌水湿，故北方降水少的区域更适合其生长。耐贫瘠，水分充足且土壤过肥时，植株易徒长，难以保持株型，故一般园土中种植无须施肥。

3. 光照

喜光，不耐阴，需种植于阳光充足处。

4. 修剪及越冬

花期过后，应及时修剪枯败的花头，既可保持美观又可避免过分消耗营养影响来年开花。入冬前修剪地上部分。北方冬季一般无须特别保护，最低温度低于 −35 ℃的地区，可作地面覆盖。

（四）病虫害防治

常有蚜虫危害，湿润处也有蜗牛、蛞蝓危害。偶有白粉病出现。均可采用常规方法防治。

四、价值与应用

花朵雅致可爱，开花密集，花期长。可用于花坛、花境，特别是岩石园的布置，也可作花海材料。

该属的几个黄花种的花朵如春黄菊是中东地区传统的黄色染料，加入不同媒染剂，可以得到不同的黄色（Eser et al.，2017）。

（李淑娟）

Anthurium 花烛

天南星科花烛属（*Anthurium*）是多年生常绿草本植物。因佛焰苞中伸出的肉穗花序如同红绸（苞片）托撑的一支蜡烛，故名花烛；又因独特的花形，又名火鹤、红掌等。其特有的绚丽多彩的心形佛焰苞片，配以艳丽肉穗花序组成的花，在浓绿的叶片衬托下，热情喜庆，花语“大展宏图”让人充满希望。花烛原产于哥伦比亚西南部热带雨林，1853 年在拉丁美洲哥伦比亚海拔 360 m 处被发现，1876 年法国著名植物学家 Elouard Andrzai 在哥伦比亚南部采集到原种，19 世纪开始在欧洲栽培，20 世纪欧洲开始育种。育种历史近百年，培育出 1000 多个品种，因此在世界各地广泛种植，成为世界花卉贸易中仅次于热带兰的第二大热带花卉。

一、形态特征与生物学特性

（一）形态与观赏特征

具气生根，常附生在树或岩石等上面；典型的须根系，从茎的基部节上生长许多不定根，没有主次之分，半肉质。植株大小差异较大，一些种类低矮，有些种类叶柄较长，叶片较大，高 20 ～ 120 cm，冠幅 20 ～ 50 cm。茎节短，叶自基部生出，绿色，革质或绒质，有些叶脉白色，形成漂亮的图案。叶形各式，卵形、窄卵形或阔卵形，全缘或浅裂、深裂或掌状分裂。叶片基部具圆裂片或无，圆裂片的相对位置可分为向上弯曲但不接触、平展不接触、接触、交叠或紧贴。叶柄细长，绿色或部分红色。

花从叶鞘抽出，由佛焰苞和肉穗花序组成，大部分高于叶片，也有少量低于叶片（图 1）。佛焰苞卵形，分为窄椭圆、椭圆、阔椭圆、近圆形、窄卵形、卵形或阔卵形，革质并有蜡质光泽，基部具圆裂片或无。色彩丰富，有单色和复色，单色有红色、橙红色、粉色、白色、紫色、绿色等。肉穗花序肉质、圆柱形，长 3 ～ 10 cm，直立或弯曲，单色或复色。单色有红色、橘红色、紫红色、白色、黄色等；复色有上部为黄色、下部为白色，上部为绿色、下部为白色，上部为橙黄色、下部为白色等。无数小花着生在肉穗花序上，花两性、小、近无柄；花被具 4 窄裂片，4 枚雄蕊，围绕 1 枚雌蕊。根据品种不同，雌雄蕊成熟期有差异，从而抑制了自花授粉，通过昆虫异花授粉而结实。浆果，初期为绿色，后期为黄色，一个果实上有数十粒到数百粒种子。种子黄色，长圆形，长 4 ～ 5 mm、宽 2 ～ 3 mm、厚 1 mm 左右（图 2），种子成熟后应即收即播。

图 1　花烛（佛焰苞和肉穗花序）

（二）生物学特性

原产热带雨林，性喜温暖、潮湿和半阴的环境，忌干旱、积水和强光暴晒。适宜生长温

图 2　花烛的花、果实和种子

度为 18 ～ 28℃，高于 35℃生长不良；不耐低温，低于 14℃生长迟缓，易受冷害。喜光，但忌阳光直射，长时间荫蔽易导致花量减少或不开花。对空气湿度要求较高，适宜的相对湿度为 70% ～ 90%。人工栽培宜选用疏松、排水良好、偏酸性的基质，如泥炭、椰糠等，喜肥，但对盐分比较敏感，须薄肥勤施。

二、种质资源与园艺分类

（一）种质资源

全球已知花烛属植物约 940 种，但只有极少部分被人工栽培。根据观赏部位，可分为两大类（图 3）。一类是以观花为主，如花烛（红掌，*A. andraeanum*）、火鹤花（*A. scherzerianum*）等，园艺品种很多，作为商品花卉在世界各地大量栽培。另一类是以观叶为主（图 3），如水晶花烛（*A. crystallinum*）、克莱恩花烛（*A. clarinervium*）、盾叶花烛（*A. forgetii*）、帝王花烛（*A. regale*）、国王花烛（*A. veitchii*）、奢华花烛（*A. luxurians*）、掌叶花烛（*A. pedatoradiatum*）、长叶花烛（*A. warocqueanum*）、华丽花烛（*A. magnificum*）等，有一些商业品种，但栽培量不大。

图 3　观花花烛和观叶花烛

1. 花烛（红掌）*A. andraeanum*

观花类。叶卵形，革质，绿色，全缘；佛焰苞卵形，革质并有蜡质光泽，橙红色或猩红色；肉穗花序直立、黄色，可常年开花不断。

2. 火鹤花 *A. scherzerianum*

观花类。叶长卵形，革质，绿色，全缘；佛焰苞椭圆形，革质并有蜡质光泽，橙红色；肉穗花序扭曲，可常年开花不断。

3. 水晶花烛 *A. crystallinum*

观叶类。叶卵形，绒质，绿色，全缘，叶片基部具圆裂片，叶脉白色，比较细弱。

4. 克莱恩花烛 *A. clarinervium*

观叶类。比水晶花烛叶片更大，叶脉更明显和清晰。叶阔卵形，绒质，绿色，全缘，具圆裂片，叶脉白色，形成漂亮的图案。

5. 盾叶花烛 *A. forgetii*

观叶为主。叶卵形，绒质，绿色，全缘，无圆裂片，像一个圆盾一样，叶脉白色。

6. 帝王花烛 *A. regale*

观叶类。与水晶花烛相比，叶脉更多，图案更丰富。叶卵形，绒质，绿色，全缘，叶片基部具圆裂片，叶脉白色，脉络多。

7. 国王花烛 *A. veitchii*

观叶类。又名火鹤王、皱叶花烛。叶片巨大，长椭圆形，具有明显的波浪状皱褶。

8. 奢华花烛 *A. luxurians*

观叶类。叶卵形，革质，绿色，叶面具明显的凹凸。

9. 掌叶花烛 *A. pedatoradiatum*

观叶类。株高近 1 m。叶片圆形，直径 40 ～ 50 cm，亮绿色，具光泽，7 ～ 13 深裂，裂片披针形或线状披针形，渐尖，最外侧的镰状，各裂片基部连合 1/5 ～ 1/4，中肋在背面隆起，侧脉纤细，斜伸，集合脉与边缘稍远离。

10. 长叶花烛 *A. warocqueanum*

观叶类。茎纤细，绿色；叶片巨大，长椭圆形，长度可达 70 cm 左右；深绿色，绒质，叶脉白色清晰。

11. 华丽花烛 *A. magnificum*

观叶类。叶卵形，绒质，绿色，全缘，叶片基部具圆裂片，叶脉白色清晰，脉络比水晶花烛少。

（二）园艺分类

花烛属种间或品种间自然结实率比较低，一般通过人工授粉，主要以花烛（*A. andraeanum*）作为母本与其他种或品种杂交，选育出大量园艺品种。目前，欧美育种公司特别是荷兰的安祖公司和瑞恩公司培育出了大量花色丰富的花烛品种。国内的花烛育种比国外晚了 50 多年，从 2000 年左右开始，广州花卉研究中心、中国热带农业科学院热带作物品种资源研究所、浙江省园林植物与花卉研究所等几家单位在开展花烛育种工作，目前培育的花烛新品种有几十个，但真正应用于生产的还不多。根据用途不同，将花烛初步分为切花和盆花两大类，其中盆花类根据观赏部位不同，又可分为观花类花烛和观叶类花烛。

1. 切花类

以花烛为主，花梗长度在 30 cm 以上，目前主要栽培品种有如下色系（图 4）。

（1）红色系

‘爱米’（‘Amigo’）、‘雅利安’（‘Arena’）、‘卡利斯托’（‘Calisto’）、‘卡雷斯玛’（‘Carisma’）、

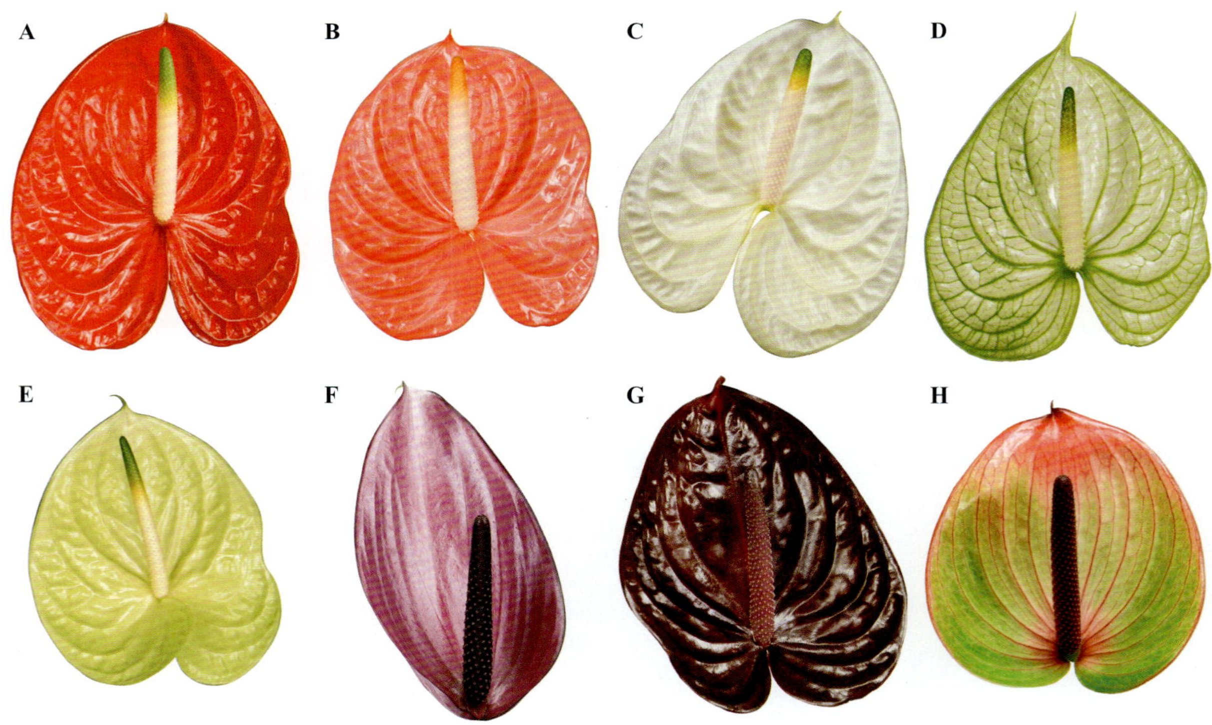

图 4　花烛切花品种（引自安祖公司网站）

注：A.‘雅利安’；B.‘法拉欧’；C.‘那一刻’；D.‘迷醉’；E.‘玛丽西亚’；F.‘普利维亚；G.‘尼若’；H.‘福泰’。

‘伊特诺’（‘Eterno’）、‘伊普斯’（‘Impulz’）、‘兰布拉’（‘Rambla’）、‘坎泰洛’（‘Cantello’）、‘菲斯帝诺’（‘Festno’）、‘火焰’（‘Fire’）、‘趣味’（‘Spice’）等。

（2）粉色系

‘凯迪’（‘Candy’）、‘卡莉博’（‘Caribo’）、‘干杯’（‘Cheers’）、‘法拉欧’（‘Farao’）、‘皇家山特’（‘Sante Royal’）、‘玫瑰’（‘Rose’）、‘萨维尔’（‘Xavia’）等。

（3）白色系

‘天使’（‘Angel’）、‘耳语’（‘Whis-per’）、‘德纳里’（‘Denali’）、‘风度’（‘Presence’）、‘加斯奥莎’（‘Graciosa’）、‘那一刻’（‘Moments’）、‘福斯特’（‘Facetto’）、‘力普拉’（‘Lybra’）等。

（4）绿色系

‘迷醉’（‘Extase’）、‘米多蕊’（‘Midori’）、‘大满贯’（‘Grand’）、‘鲁卡迪’（‘Lucardi’）、‘欧丽维斯’（‘Olivius’）、‘龙舌兰’（‘Tequila’）等。

（5）黄色系

‘卡迪诺’（‘Cardinal’）、‘香槟’（‘Chama-pagne’）、‘科塞克’（‘Kaseko’）、‘马雷亚’（‘Marea’）、‘玛丽西亚’（‘Marysia’）、‘努兹亚’（‘Nunzia’）等。

（6）紫色系

‘马拉维利亚’（‘Maravilla’）、‘普利维亚’（‘Previa’）等。

（7）棕色系

‘尼若’（‘Nero’）、‘映时’（‘Showtime’）、‘太阳之眼’（‘Sun Eye’）等。

（8）复色系

‘小巨人’（‘Jumbo’）、‘福泰’（‘Fortezza’）、‘德纳里’（‘Denali’）、‘紫色马克西’（‘Maxima’）、‘赛菲拉’（‘Zafira’）等。

2. 盆栽观花类

以花烛的佛焰苞为主要观赏对象，肉穗花序直立或弯曲，以园艺种为主，栽培量很大，目前主要栽培品种有如下色系（图5、图6、）。

（1）红色系

‘阿拉巴马’（‘Alabama’）、‘马都拉’（‘Ma-dural’）、‘密西根’（‘Michigan’）、‘皇冠’（‘Rolal Champion’）、‘特伦萨’（‘Turenza’）、‘俄克拉荷马’（‘Oklahoma’）、‘爱达荷’（‘Idaho’）、‘红斑比诺’（‘Bambino Red’）、‘菲丽西塔’（‘Felicita’）、‘骄阳’（‘Sierra’）、‘橙骄阳’（‘Sierra Orange’）、

图5 花烛盆花品种（引自安祖公司网站）

注：A.‘密西根’；B.‘橙骄阳’；C.‘粉皇冠’；D.‘白冠军’；E.‘卡瓦丽’；F.‘婉尼拉’；G.‘意相随’；H.‘利维姆’。

图 6 国内自主选育花烛盆花品种（图片由广州花卉研究中心提供）
注：A. 小娇；B. 朝天娇；C. 福瑞；D. 福星；E. 紫云。

‘小娇’（‘Xiao Jiao’）、‘朝天娇’（‘Chao Tian Jiao’）、‘福瑞’（‘Fu Rui’）、‘福星’（‘Fu Xing’）等。

（2）粉色系

‘缅因’（‘Maine’）、‘潘多拉’（‘Pandola’）、‘甜梦’（‘Sweet Dream’）、‘粉皇冠’（‘Royal Pink Champion’）、‘粉冠军’（‘Pink Champion’）、‘茱莉’（‘Joli’）、‘桃色茱莉’（‘Joli Peach’）、‘粉黛’（‘Fen Dai’）等。

（3）白色系

‘蒙大拿’（‘Montana’）、‘阿拉斯加’（‘Alaska’）、‘白安可’（‘Blanco’）、‘白夏睿德’（‘Sharade White’）、‘白骄阳’（‘Sierra White’）、‘白冠军’（‘White Champion’）、‘艾克里普斯’（‘Eclyps’）等。

（4）紫色系

‘希拉娜’（‘Cirano’）、‘卡瓦丽’（‘Cavalli’）、‘齐祖’（‘Zizou’）、‘香妃’（‘Fiorino’）、‘紫云’（‘Zi Yun’）等。

（5）复色系

‘梦幻’（‘Fantasy Love’）、‘利维姆’（‘Livium’）、‘红唇’（‘Vermilion’）等。

（6）其他色系

黄色有‘婉尼拉’（‘Vanilla’），棕色有‘优雅’（‘Delicata’）、‘意相随’（‘Es-sencia’）等。

（7）火鹤花系列

以火鹤花的佛焰苞为主要观赏对象，肉穗花序扭曲，以园艺种为主，目前栽培量不大，主要品种有‘阿图斯’（‘Artus’）、‘阿利安’（‘Ariane’）、‘阿提卡’（‘Artica’）等（图 7）。

3. 盆栽观叶类

以原生种和一些杂交种为主，栽培量不大，以园艺爱好者为主要消费者，常见品种有‘红’水晶花烛（*A. crystallinum* ‘Red’）、‘瓜瓜钻石’水晶花烛（*A. crystallinum* ‘Guagua Diamond’）、‘瓜瓜’克莱恩花烛（*A. clarinervium* ‘Guagua’）、‘黑桃’花烛（*A.* ‘Ace of spades’）、‘RL’花烛

图 7 火鹤花品种

（*A. papillilamminum*‘RL’）、维塔领带花烛（*A. vittariifolium*）（图 8、图 9）。

三、繁殖技术

（一）组培快繁

组培快繁是种苗大规模生产的主要方式。选择健壮无病虫植株的幼嫩新展叶片、叶柄或芽为外植体，消毒后放入 MS+6–BA 1 mg/L+2,4–D 0.5 mg/L+ 蔗糖 30 g/L+ 琼脂 5 g/L 培养基诱导愈伤组织。培养室温度控制在 25℃ ±2℃，光源为全光谱 LED 灯，光照强度 500 ～ 1000 lx，光照时间 10 小时 / 天。培养 40 ～ 60 天，不同品种花烛愈伤诱导率不同。愈伤组织增殖和再分化不定芽的培养基为 MS+6–BA 0.6 ～ 1 mg/L+ 蔗糖 30 g/L+ 琼脂 5 g/L，培养室温度、光源同前，光照强度 1000 lx 左右，光照时间 12 小时 / 天。愈伤组织增殖继代周期为 30 ～ 50 天。壮苗生根培养基为 1/2 MS+NAA 0.05 ～ 0.1 mg/L+ 蔗糖 30 g/L+ 琼脂 5 g/L，培养室温度、光源同前，光照强度 2000 lx 左右，光照时间 14 小时 / 天。生根培养时间为 40 ～ 70 天，苗高（不含根部）达 3 ～ 4 cm 时即可出瓶。移栽前把瓶苗从培养室移到待移植的大棚阴凉通风处炼苗 5 ～ 7 天，温度要求 20 ～ 30℃、光照 5000 lx 左右。将苗取出后放入清水中洗净，小苗用 800 ～ 1000 倍的多菌灵或百菌清药液浸苗 5 分钟后再进行移植。移栽基质选用纤维长度 0 ～ 10 mm 的纯泥炭，用 72 孔穴盘种植，温度 20 ～ 32℃、空气湿度 70%～ 80%、光照在 5000 lx 以下，成活率可达 90% 以上。组培苗出瓶到开花需 1.5 ～ 2 年。

（二）分株繁殖

选择具有 3 枚叶片以上的子株（萌蘖），从母株上连茎带根切割下来，根据植株大小可种植于口径 10 ～ 20 cm 盆内，种植基质可采用 10 ～ 40 mm 的纯泥炭。根据分株苗的大小，开花需要 1 ～ 2 年。

（三）播种繁殖

多用于杂交育种后代繁殖，成熟的种子采后及时播种在 0 ～ 10 mm 纯泥炭中，点播、深度 1 cm，温度保持 20 ～ 30℃，基质保持湿润状态。品种不同出芽时间差异较大，一般 20 天以上。从种子播种到开花一般需要 3 年以上。

四、栽培管理技术

（一）设施栽培

1. 设施要求

栽培设施要求具有内外双层顶膜的温室大棚，内外有活动式遮光系统，外层遮光率为 75% 左右，内层遮光率为 50% 左右，温室内配备降温、加温以及喷雾增湿设备（图 10）。盆栽要求建有栽培床架，实行离地栽培。切花采用地面种植槽种植，需与地面泥土隔离，铺设排水系统。

2. 基质

盆花宜选用规格为 10 ～ 40 mm 的中粗纤维泥炭，EC 值低于 0.5 mS/cm，pH 5.5 ～ 6.5，可用纯泥炭，或纯泥炭与椰糠（EC 值低于 0.5 mS/cm、pH 低于 6.8）3 ∶ 1 混合使用。切花一般选用边长 3 ～ 5 cm 的正方形花泥块。

3. 栽培环境

适宜温度为 20 ～ 30℃，冬季要求最低温度不低于 14℃、夏季最高温度不高于 35℃；适宜的相对湿度为 70% ～ 90%，最低为 50%；适宜的光照强度为 10000 ～ 15000 lx。

4. 水肥

施肥原则为薄肥勤施，以人工根际浇灌为主。液肥施用要掌握定期定量的原则，一般 5 ～ 6 天为 1 个周期，夏季气温高可在中间加浇 1 次清水；冬季一般 6 ～ 8 天浇肥水 1 次。施肥时间因气候环境而异，一般情况下，在 8:00 ～ 17:00 施用；冬季或初春最好在上午进行。

肥料配比可根据安祖公司的配方自行配比，也可用“永通”红掌专用肥和“花多多”等水溶性肥料。生长前期可用“永通”红掌生长专用肥和“花多多”20–10–20 交替使用，生长后期可用“永通”红掌开花专用肥和“花多多”10–30–20 交替使用。施用的营养液浓度要求 EC 在

图 8　观叶花烛品种（图片由瓜牛雨林提供）

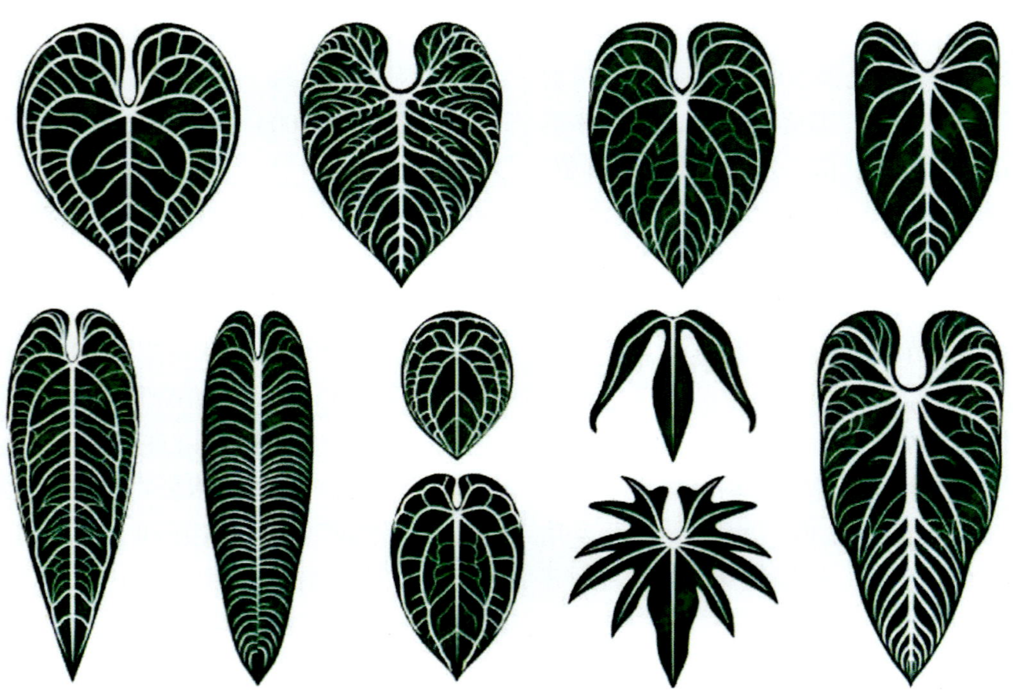

图 9　观叶花烛多样性

图 10　盆栽花烛设施生产

0.8 ～ 1.2 mS/cm，pH 为 5.5 ～ 6.0。

（二）病虫害防治

花烛的主要病害有茎腐病、根腐病、叶斑病和细菌性病害等，具体防治方法如下。

1. 茎腐病、根腐病

用 58% 精甲霜・锰锌 600 倍浇灌或喷雾；或用霜霉威盐酸盐 1000 倍浇灌；或用 70% 甲基硫菌灵 800 倍液浇灌。5 ～ 7 天用药 1 次。

2. 叶斑病

可用 75 % 百菌清 600 ～ 800 倍液，或 70% 甲基硫菌灵 800 倍液，或 70% 代森锌 800 倍液，或 58% 精甲霜・锰锌可湿性粉剂 500 倍液。每 15 天轮换不同药剂，连续喷药 2 ～ 3 次。

3. 细菌性病害

保持 70% ～ 80% 的空气相对湿度，避免湿度过高，遇到高湿环境时要加强通风。在发病初期喷洒 80% 乙蒜素 3000 ～ 4000 倍液，或 2% 春雷霉素 500 倍液，连喷 2 ～ 3 次，5 ～ 10 天用药 1 次。

4. 虫害

主要虫害有红蜘蛛、蓟马、斜纹夜蛾等，采用相应的杀虫剂喷施即可。

五、价值与应用

花烛属植物花色艳丽，理论上一叶一花，可周年开花，花期长，叶色常绿，株型丰富，大、中、小均有，因品种不同而各异。品种繁多，观花观叶均有，花色和叶色丰富，既可盆栽又可作切花，具有很高的观赏价值和经济价值。耐阴性好，但不耐低温，主要用作盆栽和鲜切花，亦可水培。花烛属植物适合室内种植，用于美化室内环境，可布置在家庭、办公室、会议室、酒店、机场、火车站等室内空间，已成为室内植物租摆的主要种类之一。花烛切花花色丰富，热烈喜庆，瓶插期可达 1 个月之久，是各种插花、花束和花篮的重要配花，广泛用于会议、庆典、婚礼等各种重要场合。

（田丹青　万晓）

Apocynum 罗布麻

夹竹桃科罗布麻属（*Apocynum*）宿根花卉。20 世纪 50 年代，中国科学院董正钧教授在新疆南疆罗布泊平原发现了这种植物，将其命名为罗布麻（董正钧，1957）。全球约有 9 种，我国 2 种。

一、形态特征与生物学特性

（一）形态与观赏特征

直立半灌木，高 1.5 ～ 3 m，最高可达 4 m，具乳汁。枝条圆筒形，光滑无毛，紫红色或淡红色。叶对生，叶片椭圆状披针形至卵圆状长圆形，两面无毛。圆锥状聚伞花序一至多歧，通常顶生，有时腋生。花萼 5 深裂，边缘膜质；花冠圆筒状钟形，紫红色或粉红色，两面密被颗粒状突起，花冠裂片内外均具 3 条明显紫红色的脉纹。蓇葖果双生，箸状圆筒形，长 8 ～ 20 cm，外果皮成熟时棕色，无毛，有纸质纵纹；种子多数，卵圆状长圆形，黄褐色，顶端有一簇长 1.5 ～ 2.5 cm 白色绢质的种毛；可借风力传播。花期 4 ～ 9 月（盛开期 6 ～ 7 月），果期 7 ～ 12 月（成熟期 9 ～ 10 月）。

（二）生物学特性

当气温 10℃、地温 12℃时，地下根茎开始萌发出苗，4 ～ 5 月间出现花序，6 月初开花，花期 70 余天。果实和种子秋季成熟。在干燥通风条件下贮藏，种子生活力可达 4 年左右。根蘖能力强，在适宜水分条件下，水平根上的不定芽可在整个生长季节顶出土层发育成新个体，最终在局部区域逐渐形成一个密集的无性繁殖种群。

对环境条件要求不严格。大量成片地分布于盐碱、沙荒地区，耐寒耐旱，耐碱又耐风，适于多种气候和土质，即使夏季干旱、温度 50℃以上的吐鲁番盆地，它也能生长良好。

二、种质资源

国内有罗布麻和白麻两个种。

1. 罗布麻 *A. venetum*

枝、叶常对生。花冠圆筒形钟状（图 1、图 2）。在俄罗斯、蒙古、朝鲜、日本（北海道）及中亚地区、地中海沿岸、北美洲等地区均有分布，我国主要分布在北部半干旱区、沿海及内地半湿润和湿润区，是世界上罗布麻分布面积最大的国家。

2. 白麻 *A. pictum*

枝、叶常互生（图 3）。花冠骨盆状（图 4）。主要分布在西北内陆青海、甘肃、新疆的干旱区（姜黎，2018；柴雨 等，2023）。

三、繁殖与栽培管理技术

（一）播种繁殖

罗布麻种子在 8℃时即可萌发，20 ～ 30℃发芽最快，温度达 40℃以上即不能发芽。种子小，千粒重 0.5 g，发芽后不易出土。故宜在含盐碱较轻的砂壤土上进行直播，4 月上旬整地做畦，浇足水，每亩播量 0.5 kg，将其与湿沙拌匀播下，播种深度以 1 cm 左右为宜，浅覆土。播种后 5 ～ 6 天出齐苗，5 对真叶后即可移栽。幼苗出土后，锄草松土，加强管理。

（二）分株繁殖

分株要在春秋两季进行，夏季温高，成活率低。将近地面根颈处发生的株丛铲下，带少量须

图 1　罗布麻的花　　图 2　罗布麻的果实

图 3　白麻（全株）（王喜勇 摄）

图 4　白麻的花（王喜勇 摄）

根，进行分株移栽。栽后保持土壤湿润，以利发生新根。

（三）根茎繁殖

罗布麻地下根茎萌蘖力很强，可选择垂直根茎和水平根进行截根栽植。栽前要将细嫩的根茎，剪成 10 cm 左右的小段。栽植垂直根时，枝芽应朝上，把最上面的芽也埋入土里；栽水平根时，要横放或斜放在土内，深度 6 ～ 9 cm，株距约 30 cm，栽植后可灌水、松土。栽根繁殖易成活，以初春解冻后后或初冬土壤上冻前为栽根适宜时期。

（四）组培快繁

以种子为外植体，用 75% 酒精浸泡 15 秒，0.1% 升汞消毒 10 分钟，在 1/2MS 培养基上能诱导出芽。最佳继代增殖培养基为 MS+6–BA 0.75 mg/L+ NAA 0.05 mg/L，增殖系数 7 以上。最佳壮苗培养基为 MS+6–BA 0.75 mg/L+ IAA 0.05 mg/L。最佳生根培养基为 1/2MS+IBA 0.12 mg/L，生根率达 98% 以上。最佳移栽基质为纯沙，成活率达 95% 以上（张利萍，2019；高金秋，2012）。

（五）园林栽培

1. 土壤

地势较高、排水良好、土质疏松、透气性砂质壤土为宜。地势低洼、易涝、易干旱的黏质和石灰质地块不宜栽种，种植前须全面深耕并施足底肥进行改良。

2. 水肥

喜湿润，需要经常浇水。追肥，当苗高 10 cm 时进行第一次追肥，每亩施氮肥 3 ～ 5 kg。6 月下旬至 7 月中旬进行第 2 次追肥，每亩施磷肥 10 kg、钾肥 5 kg，然后浇水，7 月下旬停止施肥。

3. 抗逆性

耐寒性、耐旱性、耐盐性、抗风性都强，冬季、夏季均无须保护。

（六）病虫害防治

1. 锈病

在生长期间的病害主要是有黄锈病和斑枯病。引发锈病的病原菌为罗布麻栅锈菌（*Melampsora apocyni*）。用种子含量 0.3% 的粉锈宁拌种，防病效果可达 70% 以上；在病害发生初期及时喷药，用 5% 粉锈宁 80 ～ 100 g 兑水 45 kg 可喷雾防治 1 亩，每隔 10 ～ 15 天喷 1 次，连续施药 3 ～ 4 次，可抑制病害的发生流行。

2. 斑枯病

引发病害的病原菌为罗布麻壳针孢（*Septoria apocyni*）。发生初期应立即用 50% 退菌特 600 ～ 800 倍液预防；如需再次施药，应间隔 7 ～ 10 天。要及时清除病株，并在收获时做好清园工作，集中销毁病株，以减少传染源。

3. 虫害

主要虫害为罗布麻蚜、罗布麻绿肖叶甲和红蜘蛛。每亩可用 80% 大蒜油乳油 20 ～ 30 mL+ 0.3% 苦参碱水剂 120 ～ 144 mL 兑水 30 ～ 50 kg 均匀喷雾，或用 73 g 螨特乳油 1000 倍液，或 10% 苯丁哒螨灵 1000 倍液 +5.7% 甲维盐乳油 3000 倍液进行防治（柴雨 等，2023；黄威剑 等，2023；牛建强 等，2023）。

四、价值与应用

罗布麻是一种典型的夏花植物，花冠呈紫红色或粉红色，枝条呈紫红色或淡红色，柔软且匍匐状，在园林绿化中可用作开花绿篱，或丛植于大型草坪绿地以增加景观效果。适应性强，在园林绿化、土壤改良和生态修复等方面均表现出重要的生态潜力。

罗布麻有很高药用、经济和生态价值。叶可入药，也可作茶饮材料。2020 年版《中国药典》载其味甘、苦、凉，归肝经，具有平肝安神、清热利水之功，用于肝阳眩晕、心悸失眠、浮肿尿少等症。同时，茎皮中含有优质纤维，是生产纺织品的理想原材料，被称为“野生纤维之王”。300 多年前，我国新疆的尉犁、若羌等地已有使用罗布麻纺纱织布的记载。目前，其纺织品以结实、柔软舒适、散热透气以及光泽亮丽的特点正在逐渐受到人们的关注。

（任保青　梁楠）

Aquilegia 耧斗菜

毛茛科耧斗菜属（*Aquilegia*）多年生草本，以花瓣下部延伸形成奇特的距而引人注目，这一特征与我国传统农具耧车上的“耧斗”十分相似而得名。也因弯距像“猫爪”又称猫爪花。属名 *Aquilegia* 的词源有两个说法，一是来源于拉丁语中的 *aquila*（鹰），意为距的形状像鹰爪；二是 *aqua*（水）加 *legia*（聚集），形容花距像聚水的容器，都在描述欧洲最常见的欧耧斗菜（*A. vulgaris*）花的形态。英文名 columbine 则是源于拉丁文的 *columba*（鸽子）一词，表示盛开的花朵像五只聚在一起的飞鸽。相传在欧洲分布普遍的欧耧斗菜见证了古希腊战士保卫家园的战争及最后的胜利，故此象征着胜利。耧斗菜在 16 世纪末就被人们认知，逐渐引用到庭院中，其育种可能已经有 400 年的历史，早在 17 世纪初就已经出现了重瓣类型。正因为多数耧斗菜属物种间的亲和力比较强，特别是近 30 年来，在欧洲和北美出现了大量的园艺品种，深得人们喜爱并被广泛应用于园林景观中。耧斗菜还成为美国科罗拉多州的州花。

一、形态特征与生物学特性

（一）形态与观赏特征

高 10 ～ 150 cm，从茎基生出多数直立的茎。基生叶为二至三回三出复叶，有长柄；小叶倒卵形或近圆形；茎生叶通常比基生叶小。花序为单歧或二歧聚伞花序；花辐射对称，花径 1 ～ 10 cm，美丽；萼片 5，花瓣状，紫色、堇色、黄绿色或白色，多为单色或稍有深浅变化；花瓣 5 ～多数，单瓣、重瓣，甚至成菊花型；与萼片同色或异色，单色或为双色渐变，瓣片宽倒卵形、长方形或近方形，下部常向下延长成距，距直或末端弯曲呈钩状，稀呈囊状或近不存在；花朵开放时，向上、下垂或侧向（图 1 至图 3）。

图 1　耧斗菜的花——“五鸽聚首”

图 2　耧斗菜花部结构

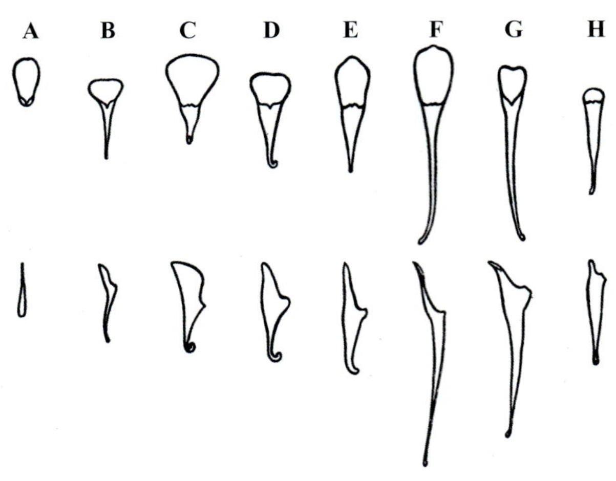

图 3　耧斗菜花瓣类型（Edgar，1931）
注：A. 无距耧斗菜；B. 绿花耧斗菜；C. 芳香耧斗菜；D. 普通耧斗菜；E. 比利牛斯耧斗菜；F. 蓝花耧斗菜；G. 斯克恩耧斗菜；H. 加拿大耧斗菜。

雄蕊多数，花药椭圆形，黄色或近黑色，花丝狭线形，上部丝形。心皮 5（～ 10），花柱长约为子房之半；胚珠多数。蓇葖多少直立，顶端有细喙，表面有明显的网脉。种子多数，通常黑色，光滑，狭倒卵形，有光泽。花期 5 ～ 7 月。

（二）生物学特性

需经低温春化，方可完成花芽分化。夏季高温季节生长缓慢或进入半休眠状态，秋季可再次生长，直到入冬进入休眠，但在最低温度 >5℃ 的地区，冬季仍可保留部分叶片，只是叶色会变红。常生于山地草丛或林缘；喜温暖湿润、半阴环境，忌干热及阳光暴晒；耐寒。喜排水良好的砂质土，积水易烂根。

二、种质资源与园艺分类

（一）分类概述

全球有 80 种，广泛分布于北半球的欧洲、美洲和亚洲的暖温带和温带地区；我国有 13 种 4 变种，分布于新疆及秦岭、西南、东北和华北地区。暗紫耧斗菜（*A. atrovinosa*）、大花耧斗菜（*A. glandulosa*）、白花耧斗菜（*A. lactiflora*）和西伯利亚耧斗菜（*A. sibirica*）主要分布在新疆（以及部分中亚国家）。无距耧斗菜（*A. ecalcarata*）（图 4）、秦岭耧斗菜（*A. incurvata*）、腺毛耧斗菜（*A. moorcroftiana*）和直距耧斗菜（*A. rockii*）主要分布在秦岭和西南地区（以及部分南亚国家）。白山耧斗菜（*A. japonica*）、尖萼耧斗菜（*A. oxysepala*）和小花耧斗菜（*A. parviflora*）主要分布在我国东北三省以及朝鲜、日本等东亚国家。而耧斗菜（*A. viriiflora*）和华北耧斗菜（*A. yabeana*）（图 5）则广泛分布。其中，华北耧斗菜、暗紫耧斗菜、耧斗菜、大花耧斗菜、白山耧斗菜和尖萼耧斗菜在园林中有少量应用。

耧斗菜属种间花部形态变异丰富，植物进化生物学家 Verne Grant 根据花部形态将该属物种划分为 5 个类群。

无距耧斗菜（Ecalcarata）类群　花蓝紫色，

图 4　无距耧斗菜

图 5　华北耧斗菜

花瓣无距，仅含无距耧斗菜 1 个物种。

欧耧斗菜（Vulgaris）类群 花蓝色或紫色，花朵下垂，距钩状，萼片长。

高山耧斗菜（Alpina）类群 和普通耧斗菜类群类似，但具有直距。

加拿大耧斗菜（Canadensis）类群 花朵红色和黄色，距短、直、粗壮，萼片短；是园艺品种中红色基因的主要来源。

蓝花耧斗菜（Coerulea）类群 花黄色或蓝色，花朵直立，距长，萼片长。

（二）园艺分类

该属植物多数种间的亲和性都比较强，自然杂交很常见，仅有亚洲的尖萼耧斗菜和耧斗菜与北美洲分布的耧斗菜不易杂交。国内市场上现有园艺品种与我国原生耧斗菜种的亲缘关系较远。目前，欧美育种家利用欧耧斗菜（*A. vulgaris*）、科罗拉多蓝花耧斗菜（*A. coerulea*）、黄花耧斗菜（*A. chrysantha*）、美丽耧斗菜（*A. formosa*）、加拿大耧斗菜等为亲本，培育出了花态各异、花色丰富的园艺品种。花色几乎包含了所有的色系，花萼与花瓣有同色的也有相异的，也有不同颜色的各种组合。耧斗菜园艺品种表型极为丰富。笔者根据花瓣数及花朵朝向将其初步归为 4 个类型，主要有以下系列，且每个系列都有丰富的花色搭配。

1. 单瓣垂花型

欧耧斗菜、“浮雕”（Cameo）系列、“春天魔力”（Spring Magic）系列。

（1）欧耧斗菜

高 40 ～ 90 cm；松散的聚伞花序，单瓣，花朵向下或侧向 45° 以内开放，花径 4 ～ 9 cm，中短距，距端弯钩形；花期 5 ～ 6 月。花色有白

图 6 单瓣中距型不同花色

色、粉色、淡紫色、蓝白色及复色等（图 6）。

（2）“浮雕”和“春天魔力”系列

均为美国贝利（Benary）公司推出的扇型耧斗菜（*A. flabellata*）的杂交后代。株型紧凑矮小，仅约 15 cm。花朵繁密，花朵向下或侧向 45° 以内，花径 3.5 ～ 4 cm。花期较早，3 ～ 4 月。适合盆栽案头观赏。两个系列较难区分，“春天魔力”系列花被片的开张程度似乎较“浮雕”系列稍大一点。

2. 单瓣直立型

“折纸”（Origami）系列、“八音鸟”（Songbird）系列、“天鹅”（Swan）系列、“明星”（Star）系列、“闪烁单瓣”（Winky Single）系列。

（1）“折纸”系列、“八音鸟”系列、“天鹅”系列和“明星”系列

均为科罗拉多蓝花耧斗菜（*A. coerulea*）的杂交后代。花大，单瓣，距长而直，花朵向上开放，花色有蓝色、紫罗兰色、酒红色、粉红色、红色、黄色、白色、单色或双色（图 7）。花期从晚春至仲夏，长达近 3 个月。春化温度 10 ～ 15℃。4 个系列较难区分，“折纸”系列和“天鹅”系列株高 40 ～ 60 cm，冠幅 30 cm。“八音鸟”系列株型稍矮，高 28 ～ 40 cm，冠幅 25 ～ 35 cm。

（2）“闪烁单瓣”系列

为欧耧斗菜的杂交后代。株高 30 ～ 35 cm，整齐旺盛，冠幅 30 ～ 35 cm。单瓣，着花繁密，花朵自然上仰，花色有白色、粉色、红白双色、蓝白双色、天蓝色、玫瑰红色等。花期 5 ～ 7 月，天蓝色系列比系列内其他品种早开花 1 ～ 2 周。耐白粉病。

3. 重瓣垂花型

“巴洛”（Barlow，Nora Barlow 是达尔文的孙

图 7　单瓣长距型不同花色

女）系列、“塔”（Tower）系列，均为欧耧斗菜的杂交后代。

（1）“巴洛”系列

株高 80 ～ 100 cm，冠幅 30 ～ 40 cm。花莛健壮。重瓣，菊花型，几无距，花头向下或侧向 45° 开放，花色有白色、淡绿色、深紫—黑色、玫瑰色—粉红色、紫罗兰色—蓝色、粉白色镶边和深蓝色白色镶边等（图 8）。花期 4 ～ 6 月。

（2）“塔”系列

突出的特点就是花莛多。株高 30 ～ 35 cm，冠幅 30 ～ 35 cm。重瓣，花瓣以贯穿的形式排列（图 9），20 ～ 120 枚，有距，花瓣越多，花径往往越小（图 10），花头向下或侧向，花色有淡蓝色、淡粉色、白色、蓝色、深紫红色及各种白色镶边等（图 11）。白色镶边在蕾期多为黄色，随着花朵开放时间而渐变为白色（图 12）。花期 4 ～ 6 月。

4. 重瓣直立型

“闪烁重瓣”（Winky Double）系列、“小柑橘”（Clementine）系列。

（1）“闪烁重瓣”系列

除重瓣这一性状外，其他与“闪烁单瓣”系列相似（图 13）。

（2）“小柑橘”系列

为泛美种子公司推出的欧耧斗菜的杂交后代。株高 35 ～ 40 cm，冠幅 30 ～ 35 cm。完全

图 8　重瓣不同花色

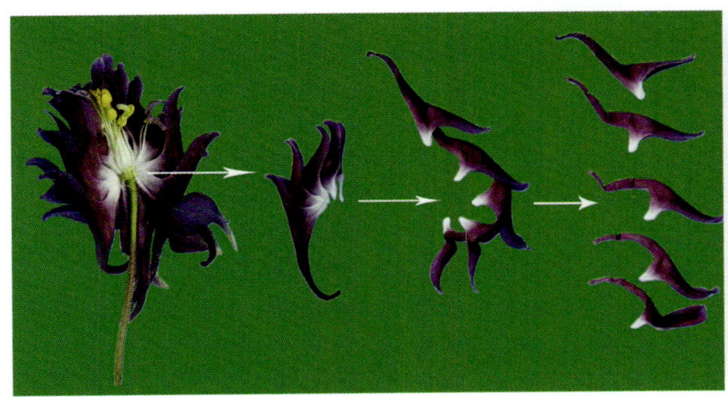

图 9　重瓣塔型花瓣结构

图 10　重瓣迷你塔型

图 11　重瓣塔型

重瓣且没有花距，着花繁密，花朵自然上仰，花色有鲑红玫色、白色、红色、蓝色、玫瑰红、深紫色及复色等。

目前，园林中应用较多的有欧耧斗菜、“八音鸟”系列、“闪烁”系列、“巴洛”系列、“小柑橘”系列和“塔”系列等。

三、繁殖技术

（一）播种繁殖

花后 40 ～ 60 天种子成熟，在果荚变黄但未开裂时采收，5 ～ 8℃保藏有利于保持种子活力且出苗整齐。春播秋播均可。播种前，用 GA_3 200 mg/L 液浸种 24 小时可显著提高萌发率。种子萌发适宜温度 18 ～ 22℃，过高过低均不利萌发。播种基质为泥炭：蛭石 =2 ：1。整平基质，种子撒播均匀后，再覆盖 0.5 cm 蛭石。保持基质湿度，20 ～ 30 天出苗。待长出 2 ～ 4 片真叶时即可移栽。生长点与土面平齐，过深幼叶不易长出，高出土表易干枯失水。栽植基质以富含腐殖质且透水良好为宜，如泥炭：蛭石 =1 ：1。小苗忌日光暴晒，夏季可置于遮光 50% 的条件下。

（二）分株繁殖

于春季萌发前或 9 ～ 10 月进行。挖出整株，修剪枝叶，抖落泥土，若老根衰老，应剔除。每丛保留数个健壮萌芽，另行种植，生长点与土面平齐。

（三）组培快繁

以叶柄和叶片为外植体，在培养基 MS+2, 4-D 1 mg/L+6-BA 0.5 mg/L 和 MS+NAA 0.5mg/L+6-BA 1 mg/L 上可获得较好愈伤诱导效果，诱导

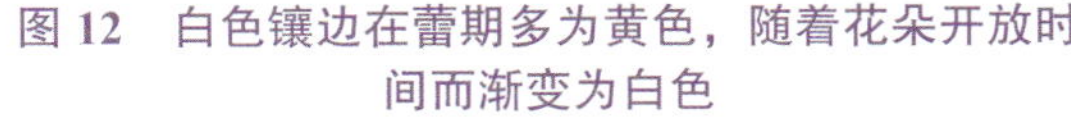

图 12 白色镶边在蕾期多为黄色，随着花朵开放时间而渐变为白色

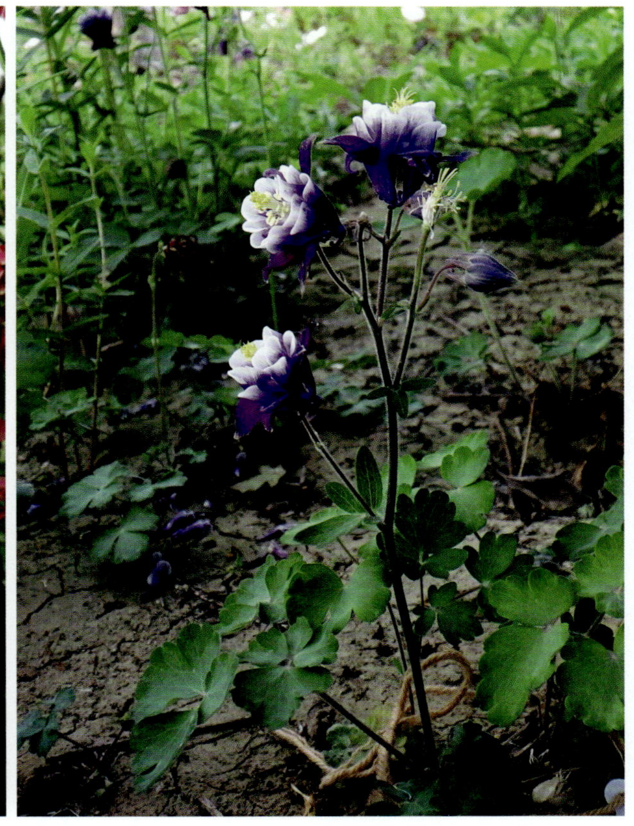

图 13 重瓣“闪烁”系列

率分别可达 80.5% 和 92.7%。诱导不定芽的最佳培养基为 MS+NAA 0.5 mg/L+6-BA 0.5 mg/L。不定芽增殖的培养基可用 MS+NAA 0.1 mg/L+6-BA 0.5 mg/L。生根培养基可用 1/2MS+NAA 0.1 mg/L 或 1/2MS+IBA 0.2 mg/L。小苗在生根培养基中生长 30 天左右，根系叶片健壮时即可移栽。移栽前，先将培养瓶绳头解开，保留密封膜培养 1 天后；之后，打开瓶口，于室内自然光下炼苗 3 ～ 5 天；然后，取出试管苗，冲洗干净培养基，移入蛭石：沙土：腐殖土 =1 ：1 ：1 混合的基质中，保湿遮光。成活率高达 80% 以上。

四、栽培管理技术

（一）园林栽培

1. 基质

耧斗菜喜通透性好的砂质土壤；若种植地土壤透水性差，必须深翻并加入腐殖质、沙等进行改良。

2. 水肥

种植前，视基质肥力情况施加基肥，以腐熟的农家肥为佳；花前追肥可提高开花质量并利于结实。耧斗菜喜湿润土壤，但积水易烂根。雨水充足地区，应起高垅种植，并在雨后及时排水；干旱地区，应于早春、花前、果实成熟期、夏季及入冬前灌水，其他时段视具体情况灌溉，保证土壤湿度。

3. 光照

幼苗忌强光暴晒，喜半阴条件，故在全光照地域应适当遮光。5 ～ 6 月大苗抗光能力较强；但夏季高温强光会造成叶片枯黄，甚至进入半休眠状态。

4. 修剪及越冬

耧斗菜自然杂交十分普遍。故为了保证种源纯正，花后应及时剪除花莛，以防杂交种子萌发。修剪花莛还可促生较多的基生叶，使植株在夏季保持较多的绿色。种子采收后及入冬前应及时修剪枯枝叶，以防病菌滋生。

抗寒能力强，冬季无须保护。

（二）促成栽培

耧斗菜植株必须经低温春化（<5℃）过程方可开花结实。感应低温的最小苗龄为 9 叶苗龄，但花量较少；12 叶和 15 叶苗龄植株分别春化处理 35 天和 21 天以上均可达到 100% 开花率。经春化的植株在适宜温度下生长 61 天即可开花。

（三）病虫害防治

在通风不良时，叶片上易发白粉病。发病初期选用 15% 粉锈宁可湿性剂 1500 倍液，或甲基托布津、百菌清等，每隔 10 ～ 15 天喷洒 1 次，3 ～ 4 次即可控制其传播。

时有蚜虫危害，一般杀虫剂即可防治。

五、价值与应用

叶片秀美、花色丰富、花态奇特多样、适应性强，适于布置花境、花坛、岩石园及作地被覆盖等。可片植于草坪上、疏林下，野趣盎然；也宜自然式栽植于洼地、溪边等潮湿处作地被覆盖；花境中点植、丛植，与其他花卉搭配更可构建出千变万化之景；也可丛植于庭院山石间或盆栽培观赏。花枝可供切花。

（李淑娟）

Argyranthemum 木茼蒿

菊科木茼蒿属（*Argyranthemum*）半灌木或多年生草本植物。属名 *Argyranthemum* 来源于希腊语 *argyreios*（银白色）与 *anthos*（花）的合成词，指花多呈白色。茎基部常木质化且叶有似茼蒿的气味，故称木茼蒿或木春菊。16 世纪，挪威的玛格丽特（Marguerite）公主十分喜爱这种似清纯少女般清新脱俗的小白花，就将自己的名字赋予木茼蒿，故有“少女花”的别称。该属有 24 种，仅有木茼蒿及其品种用于观赏，该种主要分布于北非、加纳利群岛和欧洲。

一、形态特征与生物学特征

（一）形态与观赏特征

茎丛生，直立或斜升，株高达 100cm。叶宽卵形、椭圆形或长椭圆形，二回羽状分裂，一回深裂或几全裂，二回为浅裂或半裂。头状花序异型，多数，在茎枝顶端排成不规则伞房花序；舌状花常白色，管状花黄色（图 1）。花期 3 ～ 11 月，条件适宜可常年开花。

图 1　木茼蒿

（二）生物学特性

喜光，喜凉爽湿润，较耐旱，忌高温高湿。

二、种质资源与园艺品种

木茼蒿 *A. frutescens*

花白色，但园艺品种的花色却十分丰富，还有很多重瓣品种（图 2）。这里仅介绍部分系列的品种。

（1）“黛丝疯狂”系列 Daisy Crazy®

花色多样，一些重瓣品种比较出色，如‘Summersong Rose’（图 3）和‘Summersong White’。

（2）“格兰黛丝”系列 Grandaisy®

株型紧凑，成熟株丛呈高 45 ～ 60cm 的半球形，舌状花瓣基部黄色，似一个黄色的窄环。花色有深红色（Grandaisy® Red Improved，图 4）、黄色（Grandaisy® Yellow，图 5）、白色、玫红色和粉色等。

（3）“马德拉”系列 Madeira®

株型紧凑，花色丰富。特别是羽冠状品种，中心管状花与舌状花色同系，开放后管状花突起，在中心形成一羽状丘，十分别致（图 6）。

三、繁殖与栽培技术

（一）扦插和分株繁殖

扦插是木茼蒿最主要的繁殖方式。露天扦插于生长季进行，温室扦插则周年可行。插穗选健

图 2　木茼蒿园艺品种的花色及花型

图 3　'Summersong Rose'

图 4　Grandaisy® Red Improved

图 5　Grandaisy® Yellow

图 6　"马德拉"系列羽冠状品种

注：A. 'Crested Violet'；B. 'Crested Yellow'；C. 'Crested White'；D. 'Crested Hot Pink'。

壮的半木质化枝条，剪成长 8 ～ 10cm 的段；常规扦插方法即可，约 10 天生根。

分株于春季萌发前后进行。

（二）园林栽培

1. 土壤

喜土层深厚、肥沃且排水良好的壤土。

2. 水肥

一般是见干见湿，忌积水，降水过多时，注意排水；生长季节每月追施有机肥 1 次。

3. 光照

宜种植于阳光充足处。

4. 修剪及越冬

种苗高 10cm 时，可通过多次掐心，促使植

图 7　木茼蒿种苗（伍环丽 摄）

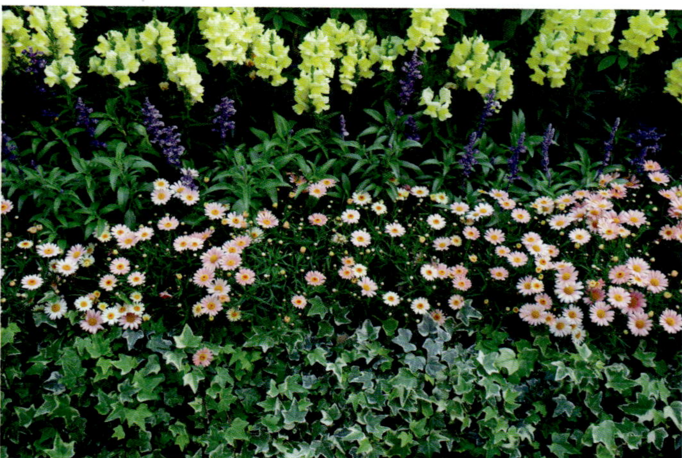

图 8　木茼蒿花坛应用

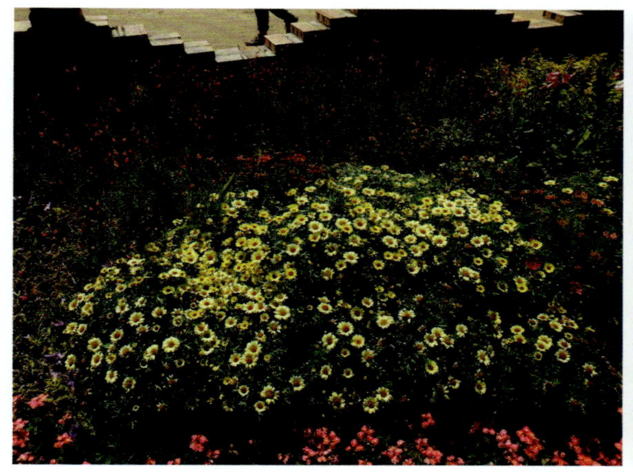

图 9　木茼蒿 Grandaisy® Yellow 花坛应用

图 10　木茼蒿‘Summersong Rose’作花境前景

株株型丰满（图 7）。耐寒性一般，暖温带及以北地区冬季须剪除以上部分，并覆盖越冬。

四、价值与应用

木茼蒿叶片纤细茂密，极为丰密的花朵布满株丛，花朵清新飘逸，观之令人心旷神怡，花色丰富且艳丽，花期极长，生命力强。几乎适用于所有景观的阳光充足处，丛植或片植皆宜，也常盆栽观赏或布置花坛（图 8 至图 10）。

（李淑娟）

Armeria 海石竹

白花丹科海石竹属（*Armeria*）多年生草本植物。该属植物约有100种，原产于欧洲、美洲地区，现世界各地均有分布，主要分布在排水良好的沙地和海滩。海石竹的花期5～6月，花梗从叶丛中抽出，花梗前端会着生球形头状花序的小花，如古代的发簪，故有滨簪花之称。

一、形态特征与生物学特性

（一）形态与观赏特征

丛生状多年生草本植物，植株低矮，丛生状，株高20～30 cm。叶基生，叶呈绿色线形。花茎高出叶面细长，春季开花，头状花序顶生，小花聚生于花茎顶端，呈半球形，一般为白色、粉红色或玫瑰红色，全缘、深绿色。呈半圆球形，紫红色，花径约3 cm（图1）。花期较短，主要在5～6月。原产欧洲、美洲。

（二）生物学特性

性喜温暖，忌高温高湿，耐旱、耐盐碱，在光照充足的环境生长良好，主要分布在排水良好的沙地和海滩（图2），栽培土质以富含有机质的腐叶土为佳，生长适温为15～25℃。

二、种质资源

1. 海石竹 *A. maritima*

代表种，大致可分为阔叶种与细叶种两个品系，盆栽常见的多为细叶种，阔叶种花较大，常用于切花。株高20～30 cm，花色一般为白色、粉红色或玫瑰红色，现世界各地均有栽培。海石竹经常被群植，可单独作为花境或者岩石景观搭配，是国内较为流行和主力推广的花坛新品种。还能作为一种花叶同观的优秀盆栽花卉推广。

1a. 海石竹‘罗裙’‘Laucheana’

株高20 cm，鲜艳的粉红色花朵，花簇生，花期长。

1b. 海石竹‘启明星’‘Morning Star’

德国班纳利公司培育的海石竹品种。株高约

图1　海石竹盆栽株型与花序

图 2　海石竹原生于海岛礁石

图 3　海石竹品种'Glory of Holland'

15 cm，株型紧凑，叶片深绿，无须春化处理，第一年就可以开花，花色艳丽、深玫红色，多花，花期长，可植于岩石庭院，作容器栽培，亦可作花境。

常用品种还有'Joystick''Glory of Holland'（图 3）等。

2. 宽叶海石竹 *A. pseudarmeria*

花茎高 25 ~ 50 cm，花序直径约 5 cm，呈粉色或玫瑰粉色，也有白色、红色、淡紫色等品种。花期为 3 ~ 5 个月。

3. 杂交海石竹'饰品' *A. hybrida* 'Ornament'

株高 30 cm，花色由各种鲜艳颜色混合，叶片常绿。

三、繁殖与栽培管理技术

（一）播种繁殖

若要 5 月开始开花，则在 1 月播种；若要早春开花，则在 7 ~ 8 月播种（露天栽培），或 8 ~ 9 月播种（玻璃、薄膜温室栽培）。用蛭石轻轻覆盖种子并保持均衡湿度，20 ~ 21 ℃下 7 ~ 10 天出芽。子叶完全展开后将温度降至 17 ~ 20℃，并降低土壤湿度。播种后 6 ~ 8 周将幼苗移植到花盆内。上盆基质为松散而粗大的颗粒，pH 保持在 5.8 ~ 7.0。温度为 13 ~ 17℃，3 ~ 5℃下无霜越冬，或在露天应用织物覆盖也可以越冬。

（二）分株繁殖

秋至冬季为适期。分株时把丛生苗挖出，用利刀按每株 1 ~ 2 头芽分开，植于盆中，加强养护，注意冬季保温即可。

（三）园林栽培

1. 基质

以富含有机质的腐叶土为佳。

2. 水肥

海石竹需肥量不多，栽培时 2 ~ 3 周施 1 次花宝 2 号 1000 倍稀释液即可。浇水要适量，气温高、水温低或者久旱后在温度高时浇大量水，会对海石竹的根系造成损害。

3. 光照

生长适温为 15 ~ 25℃，生长期要求光照充足，摆放在阳光充足的地方，夏季以散射光为宜，避免烈日暴晒。温度高时要遮阳、降温。

（四）病虫害防治

1. 锈病

加强栽培管理。盆栽宜选用疏松、排水良好的培养土，大面积栽种时，要选择地势高燥、排水畅通的地方。注意通风透光，勤除杂草，合理施用氮磷钾肥，避免施氮肥过多等。清除病原，深秋或早春彻底清楚并烧毁病株残体。生长期喷 63% 代森锌 600 倍液防治。发病后，喷具有内吸杀菌作用的 23% 粉锈宁 1500 ~ 2500 倍液或 96% 敌锈钠 250 倍液或 50% 萎锈灵可湿性粉剂 1500 倍液。

2. 红蜘蛛

虫害发生严重时，用1.8%阿维菌素乳油7000～9000倍液均匀喷雾防治，或使用15%哒螨灵乳油2500～3000倍液均有较好的防治效果。也可用40%三氯杀螨醇乳油1000～1500倍液，20%螨死净可湿性粉剂2000倍液，1.8%齐螨素乳油6000～8000倍进行防治。如果在农药中加入新高脂膜增效，会收到非常理想的效果。

四、价值与应用

海石竹的植株低矮，叶呈绿色线形，花茎高出叶面，小花聚生成密集的球状，开花繁茂，群植可形成非常美丽的景观，是园林花境中优良的植物材料。适合应用于花境、花坛，增添自然韵味。整个花境可以从春季持续到初秋，观赏时间长，富于季相变化。生长适应性强，耐盐碱能力突出，尤其适合岩石园花境配置，也可作为地被植物应用。在家庭园艺中，海石竹成为窗台、阳台或庭院盆栽的理想选择，使居住空间更显自然亲近，营造出一种温馨而幸福的氛围。

（张佳平　夏宜平）

Artemisia 蒿

菊科蒿属（*Artemisia*）一二年生、多年生草本或半灌木。提起"蒿"，人们脑海里出现的就是那无处不在、枝叶具有特殊的香味、生命力顽强的野草，很难将它们与观赏植物联系到一起。蒿属有400余种，全球广布；我国产186种。在园艺人员的努力下，少数种及其品种打破了人们的刻板印象，带着它们迷人的叶片走入了景观。

一、形态特征与生物学特性

（一）形态与观赏特征

地下茎粗或细小，直立、斜升或匐地。茎直立或匍匐，单生或丛生，具明显纵棱。叶互生，一至三回羽状分裂或不裂或近掌裂，叶缘多数有裂齿或锯齿；常密被各种毛。花序穗状，排列成圆锥状，小花头状，较小，一般不具观赏性。

（二）生物学特性

喜光。耐旱，忌积水。多数耐寒。一般生长于砂质或黏性土壤中。

二、种质资源与园艺品种

目前应用于景观的主要有以下几个种及品种（Graham, 2012）。

1. 苦艾 *A. absinthium*

根状茎稍粗短，有时木质化。株高60～150 cm。茎单生或2～3枝，直立，密被灰白色短柔毛。单叶纸质，叶背被黄色短柔毛；茎下部与营养枝的叶长卵形或卵形，二至三回羽状全裂，长达8～12 cm，宽7～9 cm。头状花序近球形，花径约3.5mm，在分枝及茎端排列成圆锥状花序。花期夏季。产温带欧亚大陆和北非，我国产新疆。

'兰溪薄雾'（'Lambrook Mist'） 叶片银灰色（图1）。生长迅速，耐修剪，耐冬季雨水。

'兰溪银'（'Lambrook Silver'） 叶片银白色（图2）。耐修剪，耐寒性及耐冬季雨水能力较差。

2. 白苞蒿 *A. lactiflora*

茎、枝初微被稀疏、白色蛛丝状柔毛，株高约150cm。叶疏被柔毛，叶形变化较大，常宽卵形或长卵形，二回或一至二回羽状全裂，叶柄长；中部叶卵圆形或长卵形，长5.5～12.5cm。头状花序长圆形，径1.5～2.5mm，在茎上端组成圆锥花序（图3）。花期8～9月。产秦淮线以南。生性强健，喜光也耐半阴，较耐寒。

3. 朝雾草（南方苦艾）*A. schmidtiana*

簇生状常绿草本，匍匐状生长，株高约30 cm。叶片羽状细裂，质感纤细，排列致密，叶表密布银白色绢毛，远观似朝雾而得名（图4、图5）。小花黄色，圆锥状排列。花期夏秋季。原产于日本及俄罗斯东部。喜光也耐半阴，耐寒。

'银丘'（'Silver Mound'） 株高30～60 cm，冠幅达90 cm，叶片银绿色（图6）。

'矮朝雾草'（'Nana'） 矮生品种，株高25～30cm，冠幅达30～60 cm，叶片银灰色（图7）。

4. 北艾 *A. vulgaris*

株高达160 cm。茎少数或单生，多少分

图 1 ‘兰溪薄雾’

图 2 ‘兰溪银’

图 3 白苞蒿（伍环丽 摄）

图 4 朝雾草种苗（吴芝音 摄）

图 5 朝雾草

图 6 朝雾草‘银丘’

图 7 矮朝雾草

枝，微被柔毛。叶椭圆形或长圆形，一至二回羽状深裂或全裂，每侧裂片（3 ～）4 ～ 5，长 3 ～ 15 cm；两面密被灰白色蛛丝状茸毛。头状花序长圆形，径 2.5 ～ 3.5cm，于小枝上排成密穗状花序，在茎上组成圆锥花序；花冠紫红色（图 8）。花期 8 ～ 9 月。景观中应用仅有彩叶品种，如‘灿若星河’黄金艾（‘Oriental Limelight’），株高约 120 cm，叶片上具有大量飞

图 8　北艾

图 9　'灿若星河'黄金艾

溅状和条纹状淡黄色色斑（图 9）。

三、繁殖与栽培技术

（一）扦插或分株繁殖

繁殖多采用扦插和分株，于春秋两季进行。

用灭过菌的快刀将当年生枝条切成 6 ～ 10cm 长的插穗，带顶梢的最好。插穗基部醮取生根粉。扦插深度 3 ～ 4cm；扦插基质以蛭石与河沙以 1 ∶ 1 的比例为佳。插后保持基质潮湿，易生根。

分株于春季萌发前后或秋季花后进行。

（二）园林栽培

1. 土壤

对土质要求不严，但以土层深厚且排水良好的砂质壤土为佳。

2. 水肥

多喜贫瘠，忌氮肥过量，故无须施肥。保持土壤湿度中等或干燥，降水过多时，注意排水，或种植于排水较好的高处。

3. 光照

宜植于全光照处或短期遮光处。

4. 修剪及越冬

主要观赏其叶片，故为了保持株型，应及时修剪过高的枝条及抽生的花枝。耐寒性较好，冬季无须保护，但忌土壤过湿。

四、价值与应用

蒿属叶色迷人，气味独特，生命力强，株型紧凑。常用作旱地地被，或丛植于岩石园，或用作花境前景，或与其他植物配色等（图 10），也可盆栽观赏。

图 10　朝雾草花境应用

（李淑娟）

Aruncus 假升麻

蔷薇科假升麻属（*Aruncus*）多年生草本植物。约有 6 种（PW 记载仅 1 种），分布于欧洲、亚洲及北美洲；我国有 2 种。

一、形态特征与生物学特性

（一）形态与观赏特征

根状茎粗大。茎直立，丛生状。一至三回羽状复叶互生，小叶缘具锯齿，无托叶。花单性（稀两性），雌雄异株，大型穗状圆锥花序，羽毛状；小花小，白色；花丝远长于花瓣。蓇葖果，具种子 2～4 粒。

该属植物与亲缘关系甚远的虎耳草科的落新妇（*Astilbe chinensis*）十分相似，区别在于落新妇叶片为单锯齿，雄蕊 10，每蓇葖果具种子多数；而该属为重锯齿，雄蕊 20 或无，具种子 2～4 粒。

（二）生物学特性

生于山沟、山坡、林下、林缘及溪流边；喜光，亦耐阴，极喜湿，喜夏季凉爽气候，耐寒，不耐酷暑及干旱；在南方生长不佳。

二、种质资源

园林中常用的有 2 种，假升麻和普通假升麻。二者形态极为相似，仅在果实的大小上有差异。

1. 假升麻 *A. dioicus*

俗称山羊胡子（goat's beard），我国因其叶片似棣棠也称棣棠升麻。株高 100～220（～300）cm，冠幅 100 cm。二回稀三回羽状复叶，分枝小叶 3～9 枚，菱状卵形、卵状披针形或长椭圆形，长 5～13 cm，先端渐尖，3 裂，缘具不规则锐重齿。大型圆锥花序，长 10～40 cm 或更长，直径 7～17 cm，花小，白色（图 1）。花期 6 月。

2. 普通假升麻 *A. sylvester*

两种形态极为相似，仅在果实的大小上有差

图 1　假升麻（Olga Chernyagina 摄）

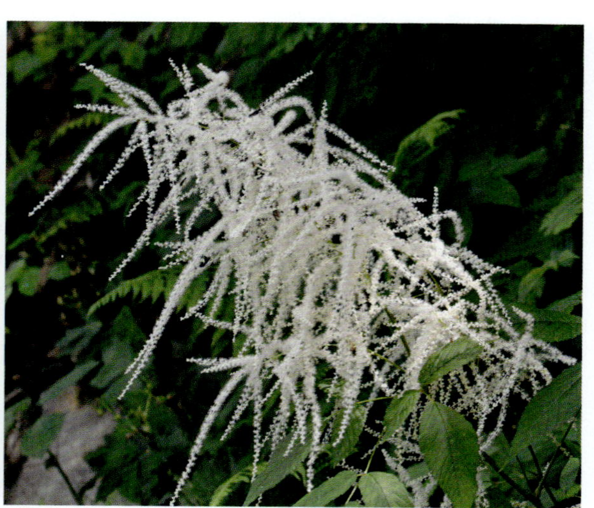

图 2　假升麻（Randy Bodkins 摄）

异，假升麻蓇葖果 1.5 ～ 2.4 cm，普通假升麻为 2.5 ～ 5 cm；因此，有人将它们视为同种，但目前还是将它们处理为两个种。

三、繁殖与栽培技术

（一）播种繁殖

7 ～ 8 月种子采收，净种干燥后，阴凉处贮藏，秋播或湿沙层积后春播。播前需浸种 24 小时，流水或勤换水。播种基质需一直保持湿润，20℃条件下，播后 2 ～ 3 周萌发，萌发不整齐，6 周可达 80%。GA_3 可提高萌发整齐度。萌发后 8 周即可出圃（董长根 等，2013；Armitage，2008）。

（二）分株繁殖

春季萌动前后对 2 ～ 3 年生植株进行分株，但由于根茎较大，操作比较困难。

（三）园林栽培

1. 土壤

富含腐殖质、保水性较好的中性至微酸性土为好。

2. 水肥

不耐旱。故整个生长期特别是开花前后需保持基质潮湿。施肥以有机肥为好。

3. 光照

喜林下或林缘的斑驳阳光，忌强光长期照射，但在凉爽地区也可全光生长。

4. 修剪及越冬

花后应及时修剪果序，入冬前修剪地上枝叶。耐寒性强，冬季无须保护。

四、价值与应用

具有大型羽毛状圆锥花序，形成甚为壮观的景象（图 3）。

假升麻嫩茎叶鲜嫩可食，口感好、风味独特，是我国黑龙江、意大利和瑞士的有名山野菜。也是我国的传统中药，根或全草入药，主治劳损、筋骨疼痛等。

图 3　假升麻景观应用（Scott A 摄）

（李淑娟）

Asarum 细辛

马兜铃科细辛属（*Asarum*）常绿多年生草本植物。属名 *Asarum* 来自古典希腊语词 ἄσαρον（*ásaron*）。“*a*，无”和“*saron*，枝”，指该属植物没有枝茎。细辛之名中的“细”是“微微”的意思，“辛”是“辣”的意思，因其根微带辣味的特征而得名。细辛属植物大多具有药用价值，也具有明显的观赏价值，极具开发前景。

一、形态特征与生物学特性

（一）形态与观赏特征

植株低矮，根细长，根状茎横走，有香气，略带姜味。叶卵状心形或近肾形（图 1），大型、略带光泽，有时也带有大理石纹路。花紫棕色、紫褐色，花被筒壶状或半球形，内壁具纵皱褶，花被片三角状卵形，基部贴于花被筒，花被为壶状或半球形，其中一些花朵具有 3 个细长的、像尾巴一样的花瓣尖端；花丝较花药短，子房半下位或近上位，花柱柱头侧生。果半球状。花期 5 月，果期 6 月。

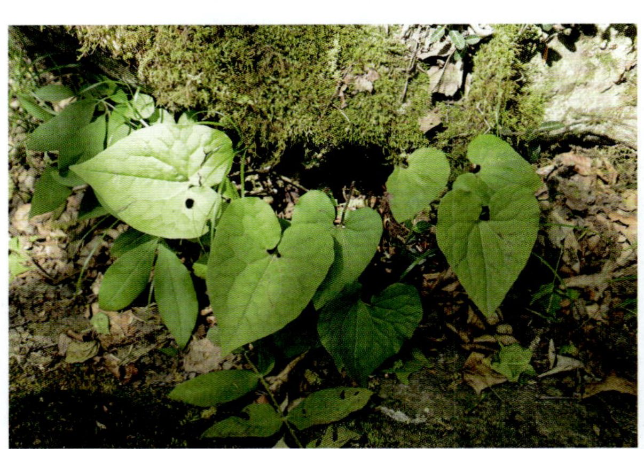

图 1　细辛（吴棣飞 摄）

（二）生物学特性

在异常寒冷、无雪的冬季可能会落叶。喜阴，怕强光。喜散射光环境，可在全荫蔽的林下生长，耐寒性强，能耐 -15℃低温，适宜中性至酸性、潮湿、肥沃的土壤，不耐旱。

二、种质资源

细辛属约有 100 种，分布于较温暖的地区，主产亚洲东部和南部，少数种类分布亚洲北部、欧洲和北美洲的林地。中国有 30 种 4 变种 1 变型，南北各地均有分布，长江流域以南各地最多。

1. 杜衡 *A. fobesii*

根状茎短，根丛生，稍肉质，直径 1 ～ 2 mm。叶片阔心形至肾心形，长和宽各为 3 ～ 8 cm，先端钝或圆，基部心形，两侧裂片长 1 ～ 3 cm，宽 1.5 ～ 3.5 cm，叶面深绿色，中脉两旁有白色云斑，脉上及其近边缘有短毛，叶背浅绿色；叶柄长 3 ～ 15 cm；芽苞叶肾心形或倒卵形，长和宽各约 1 cm，边缘有睫毛。花暗紫色，花梗长 1 ～ 2 cm；花被管钟状或圆筒状，长 1 ～ 1.5 cm，直径 8 ～ 10 mm，喉部不缢缩，喉孔直径 4 ～ 6 mm，膜环极窄，宽不足 1 mm，内壁具明显格状网眼，花被裂片直立，卵形，长 5 ～ 7 mm，宽和长近相等，平滑、无乳突皱褶；药隔稍伸出；子房半下位，花柱离生，顶端 2 浅裂，柱头卵状，侧生。花期 4 ～ 5 月（图 2）。

中国特有种，主要分布在江苏、安徽、浙江、江西、河南（南部）、湖北及四川（东部），生于海拔 800 m 以下的林下沟边阴湿地。

图 2　杜衡（吴棣飞 摄）

2. 细辛 *A. sieboldii*

根状茎直立或横走，直径 2 ～ 3 mm，节间长 1 ～ 2 cm，有多条须根。叶通常 2 枚，叶片心形或卵状心形，长 4 ～ 11 cm，宽 4.5 ～ 13.5 cm，先端渐尖或急尖，基部深心形，两侧裂片长 1.5 ～ 4 cm，宽 2 ～ 5.5 cm，顶端圆形，叶面疏生短毛，脉上较密，叶背仅脉上被毛；叶柄长 8 ～ 18 cm，光滑无毛；芽苞叶肾圆形，长与宽各约 13 mm，边缘疏被柔毛。花紫黑色；花梗长 2 ～ 4 cm；花被管钟状，直径 1 ～ 1.5 cm，内壁有疏离纵行脊皱；花被裂片三角状卵形，长约 7 mm，宽约 10 mm，直立或近平展；雄蕊着生子房中部，花丝与花药近等长或稍长，药隔突出，短锥形；子房半下位或几近上位，球状，花柱 6，较短，顶端 2 裂，柱头侧生。果近球状，直径约 1.5 cm，棕黄色。花期 4 ～ 5 月。

分布在我国山东、安徽、浙江、江西、河南、湖北、陕西、四川，在日本、韩国也有分布。生于海拔 1200 ～ 2100 m 林下阴湿腐植土中。细辛的药材名为华细辛，主产在西北、华北、西南，但以陕西为主。

2a. 汉城细辛 f.*seoulense*

本变型与细辛相似，但叶片背面密生短毛，叶柄被疏毛，可以区别。国内分布于辽宁东南部，国外分布于朝鲜。汉城细辛、北细辛主要产在东北地区，药材名统称为北细辛，但主要是指后者。

3. 辽细辛（北细辛）*A. heterotropoides*

中国特有种。根状茎横走，直径约 3 mm，根细长。叶卵状心形或近肾形，长 4 ～ 9 cm，宽 5 ～ 13 cm，先端急尖或钝，基部心形，叶面在脉上有毛，有时被疏生短毛，叶背毛较密。花紫棕色，稀紫绿色；花梗长 3 ～ 5 cm，花期在顶部成直角弯曲，果期直立；花被管壶状或半球状，直径约 1 cm，喉部稍缢缩，内壁有纵行脊皱，花被裂片三角状卵形，长约 7 mm，宽约 9 mm，由基部向外反折，贴靠于花被管上。果半球状，花期 5 月。

4. 青城细辛（花脸细辛）*A. splendens*

根状茎横走，直径 2 ～ 3 mm，节间长约 1.5 cm；根稍肉质，直径 2 ～ 3 mm。叶片卵状心形、长卵形或近戟形，长 6 ～ 10 cm，宽 5 ～ 9 cm，先端急尖，基部耳状深裂或近心形，两侧裂片长 3 ～ 5 cm，宽 2.5 ～ 5 cm，叶面中脉两旁有白色云斑，脉上和近边缘有短毛，叶背绿色，无毛；叶柄长 6 ～ 18 cm（图 3）。花紫绿色，直径 5 ～ 6 cm；花梗长约 1 cm；花被管浅杯状或半球状，长约 1.4 cm，直径约 2 cm，喉部稍缢缩，有宽大喉孔，喉孔直径约 1.5 cm，膜环不明显，内壁有格状网眼，花被裂片宽卵形，长约 2 cm，宽约 2.5 cm，基部有半圆形乳突皱褶区。花期 4 ～ 5 月。

中国特有种，主要分布于湖北、四川、贵州及云南（东北部）。生于海拔 850 ～ 1300 m 陡坡

图 3 青城细辛

草丛或竹林下阴湿地。

5. 尾花细辛 *A. caudigerum*

全株被散生柔毛。根状茎粗壮，节间短或较长，有多条纤维根。叶片阔卵形、三角状卵形或卵状心形，长 4 ~ 10 cm，宽 3.5 ~ 10 cm，先端急尖至长渐尖，基部耳状或心形，叶面深绿色，脉两旁偶有白色云斑，疏被长柔毛，叶背浅绿色，稀稍带红色，被较密的毛；叶柄长 5 ~ 20 cm，有毛。花被绿色，被紫红色圆点状短毛丛；花梗长 1 ~ 2 cm，有柔毛；花被裂片直立，下部靠合如管，直径 8 ~ 10 mm，喉部稍缢缩，内壁有柔毛和纵纹，花被裂片上部卵状长圆形，先端骤窄成细长尾尖，尾长可达 1.2 cm，外面被柔毛；雄蕊比花柱长，花丝比花药长，药隔伸出，锥尖形或舌状。花期 4 ~ 5 月（图 4）。

国内主要分布在浙江、江西、福建、台湾、湖北、湖南、广东、广西、四川、贵州、云南等地。生于海拔 350 ~ 1660 m 林下、溪边和路旁阴湿地。国外越南有分布。

6. 加拿大野姜 *A. canadense*

原产欧洲与北美洲，分布于新泽西州至北卡罗来纳州。多年生落叶草本，叶长 6 ~ 10 cm，春季开淡紫色花朵，直径约 2.5 cm（图 5）。

三、繁殖与栽培管理技术

（一）播种繁殖

夏播。6 月上中旬采果实，置室内堆放 1 ~ 2 天，待果实变软后，去掉果皮，淘洗种子，及时播种。切勿干燥贮藏。或短期沙藏，于 7 月播种，条播或穴播。条播按行距 10 ~ 12 cm，播幅 4 ~ 5 cm，每行播 120 ~ 150 粒，1 hm^2 用籽约 60 kg。播后 2 ~ 3 年可移栽。

（二）分生繁殖

将根状茎顶部留 4 ~ 5 cm，并保证有 2 ~ 3 个芽胞，保留根条。栽植时按行株距 30 cm × 20 cm 开穴，每穴栽 2 ~ 3 段根状茎。

（三）园林栽培

适宜栽培在中等肥沃、腐殖质丰富、湿润但排水良好的砂质土壤中，最好是中性至酸性土壤。植株不耐高温酷暑，栽培地宜选择通风凉爽并有遮阴的位置。生长期内保持湿润。

图 4 尾花细辛（吴棣飞 摄）

图 5　加拿大野姜

图 6　青城细辛的花境应用

（四）病虫害防治

菌核病、疫病等应以预防为主、综合防治为原则。出苗前用 1% 硫酸铜消毒畦面。早春开花发病时可用多菌灵：代森铵：水（1 ：1 ：200）2 ～ 4 kg/m^2 灌根。

对于细辛凤蝶虫害，可用敌百虫做毒饵或叶面喷施。

四、价值与应用

（一）观赏价值

细辛的叶形美观、叶色美丽，株型紧凑、雅致，花形奇特，是一种优良的观叶和早春开花植物。尤其是青城细辛，因其叶表面有不规则的白色云斑和奇特的花形而具有较高的观赏价值，作为阴生地被植物有很大的潜力，也可与蕨类、中华秋海棠、三白草等配置在一起，组成疏林下野花花园。还可用于花境植物配置或盆栽观赏（图 6）。

（二）药用价值

我国细辛入药历史悠久，早在 2000 多年前就有用药的记载。细辛是一味常用中药，始载于《神农本草经》，具有祛风解表、散寒止痛、温肺化饮、宣通鼻窍的功效。《中国药典》（1990 年版）将北细辛、汉城细辛或华细辛列为正品，其中前两种习称“辽细辛”，而北细辛列正品之首（图 7）。但由于以上品种生长缓慢，而细辛又是常用中药品种，临床需求量大，遂使正品细辛药源短缺。而细辛属植物种类较多，以致自古迄今，一直有多种近缘植物以“土细辛”之名在各地使用。

图 7　北细辛

（李咪咪　夏宜平）

Asclepias 马利筋

夹竹桃科马利筋属（*Asclepias*）多年生常绿草本。叶片翠绿挺拔、花序秀美、小花密集、复色花朵相叠、适应性强，适于布置花境、花坛及作地被覆盖等。在我国南方已归化的马利筋（*A. curassavica*）花朵小巧玲珑，花冠美若小莲花，其上又有金黄色形似金桂子的副花冠，故别称“莲生桂子花”。属名 *Asclepius* 源自于西方医神 Asclepius（阿斯克勒庇俄斯），相当于我国的神农氏，即医药之神。在希腊到处有他的庙宇，多达 300 多处；其中多处供奉着他的造像，手拿着一支围绕着一条蛇的长手杖。

一、形态特征与生物学特性

（一）形态与观赏特征

直立草本，常绿，呈灌木状，株高 1 ～ 1.5 m，全株有白色乳汁。茎直立，淡灰色，无毛或有微毛，基部木质化。叶对生或轮生，膜质，披针形至椭圆状披针形，长 6 ～ 14 cm，宽 1 ～ 4 cm，顶端短渐尖或急尖，基部楔形而下延至叶柄，无毛或在脉上有微毛；侧脉每边约 8 条；叶柄长 0.5 ～ 1 cm。聚伞花序顶生或腋生，有梗，着花 10 ～ 20 朵；花萼裂片披针形，被柔毛；花冠紫红色，裂片长圆形，反折；副花冠生于合蕊冠上，5 裂，黄色，匙形，有柄，内有舌状片；花粉块长圆形，下垂，着粉腺紫红色。蓇葖披针形，长 6 ～ 10 cm，直径 1 ～ 1.5 cm，两端渐尖；种子卵圆形，顶端具白色绢质种毛，种毛长 2.5 cm（图 1 至图 3）。花期几乎全年，果期 8 ～ 12 月。

（二）生物学特性

原产拉丁美洲的西印度群岛，野生于平地至低海拔（10 ～ 500 m 处）的山野，于开阔地或丛林边缘或路旁极为常见；多被驯化而于庭园栽培。我国台湾早年无意中引进后，现已呈归化状态生长。

性喜温暖、湿润气候，喜肥、喜光，较耐旱，对土壤要求不十分严格，但以土层肥厚的壤土、砂壤土长势健壮，长时间的积水对其生长不利。栽培过程中可以通过摘心来促进分枝、增加开花量。不耐霜冻，在寒冷地区可以作一年生栽培。初花期 5 月中下旬，果实初熟期 8 月中旬。完全成熟的果实于腹缝线自行开裂，种子随风飘散（图 3）。

二、种质资源

该属约有 125 种，常见栽培的种如下。

1. 马利筋 *A. curassavica*

多年生宿根性亚灌木状草本，茎基部常木质化。原产拉丁美洲西印度群岛，现广植于世界热带及亚热带地区；我国南方广有栽培观赏，亦有逸为野生。

1a. 马利筋‘黄冠’‘Flaviflora’

灌木状草本植物。我国广东、广西等地有栽培（图 4）。

2. 柳叶马利筋 *A. tuberosa*

株高 0.3 ～ 1 m。叶披针形，长 8 ～ 12 cm，螺旋形排列。花簇生，黄色至橘黄色（图 5）。花期夏季至初秋。原产美洲，分布自墨西哥至美国东北部。

图 1 马利筋开花

图 2 马利筋聚伞花序

3. 沼泽马利筋 *A. incarnata*

叶对生。花瓣 5，副花冠直立；花冠深紫色至粉紫色，亦见有白色；花具香气（图 6）。蓇葖果；种子具绢毛。花期早春至夏季。原产北美洲，多见生于湿地。

4. 大花马利筋 *A. grandiflora*

株高约 1 m，花大，直径约 3 cm。

5. 绿花马利筋 *A. viridis*

株高可达 1.5 m，花绿色或略带粉色（图 7）。

6. 矮马利筋 *A. involucrata*

株高 20 ～ 30 cm。叶片互生，伞形花序，花多而密，黄色（图 8）。

三、繁殖与栽培管理技术

（一）播种繁殖

春季至秋季均可播种。夏季果实成熟后及时采收，随即播种。主要是直接穴播，穴距 25 cm，

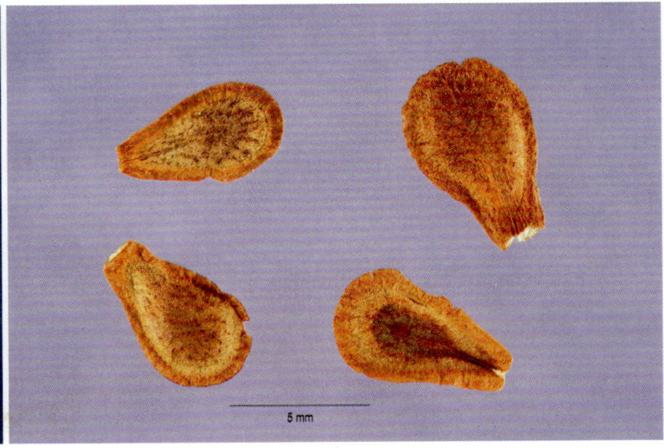

图 3 马利筋种子

图 4　马利筋‘黄冠’

每穴 3 ～ 4 粒种子，穴深 1.5 ～ 2 cm，覆土 1 ～ 1.5 cm，稍镇压。春播时间一般为 4 月下旬至 5 月上旬。在温度 15℃以上，土壤湿度 30% 以上的正常条件下 15 天左右出苗，出苗率可达 90%。直播苗长出 2 ～ 3 对真叶时间苗，每穴留 1 株，间下的小苗可用于移栽。

也可以育苗移栽，育苗时间为 3 月中旬，移栽时间为 5 月上旬，株距 20 ～ 25 cm，每穴栽 1 株。

（二）压条繁殖

选取健壮的枝条，从顶梢以下 15 ～ 30 cm

图 5　柳叶马利筋

图 6　沼泽马利筋

图 7　绿花马利筋（Jeff McMillian 摄）

图 8　矮马利筋（AL Schneider 摄）

处把树表皮剥掉一圈，剥后的伤口宽度在 1 cm 左右，深度以刚刚把表皮剥掉为限。用薄膜把环剥的部位包扎起来，薄膜的上下两端扎紧，中间鼓起。4 ～ 6 周后生根。生根后，把枝条连根系一起剪下，另行种植即可。

（三）组培快繁

将马利筋种子无菌萌发的幼苗切分为长 1.5 ～ 2 cm 带叶芽的小段，以此为外植体，增殖培养基采用 MS+6-BA 0.2 mg/L+NAA 0.5 mg/L，根系诱导培养基采用 MS+NAA 0.5 mg/L，可取得较好诱导效果（王世敏 等，2011；周朝阳，2016）。

（四）园林栽培

1. 土壤

喜肥，较耐旱，对土壤要求不十分严格，但以土层肥厚的壤土、砂壤土长势健壮，种植前应深翻土壤。

2. 肥水管理

花期较长，深翻土壤时每亩施充分腐熟的厩肥 1500 ～ 2000 kg，撒匀、起垄。除草和松土是经常性的田间管理工作，基部适当培土。随着气温的升高以及适量地浇水，植株生长加快，6 月下旬至 7 月上旬根部追肥 1 次，以氮、磷、钾复合肥为主。每亩 20 ～ 25 kg。多雨时节要加强田间排水工作，雨后要及时松土，以增强土壤的透气性，并可以有效地控制根腐病的发生（孙伟 等，2005）。

（五）病虫害防治

易发根腐病，选用 50% 多菌灵 500 ～ 600 倍液根部浇灌 1 ～ 2 次，每次间隔 7 ～ 10 天。合理轮作对防治根腐病也有一定作用。

时有蚜虫危害，一般杀虫剂即可防治。

四、价值与应用

（一）园林应用

花与叶都有较好的观赏性，花期长到可以开遍四季；花朵小而艳丽，花色火红与金黄，非常显眼，给人十分俏皮的感觉。适宜在城市公园、广场等绿地片植。马利筋还可以作为引蝶植物加以使用。叶片是蝴蝶的幼虫（毛毛虫）的食草，以桦斑蝶幼虫最喜欢（Armitgae，2008）。可植种于花坛、花境或岩石园中（图 9）；也可盆栽，十分宜人；也是重要的切花材料。

（二）药用价值

马利筋全株有毒，尤以乳汁毒性较强，可作药用，性味苦寒。有消炎清热、活血止血、消肿止痛的功效。主治扁桃体炎、肺炎、支气管炎、尿路炎症、崩漏带下、创伤出血（周肇基，2007）。

图 9　柳叶马利筋花境应用（Moryan 摄）

（岳玲）

Asparagus 天门冬

天门冬科天门冬属（*Asparagus*）多年生草本植物或半灌木。早在古希腊时期，西方国家就开始食用天门冬属植物；在16—17世纪，欧洲开始大量种植（Knaflewski，1996），其育种历史已有400多年。天门冬在我国有着悠久的栽培历史，最早在《神农本草经》中有记载；但对于天门冬属植物的育种在我国近几十年才开展。

一、形态特征与生物学特性

（一）形态与观赏特征

直立或攀缘，常具粗厚的根状茎和稍肉质的根，或有纺锤状的块根。小枝近叶状，称叶状枝，扁平、锐三棱形或近圆柱形而有几条棱或槽，常多枚成簇；在茎、分枝和叶状枝上有时有透明的乳突状细齿，叫软骨质齿。叶退化成鳞片状，基部多少延伸成距或刺。花小，每1～4朵腋生或多朵排成总状花序或伞形花序，两性或单性，有时杂性，在单性花中雄花具退化雌蕊，雌花具6枚退化雄蕊；花被钟形、宽圆筒形或近球形；花被片离生，少有基部稍合生。浆果较小，球形（图1）。

图1　天门冬果实（傅强 摄）

（二）生物学特性

喜温暖，不耐严寒，忌高温。在云南海拔1200～2200 m的平坝、半山区和山区都可种植。在夏季凉爽、冬季温暖、年平均气温18～20℃的地区最适宜生长。幼苗在强光照条件下，生长不良，叶色变黄甚至枯萎。天门冬块根发达，适宜在土层深厚、疏松肥沃、湿润且排水良好的砂壤土或腐殖质丰富的土壤中生长（黄宝优，2011）。

二、种质资源

（一）分类概述

目前，全球约有212种，除美洲外，全世界温带至热带地区都有分布；我国有24种和一些外来栽培种，广布于全国各地。根据天门冬属植物特征可将其分为两个亚属：

（1）拟天门冬亚属（Subgen. *Asparagopsis*）

花两性。拟天门冬亚属仅包含非洲天门冬和文竹两个种。

（2）天门冬亚属（Subgen. *Asparagus*）

花单性，雌雄异株。该亚属可分为2组：

①原始天门冬组（Sect. *Archiasparagus*）。叶状枝扁平，或由于中脉龙骨状而多少呈锐三棱形。

②天门冬组（Sect. *Asparagus*）。叶状枝近圆柱形或有时稍压扁，常有几条棱或槽。

（二）种质资源

1. 文竹 *A. setaceus*

根稍肉质，细长。茎的分枝极多，近平滑。

图 2 文竹（陈欣晨 摄）

图 3 非洲天门冬（陈欣晨 摄）

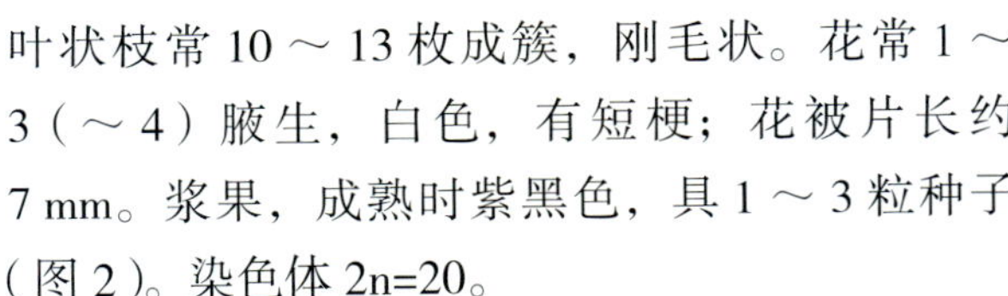
叶状枝常 10 ～ 13 枚成簇，刚毛状。花常 1 ～ 3（～ 4）腋生，白色，有短梗；花被片长约 7 mm。浆果，成熟时紫黑色，具 1 ～ 3 粒种子（图 2）。染色体 2n=20。

2. 天门冬 *A. cochinchinensis*

根中部或近末端呈纺锤状，膨大部分长 3 ～ 5 cm，径 1 ～ 2 cm。茎平滑，长 1 ～ 2 m，分枝具棱或窄翅。叶状枝常 3 枚成簇，扁平或中脉龙骨状微呈锐三棱形；茎鳞叶基部延伸为长 2.5 ～ 3.5 mm 的硬刺。花常 2 朵腋生，淡绿色；雄花花被长 2.5 ～ 3 mm，雌花大小和雄花相似。浆果直径 6 ～ 7 mm，成熟时红色，具 1 粒种子（图 1）。染色体 2n=20。

3. 非洲天门冬 *A. densiflorus*

常见的栽培种之一。半灌木，多少攀缘，高可达 1 m。茎和分枝有纵棱。叶状枝每 3（1 ～ 5）枚成簇，扁平，条形；茎上的鳞片状叶基部具长 3 ～ 5 mm 的硬刺。总状花序单生或成对，通常具十几朵花；苞片近条形；花白色；花被片矩圆状卵形；雄蕊具很短的花药。浆果直径 8 ～ 10 mm，熟时红色，具 1 ～ 2 粒种子（图 3）。染色体 2n=40，60。常见品种如下。

3a.‘梅尔’（狐尾天门冬）‘Myers’

因其羽状叶聚集成束、枝条柔软蓬松，是良好的切花材料（图 4）。

3b.‘孤光’‘Sprengri’

有蔓延的习性，也是良好的插花材料。

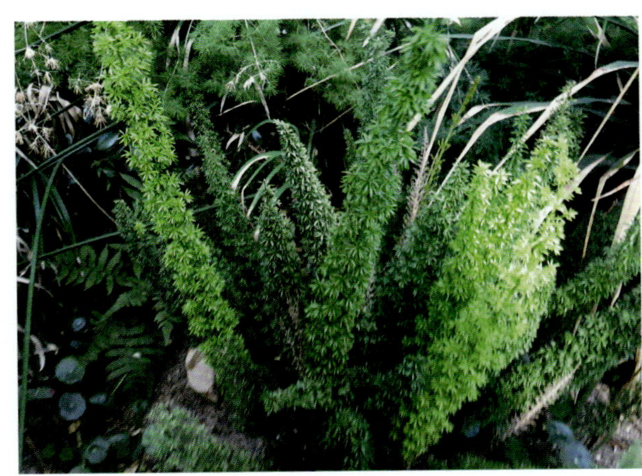

图 4 ‘梅尔’（狐尾天门冬）（陈欣晨 摄）

三、繁殖与栽培管理技术

（一）播种繁殖

果实在 9 ～ 10 月成熟后即可进行收种。种子不耐贮藏，应采取即采即播或将种子贮藏在湿沙中，低温贮藏；隔年种子不宜播种。播种可分为春播和秋播。春播在 3 ～ 4 月进行，秋播在 8 ～ 9 月进行。秋播出芽率相对较高，但用地时间相对较长，管理成本较高。播种前在畦内开横沟。沟距 18 ～ 22 cm，深 5 ～ 7 cm，播幅 8 cm，均匀撒播，种距 2 ～ 3 cm。每亩地用种子约 12 kg（伍仕强，2017）。条件适宜的情况下，播种后 18 天即可出苗。出苗后需要及时遮光及施肥。

（二）分株繁殖

通常在 3 ～ 4 月植株萌发前进行。选取生长健壮、无病虫害、根部粗壮的母株，修剪地上部分的枝叶，然后将母株地下茎切分为小块，每块应带有 2 ～ 3 个芽。若要存放则需在通风处摊开，避免腐烂。将植株栽入穴中后，条件适宜的情况下，10 ～ 15 天即可出苗。

（三）组培快繁

可利用嫩芽作为材料进行组织培养，外植体可用 0.1% 升汞消毒 2 分钟以及 75% 酒精消毒 5 分钟。天门冬愈伤组织诱导较佳培养基为 MS+6-BA 1 mg/L+NAA 0.5 mg/L，丛生芽诱导较佳培养基为 MS+6-BA 1 mg/L+IAA 0.5 mg/L，生根诱导较佳培养基为 MS+IBA 1 mg/L+NAA 0.5 mg/L，各培养基琼脂添加量均为 7.2 g/L，蔗糖添加量均为 30 g/L，pH 5.89（杨平飞，2019）。待植株生根后即可移入土中。

（四）园林栽培

1. 土壤

在栽植时应选择土质疏松、排水良好且偏酸性或微酸性的砂质土、红壤土、黄壤土进行种植。

2. 水肥

栽植后第一个月应尽量保持土壤湿润，促进天门冬向上直立生长，利于通风以减少病虫害。种植前根据土壤肥力选择是否增施肥料，肥料应以有机肥为主，尽量少施或不施无机化肥，在移栽后每年应追施有机肥 2 ～ 3 次。

3. 光照

忌强光，叶片易发黄，尤其在幼苗时期，应设置遮阳网以避免阳光直射。若在大田种植，可在行间栽种玉米、高粱等作物来进行遮光。

4. 中耕除草

幼苗生长相对较慢，田间易有杂草，在栽培过程中需要定期清除杂草。若土壤板结则需要及时松土，松土时应注意要避免损伤根系。

（五）病虫害防治

根腐病对天门冬危害较大。在种植过程中发现根腐病时需及时除去感染病株，并在周围撒上生石灰，同时做好排水工作，防止病菌扩散。

易受蚜虫及红蜘蛛危害。为防止病害发生，在秋冬季节应清扫枯枝落叶，在虫害发生初期可用 0.2 ～ 0.3 波美度石硫合剂或 25% 杀虫脒水剂 500 ～ 1000 倍液对其进行喷雾，1 周 1 次，持续 3 周来消除虫害（伍仕强，2017）。

四、价值与应用

天门冬属植物具有较高的观赏价值、经济价值以及药用价值。形态优美，具有良好的观赏性。既有文竹的秀丽，又有吊兰的飘逸，观赏价值高。盆栽适于室内观赏或装饰庭院，也可剪取茎叶作插花的衬叶。枝叶繁茂，形态优美，被广泛应用在切花及盆栽中；覆盖性强，也是适合花境、花坛、岩石园等布置的优良植物。

石刁柏（芦笋）（*A. officinalis*）常用于蔬菜栽培，是重要的经济作物。天门冬的块根富含天门冬素、b- 谷甾醇等成分，具有滋阴润肺、生津止渴等功效，被广泛应用于药物当中。现代医学研究表明，天门冬提取物对治疗急慢性白血病具有较好的临床效果。

（王艳平）

Asphodeline 日光兰

阿福花科日光兰属（*Asphodeline*）一二年生或多年生草本植物。全球有17种1变种及1亚种，主要分布于亚洲西南部，含中东和地中海地区。生命力强，常生长于各种干燥土壤甚至贫瘠的岩石中。花语为“顽强”“野生”，也是公元5世纪法国主教——圣玛梅鲁达斯之花。

一、形态特征与生物学特性

（一）形态与观赏特征

具小的地下茎，根肉质。株型圆锥形，高30～150 cm。基生叶密集，线形，茎生叶向上渐短。总状花序顶生，花瓣6，带状披针形，浅黄色或黄色，中脉绿色或绿褐色，芳香；雄蕊6，花丝色同花瓣；小花自花序下部向上依次开放。花期4～6月。蒴果，球形至长椭圆形，表面光滑。

图1　黄花日光兰花部结构

（二）生物学特性

具有极强的抗逆性，喜光，抗旱，耐热，耐贫瘠，抗寒；忌排水不良土壤。通常自然生长于河岸、休耕地、森林空地、荒地、岩石或山坡等干燥处（Zengin et al.，2016）。

二、种质资源

园林应用的主要有黄花日光兰和小苞日光兰。

1. 黄花日光兰 *A. lutea*

株高60～150 cm。叶线形，长30 cm，蓝绿色，花期基生叶密集。总状花序，直立，花黄色，芳香（图1至图3）。花期4～6月。典型的地中海植物，生长在干燥灌木丛、草本和石灰岩间（Graham，2012）。未开放的花序可食。

2. 小苞日光兰（黄花阿福花）*A. liburnica*

株高50～100 cm。叶线形，长20 cm，蓝绿色，花期基生叶干枯或稀疏。总状花序或具分枝，花序较黄花日光兰长，但小花相对较稀，花亮黄色，花期较黄花日光兰晚一些（Graham，2012）。

三、繁殖与栽培管理技术

（一）播种繁殖

种子采收后干藏。3～4月播种，容器育种，种子撒播于浸透水的营养土上，再覆1～2 mm蛭石，保持基质潮湿但不积水。15℃条件下，1～3个月萌发。第一个冬天宜在温室

图 2 黄花日光兰

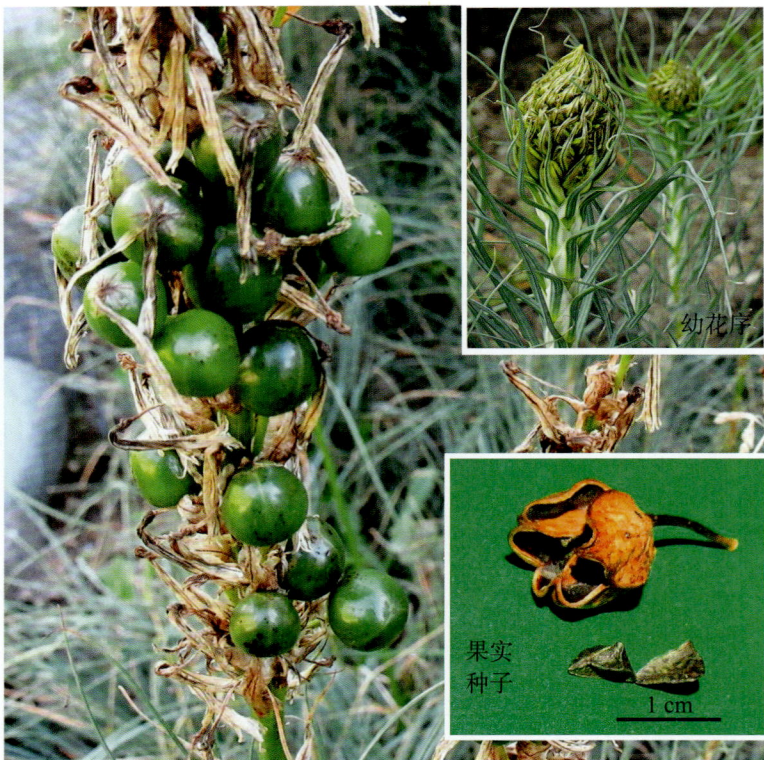

图 3 黄花日光兰的花序、果实和种子

度过（董长根 等，2013）。籽播苗常需要 3 年才可开花。

（二）分株繁殖

分株繁殖于早春或花后进行。操作宜谨慎，沿植株四周下挖，起出地下根茎，尽量少伤肉质根系；切分根茎，保证每块上都有萌发的新芽；另行种植（董长根 等，2013）。

（三）园林栽培

1. 土壤

以透水性好的砂质土或富含砾石的土壤为佳。

2. 水肥

耐旱耐贫瘠。一般园土无须施基肥。移栽苗时，一次性灌水固根，一旦缓苗成功则无须再补水，自然降水即可满足生长，若遇雨水过多时，应注意排水。

3. 光照

需种植于阳光充足处，否则，易出现徒长倒伏。

4. 修剪及越冬

花谢后逐渐枯萎进入休眠状态，应及时剪除地上枯枝叶。日光兰属植物较耐寒，可耐 –15℃低温，极寒地区冬季可覆盖根颈部来保护。

四、价值与应用

日光兰以高大的花序、明亮的花色和飘逸的线状叶引人注目。除了不耐水湿外，其他无须特别管理。适用于排水好的花境边缘、岩石园等，增加景观色彩及野趣。花序还可用作切花材料。

日光兰属的根茎、叶和果实中富含蒽醌类及多酚化合物和氨基酸，具有抗菌、抗炎、抗氧化的作用，在土耳其民间被用于缓解抑郁、促进伤口愈合，治疗耳痛、痔疮等，部分种的叶片用于制作沙拉（Lazarova et al.，2015）。

（李淑娟）

Asphodelus 阿福花

阿福花科（曾归属于百合科）阿福花属（日影兰属，*Asphodelus*）宿根植物。全球有 17 种 2 变种 4 亚种，主要分布于伊比利亚半岛、西亚和非洲西北部。生命力强，常生长于各种干燥土壤上。

一、形态特征与生物学特性

（一）形态与观赏特征

常绿或宿根，叶多基生，扁平，宽线形至线状披针形，常为莲座状，茎生叶小而少或无。花序顶生，总状或圆锥状花序，10 ～ 200 cm；小花密集，花瓣 6，常白色或粉色，瓣中脉异色；雄蕊 6。蒴果，圆球形或长圆形；种子呈四面体。花期 4 ～ 7 月。

（二）生物学特性

喜光，耐 -10℃低温，抗旱，耐贫瘠，忌水涝，喜土层深厚、干燥或湿润但排水性好的砂质壤土。

二、种质资源

有 2 ～ 3 种在园林中应用。

1. 小果日影兰（夏花日影兰）*A. aestivus*

常绿或宿根，具块状根，植株高大壮观。基生叶丛生，扁平，宽线形至线状披针形，长达 40 cm，宽约 3 cm，近革质，茎生叶细短或无。大型圆锥形花序，高 1 ～ 2 m，直立，分枝长达 30 cm；苞片膜质，褐色；小花密集，花径 5 ～ 7 cm，白色或淡粉色，花瓣中脉微红色或褐色；芳香（图 1、图 2）。花期 4 ～ 6 月。来自干燥多石的南欧和土耳其西部地区。根茎富含淀粉，干燥后可食用或制黏性剂（Sawidis et al., 2008）。

2. 白花日影兰 *A. albus*

宿根型，茎直立，无叶，高约 1 m；基生叶较夏日影兰稍宽。总状花序顶生，小花密集，花径 3 ～ 4 cm，白色，花瓣中间具一条绿脉（图 3、图 4）。花期 5 ～ 7 月。来自南欧和北非。

3. 无茎阿福花 *A. acaulis*

叶基生，莲座状，肉质，线形。花莛极短，花瓣淡玫红色，中脉暗红色（图 5）。花期 3 ～ 6 月。它是阿福花属中唯一的低矮种，原产于阿尔及利亚和摩洛哥的山区。颇具观赏性但未见应用。

三、繁殖与栽培技术

（一）播种繁殖

根茎繁殖能力较差，也不耐移植，故常采用种子繁殖。3 ～ 4 月在温室内育苗，选排水性和保湿性均佳的基质，种子宜浅埋，保持土壤湿度。20℃条件下，30 天内萌发。但种子萌发率一般不高。

（二）园林栽培

1. 土壤

以透水性好的砂质土或富含砾石的土壤为佳。

2. 水肥

耐旱耐贫瘠。一般园土无须施基肥。移栽苗时，一次性灌水固根，一旦缓苗成功则无须再补

图 1　小果日影兰

图 2　小果日影兰花序

图 3　白花日影兰（John Lonsdale 摄）

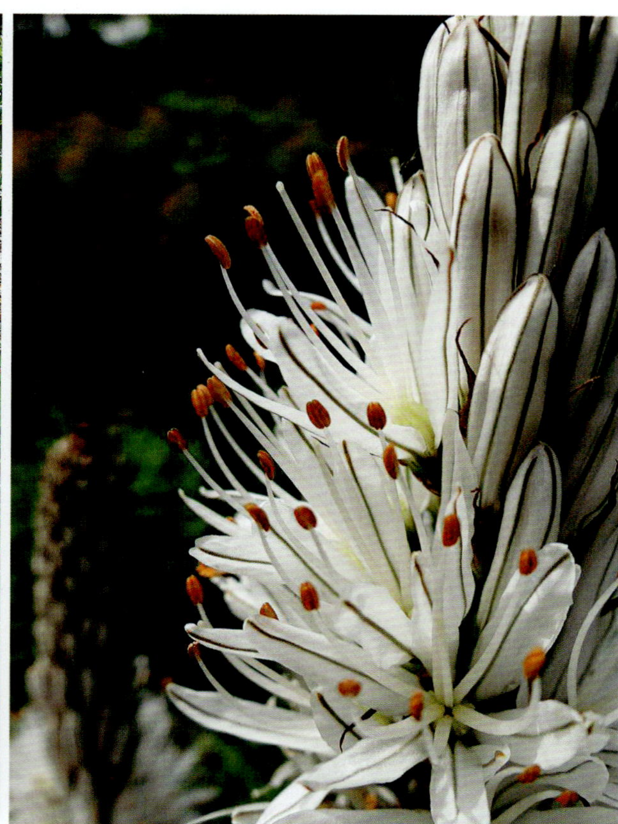

图 4　白花日影兰（Sue Daylor 摄）

图 5 无茎阿福花（A. John Willis 摄；B. John Lonsdale 摄）

水，自然降水即可满足生长。若遇雨水过多时，应注意排水。

3. 光照

需种植于阳光充足处，否则，易出现徒长倒伏。

4. 修剪及越冬

花谢后逐渐枯萎进入休眠状态，应及时剪除地上枯枝叶。日光兰属植物较耐寒，可耐 −15℃ 低温，极寒地区冬季可覆盖根颈部来保护。

四、价值与应用

多数种类花序高大，花色清秀，叶色灰绿，有质感。适用于排水好的花境边缘、岩石园等，增加景观色彩及野趣。花序还可用作切花材料。

根茎、叶和果实中富含蒽醌类及多酚化合物和氨基酸，具有抗菌、抗炎、抗氧化的作用；肉质根富含淀粉，干燥后食用或制黏合剂，部分种的叶片用于制作沙拉（Lazarova et al.，2015）。

（李淑娟）

Asplenium 铁角蕨

铁角蕨科铁角蕨属（*Asplenium*）多年生阴生草本植物。全球约700种，主要分布于非洲热带东部、东南亚大部分热带地区及日本、韩国（济州岛）、澳大利亚等地。我国产90种，主要分布于台湾、广东、广西、海南（五指山、尖峰岭）、云南（金平）等地。常见栽培的是鸟巢蕨类，在观叶植物中一枝独秀，深受人们的喜爱。

一、形态特征与生物学特性

（一）形态与观赏特征

株高80～100 cm。根状茎直立，粗短，木质，粗约2 cm，深棕色。叶簇生；柄长2～7 cm，粗约7 mm，两侧有狭翅；叶片阔披针形，长75～98 cm，先端渐尖，中部最宽处为6.5～8.5 cm。主脉两面均隆起。叶革质，干后棕绿色或浅棕色。孢子囊群线形，长3～4 cm，生于小脉的上侧，叶片下部通常不育。囊群盖线形，浅棕色或灰棕色，厚膜质，全缘，宿存。

（二）生物学特性

常附生于雨林或季雨林内树干上或林下岩石上。团集成丛的鸟巢能承接大量枯枝落叶、飞鸟粪便和雨水，这些物质转化为腐殖质，可作为自己的养分，同时还可为其他热带附生植物如兰花和热带附生蕨提供定居的条件。喜高温湿润，不耐强光。

二、种质资源

产业上常用的栽培种有巢蕨、长叶巢蕨、扁柄巢蕨和大鳞巢蕨等。

1. 巢蕨 *A. nidus*

株高1～1.2 m。根状茎直立。叶簇生；柄长约5 cm；叶片阔披针形，长90～120 cm，叶边全

图1　鸟巢蕨

图2　鹿角鸟巢蕨

图 3　台湾鸟巢蕨

图 4　眼镜蛇鸟巢蕨

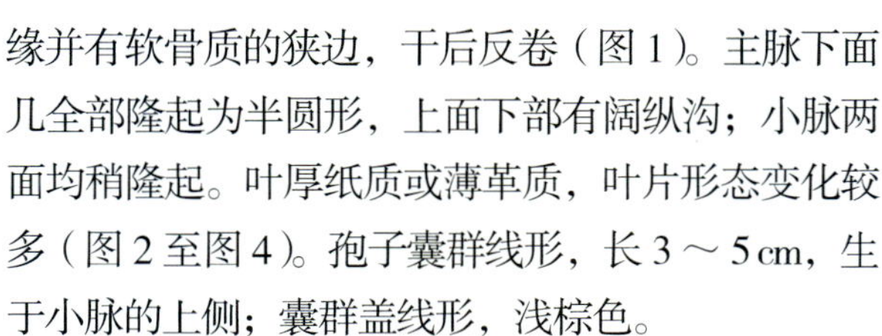

缘并有软骨质的狭边，干后反卷（图 1）。主脉下面几全部隆起为半圆形，上面下部有阔纵沟；小脉两面均稍隆起。叶厚纸质或薄革质，叶片形态变化较多（图 2 至图 4）。孢子囊群线形，长 3～5 cm，生于小脉的上侧；囊群盖线形，浅棕色。

2. 长叶巢蕨 *A. phyllitidis*

根茎直立，粗短。叶簇生；叶柄长 2～3 cm；叶片窄披针形或线状披针形，长（25～）45～90 cm，中部或中部以上最宽，（2～）3.8～5.5 cm，下面主脉下部隆起为半圆形，上面下部有宽纵沟；叶革质，光滑，棕绿色或浅棕色。孢子囊群线形，长 1.5～2 cm，着生小脉上侧；囊群盖无毛。

3. 扁柄巢蕨 *A. humbertii*

株高约 30 cm；根茎短而直立。叶簇生；叶柄长 4～8 cm；叶片披针形或椭圆状披针形，长 18～22 cm，中部宽 3.5～5 cm，主脉两面平，小脉上面不显，下面隐显；叶薄革质。孢子囊群线形，长 1～1.5 mm，生于小脉上侧；囊群盖线形，灰白色。

4. 大鳞巢蕨 *A. antiquum*

株高 0.8～1 m；根状茎直立。叶簇生；叶柄长 2～7 cm，禾秆色或暗棕色；叶片宽披针形，长 75～98 cm，中部最宽 6.5～8.5 cm，主脉两面隆起，小脉两面稍隆起；叶革质。孢子囊群线形，长 3～4 cm，着生小脉上侧；囊群盖线形，深棕色或灰棕色（图 5）。

图 5　大鳞巢蕨

三、繁殖与栽培管理技术

（一）孢子繁殖

1. 基质与容器

基质选用粒径 5mm 以内的优质泥炭土，种植前经过 121℃、20 分钟的高温蒸汽灭菌，冷却后备用。

一般选用方形育苗盘，规格深度要求 10 cm 左右，长宽依据供货商或自有情况而定。新盘可直接使用；重复利用的育苗盘用 10% 漂白粉或

1% 的高锰酸钾进行消毒。

2. 装盘

把经过消毒后的基质放入育苗盘中，基质厚度要求在 3 cm 以上，并均匀地铺在盘中，将穴盘整齐摆放在苗床上，浇透水备用。

3. 孢子的收集与播种

叶背的囊状隆起是孢子囊，收集时选择叶子中下部的孢子；当孢子囊由绿色变褐色时或囊群盖变褐、变黑时，用刀轻刮下孢子囊群，放在干净的纸上，在干燥的环境下放置 1 ～ 2 天后，孢子散出来即可播种。

将收集的孢子囊群均匀撒在装有基质的育苗盘中，覆盖 0.5 ～ 1 cm 的细沙或蛭石；也可将孢子与细沙按照一定的比例拌匀，直接播种在备好的育苗盘中并轻压。

4. 播后管理

播种后放置在阴凉潮湿处，要求温度在 18 ～ 25℃，相对湿度控制在 80% ～ 85%，育苗盘基质保持湿润，根据天气进行适当遮光处理。12 ～ 15 天后进入萌发期，50 ～ 60 天逐渐长出新孢子体，相对湿度控制在 80% 左右，最低温度不低于 10℃，最高温度不高于 33℃，光照强度控制在 3500 ～ 4500 lx。

5. 换盘

当叶片长出 2 ～ 3 片叶，长度达 0.5 ～ 1 cm 时进行移栽。容器一般选用 72 孔穴盘，填充消毒处理后的基质，表面均匀平整并轻压。移栽方法是将种苗根系向下置于每穴中央，然后在周围及上方覆土，确保根系与基质充分接触。培养最适温度在 20 ～ 28℃，光照强度控制在 4000 ～ 5000 lx，相对湿度保持在 80% 左右，移栽后 1 周内适当喷雾。依据天气情况而定喷雾次数，晴天每天 2 ～ 4 次，阴天或雨天适当降低次数，以叶片表面布满水滴为宜。移栽 10 ～ 15 天后进入快速生长期，培养最适温度在 20 ～ 28℃，相对湿度在 80% 左右，光照强度控制在 5500 lx 左右。苗期一般 3 ～ 7 天浇 1 次水，15 ～ 20 天用氮：磷：钾 =15：15：15 水溶性速效肥 3000 倍液交替浇灌 1 次。经过 3 ～ 4 个月的培养，即可移栽定植到盆中。

（二）分株繁殖

植株生长较大时，往往会出现小型的分枝，可在春末夏初新芽生出前用利刃把需要分出的植株切离，再分别栽植即可。鸟巢蕨产生的分枝较少，较少用分离子株的办法。通常将生长健壮的植株在春末从基部分切成 2 ～ 4 块，并将叶片剪短 1/2，使每块带有部分叶片和根茎，然后单独盆栽成为新的植株。盆栽后放在温度 20℃以上半阴和空气湿度较高地方养护，以尽快使伤口愈合。盆中栽培基质不可太湿，否则容易腐烂。待新叶生出后可逐渐恢复原来的形状。

（三）组培快繁

取顶生短茎、幼叶或孢子等作外植体，进行组织培养快繁。以鸟巢蕨嫩叶为外植体进行组培，最佳诱导培养基为 MS+6-BA 2.0 mg/L+NAA 0.2 mg/L + 蔗糖 30 g/L+ AC 1 g/L，诱导率达 85%；最佳增殖培养基为改良 MS+6-BA 0.4 mg/L+NAA 0.2 mg/L + 蔗糖 30 g/L+AC 1 g/L，增殖倍率达 6.4 倍；最佳生根培养基为 1/2 MS+6-BA 0.2 mg/L+ 蔗糖 20 g/L +AC 0.3 g/L，生根率达 100%，根系粗壮，叶片舒展，叶色浓绿。最佳移栽基质为 33.3% 锯木屑 +33.3% 泥炭土 +33.3% 红心土，成活率为 82.67%。

（四）盆栽

1. 基质

附生型蕨类栽培时一般不能用普通的培养土，而要用蕨根、树皮块、苔藓、碎木屑、椰糠等基质，同时用透气性较好的栽培容器，并在容器底部填充陶粒等较大颗粒材料，以利通气排水。采用混合基质栽培，草炭：珍珠岩：蛭石 =2：1：1 按体积拌匀，用 50% 多菌灵可湿性粉剂按 30 ～ 50g 撒在基质上，充分搅拌均匀并浇透水，用塑料薄膜覆盖，7 天后去除薄膜来回翻动基质 1 ～ 2 次方可使用。或以疏松、排水和通气性好的 5 ～ 40 mm 规格的泥炭，将泥炭打碎加水拌匀（加水的标准：加水拌匀后，手紧握一把泥炭，水从指缝中渗出）待上杯种植。9 cm 盆的泥炭用量约 250 mL。

2. 上盆

选择苗高 5 ～ 9cm、冠幅 9 ～ 12cm、无病

虫害、无枯叶、无黄叶的优质种苗。当叶片长至7片以上时，移栽定植到直径10 cm的盆内；当叶片长至15片以上时，移栽定植到直径15 cm或20 cm的盆内。

小盆栽一般用口径为9 cm规格花盆种植。种植时先在杯底垫2 cm左右基质，再将种苗移入杯中，小苗种植不宜过深，以平植株基部为宜，确保生长点露出。基质填充高度低于花盆口3 cm，装至花盆9分满，松紧适中。将定植好的盆苗摆放到位后，立即透浇水。

3. 环境管理

栽培环境最适温度20～28℃，最高温度不高于33℃，最低温度不低于5℃。相对湿度控制在70%～80%。光照强度控制在7000～8000 lx。

不论是家庭盆栽，还是生产性栽培，冬季最好能保持15℃以上的温度，使其能继续生长，条件不具备时，至少应保持不低于5℃的温度；若温度过低易导致其叶缘变成棕色，甚至有可能因受寒害而造成植株死亡。

原生境为潮湿丛林中，只需少量的散射光就能正常生长，因此盆栽植株可常年放在室内光线明亮处养护。如春、秋季短期放在室外树荫下或大棚中，则更有利于其生长，并能增加叶面光泽。

生长季节浇水要充分，特别是夏季，除栽培基质要经常浇透水外，还必须每天淋洗叶面2～3次，同时给周边地面洒水增湿，维持局部环境有较高的空气湿度，既可增加叶面的光泽，又对孢子叶的萌发十分有利。

另外，每年的春季可在盆内添加少许碎石灰，则有益于旁生子株的生长发育。

4. 水肥管理

水质要求pH 5.5～7，EC值小于0.6 mS/cm。主要以喷灌浇水为主，浇水量根据天气情况而定，一般夏季每天2～4次，冬季每天1～2次。肥水采用薄施勤施，一般选用氮:磷:钾=20：20：20水溶性速效肥2000倍液交替浇灌，苗期每15～20天施1次，成品苗每35～40天施1次。在其生长旺盛季节，宜每半月浇施1次氮、磷、钾均衡的薄肥，可促使其不断长出大量新叶；如果植株缺肥，叶缘也会变成棕色。夏季气温高于32℃，冬季棚室温度低于15℃，应停止追肥。

（五）病虫害防治

1. 炭疽病

在高温高湿、通风不良的环境中，叶片易感染炭疽病，病斑为褐色，后期轮纹明显。发病初期，可用75%百菌清可湿性粉剂600倍液、70%甲基托布津可湿性粉剂1000倍液均匀喷雾，每10天1次，连续3～4次。

2. 线虫

线虫危害鸟巢蕨，可导致叶片出现褐色网状斑点。可用克线丹或呋喃丹颗粒撒施于盆土表面，杀虫效果较好。

此外，还应注意防止日灼、寒害等发生。

四、价值与应用

鸟巢蕨为较大型的阴生观叶植物，株型丰满、叶色葱绿光亮，深得人们的青睐。盆栽的小型植株用于布置明亮的客厅、会议室及书房、卧室，显得小巧玲珑、端庄美丽。制作大型悬吊或壁挂盆栽，用于宽敞厅堂作吊挂装饰。用鸟巢蕨装饰的室内，别具一番独特的热带风情，更可增添几分生动的自然野趣。特别是经过人为加工而成的鸟巢蕨，其叶带状如古代飞天神女的罗衫翠影轻飘，其丛状附生植株又如同鸟巢悬挂树端。鸟巢蕨是有效的空气清新器，大型繁茂的绿色叶片，通过光合作用，使封闭的室内空气变得清新。植于热带园林树木下或假山岩石上，可增添野趣。

鸟巢蕨含有丰富的维生素A、钾、铁、钙、膳食纤维等。嫩芽可食。采摘后，用清水冲洗干净，然后放入开水中略微焯一下，捞出后过掉水，加入各种调味料凉拌，或同其他食材一同炒菜。

鸟巢蕨味苦、温，入肾、肝二经。有强壮筋骨、活血祛瘀的作用，也可用于治疗跌打损伤、骨折、血瘀、头痛、血淋、阳痿、淋病。

（吴学尉）

Aster 紫菀

菊科紫菀属（*Aster*）多年生草本、亚灌木或灌木。紫菀之名得自其根色紫而柔婉。全球温带地区广泛分布，多数仍处于杂草般野生状态，如我们熟知的狗娃花、马兰头等。夏秋季节，当你不经意间自路旁草丛中采摘一朵在风中摇曳的蓝紫色小花，一嗅之下，瞬间便会陶醉于那淡淡的菊香之中。也许是其普遍性使我们忽视了观赏性，但近年来园艺水平的发展提高了紫菀属植物种及品种的观赏价值，一些种及品种越来越多地出现在各种景观中。

一、形态特征与生物学特性

（一）形态与观赏特征

茎直立、外倾或平卧。叶互生，少对生，有齿或全缘。头状花序单生，或伞房状或有时圆锥状，总苞片半球状、钟状或倒圆锥形；雌花的花冠舌状，狭长，白色、浅红色、紫色或蓝色；两性花管状，黄色或顶端紫褐色，通常有 5 个等形的裂片（图 1）。花期 7 ～ 9 月，果期 8 ～ 10 月。

图 1　紫菀属的头状花

（二）生物学特性

喜温暖湿润且夏季凉爽的气候，稍耐阴，耐涝，耐寒性强，耐炎热干旱。对土壤要求不严，除盐碱地外均可种植。

二、种质资源与园艺品种

紫菀属曾为菊科紫菀族的一个大属；修订后，部分种被划分出来，形成新的属，如联毛紫菀属（*Symphyotrichum*）、乳菀属（*Galatella*）及北美紫菀属（*Eurybia*）等。广义的紫菀属包括上述邻近的属，此处采用了狭义紫菀属的概念（PW）。全球紫菀属约有 600 种，我国有 123 种，其中 82 种为特有种。观赏应用的有以下几种及其品种（董长根 等，2013；Armitage，2008；Graham，2012）。

1. 高山紫菀 *A. alpinus*

多年生草本，株高 10 ～ 35 cm，丛生；根状茎粗壮。茎直立，单生，具疏生至浓密长柔毛，具微小具柄腺。叶基生和茎生，基生叶莲座状，具叶柄，倒卵形至匙形，花期脱落；茎生叶向上渐小，线形至长圆形，具长柔毛，3 脉，主脉多少突出。头状花序单生枝顶，花径 3 ～ 3.5（～ 5.5）cm；舌状小花 26 ～ 60，紫色、蓝色或略带红色；花盘小花黄色（图 2）。花期 6 ～ 8 月。产我国西部及北部；亚洲（西南部）、欧洲、北美洲（西部）。喜夏季凉爽气候，忌炎热潮湿，喜排水性好的砂质土壤。

具有各色变种及品种：白花高山紫菀（var. *albus*）具有白色花瓣；‘巨人’（‘Goliath’），淡蓝色的花朵直径达 6 ～ 8 cm，较原种高，可达 40 cm；‘邓克尔’（‘Dunkle Schone’），花色深蓝紫色；‘圆满’（‘Happy End’），株型紧凑，具柔和的粉色花瓣（图 3）。

图 2　高山紫菀（Jan Doležal 摄）

2. 意大利紫菀 *A. amellus*

茎直立，株高 60 ～ 75 cm。叶互生，披针形至倒卵形，下部叶有柄，上部叶无柄，密被柔毛，灰绿色，边缘有齿。头状花序，管状花黄色或橙黄色，舌状花通常为蓝紫色（图 4）。花期夏季至秋季持续数月。原产欧洲。极为丰花，直立性好，耐夏季炎热气候。该种是福氏紫菀 *A.×frikartii* 的亲本之一，易与该属其他种杂交，产生不同高度、不同花色的园艺品种（图 5）。

3. 福氏紫菀（夏紫菀）*A.×frikartii*

为意大利紫菀与来自喜马拉雅山脉的托马斯紫菀（*A. thomsonii*）及其品种之间的杂交种群的总称。该种群继承了意大利紫菀花朵较大及托马斯紫菀花期和极强的抗霉粉病（*Erysiphe cichoracearum*）的能力。株高 60 ～ 90 cm，较亲本稍高一些。叶片深绿色，具短柔毛，完全抗霉粉病。头状花径 5 ～ 8 cm，舌状花瓣淡紫色至紫色。花期 7 ～ 9 月。喜阳光充足及微碱性排水良好的壤土，忌重肥。

最早的杂交产生于 1892 年。1918 年，瑞士

图 3　高山紫菀品种

注：A. 白色类型；B.‘Goliath’；C.‘Dunkle Schone’；D.‘Happy End’。

图 4　意大利紫菀

的 Karl Frikart 培育了 3 个品种，这个种群也因此得名。有记录的品种有 5 个：'Eiger'，现已很少见。'Jungfrau'，丛生状，株型紧凑，高 60 cm，舌状花蓝紫色，花心黄色。'Mönch'，丛生状，多分枝，生长旺盛，高 70 cm，舌状花淡紫色，花心黄色至橙色。'Wunder von Stäfa'，与 'Mönch' 相似，舌状花蓝色。'Flora's Delight'，株高 50 cm，相对低矮，株型浓密紧凑，叶灰绿色，舌状花淡紫色。这些均为非常优秀的品种（图 6），易种植。花期 7 ～ 9 月（Armitage，2008；Graham，2012）。

4. 紫菀 *A. tataricus*

茎直立，株高 45 ～ 50 cm。基生叶花期枯落；长圆状或椭圆状匙形，下半部渐狭成长柄，连柄长 20 ～ 50 cm，宽 3 ～ 13 cm，缘具圆齿或浅齿。下部叶匙状长圆形，常较小，下部渐狭或急狭成具宽翅的柄，渐尖，边缘除顶部外有密锯齿；中部叶长圆形或长圆状披针形，无柄，全缘或有浅齿，上部叶狭小。头状花序多数，径 2.5 ～ 4.5 cm，在茎和枝端排列成复伞房状；舌状花约 20 枚，蓝紫色，管状花黄色（图 7）。花期 7 ～ 9 月。

图 5　意大利紫菀品种

注：A. 'Brilliant'；B. 'Jacqueline Genebrier'；C. 'King George'；D. 'Rosa Erfullung'；E. 'Silbersee'；F. 'Forncett Flourish'；G. 'Rudolph Goethe'。

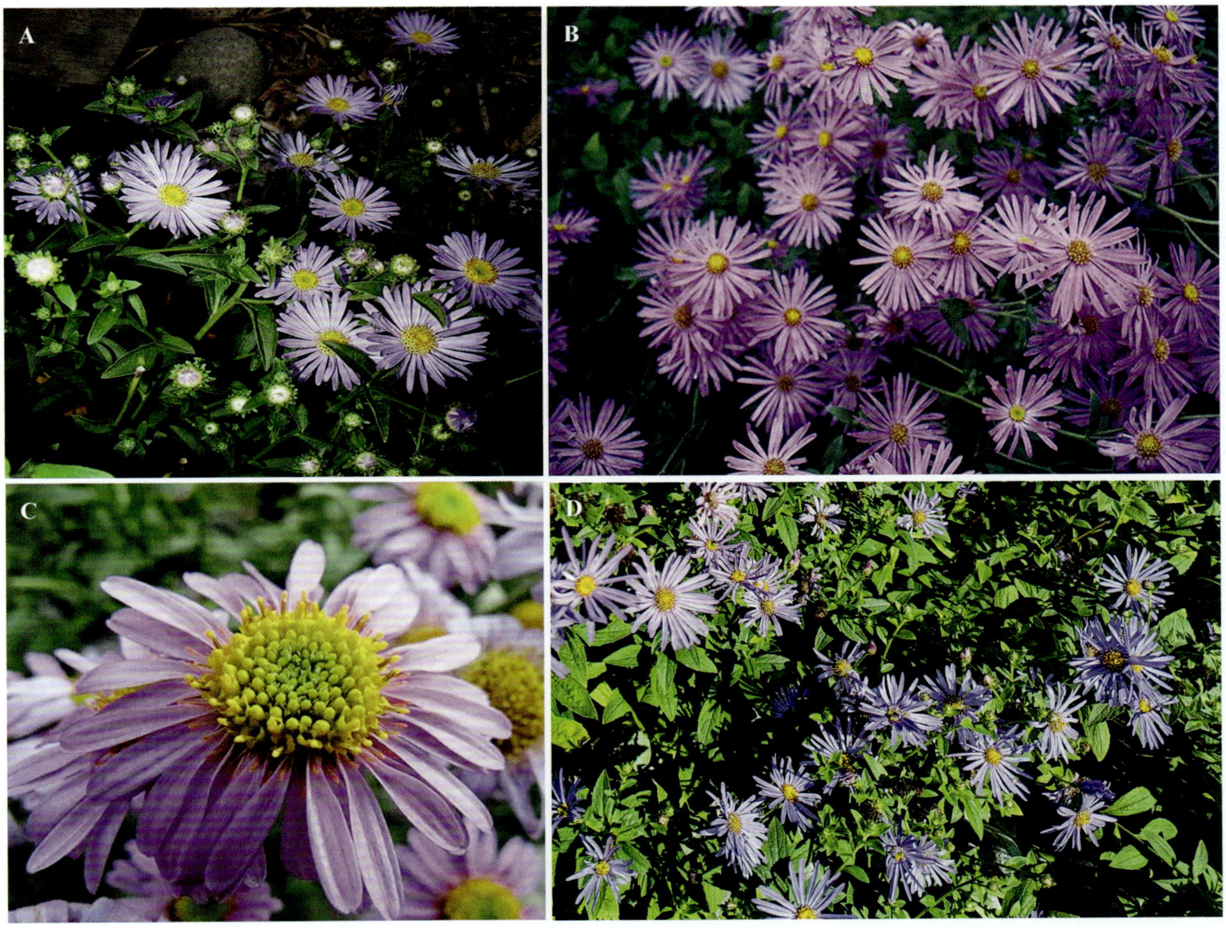

图 6　弗里卡尔紫菀品种

注：A.'Wunder von Stäfa'；B.'Mönch'；C.'Flora's Delight'；D.'Jungfrau'。

图 7　紫菀（Богданович Светлана 摄）

图 8　品种'金代'（Calif Sue 摄）

品种‘金代’(‘Jindai’)发现于日本神代植物园(Jindai Botanical Garden)，株高90～120 cm，较原种高，株型更紧凑(图8)。花期较原种晚一些。

5. 东俄洛紫菀 *A. tongolensis*

常具细弱匍匐地下根茎；茎直立或丛生，被长毛，不分枝，株高30～60 cm。基部叶长圆状匙形或匙形，长4～12 cm，下部渐窄成翅，基部半抱茎，全缘或上半部有浅齿；茎下部叶长圆状或线状披针形，基部半抱茎；中部及上部叶渐小，稍尖；叶两面密被粗毛。头状花序单生茎端，径3～5 cm；舌片蓝色或浅红色，稍反折；管状花亮橙色。花期6～7月。匍匐地下根茎能快速形成灌丛，更适合北方种植。

品种‘山顶花园’(‘Berggarten’)，花径5～8 cm，花朵稠密，密布冠丛顶部，反折的紫粉色舌状花瓣使橙黄色花心更为突出(图9)。‘沃特堡之星’(‘Wartburg Star’)，叶片深绿色，花径4～5 cm，舌状花蓝紫色，花心为橙色，是最好的品种之一(图10)。

三、繁殖与栽培管理技术

(一)播种繁殖

春季冷床播种，播前种子冷处理2周，有利于改善发芽率；在20℃的条件下，2周内发芽。幼苗足够大时移入单盆培养，夏季栽植园地，翌年开花。种子繁殖多用于育种，栽培中少用，因后代性状易变异或分离。

(二)分株与扦插繁殖

每3～4年进行1次分株，春季萌发前或9～10月进行。挖出整株，修剪枝叶，抖落泥土，剔除衰老根。根据需要每丛保留数个健壮萌芽，另行种植，生长点与土面平齐。

也可于春季采用顶梢扦插，保持基质湿润且不积水，易生根。

(三)根茎繁殖

生产上多采用秋栽，但在北方寒冷地区为防

图9 ‘Berggarten’

图10 ‘Wartburg Star’

止种苗冬季在地里冻死只能春天进行。选择粗壮节密的根状茎，色白较嫩带有紫红色，无虫伤斑痕的根状茎作繁殖材料。秋季随刨随栽；春栽则需要窖藏。栽前将选好的根状茎剪成 7 ～ 10 cm 长的小段，每段带有芽眼 2 ～ 3 个，以根状茎新鲜、芽眼明显的发芽力强，按行距 30 cm 开 7 ～ 8 cm 的浅沟，把剪好的根茎按株距 16 cm 平放于沟内，每簇摆放 2 ～ 3 根，盖土后轻轻镇压并浇水。栽后 2 周左右出苗，苗未出齐前注意保墒。

（四）园林栽培

1. 土壤

土层深厚、疏松肥沃、富含腐殖质、排水良好的砂质壤土栽培为宜。

2. 水肥

种植前视基质肥力情况，结合整地施加基肥，每亩施腐熟的农家肥 5000 kg、尿素 20 kg、过磷酸钙 50 kg。

生长期间应经常保持土壤湿润，尤其在北方干旱地区栽种应注意灌水。无论秋栽或春栽，在苗期均应适当的灌水；但地面不能过于潮湿，以免影响根系生根。6 月是叶片生长茂盛时期，需要大量水分，也是北方的旱季，应注意多灌水勤松土保持水分。7 ～ 8 月北方雨季，紫菀虽然喜湿但不能积水，应加强排水。

3. 光照

喜光，稍耐阴。

4. 修剪及越冬

每 3 ～ 4 年必须分栽 1 次，否则老株会因拥挤而生长不良或中心枯死。耐 -20℃低温，冬季不用特殊处理。

（五）病虫害防治

1. 根腐病

主要危害植株茎基部与芦头部分。发病初期，根及根茎部分变褐腐烂，叶柄基部产生褐色梭形病斑，逐渐叶片枯死、根茎腐烂。发病初期用 50% 多菌灵可湿性粉剂 1000 倍液或 50% 甲基硫菌灵可湿性粉剂 1000 倍液喷雾防治。

2. 黑斑病

发病初期叶片出现紫黑色斑点，后扩大为近圆形暗褐色大斑。在发病初期用 65% 代森锌可湿性粉剂 500 倍液或 50% 甲基硫菌灵可湿性粉剂 1000 倍液喷雾防治，每隔 7 天 1 次，连喷 3 次。

3. 银纹夜蛾

幼虫咬食叶片，造成空洞或缺刻。宜用 90% 敌百虫晶体 1000 倍液喷雾杀除。

4. 白粉病

在通风不畅的情况下易感染白粉病，用杀真菌剂防治。

5. 蚜虫

当春天植株萌发后，即有蚜虫飞来危害，吸食叶片的汁液，使被害叶卷曲变黄，以致全株枯萎死亡。喷洒 40% 乐果乳剂 1000 ～ 1500 倍液，或 80% 敌敌畏 1500 ～ 2000 倍液，或 50% 灭蚜松乳剂 1000 ～ 1500 倍液。

四、价值与应用

紫菀属植物具有花繁色艳、容易繁殖、生长迅速、管理粗放等优点，多用于花坛或园路镶边，可片植于坡地，也可布置花境、岩石园，或用作盆花或切花，应用形式广泛。对土壤重金属有富集作用，可以改良被污染的土壤。

我国紫菀属的部分种及品种也可作为药材使用，根有润肺化痰、止咳的功效。

（赵瑜　李淑娟）

Astilbe 落新妇

虎耳草科落新妇属（*Astilbe*）多年生草本。全球约 25 种，分布于亚洲和北美；我国约 15 种，分布甚广，主要在东北、华北，南至长江中下游以南各地。英文名 false spirea，意为假绣线菊。该属植物具有茂密的丛状叶片和挺立的大型圆锥形花序，小花密集，呈羽毛状，花色丰富，是园林特别是花境中优良的竖线条材料。虽然到 19 世纪中叶人们才开始在花园中种植，但园丁们很快就发现了其园艺潜力。

一、形态特征与生物学特性

（一）形态与观赏特征

茎直立，高 60 ～ 80（～ 150）cm，有毛和腺毛。基生叶为二至四回三出复叶，稀单叶，小叶片披针形、卵形或卵状椭圆形，边缘有重锯齿，有长叶柄；茎生叶互生，较小，叶柄短。圆锥花序顶生，有密毛和腺毛，花小，密集，白色、淡紫色或紫红色，萼 5 深裂，花瓣 1 ～ 5。蒴果或蓇葖果，熟时黄色或褐色；种子小。

（二）生物学特性

多生长在山谷溪流边、林缘、湿润肥沃的半阳坡、稀疏林下等处。耐寒，喜疏松肥沃、富含腐殖质的酸性或中性土壤，轻碱地也可生长。喜半阴、潮湿而排水良好的条件。适应性较强，在西安可露地生长 3 ～ 10 年。

二、种质资源与园艺分类

（一）种质资源

园林中应用及作为主要育种亲本的种有以下几种。

1. 落新妇 *A. chinensis*

又名红升麻、虎麻、金猫儿，广布我国。根状茎肥厚，具有棕黄色长茸毛及褐色鳞片，须根暗褐色。株高 40 ～ 80 cm，茎直立，散生多数褐色长毛。基部叶为二至三回三出复叶，小叶卵形至长卵形，先端渐尖，基部圆形或宽楔形，缘呈重锯齿状。圆锥花序顶生，长达 30 cm，密生褐色卷曲柔毛，小花密集，几乎无柄，萼片 5 裂，花瓣 5 枚，狭长形，粉红色，长约 5 mm。花期初夏至仲夏（图 1）。

是该属最常见的代表种，花序大而美丽，不仅直接应用于景观，还是众多园艺品种的亲本（图 2）。欧洲的园艺家于 20 世纪初进行了大量的杂交及选择育种，其中最具成就的当数德国的 Georg Arends（1862—1952），他于 1903 年育成的淡粉色品种‘桃花’（‘Peach Blossom’）（图 3）至今仍在使用。

2. 日本落新妇 *A. japonica*

株高 50 ～ 80 cm，丛状。叶片深绿色，二回三出复叶，小叶菱形，长约 7 cm，具锐齿，嫩叶锈红色。花序长约 20 cm，稠密或松散，花白色，小花瓣为狭窄的匙形（图 4）。花期 5 ～ 6 月。比其他种花期早，它是该属育种的主要亲本。原产日本南部山区峡谷潮湿的岩石中（Granham，2012）。

3. 单叶落新妇 *A. simplicifolia*

株型矮小紧凑，株高 20 ～ 30 cm。叶片长 5 ～ 8 cm，椭圆形，浅裂具锐齿。在 8 月里，花瓣狭窄的星形白色小花盛开时，花序呈拱形。一种晚花植物，其单叶性状不同寻常，喜开阔的林地环

图 1 落新妇自然生于河边湿地

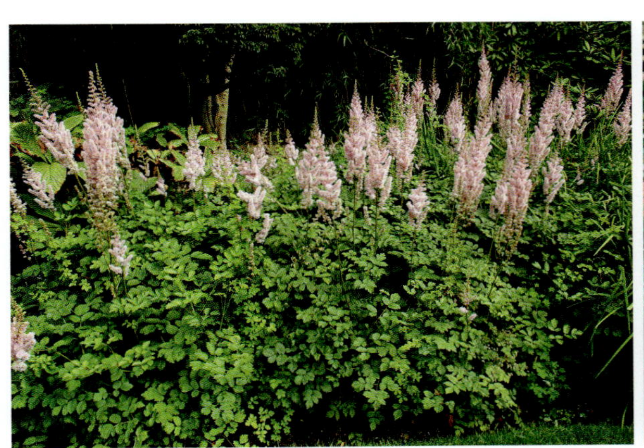

图 2 落新妇景观应用（陈煜初 摄）

图 3 落新妇品种‘桃花’

境。是许多优良矮型品种的亲本，产自日本南部的山林。

4. 童氏落新妇 *A. thunbergii*

株高约 90 cm，根状茎蔓生，茎无毛。复叶较大，小叶椭圆形，具齿，长 12 cm。花白色，花序松散呈拱形，花瓣极窄。花期 6 月。是很多早花品种的基因提供者。原产于日本中部和南部的山坡草丛中。

（二）园艺分类

落新妇属植物具有容易杂交的特点，因而，自然及人工杂交育成的超过 200 个品种中，有一些已经无法追溯其血统，其余的主要划分为 5 个杂交群（Armitgae，2008；Graham，2012）。

1. 阿兰茨杂交组 *A.* × *arendsii*

这是众多自然或人工杂交的复合体，亲本包括落新妇、大落新妇、日本落新妇和童氏落新

图 4　日本落新妇（陈煜初 摄）

妇。这些种基本上都是较为高大的，具有直立向上渐狭的圆锥形花序（呈羽毛状，部分可能松散些），花期多在仲夏或至夏末。因而这个杂交组是一个包罗万象的群体，花色从白色至粉红色和深红色的所有颜色，也是几个杂交组中品种最多的（图 5）。最早的杂交是由 Georg Arends 在 20 世纪初进行的，为了纪念他为该属育种作出的突出贡献，此杂交组用他的名字命名。

2. 中国杂交组 Chinensis hybrids

该杂交组的品种由落新妇培育产生，品种继承了落新妇直立紧凑且较狭窄的花序，花色玫红色至白色。花期常在夏末。主要品种如下。

'普米拉'（'Pumila'）　最常见也是较古老的品种。植株紧凑，分枝密集，株高从 20 cm 覆盖地面到 60 ～ 75 cm，多数较低矮。短小的圆锥形花序，粉紫色羽毛状花朵，繁茂多花。有爬行性，常用作地被植物（图 6）。

"幻想"（"Visions"）系列　花穗健壮，亮紫红色羽状花序，叶深绿色。对阳光和干旱忍耐力强。"幻想"系列还有白色、红色和粉色品种（图 7）。

'紫玫瑰'（'Purpurkerze'）　羽状花穗纤长而直立，紫红色（图 8）。

3. 日本杂交组 Japonica hybrids

品种来源于日本落新妇，叶片光滑无毛，花序较松散，花期初夏。常作盆栽出售。

'Peach Blossom'（*A. chinensis* × *A. japonica*）　花鲑红色，大型总状花序，高 90 ～ 120 cm。

4. 单叶杂交组 Simplicifolia hybrids

又名微型晚花组。主要来源于单叶落新妇，但叶片全缘、无毛。多数是与日本落新妇及其他品种杂交而来。多数株高不到 60 cm，一般都很矮小。

5. 童氏杂交组 Thunbergii hybrids

花序分枝松散，花期仲夏，花白色至中粉色。来源于童氏落新妇。

三、繁殖与栽培管理技术

（一）播种繁殖

通常春播。种子有休眠现象，可用赤霉素处理。基质用沙土与腐殖质混合物。种子细小，覆土要薄，但要保持土壤潮湿。也可在早春于温室盆播。幼苗忌高温及强光。

（二）分株繁殖

分株繁殖多于春天发芽前进行。分株时将母株挖起，用利刀切分地下茎，使每块带数个芽点，另行栽种，株距 35 ～ 50 cm 或上盆栽培，覆土深度与原土痕持平即可。栽植在半阴处或疏林下。分株栽植后翌年可以开花。

（三）组培快繁

以落新妇嫩叶为外植体，经过消毒接种于诱导分化培养基 MS+6-BA 0.5 mg/L+2, 4-D 0.1 mg/L 上诱导愈伤组织，之后转接到 MS+6-BA 0.5 mg/L+2, 4-D 0.1 mg/L 培养基进行增殖培养及不定芽的诱导，形成的植株转接到生根培养基

图 5 Astilbe × arendsii 杂交组品种
注：A.'新娘面纱'；B.'Bressingham Beauty'；C.'灯塔'；D.'Color Flash'。

1/2MS+NAA 0.5 mg/L 中，生根率达 90% 以上（詹佳 等，2016）。

（四）园林栽培

1. 土壤

能在多种类型的土壤中生长，但在瘠薄的石灰岩土壤和黏重的土壤中生长较差，喜深厚、肥沃及排水良好的砂壤土；干燥、贫瘠土壤则开花不良。通透性差的黏重土壤可用腐叶土或富含有机质的肥土混合改良。栽前要先耕翻整平土地，施足有机肥，栽植不宜过深。

图 6 矮型品种‘普米拉’作林缘地被（陈煜初 摄）

2. 水肥

播种前略施薄肥（复合肥 0.5 kg/m^3、铁、微量元素），保持土壤湿度。春天萌芽后可施用氮：磷：钾比例为 10：6：4 的复合肥料或 10：10：10 的通用肥，生长期内可酌情施液肥，孕蕾期施 1～2 次稀薄的饼肥水。夏季气温过高时，须加强通风和排水防涝，防止高温高湿下白粉病的发生。不耐干旱，但也不可过度潮湿。雨后要注意及时排水，防止积水和植株倒伏，并适时进行中耕除草。

3. 光照

不耐炎热，生长适温为 10～15℃，花期的长短与气温密切相关，低温花期长，高温花期短。因此，生长季节要保证充足的水分供应，适度遮阴，以保持土壤和空气湿润及适宜的温度。忌强光，故应种植于林缘或灌木旁；但在土壤持续湿润的条件下也可接受稍强的光照。

4. 修剪及越冬

春、夏连续掐尖 2～3 次，使植株矮壮。夏季花谢后及时将残花剪除，既可保持植株整洁，又可减少养分消耗，为来年开花打下基础。耐寒性较差的种类，宜在冬前灌防冻水，再覆盖防寒。栽培 3～5 年后，株丛过挤、长势衰退、开花稀少时，可在冬春季节分株，分株时将衰老的部分根系剪除（刺激其产生新根）留下新生的部分，同时淘汰弱株、过老株，补栽新苗，使之更新复壮。

（五）病虫害防治

在高温高湿环境下易发生白粉病，可在发病初期进行药剂防治。选用腈菌唑 800～1000 倍液、杜邦福星 800～1000 倍液、甲基托布津 1000 倍液、粉锈宁 2000 倍液、“世高” 600～800 倍液等，隔 7～10 天用药 1 次。药液叶面、叶背都要喷到，各种药剂尽量做到交替使用。

四、价值与应用

落新妇圆锥形花序紧密，呈火焰状，小花密集，花色丰富，色彩艳丽，花期常给人梦幻般的仙境之感。有众多品种类型，是优良的竖线条植物材料，常用于花境、花坛及庭院景观，

图 7 ‘幻想’系列

注：A.‘Visions’；B.‘Vision in Red’；C.‘Vision in White’；D.‘Vision in Pink’。

图 8 ‘紫玫瑰’

也种植于溪边林缘和疏林下。矮型品种常作盆栽，用作室内花卉。稠密的大型花序也作切花使用。

根茎可入药，是我国传统中药——“红升麻”，祛风除湿、散瘀镇痛，治跌打损伤。

（李淑娟　陈尘）

Aubrieta 南庭荠

十字花科南庭荠属（*Aubrieta*）多年生草本花卉。该属 21 种，主要分布于欧洲东南部至伊朗。其属名取自法国花卉画家 Claude Aubriet，以其抗旱耐贫瘠的特性而成为岩石园和墙垣的宠儿。

一、形态特征与生物学特性

（一）形态与观赏特征

低矮草本或亚灌木，呈松散的垫状或簇生状。茎多分枝，被各种毛。叶变化较大，无柄至有柄，全缘或具齿。少花的总状花序，果期伸长；萼片直立，外侧一对基部呈囊状（图 1）；花瓣紫色至紫罗兰色，少白色或粉色；倒卵形。

（二）生物学特性

喜光但不喜炎热，耐旱但不耐水渍，喜排水良好的土壤，耐贫瘠，耐寒。湿热地区很难生存。在西安退化严重，露地生长 3 年以内。

二、种质资源与园艺分类

景观应用的有三角齿南庭荠（匙叶南庭荠）及其品种。

1. 三角齿南庭荠 *A. deltoidea*

枝叶密集成垫状，株高 20 ~ 25 cm，冠幅可达 45 ~ 60 cm。基生叶倒卵形、倒披针形或菱形，基部楔形至渐狭，全缘或每侧具 1 ~ 3 齿，长 1 ~ 3（~ 4）cm，叶柄长 0.1 ~ 1 cm；茎生叶形同基生叶，向上渐无柄。松散的总状花序腋生，直立或斜升，小花 1 ~ 13；花蓝色至紫色（图 2）。花期 4 ~ 6 月。可耐 -37℃低温（Armitage，2008）。

图 1　植株密被星状毛

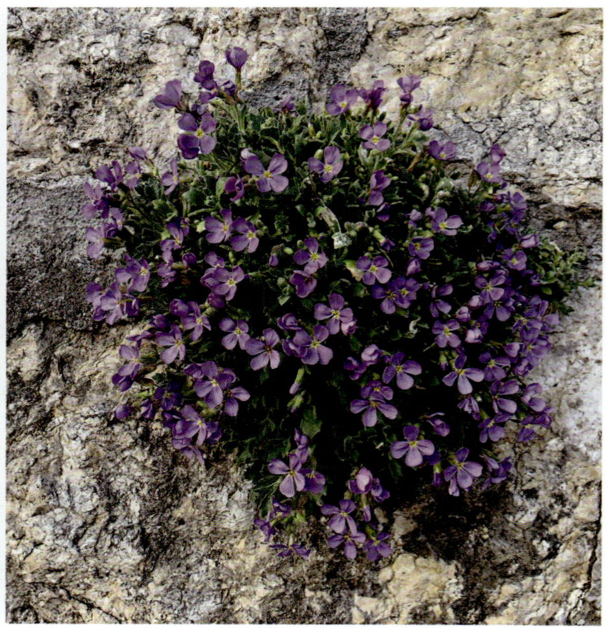

图 2　三角齿南庭荠（Jason Grant 摄）

图 3 普通高山南庭荠

注：A.'Cascade Blue'；B.'Cascade Red'；C.'Grandiflora Mix'；D.'Variegata Group'。

2. 普通高山南庭荠 *A.*× *cultorum*

该属现存园艺品种均归于此名下（图 3）。可能的亲本有三角齿南庭荠和纤细南庭荠（*A. gracilis*）。

三、繁殖与栽培技术

（一）播种繁殖

春播或秋播，光照有利于种子萌发，萌发适温 20 ～ 25℃。春播者来年春季开花，秋播者来年夏季开花。

（二）扦插及分根繁殖

生长季节以嫩枝扦插，易生根。

对于栽培 2 ～ 3 年的植株，可分切根茎来繁殖。

（三）园林栽培

1. 土壤

喜排水良好的砂质土，中性至微碱性。

2. 水肥

该属植物一旦成活，极耐旱，无须再浇水；一般肥力即可满足生长开花，过多的有机质对其生长不利。

3. 光照

喜光，需种植于阳光充足处，也可耐少量庇荫。

4. 修剪及越冬

花后及时修剪枯败的花头，可促进植株扩展，以形成茂盛的冬季莲座叶丛，也可带来新一轮花期。极耐寒，冬季一般无须保护。

四、价值与应用

该属植物低矮、紧凑、花朵明艳而密集，同时具有耐旱、耐寒及耐贫瘠的特性，使其成为理想的岩石园及垂直美化材料，同时也被应用于花境、花坛、山坡等景观中。

（李淑娟）

Aurinia 金庭荠

十字花科金庭荠属（*Aurinia*）二年生、多年生草本或亚灌木状植物。属名源自金黄色的花。该属原归于庭荠属（*Alyssum*），虽然法国植物学家德斯沃（Desvaux）在1814年发现它与庭荠属不同，并建立了一个新的金庭荠属，但直到20世纪才被人们广泛接受（Dudley，1966）。该属有7种，景观应用的仅有一种金庭荠。

一、形态特征与生物学特性

（一）形态与观赏特征

二年生或多年生常绿植物。花梗分枝，纤细。圆锥花序。萼片展开，卵形；花瓣黄色或白色，倒卵形至匙形；雄蕊4枚，花药卵形；柱头头状，通常2裂；每个子房有4～8（～16）枚胚珠。果无梗，椭圆形至倒卵球形；种子单列或双列，扁平，有翅，近圆形；子叶直生或斜生。x=8。

本书先后记载了庭荠属（*Alyssum*）、南庭荠属（*Aubrieta*）和金庭荠属（*Aurinia*），均为十字花科近缘属。《北美植物志》（www.eFlora.org）根据毛分枝和非线形角果归为一组。在此改编分属检索表如表1。

表1　十字花科庭荠属等三个近缘属分属检索表

1 一年生或多年生植物；每个子房有1或2枚胚珠	庭荠属 *Alysum*
1 多年生植物；每个子房有4～40枚胚珠	
2 花瓣通常紫色，很少白色，（10～）15～28 mm	南庭荠属 *Aubrieta*
2 花瓣黄色，3～6 mm	金庭荠属 *Aurinia*

（二）生物学特性

喜光，耐寒，抗旱，忌湿，耐贫瘠。

二、种质资源

金庭荠（岩生庭荠）*A. saxatilis*

垫状或丘状，株高20～30 cm，冠幅40～50 cm，茎基部常木质化。基生叶呈浓密的莲座状，长5～15 cm，长卵形至倒披针形，缘深波状或浅裂；叶柄肉质，具深沟槽，基部膨大。茎生叶渐小，为基生叶的一半或更短。伞房形总状花序；萼片在花期多少水平展开；花瓣金黄色（图1、图2）。花期5～6月。原产欧洲南部和西亚地区。

三、繁殖与栽培技术

（一）播种繁殖

一般采用播种繁殖，分根比较困难。春播，15～20℃，每天不少于6小时的光照条件下，7～14天种子萌发；4片真叶时即可上盆。也可于秋季直播于园地（董长根 等，2013）。

（二）园林栽培

1. 基质

喜排水良好的砂质土，中性至微碱性。

2. 水肥

该属植物一旦成活，极耐旱，无须再浇水；一般肥力即可满足生长开花，过多的有机质对其生长不利。

图 1　金庭荠

图 2　金庭荠野生状态（Petro Hryniuk 摄）

3. 光照

喜光，需种植于阳光充足处，也可耐少量庇荫。

4. 修剪及越冬

花后及时修剪枯败的花头，可促进植株扩展，以形成茂盛的冬季莲座叶丛，也可带来新一轮花期。极耐寒，冬季一般无须保护。

四、价值与应用

该属植物植株低矮紧凑，花色艳丽，花朵密集，抗旱，耐寒，耐贫瘠，是优良的岩石园、花境及自然景观构建材料。容器苗也常用于花坛等临时景观。

（李淑娟　刘青林）

Baptisia 赝靛

豆科赝靛（yàn diàn）属（*Baptisia*）宿根花卉。名称来自希腊语“*Bapto*”，意为浸染，指用花来提取蓝色染料。全球 16 种，原产于北美洲中部及东南部；我国北京、天津、南京、西安、太原等地有栽培。随着园艺应用的发展，它的品种在不断增加，花色也出现了粉色、红色、咖啡色以及双色的品种。

一、形态特征与生物学特性

（一）形态与观赏特征

多年生草本，似灌木状，具木质根状茎。高可达 1.2 m，茎光滑或被毛。叶亮绿色至蓝绿色，互生，2 ～ 3 小叶或单叶。花期在晚春和初夏，总状花序顶生或腋生；小花蝶形，花色多样，有白色、蓝色、深黄色、浅黄色以及杂交品种的中间色。荚果，圆形、卵形或椭圆形，直立或下垂，果皮木质化程度随物种有所差异（图 1 至图 4）（Larisey，1940）。

蝶形花冠组成的总状花序，易与羽扇豆（*Lupinus micranthus*）混淆，但赝靛属拥有耐热、耐涝、病虫害相对少等特性。一些黄色花的品种易与野决明属（*Thermopsis*）植物混淆，但是赝靛属株型更大，花没有那么密集。

（二）生物学特性

除白色品种可以忍受部分遮阴外，其他均喜全光生境，喜阳耐旱，喜冷凉，通风，喜欢较为疏松、排水良好的砂壤土，忌闷热潮湿环境。

二、种质资源与园艺品种

（一）种质资源

用于景观的主要有以下几种及其品种（Armitgae，2008）。

1. 白花赝靛 *B. alba*

株高 60 ～ 90 cm 或更高。茎直立，近二歧分枝，呈膝曲状。小叶 3，匙形、倒披针形至倒卵形，先端通常圆形，长 2 ～ 3 cm，宽 0.8 ～ 1 cm。总状花序顶生，长 30 ～ 50 cm；晚春开白色花（图 5）。种荚圆柱形，棕黄色，宿存。更稍耐

图 1 赝靛属植物春季萌发状态

注：A、B 地栽；C、D 盆栽。

图 2　赝靛属丰富的花色

阴，但全光照生长会更好。大部分植物叶子到秋季开始枯萎，但此种到秋天叶子仍然具有观赏价值。

2. 蓝花赝靛 *B. australis*

株高 90 ～ 120 cm。基部萌发新枝强壮，成熟植株自然多呈球形，似灌木状，茎直立，茎秆中空，多分枝。小叶 3，倒卵形至倒卵状披针形，长 4 ～ 8 cm，宽 1.5 ～ 3 cm；新生嫩叶翠绿色，后转为灰绿色。总状花序顶生，长 20 ～ 30 cm，小花数量 20 ～ 50 朵；小花蝶形，蓝紫色（图 6）。花期 4 月。单花花期（从花苞显色至花被片凋谢）约 1 周，群体花期约 20 天。5 ～ 6 月，长圆状椭圆形果荚外皮从绿色逐渐转为黄绿色，之后转为黄褐色，最终为炭黑色。豆荚初夏形成宿存至深秋。成熟种子为褐色，肾形，长 3 ～

图 3　赝靛属植物的果实（长柱形、长椭圆形、近球形）

图 4　赝靛属植物的果皮和种子

4 mm（窦剑，2017）。第一次霜冻后叶子会变黑。广布北美洲东部，耐寒性强。花色变异较大。

变种 var. *minor* 株高是原种的一半，外围枝条铺展。花序长约 60 cm，花蓝紫色。果荚棕紫色。

3. 大苞赝靛 *B. bracteate*

株高 30 ～ 60 cm，全株被柔软毛，枝条铺展。托叶较大，3 小叶，狭倒披针形至匙形，长 3 ～ 10 cm，具长茸毛。总状花序长 8 ～ 10 cm，横生或下垂；花稀疏，柔和黄色。花期春季，是该属开花最早的种（图 7）。

变种 var. *leucopphaea* 叶宽倒披针形至倒卵形，长 4.5 ～ 8 cm，宽 1.5 ～ 3.5 cm，被长茸毛。

品种 'Little Texas' 株高 22 ～ 30 cm，矮生品种，是岩石花园和容器种植的首选品种。

4. 黄花赝靛 *B. sphaerocarpa*

株高 90 ～ 150 cm。茎粗壮，直立。下部叶为 3 小叶，上部小叶 2；倒披针形至卵形，长 5 ～ 10 cm，具柔毛。总状花序顶生，长 20 ～ 30 cm，稍弯曲；花萼筒红棕色或黑色，花冠浅黄色至深黄色（图 8）。荚果木质，球形，铁锈色至棕黑色。花期春季。产美国中西部。

5. 黄赝靛 *B. tinctoria*

株高 60 ～ 100 cm。枝条纤弱，几无毛；叶小，长 1 ～ 1.5 cm，宽 0.6 ～ 1 cm，下部叶具柄，上部叶无柄。总状花序顶生，长 7 ～ 10 cm，具小花 4 ～ 20 朵；蝶状花黄色（图 9）。花期初夏。产美国东部。草坪上种植，效果甚佳。喜全光照。

（二）园艺品种

1. '蓝莓派' 'Blueberry Sundae'

有很强的株型自控性。茎秆保持直立生长。叶片为深蓝绿色，枝秆的节间距较短，生长紧凑（图 10）。该品种长势旺盛，种植容易。

2. '棕色精灵' 'Brownie Points'

初夏来临，绿叶丛中就会抽生出 25 cm 长的花序。旗瓣和翼瓣为棕色，龙骨瓣为黄色（图 11）。花朵颜色保持度非常持久。

3. '樱桃节' 'Cherries Jubilee'

株型匀称，分枝旺盛，花色独特。深棕色的花苞完全开放后，旗瓣和翼瓣逐渐变为橘红色，

图 5　白花赝靛

图 6　蓝花赝靛（Pete 摄）

图 7　大苞赝靛（Dwight Bohlmeyer 摄）

图 8　黄花赝靛（Michael Ramsey 摄）

图 9　黄赝靛（Michael Nerrie 摄）

龙骨瓣为黄色，开花量大。随着花朵的衰老，花朵颜色最终会变成金黄色（图 12）。

4.‘荷兰巧克力’‘Dutch Chocolate’

开花繁盛，花色主基调为巧克力紫，花瓣质感柔和。分枝紧凑，株型匀称，呈圆形。叶片一直保持为深蓝绿色（图 13）。非常适合城市小型花园栽培。

5.‘葡萄太妃糖’‘Grape Taffy’

是迄今为止株型最小的品种之一，高 75 cm。自然生长下，分枝非常紧凑，适合盆栽。初夏来临时，深紫红色的花序逐渐从叶绿丛中显现出来。每个小花还有淡黄色的龙骨瓣（图 14）。紫红色的花朵是赝靛育种的一个突破。

6.‘柠檬蛋白派’‘Lemon Meringue’

植株基部分枝少，顶部分枝旺盛，形成瓶形株型。花柠檬黄色。深色的茎秆与浅色的花朵相互映衬，成为花园中独特的风景线（图 15）。

7.‘紫烟’‘Purple Smoke’

烟紫色花春季开放，花期持续 4 周。育种者 Rob Gardener。

8.‘日晕’‘Solar Flare’

长势强健，花枝较多，花色独特，花铁锈色和奶油黄色。晚春开花，视觉效果令人惊艳。株型直立呈灌丛状，总状花序生于枝顶，花冠蝶形，花色淡蓝色至深紫色（图 16）。

9.‘Twilite’

株高 90 ～ 120 cm，冠幅 100 ～ 120cm。花序长 80 cm，花朵密集，花双色——花瓣深紫铜色，龙骨瓣柠檬黄色（图 17）。花期春末夏初。为蓝花赝靛（*B. australis*）和黄花赝靛（*B.*

图 10 ‘草莓派’（Joy 摄）

图 11 ‘棕色精灵’

图 12 ‘樱桃节’（Heather 摄）

图 13 ‘荷兰巧克力’

图 14 ‘葡萄太妃糖’

图 15 ‘柠檬蛋白派’

图 16 ‘日晕’

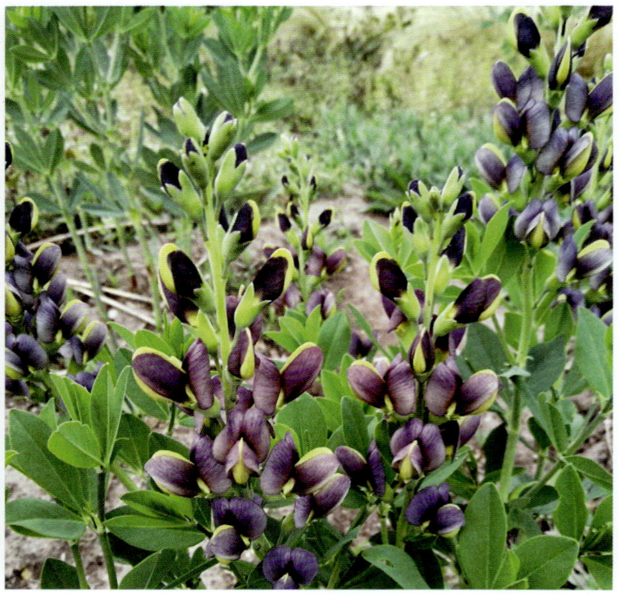

图 17 ‘Twilite’

sphaerocarpa）的杂交品种。

三、繁殖与栽培管理技术

（一）播种繁殖

蓝花赝靛可采用播种育苗。实生苗生长到开花通常需要 3 ～ 4 年。种子繁殖较慢且不易，需要进行冷湿预处理，酸、药物、热水、冷处理的方式都能使萌发率达到 90% 以上。

（二）分株繁殖

赝靛扎根较深，地栽者不宜频繁分株或移栽。建议 5 年分株繁殖 1 次。分株繁殖于 3 月底至 4 月初，萌芽刚刚出土之时进行，操作便捷、成活率高（窦剑，2017）。

（三）园林栽培

1. 土壤

选择土层疏松、肥沃的砂壤土为好。一般的农田种植，应施足基肥，深耕整平，提高排水透气性。

2. 水肥

生物量大、春季生长迅速，对栽培基质的养分要求较高。为保证来年花繁叶茂，需于每年入冬前，在离植株根系较远的地点挖沟或打洞，补充饼肥、鸡粪等有机肥料作为冬季基肥，同时在花果期进行追肥。

3. 光照

喜光植物，全日照情况下长势更好，开花更美。

4. 修剪及越冬

通常于 5 月上中旬进入果期发育。在果实发育期间，饱满而致密的球状株型易出现枝条松散、成片倒伏等现象。管理养护不到位的情况下，7 ～ 8 月植株将发展为匍匐状，尤为影响景观。在此期间，需要采用绳索、支撑物及时进行捆扎和支撑。对于一些无须结实留种的植株，花后可进行整形修剪。霜降过后，蓝花赝靛植株的地上部分将枯萎，可用平枝剪剪去枯萎的地上部分，保留地面以上 1 ～ 2 cm 长的残留茎秆（窦剑，2017）。

（四）病虫害防治

抗虫抗病表现良好，养护管理粗放。植株内部通风透气不佳时，易滋生病害。初期表现为叶表出现灰白色菌落，后期发展为黑色坏死斑块。可结合花果期的修剪改善植株内外的通风透光效果，并喷洒药剂进行防治。

在虫害方面有尺蠖科的幼虫啃噬幼嫩种子的现象；也有象鼻虫危害，象鼻虫于果期进入果荚内啃食幼嫩种子，导致最终果荚内的成熟种子数量较少。均可用甲维盐、高效氯氟氰菊酯等防治（窦剑，2017）。

四、价值与应用

株型挺拔优美，花序纤长饱满，花色明净清澈，可作鲜切花，果实奇特有趣，具备较高的观赏价值，是营造春季焦点景观的优良种类之一。在园林中的应用方式较为灵活，可单独种植，也可成片种植或应用于组合花境中。蓝花赝靛还可作为蜜粉源植物种类点缀于园区之中，起到招蜂引蝶的作用。

在美洲南部，蓝花赝靛用作蓝色染料，而黄赝靛用作黄色染料。在美洲有大面积的自然分布和种植。以往作为染料替代品种植，它们注定生命很短就被进行收割利用了；如今作为花园植物，它们可以维持很长的生命，给花园增光添彩。

（任保青　梁楠）

Belamcanda 射干

鸢尾科射干属（*Belamcanda*）宿根花卉。PW（APG IV）已将其并入鸢尾属（*Iris*），但植物智（iPlants.cn）仍予保留，本书依后者。射干最早记载于《神农本草经》。射干茎秆细长，就如同射人用的长竿，由此而得名。射干还有许多别称，汉代有个官名叫仆射，“仆射”的“射”读音同“夜”，因此也有记载称其为夜干。《本草纲目》中记载，射干叶子丛生，横在地上铺成一面，就如同乌翅或者扇子的形状，因此有乌扇、乌蒲、乌翼等名称。射干叶子扁生，根如同竹子，因此又称其为扁竹。射干因根叶与蛮姜相似，故还有草姜之名。

一、形态特征与生物学特性

（一）形态与观赏特征

有根状茎。根状茎有节。地上茎发育良好，直立，多叶。叶茎生，呈二列，沿边剑形。圆锥花序。花被筒短，裂片多少相似，外部比内部稍大。雄蕊着生在花被片基部。花柱 1，纤细，先端 3 浅裂。蒴果倒卵球形或椭圆形。种子黑色，有光泽。

（二）生物学特性

生于林缘或山坡草地，大部分生于海拔较低的地方，但在西南山区，海拔 2000 ～ 2200 m 处也可生长。喜温暖、阳光，耐干旱、寒冷，对土壤要求不严，山坡旱地均能栽培，以肥沃疏松、地势较高、排水良好的砂质壤土为宜，中性或微碱性壤土也可，忌低洼地和盐碱地。

二、种质资源

射干属与鸢尾属的主要区别在于，前者根状茎为不规则的块状；花橙红色，花柱圆柱形，柱头 3 浅裂，不为花瓣状；种子球形，着生在果实的中轴上。后者根状茎圆柱形，很少为块状；花紫色、蓝紫色、黄色或白色，花柱分枝扁平，花瓣状；种子不为球形，不着生在中轴上。射干属植物全世界有 2 种，分布于亚洲东部。

1. 射干 *B. chinensis*

根状茎为不规则的块状，斜伸，黄色或黄褐色；须根多数，带黄色。茎高 100 ～ 150 cm，实心。叶互生，嵌迭状排列，剑形，长 20 ～ 60 cm，宽 2 ～ 4 cm，基部鞘状抱茎，顶端渐尖，无中脉（图 1）。

图 1　射干植株

花序顶生，叉状分枝，每分枝的顶端聚生有数朵花；花梗细，长约 1.5 cm；花梗及花序的分枝处均包有膜质的苞片，苞片披针形或卵圆形；花橙红色，散生紫褐色的斑点，直径 4 ～ 5 cm；花被裂片 6，2 轮排列，外轮花被裂片倒卵形或长椭圆形，长约 2.5 cm，宽约 1 cm，顶端钝圆或微凹，基部楔形，内轮较外轮花被裂片略短而狭；雄蕊 3，长 1.8 ～ 2 cm，着生于外花被裂片的基部，花药条形，外向开裂，花丝近圆柱形，基部稍扁而宽；花柱上部稍扁，顶端 3 裂，裂片边缘略向外卷，有细而短的毛，子房下位，倒卵形，3 室，中轴胎座，胚珠多数。花谢后，花被片呈旋转状（图 2）。蒴果倒卵形或长椭圆形，黄绿色，长 2.5 ～ 3 cm，直径 1.5 ～ 2.5 cm，顶端无喙，常残存有凋萎的花被，成熟时室背开裂，果瓣外翻，中央有直立的果轴；种子圆球形，黑紫色，有光泽，着生在果轴上（图 3）。花期 6 ～ 8 月，果期 7 ～ 9 月。

在我国各地基本均有分布。

2. 矮射干 *B. cruenta*

植株低矮、紧密，叶子反转，生长势较射干弱。分布于日本、朝鲜。

园艺品种主要有射干‘花脸’（‘Freckle Face’）（图 4）、射干‘纯黄’（‘Hello Yellow’）（图 5）。

三、繁殖与栽培管理技术

（一）播种繁殖

春播或秋播，最适发芽温度为 20 ～ 25℃。播种后保持育苗基质湿润，约 2 周方可发芽；种子发芽率较高，最高可达 90%。幼苗长到 3 ～ 4 片真叶后进行移栽定植，基质以富含腐殖质且透气良好为宜。幼苗期间需进行遮光处理，2 年即可开花。

图 2　射干花

图 3　射干果实及种子（李淑娟 摄）

图 4　射干‘花脸’

图 5　射干‘纯黄’

（二）分株繁殖

最常用，操作简单，容易成活，长势一致。分株要在植株抽薹前或落花后进行。选择生长健壮、无病虫害的母株丛全部挖出，尽量保证根系完整；用刀将株丛分成多个带 1 ～ 2 个芽的小株，确保每个小株带有一定根系且生长点完整，去除朽根和病根；待切口稍干后即可种植。约 10 天出苗，苗高 3 cm 时方可松土除草。

（三）园林栽培

1. 中耕除草

中耕与除草应结合起来随时进行，以达到土壤疏松、垄沟整洁的效果。中耕的次数和深度因射干生长时期而异。幼苗期长势较弱，杂草过多、土壤透气性差影响植株生长，应及时进行中耕除草。但中耕不宜过深，应随植株生长逐渐加深，除草次数则可随植株生长逐渐减少；至植株成长定形、地下根系扩展到株间、地上基本郁闭时可以停止松土。同时，还应遵照以下原则：植株附近应浅锄，远离植株的行间应深锄；夏季杂草生长旺盛，应多锄，春秋季可适当减少次数；除草工作应在杂草发生的初期及早进行，在杂草结籽之前必须清除干净。

2. 水肥管理

耐旱性强，一般不需要人工浇水。定植后需要及时浇透水 1 次，1 周后再浇透 1 次即可。之后视情况而定，若长时间没有降雨，植株出现缺水症状，则需要及时浇水。适当施肥可促使植株生长茂盛、花色艳丽、花量增多。施肥一般在定植 2 个月左右、现蕾前进行，结合浇水追施尿素、磷钾肥 1 次即可。

3. 修剪

生长过程中易发生徒长枝、老弱枝及病虫枝，这些枝条应及时修剪除掉，以促进新枝的生长，有利于形成二次开花，从而延长观赏期，同时可以减少病虫害的发生。

4. 休眠期管理

耐寒性强，可耐 –30℃低温，在北方表现为冬季地上植株枯萎进行休眠越冬。霜冻到来之前，应及时灌透封冻水；上冻后，修剪地上枯枝、病枝，清理地上杂物，保留高出地面 3 cm 左右即可。翌年解冻后，及时整地翻耕，浇透返青水，促进植株恢复生长。

（四）病虫草害防治

射干常见的病害为锈病、根腐病，常见的虫害为蛴螬、钻心虫。以预防为主，通过及时进行中耕除草，清除枯枝残叶等物理措施，减少病虫害发生概率。发病初期需及时喷施药物，锈病使用粉锈宁，根腐病使用波尔多液，蛴螬使用辛硫磷乳油，钻心虫幼虫时使用西维因剂，成虫使用氰戊菊酯乳油。

四、价值与应用

射干生长健壮，花姿轻盈，叶形优美，有趣味性，可作基础栽植，或在坡地、草坪上片植或丛植，或作小路镶边，是优良的花境材料（图 6）。

图 6　射干景观效果

射干根状茎可作药用，味苦、性寒、微毒，具有清热解毒、散结消炎、消肿止痛、止咳化痰等功效，用于治疗扁桃腺炎及腰痛等症状。茎叶可作为造纸原料。同时，射干也是切花、切叶的好材料。

（张晓菲）

Bergenia 岩白菜

虎耳草科岩白菜属（*Bergenia*）多年生草本，又名岩壁菜、雪里开花、呆白菜、矮白菜等。全世界有10种，主要分布在东亚、南亚北部和中南亚；我国有7种。

一、形态特征与生物学特性

（一）形态与观赏特征

根状茎肉质粗壮，多条，辐射状（图1）；水肥条件差的1～2条，长达30～60 cm。地上部分丛生，一般3～6个分蘖，株高20～80 cm。单叶基生，厚且大，全缘或者有齿叶片数4～14个；叶柄基部有托叶鞘。花为蝎尾状聚伞花序，有苞片；花大，白色、红色或紫色；萼片5，花瓣5，雄蕊10，心皮2，基部合生。蒴果；种子黑色。染色体2n=34。

图1　根状茎

（二）生物学特性

进入冬季，叶片转为紫红色或红色，凋萎，休眠，停止生长发育，翌年3月以后部分叶片转绿，同时又长出心叶，生长加速。到5月以后陆续开花，花期和结果期长达3～4个月，一般9～10月种子成熟。

生于海拔200～4800 m的林下、灌丛、高山草甸和岩石缝隙。耐荫蔽、耐干旱、耐寒冷。喜欢中性偏酸、疏松肥沃、排水良好的土壤条件。原生环境土壤为棕壤或暗棕色森林土，pH为6.2～6.7。

二、种质资源与园艺品种

（一）分类概述

该属按照进化程度分3组。

（1）秦岭岩白菜组

只包括秦岭岩白菜（*B. scopulosa*）1种，我国特有种。其叶片和托叶鞘边缘均无睫毛，花梗、托杯和萼片均无毛，是原始类型。

（2）岩白菜组

包括厚叶岩白菜（*B. crassifolia*）、岩白菜（*B. purpurascens*）2种。它们的叶片和托叶鞘边缘均无睫毛，但花梗、托杯和萼片或多或少具有近无柄或有柄的腺毛，是比较进化的类型。

（3）睫毛岩白菜组

包括分布较为广泛的舌岩白菜（*B. pacumbis*）、睫毛岩白菜（*B. ciliata*）、短柄岩白菜（*B. stracheyi*），以及我国特有的峨眉岩白菜（*B. emeiensis*）、天全岩白菜（*B. tianquaninsis*）和俄罗斯特有的塔什干岩白菜（*B. ugamica*）、光托杯岩白菜（*B. hissarica*）等7种。其叶片和托叶鞘边缘均具睫毛，花序分枝、花梗、托叶均具腺毛，是本属中最进化的类型。

秦岭山地和四川一带是岩白菜属的原始发育

中心，而四川、云南、西藏一带则是岩白菜属的现代分布中心（吕秀立 等，2017）。

（二）种质资源

1. 秦岭岩白菜 *B. scopulosa*

又名盘龙七。叶基生，圆形、阔卵形或阔椭圆形，先端钝圆，边缘波状或具波状齿，有时近全缘，叶柄长 1.5 ～ 13 cm。叶为两面叶，上下表皮均为一层，由 1 列类方形细胞组成；上表皮分布有许多短柄的腺毛，下表皮气孔较上表皮多，气孔长圆形，直径达 15 μm，气孔为无规则型。其根状茎沿石壁缝隙匐生，半暴露，圆柱形，直径 2.5 ～ 4 cm，密被褐色鳞片和残叶鞘，具有许多环节，节上可见残留的叶基和叶。聚伞花序；花托紫红色，花瓣粉红色（图 2 至图 5）。花期 3 ～ 6 月。主要分布在陕西、四川、甘肃东南部，是陕西省第一批地方重点保护植物。

2. 厚叶岩白菜 *B. crassifolia*

花序分枝、花梗、托杯和萼片疏生近无柄之腺毛。聚伞花序圆锥状，花瓣紫红色。主要分布在阿勒泰山海拔 3700 ～ 4500 m 的岩石缝隙及林下，是该属植物中形体较大的种类，花叶俱美，冠幅可达到 100 cm，药用成分多且含量高。数量少，喜温暖湿润和半阴环境，耐寒性极强，怕高温和强光，不耐干旱，夏季喜凉爽气候，宜疏松肥沃和排水良好的腐叶土。病虫害少，抗性强，–20℃不会产生冻害，是非常优秀的园林地

图 2　秦岭岩白菜聚伞花序

图 3　秦岭岩白菜野外居群（3 月）

图 4　秦岭岩白菜早春嫩叶长出，老叶还保持着冬季的紫红色

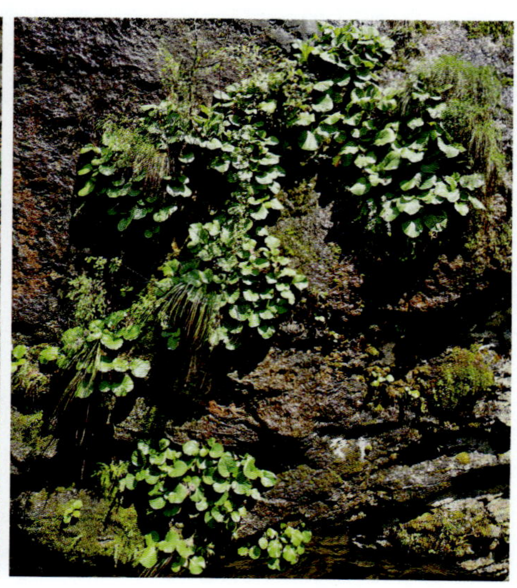

图 5　秦岭岩白菜在秦岭北麓 7 月的表现

被植物材料，也是多数园艺品种的亲本（图 6）。

3. 峨眉岩白菜 *B. emeiensis*

株高 30 ～ 40 cm。叶均基生，叶片狭倒卵形，全缘，边缘无睫毛；托叶鞘缘具硬睫毛。花莛不分枝，聚伞花序圆锥状；萼片先端无齿，边缘无睫毛；花瓣白色，狭倒卵形，基部成爪，长约 2.8 cm（图 7）。花期 6 月。我国四川特有。峨眉岩白菜的花朵是该属最大的，耐热性较好，但北方地区栽培冬季须保护越冬。该种是一个很好的育种亲本（Armitage，2008；Graham，2012）。

（三）园艺品种

主要来源于厚叶岩白菜，品种较多，但有部分品种相似性较高而较难区分。花色主要有玫红色、粉色及白色等，还有各种彩叶或花叶品种（Armitage，2008；Graham，2012）。

1.‘洋娃娃’‘Baby Doll’

株高约 30 cm。叶长 10 cm。花瓣初开淡粉色，后渐变为粉色（图 8）。秦淮线以南地区为半常绿，以北地区冬季须保护。

2.‘童话爱情’‘Fairytale Romance’

株型紧凑。叶片深绿色，柔和的粉色花瓣与黄绿色的花心及花莛相配，十分柔嫩（图 9）。

3.‘粉蜻蜓’‘Pink Dragonfly’

常绿。叶片狭窄，似蜻蜓的翅膀；冬季叶片为闪亮的栗色，幼叶为棕红色，后渐变为棕绿色；花朵为珊瑚粉色（图 10）。

4.‘樱花’‘Sakura’

常绿。叶片紧凑密实，呈向下的匙状；冬季

图 6　厚叶岩白菜（陈煜初 摄）

图 7　峨眉岩白菜

图 8　‘洋娃娃’

图 9　‘童话爱情’（Joy 摄）

图 10　‘粉蜻蜓’（Joy 摄）

图 11 ‘樱花’（Joy 摄）

图 12 ‘序幕’（Sue Taylor 摄）

图 13 ‘太阳耀斑’（Joy 摄）

栗色，叶脉鲜红色，生长期棕绿色。花莛坚挺，花深粉色（图 11）。极耐寒（-30℃）。

5.‘序幕’‘Overture’

优秀的红叶品种。常绿至半常绿型，株型紧凑。秋冬季叶色为栗色，生长期棕色至棕绿色。花深紫红色（图 12）。较耐寒（-20℃）。

6.‘太阳耀斑’‘Solar Flare’

花叶品种。常绿至半常绿型。新叶绿色具大片金黄色斑块，秋冬季渐变为栗色，最少叶缘为栗色。花紫红色（图 13）。

三、繁殖与管理技术

（一）播种繁殖

通常春播。由于存在自交退化现象，故自然结实率很低，种子细小，出苗率低。光照对秦岭岩白菜种子的萌发起始时间无明显影响，但温度显著影响其萌发起始时间，即在 20 ～ 25℃，秦岭岩白菜种子萌发启动快，发芽势、发芽指数和发芽率高；温度过低（10℃）或过高（30℃）种子萌发延迟，发芽势、发芽指数和发芽率明显降低。全光照或半光条件下，种子的发芽势、发芽指数和发芽率明显比黑暗条件下高（毛少利，2016）。

（二）扦插繁殖

自然状态下，主要靠地下根状茎分株繁殖。利用其根状茎进行扦插繁殖是目前较为经济的繁殖方法，春、夏、秋三季均可进行，成活率较高，可达到 90% 以上。选取根状茎，截至长 10 cm 左右的小段，每段上须分布有潜伏芽，创面用 75% 酒精消毒或用草木灰蘸涂；再扦插于苗床上（提前用 1% 多菌灵消毒），覆土 3 cm，保持土壤湿度 50% ～ 60% 即可。

（三）组培快繁

植物主要含有酚类、黄酮和醌类物质，在组培过程中容易引起严重褐变及分化率低的现象，因此标准化育苗及生产较难。以厚叶岩白菜、秦岭岩白菜和岩白菜的顶芽为外植体进行规模化繁殖，筛选出 MS+6-BA 0.5 mg/L+NAA 0.01 mg/L +VC 2 mg/L 为最佳增殖培养基，3 种岩白菜的增殖系数分别为 3.1、2.5 和 2.1。在 1/2MS+IBA 1 mg/L+VC 2 mg/L 培养基上，生根率分别为 85%、80% 和 75%。在腐殖土∶黄沙∶珍珠岩 =2∶1∶1（V∶V∶V）的混合基质中，移栽成活率分别为 90%、85% 和 80%。在继代至第 20 代时会出现遗传变异，岩白菜和秦岭岩白菜的平均遗传变异率随继代次数的增加而增加，厚叶岩白菜的平均遗传变异率随继代次数的增加呈现不规律变化（吕秀立 等，2017）。

（四）病虫害防治

生命力较强，主要怕炎热的夏季，病虫害较少。在种植的过程中有时也会有褐斑病和蚜虫的危害。褐斑病在发病初期用代森锌可湿性粉剂进行防治，蚜虫危害可以用黄粘板和吡虫啉等药剂进行物理化学综合防治，也可以用鱼藤精乳油进行防治。在土质厚实、氧气含量少的土壤中容易发生烂根现象，尽可能保持土壤疏松和透气。

四、价值与应用

岩白菜可以药、食、赏三者兼用，应用广泛。早春开花，抗性强，冬季叶片偏紫红色，是非常好的地被植物材料，可用于花坛、花境、山坡、林下等种植（图 14）。光亮的叶片可用作插花的叶材。在陕西关中地区可以在背风略阴的墙脚下自然越冬，或者在小区楼前进行小面积的片植（图 15）。室外种植进入冬季后，其叶片转为紫红色，部分叶片凋萎，整株休眠，停止生长发育；当气温升至 10 ～ 15℃时叶片开始转绿，生长加速，继而陆续开花。厚叶岩白菜、秦岭岩白菜、短柄岩白菜在早春开花，花紫红色或粉色，株型紧凑，可作为盆栽花卉（图 16）。

图 14　岩白菜在花境中的应用（陈煜初 摄）

图 15　秦岭岩白菜在背风墙隅处的应用

图 16　秦岭岩白菜盆栽幼苗

可提取岩白菜素和熊果苷。其中，岩白菜素又名岩白菜内酯，是一类环合芳香碳苷类化合物，也是药材质量的指标性成分，具有镇咳、抗炎和护肝的作用，是治疗呼吸系统疾病的特效药。熊果苷是人黑色素细胞中络氨酸酶的抑制剂，可以减少黑色素的生成。直接捣烂外敷具有抗菌消炎、止血止痛、抗氧化作用。制成的片剂和胶囊已应用于治疗呼吸系统疾病，能促进病变组织恢复，具有抗病毒的活性，毒副作用少，连续使用不产生耐药性。另外，岩白菜在西藏民间是熬制防晒霜的主要原料，紫外线吸收效果明显，美白收敛。

叶片可食用，有清凉败火、消炎止痛的功效。

（李艳）

Betonica 药水苏

唇形科药水苏属（*Betonica*）多年生草本植物。该属有6种，主要分布于温带欧洲至近东地区；我国引种栽培2种。该属植物与我国传统中药水苏亲缘关系较近，同样具有药用功能。

一、形态特征与生物学特性

（一）形态与观赏特征

茎直立，被疏柔毛。叶宽卵圆形或披针形，基生叶及下部茎叶具长柄，基部常为深心形，茎生叶近于无柄，边缘均具粗大规则的圆齿。轮伞花序，多数密集成顶生穗状花序。花萼管状钟形，5脉，齿5，等大，直伸，具硬刺尖。花冠筒圆柱形，与花萼等长或伸出于花萼，内无柔毛环，冠檐二唇形。小坚果顶端钝圆或几截平。

（二）生物学特性

喜光，忌午后强光，耐部分遮光。喜湿，忌积水。耐寒。喜生长于砂质壤土或壤土中。

二、种质资源与园艺品种

目前，仅大花药水苏（*B. grandiflora*）、药水苏（*B. officinalis*）及其品种应用于景观（Graham, 2012）。

1. 大花药水苏 *B. grandiflora*

茎直立，高35～60 cm。基生叶具长柄，密集成半圆形，卵圆状三角形，长约10cm，基部深心形，边缘具圆齿；茎生叶卵圆形，长约5 cm，宽3～4 cm。轮伞花序数轮顶生；小花冠蓝紫色，长约3.5 cm（图1、图2）。花期6～7月。原产土耳其、高加索和伊朗西北部的岩石斜坡及灌木丛中。

2. 药水苏 *B. officinalis*

株高50～100 cm。茎直立，钝四棱形，具条纹，密被微疏柔毛。基生叶具长柄，宽卵圆形，长8～12 cm，宽3～5 cm，先端钝，基部深心形，边缘具圆齿，两面被疏柔毛；茎生叶卵圆形，长4.5～5.5 cm，宽3～4 cm，通常2对，远离。轮伞花序组成长圆形穗状，约4 cm；小花冠紫色，长约1 cm，外面除在冠筒中部以下无毛外，余皆被微柔毛（图3）。花期5～6月。原产于欧洲及西亚。

药水苏‘白花’（‘Alba’） 花白色（图4）。

药水苏‘霍梅尔’（‘Hummelo’） 株高50 cm，花深紫红色（图5）。

药水苏‘玫红’（‘Rosea’） 株高20～40 cm（图6）。

三、繁殖与栽培技术

（一）播种或分株繁殖

春播或秋播。通常发芽慢且不整齐。

分株于春季萌发前后进行。

（二）园林栽培

1. 土壤

以种植于土层深厚、肥沃且排水良好的砂质壤土为佳。

2. 水肥

喜湿润土壤，浇水可待土面完全干燥后进行，降水过多时，注意排水；生长季节每月追施有机肥1次。

3. 光照

低海拔地区宜植于有部分遮光的环境，高海

图 1　大花药水苏

图 2　大花药水苏花序

图 3　药水苏

图 4　药水苏‘白花’

图 5 药水苏‘霍梅尔’

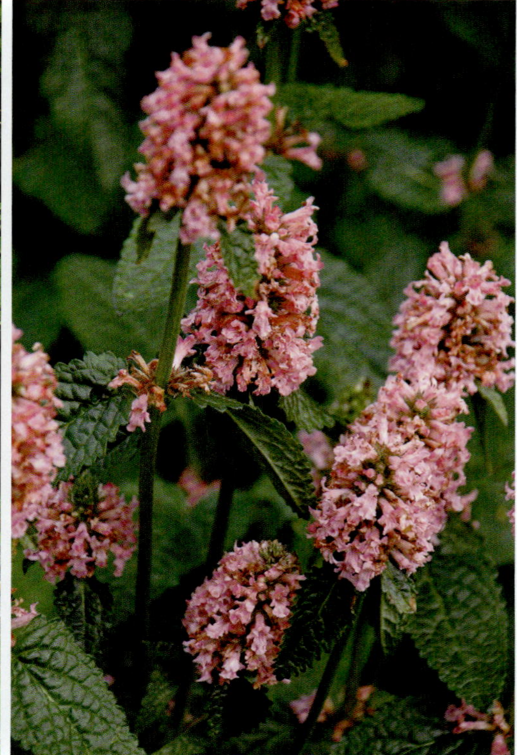

图 6 药水苏‘玫红’（陈煜初 摄）

拔地区植于全光照处。

4. 越冬

耐寒性较好，冬季无须保护，但忌土壤过湿。

四、价值与应用

叶簇浓绿，花莛高挺，花色艳丽，气味独特，生命力强。常丛植或片植于花境、景观路边和疏林边缘等。

（李淑娟）

Bletilla 白及

兰科白及属（*Bletilla*）多年生草本植物。该属包含5种落叶性陆生种，主要分布在欧洲、亚洲的温带至寒带地区，主产东亚，分布于亚洲的缅甸北部经我国至日本；我国产4种，南方大部分地区以及陕西、甘肃有分布。白及是极佳的阴生观花、观叶宿根花卉，叶片翠绿，花色清丽，也是典型的药赏兼用植物，值得大力推广应用。

一、形态特征与生物学特性

（一）形态与观赏特征

株高15～70cm。根茎（或称假鳞茎）三角状扁球形或不规则菱形，肉质，肥厚，富黏性，常数个相连。茎直立。叶片3～5，披针形或宽披针形，长8～30cm，宽1.5～4cm，先端渐尖，基部下延成长鞘状，全缘。总状花序顶生，有花3～8朵，花序轴长4～12cm；苞片披针形，长1.5～2.5cm，早落；花紫色或淡红色，直径3～4cm；萼片和花瓣近等长，狭长圆形，长2.8～3cm；唇瓣倒卵形，长2.3～2.8cm，白色或具紫纹，上部3裂，中裂片边缘有波状齿，先端内凹，中央具5条褶片，侧裂片直立，合抱蕊柱，稍伸向中裂片，但不及中裂片的一半；雄蕊与雌蕊合为蕊柱，两侧有窄翅，柱头先端着生1雄蕊，花药块4对，扁而长；子房下位，圆柱形，扭曲。蒴果圆柱形，长约3.5cm，直径约1cm，两端稍尖，具6纵肋（图1）。花期4～5月，果期7～9月。

（二）生物学特性

在长江流域可露地越冬，一般于3月下旬萌芽，霜后地上枝叶枯萎。喜凉爽气候，耐阴性强，半阳地也可栽培，但干旱、高温会使叶片枯黄。宜腐殖质丰富而排水良好的砂壤土。喜湿润凉爽，耐阴，忌强光、酷暑与干旱，土壤须疏松、肥沃、排水好。

二、种质资源

1. 白及 *B. striata*

株高18～60cm。假鳞茎扁球形，上面具荸荠似的环带，富黏性。茎粗壮、劲直。叶4～

图1　白及

图 2　白及‘三唇’

图 3　白及‘横滨’

6枚，狭长圆形或披针形，长 8～29 cm，宽 1.5～4 cm，先端渐尖，基部收狭成鞘并抱茎。花序具 3～10 朵花，常不分枝或极罕分枝；花序轴或多或少呈“之”字状曲折；花苞片长圆状披针形，长 2～2.5 cm，开花时常凋落；花大，紫红色或粉红色；萼片和花瓣近等长，狭长圆形，长 25～30 mm，宽 6～8 mm，先端急尖；花瓣较萼片稍宽；唇瓣较萼片和花瓣稍短，倒卵状椭圆形，长 23～28 mm，白色带紫红色，具紫色脉；唇盘上面具 5 条纵褶片，从基部伸至中裂片近顶部，仅在中裂片上面为波状；蕊柱长 18～20 mm，柱状，具狭翅，稍弓曲。花期 4～5 月。

分布于我国陕西（南部）、甘肃（东南部）、江苏、安徽、浙江、江西、福建、湖北、湖南、广东、广西、四川和贵州。朝鲜半岛和日本也有分布。生于海拔 100～3200 m 的常绿阔叶林下、栎树林或针叶林下、路边草丛或岩石缝中。

1a.‘三唇’‘Tri-Lips’

具簇生紧凑的“三唇”形小花冠，并带有褶皱的舌瓣；花色呈鲜明的紫色和粉色，花莛直立、高大。叶片较宽（图 2）。耐寒性强，在日本常地栽应用，栽培管理非常便利。适应性极强，几乎能在任何地方生长，但更喜肥沃、排水良好的土壤。需要充足的土壤水分和空气湿度，在生长季节应保证浇水。该品种不适合干燥的阴生环境。

1b.‘横滨’‘Yokohama’

耐寒地栽品种。花莛细长，花序松散，花色呈美丽的淡粉色，且带有金色斑点（图 3）。叶片宽，叶片在秋季转为黄色，冬季枯萎。生长适应性强，易于栽培，喜肥沃、排水良好的土壤，需要充足的土壤水分和空气湿度，亦不适合干燥的阴生环境。

还有开白色花朵的变种（f. *alba*），以及从乳白花色至淡黄色花色的品种，或叶片上具有纵向白色斑点的特殊品种。

2. 华白及 *B. sinensis*

株高 15～18 cm。假鳞茎近球形，直径 1～1.5 cm。茎直立，粗壮。叶 2～3 枚，基生，披针形或椭圆状披针形，长 5～11 cm，宽 0.8～2.6 cm，先端急尖或渐尖，基部收狭成鞘并抱茎。花莛从叶丛中伸出，纤细，直立，长 10～15 cm，具 2～3 朵花。花小，淡紫色，或萼片与花瓣白色，先端为紫色；花瓣披针形，长 11～13 mm，宽约 3 mm，先端急尖；唇瓣白色，长椭圆形，具细斑点，先端紫色，长

11～13 mm，宽5～6 mm，近基部渐狭，凹陷成舟状，前部渐狭、不裂或突然收狭而呈不明显的3裂，边缘具流苏状的细锯齿；唇盘上面具3条纵脊状褶片；褶片具流苏状的细锯齿或流苏；蕊柱棒状，长8～9 mm。花期6月。

国内分布于云南。国外分布于泰国。生于山坡林下。

3. 黄花白及 *B. ochracea*

株高25～55 cm。假鳞茎扁斜卵形，较大，上面具荸荠似的环带，富黏性。茎较粗壮，常具4枚叶。叶长圆状披针形，长8～35 cm，宽1.5～2.5 cm，先端渐尖或急尖，基部收狭成鞘并抱茎。花序具3～8朵花，通常不分枝或极罕分枝；花中等大，黄色或萼片和花瓣外侧黄绿色，内面黄白色，罕近白色；唇瓣椭圆形，白色或淡黄色，长15～20 mm，宽8～12 mm，在中部以上3裂；侧裂片直立，斜的长圆形，围抱蕊柱，先端钝，几不伸至中裂片旁；中裂片近正方形，边缘微波状，先端微凹；唇盘上面具5条纵脊状褶片；褶片仅在中裂片上面为波状；蕊柱长15～18 mm，柱状，具狭翅，稍弓曲。花期6～7月。

我国特有种，分布于陕西（南部）、甘肃（东南部）、河南、湖北、湖南、广西、四川、贵州和云南。

4. 小白及 *B. formosana*

株高15～50 cm。假鳞茎扁卵球形，较小，上面具荸荠似的环带，富黏性。茎纤细或较粗壮，具3～5枚叶。叶一般较狭，通常线状披针形、狭披针形至狭长圆形，长6～40 cm，宽5～10（20～45）mm，先端渐尖，基部收狭成鞘并抱茎。总状花序具2～6朵花，花较小，淡紫色或粉红色，罕白色。唇瓣椭圆形，长15～18 mm，宽8～9 mm，中部以上3裂；侧裂片直立，斜的半圆形，围抱蕊柱，先端稍尖或急尖，常伸达中裂片的1/3以上；中裂片近圆形或近倒卵形，长4～5 mm，宽4～5 mm，边缘微波状，先端钝圆，罕略凹缺；唇盘上具5条纵脊状褶片；褶片从基部至中裂片上面均为波状；蕊柱长12～13 mm，柱状，具狭翅，稍弓曲（图4）。花期4～6月。

国内分布于陕西（南部）、甘肃（东南部）、江西、台湾、广西、四川、贵州、云南（中部至西北部）和西藏东南部（察隅）。国外日本有分布。

三、繁殖与栽培管理技术

（一）分株繁殖

一般采用分株繁殖。春季萌发新叶前掘起老株，将假鳞茎分割成几份，另行栽植即可。注意

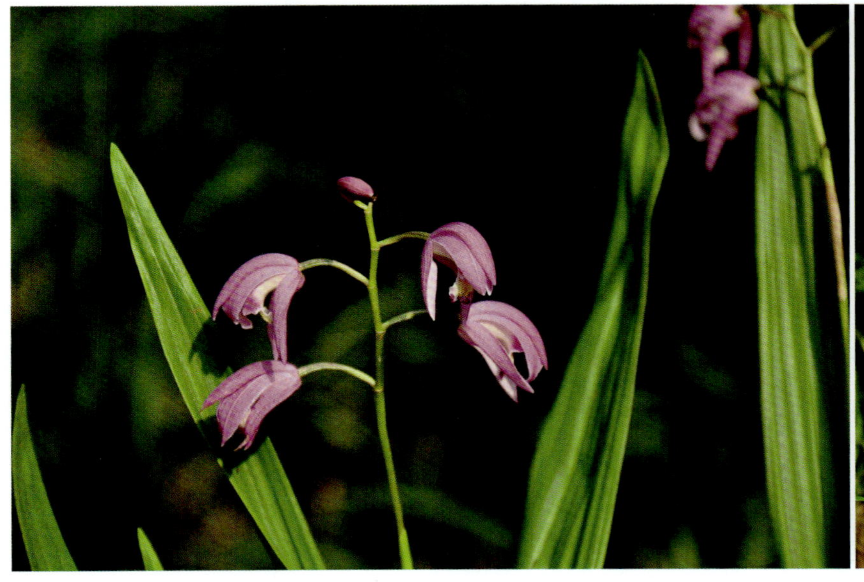

图4 小白及（吴棣飞 摄）

每份需带 1～2 个芽。

（二）组培快繁（无菌播种）

种子非常细小，千粒重仅为 0.0056 g，缺乏营养，常规播种育苗因出苗率低，生长缓慢，故较少采用。常用组培快繁。外植体选择健康的白及种子。种子采集于成熟而未开裂的蒴果，外果皮常规消毒，在无菌状态下取出种子，接种于 Kundson 培养基上，30 天后可直接形成幼苗。①无菌萌发的培养基为 Kundson 和 MS 培养基。②愈伤组织诱导培养基为 MS+2, 4–D 1.1 mg/L+KT 0.12 mg/L。③分化培养基为 MS+KT 2.04 mg/L。④生根培养基为MS+IBA 2.05 mg/L+NAA 1.84 mg/L。分化形成苗后连续光照。培养基均添加蔗糖 22 g、琼脂 8 g。白及组培苗在培养瓶中长至 4～6 cm，可出瓶炼苗（图 5）。

图 5　白及组培瓶苗（吴棣飞　摄）

（三）园林栽培

春季 3～4 月掘出块状假鳞茎，用利器分割，每块留 1～2 个芽，伤口蘸草木灰后栽种。栽植地宜选择林下有散射光的环境，栽植前可在土壤内施入适量充分腐熟的有机肥，栽植不宜深，覆土 3 cm 后浇透水。北方于 4 月底至 5 月初，将先年贮藏带芽种茎切下，按行株距 33 cm × 17 cm 开穴，每穴栽 1 个，覆土 3～4 cm，稍加镇压，浇水。薄肥勤施，保持土壤和空气湿润有助于植株长势旺盛，花色艳丽。雨季积水易患根腐病。

（四）病虫害防治

病害主要有黑斑病、腐烂病和烂根病。防控应重点做好排水，对减少烂根病的发生具有积极作用。可采用化学药剂进行防治，如奥力克青枯立克 100～150 mL + 大蒜油 30 mL，3 天喷洒 1 次，能起到良好的防治效果。

虫害主要是蝼蛄和地老虎。在 3～4 月要及时清除杂草，做好幼虫以及蛹的清除工作，可通过制作毒土的方式防治地老虎，将毒土撒在白及种植地中，能有效杀死幼虫。在毒土配制中，按照 50% 辛硫磷乳油 0.5 kg 加适量的水，在 150 kg 的细土中喷拌，能发挥良好的作用。或用 90% 晶体敌百虫 1000 倍液喷洒，也能起到良好的效果。

四、价值与应用

白及属植物的观赏价值高，栽培广泛，常用于园林地被。白及是著名的庭荫类花卉，极适宜配置小庭院的自然式花境，或丛植点缀，能够为花园增添一抹独特的色彩和生机。在园林绿地中常用作阴生地被，其株丛优美，花形奇特，花色素雅，是阴生地被中难得的观花植物。可在疏林下丛植、片植或布置林缘隙地，亦可点缀于较为荫蔽的花台、花境、岩石旁或庭院一角。

白及具药用价值，有收敛止血、消肿生肌的功效，《本草汇言》《本草求真》中均有记载。块茎具有消毒止血以及预防伤口感染等诸多功效，杀菌抗癌的效果也比较好。《本草纲目》载："气味苦辛，无毒。主治痈疮恶疮败疽，伤阴死肌，胃中邪气，贼风鬼击，痱缓不收。"

白及除了药用，也可用于化妆品、工业制胶、食品行业。由于白及的黏性比较好，可作为糊料生产。白及无污染、无害，也可作为酿酒原料等。

（李咪咪　夏宜平）

Boea 旋蒴苣苔

苦苣苔科旋蒴苣苔属（*Boea*）多年生草本植物。因植物具有超强的抗逆性而备受植物学家关注。狭域、小居群的石灰岩喀斯特地貌基质分布特征，塑造了该类群植物良好的耐旱和耐阴性。

一、形态特征与生物学特性

（一）形态与观赏特征

根状茎短。叶对生、螺旋状排列或基生（中国种），被长柔毛，稀被短柔毛或腺状柔毛。聚伞花序伞状，腋生，每花序具1至多数花；苞片2，对生。花萼钟状，5裂至中部或达基部；花冠白色、蓝色、紫色，宽钟状至狭钟状；筒长于或近等长于檐部；檐部明显或者不明显二唇形，上唇2裂，下唇3裂，裂片相等或近相等，先端圆。下（前）方2雄蕊能育，内藏；花丝着生于花冠基部之上，不膨大；花药卵圆形或横椭圆形，基着，顶端连着，药室2，极叉开，顶端汇合，退化雄蕊2～3，位于花冠筒的上（后）方；花盘不明显；子房长圆形，1室，2侧膜胎座内伸，2裂；花柱细，与子房等长或短于子房；柱头1，头状。蒴果线形至狭长圆形，沿室背2瓣裂，果瓣旋扭。

（二）生物学特性

一种复苏植物，能在极度干旱的环境下，以脱水休眠的方式度过严酷的旱期；当水分适宜时又重新恢复生活力。夏天的正午，岩石上的温度高达40℃以上，它的叶片萎蔫；但第二天早上又变得生机勃勃。这种适生能力使其能在夏季干热、冬季严寒的我国北方得以生存，在水分极缺的岩石上得以繁衍。

营养生长期主要集中在春季，在叶片恢复生长后，一直延续到冬季生长停止期。喜生于林下的石灰岩山地裸岩，喜湿润、半阴（40%～60%遮光率）和弱碱性基质（pH 7～7.5）环境，忌干热和阳光暴晒；需肥不多，耐寒，但喜欢排水良好基质，积水容易烂根，湿度低也会造成植物叶片边缘干燥翻卷（如大花旋蒴苣苔）。

二、种质资源

全球约10种，主要分布于亚洲东南部及澳大利亚、波利尼西亚等温暖、热带地区；我国有3种，分布于东北、华东、华中、华南和西南地区。

图1　地胆旋蒴苣苔花朵和蒴果

图2　旋蒴苣苔花朵和蒴果

1. 地胆旋蒴苣苔 *B. philippensis*

叶片倒卵圆形、狭椭圆状匙形或菱形，长通常为宽的2.5倍以上，长3～8 cm，宽1～3 cm，下面被柔毛，沿脉被长柔毛。花萼、花梗及子房被腺状柔毛，花冠淡紫色或白色（图1）。花期5～6月，果期6～7月。主要分布在广东、广西、湖南和贵州等华南地区。越南至菲律宾也有分布。

2. 旋蒴苣苔 *B. hygrometrica*

又名猫耳朵、牛耳草。叶片近圆形、卵圆形或卵形，长不及宽的2倍，长0.7～7 cm，宽0.5～5.5 cm，下面均被白色或者淡褐色贴伏长毛。花萼、花梗及子房被短柔毛（图2）。花期4～8月，果期5～9月。分布范围北至辽宁，西至陕西，南至贵州、云南，是苦苣苔科少有的广布种。

图3　大花旋蒴苣苔野外居群

图4　大花旋蒴苣苔花朵

图5　大花旋蒴苣苔干旱时叶片翻卷

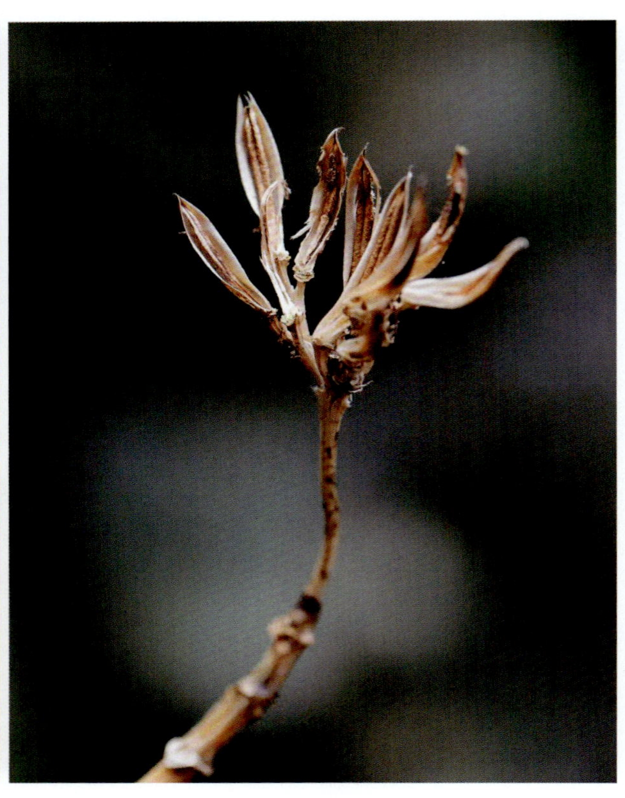

图6　大花旋蒴苣苔开裂蒴果

3. 大花旋蒴苣苔 *B. clarkeana*

花均比前两种大。叶片卵形、倒卵形或宽卵形，长 2 ～ 10 cm，宽 1.4 ～ 7 cm，两面均被短柔毛，干时上面黑褐色。花冠较大，长 1.4 ～ 2.2 cm，直径 1.1 ～ 1.8 cm，花萼 5 裂至中部（图 3 至图 6）。花期 6 ～ 8 月，果期 7 ～ 10 月。主要分布于东起浙江，西至四川，南至云南北部，北至秦岭南部的长江流域。

三、繁殖与栽培管理技术

（一）播种繁殖

种子十分细小，主要依靠风媒传播，如大花旋蒴苣苔种子长仅为 0.6 ～ 0.8 mm。花后 30 天种子开始成熟，当蒴果变黄，还未开裂时要及时采下；否则种子便会散落造成丢失。种子袋装后置于低温干燥处，4℃贮藏最好。全光照、气温 25℃、土壤含水量 35% 均为种子萌发最适条件。因喜生石灰岩，弱碱性条件下使用草炭作培养基质的种子萌发和幼苗生长效果较好，而且轻度干旱与低浓度钙盐（5 mol/L）互作可促进种子出根及幼苗生长。

（二）扦插和分株繁殖

叶插是最为常见而且又简单易行的繁殖方法。如大花旋蒴苣叶插生根率较高，基质采用珍珠岩与泥炭 1 ∶ 1 混合，叶插后 15 天左右生根，25 天即可生根完全。

分株移栽时，注意使用弱碱性混合栽培土，配比为腐殖质土 1 份 + 草炭 1 份 + 珍珠岩 1 份 + 碳酸钙（石灰石粉或草木灰）酌量；调节混合土壤 pH 7 ～ 7.5，其中，草炭使用前必须用水将其浸透。使用素烧盆和瓦盆等容器时，注意植物叶片不要与盆壁相接触，使用塑料盆时注意在盆的下方 1/3 处均垫上陶粒或大珍珠岩以利于透气排水。栽培环境需具有足够明亮且柔和的散射光，光照强度不低于 5000 lx，空气湿度不低于 70%。

（三）组培快繁

叶片最佳初代启动培养基为 MS+NAA 0.5 mg/L+6-BA 2 mg/L，4 周即可分化出不定芽。第 6 周转接到继代培养基后 3 周即可长成健壮小植株，培养全程生长良好。

（四）盆栽

1. 基质

弱碱性混合栽培土，腐殖质土 3 份 + 庭院壤土 1 份 + 粗沙 1 份。无土栽培基质，蛭石（0.09 m^3）+ 珍珠岩（0.09 m^3）+ 生石灰粉（1.7 ～ 1.9 kg）+ 过磷酸钙（20%，480 g）+ 硫酸铁（160 g）+ 硝酸钾（240 g）+ 复合肥料（500 g）。

2. 水肥管理

处于旺盛生长期的时候，切记不能缺水；否则会直接影响花的发育。而排水不良会引发根系腐烂。浇水时最好将水置于大型容器内 1 ～ 2 天，使得水温和室温一致。需肥量不多，土壤配制时的肥量已经足够在其换盆前的所需；如果确实需要追肥，以水肥追施为好。可以在开花前期追肥，一般可用 0.2% 尿素和 0.3% 磷酸二氢钾，按照合适比例处理即可。

3. 光照管理

在保证充分的水分供应和通风条件下，透光率在 40% ～ 60% 有利于植物生长，强光和弱光对生长均不利。

4. 越夏与越冬

作为复苏植物，具有优异的抗性，耐寒性和耐热性均较好。

（五）病虫害防治

常见的为野蛞蝓（图 7）与卷球鼠妇，蚜虫有时会少量发生于花莛抽长开花时，聚集在花序和花芽上吸取汁液，造成花朵失色、畸形、花序扭曲和植株早衰。蚜虫可人工灭杀，或使用 40% 氧化乐果 1000 倍液灭杀，也可用 2.5% 溴氰菊酯 800 倍液有效毒杀。野蛞蝓可使用 30% 敌百虫乳剂、2.5% 溴氰菊酯乳油灭杀，生石灰预防，或使用软体动物灭杀药剂如灭螺克颗粒剂捕杀。也可以新鲜香蕉皮、西瓜皮、白菜叶等进行人工诱捕后灭杀。卷球鼠妇可使用 50% 磷铵乳油 1000 倍液、50% 辛硫磷乳液 800 倍液或 50% 西维因可湿性粉剂 500 倍液喷施。

图 7　野蛞蝓爬过旋蒴苣苔后在叶面留下白色印痕

四、价值与应用

适于花境、地被覆盖、岩石园及道路布置等。可点植、丛植，也可培植于室内或丛植于庭院山石及围墙绿化。也可采用餐桌、阳台、书桌等生活化的场景，营造出一种精致、舒适的氛围。在冬季对园林景观起到较好的装饰作用并弥补夏季植物花卉少的缺憾。大花旋蒴苣苔不仅抗逆性强，花朵较属内其他近缘种大且美丽，其叶色青翠、植株可人，观赏价值较高。

（王影　周守标）

Brachyscome 鹅河菊

菊科鹅河菊属（*Brachyscome*）一年生或多年生草本或亚灌木。该属约75种，为大洋洲的特有属，绝大多数种分布于澳大利亚。属名来自古典希腊语 *brachys*（短）和 *kome*（头发），意指其具有非常短的乳头状冠毛；还有一个优美的英文名 swan river daisy（天鹅河雏菊）。我国多以“姬小菊”的名称出现。

一、形态特征与生物学特性

（一）形态与观赏特征

基生叶莲座状，茎生叶互生，单叶全缘或至深裂。头状花序单生枝端或形成小型伞房花序；舌状花1层，白色、蓝色、粉色或淡紫色，管状花两性，黄色。瘦果呈棒状，但通常弯曲，扁平；常具膜状缘或翅。花期6～10月。

（二）生物学特性

喜光，耐贫瘠，耐湿也耐旱，不耐寒。

二、种质资源与主栽品种

该属仅有2～3种宿根类及其园艺品种栽培应用。

1. 姬小菊 *B. angustifolia*

在我国应用最广泛。茎细弱，分枝，直立，高30～70 cm。叶卵圆形，常深裂。头状花序单生枝端，花径1.5～2 cm，具长梗；舌状花白色、粉色、蓝紫色；管状花黄色。花期4～10月（Short，2014）。Short将姬小菊（*B. angustifolia*）列为狭叶鹅河菊（*B. graminea*）的曾用名，但植物智作为两个种处理。目前，市场上常见的品种如下。

1a.‘珍爱’‘Cherish’

株高15～20 cm。叶片常顶端3裂。舌状花玫红色或蓝紫色，管状花柠檬黄色，极为丰花（图1）。花期5～9月。露天栽培可耐-5℃低温。

1b.‘喜悦’‘Magenta Delight’

株高15～50 cm。叶片3～5裂。舌状花品红色，管状花柠檬黄色，极丰花。花期5～10月。露天栽培可耐-5℃低温。

1c.‘布拉斯克蓝紫’‘Brasco Violet’

株高30～45 cm。叶片3～7裂。舌状花蓝紫色，管状花柠檬黄色，极丰花（图2）。花期4～10月。露天栽培可耐-5℃低温。

2. 多裂叶鹅河菊 *B. multifida*

茎直立或斜升，高45 cm。叶深裂成细条状或线状。头状花顶生，花梗长4～40 cm；舌状花淡紫色、粉红色或白色，长7～10 mm（图3、图4）。花期初秋至冬季。

2a.‘邦布拉霍’‘Bonbraho’

株高10～20 cm，冠幅15～30 cm。舌状花纯白色，管状花柠檬黄色（图5）。花期5～11月。喜中等湿度土壤。

三、繁殖与栽培管理技术

（一）扦插繁殖

园艺品种均采用嫩枝扦插方式繁殖。于20～35℃条件下进行。

（二）园林栽培

1. 基质

喜排水良好的湿润壤土，各种土质均可生长。

2. 水肥

姬小菊耐水湿，稍耐旱；多裂鹅河菊适宜中

图 1 ‘珍爱’（Paul 摄）

图 2 ‘布拉斯克蓝紫’

图 3 多裂叶鹅河菊

图 4 多裂叶鹅河菊（Andrew Allen 摄）

图 5 ‘Bonbraho’（Joy 摄）

度至稍干燥的土壤。该属植物均耐贫瘠，但适当的施肥长势更好。

3. 光照

喜光，稍耐阴。

4. 修剪及越冬

花后及时修剪枯败的花头，可带来新一轮花期。入冬前修剪地上部分。地下茎可耐 –5℃低温，冬季低温地区，可作地面覆盖。

（三）病虫害防治

偶有白粉病出现。可采用常规方法防治。

四、价值与应用

鹅河菊以丰满的丘状株型、繁密的小花及优良的抗旱性而深得人们的喜爱，被广泛应用于花境、花坛及庭院中，也是很好的阳台花卉。

（李淑娟）

Bromeliaceae 观赏凤梨

观赏凤梨为可供观赏的凤梨科（Bromeliaceae）植物的总称。现有 82 属 6000 余种（https://bromeliad.nl/taxonList.php），或 62 属 3475 种（PW），大多数种与品种均为常绿多年生草本，原产于中、南美洲热带地区。公元 17 世纪，凤梨科植物由花卉爱好者引进欧洲，因独特的异域风情和亮丽的色彩而风靡世界。不同属植物的形态特征差异很大，且各自生物学特性鲜明。我国自 1990 年左右引进并开展观赏凤梨的栽培、繁殖和育种等研究工作。由于花期可控性好，适当施用常见催花剂就可使其在春节期间开放，且花期一般可达 2 ～ 4 个月，在国内已成为仅次于蝴蝶兰的第二大年宵花品种，近年来年销量稳定在 2000 万盆左右。

一、形态特征与生物学特性

（一）形态与观赏特征

1. 株型

我国常见的观赏凤梨主要有果子蔓属（*Guzmania*）、丽穗属（*Vriesea*）和彩叶凤梨属（*Neoregelia*）植物（图 1）。观赏凤梨的品种数量非常庞大，且属间个体及形态差异巨大。最大的莴氏普亚凤梨（*Puya boliviensis*）花序可达 15 m 高，国内温室栽培的帝王凤梨（*Alcantarea imperialis*）花序也可达 2 ～ 3 m 高，而最小的属 *Deuterocohnia* 仅有 1 ～ 2 cm 高。

2. 根系

凤梨科植物通常有地生、附生和气生 3 种形态，其中附生品种占 80% 以上，国内引进的绝大多数观赏凤梨属于附生类型。由于长期附生在热带雨林的高大乔木上，许多观赏凤梨进化出了自身独特的适应性状。例如，根系不发达，通常较为纤细，多浅根系，多分支，仅作为固定植株和小部分的养分吸收功能。

3. 叶片与叶杯

叶片一般呈宽条带状，革质或肉质，部分属带有叶缘锯齿（图 2A），叶表面含有硅质细胞壁，具有各种颜色的斑点、条纹或斑纹。附生凤梨的叶片基部有大量鳞片，叶细胞内含有大量养分转运蛋白，养分吸收效率极高，叶片承担了主要的养分吸收功能，是附生凤梨的关键特征。叶片通常为了满足储水的功能，以莲座状紧密排列形成密封的水罐形结构，称为叶杯（blade cup/tank），能储存大量水分，有些株型大的凤梨叶杯容量超过 50 L（图 2B）。叶杯是附生凤梨为了长期对雨水高效利用而进化形成的标志性结构，

图 1　形态各异的观赏凤梨

形成一个物种多样性很高的小生境（昆虫、蛙类、蜥蜴、蝾螈等），是许多蛙类蝌蚪的孵化场所，也能帮助附生凤梨获取生物死亡后残体的养分，是热带雨林中生物协同进化的典型范例。

4. 花与花序

花通常很小（直径 1 ～ 2 cm），为白色或紫色，但其花序颜色丰富且色泽亮丽，以红、黄、橙、紫等高饱和度色彩为主，为凤梨的主要观赏部分。彩叶凤梨属具有低矮的花序，花通常隐藏在叶杯当中，因叶片具有独特的色彩和斑纹得名（图 2C）。近年来育成的斑叶丽穗凤梨则同时具有观叶和观花功能。花序是区别不同属观赏凤梨的主要特征。通常从叶杯中央生长出一根直立或偏斜的花序，花序多为穗状或圆锥状，部分也有隐藏于叶丛中央的头状花序（多见于彩叶凤梨属）。花序由许多颜色艳丽的苞片包裹着（图 2D、E、F）。为了吸引昆虫帮助传粉，苞片多为红色、紫色、橙色等高饱和度的颜色，而苞片内的花通常为白色、黄色或绿色。

（二）生物学特性

原产热带雨林，最适宜生长温度 15 ～ 25℃，湿度 70% ～ 90%，最适光照为 10000 ～ 20000 lx。除广东和海南地区外，需要在封闭或半封闭温室中开展栽培生产以维持其观赏性。如不能满足适宜生长条件，温度湿度过低，光照不足，则会导致叶片徒长、色泽暗淡；温度湿度过高、光照过强则会导致病害、灼伤等问题。在国内超过 30 年的驯化栽培过程中，许多品种已经适应了长期阴暗寒冷的环境，其形态和色泽与原生环境有较大的差异。观赏凤梨自然开花需要时间很长，通常为 2 ～ 5 年；园艺生产上普遍使用乙烯或乙炔进行催花。通常在需要上市之前 2 ～ 4 个月进行催花，以保证能在年宵花期间达到最佳观赏性。

二、种质资源与主栽品种

因观赏凤梨原产地不在国内，且除广东和海南的其他多数地区都不适宜露地栽培，观赏凤梨

图 2　观赏凤梨的特殊结构

注：A. 叶缘刺；B. 储水叶杯；C. 彩叶凤梨的斑点；D. 丽穗凤梨的花；E. 彩叶凤梨的花；F. 高大的丽穗凤梨花序。

的原生种通常仅在少数高端爱好者或圈子内交流。市场上常见的园艺品种多为荷兰、比利时培育后流入国内。与原生种相比，园艺品种生长速度快、株型整齐、花序大、花色艳丽，观赏性高于原生种。因此，下文主要介绍常见的属及其主栽品种。

1. 果子蔓属 *Guzmania*

又名擎天凤梨、星花凤梨，是国内市场最常见、产销量最大和品种最多的类群（图 3）。株高 30 ～ 80 cm，植株呈莲座状或漏斗形。叶片宽带状，表面绿色，少数有横斑或条斑，质地较软薄，先端渐尖，叶缘无锯齿。花序从叶丛中抽出，高高举起，花序顶端由大量颜色艳丽的苞片组合形成星形或锥形花序，花较小，隐藏在苞片内，完全开放时才伸出苞片外。株型隽美，中轴明显略呈尖塔形，自冬至翌年夏季可供观赏半年之久。按照花穗的外形又能分成星形花序（代表种 *G. lingulata*）、锥形花序（代表种 *G. conifera*）和长穗形花序（代表种 *G. dissitisfora*）。

1a. 擎天凤梨‘平头红’*G.*‘Calypso’

中型品种，属于典型的星形花序，因上层苞片完全成熟后处于同一个平面而得名。形似一颗红色的星星，花序高度 70 ～ 80 cm，也适用于大规模室内摆放，是年宵花卉产量最大的品种之一（图 4A）。

1b. 擎天凤梨‘白雪公主’*G.*‘El Cope’

中小型品种。花序高度 50 ～ 60 cm，星形花序，花序比‘平头红’略小，红色苞片顶端 1 cm 是鲜明的白色，对比强烈，常用于重要场所的组合摆放，也适用于家庭摆放。

1c. 擎天凤梨‘火炬’*G.*‘Torch’

中大型品种。典型的穗状花序，不同园艺品种的花序大小差别很大，花序直径 5 ～ 15 cm，苞片主色调为红色，顶端少许黄色，形似火炬而得名。常用于商场等场所的摆放，观赏期可长达 5 ～ 6 个月。

2. 丽穗属 *Vriesea*

因为穗状花序非常美丽而得名“丽穗凤梨”。是原生种超过 200 种的大属，主要原产亚马孙河流域的巴西、厄瓜多尔等地。是当地热带雨林中常见的附生植物，常与热带兰花为伍，在大树上附生，少数为湿地或干旱沙地的地生种类。植株为莲座状，叶丛中央有一个能蓄水的水槽。株高 50 ～ 60 cm，叶片带状，边缘无刺而光滑，绿色或有虎斑纹，并有金边、银边、金心、银心或各种斑驳条纹的线艺叶变种（图 5）。花序直立，极少下垂，从叶筒中央抽出，穗状或复穗状花序，花苞片 2 列排列成剑状或扁穗状，单枝或分歧成多枝，具有深红色、黄色或绿色的花苞片。小花管状，开放时伸出于花苞片之外，花瓣 3

图 3　果子蔓属

枚，黄色、红色、绿色或紫色。花后结出蒴果，成熟时会自动裂开，并散出带毛的种子，随风飘散，以达到繁衍后代的目的。

2a. 丽穗凤梨‘卡丽’*V.*‘Kallisto’

中小型品种，株型紧凑。叶片条状，丛生，革质光亮，叶色翠绿，叶姿优美。花序有侧枝；主侧枝扁平，似宝剑状，苞片排列紧密，颜色鲜红，经久不褪，极具观赏性，我国已引种栽培近20年。该品种耐阴性好，耐寒性较强，非常适宜于室内摆放（图4B）。

2b. 丽穗凤梨‘小辣椒’*V.*‘Spica’

小型品种，株高12～15 cm。叶片细长，花序形似辣椒得名，常见有红、黄两种颜色，生长速度较快，适合摆放于办公桌面（图4C）。

3. 彩叶凤梨属 *Neoregelia*

又名红星凤梨、五彩凤梨等。原产巴西的热带雨林中，有原生种30余种（图6）。株高20～30 cm。叶革质，螺旋状排列，边缘有刺，雨水沿叶面流入由叶片围合成的叶杯，因株型较宽阔且低矮，叶杯结构最为明显。叶色斑驳灿烂，五颜六色，叶端常有尖锐的凸尖，叶面通常带各种颜色的斑点、斑纹、线纹等，故名彩叶凤梨。花较小，呈淡蓝色、淡紫色或白色，头状花序较为低矮，一般都低于叶片尖端，仅伸出叶杯的水面2～3 cm，整个花序的花期有10～25天，通常每天开放数朵小花，每朵花只开放一天。在花期前后，叶片会变色，尤其叶杯中心叶片呈亮红色、紫色或粉色，鲜艳夺目。

3a. 彩叶凤梨‘火球’*N.*‘Fireball’

小型品种，株高10～15 cm，生长速度很快，在较强的光照下叶片呈现鲜艳明亮的红色。叶面有明显蜡质，在弱光情况下也能生长，但叶

图4　常见园艺品种

A.‘平头红’；B.‘卡丽’；C.‘小辣椒’；D.‘火球’

图5　斑叶丽穗凤梨

图 6　彩叶凤梨属

片会褪色成绿色（图 4D）。

三、繁殖技术

（一）播种繁殖

种子发芽速度慢，且幼苗期很长，通常种子繁殖仅用于杂交育种，或稀有品种的保存，不建议作为常规园艺生产扩繁用。

将成熟的蒴果去除果肉洗净后，均匀播于铺有 1 ～ 2 cm 厚细泥炭的穴盘或其他容器中，盖上玻璃板或塑料薄膜，保持室温在 20 ～ 25℃，视幼苗的生长进度适时进行分盆栽培。通常由种子繁殖到成熟开花需要 3 ～ 6 年。

（二）分株繁殖

部分观赏凤梨在开花后，在根部会分蘖形成新芽，待新芽根系发育成熟后，在连接处小心切断分离并栽培于普通花盆中。分株繁殖的幼苗通常生长速度较快，大多数可分株繁殖的品种 1 ～ 2 年即可开花。但分株繁殖后代的观赏性变异较大，观赏性在多次分株后退化明显，不适宜大规模进行商业扩繁。

（三）组培快繁

观赏凤梨的组织培养研究始于 20 世纪 70 年代初，经过 40 多年的发展，基本上各个属均建有组织培养体系的品种。目前，一些常见的品种均已实现了高效组培繁殖工厂化育苗生产。通常采用腋芽或侧芽为外植体，诱导培养基通常以 MS 培养基为基础，分别添加不同浓度的 6-BA、NAA 或 IBA 等；生根培养基通常采用 1/2MS 培养基为基础，添加一定浓度的 NAA。观赏凤梨的组织培养技术难度较高，部分品种的不定芽生长缓慢，且培养物褐化的机理尚未研究清楚，开展规模化组培繁殖有相当的难度和风险。许多成功的培养基配方也是重要的商业机密，在文献或专利中难以获得。

四、栽培管理技术

（一）盆花生产

1. 基质

盆栽观赏凤梨的基质一般用泥炭与椰糠按照 1 ∶ 1 均匀混合，根据栽培品种的排水需求适当混合珍珠岩或蛭石、火山石等材料。

2. 水肥

基质含水量在 70% 左右为宜，空气相对湿度以 70% ～ 90% 为宜。灌溉水质 EC 值应小于 0.2 mS/cm，pH 6.0 ～ 6.8 为宜，植株“叶杯”内必须保持有水分，基质保持湿润但不积水。

建议选用软水浇灌，最好是收集雨水，如水质不达标的须经过渗透设备处理降低盐分或加酸调低 pH 后方可使用。可通过喷雾及向种植床下方及走道洒水的方法来提高空气湿度。刚上盆的小苗应该紧挨在一起摆放，有利于保证叶丛间的湿度。

肥料以液态肥为主，适宜的氮、磷、钾比例为 1 ：（0.25 ～ 0.5）：2，适当添加镁肥。硼、铜、锌元素对擎天凤梨有毒害，肥料和水中要尽量避免这 3 种元素。种植约 15 天后，施 1 次低浓度叶面肥，浓度为 2000 倍，肥料可选用“花多多”9 号等凤梨专用肥。肥液只要浇湿叶面并灌满叶杯即可，基质不干的尽可能不要浇湿基质。上盆 1 个月后可用凤梨专用肥或硝酸钾 + 硫酸镁（9 ：1）稀释 1500 倍后浇湿叶面，灌满叶杯并浇透基质。两种肥料间隔施用，每周 1 次。生长旺盛期肥料浓度可适当提高，一般稀释 800 ～ 1000 倍。肥料浓度在稀释 1000 倍及以内的，施肥后要用清水冲洗叶面。

3. 光照

适宜光照强度为 10000 ～ 20000 lx，小苗阶段取低值，催花前后光照强度要偏高，相当于晴天中午室外光照强度的 1/5 ～ 1/4，光照过强容易灼伤叶片。

4. 温度

正常生长的温度在 15 ～ 30℃，昼夜温差 10℃以上有利于其生长。如果冬季低于 10℃，夏季高于 33℃，只要持续时间不长，对生长影响不大；但如温度在此界限之外长达数天或数十天，对以后的生长将有较大的影响。一般生产温室要求具备外遮阳、内循环风扇、内保温系统、加温设备及湿帘降温系统。在环境气候适宜的地区，如低海拔的高山地区，也可使用简易大棚，只要保证有遮阳设施、通风条件和灌溉设备即可。

5. 管理

日常通风 春秋季可开启侧窗和顶窗通风，夏季高温季节可开启湿帘风扇系统，结合降温的方法通风。

间距管理 换盆后根据植株生长状况，一般到植株叶片开始遮盖旁边植株时就要调宽植株间距。调稀的标准是邻株间的叶片刚好能碰到为适宜。一般生长 2 ～ 4 个月就要调整 1 次植株间距。

植株分级 根据株型大小，需定期对植株进行分级，这样做既有利于改善较小植株的光照，同时也利于管理。分级一般与调整间距同时

表 1 主要生理性病害

生理问题	症状及原因	防治方法
烧尖现象	叶尖枯黄，在老叶、新叶上都有表现。由使用含硼的肥料或灌溉水引起，硼传送到叶尖积累，浓度增大，导致叶尖细胞死亡	使用不含硼的肥、水进行浇灌
叶片紫红停止生长	心叶叶尖及叶缘有紫红色斑块，边界不明显，重的上半叶变紫红，老叶正常。多为镀锌管件上的冷凝水长期滴入心杯所致的锌中毒症	从滴水处移开
缺镁现象	主要表现在老叶上。叶脉周围出现一些黄色小斑点，严重时叶尖变黄。主要是肥料中镁含量不足引起	增加肥料中镁含量，叶面喷施硫酸镁
卷叶、卷心	叶片纵向卷曲、叶发软，主要由高温低湿导致；叶片间卷在一起不能散开，主要由空气湿度过低或环境温湿度变化太剧烈引起	通过风机、水帘等设施调节棚内温湿度。必要时地面洒水
烂心、烂叶	处于叶杯中心的幼叶叶尖发黑或近水面出现枯斑，原因是叶杯中水温过高或叶杯中盐分积累所致	通过风机、水帘降温，冲洗叶杯
灼伤现象	叶片近叶尖 1/3 左右的中间或叶缘有不规则枯斑，多为光照太强造成的灼伤	适当遮阴，调节光照强度
生长缓慢、叶基部有白粉	植株不生长或生长缓慢，叶基部有白粉状积累，多为水质太硬或肥料中杂质太多引起，水中含盐多，EC 值太高，干后盐分析出成为白粉状物	更换水源或进行水质处理降低 EC 值，调换肥料种类

表 2　主要病理性病害

常见病害	症状及原因	防治方法
基腐病、心腐病	初期表现植株不生长，叶片尖部褪绿变黄，后叶缘发红，逐渐大半叶发红，心叶基部腐烂，组织崩解，病叶很易抽出，生长点坏死；严重的茎基部腐烂，所有叶基均烂掉，整株死亡。有时病部有细菌共生，腐烂处有臭味	1. 基质高温消毒； 2. 精心管理，基质不可长期过湿； 3. 用 80% 好生灵可湿性粉剂 1000 倍液、70% 百菌清可湿性粉剂 800 倍液交替使用； 4. 控制大棚内温度，尽量不超过 30℃； 5. 叶杯中水的 EC 值不要超过 2 mS/cm
叶腐病	初期表现新出叶中下部颜色变白，随着叶的伸长，叶基出现不规则形状的腐烂斑，病斑会继续扩大	1. 控制棚内温度，不超过 30℃； 2. 高温季节施肥浓度降低一半； 3. 用 80% 大生可湿性粉剂 1000 倍液、70% 百菌清可湿性粉剂 800 倍液交替使用
叶斑病	发病初期叶片上出现黑色小点，周围有水渍状黄色圈，后变成圆形或椭圆状病斑，边缘暗褐色，中央灰褐色	1. 加强通风，降低空气湿度； 2. 用 80% 大生可湿性粉剂 1000 倍液、50% 托布津可湿性粉剂 1000 倍液交替使用
苞腐病	部分苞片变褐腐烂，严重的整个花序腐烂，病程发展很快，多为细菌引起	1. 剪除花序，及时销毁； 2. 用 68% 或 72% 农用链霉素 2000 倍液喷雾防治； 3. 花序上不要喷水

表 3　主要虫害

主要虫害	主要症状	防治方法
螨虫	栖于叶杯内水面附近和叶背面下部，受害叶片呈黄化斑点，严重时植株停止生长。仔细看叶杯内有黑色发亮的小点，是成虫	1. 清除周围杂草，加强通风； 2. 氧化乐果 1000 倍液或 15% 扫螨净乳油 1000 倍液喷雾
蚜虫	聚于凤梨的花序或花梗上吸取汁液，使花序失色萎缩，提早凋谢，其排泄物还会产生霉点，影响观赏性	1. 黄板诱杀； 2. 清除棚内杂草； 3. 10% 吡虫啉 1500 倍液喷雾
蚱蜢、夜蛾	食叶，造成叶片缺刻，影响观赏性	1. 清除棚周围杂草； 2. 通风口安装防虫网，修补好大棚破洞； 3. 少量发现可立即人工捕捉； 4. 20% 杀灭菊酯乳油 3000 倍液喷雾

进行。

（二）室内养护

用于室内或温室造景的观赏凤梨，其养护管理条件尽量接近于温室生产的环境参数，对于不耐热的丽穗属和果子蔓属，建议春秋两季应用于室外有部分遮阳的区域。当户外温度低于 5℃或高于 30℃时，植株会产生冻害或焦叶现象。不宜放置于全光照区域，光强高于 60000 lx 就可能灼伤叶片和苞片，严重影响其观赏性。对于抗性较强的彩叶凤梨属，可应用的室外温度范围为 0 ～ 30℃。

（三）病虫害防治

1. 主要病害

观赏凤梨的病虫害较少，主要以预防为主。在日常管理中只要注意做到保持适当的温度和湿度，保持通风和适宜的光照，就能预防大部分生理性病害（表 1）和病理性病害（表 2）。

2. 主要虫害

虫害也以早发现并清理病株为主，尽量少进行农药喷施，以防虫害扩散到整个大棚设施（表 3）。

五、价值与应用

观赏凤梨色彩亮丽多变，富有异域风情和热带特色，在室内布置和室外花境中均具有一定的应用价值。丽穗属和果子蔓属的色彩对比明显，花色通常为高对比度的红或黄色，适于造型或点缀。彩叶凤梨属的株型较大，通常单独使用，可用于大型组合花境中，叶片的色彩和斑纹则更加多样。大型彩叶凤梨一般都具有叶缘刺，应用在花境外围需注意可能造成的伤害。

近年来流行的生态缸、雨林缸或室内大型垂直造景中，均有大量彩叶凤梨应用。主要是模拟热带雨林风格，仿造凤梨在自然生境中的附生场景，将观赏凤梨固定在垂直墙面或树枝上，与蕨类苔藓混植并搭配树蛙、蜥蜴等动物组合。需要对植物的配置和摆放非常了解，并熟练运用灯光、喷雾、空调等设备才能满足不同植物的正常生长要求。其观赏性和建植成本都很高，特别是一些高端生态造景中使用的大型彩叶凤梨，生长时间长，观赏性独特，价格不菲。

（詹书侠　葛亚英）

Buphthalmum 牛眼菊

菊科牛眼菊属（*Buphthalmum*）多年生草本。属名来源于 boous（牛）和 opthalmos（眼睛），意指其头花状的外观。该属有 2 种 1 变种，主要分布于欧洲和大洋洲；我国景观应用的仅有牛眼菊 1 种。

一、形态特征与生物学特性

（一）形态与观赏特征

叶互生。头状花序大或较大，常单生于茎、枝顶端，小花全部结实；总苞半球形，总苞片近 3 层；花托凸或几呈圆锥状；外围的雌花 1 ～ 2 层，舌片开展；中央的两性花多数，花冠管状，檐部稍扩大或狭钟状；花药基部戟形，具稍尖或尾状渐尖的小耳；花柱分枝线状扁楔形，顶端圆形。雌花的瘦果背面稍扁压，3 棱；两性花的瘦果近圆柱形或一侧稍扁压；冠毛的膜片基部结合成冠状。

（二）生物学特性

喜光。耐旱，忌积水。耐贫瘠。耐热，耐寒，可耐 -34℃低温。在湿润且肥沃土壤中生长，易徒长。

二、种质资源

牛眼菊 *B. salicifolium*

株高 50 ～ 70 cm。茎直立，紫红色，常不分枝或上部近分枝，被开展的柔毛或近无毛。下部叶倒卵状披针形，基部渐狭成长柄；中部叶长圆形至披针形，顶端尖，基部稍狭；上部叶渐小，披针形或线状披针形，顶端尖，基部狭，无柄；全缘或具疏细齿，两面被贴伏短毛或绢毛。头状花序单生于茎或枝顶端，花径 3 ～ 6 cm；总苞片绿色，卵状披针形，背面被贴生绢毛；舌状花黄色，盘状花暗黄色（图 1，图 2）。花期 5 ～ 9 月。

三、繁殖与栽培技术

（一）播种或分株繁殖

可于春秋两季播种，直播或穴盘播种均可，保持土壤湿度，20℃条件下 14 ～ 21 天萌发。

或于早春分株繁殖（Armitage，2008；Graham，2012；董长根 等，2013）。

（二）园林栽培

一种极易种植的花卉。适应性强，唯忌土壤积水，故应种植于阳光充足的环境及排水良好的土壤中。保持肥力中等即可，一般园土无须施肥。入冬前只需修剪枯枝叶，无须保护。

四、价值与应用

牛眼菊耐旱、耐贫瘠；花期长，花色明艳，花朵繁盛，极低维护，是北方干旱贫瘠处的优良美化材料。常片植或丛植于自然式景观，也是坡地花海、花境、野花花园或岩石园的优良材料。

图 1　牛眼菊（Stefan Kreitmeier 摄）

图 2　牛眼菊花部特征（Patrick Hacker 摄）

（李淑娟）

Callirhoe 罂粟葵

锦葵科罂粟葵属（*Callirhoe*）草本花卉。全球有9种，均分布于北美洲。属名源于希腊神话中的海洋女神 Callirrhoe（Quattrocchi，1999）。花色艳丽，花期长，被誉为“开花机器”，抗逆性强，20世纪中期已经应用于花园及花境中（Armitage，2008）。

一、形态特征与生物学特性

（一）形态与观赏特征

多年生或一年生草本，地下茎肉质。地上茎匍匐或蔓生或稍直立，全株被星状毛或无毛。单叶互生，掌裂，全缘或具圆齿，基部截形、心形、箭头形或戟形。花杯状，花瓣5，玫红色、粉色、白色或复色；花两性，同时有雄蕊败育的雌性功能花；花丝10～28分枝，细线状。蒴果；种子肾形。花期春夏季（图1）。

（二）生物学特性

喜光，喜冷凉气候，耐寒，耐旱，忌湿，耐贫瘠，喜生长于排水性好的土壤中。

二、种质资源

仅有3～4种在园林中应用（Armitage，2008；Graham，2012）。园艺品种极少。

1. 罂粟葵 *C. involucrata*

株高10～30 cm。茎匍匐伸长可达100 cm。叶互生，近圆形，掌状5～7裂，叶裂程度差异较大，甚至小裂片呈窄条形。单花腋生，杯状，花深玫红色至玫红色（图2），瓣基白色。花期5～7月。

图1　罂粟葵花海（Scott Hudson 摄）

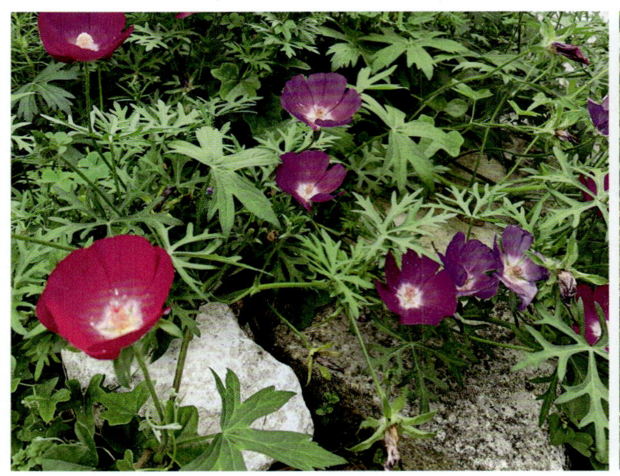

图 2　罂粟葵（Sfjacobson 摄）

图 3　罂粟葵变种（Chuck Sexton 摄）

变种 var. *lineariloba*，花白色或浅紫红色具白边（图 3）。

2. 丛生罂粟葵 *C. triangulate*

或称三角罂粟葵。茎密被星状毛，丛生，多数（2 ～ 35 条），匍匐或斜升或直立，高 40 ～ 60 cm。叶片三角形或卵状披针形，不裂或 3 ～ 5 浅裂。圆锥花序，花瓣深紫红色，瓣基白色，2 ～ 5 cm（图 4）。

3. 布什罂粟葵 *C. bushii*

与罂粟葵的花很像，只是该种的叶子更大，更厚，分裂更少，株型比较紧凑。

图 4　丛生罂粟葵（Lauren McLaurin 摄）

三、繁殖与栽培技术

（一）播种繁殖

种子有休眠特性，需最少 6 周低温期处理才可播种。由于种皮较厚，播前需用硬物摩擦种皮，再用热水浸泡 5 ～ 10 秒，然后用冷水浸种 1 天后播种。肉质根茎，最好采用穴盘育苗。移栽时尽量减少损伤根茎（董长根　等，2013；Graham，2012）。

（二）根插繁殖

夏末可挖取肉质根茎扦插。

（三）园林栽培

1. 土壤

适宜于透水性好的土壤，如砂壤土。

2. 水肥

忌水湿，耐旱，耐贫瘠。过湿土壤易烂根，故生长期宜保持土壤处于较干燥状态，过旱时再补充水分；雨季应注意排水。

3. 光照

喜光，稍耐阴。

4. 修剪及越冬

花后及时剪除果序，可促使其产生新花序而延长花期。入冬前剪除地上枯枝。耐寒性强，可耐 -32℃低温。

四、价值与应用

花色艳丽，花期长，抗逆性强。适宜于花坛、花境，特别是野生花卉园和岩石园种植。

（刘青林）

Caltha 驴蹄草

毛茛科驴蹄草属（*Caltha*）多年生草本。驴蹄草属全球有12种，分布于南北半球温带地区；我国有4种，分布于南北各地。深受水景园丁的喜爱，只因早春其他水景植物刚刚萌动之时，驴蹄草那明艳的黄色（或白色）花朵就已经出现在郁郁葱葱的肾形叶丛之上。

一、形态特征与生物学特性

（一）形态与观赏特征

茎不分枝或有少数分枝。叶全部基生或同时茎生，茎生叶互生；叶片一般不分裂，有齿或全缘。花单生于茎端，或2朵或较多朵形成简单或复杂的单歧聚伞花序；萼片5或更多，花瓣状，黄色、白色或红色，倒卵形或椭圆形；花瓣无；雄蕊多数。

（二）生物学特性

喜湿润肥沃的土壤，喜夏季凉爽的气候，耐寒。在炎热的夏季有时会休眠。常生长于沼泽地、溪流和池塘边缘，以及潮湿的溪谷中，特别是高大的落叶树下（Speichert，2004）。

二、种质资源

有驴蹄草1种及其品种应用于园林（Armitage，2008；Graham，2012）；还有一些极少应用但颇具潜力的种。

1. 驴蹄草 *C. palustris*

株高30～50 cm。基生叶3～7枚；草质

图1　驴蹄草

图2　驴蹄草（John Vallender 摄）

或近纸质；近圆形、圆肾形或心形，长 2.5～5 cm，宽 3～9 cm；密生三角形小齿。单歧聚伞花序，顶生小花 1～2；萼片 5，黄色；花径 2.5～5 cm（图 1、图 2）。花期 4～7 月。广布种。

常见栽培的还有两个重瓣品种，重瓣驴蹄草 'Flore Pleno'（图 3）和 'Multiplex'（图 4），前者黄色，花朵圆润；后者金黄色，萼片长于瓣化雄蕊。

2. 北川驴蹄草 *C. dysosmoides*

2016 年新命名的四川北部特有种。株高 30～45 cm。叶片肾形，膜质，长 8～11 cm，宽 10～15 cm，基部心形至深心形，边缘具密集小锯齿，先端钝至圆形。花序腋生或假顶生，通常单花或 2～3，花朵下垂，花径 1.5～2 cm；萼片 5，外面红色，内侧猩红色（图 5）。花期 4～5 月。独特的花色为驴蹄草属育种提供了重要基因。

3. 白花驴蹄草 *C. natans*

沉水或浮叶类匍匐草本。茎长达 50 cm，具分枝，节上生根。叶片肾形或心形，长 1～2 cm，宽 1.5～2.4 cm，全缘或波状，中部以下具浅圆齿。单歧聚伞花序顶生，具小花（2～）3～5，花径 0.5 cm；萼片 5，白色或带粉红色（图 6）。花期 4～5 月。分布于我国东北地区北部、西伯利亚、蒙古及北美。极耐寒。适合我国北方及高海拔地区应用。

三、繁殖与栽培管理技术

（一）播种繁殖

种子保存期较短，故应随采随播，或采收后

图 3　重瓣驴蹄草 'Flore Pleno'（Paul 摄）

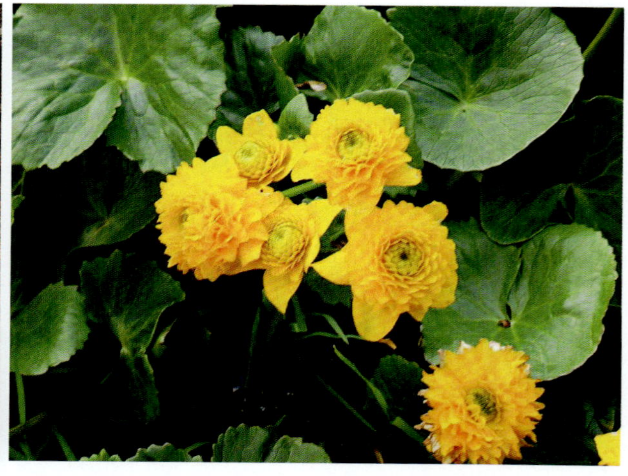

图 4　重瓣驴蹄草 'Multiplex'（Rob Duval 摄）

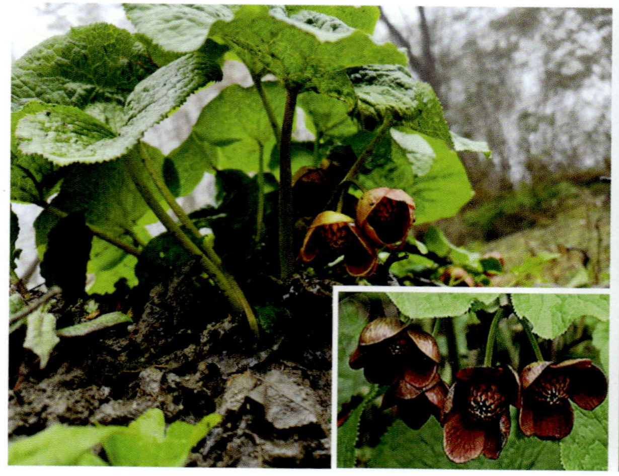

图 5　北川驴蹄草（Zhang Shen 摄）

图 6　白花驴蹄草（Igor Fefelov 摄）

低温层积一段时间再播种。撒播于湿润的泥土表面，并一直保持土壤湿度（可适当覆盖），在约20℃条件下最易萌发。实生苗翌年才可开花。

（二）分株繁殖

于休眠期或早春分离地下茎或走茎，另行种植。需要一直保持土壤湿润。

（三）园林栽培

1. 土壤

喜富含有机质、保水性好的土壤。

2. 水肥

喜湿，故需种植于浅水或土壤一直湿润处。施肥以有机肥为佳。

3. 光照

夏季凉爽的地区，宜种植于阳光充足处或落叶林下；气温较高地区，则宜种植于半阴环境。夏季高温高湿地区不宜种植。

4. 修剪及越冬

无须打理。

（四）病虫害防治

仅见蚜虫危害，常用杀虫剂即可防治。

四、价值与应用

叶大丛圆，花色明艳，喜湿，极耐寒。使其成为北方水景园、湿地、溪流旁等湿润处的优良材料。

该属的部分种全株含白头翁素和其他植物碱，有毒，民间用作农药。也有药用功能，全草治筋骨疼痛等症，用花治化脓创伤等症。

（李淑娟）

Campanula 风铃草

桔梗科风铃草属（*Campanula*）多年生草本，又名钟花。该属共421种，全世界分布广泛，生于北温带、地中海地区和热带山区。优良的宿根花卉，株型秀气，花色素雅，花形多钟状，可广泛应用于室内、室外景观营造。

一、形态特征与生物学特性

（一）形态与观赏特征

根形态多样，为根状茎、肉质茎，或具有茎基。有的具细长而横走的根状茎，有的具短的茎基而根加粗。株高50～120 cm。叶全互生，部分种类基生叶呈莲座状，叶卵形或倒卵形，边缘有波状钝锯齿，表面粗糙。花有单朵顶生和聚伞花序2种，花冠5裂，基部稍膨大成钟状，无花盘；雄蕊离生，仅有极少数的花药会相互之间不同程度地黏合；花丝片状，花药长棒状；柱头3～5裂，裂片或呈反卷状，或呈卷曲状；花萼有刚毛状纤毛，花冠钟形，基部稍膨大，有单瓣、重瓣之分，颜色有白、浅蓝、蓝紫、淡粉红等。蒴果带有宿存的花萼裂片。种子多数，椭圆状，平滑，种皮色彩和花色具相关性，种子褐色则花色蓝紫，种子白色则花白色，果熟期7～9月。

（二）生物学特性

要求光照充足、通风良好的环境，不耐干热，耐寒性不强，喜深厚肥沃、排水良好的中性土壤，微碱性土壤中也能正常生长。风铃草耐寒性较差。喜光，不耐荫蔽。

二、种质资源及园艺品种

（一）种质资源

亚洲、欧洲、美洲都有不同的风铃草种类，主要分布于北温带，集中分布在地中海至高加索区域，少数种类在北美。我国约20种，其中11种为特有种，大部分分布于西南各地，云南种类最多。该属分风铃草组与顶孔风铃草组（Hong et al.，2011）。

1. 风铃草组 Sect. *Campanula*

主要特点为蒴果在基部孔裂，基生叶花期枯萎。茎多花多叶，花单生或成花序，叶匀生于花茎之上。花萼、花冠的外面多数被毛。

该组数量较多，达275种，分布北达北极圈，南到密克罗尼西亚、非洲、阿拉伯半岛、中南半岛、印度，东部延伸到阿留申群岛。国内有15种3亚种。

2. 顶孔风铃草组 Sect. *Rapunculus*

主要特点为蒴果在侧面中部以上至顶端孔裂，基生叶花期宿存。花单朵顶生，或数朵顶生；茎生叶多长在近基部的地方，茎上部叶为条形。花萼和花冠外面无毛。

该组约140种，主要分布于北极及北温带地区，南部延伸至北非、伊朗、印度、中国、墨西哥北部与美国佛罗里达州。国内有7种。

（二）园艺品种

依据植株形态、花形将风铃草分三类：矮生种、双套种、杯碟种（龙雅宜，2007）。

1. 矮生种

植株低矮，花萼与花冠颜色相同且形状相同。

2. 双套种

植株较高，花萼与花冠是颜色相同且形状相同的，使得花朵形成内外两层的样式。

3. 杯碟种

花萼瓣状，花冠碟状，花萼与花瓣同色，直径可达 7.5 cm。

常见的风铃草系列有“钟铃”系列、“依莎贝拉”系列以及“斯特拉”系列。

图 1　风铃草花序

三、繁殖技术

繁殖方式有播种繁殖和分株繁殖。

（一）播种繁殖

以播种繁殖为主。种子细小，覆土不宜太厚，发芽适温为 20 ～ 22℃。春季或冬末春初，在塑料棚内保温播种，以利花期错开高温暑热。按小粒种子要求，整地要细致，深翻碎土 2 次以上，刮平地面，淋足水，然后将种子均匀撒下。播后不再覆土或薄盖过筛细土。幼苗期用喷雾器喷水，并视苗的生长情况，进行间苗补苗。也可将种子保温播在沙盘内，发苗后即施复合肥。当苗高 10 cm 左右时，移植至圃地或上盆定植。圃地定植的株行距以 20 cm × 40 cm 较宜，移植后淋足定根水，以后按一般管理。也可秋季播种，一般当年秋播的幼苗需培育至翌年春夏间，方可开花。从播种到开花需 6 个月左右，也可根据开花时间确定播种时间。

（二）分株繁殖

分株繁殖是多年生风铃草增殖最简单的方法，特别是地下根茎发达的种类。分株多于秋季进行，翌年即可开花。根茎上的隐芽萌发出新芽时，带着根段分栽新芽，即成独立的新植株。春季分株以植株返青后，新芽陆续出土，有 2 ～ 3 片小叶时为佳。生长环境良好的株丛到栽植的第 3 年时已十分拥挤，必须分株；否则株丛过密，会导致通风不良，茎细叶小，植株倒伏，开花不良，甚至容易遭受病虫危害。

四、栽培管理技术

（一）盆栽

1. 育苗

幼苗需移栽 1 次，生长期保持土壤湿润，每半月施肥 1 次。北方需在温室越冬或露地遮盖防寒越冬。小苗越夏时应给予一定程度遮阴，避免强烈日照，同时保证较高的湿度，经常浇水，也可以在幼苗上覆盖一层蛭石来保湿。

北方只宜在室内或塑料大棚内越冬。南方的广大低热地区，夏季生长较差，需调整种植期或夏日浇水降温。生长期需充足水分，但根部忌积水，做床宜稍高并注意排水。种植时施足钙镁磷肥、石灰等作基肥，苗期施氮肥 2 ～ 3 次，花前增施复合肥，花期应防止倒伏。

2. 基质配比

以草炭为主，可按比例加入珍珠岩或泥炭，建议配方为草炭：珍珠岩为 5 ∶ 1 或草炭：泥炭：珍珠岩为 3 ∶ 2 ∶ 1。基质按比例混合加水拌匀，保持一定水分，以保证基质的吸水性。

3. 种苗上盆

宜选有 5 ～ 6 枚真叶、根系发达、无病虫害的健壮苗，在 8 ～ 11 月都可上盆。选用盆径为 12 cm 的双色盆，在种植前 2 ～ 3 天装好基质，并保持盆内基质有一定的湿度（装基质时盆中心宜略微凹陷，以利于后期补水）。以浅栽方式，每盆种植 1 株即可，种植后浇透水，第 2 天喷施百菌清 1000 倍液。

4. 肥料管理

在全生育期内，每 7 ～ 10 天施用平衡型全水溶性肥料（氮：磷：钾 =20 ∶ 20 ∶ 20）800

倍液 1 次。当花苞可见时，每 7 ~ 10 天施用平衡型全水溶性肥料（氮：磷：钾 =15 ： 15 ： 30）1500 倍液（溶液 EC 值控制为 1.0 mS/cm）1 次。也可在花期适量增施钾肥。

5. 水分管理

风铃草不耐干旱，全生育期均需充足的水分；但根部忌积水。在营养生长期间，其株型小，蒸发量少，可每 3 ~ 4 天补 1 次水。在生殖生长期，其株型大，水分蒸发快，一般每 2 ~ 3 天补 1 次水。

（二）花期调控

1. 光照控制

长日照植物，受光周期影响显著，开花时间在很大程度上取决于光照时间。但在营养生长期需短日照处理 4 周，即每天光照时间为 9 小时，光照强度一般为 4000 ~ 10000 lx（最佳为 10000 lx），每天遮光时间为 15 小时；在生殖生长期需长日照处理 7 ~ 8 周，直至开花，即每天光照时间为 16 ~ 18 小时，人工补光的光强不得低于 4000 lx。其短日照处理时间可根据特定花期的需求来延长。

2. 温度控制

以 18 ~ 22℃的气温条件下生长发育最为适宜。当温度低于 12℃或超过 30℃时，其生长期会延长；当温度超过 35℃时，会停止生长甚至死亡。可利用人工调控环境温度来调控花期，创造出利于其生长的适宜温度，基本上就可实现其在元旦、春节、五一等不同时期开花。

3. 生长调节剂调控

为得到高品质的盆花，可使用生长调节剂对其生长进行特殊处理。一般可喷施 0.4% 多效唑 2 ~ 3 次以抑制植株生长，使株型紧凑，增大径粗。也可喷施 0.1% 乙烯利 1 次来确保其花苞向上。

（三）病虫害防治

1. 锈病

主要危害风铃草的叶片、茎部和芽。叶片发病呈黄绿色的疱状水斑，后逐渐扩大，疱状斑破裂后露出红褐色夏孢堆，病斑周围的叶组织变为淡黄色，茎部和芽处的症状与叶部相似。受害植株生长衰弱，严重时叶子焦枯。发病初期可用 25% 的粉锈宁 400 ~ 600 倍液防治。

2. 白粉病

真菌性病害，常危害叶片，也危害枝条、花柄、花蕾、花芽及嫩梢等。表面常出现一层白色粉状霉层，后期白粉状霉层变为灰色，受害植株矮小，嫩叶扭曲、畸形、枯萎，叶片不开展、变小，枝条畸形等，严重时植株死亡。结合修剪，剪除病残枝并集中烧毁。加强栽培管理，增施磷、钾肥并控制氮肥的施用量，提高植株的抗病性。选用抗病品种，发病初期或在未发病时进行预防，喷施 50% 多菌灵可湿性粉剂 800 ~ 1000 倍液、70% 甲基托布津可湿性粉剂 800 倍液或 25% 粉锈宁可湿性粉剂 400 ~ 600 倍液，每周喷 1 次，连续 2 ~ 3 次，交替使用。

3. 叶斑病

初期在叶片上呈水浸状坏死斑，后迅速变深褐色，病斑上长有明暗相间的同心轮纹，外围有黄色晕圈。发病初期及时剪去病斑或病叶，并集中烧毁。发病初期喷洒 14% 络氨铜水剂 350 ~ 500 倍液，每隔 7 ~ 10 天 1 次，连续防治 2 ~ 3 次。

4. 蚜虫

通常集中在嫩芽、嫩叶、嫩枝上刺吸汁液，造成植株受害部位萎缩变形。蚜虫还分泌蜜露污染植株，并诱发煤烟病等病害。可用万灵 600 ~ 800 倍液或 25% 鱼藤精乳油稀释 800 倍液喷杀，也可用 40% 速扑杀乳油 800 ~ 1000 倍液喷杀。每周喷 1 次，连续 2 ~ 3 次，对介壳虫及蚜虫有特效。

5. 螨类

多在叶背刺吸叶汁，常造成叶片变色甚至卷曲。可用 40% 三氯杀螨醇 1000 倍液防治。

6. 蓟马

以成虫或若虫寄生在植物上取食幼芽、嫩叶、花和幼果。被害植株生长缓慢，嫩叶被取食后卷曲，芽梢和花受害则凋萎。发病初期可用 25% 鱼藤精乳油或 40% 乐果或高效蓟蚜清或蓟马灵 800 ～ 1000 倍液进行防治。每周 1 次，连续 3 ～ 4 次，交替使用。

五、价值与应用

风铃草用途广泛，除了可作小型、微型盆栽、案头陈设之外，亦可作切花进行生产，制作花束、瓶插等（玉山，2003）。园林景观中可用来布置花境、点缀草地、建设屋顶花园、打造各种植物专类园等。生长能力与抗性都比较强，再加上形态优美，花色优雅，花期一致，可以在园林中与其他植物相互配置使用，丰富景观的同时也增加野趣。

除了观赏价值，风铃草还可入药。紫斑风铃草有食用和药用价值，韩国人通常在春秋两季收集紫斑风铃草的根来制作沙拉、煮野菜。风铃草具有化痰止咳的药效，在中医中常用于治疗急性或慢性支气管炎、扁桃体炎、哮喘（张晓明 等，2013）。紫斑风铃草的根含有风铃草素、菊糖，以全草入药，味苦性凉，清热解毒，止痛。可用于治疗咽喉炎、头痛等症。赵晨星等（2014）对紫斑风铃草全草的挥发油成分进行了分析和鉴定，鉴定出了其中的 57 个成分，表明其全草的挥发油中包含有许多生物活性成分。

（李亚娇　吴学尉）

Catananche 蓝苣

菊科蓝苣属（*Catananche*，玻璃菊属）多年生草本。全球5种，主要分布于地中海地区和北非。英文名为Cupid's dart（丘比特之箭），是爱情的象征。相传古希腊人曾将其作为制作春药的重要成分，现今将蓝苣的鲜花或干花加入花束中，以表达爱情（Armitage，2008）。

一、形态特征与生物学特性

（一）形态与观赏特征

较短命，高50～70 cm，茎直立，也常斜升，全株被毛。叶互生，线状披针形，灰绿色，有3条脉贯穿上下；多数基生，茎生叶较少，向上渐短小。头状花序顶生，总苞片膜质，多层；舌状花淡蓝色或深蓝色，瓣基深紫色（图1、图2）。花期6～8月（图3）。

（二）生物学特性

喜光，耐–28℃低温，稍耐旱；忌积水及黏重土壤。喜土层深厚、中等湿度且排水良好的土壤。

二、种质资源

仅蓝箭菊及其几个品种在园林中有少量应用。

蓝箭菊 *C. caerulea*

全株具毛，株高约60 cm。叶狭长披针形，互生。头状花序单生，直径约3.5 cm。花舌状，蓝色。

'蓝色爱恋'（'Amor Blue'）（图4A）和'白色爱恋'（'Amor White'）（图4B）这两个品

图1　蓝箭菊野生状态（Sylvain Piry 摄）

图 2　蓝箭菊叶及花部特征

注：A. 叶片形态；B. 花；C. 花朵侧面观；D. 宿存的苞片。

图 3　蓝箭菊（Rob Duval　摄）

种是从籽播苗选育而来，高约 60 cm。

'双色'（'Bicolor'）（图 4C）花瓣为素雅的白色，瓣基为高贵迷人的蓝紫色。常用于制作干花。

三、繁殖与栽培技术

（一）播种繁殖

春播或秋播。春播者当年可开花，但花量较少；秋播者翌年开花。种子较小，千粒重 3.3 g，覆土不宜过厚，0.5 cm 左右即可。种子发芽适宜温度 20 ℃，3 ～ 4 周出苗。3 ～ 5 片真叶时（发芽后 4 ～ 8 周）可分栽或定植于园地，株距 30 ～ 45 cm。从萌发至开花约需 4 个月。

（二）分株繁殖

于春季萌发前进行。数年后，植株易弱化，需及时更新。

（三）园林栽培

1. 基质

适应性较强，适宜于各种透水性好的土壤，pH6.6 ～ 7.8；忌黏重排水差的土壤。

图 4　蓝箭菊的品种

注：A.‘蓝色爱恋’；B.‘白色爱恋’；C.‘双色’。

图 5　蓝箭菊花境应用（Banditoeagle 摄）

2. 水肥

原生于干旱草地，耐贫瘠，常规施肥即可。一般自然降水即可满足生长，若遇雨水过多时，应注意排水。夏季土壤水分过多会导致植株倒伏，冬季休眠期高湿土壤易致植株死亡。

3. 光照

宜植于阳光充足处，不耐阴。

4. 修剪及越冬

入冬前剪除地上枯枝叶。耐寒性强，可耐 –28℃低温，一般冬季无须特别保护。

四、价值与应用

枝叶纤细，株型清秀，花色淡雅，苞片排列细致美观，光亮有质感。常用于花境（图 5）、花坛等，也是制作切花及干花的理想材料。

（李淑娟）

Catharanthus 长春花

夹竹桃科长春花属（*Catharanthus*）一年生或多年生草本，在美国一般被称为 vinca。花期可长达整个夏季，花色多样，尤其适合天气干热和阳光充足的地区种植。花语是“快乐，回忆”，在花卉装饰中具有特别的意义。原产于非洲东部及美洲热带地区。逸生的长春花经过野外的自然选择，已经适应了中国南方高温潮湿的气候，常年开花，一般为紫红色，也有白色；相比大部分国外园艺品种，具有更强的抗病性。

一、形态特征与生物学特性

（一）形态与观赏特征

叶草质、常绿，对生；叶腋内和叶腋间有腺体。花 2 ～ 3 朵组成聚伞花序，顶生或腋生。花萼 5 深裂，基部内面无腺体。花冠高脚碟状，花冠筒圆筒状，花冠喉部紧缩，内面具刚毛，花冠裂片向左覆盖；花色有红、紫、粉、白、黄等多种颜色。雄蕊着生于花冠筒中部之上，但并不露出，花丝圆形，比花药为短，花药长圆状披针形。花盘为 2 片舌状腺体所组成，与心皮互生而较长。子房为 2 个离生心皮所组成，胚珠多数，花柱丝状，柱头头状。蓇葖双生，直立，圆筒状具条纹。种子 15 ～ 30 粒，长圆状圆筒形，两端截形，黑色，具颗粒状小瘤。胚乳肉质，胚直立。子叶卵圆形（蒋英 等，1977）。

（二）生物学特性

中日照植物，强光照且温度高于 24℃将会促进开花。花期春至深秋；北方若在温室栽培，一年四季均可开花（焦会玲，2009）。嫩枝顶端每长出一叶片，叶腋间即冒出两朵花，花势繁茂。

喜温暖湿润的砂质壤土和阳光充足的环境，也能耐炎热和干燥，即使酷热下也不会徒长，生长适宜温度为 18 ～ 24℃。怕严寒忌水湿，切忌栽于低洼积水之处，在阴暗处生长分枝少，而且会影响开花，对土壤要求不严。其优良矮型品种，分枝性强，全株球形，且花朵繁茂，长势及抗逆性强，病虫害少，适合北方干旱地区城市栽植观赏（张维成 等，2017）。

二、种质资源与园艺品种

（一）种质资源

长春花属包含 8 种，分别是革叶长春花（*C. coriaceus*）、披针叶长春花（*C. lanceus*）、长叶长春花（*C. longifolius*）、卵叶长春花（*C. ovalis*）、长春花（*C. roseus*）、斯图鲁长春花（*C. scitulus*）、毛叶长春花（*C. trichophyllus*）、微小长春花（*C. pusillus*）。其中前 7 种原产马达加斯加岛，而第 8 种 *C. pusillus* 则来自斯里兰卡。

长春花 *C. roseus*

各品系花色较多，包括白色、粉红色、深玫红色、鲜红色、白色带红色花眼、薰衣草色、桃色、杏色、淡紫色、葡萄酒色和其他多种渐变色。花眼颜色有红色、白色，目前大多数商业品系的花瓣相互重叠（Gill et al.，2010）。

根据其枝条特性和生长高度可分为三大类：

垂吊型　枝条蔓生，适宜作户外景观地被或吊篮。

矮生型　株高 25.4 ～ 35.6 cm，适宜小庭院种植。

花境型　株高 35.6 ～ 50.8 cm，适宜城市景观、道路中的大型桶或盆等容器栽植（Paul et al.，2012）。

（二）园艺品系

长春花园艺品系丰富，花色及应用形式多样（图 1）。

1.“太平洋”系列（Pacifica）

目前世界上应用最广泛的品种。株高 43 ～ 52 cm，开花早，花径 5 cm，分枝性强，株型紧凑。既可以盆栽，亦可以布置花境，观赏应用特征属于花境型，且抗逆性极强。花色有深紫色白心、大红色、白色红心、淡粉色、桃红色。

2.“清凉”系列（Cooler）

耐雨耐热，是目前所知唯一具有抗疫病基因的品种。花色多为冰粉色、玫瑰红色、深红色、混色，株高 42 ～ 59 cm，花径 4 cm，分枝能力较差，下垂性较优，适合养成长春花墙或瀑布造型。

图 1　长春花园艺品系

注：A-E. 不同花色的长春花；F. 长春花盆栽效果；G、H. 长春花垂吊效果；I. 长春花成片栽植效果。

3. "地中海"系列（Mediterranean）

花早生，茂盛，蔓生习性出现早，并且可以一直持续。花朵比原始系列品种大20%，花瓣重叠，植株长势更强健，观赏应用特征属于垂吊型，适合夏季吊篮和容器栽培。在阳光充足、炎热干燥的栽培条件下表现优异，耐干旱和高温能力较强，需水量很少。主要花色有玫瑰红色、混色。

4. "热浪"系列（Heat Wave）

开花最早的品种，株高49～52 cm，分枝数较多，健壮且耐高热，属于花境型。花色较丰富，有白色、混色、紫红色、淡紫蓝色，是较好的育种材料。

5. "太阳风暴"系列（Sun Storm）

株高41～53 cm，叶片相对其他系列较短，分枝数少，节间距较短。花色为粉红色、杏色、玫瑰红、白色。

6. "日本麒麟"系列（Titan）

花径4.5～5 cm，花瓣较大，植株矮小，分枝较多，可作为花坛观赏育种材料。花色有粉红色、玫瑰红色、深玫瑰红色。

三、繁殖与栽培管理技术

（一）播种繁殖

每穴播1粒，将种子播在穴中央，用手指轻按使其与基质充分接触，然后覆盖粗蛭石或细土厚0.6 cm左右。推荐使用蛭石，因其保水性和透气性都很好，可以保持种子周围的湿度，有利于种子萌发。播种覆盖后，再用细雾喷头喷1次水，浇透。长春花种子具嫌光性，在黑暗条件下能较好地发芽，需要用黑色薄膜轻微覆盖。

（二）扦插繁殖

扦插繁殖多在4～7月进行。选用生长健壮无病虫害的成苗嫩枝为插穗，一般选取植株顶端长10～12 cm的嫩枝作为扦插材料，插穗长度以5～8 cm为宜。扦插基质选用素沙、蛭石、草炭的混合基质按一定的比例配成（3∶3∶4）。扦插生根的适宜气温为20～24℃，插床温度应比气温高2～3℃最适宜，15～20天即可生根，扦插后保证插穗不能失水。由于扦插繁育的苗木长势不如播种实生苗，故在栽培上很少采用。

（三）压条繁殖

基部可长成亚灌木，在分枝部位环剥1～1.5 cm的皮层，深达木质部。然后用塑料袋装满湿润的苔藓或者基质包住环剥部位。在后期的管理中一定要保证吊袋的基质湿润。30～35天即可生根，待新根长出后剪掉另行栽植即可（李博和于晓莹，2019）。

（四）园林栽培

1. 基质

土壤以疏松透气、排水良好、有机质含量丰富的砂质壤土为佳。盐碱土不适合长春花的栽培，基质pH 5.5～5.8。基质宜用腐叶土：草炭：蛭石：厩肥=3∶2∶2∶1，充分搅拌混合均匀即可上盆使用（李博和于晓莹，2019）。此外，堆肥绿色废弃物也可替代草炭，可以提高基质的养分含量（Ma et al.，2024）。

2. 光照与温度

喜温暖、光照充足和稍干燥的环境。3～7月，生长的适宜温度为18～24℃，9月至翌年2月为13～18℃。冬季需要做好增温工作，冬季温度低于10℃，则会受到寒害而影响生长，低于5℃会受冻害。

3. 水肥

长江流域以南地区多使用大棚种植，防止雨水过多造成死苗。对土壤水分比较敏感，雨天要预防根部腐烂；土壤干燥时叶片易失水萎蔫，需要保持土壤湿润。

喜肥花卉，在苗期要增施氮肥，花蕾形成期增施磷肥，开花期增施钾肥和钙肥，防止后期倒伏。中期追肥以"薄肥勤施"为原则，一般每隔10～15天追肥1次，追肥以采用水溶性速效性肥料为宜。在冬季气温较低时，要减少追肥的使用量。

4. 摘心与修剪

为保证植株丰满，需进行修剪使其促发侧

枝。可以根据花期进行 1 ～ 2 次的摘心来调节。当幼苗长到 4 ～ 5 对真叶时，进行第一次摘心。摘心后要及时追肥，以促进植株生长。当第一次摘心后新发侧枝长出 2 ～ 3 对真叶时，进行第二次摘心。每摘心一次花期向后推迟 20 天左右，并可根据花期的需要适时掌握摘心的次数。但摘心次数最好不要超过 3 次，否则影响开花的质量。

（五）病害防治

常见病害有基腐病、黄化病、黑斑病等。基腐病防治可用高锰酸钾 500 ～ 1000 倍液，或双效灵水剂 300 倍液，或 40% 多硫悬浮剂 600 倍液，或 50% 多菌灵 500 倍液，连续喷淋 4 ～ 5 次。黄化病在发病初期，病株灌浇 2% ～ 3% 硫酸亚铁，或用 0.1% ～ 0.2% 硫酸亚铁喷施叶片。黑斑病在发病初期，可用 50% 辛硫磷 800 倍液，或 50% 敌敌畏 1000 倍液喷洒，连续喷洒 3 ～ 4 次。

四、价值与应用

长春花在国际上应用较为普遍，栽培于各热带和亚热带地区。但在 20 世纪 70 年代以前花色以白色、紫红色为多；现已选育出不少系列的新品种，极大地丰富了应用范围。17 世纪引入我国，栽培历史不长，目前主要在长江以南地区栽培，如澳门、福建、广东、海南、江西、台湾、广西、云南、贵州、四川、河南及江苏、浙江一带有栽培或逸为野生（蒋英和李秉滔，1977），在一些地区成为侵略性外来种。花朵色彩鲜艳，花期长，适合作为盆栽、花坛和岩石园的装饰，尤其在大型花槽中表现突出，还可植于疏林下作地被植物。

也是一种具有很高开发应用价值的药用植物（孙小芬 等，2022），含有 100 多种具有重要药用价值的生物碱，以叶中的含量较高，包括具有抗癌活性的萜类吲哚生物碱，如长春碱（vinblastine）和长春新碱（vincristine），降压药用成分利血平（reserpine），以及治疗高血压、心律不齐等疾病的药用成分阿玛碱（ajmalicine）等。

（吴昀　夏宜平）

Centaurea 矢车菊

菊科矢车菊属（*Centaurea*）多年生或一二年生草本。该属约有736种及众多的变种和亚种，主要分布于地中海及西南亚地区；我国产少量几种，均分布于新疆地区。属名源于古希腊语半人马怪Centaur。该属最显著的特点就是球形的总苞及形态各异的苞片附属物，且附属物向苞片两侧下延。一些种还是原产地的传统草药。

一、形态特征与生物学特性

（一）形态与观赏特征

茎直立或匍匐，极少无茎。叶不裂至羽状分裂。头状花序异型，小或较大，含少数或多数小花，在茎枝顶端通常排成圆锥花序、伞房花序或总状花序，极少植株仅有1个头状花序。总苞球形、卵形或短圆柱状、碗状、钟状等。总苞片多层，覆瓦状排列，质地坚硬，形状不一，顶端有各种各样的附属物且下延，极少无附属物。全部小花管状，花色多样。边花无性或雌性。

（二）生物学特性

1. 光照

喜光，每天接受6～8小时充足阳光为宜。炎热夏季需要轻微遮阴。长时间的阴暗环境会使植株徒长，需要扶持避免下垂。

2. 土壤

在肥沃、排水良好的土壤中生长最好。更喜欢pH 7.2～7.8的碱性土壤；如果土壤偏酸性，可以加入碎石灰石。

3. 水分与空气湿度

露地栽培降水量少时需每周浇1次水以保证生长所需水分。炎热夏季需勤浇水。遵循“见干见湿”原则，待土壤微干而不完全干时浇水。空气湿度在30%～50%的范围内生长最好，潮湿环境易感染真菌疾病。

4. 温度

能忍受轻微冻害，也能忍受炎热干旱。在15～26℃的温度下生长旺盛，开花及果实成熟需29～35℃的温度条件。适应性强，多年生矢车菊在西安可露地生长10年以上。

二、种质资源

目前园林应用的有以下几种。

1. 雪叶菊（雪叶矢车菊）*C. cineraria*

基部常木质化，通常密被茸毛，近白色，直立，有少量分枝，株高可达80 cm。叶银色，一至二回羽状深裂，裂片狭条形，基生叶长可达45 cm，茎生叶渐小。花单生于分枝顶端，花紫红色，花径2.5～5 cm。花期6～8月（Graham，2012）（图1）。

产意大利，生于海边岩石上。

此种常与银叶菊（*Jacobaea maritima*）混淆。虽然叶形叶色相似，但雪叶菊的球形总苞明显，花紫红色；银叶菊花金黄色。

2. 大头矢车菊（黄花矢车菊）*C. macrocephala*

丛状，茎直立，不分枝或少分枝，粗壮，高90～150 cm。叶倒披针形或狭卵形，全缘，边缘呈波状，长12.5～15 cm。头状花序，总苞棕色，纸质，粗糙，顶端流苏状；花黄色，直径

5～8 cm（图 2）。花期 7～8 月。

产土耳其和高加索。极耐寒（董长根 等，2013；Armitage，2008；Graham，2012），适合我国北方种植。

3. 山矢车菊 *C. montana*

株高 30～70 cm，具匍匐茎，全株被长伏毛。叶狭披针形，长约 10 cm，全缘。单花顶生，苞片附属物深褐色，使苞片外观呈精致的菱形黑边；边缘花蓝紫色，放射状，中心花盘带红色；花径 5～7 cm（图 3）。花期 5～8 月。

原产欧洲中南部，北部较少。有如下品种（Armitage，2008）（图 4）：

'紫水晶之梦'（'Amethyst Dream'） 相比原种，边缘花更紫，雄蕊色更深。花期 5～7 月。

'雪中紫水晶'（'Amethyst in Snow'） 株高 30～60 cm，冠幅 23～45 cm，叶长 17 cm；花大，5～10 cm，边缘花纯白色，中心花盘紫红色。花期 5～7 月。

'金块'（'Gold Bullion'） 叶片黄色，特别是在光照充足处。花期 5～7 月。

'黑精灵'（'Black Sprite'） 花冠几乎黑色。花期 5～7 月。

4. 黑矢车菊 *C. nigra*

俗名安全帽（hardhats）。株高 30～45 cm 或更高。茎直立，多分枝。叶长披针形，具粗齿或波状或具裂片，被毛；基生叶长达 25 cm。头状花序生于分枝顶端；总苞片附属物黑色或深棕色，缘具长刚毛；花径 2～4 cm，花蓝紫色，偶有黄色或白色（图 5）。花期 7～9 月。可耐 −32℃低温（Armitage，2008；Graham，2012）。

5. 流苏矢车菊 *C. phrygia*

俗名假发矢车菊（wig knapweed）。茎直立，常分枝，稀不分枝，高 30～120 cm。叶长披针形，绿色或灰绿色，缘具粗齿。头状花序生于分枝顶端；总苞片附属物黑色至黄棕色，长 5.5～14 mm，卵形至线形，具流苏状缘毛，逐渐变为丝状，顶端缘毛远长于侧面，附属物在中上端向外反折。花淡蓝色或紫色（图 6）。花期 6～7 月。

分布于欧洲北部，中部和东部，一直延伸到波罗的海半岛的北部（Graham，2012）。

5a. 亚种 subsp. *pseudophrygia*

与原种的区别在于总苞片附属物更长，9.2～17.5 cm；且流苏状缘毛更稠密（特别是在花后）（图 7）（Petr，2007）。

图 1　雪叶菊（Hamilton Square 摄）

图 2　大头矢车菊

6. 蓝盆丘矢车菊（大矢车菊）*C. scabiosa*

茎直立，多分枝，高 90 cm。叶常羽状深裂，稀少裂及不裂，灰绿色，缘具粗齿。头状花序生于分枝顶端；总苞片附属物黑色至黄棕色，长约 5 mm，缘齿粗糙。花紫红色、粉色或白色，外轮花瓣常向下反折，花径约 5 cm（图 8）。花期 7 ～ 9 月。

来自欧洲及不列颠群岛。一个形态变化较大的种，目前其种下有 12 个亚种（Graham，2012）。

7. 桂竹香叶蓝花矢车菊 *C. cheiranthifolius*

茎细长，叶蓝灰色，矛状。花朵纯白色，带有紫色雄蕊（图 9）。

原产土耳其东北部和高加索地区。

三、繁殖与栽培管理技术

（一）播种繁殖

直根性，宜直播，不耐移植；需保留较大的

图 3　山矢车菊（Patrick Cox　摄）

图 4　山矢车菊的品种

注：A.‘紫水晶之梦’；B.‘雪中紫水晶’；C.‘黑精灵’；D.‘金块’。

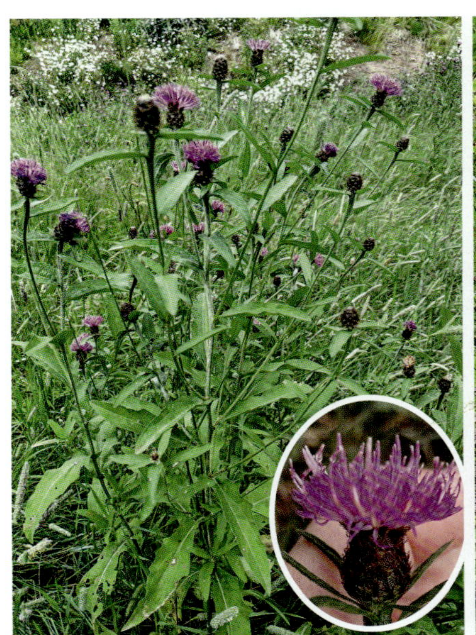

图 5　黑矢车菊（Daniel Chapman　摄）

图 6　流苏矢车菊（Dina Nesterkova　摄）

土团或者用穴盘育苗。

春秋均可播种，以秋播为好。从干花头上收集种子，贮存整个冬天直至春播。秋播苗在风障阳畦内越冬，次春定植露地，花期较春播的早而长。用 1.5 cm 的土壤覆盖种子，保持苗床湿润直到发芽。一旦发芽，即行疏苗，以增加植物的活力和开花。也可以在秋天直接在室外就地播种。春季露地直播，通常约需 10 周开花，6 月始花。可以通过摘花来延长开花时间；也可每隔两周播种 1 次，利用分期分批的播种方法有效延长观花期。

亦可在温棚中进行，撒播后覆土 2 mm，保持基质湿度，15 ～ 20 ℃条件下，1 ～ 3 周萌发。萌发后 4 ～ 6 周即可上盆，夏季种植于园地（Armitage，2008；董长根 等，2013）。也可以在温室播种，育苗基质用泥炭和蛭石以 8 ： 2 的体

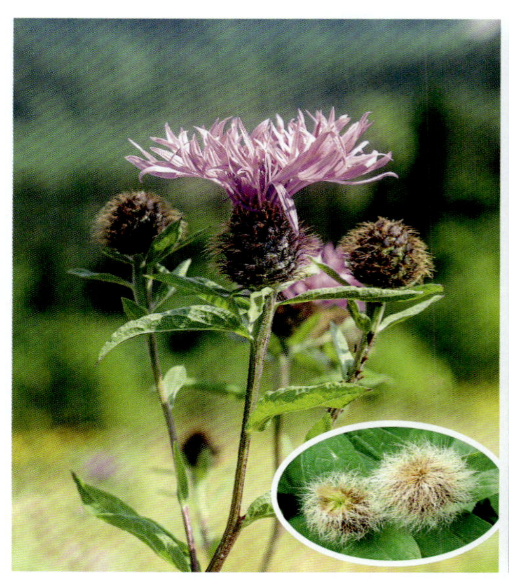

图 7 *C. phrygia* subsp. *pseudophrygia*（Igor 摄）

图 8 大矢车菊（李淑娟 摄）

图 9 桂竹香叶矢车菊（Mapnha 摄）

积比混合均匀），然后加入 1% 多菌灵进行杀菌消毒。将矢车菊种子撒到装满混合物的穴盘中，每天浇水，保持适当的湿度，直至发芽。然后将其种植在明亮的地方或阳光充足的窗口，直到可以安全地移植到户外。

（二）扦插与分株繁殖

常规扦插，一般在春季进行，在半木质化枝条上，采集基部长 10 ～ 15 cm 嫩枝，于冷棚中扦插。采用透水好的基质，保持湿度，直至生根。

秋季分株。多年生矢车菊传播非常快，每 2 ～ 3 年分植 1 次，控制在花园里的生长。

（三）园林栽培

1. 土壤

适应性强，适宜于各种透水性好的中性至碱性土壤。

2. 水肥

耐旱，一般自然降水即可满足其生长；忌积水，若遇雨水过多时，应注意排水。耐贫瘠。中等肥力即可。每 15 天进行 1 次施肥。栽培 180 天左右植株长大。生长期以混合绿肥（CGW）添加 15% 生物炭（BC）和 10% 牛粪有机肥（CM）最佳。

3. 光照

宜植于阳光充足处，或短暂遮光也可。

4. 修剪及越冬

花后修剪残花枝，可促进新叶生长；入冬前剪除地上枯枝叶。耐寒性强，可耐 -32 ～ -40℃低温，一般冬季无须特别保护。

5. 养护

较高的植株需要打桩扶持，或种植其他植物来支撑。叶片在仲夏经常会枯萎，变成浅绿色和黄色，可以通过削减 1/3 或 1/2 的叶子来恢复植物生长势。如遇凉爽天气，会长出新鲜的叶子和花茎。

（四）病虫害防治

没有严重的昆虫或病害问题。长期潮湿环境会造成白粉病，在叶子上出现白色斑点。蚜虫和粉蚧很少，可以通过浇水来去除。避免在矢车菊周围喷洒农药，即使是有机农药也会对蜜蜂和其他传粉者造成伤害。

四、价值与应用

矢车菊是蓝紫色花的代表种之一，栽培品种具有较高的观赏价值。高型株挺拔，花梗长，适于作切花。矮型株高 20 cm，花型整齐，花朵丰满，可用于花坛、草地镶边或盆花观赏。吸引蜜蜂和蝴蝶。常用于岩石园、花境、花坛等，特别是自然景观中的干燥贫瘠处。多与萱草、大丽花、俄罗斯鼠尾草和其他多年生植物搭配。

一种良好的蜜源植物。边花可以利尿，全草浸出液可以明目。

（刘青林　徐瑞）

Centranthus 距缬草

忍冬科距缬草属（*Centranthus*）草本或半灌木。属名来源于希腊语 *kentron* 和 *anthos*，其意分别为 spur（距）和 flower（花），表示花的基部带距。该属有 9 种，分布于环地中海地区。花形奇特，花朵芳香，抗逆性强，是一种应用历史较长的花境及花园植物。

一、形态特征与生物学特性

（一）形态与观赏特征

根茎型多年生或一年生草本，茎基部常木质化，全株无毛。叶单生，全缘，上部叶无柄或抱茎，下部或多或少具柄，全缘或具裂，少有锯齿。聚伞花序二歧分枝；花冠多少左右对称，5 裂；花筒近中部凸起，或在基部有距。雄蕊 1，长长地伸出花冠。柱头近棍棒状或 3 裂，外露（图 1）。花期 5 ~ 9 月。

图 1　长花距缬草（*C. longiflorus*）花部特征
（Ori Fragman Saour 摄）

（二）生物学特性

喜光，忌湿，抗旱，耐贫瘠，多生长于排水性好的砂质或石灰质土壤中。

二、种质资源

仅有红缬草及其品种在园林中有应用。

红缬草（距药草）*C. ruber*

株高 60 ~ 90 cm。茎丛生，植株紧凑。叶对生，卵状披针形，具齿或全缘；上部叶无柄抱茎。伞房聚伞花序，花冠筒细长，花红色、粉色或白色（图 2、图 3），芳香。花期 5 ~ 9 月。

园艺品种：

'Albus' 花奶白色，带粉红色晕；较低矮（图 4）。

'Atrococcineus' 花深胭脂红色，是花色最深的品种（图 5）。

'雪云'（'Snowcloud'）花纯白色，叶片鲜绿色（图 6）。

三、繁殖与栽培技术

（一）播种繁殖

春播或秋播，发芽适温 20℃，15 天左右出苗。种子具羽状毛，随风飘飞，自播能力极强，具有一定入侵风险。在北美一些区域，已经逸生为杂草，生于路边、墙角、石缝，甚至墙体上。

（二）分株繁殖

常规方法，于春季萌发前进行。

（三）园林栽培

1. 土壤

适宜于各种土质，尤喜碱性、砂质或石灰质土壤。

2. 水肥

忌水湿，耐贫瘠。水肥充足的环境，易徒长

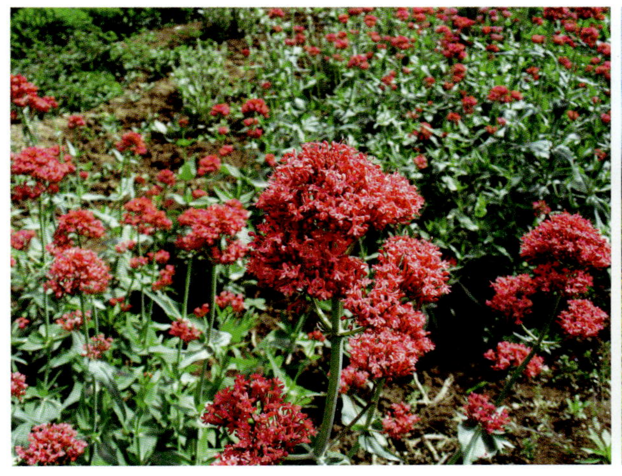

图 2　红缬草（李淑娟 摄）

图 3　红缬草野生状态（Jon Sullivan 摄）

图 4　红缬草的白花类型（John Barkla 摄）

图 5　红缬草的不同花色

图 6　‘雪云’

倒伏，且开花少；干燥贫瘠的土壤中反而会使株型紧凑。一般无须施肥。降水过多时，注意排水；长期无降水，植株出现萎蔫时再补充水分。

3. 光照

喜光，稍耐阴。

4. 修剪及越冬

为了防止种子自播，除留种外，花后应及时剪除果序。入冬前剪除地上枯枝。地下茎可耐 −25℃低温，我国东北地区需地面覆盖。

四、价值与应用

世界著名庭院花卉。抗逆性强，花期长，花朵密集，花色艳丽。适宜于花境、特别是岩石园种植（图 7）。也是一种镇静剂和抗痉挛解毒剂。

图 7　红缬草墙垣景观（陈煜初 摄）

（刘青林）

Cerinthe 蜜蜡花

紫草科蜜蜡花属（*Cerinthe*）一年生或多年生草本。本属有10种，环地中海分布。花或叶被咀嚼后会有新蜡的味道，甚至有人认为蜜蜂从这些花朵中采集蜡来建造蜂巢，这就是其属名的来历。

一、形态特征与生物学特性

（一）形态与观赏特征

丛生状，茎直立，少分枝或多分枝。叶互生，无柄；宽卵形至长椭圆形；基部抱茎；灰绿色，基生叶及下部叶上具滴落状绿白色斑块（图1、图2）。蝎尾状聚伞花序顶生；萼片5，叶状，分离，不等大；花管状，下垂，基部具一对叶形苞片。蒴果，具小坚果2粒。

（二）生物学特性

喜全光及半遮阴、夏季凉爽、中等湿度的环境。稍耐寒，不耐酷暑。秦岭—淮河线及以南地区或多年生，以北地区可作一年生栽培。

二、种质资源与园艺品种

有2种应用于景观（董长根 等，2013）。

1. 蜜蜡花 *C. major*

短命的多年生草本。株高45～120 cm。叶片先端急尖或圆钝。萼片叶状，蓝绿色或绿色，缘具细齿；花管状，管口5浅裂，裂片先端尖，且反折；黄色或双色（图3）。花期5～7月。耐寒性较差，可耐-10℃低温。该种所含的亚种和园艺品种如下。

1a. 紫花蜜蜡花 subsp. *purpurascens*

萼片蓝紫色，花深紫色（图4）。有各种花色组合（图5）。

图1　蜜蜡花的花序

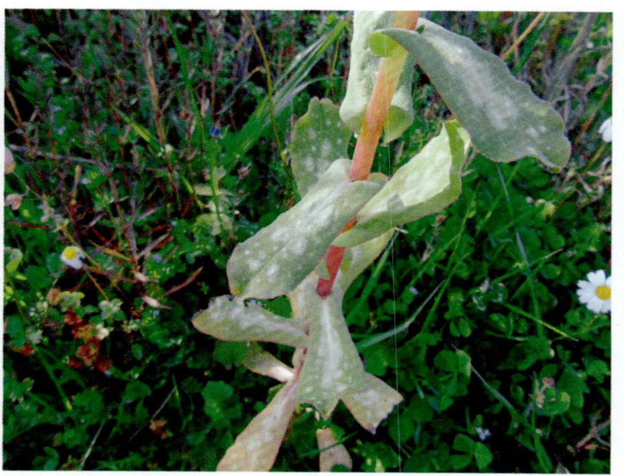

图2　蜜蜡花的叶斑

1b.‘紫贝拉’‘Purple Belle’

株高 45 ～ 75 cm。萼片蓝紫色，花管紫红色，随着开放时间渐变为深紫红色（图 6）。花期 6 ～ 9 月。

1c.‘凯蒂黄’‘Yellow Candy’

株高 45 ～ 90 cm。苞片及萼片蓝紫色，先端渐变为绿色，花管基部一半为深紫红色，先端一半为亮黄色（图 7）。花期 6 ～ 9 月。

1d.‘几维蓝’‘Kiwi Blue’

株高 45 ～ 60 cm。叶片蓝灰绿色。苞片及萼片淡蓝紫色，花管紫红色，随着开放时间渐变为深蓝色（图 8）。花期 6 ～ 9 月。

2. 小花蜜蜡花 *C. minor*

短命的多年生草本。与蜜蜡花的最大区别在于，花管口裂片向中央靠拢；而蜜蜡花的向外反折。萼片绿色，花管黄色，管口裂片基部具深紫红色小点（图 9、图 10）。

三、繁殖与栽培技术

（一）播种繁殖

以播种繁殖为主。种子随采随播，或冷棚秋播。最好采用保水性好的基质，播种后覆土厚度 0.5 ～ 0.7 cm，种子萌发适宜温度 20 ～ 25℃，

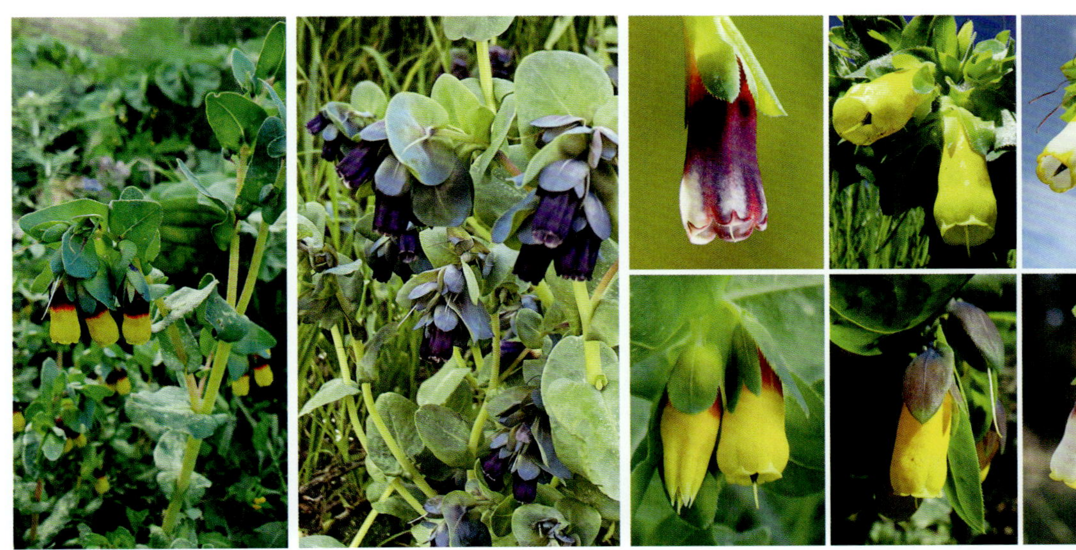

图 3　蜜蜡花
（Pierpaolo Congiatu 摄）

图 4　紫花蜜蜡花
（Ian Beer 摄）

图 5　蜜蜡花的不同花色类型

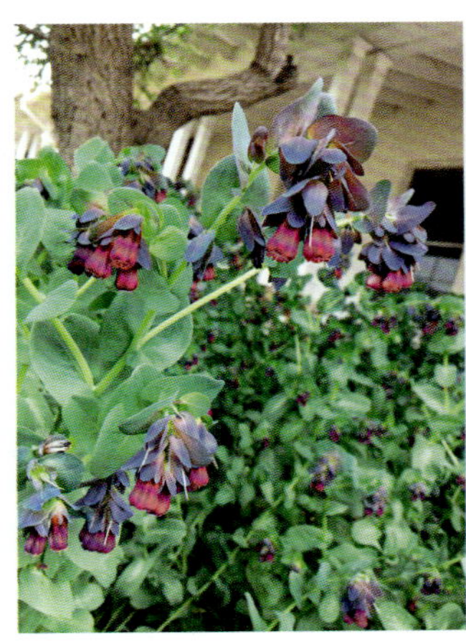

图 6　‘紫贝拉’
（Nona Moreno 摄）

图 7　‘凯蒂黄’（Giorgio 摄）

图 8　‘几维蓝’

图 9 小花蜜蜡花

图 10 小花蜜蜡花花序及花朵

7～20 天萌发（董长根 等，2013）。

（二）园林栽培

1. 土壤

以富含腐殖质的微酸性至微碱性土壤为好。

2. 水肥

生长季需一直保持土壤中等湿度；对肥力要求中等。

3. 光照

喜光及斑驳阳光。适宜种植于全光照，夏季气候炎热地区须种植于疏林下。

4. 修剪及越冬

分枝性较强，无须修剪或摘心。入冬前剪除地上枯枝。秦淮线以北地区冬季需进行适当保护。

四、价值与应用

蜜蜡花属因其独特蝎尾状花序及下垂的小花而引人关注。枝叶繁茂，呈蓝绿色，株型圆润，花型奇特，苞片、萼片及花色丰富。适宜丛植或片植于自然及城市景观，也可于花境中与其他花卉配植。

（李淑娟）

Chamaemelum 果香菊

菊科果香菊属（*Chamaemelum*）一年生或多年生草本植物。该属有2种，主要分布于欧洲及地中海地区。相对低矮的垫状植物，因茶用（洋甘菊）而使人们忽视了其观赏价值。

一、形态特征与生物学特性

（一）形态与观赏特征

叶互生，二至三回羽状全裂。头状花序单生枝端，具异型花；舌状花白色，花后向下反折；管状花两性，黄色；总苞片通常3～4层，覆瓦状排列，边缘干膜质。瘦果三棱状圆筒形。花期夏季。

（二）生物学特性

喜光和夏季凉爽的气候，忌湿，耐贫瘠，较耐寒，可耐-20℃低温。

二、种质资源

景观应用的宿根类仅有果香菊及其园艺品种。

果香菊（洋甘菊）*C. nobile*

茎先匍匐再直立，高15～30 cm，多分枝，全株被柔毛。叶二至三回羽状全裂，末回裂片狭条形或披针形、顶端具软骨质尖头。头状花序单生枝端，花径2 cm；舌状花雌性，白色；管状花黄色（图1）。花期5～8月（Graham，2012）。舌状花败落后，金黄色的管状花呈半球形宿存，延长了观赏期（图2）。

图1　果香菊

图 2　果香菊宿存的管状花

'重瓣'果香菊（'Flore Pleno'）　高度重瓣化的白色花朵呈绒球状，管状花未开放前呈黄绿色（Graham，2012）。

'Treneague'　一个开花量极少的地被型品种，植株群体低矮整齐。

三、繁殖与栽培管理技术

（一）播种繁殖

早春播种，易出苗。

（二）分株繁殖

生长季行分株繁殖。茎匍匐着地处，易生根，切下带根嫩枝另植即可。

（三）园林栽培

1. 土壤

喜排水良好的砂壤土。

2. 水肥

喜中度至稍干燥且排水良好的土壤，忌水湿。耐贫瘠，一般园土中种植无须施肥。

3. 光照

喜光，稍耐阴。

4. 修剪及越冬

入冬前修剪地上部分。最低温度低于 –20℃的地区，可作地面覆盖。

（四）病虫害防治

常有蚜虫危害；偶有白粉病出现。均可采用常规方法防治。

四、价值与应用

赏食两用花卉，既可观赏，又可采集花朵茶用。枝叶密集，芳香，花色素雅，花期较长。可用于地面覆盖、花坛和花境镶边、岩石园布置等。用茂密且深裂至线状的叶片及素雅的白花提取的精油具有舒缓神经、减轻病痛和有助睡眠的作用，干燥后作花茶用。

（李淑娟）

Chelidonium 白屈菜

罂粟科白屈菜属（*Chelidonium*）多年生草本植物。种子具有油质体，富含好吃又有营养的脂肪和氨基酸，对蚂蚁具有强烈吸引力，形状也比较适合蚂蚁搬运。觅食的工蚁会把种子搬进蚁巢，把油质体切下来喂养幼虫；然后把废弃的种子丢出巢穴或单独的垃圾间里。这样，种子就有机会分散到有利的萌发位置，也可以避免其他动物的取食。

一、形态特征与生物学特性

（一）形态与观赏特征

多年生直立草本，具黄色液汁，蓝灰色。根茎褐色。茎直立，圆柱形，聚伞状分枝。基生叶羽状全裂，裂片倒卵状长圆形、宽倒卵形或披针形，边缘圆齿状或齿状浅裂或近羽状全裂；具长柄；茎生叶互生，叶片同基生叶，具短柄。花多数，排列成腋生的伞形花序；具苞片。花芽卵球形；萼片 2，黄绿色；花瓣 4，黄色，2 轮；雄蕊多数；子房圆柱形，1 室，2 心皮，无毛，花柱明显，柱头 2 裂。蒴果狭圆柱形，近念珠状，无毛，成熟时自基部向先端开裂成 2 果瓣，柱头宿存。种子多数，小，具光泽，表面具网纹，有鸡冠状种阜。

（二）生物学特性

一般生长于林缘、灌木丛、草甸边，林间溪水旁，林中空地或郁闭度 0.5 以下的林下生长良好，喜半阴并湿润的疏松壤土。是一种浅根性植物，耐旱、耐寒。适应性非常强，一般土壤均可栽培，对土壤要求不高，养分较好的砂质土壤生长良好，在碱性大的土壤和黏性大的土壤不易成活且产量较低。

二、种质资源

单种属，我国、朝鲜、日本以及欧洲等地均有分布；我国大部分地区都有分布。

白屈菜 *C. majus*

株高 30 ～ 100 cm，主根比较粗壮，圆锥

图 1　白屈菜开花及植株形态

形，侧根发达，暗褐色。茎聚伞状多分枝。叶片为倒卵状长圆形或宽倒卵形，常有短柔毛，节上较密，后变无毛，长 8 ～ 20 cm，羽状全裂，全裂片 2 ～ 4 对，裂片边缘圆齿状，表面绿色，无毛，背面具白粉，疏被短柔毛；叶柄长 2 ～ 5 cm，被柔毛或无毛，基部扩大成鞘；花梗纤细，长 2 ～ 8 cm；萼片卵圆形，舟状，无毛或疏生柔毛，早落；花瓣 4 瓣，倒卵形，长约 1 cm，全缘，近黄色；雄蕊长约 8 cm，花丝丝状，黄色，花药长圆形；子房线形，长约 8 cm，绿色，无毛，柱头 2 裂（图 1）。蒴果长角状，长 2 ～ 5 cm。种子卵形，黑褐色，具光泽及蜂窝状小格。花期 5 ～ 8 月，果期 6 ～ 10 月。

三、繁殖与栽培技术

（一）播种繁殖

1. 种子处理

从 6 月下旬至 7 月上旬，采集白屈菜植株置于纱窗搭的框架上，下面铺塑料布，上面支遮阳网进行阴干，随每次翻动，种子落于塑料布上，去除杂质收集阴干，避免阳光直射。

2. 播种

夏季种子保存时间短，但生命力强，有利于种子萌发；白屈菜当年即可成型，为下一年大面积移植提供苗源并可提早收获。播种时间选择 7 月中旬，可采用点播和穴播两种方法。点播就是人工将种子点按在未经压实的大垄上，每孔点播 10 ～ 20 粒种子，保持孔距 20 cm，然后用锄头轻轻推平即可。穴播是在备好的大垄上，用锄头或镐刨深 10 cm 左右的穴，每穴用种在 20 ～ 30 粒，在最深处到边缘均匀撒播，穴距 20 cm，用锄头推平覆土，厚度保持 1 cm 左右。

3. 播后管理

播种到苗齐需 15 ～ 20 天，幼苗期要及时松土除草，严防草荒形成。雨季要提前扶垄作业，以利于排水，避免发生内涝。秋分前要清除杂草，防止草种落地造成下一年草荒，不需要间苗、定苗。

（二）露地栽培

1. 选地与整地

适应性强，一般的土壤均可种植，前茬作物种类影响也不明显。可于播种前两周先对待播地块进行化学除草，待杂草死亡与秸秆一同进行清理，然后深耕整地，待播种。为避免形成草荒，可用乙草胺 +2, 4–D 丁酯进行苗前除草。

2. 移栽时间

春季移栽于早春苗源地雪化后进行，萌动后移栽成活率有所降低，所以移栽时间尽可能提前，哈尔滨地区以 5 月 10 日前移栽完成为宜。秋季移栽要在幼苗停止生长至地面结冻前进行。

3. 移栽方法

从苗源地（野外或种植地）选择健壮、色泽新鲜、规格尽量一致的植株，带土坨移出，剔除干枯老叶及其他杂物，轻拿轻放避免土坨脱落，移至栽植地备用。在栽植地原垄刨穴，株距 20 cm，穴深 15 cm，把植株带土坨置于穴中心位置，浇透水。于穴边浇水，尽量避免土坨散落。待穴内水渗透要及时培土，避免植株根部透风失水。移栽过程中要尽量缩短植株裸露时间，随起随栽，浇透水，避免植株失水，这是提高成活率的关键。

4. 田间管理

春季出苗后要及时除草，结合春季移植进行补苗定植。移植幼苗的缓苗期要视土壤干湿情况及时补水，以确保成活。结合除草及时扶垄，提高地温。雨季及时排水。白屈菜为抗菌杀虫药源植物，病虫害感染率低或不发生。为提高产量，可少量追施复合肥，及时中耕除草，避免形成草荒。

5. 采收与干燥

前一年夏播及移植的当年即可收获。6 月下旬至 7 月初为白屈菜盛花期，此时干物质积累达到较高重量，活性物质最为丰富，可进行第一次采收。伏季温湿度适宜，白屈菜生长旺盛，9 月初可进行第二次采收，以提高单位产量。鲜品必须及时进行阴干处理，每日翻动 2 ～ 3 次，10 天左右基本达到安全含水量。

四、价值与应用

白屈菜株型奇特，花繁叶茂，花色金黄，优雅别致。适宜公园绿地、风景林地绿化。在荫蔽地、山坡及疏林下种植。

全草可药用，味苦，性凉，有毒。归肺、胃经，可解痉止痛、止咳平喘，用于治疗咳嗽气喘、百日咳等。

（赵国成　吴学尉）

Chloranthus 金粟兰

金粟兰科金粟兰属（*Chloranthus*）多年生常绿草本或亚灌木。全球共有18种，在我国均有分布，9种为我国特有植物，多分布于长江流域及以南各地，以西南地区最多（孔宏智，2000）。该属化石丰富且年代久远，多数种类生长在阴暗潮湿林下生境，具有简化的花部结构，被认为是揭示被子植物起源和早期演化之谜的关键类群之一。

一、形态特征与生物学特性

（一）形态与观赏特征

叶对生或呈轮生状，边缘有锯齿。花序穗状或分枝排成圆锥花序状，花两性，无花被；雄蕊3枚或1枚，着生于子房的一侧；雌蕊3枚（稀1枚），下部或基部多少结合，中央1枚花药2室，侧生的为1室。

（二）生物学特性

原产亚洲热带及亚热带低山地区。我国秦岭以南有分布。喜温暖，湿润，不耐干旱，但又忌过湿，更不能积水；宜生长在通风透气而又荫蔽的环境下，不宜阳光直射，夏季一定要放在遮光的棚架下。多穗金粟兰耐移植，在西安可露地生长10年以上。

二、种质资源

1. 宽叶金粟兰 *C. henryi*

多年生草本。株高达65 cm。根茎粗壮，黑褐色；茎单生或数个丛生，下部节上对生2鳞叶。叶常4片生于茎顶，宽椭圆形、卵状椭圆形或倒卵形，长9～20 cm；叶柄长0.5～1.2 cm；鳞叶卵状三角形，膜质，托叶小，钻形。穗状花序顶生，常两歧或总状分枝，长10～16 cm，花序梗长5～8 cm；苞片宽卵状三角形或近半圆形；花白色；雄蕊3；无花柱。核果球形，径约3 cm；具短柄（图1、图2）。

我国产陕西、甘肃、安徽、浙江、福建、江西、湖南、湖北、广东、广西、贵州、四川。山坡林下阴湿地或路边灌丛中，海拔750～1900 m。花期4～6月，果期7～8月。

2. 金粟兰 *C. spicatus*

半灌木，直立或稍平卧。株高30～60 cm；茎圆柱形，无毛。叶对生，厚纸质，椭圆形或倒卵状椭圆形，长5～11 cm，宽2.5～5.5 cm；叶柄长8～18 mm，基部多少合生。穗状花序排列成圆锥花序状，通常顶生，少有腋生；苞片三角形；花小，黄绿色，极芳香；雄蕊3枚，药隔合生成一卵状体，上部不整齐3裂，中央裂片较大，有时末端又浅3裂，有1个2室的花药，两侧裂片较小，各有1个1室的花药；子房倒卵形（图3）。

我国产云南、四川、贵州、福建、广东；日本也有栽培；但野生者较少见，现各地多为栽培。生山坡、沟谷密林下，海拔150～990 m。花期4～7月，果期8～9月。

该属物种均为优良的阴生观叶植物，仅见宽叶金粟兰（*C. henryi*）、金粟兰（*C. spicatus*）、丝穗金粟兰（*C. fortunei*）（图4）、银线草（*C. quadrifolius*）（图5）、多穗金粟兰（*C. multistachys*）及四川金粟兰（*C. sessilifolius*）等少数种在园林应用，园艺品种极少，有待进一步开发。

三、繁殖与栽培管理技术

（一）分株繁殖

根际多萌蘖，分株繁殖甚为方便。分株在初夏或秋末进行，将植株取出，去掉一些四周的须根，然后从茎基易分处分为带根的数丛，栽后置荫蔽处1周，然后进行正常管理。

（二）压条和扦插繁殖

从春末到秋初均可压条。将徒长枝压入土中，覆土厚度3～6 cm。可将压入部分先行刻伤，2～4枝并压，以促进发根和成丛。3个月后即可切离分栽。

在5～6月或秋季扦插。选取当年生枝梢，剪成4～7 cm长的插条，剪去下部叶片；扦插于粗沙或泥土中，保持湿润；注意遮蔽阳光，1个多月即可生根。

（三）园林栽培

1. 土壤

适生于肥沃、疏松、富含腐殖质、透水性好的微酸性砂质壤土或山泥。

2. 水肥

盆土保持湿润，但不能积水。温度过高时还要在叶面洒水。雨水过多时，须进行排水。施肥一般用菜叶水和饼肥水，而以鱼腥水最好。开花前多施肥，开花后少施肥。盆栽时盆底应垫碎瓦片和粗沙，以利排水，培养土中可加入适量的腐

图1　宽叶金粟兰

图2　宽叶金粟兰（邱群光 摄）

图3　金粟兰（李树猫 摄）

图4　丝穗金粟兰

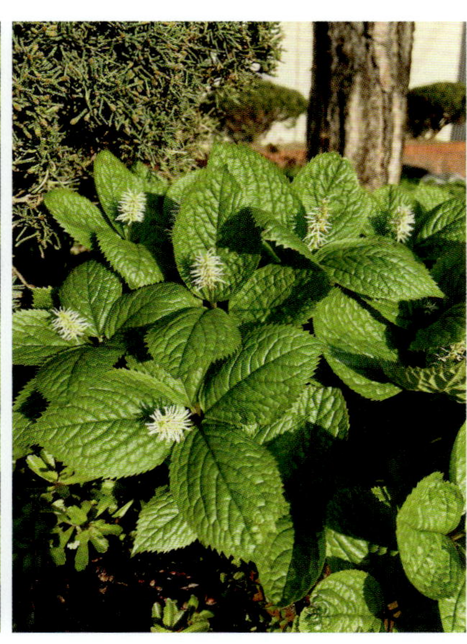

图5　银线草（Dewks H 摄）

熟饼肥。

3. 光照

喜散射光，夏季应进行遮光处理。

（四）病虫害防治

春夏之交久雨初晴后的强光，易导致新梢嫩叶被灼伤，初显失绿泛白态，无明显的病斑界线，后变成深褐色枯焦。发生日灼后，需要摘去被灼伤叶片，严重时可剪去受害的梢端，加强遮阴和水肥管理，可很快恢复生机。

线虫在病芽、病叶、地面落叶和土壤中越冬，随浇水或雨水淋溅传播，从气孔侵入危害。最初叶片出现水渍状半透明小点，黄绿色，叶背处微红，叶脉隆起，扩大后形成多角形坏死斑，红棕色至褐色。病叶变黑脱落。发病后需要清除病残体烧毁，土壤消毒可用 10% 克线磷颗粒剂撒施。高温高湿、通风不良、光线不好易诱发介壳虫危害。发生初期用 25% 倍乐霸可湿性粉剂 1500 ～ 2000 倍液喷杀，15 天后补喷 1 次效果较好（胡一民，2005）。

四、应用与价值

金粟兰属植物枝叶青翠，花幽香似兰，可作为中小型盆栽，适作地被植物成片栽植于林下、河边较潮湿处，也宜配植于山石旁、墙脚下等稍庇荫处。

大多以全草入药，具有祛风散寒、舒筋强骨、活血散瘀、消肿止痛的功效，通常用于治疗跌打损伤、瘀血肿痛、风湿性关节炎等疾病，被《中国药典》或地方中药材标准收载。有些种类的根状茎可提取芳香油。

（向林）

Chlorophytum 吊兰

天门冬科吊兰属（*Chlorophytum*）多年生常绿草本。全世界有193种，在热带和亚热带的旧大陆分布较广，非洲热带和亚热带是其分布中心，少数也可见于南美洲和澳大利亚。因叶片和根的形态与兰十分相似，且花梗横生倒卧，可悬挂于空中而得名。叶腋中抽生出匍匐茎，长可尺许，有刚柔并济之感；茎顶端簇生的叶片向外下垂，随风飘动，形似展翅跳跃的仙鹤，故有“折鹤兰”之称。因姿态优美、适应性强、能吸附有害气体而到人们广泛的喜爱。

一、形态特征与生物学特性

（一）形态与观赏特征

根肉质。叶基生，常为长条形、条状披针形至披针形，无柄或有柄。成熟植株会长出匍匐茎，一般长30～60 cm，匍匐茎的顶端会长出幼小植株。细长的花莛从叶丛中抽出，花朵小而白，簇生在花梗顶端，呈总状花序或圆锥花序；花梗具关节（图1、图2）。

（二）生物学特性

性喜温暖湿润、半阴的环境。适应性强，较耐旱，不甚耐寒。不择土壤，在排水良好、疏松肥沃的砂质土壤中生长较佳。对光线的要求不严，一般适宜在中等光线条件下生长，亦耐弱光。生长适温为15～25℃，越冬温度为5℃。温度为20～24℃时生长最快，也易抽生匍匐枝。30℃以上停止生长，叶片常常发黄干尖。冬季室温保持12℃以上，植株可正常生长，抽叶开花；若温度过低，则生长迟缓或休眠；低于5℃，则易发生寒害。

二、种质资源与园艺分类

吊兰属我国产4种，只限于西南和广东、广

图1　吊兰

图2　吊兰的花

西地区，观赏应用的主要为引种栽培种。目前主要品种有10多种。

1. 吊兰 *C. comosum*

根状茎短，根稍肥厚。叶剑形，绿色或有黄色条纹，长10～30 cm，宽1～2 cm，向两端稍变狭。花莛比叶长，有时长可达50 cm，常变为匍枝而在近顶部具叶簇或幼小植株；花白色，常2～4朵簇生，排成疏散的总状花序或圆锥花序；花梗长7～12 mm，关节位于中部至上部；花被片长7～10 mm，3脉；雄蕊稍短于花被片；花药矩圆形，长1～1.5 mm，明显短于花丝，开裂后常卷曲。蒴果三棱状扁球形，每室具种子3～5粒。花期5月，果期8月。

原产非洲南部，各地广泛栽培，供观赏。广州民间取全草煎服，治声音嘶哑。

1a. ‘镶边’‘Variegatum’

叶片绿色，边缘为黄白色或银白色。近似品种还有‘金边’吊兰（图3）、‘银边’吊兰（图4）和‘白纹草’。

1b. ‘中斑’‘Vittatum’

又名斑叶吊兰。叶片绿色，沿着主脉有黄白色、乳白色或银白色的条纹。近似品种还有‘金心’、‘银心’等。

2. 宽叶吊兰（大叶吊兰）*C. macrophyllum*

植株较大，叶片较宽，绿色。

品种有‘金边’（叶边缘黄白色）和‘银边’（叶边缘白色）（图5）。

变种有金心宽叶吊兰，植株较大，叶片较宽，长约30 cm。叶面绿色，沿主脉为黄白色宽纵向条纹。不生走茎，花莛直立生长，花白色。

3. 南非吊兰 *C. capense*

花莛通常直立，具多分枝的圆锥花序，花序末端不具叶簇或幼小植株。

变种有斑心吊兰（var. *medio-pictum*）、金边吊兰（var. *variegatum*）

三、繁殖与栽培管理技术

（一）播种繁殖

播种繁殖一般较少采用。通常在每年3月进行。因种子颗粒不大，播下种子后上面覆土不宜厚，一般0.5 cm即可。在气温15℃左右，种子约2周可萌芽，待苗成形后可移栽上盆（陈少萍，2020）。

（二）分株和扦插繁殖

除冬季气温过低不适于分株外，其他季节均可进行。盆栽2～3年的植株，在春季换盆时将密集的盆苗，去掉旧培养土，分成两至数丛，分别盆栽成为新株。

扦插时期一般为春夏秋3个季节；在室内培养的，如果温度、光照条件许可亦可以四季扦插。用剪刀剪取匍匐茎上的簇生茎叶，移栽到事先盛有优质基质的花盆内，浇水后放于阴凉处培养。既不能埋得太深亦不能太浅，太深容易造成生长点腐烂，太浅不易根系下扎和浇水施肥（李娜 等，2017）。

（三）组培快繁

取大叶吊兰成熟种子，消毒后接种到MS培养基上，约35天后种子开始萌发，60天后长成高约2 cm的植株。将种子萌发的无菌苗切成1～1.5 cm的带芽茎段，接种到丛生芽诱导培养

图3　吊兰‘金边’

图4　吊兰‘银边’

图5　宽叶吊兰‘银边’

基 MS+6-BA 1 mg/L+NAA 0.1 mg/L 中。培养 10 天后，茎段基部开始出现绿色芽点，并伴随有少量绿色愈伤组织产生。继续培养 30 天后，将诱导出的丛芽块分割后再接种到丛生芽增殖培养基 MS+6-BA 1 mg/L +NAA 0.01 mg/L 中诱导增殖。将 2 ～ 3 cm 高的丛生芽切成单株后转入生根培养基 1/2MS+6-BA 0.5 mg/L +NAA 0.1 mg/L 中。10 天左右在芽基部开始有不定根突起。每苗可分化出 5 ～ 8 条白色小根，30 天左右即可形成完整的组培苗，生根率达 95%（朱小茜 等，2010）。

（四）盆栽

喜温暖湿润的气候，适宜温度为 15 ～ 25℃，温度过高会导致叶片发黄干尖，温度过低时会导致吊兰生长缓慢甚至休眠。耐阴，夏季需要避免阳光直射，秋末应该放在光线较强的地方，防止光照不足导致的叶片柔软瘦弱，而花叶品种则更适合在阴凉的环境下生长，在光线弱的地方，叶片黄色和白色部分会更加突出，外观更加漂亮。

浇水应以盆土经常保持湿润为原则，盆土过干，则叶尖易发黑；盆土过湿，易造成烂根脱叶。喜空气湿润，在空气干燥地区，一年四季都需用清水喷洒叶面，以保持叶面干净及增加周围空气湿度，促进叶片和花莛生长。一般每周可喷水 3 ～ 5 次，每次以喷湿叶片为宜。

喜排水良好又肥沃的砂质土壤，随着植株的生长扩大一般 2 ～ 3 年换盆 1 次。在生长季节，可 15 ～ 30 天施肥 1 次。肥料以氮肥为主，也可施用速效水溶肥。对于金边和金心等花叶品种应该坚持少施氮肥的原则，否则会使其花叶的颜色变淡甚至消失。

（五）病虫害防治

一般不易发生病虫害。如果培养环境相对湿度过高或过于干燥，温度过高或过低，或者盆土的透气和透水性较差，则容易出现烂根和病虫害。可能发生的病虫害可分为生理性病害（主要有叶尖干枯和叶片短小）、真菌性病害（主要有根腐病、茎腐病、白绢病、炭疽病和叶枯病）、细菌性病害（主要是软腐病）、病毒性病害（主要是南美凋萎病）、虫害（主要有蚜虫、粉虱、线虫和介壳虫）。防治方法以预防为主，同时要加强栽培管理，做到勤通风、不积水、不暴晒、适量浇水、适量施肥以及适当见光（田福忠，2020）。

四、价值与应用

吊兰具有观赏、药用和空气净化的作用。叶色秀丽、常年翠绿、淡雅清新，叶片柔软，舒展垂散，具有独特的立体美感，可起到别致的点缀效果。“柔枝碧叶簇生花，偃卧横伸展翠华。常葆清馨仙子色，滤污净境足堪夸”。近年来，越来越多色彩层次丰富、形态新颖的吊兰品种进入花卉市场和千家万户，成为室内最为常见的悬挂观叶植物。

能有效清除包括苯、甲苯、甲醛、一氧化碳、二氧化硫等挥发性气体在内的有毒气体，有“空中花卉”“绝色仙子”“绿色净化器”之美誉，深受人们喜爱。适应性强，管理粗放，也可在南方园林中片植作地被，或布置花坛、花境等。

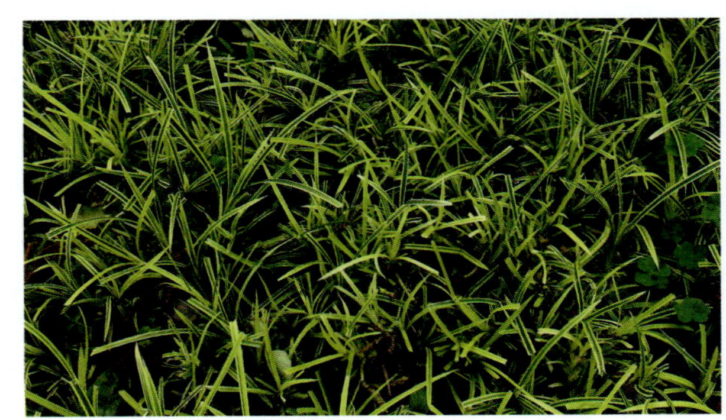

图 6　吊兰用作林下地被

（王方圆　李艳）

Chrysanthemum 菊花

菊科管状花亚科（Carduoideae）春黄菊族（Anthemideae）蒿（菊）亚族（Chrysantheminae）菊属（*Chrysanthemum*）多年生宿根草本或亚灌木（《中国植物志》）。全球约 37 种，以东亚为分布中心，主要分布于我国以及日本、朝鲜、俄罗斯等地，仅 1 种紫花野菊（*C. zawadskii*）分布可至南欧，我国原产约 22 种。菊花（*C.* × *morifolium*）是该属最重要的栽培种，原产我国，又名寿客、金英、黄华、女华、延年等，具有观赏、食用、药用等多种价值。菊花是我国十大传统名花之一，起源于我国并被传遍世界，现已成为世界四大切花之一。我国菊花种质资源丰富，有菊花品种 3000 多个，菊花近缘种约 20 种。我国不仅是栽培菊花的起源中心，同时也是菊属种质资源的分布中心。菊花遗传背景复杂，形态多样，色彩绚丽，堪称花卉王国中的一朵奇葩。

一、形态特征与生物学特性

（一）形态与观赏特征

浅根系植物，大部分根均密集于主茎基部，其横向扩展远大于地上部分的扩展范围。茎分为地上茎和地下茎两部分。地上茎直立或匍匐，高 15 ～ 300 cm 不等，分枝性强弱、分枝粗细及柔韧性等因品种而异。茎有棱，横断面近五边形；幼茎嫩绿或带紫褐色，因品种特性、受光方向及光线强弱不同而出现颜色差异；长成后，基部木质化，多为灰褐色。茎端开花，花后地上部枯死，以地下茎越冬，生长后期尤其是开花后的地下茎可萌发脚芽，成为新的繁殖材料，于翌年形成新株。脚芽萌发的多少、强弱，因品种和栽培条件而异。另外，栽培条件好、营养供应充分，脚芽生长粗壮。

叶片为单叶，互生，卵圆形至广披针形，叶缘羽状浅裂或深裂，锯齿状或缺刻，基部楔形。叶柄长 1.5 ～ 5 cm，叶长 5 ～ 17 cm，叶宽 3 ～ 11 cm。叶面绿色或浓绿，叶背色稍浅，具白色茸毛或无。因品种不同，其叶片大小、形状、质地、叶缘缺刻、叶脉形状、叶柄长短以及叶面附属物、托叶有无等存在很大差异；不同生长阶段，叶形亦有区别；栽培技术和环境条件对其影响也较大。

花为头状花序，顶生，由花序轴、总苞、边花及心花几部分组成。花序轴盘状或半球形，上生无梗小花，螺旋状排列。总苞由多数苞片组成，绿色。花序直径 2.5 ～ 20 cm 或更大；花序上着生十数个至千余个不等的舌状花，惯称花瓣，常为单性雌花或无性花；具雌蕊时，常 1 枚，柱头 2 裂。舌状花色多而艳丽，是主要的观赏部位，其颜色、形状、数量及花序轴上的排列方式等是品种分类的基础，可分为平瓣、匙瓣、管瓣、桂瓣、畸瓣五大类。心花为筒状花，两性；筒状花根据花冠先端开裂与否又可分为原始型与桂蕊型，原始型筒状花花冠先端不开裂，筒状花大，色黄半透明，雌雄蕊露出花外；桂蕊型花冠裂如桂花，雌雄蕊藏于筒内，筒状花发达伸长，色不透明。子房下位、1 室，内含一侧生胚珠；花柱细长，柱头二歧分裂；雄蕊 5 枚，花丝分离，花药聚合成聚药雄蕊。

果实为瘦果，内含 1 粒种子。菊花种子细小，长 1 ～ 3 mm，宽 0.7 ～ 1.5 mm，呈条形、披针形、狭卵形、椭圆形等。上端稍尖，呈扁平楔形，中部膨大，两端突起，表面有棱，

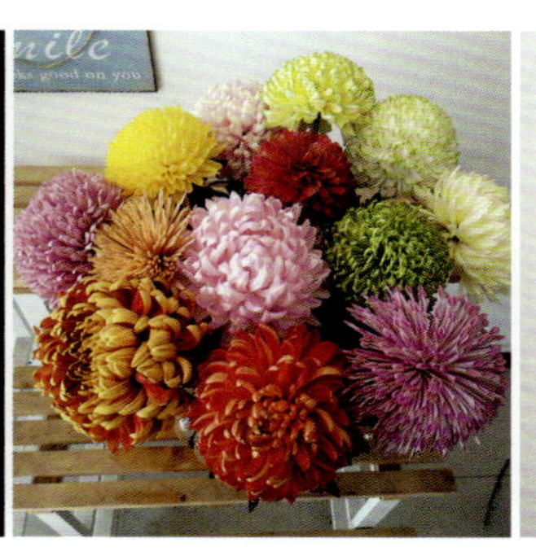

图 1 菊花的植株、叶片、花和种子（瘦果）

褐色，受精成功后 3 ～ 4 个月成熟，千粒重 0.3 ～ 1.2 g，小花型品种种子较小，大花型品种则较大。种子无明显休眠期，只要条件适宜即可发芽。种子无胚乳，胚所含养分较少，故寿命较短，一般生活力可保持两年，密封存放可延长生活力至 3 ～ 4 年（图 1）。

（二）生长发育

菊花原产我国温带地区，幼苗（包括实生苗和萌蘖脚芽等）春季萌发，经营养生长后，于当年开花。开花同时，根部发生萌蘖，俗称脚芽。萌蘖在冬季处于休眠状态，翌年春季生长，形成新株，并开花完成生活周期。年复一年，形成多年生宿根特性。在某些情况下，开花后的植株不能形成分蘖，迫使从原有老茎邻近土面的休眠侧芽萌发新梢。老茎上端不久亦枯死，新梢越冬后继续开花，成为亚灌木。

开花时，头状花序的小花从外向内逐层开放，每 1 ～ 2 天成熟 1 ～ 2 圈，各圈小花陆续成熟，全部成熟开放，需要 15 ～ 20 天。两性的心花雄蕊先成熟散粉，雄蕊散粉后 2 ～ 3 天雌蕊方成熟，属雌雄异熟型异花授粉植物。雌蕊一般于 9:00 左右开始展羽，当柱头展开呈“Y”形时为最佳授粉时期，展羽时间能持续 2 ～ 3 天，当柱头呈“T”形时，表明授粉的时间已过。雄蕊 15:00 散粉最盛，花粉生活力可持续 1 ～ 2 天。

（三）生态习性

1. 光照

性喜光，光照充足、通风良好条件下生长健壮，节间短而叶紧凑，叶片厚，具光泽。光照不足，植株瘦弱，易徒长。但忌夏季强光，烈日下易造成叶片、花瓣灼伤。适当遮光可延长花期，部分品种如绿色品种花期遮光能保持花朵色泽更为鲜艳，持久不褪色。秋菊品种为典型的短日性花卉，每日日照时数在 12 小时以下，夜间气温下降至 20℃左右时开始花芽分化，但品种间存在较大差异。生产中可通过人工控制光照时间、温度来推迟或提早花期，根据需求适时开花。而今，已培育出了许多对光周期不敏感或临界日长较长的品种，部分品种耐热性也较强，可以在春夏至初秋开花。因此，通过区域化生产，结合设施栽培下的光温调控和品种搭配，已经实现了周年生产。

2. 温度

喜温和凉爽，忌炎热。种子发芽适温为 20 ～ 25℃，4℃即可缓慢萌发。生长期适温为 15 ～ 25℃，高于 33℃、低于 10℃均生长缓慢或停止生长。营养体较耐寒，地下部可耐 –5 ～ –10℃的低温，因此华东地区可露地越冬，北方露地可采取覆盖或室内越冬。品种间抗寒性存在很大差异，一般中小型菊花较大菊品种耐寒性强，生长健壮的品种较生长势弱的品种耐寒，生长期营养充足也有利于提高耐寒性。

3. 水分

喜潮湿土壤，但忌涝害，积水极易引起植株枯黄甚至死亡。在低洼地、盐碱地不宜栽植。菊花亦耐旱，可以在丘陵坡地种植，但过于干旱不利于生长。因此可用“需量大，怕积水，耐干旱”来概括菊花的需水状况。喜较高的空气湿度，温度适宜时、较湿润和通风透气环境有利于其快速生长，但低温或高温时宜降低湿度，以减少病害滋生。

4. 土壤或基质

性喜富含腐殖质、透气、排水良好的砂质壤土或砂质土，对酸碱度要求不严，以中性或稍偏酸性为宜；应避免选用黏土和水位过高、排水不畅的地形。

二、种质资源与栽培起源

（一）分类概述

蒿亚族包含有19属，有15个属主要分布在中国、朝鲜半岛、日本、蒙古、俄罗斯东西伯利亚和远东地区，占该亚族80%以上。同一亚族植物间存在相似的特征，亲缘关系相对较近，而常说的菊属及其近缘属即为蒿亚族所包含的各属。

蒿亚族最主要的属群为蒿属群（Artemisia group），包括蒿属（*Artemisia*）和从蒿属分离出来的绢蒿属（*Seriphidium*），以及8个小的亚洲特有属，蒿属是全温带和热带山区分布的最大属。该属群具相似的形态特征：盘状或铁饼状的头状花序组成圆锥状花序；花粉无刺或具退化状小刺；瘦果倒卵形，薄壁，无棱，无冠毛。蒿属是春黄菊族的骨干大属，可能也是菊科中最进化的类群，该属世界上有388种，我国有187种，遍及全国。绢蒿属为北温带广布，但以中亚为分布中心。百花蒿属（*Stilpnolepis*）、紊蒿属（*Elachanthemum*）、画笔菊属（*Ajaniopsis*）、栉节蒿属（*Neopallasia*）和线叶菊属（*Filifolium*）为东亚地区的特产属。

本亚族另一个大的属群为菊属群，包括菊属、亚菊属、短舌菊属（*Brachanthemum*）、北极菊属（*Arctanthemum*）和三指菊属（*Tridactylina*），这些属间关系很近。后两属是东亚特有属。北极菊属分布于远东地区直到日本。三指菊为一年生植物，分布于俄罗斯远东地区。亚菊属分布于东亚和中亚，以我国为分布中心。短舌菊属分布于我国、蒙古、西伯利亚和中亚，常为草原或半荒漠成分。

（二）野生近缘种

菊花近缘种既是作为栽培种类的菊花的原始起源亲本，也是遗传改良的重要基因库，可为改善菊花遗传特性，丰富菊花多样性，尤其是提高抗逆性提供重要资源保障。菊属主要野生种类有毛华菊（*C. vestitum*）、菱叶菊（*C. rhombifolium*）、（野菊 *C. indicum*）、（菊花脑 *C. nankingense*）、小红菊（*C. chanetti*）、楔叶菊（*C. naktongense*）、甘菊（*C. lavandulifolium*）、委陵菊（*C. potentilloides*）、阿里山菊（*C. arisanense*）、紫花野菊（*C. zawadskii*）、细叶菊（*C. maximowiczii*）、黄花小山菊（*C. hypargyrum*）、小山菊（*C. oreastrum*）、异色菊（*C. dichrum*）、大岛野路菊（*C. crassum*）、拟亚菊（*C. glabriusculum*）、银背菊（*C. argyrophyllum*）、蒙菊（*C. mongolicum*）等。其中毛华菊、野菊、小红菊、甘菊、紫花野菊等极可能是菊花的主要起源亲本。而毛华菊、野菊、菊花脑等种类，现已在我国被作为茶饮、药用或食用种类进行较为广泛的栽培应用。

（三）栽培简史与传播

菊花起源于我国，其文字记载最早见于夏代（前2070—前1600）的农事历书《夏小正》，书中记有“荣鞠树麦。鞠，草也。鞠荣而树麦，时之急也”。“鞠”即现在的菊花。其后，西周时期的《周礼》（《周官》和《周官经》）也有关于“鞠”的记载。周代古籍《埤雅》云：“菊本作鞠，从菊穷也，华事至此而穷尽”，道出了菊名之根源。战国时期，在屈原的《离骚》中有“夕餐秋菊之落英”的诗句，最早记载了菊花的食用价值。野菊发展为药用植物的记载，最早见于汉朝的《神农本草经》，记有“菊花味苦、平。久服利血气，轻身、耐老、延年”。菊花作为观赏栽培始见于三国至东晋时期，如魏国钟会（225—264）著《菊花赋》：“圆华高悬，准天极也；纯黄不杂，后土色也；早植晚登，君子德也；冒霜吐颖，象劲直也；流中轻体，神仙食也”，而陶渊明（365—427）的“采菊东篱下，悠然见南山”则更是广为流传。可见，菊花最早是以反映物候、食用和药用等目的进入人类生活的。学界一般认为自晋代起，我国菊花进入了田园栽培的历史，并逐渐由原始的食用、药用等转为观赏之用。东晋伟大诗人陶渊明之“采菊东篱下，悠然见南山”诗句，说明菊花当时已作为庭院花卉栽培欣赏。唐代，种菊之风更加普遍，出现了白色、紫色等菊花新品种。白居易的“满园花菊郁金黄，中有孤丛色似霜”，刘禹锡的“家家菊尽黄，梁园独如霜”，李商隐的“暗暗淡淡紫，融融冶冶黄”等都说明当时白色、紫色菊花已在庭院栽培。宋代开始了我国艺菊的兴盛时期，出现了我国第一部菊花专著刘蒙《菊谱》（1104），是菊花栽培技术飞跃的一个时期，由地栽发展为盆栽，还出现了造型菊和立菊的栽培，利用嫁接繁殖菊花的技术也日益成熟。至明清后，菊花栽培技术和品种得到了进一步发展。

据史料记载，菊花虽在唐代就已传入日本，但至江户时代（1603—1868）才逐渐栽作观赏，正德、享保年间（1711—1735）始有菊展。1869年，日本太政官宣布菊花为皇室纹章，“十六单瓣菊”被认为是事实上的国徽。明清时期，日本盛行菊花品种改良，中国菊花品种在日本得到进一步发展，培育出嵯峨菊、江户菊、一文字菊等日本系列名菊。而今，日本的菊花育种取得了长足的进步，也成为了最大的菊花消费国。西方从中国直接引种菊花始于17世纪，1689年荷兰作家白里尼著有《伟大的东方名花——菊花》来称赞中国菊花。18—19世纪，欧洲又先后从中国、日本引种菊花并开展杂交育种，并相继传入美洲，多用作切花和盆花等的商品生产。

三、园艺分类

菊花品种丰富，全世界已累计有2万～2.5万个品种，其中我国传统品种菊品种3000个以上。按照不同的分类依据对诸多的品种进行分类，有助于我们更好地利用品种资源，推动品种质量的不断提升。

（一）按用途分类

菊花品种按用途分类可分为观赏性品种和功能性品种两大类群。

1. 观赏性品种

是以观赏其花色、花型、姿态等为目的的品种，包括用于室外景观、庭院、室内装饰及商务礼仪插花的所有品种，其颜色丰富艳丽、花型多变，株型和姿态也有各自的特性，这类品种数量众多，且育种活跃，数量每年都在增加，近年来国内的年品种申请量都在百个上下。现有数以万计的菊花品种中，绝大多数还是各类观赏菊，按照其细分用途可以进一步分为切花菊、园林小菊、地被菊、传统品种菊、盆栽小菊等，每类品种特性各异、分别满足不同的观赏与应用需求。

（1）切花菊

通常具有规整的花序形态，主茎笔直，枝条强度高，株高至少能达到60 cm以上，着叶均匀，叶片大小适中，叶姿态斜伸为佳。其又分为单枝只保留开一朵花的单头大花型品种和单枝开多朵甚至数十朵花的多头小花型品种。

①单头大花型品种。具有花序径大、花茎短的特征，侧枝、侧芽少的单头标准菊品种更能适合生产者的轻简化栽培，花型以莲座型和半球型、球形为主，近年来球型（又蜂窝型、乒乓型）及辐射、松针、管盘等花型的品种也逐渐增多。

②多头小花型品种。除了具有切花所需的茎枝共性外，还多具备各花枝间夹角小、花序排列紧凑聚集的特点。其花型常见有单瓣型（daisy）、莲座或芍药型（decorative）、托桂型（anemione）、风车型（spider）、蜂窝型（pompon）、小花型（迷你型，santinii）等。

（2）园林小菊

是适宜用作秋季包括国庆花坛布置的一类小菊，其株型圆整，冠幅大多呈半球形或球形，枝多花密、色彩艳丽，也适合营造花海、花田，用于构成主题图案、文字、图标等大地艺术。这类品种最初多以国外引进为主，荷兰、比利时、德国育出的品种较多。近年来，南京农业大学推出的“金陵”系列、“钟山”系列，北京市花木公司推出的“绚秋”系列、“寒露”系列等已逐渐在各地城乡园林景观上越来越多地应用，大大改观了国外品种主宰市场的情况，并且在性状上体现出了适应性强、生长势旺、冠幅大、效价比高的优点，特别是在耐南方湿热气候上有了质的提升。

（3）传统品种菊

是我国各地园林系统历年菊展的主角，是目前观赏菊品种中花型多样性最为丰富的品种群，不同品种姿韵各异，适合爱菊者细细品赏、把玩，也是传统菊花文化的最具代表性的载体。所谓的十大名菊——‘帅旗’‘金背大红’‘凤凰振羽’‘十丈珠帘’‘墨荷’‘绿衣红裳’‘绿牡丹’‘玉壶春’‘黄石公’‘绿云’便是其中的代表。全国菊展中的“百菊赛”也是针对种植者莳养这类品种的水平进行评比。国内有不少单位都保存大量花型各异的品种，其中南京农业大学收集整理出3000余个品种，开封菊花研究所有约1000个品种。这类品种对栽培养护的要求较高，要求具有丰富的经验辅之以精细的莳养技艺才能培养出好的成品盆花。除了我国，日本也广为栽培应用该类品种，且其育种成绩斐然，优良品种众多，如‘国华’‘泉乡’‘骏河’‘太平’‘久米’‘东海’‘清见’‘精兴’等系列品种，不少为国内生产单位引进、保存并广泛栽培应用。

（4）盆栽小菊

主要是一类针对家庭盆栽的新类型，与园林小菊不同的是，其花、叶层次分明，与园林小菊“见花不见叶”相区别的是其“绿叶配红花”的特征。其茎秆丛生而直立，植株紧凑，株高及冠幅大小适中，大多具有中花型，色彩明快、艳丽，适合窗台、阳台摆设。此类品种在茎枝特性上接近多头切花菊，但株高基本在20～30 cm之间。少数株型较低矮或者易调控的多头切花菊品种也可以通过矮化栽培达到类似效果。

2. 功能性品种

是指观赏以外，具有饮用、食用、药用等功能的菊花总称，包括食用菊、茶用菊及药用菊等。

（1）食用菊

是从观赏菊中筛选出来以花序、叶片等作为食材的一类品种，本质是食花、叶的蔬菜，鲜食或熟食均可，一般是中型花和大型花，花瓣肉质厚而质脆或质具韧性，微甜或回甜，其营养物质含量丰富，要求适应性强，栽培管理粗放，如广东中山常见食用的‘黄莲羹’‘黄球’等品种，日本的‘延命乐’‘阿房宫’等品种。此外，以菊花近缘种菊花脑为代表的食叶和食嫩梢的种或品种也属于广义的食用菊类型。

（2）茶用菊

是以花序或花蕾干燥后作为植物源饮料的品种，可与茶叶、枸杞等混用，亦可单独饮用，还是凉茶的配料之一。其茶汤清亮、具有特有的清香，有清心去火、养肝明目的功能，有不少的品种具有药茶兼用特点，如‘杭菊’‘滁菊’起始均为药用，后演化为药茶兼用。茶用菊主要在华人文化圈消费，其应用的品种远较传统药用品种广泛多样，除了‘杭菊’‘滁菊’‘贡菊’‘亳菊’等传统品种外，近年来各地还涌现了‘祁菊’‘福白菊’‘射阳红心菊’‘大洋菊’‘小洋菊’‘七月白’‘九月菊’‘三峡阳菊’等地方品种，部分为‘杭白菊’等品种在各地变异而来，部分从观赏菊中筛选而来。包括育种机构推出的专用茶用品种，如北京林业大学陈俊愉院士选育出的‘玉人面’‘玉龙’‘乳荷’，北京农林科学院选育出‘玉台一号’，南京农业大学选育了“苏菊”系列茶用菊。此外，以江西婺源、修水和皖南地区等为代表的地区大量种植‘金丝皇菊’‘皇菊’等茶用品种，近些年来发展迅猛，是新型茶用品种发展的代表。南京农业大学以‘皇菊’为亲本育成了抗性强且产量及茶用品质更高的‘南农金菊’，也已逐步推向市场。

（3）药用菊

是指以收获加工的干燥头状花序入药的品种，是常见的中药材之一，《中华人民共和国药典》中对药用菊花品种有严格限定，虽然‘祁菊’‘济（嘉）菊’‘川菊’起始也主要是药用品种，但药典中仅列出五大药用品种，分别为‘杭菊’‘滁菊’‘贡菊’‘亳菊’‘怀菊’。

（二）按自然花期分类

1. 中国菊花花期分类

菊花按自然花期可分为春菊（4 月下旬至 5 月下旬）、夏菊（5 月下旬至 8 月中下旬）、早秋菊（9 月上旬至 10 月上旬）、秋菊（10 月中下旬至 11 月下旬）和寒菊（12 月上旬至翌年 1 月），但大多数品种属于秋菊。春菊与夏菊在夏季升温快、酷暑明显的亚热带地区的表现和生产适应性并不理想，推广使用有限。

2. 日本菊花花期分类

日本按自然花期的分类将品种分为夏菊（4 月下旬至 6 月下旬）、夏秋菊（7 ～ 9 月）、秋菊（10 月上旬至 11 月下旬）和寒菊（12 月上旬之后），并列出了这些品种的适应区域，夏菊适应其温暖地区生产（生长前期处于春季），夏秋菊适应其冷凉地区生产，寒菊也是适应其温暖地区生产，秋菊品种对温暖和冷凉地区都适应。这种园艺学分类体现了产业意义。

3. 欧美菊花花期分类

欧美国家的切花菊根据植株在短日条件下花芽开始分化到开花时的时间长短来分类，其所谓的 6 周品种、7 周品种、8、9……13 周品种，就是从花芽开始分化到开花时的时间，分别是 6 周、7 周、8、9……13 周，这些品种与我国的自然条件下从 9 月到 12 月开花的秋、寒菊品种属于同一类型。这种分类方法对于商业切花生产有着现实意义，使得调控花期在确定的时间上市有了技术参数依据。

（三）按花器官形态分类

1. 按花径大小分类

菊花按品种花径大小可分为小菊系（花序径小于 6 cm）、中菊系（花序径 6 ～ 10 cm）、大菊系（花序径 10 ～ 20 cm）和特大菊系（花序径 20 cm 以上）。小菊系品种主要是各类园林小菊、盆栽小菊、地被菊、茶用菊、药用菊及多头切花菊，这类品种除了花序直径小外，花序繁多也是其特点。中菊系大多数品种则是出现在多头切花品种、盆栽菊和新型茶用菊品种；多数传统品种菊和单头标准切花菊则是大菊。而特大菊系则仅在传统品种菊中存在，以其硕大的花头体现其特异性。

2. 国内按瓣型及花型分类

中国园艺学会和中国花卉盆景协会 1982 年在上海召开的品种分类学术讨论会上，将传统秋菊中的大菊分为 5 个瓣类，即平瓣、匙瓣、管瓣、桂瓣、畸瓣，花型分为 30 个型（表 1）。南京农业大学李鸿渐按花径、瓣形、花型、花色对菊花品种进行了四级分类，在花型、花色分类上更为全面。

3. 国外菊花花型分类

日本及欧美等国也针对菊花花型进行了分类，日本分为 15 型、美国 13 型、英国 7 型。

日本的 15 型分别为一文字型（为我国的宽带型）、莲花型（为我国的荷花型）、半球型（为我国的叠球型的部分）、圆球型（涵盖我国的叠球型的部分、匙球型的部分、管球型的部分）、狂菊型（为我国的叠球型的部分）、扁球型（为我国的匙荷型的部分）、驰球型（为我国的匙球型的部分）、粗管型（为我国的单管型的部分）、肥厚型（为我国的单管型的部分）、中管型（涵盖我国的翎管型的部分、管盘型的部分、疏管型的部分）、细管型（涵盖我国的松针型的部分、丝发型的部分）、针管型（涵盖我国的松针型的部分、丝发型的部分）、嵯峨菊（为我国的璎珞型）、丁字菊（对应我国的桂瓣的四种花型）、畸形菊（对应我国的畸瓣类三种花型）。其小菊中蜂窝型和具壳蜂窝菊对应我国的蜂窝小菊，蓟形菊也是小菊中的花型。

美国将大菊划分为单瓣型、紫菀式反卷型、整齐反卷型、不整齐反卷型、匙瓣型、蜂窝型、整齐莲座型、不整齐莲座型、管瓣型、蜘蛛型、线瓣型、整齐托桂型、不整齐托桂型共计 13 花型，但这种花型分类与瓣型是相对独立的关系，会出现不同瓣型的品种是同一个花型的情况，如平瓣、匙瓣的品种都有反卷型的花型。

英国将大菊分为 7 种花型，依据的是花序的姿态，分别是单瓣型、蜘蛛及毛羽型、反卷型、圆球、蜂窝、莲座型、托桂型。该花型分类也基

表 1 菊花品种瓣形与花型分类

类	型	特征
一、平瓣（舌状花平展、基部成管短于全长 1/3）	1. 宽带	舌状花 1 ～ 2 轮。花瓣较宽。筒状花外露
	2. 荷花	舌状花 3 ～ 6 轮，花瓣宽厚，内抱。筒状花显著，盛开时外露
	3. 芍药	舌状花多轮或重轮，花瓣直伸，近等长。筒状花少或缺
	4. 平盘	舌状花多轮，花瓣狭直，向内渐短。筒状花不或微露
	5. 翻卷	舌状花多轮，外轮花瓣反抱，内轮向心合抱或乱抱。筒状花少
	6. 叠球	舌状花重轮，各瓣整齐，内曲，向心合抱，各瓣重叠。全花呈球形
二、匙瓣（舌状花管部为瓣长的 1/2 ～ 2/3）	7. 匙荷	舌状花 1 ～ 3 轮，匙片船形。筒状花外露。全花整齐，呈扁球形
	8. 雀舌	舌状花多轮，外轮狭直，匙片如雀舌。筒状花外露
	9. 蜂窝	舌状花多轮，匙瓣短，直，排列整齐，匙瓣卷似蜂窝。筒状花少。全花呈球形
	10. 莲座	舌状花多轮，外轮长，匙片向内拱曲，各瓣排列整齐，似莲座。筒状花外露
	11. 卷散	舌状花多轮，内轮向心合抱，外轮散垂。筒状花微露
	12. 匙球	舌状花重轮，内轮间有平瓣，外轮间有管瓣，匙片内曲。筒状花少。全花呈球形
三、管瓣（舌状花管状，先端如开放，短于瓣长 1/3）	13. 单管	舌状花 1 ～ 3 轮，多为粗或中管。筒状花显著，外露
	14. 翎管	舌状花多轮，近等长。筒状花少或缺。全花呈球形或半球形
	15. 管盘	舌状花多轮，中或粗管，外轮直伸，内轮向心合抱。筒状花少，全花扁形
	16. 松针	舌状花多轮，细管长直。各瓣近等长。筒状花不外露。全花呈半球形
	17. 疏管	舌状花多轮，中粗管，各瓣近等长。筒状花不外露
	18. 管球	舌状花重轮，中管向心合抱。筒状花不外露。全花呈球形
	19. 丝发	舌状花多轮或重轮。细长管瓣弯垂。筒状花不外露
	20. 飞舞	舌状花多轮至重轮，卷展无定，参差不齐。筒状花少
	21. 钩环	舌状花多轮，粗及中管，端部弯曲如钩或成环。筒状花外露或微露
	22. 璎珞	舌状花多轮，细管直伸或下垂，管端具弯钩。筒状花少或缺
	23. 贯珠	舌状花重轮，外轮细长，直或弯，内轮细短管，管端卷曲如珠。筒状花少或缺
四、桂瓣（舌状花少，筒状花先端不规则开裂）	24. 平桂瓣	舌状花平瓣，1 ～ 3 轮。筒状花桂瓣状（或称星管状）
	25. 匙桂瓣	舌状花匙瓣，1 ～ 3 轮。筒状花桂瓣状（或称星管状）
	26. 管桂瓣	舌状花管瓣，1 ～ 3 轮。筒状花桂瓣状（或称星管状）
	27. 全桂瓣	全花序变为桂瓣状筒状花或仅一轮退化舌状花
五、畸瓣（管瓣先端开裂成爪状或瓣背毛刺）	28. 龙爪	舌状花数轮，管瓣端部开裂，呈爪状或劈裂呈流苏状。筒状花正常
	29. 毛刺	舌状花上生有细短毛或硬刺。筒状花正常或少
	30. 剪绒	舌状花多轮至重轮，狭平瓣，瓣细裂，如剪切成绒。筒状花正常或稀少

本不体现瓣型的信息，不同的瓣型属同一个花型的情况较多。

相对而言，我国对菊花品种的花型分类更为系统、科学，花型是四级分类中的一个层级，在这个分类系统中不同花型品种的分类位置是唯一的，处于不同瓣型下的品种是不同的花型。这一分类系统与我国传统大菊花型更为丰富的多样性相适应。

（四）按栽培方式分类

我国观赏菊花栽培历史悠久，在菊花培养技艺上流传下来许多形式，以适应不同的装饰美化场合或地点。在培养方向上可分为独本菊、案头菊、多头菊、大立菊、悬崖菊、嫁接菊。

1. 独本菊

为一盆一株定植，幼苗定干后，在栽培中需及时分次抹去侧芽侧蕾，此外也要控制株高，同时要养护好全株的叶片，使养分集中供应顶蕾，开花时能充分表现品种优良性状，故又称标本菊或品种菊。优良的独本菊具有株矮、叶满、枝健、花大的特点。又以体态匀称，花叶相衬，脚叶浓绿厚大不脱落，株高高度适中者为上品（图 2）。

2. 案头菊

一盆一株，一株一秆一花。培养中多作矮化控制，株高仅 20 cm 左右，花朵硕大，常陈列在几案上欣赏而得名；是独本菊发展的一种极致的形式，株高更矮，做案头菊培养的品种必须具有花期早、茎秆粗壮、对矮化剂敏感的特性。一般在夏季或夏秋之交扦插育苗。案头菊以茎秆粗壮、节间短、株矮叶正、开花丰满为上品（图 3）。

3. 多头菊

栽植后培养出长势和朝向均匀的分枝，而每根枝条上也只保留顶蕾开花，传统做法通常是五头（花）、七头（花）、九头（花），也有十六头或三十二头的，花头高度通常在 50 cm 以内，又称立菊。可以利用菊花自根，也可以通过黄蒿嫁接培养。好的多头菊产品要具备“四个一致”，不同的花头开花期一致、花头大小一致、花头高度一致、花头间距一致。适宜多头菊栽培的品种一般具有根系发达、生长势强、枝条强度大、开花整齐的特点（图 4）。

4. 大立菊

在一根主干的菊株上开数百朵以上乃至 2000 ～ 3000 朵花的巨型菊花培养方法，可以用菊花自根原株栽培，也可以用黄蒿为砧木嫁接后培养，两者都至少在头一年的 9 ～ 10 月育苗栽培，并且需要在营养生长期不断摘心促发分枝。需选用生长快、生长势强、易于分枝、枝条柔韧性好便于绑扎的大、中菊品种。数百朵乃至数千

图 2 独本菊

朵开放后，尽显花朵排列整齐、花团锦簇的壮丽之美。在着花数量和空间利用上，雄居各类培养技艺之首。大立菊以主干伸展，位置适中，花枝分布均匀，花朵开放一致，裱扎整齐，气势雄伟壮观为上品（图 5）。

5. 悬崖菊

分枝多、开花繁密的品种经整枝成从高处悬垂而下的自然姿态，一般轮廓呈现等腰三角锥形，底边长度为 60 cm 左右。可以用菊花原株培养，也可以用黄蒿嫁接培养。分枝多、节间长、生长快、茎坚韧、着花繁密的小花型品种适合这种栽培造型。悬崖菊以花枝倒垂，主干在中线上，侧枝分布均匀，前窄后宽，花朵丰满，花期一致为美，造型以长取胜（图 6）。

6. 菊树

以白蒿或黄蒿为砧木嫁接的菊花，培育成主茎明显的、具有自然树冠造型或球形、半球形、圆锥形、圆柱形造型的菊艺形式，一株上可嫁接

图 3　案头菊

图 4　立菊（多本菊、多头菊）

图 5　大立菊

图 6　悬崖菊

图 7　菊花树

图 8 盆景菊

不同花色的品种以增强装饰感（图 7）。

7. 盆景菊

以菊花、树桩、山石等为素材，经艺术加工成盆景造型栽培。通常以枝条柔韧、叶小、节密、花朵稀疏、花色淡雅的小菊品种经栽培造型而成；可以用菊花原株培养，也可以小菊品种为接穗，用黄蒿嫁接培养而成。盆景菊以姿态造型为美（图 8）。

四、繁殖技术

根据育种、生产的需要，菊花可以通过播种、扦插、分株、嫁接和组织培养的方法进行繁殖，不同方法各有优缺点。菊花播种育苗多于春季进行，因其后代易出现性状分离，多用于育种。而扦插和分株操作简便，生产应用较多，尤其是扦插繁殖效率高、种苗生长势旺，是生产上最主要的繁殖方式；而嫁接主要于春夏季进行，利用黄蒿、白蒿等蒿属植物的生长、抗逆等的优势，用其作为砧木，生产盆景菊、造型菊等；而组织培养则主要用于脱毒复壮环节的茎尖培养与脱毒苗的扩繁，或新品种的快繁等。

（一）播种繁殖

菊花因其高度杂合的特性，播种后代极易出现广泛的性状分离，尤其是花色、花型的分离。因此，播种繁殖主要用于育种时杂交后代的繁殖。杂交获得种子多在春季 3 ～ 5 月播种，具体可视温度、设施等条件及品种特性等而定，播种苗可当年开花用于选育。

播种基质可选用草炭：珍珠岩体积比为 3 ：1 的配方；专用育苗盘播种一般播种量 150 ～ 200 粒，播种前将种子与 10 倍左右的细沙混合再播种，以利于播种均匀；也可采用 105 穴左右的穴盘播种，一个穴孔播 1 ～ 2 粒种子。播种后约第 4 天左右开始陆续发芽，10 天左右出苗结束。出苗结束后 20 天左右，可将小苗移栽至 32 ～ 72 穴的大规格穴盘，具体穴盘类别视品种特性和苗规格要求而定，一般室内定植的切花菊、盆栽小菊可采用较小穴孔，室外定植的园林小菊或传统菊可采用大穴孔。移栽后 30 ～ 40 天，根系充满穴孔基质时可以进行定植，此后可根据不同品种类别进行常规管理。

（二）扦插繁殖

菊花的商品化种苗生产主要通过扦插繁殖进行，以下是其主要技术环节。

1. 采穗母株的准备

选择生长健壮、无病斑、无虫害植株作为母株。一般以 1 ：5 比例确定一级采穗母株数量，以 1 ： 25 ～ 30 比例确定二级采穗母株数量。

母株以土壤或无土基质栽培，土壤栽培时，应翻耕深度 20 cm 以上，每亩施复合肥 10 kg、有机肥 0.5 ～ 1.0 t 作基肥。地面要平整，土壤 pH 宜在 6.5 ～ 7.2 间。定植畦宽 100 ～ 120 cm，高 18 ～ 20 cm。定植株行距 20 cm 左右，切花菊和盆栽小菊可适当小一些，传统菊应大一些。定植后浇定根水，翌日复水 1 次。

母株新梢长到 10 ～ 15 cm 时摘心，出芽后疏芽，每株保留 8 ～ 10 个整齐、粗壮芽供采穗。如不采穗也应及时摘心，以防止母株老化。

根据畦面墒情及时浇水，做到适度湿润而不积水。视土壤状况及植株生长情况可以施 0.1% 的水溶肥，每 2 周左右追施 1 次。

日长变短后，需补光，通常 5 月下旬至 8 月下旬期间不补光，其他时间段补光，补光时间根据日长变化及品种特性确定。一般每日连续补光 2 ～ 3 小时，多于 23：00 ～ 2：00 前后进行；也可于 22：00 ～ 3：00 前后采用间隙补光，补光 10 ～ 15 分钟，停光 10 ～ 15 分钟，连续 4 ～ 5 小时。

2. 苗床的建设与准备

菊花的育苗床一般选择在日光充足、排水和通风良好的场所，宜将苗床设在具有避雨、遮阴、保温、防虫、降温等功能的温室或大棚设施内。

苗床可以砖块铺砌，长 8 ～ 15 m，宽 90 ～ 100 cm，高 10 ～ 12 cm；育苗床下铺红砖并敷设遮阳网等，基质厚 8 ～ 10 cm，苗床基质须平整无凹凸现象。苗床底部中间铺设水管，每间隔 1.5 m 左右设直立水管并安装微雾喷头。进水总管根据需要设置分阀门，并视水源情况设置加压泵和过滤器。

扦插也可以采用穴盘或育苗框，可将穴盘或育苗框放置地面或砖砌及金属架苗床上。

3. 基质

扦插基质可以草炭、河沙、蛭石、珍珠岩及经淋洗的砻糠或椰糠等单独使用，砻糠、蛭石等宜于冬春季使用，河沙宜于春夏季使用。也可用草炭或椰糠与珍珠岩或蛭石与珍珠岩等按比例混配，一般根据基质的颗粒大小选择比例，生产上较多采用草炭或椰糠与珍珠岩按照体积比 1 ： 1 或 2 ： 1 混合使用。

4. 采穗及插穗处理

在采穗之前 2 ～ 3 天采用 75% 百菌清 600 ～ 800 倍液或 50% 托布津 600 ～ 800 倍液等喷洒采穗母株，喷药宜选在晴天的傍晚进行。采穗前 20 ～ 25 天对母株摘心，侧枝长 10 ～ 12 cm 时选用顶梢采穗，要求健壮结实、大小整齐，基部切口嫩绿。采穗分枝应保留 2 ～ 3 片完整叶片，以利于侧芽萌发。每株母株每次可采穗 7 ～ 8 枝，采穗 3 ～ 4 次后淘汰。

采穗在晴天的上午进行，插穗长度 6 ～ 8 cm，剪口应接近节的下端。插穗摘除基部 2 ～ 4 片叶片，保留 1 ～ 2 片完整叶片，并按粗细长短分级包扎。

插穗一般在 2℃低温下冷藏，尽可能保证库内温度恒定，时间以不超过 6 周为宜。插穗 30 ～ 50 枝为 1 束，用设透气孔的专用塑料袋包装，切口向下排列于透气的育苗筐（或纸盒）内。冷藏 4 周以上时，应每周定期检查，将腐烂的插穗剔除。

5. 扦插与管理

根据不同品种的生长特性以及定植期来确定扦插育苗时间，扦插育苗周期通常在 2 周左右。插穗可通过生根粉 2000 ～ 5000 倍单液或者 IBA 200 ～ 500 mg/L 等处理以促进生根。插穗间距 3 ～ 5 cm，深 2 ～ 3 cm。

苗床的气温最宜在夜间 15℃左右，日间 25℃左右，保持通风，保证室温稍低于床温。如采用全光照喷雾方法可不遮光，否则应采用 60% 左右遮阳网遮光，并视生根情况，于 7 ～ 10 天后逐渐增加光照时间。如采用全光照喷雾方法，应使空气湿度维持在 90% 以上，并插后喷足水，每日喷水 2 ～ 3 次，同时应注意避免苗床积水。开始生根后应逐渐减少喷水，降低空气与基质湿度，并可叶面喷 0.1% ～ 0.2% 的尿素和磷酸二氢钾混合液 1 ～ 2 次，喷施叶面肥后 2 ～ 3 天内应控制喷水。苗床应保持通风，每隔 5 ～ 7 天用

图 9 菊花穴盘扦插育苗

50% 多菌灵 800 倍液或 50% 代森锌 1000 ～ 1500 倍或 75% 百菌清可湿性粉剂 600 ～ 1000 倍液等喷洒防病。

温度适宜时 7 ～ 12 天开始生根，15 ～ 20 天可出圃。出圃苗要求具 10 条以上白嫩粗壮的完整根，根长 2 cm 左右，且生长健壮，无病虫害，无黄叶、烂叶，根系粗壮不老化。起苗后应根据苗的高度、粗细进行分类，供分类定植或冷藏（图 9）。

（三）组培快繁

1. 外植体与初代材料的获得（启动培养）

菊花繁殖的组培外植体多采用顶梢嫩芽，具有发芽快而多的优点，也可以采用嫩叶、花瓣（舌状花）等作为外植体，但后者需要经过脱分化形成愈伤组织后再分化成芽。顶梢嫩芽可采用 MS 培养基直接培养，而脱分化培养需要添加激素，一般细胞分裂素选用 6-BA，浓度为 1 ～ 3 mg/L；生长素则多选用 NAA，浓度为 0.2 ～ 0.5 mg/L，具体比例视品种及材料而定，一般多先采用 6-BA ： NAA=1 ： 0.2 或者 1 ： 0.5，后可视分化情况再调整。此外，细胞分裂素还可选用 TDZ、KT、ZT 等，而生长素则除 NAA 外，也可选用 IAA、IBA 等。

2. 增殖培养

增殖培养是群体扩大的过程，主要是将生长健壮的茎段切段（2 ～ 3 个节位）后继续培养，或将不定芽从愈伤组织上剥离后继续根培养，培养基可采用不添加激素的 MS 培养基。

3. 生根培养

当增殖培养的数量满足需要时，可选用生长健壮的茎段切段（2 ～ 3 个节位）进行生根培养，培养基采用不添加激素的 MS 培养基或 1/2 MS 培养基。

4. 炼苗与移栽

将组培瓶放置于室内或温室环境中，将瓶盖拧开，锻炼 3 天后将根部附着的培养基尽量洗净，即可移栽。基质选用草炭（或椰糠）：珍珠岩（或蛭石）按照 1 ： 1 体积比进行混合，分装到穴盘，基质适度喷湿后将苗栽入土中，再浇定根水。此后遮阳、保湿，1 周左右可增加光照、降低湿度，1 个月左右可用于定植。

五、栽培技术

（一）园林小菊露地栽培

园林小菊具有着花繁密、花色艳丽、开花整齐、花期长等特点，兼具绿化、美化、彩化、香化功能，且具有抗性强、生长势旺，耐粗放管理等特点，备受园林部门青睐。园林小菊不仅可作花坛、花境布置，也适用于广场、道旁、草地等随意配植，既可作单色布置，也可作多色混栽，展现群体美和色彩美。在当前城市园林绿化美化中扮演越来越重要的角色（图 10）。菊花较耐空气污染，可用作一些厂区的美化，绿化。

图 10 园林小菊的资源与应用

图 11 南京农业大学淮安白马湖菊花研发与休闲观光基地

图 12 贵州麻江菊花主题休闲与观光基地

菊花尤其是园林小菊是营造中大规模的秋季花海景观的重要材料，是秋季花海观光旅游的重要花卉，同时结合菊花花色、花型、姿态万千的特点。近年来，各地纷纷打造以菊花花海景观、新品种展示、菊花文化传播为主，结合菊花产品展销的特色休闲农业模式，形成了“菊花＋加工”“菊花＋康养”“菊花＋文化”“菊花＋美食”等多业态融合发展的菊花产业链条，催生了“菊花”经济（图 11）。以菊花为主题的休闲农业不仅促进了地方经济的发展，有效带动了当地农民增收致富；而且有力推动了美丽乡村建设和乡村振兴，丰富了人民的精神生活，传承和弘扬了传统文化（图 12）。

园林小菊较大规模的露地栽培多用于花海的营造，或园林花境等的应用。栽培过程主要要注意品种选择、栽植地块选择、整地做畦、排灌条件建设、定植密度、病虫害防控等环节。

1. 品种选择

园林小菊品种的选择主要是关注花期、花色和抗逆性特点等，长江流域及以南地区根据花期需要可以选择 9 月下旬至 10 月中下旬花期的早小菊，或者花期为 10 月下旬至 12 月上中旬的秋菊或晚秋菊，而黄河流域及以北地区宜选择早小菊或花期偏早的秋菊品种。如北京花木公司选育的早花的“绚秋”系列和晚花的“寒露”系列、南京农业大学选育的早花的“金陵”系列“灵峰”系列和晚花的“钟山”系列“灵岩”系列等。

2. 栽植地块选择

菊花不耐涝，园林小菊露地栽培的地块选择时首先要考虑地块要排水良好，遇集中降雨能够向周边沟渠快速排放，不会形成内涝。同时，土壤以土层深厚的砂性壤土或砂性土为宜，不宜选用黏土、且地下水位较高的地块。此外，灌溉便利、交通便利、地势开阔且通风良好等也是需要考虑的因素。

3. 整地做畦

地块选择后，首先要进行一次杂物的清理工作，把砖头、瓦片、铁丝、薄膜、石块等清理干净，以便进行旋耕作业。并根据土壤肥力情况，增施有机肥，多以腐熟的羊粪、牛粪为主，每亩施用 1 ～ 2 t，均匀撒到田间。此后，进行深翻和旋耕，要求旋耕层深度达到 30 cm，并保证土质疏松、地面平坦、没有大的颗粒及杂物。做畦时畦面的方向要尽量垂直于排水沟，便于排水，保证畦面平整。做畦的标准可根据不同地区降水和地势的不同做适当调整，长江流域一般要求畦面宽度为 110 cm，沟宽为 40 cm，畦面高度为 30 ～ 40 cm，畦长度一般控制在 30 m 以内，方便田间各种作业，尤其是利于雨季排水。

4. 排灌条件建设

自动灌溉系统可以节省灌溉用水及人工费用，保证及时高效地完成浇水作业。因此，较大规模的种植时均应配套喷灌、滴灌或两者之一的设施设备，具体方式视区域、地块特点及其是否临时或长期使用等灵活调整。此外，应配套相应的管道、泵房、水泵及过滤设备等。

5. 定植密度

地被菊的冠幅因花期、生长期不同可以达到 30 ～ 60 cm，通常一条 110 cm 宽的畦面需要定植 2 ～ 3 列，早花品种或秋花品种定植晚时，宜适当密植；一般株行距为 30 ～ 40 cm × 30 ～ 40 cm，每公顷用苗 6 万～ 9 万株。

6. 定植后管理

定植后要及时浇定根水。定植后 10 ～ 15 天第一次追肥，采用穴施或沟施方法，每亩用 5 kg 含量为 18–18–18 硫酸钾型复合肥和 2.5 kg 尿素，后期根据长势及天气情况再追施 2 ～ 3 次复合肥即可，间隔期为 20 ～ 30 天。此外，可以结合病虫害防控进行叶面肥补充，苗期用 1000 倍尿素，现蕾后用 1000 倍的磷酸二氢钾。此外，病虫害防控参见后续内容。

（二）切花生产

切花菊具有花色艳丽、花型多样、耐贮运、瓶插寿命长、可周年生产等优点，位居世界四大切花之一，我国约 10 万亩，产量 25 亿～ 28 亿枝，产值约 20 亿元。根据品种特性及栽培方式，切花菊可分为大花单头类（又称大菊、标准菊）和小花多头类（又称小菊、荷兰菊、多头菊等）两种主要类别。大花单头菊为一茎一花，黄、白色品种多用于祭坛和神坛布置等，近年来，包括绿色、橙色、粉色、粉绿等色系大花类品种的引进与选育，极大地拓展了其应用范围。切花小菊为一茎多花，因其花色艳丽、花型多样，多用于花束、室内装饰以及婚庆等庆典场合美化装饰（图 13）。

切花菊生产因为花期、品质调控的需要多为设施栽培，南北各地因气候原因多形成各具特色的设施栽培模式，主要设施有薄膜温室、日光温室、大棚、防虫网等，少量也有利用玻璃温室生产或露地生产。其主要的生产环节包括品种选择、定植、水肥管理、温度管理、花期调控、株型调控、抹芽与疏蕾、采收与贮运等。

1. 品种选择

大花单头类中的黄白菊品种以日本选育品种为主，如秋花的‘神马’‘精之诚’‘光玉’，夏花的‘金扇’‘白扇’‘优香’等品种；而其他颜色的彩菊以欧洲选育品种为主，如“安娜”系列、“罗斯安娜”系列、“伊特斯科”系列、“烟花菊”系列、“奥利”系列，以及各色的乒乓菊系列品种等，国内自主选育的则有“秦淮”系

图 13 切花菊花束

列、“龙都”系列等。

小花多头类品种主要来自欧洲，如“蒙娜丽莎”系列、“瑞多斯特”系列、“丹特”系列、“罗西”系列、“索芙特”系列、“精布鲁诺”系列等，以及国内自主选育的“南农”系列等，市场品种常年保持在 30 个左右。

2. 定植

（1）定植前的准备

定植前应进行相应的准备工作，主要包括土壤消毒、整地做畦、辅助设施的设置等工作，具体如下：

土壤消毒有高温闷棚消毒和药剂消毒等方法，高温闷棚消毒主要为夏季关闭设施风口进行闷棚，10 ～ 15 天后打开风口，施入底肥并翻地 30 cm 以上；再次关闭风口，进行第二次闷棚高温消毒，10 ～ 15 天后打开所有风口，土壤消毒完成。生产上的药剂消毒现多采用棉隆，撒施棉隆 20 ～ 30 g/m^2，深 20 ～ 30 cm 旋耕，将药剂和土壤翻拌、混匀；土壤表面浇适量水，使土壤含水量保持约 60%（手捏土球成团而不出水）。盖上塑料薄膜，并封好边。20 天后揭去薄膜并旋耕，透气约 2 周即可。

切花菊的定植畦宽多为 100 ～ 110 cm、高 15 ～ 20 cm。畦面要平整，应无超过 2.5 cm 土块。

辅助设施的设置主要包括滴灌带铺设、支撑网设置、遮阳网设置、光源设置等。每畦在畦长方向沿畦边设两行支撑杆，相距 3 m，地上高度 110 cm。支撑杆上方拉设支撑网 1 层，网格宽 12.5 cm × 12.5 cm；支撑网先设于畦面，以后随苗生长逐步提高，并应拉紧并保持水平，保证网眼不偏斜。

5 ～ 9 月定植时应于棚架上方设置一层遮光率 40% ～ 60% 的遮阳网。

光源可采用高压钠灯、节能灯或专用植物补光灯等；高压钠灯 10 m 间距 1 盏，单体大棚每个 1 排，联栋温室每跨 1 排；其他光源可根据情况灵活布设，但应保证设施边缘最低补光光强不低于 70 lx。

（2）定植时间

根据预定花期、品种特性、栽培方式及环境条件等来确定，不同品种的生长周期一般为 80 ～ 100 天。夏菊在 3 ～ 6 月、秋菊 6 ～ 9 月、加光栽培在 9 月至翌年 3 月定植。如 10 月初开花上市的单头菊栽培则多在 6 月下旬定植，多头菊则在 6 月中旬定植；如元旦开花上市的单头菊则多在 9 月底至 10 月初定植，多头菊则在 9 月中下旬定植。

（3）密度与深度

单头栽培模式（即单株苗不摘心，每一苗一枝花）每畦定植 7 ～ 8 行，株距约 10 cm，视品种不同每亩定植 2.5 万～ 3.0 万株；多头栽培模式（即单株苗摘心后保留 2 ～ 3 个分枝，每一苗 2 ～ 3 枝花）每畦定植 4 ～ 5 行，株距约 15 cm，每亩定植 1.0 万～ 1.2 万株。菊苗定植深度以约

2 cm 为宜。

（4）定植方法

定植前根据苗的粗细、长短进行选苗，剔除病苗、弱苗、根系发育不良苗。定植穴径为 3 cm 左右，确保菊苗根系舒展、栽植高度一致。略大或粗壮的苗定植于畦中间，稍小的定植于畦两侧，压紧并保持苗直立。定植后充分浇水，润土 6 cm 以下，翌日浇一遍定根水。定植浇水后应保持种苗不倒伏、不露根。

3. 水分管理

水分管理应该掌握见干见湿、避免积水的原则。浇水量应视天气状况、土壤持水能力及植株生长情况灵活掌握。喷施农药、生长调节剂或叶面肥后 2 ～ 3 天控制浇水。夏季应在上午 10：00 时之前或下午 16：00 以后浇水，冬季应在中午前浇水。

同时，应注意生长期不同要求采取分期管理原则。视天气情况，定植后 3 ～ 5 天浇灌缓苗水，水量视畦面干湿而定。定植后 7 ～ 10 天进入蹲苗期，此期间不浇水，蹲苗期为 1 周左右。营养生长期根据畦面墒情及时浇水，做到见干见湿。花芽分化期停止后 10 ～ 15 天内，应适当控制浇水。现蕾后要适当多浇水，以利花蕾发育，破蕾后要适当少浇水。

4. 温度管理

切花菊生长最适温度为昼温 25 ～ 27℃、夜温 15 ～ 17℃；夏季遇高温需通过遮阳、喷雾、加强通风等手段降温，昼温宜控制在 35℃以下，夜温 28℃以下。多数品种花芽分化期夜温不宜低于 15℃，现蕾后孕蕾至破蕾期夜温不宜低于 10℃，遇低温应进行保温或加温。

5. 肥料管理

（1）基肥

每亩视土壤肥力条件施氮磷钾总含量 40% 以上的通用型复合肥 20 ～ 30 kg、腐熟的干畜粪或商品有机肥 1 ～ 2 t，畦面均匀施入，翻耕后与土壤均匀混合。

（2）追肥

追肥用腐熟的菜饼、豆饼、饼肥水等有机肥或尿素、磷酸二氢钾、全素水溶肥等化肥。菊苗长至高约 20 cm、40 cm 和现蕾后，各追施液肥 1 次。花芽分化前以氮肥为主，花芽分化后以磷钾肥为主，可根据切花菊的植株长势和叶色灵活确定追肥量，若茎秆粗、叶色浓绿且肥大则不宜追肥。每亩总氮用量 10 ～ 15 kg，磷 10 ～ 15 kg，钾 12 ～ 16 kg；3 个时期大约按照 3 ：4 ：3 比例分配。

此外，可根据植株生长情况，随喷药时叶面施 0.1% ～ 0.2% 磷酸二氢钾和 0.1% 尿素。

6. 花期调控

花期调控主要采用遮光、补光结合温度管理方法。光处理时要注意品种特性（对光长、光强及温度的要求）、季节变化等灵活掌握。

（1）遮光

对光周期敏感品种，可通过遮光来提前开花。材料采用黑布或黑色薄膜、黑白膜等。在株高 35 ～ 45 cm，即营养生长期达到 30 天左右时进行遮光开始花芽诱导，遮光至花朵露色止，每日 17：00 时至翌日 7：00 左右遮光，见光时间一般不超过 11 小时。

（2）补光

对光周期敏感品种，可通过补光来推迟开花。通常 5 月下旬至 8 月下旬不需补光，其他时间段补光。定植后当天晚上补光，植株高度达到要求（35 ～ 45 cm）时停止补光。每日连续补光 2 ～ 3 小时，多于 23：00 ～ 02：00 进行；也可采用间隙补光，补光 10 ～ 15 分钟，停光 10 ～ 15 分钟，交替进行，连续 4 ～ 5 小时。

7. 株型调控

（1）摘心、整枝

切花菊越来越多采用单头栽培模式，但部分企业或农户也采用多头栽培模式，在定植后 7 ～ 10 天摘心，保留 4 ～ 5 片成熟叶片。当植株侧芽长到 10 cm 时，视植株和芽的健壮情况，每株保留 2 ～ 3 个长势均匀的健壮芽，此后分别形成花枝。

（2）花颈控制

在停光后 2 周前后喷 1000 ～ 1500 倍 B_9，

此后间隔 7 ～ 10 天，再喷 2 ～ 3 次；视不同品种田间反应情况，后期喷施浓度可适当增加至 600 ～ 800 倍。

8. 抹芽与疏蕾

大花单头型品种应分 2 ～ 3 次由上而下逐次抹除侧芽，保证侧芽不能超过 2 cm，注意不能损伤叶片；同时，现蕾后除保留主蕾外，应该及时疏侧蕾，侧蕾的柄长不能超过 0.5 cm，蕾径不能大于 2.5 mm。但多头小花型切花菊不必抹侧芽，生产上通常摘除主蕾，以保证侧蕾一致开花。

9. 采收与贮运

（1）采收时间与标准

采收标准视品种特性、储运时间、市场需求等灵活掌握；一般出口大菊在花蕾直径≥ 2 cm，花蕾开放度 2 ～ 3 度，花朵外轮 1 ～ 2 片花瓣初绽时采收；内销大菊花则在花蕾直径 6 ～ 10 cm，花序初绽或基本平绽时采收。小菊在花枝各分枝的主蕾半开、其他主侧蕾露色时采收。采收宜在上午植株含水量较高时进行。

（2）预冷、分级和包装

切花采收后 30 分钟内，及时浸水并放入 4℃冷库内预冷，吸水深度 10 ～ 15 cm，预冷 4 小时以上。

预冷后参考《菊花切花》（NY/T 323—1997）的产品等级标准，根据其长度和粗度进行分级。

单头大菊花一般 10 或 20 枝一扎，多头小菊根据不同品种和等级的分支数量和花枝丰满度及客户要的不同 5 ～ 10 枝一扎，进行包扎。花蕾头部应对齐一致，每扎花开放度需保持一致，去除花枝基部 20 cm 叶片，套好薄膜或无纺布包装袋，也可根据客户要求用报纸等包裹。视客户需求，可分别采用大小不同的包装箱，并在包装箱上标明品种和级别。

（3）贮藏

可以采用湿藏或者干藏方法。湿藏适用于经预冷或预处理过的切花菊的短期贮藏，贮藏期 1 ～ 2 周。采用 3 ～ 4 ℃冷库，冷库冷气流速以 15 ～ 23 m/min 为宜，适宜相对湿度 90% ～ 95%，光照 500 ～ 1000 lx。湿藏使用去离子水、纯净水或蒸馏水，3 ～ 4 天更换 1 次；或使用 0.005% 次氯酸钠消毒过的水，1 周更换 1 次。将切花放入装有洁净水的塑料桶中，水位高 10 ～ 15 cm。

干藏适用于经预冷或预处理过的切花菊的中长期贮藏，贮藏期可达 1 个月以上。花材用 0.04 ～ 0.06 mm 的聚乙烯薄膜包裹置于包装箱，包装箱按要求码垛于冷库：包装箱行间距保持 5 ～ 10 cm，库壁与包装箱间距 10 ～ 20 cm，库顶与包装箱间距约 50 cm，包装箱与地面间距 5 ～ 10 cm。干藏库温度宜在 0 ～ 2℃，相对湿度 90% ～ 95%，光照 500 ～ 1000 lx。冷库通气进出口温差不超过 ±1℃，任何贮位随时间变化温差不宜超过 ±0.5℃。另应保持低温库的通气与清洁，减少乙烯的影响。干藏过程无任何补水措施，贮前需充分复水，进行保水及防止叶片早萎黄化的适宜预处理。长期贮藏后为防止僵蕾，可视需要进行催花处理。催花液组分为 Suc2% ～ 5%+18-HQC 200 mg/L+GA_3 10 mg/L。

（4）运输

长途宜低温运输，运输温度宜控制在 4 ～ 7℃，相对湿度 85% ～ 90%。包装箱与厢壁间距 10 cm，避免冷气直吹，避免出现冷点或热点。避免颠簸、挤压、跌落、碰撞、倒置等操作，减少机械损伤（图 14）。

（三）盆花生产

盆栽菊是我国菊花应用的传统方式，通常用于盆栽的品种可以分为小花型和大花型两类，其中小花型根据株型的不同，可以进一步分为多头盆栽小菊和球型小菊，而根据生产造型的不同，又有悬崖菊、盆景菊、造型菊等类型；而大花型品种多为我国传统栽培，故其又称为传统菊，其栽培形式有独本菊、多本菊、案头菊及大立菊等。盆栽菊广泛用于菊展、室内装饰、广场绿地及企事业单位等的绿化美化。而大立菊、盆景菊、悬崖菊、树状菊等艺菊则以其优美的造型在菊展中发挥着不可或缺的作用。

1. 盆栽基质

传统盆栽基质多选用园土、河沙、腐叶土、

图 14 切花菊资源与规模化生产

砻糠等，现代无土栽培基质多选用椰糠、草炭、珍珠岩、蛭石等，也可根据资源情况选用造纸废渣、中药渣、腐熟木屑、食用菌下脚料等基质，一般选用 2 ～ 3 种按比例配制而成。

基质的选用总体要求是降低盆土的容重，增加孔隙度，增加持水力及提高腐殖质的含量，达到轻便、卫生、无异味、价格低廉的目标。一般混合后的培养土，容重应为 0.7 ～ 1.2 g/cm^3，孔隙度应不低于 15% 为好。基质 pH 一般在 5.5 ～ 7.5 之间，以 pH6.0 ～ 6.8 最为适宜，EC 值不超过 2.5 mS/cm。

2. 上盆

（1）时期

苗生根后应及时上盆定植，具体适宜时期也应视盆花的栽培类型、规格及品种开花特性等而定。以自然花期为目标栽培的一般在 3 ～ 7 月间上盆，其中嫁接菊 3 ～ 5 月；多头传统菊 4 ～ 6 月，案头菊 6 ～ 8 月；小花型菊花 3 ～ 6 月上盆，总体而言，早花品种或大规格盆花应早上盆。

（2）定植用盆

定植用盆可用硬质塑料盆、软质塑料钵或瓦盆、陶盆等。盆的规格应视盆花规格而定，传统案头菊和独本菊用盆内径 14 ～ 16 cm，3 ～ 5 头多头菊用 18 cm 盆左右，5 ～ 7 头用 20 cm 盆左右，10 头以上用 25 cm 盆左右；小菊用盆视品种与规格而定，以盆内径 14 ～ 20 cm 居多。

3. 养护管理

（1）水分管理

水分管理应该掌握见干见湿、避免积水的原则。定植后即应保证水分的供应，以促进枝叶生长，达到多次摘心，增加冠幅的目的。定头后应

图 15 盆栽菊的规模化生产

控制水分供应，宜在上午给缺水植物进行补水，以控制高度。立秋后下午或傍晚浇水，保证水的充足供应，促使叶片肥大；8月下旬至9月上旬花芽分化期适当控制水分，促进花芽分化；9月中旬以后加大浇水量，促使茎秆粗壮，花蕾发育。

（2）肥料管理

可选用经发酵腐熟、除臭的畜禽粪、骨粉或饼肥以及复合肥、缓释颗粒肥等作基肥，禽粪用量为总基质的10%左右，畜粪干可占到20%，骨粉可占总量0.5%，复合肥0.5 kg/m^3。基肥应与基质均匀混合并堆制1～2个月，使之充分融合。

追肥常用种类有腐熟的菜饼、豆饼或饼肥水，各类化肥如水溶全元素肥、尿素、硫酸铵等，追肥与水的供应基本一致，不同时期的施用量：①立秋前应控制用量，10～15天追0.1%的化肥1次，以氮为主。②立秋后加大追肥供应，7～10天1次，化肥浓度加大至0.2%，以氮肥为主，结合磷钾肥。③8月下旬至9月上旬花芽分化期停止追肥。④9月中旬以后进入花芽发育期至花蕾透色，应加大追肥量，3～5天1次，以磷钾肥为主，浓度在0.1%～0.2%；另用0.1%～0.2%的磷酸二氢钾和0.1%～0.2%尿素混合液进行根外追肥，7～10天追施1次。施用方法以兑水稀释浇灌为主，也可干施入基质或叶面喷施。

（3）光温管理

菊花喜光照，稍耐阴，其生长适宜温度约15～30℃。夏季宜适当遮阴，防止35℃以上高温灼伤；秋末应适当保温，保持5℃以上温度，防止霜冻。

4. 摘心与定头

（1）摘心

摘心与否由栽培类型而定，独本菊、案头菊不摘心，多本菊、大立菊和悬崖菊应摘心。摘心的次数由预定每株开花枝条数量及品种分支特性等而定。当扦插苗具6片开展叶时，留基部4～5片叶摘心，15～20天后再次摘心，留叶3～4片，以后根据需要依此方法再摘心。每次摘心时均要调整各分枝的长度，使其高矮均匀一致。

（2）定头

最后一次摘心即定头，定头的迟早视品种花期及株高和冠幅的需要而异。小菊多数品种在品种的目标花期前45～60天定头，一般在8月中旬至9月上旬进行。传统大菊品种一般在花期前70～90天定头，一般在7月中旬至8月上旬进行。

5. 株型调控

（1）整枝

菊花在定头后，当侧枝长到10～15 cm时，多本菊按三本、五本、七本、九本等的要求，保留生长势相当、高矮一致、位置均衡分布的枝条，将过高、过矮、过强、过弱，位置不匀称等的枝条从基部剪除。

（2）高度控制

多采用B_9稀释300～1000倍，PP_{333}稀释3000倍。第一次喷施在定头后7～10天进行，以后间隔10～15天左右再行喷施。喷施时注意生长旺盛的长枝多喷，短枝少喷。高秆品种喷2～3次，浓度可略高；矮秆品种喷1～2次，浓度略低。

6. 花期调控

菊花的花期调控应视品种特性而定，对光周期不敏感的品种通常可采用调节定植、定头时间的方法，对光周期敏感的品种可采用遮光和补光的办法，生产上多采用光周期敏感品种利用遮光或补光来调控花期。

（1）遮光提早开花

采用黑布或黑色薄膜等材料进行完全遮光，光强不能高于5 lx，遮光时间视品种和温度条件而异，通常50～55天，每日17：00时至翌日7：00左右遮光，见光时间一般不超过11小时，夜间通风降温，尽量保证温度不超过30℃。

（2）补光推迟开花

采用专用植物补光灯、高压钠灯，也可采用白炽灯、日光灯等，间距和高度试灯种类而定，要求光强不低于100 lx。8月底至9月初开始补光，每日补光2～3小时，一般于23:00～2:00前后，停光时间视预定花期和品种不同而定，一般在距预定花期前55～60天停光。停光后应使温度不宜低于15℃，以保证正常的花芽分化，现蕾后应使夜温不低于5℃，以保证正常的花蕾生长和开花。

7. 抹芽与疏蕾

大花型品种花芽分化后侧芽大量发生，需由上而下逐次抹除。现蕾后，大菊型品种应将主蕾以下所有侧蕾逐次剥除，疏蕾在主蕾有豌豆大小，主、副蕾分离时进行，疏蕾应分次进行，并在主蕾一侧保留1～2个预备蕾，在确认主蕾发育良好后摘除。

六、病虫草害防治

病虫害防治的原则是“预防为主，综合防治”。综合防治包括农业防治、物理防治、生物防治、化学防治等。菊花病虫害高发的主要诱因有连作、滞涝、种植密度过大、天气原因（高温高湿、低温高湿、持续干旱等）、监控缺失等，需要采取针对性的措施进行防控。

针对连作缓解问题，水旱轮作是较好应对办法，同时可增施有机质、有机肥、微生物肥等，减少化肥施用，并采取土壤消毒（化学、物理、生物等）及深耕、冻垡、晒垡、泡垡等措施，可有效控制长期连作导致的病虫害发生。而针对滞涝引起的病虫害，则需要选择利于排水的地形地块；盆栽基质透水性要好，地栽土壤选砂性强、水位低的地块；此外，降水较多地区应做窄畦高垄、深沟短畦，并保证畦面平整。此外，要保证种源无病虫害，清洁生产环境，发病期要控制无关人员进出生产区，并及时清除病源（发病株、杂草等），利用黄板、蓝板开展监测，定期开展生物药剂、化学药剂防控等。

（一）主要病害

1. 白锈病

为最难控制的病害，病原菌为掘氏菊柄锈菌。发病特征：叶面凹陷、叶背对应处突起，前期产生白色疱子、后期变褐。发病条件：低温高湿环境，一般17～24℃的温度，80%以上湿度的春秋季易发生。

主要防控措施：①预防。杜绝外来病源、适当降低定植密度、通风降低环境湿度、定期施用预防性化学药剂，并应坚持巡检，做到早发现、早处理、早防治。预防性药剂有阿米多彩（6%嘧菌酯+50%百菌清）、阿米西达（25%嘧菌酯）、世高（10%苯醚甲环唑）等。②发病后的控制。发现病叶应及时密封销毁；由点及面，扩大检查区域；充分通风；施用治疗药剂，3天1次，连喷3次，用药需对叶背面喷施用药；严格控制人员进出发病区域，进出人员也要及时更换衣物，做好消毒。治疗性药剂有阿米妙收（20%嘧菌酯+12.5%苯醚甲环唑）、阿砣（22.5%啶氧菌酯）等。

2. 枯萎病

为露地栽培的园林小菊、茶用菊等高发病害，病原菌为尖孢镰刀菌。发病特征：初发病时叶发黄，萎蔫下垂，茎基部变浅褐色，向下扩展致根部外皮坏死或变黑腐烂直至整株死亡。发病条件：潮湿或水渍田易发病，特别雨后积水、高温阴雨、施氮肥过多、土壤偏酸等条件下易发病。

主要防控措施：①预防。选择排水良好的地块和土质，高畦深沟，做好排水。避免定植过密，前期控制氮肥。②发病后及时清除病株，并采用药剂防控，可采用噁霉灵、敌克松、五氯硝基苯等灌根，或噻森铜、氯溴异氰尿酸、咯菌腈·精甲霜灵等整株喷施防控。

3. 灰霉病

为设施切花菊生产在低温高湿环境下易发病害，病原菌为灰葡萄孢菌。发病特征：叶受害时在叶片边缘出现褐色病斑，表面略呈轮纹状波皱，叶柄和花柄先软化后外皮腐烂；病菌侵染花器，产生水渍状褐色病斑，湿度大时，病部生浅灰黑色霉状物。

主要防控措施：①预防。秋末至早春易高发季节在保证温度同时要做好通风，降低室内湿度；做好巡查，早防早治。②发病后及时清除病株，并采用药剂防控，可采用扑海因（50%异菌脲）、达科宁（40%百菌清）、速美克（43%腐霉利）定期预防；发病后可采用阿米妙收（20%嘧菌酯+12.5%苯醚甲环唑)、凯润(25%吡唑醚菌脂)、阿砣(22.5%啶氧菌酯)等控制和治疗。

4. 叶斑病

又名黑斑病、褐斑病、斑枯病为露地栽培的园林小菊、茶用菊等高发病害，病原菌为链格孢菌、菊壳针孢菌、菊尾孢菌等。发病特征：初期叶片呈黄色和褐色斑点，随后病斑中心出现小黑点，基叶发黄、干枯，上叶、花蕾逐渐发病，影响开花。发病条件：连日阴雨、潮湿、昼夜温差大时易发生，尤以高温结束后的早秋高发。

主要防控措施：①预防。春夏季注意避免肥水过多，注意排水、通风；做好巡查，早防早治。②发病前可用甲托(50%甲基硫菌灵)、克露(8%霜脲氰+64%代森锰锌)等预防；发病后及时采用阿米妙收、爱苗(15%丙环唑+15%苯醚甲环唑)、凯润等控制治疗。

(二)主要虫害

1. 蚜虫

群集在嫩叶背、花蕾吸取汁液，严重时叶片卷曲皱缩变形，影响顶芽、花蕾正常生长。此外，易传播病毒；形成煤污病。

黄板监测；瓢虫、食蚜蝇、寄生蜂等进行生物防控；化学防控可采用70%吡虫啉、亩旺特(24%螺虫乙酯)、10%吡丙醚、阿克泰(25%噻虫嗪)、福利星(20%噻虫胺)等药剂。

2. 蓟马

啃食嫩叶和花瓣，致叶展开后畸形，出现不规则浅黄条纹或斑点，并从主脉向外扩散；花瓣则易出现斑点状失色，严重时花不能开放。并传播TSWV(番茄斑萎病毒)，致植株不成花。平时应采用蓝板进行监测；可瓢虫、食蚜蝇、寄生蜂等进行生物防控；化学防控可采用艾绿士(6%乙基多杀菌素)、亩旺特、10%吡丙醚、福利星(20%噻虫胺)等药剂；此外，蓟马易移动，采用异丙威烟熏剂防控也是有效措施。

3. 潜叶蝇

以幼虫潜入叶肉钻蛀危害，潜道纵横交错，影响观赏性。严重时造成叶肉被吃光，引起叶片枯萎。生产中发现受害叶应及时摘除，并及时清除周边杂草，以减少虫源。化学药剂包括杀灭幼虫的灭蝇胺，杀成虫有巴丹(98%杀螟丹)、万恒(20%啶虫脒+2.5%氟氰菊酯)、伐蚁克(24%虫螨腈)等，应将杀灭幼虫与成虫的药剂共同施用。

4. 螨虫

又名红蜘蛛。其危害菊花叶面呈黄白色小点，严重时变黄枯焦，以致脱落；同时在顶梢、花部为害，可致花序不能正常开放或失色等。鉴于其繁殖速度极快，应注意清洁环境，加强田间监测，适时浇水以创造不利于红蜘蛛生存的环境；并在发现危害时及时采取防控措施，如及时释放其天敌，以捕食性螨类的智利小植绥螨使用较好，可控制其蔓延；在必要时，可选用药剂进行化学防治，可采用亩旺特作为杀卵、若虫及成虫药剂，而爱卡螨(42%联苯肼酯)、螨危(24%螺螨酯)、尼索朗(5%噻螨酮)等则是常见杀成虫药剂。

5. 蛾蝶类

为菊花上鳞翅目害虫的泛称，主要有斜纹夜蛾、甜菜夜蛾、棉铃虫、菜青虫、菜粉蝶等。它们以幼虫啃食叶片、花蕾、花，食量极大且速度很快，导致叶片、花部残缺不全，不仅影响植物生长，也导致产品品种下降甚至难以收获，并为溃疡病等病害提供入侵伤口。该类害虫较易形成抗药性，需要加强监控，提早防控、综合防控。可以采用杀虫灯或性诱剂诱杀的物理防控，并结合化学防控。常见药剂有杀卵及若虫的美除(5%虱螨脲)，杀幼虫的卉保(5%甲维盐)、凯恩(15%精茚虫威)、倍内威(10%溴氰虫酰胺)、1%溴虫氟苯双酰胺、5%高效氯氟菊酯等。

(三)杂草防除

田间杂草的防除主要通过施用土壤封闭剂、地膜覆盖及人工中耕除草等方法。土壤封闭剂的处理一般在定植前1～2天施用，封闭剂常用药剂为33%二甲戊灵(商品名施田补)，使用倍数400～600倍液(亩用量300 mL)。喷洒药剂时要将准备定植的区域内全部喷洒到位，包括畦沟、畦面、道路等均要喷洒。

七、价值与应用

菊花不仅因其具有的独特观赏价值、经济价值及文化内涵，使其在园林绿化、美化、室内装饰中发挥着重要作用，还是我国重要的药食同源植物，是传统中药材料，也是除茶以外我国产的第二大植物源饮料，富含多种次生代谢物质、营养物质，富含黄酮类化合物、绿原酸、挥发油、氨基酸、多糖类、叶酸、菊苷、腺嘌呤、微量元素等，其药用、食用、饮用等功能性价值也日益受到人们的重视。正因为菊花所具有的独特观赏价值、经济价值及文化内涵，使其在园林绿化、美化、室内装饰中发挥着极其重要的作用，其药用、食用、饮用等功能性价值也日益受到人们的重视。

（一）园林观赏

目前，菊花已是我国十大传统名花和世界四大切花之一，其具有独特的芳香，以及傲雪凌霜、岁晚弥芳的人文美。菊花品种繁多，其中仅我国保存的传统菊品种就有3000余个（切花菊品种1000多个）。其花色丰富，不仅具有黄、白、粉、紫、绿、红、橙色等，还有红黄、粉白、粉绿、黄绿复色等稀有花色，且株型、花型多姿多彩，其中花型可达30余种；在切花、盆栽及园林与庭院美化等方面广为应用。

（二）药用

菊花早在我国古代就被作为药用，如《神农本草经》中就有菊花入药的记载。新近研究表明，菊花具有抗氧化、延缓衰老，降低血压、抗心肌缺血、抗心律失常，促进胆固醇代谢和降脂，以及调节免疫，抗炎、抗菌、抗病毒、抗肿瘤等药用功效。目前菊花不仅可以入药，还可以制成护眼罩、药带、香佩、药枕等保健用品。《中国药典》确定的药用菊花品种有‘杭菊’‘怀菊’‘滁菊’‘亳菊’‘贡菊’等，并规定药用菊干品的有效成分指标为绿原酸不少于0.20%，木樨草苷不少于0.080%、3, 5-二咖啡酰奎宁酸（异绿原酸）不少于0.70%。

（三）食用

在我国古代就有食用菊花花序、茎、叶甚至根等的记载。如今，人们常将菊花用作鲜食、干食、熟食，做法常见焖、蒸、煮、炒、烧、拌等。此外，还将菊花入馅制作菊花糕、菊花酥饼、菊花水饺等，亦有将菊花用作酿造菊花酒、菊花醋等饮品的食用方法。菊花品种虽多，但食用菊品种相对较少，国内传统食用菊品种主要有‘蜡黄’‘细黄’‘早白’‘早黄’‘细迟白’‘蟹爪’‘白莲羹’‘梨香菊’‘黄莲羹’‘紫凤牡丹’‘广州大红’等。日本食用菊品种以‘延命乐’‘阿房宫’为主，也有‘寿’‘岩风’‘越乐天’‘精兴久映’等。近年，南京农业大学育成了苏花系列食用菊，口感甜，嫩脆。北京农学院、北京市农业科学院生物中心也有选育部分食用菊品种。现有食用菊大多口感甜，略带甘苦，或具芳香。

（四）茶用

菊花味甘而香，生津润喉，深受人们喜爱，可直接饮用或用于制备袋装茶。同时，茶用菊也是王老吉和加多宝等凉茶饮品的主要原料之一。菊花作为茶用始于明清时期，期间出现了专用地方品种，部分品种一直延用至今，多为药、饮兼用品种，如‘杭白菊’‘怀菊’‘滁菊’‘亳菊’‘贡菊’等。近年来，我国江南地区的安徽、江西、江苏、浙江等地较大规模推广种植茶专用菊品种，如大花型的‘金丝皇菊’、较小而饱满的‘皇菊’等，因具有汤花优美、口感清甜且香味醇厚、汤色清亮等特点而备受人们青睐，其中‘金丝皇菊’以花大形美取胜，‘皇菊’以味醇见长。此外，北京林业大学曾报道育出‘乳荷’‘银杯’‘玉人面’‘玉龙’‘白龙’茶用菊花品种。而南京农业大学育成的‘南农金菊’和‘苏菊’系列茶用菊新品种，不同品种在产量、汤色、品质等方面均有独特优势。菊花的茶用价值日益受到人们的重视，市场需求日趋旺盛，各地竞相开发与发展茶用菊，如江苏射阳已建成数万亩药用、茶用菊生产基地，湖北麻城大面积种植，其他如河南、河北、浙江、山东、贵州、福建、青海、云南、四川等地均有一定规模茶用菊种植。

总之，菊花的药用、食用和茶用价值越来越受到人们的认可，相关产品层出不穷，菊花功能

图 16 菊花的食用

图 17 菊花的康养产品

性价值的充分发掘利用是提升菊花附加值和产业效益的有效途径（图 16）。

（五）日化等工业用

菊花的花序及其茎叶富含绿原酸和木樨草素，其中绿原酸已被收录入国家市场监督管理总局化妆品原料目录，木樨草素也已被《国际化妆品原料字典和手册（第十二版）》以及《国际化妆品原料标准中文名称目录（2010 年版）》收录。菊花花序和茎叶提取物可用于制作药皂、洗手液、爽肤水等洁肤、护肤产品。菊花还是足浴粉、空气清新剂等日化用品的原材料。菊花可有效缓解头面部的湿热内蕴所致的口腔溃疡、牙龈肿痛等，可用于牙膏及漱口水开发。目前，南京农业大学利用菊花及其茎叶中含量丰富、香气淡雅、具有抗菌消炎作用的挥发油类成分，具有抗氧化活性的黄酮类及酚酸类成分，研发了系列化妆品及日用品，并实现了一定规模的产业化开发。

（房伟民 陈发棣 王海滨 屈连伟）

Clematis 铁线莲

毛茛科铁线莲属（*Clematis*）多年生木质或草质藤本，或为直立灌木。因成熟的攀缘茎呈棕褐色且像铁丝一样结实和富有韧性而得名。属名 *Clematis* 来源于希腊语 *klematis*，意为拥有较长和柔软枝条的攀缘或蔓性植物，其中 *klema* 意为藤蔓，枝条或小枝折断（用于嫁接），源自 *klan*（折断）。多数种类花大色艳，花朵色泽艳丽，花型多变，花期长，"花开如莲，韧如铁丝"，为极具生命力之花，被誉为"藤本皇后"。我国云南、四川及邻近地区分布着众多的铁线莲属原始类群而被认为是该属的起源和分化中心（张明理 等，2004）。

一、形态特征与生物学特性

（一）形态与观赏特征

叶对生，单叶，三出复叶或羽状复叶，叶片或小叶全缘、有锯齿或分裂，部分茎或叶片背面有茸毛。花序为聚伞花序、总状花序或圆锥花序，花单生或数朵与叶簇生，多为两性花，花萼瓣化，无真正花瓣，萼片 4 ～ 8（～ 10），椭圆形、窄椭圆形或宽椭圆形，萼片边缘呈圆滑或波浪状，直立成钟状、管状，或平展为单瓣、半重瓣、重瓣；有白色、粉色、红色、紫色、绿色等，部分品种花萼中部有彩色条纹；雄蕊多数，存在雄蕊瓣化品种，花药侧向开裂或内向开裂。心皮多数，有毛或无毛，每心皮内有 1 下垂胚珠。瘦果多数，宿存花柱伸长呈羽毛状，或不伸长而呈喙状，通常褐色，种壳较硬（图 1、图 2）。

根肉质，多为须根，少数种类有一条主根，属深根系，须根从中心向外发散，橙色或浅褐色，根系发达。根可供药用，利尿通经，有解毒、利尿、祛瘀之效（刘慧 等，2012；Chohra et al.，2020）。

（二）生长发育规律

常绿铁线莲冬季不需要休眠，四季常绿，冬季或早春开花。多数落叶铁线莲生长可分 4 个时期：快速生长期、生殖生长期、缓慢生长期和休

图 1　铁线莲（*Clematis tientaiensis*）'Blue Dream'

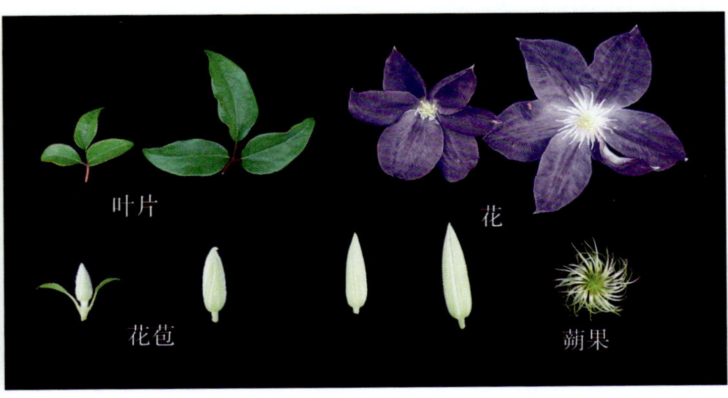

图 2　铁线莲（*Clematis tientaiensis*）'Blue Dream' 形态

眠期。

1. 快速生长期

早春季节为快速生长期，这时新芽开始萌发，茎叶快速生长，并逐渐成熟。

2. 生殖生长期

春季和夏季多为生殖生长期，花芽分化，花蕾逐渐成熟开放，结果。

3. 缓慢生长期

秋季为缓慢生长期，果实成熟脱落，植株生长逐渐缓慢。

4. 休眠期

冬季为休眠期，地上部叶片逐渐枯萎，进入休眠状态。

（三）生态习性

1. 光照

喜光，需要每天 6 小时以上的直接光照，但是部分品种需要遮光。发芽期遮光率控制在 60% ～ 70%，幼苗期遮光率控制在 40% ～ 60%。由于根系不能过分受热，在阳光充足的环境下，根部需要遮光或种在其他植物的根部，保持根系的凉爽和湿润，避免根系损伤。

2. 温度

多数种子发芽适宜温度 20 ～ 25℃，植株生长适宜温度 15 ～ 25℃。夏季温度高于 35℃，会导致叶片变黄、枯萎，需进行遮阴。甘青铁线莲（*C. tangutica*）自然生长环境海拔 3000 m 左右，当地全年平均温度 -5 ～ 11℃，最低温 -32℃，最高温 29℃。8 月引种到西安，翌年春季还生长开花，但不能越夏。

3. 水分

种子萌发时基质湿度要求在 95% 以上，种苗则基质湿度要求保持 75% 以上，成熟植株对水分较为敏感，不可过干或过湿，以见干见湿为宜，休眠期保持基质湿润。

4. 空气成分与相对湿度

幼苗及成株环境湿度在 45% ～ 55%，保持通风，高湿环境易引发铁线莲病虫害。

5. 土壤或基质

喜肥沃、排水良好的土壤，忌夏季干旱不能保水或积水的土壤。

二、种质资源与园艺分类

（一）分类与资源概述

全世界约有铁线莲属植物 332 种，广泛分布于除南极洲以外的各个大洲。我国早在 1688 年的《花镜》中已有雄蕊瓣化的铁线莲重瓣变种的记载，有约 155 种，约占世界的 1/2，其中特有种 56 种，是该属植物资源最丰富的国家（Wu et al.，2003；王文采 等，2005）。

云南是我国铁线莲属植物分布最多的省份，有 83 种（59 种 24 变种），其中中国特有 56 种（含变种），云南特有 16 种（含变种），横断山区可能是该属的起源、分化和特有中心（江南 等，2007）。四川、西藏、贵州和广西分别有 78 种、49 种、42 种和 33 种（均包含变种）。其中西藏色季拉山铁线莲属有 10 种 3 变种，俞氏铁线莲（*C. yui*）处于濒危状态（郑维列 等，1999）。甘肃南部有野生铁线莲属 30 种，分布于小陇山、白龙江、西秦岭林区各林场及甘南、陇南、天水地区（裴会明 等，2004），青藏高原东缘有铁线莲属有 13 种（巩红冬，2011）。湖北有铁线莲属有 51 种（37 种 14 变种），主要分布于鄂西山区（李新伟 等，2004）。河南有铁线莲属 35 种（含变种）（闫双喜 等，2010）。在华北，北京地区野生铁线莲属共计 11 种，主要分布在北京西部和北部山区，其中槭叶铁线莲（*C. acerifolia*）为北京市特有种，黄花铁线莲（*C. intricata*）、棉团铁线莲（*C. hexapetala*）、半钟铁线莲（*C. sibirica* var. *ochotensis*）、厚叶铁线莲（*C. crassifolia*）（图 3）、锈毛铁线莲（*C. leschenaultiana*）（图 4）及长瓣铁线莲（*C. macropetala*）等有较高的园林利用价值（刘晶晶 等，2013）。华东地区，浙江是铁线莲属在中国东部分布最多的省份，有 31 种（22 种 9 变种），其中毛叶铁线莲（*C. lanuginosa*）（图 5）、天台铁线莲（*C. tientaiensis*）（图 6）、浙江山木通（*C. chekiangensis*）、舟柄铁线莲（*C. dilatata*）

图 3　厚叶铁线莲

图 4　锈毛铁线莲

图 5　毛叶铁线莲

图 6　天台铁线莲

为浙江特有种，极具观赏和开发价值（季梦成 等，2008）。

铁线莲育种最早始于欧洲，早在 1569 年，产于东南欧的南欧铁线莲（*C. viticella*）在英国就有栽培的记载。1836 年始欧美等国陆续从我国收集了转子莲（*C. patens*）、毛叶铁线莲（*C. lanuginosa*）、小木通（*C. armandi*）和绣球藤（*C. montana* var. *rubens*）、长花铁线莲（*C. rehderiana*）、美花铁线莲（*C. potaninii*）等优异种质资源作为其育种亲本。并培育出了众多的大花、重瓣、花色新奇和小花、多花、繁密、强健的新品种，广泛应用于园林。铁线莲不同种类花期差别较大，一年四季几乎都有开花的种类，花有白、绿、粉红、黄、蓝、蓝紫、紫红等颜色。根据国际铁线莲协会发布的 *International Clematis Register and Checklist*（Matthews，2002）中铁线莲的分类，将其归类为 2 大类共计 15 组，每个铁线莲分组均有丰富的花色。

（二）小花类（Small-flowered Division）

Ⅰ. 小花平展型 Flat Small-flowered Subdivision

1. 小木通铁线莲组（Armandii Group）

来源于小木通和毛柱铁线莲（*C. meyeniana*）的常绿木质藤本，叶片多革质，三出或羽状复叶，花期为冬季或早春，通常花量较多，花径 4 ～ 7（～ 10）cm，萼片 4 ～ 6，花色多为白色、粉色等。‘苹果花’‘雪舞’‘雪崩’等是常见的常绿铁线莲品种（图 7）。

2. 长瓣铁线莲组（Atragene Group）

来源于长瓣铁线莲（*C. macropetala*）等为代表的落叶木质藤本铁线莲，花多生于叶腋，花期 4 ～ 5 月，外轮雄蕊多瓣化，萼片 4，萼片细长且下垂，呈铃铛状，花径（2 ～）4 ～ 10（～ 12）cm，有白色、淡黄色、粉红色、紫红色、紫色、蓝紫色或紫色等。‘紫梦’‘芭蕾舞裙’‘粉红火烈鸟’‘柠檬之梦’‘粉红玛卡’‘塞

图 7　小花型铁线莲（平展、铃铛或钟状）

西尔’等为常见长瓣铁线莲园艺品种。

3. 福氏铁线莲组（Forsteri Group）

主要来源于皮特里铁线莲（*C. petriei*）等为代表的 Novae-zeelandiae（原产澳大利亚和新西兰）种或其衍生品种，常绿木质灌木或藤本，花期为冬末到春末。花雌雄异株，花朵平展或钟形，花径 2 ～ 9 cm。萼片 4 ～ 8，白色或黄绿色。

4. 大叶铁线莲组（Heracleifolia Group）

至少有一个亲本属于或来源于大叶铁线莲（*C. heracleifolia*）、日本大叶铁线莲（*C. stans*，日本特有种）、管花铁线莲（*C. tubulosa*），具有直立或攀缘茎的木质植物，花期夏季或早秋，单瓣花，花朵呈管状、反卷或展开，花径（1.5 ～）2 ～ 5 cm。萼片 4 ～ 6，花朵白色、乳黄色、红紫色、紫罗兰蓝色或蓝色。常见代表品种有‘卡桑德拉’等。

5. 蒙大拿铁线莲组（Montana Group）

主要来源于绣球藤、金毛铁线莲（*C. chrysocoma*）等的园艺品种，落叶木质藤本。花期为春季，花朵单瓣、半重瓣或重瓣，花径 3 ～ 10（～ 14）cm。萼片 4（～ 6），白色、粉色、深紫红色或淡黄色，平展。常见代表品种有‘红颜’‘红蝶’等。

6. 葡萄叶铁线莲组（Vitalba Group）

主要来源于西部铁线莲（*C. ligusticifolia*）、美花铁线莲（*C. potaninii*）、葡萄叶铁线莲（*C. vitalba*）和维吉尼亚铁线莲（*C. virginiana*）等的园艺品种，落叶木质藤本。花期为春末、夏末及秋季。花朵多单瓣，花径 5（～ 6）cm，萼片

4～6，平展，白色或淡黄色。

7. 南欧铁线莲组（Viticella Group）

至少有一个亲本的品种主要来源于南欧铁线莲。落叶木质藤本。花期为夏季和早秋。花朵单瓣、半重瓣或重瓣或钟状，花径 2.5～12 cm，萼片 4～6，白色、粉色、红色、红紫色、紫色、紫罗兰色或蓝色，多具条纹。常见代表品种有‘典雅紫’‘薇妮莎’‘神秘面纱’‘索利纳’‘超级新星’‘可觅’等。

Ⅱ. 铃铛型或钟型 Bell Small-flowered Subdivision

8. 全缘铁线莲组（Integrifolia Group）

主要为来源于全缘铁线莲（*C. integrifolia*）等的园艺品种，落叶木质亚灌木，不攀缘或半攀缘，茎草质。花期为夏季和早秋，花萼单瓣，常钟形，少数略平坦，花径 4～9（～14）cm，萼片 4（～7），白色、粉色、红紫色、紫色、紫罗兰色或蓝色。常见代表品种有‘紫铃铛’‘哈库里’‘阿拉贝拉’等。

9. 卷须铁线莲组（Cirrhosa Group）

主要为来源于卷须铁线莲（*C. cirrhosa*）的园艺品种，常绿木质藤本，花期从晚秋至早春，单瓣花朵，下垂呈钟状或碗状，花径（2～）5～8（～10）cm，萼片 4～5，乳白色，或带红色或紫色条纹，常见代表品种为‘雀斑’‘日枝’‘铃儿响叮当’等。

10. 甘青铁线莲组（Tangutica Group）

主要来源于黄花铁线莲（*C. intricata*）、东方铁线莲（*C. orientalis*）等的园艺品种，落叶木质藤本。花期为夏季及初秋，花朵单瓣，钟形或平展，常下垂，花径 2.5～9 cm。萼片 4（～6），白色、黄色、橙色或带紫色。

11. 得克萨斯铁线莲组（Texensis Group）

主要来源于得克萨斯铁线莲（*C. texensis*）与大花铁线莲杂交后代的园艺品种，落叶攀缘藤本，基部木质或草质。花期为夏季和初秋。花朵单瓣，郁金香形或钟形，直立到下垂，花径 4～10 cm，萼片 4～6，较厚，粉色、红色、红紫色或淡紫色，很少白色。常见代表品种有‘戴安娜王妃’等。

12. 铃铛型铁线莲组（Viorna Group）

主要来源于褐毛铁线莲（*C. fusca*）、得克萨斯铁线莲（*C. texensis*）等的园艺品种，落叶木质藤本、半灌木或直立草本植物，花期晚春到秋季，花瓮形或钟形，花径 1.5～5 cm，萼片 4，较厚，粉色、淡紫色或紫色。常见代表品种有‘樱桃唇’‘胭脂扣’‘王梦’等。

（三）大花类（Large-flowered Division）

13. 早花大花型铁线莲组（Early Large-flowered Group）

主要来源于转子莲为亲本的园艺品种，落叶藤本植物，春季老枝开花，夏季或早秋当年枝条再次开花，单瓣、半重瓣或重瓣，花径（7～）10～22（～25）cm。萼片（4～）6～8（～9），白色、奶油色、绿色、黄色、粉色、红色、红紫色、紫色、紫罗兰色或蓝色，多具条纹。常见代表品种有‘钻石’‘蓝光’‘哥白尼’‘皇帝’‘中国红’‘经典’‘巴黎风情’等（图 8）。

14. 晚花大花型铁线莲组（Late Large-flowered Group）

主要来源于毛叶铁线莲为亲本的园艺品种，落叶藤本植物，花期为夏季或早秋，当年枝条开花，花常单瓣，有时半重瓣或重瓣，花径（5～）10～20（～29）cm。萼片 4～6（～8），白色、粉色、粉紫色、红色、红紫色、紫色、紫罗兰色或蓝色，多具条纹。常见代表品种有‘斯塔西’‘爱炫’‘倒影’‘紫水晶美人’‘吉赛尔’‘塞尚’‘朱莉安’‘啤酒’等。

三、繁殖技术

（一）播种繁殖

当年种子部分种皮由绿色转为黄褐色即可采种。采种后去除杂质和空瘪种子，将纯净种子置于通风阴凉处贮藏，或存放于冰箱冷藏室内，温度为 0～4℃，也可直接播种。

播种时可采用 GA 100～200 mg/L 溶液浸种 1 小时，以提高种子萌发率。可用塑料穴盘作为

图 8　大花型铁线莲

容器播种，播种基质配比为细泥碳 65% ～ 75%、蛭石 15% ～ 25%、珍珠岩 10% ～ 15%，覆土 1 cm，播好种的穴盘用 75% 百菌清可湿性粉剂、95% 敌磺钠可溶性粉剂配制成 1000 倍液浸泡消毒。

发芽期基质保持湿润，相对湿度 75 % 以上，温度 18 ～ 22 ℃，遮阳率 60% ～ 70%。发芽后，幼苗生长环境湿度 45% ～ 55%，遮阳率 40% ～ 60%。长出 2 ～ 4 片真叶后移栽，移植后浇透水，种植深度以恰好覆盖新根为宜，基质配比为泥炭 60%、珍珠岩 30%、稻壳炭 10%。

（二）扦插繁殖

以 4 ～ 5 月、9 ～ 10 月扦插为宜。扦插基质层厚 10 ～ 15 cm，基质配比以蛭石 20%、清洁河沙 80% 为宜，亦可采用育苗盘，育苗盘高度宜高于 5 cm。

以生长健壮的半木质化带芽枝条作为穗条，插穗保留两个节芽。插穗茎节上端剪口平整，下口斜剪，顶端保留 1 ～ 2 片半叶，插穗下端 2 ～ 3 cm 在 1000 ～ 2000 mg/L 的生根剂溶液中浸泡 30 秒后扦插。

扦插基质浇透水，扦插密度 3 cm × 3 cm，插穗基部基质压实，扦插深度至下端节芽部，保持插穗叶面湿润。

扦插后用 40% 百菌清可湿性粉剂 800 倍液或 50% 敌磺钠可溶性粉剂 800 倍液浇透，并进行覆膜或补水保湿，相对湿度 95% 以上，温度 18 ～ 22 ℃。扦插约 3 个月后，可将生根幼苗移栽，移栽后初期基质保持湿润，后期干湿交替，温度 20 ～ 30 ℃，湿度 45% ～ 55%，遮阳率 40% ～ 60%。每年换盆 1 次，每次更换更高一级规格的容器，宜在春季、秋季进行。

四、栽培管理技术

（一）园林栽培

1. 土壤

需选择肥沃、疏松透气、排水较好的土壤，定植后覆盖泥炭或腐殖土为佳，以避免根部在夏季过分受热，同时可保持土攘湿润。

2. 种植

裸根种植时根基部与表土齐平，或土团顶部要和表土齐平。

3. 肥水管理

定植后要注意充分给水，使根部能向四周伸长，如枝条脆，易折断，应注意牵引固定。同时需特别注意排水。

4. 修剪

1～2 年生苗仅修剪枯枝枯叶，3 年生以上大苗，秋末早春修剪，根据不同品种的修剪类型，选择健壮芽点的上部修剪。

（1）轻度修剪

冬季去除老枝、病弱枝，保留大部分健壮的枝条和饱满的芽点，主要包括小木通铁线莲组、卷须铁线莲组、蒙大拿铁线莲组、长瓣铁线莲组等，多为冬春两季开花的铁线莲品种。

（2）中度修剪

冬季植株保留 50～70 cm 有健壮芽点的枝条，具体视枝条情况、苗的大小及株型而定。主要为早花大花铁线莲组，多为春季和夏季开花品种。

（3）重度修剪

冬季植株保留 10～15 cm 基部有健壮芽点的枝条，主要包括大叶铁线莲组、葡萄叶铁线莲组、得克萨斯铁线莲组、铃铛型铁线莲组、全缘铁线莲组、南欧铁线莲组、晚花大花铁线莲组等，多为夏季和秋季开花品种。

（二）盆花生产

1. 盆栽基质

基质配比为泥炭 65%～75%、珍珠岩 25%～35%，每立方米基质中添加氮：磷：钾配比为 15：9：12 的控释肥 3 kg，并与基质充分拌匀，可用 45% 敌磺钠可湿性粉剂 600 倍液消毒，润湿后隔天使用，或在基质装好后，用消毒剂均匀浇透，隔天使用。

2. 容器选择

根据种苗规格选择大小合适的容器（表 1）。

表 1 常用容器规格及适用范围

容器种类	容器规格	适用范围
塑料容器	7 方盆	1 年生种苗
	1 加仑	2～3 年生种苗
	3 加仑	4～5 年生种苗
	7 加仑	5 年生以上种苗

注：1 加仑（美制）= 3.785 L。

3. 盆栽管理

上盆后，初期基质保持湿润，后期干湿交替，温度 20～30℃，湿度 45%～55%，遮光率 40%～60%。每 15 天喷施 1 次 75% 百菌清可湿性粉剂 1000 倍液，或 4.8% 代森锰锌 1000 倍液。上盆 2 个月后，每隔 10 天喷施 1 次水溶性复合肥（氮：磷：钾配比为 20：20：20）3000 倍液，夏季高温期减少喷施次数。

4. 换盆

换盆宜在春季、秋季。容器中交叉设置支架，将萌生藤蔓引领缠绕至支架，围绕根部放置；成熟根穿出容器底部疏水孔须再次换盆；容器用小卵石或陶粒等粗颗粒铺底，装入新基质，抖去根部旧基质，剪去烂根、枯根，再植入新容器。栽植时保持根系舒展，换盆后适当修剪枝叶，浇透水。

5. 水肥管理

保持盆土湿润。生长期每盆施 30～40 粒（1 加仑 10 g）缓释肥（氮：磷：钾配比为 15：9：12）。春季与秋季，每 14 天施用 1 次水溶肥（氮：磷：钾配比为 20：20：20）3000 倍液，秋季复花前可增施 1 次缓释肥，夏季高温期停施。

（三）病虫害防治

铁线莲的病害主要有白绢病、枯萎病。枯萎病防治需在生长季每月泼浇 1 次 30% 噁霉灵水剂 1000～2000 倍液或 70% 甲基硫菌灵可湿性粉剂 800～1000 倍液；秋冬季清理完枯叶后再用1次。若已发病，及时将病枝剪除，剪至坏死位置下方，再喷洒噁霉灵。发病部位在根茎部，剪除病枝的同时，将病部周围基质清除，换上新基质。白绢病在5月初于发病前，在根茎周围撒施40%五氯硝基苯粉剂或15%三唑酮可湿性粉剂对土壤进行消毒（也可用20%粉锈宁乳油1500～2000倍液灌根，每株0.3～0.5 kg稀释药液，或24%噻呋酰胺悬浮剂1500～2000倍液喷雾），依苗大小，每盆撒施1～2 g，交替使用。分别于5月、6月和9月，每20天用药1次；7、8月每15天用药1次。若已发生病害，应及时清理病苗。

铁线莲虫害主要有潜叶蝇、红蜘蛛、蜗牛、蛞蝓等。潜叶蝇选用25%噻虫嗪水分散粒剂2000～2500倍液、5%阿维菌素微乳剂3000～5000倍液、300 g/L可分散油悬浮剂6000～10000倍液等药剂，于潜叶蝇发生初期间隔10～15天施药1～2次，发生盛期间隔5～7天施药2～3次。红蜘蛛危害早期选用20%阿维·螺螨酯悬浮剂4000～5000倍液、5%噻螨酮乳油1000～2000倍液、10%苯丁·哒螨灵乳油等进行防治。蜗牛、蛞蝓等虫害可采用撒施四聚乙醛颗粒剂、矽藻素、茶籽饼粉于根茎周围基质表面防治；也可选用74%速灭·硫酸铜800～1500倍液和30%皂茶素水剂300～400倍液喷雾。

五、价值与应用

（一）观赏与生态价值

观赏铁线莲在欧洲育种历史已超过180年，现有4000余个品种，在西方园林中应用广泛。具有较强的耐寒、耐旱能力，喜肥沃、排水良好的土壤环境，适应性强，深受园艺爱好者喜爱，为当今流行的“三大花园植物”之一。

在观赏价值方面，铁线莲品种繁多，花大色艳，常见颜色有玫瑰红、粉红、紫色和白色等，有重瓣和单瓣之分，花期多样，多作风格别致的高档盆花栽培，也可作切花应用。近年来在家庭园艺、庭院种植等方面也具有极高的关注度。

铁线莲花色丰富、花型各异、种类繁多，拥有美丽、优雅、大方的独特观赏性，在园林中主要被用于墙体、拱门、花柱、篱笆、棚架等地立体垂直绿化，让铁线莲新生的茎蔓缠绕生长；也常应用于干旱地表、河滩或裸露垃圾堆、石场以及绿化死角等地被应用；也可用作花境植物与月季等灌木组合栽培，形成亮丽的风景（亚力坤·努尔，2012）。

在生态功能和环境效益方面，铁线莲在城市绿化中的应用可减少夏季辐射热，降低室内温度，在建筑设施垂直绿化方面可以遮掩建筑表面，形成一定景观效果，增加城市绿化面积，净化空气，减少噪声，改善居民生活环境（张丽香，2004）。

（二）药用价值

铁线莲属植物在我国自古以来就因其药用价值而被广泛使用，是一种集药用和观赏于一身的特色植物，化学成分复杂，含有皂苷、黄酮、木脂素、挥发油、生物碱、甾醇、大环、白头翁素等多种结构类型，具有镇痛、抗炎、抗菌、抗肿瘤等药理作用。如威灵仙富含十几类三萜皂苷，柱果铁线莲挥发油中的关键成分原白头翁素，具备明显的抗菌作用，尤其是对葡萄球菌、链球菌以及结核杆菌等有良好的抑制作用。据统计，有49种铁线莲属植物在我国29个少数民族中作为民族药使用（刘庆超 等，2014）。

（郑坚　胡青荻　钱仁卷）

Coreopsis 金鸡菊

菊科金鸡菊属（*Coreopsis*）多年生草本植物。全球35种，大部分种都有一定的观赏价值，分布于北美草原。因种子像蜱虫，因此英文名为tickseed。因耐旱耐寒，开花期长，低维护，成为园林应用中很受欢迎的宿根花卉之一。最早应用和栽培以播种繁殖的品种为主，之后培育出大量以扦插或分株等无性方式繁殖的新品种，在株型、花期、花色、开花习性等特性上有较大改进。

一、形态特征与生物学特性

（一）形态与观赏特征

株高30～80 cm，叶对生，部分种为叶轮生，全缘或浅裂。有内外2层苞片，每列8枚，外层苞片通常为绿色，如细小的叶片，内层苞片更宽更薄。头状花序，8片单瓣或重瓣舌状花（图1），金黄色花最常见，也有玫红色、浅黄色、粉色，部分种类花瓣基部为紫褐色，花瓣前端具齿或裂片。果为瘦果，有翅或无翅。

图1　金鸡菊的花及花序

（二）生物学特性

花期一般为5～9月。对光温的反应有两种类型。①长日照有益型，给予长日照（14～16小时）能促进早花和提高开花量。②春化有益型，春化6～10周后，开花数量和开花整齐度会显著提高。

喜全光，喜排水性好的土壤，喜干，不耐涝，低至中等需肥水平。喜光，但在炎热夏季，适当遮光表现更好。耐寒、耐热性均较好。抗性强，适应性广，在西安等地可露地生长10年以上。

二、种质资源与主栽品种

除了比较常见的大花金鸡菊（*C. grandiflora*）、轮叶金鸡菊（*C. verticillata*）、耳叶金鸡菊（*C. auriculata*）和玫红金鸡菊（*C. rosea*）外，还有很多的近缘种被引进育种，如大叶金鸡菊（*C. major*）、三叶金鸡菊（*C. tripteris*）、掌叶金鸡菊（*C. palmata*）、全缘叶金鸡菊（*C. integrifolia*）等，这些种类多是原生种中特性比较突出的。

金鸡菊的杂交育种近些年成为国外花卉育种公司的热门，以美国和欧洲的育种公司为主。随着如胚培养、胚挽救为代表的新的育种技术的应用，金鸡菊的杂交育种工作也获得很大突破，种间杂交甚至属间杂交的新品种不断涌现。其中播种繁殖的品种，保尔公司（Ball）和先正达（Syngenta）公司分别有4个品种，以大花金鸡菊、黄色花为主，在重瓣、紧凑性、适应性、花期上有新的突破。营养繁殖的品种，以特拉诺娃

（Terra Nova）、橙色多盟（Dummen Orange）等育种公司为主，在花形、花色、株型、花期、适应性方面都有新的育种突破，花色丰富（图2），开花期长，种类多样，适应性强且更易于栽培。在众多的品种中，不乏一些经典品种，如‘和蔼’（‘Sonnenkind’）、‘萨格勒布’（‘Zagreb’）、‘月光’（‘Moonbeam’）、‘安娜’（‘Anna’）等被保存下来。

1. 耳叶金鸡菊 *C. auriculata*

原产美国南部，叶片全缘，如鼠耳一般。花期早，叶片深绿色，部分地区可常绿，株高通常可达 60 cm，匍匐生长，但生长不会对周边植物造成影响。可通过播种、分株和扦插繁殖，每 2～3 年需要重新分株以保持生长势。这个种有一个经典的园艺品种‘Nana’，花期 4～5 月，在湿度适宜时，可常年保持健康，也是经典的金鸡菊育种材料。

2. 大花金鸡菊 *C. grandiflora*

原产美国南部，为目前种植的主流种之一，基生叶多为全缘叶，而上层的叶片多有 3～5 个深裂。花径 2～6 cm，常为黄色或橙色。花期长，可从 5 月开到 8 月。但相对短命，在炎热湿度高的南方一般可宿存 2 年，而在北方可宿存 3～4 年。部分地区可自播。可通过播种、分株和扦插繁殖。夏末秋初易染白粉病。

2a.‘朝阳’‘Early Sunrise’

黄色花，播种金鸡菊的经典品种（图 3），曾获得美国 AAS 奖。花期长，耐寒性较好，但宿存性较差，能结实自播，如果能及时修剪残花，可以多次开花。

2b.‘金杯’‘Golden Sphere’

黄色花，重瓣率非常高，在重瓣品种中最具代表性（图 4）。花大、花期长，但残花明显，低矮紧凑，耐寒耐热性较好，一般通过扦插繁殖。

2c.‘和蔼’‘Sonnenkind’

黄色花，不结实或少结实，是经典品种之一（图 5）。花期 5～10 月，残花自洁，株高 60～

图 2 新品种的金鸡菊花色丰富

图 3　金鸡菊‘朝阳’

图 4　金鸡菊‘金杯’

图 5　金鸡菊‘和蔼’

75 cm，耐寒耐热性好，宿存性在大花金鸡菊中相对较长。

3. 轮叶金鸡菊 *C. verticillate*

原产美国东部，具有花色亮丽、耐旱、花期长、宿存性好等特点，是金鸡菊中最受欢迎的种类之一。轮生成掌状无柄细长叶（图 6），减少了水分蒸发的面积，更耐旱。花单瓣，花径可达 5 cm。花茎细长，着花量较少。2 ～ 3 株种植在一起，在夏季末可以长成较大团块。夏季花后及时修剪残花，秋季还能再次开花，部分品种残花较明显。可通过分株、播种和扦插繁殖，每 2 ～ 3 年需要重新分株以保持生长势。

图 6　轮叶金鸡菊的花及花序

3a.‘萨格勒布’‘Zagreb’

单瓣黄色花，不结实。株高 45 ～ 60 cm，株型紧凑形成椭圆状，细枝细叶使整体植株姿态较好（图 7），但对土壤高 pH 敏感，易出现叶片黄化。

3b.‘中心舞台’‘Center Stage’

红色花，生长势强，匍匐生长型（图 8），花期能从夏季到霜前，含有轮叶金鸡菊的基因，使其适应性较好，耐寒、耐热，少有病虫害。

4. 玫红金鸡菊 *C. rosea*

原产美国东部。叶片细长，花径约 2 cm，粉色花，中心黄色，根状茎匍匐生长，形成 20 ～ 25 cm 高的团块，跟较高的植物搭配效果较好。玫红金鸡菊的玫红色和黄色正好与松果菊和金光菊的花色呼应，色彩搭配效果好，更喜冷凉环境。市场可获得的品种多数是与 *C. auriculata* 的‘Nana’这个品种杂交获得。喜全光环境，对基质排水要求高，种植在斜坡上效果最好，可在生长季节分株繁殖。

4a.‘热带柠檬汁’‘Tropical Lemonade’

“柠檬汁”系列中的橙色花品种（图 9），是以玫红金鸡菊为主的杂交品种。叶片柠檬黄色，在凉爽季节尤其明显，非常经典的花叶兼赏型品种，花量大，株型紧凑，喜冷凉环境。

三、繁殖技术

可采用播种繁殖、枝条扦插繁殖、分株繁殖和组培繁殖。选取哪种繁殖方式取决于不同的品种、可接受的成本和繁殖的目标等因素。在种苗生产上，金鸡菊最常用的还是播种繁殖、扦插繁殖和分株繁殖。

图 7　金鸡菊‘萨格勒布’

图 8　金鸡菊‘中心舞台’

图 9　金鸡菊‘热带柠檬汁’

（一）播种繁殖

播种繁殖相对较便宜，且能迅速获得大量种苗，是最常见的繁殖方式之一。可全年播种，但最适宜的播种季节是早春。可采用穴盘育苗，基质配比为泥炭：珍珠岩 =7 ∶ 3，发芽期间种子可采用 0.3 ～ 0.5 cm 蛭石覆盖，发芽适宜温度为 18 ～ 24℃。7 ～ 10 天，下胚轴开始萌动，即种子开始破壳露出白色的胚轴，俗称“露白”，之后逐渐将空气湿度从 95% ～ 100% 降到 75% ～ 85%，光照强度可由 5000 lx 增加到 27000 lx。当第一对真叶展开后，开始施用氮、磷、钾比例为 20–10–20 的水溶肥，浓度可由 75 mg/L 逐步增加到 200 mg/L。等根系盘住基质坨，可轻易从穴盘中拔出，即可移栽上盆。

（二）扦插繁殖

对一些不结实或想保持性状一致的品种，可采用扦插繁殖。目前很多新品种多采用扦插繁殖。一般选取处于营养生长阶段的枝条进行扦插，可采用穴盘育苗。生根激素有利于生根整齐并促进生根速度，但并非必要。扦插前 2 周保持 95% 以上的空气湿度，基质湿度保持湿润但不饱和，否则极易出现腐烂病。在 21 ～ 24℃的基质温度下，约 3 周即可完成生根，期间适宜的空气温度为 16 ～ 27℃。

（三）分株繁殖

在生长多年需要更新，或通过地栽裸根苗进行扩繁或盆栽生产时，可进行分株繁殖。分株的裸根苗移栽后能够快速长成成品，但会有整齐一致性差、易患根腐病等问题，规模化生产中，较少采用这种繁殖方式。分株最适宜季节一般是气温比较凉爽的 4 ～ 5 月的早春，或 8 ～ 9 月的秋季，裸根挖出后，采用锋利刀片将其从茎基部切分开，保留 4 ～ 6 个健壮芽，去除多余根系和地上部分枝条。分株后的裸根应在 12 小时内种植到新的土壤中，如不能及时栽种，需要放置于阴凉处保存，种植深度应与之前的种植深度齐平或稍低 1 cm。种植后 12 小时内浇透水，或随水灌 1000 倍多菌灵或敌磺钠粉剂，预防根腐病的发生。

四、栽培管理技术

金鸡菊的栽培根据需求，会涉及盆栽生产、园林应用栽植和反季节促成栽培等方面。

（一）盆栽

金鸡菊生长速度较快，进行盆栽生产时可通用 1 ～ 3 株，移栽到口径和深度为 13 ～ 18 cm、有排水孔的容器中。除了裸根苗宜在秋季或早春移栽外，穴盘苗常年均可移栽。基栽培质可选用草炭：松针：珍珠岩按 6 : 2 : 2 混配或草炭基质：珍珠岩按 8 : 2 混配，基质混配时需要根据基质干湿情况添加水分，以保持混配完成后的基质可手握可团、轻触即散。可在混配基质时添加氮、磷、钾比例为 14 : 14 : 14、释放期为 5 ～ 6 个月的缓释肥。属中等需肥植物，每立方基质可加入 3 ～ 4 kg；也可混入 10% ～ 20% 充分腐熟的有机肥作为底肥。提前浇好透水的穴盘苗移栽到提前装好盆的基质中，栽植深度为穴盘苗基质上表面与盆土上表面齐平，或稍深 1 cm。

栽植完成后在 12 小时内浇透水，之后根据基质干湿情况进行水分补充，移栽后的 7 ～ 10 天内需要关注其生长情况；春季萌动后施用以氮肥为主的复合肥，如尿素 200 mg/L，或 200 mg/L 的氮、磷、钾比例为 20–10–20 的复合肥，花芽形成前后增施 100 ～ 200 mg/L 氮、磷、钾比例为 10–30–20 的复合肥。北方霜冻前浇透水，密集摆放于背风向阳的平整场地并覆盖保护；期间定期检查基质干湿情况，适时补水。春季开始萌发前及时撤除覆盖物，并浇一次透水以促进萌发。

（二）园林栽植

园林施工多选用盆栽产品栽植，在全年的生长季均可种植；但如果选用裸根苗，宜在早春或秋季种植。全光或半阴环境，土层厚度大于 30 cm，清除杂草、石砾，耙碎土块，对黏重土壤可添加 10% 左右充分腐熟的有机物进行土壤改良，增加有机质的同时改善土壤的透气排水性。株行距根据植株大小及品种特性宜为 15 ～ 35 cm，土层表面与盆栽基质表面平齐，填充土壤并压实。盆栽苗在栽植前需提前浇透水，栽植后 12 小时内浇透水，根据气候条件，进行水分补充。栽植后 10 mg/L 15 天，尤其要注意原盆栽苗土坨的干湿情况，保持间干间湿。及时中耕除草。早春可随水浇施 200 mg/L 氮、磷、钾比例为 20–10–20 的复合肥水溶肥；花期前后可补施 100 ～ 200 mg/L 氮、磷、钾比例为 10–30–20 的复合肥以促进开花。在高温多雨季节可进行中度修剪，保留一半的地上部枝叶，以促进通风和二次开花。休眠后应剪除干枯的地上部分，保留 5 ～ 10 cm。可在栽植 2 ～ 3 年后的春、秋季进行分株，每丛 4 ～ 6 个芽重新栽植。

（三）促成栽培

在 32 孔穴盘内完成春化，春化条件为 2 ～ 7℃至少 6 ～ 9 周。春化后给予 16 小时光照或 4 小时夜间中断可促进早花和提高开花量。在春化且长日照条件下，温度 18℃可在 9 周后开花；20℃可在 6 周内开花。

（四）病虫害防治

常见病害有霜霉病和白粉病。霜霉病症状为植株下部老叶发生白色或灰色病斑，上部叶片表现为失绿、花叶等；而白粉病与之相反，最先发现白粉状病斑于上部叶片上。病害以预防为主，通过加强通风、拉开间距等措施可以有效预防，如果需要，也可于 7 ～ 9 月，在 16：00 ～ 17：00 喷施如 1000 倍代森锰锌等药剂预防。

金鸡菊虫害较少，偶见蚜虫和白粉虱，可在发现少量虫害时喷施 1500 倍吡虫啉或噻虫嗪。

五、价值与应用

以大花金鸡菊（*C. grandiflora*）在园林应用中最为常见。在我国长江中下游地区都能稳定越冬，部分品种在华北也能露地越冬。可用于路缘、花境、盆栽组合、鲜切花和地被等。

（赵志琴）

Coronilla 小冠花

豆科小冠花属（*Coronilla*）一年生、多年生草本或矮小灌木。根繁叶茂，密生根瘤可固氮。原产南欧和东地中海地区，在美洲、亚洲西南部和非洲北部均有栽培。我国于1948年从美国引进，现已广泛种植于华北、华东、华中、西北等地。小冠花作为从国外引进的地被牧草花卉，开花量大，花姿优美，花色鲜艳，花期6～9月，茎叶茂密，草层覆盖度大，绿色期长。可作牧草及绿肥，能抑制杂草滋生，可护坡、固沟，防止土壤冲刷。为极好的地被植物，又可作城市绿化、美化之用（包满珠，2003）。

一、形态特征与生物学特性

（一）形态与观赏特征

奇数羽状复叶，具小叶3～5枚至多数，全缘；托叶形状各样，分离或合生，宿存（图1）。花艳丽，有黄色、紫色或白色，明显有淡紫红色脉纹，下垂，花蜜由花萼的表面分泌；伞形花序腋生，多朵排列集生于长总花梗的顶端；苞片小，着生于花梗的基部，披针形，宿存；小苞片着生于花萼的基部，披针形，宿存；花萼膜质，短钟状，偏斜，多少为二唇形，花冠伸出萼外，旗瓣近圆形或扁圆形，翼瓣倒卵形或长圆形，有瓣柄和耳（图2）。种子黄褐色，种脐明显（图3）。

（二）生物学特性

多为丛生，生长旺盛，再生力强，茎蔓交织，茎叶覆盖度大，群体相互连接形成密集草层，可拦截雨水，避免雨滴对地面的直接打击溅蚀，防止径流冲刷，减少地面水分蒸发，保水性能好（杨松锐，1984）。

喜光，适于生长的温度在15～30℃之间，耐寒性极强，-34℃低温仍能安全越冬，在有雪覆盖的哈尔滨也可越冬，12月仍能保持绿色，5月中旬进入返青期。对土壤要求不高，耐贫瘠，耐粗放管理，在pH5.0～8.2的土壤中生长良好，其中以排水良好、中性的肥沃土壤为佳。喜高温，属耐高温植物，可耐短期50℃以上的高温，在高温季节生长较快，其侧根及根蘖芽穿透能力强，能穿过坚硬土层，适应性极强；但不耐湿涝，在排水不良的水渍地根系容易腐烂死亡（熊德邵，1982）。

二、种质资源与园艺品种

全球有9种，多分布于加那列群岛、欧洲北部和中部、地中海地区、非洲东北部、亚洲西部；我国引入栽培2种，其中蝎子旃那（*C. emerus*）为矮小灌木。

绣球小冠花 *C. varia*

又名小冠花、多变小冠花。多年生草本，茎直立，粗壮，多分枝，疏展，高50～100 cm。茎、小枝圆柱形，具条棱，髓心白色。奇数羽状复叶，具小叶11～17（～25）。伞形花序腋生，长5～6 cm，比叶短；总花梗长约5 cm，疏生小刺，花5～10（～20）朵，密集排列成绣球状；花冠紫色、淡红色或白色，有明显紫色条纹。荚果细长圆柱形，稍扁，具4棱，先端有宿存的喙状花柱，荚节长约1.5 cm，各荚节有种子1粒；种子长圆状倒卵形，光滑，黄褐色。花期6～7月，果期8～9月。

原产欧洲地中海地区。我国东北南部、华北、西北等地有栽培。

图 1 小冠花叶特写

我国最早于1948年从美国引入，后又于1964、1973、1974和1977年从欧洲和美国引进，分别在长江中下游、黄河流域、华北和西北地区种植。美国目前常应用的有3个品种，即‘绿宝石’（‘Emerald’）、‘彭格菲’（‘Penngift’）和‘彻芒’（‘Chmnng’）。同时德国、瑞士、波兰、奥地利等国也陆续选育出了一些小冠花新品种（王敬龙，2007），目前这些品种大多已引入我国。在国内生长表现较好的品种有以下几种。

‘且门’（‘Chemung’） 美国1961年育成，茎粗，叶大，生长高，建坪速度中等。较好地适应贫瘠土壤。

‘绿宝石’（‘Emerald’） 美国1962年育成，茎粗，叶大，生长高大，建坪慢，适应中等贫瘠的土壤。

‘滨州礼品’（‘Penngift’） 美国1954年育成，叶子和茎中等，较高大，建坪速度中等，广泛用于路旁的斜坡，抗旱、耐低温（杨宏光，2002）。

小冠花园艺品系众多，但以牧草为主，园林应用并不多。

三、繁殖与栽培管理技术

（一）播种繁殖

春、夏、秋三季可播种，为控制杂草，最好在5月下旬至6月初播种。耕深25～30 cm，撒播以每亩0.5～1 kg为宜，条播行距30 cm，用种量15 kg/hm^2，覆土12 cm厚。因种子硬实率高达70%～80%（王彦荣，1988），故播种前必须进行种子处理。种子在0.5%高锰酸钾溶液消毒2小时后，可在45℃的温水中浸种24小时后播种（叶要妹，1997）；或使用98%浓硫酸处理20分钟，晾干后播种，发芽率达92.7%（梁芳，2014）；或使用10% PEG引发处理可显著提高种子的发芽势、发芽率、发芽指数和活力指数（富波年，2021）；或使用碾米机碾破种皮后播种，一般4～10天可发芽。苗期保持土壤湿润，及时除草。

（二）分株和扦插繁殖

可在春、秋两季分株。将生长多年的过密母株挖出，适当分割母株，分成若干单株，修剪枝叶后移栽。栽后压实土壤，浇足水，成活率达90%以上（冯燕，2008）。

6～7月选取无病虫害、芽体饱满的优良枝

图 2 小冠花花特写

图 3 小冠花果特写

条，剪成 3～4 cm 长的短插条，嫩枝扦插要留一部分叶子，带叶的嫩枝能合成刺激生根的生长素。用锋利枝剪在枝条上剪取插条，上剪口在距芽 1 cm 处，下剪口在芽下面。注意保持插穗的水分，早春剪取的，剪后立即扦插；秋季采穗进行埋藏或插前水浸插穗，既增加水分，又可减少生根抑制物质。

利用过筛河沙，撒在草根土和腐殖土以 2 ∶ 1 混合层（3～4 cm）上，以此作为扦插基质。整个插条全部扦插到土里，仅上部留一个芽，插条距离为 4 cm × 4 cm。插后要及时灌水，用塑料膜盖上，每天喷雾浸湿插条，使基质经常保持湿润，苗床温度保持在 25～27℃，勿高于 30℃。插后 10 天左右，插条开始生根，15～20 天后形成根，到秋季能形成良好植株（石晓艳，2010）。

（三）组培快繁

选取优良健壮植株的当年生枝条中段，流水冲洗 4～6 小时后，用 0.1% 氯化汞溶液消毒 5～10 分钟，无菌水冲洗 4～5 次，剪成 1～2 cm 的带腋芽茎段。培养温度 21～25℃，光照强度 1000～1200 lx，每天光照 12 小时。将消毒好的带芽茎段接于 MS+6-BA 0.3～1 mg/L+NAA 0～0.1 mg/L 的培养基上，21～28 天后腋芽伸长。然后转到 MS+6-BA 1～2 mg/L+IAA 0.1～0.3 mg/L 或 MS+6-BA 1～2 mg/L+NAA 0.01～0.1mg/L 的培养基上，35～42 天继代 1 次，可形成许多丛生芽。壮苗生根培养基为 1/2MS+IBA0.5 mg/L，21 天后生有数条白根，可出瓶移栽。用清水将根上附着的培养基冲净，栽在营养钵内，基质用壤土，栽后用 0.1% 百菌清溶液浇透，置于温室（石晓艳，2010）。

（四）园林栽培

1. 土壤

在瘠薄地、盐碱地、沟坡、路旁都能种植，适宜中性偏碱土壤，能耐含盐量 0.5% 以内的土壤，也不怕土壤黏重板结，根蘖芽穿透能力极强。

2. 水肥

苗期生长缓慢，抗干旱及与杂草的竞争力弱，所以应精细整地，苗期勤除草、松土和灌水以提高成活率和加快生长发育，使其尽早覆盖地面。育苗移植后也需立即灌水。待到成坪后，由于其根瘤固氮，且抗旱能力强，园林中通常粗放管养。

3. 光照

喜光，适生温度 15～30℃，阳光下长势更佳。

4. 修剪

作为园林地被通常不需要修剪，作牧草可适当刈割。

（五）病虫害防治

抗病能力强。根据伏牛山南麓牧草引种选育的试验观测，连续 3 年，小冠花均无病虫害。

四、价值与应用

小冠花属植物花期长达 5 个月之久，是极佳的蜜源植物。此外，其花多而鲜艳，枝叶繁茂，园林中可作河岸、边坡地的粗放地被，亦可在庭院、公园等处栽培。因根系发达，适应性强，覆盖度大，能迅速形成草层，是很好的水土保持地被植物，在我国公路边坡绿化、山地边坡生态修复中有广泛应用。

茎叶繁茂柔嫩，叶量丰富，营养物质含量高，我国主要作为饲料引入栽培。根系多根瘤，固氮能力强，是培肥土壤的良好绿肥植物。

（吴棣飞　金桂宏）

Corydalis 紫堇

罂粟科紫堇属（*Corydalis*）一二年生或多年生草本植物。是该科最大的属，也是形态变异最复杂的属之一。早在1753年林奈的《植物种志》中就有关于紫堇属植物的记载。1806年De Candole在《法国植物志》正式发表了此属的描述。

一、形态特征与生物学特性

（一）形态与观赏特征

具有直根、块根、块茎或须根。叶互生，一至三回三出羽状全裂或羽状、掌状分裂。总状花序顶生或腋生，花序长；花色有紫红色、蓝色、黄色、粉色或白色，极其美丽；花瓣4，二列，外面1对中之一的基部有距。"距"乃萼片或花瓣、花萼或花冠上的细小的、囊状中空的附属结构，是该属植物的主要鉴别特征之一。蒴果线形、长圆形或卵形；种子较小，表面有光泽，黑色或棕褐色，肾形或近圆形。主要特征是具有单轴两侧对称的花，具小苞片的总状花序，蒴果具多粒种子，花柱宿存。

（二）生物学特性

生境类型多样，几乎涵盖了北温带所有的生境类型，包括海边岩隙、平原路边、林下、溪边、石壁岩隙、干热河谷、荒漠、草原、高山灌丛、高山草甸及高山流石滩。分布海拔上更是适应幅度广，从海拔为5 m左右的海边岩隙到海拔约5500 m的高山流石滩，展现出该属强大的生命力及适应演化能力；同时这也反映在植物体态上，从高可达2 m的高大林下草本至生长在高山流石滩上低矮不足10 cm的垫状类型。

多喜温暖湿润环境，怕干旱。喜半阴，畏阳光直射。怕积水，栽培以深厚肥沃、排水良好的壤土为佳。早春开花，夏季干热条件下植株上部多会枯萎，二年生植株遇炎热加速死亡；秋季长出新的枝叶继续生长发育，叶片遇低温变为黄色或红色，生长期直至入冬下重霜为止，翌年早春开花。

二、种质资源与园艺品种

典型的北温带分布型，广泛分布于北温带地区，南至北非、印度沙漠区的边缘，个别种分布到东非的草原地区。全世界约有400种，其中亚洲有340种，约占世界总数的81.5%；我国产全属41组中的39组，共320余种，集中分布于西南横断山区及青藏高原，其中特有种类近60%（吴征镒 等，1996），且大部分为狭域分布。

1. 紫堇 *C. edulis*

一年生草本植物，株高50 cm。主根细长。茎分枝，花枝常与叶对生。基生叶具长柄，叶倒卵圆形。总状花序花冠粉红或紫红色，外花瓣较宽（图1）。蒴果线形下垂；种子密被环状小凹点。花期3～4月，果期4～5月。

2. 尖距紫堇 *C. sheareri*

又名地锦苗。多年生草本，株高15～40 cm，无毛，上部有分枝。叶片为二至三回全裂，裂片近菱形或菱状倒卵形。总状花序长10～15 cm；花瓣淡紫色，距钻形，长9～15 mm，末端尖，常弯曲（图2）。花期3～4月，果期4～6月。

3. 刻叶紫堇 *C. incisa*

一年生草本，株高达60 cm。块茎狭椭圆形，密生须根。茎直立，分枝，柔软多汁，有纵棱。叶互生，三出二回羽状分裂，裂片长圆形，又作羽状深裂，小裂片顶端有缺刻。总状花序长 3 ～ 10 cm；花瓣紫蓝色，前端紫色，距长 0.7 ～ 1.1 cm，末端钝，向下弯曲，下面花瓣稍呈囊状（图 3）。蒴果椭圆状线形，长约 1.5 cm，宽约 2 mm。花期 4 ～ 5 月，果期 5 ～ 6 月。

4. 延胡索 *C. yanhusuo*

多年生草本，株高 9 ～ 20 cm，全株无毛。其块茎呈球形，茎直立且常分枝。茎生叶和鳞片及下部茎生叶常具腋生块茎；叶裂片为披针形，下部叶具长柄及小叶柄。花冠紫红色，横生在比较细的小花梗上，外花瓣宽展（图 4）。蒴果线形，花期 3 ～ 4 月。

5. 杂交紫堇品种

5a. 紫堇‘蓝熊猫’*C.*‘Blue Panda’

花朵天蓝色、有香味，是一种来自四川的美妙而芳香的蓝色紫堇。

5b. 紫堇‘青鹭’*C.*‘Blue Heron’

深蓝色的花朵飘浮在红色茎上，蓝绿色的叶子使其更加美丽。

5c. 紫堇‘金丝雀羽毛’*C.*‘Canary Feathers’

这杂交种能够忍受部分阳光直射，开花时间长，花色艳丽，耐热。早期的霜冻会缩短它的寿命，因此需要一些保护。喜欢潮湿、排水良好的土壤。适合于容器栽植。

三、繁殖与栽培管理技术

（一）播种或块茎繁殖

种子成熟后借果实开裂可自播。人工采收需在大部果实接近成熟时，割取地上部分，晾晒后收集。采得的种子可马上播种，亦可沙埋至翌年早春播种。

图 1　紫堇

图 2　尖距紫堇

图 3　刻叶紫堇

图 4　延胡索

图 5 紫堇“金丝雀羽毛”

（靳文东 摄）

块茎繁殖以 9 月下旬至 10 月中旬为栽种适期。

（二）园林栽培

1. 土壤

宜选阳光充足、地势高燥且排水好、表土层疏松而富含腐殖质的砂质壤土和冲积土为好，黏性重或砂质重的土地不宜栽培。忌连作，一般隔 3 ～ 4 年再种。

2. 水肥

虽然喜湿，但既不耐旱也不耐涝，出苗前后，保持土壤适当干燥有利于地下茎和根的生长，3 月或现蕾以后缺水容易造成块茎膨大慢、开花率增加等。一般应从 12 月中旬开始到翌年 3 月中旬前均匀浇水 2 ～ 3 次，严禁大水漫灌，以免造成土壤板结。应保持田间湿而不渍、润而不涝，使畦面达到上层爽下层润的状态。

施足基肥，在 12 月上中旬施入有机肥 22.5 ～ 30 t/hm^2，氯化钾 300 ～ 600 kg/hm^2。2 月上旬适当追施苗肥，催苗生长，施入有机肥 15 t/hm^2。在 3 月下旬起还应在叶面喷 2% 磷酸二氢钾 2 ～ 3 次。

（三）病害防治

1. 霜霉病

3 月上旬始发，发病初期，叶面出现褐色小点或不规则的褐色病斑，稍带黄色，病斑边缘不明显，随后病斑增多，不断扩大，布满全叶。在湿度较大时，病叶背面有一层白色的霜霉状物，最后叶片腐烂或干枯。发病初期用多菌灵、井冈霉素 500 倍液或 50% 甲基托布津 500 ～ 800 倍液喷雾。

2. 菌核病

俗称“搭叶烂”，3 月中旬开始发生，4 月发病最重。首先出现在土表的茎基部，产生黄褐色或深褐色的梭形病斑，湿度较大时茎基腐烂，植株倒伏。发病叶片初呈现圆形水渍状病斑，后变青褐色，严重时成片枯死，土表布满白色棉絮状菌丝及大小不同的不规则的黑色鼠粪状菌核。防治方法同霜霉病。

3. 锈病

3 月上旬始发，4 月最严重。叶面初现圆形或不规则的绿色病斑，略有凹陷；叶背病斑稍隆起，生有橘黄色凸起的夏孢子堆，破裂后可散出大量锈黄色的粉末，进行再侵染。如病斑出现在叶尖或边缘，叶边发生局部卷缩，最后病斑变成褐色穿孔，致使全叶枯死。发病初期用 20% 粉锈灵 1000 倍液喷雾，每隔 7 ～ 10 天喷 1 次，连续喷 2 ～ 3 次。

四、价值与应用

姿态优美，花形别致，适应性广，自播能力强，病虫害少，养护简单，管理粗放，且开花早，色彩丰富，可以弥补城市早春植物色彩单调的不足，是良好野生花卉资源。该属大多数种具有鲜艳美丽的花序，从早春到深秋都有开花，而且生境多样及海拔适应范围广，因此在园林中具有广泛的应用前景。亦可通过杂交培育出适应城市绿化的品种类型，具有很高的园艺开发潜力。

许多种在东亚被用作传统药物，如延胡索（*C. yanhusuo*）、夏天无（*C. decumbens*）、岩黄连（*C. saxicola*）等。目前从紫堇属中分离的生物碱多达 400 多种，主要用于镇痛消炎、保护心脑血管、抗血小板凝集、抗肝炎、抗癌等。已从块茎检测出 300 多种生物碱，其中延胡索乙素、紫堇碱和海罂粟碱等主要用于治疗内脏疾病疼痛，去氢延胡索甲素是治疗冠心病的有效成分。从本属植物中分离出多种苯骈菲啶类生物碱，具有镇痛、镇静和抗肿瘤等作用。因此在我国经常作为药用植物来栽培，如常用的传统中药材料元胡即延胡索，为“浙八味”之一。

（周翔宇）

Crambe 两节荠

十字花科两节荠属（*Crambe*）一年生或多年生草本植物。该属有35种，分布于欧洲中部、地中海地区、热带非洲及亚洲中部；我国有1种。景观应用的宿根类仅有心叶两节荠和海滨两节荠。

一、形态特征与生物学特性

（一）形态与观赏特征

根纺锤形，粗长。植株高大，茎多分枝。下部叶大，大多羽状深裂，少数为单叶或多回复出，基生叶微小，线形或没有。大型圆锥花序，花小，极多数，白色或浅黄色，芳香；萼片直立开展，长圆形，内轮萼片较宽，基部稍呈囊状；花瓣微小或没有，倒卵形，基部楔形或呈短爪。短角果不裂。

（二）生物学特性

喜光，喜排水良好的砂壤土和较开阔的环境，忌湿，耐贫瘠，耐寒。

二、种质资源

1. 心叶两节荠 *C. cordifolia*

株高120～210 cm，冠幅120 cm。下部叶心形或卵圆形，羽状中裂或缘呈大波状，表面有皱及刚毛，宽可达60 cm，质厚。大型圆锥花序顶生，小花稠密，呈满天星状，花径约1 cm；白色，芳香（图1）。花期5～7月。

原产北高加索地区；可耐-35℃低温（Armitage，2008；Graham，2012，董长根 等，2013）。

2. 海滨两节荠 *C. maritima*

株高60～100 cm，冠幅100 cm。新叶紫灰色，成熟叶圆形，长宽约30 cm，灰蓝绿色；叶缘波状，厚实，无毛。白色圆锥花序，紧凑，密实地覆盖于叶丛之上，与前一种形成了截然不同的形态；小花径1～1.5 cm（图2）。花期6～7月。该种具有极强的耐盐碱能力，可耐-30℃低温（Armitage，2008；Graham，2012）。

三、繁殖与栽培管理技术

（一）播种繁殖

春秋季播种。萌发适温15～18℃，20～50天萌发。苗高10 cm以上即可移栽于景观地。实生苗需2～3年才可开花。

（二）根插繁殖

春季掘出3～4年生的根段，剪成3～10 cm长的插条，稍晾晒，待切口干燥无水时，即可埋于苗床，保持苗床基质中等潮湿，等待生根发芽。

（三）园林栽培

1. 土壤

喜排水良好的砂壤土。

2. 水肥

喜中度至稍干燥且排水良好的土壤，忌水湿。耐贫瘠，一般园土种植无须施肥。

3. 光照

喜光，稍耐阴。

4. 移栽

肥大的直根系，移栽易伤根，故一般移栽在小苗期；后期确需移动，则需挖更大更深的土球。

5. 修剪及越冬

入冬前修剪地上部分。耐寒性强，冬季无须

图 1　心叶两节荠

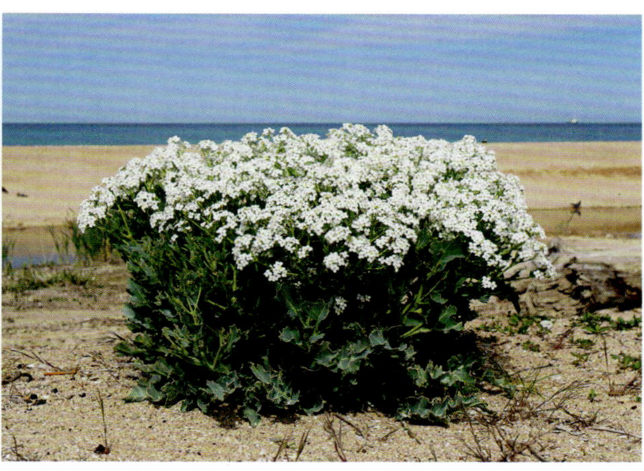

图 2　海滨两节荠（Сергей 摄）

保护。

（四）病虫害防治

通常无病虫害；偶有菜青虫危害，采用常规方法即可防治。

四、价值与应用

巨大而有质感的叶片，高大而密集的芳香花序，使其存在感无处遁藏。耐寒、耐旱、耐贫瘠的特点，使该属植物成为岩石园、坡地景观、海滨景观（海滨两节荠）和花境中的焦点植物（图 3）。

早春，人们用不透光的容器将未萌动的海滨两节荠植株套住，类似于我国生产韭黄，使新叶变成淡黄白色或白色，用于制作沙拉。

图 3　心叶两节荠花境应用（丘群光 摄）

（李淑娟）

Crossostephium 芙蓉菊

菊科芙蓉菊属（*Crossostephium*）多年生常绿草本或半灌木，原产于我国中南及东南部（广东、台湾、浙江）的沿海一带。其属名由希腊语的 *krossoi*（缨，縒）+*stephos*（冠）组成，花冠具流苏状缘饰。多生于海岸的岩石缝和崖壁上，具有耐热、耐旱、耐瘠薄、耐盐碱、抗风性强等特性，是集药用、观赏于一体的重要植物资源。单种属，因其在绿色植物类群中是少有的白叶植物，又名“雪艾”，极具推广价值。

一、形态特征与生物学特性

（一）形态与观赏特征

常绿半灌木，株高 10 ～ 40 cm，上部多分枝，密被灰色短柔毛。叶聚生枝顶，狭匙形或狭倒披针形，全缘或有时 3 ～ 5 裂，顶端钝，基部渐狭，两面密被灰色短柔毛，质地厚。头状花序盘状，直径约 7 mm，生于枝端叶腋，排成有叶的总状花序；总苞半球形；总苞片 3 层，外中层等长，椭圆形，钝或急尖，叶质，内层较短小，矩圆形，几无毛，具宽膜质边缘。边花雌性，1 列，花冠管状；盘花两性，花冠管状，顶端 5 裂齿，外面密生腺点。瘦果矩圆形，基部收狭，具 5 ～ 7 棱，被腺点。花果期全年。

（二）生物学特性

喜阳光充足且空气潮湿环境。喜温暖怕闷热，生长适温 15 ～ 30℃，较耐寒，一般能耐 -5℃低温。喜腐殖质深厚、疏松、排水透气性好的砂质土，不耐涝，但较耐干旱。土壤酸碱度为中性至微酸性，最适 pH 6.5。耐干旱与土壤贫瘠，适应性很强。

二、种质资源

芙蓉菊属为单种属，仅 1 种。

芙蓉菊 *C. chinense*

原产我国中南及东南部，中南地区时有栽培。中南半岛、菲律宾、日本也有栽培（图 1 至图 4）。

图 1　芙蓉菊叶特写

图 2　芙蓉菊花特写

图 3 野外原生境下植株

图 4 芙蓉菊野外原生境

三、繁殖技术

（一）播种繁殖

于 4 ～ 5 月采种后进行，最佳播种时间是清明前后。因种子细小，播种时可与泥沙混合，以降低播种密度。一般 2 周后可发芽，2 个月后可以移栽。幼苗时忌雨淋，忌高温，苗期防雨是育苗阶段成败的关键。

（二）高空压条

宜在 5 ～ 6 月进行，于成熟枝条进行环剥，在环剥处裹上培养土，外包塑料薄膜，待新根长出后剪离母体，分别栽植。

（三）扦插繁殖

通常在春、秋季进行。从生长良好、无病虫害的枝条上选取顶端部分，统一剪成长 15 ～ 25 cm，并留 1 ～ 2 片大叶的插穗。插穗宜在分叉点上带芽剪下，剪口上平下斜（陈斌，2020）。用 ABT-2 生根剂 400 mg/L 处理插穗 30 秒后，即可插入蛭石、珍珠岩和草木灰配比为 1∶1∶1 的穴盘基质中。扦插前做好基质和穴盘的消毒，扦插后土壤务必要保湿。

（四）组培繁殖

以芙蓉菊带腋芽的茎段为外植体进行组织培养，初代培养基 MS+NAA 0.1 mg/L+6-BA 2 mg/L 在 75% 酒精 20 秒、0.1% $HgCl_2$ 2 分钟的灭菌时间下，愈伤组织诱导率达 80.6%，约 30 天分化产生丛生芽，将其接种到继代培养基 MS+NAA 0.2 mg/L+6-BA 2 mg/L 上，增殖系数最高可达 11.3。生根培养可将继代苗转接入 1/2MS 培养基（陈雪鹃，2012）。

四、栽培管理技术

（一）园林栽培

传统以地栽为主，但地下害虫危害严重，土壤理化性状难以控制，叶片易受泥土污染等，严重影响商品价值。因此，为克服芙蓉菊土壤连作障碍，需进行土壤改良。

1. 基质

宜在 4 月栽植。喜通透性好的土壤，以有机质丰富的疏松壤土为佳，也可种植在基肥∶煤渣∶腐叶土 =1∶6∶3 配成的基质中，也可将菇渣、锯末、炉渣以 6∶2∶2 的配比培植芙蓉菊（张波涛，2022）。

2. 水肥

性喜较高的空气湿度。因此，盆栽应常向植株上喷水，但盆土务必干燥且排水良好。还要综合考虑芙蓉菊的生育期、栽培季节、选用优质水等情况，进行科学浇水。盆栽芙蓉菊喜肥，苗期及越冬之前以氮肥为主，幼苗移栽前后可追施复合肥 1 ～ 2 次，生长期可每月追肥 1 次，多追施速效肥、饼肥水等有机肥，花期多施磷钾肥以防徒长，叶面肥以 0.1% ～ 0.3% 磷酸二氢钾溶液为佳。

3. 光照

喜充足的阳光，叶色方才雪白，稍耐阴。幼

图 5　穴盆苗生产

图 6　田间栽培

图 7　芙蓉菊盆景

苗期需用遮阳网 3 ～ 5 天，缓苗后即可除去，开始全日照栽培。在长江以北地区，入冬可移入室内保温，但不宜长期摆在室内，否则易徒长。

4. 修剪

适应性强，一般无需过多修剪，尤其是休眠期（农历五月至八月），修剪要尤为谨慎。可适当疏剪增加透气性，秋冬季注意病枝修剪，上盆定植后可摘心养干（图 5、图 6）。

（二）嫁接盆景

以成型芙蓉菊作砧木劈接各种小菊品种或地被菊，多在 3 ～ 7 月进行，气温 5℃以上可周年嫁接（图 7）。一般芙蓉菊可接菊芽 2 ～ 30 个不等，采用劈接法，将芙蓉菊侧枝顶芽截断从中间劈开，把选定的小菊芽削成楔形作接穗插入芙蓉菊劈口底部，用塑料薄膜扎紧接口，并包住接穗保湿，待接穗成活后及时除去薄膜（黄振，2010）。

（三）病虫害防治

病害主要有枯萎病、黑斑病；虫害主要是蚜虫、蛴螬等危害。使用腐熟肥料和对土壤消毒；科学施肥、浇水、修剪；合理控制温度、湿度、光照、土壤等环境因素。病害发生时期及时喷多菌灵 + 百菌清 1000 倍液；严重者可及时更换透气性好的土壤重新栽种，并适当遮阴，以促使根系的恢复。蚜虫危害可用吡虫啉 1000 倍液防治。对于蛴螬等地下害虫，可采用辛硫磷 500 ～ 800 倍液灌根。

五、价值与应用

株型紧凑，叶色雅致，具香气，银白似雪，花果期全年。观叶性状突出，可广泛应用于城市花坛、花境，常用作色块地被。又可在沿海绿地作为地被植物改造盐碱地。亦可盆栽观赏，还可以作盆景菊的砧木，偶见直接开发成芙蓉菊盆景。

芙蓉菊味辛、苦，性微温，具有祛风湿、解除消肿、止咳化痰的功效。

（吴棣飞　金桂宏）

Cryptotaenia 鸭儿芹

伞形科鸭儿芹属（*Cryptotaenia*）多年生草本植物。该属 5 种，产欧洲、非洲、北美洲及东亚；我国产鸭儿芹 1 种，分布于河北以南、甘肃以东的地区。因三出全裂的叶形似鸭掌，故又名鸭脚板，在日本名为三叶。

一、形态特征与生物学特性

（一）形态与观赏特征

茎直立，圆柱形，具分枝。叶柄下部具抱茎的膜质叶鞘；叶片三出式分裂（图 1），小叶片倒卵状披针形、菱状卵形或近心形，边缘有重锯齿，缺刻或不规则的浅裂。花序复伞形或呈圆锥状；花瓣白色，倒卵形，顶端内折。

图 1　鸭儿芹叶形

（二）生物学特性

喜湿、耐阴、耐寒，不耐旱，忌长时间强光暴晒。

二、种质资源

园林中应用的仅有鸭儿芹及其品种。

1. 鸭儿芹 *C. japonica*

株高 20 ～ 100 cm。叶片轮廓三角形至广卵形，长 2 ～ 14 cm，宽 3 ～ 17 cm，通常 3 小叶，所有的小叶片边缘有不规则的尖锐重锯齿，表面绿色，最上部的茎生叶近无柄，小叶片呈卵状披针形至窄披针形，边缘有锯齿（图 2）。复伞形花序呈圆锥状，花瓣白色。花期 4 ～ 5 月，果期 6 ～ 10 月。

1a. 鸭儿芹‘紫叶’‘Atropurpurea’

茎叶均深紫色，花瓣紫红色或白色中带紫红色（图 3）。

三、繁殖与栽培管理技术

（一）播种繁殖

春播或秋播。种子萌发适宜温度 20 ～ 23℃，夏末种子采收后，只要温度合适，即可随采随播。春季于温室播种或待室外温度升高后播种。先整平苗床基质并浸透水；种子用量约为 10 g/m^2；种子细小，可与细沙或细土混合后撒播；并用 0.3 ～ 0.5 cm 厚的细土或蛭石覆盖，再覆薄膜保湿保温。10 ～ 15 天出苗，出苗后及时撤去薄膜，但需继续保持湿度并避免阳光直射幼苗。待有 1 ～ 2 片真叶时间苗，3 ～ 4 片真叶时分栽或定植（吴宝成 等，2012）。鸭儿芹自播能力较强，每年在母株周边都会有不少自播苗，也可适时分栽利用。

（二）压条和分株繁殖

可周年压条。挖出地下茎，剪除老茎和老根，分成 4 ～ 6 cm 长的段，平铺于提前挖好的深 1 ～ 2 cm 的沟中，覆土浇水即可（吴宝成 等，2012）。

图 2　鸭儿芹

图 3　鸭儿芹‘紫叶’

4 ～ 5 月分株。整株连根挖起，回剪地上部分至 3 ～ 5 cm，分割成带有根系的单株，另行种植即可。

（三）园林栽培

1. 土壤

各种土质均可，但以保水性好、pH6 ～ 7 的土壤为佳。

2. 水肥

喜湿，忌久旱，生长期需保持土壤湿润至中等湿度。喜肥沃土壤，也耐一定程度贫瘠，栽培中保持中等肥力即可。

3. 光照

喜半阴或斑驳阳光，忌阳光长期直射。

4. 修剪及越冬

入冬前清除地上枯枝叶。耐寒能力强，可耐 -32℃低温。冬季过于寒冷地区可适当作地面覆盖。

（四）病虫害防治

主要有蛞蝓、蜗牛、蚜虫和白粉虱危害。白粉虱可用 2.5% 溴氰菊酯乳油 2000 ～ 2500 倍液喷雾防治。

四、价值与应用

鸭儿芹绿期长，南京可达 320 天（吴宝成 等，2014），耐阴，耐涝，易繁殖，是优良的林下地被和湿地植物。可应用于各种景观的阴湿处，可作花境的填充材料（图 4）。

嫩茎叶及根茎可食，美洲人常将其用作沙拉的调味料。传统中药，具有祛风止咳、活血祛瘀的功效。

图 4　鸭儿芹‘紫叶’种植于林间路边

（李淑娟）

Cuphea 萼距花

千屈菜科萼距花属（*Cuphea*）草本或灌木，具左右对称花，全株多数具有黏质的腺毛。是千屈菜科最大的属，约 260 种，分布于南北美洲。我国北京、上海、广州等地引入栽培有萼距花等 7 种，台湾有 1 种，深圳有 2 种 1 品种，常用于园林绿化。

一、形态特征与生物学特性

（一）形态与观赏特征

草本或灌木，全株多数具有黏质的腺毛。叶对生或轮生，稀互生。花左右对称，单生或组成总状花序，生于叶柄之间，稀腋生或腋外生；小苞片 2 枚；萼筒延长而呈花冠状，颜色丰富，有棱 12 条，基部有距或驮背状凸起，口部偏斜，有 6 齿或 6 裂片，具同数的附属体；花瓣 6，不相等，稀只有 2 枚或缺；雄蕊 11，稀 9、6 或 4 枚，内藏或凸出，不等长，2 枚较短，花药小，2 裂或矩圆形；子房通常上位，无柄，基部有腺体，具不等的 2 室，每室有 3 至多数胚珠，花柱细长，柱头头状，2 浅裂。蒴果长椭圆形，包藏于萼管内，侧裂。

（二）生物学特性

对环境条件要求不严，极易栽培管理。性喜高温，不耐寒，生长适宜温度 18 ～ 30℃，最低温度应不低于 5℃。全日照、半日照均理想，稍荫蔽处也能生长，但日照充足则生育较旺盛。对土壤适应性强，较耐贫瘠，疏松肥沃、排水良好的砂壤土栽培生长更佳，耐水湿。

二、种质资源

本属约 260 种，原产美洲和夏威夷群岛。花美丽，多栽培于温室供观赏。国内外常见的种类如下。

1. 萼距花 *C. hookeriana*（*C. llavea*）

灌木或亚灌木状，株高 30 ～ 70 cm，直立，粗糙，被粗毛及短小硬毛，分枝细，密被短柔毛。叶薄革质，披针形或卵状披针形，稀矩圆形，顶部的线状披针形，幼时两面被贴伏短粗毛，后渐脱落而粗糙，侧脉约 4 对，在上面凹下，在下面明显凸起，叶柄极短。花单生于叶柄之间或近腋生，组成少花的总状花序；花梗纤细；花萼基部上方具短距，带红色，背部特别明显，密被黏质的柔毛或茸毛；花瓣 6，其中上方 2 枚特大而显著，矩圆形，深紫色，波状，具爪，其余 4 枚极小，锥形，有时消失（图 1）；雄蕊 11，有时 12 枚，其中 5 ～ 6 枚较长，突出萼筒之外，花丝被茸毛；子房矩圆形。

2. 细叶萼距花 *C. hyssopifolia*

常绿灌木，株型紧凑，生长旺盛，株高 45 cm。叶片小，长矛形，深绿色。花细小，成簇，浅紫色、粉红色或白色，宽 1 cm（图 2）。花期夏秋。小苗 5 ～ 10 年可成型，成株冠幅 0.5 ～ 1 m，喜排水良好的全光照或半阴环境，不耐寒，最低 1 ～ 5℃。

3. 披针叶萼距花 *C. lanceolata*

一年生草本，茎具黏质柔毛或硬毛，株高可达 1 m。叶对生，矩圆形或披针形，稀近卵形，顶端渐尖，基部短尖，中脉在下面凸起，有叶柄。花单生，花萼被紫色黏质柔毛或粗毛，基部有距；花瓣 6，背面 2 枚较大，近圆形，淡紫红色，其余 4 枚较小，倒卵形或倒卵状圆形；雄蕊

图 1　萼距花（吴棣飞 摄）

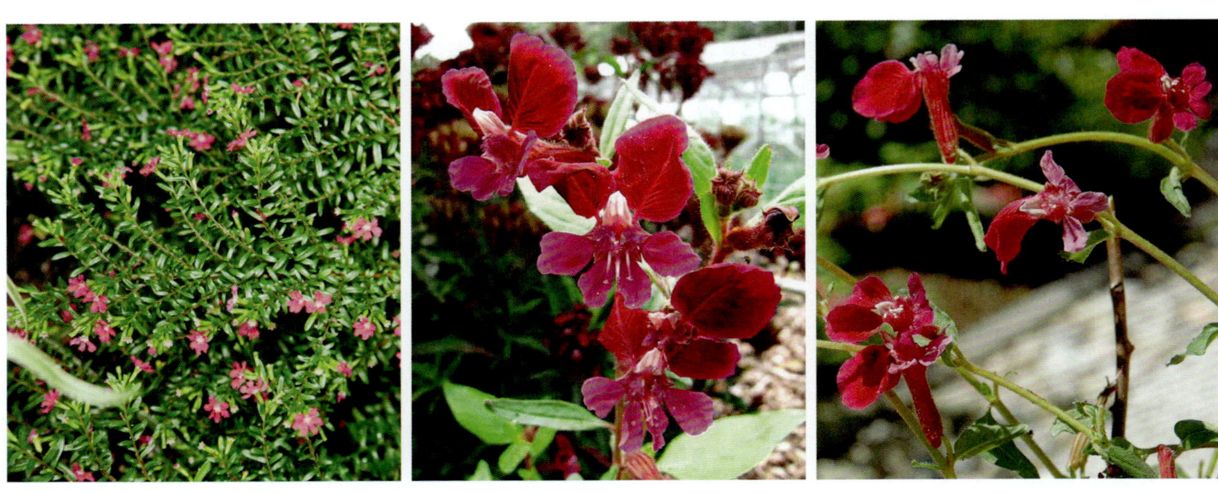

图 2　细叶萼距花　　图 3　披针叶萼距花　　图 4　披针叶萼距花‘紫色心情’

稍突出萼外（图 3）。花期 7 ～ 9 月，果期 9 月。原产墨西哥，我国引种栽培观赏。

3a.‘紫色心情’‘Purple Passion’

亚灌木，长势旺盛，具紫色茎，高 70 ～ 80 cm，茎有黏性，叶矛形或椭圆形，先端尖，绿色，长 8 cm。花长，单生，丝绒状，深紫色，有 6 瓣，上面有 2 瓣大花瓣和 4 瓣小花瓣，花期从仲夏到秋季（图 4）。

4. 黏毛萼距花 *C. petiolata*（*C. viscosissima*）

直立一年生植物，株高 20 ～ 55 cm，枝圆柱形，密被极黏质的柔毛及紫色硬毛。叶纸质，对生，卵状披针形或线状披针形，上面被黏质粗毛，后变粗糙，下面被毛较少或无毛，中脉及侧脉纤细，在下面略突起；具叶柄。花单生叶腋，被黏质粗毛；花萼有距，口部偏斜，常被紫色黏质毛；花瓣 6，不等大，玫瑰色或紫色，上面 2 片较大，倒卵形或倒卵状矩圆形；雄蕊不突出。蒴果具 4 ～ 6 粒种子（图 5）。花期 7 ～ 8 月。

5. 小瓣萼距花 *C. micropetala*

直立灌木，高达 1 m，粗壮，多少被刚毛或几无毛；分枝多而稍压扁，常带紫红色。叶密集，近对生，薄革质，线状披针形或长椭圆状披针形，叶脉在两面均凸起。花单生，腋生、腋外生或生于叶柄之间，组成顶生带叶的总状花序；花梗长约 4 mm，中部具 2 苞片；花萼筒阔管状，被茸毛，下部深红色，有距，上部黄色，由下向上渐收缩，近顶处束成缢状，口部偏斜，裂片 6，附属体肥厚，被睫毛；花瓣 6，短于花萼裂片；雄蕊突出于萼筒之外，红色；花柱细长而直，柱头浅 2 裂（图 6）。

图 5　黏毛萼距花

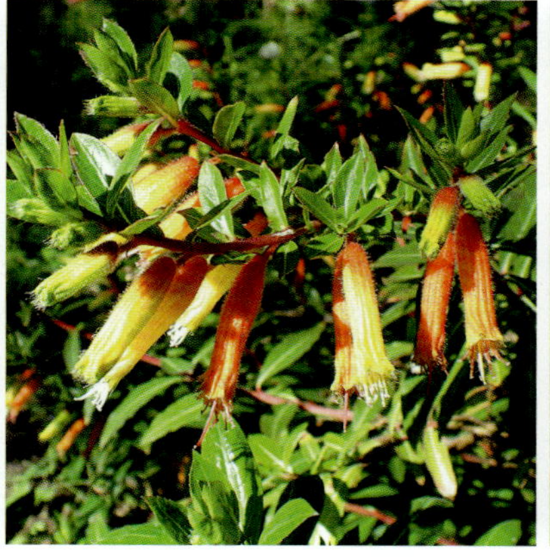
图 6　小瓣萼距花

图 7　火红萼距花

6. 火红萼距花 *C. platycentra*（*C. ignea*）

俗名雪茄花、火焰花。半耐寒的亚灌木，分枝极多，呈丛生状，披散，高 30 cm 以上，全株无毛或近无毛。叶对生，披针形至卵状披针形，具短柄或上面的无柄。花单生叶腋或近腋生，具细长的花梗，顶端具小苞片；萼筒细长，基部背面有距，顶端 6 齿裂，火焰红色，末端有紫黑色的环，口部白色；无花瓣（图 7）。

7. 杂种萼距花 *C.* 'Cupver'

通常被称为“爆竹”或“雪茄”。多年生落叶植物，株型紧凑，易延展。叶片长矛形，深绿色。花管状，淡黄色，基部红色，尖端淡绿色（图 8）。花期长，5 ～ 11 月，喜排水良好的全光照或半阴环境，耐高温、耐干旱，耐寒性强，可耐 -5 ～ -10℃低温。

三、繁殖与栽培管理技术

（一）扦插繁殖

因开花时间不定，蒴果成熟期不集中；加之种子极其细小，不易收集。限制了播种繁殖，育种工作也很难开展。

以扦插繁殖为主。属喜温植物，夏季易于扦插繁殖。扦插一年四季均可进行，只要温度适宜，取老枝、嫩枝或茎尖扦插，插后遮光，约 1 周可生根。萼距花扦插的最佳条件为扦插基质园土，并喷施 IAA 250 mg/L 或 NAA 100 mg/L 以促进生根。

图 8　杂种萼距花

（二）园林栽培

1. 基质

盆栽基质要求肥沃疏松、排水好，可用园土、椰糠、珍珠岩比例为 5 ∶ 5 ∶ 3 的盆土。地栽时注意改良土壤的透水性，栽植前加入沙，并用有机肥作底肥改良；设置排水沟，以免积水造成植株死亡。

2. 水分管理

喜湿润、不耐旱，生长过程中需要经常浇水，管理粗放，定植后注意保持土壤湿润，生长恢复后 3 ～ 5 天浇水 1 次，10 天施用 1 次稀薄液肥。成型后注意水肥管理，夏季不耐干旱，8 月需水量最大，注意遮阴灌水，叶片枯死后，适时补水又会重新发芽。

3. 肥料管理

喜肥、耐贫瘠，其花量大、花期长，生长过程中需较多的肥料。肥料供给不足会影响花量和花朵大小。在有条件的情况下，1 m^3 种植土中拌入 3 kg 有机肥和 1 kg 控释肥。花期长的种类需定期补充氮元素，可根据植株的生长情况，在 1 ～ 2 次高磷钾复合肥之间施 1 次高氮复合肥。

4. 养护管理

分枝能力强，可在第一次现蕾前摘心，促进分枝发育生长，让植株的各分枝生长一致。在盛花期可将较高的枝条修剪，控制植株高度，同时可促进下部枝条的生长。

（三）病虫害防治

主要病害为白粉病，可在发病初期用绿妃 29% 吡萘 · 嘧菌酯 30 ～ 50 mL/亩防治，或用露娜森 43% 氟菌 · 肟菌酯 5 ～ 10 mL/亩防治。温度在 16 ～ 24℃时要注意观察，发病初期要及时防治，做好通风工作，及时清除发病枝条。

主要虫害有蓟马、粉虱、斜纹夜蛾等，可用艾绿士 60 g/L 乙基多杀菌素 10 ～ 20 mL/亩，或护瑞 20% 呋虫胺 20 ～ 40 g/亩防治，在防治时可与高效广谱的杀虫剂混配，增强防治效果。日常可悬挂黄板防治和监控虫情。

四、应用与价值

萼距花枝繁叶茂，分枝多，叶对生，叶色浓绿，四季常青，且具光泽；花精巧，花朵奇特、美丽，花量较大，边孕蕾边开花，周年开放，且花期长、成型快，地面覆盖能力强，抗性和适应性强，生长健壮少有病虫害，管理简便粗放，易成型，耐修剪，具有较强的绿化功能和观赏价值。是优秀的开花小灌木。适合在长江以南地区露地栽培应用。

可广泛用于绿篱、地被或作为花坛、花境的材料种植。盆栽可用于家庭园艺、商场、酒店、办公楼等场所的装饰美化。既可单盆观赏，也可多盆组合或与其他花卉搭配应用，美化环境，净化空气。

（周泓　夏宜平）

Cymbidium 兰花

兰科兰属（*Cymbidium*）附生或地生草本，罕有腐生。全属71种，主要分布于亚洲热带与亚热带地区；我国约有29种，广泛分布于秦岭山脉以南地区。国兰是中国兰花的简称，主要指兰属的一些地生兰种类，为多年生常绿草本植物，在我国有长达2000多年的栽培历史，文化底蕴深厚，是中国传统十大名花之一。国兰中已进行规模化生产的种类主要有春兰、蕙兰、建兰、墨兰、寒兰、春剑、莲瓣兰等，有数千种园艺品种。

一、形态特征与生物学特性

（一）营养器官及其生长发育

1. 根

从生的肉质根，较为粗壮肥大，从假鳞茎基部长出，数量不等；无根毛；新根为嫩色，老根呈灰白色，裸露在空气中的根呈青绿色，主根一般无支根，或偶有支根生出（图1）。兰根为圆柱形，横断面为圆形，健壮兰根的顶端有明显的根冠，白色透亮，俗称“水晶头”。根冠对外界的干扰极为敏感，若接触过浓的肥料或农药极易受到伤害。

2. 茎

变态茎，在根和叶的连接处膨大而缩短的为假鳞茎，俗称“芦头”（图2）。假茎由10多个茎节组成。种类不同，假鳞茎的形状也不同，如有圆形、扁球形、卵圆形等。假鳞茎的大小也不同，如墨兰的假鳞茎较大，春兰的要小一些，蕙兰的更小。假鳞茎的外层为角质层，能防止水分散发，内层由许多细胞组成，是贮存水分和养分的“仓库”。假鳞茎是发芽、生根、长叶、开花的载体，兰花的叶片生长在假鳞茎的顶部，每节一片叶，国兰的肉质根直接着生在假鳞基的基部，花芽和叶芽都着生在假鳞茎基部根茎处的节上。新芽长成后，基部又膨大成一个新的假鳞茎，所以国兰的假鳞茎是相互连接的。

3. 叶

国兰的叶片分常态叶和变态叶两种。从假鳞茎上簇生出的叶称为常态叶，又称完全叶。通常所说的兰叶是指常态叶。国兰的常态叶呈狭带形，故又称细叶兰。叶片通常呈二列排列，只有新的假鳞茎才能生长出新叶，老的假鳞茎不再长新叶。叶片无明显叶柄，常绿，叶缘有的无锯齿（如寒兰、墨兰），有的有细锯齿（如春兰）或粗锯齿（如蕙兰），叶面为墨绿色或淡绿色，叶稍尖或钝。叶面有平行脉和中脉，向叶背部突出，叶脉具有一定的强度和韧性，支撑兰叶向上着生，不致倒伏。叶片在假鳞基上簇生，组成叶束，兰界俗称为“筒”。每筒兰草的叶片数因兰花种类的不同而不同。春兰每筒3～5片叶，建兰每筒2～4片叶，蕙兰每筒则多达10片叶。兰花叶片的形状也因种类不同而不同。蕙兰、春剑叶片较长，春兰、建兰叶片较短；墨兰、建兰叶片较宽大，春兰、蕙兰叶片较窄；建兰、寒兰叶面平滑，蕙兰、春剑叶面毛糙等。叶片的生长姿态也多种多样，有直立、半直立、半垂、垂叶、扭曲叶、肥环叶、短壮叶等。此外，还有叶艺类，即叶片上因变异出现白色、黄色、红色的不同条纹或斑点等。

包在花茎上的叶退化变成膜质鳞片状，故称为变态叶，又称不完全苞叶（苞衣、壳）。不完全叶的主要功能是保护花蕾，也能进行一定的光合作用。

(二)生殖器官及其生长发育

花朵的结构比较特殊,花朵着生在花莛上,排列成总状花序,每朵花均由花萼(外三瓣)、花瓣(内三瓣)和合蕊柱组成(图3)。

1. 花莛

花莛俗称"花箭",从假鳞茎中部的节上生出。一般情况下,1个假鳞茎上只长1～2支花莛。花莛包括花序和花轴两个部分。

花序是指花朵在花轴上部有规律的排列方式。国兰的花序为总状花序,即花轴长而不分枝。国兰花序直立生长,高出叶面,俗称"出架"。

花轴又称花梗、花茎,是花莛的主轴。花轴上着生小花柄(即子房),花柄上着生花朵,花朵数依兰花种类不同而异:春兰一般为1朵,少数为2朵;蕙兰为9朵左右;寒兰、墨兰着花数较多,而春剑、莲瓣兰为2～5朵。花朵开放时,由下而上,陆续开放。

2. 花萼

花萼是指花朵外轮的3片花瓣,又称外三瓣

图1 兰花肉质根

图2 兰花假鳞茎

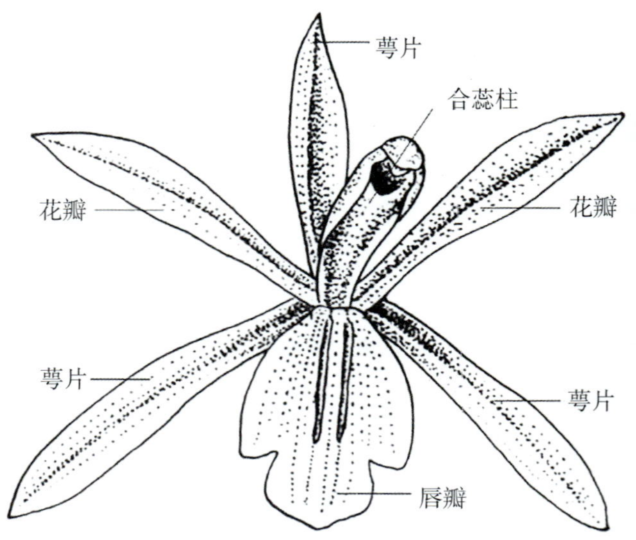

图3 兰花花器官

图 4　兰花合蕊柱

图 5　兰花蒴果

图 6　兰花种子

或萼片。萼片的形状决定兰花品种的优劣，传统名种的梅瓣、荷瓣、水仙瓣主要是依萼片的形状来区分。

在外三瓣中，中央竖直的一瓣称为中萼片，俗称“主瓣”；左右横向排列的两瓣称为侧萼片，俗称“副瓣”。副瓣横向着生的形态称为“肩”，肩是展现兰花神韵的重要部分。

3. 花瓣

花瓣是指兰花花朵的中间一轮，由捧瓣和唇瓣组成。捧瓣即花瓣中合捧着蕊柱的 2 片小花瓣，也称“捧心”。唇瓣俗称“舌”，位于蕊柱下方。唇瓣是国兰最漂亮的花瓣，唇瓣上半部常有三裂片，中间的裂片称中裂片，两侧的称侧裂片，俗称“腮”。

4. 合蕊柱

最里边的一层为合蕊柱，俗称“鼻”，鼻呈柱状体。鼻是国兰的繁殖器官，由雄蕊和雌蕊合在一起组成，它是国兰蕴藏香气的香囊，也是国兰的繁殖器官。合蕊柱一般为黄绿色，稍向前弯曲，顶端为雄蕊（外有花粉盖，又称药帽；内有花粉室，含有花粉块），兰香即由此溢出。合蕊柱顶端稍向里有一凹洞，称为药腔，内有柱头（即雌蕊），腔内有黏液，黏液起捕捉花粉的作用，柱头必须接触花粉才能完成授粉（图 4）。

5. 果实

蒴果，俗称“兰荪”。国兰的雌蕊（即柱头）受粉后花瓣凋谢，子房逐渐发育膨大呈棒槌状，深绿色，有 3 条或 6 条棱呈三角形或六角形（图 5）。果实经 6 ～ 12 个月成熟。果皮转黄绿色，直至褐色。成熟后的蒴果自行开裂，种子散出。

6. 种子

种子一般呈纺锤形，极小，呈粉状，每粒种子质量只有 0.3 ～ 0.5 μg，只有在解剖镜或显微镜下才能看清它的构造，颜色有黄色、白色、乳白色和棕褐色，形态与大小各式各样（图 6）。大多数国兰的种皮由一层透明的细胞组成，有加厚环纹。种皮内含有大量的空气，不易吸收水分，宜随风和水流传播。每个蒴果内的种子数目庞大，多达几十万乃至数百万。国兰种子随风或水流传播，在适宜种子萌发的地方落户生长。国兰种子的胚发育不完全，是一团未分化的胚细胞，很小，呈圆形或微卵圆形，常有多胚现象。由于缺乏胚乳，国兰种子在萌发过程中缺少营养物质，发芽率极低，在自然界条件下播种基本不能萌芽。现多采用组培室无菌播种培养的方法培育实生苗。

（三）生态习性

多年生常绿草本植物，自然分布于山坡、林下或溪边。丛生，整株寿命为多年，单株寿命为 3 ～ 5 年。性喜温暖、湿润、通风和半阴环境，较耐寒，喜排水良好、富含腐殖质的微酸性土，忌酷热，怕阳光直射。

二、种质资源与园艺品种

（一）栽培简史与分布

古代，人们起初以采集野生兰花为主，至于人工栽培兰花，则从宫廷开始。魏晋以后，栽培兰花从宫廷扩大到士大夫阶层的私家园林，并用来点缀庭园，美化环境。直至唐代，兰花的栽培才发展到一般庭园和花农培植。

宋代是中国兰艺的鼎盛时期，有关兰艺的书籍及描述渐多。南宋的赵时庚于1233年写成的《金漳兰谱》是我国保留至今最早的一部兰花研究著作，也是世界上第一部。继《金漳兰谱》之后，王贵学于1247年写成了《王氏兰谱》，书中对30余个兰花品种作了详细的描述。在宋代，以兰花为国画题材的有赵孟坚所绘之《春兰图》，其被认为是现存最早的兰花名画，现珍藏于北京故宫博物院内。兰艺于明、清两代进入昌盛时期。随着兰花品种的不断增多，栽培经验的日益丰富，兰花已成为大众观赏之物。

国兰在我国广布于秦岭山脉以南，自古以浙江、江苏、福建、广东、云南等地最为繁荣，目前已经遍及全国。浙江、江苏、上海以春兰、蕙兰为主，为我国国兰文化中心，经数百年的选育，这些地区已在原生的春兰和蕙兰中选育出名种数百种。台湾、福建、广东以墨兰、建兰为主，经多年的开发和选育，这些地区已在原生的墨兰和建兰中选育许多名种。云南、贵州、四川以原生于本地的春剑、莲瓣兰、建兰、春兰为特色，形成了中国兰花西部系列。江西、湖南的国兰资源十分丰富，各品种在该地区都有原生种，以寒兰、蕙兰、春兰为重点。湖北、河南、安徽以春兰和蕙兰为主，逐渐形成特色。广西兰花资源丰富，但开发起步较晚。西北部受贵州、云南影响较大，东南部受广东影响深，形成了全面开发的趋势。西藏东南多峡谷地形，峡谷内植物呈垂直分布，其间，发现有中国兰花原生种。陕西东南发现有原生的蕙兰，使中国兰花资源区的分布拓展到北纬34° 。

浙江是春兰和蕙兰的主要产区，浙南是寒兰及建兰的主要产区，境内的括苍山、天台山、四明山、会稽山、天目山、雁荡山等都有丰富的野生兰花资源。历史上的传统春兰、蕙兰名品，十有八九采于浙江山区。据赵令妹所著的《中国养兰集成》考证，从清顺治元年（1644）到1949年，我国选育并保存下来的春兰名品有138个品种，其中浙江有120个品种，约占总数的87%；选育并保存下来的蕙兰名品有81个，其中浙江有72个，约占总数的89%。由此可见，浙江春兰、蕙兰种质资源丰富。改革开放以来，新出现的春兰名品也大部分采于浙江。

建兰主产于福建一带。寒兰有大叶寒兰和小叶寒兰之分，小叶寒兰主要分布于我国福建武夷山、浙江南部等区域，大叶寒兰主要分布于云南、贵州等地。墨兰主要分布于广东、台湾、福建、广西等省份。春剑也称川兰，主要分布于四川一带。莲瓣兰和豆瓣兰主要分布在云南高原地带。随着我国兰属资源的不断挖掘开发，近年来我国西部、西南部一些新兴的兰属资源，如兔耳兰、莎叶兰、秋榜、绿兰等也深受广大国兰爱好者的追捧。

（二）主栽种及其名品

1. 春兰 *C. goeringii*

又名草兰、山兰、朵香。主要特征是植株较矮小，集生成丛。假鳞茎稍呈球形，很小，完全被叶的基部所包。成苗叶基逐渐张离，不再紧密抱合，每苗（束）叶片数4～6枚。叶片长20～60 cm，宽6～11 mm，顶端渐尖，边缘有细锯齿，叶柄痕较明显。鞘状叶长6～8 cm，薄革质。花莛直立，有4～5片长鞘；花苞片形似花莛上的鞘，宽而长，比子房和花梗的总长还要长。花单生，少数2朵；花浅黄绿色、绿白色或黄白色，有香气，直径4～5 cm。萼片同形，狭矩圆形，近等大，长约3.5 cm，宽6～8 mm，顶端急尖，中脉基部具紫褐色条纹。花瓣比萼片稍宽而短，卵状披针形，稍弯，基部中间有红褐色条斑，唇瓣短于花瓣，3裂不明显，先端反卷下挂，色浅黄，有或无紫红色斑点；唇瓣中央由基部至中部产生2条褶片。蕊柱长约1.5 cm，花期2～3月（图7）。

春兰是我国栽植最广泛的兰花之一。现在的大多数春兰品种由春兰原变种培育而来，我国云南、贵州、四川等地还分布有春兰的变种（即雪兰和线兰）。

栽培的春兰在花的形态上已经有了很大变化，一般野生春兰称为竹叶瓣，而栽培品种常分为梅瓣、荷瓣、水仙瓣和蝶瓣等几类春兰名品：梅瓣类，‘宋梅’‘集圆’‘叶梅’‘小打梅’‘福娃梅’；荷瓣类，‘大富贵’‘环球荷鼎’‘绿云’‘翠盖荷’；水仙瓣类，‘龙字’‘翠一品’‘西子’‘蔡仙素’‘逸品’；素花类，‘玉簪素’‘素同荷’‘老月佩’‘圆梦’；奇花类，‘绿云’‘余蝴蝶’‘艳蝶’‘花蝴蝶’‘珍碟’‘赛牡丹’‘紫烟’；叶艺兰类，‘彩虹之星’‘金泉’‘天山’‘台州之光’‘晶莹之花’（图 8 至图 12）。

1a. 春剑 *C. goeringii* var. *longibracteatum*

春剑，原为春兰的一个变种，后根据它的叶型和花型，从春兰中分离出来成为一个独立种。春剑的形态特点是根粗细均匀；假鳞茎比较明显，圆形。成苗叶基仍紧密抱合成束，每苗（束）叶片数 4 ~ 6 枚，长 50 ~ 70 cm，宽 1.2 ~ 1.5 cm，叶缘具极浅细锯齿，叶柄痕不明显。鞘状叶长 9 ~ 15 cm，薄革质，紧裹叶束叶坚硬，多刚健直立，犹如绿色宝剑。花莛直立，高 20 ~ 35 cm，有花 3 ~ 5 朵，少数可多至 7 朵；苞片长于子房连花梗，有香气。萼片长圆被针形，长 3.5 ~ 4.5 cm，宽 1 ~ 1.5 cm，中萼片直立，稍向前倾，侧萼片稍长于中萼片，左右斜向下开展。花瓣较短，长 2.5 ~ 3.1 cm，宽 1 ~ 1.3 cm，基部有 3 条紫红色条纹；唇瓣长而反卷，端钝。花期 1 ~ 4 月。

春剑分布在四川、云南、贵州等地。

春剑名品：‘西蜀道光’‘银杆素’‘大红朱砂’‘水朱砂’。

2. 蕙兰 *C. faberi*

又名九子兰、九节兰、夏兰。根粗且长，假鳞茎不显著。叶 5 ~ 9 枚丛生，叶片长 25 ~ 80 cm，宽 7.5 ~ 15 mm，直立性强，中下

图 7　春兰

图 8　春兰‘福娃梅’

图 9　春兰‘黄梅’

图 10　春兰‘赛牡丹’

图 11　春兰‘大富贵’

图 12　春兰‘紫烟’

部常内折，边缘有粗锯齿，中脉显，有透明感。整体气势雄伟大气。花莛直立，高 30 ～ 80 cm，苞片接近子房长，膜质半透，贴抱子房，基部不合生。有花 5 ～ 18 朵，花直径 5 ～ 6 cm，花浅黄色或绿色，有浓郁香气，萼片近相等，狭披针形，长 3 ～ 4 cm，宽 5 ～ 6 mm，顶端锐尖：花瓣略小于萼片；唇瓣短于萼片，从基部至中部有 2 条稍弧曲的褶片，3 裂不明显。侧裂片直立，有紫色斑点；中裂片呈长椭圆形，上面有许多透明小乳突状毛，边缘具短缘毛，有白色带紫色斑点。花期 3 ～ 5 月。

蕙兰与春兰的分布地域相似，以产地为浙江省的最负盛名。蕙兰经人工栽培后，往往叶片变宽、变短。蕙兰由于栽培历史悠久，有许多变异品种，按瓣形也分为梅瓣、荷瓣、水仙瓣、蝶瓣等几类。

蕙兰名品：梅瓣类，‘程梅’‘上海梅’‘老极品’‘解佩’；荷瓣类，‘郑孝荷’‘映日荷’‘大福荷’‘银荷’；水仙瓣类，‘大一品’；素花类，‘清逸素荷’‘潇湘素’‘常山素’‘万德素’；奇花类，‘神州素奇’‘好运牡丹’‘清逸蕊蝶’；叶艺兰类，‘福星’‘天鹤’‘章熙义仙’（图 13 至图 15）。

3. 建兰 *C. ensifolium*

又名四季兰、剑蕙、雄兰、骏河兰、秋蕙、剑叶兰、夏蕙。建兰长根粗如筷子，常有分叉。假鳞茎微扁圆形，在地生兰中居第二大，集生。成苗叶基张离，而不抱合，每苗（束）叶片数 2 ～ 6 枚丛生。叶片长 30 ～ 70 cm，宽 0.8 ～ 1.7 cm，薄革质，黄绿色，略有光泽，中段增宽而平展，顶端渐尖，主脉居中，明显后突，边缘有极细而不甚明显的钝齿。花莛直立，高 25 ～ 35 cm，常低于叶面，通常有花 4 ～ 9 朵，最多可达 18 朵；苞片呈长三角形，一般短于子房连花梗，花序上部花的苞片长不及 1 cm，下部最长约 1.5 cm，苞片基部有蜜腺。花浅黄绿色，直径 4 ～ 6 cm，有香气。含苞时，唇瓣一侧朝上；开放时，扭转 180° 呈直立状。萼片短圆披针形，长约 3 cm，宽 5 ～ 7 mm，浅绿色，顶端色较深，向基部渐淡，有 3 ～ 5 条较深的脉纹。野生的建兰花多为黄绿色或乳白、浅黄色，花瓣色较浅而具紫红色条斑，相互靠拢，略向内弯；唇瓣卵状长圆形，3 裂不明显，侧裂片浅黄褐色，唇瓣中央有 2 条半月形褶片，褶片白色，中裂片端钝，反卷，浅黄色带紫红色斑点（图 16）。花期 7 ～ 10 月，有些品种在 12 月开花，有些植株从夏季到秋季开花 2 ～ 3 次，故被称为四季兰。

建兰分布在福建、广东、广西、贵州、云南、四川、湖南、江西、浙江、台湾等地，为我国广大人民所喜爱，栽培历史悠久，品种也多。

建兰名品：梅瓣类，'一品梅''常乐

图 13　蕙兰'大一品'

图 14　蕙兰'章熙义仙'

图 15　蕙兰'清逸素荷'

图 16　建兰

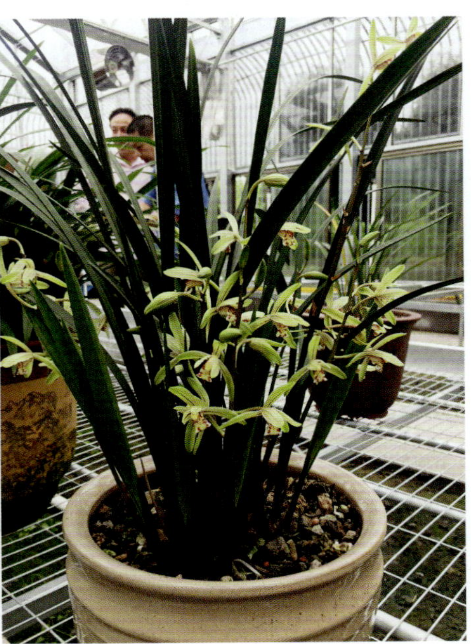

图 17　建兰'大叶白'

梅’‘夏皇梅’‘王子梅’‘绿梅’；荷瓣类，‘晶荷’‘金荷’‘四季荷’‘君荷’；水仙瓣类，‘卢州荷仙’‘铁嘴水仙’；奇花类，‘梨山狮子’‘复兴奇蝶’‘四季华光蝶’‘玉雪天香’；叶艺兰类，‘锦旗’‘金丝马尾’‘彩虹’‘铁骨水晶’；素心类，‘高品素’‘观音素’‘大叶白’（图 17）。

4. 寒兰 *C. kanran*

又名冬兰，有大叶寒兰和小叶寒兰之分。小叶寒兰形态与建兰相似，但两者花的形态差异较大，小叶寒兰根略比建兰细，且有分叉。假鳞茎呈长椭圆形，集生成丛。苗（束）状成苗叶基逐渐张离，而不再紧密抱合，每苗（束）叶片 3 ～ 7 枚，直立性强，长 35 ～ 70 cm，宽 1 ～ 1.5 cm，宽叶品种长 60 ～ 110 cm，宽 1.5 ～ 2.2 cm。叶缘全缘或先端有锯齿，叶柄痕可辨认，鞘状叶长 10 ～ 11.5 cm，叶薄革质，上部披拂下垂；叶深绿色，叶面平展、光亮，中脉向背面突出。花莛直立，长于叶面或与叶面近相等，花疏生，开花时花莛上有花 5 ～ 10 朵。花苞片狭披针形，一般长 1 ～ 2.5 cm，位于花莛轴下面的苞片长可达 4 cm。萼片呈广线形，长约 4 cm，宽 0.4 ～ 0.7 cm，顶端渐尖；花瓣狭长，中脉紫红色，基部有紫晕；唇瓣不明显 3 裂，侧裂片直立，有紫红色斜纹，中裂片乳白色，中间黄绿色带紫色斑纹，唇盘由中部至基部具 2 条相互平行的褶片，褶片黄色，光滑无毛。有香气。寒兰的新苗叶中脉两侧色白亮，占整片叶宽的 1/3，其双侧的绿色部分有明显龙骨节状的隐性绿色斑纹。这些特征是寒兰独有的，是鉴别寒兰的最准确依据。大叶寒兰植株高大，长势旺盛，株型与蕙兰比较接近，花莛直立，高达 1 m，花莛上有花 10 ～ 20 朵，花清香。花期因地区不同而有差异，自 7 月起就有花开，但一般集中在 11 月至翌年 1 月开花。

寒兰主要分布在福建、浙江南部、安徽、江西、湖南、广东、广西、云南、贵州、四川等地。

寒兰名品：由于受中国传统赏兰观的影响，人们对寒兰品种的选育较晚，大叶寒兰几乎没有形成品种。小叶寒兰有‘广寒宫’‘中国印’等（图 18）。

5. 墨兰 *C. sinense*

墨兰花期多在春节期间，故又名报岁兰、拜岁兰、丰岁兰、入岁兰、入斋兰。墨兰根粗而长，假鳞茎呈椭圆形，粗壮。成苗叶基逐渐张离，而不再紧密抱合，每苗（束）叶片数 3 ～ 5

图 18 寒兰

注：A. 小叶寒兰‘广寒宫’；B. 小叶寒兰‘中国印’；C. 大叶寒兰。

枚，剑形，直立或上半部向外弧曲，长 45 ～ 80 cm，宽 2.7 ～ 5.2 cm，叶近革质，叶色浓绿而富有光泽，叶背相对较粗糙，叶缘微后卷，全缘或端缘有细叶齿，顶端渐尖，基部具关节。花莛由假鳞茎基部侧面抽出，直立，通常高于叶面，一半在叶丛面之下，一半在叶丛面之上，为特大出架花。花莛上有花 7 ～ 21 朵，多可达 40 余朵。花苞片披针形，长 6 ～ 9 mm，花莛最下 1 枚苞片显著较长，可达 2 ～ 2.3 cm，呈紫褐色，基部有蜜腺。萼片狭披针形，长 2.8 ～ 3.3 cm，宽 5 ～ 7 mm，淡褐色，有 5 条紫脉纹；花瓣较短而宽，向前伸展合抱覆在蕊柱之上，花瓣上具 7 条脉纹；唇瓣 3 裂不明显，浅黄色而带紫斑，侧裂片直立，中裂片先端下垂反卷，唇盘上面具 2 条黄色褶片，几乎平行。花期 9 月至翌年 3 月。

墨兰分布于福建、台湾、广东、广西、云南等地，在我国栽培历史悠久，品种也很多。

墨兰名品：梅瓣类，‘金桂梅’‘闽南大梅’；荷瓣类，‘绿云’；水仙瓣类，‘仙兰’；奇花类，‘大屯麒麟’‘玉狮子’‘国香牡丹’‘复翠’‘文山奇蝶’；叶艺兰类，‘鹤之华’‘爱国’‘大石门’‘万代福’‘养老’。

5a. 秋榜（秋墨兰）*C. haematodes*

原属于墨兰的变种（曾用名 *C. sinense* var. *haematodes*）。因其花期在农历九月（公历 10 月）左右，即古时朝廷放榜时开花的墨兰，因此又名榜墨、报喜墨。植株高大，叶片较直立，花色有白、粉、红、深红、红绿复色、白绿复色及居间色等，花色丰富多彩，花香清雅，观赏性极高，是中国兰花中优良的色花种类（图 19）。近年来颇受兰花爱好者追捧，人工种植规模也不断扩大。

6. 莲瓣兰 *C. tortisepalum*

又名小雪兰。成苗叶基张离，而不抱合，长 35 ～ 50 cm，宽 4 ～ 6 mm。每苗（束）叶片数 6 ～ 7 枚，叶缘具细锯齿。叶柄痕不明显，鞘状叶长 7 ～ 10 cm，薄革质，叶线形，叶质较硬，叶片斜上生长 5 ～ 6 cm 后逐渐弯曲下垂。花莛低于叶面，鞘及苞片白绿色或紫红色，有花 2 ～ 4 朵，稀 5 朵，花直径 4 ～ 6 cm，以白色为主，略带红色、黄色或绿色。萼片三角状披针形，花瓣短而宽，向内曲，有不同深浅的红色脉纹；唇瓣反卷，有红色斑点。有香气。花期 12 月至翌年 3 月。

莲瓣兰产于云南西部，有不少变异，梅、荷、水仙各式瓣型都有，花色各色俱全。名品包括‘大雪素’‘心心相印’‘剑阳蝶’等。

7. 兔耳兰 *C. lancifolium*

兔耳兰因其叶片形似兔耳而得名。

8. 莎叶兰 *C. cyperifolium*

又名秋芝，为地生或半附生植物。植株较高大，叶 8 ～ 12 枚，带形，常整齐二列呈扇形。花莛从假鳞茎基部发出，直立，长 20 ～ 40 cm；总状花序具 5 ～ 7 朵花；萼片与花瓣黄绿色、墨红色，偶见淡黄色或草黄色；花与寒兰颇相似，

图 19　秋榜

注：A. 白红复色花；B. 红绿复色花；C. 素白花色；D. 红白复色。

图 20　莎叶兰

注：A. 黄绿色花；B. 墨红色花。

有淡雅香气；花期也与寒兰相近，10 月至翌年 1 月（图 20）。

三、繁殖技术

（一）分株繁殖

国兰无性繁殖是指利用兰花植株营养器官的再生能力，诱使其产生新芽和不定根，然后由这些新芽形成国兰的地上部分，不定根形成新的根系，从而长成新的植株。无性繁殖培育出的国兰小苗，由于没有经过雌雄性细胞的结合，它没有完成一个个体发育周期，只是继续着国兰植株母体的个体发育阶段，因此不容易因环境条件的变化而发生变异，更不会出现返祖现象。所以无性繁殖的国兰成活后，只要能长出足够的叶面积并积累足够的营养，就能开出与母体一样的花朵，保持国兰原品种的固有特性。一般家庭小规模的繁殖国兰多采用分株法和假鳞茎培养法这两种无性繁殖方法；大规模生产国兰多采用组织培养法，这是一种特殊的无性繁殖方法，可以实现国兰工厂化育苗（图 21）。

在春季 3～4 月花谢后或秋季气温还未骤冷之前，即 9 月下旬至 11 月上旬进行分株。间隔 2～3 年进行 1 次分株。选母株 7 苗以上、健壮、根系完整、无病虫害的植株，脱盆并除去根部植料，剪去枯叶、烂根、空根及干瘪腐烂的假鳞茎。分株时在假鳞茎之间寻找间隙较大的地方剪开，每丛茎 2 苗以上。剪刀消毒，剪口要平，切口处涂上植物愈合剂或达克宁药膏等杀菌药（表 1）。

（二）无菌播种与组培快繁

用种子播种繁殖出来的兰花苗叫实生苗，它生命力强，单株寿命长，开花等性状多变，可以利用这个特点进行杂交育种，培育出新型国兰品种。国兰有性繁殖分为有菌播种法和无菌播种法两种，由于有菌播种萌发率较低，生产中多以无

表 1　兰花分株苗定植及管理

项　目	主要内容	具体方法
定植	消毒	分株后晾干半天，再用 70% 甲基托布津或 75% 百菌清 800 倍液消毒
	晾干	消毒后晾干 3 ～ 4 小时，直至根干燥、发白
	种植	宜采用 12cm × 12cm 黑色营养杯，每盆宜种植 2 ～ 3 株苗，种植深度为基质表面位置在兰株的根与假鳞茎交界处
管理	浇水	3 ～ 5 天后，待伤口自然愈合，浇定根水 1 次
	施肥	定植后不能马上施肥，待 1 个月后再逐量增施肥料（可参照表 2 苗期管理）
	光照	避免阳光照射，15 天后遮光率 75% ～ 85%，45 天后光照逐渐增强
	温度	适宜温度 15 ～ 25℃

图 21　兰花分株繁殖

菌播种为主。无菌播种萌发后诱导出根状茎进行快速增殖，当达到预期的数量后再进行根状茎诱导成苗，实现组培快速繁殖（图 22）。

组培繁殖也是无性繁殖的主要途径之一，即以兰花茎尖为外植体进行无菌接种，通过无菌的组培环境，辅助于一定的温、光和特殊的培养基配方中，通过诱导出根状茎进行快速增殖，当达到预期的数量后再进行根状茎诱导成苗，实现组培快速繁殖（图 23）。

无论是组培繁殖还是无菌播种后再组培繁殖的组培苗，其主要管理技术流程如下。

1. 炼苗

当瓶苗长出 2 ～ 3 条成熟根，叶长 6 ～ 12 cm 时，放在需要种植的环境中炼苗 15 天以上，保持较强的散射光（5000 lx 左右），然后打开瓶盖放置 2 ～ 3 天。冬季避免出瓶定植，最适出瓶移栽时期为春季和秋季。

2. 移栽

炼苗结束后，用镊子取出瓶苗，洗净根部琼脂块，用 75% 百菌清 1000 倍液浸泡 10 分钟，晾干后选用脱盐椰糠与珍珠岩 6 ∶ 4 配比或水苔包裹，定植到 72 孔穴盘，或定植到 50 孔穴盘，每孔 1 株苗。

3. 移栽后管理

空气湿度应控制在 75% ～ 80%，散射光强度控制在 1000 ～ 3000 lx，每 15 天喷施 1 次 75% 百菌清 1000 倍液，或 4.8% 代森锰锌 1000 倍液；杀虫剂视实际需要而定。3 个月后可每 10 天喷施 1 次水溶性复合肥（氮∶磷∶钾配比为 6 ∶ 7 ∶ 19）3000 倍液，冬季减少喷施次数。

4. 定植

出瓶苗培育 1 年、2 年、3 年后分别进行定植（表 2、表 3）。

图 22　兰花无菌播种

图 23　兰花组培快速繁殖过程
注：A. 根状茎出苗；B. 根状茎扩繁；C. 兰花组培出瓶苗。

四、栽培管理技术

（一）基质与肥料

1. 基质

在自然界中，大多数国兰生长在湿润、通风、不积水的环境中，因此，对栽培基质的要求是通气、松软、吸水漏水性好，呈微酸性。栽培国兰最常用的是兰花泥。兰花泥是指山上附在岩石凹处的泥土，由植物叶子经风吹雨淋日晒腐烂而成，土质松软、通气、呈微酸性。风化山岩碎石土和带丛生杂草的土壤经火烤后形成的碎烤土也可作栽培基质。以上两种都符合通气、透水、微酸等特点，且磷、钾肥丰富，可作国兰栽培基质，但要适当补充氮肥。

近年来，水苔、藤根、椰子壳、松树皮、树叶、棕皮、木炭、泥炭土、煤渣、珍珠岩、浮石、颗粒砖块、陶粒等都成为理想基质。可以说凡是三相（即实相、水相、气相）比例符合国兰生长的中性材料均可作为栽培基质。一般实相为40%、水相为30%、气相为30%　较为合理，养兰者可就地取材。只要材料通气性好，有一定的保湿性，无化学反应又清洁，都可用作国兰的栽培基质。

2. 肥料

施肥时遵守肥料合理使用准则的规定。国兰所需的主要肥料成分有氮、磷、钾及钙、镁、

表 2　一年生至三年生兰花组培苗定植要求

类　别	一年生苗	二年生苗	三年生苗
苗质	苗规格符合规范性附录 A 的要求		
黑色营养杯（口径 × 高度）	7cm × 9cm	9cm × 12cm	12cm × 12cm
基质	椰糠与珍珠岩 1 ∶ 1 或泥炭土与珍珠岩 1 ∶ 1 比例混合	采用发酵处理 0.5 ～ 1 cm 松树皮与珍珠岩 6 ∶ 4 比例或蛭石加椰糠 1 ∶ 1 比例混合	采用发酵处理 0.7 ～ 1.5cm 松树皮与珍珠岩 6 ∶ 4 比例或蛭石、珍珠岩、椰糠 2 ∶ 4 ∶ 4 比例混合
	pH 6.0 ～ 6.5，EC 值小于 0.2 mS/cm		
定植	苗连基质一起定植到新营养杯中。种植深度：基质表面位置在苗的根与叶交界处，以露出部分假鳞茎为宜。定植后浇定根水		

表 3　兰花定植后管理要求

类　别	一年生苗	二年生苗至三年生苗
肥料	叶面追肥以氮：磷：钾配比为 6 ∶ 7 ∶ 19 水溶性复合肥 3000 倍为主	叶面追肥以氮：磷：钾比例为 5 ∶ 11 ∶ 26 水溶性复合肥 2000 倍为主
	春季以氮：磷：钾配比为 14 ∶ 14 ∶ 14 缓释肥为基肥；生长期每 10 天叶面追肥 1 次	
光照	根据需要调节光照强度，小苗期遮光率控制在 75% ～ 85%，生长期适当增加光照强度，但不宜超过 8000lx	
温度	生长适宜温度为 10 ～ 30℃，最佳生长温度范围为 15 ～ 25℃，昼夜温差 5 ～ 15℃	
湿度	空气相对湿度 60% ～ 70% 时生长良好，休眠期湿度需求降低，白昼湿度需求增高，夜间湿度需求降低	
水分	水质要求 EC 值小于 0.2 mS/cm，pH 6.0 ～ 6.8。基质表面见干时应浇透水，但根系忌水浸	

硫、铁、锰、铜、硼、锌等元素。

国兰幼苗期和成年株的施肥方法略有不同。如果要促进成年株兰花开花，则可遵循以下各季节的施肥方法，如果是幼年期或只是为促进兰花多多发苗，进行营养生长，则可参考春季施肥方法即可。

春季肥水管理：春季营养生长期应勤水勤肥，培育壮苗。以氮：磷：钾配比为 14 ∶ 14 ∶ 14 的缓释肥为基肥，或花生麸、豆饼发酵后拌骨粉或过磷酸钙，以固体粉状施于盆面。基质见干浇水。叶面追肥以施氮：磷：钾比例为 20 ∶ 20 ∶ 20 的水溶性复合肥 1000 倍液为主，每 10 天施 1 次。

夏秋季肥水管理：夏秋为花芽分化期，应适当控水，使基质呈半干半湿状态。6 月中下旬至 10 月花芽分化期改施氮：磷：钾配比为 9 ∶ 45 ∶ 15 的水溶性复合肥 1000 倍液。看到花芽后改施氮：磷：钾配比为 10 ∶ 30 ∶ 20 的水溶性复合肥 1000 倍液。

冬季肥水管理：增加磷、钾肥的施用量，降低氮肥比例。进入冬季前进行抗冻锻炼并适时通风、降低湿度，保持基质含水量在 45% ～ 50%。

（二）环境管理

国兰植株的生长发育状况既取决于本身的遗传因素，又受到环境条件的制约。在国兰的栽培过程中，只有将温度、光照、空气湿度、水分、通风等各项环境因素综合协调好，才能使国兰生长健壮，开花正常。

1. 温度

一般国兰最佳生长温度白天都是 18 ～ 30 ℃，夜间为 16 ～ 22 ℃。气温在 5 ℃以下、35℃以上时，国兰生长缓慢。

在冬季，国兰最佳生长温度为 13 ～ 15℃或略高些，夜间为 10 ～ 11℃；高山地区栽培的国兰白天生长温度不高于 7℃，夜间为 0 ～ 3℃，许多原产于高山的国兰（如独蒜兰、春兰、蕙兰），在冬季有明显的休眠期，需要 0 ～ 5℃的低温环境，即要有一个春化阶段，否则翌年不能开花。

2. 光照

兰科植物对光照的要求是有一定规律的。一般大叶种类对遮阴的要求大于小叶种类；低海拔的种类对遮阴的要求大于高海拔的种类。国兰经夜间营养积累后，早晨光合作用能力最强。早晨阳光照射角度低，国兰受光面积大，且早上阳光光线相对柔和，不会灼伤兰叶。因此，夏天 7:00 前可让阳光直射兰叶，7:00 后用遮光网遮挡阳光。清明前后可让国兰多晒太阳，促使发根，多发叶芽；白露以后，天气转凉，新苗大多长成，也可多照阳光，促使花蕾饱满，让兰株积蓄更多养分，以利来年生长。

光照是国兰花芽分化生长的养分来源，阳光照射时间的长短也直接影响国兰开花。国兰的花芽多数在长日照的 7 ～ 9 月形成，并开花结果。光照的强度因国兰种类不同而有着很大差异。开绿色或白色花朵的兰株，在初现花苞时就要尽快降低光照强度，以保证花朵颜色更加素雅，开完花后再重新给予更多的光照。一般国兰要进行 2 ～ 3 小时光照。叶子柔润而绿色适中的，表示光照正常；叶子暗绿而柔软的表示需要增加光照；叶子淡黄的，表示要减少光照。阳光照射时间长的花瓣质厚，反之则花瓣质薄。但若过分照射阳光，则可能灼伤兰叶，甚至造成失水、死亡。

3. 空气湿度

在自然界中，国兰大多分布于潮湿环境中，因此国兰在生长期的空气相对湿度不能低 70%，过干或过湿都易引发病害。

国兰对空气湿度的要求，因种类、生长时期、季节以及天气而异。国兰的原生环境为崇山峻岭、巨谷深壑，地形复杂，保留有较完整的自然植被。林间空气清新，山间常有云雾缭绕，雨量适中，空气湿润。在 2 ～ 3 月的早春，空气湿度比较低，为 70% ～ 80%；春末至秋末雨水比较多，山林中经常云雾弥漫，空气湿度特别高，经常在 80% ～ 90% 以上。栽培国兰要求有较高的空气湿度。因此，养兰要创造一个适宜于国兰生长的局部湿度小气候，室内应安装喷雾器和湿度计，以随时调控国兰生长的空气湿度。

4. 水分

国兰具有“喜雨而畏涝，喜润而畏湿”的习性，原本生长在峡谷山脊两侧，以及山坡、岩岸、岩石缝隙、竹林木丛间的腐殖质薄土层中。这些地方排水良好，无积湿之患，土壤中腐殖质含量高，并含有大量的砂石颗粒，土层厚 10 ～ 20 cm，由于地形坡度大，不会积水，而且国兰一生需水量较小，加上兰叶质地较厚，表面有角质层保护，故叶片蒸腾时不消耗大量水分。国兰的假鳞茎和肉质根能贮藏一定的养分和水分，较能耐旱。除发根期、发芽期和快速生长期需要较多的水分外，其他时间消耗水分较少。水分过多会造成土壤积水，阻塞根部呼吸，易烂根。水分过多还会造成兰叶组织纤弱，生长不良，产生病害。由于春、夏、秋、冬空气湿度不同，故国兰生长速度不同，对水分要求也不同。控制水分是养好国兰的最根本条件，因此有“会不会种兰，主要看会不会浇水”之说。

5. 通风

在自然界中，国兰大多生于基质疏松通气的地方。通风会给国兰送来新鲜空气，增加国兰周围的二氧化碳浓度，调节温度以及抑制病害的滋生和蔓延。养兰场所要远离煤气、油烟，远离尘土飞扬之地。油烟、尘土附着在叶面会阻塞叶面呼吸，影响光合作用进行。空气不流通会在叶面附着病菌，危害国兰生长。一些将阳台封闭的家庭，国兰长期放养在封闭的阳台内，虽然温度、光照等条件都不错，但国兰仍然生长不良，其主要原因就是通风条件不好。所以，栽培国兰时要特别注意通风。

（三）病虫害防控

国兰病虫害防控应遵循“预防为主、综合防

治”的原则，优先选用农业防治、物理防治、生物防治等绿色防控措施，合理、规范地尽量较少使用化学农药。

1. 农业防治

首要是选择抗性强的优良品种，选用适合当地栽培环境的优质、抗病、抗逆性强的审定品种或经鉴定确认的种源，培育壮苗。

其次是规范兰园生产管理。应清除兰棚周边的杂树、杂草，减少外源病菌、害虫；定期在场地撒施生石灰、石硫合剂，清洁兰园；及时销毁病株病叶，减少内源病菌、害虫。应使用堆制彻底发酵或高温灭菌等处理过的栽培基质，杀死外源病菌、害虫。合理调控肥、水、温、光、湿，促进兰苗健壮生长，提高兰株抗病虫害能力。

最后是建立植物检疫制度。引进的种苗需在检疫区过渡，确认无病后再进入生产区栽培。园内发生病毒病，应将病株隔离，直至销毁。坚持不从发生兰花病毒病的兰园引种。

2. 物理防治

黄胶板、蓝胶板诱杀，宜在植株上方 30～50 cm 高度悬挂黄 / 蓝胶板诱杀蚜虫、蓟马、介壳虫雄虫等，每亩挂 30～40 块。机械隔离，在棚室通风口和门口安装 40～60 目防虫网，用于隔离蚜虫、粉虱、蓟马等迁飞害虫；宜在苗床四周撒石灰，防止蜗牛、蛞蝓上架。人工诱捕，通过人工刷除附着在兰叶上的介壳虫雄虫；人工捕捉蜗牛、蛞蝓；在苗床周边放置盆栽小白菜、青菜等诱集植物，或用鲜黄瓜片、白菜叶蘸 35% 糖溶液，以诱集蜗牛，利于更好捕杀。

3. 生物防治

宜采用枯草芽孢杆菌和多黏类芽孢杆菌等生物药剂。

4. 药剂防治

对病虫害进行预测预报，根据病虫害发生的实际情况，选择适当的药剂进行局部或全面防治，做到用药适时、合理。在病虫发生且达到防治指标时，可选用植物源药剂，如采用茶粕、茶皂素防治蜗牛，或选用高效低毒低残留农药品种（表 4）；禁止使用高毒、高残留等国家明文规定禁止使用的农药。

表 4　兰花主要病、虫害药剂防治技术

名称		发病时期及特点	推荐药剂及使用方法
主要病害	茎腐病	全年发生，6～8 月是发病高峰期。造成根和根状茎腐烂，最后可入侵到假鳞茎而导致整株死亡	去除有病组织，用 50% 苯来特可湿性粉剂 5 mL 配水 4 kg 浸根或浇施，或用 30% 噁霉灵 600～800 倍液浇施
	炭疽病	7～9 月盛发，主要侵害叶片。初期呈圆形或椭圆形的红褐色斑点，严重时病斑扩大，整叶枯死	清理枯叶，用 80% 多菌灵可湿性粉剂 600 倍液，或 2.8% 多·福美双可湿性粉剂 800 倍液，每周 1 次，连续喷 3 次
	黑斑病	夏秋季节为高发期，过量施用氮肥会加重发生。叶片产生黑色小斑点，严重时斑点扩大形成病斑块	清理枯叶，用 75% 百菌清可湿性粉剂 600 倍液或 4.8% 代森锰锌 1000 倍液喷洒，每周 1 次，连续喷 3 次
	病毒病	植株的叶片或花朵上出现失绿或黄色不同的斑驳，常发生在老茎分生苗的植株上	隔离或烧毁可疑植株。用 20% 盐酸吗啉胍·乙铜可湿性粉剂 500 倍液，或用 20% 盐酸吗啉胍·乙铜可湿性粉剂与 0.04% 芸薹素内酯水剂合用
	焦尖病	6～8 月为多发期。多为空气过于干燥，湿度长期低于 60% 造成，也有细菌或真菌感染引起	分清发生原因，如生理性焦尖需加强湿度管理，如病菌引起需对症下药
	灰霉病	尤其冬季低温高湿环境下，整个花朵容易着生大团灰霉直至腐烂	发病初期用 1.50% 腐霉利可湿性粉剂 2000 倍液，或 3.3% 嘧霉胺悬浮剂 1000 倍液喷雾

续表

名称		发病时期及特点	推荐药剂及使用方法
主要虫害	介壳虫	主要寄生在兰花的叶片、叶鞘、假鳞茎上，以刺吸式的口器吸取兰花的营养	40% 杀扑磷或 28% 蚧宝乳油 1200 倍液，在始发期用药，每隔 7 ～ 10 天喷洒 1 次，喷洒时叶片上、下、左、右及假鳞茎都要喷到，连续喷 3 次
	螨类害虫	主要是红蜘蛛、黄蜘蛛等小虫。多寄生在叶背吸汁，使叶片出现灰白斑点，严重时叶背有丝网，直至萎缩变形	15% 扫螨净乳油 2500 倍液，或 1.8% 阿维菌素乳油 3000 倍液，在始发期喷雾，注意叶片正反面、叶基都要全面喷洒，每周 1 次，连续 3 次
	蓟马	主要危害花朵，使其变形扭曲直至萎蔫，或发育不良。蓟马分泌的蜜汁吸引蚂蚁，引起病毒病等	根据蓟马昼伏夜出的特性，建议在下午用药；7.5% 鱼藤酮乳油 1000 倍液在始发期喷雾，或 25% 噻虫嗪水分散粒剂 1000 ～ 2000 倍液喷雾
	蚜虫	主要危害发育中的花穗和花朵，使花穗变形扭曲，发育不良。其分泌的蜜汁吸引蚂蚁，传播病害和病毒，引起病毒病等	蚜虫发生初期喷施 20% 蚜虱灵 2500 倍液，或 25% 噻虫嗪水分散粒剂 5000 ～ 6000 倍液，或 24% 螺虫乙酯 4000 ～ 5000 倍液
	蜗牛、蛞蝓	白天藏匿于水沟杂草或花盆内、花架下的泥土等阴暗处，晚上出来啃食兰株的新芽、新叶、新根和花苞	在蜗牛和蛞蝓经常出没的地方与花盆之间撒施石灰粉，或用四聚乙醛配成含有效成分 2.5% ～ 6% 的豆饼（磨碎）或玉米粉作毒饵，于傍晚进行诱杀

六、价值与应用

兰花因叶片飘逸优雅，兰香沁人心脾而著称，在我国大江南北、海峡两岸以及受中国文化影响的国家和地区均拥有极为广泛的爱好者。

兰花除了具有很高的观赏价值外，还具有较高的药用和食用价值。据《中药大辞典》记载，建兰、春兰以及蕙兰的花含有酸性磷酸酶、酯化酶、天冬氨酸氨基转移酶同工酶等成分，可入药。中国有悠久的食兰历史。清代饮食著作《养小录》中记载兰花“可羹可肴，但难多得耳”，可见兰花可炒菜也可做汤，但食材稀少。

（孙崇波　夏宜平　王筠竹）

Cynara 菜蓟

菊科菜蓟属（*Cynara*）多年生草本。含 8 种，主要分布于地中海地区及加那利群岛。

一、形态特征与生物学特性

（一）形态与观赏特征

高大或低矮，茎直立，坚挺，或无茎。叶宽大，羽状分裂。头状花序，有极多数小花；总苞片多层，覆瓦状排列，革质，上部渐尖或成坚硬针刺；小花两性，管状，檐部不等 5 裂。瘦果倒卵形，4 棱，冠毛多层，几等长（图 1）。

（二）生物学特性

喜光，抗旱，喜湿润、中等肥力、排水良好、pH 6.5 ～ 8.0 的砂质土壤。可抵御强风和盐碱环境，冬季地下茎可耐 -12℃低温。

二、种质资源

景观中应用的主要是菜蓟和刺苞菜蓟。作为蔬菜的菜蓟品种也时常出现在家庭花园中。

1. 菜蓟 *C. scolymus*

植株高达 2 m，茎粗壮。小花紫红色；中外层总苞片顶端渐尖，但不形成长硬针刺，内层苞

图 1　菜蓟（陈煜初 摄）

图 2　菜蓟品种

注：A. 不知名；B.‘Green Globe’；C.‘Emerald’。

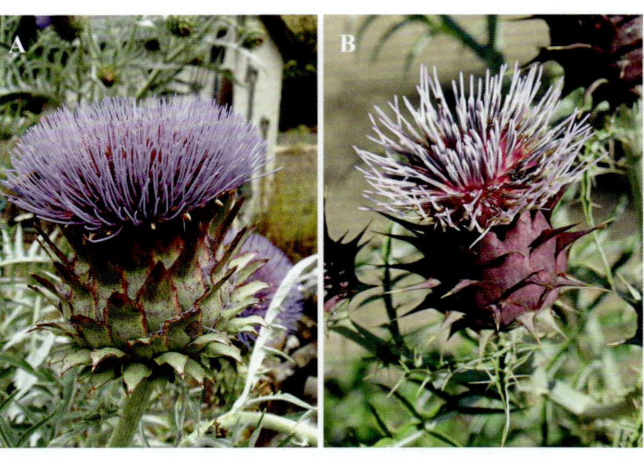

图 3　菜蓟与刺苞菜蓟的叶花特征

注：A. 菜蓟（Henhouse 摄）；B. 刺苞菜蓟（RuuddeBlock 摄）。

片顶端有卵形、圆形、三角形或尾状的硬膜质附片，附片顶端通常为圆形或截形，有小尖头伸出。叶裂片顶无长硬针刺。花期 6 ～ 8 月。在欧洲及地中海地区作蔬菜用，食其肉质花托和总苞片基部的肉质部分（图 1 至图 3A）。

2. 刺苞菜蓟 *C. cardunculus*

小花蓝色或白色；中外层苞片顶端渐尖成长硬针刺，内层苞片顶端无硬膜质附片。叶裂片顶端有长硬针刺，针刺长 15 ～ 35 mm（图 3B）。

三、繁殖与栽培管理技术

（一）播种繁殖

春秋均可，春季于 3 月中下旬进行，秋季于 9 月中旬进行。因种皮较坚硬，播前先用 55℃温水浸种 30 分钟，并不断搅动，当水温降至常温时再浸泡 12 ～ 16 小时，之后捞出并用湿布包裹种子，置于 20℃环境下催芽，露白后播种。基质以草炭和蛭石为佳，培养温度 18 ～ 20℃，少浇水；苗龄 40 ～ 45 天或有 5 ～ 7 片真叶时即可定植（董长根 等，2013；王中美 等，2015）。

（二）分株繁殖

于 9 月底或 10 月中旬带根掘出健壮母株的分蘖苗，保留 20 cm 枝条；栽于苗床，间距 15 cm。冬季注意防冻，长江以南地区栽于塑料大棚中，长江以北地区需在温室内栽种。翌年 4 月定植户外。植株周围产生的根出条可于 11 月挖出，保存在凉爽的条件下越冬，春季栽植。

（三）扦插繁殖

于 9 月底或 10 月中旬选取粗壮枝条，剪成 15 ～ 20 cm 长的插穗，保留少量叶片，也可先将插穗基部用生根剂浸泡 5 ～ 10 分钟，再按株行距 15 cm × 20 cm 插于排水性好的苗床，保持基质湿度。冬季可以覆膜防冻，翌春即可移植。此方法简单，成本低，但成活率较低（王中美 等，2015）。

（四）露地栽培

1. 土壤

以肥沃疏松且透水性好的土壤为佳，忌黏重排水差的土壤。

2. 水肥

耐贫瘠，常规施肥即可。一般自然降水即可满足生长，忌积水；但孕蕾期及花期需水较多，若遇干旱应及时补水；雨季注意排水，防止因积水而烂根。

3. 光照

喜光，不耐阴。

4. 修剪及越冬

入冬前剪除地上枯枝叶。有一定耐寒性，可耐 -12℃低温；冬季干燥的情况下比较耐寒，土壤过湿常会冻死。在北方越冬困难，当气温降至

图 4 菜蓟景观（陈煜初 摄）

3 ～ 5℃时，割去植株的中上部叶片，仅留基部 15 ～ 20 cm，然后培土不薄于 10 cm；上面再盖 15 ～ 20 cm 厚的稻草或秸草保温。长江以南地区只覆土即可安全越冬。

（五）病虫害防治

虫害主要有蚜虫和小地老虎危害。可分别用 10% 吡虫啉可湿性粉剂和 20% 辛硫灭扫力乳油 2000 倍液进行喷杀。

病害主要有霜霉病、根腐病和茎腐病。霜霉病可用 75% 百菌清 800 倍液喷雾 2 ～ 3 次防治。根腐病和茎腐病需在植株避免受伤、田间无积水且平衡施肥等前提下，用锐抗霉素、农用链霉素和噻菌铜等杀菌剂综合防治。

四、价值与应用

菜蓟是世界著名的野生花卉。植株高大，花形奇特，蓝紫色的花好像开在观音菩萨的莲花台（多层苞片）上，越来越多地应用于景观中。常种植于林地边缘、宿根花卉园，或配置于花境中作主景材料（图 4）。

罗马人食用其花蕾已有 2000 年的历史，当前欧美国家种植较多，以法国种植最盛。故菜蓟又称为洋蓟、朝鲜蓟、法国洋蓟（French artichoke）、球洋蓟（globe artichoke）等。19 世纪作为蔬菜传入我国。菜蓟花蕾中富含菜蓟素、天门冬酰胺以及黄酮类化合物等物质，是一种高营养价值的保健蔬菜，有“蔬菜之皇”的称誉，具有保护肝肾、增强功能、改善血液循环等功效。

中药以其叶入药，主治黄疸、胸胁胀痛、湿热泻痢。

（李淑娟）

Davallia 骨碎补

水龙骨科骨碎补属（*Daualia*）多年生草本植物。全球约 30 种，分布区从大西洋岛屿穿过非洲和南亚到马来西亚、日本、澳大利亚东北部和太平洋岛屿；我国分布有 6 种。因具有棕色的根状茎鳞片而得名。常见栽培的是阴石蕨类，由于能够在北方封闭的阳台里健壮生长，是非常流行的北方室内盆栽观赏蕨类，也可以作微景观的配景植物。

一、形态特征与生物学特性

（一）形态与观赏特征

多年生小型附生蕨，株高 15 ～ 25 cm。根状茎密被绒状灰棕色披针形鳞片且长而横走，肉质，长 6 ～ 15 cm。新叶生长初期，在根状茎上出现绿色没有棕色被毛的秃点；随着时间的推移，慢慢长出像拳头一样皱缩的茎秆，然后伸展开来。叶远生，羽状复叶，阔卵状三角形，长 10 ～ 30 cm，羽片 6 ～ 10 对，无柄，以狭翅相连，基部一对最大，由细长呈深灰色叶柄支撑；小叶革质，为羽状或椭圆形，叶色油亮、浓绿。孢子囊群着生于近叶缘小脉顶端；囊群盖近圆形，棕色，全缘，质厚，基部着生。

（二）生物学特性

阴石蕨孢子吸涨后，明显膨大，渐变为绿色；培养 4 天左右，孢子内有叶绿体出现，随后自裂缝处长出条无色透明假根。接种 10 天左右，阴石蕨的原叶体原始细胞横裂为一个大的近椭圆形的原叶体母细胞和一个小的圆形基原细胞。接种 30 天左右进入片状体阶段。片状体心形，基部由 2 ～ 3 列细胞组成，着生多条假根。生长点呈圆滑曲线状，略偏向一侧，形成不对称的两翼，近基部边缘细胞常向外形成分支。40 天左右，片状体基部分支伸长且着生假根，生长点处渐宽，凹陷加深，两翼内侧边缘趋于平行，假根数目不断增多。个别片状体两翼在生长点上方相接。孢子培养 50 ～ 60 天，个体发育进入原叶体阶段。

原叶体经发育过程中的不断调整，生长点逐渐趋于原叶体顶端中部，致使两翼基本对称。毛状体直到幼原叶体时期才产生单细胞，幼时常为乳头状，基部较顶部略宽，内含少量叶绿体；成熟后为长棒状，略向一侧倾斜，初生假根呈管状，无色透明。继续培养 30 天后，假根渐变为黄褐色，有些假根弯曲变形；少数假根随着发育而渐细，致使其基部明显较末端粗壮。进入成熟配子体阶段，假根密集着生于配子体腹面基部，明显较初生假根粗壮。接种 60 天左右，配子体始有精子器产生，精细胞成熟后，盖细胞破裂，精子逸出并借助原叶体表面的水膜游入颈卵器，完成受精作用。

二、种质资源

生长于海拔 500 ～ 1900 m 的溪边树上或阴处石上。常见以下种类。

1. 杯盖阴石蕨 *D. griffithiana*

株高 40 cm。根茎长，横走，基部黄棕色或棕色，老时浅灰色。叶疏生，叶柄长 10 ～ 15 cm，叶片三角状卵形，长 16 ～ 25 cm，宽 14 ～ 18 cm，自基部、中部至顶部分别为四回、三回和二回羽裂，羽片 10 ～ 15 对，互生，基部 1 对长 8.5 ～ 11 cm，宽 4 ～ 8 cm，长三角形，有柄（图 1）。孢子囊群生于裂片上缘，通常每裂片 1 ～ 2 枚；

囊群盖半圆形，宽大于高，全缘，棕色，以阔基部着生，两侧分离。

2. 圆盖阴石蕨 *D. teyermannii*

株高 20 cm。根状茎长而横走，基部淡棕色，中部颜色略深。叶远生；柄长 6～8 cm，棕色或深禾秆色；叶片长三角状卵形，长宽几相等，10～15 cm，或长稍大于宽，先端渐尖，基部心脏形，三至四回羽状深裂；羽片约 10 对，有短柄（长 2～3 mm），近互生至互生。叶脉上面隆起，羽状。叶革质，干后棕色或棕绿色，两面光滑（图 2）。

3. 阴石蕨 *D. repens*

株高 10～20 cm。根茎长，横走，密被鳞片，红棕色。叶疏生；叶柄长 5～12 cm，棕色或棕禾秆色；叶片三角状卵形，长 5～10 cm，基部宽 3～5 cm，二回羽状深裂，羽片 6～10 对，无柄，具窄翅相连；叶干后褐色，革质（图 3）。孢子囊群生于截形的裂片先端；囊群盖半圆形，宽稍大于高，全缘。

三、繁殖与栽培技术

（一）孢子繁殖

将有成熟孢子的叶片剪成几段放入干燥纸袋中，保存于温暖干燥的环境中，在孢子自然脱落后去掉杂质；也可直接用刀刮下孢子囊，装入干燥纸袋。阴石蕨孢子的发育能力和质量尤为重要。为了提高出芽率，采集的新鲜孢子应尽快

图 1　杯盖阴石蕨

图 2　圆盖阴石蕨

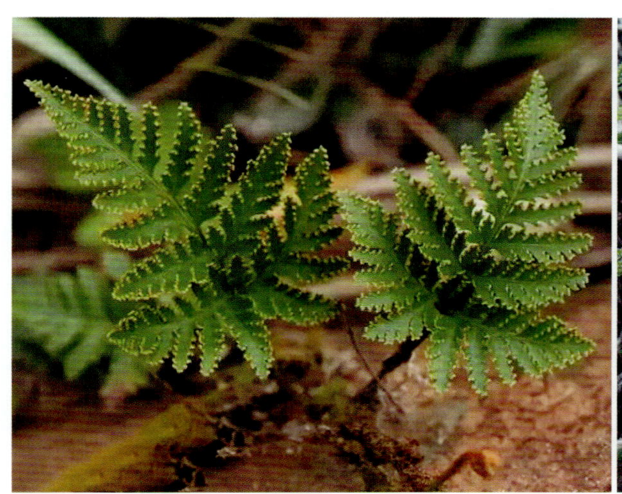

图 3　阴石蕨

播种。播种后，保持室内温度 20℃，空气湿度 80%，每天光照 4 小时以上。阴石蕨的孢子落入土壤之后，20 天左右先萌发成原叶体。从原叶体长成孢子体需要 2 ～ 3 个月。当孢子体长出 3 ～ 4 片叶后移栽，株高 10 cm 时上盆。孢子繁殖需要高温高湿环境，接种容器、基质和室内空间都应严格消毒。

（二）扦插或分株繁殖

于春季选择健壮植株，将其根状茎切成 10 cm 长作插穗，斜插于腐殖土中，插后喷水保持土壤湿润，注意遮阴，发芽成活即可移栽。

也可将整个植株挖出用利刀分成数丛，每丛保留 2 片叶，将根部浅埋于土中，置于阴湿环境中，待植株生出新根后即可移栽或上盆。

（三）组培快繁

以阴石蕨叶片为外植体，在 MS+KT1.0mg/L，或 CPPU 1.0 mg/L 的诱导培养基上，诱导叶片产生叶状体状不定芽；转到添加 KT 0.5 mg/L 或 CPPU 0.5 mg/L 的增殖培养基上，可形成叶芽状不定芽；叶芽状不定芽在附加 CPPU 0.5 mg/L 的增殖培养基上继代培养，增殖系数达 5 以上。叶芽状不定芽转到添加 IBA 0.2 mg/L 的成苗和生根培养基上，能发育成具有根、茎、叶的完整小植株，成苗率达 100%。

（四）盆栽

1. 盆土

一般选择疏松透气、富含腐殖质、排水良好的砂壤土或腐叶土。

2. 光照和温度

阴石蕨是多年生常绿附生蕨类植物，喜欢温暖半阴或散射光照的环境条件；如果阳光直射会引起卷曲萎蔫。在北方室内盆栽时，夏季放在北阳台，冬季放在南阳台，刚好满足其生长的温度和光照需求。生长最适温度 20 ～ 26℃。

3. 水分和肥料

要求盆土湿润，手握成团、落地即散。空气湿度要求较高，栽培环境需要经常进行叶面喷水以增加湿度；否则叶片边缘会失水枯黄而死亡。不喜浓肥，可以在叶面喷水的同时喷施叶面肥。

（五）病虫害防治

如果土壤水分长时间达到 70% 就会引起根腐病的发生，初期发生时叶片萎蔫，严重时整株叶片发黄，枯萎直至根系变褐，全株死亡。初期发生时可以用 70% 代森锰锌可湿性粉剂、30% 甲霜噁霉灵防治。

由于环境温度过高，空气干燥，会导致蚜虫和红蜘蛛的发生，可以用 5% 阿维菌素乳油、10% 吡虫啉可湿性粉剂防治。

四、价值与应用

阴石蕨株型紧凑，体态飘逸，叶形美丽，是小型盆栽观叶植物中的珍品，可置于窗台、办公桌等处。

全草可供药用，有祛风除湿、清热解毒的功效，主治风湿痹痛、湿热黄疸、咳嗽、哮喘、肺痈、乳痈、牙龈肿痛、白喉、淋病、带下、蛇伤等。

（吴学尉）

Delphinium 翠雀

毛茛科翠雀属（*Delphinium*）多年生草本植物。“*Delphinium*”源于希腊文“海豚”。花多为蓝色，花色淡雅、花形别致，似蓝色飞燕落满枝头，因而又名“飞燕草”，是宝贵的蓝色花卉资源。全球约有350种，分布于北温带；我国有着十分丰富的种质资源，约110种，各地均产之，但主产地为西南和西北。欧洲一些国家于17世纪就开始园艺化栽培，至今全球已培育出数千个栽培品种。

一、形态特征与生物学特性

（一）形态与观赏特征

多年生，稀为一年生或二年生草本。叶通常具有单叶，互生，掌状或羽状分裂。其花序多为总状，有时伞房状，带有紫色、蓝色、白色或黄色的萼片，萼片形状多样，如卵形或椭圆形，上萼片常常带有距，增加了花朵的立体感和吸引力（刘燕，2016；张婵 等，2012）。花瓣条形，生于上萼片与雄蕊之间，与萼片颜色相协调，形成鲜明的色彩对比，进一步增强了其观赏性。种子四面体形或近球形，沿棱有翅。花期5～10月。

（二）生物学特性

喜凉爽通风的环境，并且具有较好的耐寒性。喜光照充足的干燥环境，忌炎热，适宜的生长温度通常为15～25℃，避免强光直射，夏季高温时需要适当遮阴或转移到室内，冬季则需适当控制温度，避免过低。喜排水通畅的砂质壤土，耐旱，不耐水涝。不耐高温高湿，在西安作一年生花卉应用，主要原因是遇到夏季高温高湿就枯死。只在适宜的小气候条件下，才可连年生长。

二、种质资源

（一）分类概述

王文采（2019，2020）将中国翠雀属分为两个亚属：翠雀花亚属和还亮草亚属。翠雀花亚属包含约300种，分为4个组，即短距翠雀花组（Sect. *Aconitoides*）、密花翠雀花组（Sect. *Elaopsis*）、翠雀组（Sect. *Delphinastrum*）、三出翠雀花组（Sect. *Ligophylon*），主要特征是多年生草本植物，叶掌状分裂，花瓣无翅，顶端不展宽，退化雄蕊在腹面被毛或基部之上有髯毛，种子多形态，我国有229种。还亮草亚属只包括1组，即还亮草组（Sect. *Anthriscifolium*），含80余种，特征是叶分裂，花序总状或伞房状，萼片和花瓣颜色多样，退化雄蕊瓣片通常被毛，种子有特定形态，我国有75种。

翠雀属与飞燕草属（*Consolida*）同属于金莲花亚科Subfam. *Helleboroideae*，翠雀族Trib. *Delphineae*，名称和形态都比较接近。翠雀属有退化雄蕊2，有爪；花瓣2，分生；心皮3～7。而飞燕草属退化雄蕊不存在；花瓣2，合生；心皮1。

（二）种质资源

翠雀属植物的花色和形态多样，是植物育种学家研究和培育新品种的良好材料。通过杂交和选择等手段，可以培育出更具观赏价值的新品种，丰富园艺植物的种类。园林中应用较多及作为主要育种亲本的种有以下两种。

1. 翠雀（大花飞燕草）*D. grandiflorum*

原产于欧洲南部，主要分布于我国云南、四川、山西等地，在俄罗斯、蒙古也有分布。多年生草本植物，无块根，茎高 35 ～ 65 cm，茎和叶柄上覆盖着反曲的短柔毛，叶片圆五角形，3 全裂，中央裂片菱形，边缘干燥时微反卷。叶柄较长，基部有短鞘。总状花序，花梗和花序轴上密被白色短柔毛。花的萼片紫蓝色，椭圆形或宽椭圆形，花瓣蓝色，无毛，顶端圆形。花期 5 ～ 10 月。

翠雀是目前栽培的主要种类之一。以其为亲本培育了诸多品种，如‘Blauer Zwerg’‘Blue Butterfly’‘Blue Pygmy’和“夏日”系列等（图 1）。

1a.“夏日”系列（Summer）

是德国 Benary 公司使用翠雀选育的多年生盆花品种。当年即可开花，生长速度缓慢。株高 20 ～ 36 cm，株型紧凑低矮，分枝多，花密且花色独特，茎坚挺，花期 5 ～ 7 月。适合花境、花坛和盆栽使用，耐热性比其他同类品种更强。

常见品种有‘Summer Star’花白色；‘Summer Blue’花蓝色；‘Summer Morning’花淡粉色；‘Summer Cloud’花蓝色；‘Summer Night’花深紫青色。

2. 高翠雀 *D. elatum*

又名穗花飞燕草、高飞燕草。1816 年，高翠雀从原产地西伯利亚地区引种到欧洲，经过英国、荷兰、法国、以色列、美国、新西兰和日本等国园艺学家的选育，高翠雀的花穗越来越长，花朵越来越大，花色越来越丰富，花形更加诱人。目前市场上将高翠雀及其园艺杂交种也称为“大花飞燕草”，其实是混淆了翠雀与高翠雀。花色高雅，花时似蓝色群燕洒落枝头，又有“千鸟草”“千鸟花”的美称。植株高大，叶大，稍被毛。花序长，花色有紫红、白、淡紫等，花期 6 ～ 8 月。园艺品种极多，是目前广泛栽培的品系之一。如今，高翠雀已成为国际上重要的盆花和切花材料。以其为母本孕育了很多品种类型。

2a. 颠茄类型（Belladonna Group）

多年生草本，茎直立分枝，株高 1 ～ 1.2 m，株幅 45 cm，叶掌状浅裂。穗状花序松散，分枝，花单瓣，像丑角帽子。花径 2 cm，距长 3 cm，花期夏初至夏末。

常见品种：‘蓝蜜蜂’（‘Blue Bees’）花纯蓝色，具白色花眼；‘美丽的克莱夫登’（‘Cliveden But-lefty’）花天蓝色；‘蓝蝴蝶’（‘Blue Beauty’）花深蓝色；‘卡萨布兰卡’（‘Casablanca’）花白色。

2b. 高秆类型（Eletum Group）

从生状，穗状花序着生众多花朵，萼片花瓣状，花径至少 6 cm，株高分高、中、小秆，花期初夏至中夏。

常见品种：‘白脱球’（‘Burrerbal’）小秆种，花半重瓣，米白色，具深黄色花眼；‘蓝色尼罗河’（‘Blue Nile’）中秆种，花半重瓣，中蓝色，具有白眼；‘白魔泉’（‘Magic White’）中秆种，花半重瓣，白色，有深色蜜蜂状花心；‘布鲁斯’（‘Bruce’）高秆种，花半重瓣，紫罗兰色，中心部分白色，具深褐色眼。

2c. 太平洋杂种（Pacific Hybrids）

与上述高秆类型的栽培品种较为相似，但都作一年生或二年生栽培。株高 1.7 m，株幅 75 cm，花大，径 7 cm，花色明亮，清纯，半重瓣，花期初夏。

常见品种：‘夏季天空’（‘Summer Sky’）花淡蓝色，具白色蜜蜂状花心；‘亚瑟王’（‘King Arthur’）花紫色，具白色花眼；‘樱桃花’（‘Cherry Blosson’）花淡紫粉色（图 2）。

三、繁殖与栽培管理技术

（一）播种繁殖

可在 9 ～ 10 月采集饱满健康的野生翠雀花种子低温沙藏，于翌年春季 3 ～ 4 月播种，发芽适温为 15℃左右；秋播在 9 月下旬至 10 月上旬，先播入露地苗床，入冬前进入冷床或冷室越冬，翌年春季幼苗发出 2 ～ 4 片真叶时移植，4 ～ 7 片真叶时定植，间苗保持 25 ～ 50 cm 株距；栽前施足基肥，追肥以氮肥为主。

（二）分株和扦插繁殖

春、秋季均可分株。选取生长旺盛的母株，用工具在基部小心切割成若干子株，直接移栽至花盆或大田中浇透水，有条件的情况下搭凉棚遮

图 1　翠雀品种

注：A.‘Blauer Zwerg’；B.‘Blue Butterfly’；C.‘Blue Pygmy’；D-H.“夏日”系列。

图 2　高翠雀花及品种

注：A. 高翠雀花；B、C. 颠茄类型；D、E. 高秆类型；F、G. 太平洋杂种。

阴 1 周（董东平 等，2012）。

春季新芽长至 15 ～ 18 cm 时，选取生长健壮的枝叶（只留 2 ～ 3 个叶片）扦插于苗床（最好是砂质土壤）上，生根后移栽至花盆或大田，也可于花后取基部的新枝进行扦插。

（三）园林栽培

1. 基质

喜欢阳光和深厚肥沃的砂壤土，整地时需深翻，使土壤疏松、透气。以泥炭土：珍珠岩 = 1 : 1 的基质为最宜（周丽 等，2021）。

2. 水肥

耐旱、忌水涝，浇水时应一次性浇透，避免土壤过分干燥，但不能积水；在花期内要适当多浇水，保持土壤湿润，可延长观花期；避免中午浇水，以免造成植株萎蔫。雨季要注意排水，避免积水和洪涝。冬季可以减少浇水次数，保持土壤适度湿润。

定植前需施有机肥并加入适量复合肥作为基肥；营养生长盛期追加氮肥，此时植株生长迅速，及时补充营养可以使其叶大而浓绿；花期及时补充磷肥和钾肥，可以增加开花数量并延长花期。追肥以氮肥为主，花期补充磷肥和钾肥。冬季不宜施肥。

3. 光照

喜光，可耐半阴。半耐寒，冬季宜加防护。需保持一定湿度，对空气干燥、夏季高温不适应。生长期 10℃左右为宜。夏季要求凉爽，否则作二年生栽培。夏季高温时可搭建阴棚或种植于高大乔木下方以遮阴。

（四）病虫害防治

常见病害有黑斑病、根茎软腐病等。①发现病叶，立即摘除烧毁，秋季剪除老茎。②发病时，可用链霉素 1000 倍液喷雾。③培育无病种苗。平时加强养护管理与病害预防，可定期喷施 80% 代森锌可湿性粉剂 600 ～ 800 倍液，防病同时补充营养增强植物长势；发病初期，喷洒 25% 咪鲜胺乳油 500 ～ 600 倍液，或 50% 多锰锌可湿性粉剂 400 ～ 600 倍液。连用 2 ～ 3 次，每次间隔 7 ～ 10 天。

四、价值与应用

花序直立挺拔，花朵色彩丰富，从蓝色、紫色到粉色、白色等，花朵形状独特，似飞翔的燕子或鸽子，给人以清新高雅的感觉。观赏价值突出，是作为花坛、花境的绝佳材料。也可以作为切花使用，增添家居装饰的自然气息。

具药用价值，有祛风除湿、止痛镇静的作用，可用于治疗风湿痹痛、跌打损伤等症。根可用于泻火止痛、杀虫，全草外用于疥癣，种子用于哮喘等（林余霖，2020）。体内存在的 C_（20）-二萜生物碱，在抗肿瘤、镇痛、抗心律失常和抗炎等方面均表现出较好的活性。

（吴昀　夏宜平）

Dianella 山菅兰

阿福花科山菅兰属（*Dianella*）多年生常绿草本。属名源自罗马女神戴安娜，在拉丁语里的本意是天空和日光。叶子似兰，宽、硬，像一把利剑，展现出威严不可侵犯的气势。花语“恶毒的温柔”源于全草有毒，茎汁和果实尤甚。株型优美，花色优雅，浆果宝蓝色，具有较高的观赏价值。

一、形态特征与生物学特性

（一）形态与观赏特征

根状茎通常分支。叶近基生或茎生，二列，狭长，坚挺，中脉在背面隆起。花常排成顶生的圆锥花序，有苞片，花梗上端有关节；花被片离生，有3～7脉；雄蕊6，花丝常部分增厚；花药基着药，顶孔开裂；子房3室，每室有4～8枚胚珠；花柱细长，柱头小（图1）。浆果常蓝色（图2），具几粒黑色种子（中国植物志，1980）。花果期3～8月（中国高等植物图鉴，1976）。

（二）生物学特性

分布于我国云南、四川、贵州、广西、广东、江西、浙江沿海以及福建和台湾等地，亚洲热带及非洲地区也有分布（图3）。喜光、喜温和湿润的环境，有一定的耐寒性和耐旱性，较耐热，不择土壤（卢璐，2014）。

二、种质资源与园艺品种

全球已知约20种，我国产1种。品种类型不多，国内常见以山菅兰（*D. ensifolia*）本种、变型及其品种为主，其他种类较为少见。

1. 山菅兰 *D. ensifolia*

原产我国，南方多见野生，但栽培较少。植株高达1 m，叶较宽和硬，中脉在叶面下陷。花蕾期淡紫色，果实圆形。

1a. 玉果山菅 f. *leucocarpa*

新变型，在浙江宁波松兰山有分布，与模式变型最主要的不同在于果成熟时白色，可供观赏（李军萍，2024）。

1b. 山菅兰‘金纹’‘Golden Streak’

叶带不规则黄色条纹。

2. 长果山菅 *D. tasmanica*

原产澳大利亚东南部和塔斯马尼亚，于1858年被著名英国植物学家和探险家Joseph Dalton Hooker首次记录（Yoan，2012）。广泛栽培于亚

图1　山菅兰花序

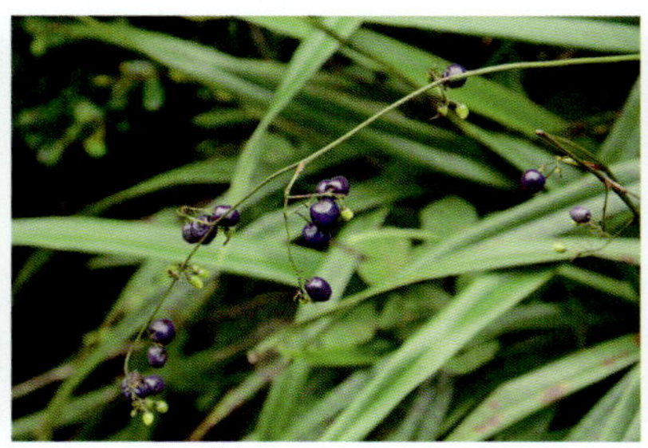

图2　山菅兰果序

图3　山菅兰原生境下植株

洲热带地区（Zhou，2024）。叶长 80 cm，花茎长 1.5 m，春夏开蓝花，浆果蓝紫色。

2a. 长果山菅‘花叶’（‘银边’）‘Variegata’

叶较柔软俯垂，平整，成叶中脉不下陷；花蕾期绿色或暗紫色；果实椭圆形。国外还有 TR20、DT23、NPW2、TAS100 等独特的品种（系），叶色非常丰富。

3. 蓝叶山菅 *D. prunina*

是稀有蓝色系的山菅兰，花、叶果实均为蓝色。

3a. ‘乌托邦’‘Utopia’

网红品种，4 月中旬开花，5 月中旬结束，花期约 30 天。蓝色花穗似蝴蝶飞舞，多年生常绿观赏草，盆栽、花境均有大量应用。DPV308 品种特征是有紧凑直立、株型矮、节间短、有叶斑、无气生根。

4. 天蓝（斑叶）山菅兰 *D. caerulea*

又名蓝莓百合（blueberry lily）。蓝花蓝果，耐干旱瘠薄，分布于新几内亚南部、澳大利亚东部和东南部。

其中，DBB03 和 DCMP01 都是较好的抗倒伏品系，后者节间极短。John 316 株型高，叶被白粉，比本种抗倒伏。DCNCO 花色较浅。DCGL 则有黄色和绿色的叶斑。DP401 是 *D. caerulea* × *prunina* 的杂交种，叶宽，被白粉。Weeping Kate 和 Indigo Bells 都是本种与 *D. brevipedunculata* 的杂交种，全年开花。Breeze 则是澳大利亚本土品种。

5. 卷叶山菅 *D. revoluta*

直立生长，株型紧密，株高约 30 cm，叶上侧黄绿色，下侧颜色灰绿色，被厚白粉，边缘外卷。

DR5000 叶色偏蓝，是加拿大培育的系列品系，从 DR4000 中筛选出的蓝叶品系，原种叶宽，植株较高，与 DR4000 相似。DRG04 叶被白粉，远看呈蓝绿色，近看为黄绿色。DTN03 叶被白粉，叶色蓝绿，春夏开花，浆果绿色。

6. 长叶山菅 *D. longifolia*

直立生长，株型紧密，株高约 30 cm，叶上侧黄绿色，下侧灰绿色，被厚白粉，边缘外卷。

原先归在长叶山菅（*D. longifolia*）下的 *D. lignosa*，现为澳大利亚新种，根状茎浓密粗壮，花、叶区别较大。*D. tenuissima* 是澳大利亚蓝山上发现的新种。*D. callicarpa* 来自维多利亚州。*D. amoena* 来自维多利亚州和塔斯马尼亚州。*D. garda* 来自维多利亚和新南威尔士州。爪哇山菅（*D. javanica*）在印度尼西亚的西爪哇高山上有野生分布，株型矮小（Van Steenis，1986）。

三、繁殖与栽培管理技术

（一）播种繁殖

播种前需催芽处理，用浓度为 10% 的双氧水对种子进行消毒，用 70℃热水浸种 5 分钟后采用 30℃温水浸种 4 小时的处理最能促进山菅兰种子的萌发（卢璐，2014）。在发芽皿中铺设 4 ～ 6 层滤纸，加水 10 ～ 15 mL，再将发芽皿放入气候箱内进行种子萌发，气候箱内的温度为 25℃，光照变幅 8/16 小时，相对湿度为 95%；选择砂质壤土，将萌芽的种子播种，发芽率达 87%。

（二）分株繁殖

一般情况下，种植 3 年以上过密母株应进行分株，从而有利于更好地生长。挖出母株，适当分割成若干单株，修剪枝叶后移栽。

（三）园林栽培

1. 土壤

对土壤的适应性强，在贫瘠、肥沃的土壤中都能生长，极耐粗放养护管理。

2. 水肥

在浙江地区，一般 12 月至翌年 3 月上旬休眠期均可移植幼苗，移植初期需要定期适当浇水。待幼苗定植后，一般叶片不卷曲打蔫，则无须人工浇水。耐干旱与土壤贫瘠，园林绿地应用栽培管理粗放，通常不需水肥管理。

3. 光照

耐阴，在半阴的地方生长良好，但多开花而不结果，为呈现更好的开花结果景观，需要充足的阳光。

4. 修剪

盛花期为 8 月，花期过后及时除去花莛，免去不必要的营养消耗，并及时剪除带病残叶。翌年早春，应当适当疏剪，除去老叶、带病叶，有利于新茎叶的萌发。

（四）病虫害防治

抗病虫能力强，几无病虫害。只在高温多雨且株丛过密的情况下，偶有叶斑病、炭疽病发生，可喷甲基托布津 1000 倍液或百菌清 800 倍液防治。虫害主要有介壳虫，可喷蚧杀死 800 倍液防治（吴棣飞，2009）。

四、价值与应用

山菅兰生长快、四季常绿、观赏性好，且虫害少、抗倒伏，具有管理粗放、适应性强、耐盐碱瘠薄等特性，还能同时富集多种重金属，不仅是对土壤重金属污染具有修复作用的园林植物，还是下沉式绿地和垂直绿墙的优势种，更是海滨地区园林绿化的优良植物（图 4）。既可单株种植，点缀山石驳岸，又可成片种植，勾画草坪林缘树池边界，还可以作为过渡地带，连接精致的花园与自然粗放的草地（吴棣飞，2009）。

图 4　山菅兰‘银边’在园林中的应用

（吴棣飞　金桂宏）

Dianthus caryophyllus 香石竹

香石竹是石竹科石竹属（*Dianthus*）宿根花卉，多年生草本，稀一二年生。属名 *Dianthus* 来自于希腊文，指“天赐的极好的花”“神圣之花”以及“宙斯之花”（flower of Jove）。香石竹又名康乃馨（carnation），在古希腊和莎士比亚的戏剧中戴在头上，称为加冕所戴的花冠“coronation”。香石竹栽培历史已有2000余年，是世界四大切花之一。20世纪末，盆栽香石竹或矮化的迷你型香石竹进入市场，成为流行的母亲节礼物。该属植物大多茎秆似竹，叶丛青翠，花朵繁茂，花色缤纷，变化万端，自然花期从暮春季节可至仲秋，温室盆栽可以花开四季，已逐渐成为世界重要的商品花卉之一。

一、形态特征与生物学特性

（一）形态与观赏特征

多年生草本，稀一年生。茎多丛生，圆柱形或具棱，有关节，节处膨大。叶禾草状，对生，叶片线形或披针形，常苍白色，脉平行，基部微合生。花红色、粉红色、紫色或白色等，花顶生枝端，单生或成对，或呈圆锥状聚伞花序，有时簇生成头状，围以总苞片；花萼圆筒状，5齿裂，有脉7、9或11条，基部贴生苞片1～4对；花瓣5或多瓣，花瓣边缘具齿或縫状细裂，稀全缘；雄蕊10；花柱2，子房1室，具多数胚珠，有长子房柄。蒴果圆筒形或长圆形，稀卵球形，顶端4齿裂或瓣裂；种子多数，圆形或盾状；胚直生，胚乳常偏于一侧（图1、图2）。

图1　石竹花部结构（何兴群　摄）

（二）生物学特性

自然花期5～9月，从暮春季节可开至仲秋，温室栽植可以花开四季。播种一般在9月进行，种子发芽最适温度为21～22℃，播种后保持盆土湿润，播后5天左右出芽，10天左右出苗，苗期生长适温10～20℃；当苗长出4～5片叶时可进行移植，翌春开花。

喜阳光充足、干燥，通风及凉爽湿润气候。耐寒、耐干旱，不耐酷暑，夏季多生长不良或枯萎，栽培时应注意遮阴降温。要求肥沃、疏松、排水良好及含石灰质的壤土或砂质壤土，忌水涝，好肥。近年来对香石竹的生物学特性，包括生长发育和逆境适应性进行到了分子层面的机理研究。

香石竹原产地中海地区，不适的环境条件会影响其生长发育。这些逆境条件包括高温、低温、高盐和干旱等。冬季低温导致花粉母细胞和四分体的异常发育是引起香石竹冬季低温花粉败育的主要原因（周旭红　等，2016）。高温会导致其生长加快，出现植株茎秆细弱、花小等问题，严重影响香石竹的生长发育，造成切花产量和品质下降。热激转录因子 *DcHsfA4* 和 *DcHsfB1* 的表达在高温、干旱、低温、盐处理和ABA处理下发生变化，推测在香石竹逆境胁迫响应中发挥调控功能（冯依　等，2019；万雪丽　等，2019）。

DcHsp17.8 和 *DcHSP90* 在香石竹高温胁迫响应中发挥着重要作用，异源转化拟南芥中的电解质渗透、丙二醛远低于对照植株，耐热性和超氧化物歧化酶活性增强（Sun et al.，2022；Xue et al.，2023）。盐胁迫能够抑制香石竹的生长发育，外源水杨酸（salicylic acid，SA）可能通过增加叶片生物量、叶肉细胞的厚度、可溶性蛋白和糖含量，及 *MYB* 和 *P5CS* 盐胁迫相关基因的表达增强香石竹的耐盐性（Zheng et al.，2018）。

二、种质资源与园艺分类

（一）种质资源

全球约 320 种，广布于北温带，大部分产欧洲和亚洲，少数产美洲和非洲。我国有 16 种 10 变种，多分布于北方草原和山区草地，大多生于干燥向阳处。高石竹（*D. elatus*）、针叶石竹（*D. acidularis*）、大苞石竹（*D. hoeltzeri*）、长萼石竹（*D. kuschakewiczii*）、缝裂石竹（*D. orientalis*）、细茎石竹（*D. turkestanicus*）、准噶尔石竹（*D. soongoricus*）、多分枝石竹（*D. ramosissimus*）主要分布在新疆草坡、石质山坡、荒漠和河滩等地；玉山石竹（*D. pygmaeus*）特产于我国台湾；石竹（*D. chinensis*）、瞿麦（*D. superbus*）、长萼瞿麦（*D. longicalyx*）几乎遍布全国；头石竹（*D. barbatus* var. *asiaticus*）分布于东北东部林缘及阔叶林下；簇茎石竹（*D. repens*）分布于内蒙古呼伦贝尔额尔古纳旗的河岸山坡等。须苞石竹（*D. barbatus*）、香石竹（*D. caryophyllus*）、日本石竹（*D. japonicus*）园艺品种在我国广泛栽培。

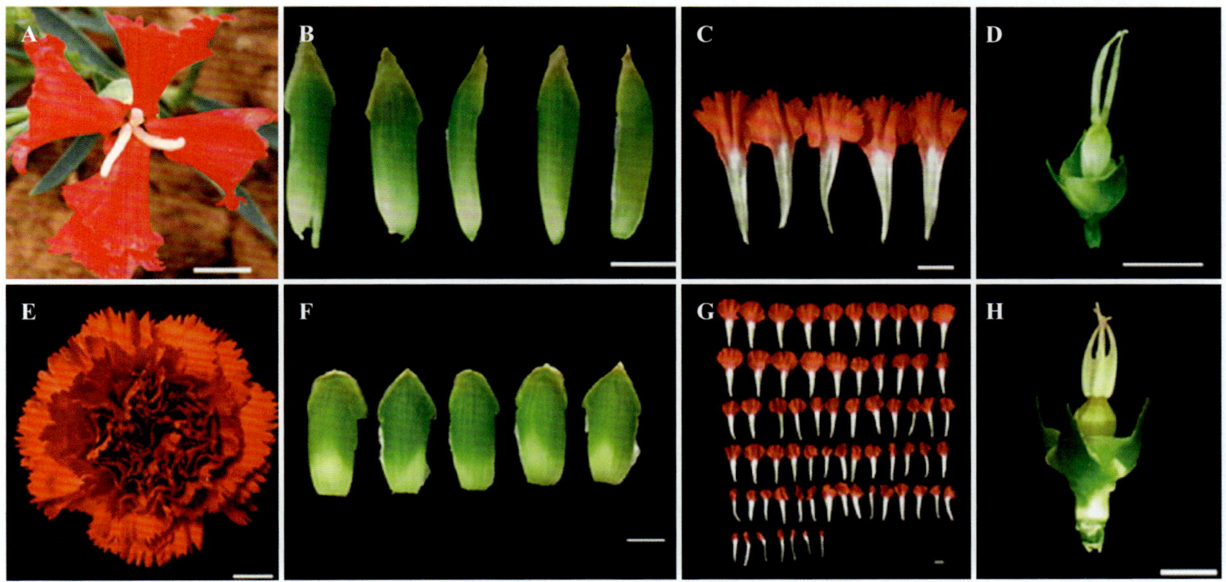

图 2　香石竹单瓣花‘大龙’和重瓣花‘马斯特’的花器官解剖图（Wang et al.，2020b）
注：A-D. 单瓣花‘大龙’的花，萼片、花瓣和心皮；E-H. 重瓣花‘马斯特’的花，萼片、花瓣和心皮。

图 3　不同瓣型的石竹（林胜男、刘杰玮 摄）
注：A. 齿瓣组；B. 聚花组；C. 石竹组；D. 缝瓣组。

根据花瓣形状，石竹属植物可以分为以下4组。

（1）齿瓣组（Sect. *Barbulatum*）

花单生或在小枝上呈疏松聚伞状，花瓣顶缘齿裂，有小髯毛，蔷薇色或紫色，稀白色。蒴果圆筒形。包括簇茎石竹、石竹、狭叶石竹（*D. semenovii*）、细茎石竹、高石竹和多分枝石竹等都属于这一组。

（2）簇花组（Sect. *Carthusianum*）

花几无梗，密集成头状，围以干膜质或革质总苞片；花萼具纵条纹；花瓣蔷薇色或紫色，稀白色，喉部有小髯毛，稀无毛，顶缘齿裂。须苞石竹和日本石竹等均属于此组，园艺品种在我国广泛栽培。

（3）石竹组（Sect. *Dianthus*）

茎无毛。苞片紧贴；萼齿披针形；花瓣无髯毛，顶缘齿裂。蒴果卵球形或长椭圆形，稀圆筒形。香石竹便属于此组。

（4）缕瓣组（Sect. *Fimbriatum*）

苞片4～16枚；花瓣基部无毛或有髯毛，瓣片缝状细裂。针叶石竹、大苞石竹和瞿麦等属于此组，其中瞿麦和长萼瞿麦几乎遍布全国（图3）。

石竹属植物种类众多，有不少种类是很好的观赏花卉。作为世界四大切花之一，香石竹在欧洲已有2000多年的栽培历史，香石竹原种只在春季开花，1840年法国人达尔梅将香石竹改良为连续开花类型。尤其是1850年传到美国后培育了百余个品种，并应用于商业生产。1938年育成了“William Sim”系列品种及其衍生品系，其中有些优良品种直到现在还占有重要地位。此外，像针叶石竹、须苞石竹、多分枝石竹、日本石竹、石竹梅（*D. latifolius*）、瞿麦、少女石竹（*D. deltoides*）和常夏石竹（*D. plumarius*）等都有广泛的应用。

（二）园艺分类

香石竹园艺品种多数是通过杂交育种或是芽变育种选育而来，但现在市场上也有通过转基因获得的商业品种，如意大利和日本研发的花色呈蓝紫色的转基因香石竹‘月之霓裳’（‘Moonshadc’）和‘月之伊人’（‘Moonlite’）。这是得益于香石竹花色的分子调控研究。香石竹色素合成途径中缺乏类黄酮F3'5'H羟化酶，将矮牵牛上的二氢黄酮醇-4-还原酶（dihydroflavono 1-4-Reductase，DFR）基因和F3'5'H基因导入白色香石竹FE123中，得到了蓝紫色的转基因香石竹，现已经推向市场。香石竹花色的主要成分为花青素和查尔酮衍生物，大部分合成基因及其调控因子已被鉴定研究。通过转基因的手段调控花色合成相关的基因就可以得到奇特花色的新品种。随着香石竹基因组测序的完成，与香石竹花色、花香、花型、瓶插寿命等相关的基因相继被挖掘，并得到分子层面的调控机制研究，为基因编辑技术改良香石竹提供了众多候选基因，也为分子辅助育种提供更多的标记，加速香石竹的育种进程。

香石竹（康乃馨）主要分布于欧洲温带以及我国福建、湖北等地，原产于地中海地区。优异的切花，矮生品种可用于盆栽观赏，花朵还可提取香精。因花体态玲珑、斑斓雅洁、端庄大方、芳香清幽，耐瓶插，常用作切花，温室培养可四季开花。随着母亲节的兴起，其成为全球销量最大的花卉。现市场上流通着很多香石竹品种，常见的有‘马斯特’（‘Master’）、‘红云1号’、‘斯塔托纳’（‘Stanoker’）以及‘斯塔纳沙’（‘Stanarthnr’）等现代香石竹的栽培品种，花朵大，每茎上1朵花。也有一主花枝上有小花数朵的品种群，例如‘戴安娜’（‘Pink Diana’）、‘粉利安娜’（‘Liannei’）、‘桑塔纳’（‘Santana’）、‘李奇’（‘Riqi’）、‘红艾西’（‘Eisy’）、‘红卡普利’（‘Capni’）、‘阳光’（‘Sunray’）、‘花玛丽塔’（‘Mania’）、‘黄里奥’（‘Rio’）等。

1. 按花色分类

（1）纯色石竹（Self）

花瓣无杂色，主要有白色、桃色、玫瑰红、大红、深红至紫色、乳黄至黄色以及橙色等。

（2）复色石竹（Fancy/Bizarre）

在一种底色上有2种以上不同的色彩，自花

瓣基直接向边缘散布各异的条纹、线条或者斑点。

（3）双色石竹（Bicolor）

在一种底色上，只有一种异色自瓣基向边缘散布，即花眼位置具有明显的有别于其他花瓣部位的颜色。

（4）斑纹石竹（Picotee）

花瓣边缘有一圈很狭窄的异色，其余为纯色。

（5）蕾丝石竹（Laced）

每个花瓣花眼位置的颜色围绕花瓣边缘延伸，通常在边缘处形成一圈具有与花眼颜色一致的细长区域（图 4）。

2. 按照用途分类

（1）花境康乃馨

一年生或多年生常绿草本。耐寒性较强，植株较矮，花梗短，春夏开花。仲夏一次可开大量的花，适于花境装饰和切花，每个茎秆有 5 朵以上芳香、半重瓣或重瓣的花，花径 8 cm。花边类型（花瓣的轮廓颜色较暗）最为常见。高 75 ～ 110 cm，冠径 30 cm。有‘奥尔德里奇黄’石竹（*D.*‘Aldridge Yellow’）、‘迷彩’石竹（*D.*‘Bookham Fancy’）和‘紫丁香’石竹（*D.*‘Lavender Clove’）等。

（2）四季康乃馨

多年生常绿草本，株型同花境康乃馨。通常栽培为切花植物，在温室中可四季开花，可摘去花茎上的侧芽，每茎留一个顶端的花芽。花完全重瓣，花径 10 cm，通常无香味，常有斑点或条纹。高 1 ～ 1.5 m，冠径 30 cm 以上。半耐寒。每茎有 5 朵以上的花，花径 5 ～ 6 cm。高 60 ～ 100 cm，冠径 30 cm。有‘白日’石竹（*D.*‘Albisola’）、‘阿斯托’石竹（*D.*‘Astor’）和‘白雪’石竹（*D.*‘Nives’）等。

（3）法国康乃馨

常绿多年生草本。是从‘马尔迈松’石竹（*D.*‘Souvenir de la Malmaison’）选育而来，生长在温室中。花大，重瓣，芳香，周年零星开花，花径 13 cm，多数为单色，花分裂。高 50 ～ 70 cm，冠径 40 cm。半耐寒。‘威斯敏斯特公爵’石竹（*D.*‘Duchess of Westminster’），生长强壮。花橙红色，花萼大于大多数法国康乃馨。

3. 根据花斑、花色和习性综合分类

（1）镶边康乃馨

耐寒，一年生或常绿多年生的宿根花卉，也适合切花。仲夏时节，每个茎上有 5 朵或更多，花径 8 cm，花瓣不少于 25 个。多自花授粉，杂色或花边香石竹类型，而且可能具丁香香味。高度 45 ～ 60 cm，冠径 40 cm。

（2）四季康乃馨

半耐寒的常绿多年生植物；常栽植于温室中，多用于盆栽、切花。多为重瓣花，花径 10 cm，自花授粉，杂色或有花边。现代品种常具香味，一些古老品种也有香味。株高 90 ～ 150 cm，冠径 30 cm。

图 4 不同花色的香石竹（林胜男、何兴群 摄）
注：A. 纯色；B. 蕾丝；C. 斑纹。

（3）'马尔迈松'康乃馨

半耐寒，常绿的多年生植物，源于 *D.* 'Souvenir de la Malmaison'，花朵具有强烈的芬芳。在温室条件下，一年四季开花，花大且重瓣度高，花径约 13 cm。多自花授粉，茎粗而宽，叶片卷曲。花朵多，以至于花萼分裂，并且通常剥落。株高 50 ～ 70 cm，冠径约 40 cm。

（4）古典香石竹

耐寒，常绿的多年生植物，用于花境和切花。初夏开花，丁香香味，花为单瓣、半重瓣或重瓣，每朵花径 3.5 ～ 6 cm；自花授粉，双色花或带花边。

（5）现代香石竹

耐寒，常绿多年生植物，用于花坛、花境装饰和切花。花径 3.5 ～ 6 cm，花为单瓣、半重瓣或重瓣，通常每茎有 4 ～ 6 朵，但偶尔有 1 ～ 3 朵花。双色花、杂色或有花边，有些具丁香香味。株高 25 ～ 45 cm，冠径 40 cm。

（6）高山石竹

耐寒，常绿，高山品种，有许多衍生种，植株低矮。宜栽植于花境或岩石花园、高山或低谷中。花为单瓣、半重瓣或重瓣，花径 1 ～ 4 cm，单生或很少花簇生，有丁香香味。叶子灰色。株高 8 ～ 10 cm，冠径 20 cm。

（三）常见品种

1.'星太子''Star Cherry'

花常单生枝端，有时 2 或 3 朵，有香气，粉红、紫红或白色；花梗短于花萼；苞片 4 ～ 6，宽卵形，顶端短凸尖，长达花萼 1/4；花萼圆筒形，长 2.5 ～ 3 cm，萼齿披针形，边缘膜质；瓣片倒卵形，顶缘具不整齐齿；雄蕊长达喉部；花柱伸出花外。蒴果卵球形，稍短于宿存萼（图 5）。花期 5 ～ 8 月，果期 8 ～ 9 月。喜凉爽，不耐炎热，可忍受一定程度的低温。喜保肥、通气和排水性良好的土壤，其中以重壤土为好。适宜其生长的土壤 pH 为 5.6 ～ 6.4。花语是尘世中绽放不一样的光芒。常见搭配：玫瑰、桔梗、雏菊。

2.'黑白诗人''Black and White Minstrels'

重瓣花，花瓣正面深玫红色带有白边（图 6），花瓣背面白色。

3.'嫁衣''Cherrio'

花朵通常是欢快的粉红色，带有流苏花瓣，

图 5　香石竹'星太子'（黄秋月、柳建宜 摄）

图 6　石竹'黑白诗人'（柳建宜 摄）

图 7　香石竹'嫁衣'（王泽浩 摄）

图 8　香石竹'蝴蝶百合'（何兴群 摄）

图 9 香石竹‘朱比特’（严宇航 摄）

图 10 香石竹‘利兹’（潘辉 摄）

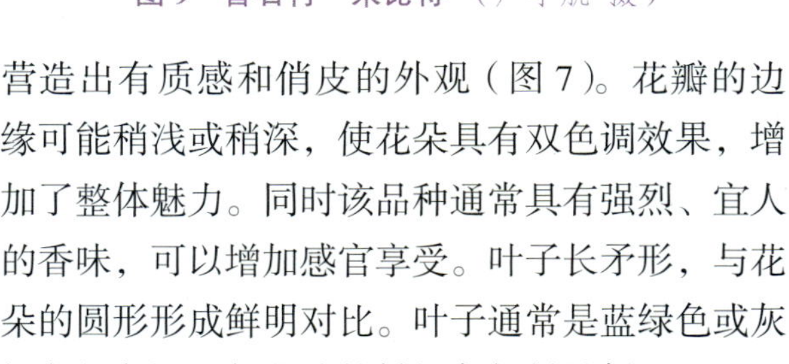

营造出有质感和俏皮的外观（图 7）。花瓣的边缘可能稍浅或稍深，使花朵具有双色调效果，增加了整体魅力。同时该品种通常具有强烈、宜人的香味，可以增加感官享受。叶子长矛形，与花朵的圆形形成鲜明对比。叶子通常是蓝绿色或灰绿色的色调，与花朵的粉红色相得益彰。

4.‘蝴蝶百合’‘Mariposa’

单花，花重瓣。花瓣边缘有紫色，开花时犹如蝴蝶翩翩起舞（图 8）。花语是优美、高雅；花径约 7 cm，花期可长达 26 天。

5.‘朱比特’‘Jupiter’

单头，复色，粉色为底，锯齿边，紫红色条纹，花从外向里，紫红色条纹越来越密集（图 9）。

6.‘利兹’‘Lizzy’

一种迷人的多年生常绿植物，重瓣，香气浓郁，边缘锯齿状（图 10）。在早春至仲春至夏末开花（有规律的枯枝），褶边的花朵在短而粗壮的茎上生长。易于种植，适合配置岩石花园。

三、繁殖技术

（一）播种繁殖

一般在春天或秋天进行。种子发芽最适温度 21 ～ 22℃。播种于露地苗床，播后保持盆土湿润，播后 5 天即可出芽，10 天左右即出苗，苗期生长适温 10 ～ 20℃。当苗长出 4 ～ 5 片叶时可移植，翌春开花。也可于 9 月露地直播或 11 ～ 12 月冷室盆播，翌年 4 月定植于露地。

（二）扦插繁殖

香石竹切花生产中常用扦插繁殖，使用带芽的茎作为插穗，具有操作简单、生长快，适应性强和成活率高等特点，同时能快速获得保持母本优良性状的大量新植株。在 10 月至翌年 2 月下旬到 3 月进行，枝叶茂盛期剪取嫩枝 5 ～ 6 cm 长作插条。插后 15 ～ 20 天生主根。香石竹扦插繁殖的限制因素是其插条不定根的形成，跟插条茎切基部开始的不定根启动和根原基数量和其生长相关，可以鉴定相关的分子标记，在香石竹育种计划中选择不定根性能高的品种（Birlanga et al.，2015）。最近研究表明，补光尤其是金属卤化物灯会促进香石竹插条根部的形成和扦插苗的生长（Wang et al.，2020a）（图 11）。根据生产需要建立原原种圃、原种圃和插穗圃来保证扦插苗的品质。

1. 插穗

主要来源于摘心打顶的营养性侧枝或是专门培养的原种圃中的采穗母株。当母株的主、侧茎长至 5 ～ 6 节时采穗。采穗前 1 ～ 2 天进行百菌清消毒，防止从母株带入病原体。选取主茎中部 2 ～ 3 节侧枝，采取顶端带有 3 ～ 5 对展开叶片的茎尖，长 10 ～ 15 cm 作为插穗，将选取的侧枝从侧方向下掰断取下即可。采后的插穗可以马上扦插，也可以放在塑料袋中，置于 0℃冷库中低温贮藏，长达 3 ～ 5 个月，便于根据花期按需定植。采穗应在晴天傍晚进行。

2. 扦插

根据市场需要进行扦插，扦插的最适时间为 3 月上旬至 7 月上旬，9 月下旬至 11 月；温室条件下可以全年扦插。插床可用苗床、塑料箱或穴盘，扦插基质可用草炭土和珍珠岩混合最好，扦插前先将插穗基部 2 片叶子去掉，留上部 2 ～ 4

图 11　香石竹插条和不定根的形态变化（Birlanga et al.，2015）

注：A. 香石竹插条在体外生长 17 天的图片；B. 用于采集图像的便携式摄影台；C. 生长在土壤中 27 天的香石竹插条；D. 使用软件获得的图像分割文件，苗和不定根。

片叶子，用生根粉速蘸基部两秒，插入混匀好的基质中，深度以插穗不倒的前提下越浅越好，生根适温为 15 ～ 20℃。扦插后浇透一次水，春末秋初需用 70% 的遮光网覆盖。扦插后 15 ～ 20 天生根。

扦插繁殖容易携带母株上的病原体，多代繁殖后容易使植株携带的病原体增加，导致新植株长势不好，容易发生病害。需要组织培养脱毒以提供优异的母株苗。

（三）组培快繁

组织培养繁殖主要用于石竹的脱毒培养，保证扦插母株的品质，外植体采用优质无毒的茎尖，用升汞消毒 4 ～ 8 分钟后，使用无菌水冲洗 4 ～ 5 次，切成 0.2 ～ 0.5 cm 的茎端，接种到含有 NAA 0.2 mg/L 和细胞分裂素 0.3 mg/L 的 MS 培养基上进行培养，培养温度为 18 ～ 22℃，2 个月左右即可形成丛生苗。将丛生苗分割转移到新的培养基上继续培养。等苗长至 2 ～ 3 cm 时转移到生根培养基上进行发根培养，成为无菌脱毒苗进行后续组培操作。将待繁香石竹脱毒苗在无菌条件下每叶节切一段，接种在装有快繁培养基（MS 或 B5+KT 0.1 ～ 0.5 mg/L+NAA 0.05 ～ 1 mg/L）的培养瓶中，置培养室内培养。培养环境条件为光照 1000 ～ 3000 lx，光周期 13 ～ 16 小时 / 天，温度 23 ℃ ±2 ℃，空气相对湿度 50% ～ 60%，自然通风。叶节段接种 30 ～ 50 天后长成 3 ～ 5 片叶的幼苗。按照上述方法重复进行扩繁，直到达到要求繁殖数量为止。香石竹经多次继代培养易产生“玻璃化”，即苗程度不同的呈“水浸状”，重则导致死亡。要减轻其发生，可适当加大培养基中的琼脂用量，加强培养室内的光照，降低室内湿度。

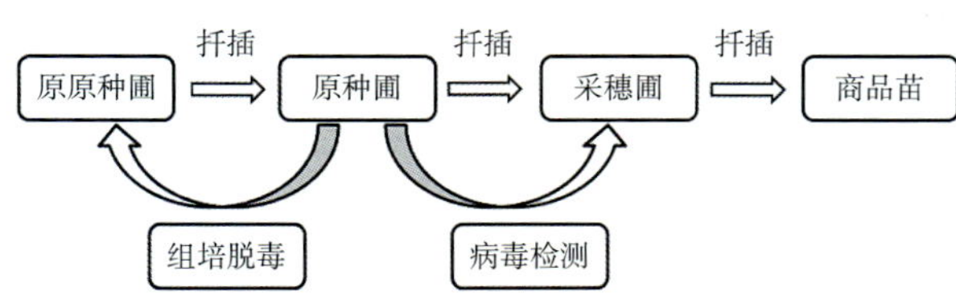

图 12　香石竹种苗繁育体系流程

（四）分株繁殖

多在花后利用老株分株，可在秋季或早春进行。例如可于 4 月分株，夏季注意排水，9 月以后加强肥水管理，于 10 月初再次开花。

四、栽培管理技术

（一）切花生产

1. 栽植前处理

石竹要求排水良好、富含营养物质的土壤。定植前，将温室土壤翻深 30 cm，施加有机肥使土壤疏松肥沃，土壤消毒后筑成高 20 ～ 30 cm、宽 120 cm 的高畦。定植深度 2 ～ 5 cm，不超过扦插苗的原根颈处。

2. 种植时间

石竹在温室条件下可周年生产。种植时间根据切花需求、开花时间和栽培管理措施如摘心等进行安排。定植时间根据预定采花期计算，通常从定植到采收需要 100 ～ 150 天，取决于栽植的品种、环境条件和栽培管理等。切花生产的栽培日程大致安排见表 1。

3. 种植密度

定植密度根据品种和摘心方式而异，一般密度为 33 ～ 50 株 / m^2。小花、多花型可适当稀植；大花、单花型适当密植。不摘心的密植，摘心的稀植。

4. 水分管理

定植后要遮阴并及时在行间适量浇水，避免从茎叶上淋水，避免浇水过多，要适度控水“蹲苗”，促使幼苗形成健壮的根系。之后浇水使基质干湿交替，避免湿度过大引发茎腐病。温室栽培最好采取滴灌设施，保持栽培土壤湿润而地表干燥。

5. 肥料营养供应

香石竹生长发育需要营养量较大，因其大部分时间是营养生长和生殖生长同时进行的。香石竹的肥水管理的原则是基肥充足长效，追肥薄肥勤施。冬季每隔 10 ～ 15 天，春、夏、秋季每隔 5 ～ 14 天追 1 次无机液肥液。配比是每 100 L 水中加硝酸钾 411 g+ 硝酸钙 245 g+ 硝酸铵 82 g+ 硫酸镁 164 g+ 磷酸 82 g+ 硼砂 41 g。应定期对香石竹叶片做营养元素诊断分析，调整追肥比例，

表 1　香石竹切花生产栽培日程

定植时间	采收时间			栽培管理
	第一批	第二批	第三批	
2 月	7 月	元旦、春节	翌年 5 ～ 6 月	需要摘心
3 月	6 月中旬	国庆	翌年 3 ～ 4 月	不摘心
4 ～ 5 月	7 月	8 ～ 9 月		一次半摘心
6 月上旬	翌年元旦、春节	翌年 5 月母亲节		两次摘心
9 月上旬	翌年 4 ～ 5 月	翌年 7 ～ 8 月		一次摘心

要保证氮、磷、钾和硼肥的全面营养，尤其要保证硼素的充足。缺硼缺乏会导致植株矮小、节间缩短、出现畸形花或花瓣褐变等。

6. 光温调控

香石竹生长适合冷凉环境，夏季需采用遮光或喷雾措施，兼有降温作用。冬季注意保温和升温，尤其是夜间要加强保温，夜温不能低于5℃，最好维持在10～12℃范围内保证切花生产。香石竹栽培品种多为日中性，冬季夜晚需要补充光照，可有效防止因低温引起的裂萼发生，保证切花品质。

7. 拉网和摘心

香石竹定植浅，花朵大，易倒伏，需要设立支撑网，第一层网距地面在株高15 cm左右时拉网防护。以上各层间距20 cm，随着植株的生长，生长网可适当提高并增加网层数共设3～4层。

摘心是香石竹切花生产中的基本措施，分为单次摘心法、双次摘心法和半单摘心法3种。

①单次摘心法。在定植1个月左右，植株有5～6个节间时，去除主茎顶尖，促生使单株萌发3～4个侧枝。摘心后大约3个月开花，单次摘心开花时间早，但产量较低。

②双次摘心法。在单次摘心后，侧枝生长有2～3节时，对全部侧枝再次摘心。该法可使初次采花量高且集中，但下茬花的花茎变弱，生产中很少应用。

③半单摘心法。在单次摘心后，侧枝生长有3～4节时，对其中一半侧枝再次摘心，每个侧枝上保留2～3个侧枝。可使第一次采花量减少，但以后陆续有花，保证采花量的连续稳定性，可解决提早开花和均衡供应的矛盾（图13）。

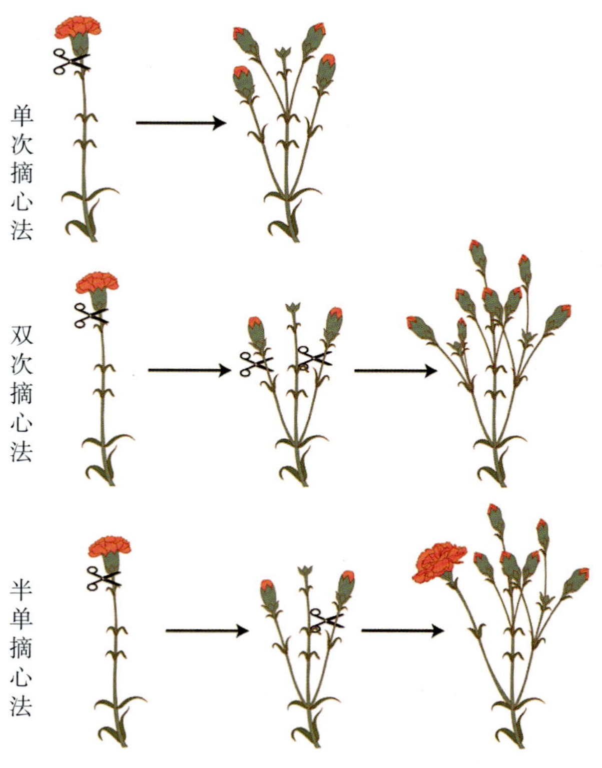

图13　香石竹摘心示意

8. 采收与分级包装

标准大花型香石竹应在花朵外瓣开放到水平状态时采收；多头型香石竹通常在花枝上已有2朵开放，其余花蕾现色时采收。需长距离运输和长期贮藏的切花可蕾期采收，即可以在花瓣显色、伸出萼片1～2 cm时采收，在贮运前用保鲜液处理，贮运后做催花处理。

表2　香石竹切花质量等级划分标准

指标	类型	采收标准		
		一级	二级	三级
花蕾数目	单花		1朵	
	多花	≥7	4～6	3
茎长（cm）	单花	≥80	65～79	55～64
	多花	≥60	50～59	40～49
采收时期			花朵中间露出花瓣	

采收的花枝根据花形、花色、叶片等标准分级（表2）。分级后每20枝或30枝一束捆扎，花头平齐，捆扎后将花茎末端剪齐（图14）。将茎基10 cm放入37℃保鲜液中2～4小时；接着转移至温度0～2℃、相对湿度90%～95%的冷库中贮藏，随后装箱上市。蕾期采收的切花上市前或到零售商手中后要进行催花处理，使花朵微开再转到消费者手中。

图 14 香石竹切花采收捆扎标准

（二）盆花生产

1. 生产计划的制定

香石竹盆栽常作 2 年生花卉栽培。香石竹盆花在母亲节前需求最大，播种至上市时间可根据生育期计算。香石竹盆栽的生育期为 150 天左右，如果要求 3 ～ 5 月出售，就需要从前一年的 9 ～ 11 月初播种或引入种苗种植；如果要在年底上市，则在 5 ～ 6 月播种或引入种苗种植（表 3）。生产中要注意夏季高温和冬季低温的影响。

表 3 香石竹盆栽生产计划

定植时间	上市时间
5 月	11 月
6 月	12 月至翌年 1 月
9 月	翌年 3 月
10 月	翌年 4 月
11 月	翌年 5 月

2. 初次移栽

11 月种植时的种苗一般都是公司培育好的穴盘苗。穴盘苗太小，不能直接上盆种植，需要先移栽在 9 cm 的营养钵中。种苗自带基质浅栽在营养钵中，浇透水，适当遮阴降温。钵土宜见干见湿，每周喷杀杀菌剂（如多菌灵和百菌清等）防病。

3. 摘心打顶

经过 20 多天的生长，进行第一次摘心打顶，从最下面叶片数上来，在第 3 ～ 4 节间摘除顶芽，可抑制顶端优势促进侧枝生长。当侧枝生长高度超过中心枝，且枝条变硬时进行第二次打顶，从分枝处开始向上数在第 3 ～ 4 节间摘除，促进侧枝再分枝。期间还可以适当打顶，保证株型对称丰满。

4. 上盆

第二次摘顶后，枝叶生长、根系逐渐长满营养钵后就可进行上盆定植。母亲节前出售的盆花必须在 1 月中旬前上盆定植。移栽到直径 16 cm 或更大的花盆中；上盆后调整株型，保证株型对称。2 月后不能进行大的摘顶，以免影响开花。在后期的管理中，每个月旋转花盆 1 次，保证植株生长均匀、平衡，也可防止盆底生长出来的根扎在苗床上。

5. 光照管理

香石竹是喜光植物，除幼苗期外，要尽量保充足的光照。充足的光照能够促进花芽分化，提早开花和增加光照。冬春季节低温弱光或雨雪天气时需要补光。

6. 温度

香石竹生长发育的最适温度为 18 ～ 20℃，夜温以 10℃为宜。夏季高于 35℃，冬季低于 9℃时生长缓慢，甚至停止生长或畸形。

7. 水分管理

盆栽香石竹在栽培过程中可遵循干湿循环的浇水原则，盆土持水量保持在 75% 左右。需要干燥、阳光充足和通风透气的栽培环境。高湿的栽培基质或土壤抑制盆栽石竹的根系发育，过湿的盆土或过高的设施湿度均不利于盆花的生长。冬季少浇水，夏季多浇水，以盆花对水分的需求为准。浇水量以盆底有水流出刚好。避免水分沾湿叶面，以预防病害。

8. 肥料管理

香石竹盆花苗期施以氮为主的复合肥，可以利用自动肥水吸入机随水施入氮、磷、钾比例为 20 ：10 ：20 的标准复合肥，浓度折合氮元素 50 mg/L，每 10 天施 1 次。随着小苗的长大，可以适当提高浓度，但不能超过 100 mg/L，EC 值控制在 0.8 mS/cm 左右。根系对高盐含量的栽培基质同样敏感，避免集中喷施高浓度的肥料，应该薄肥勤施。

进入花芽分化期的盆花植株开始现蕾。使用复合肥的氮、磷、钾比例调整为 15 ：15 ：30，浓度在 100 ～ 150 mg/L，提高磷、钾的比例。目的是使植株叶片增厚，促进生殖生长的转换。

9. 植物生长调节剂处理

香石竹过迟播种后，其旺盛生长正处早春气温较高时。可施用矮化剂，15% 多效唑 150 ～ 180 mg/kg（10 ～ 12 g 多效唑兑 10 kg 水），控制株型。用 B_9 处理叶片有抑制生长促进花芽分化作用。用赤霉素处理花蕾，可以提早开花。

10. 盆花销售

香石竹的花期受生长过程中的环境因素，如温度和光照等的影响，也受到栽培管理，如水肥和摘心的影响。设施生产的盆花出售前需要进行适应性锻炼，使之逐步适应外界环境。需要加大设施内的通风环境，降低温度，适当控水以及拉大盆与盆之间的距离。还要做好盆花的清洁整理工作，摘除病叶、黄叶、老叶并进行分级等。装车时排盆紧凑，不得叠放压损枝条，避免损伤叶片。运输过程中主要防颠防风防晒等。

（三）病虫害防治

常有锈病和红蜘蛛危害。

在清扫园林病枝后及时喷药预防，可喷 2 ～ 5 波美度石硫合剂或五氯酚钠 200 ～ 300 倍液。应在 3 月上中旬喷药 1 ～ 2 次，以杀死越冬菌源孢子。在生长季节，当新叶展开后，可选用 25% 粉锈宁 1500 ～ 2000 倍液，50% 代森锰锌 500 倍液，或 25% 甲霜铜可湿性粉剂 800 倍液喷雾，每隔 7 ～ 10 天 1 次，连续防治 2 ～ 3 次。

早春进行翻地，清除地面杂草，保持越冬卵孵化期间田间没有杂草，使红蜘蛛因找不到食物而死亡。化学防治应用螨危 4000 ～ 5000 倍液均匀喷雾，40% 三氯杀螨醇乳油 1000 ～ 1500 倍液，20% 螨死净可湿性粉剂 2000 倍液，15% 哒螨灵乳油 2000 倍液，1.8% 齐螨素乳油 6000 ～ 8000 倍液等均可达到理想的防治效果。

五、价值与应用

（一）文化与药用价值

香石竹英文名康乃馨（carnation）最早来自于莎士比亚的作品中，意为加冕所戴的花冠。香石竹种名“*caryophyllus*”是香石竹的基本香味，常用来添加酒中的丁香香味（诗人 Chaucer 称之为“酒中食物”），在 17 世纪的药典中曾提及康乃馨是缓解晕船的解晕剂。现代研究表明，香石竹、须苞石竹、瞿麦等常见石竹属栽培种均具有不同的芳香特征，是极佳的天然精油原料，所挥发的香气物质包括酮类物质、醛类物质、萜烯类物质、酚类物质及酯类物质。其中，萜烯类物质能够抑制癌细胞生长，同时具有抗菌、抗炎活性。双环倍半萜类化合物 β－石竹烯（β－Carophyllene）已被报道

图 15　母亲花——香石竹

图 16 盆栽香石竹的应用

证明具有多种药理作用，如局部麻醉、消除炎症，治疗广泛性焦虑症、抑郁症等，具有极高的医疗相关产业价值，并能够产生巨大的经济效益。

（二）切花与花艺

大多数香石竹是作为切花利用，广泛应用于花束、胸花、头饰花，婚车、花篮、花环等。香石竹在西方的形象是母亲花，是送给女性长辈最好的花束（图 15）。欣赏西方香石竹的时候，不能忘记了中国的母亲花萱草，所谓“椿萱并茂，棠棣同馨”！

（三）盆花

矮化的康乃馨作为盆栽栽培（图 16），受到了市场上的追捧。盆栽香石竹喜欢光照充足的环境，可以装饰阳台、屋顶、窗台和案头等，十分雅致。

（傅小鹏　何俊娜　包满珠）

Dichondra 马蹄金

旋花科马蹄金属（*Dichondra*）多年生匍匐小草本。全属约15种，多分布于美洲，1种产新西兰，1种广布于两半球热带亚热带地区；我国1种。该属植物既喜光照、又耐荫蔽，是亚热带地区建植休闲和观赏草坪的优良暖季型阔叶类草坪草，在美国南部、欧洲、新西兰广泛用于观赏草坪和交通安全草坪。1980年，我国广州开始从美国引进马蹄金栽培品种，现已经成为长江流域及南方地区较为流行的草坪及地被植物，亦可盆栽观赏。

一、形态特征与生物学特性

（一）形态与观赏特征

无毛或被丝毛至柔毛。叶小，具叶柄，肾形或心形至圆形，全缘，形似马蹄，叶色翠绿，植株低矮，叶片密集、美观。花小，单生叶腋；苞片小；萼片5，分离，近等长；通常匙形，草质；花冠宽钟形，深5裂，裂片内向镊合状，或近覆瓦状排列；雄蕊较花冠短，花丝丝状，花药小，花粉粒平滑；花盘小，杯状。子房深2裂，2室，每室2胚珠，花柱2枚，基生，丝状，柱头头状。蒴果，分离成两个直立果瓣，不裂或不整齐2裂，各具1或稀2粒种子。种子近球形，光滑，种皮薄，硬壳质，子叶长圆形至线形，折叠。

（二）生物学特性

性喜温暖、湿润气候，能耐一定低温，在-8℃的低温条件下，虽有部分叶片表面变褐色，但仍能安全越冬。生长适温15～28℃。其对土壤要求不很严格，只要排水条件适中，在砂壤和黏土上均可生长。喜光，对光照的适应能力较强，有一定的耐阴能力。喜生于疏林下、林缘及山坡、路边、河岸、河滩及阴湿草地，多集群生长，片状分布。绿色期比其他暖季型草坪如马尼拉、矮生百慕大、结缕草均长。

二、种质资源

1. 马蹄金 *D. micrantha*

多年生匍匐小草本，茎细长，被灰色短柔毛，节上生根。叶肾形至圆形，直径4～25 mm，先端宽圆形或微缺，基部阔心形，叶面微被毛，背面被贴生短柔毛，全缘；具长的叶柄，叶柄长（1.5～）3～5（6）cm。我国长江以南各地及台湾均有分布。生于海拔1300～1980 m的山坡草地、路旁或沟边。广布于两半球热带亚热带地区。是本属应用最广泛的地被植物（图1）。

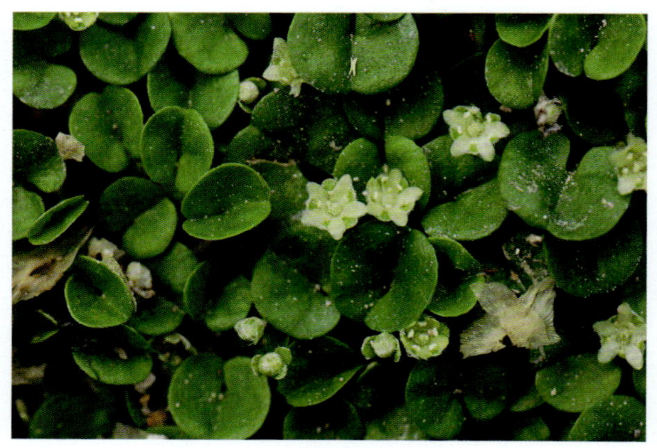

图1　马蹄金（吴棣飞　摄）

2. 马蹄金‘银瀑’*D. argentea* ‘Silver Falls’

一种柔软的多年生草本，通常作为一年生栽培。株高7～10 cm，冠幅可达90～120 cm。

常绿、活力旺盛，有大量的扇形、闪闪发光的银色叶子。作为地被植物，匍匐茎在任何节点接触地面的地方生根，使植物迅速蔓延，形成一个密集的草坪。也被认为是一种独特的拖尾植物，可以挂在篮子、容器或凸起的床上，优雅地从边缘上呈瀑布状下垂。耐热性和耐旱性俱佳（图 2）。

三、建植与栽培管理技术

（一）播种建植

草坪的建植有种子建植和营养建植，最佳时期均为 3 ～ 10 月。

种子不耐贮存，种子采收后应尽早播种。种子在 25℃下，经 GA 50 mg/L 处理后可获得最快的萌发和最大的萌发率。适应湿润的土壤条件，其种子为子叶出土类型，出苗前保持土壤湿润、疏松。种子很小，必须播于十分浅的土层中，一般种植深度为表土下 0.5 ～ 1 cm，才有利于迅速萌发。小苗出土后每周浇灌 1 次，在干旱季节应增加灌溉次数。成坪后在早春和初冬温度为 4 ～ 8℃时各浇 1 次水，在春秋生长旺季应根据土质确定浇水次数。

（二）营养建植

种子细小，成熟时散落在盘结的匍匐茎上，难以采收，实际生产中多采用营养建植方式，包括铺植草毯和分枝繁殖建坪。在水分条件充足的条件下，用根茎分枝繁殖方式，草坪盖度增加速度慢，成坪时间长。在采用草毯铺植中，用小块草毯间铺比用大块草毯间铺效果好，在水源不便情况下可选用大块间铺法。建植养护费用要比四季青混播草坪低 50% 左右。

（三）栽培养护

生长期需施氮肥 3 ～ 6 g/m^2，一般每年春秋施肥 1 ～ 2 次，有利于草坪保持美观。由于匍匐生长于地面上，而且叶子比较宽大，施肥很困难。如果不严格把握施肥技术就会造成严重的烧

图 2　马蹄金‘银瀑’（吴棣飞 摄）

苗情况。一般来说，如果使用溶解性高的肥料，最好先溶解再用喷雾器喷洒；如果使用不能马上溶解的肥料，则施肥后都要浇大量的水，将落在叶子上的肥料用水冲到土壤中，并使之尽快溶解掉，这样可以降低被烧伤的程度。或者先施肥，然后用扫帚将肥料扫到叶子下面，再结合浇水。同时，还要注意避开高温施肥。

（四）病虫草害防治

马蹄金抗病能力强，比其他几种暖季型草坪草（狗牙根、结缕草、假俭草、钝叶草）发病率也低，仅发现有轻微的叶斑病等，白绢病、叶点雪、立枯丝核菌可以喷施多菌灵、百菌清、敌克松预防。

虫害主要有蜗牛、蛴螬等轻度危害。蜗牛一般在 4 ～ 6 月和 9 ～ 10 月危害。在此期间，可适时施用 6% 密达颗粒剂毒杀效果明显。在密达颗粒剂防治蜗牛的过程中采用堆放施药的效果比撒施方法好，接近 100%，而且对环境影响很小。蛴螬一般在 9 ～ 11 月危害，可用 50% 辛硫磷颗粒剂毒土法预防，草坪生长期间可用高斯本毒饵法诱杀蛴螬。当马蹄金与冷季型草邻近栽种时受黏虫危害，可用氧化乐果 1000 倍液防治。

马蹄金草坪中出现的杂草种类比狗牙根、马尼拉、高羊茅草坪中的少。一方面是因为马蹄金草坪有很强的匍匐性，另一方面是因为马蹄金绿色期长、返青早与杂草竞争力强的原因。但在新栽马蹄金草坪中，因需要经过 2 ～ 3 个月的生长期才能全面覆盖地面，所以在未全面覆盖地面前易被杂草侵入。杂草较少时可采用人工拔除，若杂草较多可使用除草剂。一次喷施绿茵 SL-2 号复配剂 525 ～ 675 g/hm^2 可防除大多数杂草的危害，持效期长达 80 ～ 90 天，而且对马蹄金草坪安全。值得注意的是，除草剂最好用在杂草苗期比较理想。

四、价值与应用

马蹄金具有寿命长、绿期久、形态美、易繁殖、易管理、耐荫蔽、耐高温等优点，是一种优良的草坪草及地被绿化材料，堪称“绿色地毯”，适用于公园、机关、庭院绿地等栽培观赏，也可用于沟坡、堤坡、路边等固土材料。马蹄金作为观赏草坪，常常应用于各类城市公园绿地、单位附属绿地和庭院绿化，也适合用于高等级公路两侧绿化，或作为丘陵山地阴坡、半阴坡的地被，具有明显的水土保持作用。

应用于观赏草坪时，还可以营造缀花草坪。马蹄金的叶形不像禾本科植物那样狭长，属于阔叶植物，与叶形类似的小野花组合起来十分协调，是一种优秀的缀花草坪基底草。马蹄金与小野花组合还可以弥补各自的不足，常绿的马蹄金能弥补小野花休眠期间地面的荒芜，小野花则能给马蹄金带来丰富的色彩与季相变化（图 3）。

图 3　马蹄金在园林中的应用（吴棣飞　摄）

家庭养护常用吊盆栽植，常悬于门侧、窗前，茎蔓随风飘摆，十分有趣。盆栽置于室内墙角、高花架上或书柜顶上，其茎蔓下垂，飘洒自如，具有很高的观赏价值。

此外，马蹄金是一味应用较广的中草药。全草供药用，有清热利尿、祛风止痛、止血生肌、消炎解毒、杀虫的功效。

（王秀云　夏宜平）

Dictamnus 白鲜

芸香科白鲜属（*Dictamnus*）多年生草本植物。主要分布在欧洲及亚洲北部；我国有2种，白鲜和新疆白鲜。未见栽培品种。全株有特殊香味，株型美观，其观赏价值逐渐受到关注。

一、形态特性与生物学特性

（一）形态与观赏特征

叶互生，奇数，小叶对生，密生透明油点。总状花序顶生，花梗基部有苞片1枚；萼片5，基部合生；花瓣5片，两侧稍对称，下面一片向下垂，其余4片向上斜展；雄蕊10枚，着生于花盘基部，花丝分离；雌蕊由5个心皮组成，花柱线形，柱头略增粗，每心皮有着生于腹缝线上的胚珠3或4枚。蓇葖果成熟开裂为5个分果瓣，每瓣2瓣裂，顶部有尖长的喙，内有种子2～3粒，内果皮近角质；种子近圆球形，一端略尖，黑色，有光泽，胚乳肉质，子叶增厚，胚根短（图1）。

（二）生物学特性

地下根茎分布较浅，多集中于土层下3～7 cm处，每个根茎具1～2个芽，多者3～4个，适宜发芽温度16～20℃。

喜温暖湿润、阳光充足的环境，较耐寒，耐半阴，忌强光暴晒、积水，宜在深厚、肥沃、疏松和排水良好的砂壤土上生长。适宜生长的温度为12～18℃。

二、种质资源

1. 白鲜 *D. dasycarpus*

根肉质，淡黄白色。株高30～90 cm。羽状复叶互生，小叶9～13片，卵形至椭圆形，

图1　白鲜

注：A. 植株；B. 果实。

长 3 ～ 9 cm，宽 1.5 ～ 4 cm，先端短尖，边缘具细锯齿，基部宽楔形，两面密布腺点；叶轴两侧有狭翼。总状花序顶生，花瓣白带淡紫红色或粉红带深紫红色脉纹，花瓣 5；萼片 5，萼片及花瓣均密生透明油点；雄蕊 10；子房上位。蒴果 5 裂，表面散布棕黑色油腺和白色细柔毛。种子近球形，先端短尖，黑色，有光泽。4 月下旬返青出土，花期 5 ～ 6 月，单花期 7 天，群花期 30 天，果期 6 ～ 7 月；9 月下旬地上部分开始枯萎，生长期 150 天左右，3 年生苗开始开花结实（图 2）。

主要分布在东北、华北和华东地区，生于丘陵土坡、平地灌木丛中草地或疏林下，石灰岩山地亦常见。有浓烈香气。

2. 新疆白鲜 *D. angustifolius*

只在新疆发现，与白鲜区别就是叶轴无狭翅。多年生草本，高 30 ～ 80 cm。茎直立，多从基部分枝，全株有奇异香味。奇数羽状复叶互生；叶轴具毛；小叶 7 ～ 15，长圆形或长椭圆形。花序总状，着生在茎顶端；苞片线状披针形；萼片 5，披针状线形；花冠披针形或长圆形，长 2 ～ 4.5 cm，淡粉红色，有紫褐色脉，先端尖锐或钝，基部渐收缩呈爪状；雄蕊 10，分离；子房上位。蒴果，密被腺毛及细毛，成熟时 5 裂。种子 2 ～ 3 粒，近球形，黑色，有光泽。花期 5 ～ 7 月，果期 8 ～ 9 月。

三、繁殖与栽培管理技术

（一）播种繁殖

目前，白鲜常用的繁殖方式有播种、分株和扦插，组织培养繁殖还未用于大规模育苗。种子有后熟特性和休眠现象。7 月种子变褐即将开口时采集，采收后可立即播种或层积处理后播种，不宜在室温下长期干燥存储。层积能显著提高种子的发芽率。沙藏处理温度以 1 ～ 5℃为宜，种子与湿沙比例为 1∶3，4 月中旬至 5 月上旬播种，出苗率达 95% 以上。用 GA_3 50 mg/L 处理结合低温层积可将层积时间缩短 2 周。秋播一般在 9 ～ 10 月进行，用 40 ～ 50℃的温水浸泡 24 小时后播种。

种子适宜萌发温度为 20 ～ 25 ℃，播后 15 ～ 20 天出土。秋播的植株当年高 10 ～ 15 cm，冬季能自然越冬，2 年生株高 20 cm。

（二）分株繁殖

可在春季、秋季两季进行。春栽在 4 月中下旬至 5 月初幼苗萌芽前进行，秋栽在 10 月初至 10 月中下旬植株休眠后进行。将生活力强的多年生根茎切成 4 cm 长的根段，每段保留 2 ～ 3 个根芽，须根保留 10 cm 左右，移栽时顶芽低于穴面 1 ～ 2 cm，覆土厚度以盖过顶芽 3 ～ 5 cm 为宜。将根茎在 50 mg/kg 的 ABT4 号生根粉溶液中浸泡 3 小时后栽植，可提早 10 天出苗，出苗率可提高 30%。每一标准株可分成 8 ～ 12 小株，但成活后重新发根，需要生长 2 年方能开花。

（三）扦插繁殖

选用砂壤土或者河沙做成 1 m 宽的苗床，床面整平后用敌克松消毒。6 月末选生长健壮的枝条剪下，忌用主茎，带叶扦插，株行距 10 cm × 10 cm，扦插后用 50% 遮阳网遮盖，适时喷水，湿度保持在 95% 左右，30 天后根部愈伤组织形成，40 天左右可生根。生根后及时移栽。

（四）组培快繁

白鲜种子、嫩茎、叶片和地下芽均可作为外植体材料。

种子诱导愈伤组织的培养基为 MS+ NAA 2 mg/L +6–BA 2 mg/L、MS+2, 4–D 2 mg/L + 6–BA 2 mg/L，愈伤组织分化的培养基为 MS+ NAA 1.5 mg/L + KT 1 mg/L，不定芽增殖培养基为 MS+NAA 2 mg/L+6–BA 1 mg/L，不定芽发根培养基为 1/2MS+ NAA 1 mg/L +IAA 1 mg/L，移栽基质为腐殖质土∶草炭∶蛭石 =2∶2∶1。

嫩茎愈伤组织的诱导培养和继代培养的培养基 1/2MS+6–BA 0.5 mg/L+NAA 1 ～ 1.5 mg/L；愈伤组织和不定芽分化培养的培养基 MS+$AgNO_3$ 1.5 mg/L+6–BA 0.8 mg/L+NAA 0.2 mg/L；生根培养和试管苗生根继代培养的培养基为 1/3MS+ IAA 0.4 ～ 0.6 mg/L。

图 2　白鲜
注：A. 叶轴狭翅；B. 植株。

叶片最佳诱导培养基为 MS+6-BA 0.5 mg/L + NAA 1 mg/L，不定芽的最佳增殖培养基为 MS+ 6-BA 0.5 mg/L + NAA 0.5 mg/L，不定芽的最佳生根培养基为 1/2 MS+ NAA 2 mg/L。

地下芽的最佳诱导培养基为 MS + NAA 0.8 mg/L + 6-BA 0. 6 mg/L。

（五）园林栽培

1. 土壤

选择地势高、向阳、排水良好、富含腐殖质的中性、微酸性砂质壤土或壤土为宜。种植前，每亩施入有机肥 2500 ～ 4000 kg。畦宽 1.2 m、高 15 ～ 20 cm，长度依地块而走。

2. 水肥

田间浇水以喷灌为主，忌大水浇灌，有 4 次关键浇水，即花前水、花后水、果实水和封冻水。封冻水可用大水浇灌。幼苗期保持土壤湿润，低洼容易积水的地块应注意排水。

基肥施足，幼叶展开后追施农家肥、硫酸镁或氮磷钾复合肥料，每亩浇施农家肥 800 ～ 1000 kg 或其他复合肥料 8 ～ 10 kg，5 月上旬、6 月下旬各施 1 次。入冬前施腐熟饼肥或腐熟圈肥，促使地下茎生长，节间增多，又可防冻保苗。立秋后可追施叶面肥，用喷雾器叶面喷 0.3% ～ 0.5% 的 KH_2PO_4，可促根壮株，增加白鲜的产量。

（六）病虫害防治

1. 霜霉病

3 月开始发病，多发生在叶部，叶初生褐色斑点，逐渐在叶背产生霜霉状物，使叶片枯死。可用 40% 乙磷铝可湿性粉剂 200 倍液或 50% 瑞毒霉 500 倍液、甲基托布津可湿性粉剂 800 倍液喷雾防治。

2. 菌核病

3 月中旬发病，危害茎基部，初呈黄褐色或深褐色的水渍状梭形病斑，严重时茎基腐烂，地上部分倒伏枯萎，土表可见菌丝及菌核。可用 3% 菌核利或 1 ∶ 3 的生石灰∶草木灰混合后撒入表面。

3. 锈病

3月上中旬发病，在初期叶现黄绿色病斑，后变黄褐色，叶背或茎上病斑隆起，散出锈色粉末。可用代森锌可湿性粉剂500倍液或25%粉锈宁可湿性粉剂1000倍液喷雾防治。

4. 根腐病

雨季容易发生，发病植株萎蔫，根部腐烂。防治方法：雨后及时排水，生长期经常松土，防止土壤板结，发病期用50%甲基托布津800倍液浇灌病株根部或拔除病株，并用5%石灰乳消毒病穴。

5. 虫害

主要是东北大黑鳃金龟及东方蝼蛄，均咬食根部。防治方法：萌芽期用50%辛硫磷乳油1000倍液灌杀。

6～8月偶有少量黄凤蝶幼虫咬食茎叶，幼虫食叶和花蕾成缺刻或孔洞，受害严重时，仅剩下花梗和叶柄。可人工捕捉或在幼虫幼龄期喷90%敌百虫800倍液，5～7天喷1次，连喷1～2次。

四、价值与应用

株型美观，花序奇特，可栽于花坛、花丛、花境中，亦可盆栽观赏。可单独或成片种植，也可与草坪搭配种植。栽植于花盆内，亦可陈列于广场四周、会场大厅、大型庭院等地，都有极佳的观赏效果。

全株具有浓郁香味，是待开发的蜜源植物 。

根皮可入药，俗称白鲜皮，药用价值在《神农本草经》《本草经集注》《本草纲目》等重要中药古籍均有记载，具有抗菌、抗炎、抗过敏、抗癌、杀虫等作用，现被广泛用于中医临床、新药开发、生物农药等方面。

（李彦慧）

Digitalis 毛地黄

玄参科毛地黄属（*Digitalis*）多年生草本。属名源于拉丁文“*digitalis*”，意指手指，因为花朵形似手指。叶片上布满茸毛，且形状类似地黄，因此得名“毛地黄”。还有别名“狐狸手套”，源自传说，坏妖精将毛地黄的花朵送给狐狸，让狐狸把花套在脚上，以降低它在毛地黄间觅食时发出的脚步声。该属约25种，主要原产于欧洲西部，多分布于比利时、法国、德国、意大利、英国等。我国栽培有1种。

一、形态特征与生物学特性

（一）形态与观赏特征

多年生或二年生草本植物，通常高度在60～120 cm之间。茎圆柱形，简单或基部分枝，可能被灰白色的短柔毛和腺毛覆盖，有时茎上几乎无毛。叶互生，基生叶多数呈莲座状，具有长叶柄，叶片卵形或长椭圆形，边缘具有带短尖的圆齿或锯齿。茎生叶向上渐小，叶柄短直至无柄，成为苞片。花排列成顶生、朝向一侧的总状花序（图1）。萼5裂，裂片覆瓦状排列。花冠倾斜，颜色通常为紫色、淡黄色或白色，有时内部带有斑点，喉部被髯毛。花冠筒一面膨大或钟状，常在子房以上处收缩，裂片近二唇形。雄蕊4枚，二强，内藏。

（二）生物学特性

喜光照，耐半阴，长时间处于全阴环境则生长不良，通常在温带和亚热带地区生长良好；喜半湿，耐干旱，对土壤排水性要求较高，喜疏松、肥沃且排水良好的砂质壤土。

耐寒植物，能够在较低的温度下生长，适应性较强，但喜温暖、湿润环境，尤其在15～20℃环境下生长迅速。值得注意的是品种‘卡米洛特’不耐高温，不能越夏；而‘粉豹’耐热性相对较强，能顺利越夏，略耐寒，需保护越冬（杨艳峰，2023）。

二、种质资源

毛地黄 *D. purpurea*

引进的毛地黄只有1种，经过多年人工栽培，发生一些变异，出现了以下4个变种：白花毛地黄（var. *alba*）（花白色）、顶钟毛地黄（var. *campanulata*）（花序顶端数小花连生成一种钟形大花）、大花毛地黄（var. *gloxintilora*）（植株粗壮，花序较长，花较大，斑点密）和重瓣毛地黄（var. *monstrosa*）（花重瓣）。

毛地黄的园艺品种丰富，花色亦丰富（图2）。

图1　毛地黄的总状花序

国外记载的毛地黄属植物有以下几种：可疑毛地黄（*D. budie*）、锈点毛地黄（*D. ferruginea*）、西班牙毛地黄（*D. laciniata*）、平滑毛地黄（*D. laevigato*）、希腊毛地黄（*D. lanata*）、东方毛地黄（*D. lutea*）和西伯利亚毛地黄（*D. sibirica*）（刘方农，2010）

三、繁殖与栽培管理技术

（一）播种繁殖

生产上多采用种子播种对毛地黄进行批量繁殖，也可用扦插或分株繁殖。

毛地黄的种子细小，播种后需少量覆盖细沙或蛭石，或用细沙拌种播种。生长适宜温度20～25℃，播种后7～10天发芽，发芽率80%左右。发芽后生长较为缓慢，30天后可移栽上盆。

（二）扦插繁殖

可在秋季花后进行，剪取健壮茎段，插穗长5～8 cm，保留1～2片叶，速蘸生根粉200倍液10秒后，扦插到穴盘中，扦插基质以蛭石为宜，扦插后10～15天生根，扦插成活率可达90%。分株繁殖在早春植株萌发前或秋季休眠后进行，多用3年生以上植株，挖出根部，顺着植株根茎长势，分成3～4份，移栽即可成活。

（三）园林栽培

1. 苗期管理

分为3个阶段。

（1）播后不覆土，轻压即可，发芽适温为15～18℃。3～4天，胚根开始出现，基质的湿度要达到一定的标准，基质太湿会阻止根的发育，基质EC值保持在0.5～0.75 mS/cm，环境湿度控制在90%～95%即可，发芽过程中要有光照。

（2）从根出现到子叶伸展10天左右，此时主根形成，可以施用含钙的氮肥，浓度为50～75 mg/kg，1周1次即可。

（3）从第一片真叶出现到开始移栽前，1周施

图2　毛地黄品种的花色丰富

图3　毛地黄的花境配置（吴棣飞　摄）

图 4　毛地黄花海（夏雨 摄）

肥 1 次，一般采用氮、磷、钾配比肥料，浓度为 100 ～ 150 mg/kg，环境湿度控制在 40% ～ 50%。

2. 定植

在 5 ～ 6 片真叶出现时，可移栽定植或盆栽，栽植时少伤须根，稍带土壤保护根部。

3. 肥水管理

生长期每半月施肥 1 次，注意肥液不沾污叶片，抽薹时增施 1 次磷、钾肥。毛地黄对肥料的需求量较大，偏好施用 100 ～ 150 mg/kg 的液态氮肥，配方可以选择氮磷钾比例为 15 ∶ 5 ∶ 15 或 15 ∶ 10 ∶ 15。梅雨季节注意排水，防止积水受涝而烂根。对已凋萎的花序及时剪除，安全越夏后如加强肥水管理，可在 9 ～ 10 月再度开花。

（四）病虫害防治

主要病害有花叶病、枯萎病和茎腐病。可以定期喷施 1000 倍的多菌灵进行防治。虫害主要是蚜虫，可以用 40% 氧化乐果 1000 倍液进行防治。

四、价值与应用

毛地黄花序高大、花色鲜艳，广泛用于花境（图 3）、花坛及各类园林绿地，也可营造壮观的花带、花海（图 4）。可在温室中促成栽培，是很好的切花材料。

含有地黄毒苷，可以影响心脏的节律和收缩力，被广泛用于心力衰竭和心律失常的治疗。此外，叶中含有强心苷有数 10 种，具有加强心肌收缩性能、减慢心率、抑制传导等作用。

（吴昀　夏宜平）

Dimorphotheca 异果菊

菊科异果菊属（*Dimorphotheca*）一年生、多年生草本或半灌木。该属9种，主要分布于南部非洲。属名源于希腊语 *di*（两），*morphe*（形态）和 *theca*（鞘或壳），指单果中具有两种形态的瘦果。该属的俗称（英名）较多，如 Cape daisy（海角雏菊）、South African daisy（南非雏菊）、African daisy（非洲雏菊）及 blue-eyed daisy（蓝眼菊）等，国内也有人翻译成南非万寿菊（陈龙清 等，2006）。

一、形态特征与生物学特性

（一）形态与观赏特征

茎叶无毛或有蛛毛或（和）柄腺；茎直立或匍匐。叶互生，有柄或无柄，略肉质，全缘、具齿或羽状浅裂，长圆形、倒披针形或线形。头状花单生，总苞片钟形、半球形或盘状，小苞片 15～21，2～3 轮。舌状花 1 轮，长圆状椭圆形至倒披针形，黄色、橙色、紫红色或白色，有时背面和（或）在基部（或）先端带紫色；筒状花两性，白色、黄色、红色或带紫色。

（二）生物学特性

喜光，喜凉爽气候，忌炎热，不耐寒；对土壤要求不严，但需排水性良好。

二、种质资源

景观中常用的宿根类主要是蓝目菊及其与丛生异果菊的杂交品种。蓝目菊（蓝眼菊）等还曾被归于骨子菊属（*Osteospermum*）。园艺家们于 20 世纪 80 年代前后才发现它们，并被其形态各异的花型、色彩斑斓的花色、低矮且紧凑的株型及长达数月的花期等特点所吸引，而后很快通过种间及品种间杂交形成许多品种，在欧美国家广泛应用。我国在 20 世纪初才引进，有一年生的异果菊（*D. pluvialis*）和波叶异果菊（*D. sinuata*），很快宿根类或半灌木的蓝目菊也进入我国市场。

1. 蓝目菊 *D. ecklonis*

常绿草本、宿根或矮灌木。茎直立或斜升或平卧。株高 20～60 cm。叶片椭圆形、窄倒卵形，微被柔毛，全缘或具齿，略肉质，长 3～6 cm，叶柄具翅。头状花序单生或在枝顶叶腋形成聚伞花序，花径 5～8 cm；舌状花或正面白色，背面蓝紫色，瓣基常深紫色，或正面粉紫色至红紫色，背面紫色或深紫红色；盘状花紫色或蓝紫色（图 1 至图 3）。花期夏秋季（栽培状态可全年开花）。

2. 丛生异果菊 *D. fruticose*

又名灌状异果菊。常绿草本或半灌木。株高有时超过 100 cm。茎直立或下垂，触地者节间生根。叶片倒披针形或倒卵形，全缘或疏生齿，肉质，长 4～8 cm，叶片沿叶柄下延。头状花序单生，花径 4～7 cm；舌状花 2.5～3.5 cm，或正面粉紫色至紫红色，背面紫色或深紫红色，或正面白色，背面蓝紫色，有时其部深紫色；盘状花蓝紫色（图 4、图 5）。花期 3～7 月（栽培状态可全年开花）。

异果菊属宿根的品种多数来源于以上两个种及其之间的杂交，花色丰富，但颜色较深的盘状花仍是主要特征（图 6 至图 8）。

三、繁殖与栽培管理技术

（一）播种繁殖

春播秋播均可。种子适宜萌发温度 18 ～ 21℃，易萌发，以穴盘播种为好，浅播，播后 1 ～ 2 周萌发；一般于凉爽的室内播种，选透水性的基质，保持基质潮湿但不湿润；期间少浇水，不用施肥。从播种到开花约需 4 个月（王翔，2011）。秋播者可于早春供应市场。园艺品种实生苗会产分性状分离。

（二）扦插繁殖

1. 扦插时间及温度

南方于春秋两季进行；北方则于春季进行；设施条件下可周年进行。以 15 ～ 25℃为宜。

2. 扦插基质

草炭土：珍珠岩 = 6 ： 4，浇透水。

3. 插穗选择及处理

一为正常直立嫩茎；一为生根匍匐茎。生根匍匐茎较直立嫩茎早 1 月成苗。选取健壮且无病虫害的枝条，剪成 6 ～ 8 cm 的段，每段 3 ～ 4 节，留 1 ～ 2 叶，上平下斜；于多菌灵 1000 倍液中浸泡 2 分钟，低浓度生根液可提高生根率。

4. 养护

保持基质潮湿，温度适宜，约 15 天生根。

（三）园林栽培

1. 基质

不择土质，排水良好的各种微酸性至中性土质均可，以砂质土壤最佳。

2. 水肥

耐旱忌积水，耐贫瘠，湿润肥沃土壤中易徒长，故一般园土中种植无须施肥；多雨地区或季节，或起垄种植或注意排水。

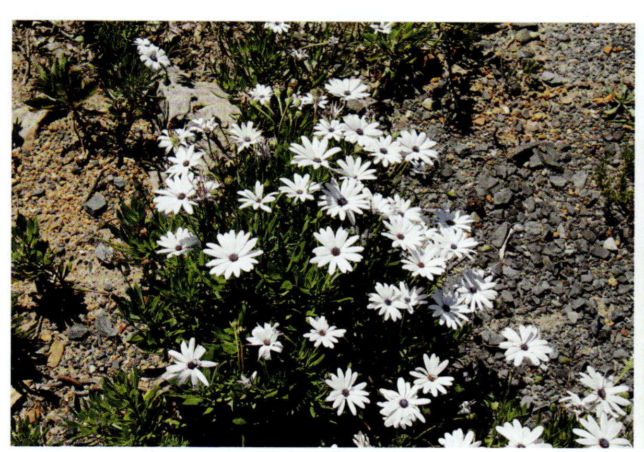

图 1　蓝目菊（Tony Rebelo 摄）

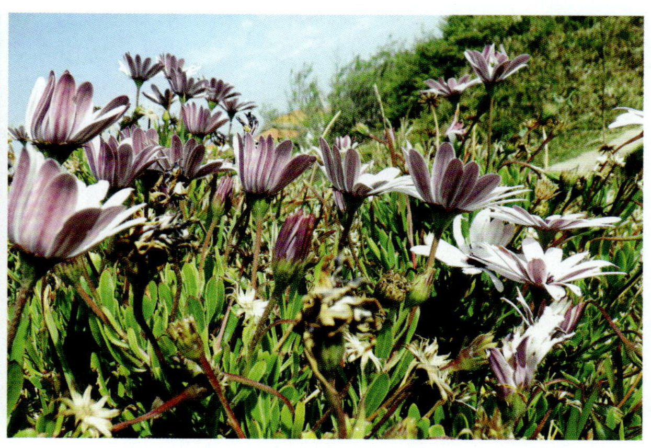

图 2　蓝目菊白色花瓣背面颜色（Zaca 摄）

图 3　蓝目菊的不同花色类型

图 4 丛生异果菊（Nicola van Berkel 摄）

图 5 丛生异果菊花瓣正反面颜色（Maintained Hedge 摄）

图 6 异果菊品种（丘群光 摄）

图 7 ‘玛格丽特白勺’（‘**Margarita White Spoon**’）（Melanie Ayala 摄）

图 8 异果菊品种（李淑娟、朱旭东 摄）

图 9　异果菊花坛应用（一）

图 10　异果菊花坛应用（二）

3. 光照

喜光，庇荫条件易徒长；应种植于全光照下或有少量庇荫且夜间凉爽的环境。

4. 修剪及越冬

苗期可多次掐尖有利于分枝，形成丰满株型，掐尖时保留下部 4 ～ 6 节。异果菊属多数耐寒能力差，冬季需温室保护越冬。

（四）病虫害防治

抗逆性较强，病虫害较少。时有白粉病和灰霉病感染，可用 50% 多菌灵 1200 倍液于早晨喷施，3 ～ 4 天 1 次，连喷 3 次，或与其他杀菌剂交替使用，效果更佳；虫害有潜叶蝇、蓟马和蚜虫，一般杀虫剂即可防治。

四、价值与应用

株型紧凑丰满，花期早且长，花色艳丽，特别是蓝紫色的花心更吸引人们的眼球，是早春花卉的极好补充。常应用于花坛构景（图 9、图 10），也可丛植或片植于花园、花境、庭院、街头等各种景观中，也是家庭盆栽的好材料。

（李淑娟）

Duchesnea 蛇莓

蔷薇科蛇莓属（*Duchesnea*）多年生草本。本属有2种，分布于阿富汗、不丹、中国、印度、印度尼西亚、日本、朝鲜、马来西亚、尼泊尔等亚洲国家；归化于非洲、欧洲和北美。PW 已将其并入委陵菜属（*Potentilla*）。具匍匐茎，常被作为宿根地被植物应用。

一、形态特征与生物学特性

（一）形态与观赏特征

具短根茎。匍匐茎细长，在节处生不定根。基生叶数个，茎生叶互生，皆为三出复叶，有长叶柄，小叶片边缘有锯齿；托叶宿存，贴生于叶柄。花多单生于叶腋，无苞片；副萼片、萼片及花瓣各5个；副萼片较大，和萼片互生，二者宿存；花瓣黄色；雄蕊20～30；心皮多数，离生；花托半球形，在果期增大，海绵质，红色；花柱侧生或近顶生。瘦果微小，扁卵形；种子1个，肾形。染色体基数 x=7。

（二）生物学特性

适应能力强，喜全光照，但也能耐半阴。喜湿润环境，耐寒能力较强。对土壤要求不严格，砂质土、黄泥土、腐殖土中均能成活，忌水涝。

二、种质资源

皱果蛇莓（*D. chrysantha*）、蛇莓（*D. indica*）和小叶蛇莓（*D. indica* var. *microphylla*）2种1变种在我国有分布，但常见用作地被栽培的是蛇莓。

蛇莓 *D. indica*

又名蛇泡草、龙吐珠、三爪风。多年生草本；根茎短，粗壮；匍匐茎多数，长30～100 cm，有柔毛。小叶片倒卵形至菱状长圆形，长2～3.5（～5）cm，宽1～3 cm，先端圆钝，边缘有钝锯齿，两面皆有柔毛，或上面无毛，具小叶柄；叶柄长1～5 cm，有柔毛；托叶窄卵形至宽披针形，长5～8 mm。花单生于叶腋；直径1.5～2.5 cm；花梗长3～6 cm，有柔毛；萼片卵形，长4～6 mm，先端锐尖，外面有散生柔毛；副萼片倒卵形，长5～8 mm，比萼片长，先端常具3～5锯齿；花瓣倒卵形，长5～10 mm，黄色，先端圆钝；雄蕊20～30；心皮多数，离生；花托在果期膨大，海绵质，鲜红色，有光泽，直径10～20 mm，外面有长柔毛。瘦果卵形，长约1.5 mm，光滑或具不显明突起，鲜时有光泽。花期6～8月，果期8～10月（图1）。

在我国分布于辽宁以南各地。生于海拔3100 m以下的山坡、河岸、草地等潮湿的地方。亚洲西自阿富汗，东达日本，南达印度、印度尼西亚，在欧洲及美洲均有记录。

三、繁殖与栽培管理技术

（一）播种繁殖

种子细小，附着于聚合果的外面，用手轻轻揉搓，去掉果肉和杂质，得到纯净的蛇莓种子。蛇莓的种子在一般干燥的室温下寿命至少在3年以上。7、8月是蛇莓播种的最佳季节。

将种子浸泡1～2小时，挑出质地饱满的种子，均匀地撒在装满过筛的一般蔬菜育苗基质土的育苗盘内，种子播种时不应覆土，裸播即可。覆土是造成其出芽率低的关键因素。播种后置于阳光下，每天喷水1～2次，保持营养盘内基质

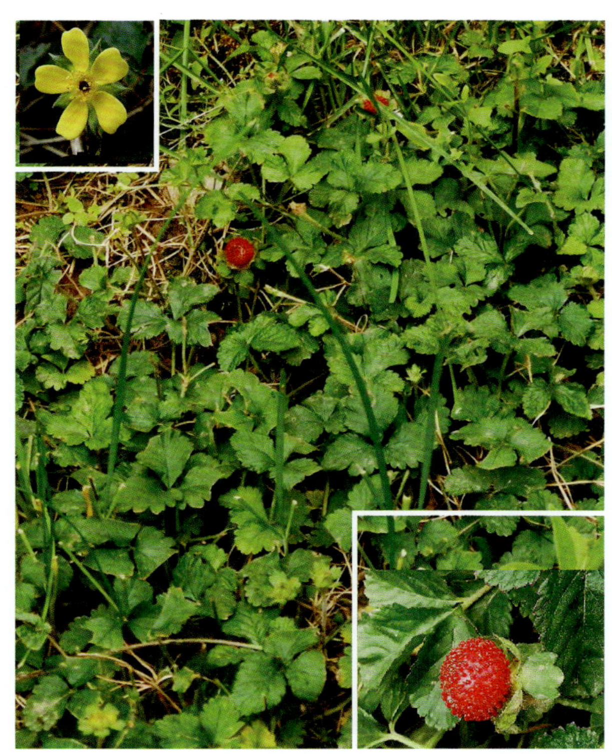

图 1　蛇莓

潮湿，使地温达到 25℃以上，湿度在 70% 以上。3 天后种子变色，1 周左右发芽，播种第 20 天前后达到发芽高峰，出芽时间可达 2 ～ 3 个月，最终出芽率可达 90% 以上。

（二）分株繁殖

营养繁殖能力强，分株繁殖效果好。分株繁殖以春夏为宜，将匍匐茎和母株切断，挖出每个节的不定根后，切成为长 20 ～ 30 cm 茎段进行移栽。栽植深度以 3 ～ 5 cm 为宜，覆土将根系盖住、压实，并施少量尿素肥，浇透水，即可成活。

（三）露地栽培

播种苗移栽最适株行距 20 cm × 20 cm，生长最适温度 15 ～ 25℃。移植后 1 周内需浇水 3 次，施肥 1 次，注意保持土壤湿润，拔除杂草。50 天后覆盖率可达 90% 以上，3 个月左右可成坪。成坪后为促进繁殖和更新，将原有草坪每间隔 30 ～ 40 cm 呈带状切出，移栽到新的建植地，原坪块切除部分回土填平，蛇莓坪块经过 40 天左右的生长又可恢复。这种方法建植蛇莓地被效果好，速度快，两年左右可扩大面积达 7 ～ 8 倍。

早春浇水可使其提早返青，旱季补充水 1 ～ 2 次，使蛇莓生长更为茂盛，景观效果更佳，雨季及时排水，忌水涝，入冬前最好再浇一次冻水。

（四）病虫害防治

野生蛇莓具有抗虫、抗病的特点，但是当人工栽培行距小于 10 cm 时、干燥及高湿、通风效果不佳时，会染上白粉病。叶片被害时，发生暗色污斑，大小不等，接着在叶背斑块上产生白色粉状物，后期呈现红褐色病斑，叶缘萎缩、枯焦。花蕾、花瓣受害，果实变形等。应在发病中心株及其周围，喷 0.3 波美度石硫合剂，或喷施 70% 甲基托布津 1000 倍液或 50% 退菌特 800 倍液及 30% 特富灵 5000 倍液等。

在生长过于茂盛，通风不良的高温高湿的雨季，也常常会感染灰霉病。灰霉病常在果实上症状明显，出现水渍状淡褐色斑点，后变暗褐色，表面出现一层灰霉，使果实软腐。用 25% 多菌灵可湿性粉剂 300 倍液、50% 克菌丹可湿性粉剂 800 倍液、50% 扑海因 500 ～ 700 倍液等喷施加以防治。

蚜虫以卵在多种植物上越冬，翌年 4 ～ 5 月间，当蛇莓开花时，蚜虫大批迁入，在蛇莓的心叶、嫩尖或花序上定居并迅速繁殖。蚜虫主要群居于幼叶背面，吸吮汁液，使叶片卷曲、枯萎，同时蚜虫虫体和蜕皮布满植株，排出的蜜露污染植株，造成外观不美。防治蚜虫，应及时清理地块，消灭杂草，喷布 50% 辟蚜雾 2000 倍液 1 ～ 2 次。

四、价值与应用

蛇莓是北方园林绿化中优良的乡土地被植物。全株低矮，匍匐生长，无须修剪，养护简单，成活率高，可用于水源不足、剪草机械不便入内的斜坡、分枝很低的树下绿地，能够消除绿化死角，美化环境。

（王文和）

Echinacea 松果菊

菊科松果菊属（*Echinacea*）多年生草本。该属有4种，原产北美洲中部及东部，1930年德国首次引种松果菊；20世纪70年代，我国河北等地引入作为花卉栽植，并收录于《北京植物志》1984版（陈博 等，2020）。现欧洲、中亚地区及我国各地均有栽培。

一、形态特征与生物学特性

（一）形态与观赏特征

株高50～100 cm。叶卵状披针形，互生；叶缘具锯齿。头状花序，单生或多数聚生于枝顶；花大，直径可达10 cm；花色较多，有白、红、黄、粉等。花色艳丽，具有很高的观赏价值（图1）。花期6～9月。

（二）生物学特性

喜光，耐热性和耐寒性强，能耐35 ℃以上高温和 -15 ℃的低温，适宜生长的温度为15～25℃。耐盐碱、耐干旱贫瘠，不耐高温高湿，喜排水良好的土壤。

二、种质资源与园艺分类

松果菊 *E. purpurea*

株高60～150 cm，全株具粗毛，茎直立；基生叶卵形或三角形，茎生叶卵状披针形，叶柄基部稍抱茎。头状花序单生于枝顶，或多数聚生，花径达10 cm，舌状花紫红色，管状花橙黄色。市场上松果菊属品种较多，目前园林中应用的主要有以下几个系列。

（1）“彩虹”系列

包括两种类型，传统的“彩虹”系列中等高度，分枝良好。新的紧凑型“彩虹”的植株分枝非常好，花量大，并且比其他紧凑型松果菊种植时间更短（图2、图3）。

（2）“盛世”系列

株高43～75 cm，冠幅51～78 cm，花莛高62～90 cm。花大而平展，花色有白、玫红、深玫红等，耐热性强（图4、图5）。

（3）“盛会”系列

株高30～44 cm，冠幅44～57 cm，花莛高35～64 cm，上海地区花期5～7月。曾获“全美花卉品种选育奖”，植株矮，分枝多，株型更饱满（图6）。

（4）“盛情”系列

株高40～80 cm，冠幅40～50 cm，花莛高43～60 cm，混色，上海地区花期4～7月。

图1　松果菊的花

曾获“全美花卉品种选育奖”和“欧洲花卉选拔赛金奖”。植株矮，分枝多。花色丰富持久，包括渐变红色、橘黄色、紫色、猩红色、乳白色、黄色和白色等（图 7）。

（5）“泡泡糖”系列

株高 50 ～ 60 cm，花色有红色、黄色、玫红色，分枝突出，市场上分枝最为突出的重瓣松果菊品种，不需要低温春化即可开花（图 8）。

三、繁殖与栽培管理技术

（一）播种繁殖

一般在 4 月或 9 月进行播种。播种前，种子要进行晾晒，之后把种子放在 35 ～ 40℃的温水中浸泡 2 ～ 3 小时，再用 800 ～ 1000 倍液的高锰酸钾浸泡 10 ～ 15 分钟进行消毒处理。

（二）分株繁殖

对于多年生母株，可在春秋两季分株繁殖。每株需 4 ～ 5 顶芽从根颈处隔离。

（三）园林栽培

1. 土壤

喜排水良好的土壤，通透性差的黏重土壤可用腐叶土或富含有机质的肥土混合改良。栽前要先耕翻整平土地，施足有机肥，栽植不宜过深。

2. 水肥

播种前将畦浇透水，待水下渗后，播撒种子覆盖细沙土。露地播种到出苗前后，应保持土壤湿润，不可使畦土过湿或过干。对于露地越冬的老苗要在 4 月及时浇返青水。不同生长阶段，植株对营养需求也不一样，幼苗生长阶段以施氮肥为主，配施磷钾肥。

图 2　松果菊‘彩虹深玫红’

图 3　松果菊‘彩虹紧凑白’

图 4　松果菊‘盛世白’

图 5　松果菊‘盛世玫红’

图 6 松果菊‘盛会玫红’

图 7 松果菊‘盛情’系列（混色）

图 8 松果菊‘泡泡糖’

图 9 松果菊的景观应用

3. 光照

耐热，但不耐高温高湿，因此在南方等湿热地区种植时，应种植于林缘或灌木旁；但在土壤持续湿润的条件下也可接受稍强的光照。

4. 修剪及越冬

夏季花谢后及时将残花剪除，既可保持植株整洁，又可减少养分消耗，为来年开花打下基础。在寒冷地区入冬前还要浇足“封冻水”。

（四）病虫害防治

遇高温高湿时，易感染根腐病。首先改善土壤环境，增加土壤肥力，合理控制水肥，发病时一般采用 40% 敌磺钠可湿性粉剂 1000 倍液喷雾或浇灌，每隔 7 天喷 1 次，连续喷 3 次。

四、价值与应用

松果菊夏季开花，花朵大、花色艳丽，是优良的园林造景材料，可用于花海、花境、花带，也可片植或丛植点缀（图 10）。

松果菊含有多种活性成分，可以刺激人体内的白细胞等免疫细胞的活力，具有增强免疫力的功效，还可以用于辅助治疗感冒、咳嗽及上呼吸道感染。

（朱军杰 周翔宇）

Echinodorus 肋果慈姑

泽泻科肋果慈姑属（*Echinodorus*）一年生或多年生水生植物。属名 *Echinodorus* 由希腊语 *echninos*（刺猬）和 *doros*（袋，皮革瓶）组合而成，指因花柱宿存而形成的多刺瘦果。全属 30 种，多分布于西半球，从美国中部到阿根廷。

一、形态特征与生物学特性

（一）形态与观赏特征

挺水、浮水或季节性淹没。单叶，具柄或无，叶柄常三角形；叶无毛或具星状柔毛；叶片具半透明的斑点或线或无，线形至披针形至卵形，基部渐狭至心形，全缘或波状，先端钝至锐尖。总状花序或圆锥花序，1～18 轮，直立或外倾；花两性，花梗有或无，花瓣白色，全缘。瘦果（图 1）。

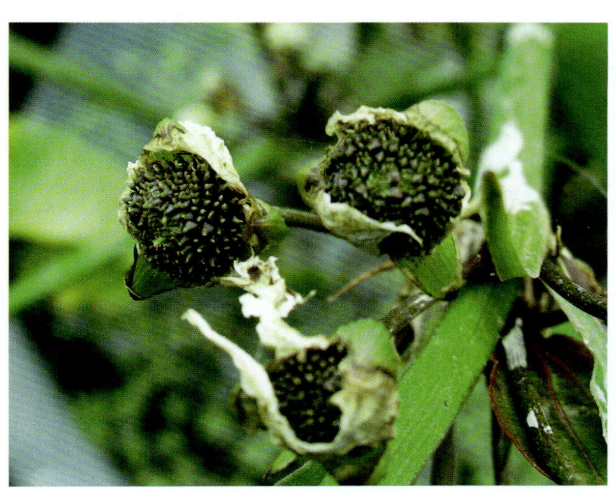

图 1　皇冠草的果

（二）生物学特性

喜光，在热带及亚热带地区表现出抗逆性强、生性强健的特性，几乎无须打理。可在水体中或湿润处生长，也可耐短暂水淹。

二、种质资源

园林中应用的有 4～5 种，园艺品种较少，多数应用于水族箱。

1. 大叶皇冠草 *E. macrophyllus*

叶柄长为叶片的 2～3 倍，下面被薄至稠密柔毛；叶片膜质，箭头状心形或三角状倒卵形，长（6.5～）20～30 cm，宽（7～）20～30 cm，有 11～13 条脉；无透明斑纹。花序圆锥形，很少总状，6～13 轮，每轮含 6～9 朵花；花瓣白色，倒卵形，长 15～18 mm。花序轮节间胎生小苗（图 2）。

2. 大花皇冠草 *E. grandiflorus*

挺水叶直立，叶柄较长。叶片卵形，顶端短渐尖，基部平截，或规则卵圆形，顶端钝或切口，长 15～26 cm，宽 7～15 cm，有 7～13 条脉和明显的透明纹；叶脉通常深红褐色，叶片可能有红褐色不规则斑点（图 3）。花茎直立，长 90～50 cm，花序圆锥状，下部分枝较长，5～12 轮，每轮具 6～12 朵花；花瓣白色，冠径 3～4 cm。

原产巴西、巴拉圭、乌拉圭、阿根廷、委内瑞拉和美国佛罗里达。

3. 象叶草 *E. cordifolius*

也称象叶泽泻或女王草。高达 100 cm；具根状茎。叶挺水，沉水叶少；新叶常紫红色，叶柄具 5～6 脊，长 17.5～45 cm；叶片卵形至椭圆形，6.5 ～ 32 cm×2.5 ～ 19 cm，基部截形至心形。花序总状，3 ～ 9 轮，外倾至呈拱形，长达 62 cm，常胎生；花冠白色，花径 2.5 mm。花期 5 ～ 9 月（图 4）。

分布于北美洲。此种在我国应用较多。

4. 花皇冠 *E. berteroi*

沉水叶常变成长条形，形状和大小变化很大，淡绿色。花莛直立，花序复合型，下部有分枝。花冠白色，花径 1.5 cm（图 5）。

三、繁殖与栽培管理技术

（一）播种繁殖

随采随播。基质采用河沙或营养土均可；将种子均匀撒播于基质表面，25 ～ 32℃，萌发阶段要保持基质水分饱和，易萌发。

（二）胎生苗和分株繁殖

该属部分种花茎上产生胎生苗，花后将花茎压倒，使其与泥土接触，胎生苗即可自行生根生长，待其长出 2 ～ 3 片新时即可移栽；也可直接将花茎上的胎生苗剪下，插入浅基质上培养。

可于春季或生长季将基部的新芽或小苗分离，另行种植，但繁殖系数较低。

（三）组培快繁

1. 外植体及消毒

以茎尖为外植体。用 50% 多菌灵可湿性粉剂配成 2.5% 液处理 18 分钟，无菌水充分清洗；随后用 0.1% $HgCl_2$ 水溶液表面消毒 10 分钟，然

图 2　大叶皇冠草（Rich Hoyer 摄）

图 3　大花皇冠草（Facundo Chieffo 摄）

图 4　象耳草（J. Richard Abbot 摄）

图 5　花皇冠（Jim Keesling 摄）

后用无菌水冲洗 3 次。

2. 不定芽诱导及继代培养

将外植体接种到 MS + 3% 蔗糖 + 0.8% 琼脂 +6-BA 2.5 mg/L+NAA 1 mg/L 的培养基上，22 ℃，16 小时 50 μmol/（m^2・s）的光照条件培养。60 天时，平均可诱导出 20 个芽；第二周平均获得 30 个芽以上。

3. 根系诱导

最佳培养基为 1/2MS + 3% 蔗糖 + 0.8% 琼脂，30 天可得到约 6 cm 长度的根系 6 条。

4. 炼苗及移栽

将试管苗的培养瓶瓶塞打开，放到自然光照、25 ～ 27℃的条件下炼苗 3 ～ 5 天。

将试管苗从培养瓶中取出并种植。基质用一般塘泥，厚度 5 cm 以上，水位 15 ～ 25 cm。极易成活。

（四）园林栽培

1. 基质及水肥

对土质要求不严，喜酸性至中性黏质土壤。在湿润土壤至浅水中生长最好，水位 0 ～ 20 cm 为佳（陈煜初　等，2016）。

2. 光照及温度

喜全光照或半阴环境。大多数只能在热带地区露地生长，象耳草的耐寒性稍强，在杭州可宿根越冬（陈煜初　等，2016）。

四、价值与应用

一般都有沉水和挺水两种叶态，株型整齐，叶片翠绿旺盛，花色洁白雅致，被广泛应用于水簇箱和水景园中。适应性强，同时具有较强的水体净化能力。适于热带及亚热带地区，丛植或片植于水陆交接处或浅水区，也可与其他水生植物配置景观。

在南美洲，大叶皇冠草的叶被制成药茶，具有通便、利尿、抗风湿和消炎等作用；植株用于生产一种软饮料，地下茎可制作甜点（Ferreira，2018）。

（李淑娟）

Echinops 蓝刺头

菊科蓝刺头属（*Echinops*）二年生或多年生草本花卉。属名源于希腊语 *echinos*，意为刺猬或海胆，以表达该属植物叶刺及花序外貌。蓝刺头以其呈完美球体的花序吸引人们及蜜蜂的眼球，但巨大多裂且多刺的叶片，让人又爱又怕（Graham，2012）。

一、形态特征与生物学特性

（一）形态与观赏特征

茎直立，上部通常分枝，被蛛丝状毛或绵毛。叶互生，常羽状深裂，缘具尖刺。多数头状花序在茎枝顶端排成球形或卵形的复头状花序，外围以极小的 1 ～ 2 层刚毛状苞叶，苞片 3 ～ 5 层，膜质或革质，具缘毛；外层短，线形，上部三角形或椭圆状扩大；中层龙骨状，顶端钻状渐尖；内层有时短于中层，全部内层总苞片顶端渐尖。花冠管状，两性，白色、蓝色或紫色。瘦果倒圆锥形。花期夏季（图 1）。

图 1　蓝刺头（李淑娟 摄）

（二）生物学特性

喜光，不耐阴。耐寒。耐旱，耐贫瘠，喜生长于湿度中等且排水良好的各种土壤中。

二、种质资源与园艺品种

（一）种质资源

蓝刺头属有 65 种，分布于南欧、北非、中亚和俄罗斯；我国有 17 种。仅有 4 种应用于园林（Armitage，2008；Graham，2012；董长根 等，2013）。

1. 巴纳特蓝刺头 *E. bannaticus*

茎高 80 ～ 150 cm，分枝或不分枝。叶卵状或椭圆形，表面有毛，下面白色，缘具短糙毛，叶刺相对较少。花灰蓝色，直径 2.5 ～ 5 cm（图 2）。

原产欧洲东南部至东部。

2. 锐尖蓝刺头 *E. pungens*

叶裂片顶端针刺状。花序较大，直径 5 ～ 7 cm；初开时淡蓝灰色，之后为灰白色（图 3）。

分布于欧洲与北非。

3. 硬叶蓝刺头 *E. rirto*

植株高大挺拔，高 100 ～ 120 cm，上部有分枝，密被灰白色绵毛。叶质地厚实坚硬，革质；长椭圆形或长倒披针形，羽状深裂，裂片 5 ～ 8 对，顶端尖刺状，叶片绿色，背面密被白色绵毛。复头状花序，头状花序 4 ～ 5 cm，小花蓝色（图 4）。

花期 6 ～ 7 月。硬叶蓝刺头是应用最多的种。

3a. 鲁塞尼亚蓝刺头 subsp. *ruthenicus*

基生叶完全羽裂，裂片极窄，几呈条状。叶背面毛更密，看起来更白。植株较矮，约 90 cm。耐寒性较原种稍差（Armitage，2008；董长根 等，2013）。

4. 蓝刺头 *E. sphaerocephalus*

植株直立，高 50～150 cm，上部有分枝，全株密被蛛丝状蒲毛。叶草质；基部和下部茎叶全形宽披针形，长 15～25 cm，宽 5～10 cm，羽状半裂，侧裂片 3～5 对，边缘刺齿，所有叶同形并等样分裂。复头状花序，小花淡蓝色（图 1）。花期 6～7 月（董长根 等，2013）。

（二）园艺品种

蓝刺头属园艺品种不多，主要是硬叶蓝刺头和巴纳特蓝刺头的种下品种（图 6）：

‘北极光’（‘Arctic Glow’） 株高 120～150 cm，冠幅 60～90 cm。花白色。可耐 -20℃低温。

‘蓝球’（‘Blue Globe’） 株高 90～150 cm。花深蓝色。可耐 -30℃低温。

‘蓝光’（‘Blue Glow’） 株高 90～120 cm。花比其他品种的花更蓝。可耐 -38℃低温。

‘普罗蓝’（‘Taplow Blue’） 株高 150～180 cm，是最受欢迎的品种。花径 5 cm，花色为朦胧的金属蓝色。可耐 -32℃低温。

‘铂蓝’（‘Platinum Blue’） 株高 80～90 cm。花亮蓝色。可以用种子繁殖得到性状稳定的后代。

‘星霜’（‘Star Frost’） 株高 80～90 cm。花白色。可耐 -32℃低温。

图 2　巴纳特蓝刺头（陈煜初 摄）

图 3　锐尖蓝刺头（陈煜初 摄）

图 4　硬叶蓝刺头（Julia 摄）

图 5　园艺品种

注：A.‘蓝球’；B.‘蓝光’；C.‘普罗蓝’；D.‘铂蓝’；E.‘星霜’；F.‘北极光’。

三、繁殖与栽培管理技术

（一）播种繁殖

种子容易萌发，春播或秋播均可。撒播后，用一层薄土或蛭石覆盖种子。保持基质湿度，在15～25℃昼夜变温条件下，2～3周出苗。移栽小苗时，应给予散射光且凉爽环境，2周左右缓苗时间（董长根 等，2013）。天山蓝刺头（*E. tjanschanicus*）播种前，在25℃条件下浸种36小时，萌发率可达81.7%。随着浸种时间延长，萌发率和发芽势逐渐降低。播种基质以沙：草炭土：壤土=1 ：3 ：6为好，含水量为10%，播种深度1 cm时，种子平均出苗率最高，且出苗最为整齐（张玉蕾 等，2024）。

（二）组培快繁

蓝刺头适宜诱导愈伤组织培养基为MS+NAA 1 mg/L+6-BA 1.5 mg/L，出愈率高达93.33%，褐化情况相对较轻，质地紧密。适宜不定芽分化培养基为MS+NAA 0.1 mg/L+6-BA 1.5 mg/L +$AgNO_3$ 2 mg/L，诱导率也高达93.33%，且芽长势健壮，叶片宽大。适宜不定芽增殖培养基为MS+6-BA 1.5 mg/L+NAA 0.1 mg/L+$AgNO_3$ 2 mg/L +GA_3 0.5 mg/L，增殖倍数为3.53倍。适宜生根培养基为1/2MS+IBA 0.5 mg/L，生根率为86.67%，平均生根数为13条。移植基质配比为草炭：蛭石：珍珠岩=3 ：2 ：1，成活率高达97.78%，植株长势旺盛（吕艳芳，2022）。

（三）露地栽培

1. 土壤

各种质地的土壤均可，但要透水性好。

2. 水肥

忌水湿，耐旱，耐贫瘠。高湿高温条件下，植株长得高大，易倒伏；中等至干燥土壤生长则植株强壮，株型紧凑，故生长期宜保持土壤处于中等至稍干燥状态，过旱时再补充水分。雨季应注意排水。

3. 光照

喜光，稍耐阴。

4. 修剪及越冬

及时修剪残花，可促使新花序产生，可延长花期。入冬前剪除地上枯枝。耐寒性强，多数品种可耐-30℃的低温，可根据不同品种进行冬季保护。

（四）病虫害防治

时有蚜虫危害，常规防治即可。

四、价值与应用

株型高大，花型独特，抗逆性强，但叶片多刺。可作花境的背景植物或种植于郊野公园等大型景观中，特别适用于岩石园种植（图6）。

花头可作干花。

图6 蓝刺头景观应用（李淑娟 摄）

（刘青林）

Eichhornia 凤眼莲

雨久花科凤眼莲属（*Eichhornia*）水生植物。因叶柄膨大成囊状，形似葫芦而俗称水葫芦。该属约6种，分布于美洲和非洲的热带和暖湿带池塘、河川或沟渠中。具有发达的根系、旺盛的生长繁殖能力及超强的吸收能力。由于在适宜环境下具有极强的生长繁殖能力，随后被列入世界百大外来入侵种之一。

一、形态特征与生物学特性

（一）形态与观赏特征

浮水草本，水上部分植株高30～60 cm，最高可达100 cm。须根发达呈棕黑色，植株的茎具匍匐枝，呈淡绿色或带紫色，与母株分离后长成新植株；根纤维形，羽状分叉。叶丛生于基部，直立，光滑，一般5～10片，叶片呈卵形或圆形；叶柄长短不等，中部及以下膨大如球，黄绿色至绿色；花茎单生，中部具鞘状苞片；穗状花序，有花6～12枚，花被漏斗状，6裂，淡紫蓝色，最上端花被片的中间蓝色，蓝色中央有黄色圆点，形似凤眼，正是种名的来历（图1）。蒴果，卵形。花期7～10月，果期8～11月。

（二）生物学特性

喜温暖湿润、阳光充足的环境，适应性也很强，具有一定的耐寒能力，最佳生长温度为21～30℃，超过35℃也可生长，低于10℃停止生长，当气温降至-3℃叶会被破坏；-5℃时，48小时内死亡。在我国北方不能露地越冬。适应性很强，养分耐受范围广，耐污能力很强，在水库、湖泊、池塘、沼泽、水田和流速缓慢的河道、沟渠中均可生长。

二、种质资源

凤眼蓝 *E. crassipes*

又名水葫芦。漂浮草本，0.3～2 m。根很多，长，纤维状。茎非常短；匍匐茎带绿色或带紫色，长，顶部生新植株。叶莲座状；叶柄黄绿色至带绿色，10～40 cm，海绵状，通常在中部或中部以下膨胀最大；叶片圆形、宽卵形或斜方形，4.5～14.5 cm×5～14 cm，革质，无毛，密被脉，基部浅心形、圆形或宽楔形。花序具苞片，螺旋状，7～15花；花序梗35～45 cm。花被6片，雄蕊6，3长和3短；花丝上弯，腺毛。雌蕊花柱异长；柱头腺毛。蒴果卵球形。花期7～10月，果期8～11月。

世界各温暖地区都有栽植，1901年作为一种花卉引入我国台湾，20世纪50—60年代则作为家畜饲料被广泛种植。

三、繁殖与栽培管理技术

（一）播种繁殖

开花后花茎弯入水中生长，子房在水中发育膨大。9～10月为果实成熟的季节，待果子呈淡黄色时，摘下风干去果皮，取出种子，每花序大约可产生300粒种子。2月下旬至3月初时将采摘的饱满且呈黄褐色的种子放在25～30℃的水中浸泡10天，然后播在水面上。保持30℃的温度，1～2周萌发。待幼苗长至5～6叶具有一定浮力时，即可移植。立夏后，平均气温升至20℃左右时，可移在水塘养植。

（二）根茎繁殖

根茎繁殖是主要繁殖方式。凤眼莲腋芽较

图 1　凤眼莲（李淑娟 摄）

注：A. 叶片；B. 花朵；C. 叶柄中部膨大呈囊状；D. 根系及匍匐枝生苗；E. 凤眼莲花序及叶片（示"凤眼"及膨大叶柄）。

图 2 凤眼莲景观（李淑娟 摄）

多，匍匐枝可发育成新植株，依靠匍匐枝与母株分离的方式繁殖，植株数量可在 5 天内增加 1 倍。

（三）园林栽培

1. 种苗选择

选择生长健壮、无病虫害的壮苗作为种苗。保种阶段室内气温不宜过高，最好是低温保存，使种苗呈休眠状态，每天坚持通风。种植前要放养 10 天，进行炼苗，使种苗适应自然环境。

2. 光温

喜光照充足的环境，光照时间越长，光合作用越旺盛。因此每天必须保持 4 ～ 5 小时的光照；若 2 ～ 3 天处在无光照环境下，就会萎蔫甚至烂根死亡。温度影响着光合碳代谢过程中的一系列酶促反应，对光合作用影响很大；能生存的温度为 8 ～ 40℃，最适温度是 30℃。

3. 水肥

整个生长期均需在水体中，依靠根系吸收水体中的营养物质生长，故在过于纯净的水体中无法生存。

（四）病虫害防治

初期生长缓慢，易受杂草危害，要及时捞除水中青苔、杂草。常见的害虫有蚜虫，可用 40% 乐果 2000 倍液喷洒。

四、价值与应用

凤眼莲叶色碧绿，叶形奇特，似凤眼的花瓣更是吸引人们的眼球，是水景中极好的水面点缀。生性强健，根系发达，对水体中的富营养物有极强的吸收能力，因此，是各种受污染水体净化的首选植物材料。凤眼莲发达的根系对氮、磷、钾及重金属离子均具有一定的吸收作用，在适宜的条件下还能将水中酚、氰等有毒物质有效转化为无毒物质，是一种理想的水质净化植物（图 3）。但在南方温暖湿润气候条件下，极易泛滥，需严加控制；可通过水面围栏有效控制蔓延。

嫩叶及叶柄可供人们食用，也可供药用，有清凉解毒、除湿祛风热等功效。还可作为家畜、家禽饲料。

（郑日如　朱琳琳）

Elatostema 楼梯草

荨麻科楼梯草属（*Elatostema*）多年生常绿观叶草本。全球300余种，分布于亚洲、大洋洲和非洲的热带和亚热带地区。我国约有200种，自西南、华南至秦岭广布，多数种分布于云南、广西、四川和贵州等地。叶片交互生长在茎秆上，整齐地排列成二列，形似阶梯。始见于《植物名实图考》（山草卷），称其"产南安。独茎圆绿，高不盈尺"。生命力顽强，在水分充足的地方迅速生长成片，是南方林地生态中重要的地被组成。

一、形态特征与生物学特性

（一）形态与观赏特征

小灌木、亚灌木或草本。茎不分枝或中下部少数分枝，生长方向因着生于石壁或地面而下垂或直立；成片生长时，茎中上部弯曲方向一致；盆栽常呈圆形向四周披散（图1、图2）。其叶片交互生长，在茎上排列成整齐的二列，少数种如叠叶楼梯草的叶片互相覆压，排列紧密；叶片中脉两侧不对称，狭窄的一侧朝向茎尖方向，较宽一侧则朝向茎的基部。叶片通常为绿色，有时具有银白色斑块（图3）。雌雄同株或异株，雌雄花均体积微小，也不具有鲜艳的色彩。瘦果，狭卵球形或圆球形，体积微小，肉眼难以观察。因此花、果都不具有观赏性。

（二）生物学特性

终年常绿，几乎不落叶。春、秋季节旺盛生长。花期全年均有分布。常生于林下阴湿处、溪边或背阴半背阴有流水的崖壁上；喜湿润、半阴环境，忌干旱及阳光暴晒；耐水湿，较耐寒。喜排水良好的砂壤土。

二、种质资源

该属多呈狭域性分布。如楼梯草（*E. involucratum*）广泛分布于四川、云南、广西一直延续向北，直到河南、江苏、安徽部分地区。渐尖楼梯草（*E. acuminatum*）、华南楼梯草（*E. balansae*）、盘托楼梯草（*E. dissectum*）等分布于广东、广西、云南等多个省份。还有一些仅分布于部分省区，如广西有特有种有33种，如棱茎楼梯草（*E. angulaticaule*）、毛棱茎楼梯草（*E. angulaticaule*）只分布于广西的喀斯特石山上，深绿楼梯草（*E. atroviride*）等则只分布于广

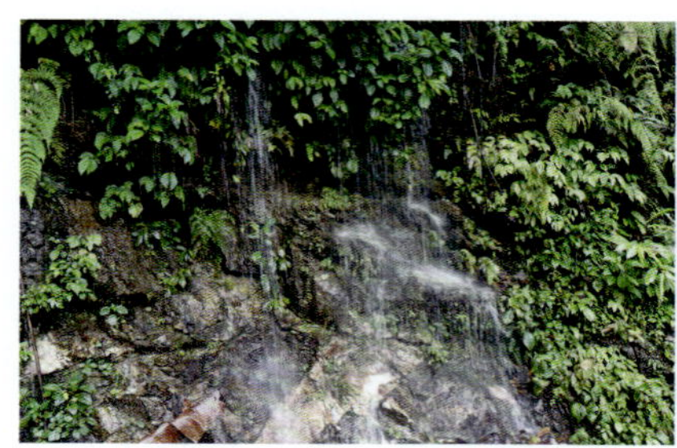

图1　原生于石壁流瀑的楼梯草

图2　盆栽的庐山楼梯草

图3　三种楼梯草的叶型

图 4 庐山植物园林下路缘的楼梯草

西的喀斯特山洞之中（符龙飞，2013）。楼梯草属植物如庐山楼梯草（*E. stewardii*）、叠叶楼梯草（*E. salvinioides*）等仅局限于小范围园林或园艺应用（图 4），或开发成重要林下地被（易军，2005；应求是，2009）。庐山楼梯草主要栽培于中南和西南部分区域，叠叶楼梯草主要栽培于云南南部以及泰国北部，其他未见应用报道。

楼梯草 *E. involucratum*

多年生草本。茎高达 60 cm，不分枝或具一分枝。叶无柄或近无柄，斜倒披针状长圆形或斜长圆形，具齿。花雌雄同株或异株；花序梗长 0.7 ～ 2（～ 3.2）cm，花序托常不明显；雄花花被片 5；雄蕊 5；雌花序具极短梗，被卵形苞片。瘦果卵球形。花期 5 ～ 10 月。

产西南东部、华南北部、华中南部、华东、黄河中下游以南，日本也有分布。生于山谷沟边石上、林中或灌丛中；海拔 200 ～ 2000 m。

我国关于楼梯草属植物的育种工作尚未开展。国内市场上仅见少量原生种流转于植物爱好者之间，并未形成真正的市场。目前，欧美和日本等国家出现的少量白斑彩叶观赏楼梯草基本都是从原生种当中选育而来，仅见上天梯 *E. umbellatum* ‘Fukurin’ 一个品种。

三、繁殖与栽培管理技术

（一）分株繁殖

全年可进行分株繁殖。适当修剪较嫩枝叶，挖出整株，抖落泥土，从基部将茎与根一起切割分开，另行种植，只须将根埋入土中即可。

（二）插穗繁殖

全年均可进行。剪取当年生健壮枝条，修剪去掉茎尖较嫩部位，切割成长 10 ～ 15 cm 的插穗，插穗的 1/2 插入沙土或珍珠岩中，保持相对湿度 80%，遮光度 70%，10 ～ 15 天有根长出，根系和叶片健壮时可移栽。

（三）播种繁殖

既可以有性繁殖，又可以单纯通过雌性无融合生殖的方式产生种子（Fu，2017）。种子成熟后采集种子，当年或翌年春天播种。

（四）园林栽培

1. 土壤

以微酸性土壤为宜，喜疏松透水的砂质土或林下腐殖土，忌透水性差的黄黏土。若土壤

图 5　具有白色斑块的盘托楼梯草

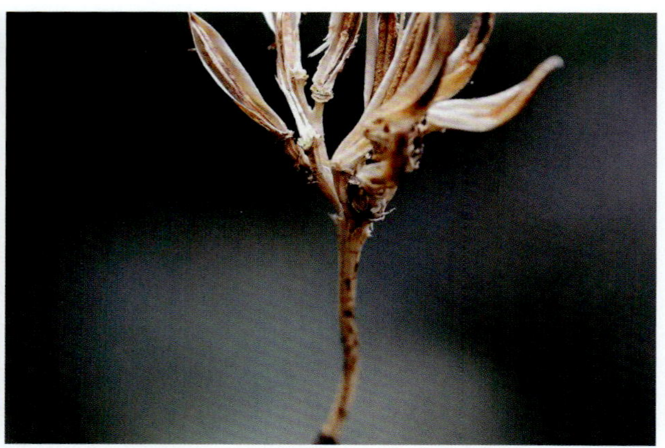

图 6　砖墙缝隙中种植的叠叶楼梯草

透水性差需加入大量河沙、碎石和腐殖质进行改良。

2. 水肥

种植前可施腐熟农家肥为主的基肥。每次修剪后配合浇水薄施复合肥。应尽量选择坡地或是排水良好的地块种植。夏季须每天浇水，冬季适当减少浇水次数，但应保持土壤湿度。

3. 光照

喜荫蔽环境，可耐受不高于 70% 遮光度的环境，光线太弱生长缓慢。阳光直射易灼伤叶片和嫩枝，不宜在有光线直接照射的地块种植。

4. 修剪

水肥条件充足时生长迅速，枝条较长容易倒伏，为了保持景观的整齐和株型丰满，旺盛生长期应及时修剪或摘除茎尖；必要时清除地上部分，以促进其重新萌发新枝。

（五）病虫害防治

排水不畅或通风不良时偶有茎腐病发生，发病初期用多菌灵或百菌清 500 ～ 1000 倍液喷洒，每周 1 次，连续施用 3 周以上；严重发病期，应当挖除发病株，种植穴及周边用根腐宁或多菌灵 500 倍液浇灌。楼梯草属植物暂未见有虫害发生。

四、价值与应用

楼梯草叶片终年常绿，少数具有银色叶斑（图 5），开放地块生长方向一致，整齐划一。适合用于阴生环境中的花境、花坛和模仿喀斯特地貌的山石环境布置，也可用于阴湿林下、坡地的地被覆盖。山石环境或是沟谷溪流边的点植或片植是再现山林野趣的绝佳方式；个别种类可植于石壁、墙缝之间（图 6），更使环境优雅自然。

（陈朋）

Eomecon 血水草

罂粟科血水草属（*Eomecon*）多年生草本植物，是我国特有的单种属植物，由 H. F. Hance 于 1884 年为之命名（张遂申，1989）。因具有红黄色汁液而得名，原产于我国长江以南各地和西南山区，在各地别名众多，如水黄连、黄水芋、金腰带、捆仙绳等。

一、形态特征与生物学特性

（一）形态与观赏特征

茎无毛，具红黄色汁液。根橙黄色，根茎匍匐。叶全部基生，叶片心形或心状肾形，稀心状箭形，长 5 ～ 26 cm，宽 5 ～ 20 cm，先端渐尖或急尖，基部耳垂，边缘呈波状，表面绿色，背面灰绿色，掌状脉 5 ～ 7 条，网脉细，明显，叶柄长（图 1）。花莛灰绿色略带紫红色，高 20 ～ 40 cm，有 3 ～ 5 花，排列成聚伞状伞房花序；花瓣倒卵形，白色（图 2）。蒴果狭椭圆形，长约 2 cm，宽约 0.5 cm，种子具种阜（图 3）。花柱延长达 1 cm（果未成熟）。花期 4 ～ 5 月，果期 6 ～ 10 月。

（二）生物学特性

喜温暖、湿润气候。喜水分充足、肥沃的土壤，耐阴，耐水湿，忌阳光直射。生于海拔 1400 ～ 1800 m 的山谷、林下、灌丛下或溪边、路旁。

二、种质资源

单种属。

血水草 *E. chionantha*

形态特征同属。

产安徽、浙江西南部、江西、福建北部和西部、广东、广西、湖南、湖北西南部、四川东部和东南部、贵州、云南（东北及东南部），生于海拔 1400 ～ 1800 m 的林下、灌丛下或溪边、路旁。模式标本采自广西。

图 1　血水草植株

图 2　血水草花特写

图 3　血水草果实特写

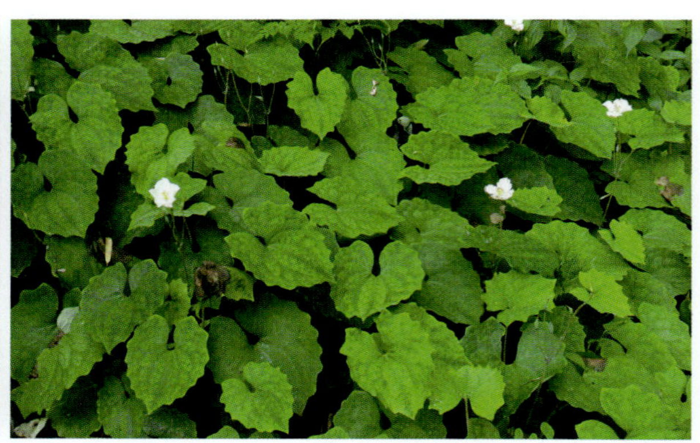

图 4　开花期林下地被景观

三、繁殖与栽培管理技术

（一）播种繁殖

秋季采集种子，早春播种。血水草长势强健，病虫害少，易管理，但要注意提供阴生环境，不宜栽植在直射光下，同时，要保证充足的水肥供应（夏宜平，2008）。

（二）根茎繁殖

于 9 ～ 10 月栽种。结合收获挖采根茎，选没有损伤且较嫩的，分成单枝，贮放阴湿处备用。地栽苗地做畦，开沟，翻土深 16 ～ 20 cm，每穴顺放根茎 1 ～ 2 根，盖土压紧，然后浇水，保持湿润，以利出苗。

（三）园林栽培

1. 土壤

喜深厚肥沃、富含腐殖质且排水顺畅的砂质壤土。在排水不良的土壤中生长不佳。

2. 温度

生长期温度保持在 25℃左右是适宜的，有利于其茎、叶健康生长。冬季要注意保温，温室内种植，在上部覆盖透明膜。

3. 浇水

喜湿润环境，夏秋季高温干燥季节需喷水保湿。浇水亦需适当控制量，冬季低温不宜过湿，防止根茎腐烂。

4. 光照

栽培以凉爽的半阴环境为宜，繁殖时要注意适度庇荫，光照过强会产生日灼病。

图 5　血水草盆栽

（四）病虫害防治

在栽培过程中几无病虫害。夏季需要保持栽培环境湿度，否则容易焦叶。此外，由于栽培环境湿度较高，偶见蛞蝓、同型巴蜗牛等危害，可施用梅达、四聚乙醛等杀蜗剂防治。

四、价值与应用

血水草叶色淡绿，叶片呈阔心形，叶片大，叶面上常有浅灰色斑块，花朵挺立，花色洁白清纯，4 片花瓣拱卫着一簇金黄色的花蕊，整体形态美观且独特，耐阴能力强，难得的耐阴观花观叶地被（图 4）。可盆栽欣赏，也可丛植、片植在林下、溪边、墙脚等阴湿的地方形成秀美的地被景观（图 5）。血水草耐水湿，亦可用于季节性湿地的植物配置（夏宜平，2008）。

全株可入药，味苦，性寒，小毒，具有清热解毒、活血止痛、止血的功效。

（吴棣飞　蔡晓洁）

Epilobium 柳叶菜

柳叶菜科柳叶菜属（*Epilobium*）一年生或多年生草本或半灌木。绝大多数种未被利用，仍以杂草的形式存在；但其娇艳的玫粉色（多数种）花朵为夏季的湖岸或林缘增添色彩。该属植物繁殖能力强，方式多样，根蘖、走茎、匍匐茎均可，特别是带毛的种子，随风飘散，一些种具有一定的侵略性，在应用中需加以注意。

一、形态特征与生物学特性

（一）形态与观赏特征

茎直立、上升或平卧，圆柱状或四棱形；无毛或具短柔毛，常具线状毛从叶柄边缘下延。具莲座状叶丛；茎叶对生或偶尔轮生，在花序中互生或苞片状；有柄或无柄。单一或分枝的总状花序或圆锥花序；花辐射对称，具花管；花瓣粉红色、玫红色或白色，少米色或橙红色，瓣端凹缺至深2裂；雄蕊长度不等2轮；花柱直立，棒状至头状，与雄蕊等长或高过雄蕊。蒴果直或稍弯曲，狭圆柱形、梭形或很少狭椭圆形。

（二）生物学特性

分布广泛，生境多样，习性不一，多数喜光。

二、种质资源

柳叶菜属有170余种，广泛分布于寒带、温带与热带高山，北半球与南半球均有。我国37种4亚种，除海南外，全国各地均产，尤以北方及西南高山种类较多。景观应用的仅有几种及其品种（Graham，2012；Armitage，2008）：

1. 加州吊钟 *E. canum*

宿根或半灌木，茎基部常木质化。茎直立或斜长，丛生状，圆柱形，多分枝，高60～100 cm，常被毛。叶小而密集，近无柄，密被柔毛，灰绿色或绿色至银色，通常狭线形至披针形或椭圆形至卵形，长0.6～5 cm。穗状或总状花序直立；花筒与花瓣同色，基部稍肿胀；花瓣通常橙红色，少白色，长2.5～4 cm（图1）。花期8～10月。

原产北美。耐寒性强。有粉色和近白色品种（图2）。

2. 柳叶菜 *E. hirsutum*

茎基部常木质化，秋季常自根颈处萌生出粗壮的地下葡匐根状茎，长可达1 m多；茎上疏生鳞片状叶，先端常生莲座状叶芽；茎高25～120（～250）cm，粗3～12 mm，中上部常多分枝，密被长柔毛及短腺毛，花序上尤如此。叶草质，对生，茎上部的互生，无柄，并多少抱茎；茎生叶披针状椭圆形至狭倒卵形或椭圆形，长4～12 cm，宽0.3～3.5 cm，缘具细密锯齿。总状花序直立；苞片叶状；花直立，花管长1.3～2 mm，花瓣常玫瑰红色，或粉红、紫红色，宽倒心形，长0.9～2 cm，先端凹缺（图3）。花期6～8月。

广布欧亚大陆温带地区，耐寒性强，喜潮湿土壤，不耐旱。

3. 黄花柳叶菜 *E. luteum*

株高15～75 cm，松散丛状；茎斜升或近直立。叶片椭圆形至卵形，缘具明显锯齿；长2.5～8 cm。花序总状；花管短，萼片披针形，绿色、奶油色、淡红色；花瓣淡黄色，花径2～4 cm，先端凹缺（图4）。花期7～9月。

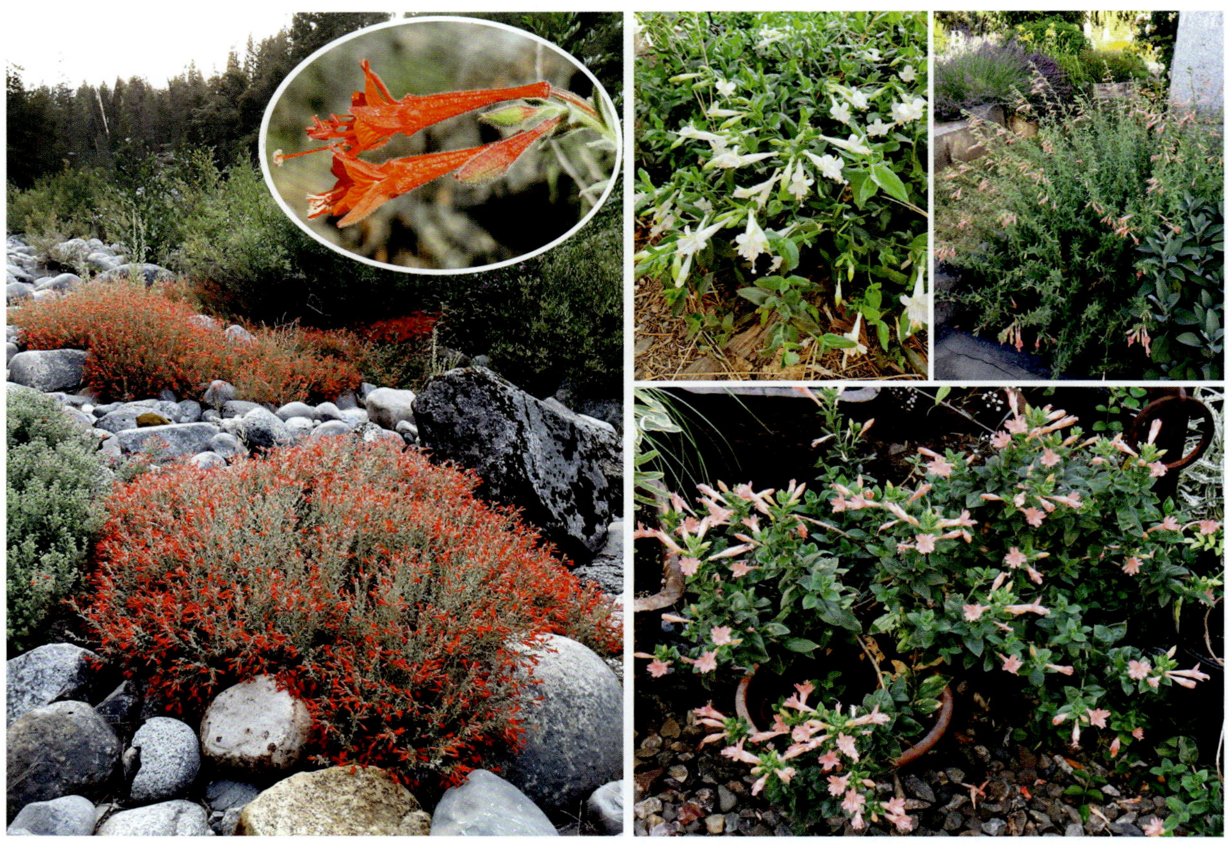

图 1 加州吊钟（Jeff Lahr 摄）

图 2 加州吊钟品种

注：A.‘Solidarity Pink’；B.‘Marin Pink’；C.‘Northfork Coral’

图 3 柳叶菜

图 4 黄花柳叶菜（Ethan 摄）

图 5　依水而生的柳叶菜（陈煜初 摄）

原产北美北部的溪流边、湖岸等湿润处。耐寒性极强。

三、繁殖与栽培技术

（一）播种繁殖

随采随播或低温干藏至翌年春播，覆土 3 ~ 5 mm，保持基质潮湿，易萌发。

（二）分株和扦插繁殖

可于春季萌动时或秋季分株繁殖，或于晚春分栽匍匐萌发的小植株。

可于生长季进行嫩枝扦插繁殖。

（三）园林栽培

1. 土壤

不择土壤，各种土质均可。

2. 水肥

喜湿，生长季保持土壤湿润。该属的适应性较强，较耐贫瘠，种植基质中等肥力即可。

3. 光照

喜阳光充足，稍耐阴。

4. 修剪及越冬

种子量较大，易自播，故除采种外，可于花后修剪花序，以防自播扩散。匍匐茎扩展较快，注意清除多余匍匐茎或萌生植株，以保持景观。入冬前剪除地上枯枝叶。该属植物耐寒性均较强，冬季可根据不同种类的耐寒能力及立地条件进行适当保护。

四、价值与应用

花朵小巧，花色明艳，抗逆性强。可于自然景观中特别是近水处丛植或片植（图 5）。

（李团结）

Epimedium 淫羊藿

小檗科淫羊藿属（*Epimedium*）常绿或宿根类草本植物。该属有55种，分布于欧亚大陆和非洲北部；我国为该属的世界分布中心，产41种，其中40种为特有种。在我国最先被人们认知的是其药用价值，南北朝时的著名医学家陶弘景发现该属植物的枝叶被公羊啃食后，可增强其性功能，故名淫羊藿。

一、形态特征与生物学特性

（一）形态与观赏特征

多年生草本，落叶或常绿。根状茎粗短或横走。茎单生或数茎丛生，光滑。叶成熟后通常革质；单叶或一至三回羽状复叶，基生或茎生，基生叶具长柄；小叶卵形、卵状披针形或近圆形，基部心形，两侧基部通常不对称，叶缘具刺毛状细齿。总状花序或圆锥花序顶生，小花少数至多数；花两性，直径1～5 cm；萼片8，两轮排列，外轮萼片早落，内轮花瓣状，白色、黄色、粉色或红色；花瓣4，通常有距或囊，少有兜状或扁平，多色（图1）。

图1　淫羊藿花部结构

（二）生物学特性

多数较耐寒，喜阴，但原产于欧洲的种的成熟植株也可在阳光下生长。土壤适应性强，喜湿润，忌积水。

二、种质资源

该属具有极高的自交不亲和性，但种间亲和性却较高（Suzuki，1983），故而自然界产生了一些自然杂交种，且部分被应用于景观。淫羊藿属的园艺品种目前还没有系统的分类（Armitage，2008；Graham，2012）。下面将介绍该属重要种源及相关品种。

1. 粗毛淫羊藿 *E. acuminatum*

常绿草本，株高30～50 cm。一回三出复叶，小叶3枚，基生且茎生，薄革质，狭卵形或披针形，长3～18 cm，宽1.5～7 cm，叶背密被粗短伏毛。圆锥花序顶生，具10～50朵小花；花径2.5～5 cm；花色变异较大，内萼片浅紫色、粉红色或白色，偶有黄色；花瓣暗紫色，具长而弯曲的距（图2）。花期4～5月。

产我国西南部。

2. 高山淫羊藿 *E. alpinum*

宿根类，叶丛紧凑，高15～25 cm。二回三出复叶，小叶心形至卵状心形，长8～12 cm，纸质，缘具疏齿；新叶嫩绿带明显红棕色，后变绿，秋叶深红色。圆锥花序顶生，约有20朵小花，花径1 cm；内萼片暗红色，花瓣黄色，短于萼片，具短距（图3）。花期4～5月。

原产意大利、奥地利、前南斯拉夫和阿尔巴尼亚的山区，后传入中欧。

3. 朝鲜淫羊藿（大花淫羊藿）*E. koreanum*（*E. grandiflorum* subsp. *koreanum*）

宿根类，地下茎横生，形成较疏散的叶丛，高15～45 cm。二回三出复叶，小叶长心形，长3～13 cm，质薄，缘具细刺齿；新叶嫩绿带红棕色。总状花序顶生，小花4～16朵，花径2～4.5 cm；花色多种，白色、淡黄色、深红色或紫蓝色；内萼片狭卵形至披针形，急尖，长8～18 mm；花瓣远长于萼片，具长距（图4）。花期4～5月。

原产我国东北及浙江、安徽。朝鲜、日本也有。该种品种众多，极耐寒。显著特点就是花朵大而繁密，呈蜘蛛状，色彩丰富。

4. 黄花淫羊藿（新拟）*E. perralchicum*

常绿类，株高25～30 cm。一回三出复叶，小叶长心形，长5～8 cm，革质，缘具细刺齿。总状花序顶生，小花20～25朵，花径1.5～2 cm；内萼片椭圆形，先端圆形，黄色；花瓣远小于萼片，具棕色短距（图5）。花期春天。

原产阿尔及利亚。成年植株耐旱，亦可在阳光下生长。

5. 羽状淫羊藿 *E. pinnatum*

常绿类，生长缓慢，株高25～30 cm。小叶5～11枚，小叶宽椭圆形至圆形，先端尖，长5～8 cm，被毛，革质，缘具细刺齿。总状花序顶生，小花25～30朵，花径1.5 cm；内萼片椭圆形，先端圆形，明黄色；花瓣远小于萼片，具棕色短距（图6）。花期5～6月。

原产伊朗北部。

图2 粗毛淫羊藿

图3 高山淫羊藿

图4 大花淫羊藿（不同花色）

5a. 秋水仙淫羊藿 subsp. *colchicum*

最常见的栽培种，与原种的不同点表现在小叶片较少，3 枚或 5 枚；小叶较大，长 15 cm；小花较大，花径 1.8 cm（图 7）。该亚种是很多品种的亲本。

6. 柔毛淫羊藿 *E. pubigerum*

常绿或落叶，株高 45 ～ 65 cm。二回三出复叶；小叶革质，椭圆形至卵形，先端急尖，长 5 ～ 9 cm，叶背密被柔毛，缘疏生细尖齿。圆锥花序顶生，小花约 30 朵，花径 1 cm；内萼片椭圆形，先端急尖，白色或粉色；花瓣小于萼片，淡黄色或白色（图 8）。花期 4 ～ 5 月。

原产欧洲东南部。

7. 红花淫羊藿 *E.* × *rubrum*（*E. alpinum* 'Rubrum'）

高山淫羊藿和大花淫羊藿的杂交种。宿根至半常绿，株高 20 ～ 40 cm。二回三出复叶；小叶心形，先端渐尖，长 14 cm；幼叶红色，秋叶棕红色。小花 15 ～ 20 朵花，花径约 2.5 cm；内萼片长椭圆形，先端急尖，深红色；花瓣稍短于萼片，淡黄色或淡红色（图 9）。花期 4 ～ 5 月。适应于各种土壤，是生长最快且最好的地被植物之一。

8. 变色淫羊藿 *E.* × *versicolor*

是大花淫羊藿和秋水仙淫羊藿的杂交种。常绿或宿根，株高 20 ～ 40 cm。一至二回三出复叶；小叶心形，先端渐尖，长 6 ～ 8 cm；幼叶铜红色或嫩绿色具红斑晕，秋叶棕红色。小花约 20 朵，不孕，花径约 2 cm；内萼片椭圆形，先端急尖，浅黄色；花瓣黄色，具与花瓣等长的距，具红晕（图 10）。花期 4 ～ 5 月。耐寒、耐旱、可在阳光下生长，适应性强，易种植。

9. 扬格淫羊藿 *E.* × *youngianum*

双叶淫羊藿（*E. diphyllum*）和大花淫羊藿的

图 5　*E. perralchicum*

图 6　羽状淫羊藿

图 7　秋水仙淫羊藿

图 8　柔毛淫羊藿

图 9　红花淫羊藿

图 10　变色淫羊藿

杂交种，来自日本。宿根型，株高 15 ～ 30 cm。一至二回三出复叶，小叶 2 ～ 9 片；小叶椭圆状心形，先端渐尖，长 4 ～ 8 cm；幼叶红色或铜红色，秋叶红色。小花 3 ～ 9 朵，钟形，花径约 2 cm；内萼片长椭圆形，先端急尖，白色或粉红色；花瓣白色，稍长于花瓣或等长，几无距（图 11）。花期 4 ～ 5 月。该杂交种需要更多富含腐殖质的土壤，生长速度相对较慢。

10. 沃利淫羊藿 *E.* × *warleyense*

是高山淫羊藿和秋水仙淫羊藿的自然杂交种，起源于 20 世纪初英国一个名为 Warley 的花园。常绿型，株高 30 ～ 45 cm。一至二回三出复叶，小叶 5 ～ 9 片；小叶椭圆状心形，先端渐尖，长 14 cm；幼叶红色或铜红色，秋叶红色。小花约 30 朵，花径约 1.5 cm；内萼片长椭圆形，先端急尖，铜橙色；花瓣黄色；距短，色似内萼片（图 12）。花期 4 ～ 5 月。极耐旱，在阳光充足处，叶色表现更为丰富。

我国是淫羊藿属植物的分布中心，以往我们只关注了它们的药用价值，观赏性几乎无人问津。产于我国的这些物种中，有很多具有极高的观赏潜力，甚至已经被国外的育种家应用。下面介绍两种未被关注但具有潜力的种。

11. 川鄂淫羊藿 *E. fargesii*

常绿或半常绿型。根状茎横走，株高 30 ～

70 cm。一回三出复叶，小叶3，革质，长4～15 cm。总状花序，小花7～15朵；内萼片细长，淡紫红色，花瓣小，深紫红色，具中短距；雌雄蕊长长伸出花冠（图13）。花期3～4月。春季新叶叶色棕红色。

12. 木鱼坪淫羊藿 *E. franchetii*

常绿或半常绿型。根状茎密集，株高20～60 cm。一回三出复叶，小叶3，革质，狭卵形，长9～14 cm。总状花序，小花14～25朵；内萼片狭卵形，淡黄色，花瓣黄色，具长距，远长于内萼片，时常向内弯曲（图14）。花期4月。春季新叶带红晕，秋季叶色深紫红色。

三、繁殖与栽培管理技术

（一）播种繁殖

种子在花后约2个月成熟，易脱落，应及时采收。具有休眠特征，且干种子难以萌发，故一般即采即混湿沙播种；不能及时播种时，则可采用湿沙层积保藏。翌年春天出苗整齐。

（二）分株繁殖

一般于12月至早春进行分株繁殖。挖出整株，去除泥土，将地下茎剪成10～15 cm长的段，另行种植即可。

（三）园林栽培

1. 土壤

喜排水良好、通透性好、富含腐殖质的壤土或砂土。

2. 水肥

保持土壤中等湿度至湿润且不积水为宜；喜富含有机质的肥沃土壤，故追肥以有机肥为主。

3. 光照

忌强光暴晒，喜半阴条件或斑驳阳光；常绿型淫羊藿种植初期也需半阴环境，一旦根系建立，则抗晒能力大大提高，也可在阳光充足处生长。一般情况下，适宜玉簪生长的生境，一定可

图11 扬格淫羊藿各色品种

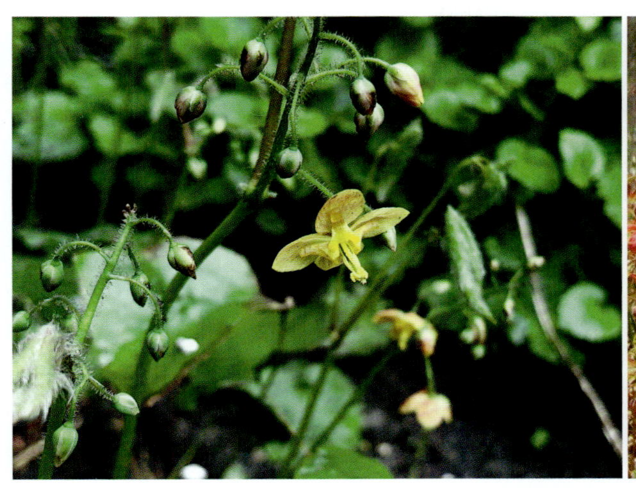

图 12 沃利淫羊藿

图 13 川鄂淫羊藿

图 14 木鱼坪淫羊藿

以种植淫羊藿属植物。

4. 修剪及越冬

宿根类种及品种，在入冬前应及时修剪枯枝叶，以防病菌滋生；常绿类种及品种，一般秋冬季叶色变为红色，具有观赏价值，故可以在初春萌发前修剪。

抗寒能力强，冬季无须保护。

（四）病虫害防治

病害主要是日灼病，根据品种特性适当遮光即可。

虫害主要有金针虫、蛴螬、蝼蛄、地老虎等，常规方法防治。

四、价值与应用

作为优良的补肾药材被广泛应用，其观赏价值却极少被关注。淫羊藿花形奇特，花色丰富，叶片光亮且多数可常绿；耐寒、耐阴、耐贫瘠，适应性强，是极好的开花地被材料。可片植于疏林下，早春及秋季的彩叶，会带来别样的惊喜；也可丛植于庭院岩石间或于花境中与其他花卉搭配，弥补早春与晚秋的色彩空缺。

淫羊藿的景观应用开始于 19 世纪 50 年代的欧洲。冰雪将尽的早春，或嫩绿或带红晕的叶丛就迫不及待地伸出泥土。之后，小且密集而呈云雾状的白色、黄色、粉色或红色花序便爬上叶丛，在阳光下摇曳。另外，淫羊藿属铜色或红色的春叶和秋叶也吸引着人们的眼球。

（李团结 李淑娟）

Epipremnum 麒麟叶

天南星科麒麟叶属（*Epipremnum*）常绿藤本植物。全属15种，原产于波利尼西亚的莫雷阿岛，随后被引入东南亚、南亚、我国华南地区、所罗门群岛、非洲、西印度群岛等地，并在一些热带及亚热带森林中归化；我国产3种，分布于台湾、华南和西南。属名源自于希腊语："*epi*"（ἐπί）意为"上面"、"*premnon*"意为"树干"，形容本属植物"攀附于大树上"的生长状态。

一、形态特征与生物学特性

（一）形态与观赏特征

高大藤本，茎攀缘，多分枝，质软而悬垂。幼枝鞭状，细长，粗3～4mm，节间长15～20cm，节间多气生根；叶柄长8～10cm，达顶部；下部叶片较大，长5～10cm，上部叶渐小，长6～8cm，宽卵形，短渐尖，基部心形。成熟枝上叶柄粗壮，长30～40cm，两侧具鞘；叶片薄革质，翠绿色，通常有多数不规则的纯黄色斑块，为两侧不等的卵形或卵状长圆形，先端短渐尖，基部深心形，全缘，长32～45cm，宽24～36cm（图1）。不易开花，叶片大小随生长环境变化较大。

图1　绿萝

（二）生物学特性

性喜温暖、湿润的环境条件，喜阴，忌强光。耐热、耐湿，不耐寒。自然生长于热带雨林的树荫下。

二、园艺品种

1. 绿萝 *E. aureum*

又名黄金葛。常见栽培，生命力极强，极易繁殖和栽培，是一种最常用的喜阴观叶植物，足迹遍及全国；在南部沿海城市露天种植，其他区域则盆栽观赏。园艺品种多具各种色斑，而且这些色斑的形态及多少受生长环境影响较大，造成一些品种难以区分。

1a. '花叶' 'Golden Queen'

叶片上具有各种不规则的金黄色块状、条状、丝状和点状等色斑（图2A）。

1b. '快乐叶子' 'Manjula'

叶片较宽，边缘波浪状。绿色叶片上具奶白色或银白色色斑，且色斑的形态与多少变化较大；一些叶片可能绿色较多，其他叶片可能有绿色、奶白色和银白色的杂色，色斑形态可能成片，也可呈飞溅状或斑点状（图2B）。

1c. '雪花葛' 'Marble Queen'

又名'大理石皇后'。叶片几乎为乳白色，中间夹杂着少量的绿色，斑纹常呈大理石状，似雪花覆盖叶片，十分别致（图2C）。

1d.‘霓虹灯’‘Neon’

叶片为亮黄绿色，新叶更甚（图 2D）。

1e.‘乔伊’‘Njoy’（‘N–Joy’，‘N’ Joy’）

叶片具淡黄色和银白色色块，有时会恢复为纯绿色（图 2E）。

1f.‘珍珠翡翠’‘Pearls and Jade’®

是‘雪花葛’的芽变品种。叶片具有银白色色斑（图 2F）。

图 2 绿萝园艺品种

注：A.‘花叶’；B.‘快乐叶子’；C.‘雪花葛’；D.‘霓虹灯’；E.‘乔伊’；F.‘珍珠翡翠’。

图 3　水培绿萝

图 4　北面阳台生长的绿萝（刘青林　摄）

三、繁殖与栽培技术

（一）扦插繁殖

绿萝节间极易产生气生根，扦插是生产中最常用也最简单有效的繁殖方式。气温 17 ~ 35℃均可进行，温度越低生根时间越长。选取健壮的枝条，剪成具有 1 ~ 2 节的插穗，保留 1 片叶。扦插基质需保水且疏松透气。将插穗茎节以下插入基质，保持基质湿润。约 1 周即可生根，20 ~ 30 天即可移栽。水插法是观赏者喜爱的一种方式，极易操作。只需剪取健壮的枝条（带顶芽最好），将枝条插入盛水的容器中即可。也可采用压条法，但效率较低。

（二）园林栽培

1. 土壤

喜富含腐殖质、疏松肥沃、微酸性的土壤。

2. 水肥

绿萝喜湿润，但一般是见干见湿；肥力充足则更健壮，生长季节每半个月追施有机肥 1 次。

3. 光照

绿萝是最耐阴的植物之一，甚至在无自然光的室内人工补光也可生长，忌强阳光长时间照射。散射光或斑驳阳光下生长最佳；生产中则需适当遮光培养。

4. 修剪及越冬

绿萝极耐修剪，可根据实际需求修剪过长枝条。耐寒性较差，多数地区需室内保护越冬。

四、价值与应用

绿萝叶片四季常青，圆润且光亮，叶斑多变美观，光补偿点极低，使其成为室内观叶植物的首选对象，可谓无处不在。水培、盆栽或吊盆栽植，置于室内桌案（图 3）、阳台（图 4）或窗台等处。大型绿萝柱则落地摆放于厅堂，景观中则用于垂直绿化。唯需注意其汁液中含有不易溶解于水的草酸钙针晶体，误食易造成口腔损伤，如口腔刺痛、呕吐、吞咽困难等；皮肤接触其汁液也会产生刺痛感等反应。

（李淑娟）

Erigeron 飞蓬

菊科飞蓬属（*Erigeron*）宿根花卉。全属约390种，主要分布于欧洲、亚洲大陆及北美洲，少数分布于非洲和大洋洲；我国有35种，主要集中于新疆和西南部山区。野生分布于高山草甸及林缘地带，常作草药使用，部分种收载于地方药志、民族药志中，如短葶飞蓬、小蓬草、长茎飞蓬和一年蓬等。其中短葶飞蓬引种驯化较早，已形成规模化种植。

一、形态特征与生物学特性

（一）形态与观赏特征

多年生，稀一年生或二年生草本或半灌木。叶互生，全缘或具锯齿。头状花序辐射状，单生或数个，少有多数排列成总状、伞房状或圆锥状花序；雌雄同株；花多数，异色；雌花多层，舌状，紫色、蓝色或白色，少有黄色，多数（通常100个以上）；两性花管状。花全部结实；瘦果长圆状披针形，扁压（图1、图2）。

（二）生长发育规律

在自然生长情况下，春、夏季节地温回升、雨水下透后，短葶飞蓬种子开始萌发，营养生长初期以莲座状基生叶为主，7～8月为营养生长旺盛期（图3）。

3～10月主茎由基部发出，头状花序着生于茎顶端，随主茎一同发育，一般夏末秋初为盛花期。头状花序现蕾时呈绿色，外围舌状花初呈白色，后逐渐变为粉紫色。单个花序花期19～25天，花期内舌状花一直保持开放状态，而管状花由外围向心部次第开放，每天有15～20朵小花开放，管状花单花花期为7～10天。需传粉结实，蜂、蝶为主要授粉者。7～10月种子陆续成熟，种子完全成熟后，由风力或其

图1　短葶飞蓬

注：A. 野生植株；B. 栽培植株；C. 药材。

图 2　短葶飞蓬花部结构

图 3　短葶飞蓬生育期

注：A. 苗期；B. 营养生长期；C. 花期；D. 果期。

他自然物理扰动脱落在母株周边，传播距离较近，待翌年春夏萌发。

秋冬季节地上部分干枯。栽培条件下，在亚热带温、湿度条件较好的区域，短葶飞蓬一年四季可生长开花。通常苗期 90 天左右，种苗移栽到种子再次成熟需 90 ～ 120 天。种子无后熟性，不休眠，可随采随播，常温贮存寿命约 6 个月。

（三）生态习性

短葶飞蓬适宜生长在温带和亚热带海拔 1400 ～ 2200 m 的地区，年平均气温 15 ～ 20℃，年降水量 700 ～ 1200 mm，空气相对湿度 60% ～ 80%，最冷月平均气温 5℃以上，无霜期 150 天以上。栽培时，应考虑光照、温度、水分、土壤等环境条件。

1. 光照

野生资源多分布于草地、林缘或疏林下，阴坡分布多于阳坡，伴生植物通常比短葶飞蓬矮小。研究表明短葶飞蓬更趋于阳生植物，在全光照射下植株有最高的生物量和有效成分积累。紫外线辐射增强可使植株株高降低，基生叶数减少，总生物量下降，黄酮类成分含量增加。从全年来看，日照时数愈长愈有利于植株生长；开花对日照没有严格要求，为日中性植物。

2. 温度

春化作用不明显，6 ～ 30℃均可生长，生长季 20 ～ 24℃较适宜。倒春寒可导致其早花。

3. 水分

栽培植株基生叶繁茂，整个生长期需要大量的水分，土壤含水量为 75% 左右时最适宜短葶飞蓬生长，降低至 40% ～ 60% 时植株生长渐缓，低于 30% 时生长基本停滞。缺水可导致植株光合能力减弱，当晴天午间空气湿度较低、气温高时，光合作用受到午间强光抑制，出现“午睡”现象。这种现象与此时空气湿度低、气温高密切相关。但在土壤水分过高或过低的胁迫条件下，灯盏花素含量和咖啡酸酯含量都高于常规植株，说明土壤水分对短葶飞蓬次生代谢产物的积累存在逆境效应。轻度至中度干旱可导致早花，但茎数及花序数减少。

4. 土壤

可在多种土壤类型中生长，一般土层深厚、有机质含量 3% 左右、pH 6.0 ～ 7.0 的砂壤土、壤土或黏壤土较为适宜。自然分布土壤以红壤为主，少部分为黄壤、黑壤、棕壤和砂壤，土壤类型对短葶飞蓬黄酮类成分积累的影响有显著差异，红色石灰土、紫色土及黄红壤中栽培的植株含量较高，黑色石灰土和腐殖土中栽培的较低。氮素可显著促进植株营养生长，但抑制黄酮类成分的积累；钾素在一定范围内对株高和根长有显著影响，过高或过低均不利于生物量的积累；磷对黄酮类成分含量的作用高于钾，但对生物量的影响低于钾。

二、种质资源与园艺品种

1. 短葶飞蓬 *E. breviscapus*

又名灯盏花。多年生草本，株高 8 ～ 30 cm。根茎上密生纤细须根。单叶，基生叶密集，呈莲座状，倒卵圆状披针形、匙形、阔披针形或阔倒卵形，长 1.5 ～ 20 cm，宽 1.5 ～ 4.5 cm，两面被白色短柔毛，全缘，少浅裂，叶缘平整，少皱波状，先端钝圆，具短尖，叶基渐狭，下延成柄；叶柄基部为绿色、红色或紫色。茎直立，茎数 1 ～ 10，长 8 ～ 30 cm，被白色短柔毛，上具细纵棱，绿色、红色或绿红两色渐变。茎生叶互生，披针形，基部抱茎。头状花序顶生，花序数 1 ～ 15 个；总苞片杯状，3 层，绿色，被白色柔毛；花序外围为 2 列舌状花，蓝色至蓝紫色，中央为黄色管状花。瘦果扁平，倒卵圆形，具柔软冠毛。花期 3 ～ 10 月。

不同分布区或生境的短葶飞蓬在居群间和居群内均表现出丰富的表型变异（图 4）。其观赏性状中，株型按构件组成由多叶型向多枝型过渡，按形态由直立型向平铺型过渡；叶形有倒披针形、匙形、倒卵形，叶缘有全缘、波状、锯齿等，叶尖有渐尖和钝尖；舌状花色有紫色、淡紫色、白色，管状花冠口颜色有紫色、淡紫色、白色。

图 4　短葶飞蓬花色

注：A. 白色；B. 浅粉色；C. 粉色；D. 粉紫色；E. 紫色；F. 浅紫色。

云南为短葶飞蓬野生资源最为集中的地区。野生植株与同属的多舌飞蓬（*E. multiradiatus*），以及紫菀属的密毛紫菀（*Aster vestitus*）等形态近似，易混淆。一般情况下通过短葶飞蓬基生叶莲座状且花期生存、头状花序单生于茎和分枝的顶端、蓝紫色舌状花 2 ～ 3 层等植物学特性进行判别。

野生短葶飞蓬为杂合群体，种质资源的质量和数量性状变异丰富，同一地理类群内变异比类群间更显著，且表型多样性指数相对较高，为品种选育提供了良好的种质基础。

短葶飞蓬人工驯化历史较短，经过种源筛选和品种选育后用于栽培生产，且栽培多以药用原料为目的，少见以观赏为用途的园艺品种。短葶飞蓬园艺品种在形态上常以基生叶形态特征区分，重在经济性状及药用价值，目前已育成并应用于生产的园艺植物新品种如下：

1a. 艾瑞杰系列

‘艾瑞杰 1 号’与‘艾瑞杰 2 号’亩产 204.7 ～ 252 kg，野黄芩苷与总咖啡酸酯含量比例近 1 ∶ 1，为企业制剂生产专用型品种，适宜于云南大理、弥渡及周边海拔 1850 ～ 2100 m 的区域种植。

1b. 生物谷灯盏花系列

‘灯盏花 1 号’基生叶被毛疏，平均亩产药材干品 250 kg 以上，野黄芩苷与总咖啡酸酯含量比例在 1 ∶（4 ～ 5）。‘灯盏花 2 号’叶形狭长，基生叶表面被毛密，平均亩产达 280 kg 以上，野黄芩苷与总咖啡酸酯含量比例近 1 ∶ 4。‘生物谷 1 号’基生叶叶缘浅裂，叶尖锐尖，野黄芩苷含量平均为 3.19%。为企业制剂生产专用型品种，适宜于云南红河、弥勒及周边海拔 1400 ～ 2400 m 的区域种植。

1c. 千山系列灯盏花

‘千山 1 号’和‘千山 2 号’野黄芩苷含量达到 3% 以上，亩产 300 kg 以上。适宜于云南红河、泸西及周边地区种植。

1d. 龙津 1 号

野黄芩苷含量 2.76% 以上，为企业制剂生产专用型品种，适宜于云南曲靖、宣威及周边地区种植。

1e. 滇灵系列灯盏花

‘滇灵 1 号’平均亩产干品 300 kg，野黄芩苷含量 3.62% 左右，总黄酮含量达 6.99%。‘滇灵 2 号’与‘滇灵 4 号’采收期开花植株比例 13.3% ～ 21.95%，平均单株花茎数低于 3 个，平均亩产干品 340 kg，野黄芩苷含量 2.9% 左右，总黄酮含量达 5.98%，适宜于云南泸西海拔 1400 ～ 1900 m 地区种植。‘滇灵 3 号’采收期开花植株比例 8%，平均单株花茎数 1.57 个，平均亩产干品 260.1 kg，野黄芩苷含量 2.9% 左右，总黄酮含量达 5.35%，适宜于云南泸西海拔 1600 ～ 2500 m 地区种植。

三、繁殖技术

（一）播种繁殖

短葶飞蓬种子成熟先后不一，果序呈毛球状、带冠毛的瘦果一碰即落时即可采收，采种期一般可持续 30 ～ 40 天。种子瘪粒多、萌发率低，仅为 12% ～ 30%。因此，种子采收后，应搓去瘦果冠毛，筛去瘪种，装入布袋悬挂贮藏在荫蔽、通风、干燥的场所，常温贮藏时间应在 6 个月以内。

育苗棚内穴盘播种。按当地气候条件选择播种时间，春播、夏播、秋播均可。按盘面每平方米 2 ～ 3 g 的用种量，均匀撒播，播后覆盖 1 mm 厚的草木灰或腐殖土，再均匀覆盖松针等，浇透水。播种后，间隔 1 ～ 2 天浇水 1 次。依据出苗情况分 2 次减少覆盖物量，待长出 2 ～ 3 片真叶时去除全部覆盖物。清除杂草、弱苗、病苗，每 5 天 1 次。拔去穴中多余的苗，空穴补苗，保证每穴 3 ～ 5 苗。幼苗长至 6 片真叶时，喷施复合肥 1 次，复合肥用量为每平方米 5 g。待长出 6 片真叶时，喷施氮∶磷∶钾比例为 1 ∶ 1 ∶ 1 的复合肥，之后减少浇水次数和浇水量。保持育苗棚昼夜通风，夜间温度不低于 10℃，日间温度不高于 35℃，使幼苗适应外界温湿度，炼苗 7 ～ 10 天。叶数 6 ～ 10 片、苗高

10～15 cm 时起苗，带土移栽。

（二）组培快繁

用生长正常的健康基生叶作为外植体，在超菌工作台上用 70% 乙醇浸泡 30 秒，2% NaClO 消毒约 8 分钟，无菌水清洗 3 次，切成 0.5 cm 左右的方块，接种到 MS+6-BA 1 mg/L+NAA 0.5 mg/L 培养基上，诱导愈伤组织产生；培养 20 天后切取诱导产生的愈伤组织，接种到 MS+KT 4 mg/L+IBA 0.5 mg/L 培养基上，诱导产生不定芽；培养 30 天后，将产生不定芽的愈伤组织转入壮苗培养基中，其配方为 MS+6-BA 0.5 mg/L+NAA 0.5 mg/L+ 水解络蛋白 1000 mg/L+PVP 1000 mg/L +GA 0.5 mg/L，可有效促进不定芽生长。壮苗培养 60 天、具 4～8 片叶片时，转入 1/2MS+6-BA 0.5 mg/L+NAA 3 mg/L+IBA 3 mg/L+ 活性炭 0.3% 的培养基上，诱导植株形成根系。小苗生长 30 天后，根系健壮时炼苗待栽。先将瓶口松开但不揭盖生长 5～7 天，敞开瓶口在室内自然光下生长 5～7 天。将小苗从瓶中移出，洗净根部培养基，摘去中下部叶片，栽入生红土：细沙：珍珠岩配比为 1 ：1 ：1 的基质中，遮阴保湿至植株恢复生长时为止。其间遮光度宜 60%，土壤水分以手捏成团、轻触即散的程度为宜。

四、栽培管理技术

（一）露地栽培

适于暖温带、亚热带地区花坛、花境、绿化带地被层等，要求良好的光照条件。栽植地形宜选择平地或缓坡地，忌易积水地块，避免土壤黏性较大或砂性过重。栽前翻地晒垡 7～10 天，深翻 25～30 cm。播种前 3～5 天清除杂草、枯枝残叶；碎垡，使土粒直径小于 3 mm，平整土地。结合整地，每平方米施用有机肥 400～600 g。春末夏初，理墒盖膜，按 15 cm×15 cm 株行距在地膜上挖孔，每穴种苗带土放入孔穴中；浇清水或掺清粪水定根。缓苗后，拔去病死苗，进行补植。土壤含水量低于 60% 时浇水防旱，保持田间土壤水分含量在 75% 左右。每亩施用氮：磷：钾比例为 1 ：1 ：0.5 或 1 ：1 ：1 的复合肥 30～40 kg，分 3～4 次追肥。3～10 月均可开花，一次花期结束后，可割除花茎或地上部分茎叶，采割后畦面混合喷施灭菌酯及代森锰锌 1 次，按商品包装推荐的用法用量即可，待再次抽茎开花。

（二）温室栽培

适合于具备通风控温条件的温室移栽种植，温室内最高温不可超过 35℃，种植区域应利于排水。采用园土种植，土壤厚度 25～30 cm，无须覆膜，水肥管理及其他栽培措施参照“露地栽培”。

（三）盆栽

可室内外盆栽。盆口直径宜≥ 10 cm，培土深度宜≥ 20 cm，单株营养面积宜≥ 25 cm^2。可种子撒播或带土移苗入盆。用种量每平方米 2～3 g，均匀撒播后覆土约 1 mm，浇透水，用无纺布覆盖，直至长出 4～6 片真叶时去除覆盖。出苗过程中，定期浇水，保持土壤含水量在 60%～75%。移栽初期喷施调节型或复合型商品叶面肥。水分管理按照“干透浇透、不干不浇”的原则。割除前茬花或地上部分茎叶后，先混合喷施灭菌酯及代森锰锌 1 次，待伤口愈合再喷施营养型或复合型商品叶面肥。冬季最低温低于 5℃时，应进行无纺布等轻质网膜等进行覆盖，或移入室内。

（四）促成栽培

移栽种植的短葶飞蓬花序数量是直播方式的 2～3 倍，移栽初期的干旱和“倒春寒”等短期寒害均可导致短葶飞蓬提前开花。一般多采用控水的方式进行促成栽培。即在预期花期的前 45～60 天开始，停止施用氮肥和浇水，将土壤水分降至 60% 左右，持续 15～30 天，待基部茎发出，恢复至正常水分 75% 即可。若促进多花，可待首茎长至 5～10 cm 时摘除，正常浇水施肥即可。

（五）病虫害防治

短葶飞蓬病害主要是根腐病、霜霉病和锈病，宜通过农业综合防治技术，即采用缓坡地种植、定期轮作、高厢宽沟、合理密植、清沟排水、田园清洁等措施进行预防，必要时喷施化学药剂保护和防治，但注意控制化学农药的使用次数和用量，并禁用对传粉昆虫有害的化学农药。短葶飞蓬偶发食叶虫害，对开花影响较小。规模种植时，盲蝽与叶甲危害较大，但多数杀虫剂对蜜蜂等传粉昆虫具毒害作用，虫口密度较低时不建议进行化学防治。

1. 根腐病

发病初期，根部或茎基部为暗褐色，地上部分叶色逐渐暗淡，叶片在午间日光照射下出现萎蔫症状，早晚恢复。发病中后期，病部颜色由暗褐色逐渐变为深褐色至黑色，发软甚至腐烂。地上部分表现为生长减弱直至干枯，严重时成片死亡。田间高温多湿、土壤黏重易发病。在发病初期或中期，使用多菌灵、甲基硫菌灵等广谱、高效、低毒药剂，以及枯草芽孢杆菌等生物杀菌剂，均可起到很好的抑菌效果。以上制剂均按商品包装上推荐的用法用量，轮换使用。田间发现病株应及时拔除，并用生石灰消毒病穴。

2. 霜霉病

感病初期，叶片正面发生局部浅黄褐色或褐色的病斑。感病中期，病部扩大，病斑多数受叶脉限制而呈多边形或不规则形状。通风不良或空气湿度较大时，叶背面长出白色或灰白色的霜状霉层，也可蔓延至叶面。发病后期，病斑连片，呈黄褐色，严重时整个叶片枯黄死亡。以苗期和移栽后密度大、通风不良时发病严重。田间种植过密、排水不良易发病。注意田间观察，发现中心病株后拔除或用农药防治。可选嘧霉灵、甲霜灵或瑞毒霉锰锌轮换施用。

3. 锈病

发病初期，叶片背面失绿，并产生黑褐色粉状物，相应的叶正面也出现孢子堆痕迹；发病后期，叶背粉状物成堆，相应的叶正面也出现黑褐色粉状物，严重时粉状物蔓延至叶脉及茎。夏季高温多雨条件易发病，并随雨水及水流传播。田间发现病叶应摘除，雨季需及时清沟排水。防治药剂可选用三唑酮、苯醚甲环唑、萎锈灵、代森锰锌、氟硅唑、灭锈胺等，轮换使用。

4. 盲蝽

成虫活跃善飞，喜群集于盛开的花朵、嫩叶和幼蕾。刺吸花部组织的汁液，增加病毒病传播概率；在果序上进行交配等活动，迫使大量种子未完全成熟即脱落，影响种子生产。采用啶虫脒进行防治，马拉硫磷、丙溴磷、吡虫啉虽低毒，但对传粉昆虫蜜蜂产生高毒危害，不宜在种子田中使用。

5. 叶甲

以幼虫危害为主。初春，气温升高后，幼虫在幼苗基生叶的心叶中取食嫩叶，严重时心叶被食尽，植株生长受到影响，造成断垄缺苗。在发现卵块或大量成虫活动的地块，出苗后用草木灰、石灰粉或 2% 巴丹粉剂撒于墒面，每亩用量 1500 ～ 2000 g，也可混用后撒施。田间发现成虫时可利用其假死性，击落灭除。

五、价值与应用

飞蓬分布广、适应性强，植株矮小，头状花多为蓝色、紫色，也有少数为白色或黄色，花期长，观赏价值高，适于盆栽、花坛、花境或地被栽培。

短葶飞蓬以干燥全草入药，药材名为灯盏细辛或灯盏花。始载于明代云南著名医药学家兰茂所著的《滇南本草》，后见于《晶珠本草》《藏药志》《中药大辞典》《中国民族药志》《中华本草》等，并被现行《中华人民共和国药典》以“灯盏细辛（灯盏花）”为名收载，是我国西南地区苗、藏、壮、彝、白、傣、傈僳、景颇、纳西、阿昌、德昂等少数民族的习用草药，传统多用于治疗风寒痹痛、中风瘫痪、胸痹心痛、牙痛、感冒。短葶飞蓬被认为是与银杏、三七、丹参并列的四大类心脑血管类药用植物之一，云南栽培的短葶飞蓬占全国总面积的 90% 以上。与野生植株相比，人工栽培的短葶飞蓬花序繁茂，单株花期 30 ～ 40 天，群体花期可达 60 天左右，花色为粉白色至紫色，观赏性强，可作为景观植物使用。

（王馨）

Eryngium 刺芹

伞形科刺芹属（*Eryngium*）一二年生或多年生植物。该属约250种，广布于热带和温带地区。我国有2种，一种是刺芹（*E. foetidum*），产广东、广西、云南等地；另一种是扁叶刺芹（*E. planum*），产自新疆。园艺品种丰富，以其独特的花序形态和淡雅的花色，成为夏季园林景观中重要的观赏植物。

一、形态特征与生物学特性

（一）形态与观赏特征

茎直立，基生莲座叶，叶子通常带刺，并且有银白色的叶脉，心形，常分裂。头状花序，花小，密集，白色、淡绿色或蓝色，有显著的苞片。果卵圆形或球形。在夏末，分枝茎长出格外引人注目的圆锥状花头，上面有狭窄、多刺、深蓝色的苞片，可谓锦上添花。

原产地为欧洲、南北非、土耳其、中亚、中国和韩国的干燥岩石地区和沿海地区。来自中美洲和南美洲的湿润和沼泽草地的种类，通常具有纤维状根、剑形、常绿的叶子和偶尔具紫褐色的花及小苞片。

（二）生物学特性

喜温、耐热、怕霜，喜湿、耐贫瘠。生长适温15～35℃，5℃以上能安全越冬，短时40℃高温植株能正常生长。各种土壤均能适应，生长于土质肥沃的砂壤土更易获得丰产。在贫瘠土壤中生长的苗株虽瘦小，但芳香味更浓。扁叶刺芹适应性强，耐移植，在西安可露地生长10年以上。

二、种质资源与园艺分类

1. 刺芹 *E. foetidum*

株高11～40 cm，主根纺锤形。茎绿色，直立，粗壮，无毛，有数条槽纹。基生叶披针形或倒披针形，不分裂。头状花序生于茎的分叉处及上部枝条的短枝上，革质。果卵圆形或球形（图1）。花果期4～12月。

分布于广东、广西、贵州、云南等地，通常生长在海拔100～1540 m的丘陵、山地林下、路旁、沟边等湿润处。

2. 扁叶刺芹 *E. planum*

多年生草本，株高90 cm，冠幅45 cm。主根细、丛生状。茎灰白、淡紫灰或淡紫色。叶长椭圆状卵形，表面绿色，背面淡绿色，边缘有锯齿。头状花序宽卵形，花淡蓝色。果长椭圆形，卵形或近圆形（图2）。花果期7～8月。

分布于我国新疆阿勒泰、塔城等地区，欧洲中部、南部和俄罗斯等地区也有分布，生长在杂草地带。

2a. 扁叶刺芹‘蓝色矮人’*E. planum*‘Blauer Zwerg’（Sea Holly）

紧凑的矮小型品种，株高不超过50 cm，冠幅10～50 cm，达到成熟株型需要2～5年。叶子深绿色，边缘有锯齿。花萼呈尖刺状，蓝绿色。夏季开花，圆顶形花序淡蓝色（图3）。喜欢干燥、砂质且排水良好的土壤；耐炎热干燥环境，以及盐分含量高的土壤。阳光越充足，花朵的蓝色越鲜艳。为蜜源植物，能吸引蜜蜂和蝴蝶。

3. 细裂刺芹 *E. bourgatii*

丛生、直根的多年生草本，具有圆形、羽状

复叶或二回羽状复叶、带刺、显著的银脉、深绿色的基生叶，长度可达 8 cm。在仲夏到晚夏，分枝的蓝色茎上生有蓝色或常呈灰绿色的花，圆柱形的伞形花序，带有披针形、带蓝色调、银色的苞片，长度可达 6 cm（图 4）。株高 15 ～ 45 cm，冠幅 30 cm。原产于西班牙的利牛斯山脉。

4. 高山刺芹 *E. alpinum*

莲座丛、直根性多年生草本，具有卵形至心形、带刺的锯齿状、中绿色的基生叶，长度为 8 ～ 15 cm，以及掌状 3 裂的茎叶。从仲夏到早秋，分枝的茎，顶端附近呈钢蓝色，生有圆柱形的伞形花序，长度可达 4 cm，带有钢蓝色或白色的花朵，以及羽状复叶、柔软带刺的苞片，长度可达 6 cm（图 5）。但土壤不应过于干燥。高度 70 cm，冠幅 45 cm。原产于欧洲的侏罗山脉、阿尔卑斯山脉、巴尔干山脉的山区。

5. 锯叶刺芹 *E. agavifolium*

莲座丛、多年生常绿草本，具有宽阔的剑形、显著且尖锐的锯齿状、光亮的深绿色基生叶，长度为 40 ～ 75 cm。在夏末，轻微分枝的茎上生有圆柱形的伞形花序，长 5 cm，带有绿色至白色的花，苞片完整至带刺的锯齿状，长 6 mm。高度 1 ～ 1.5 m，冠幅 60 cm（图 6）。原产于阿根廷。

6. 硕大刺芹‘银幽灵’*E. giganteum*‘Silver Ghost’

强壮的二年生植物。‘银幽灵’这个名称来源于其苞片的银白色，给人一种神秘的幽灵般的感觉（图 7）。该品种的苞片较窄，呈现银白色；株高可达 50 ～ 100 cm，冠幅 10 ～ 50 cm。

图 1　刺芹

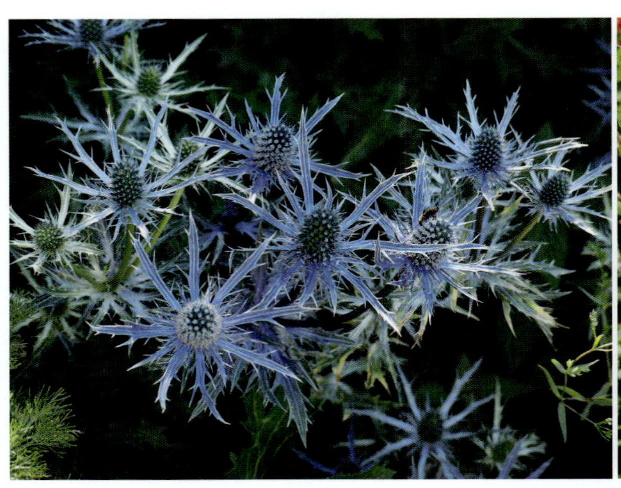

图 2　扁叶刺芹

图 3 ‘蓝色矮人’

图 4 细裂刺芹

图 5 高山刺芹

图 6 锯叶刺芹

三、繁殖与栽培管理技术

（一）播种和分株繁殖

春播，播种前清水浸种催芽 24 小时可以有效促进种子萌发。发芽适温 18 ～ 24℃，播后 24 ～ 30 天发芽。1 月温室播种育苗，春季霜冻过后露地定植可实现当年开花；若是春季直接露地播种，则翌年才能开花。

分株可在春季 3 月进行，每个分株苗必须带芽头。

（二）园林栽培

地栽按株行距 30 cm×40 cm 定植，单株盆栽用 12 ～ 15 cm 盆，3 ～ 5 株苗可用 25 ～ 30 cm 盆，盆土用肥沃园土、腐叶土和沙的混合土加少量腐熟饼肥屑。地栽以腐殖质丰富、排水良好的中性砂壤土为好。盆栽浇水不宜多，保持土壤稍湿润即可，过湿的土壤不利根部恢复生长。

扁叶刺芹生长在干燥环境，喜阳光充足，排水良好、贫瘠至中等肥沃的土壤。冬季防潮，雨雪天气注意开沟排水，严防水淹。盆栽植株在室内，一般情况下都能安全过冬，不需要特殊保护。摘心处理（保留 8 片茎生叶）可提高扁叶刺芹的冠幅、茎粗和花序数，还可以延迟花期。

（三）病虫害防治

很少有病害发生。但阳光少、雾照大、遮阳多的地方会发生白粉病，可用 15% 粉锈宁 1000 倍液喷洒。宜保持土壤湿润，忌过湿积水，易导致根腐病。灰霉病发生初期可用 50% 多菌灵可

图 7 硕大刺芹‘银幽灵’

湿性粉剂 800 倍液喷洒。

虫害主要有蚜虫，可在傍晚用 3% 石灰水或氨水 100 倍液喷雾灭杀。遇高温干旱天气要经常喷水，可减少蚜虫危害。

四、价值与应用

刺芹品种适用于花坛、容器、花境、岩石园或砾石花园种植，在城市花园中提供丰富的视觉和质感效果，其蓝色花朵和银色叶片与其他色彩鲜艳的夏季花卉对比相得益彰。也是蜜源植物，能为蜜蜂和其他授粉昆虫提供花蜜和花粉。花在干燥后能长久保持光泽，可作优良的鲜花和干花材料。

扁叶刺芹还可食用和药用，是中国传统野生蔬菜，气味同芫荽。嫩茎叶可供食用，又可作为食用香料。富含黄酮类物质，可泡茶饮用，具有保健功能。

在传统医学中，被用作药材，具有清热解毒、消肿止痛等功效，有抗糖尿病、抗炎、溶血等作用，还可以预防或减缓神经退行性疾病，被称为“最有前景的药用植物之一”，有极大的开发利用价值。

（苏扬　夏宜平）

Erythranthe 沟酸浆

透骨草科沟酸浆属（*Erythranthe*）一年生或多年生草本植物。该属最初是作为一个单独的属存在的，之后被归入狗面花属（*Mimulus*）；近年分子生物学数据证明应是一个单独的属（Barker, Nesom, et al., 2012）。因部分种的花部特征似猴脸而俗称猴面花；因多数植物具有麝香气味，故又有麝香花的称谓。

一、形态特征与生物学特性

（一）形态与观赏特征

一个高度多样化的属。共同特征为中轴胎座和长花梗，其他形态特征变化较大。茎叶无毛或有毛；茎直立或匍匐，圆柱状或四棱形。叶对生，有柄或无柄，草质，全缘、具齿或深裂，长圆形或椭圆形，通常具腺点。花单生或腋生，或伞房状或总状花序，有苞片；花朵下部管状，上部开裂为二唇形，上唇 2 裂，下唇 3 裂；花红色、粉色、品色、黄色或各种复色；果梗通常明显长于花萼（Barker et al., 2012；Graham, 2012）。

（二）生物学特性

喜光，稍耐阴；喜夏季冷凉气候，耐寒或不耐寒；喜潮湿土壤或生长于浅水中，多数不耐旱。

二、种质资源

该属有 111 种，主要分布于北美洲和南美洲，东亚有少量分布。景观中常用的有以下几种（Graham, 2012）。

1. 猩红沟酸浆 *E. cardinalis*

株高 90 cm，多分枝。叶片亮绿色，具柔毛，卵形至椭圆形，长可达 11 cm，3 ～ 5 脉。花深红色，艳丽，长达 5 cm，喉部黄色，具深紫色条纹；花瓣裂片从两侧向后反折（图 1）。该种是很多园艺品种的亲本。喜湿润土壤或浅水。

分布于美国西南部至墨西哥。

2. 铜花沟酸浆 *E. cuprea*

短命的多年生草本。株高 20 ～ 30 cm，多分枝。叶片椭圆形，缘具齿；长 2 ～ 3 cm；在强光下有时呈紫绿色。花铜橙色或铜红色，极明艳，长约 4 cm，喉部具黄色网纹（图 2）。花期夏季。

分布于智利中部和南部的河岸等潮湿区域，为此地特有植物。

该种与斑点沟酸浆（*E. guttata*）及锦花沟酸浆（*E. lutea*）杂交产生了一批优秀品种，如 ‘Fire Dragon’ ‘Fire King’ ‘Highland Red’ ‘Inshriach Crimson’ ‘Plymtree’ ‘Red Emperor’ ‘Scarlet Bay’ ‘Scarlet Bee’ ‘Whitecroft Scarlet’ 和 ‘Wisley Red’。

3. 斑点沟酸浆 *E. guttata*

该属分布最广和形态特征最具代表性的种。株高 5 ～ 80 cm（通常 30 cm），茎直立或平卧，具匍匐茎或根状茎，着地茎节间可生根。叶圆形至卵圆形，常具不规则齿或浅裂，长 1 ～ 10 cm。花序总状，有花 5 朵或更多；管状花长 5 ～ 20 cm；花萼 5 裂，较花冠短得多；花明黄色；下唇喉部具许多大小不一的红至红棕色斑点；喉部多毛（图 3）。

分布于美国西部、中西部和东北部。喜湿润土壤，常生于溪流边。有各色园艺品种（图 4）。

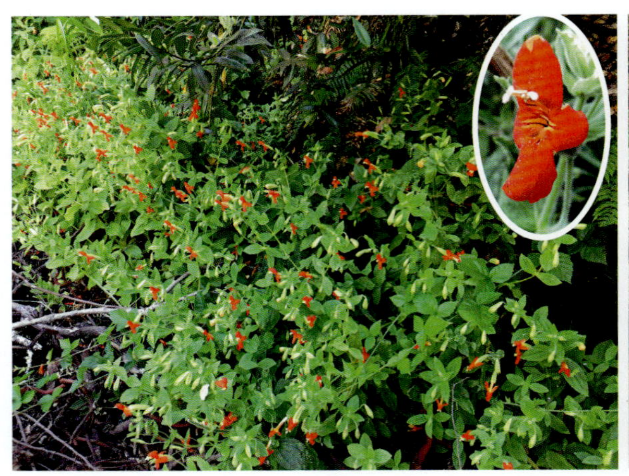

图 1　猩红沟酸浆（Damon Tighe 摄）

图 2　铜花沟酸浆（Francisco G. Táboas 摄）

图 3　斑点沟酸浆（Dan Tucker 摄）

4. 粉红沟酸浆 *E. lewisii*

茎直立或斜升，高 25 ～ 80 cm。叶长圆形或椭圆形，长 2 ～ 7 cm，部分抱茎，茎叶具细毛。花朵大小中等，花梗较长，3 ～ 7 cm，花淡粉色至深品红色，偶尔有白色，花冠喉部有栗色斑点，下裂片上具一对黄色蜜腺线，上覆着毛状体（图 5）。花期夏季。

分布于北美西部。喜潮湿甚至沼泽地，可耐 -23℃低温。

5. 锦花沟酸浆 *E. lutea*

株高 30 ～ 40 cm，茎叶多少肉质，茎粗壮中空。叶交互对生，椭圆形或长圆形，缘具齿，长 2 ～ 3 cm。花冠黄色，花径 2 ～ 5 cm；部分下唇中央具一血滴状红斑，故也称血滴沟酸浆，或具红色或紫色斑点（图 6）。

5a. 变种 var. *variegata*

花色多变（图 7）。花期 4 ～ 5（～ 6）月。原产智利，常生于池塘边和浅水中。现在很多地方归化，自播能力较强。不耐寒。重要的园艺品种亲本。

三、繁殖与栽培管理技术

（一）播种繁殖

种子萌发温度为 18 ～ 22℃，1 ～ 2 周萌发。春播于霜冻结束后进行；秋播可于冷棚中进行，并于冷棚中保护越冬；秋播苗于翌年春末开花。种子萌发期间一定要保持基质潮湿（董长根 等，2013）。

（二）扦插和分株繁殖

可于春季采集刚萌发的嫩芽扦插，或于夏季行嫩枝扦插。

也可于春季萌动时或秋季分株繁殖。

（三）园林栽培

1. 基质

各种疏散、肥沃的壤土。

2. 水肥

生长期间需保持土壤湿度中等至湿润。种植基质肥力要求中等至肥沃，故应定期追肥。

3. 光照

喜阳光充足，稍耐阴。

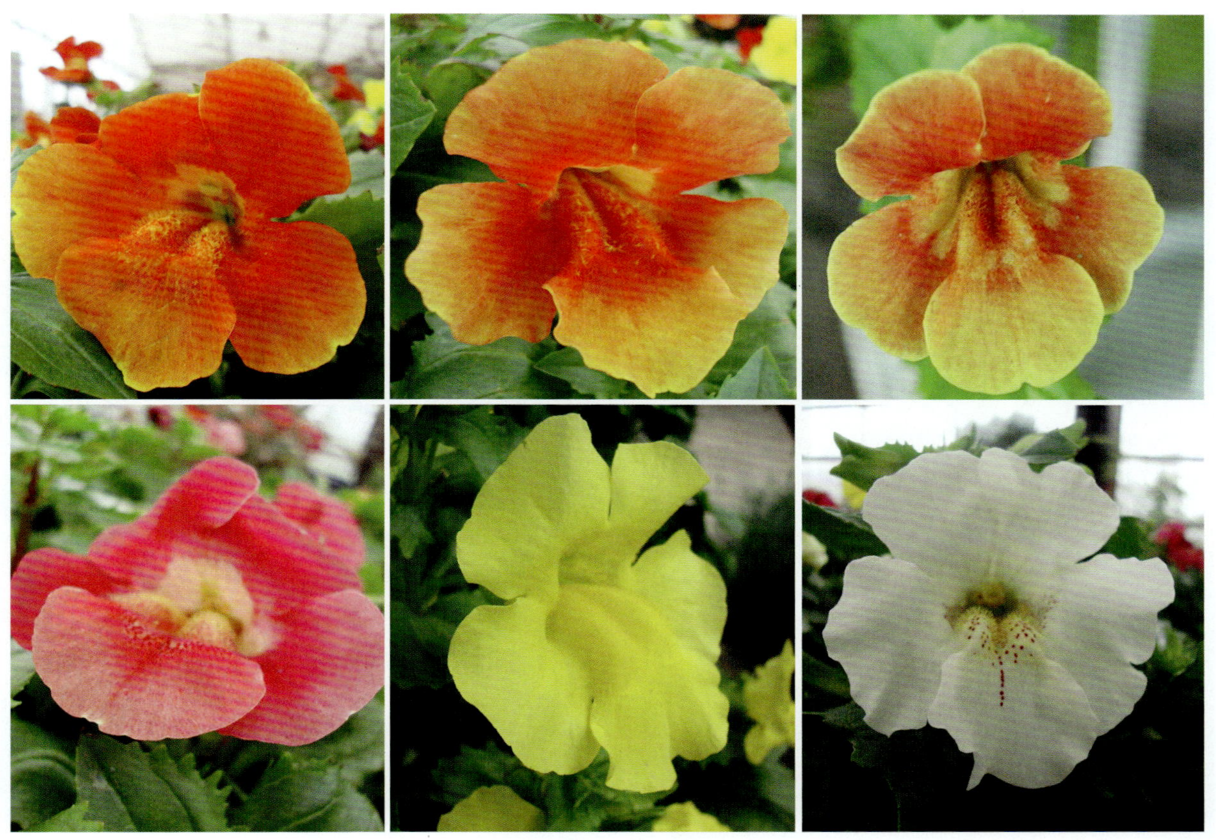

图 4　斑点沟酸浆品种花色

图 5　粉红沟酸浆（M. Hays 摄）

图 6　锦花沟酸浆（V . Quentin 摄）

4. 修剪及越冬

苗期应根据用途进行摘心或矮化处理。该属除粉红沟酸浆和锦花沟酸浆外，其余种均不耐寒，冬季可根据不同种类的耐寒能力及立地条件进行适当保护。

（四）病虫害防治

在湿润的环境中，常有蛞蝓和蜗牛危害；干旱条件下，时有霉粉病发生。均可常规防治。

图 7　锦花沟酸浆变种

四、价值与应用

该属植物喜湿，花色丰富，特别是复色花及其上的各式斑点甚是吸引人们的眼球。花形奇特，花大色艳，耐湿性强，是花坛、花园布置的优秀观花植物；也可应用于湿润花境、溪流湖岸或半沼泽地带。

植物可以从土壤中吸收氯化钠和其他盐并富集于叶片和茎中，美洲原住民将其用作盐的替代品来给野生动物调味（Tilford，1997）。

（李淑娟）

Eupatorium 泽兰

菊科泽兰属（*Eupatorium*）多年生草本、半灌木和灌木。英文名Joe Pye weed，据说Joe Pye是一位将该植物用于治疗疾病的印地安人。泽兰属植物在我国也有悠久的药用历史。该属曾含的入侵植物紫茎泽兰（*Ageratina adenophora*）和飞机草（*Chromolaena odorata*），现已分立。

一、形态特征与生物学特性

（一）形态与观赏特征

丛生状，茎直立，通常不分枝或仅顶端花序分枝。叶多茎生，常对生，少轮生，有时互生；叶有柄或无，常基出三脉，或羽状脉；单叶或羽状或3～5裂或掌裂，全缘或具齿，有毛或无毛，常具腺点。头状花序在枝顶形成复伞房花序或单生于长花序梗上；花两性，易结实；花紫红色、粉色或白色。

（二）生物学特性

分布广泛，喜光稍耐阴，喜湿，耐贫瘠。

二、种质资源

泽兰属有41种，分布于欧洲、非洲、亚洲、北美洲和南美洲等林地、沼泽及其他湿润、阳光充足处。多数仍以杂草的形式存在，景观应用的仅有几种及其品种（Graham，2012；Armitage，2008；董长根 等，2013）。

1. 大麻叶泽兰 *E. cannabinum*

近年新兴的花境植物。宿根，株高50～150 cm。根茎粗壮，具节。茎全部或下部淡紫红色，全部茎枝被短柔毛。叶对生，有短柄；中下部茎叶3全裂，中裂片大；上部茎叶渐小，3全裂或不裂；缘具齿（图1）。头状花序多数，在顶端排成密集的复伞房花序，花序径5～8 cm；花紫红色、粉红色或近白色（图2）。花期6～8月。

广布全欧洲及北非，西伯利亚及高加索地区也有分布。

2. 佩兰 *E. fortune*

株高40～100 cm。茎直立，绿色或红紫色，分枝少，疏被短柔毛，花序分枝及花序梗上的毛较密。中部茎叶较大，3全裂或3深裂；中裂片较大，长椭圆形或长椭圆状披针形或倒披针形，长5～10 cm，侧生裂片与中裂片同形但较小，上部的茎叶常不分裂；缘具粗齿或不规则的细齿。头状花序多数在茎顶及枝端排成复伞房花序，花序径3～6（～10）cm；花粉红色或白色（图3）。花期7～10月。

分布于我国长江流域及黄河流域中下游地区的路边灌丛及山沟路旁。全株及花揉之有香味，似薰衣草。

3. 斑茎泽兰 *E. maculatum*

株高可达200 cm。茎直立，紫色或绿色带紫色斑点，不分枝或少分枝。叶3～6轮生，披针形，缘具齿。头状花序多数在茎顶及枝端排成伞状花序，花序径20～25 cm；每花序由8～22朵盘状花组成，无舌状花；花桃红色或淡紫色（图4）。花期7～9月。

分布于北美洲的潮湿林地、沼泽、沟渠和草甸等处，极耐寒。该种以其稠密的花朵及优良的抗逆性在花园及花境中赢得位置，随着一些相对矮生的品种的推广，应用更为广泛。

3a.‘紫红’‘Atropurpureum’

茎深紫红色，株型相对松散，株高90～

图 1 大麻叶泽兰苗期

图 2 大麻叶泽兰

图 3 佩兰

图 4 斑茎泽兰

250 cm，冠幅 60 ～ 120 cm（图 5A）。

3b.‘拱门’‘Gateway’

株型紧凑的矮生品种，高 90 ～ 180 cm，冠幅 45 ～ 70 cm（图 5C）。

3c.‘瑞森’‘Riesenschirm’

株高 150 ～ 250 cm 冠幅 100 ～ 150 cm。茎深紫红色，叶片深绿色，花紫红色（图 5B）。

3d.‘红矮星’‘Red Dwarf’

矮生品种，高 50 ～ 100，冠幅 50 ～ 100 cm；花紫红色（图 5D）。很受欢迎的品种。

4. 紫花泽兰（粉绿茎泽兰）*E. purpureum*

株高 120 ～ 210 cm，冠幅 90 cm。该种与斑茎泽兰较相似，区别在于茎为粉绿色；头状花序由 5 ～ 7 朵盘状组成（图 6）。花期夏秋。

原产北美。耐寒性极强。

三、繁殖与栽培技术

（一）播种繁殖

随采随播或低温干藏至翌年春播，斑茎泽兰种子需低温处理来提高萌发率，其余种均易萌发。播种时覆土宜浅，且需保持基质潮湿。

（二）分株和扦插繁殖

可于春季萌动时或秋季分株繁殖。

根茎粗壮发达，可于春季掘出根茎进行扦插繁殖。

（三）园林栽培

1. 基质

不择土壤。

2. 水肥

喜湿，生长季土保持壤湿润，特别是炎热的夏季。该属的适应性较强，较耐贫瘠，种植基质中等肥力即可。

3. 光照

喜阳光充足，稍耐阴。

4. 修剪及越冬

种子量较大，易自播，故除采种外，可于花后修剪花序，以防自播扩散。根茎粗壮，易扩展，应注意控制，以保持景观。入冬前剪除地上枯枝叶。该属耐寒性均较强，冬季几无须保护。

四、价值与应用

一个观赏价值被低估的属。植株健壮，抗逆性强，夏秋季节，密集的花朵给人极强的视觉冲

图 5 斑茎泽兰品种

注：A.'紫红'；B.'瑞森'；C.'拱门'；D.'红矮星'。

图 6 紫花泽兰（Jay Zjetteson 摄）

击。原生种高大的株型使其似乎只能应用于空旷的自然景观或作花境的背景材料，但矮生品种为其赢得了花境中景的位置；适宜丛植或片植于景观潮湿处或湖岸边际。株型多高大，夏秋开花，花朵密集，抗逆性强，繁殖能力强，是优良的花境背景植物。但个别种超强的抗逆性和繁殖力，具有一定的侵略性，在应用中需注意限制扩散。

泽兰在我国也有悠久的药用历史，如佩兰（*E. fortunei*）具有醒脾开胃、芳香化湿、发表解暑、解郁散结的功效。湖南长沙西汉初年马王堆古墓中曾发现有该种植物保存完好的瘦果及碎叶残片。

（李淑娟）

Euphorbia 大戟

大戟科大戟属（*Euphorbia*）一二年生或多年生草本、灌木或乔木。植物体具乳状液汁。属名是为了纪念公元前1世纪的著名希腊医师Euphorbus，以此命名了当地分布的大戟属多肉植物，他应用来自北非的一种多肉植物，是效力很强的泻药。1753年，植物学家和分类学家卡尔·林奈（Carl Linnaeus）以医生的名义将整个属命名为大戟属。本属植物资源丰富，适应性强，从热带到亚热带，从陆地到沙漠均有分布。

一、形态特征与生物学特性

（一）形态与观赏特征

根圆柱状或纤维状，或具不规则块根。叶常互生或对生，少轮生，常全缘，少分裂或具齿或不规则；叶常无叶柄，少数具叶柄；托叶常无，少数存在或呈钻状或呈刺状。杯状聚伞花序，单生或组成复花序，复花序呈单歧或二歧或多歧分枝，多生于枝顶或植株上部，少数腋生；每个杯状聚伞花序由1枚位于中间的雌花和多枚位于周围的雄花同生于1个杯状总苞内而组成，为本属所特有，故又称大戟花序；雄花无花被，仅有1枚雄蕊，花丝与花梗间具不明显的关节；雌花常无花被，少数具退化的且不明显的花被；子房3室，每室1枚胚珠；花柱3，常分裂或基部合生；柱头2裂或不裂。蒴果，成熟时分裂为3个2裂的分果爿（极个别种成熟时不开裂）；种子每室1粒，常卵球状，种皮革质，深褐色或淡黄色，具纹饰或否；种阜存在或否。胚乳丰富；子叶肥大。

（二）生物学特性

植物形态较奇特，具备较高的观赏价值，是一个年轻的族群，在非洲大陆、阿拉伯和印度等地方较为常见。大戟属多肉植物区别于其他植物的地方在于其光合作用是使用景天酸代谢途径（CAM），它能在黑暗的环境中对二氧化碳进行固定，并形成有机酸。

二、种质资源与园艺分类

（一）分类概述

本属约1933种，是被子植物中的特大属之一，遍布世界各地，其中非洲和中南美洲较多；我国原产约66种，另有栽培和归化14种，计80种，南北均产，但以西南的横断山区和西北的干旱地区较多。属模式种火殃勒（*E. antiquorum*）。云南省是我国大戟属植物的分布中心，其种类约占全国的47.5%。

大戟属下分5个亚属，包括美洲大戟亚属（Subgen. *Agaloma*）、地锦草亚属（Subgen. *Chamaesyce*）、乳浆大戟亚属（Subgen. *Esula*）、大戟亚属（Subgen. *Euphorbia*）和一品红亚属（Subgen. *Poinsettia*）。园林中应用及作为主要育种亲本的种主要有挺叶大戟（*E. rigida*）、蜜腺大戟（*E. mellifera*）、常绿大戟（*E. characias*）、圆苞大戟（*E. griffithii*）、沼生大戟（*E. palustris*）、扁桃叶大戟（*E. amygdaloides*）、一品红（*E. pulcherrima*）、铁海棠（*E. milii*）、绿玉树（*E. tirucalli*）、霸王鞭（*E. royleana*）、地锦草（*E. humifusa*）、海滨大戟（*E. atoro*）等。

根据应用形式及适应性，英国皇家园艺学会（RHS）将大戟属栽培种和园艺品种分为四大类：

喜阳庭院大戟、耐阴庭院大戟、室内和温室大戟、一品红类。

（二）喜阳庭院大戟 sun-loving garden euphorbias

通常呈灌木状，从基部长出粗大无分枝的芽。草本类型每年都会萌发。叶子通常为明亮的绿色，也有蓝色、红色、橙色等叶色的种类，如圆苞大戟及其品种叶色就为红色和橙色。既有低矮的种类，也有高大的种类，株高最高可达 2 m。真正的花十分细小，主要观赏部位为色彩缤纷、艳丽的苞片。这些大戟可以在没有特殊排水设施的全光照环境中生长，但在相对寒冷地区，挺叶大戟、蜜腺大戟、常绿大戟等种类就需要排水良好的土壤才能生存，而圆苞大戟和沼生大戟则能适应潮湿的土壤。

1. 圆苞大戟 *E. griffithii*

橙色苞片和青铜色叶片，对比鲜明。

1a. 圆苞大戟‘火红’*E. griffithii*‘Fireglow’

多年生，具有发达的根状茎，茎秆直立，叶狭长略带红色。开花醒目，橙红色（图 1），花期初夏。小苗 2 ～ 5 年长成，成株冠幅 0.5 ～ 1 m，高度 0.5 ～ 1 m。喜潮湿但排水良好的环境，可耐 –20℃低温，对土壤酸碱性无要求，可半阴栽培，耐旱。

图 1　圆苞大戟‘火红’

2. 常绿大戟（地中海大戟）*E. characias* subsp. *wulfenii*

常绿或半常绿亚灌木，直立，分枝稀疏，叶片长椭圆形、绿色，头状花序大而圆，花黄绿色（图 2），花期从早春到初夏。小苗 2 ～ 5 年长成，成株高度 1 ～ 1.5 m，冠幅 1 ～ 1.5 m。喜排水良好的全光照环境，对土壤酸碱性无要求，可耐 –5 ～ –10℃低温，耐旱。

2a. 常绿大戟‘黑珍珠’*E. characias*‘Black Pearl’

株型紧凑，花色灰绿，带有清晰可见的黑色花蜜腺体（图 3），花期春夏。小苗 2 ～ 5 年长成，成株高度 0.5 ～ 1 m，冠幅 0.5 ～ 1 m。喜排水良好的全光照环境，对土壤酸碱性无要求，可耐 –5 ～ –10℃低温，耐旱。

3. 通奶草 *E. hypericifolia*‘Inneuphdia’

多年生草本植物，原产墨西哥北部至南美洲北部。株高 25 ～ 40 cm，冠幅 15 ～ 25 cm，全株具白色乳汁。茎直立，二叉状分枝，明显具棱，嫩茎光滑，成熟茎被白色毛。叶对生或互生，叶柄被毛，叶片两面被毛。杯状花序 2 ～ 3 个组成伞房状花序生于枝顶，或单生于叶腋。花序长 1 ～ 1.5 mm，被稀疏毛或光滑；花瓣白色，花期长，在华北地区 6 ～ 11 月花开不断。其株型饱满圆整，单株冠幅可达 40 cm，花朵清雅小巧，繁密细小，夏秋季花开不断，是良好的观花材料（图 4）。

该品种夏季花开不断，枝叶繁多细密，在园林中可丛植或片植，多用于花境、岩石园的营建或作为花坛镶边材料应用，或条带状栽植在草地边缘。还可盆栽应用，在温暖的环境中，花期极长，可达 8 ～ 10 个月，适合盆栽或在小庭园中应用。

4. 禾叶大戟 *E. graminea*

一年生或多年生草本，株高 40 ～ 80 cm，具白色乳汁。茎明显具棱，嫩茎光滑或稍被毛，成熟茎具明显白色毛；茎直立或斜升，常二叉状分枝。叶对生或互生，两面被毛，叶面具浅色“V”形纹；下部叶片宽卵形，全缘，稀有波状齿，叶片长 2 ～ 6.5 cm，宽 1 ～ 4.5 cm，先端

图 2 常绿大戟（吴棣飞 摄）

图 3 常绿大戟'黑珍珠'

突尖，基部阔楔形至楔形；上部叶片往上逐渐变小，长椭圆形、披针形至线形，全缘，枝条顶端的叶片生于杯状花序基部，呈苞片状。杯状花序 2 ～ 3 个组成伞房状花序生于枝顶，或单生于叶腋。花序总苞钟状，花瓣状附属物 2 ～ 4（～ 5）枚，有时无，白色，长 0.5 ～ 1.5 mm，总苞片先端离生、撕裂，与花瓣状附属物互生，雄花 3 ～ 5 朵，花药白色至黄色，雌花 1 朵，果 3 瓣，稍压扁，光滑。种子 3 粒，卵形，具明显褶皱，表面有多数凹点。花果期全年。

4a. 禾叶大戟 *E. graminea* 'Inneuphe'

多年生草本，茎秆柔嫩纤细，常缠绕生长，叶片小而深绿，花细小，白色（图 5），花期春夏秋三季。小苗 1 ～ 2 年可成形，成株株高 10 ～ 50 cm，冠幅 10 ～ 50 cm，喜排水良好的全光照环境，不耐寒（1 ～ 5℃），耐旱。

5. 马丁大戟 *E.* × *martini*

常绿亚灌木，株型低矮，株高不超过 60 cm，叶片狭长，深灰绿色，花黄绿色花，有时带紫色圆点（图 6），花期春夏。成株冠幅 0.5 ～ 1 m。喜排水良好的全光照环境，可耐 -10 ～ -15℃低温，耐旱。

（三）耐阴庭院大戟 shade-tolerant garden euphorbias

这一类大戟能在树荫下茁壮成长，通常具有引人注目的叶子和围绕着小花的色彩鲜艳的苞片，只要夏季土壤不很干燥，很容易生长。与其他喜阴的多年生植物和春季球茎植物一起，应用于林下空间，在形状、颜色和纹理上与上述植物形成鲜明的对比。部分种类喜阳又耐阴，部分种类在全日照条件下花和叶子有可能被烤焦。喜花园堆肥改良过的肥沃土壤，不耐旱。

6. 扁桃叶大戟 *E. amygdaloides*

一种非常吸引人的常绿地被植物，深色或紫色的叶子衬托着柠檬黄色的花朵。

6a. 罗比扁桃叶大戟 *E. amygdaloides* var. *robbiae*

可以用作切花。春季观赏效果非常好，可与

图 4　白苞通奶草‘白色魅力’（吴棣飞 摄）

图 5　禾叶大戟

图 6　禾叶大戟

郁金香一起搭配插花。采摘或修剪时要戴上手套，免受乳白色汁液的伤害。可将茎的底部浸入沸水中 10 ～ 15 秒，使其吸收水分，从而防止在插花操作时枯萎。

6b. 扁桃叶大戟‘紫叶’*E. amygdaloides* ‘Purpurea’

常绿多年生草本，茎秆柔软多毛，株高可达 75 cm，茎叶呈深紫色，花着生于枝顶，青柠绿色，与茎叶形成鲜明对比（图 8），花期春季至初夏。成株冠幅 0.5 ～ 1 m，喜潮湿且排水良好的环境，可全光照也耐全阴，耐寒性强，可耐 -15 ～ -20℃低温。

7. 甜大戟‘变色龙’*E. dulcis* ‘Chameleon’

丛生多年生草本，株高 70 cm，叶子呈长矛状，秋天变红，小花黄色（图 9），花期初夏。小苗 1 ～ 2 年可成型，冠幅 10 ～ 50 cm。喜潮湿且排水良好的环境，半阴栽培，耐寒性强，可耐 -15 ～ -20℃低温，耐旱。

8. 角大戟 *E. cornigera*（horned spurge）

多年生蔓生植物，株高 75 cm，茎微红，叶狭长，深绿色，中脉较淡，冬季落叶，花序簇生，亮黄色（图 10），花期夏季。成株冠幅 0.5 ～ 1 m，喜潮湿但排水良好的全光照或半阴环境，耐寒，可耐 -10 ～ -15℃低温，耐旱。

（四）室内和温室大戟 indoor and greenhouse euphorbias

俗名荆棘之冠、基督的刺。这类大戟来自热带和干旱地区，因此作为室内植物种植。从小的球状植物到大的分枝灌木，它们通常很容易在阳光充足的室内生长，并且尤其适宜在全光温室内栽培，在英国，盛夏的时候可以放置于室外。这类大戟形态各异，但一般都具有膨大的茎，有时有分节，叶片通常退化。有的种类呈球形，有的

图 7　马丁大戟

图 8　扁桃叶大戟‘紫叶’

图 9　甜大戟‘变色龙’

图 10　角大戟

图 11　铁海棠

图 12　非洲牛奶筒

图 13　一品红

有细长松弛的茎，有的直立，有的直立多分枝。许多种类每隔几年在春季或夏季开花，花色红、白、粉或黄。栽培环境要求室内光线充足，尤其在冬天。夏季基质保持微湿润，冬季可干养。有些种类夏季可放置于室外环境，但必须要检查该种类所需的最低温度。不喜寒冷潮湿的环境，尤其在冬季要少浇水。高温高湿的环境也会导致疾病（如茎腐和根腐），所以夏季需要放置在阳光充足且通风的地方。

9. 铁海棠（虎刺梅）*E. milii*

基本常绿，蔓生灌木。枝条肉质多刺，叶革质，倒卵形。花腋生，很小，黄色，但具有艳丽的鲜红色苞片（图 11）。成株高度 0.5 ～ 1 m，冠幅 10 ～ 50 cm，喜排水良好的全光照环境，需要 15℃以上的温度才能生长，耐旱。

10. 非洲牛奶筒 *E. horrida*

仙人掌状灌木。茎直立。有棱，蓝绿色，叶片异化为长刺。花单生，绿色（图 12），花期夏季。小苗需要 10 ～ 20 年才能成型，成株高度 1 ～ 1.5 m，冠幅 10 ～ 50 cm，喜排水良好的全光照环境，不耐寒（1 ～ 5℃），耐旱。

（五）一品红类 poinsettias

11. 一品红 *E. pulcherrima*

常绿灌木，著名的圣诞室内彩叶植物，能在

图 14　高山大戟（吴棣飞 摄）

图 15　鲜黄大戟

图 16　番樱桃大戟

冬天带来一抹艳丽的色彩。具有坚硬、带分枝的茎，叶片大而柔软，顶端着生红色、粉红色或奶油色的苞片（图13）。真正的花生于茎顶，黄色小球状。一品红喜光，但忌阳光直射，环境温度保持在16～21℃比较适宜。喜排水良好的全光照或半阴环境，需要15℃以上的温度才能生长，耐旱。

（六）其他种类

12. 高山大戟 *E. stracheyi*

多年生草本。根状茎细长，达10～20 cm，末端具块根，茎常匍匐状直立或直立，自基部分枝并于上部多分枝，高10～60 cm，幼时常呈红色或淡红色，老时颜色变淡至正常绿色。叶互生，倒卵形至长椭圆形，花序单生于二歧分枝顶端，总苞钟状，边缘4裂，裂片舌状，先端具不规则的细齿，雄花多枚（图14），花果期5～8月。

13. 鲜黄大戟 *E. mellifera*

常绿灌木。树冠圆顶状。叶片狭窄、亮绿色，叶脉苍白。春末开花，花头呈褐色，有蜂蜜香味。小苗5～10年长成，成株高度1.5～2.5 m，冠幅1.5～2.5 m（图15）。喜排水良好的全光照环境，对土壤酸碱性无要求，耐寒，可耐-1～5℃，耐旱。

14. 番樱桃大戟（地衣大戟）*E. myrsinites*

多年生常绿种类。茎蔓生，长度可达35 cm。叶稍肉质，表面被白霜，花黄绿色，顶生簇状，直径10 cm（图16）。花期春季。成株高度10 cm，冠幅10～50 cm。喜排水良好的全光照环境，对土壤酸碱性无要求，耐寒可知，-10～-15℃低温，耐旱。

15. 沼泽大戟 *E. palustris*

多年生丛生草本。茎直立，叶片长条形，鲜绿色，秋季常变为黄色和橙色。花序顶生，明亮的黄绿色，全开时呈大簇状（图17）。花期晚春。成株高度0.5～1 m，冠幅0.5～1 m。喜潮湿但排水良好的全光照环境，耐寒，可耐-20℃低温，耐旱。

三、繁殖与栽培管理技术

（一）播种繁殖

原生种可以播种繁殖，当蒴果变成褐色时收集种子。但品种不宜播种繁殖，后代在性状和习性上会与母本不一致。种子萌发困难的种类，如狼毒大戟，可采用层积变温催芽1.5～2个月，或超声波和远红外处理催芽，以提高发芽率。

（二）扦插繁殖

灌木状大戟，以及当年生茎不能开花的种类，一般采用嫩枝扦插繁殖。选取基部的短茎为

图17 沼泽大戟

插条，在早春进行。如常绿大戟及其近缘种，番樱桃大戟和蜜腺大戟等。

一品红类也常用扦插法进行繁殖。大批量生产时，采用嫩枝全光照喷雾扦插。选择当年春季（3 月后）萌发、无病虫害的嫩枝，待其长至半木质化后（标准为叶片全展开并转绿、枝条尚柔软有弹性），将枝条自基部剪下，把嫩枝剪成长 8 ～ 10 cm、叶片 6 ～ 8 对的枝条，再将基部节间处剪平，随即蘸上自制生根粉备用。扦插基质为泥炭：珍珠岩：砻糠灰 =1 ： 1 ： 1。扦插后第 2 天即开始白天叶面喷雾，喷雾时间为 7:00 ～ 19:00，全天全光照喷雾 12 小时。经 20 天左右精心育苗，一品红根系可完全长成，生根成活率可达 98% ～ 100%。

（三）分株繁殖

多年生草本类大戟，一般通过分株繁殖。花期在春末的种类，初花结束后进行分株。花期在夏季的种类，则在春季植株开始生长以后进行分株。

（四）组培快繁

一品红类可采用组培繁殖。取健壮植株的顶芽或侧芽，消毒后切成 1 cm 左右的带芽茎段，备用。用 25℃恒温培养。光照时间为 12 小时 / 天，光照度为 1600 lx。培养基灭菌前 pH 6.0，蔗糖浓度为 30 g/L，琼脂浓度为 7 g/L。

（五）园林栽培

一般在春季种植，有助于快速扎根。大部分种类喜富含有机质的土壤，但喜干的种类可以不加有机质。大多数大戟地栽更适宜，但有些种类可以在容器中生长。

在旱季要保持水分供给，以便在植株的头两个生长季节在地下生根。容器栽培的植株从春季到秋季都需要浇水，保持基质湿润，避免完全干透。

几乎不需要施肥。如果土壤肥沃或施肥过量，会导致徒长、株型纤细易倒伏。

部分种类长到成熟株型以后需要进行花后修剪，以保证来年的开花效果。如果整个花茎开始枯死，可在基部剪掉。如常绿大戟和番樱桃大戟。用作地被的常绿种类，如扁桃叶大戟可在夏季从花梗处修剪，以便保持整洁的株型。

多年生种类冬季地上部分会枯萎，因此可在冬季将老枝、枯枝剪去。少数大戟属植物地下根状茎发达，很容易泛滥，如扁桃叶大戟每年春季需要挖除部分根茎，以防过度蔓延，占据其他植物的生长空间。

（六）盆栽

一般盆底要用土质疏松、透气性好并且肥力高的土壤，在最上面还要铺上一层砂砾，以此来提高根茎部的透气、透水性，同时对植株进行固定操作。在进行上盆操作时会先摆放好植株的位置，然后再填土。基质一般要经过消毒杀菌处理，避免病菌侵害植株。

对水分需求不高，宁干勿湿。阴天或室内温度比较低时，要停止浇水，避免因水分过多导致根部腐烂。在施肥时，要考虑地域的情况。在北方，所用的肥料一般是缓效颗粒肥，且要在植物的根部周围均匀施肥。

一品红喜轻质、排水良好的土壤和湿润的环境。浇水的频率要适当，过度浇水会导致根部腐烂，容易引发根腐病、茎腐病、枯萎病等病害。一品红施肥常用全效肥或专用肥。

（七）病虫害防治

通常有白粉病、根腐病、锈病、蚜虫等病虫害。

四、价值与应用

大戟属植物有很多是观赏植物，如一品红、银边翠、铁海棠、紫锦木等，是最常用的室内植物之一，也有很多种类与品种适应露地栽培，用于花境、花园营造。有些种类株型高大，能形成壮观的树冠；而有些种类则株型低矮，是良好的地被植物。很多种类的花色艳丽，且花期持久。还有很多来自干旱或热带地区的种类，因叶片鲜嫩多汁而常用作室内观赏栽培。

本属植物的特征是含有白色或黄白色乳汁，药用价值明显。大戟属植物的根和块根以药用而著名，特别是在我国，有很多种类是中草药，如大戟（*E. pekinensis*）、狼毒（*E. fischeriana*）、甘遂（*E. kansui*）、飞扬草（*E. hirta*）等。大戟属有 35 种已入药，主要以白狼毒［为月腺大戟（*E. ebiacteolata*）和狼毒大戟的根］、甘遂（为甘遂的块根）、千金子［为续随子（*E. lathyris*）的种子］、京大戟（为大戟的根）、九牛造［为湖北大戟（*E. hylonoma*）的根］等为代表，其性苦寒、有毒，既具有抗菌、抗炎、抗病毒、抗结核、抗肿瘤以及神经生长因子促进作用等药理活性，同时表现出对皮肤、口腔及胃肠道黏膜强烈的刺激性和致炎、促发致癌的毒性作用。

续随子是世界性的油料作物，其种子含油量高达 50%，近年的研究表明有代替石油的潜力，因而备受重视。

大戟类植物全株有毒，摄入或接触乳汁可能会引起严重不适，尤其刺激皮肤或眼睛。在修剪时要注意防护。

（周泓　夏宜平）

Euryops 黄蓉菊

菊科黄蓉菊属（*Euryops*）柔软的灌木或宿根植物。属名 *Euryops* 可能来源于希腊文 ευρυς（*eurys*）和 ὄψις（*opsis*），前者的意思是“宽”，而后者代表“眼睛”，可能是由于该属的头状花序和其像蕨类植物一样的窄叶相比显得很大。全球有 97 种，大多原生于南非的岩石地区，少数种来自非洲其他区域以及阿拉伯半岛。

一、形态特征与生物学特性

（一）形态与观赏特征

常绿灌木或多年生草本，株高可达 1.5 m。叶片互生，羽状深裂，裂片细，叶色灰绿，略显银白。舌状花 1 轮，金黄色，舌片平展长于盘花直径，顶端略平或稍凹；盘花管状，多数金黄色；花径约 5 cm。

（二）生物学特性

在炎热的夏天可以生存，但是持续高温会导致花量减少，在南方春季和秋季开花效果较好。在北方能忍受 -3.9 ～ -6.7℃的低温，即使地上部分受到冻害，气温回暖的时候地下部分也会萌生出新芽。喜光照充足，且排水良好的土壤。

二、种质资源

该属在南非大约 400 万年前就已经达到多样化，具有丰富的物种多样性，在地域上表现出有趣的分离，大多数类别发现于南非，而有 8 个特有种分布于东非热带地区和东北非的山区。被广泛用作园林植物的只有一两种，其中梳黄菊应用得最为广泛。此外，还有与其非常相似但更耐夏季干旱的浅齿黄金菊也出现在一些花园中。

1. 梳黄菊 *E. pectinatus*

又名黄金菊。种名 *pectinatus* 的意思是“梳状”，可能是指其叶裂很深。一种生命力强的常绿亚灌木或宿根植物，株高可达 1.5 m。叶银灰绿色，羽状深裂，裂片披针形，略带毛。在温和的气候条件下，可以全年开花。

1a.‘翠绿’‘Viridis’

该品种在 1993 年获得了英国 RHS 的花园功绩奖（RHS Award of Garden Merit）。如今已广泛栽培于世界各地，是一种优良的园林植物（图 1）。

2. 浅齿黄金菊 *E. chrysanthemoides*

又名非洲灌木雏菊（African bush-daisy），是一种常绿亚灌木。株高 0.5 ～ 2 m。叶深绿色，有光泽，深裂并聚拢在枝条顶端。茎下部通常裸露，但被分枝尖端的茂密叶片所遮掩。该种耐高温、中度干旱，耐盐碱，相比于黄金菊，它需水更少。

三、繁殖与栽培管理技术

（一）播种繁殖

种子十分细小，不太适宜直接地播或盆播。一般在播种前将种子与细沙混合在一起，拌匀后撒播。播种后在表面覆 1 ～ 2 cm 的土，并保持土壤湿度。最好采用喷雾法，避免表面浇水将种子冲走。出苗后适当间苗，保持 15 ～ 20 cm 的间距，而后期移栽时要保持 30 ～ 40 cm 的株距。当小苗抽出 3 ～ 4 片真叶时即可移栽。

（二）扦插繁殖

最好选择生长比较健壮且无病虫害的枝条作

图 1　梳黄菊‘翠绿’

为插穗，这样能达到最好的成活率。插穗的长度以 8 ～ 12 cm 为宜，扦插时去掉底部的叶片，保留 2 ～ 3 片上部叶片。

（三）园林栽培

1. 土壤

最好选择疏松透气、排水良好、肥沃的砂质壤土，pH 呈弱酸性或中性，切忌过于黏重。

2. 光温

在生长发育过程中需要充足的阳光，全日照条件最宜。若缺少光照，则会导致植株长势较弱，花朵颜色变浅。生长适宜的温度为 16 ～ 28℃，冬季 4℃以下生长缓慢或停止生长；夏季超过 35℃，要适当遮阴降温，但是整体仍然表现出生长缓慢，花量明显减少。

3. 水肥

在生长旺盛期给予大量的水分，花期以及冬季低温休眠期则要减少浇水量，避免土壤积水造成根系死亡，浇水遵循见干见湿的原则。对肥料的要求不高，而且叶片和花朵沾到肥料易被灼伤，因此一定要对准根茎土壤施肥。2 ～ 3 个月施 1 次即可，可以选择氮：磷：钾 =15 ：15 ：15 的平衡肥。

（四）病虫害防治

常见的虫害有天牛、蛴螬、红蜘蛛；最常见的病害是灰霉病。针对天牛，可以使用 80% 敌敌畏乳油注入受害的孔洞当中，然后用黄泥将孔洞封死，从而杀死茎秆里的幼虫。在处理蛴螬时，可以直接使用 80% 敌百虫可溶性粉剂和 25% 西维因可湿性粉剂各 800 倍液进行灌根。遇到红蜘蛛时，可以直接使用 40% 三氯杀螨醇乳油 1000 ～ 1500 倍液喷杀，一般连喷 3 次就可以杀灭。灰霉病，需要使用 50% 异菌脲按 1000 ～ 1500 倍稀释液来对病株进行喷施，5 ～ 7 天 1 次，2 ～ 3 次即可痊愈。

四、价值与应用

黄蓉菊适应性强，花期长，耐修剪，形态美观，适用于花境，羽状的深绿叶片交错层叠，点缀黄色花朵，是很好的前景和中景植物。也可用于花坛，在姹紫嫣红中增添一抹清新。还可作为绿篱，给规整的造型中带来活力。布置于岩石园，野趣盎然，同时模拟了其原生生境。也可家庭盆栽观赏，养护简单，花开不断。

（何燕红　黄永奇）

Fagopyrum 荞麦

蓼科荞麦属（*Fagopyrum*）草本植物。该属最有名的当属一年生粮食作物荞麦（buckwheat）。作为全球荞麦的起源中心，我国已有千年的荞麦栽培历史，荞麦栽培种在我国主要有苦荞（*F. tataricum*）和甜荞（*F. esculentum*）两种，其余均为野生种（赵钢，2015）。由于苦荞的种实含有芦丁，所以也称芦西苦荞。公元前5世纪称莜麦，部分少数民族称“额”。荞麦不是主流的粮食作物，它的口味比麦、稻都差，经济价值也低。但是，在水稻、小麦种不了的贫瘠、高凉区域，它生长得很好。所以，俄罗斯、日本、韩国以及我国的西北、西南山区，都多有种植。金荞麦（*F. dibotrys*）是唯一的宿根草本，生长适应性较强，花序顶生或腋生，多为白色或淡红色，花冠和花萼具有特定的形状和颜色，可在道路两旁、山麓、旷野等地连片种植，美化环境，具有一定的观赏价值。

一、形态特征与生物学特性

（一）形态与观赏特征

一年生或多年生草本，稀半灌木。茎直立，无毛或具短柔毛。叶三角形、心形、宽卵形、箭形或线形；托叶鞘膜质，偏斜，顶端急尖或截形。花两性，花序总状或伞房状；花被5深裂，果时不增大；雄蕊8，排成2轮，外轮5，内轮3；花柱3，柱头头状，花盘腺体状。瘦果具3棱，比宿存花被长（图1）。

（二）生物学特性

喜光，在光照较好的地方都能正常生长，对土壤适应性较强，各种类型的土壤都能生长，尤以肥沃疏松的冲积土或砂质壤土栽培为佳。金荞麦适应性较强，对土壤肥力、温度、湿度以及海拔的要求不高，有较强的耐寒耐旱性，在海拔250～3200 m均可栽培。

图1　金荞麦形态特征（全株、根、花序、种子）

二、种质资源与园艺分类

（一）种质资源

荞麦属有17种，广泛分布于亚洲及欧洲；我国有10种1变种。其中荞麦（*F. esculentum*）分布在全国各地。疏穗野荞麦（*F. caudatum*）主要分布在四川、云南、甘肃。心叶野荞麦（*F. gilesii*）主要分布在四川、云南及西藏。细柄野荞麦（*F. gracilipes*）主要分布在河南、陕西、甘肃、湖北、四川、云南及贵州。小野荞麦（*F. leptopodum*）主要分布在云南、四川。线叶野荞麦（*F. lineare*）主要分布在云南。长柄野荞麦（*F. statice*）主要分布在云南、贵州。苦荞麦（*F. tataricum*）主要分布在东北、华北、西北、西南地区。硬枝野荞麦（*F. urophyllum*）主要分布在甘肃、四川、云南。

图 2 金荞麦（李淑娟 摄）

图 3 金荞麦花序

金荞麦 *F. dibotrys*

根状茎木质化，呈块状，黑褐色。茎直立，高 50 ～ 100 cm，分枝，具纵棱，无毛，有时一侧沿棱被柔毛（图 2）。叶三角形，长 4 ～ 12 cm，宽 3 ～ 11 cm，顶端渐尖，基部近戟形，边缘全缘，两面具乳头状突起或被柔毛；下部茎生叶柄长可达 15 cm；托叶鞘筒状，膜质，褐色，长 5 ～ 10 mm，偏斜，顶端截形，无缘毛。花序伞房状（图 3），顶生或腋生；苞片卵状披针形，顶端尖，边缘膜质，长约 3 mm，每苞内具 2 ～ 4 花；花梗中部具关节，与苞片近等长；花被 5 深裂，白色，花被片长椭圆形，长约 2.5 mm，雄蕊 8，比花被短，花柱 3，柱头头状。瘦果宽卵形，具 3 锐棱，长 6 ～ 8 mm，黑褐色，无光泽，超出宿存花被 2 ～ 3 倍。花期 7 ～ 9 月，花色有白色、黄色、红色。

主要分布在云南、贵州、四川、湖南、江西、浙江、江苏、陕西、西藏等地，目前以野生种为主，任奎等人对金荞麦种质资源的调查与收集，通过性状特征和群体结构分类，结合原生境地理信息，大致将金荞麦划分为西藏金荞麦、西南地区金荞麦、中部地区金荞麦，由于地域不同，各地金荞麦生长各有差异。

（二）株型分类

西南地区是荞麦的起源和多样性中心，优越的自然条件造就了丰富的野生荞麦资源。金荞麦遍布于荒野山坡、田埂、沟谷等地，株型大致划分为直立型、半直立型、平卧型 3 种。

1. 直立型

花果期 8 ～ 11 月；具明显主茎，茎秆粗壮（直径 >2 cm）；叶片宽大多柔毛，三角形；茎叶越在成熟后期越红，花序白色，密集；结实率高，不易落粒，瘦果为卵圆长锥型，果皮灰褐色。

2. 半直立型

花果期 6 ～ 10 月；植株离散状，无明显主茎；叶背面具少量柔毛，戟状三角形，越往上越尖呈戟形；花序白色，较稀疏；结实率偏低，落粒性较强，瘦果为尖锐三棱状长锥形，果皮灰褐色。

西藏金荞麦主要分布在西藏东南部的温带季风气候区，该地区金荞麦花果期 8 ～ 11 月，株型主要为半直立，株高性状变异极大（10 ～ 300 cm）；根茎多为块状，须根多，少数有直长根；主茎直径 1 ～ 2 cm，节间较长，分枝纤细，器官较小；花序密集，白色或粉红色；叶片多为不规则三角形，多基于底，往上渐少，呈戟状三角形；叶面褶皱，叶脉叶廓多呈红色，叶柄及叶背具丰密的柔毛；瘦果带刺长锥型，种皮粗糙，灰褐色或黑色。

中部地区金荞麦花果期 9 ～ 12 月；茎半直立，微红，少分枝；全叶绿色，卵状三角形，茎叶光滑无柔毛；花序稀疏，花色素白。瘦果短锥形，灌浆期瘦果绿色无棱，果皮光滑，褐色；结实率极低，果壳率高且灌浆不饱满。

3. 平卧型

花果期9～11月；无主茎，多分枝，枝条鲜嫩，细长柔软，近地表铺展；叶片近心形，叶面光滑无柔毛；花序白色，小且稀疏；结实率低，极易脱落，灌浆不饱满，瘦果卵圆短锥形，果皮灰黑色。

（三）主要品种

金荞麦是我国民间一种传统中草药，根茎可入药，地上部分可用于饲喂，目前选育的金荞麦品种主要作为药用和饲用。其中贵州省畜牧兽医研究所选育的‘黔金荞麦1号’、江西省畜牧兽医研究所选育的‘赣金荞1号’主要作为饲用品种；中国医学科学院药用植物研究所选育的‘金荞1号’和云南省农业科学院药用植物研究所选育的‘金荞麦1号’‘金荞麦2号’主要作为药用品种（图4）。

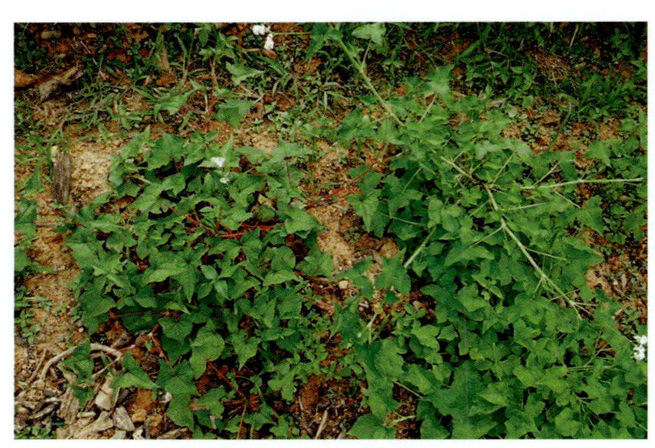

图5　金荞麦新品种
（左为‘金荞麦1号’，右为‘金荞麦2号’）

三、繁殖与栽培管理技术

（一）播种繁殖

选用成熟饱满种子，播种前晒种，可促使未成熟的种子后熟并晒死部分附着在种子表面的病菌，进而提高发芽率和壮苗率，选用清水或泥水漂去空瘪粒和病粒，有利于发芽和形成壮苗；选用0.5%甲胺磷乳油拌种，堆放3～4小时后摊开晾干，防治地下害虫（赵钢，2015）。

可撒播也可穴播，最佳播种时节为3～4月。撒播每亩播种3～3.5 kg，将种子均匀撒在墒面上，覆土1～2 cm，播种后1～2周出苗。穴播按照株行距30 cm × 50 cm播种，每穴3～4粒种子，播种深度1.5～2 cm，播种后覆土0.5 cm。出苗后及时查苗补缺、拔除杂草，幼苗长到2～3片真叶时进行间苗。

（二）根茎繁殖

于冬季金荞麦地上部分枯萎时（或植株接近倒苗时）采挖出地下根茎，也可以翌年开春时采挖。选取无机械损伤和病虫害的根茎，根据根茎的大小切成若干小块，切块时应注意选留根茎幼嫩及根茎芽苞部分，每个切块最好留有芽苞2～3个，每亩用种量为120～135kg。切块后放置于阴凉通风处数小时，以促进其伤口愈合，或用40%多菌灵可湿性粉剂800倍液浸泡15分钟，晾干水气再播。移栽时间为冬季或春季均可，按株行距30 cm × 45 cm移栽，窝深10～12 cm，栽时芽嘴必须向上，用混匀灰肥施入穴中，盖土即成。移栽后注意保持土壤湿度，冬春季较干旱的地区可以在移栽地表面盖上一层稻草或枯枝落叶等保水保温（李兴，2011）。

（三）扦插繁殖

剪取金荞麦组织充实的茎段，长15～30 cm，有2～3个节，以沙床为苗床，扦插深度10～20 cm（茎段长度的1/2～2/3），株行距10 cm × 10 cm，喷雾保持砂壤湿润。扦插3天左右，开始萌动发芽，1周左右，伴随着金荞麦叶片的生长，基部长出白色新根，待植株生长健壮后移植于圃地中（张燕，2017）。

（四）组培快繁

剪取同一环境条件下的荞麦植株上完全展开的幼茎叶，流水清洗后沥干。在超净工作台上进行如下操作：用75%酒精浸泡30秒，0.1%升汞（含少量吐温80）溶液中浸泡15分钟，无菌水冲洗5次；将幼茎及叶柄切成0.5 cm长的切段，幼叶切成0.5 cm^2的方块作外植体。材料均培养在温度为25℃ ±2℃的光照培养箱内。愈伤组织诱导阶段不需要光照，增殖、分化阶段光照

图 6　金荞麦组培苗

强度 3000 lx。愈伤组织每隔两周左右需进行继代培养，时间过长会产生褐化现象。愈伤组织诱导培养基为 MS+2, 4–D 2 mg/L+6–BA 1.5 mg/L。选取浅绿色、蓬松状愈伤组织接入愈伤组织分化培养基 MS+6–BA 2.5 mg/L+KT 1 mg/L 上分化出芽，2 周左右后将分化出的不定芽及胚状体再接入生根培养基（1/2 MS + NAA 0.5 mg/L + IBA 0.1 mg/L）诱导生根。选取再生根较粗壮、叶面积较大、茎长 10 cm 左右再生苗，洗净附着的琼脂，移栽于土质松散的温室花盆中，喷洒 MS 营养液后覆盖上聚乙烯薄膜。1 周左右后解除覆盖（王爱国，2006）。

以金荞麦茎段为外植体，用自来水冲洗 30 ～ 60 分钟，70% 酒精浸泡 30 秒，无菌水冲洗 4 ～ 6 次，再用 0.1% 升汞消毒 8 分钟，无菌水冲洗 4 ～ 6 次；切成 3 cm 左右的茎段，接种到 1/2MS 培养基上。3 天后茎间的芽萌动发出，5 天后转入到生根培养基（1/2MS+NAA 0.5 mg/L）上，伴随着金荞麦芽的生长，1 周左右长出根（图 3）（张燕，2017）。

（五）园林栽培

1. 定植

可结合实际情况选择露天栽培和林下栽培。施肥整地后，按垄宽 50 cm、高 10 cm，沟宽 50 cm，做垄。按株行距 50 cm × 30 cm 放种苗，每垄种植 2 行，盖土厚 6 ～ 8 cm，浇透水。

2. 灌溉排水

金荞麦属于耐旱性较强的植物，植株长大后一般不需灌溉，自然降水即可满足其生长需求，但遇到长时间的持续干旱，造成幼苗萎蔫应及时浇水。多雨季节应注意排水，避免因积水造成根茎腐烂。

3. 中耕除草

在幼苗期应勤除杂草，生长到后期植株长大封垄，相对于其他植物具有较强的生长竞争优势，杂草少，基本不用除草。

4. 追肥

育苗地，6 月中下旬和 8 月中下旬植株生长旺盛期，分两次进行追肥，雨后地面潮湿但植株表面没有水时，每亩撒施尿素 5 kg。2 年生以上金荞麦大田，在 5 月中下旬，封垄前，结合中耕除草施第 1 次肥，每亩用尿素 15 kg，撒在距植株茎基部 10 cm 左右的位置，在植株基部培土同时盖住肥料。7 月金荞麦现蕾时，植株高大、生长旺盛，墒面已经完全被金荞麦枝叶覆盖，选择即将下雨的天气进行第 2 次追肥，每亩撒施复合肥（氮：磷：钾 =15 ： 15 ： 15）30 kg，用长竹竿轻扫枝叶使肥料落地，避免肥料灼伤叶片。

5. 去薹

种子播种第 1 年即能开花产籽。不采种的地块，为促进金荞麦块根生长，减少生殖生长消耗营养，同时避免种子落地后翌年长出大量小苗挤占生长空间，应进行去薹处理。在金荞麦进入大面积抽薹时，选择晴天，割去枝条顶部的花序并及时清理。

（六）病虫害防治

金荞麦生长能力强，具有较强的抗虫、抗病性，选择排水良好的地块种植不易发生病害。在田间存在的病害主要有立枯病、轮纹病、褐斑病等病毒性病害。虫害方面蛴类和鳞翅目害虫会造成轻微危害，一般无须防治，但蚜虫、红蜘蛛、蓟马、金针虫在局部地块对金荞麦枝叶危害较大，尤其是春季持续干旱时危害严重应及时防控。

1. 病害

针对金荞麦立枯病、轮纹病、褐斑病等病害，防治上一是采用无病株留种，也可对种子播前进行处理，二是拔除病株、清除田间杂草等，以减少田间侵染来源，三是可用0.5%波尔多液或48%噁霉戊唑醇悬浮剂等药剂防治。

2. 蚜虫

春天出苗后持续干旱时，蚜虫会吸食金荞麦幼嫩枝叶，造成枝叶畸形、芽生长受到抑制，其分泌的蜜露覆盖在金荞麦叶面易造成煤污病，使叶片早脱落。可在田间悬挂黄色粘虫板吸引、消灭部分有翅蚜，降低田间虫口密度，危害严重时，可交替使用1%吡虫啉、5%啶虫脒、0.25%噻虫嗪、4.5%高效氯氰菊酯等药剂喷雾控制。

3. 红蜘蛛

春天出苗后持续干旱时易发生红蜘蛛危害，红蜘蛛在金荞麦叶背面取食形成密集的白色斑点造成叶片枯黄、凋落。可在田间悬挂黄色粘虫板降低田间虫口密度，同时可使用15%哒螨灵、1%阿维菌素等喷雾喷施叶面。由于红蜘蛛世代周期短，繁殖速度快，喷药后应注意观察是否复发，发现复发应及时喷药控制。

4. 蓟马

春天出苗后遇持续干旱易发生，蓟马在金荞麦叶片背面、芽上取食，造成叶背面形成麻点，幼嫩枝叶卷曲畸形。可在田间悬挂蓝色粘虫板降低虫口密度，交替使用1%吡虫啉、5%啶虫脒、0.25%噻虫嗪、1%阿维菌素等喷雾控制。

5. 金针虫

长期生活在土壤中。金荞麦种子播下后，金针虫会啃食金荞麦种子造成种子不能发芽，也会啃食发芽初期的根、茎、叶，造成发芽后不能出苗、出苗后死亡，在部分地区对金荞麦育苗产生严重危害。栽种前土壤用药是预防金针虫危害最有效的方法，可在整地或播种前撒施辛硫磷等药剂，耙土或旋耕过程中将药剂混入土壤消灭害虫。金荞麦出苗时发生金针虫危害，可在地表喷雾80%敌百虫，或用敌百虫拌甘蓝叶、麦麸等，于傍晚撒施在田间诱杀。

（张燕　钱志龙　杨斌）

四、价值与应用

金荞麦叶形别致，株型略披散，其花小色白，点点洒落于叶上，颇有几分野趣。片植、丛植均可。宜植于疏林下、林缘、水系旁，平添无穷野趣（陈煜初，2016）。荞麦花为圆锥状花序，花期长达1月左右，白色，花量大，开花时很壮观，花田犹如披上一件白色的“嫁衣”，非常美丽，因此人们赋予它“令人怀念的往事”的寓意。关于荞麦花，唐诗中就有“独出门前望野田，月明荞麦花如雪”的描述，可见荞麦花在人们的心中也有非常美好的象征。

金荞麦适应性强，植株生长快，分蘖性好，具有较好的固土护土能力，种植在坡地上能够保持水土，有效防治土壤侵蚀，且花期长，具有一定观赏价值。这些特性使得金荞麦非常适合用于城市绿化、坡地保护以及生态恢复，在城市和乡村生态环境建设方面具有较好的应用前景。

以荞麦为特色产业的观光农业在北美发展历史悠久，美国西弗吉尼亚州普雷斯顿县（Preston County）从1938年10月当地农民举办第一届“普雷斯顿荞麦节”，至今已举办73届。在亚洲，以日本和韩国为主的荞麦特色观光农业也发展迅速。日本的北海道幌加内町地区、福井县及韩国的江原道等地区，每逢荞麦花观赏时节都会举行各种活动，吸引大量游客参观。在我国，以荞麦为主题的特色观光农业在四川凉山、贵州毕节等地也开始兴起（赵钢，2015）。

金荞麦性凉，味辛、苦，因其出色的药用价值而被广泛种植。据明代兰茂所著《滇南本草》所载，金荞麦能“治五淋、赤白浊、杨梅结毒、丹流等症”，《本草拾遗》《李氏草秘》《纲目拾遗》中也均有“性寒、味酸苦、清热、解毒、祛风利湿”的记载，是我国南方常用的一种中草药。近年来，金荞麦茎叶还因为能够提高饲养畜禽免疫力、并改善肉质而被作为饲料来开发使用。

Farfugium 大吴风草

菊科大吴风草属（*Farfugium*）多年生常绿草本。关于大吴风草的名称由来，《本草纲目》中有一条名为“薇衔”的条目，条目之下还有糜衔、鹿衔、吴风草、无心、无颠等很多别名。其下两条集解值得重视：一是苏恭曰：南人谓之吴风草。一名鹿衔草，言鹿有疾，衔此草即瘥（chài）也。此草丛生，似茺蔚（益母草）及白头翁，其叶有毛，赤茎。又有大、小二种：楚人谓大者为大吴风草，小者为小吴风草。二是李时珍引郦道元《水经注》云：魏兴锡山多生薇衔草，有风不偃，无风独摇。则吴风亦当作无风，乃通。日本江户时代开始将大吴风草栽植于神社或寺院等场所，特别是沿海地区应用更多。欧、美人从日本引进后也广泛栽植，并精心培育了不少园艺种。大吴风草在我国大量应用还是近几年的事情。

一、形态特征与生物学特性

（一）形态与观赏特征

根茎较为粗壮，叶基生，莲座状，叶柄长，可达 15 ～ 25 cm。叶片肾形，先端圆，全缘或边缘有小锯齿。叶片厚，近革质，叶面光亮浓绿，叶背淡绿色。花茎直立，花莛高可达 60 ～ 70 cm，有椭圆形或长椭圆状披针形的无柄抱茎苞叶，头状花序排成伞房状，舌状花 8 ～ 12，黄色，管状花多数，长 10 ～ 12 mm。瘦果，圆柱形，有纵肋和短毛。花期 8 ～ 11 月，果期 8 月至翌年 3 月（图 1 至图 3）。

图 1　大吴风草

图 2　大吴风草的头状花序及舌状花

图 3　大吴风草的果实（1 月）

（二）生物学特性

生于低海拔地区的林下、山谷及草丛中，其适应能力很强，喜欢温暖湿润的环境，只要不是极端的阳性或阴性环境都能生长良好，耐阴、耐寒，忌阳光暴晒，对土壤和湿度的要求也不是很严。其中耐寒能力较为突出，-10℃的低温也不会损伤地下部分，翌年春天仍能正常萌发。生长季节保持湿润，勿积水，养护工作量小，属于管理粗放的植物。在自然植被中多分布于发育较好、郁闭度 80% 以上的乔木林下，如枫香林、毛竹林中，且以北坡为多，其次是东坡。其生长在土质疏松、排水好、富含有机质的土壤中，有时也长在石缝中。耐阴植物，在林下或建筑阴面生长良好。适应性较强，在西安可露地生长 3 ~ 10 年。

二、种质资源

该属全球 3 种，大吴风草（*F. japonicurn*）早在 1856 年就由 Fortune 从我国引至英国栽培。正是由于外观形态上的相似性，从而导致了历代本草学专著中将大吴风草和橐吾混淆，但将大吴风草属划分到千里光族款冬亚族的观点是植物界普遍认可的。大吴风草属与橐吾属（*Ligularia*）近缘，并比之原始，二者可以从外部形态学特征、核形态以及花粉表面纹饰方面进行鉴定区别（朱忠华，2016）。

大吴风草 *F. japonicurn*

形态特征同属特征。

主要生长在我国东南部低海拔地区的林下、山谷和草丛中，也广泛分布在韩国、日本及附近岛屿。在日本，该植物根据野外生长的不同环境被划分为 1 个原变种 var. *japonicum* 以及 3 个变种 var. *giganteum*、var. *luchuense* 和 var. *formosanum*。

目前主要有大吴风草（图 4）和叶片有黄

图 4　大吴风草（夏季）

图 5　斑叶大吴风草

图 6　大吴风草种子

图 7　第一片真叶长出的播种苗

色星点状斑点的‘斑叶’大吴风草（‘Aureomaculata’）（图 5）两种在景观中应用。前者生长势强健，后者长势弱些，且耐寒性略低于大吴风草。

三、繁殖与栽培管理技术

（一）播种繁殖

种子成熟后可一直宿存不落，通常在深秋至初冬花期后采收。北方地区露地栽培可以在 12 月收集饱满的种子（图 6）。播种可在翌年 3～5 月，用清水浸泡 24 小时后播种，播后出苗率可达到 50%～60%（图 7）。

（二）分株繁殖

分株繁殖对季节要求较低，但以春季为好，应尽可能避免炎热的夏季和寒冷的冬季。其中花叶大吴风草分株繁殖较为普遍。

（三）组培快繁

以斑点大吴风草叶基部的新生芽为外植体，利用“以芽繁芽”来培育斑块稳定的植株，其丛生芽诱导的最佳培养基为 MS+6-BA 2 mg/L+NAA 0.5 mg/L，丛生芽增殖的最佳培养基为 MS+6-BA 0.5 mg/L+NAA 0.05 mg/L，生根培养的最佳培养基为 1/2MS+NAA 1 mg/L+IBA 1 mg/L+ 活性炭 0.3 g/L。另外，还可以用幼嫩叶片作为外植体，在其分化阶段使用 6-BA1.5 mg/L 和 NAA 1 mg/L 浓度组合处理可获得 44% 的分化率，不定芽的增殖和生根相对容易。斑点大吴风草组培苗移栽成活率高，性状稳定（周士景 等，2012；胡仲义 等，2010）。

（四）园林栽培

1. 土壤

对土壤适应性强，以排水良好、富含有机质的疏松土壤最佳，对土壤 pH 的适应范围也较广，可以从 5.5 至 8.0。

2. 水肥

对肥水要求不严，在生长期保证每个月施用 1 次液体复合肥即可生长良好。

3. 光照

不喜强光，其适宜生长的光照强度为全光照的 10%～40%。但相关研究表明大吴风草在 86.4% 遮光条件下，具有较高的叶绿素含量、较低的叶绿素 a/b 值，也非常适合弱光生长（沈娟 等，2014）。

4. 修剪及越冬

冬季地上叶片常绿，偶有基部叶片枯萎，秦淮线以南可以露地自然越冬，不用修剪。翌年

3～4月宿存叶片呈现翠绿色，新叶萌生。

（五）病虫害防治

生长季节病虫害不常见，可粗放管理，养护工作量不大，但夏季应注意遮光。排水不好的地块容易患叶腐病。

四、价值与应用

大吴风草从夏末到入冬时分，黄色的花朵在绿叶中绽放，给秋色增添了一道灿烂风景。到了严冬，它的果实又形成一簇簇蒲公英般的绒球，使观者感受到一丝活力。大吴风草整体植株饱满整齐，叶片肥厚光亮，覆盖能力较强，是一种优良的观叶观花耐阴常绿地被植物。在陕西关中地区适应性较好，管理较为粗放，可选择背风树荫疏林下、林缘、立交桥下、楼宇北面等作为下层地被栽植，冬季12月依然翠绿盈人（图8）。1～2月中上旬受低温影响，部分较大叶片的叶柄易弯曲不直立（图9），2月下旬至3月初新叶萌芽，4月全面展叶，种植间距20～30 cm当年即可达到良好效果。在园林中大吴风草的应用方法多样，可作疏林地被，可作林缘栽植（图10至图13），也可作花境材料使用，特别是斑叶品种可盆栽后登堂入室。

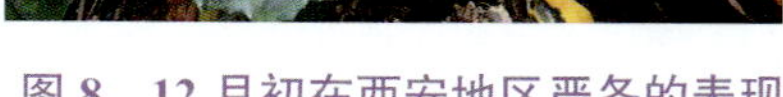

图8　12月初在西安地区严冬的表现

图9　2月初的表现

图10　搭配花境的应用

图 11　大吴风草花境应用（李淑娟 摄）

图 12　斑叶大吴风草景观（李淑娟 摄）

图 13　大吴风草用作林下地被（李淑娟 摄）

大吴风草的全草及根可以入药，有清热、解毒、活血的功效。目前从大吴风草属植物中已分离鉴定出倍半萜类化合物 49 个，二萜和三萜类化合物 8 个，酚类化合物 8 个，生物碱 2 个，甾体及其苷类化合物 5 个，以及挥发油和多种脂肪酸类化合物，具有广泛的药理作用，但目前对大吴风草药理活性的研究主要集中在总提物的药效层面（张勇 等，2012）。

（李艳）

Filipendula 蚊子草

蔷薇科蚊子草属（*Filipendula*）多年生草本植物。该属之前被归于绣线菊属，现英文仍称其为绣线菊（meadow sweet）或假绣线菊（false spirea），但已单立为属。属名来源于拉丁语 *filum*（细线）和 *pendulus*（悬挂），意指该属模式种蕨叶蚊子草（*F. vulgaris*）有挂在纤维根上的块根。

一、形态特征与生物学特性

（一）形态与观赏特征

根茎短而斜走（图 1）。茎直立。叶常为羽状复叶或掌状分裂，通常顶生小叶扩大，分裂；托叶大，近心形。聚伞花序呈圆锥状或伞房状；小花多数，花瓣 5，白色或红色；雄蕊 20 ～ 40 枚，花丝细长。瘦果不裂。

图 1　蕨叶蚊子草的小块茎（Serge M. Appolonov　摄）

（二）生物学特性

喜充足阳光或部分遮阴、夏季凉爽、湿润的环境。耐寒，喜微碱性土壤。多生于沼泽、水岸及潮湿的林缘、山谷等处。在南方多生长不佳。

二、种质资源

该属共有 15 种，分布北半球的温带及寒温带；我国有 8 种，主要分布在东北和西北，华北、云南及台湾也有分布。有 6 ～ 7 种应用于园林（Armitage，2008；Graham，2012；董长根 等，2013）。

1. 堪察加蚊子草 *F. camtschatica*

粗壮高大，株高 200 ～ 250 cm。叶羽状，顶生叶大，宽心形，宽达 30 ～ 40 cm，常 5 浅裂至中掌裂，侧叶对生，较小；托叶明显，抱茎。聚伞状花序顶生，花序径约 30 cm；小花多数，稠密，花白色或粉色（图 2）。花期 6 ～ 7（～ 8）月。

原产于远东、日本及韩国。是最高大的种，极耐寒；宜群植于自然景观或花境中高大植物的边缘。

2. 槭叶蚊子草 *F. glaberrima*

株高 50 ～ 150 cm；茎具棱，无毛，深红色。羽状复叶，小叶 1 ～ 3 对；顶生小叶大，5 ～ 7 中裂至深裂，裂片卵形，先端渐尖，缘具齿；侧生小叶小；两面绿色。顶生圆锥花序，较大；花瓣红色至白色（图 3）。花期 6 ～ 8 月。

分布于远东、日本及我国东北地区，极耐寒。

3. 蚊子草 *F. palmate*

株高 60 ～ 150 cm，茎具棱。奇数羽状复叶，小叶 2 对；顶生小叶大，宽 10 ～ 20 cm，5 ～ 9

图 2　堪察加蚊子草

图 3　槭叶蚊子草

图 4　蚊子草及其不同花色

掌状深裂，裂片披针形至菱状披针形，先端渐尖，缘具重锯齿；侧生小叶较小，3～5裂。圆锥花序顶生，宽 15～20 cm，花小而密集；花瓣白色。西安花期 6 月，东北花期 6～7 月（图 4）。

产我国内蒙古及东北；东北亚也有分布。

4. 红花蚊子草 *F. rubra*

英文称草原皇后（queen of the prairie）。生性强健，正如它的英文名一样，在大风中顽强生存。株高 120～250 cm，冠幅 60～90 cm。叶片羽状深裂成数对小叶，顶生小叶大，13～20 cm，7～9 裂，侧生小叶小，3～5 裂，在上部茎生叶中几不存在。圆锥花序顶生，宽 15～25 cm；小花密集，粉色至玫红色。花期 6～7 月（图 5）。

原产于美国东部的湿地处，特别是钙质沼泽。该种高大，花色艳丽醒目，无论生长于哪里都是焦点（Armitage，2008；Graham，2012）。

品种‘Venusta’具有深粉色至洋红色的花序（图 6）。是应用较多、也容易获得种苗的品种。

5. 旋果蚊子草 *F. ulmaria*

株高 80～120 cm，冠幅 60 cm。羽状复叶，小叶 2～5 对，顶生小叶 3～5 裂；侧生小叶比顶生小叶稍小或几等长，长圆状卵形或椭圆状披针形，缘具重齿或不明显裂片，叶背被白色茸毛。圆锥花序顶生，宽 10～15 cm；小花密集，

图 5　红花蚊子草（Evana Turalist 摄）

图 6　**'Venusta'**（Tarahut 摄）

图 7　旋果蚊子草

图 8　金叶蚊子草（Tree Hugger 摄）

图 9　花叶蚊子草（Hem North 摄）

图 10　蕨叶蚊子草

图 11　蕨叶蚊子草花果序

白色。花期 6～7 月（图 7）。

广布于欧亚北极地区及寒温带，南可达土耳其、俄罗斯中亚地区及蒙古，我国产新疆。有两个观叶品种。

'金叶'蚊子草（'Aurea'）　叶片金黄色（图 8）。栽培时应及剪掉花序，以培养叶片。

'花叶'蚊子草（'Variegata'）　叶片上具不规则金黄色条斑或斑块（图 9）。

6. 蕨叶蚊子草 *F. vulgaris*

簇生状，株高 50～100 cm，冠幅 60 cm。

地下茎水平至垂直生长。羽状复叶，似蕨叶，狭卵形，小叶 7 ～ 17 对，紧密排列，披针形，长约 3 cm，缘具深齿；顶生小叶 3 浅裂。圆锥花序顶生，有分枝，宽 10 ～ 15 cm；小花密集，花蕾时有粉色，开放后呈白色至乳白色。花期 5 ～ 6 月（图 10、图 11）。

广布于欧洲及中亚的碱性草甸。是同属中耐旱能力最强的（Armitage，2008；Graham，2012）。

三、繁殖与栽培技术

（一）播种繁殖

春播或秋播均可。撒播后，基质需保持湿润，在 20 ～ 25℃条件下，2 ～ 3 周出苗。旋果蚊子草秋播前需在 4℃低温下冷藏 4 ～ 6 周再播种（Armitage，2008；董长根 等，2013）。

（二）分株繁殖

春秋季挖取根茎，分切成带有 2 ～ 3 芽的段或块，另行种植。

（三）园林栽培

1. 土壤

以保水性好的中性至碱性土壤为好。

2. 水肥

该属植物均喜湿润，不耐旱，故生长季需一直保持土壤湿润或种植于湿地及湖岩边、阴凉处，可耐轻度土壤干旱；强光且干燥环境会引起叶片干枯。对肥力要求中等，但在富含有机质的土壤中更佳。

3. 光照

喜光，稍耐阴。

4. 修剪及越冬

在不需要种子的情况下，及时修剪残花枝。入冬前剪除地上枯枝。耐寒性强，可耐 -35℃的低温，冬季无须保护。

四、价值与应用

株型挺拔，叶丛茂密，高耸且稠密的花序，呈现云雾状，十分显眼。高大种类可作花境的背景植物或主景植物，或于水景园或郊野公园等大型景观中丛植或片植。

部分种的根茎叶含鞣质，可提制栲胶；中医用于治疗痛风、风湿、癫痫、冻伤及烧伤等症；据传在妇科止血方面疗效甚佳。该属植物花序多高于叶丛，白色或红色小花多而密集，花丝长于花瓣，雄蕊伸出，使花序呈现朦胧之感，美轮美奂。

（李淑娟）

Fittonia 网纹草

爵床科网纹草属（*Fittonia*）多年生常绿草本植物，也称为费道花、银网草。野生的网纹草于1940年在南美被发现。植株低矮，呈匍匐状蔓生。最大的特点是在叶片上天然生长着微小的石灰质乳突，整齐排列之后会在叶片上形成独特的纹路，因而得名“网纹”草。叶背面上具银白色或红色的网状叶脉，网状脉呈红色者称红网纹草，呈银白色者叫白网纹草。

一、形态特征与生物学特性

（一）形态与观赏特征

植株低矮，高5～20 cm，呈匍匐状，匍匐茎节易生根。叶十字对生，卵形或椭圆形，红色或白色叶脉纵横交替，形成清晰网状。顶生穗状花序，花黄色。

（二）生物学特性

喜高温多湿和半阴环境，切勿放在强烈日照下，室内灯光即能让它生长良好。网纹草属热带植物，对温度特别敏感，生长适温18～24℃。冬季温度不低于13℃，否则生长停止，部分叶片开始脱落；若温度低于8℃，植株即受冻死亡。

图1 不同网纹草品种

注：A. 白网纹草；B.‘小叶’白网纹草；C. 红网纹草；D.‘红星’网纹草。

不同苗龄网纹草盆栽生长适宜环境：①网纹草小苗，环境温度 15 ～ 35℃，最适宜为 28℃；湿度 40% ～ 90%，最适宜为 80%；光照 5000 ～ 10000 lx，最适宜为 8000 lx。②中、大苗，环境温度 15 ～ 35℃，最适宜为 28℃；湿度 40% ～ 90%，最适宜为 80%；光照 5000 ～ 15000 lx，最适宜为 12000 lx。

二、种质资源与园艺品种

1. 白网纹草 *F. argyroneura* 及其品种群（Argyroneura Group）

叶椭圆形，顶端圆钝，白色网纹稀疏（图 1A）。

'小叶'白网纹草（'Minima'） 与白网纹草相近，但叶片较小，白色网脉密集（图 1B）。

2. 红网纹草 *F. verschaffeltii* 及其品种群（Verschaffeltii Group）

叶椭圆形，顶端圆钝，红色网纹稀疏，二级侧脉密集（图 1C）。

'鲜红'脉网纹草（'Mini Red Vein'） 叶椭圆形，顶端圆钝，鲜红色网纹稀疏，二级侧脉稀疏。

'红星'网纹草（'Red Star'） 叶椭圆形，顶端短尖，红色网纹密集（图 1D）。

3. 杂交品种群

'小尖叶'白网纹草（F. 'Mini Lance Leaf'）叶小，渐尖，白色网纹面积大，绿色叶肉点状分布。

'小尖叶'红网纹草（F. 'Frankie'） 叶小，渐尖，粉红色网纹面积大，绿色叶肉点状分布。

三、繁殖与栽培管理技术

（一）扦插繁殖

在适宜温度条件下可以全年扦插繁殖，但以 3 ～ 6 月温度稍高时扦插效果最好。从生长势强、无病虫害的粗壮枝条中选取插穗，穗长 5 ～ 7 cm，留 3 ～ 4 个节，节下斜剪，以扩大发根面，并剪掉下部叶片，留顶端 1 ～ 2 个叶片，以减少水分蒸发，提高扦插成活率。苗床基质常用中沙子、黄泥或珍珠岩混合，提前 1 ～ 2 天用百菌清消毒，扦插时先将基质浇透水，然后用竹签或竹筷打洞，再插入插穗，以免直接扦插擦破切口茎皮组织，影响生根。深度以一个节入土为宜，插后将插穗周围基质压紧，使插穗入土部分与基质密切结合利于吸水。以后每天喷 1 ～ 2 次水保持湿润，切不可湿度过大，否则插穗易腐烂。温度保持在 22 ～ 25℃，10 ～ 15 天可生根移栽。

（二）分株繁殖

茎叶生长较密集的网纹草，会有不少匍匐茎节上长出不定根，匍匐茎长 10 cm 以上可带根剪下直接盆栽，放置在半阴处 1 ～ 2 周恢复后转入正常养护。

（三）组培快繁

网纹草愈伤诱导培养基 MS+6-BA 0.1 mg/L+ IBA 0.1 mg/L。红网纹草理想的芽增殖培养基是 MS+6-BA 0.5 mg/L+NAA 0.05 mg/L，白网纹草在 MS+6-BA 0.5 mg/L+NAA 0.1 mg/L 培养基上可产生大量从生芽。白网纹草的生根诱导采用 1/2 MS+NAA 0.1 mg/L+ 蔗糖 15 g/L，生根率高达 100%。

（四）盆栽

1. 容器与基质选择

株型较小，一般作为小型盆栽或填充用花，因此在栽培时一般用小型容器种植即可（口径 10 cm 左右）。如果要快速满盆，可以每盆种植 2 ～ 3 株。基质以疏松透气的轻基质为首选，椰糠、泥炭土或适宜的混合基质均可用于网纹草的规模化生产。

2. 上盆

扦插苗根系长到 1 cm 左右时可移栽上盆，上盆太晚幼苗长势衰弱，影响以后的生长发育。上盆时先在盆底放 2 ～ 3 cm 厚的粗粒基质或陶粒作滤水层，其上撒一层 2 ～ 3 cm 厚的腐熟有机肥料作基肥，再盖上一层 2 ～ 4 cm 厚的基质，定植前先将盆土浇湿，然后放入植株，肥料与根系分开，避免烧根。8 ～ 10 cm 盆中栽 3 棵扦插苗，12 ～ 15 cm 吊盆中栽 5 棵扦插苗。定植时注意栽植深浅适度，根颈埋入土中即可，不可过深。上盆后栽培环境用 75% ～ 80% 的遮光网遮阴。

3. 摘心

为保持株型优美，应进行多次摘心。当植株长至 3 ～ 4 对叶时进行第一次摘心，促使分枝，控制植株高度。栽培 1 年以上的较老植株，特别是因冬季室温较低而叶片脱落的盆株，可进行重剪，以促进新枝的生成。剪下枝条可用于扦插。

4. 环境管理

叶片薄而娇嫩，光照以散射光为主，喜温暖和半阴环境，生长适温 18 ～ 25℃，忌寒冷霜冻，温度低于 13℃生长停止，因此冬季要做好保温措施，尤其要注意水温，浇水不能用温度太低的水，保持盆土湿润，以利越冬。

（1）温度控制

棚内温度低于 28℃，关闭温室侧边膜保持温度，高于该温度则打开风机水帘降低温度。漳州 11 月到翌年 4 月，如果棚内夜温低于 15℃，常规大棚调温措施无法满足要求时则需要加温。

（2）湿度控制

棚内湿度低于 30%，温度低于 28℃，地面过道洒水以增加空气湿度；温度高于 28℃，打开风机水帘降温。棚内湿度高于 90%，温度低于 28℃，打开温室侧边膜降低湿度；温度高于 28℃，只打开风机排湿。当湿度与温度相矛盾时，优先控制温度，保证温度达到要求。

（3）光照控制

棚内光照高于 10000 lx（小苗时，如中大苗则 15000 lx）时，开内遮光网，降低光照强度；棚内光照低于 5000 lx 时，收内遮光网，增加光照强度。

5. 水肥管理

上盆后要及时浇透定根水，以后根据生长情况、盆大小和季节进行浇水。春季每天浇 1 次水，夏季每天浇 2 次水，秋末过后逐渐减少浇水次数。网纹草根系较浅，表土干时就要浇水，稍加控制浇水量，宁湿勿干，让培养土稍微湿润，盆内不宜积水。尽量避免向叶面喷水，否则易引起叶片腐烂和脱落。春至秋季网纹草生长旺盛，应经常向叶面喷水，以保持盆土湿润。冬天则减少浇水量，当观察到整床网纹草有 30% 盆土表面开始发白即表明需要浇水。

盆栽网纹草生长期每隔 1 ～ 2 周施 1 次稀薄液肥，施肥操作时避免肥料接触叶片而导致肥害。所需要的肥料溶解在水中供给，浇水频率以 1 秒钟点浇 2 盆为最佳。浇水过程中还需要自检浇水效果，挑出约 10 分钟前浇好的盆苗 2 ～ 3 盆，脱盆看盆土是否湿透和过湿（脱盆还有水滴落），并根据具体情况调整浇水频率，以保证水肥供给适当。

（五）主要病害防治

常见病害有叶腐病、根腐病、炭疽病、叶枯病、叶斑病和茎腐病。

1. 叶腐病

主要危害叶片。叶缘产生褐色腐烂斑，不断向内扩展。发病初期可用 72% 农用硫酸链霉素可溶性粉剂或新植霉素 2500 ～ 3000 倍液、47% 加瑞农可湿性粉剂 700 倍液、27% 铜高尚悬浮剂 600 倍液、国光 70% 乙磷铝锰锌可湿粉剂 800 ～ 1000 倍液喷雾防治，隔 10 天左右喷 1 次，连喷 2 ～ 3 次。

2. 根腐病

主要危害根系。植株染病后生长衰弱，须根少，叶片萎蔫，严重时根系变为褐色，根皮易剥离、腐烂，植株枯萎死亡。发病初期可用 70% 五氯硝基苯粉剂 800 ～ 1000 倍液、50% 多菌灵可湿性粉剂 500 倍液或 50% 甲基托布津 800 倍液灌根，每隔 7 ～ 10 天 1 次，连灌 2 ～ 3 次。

3. 炭疽病

主要危害叶片。发病初期叶片上出现圆形、椭圆形红褐色小斑点，后期扩大成深褐色病斑，中央由灰褐色转为灰白色，边缘呈紫褐色或暗绿色，最后病斑转黑褐色，并产生轮纹状排列的小黑点。发病初期可喷施 50% 多菌灵可湿性粉剂 700 ～ 800 倍液，或 50% 炭福美可湿性粉剂 500

倍液，或75%百菌清500倍液，隔10天左右喷1次，连喷2～3次。

4. 叶枯病

主要危害叶片，多发生在叶尖端。初期叶片出现褪绿色黄斑，由边缘向内蔓延，呈不规则状，后期病斑黄褐色，严重时病叶干枯。发病初期可用50%多菌灵可湿性粉剂700～800倍液，或65%代森锌可湿性粉剂600倍液，或50%苯来特可湿性粉剂1500～2000倍液喷洒，隔10天左右喷1次，连喷2～3次。

5. 叶斑病

发生在叶部，初期叶片上产生褐色斑点，逐渐扩展成圆形或不规则形，病部变薄，呈褐色透明状，病斑上出现黑色颗粒状物。7～8月为发病盛期。发病初期可喷施50%多菌灵可湿性粉剂800～1000倍液，或65%代森锌600～800倍液，或1%等量式波尔多液。每隔7～10天喷1次，连喷2～4次。

6. 茎腐病

主要危害茎部。病株近地面的茎基部，最初出现水渍状暗色小斑，并逐渐扩大成不规则大斑，茎部枯萎或引起根部腐烂，造成叶片枯萎或全株死亡。发病初期可用72%克露可湿性粉剂500～600倍液，或65%敌克松600～800倍液，或69%安克锰锌可湿性粉剂600～800倍液，或70%百德富可湿性粉剂500～600倍液等进行防治。每隔7～10天喷1次，连喷2～4次。

（六）主要虫害防治

1. 蚜虫

在高温高湿环境下发生严重，6～8月猖獗，植物受害后，叶片和嫩梢不能正常生长，还可诱发煤污病。4月下旬若蚜危害初期，喷洒40%氧化乐果乳油800～1000倍液，50%抗蚜威可湿性粉剂600～800倍液。每周1次，直到杀灭为止。

2. 菜青虫

对网纹草危害最为严重，幼虫食叶片造成孔洞或缺刻，严重时吃光叶片。发现虫害，可用10%氯氰菊酯乳油，或50%辛硫磷乳油，或2.5%功夫乳油，或20%灭扫利乳油药液，每10～15天喷1次，连喷2～3次。

四、价值与应用

网纹草植株小巧玲珑，姿态轻盈，叶脉清晰，纹理匀称，具有独特的观赏价值，是深受人们喜爱的小型观叶植物。以其清晰鲜艳的红色或白色网脉为观赏特点，是室内小型观叶花卉珍品，可作吊盆或盆景观赏；用于点缀居室，摆放书桌、茶几或窗台。

（周厚高）

Fragaria 草莓

蔷薇科草莓属（*Fragaria*）多年生常绿草本植物。一种重要的小浆果作物，也是一种观赏兼食用的常绿宿根花卉，在居室盆栽、庭院栽植、园林绿化上也有一定应用。APG Ⅳ已将草莓属并入委陵菜属（*Potentilla*，PW）；植物智仍单列，本书依后者。

一、形态特征与生物学特性

（一）形态与观赏特征

一般株高 5 ～ 30 cm，植株呈丛状生长。须根系，一般一株草莓常有 20 ～ 50 条根，在土壤中分布较浅，多分布在 20 cm 以上的土层内（图 1）。

茎分两种，即短缩茎和匍匐茎。当年萌发的短缩茎叫新茎，一般长仅为 0.5 ～ 2.0 cm，很短、几乎看不见。多年生的短缩茎叫根状茎，其下部叶片枯死脱落，叶片着生部位逐渐上移，茎变长、颜色变褐，外形似根。根状茎上也可发生不定根，但一般第三年以后发新根很少。随年龄增长，根状茎逐年衰老变褐，根状茎越老，地上部的生长越差。第二种茎叫匍匐茎，由新茎叶腋间的芽萌发出来，沿地面匍匐生长，节处可形成不定根并萌发芽从而形成新的植株，繁殖出的苗叫匍匐茎苗，是生产上最主要的繁殖方式。

叶着生于短缩茎上，因为短缩茎节间很短，所以看起来好像叶片是从根部直接长出来似的。叶片羽状复叶，常为羽状三小叶，但某些野生草莓种类，如五叶草莓（*F. pentaphylla*）、西南草莓（*F. moupinensis*）常为羽状五小叶。

聚伞花序，通常为二歧聚伞花序或多歧聚伞花序。一般每株可抽生 1 ～ 5 个花序，1 个花序上常着生 10 ～ 20 朵花。完全花，由花托、花萼、花瓣、雄蕊、雌蕊等几部分组成，食用的部分是由花托膨大形成的肉质浆果。八倍体栽培品种花通常为两性，野生草莓中的二倍体花也为两性，但四倍体种、六倍体种、八倍体种和十倍体种常为雌雄异株、花单性。草莓属植物花瓣白色，5 枚；有时也可见第一级序花的花瓣数常 6 ～ 8 枚。雄蕊数目不定，通常 20 ～ 40 枚。雌蕊离生，着生于花托上，50 ～ 400 个。

果实由花托膨大发育而来，植物学上称为假果；由于果实肉软多汁，园艺学上称之为浆果；其上嵌生很多瘦果（俗称种子），称为聚合果。果实的形状、颜色、大小等因品种而异，也受栽培条件的影响。果实成熟时一般为红色；现在也有了白果品种，野生草莓中有一些种类果实是白色的。

图 1　草莓植株的形态结构

注：1. 根；2. 短缩茎；3. 匍匐茎；4. 叶；5. 花序；6. 花；7. 果实。

（二）生物学特性

当早春气温达到5℃、10 cm土层的温度稳定在1～2℃时，草莓开始萌芽生长，辽宁地区露地萌芽期为3月下旬。萌芽生长1个月后出现花蕾，从现蕾到第1朵花开放需15天左右，花期持续时间约为20天。在同一个花序上，有时第一级序的果已经成熟，而最末的花还在开放。因此，草莓的开花期与结果期很难截然分开，辽宁地区露地草莓的开花结果期为5月初至6月下旬。在开花结果期，开始有少量匍匐茎的发生，果实采收后，在长日照和高温的条件下，开始大量抽生匍匐茎，辽宁地区露地草莓的匍匐茎发生期为6月上旬至9月下旬。草莓经过旺盛生长期后，在较低的温度（10～17℃）、短日照（8～10小时）下进行花芽分化，辽宁地区在9～10月进行。当晚秋到来时，随着日照变短、气温下降，草莓进入休眠期，表现为植株矮化呈从生状、不再发生匍匐茎。在适宜保护下，草莓休眠期叶片不脱落，能保持绿叶越冬，翌年春天气温升高时再度萌发生长。

抗寒性强，在冬季采用覆草防寒措施下，即使在最低温达-40℃的地区也可栽培。但草莓怕热，不耐高温，当温度超过35℃时生长受到抑制，因此在南方栽培时主要问题是越夏困难，不易繁苗。喜光，也稍耐阴。既不抗旱也不耐涝，所以草莓栽培必须选择旱能浇、涝能排的地块。对土壤的适应性较强，一般各种土壤均能生长，但最适宜的是肥沃、疏松、透水透气性强的微酸性土壤（pH 6.0～6.5）。地下水位不高于1 m，在沼泽地、盐碱地、重黏性土壤上栽草莓一般生长不良。

二、种质资源与园艺品种

（一）分类概述

草莓属约有25个种。分布广泛，绝大多数种类分布在亚洲、欧洲和美洲（Staudt，1989）。亚洲主要分布在中国、日本、印度等，欧洲、北美洲分布广泛，而南美洲则主要分布在智利。我国是世界上野生草莓资源种类最丰富的国家，从南到北蕴藏着种类和数量丰富的野生草莓。我国自然分布有14个野生种（雷家军，2017），种类占世界草莓属植物的一半以上（还有1个种系引入的栽培种）。这14个野生种包括9个二倍体种（2n=2x=14）：中国草莓（*F. chinensis*）、裂萼草莓（*F. daltoniana*）、台湾草莓（*F. hayatai*）、东北草莓（*F. mandschurica*）、黄毛草莓（*F. nilgrrensis*）、西藏草莓（*F. nubicola*）、五叶草莓（*F. pentaphylla*）、森林草莓（*F. vesca*）、绿色草莓（*F. viridis*）和5个四倍体种（2n=4x=28）：伞房草莓（*F. corymbosa*）、纤细草莓（*F. gracilis*）、西南草莓（*F. moupinensis*）、东方草莓（*F. orientalis*）、高原草莓（*F. tibetica*）。此外，亚洲、欧洲、美洲还分布有4个二倍体种：日本草莓（*F. nipponica*）、饭沼草莓（*F. iinumae*）、两季草莓（*F.* × *bifera*）、布哈拉草莓（*F. bucharica*）；1个五倍体种（2n=5x=35）：布氏草莓（*F.* × *bringhurstii*）；1个六倍体种（2n=6x=42）：麝香草莓（*F. moschata*）；3个八倍体种（2n=8x=56）：智利草莓（*F. chiloensis*）、弗州草莓（*F. virginiana*）、凤梨草莓（*F.* × *ananassa*）；2个十倍体种（2n=10x=70）：择捉草莓（*F. iturupensis*）、瀑布草莓（*F. cascadensis*）。

一些野生草莓种类抗寒性强，果实芳香浓郁，在欧美一些国家露地栽培较多，历史也较久。既用于园林绿化，也用于采摘鲜食或加工，还是一些鸟类和其他小动物的食物之一。1368年法国查尔斯五世（Charles V）国王让他的花匠在巴黎卢浮宫皇家花园栽植了约1200株森林草莓，主要是用于观赏和药用，食用是次要的。在大果栽培草莓诞生前的15—19世纪，在欧洲、美洲栽培的野生草莓主要包括森林草莓、麝香草莓、弗州草莓、智利草莓，用于绿化、采食，一直非常普遍。

草莓属的近缘属包括委陵菜属（*Potentilla*）、沼委陵菜属（*Comarum*）和蛇莓属（*Duchesnea*）等，它们的染色体基数均为x=7，但草莓属植物开白花，花托膨大为肉质多汁的浆果；而近缘属植物花托多膨大为海绵质或枯萎。

（二）种质资源与园艺品种

1. 凤梨草莓 *F.* × *ananassa*

现代大果栽培草莓种为凤梨草莓，原产欧洲，是由两个美洲种弗州草莓和智利草莓自然杂交而来的，其诞生距今约有 260 年的历史，因果实具有凤梨香味，故称为凤梨草莓（*ananassa* 意为凤梨）。大果栽培种凤梨草莓 20 世纪初引入我国，目前我国是世界上草莓栽培面积最大的国家（邓明琴 等，2005）。大果栽培种凤梨草莓，植株健壮，叶柄、匍匐茎、花序梗均粗壮。羽状三小叶，叶片大。果大，直径 1.5 ～ 3 cm。现代栽培的大果草莓品种均属于这个种，如‘红颜’‘甜查理’‘章姬’‘幸香’‘丰香’‘全明星’‘哈尼’‘宁玉’‘京藏香’等。它们可用于地栽、盆栽、柱式栽培等。

大果栽培种草莓的盆栽也较为流行，适于家庭阳台栽培陈设，也常见于庭院地栽采食。近些年来，在我国出现了各种形式的草莓立体栽培，用于科普、观赏和鲜食采摘。

2. 红花草莓 × *Fragaria* cvs

草莓属（*Fragaria*）与近缘的委陵菜属（*Potentilla*）远缘杂交得到的属间杂种。世界上第一个红花草莓品种‘粉红熊猫’是 1962 年由英国的 Jack R. Ellis 用开白花的栽培草莓（*F.* × *ananassa*）与开红花的欧洲红花委陵菜（*Potentilla palustris*）进行属间杂交，用 F_1 不断与栽培草莓品种进行回交，1989 年从中筛选出来的，花为粉色，具有四季成花特性。‘粉红熊猫’有 96% 的遗传物质来自草莓。红花草莓花色鲜艳，花呈红色、深粉色或粉色，观赏性强，适于盆栽和地栽，是近些年兴起的一种观赏兼食用的新型花卉。

日本、美国、德国、加拿大、法国、中国等国家培育了一批颜色从浅红、粉红、红到深红等不同程度的红花草莓品种，如‘玫瑰林’（‘Rosalyne’）、‘玫瑰果’（‘Roseberry’）、‘托斯卡娜’（‘Toscana’）、‘野马’（‘Tarpan’）、‘崔斯坦’（‘Tristan’）、‘罗曼’（‘Roman’）、‘碧甘’（‘Pikan’）、‘美林’（‘Merlan’）、‘罗萨那’（‘Rosana’）、‘粉豹’（‘Pink Panther’）、‘玫瑰王’（‘Viva Rosa’）、‘野火’（‘Wild Fire’）、‘粉美人’（‘Pretty in Pink’）、‘粉佳人’（‘Pink Beauty’）、‘俏佳人’（‘Pretty Beauty’）、‘红宝石’‘黑石’等（薛莉 等，2012）。

2a.‘粉佳人’‘Pink Beauty’

沈阳农业大学培育品种。2011 年由‘鬼怒甘’×‘Pink Panda’育成。植株长势强，株高 21 cm。叶黄绿色，有光泽。匍匐茎繁殖能力强。花浅粉红色，较大。单株花序多，花量大，单花一般持续 5 ～ 7 天，整体花期可达 1 个月以上。果实长圆锥形，微酸，果较大。高抗叶斑病（图 4）。

2b.‘俏佳人’‘Pretty Beauty’

沈阳农业大学培育品种。2011 年由‘鬼怒甘’×‘Pink Panda’育成。植株长势中等，株高 18 cm。叶绿色，勺状。匍匐茎繁殖能力强。花深粉红色，花大。单株花序多，每序着生花朵数多，可达 30 ～ 40 朵，单花一般持续 5 ～ 7 天，整体花期可达 1 个月以上。果实圆锥形，中等大小，较甜。抗叶斑病。

2c.‘粉公主’‘Pink Princess’

沈阳农业大学培育品种。2013 年由‘鬼怒甘’×‘Pink Panda’育成。植株长势中等，直立，株高 24 cm。叶片亮绿色，有光泽。匍匐茎繁殖能力较弱。花序直立，平于叶面。花玫瑰红色，花中等大小。单株花量大，四季开花，以春季为盛，秋季次之。果实圆球形，酸甜，果小。抗叶斑病（图 4）。

2d.‘红玫瑰’‘Red Rose’

沈阳农业大学培育品种。2013 年由‘鬼怒甘’×‘Pink Panda’育成。植株长势旺盛，株高 22 cm。叶片深绿色。匍匐茎红色，粗壮，繁殖能力强。花深粉红色，花大，鲜艳。花期可达 1 个月以上。果实圆锥形，酸甜，果小，坐果率较低。较抗叶斑病（图 4）。

2e.‘紫金红’‘Zijinhong’

江苏省农业科学院培育品种。2015 年以

图 4 红花观赏草莓品种
A. 粉佳人；B. 粉公主；C. 红玫瑰

‘红颜’ × ‘03-01’（‘粉红熊猫’与‘硕香’实生的杂交后代）杂交育成。花粉红色，花瓣重叠；匍匐茎抽生能力强；果实圆锥形，大小整齐。中抗炭疽病。

2f.‘粉红熊猫’‘Pink Panda’

英国品种。1989 年由 *F.* × *ananassa* × *P. palustis* 育成，属间杂种。株高 5 ~ 10 cm，长势中等。叶深绿色，有光泽。匍匐茎红色，繁殖能力极强，田间每株当年一般可繁 40 ~ 100 株匍匐茎苗。花粉红色，花瓣 5 ~ 8 枚，花大，直径一般为 2 ~ 3 cm，最大可达 4 cm。四季开花，但中间有短暂的间隔期。单株花量大，单花一般持续 5 ~ 7 天。结实性差，果小，单果重 5 ~ 10 g，偏酸。

2g.‘小夜曲’‘Serenata’

英国品种。1991 年由‘No.82/12-10’ × ‘Pink Panda’育成。植株长势旺。叶深绿色，有光泽。匍匐茎红色，繁殖能力极强。花深粉色，较大。单株花量大，花序平于叶面。果较小，圆锥形，浅红色，甜，有麝香味。染色体比正常栽培品种多 2 条，为 58 条。抗叶斑病，不抗寒。

2h.‘口红’‘Lipstick’

英国品种。1993 年由 *Fragaria* × *Potentilla* 育成。植株强壮，叶有光泽。花深粉色，单株花量大，花序略高于叶面。果圆球形，红色，性状优于‘Pink Panda’。不抗寒。

2i.‘玫瑰林’‘Rosalyne’

加拿大品种。2000 年由‘Fern’×（‘SJ9616’× ‘Pink Panda’）育成。植株长势旺。花浅粉色，花大，直径可达 4.3 cm。果实中等大小，红色，圆锥形，有光泽。较抗叶斑病，抗寒。

2j.‘玫瑰果’‘Roseberry’

加拿大品种。2004 年由‘Fern’ ×（‘SJ9616’ × ‘Pink Panda’）育成。植株长势旺。花大，亮粉色，花序略平于叶面。果大，楔形，较甜，略带香味。抗叶斑病，抗寒。

2k.‘玫瑰王’‘Viva Rosa’

法国品种。植株长势中等。花大，粉色，花序略高于叶面。果大，圆锥形，浅红色，略有光泽，品质优。不抗寒。

2l.‘托斯卡娜’‘Toscana’

荷兰品种。2011 年由 ABZ Seeds 公司育成。植株长势较强。花大，深粉色。花期持续时间长。果实圆锥形，品质较优。目前是欧洲较为流行的红花观赏草莓品种。

三、繁殖与栽培管理技术

主要有匍匐茎繁殖和组织培养繁殖 2 种方式。我国生产上主要用匍匐茎分株法繁殖种苗，但现在越来越多与组织培养相结合，利用组培原种苗作为母株，再在田间匍匐茎繁殖，可以脱毒复壮，生产优质种苗。

（一）匍匐茎分株

最常用的繁殖方法是匍匐茎繁殖，将匍匐茎上形成的秧苗切离即可形成一株新苗。利用匍匐茎繁殖方法简单，容易管理。匍匐茎苗能保持品种的特性，并且根系发达、生长迅速，秋季定植于露地，翌年春季即可开花结果。匍匐茎多在坐果后期开始发生，一般每品种可繁殖20～50株，有的可以达到几百株。栽植深度以“深不埋心，浅不露根”为宜，母株株行距0.5～1 m×1.2～1.8 m。定植后要注意母株的肥水管理，遇母株现蕾则要及时摘除全部花序，减少养分消耗，促进植株营养生长。匍匐茎抽生后，将其向畦面均匀摆开，用湿土压住节部，促使节上幼苗生根。

（二）组培快繁

茎尖组织培养可快速大量提供优质种苗。从田间选择品种纯正的匍匐茎茎段，用流水冲洗0.5小时，在超净工作台中用70%乙醇浸泡30秒，转入0.1%升汞中浸泡8～10分钟消毒，剥取0.5～1 mm茎尖接种于初代培养基MS+6-BA 1 mg/L上。接种后放在培养室中培养，室温25～26℃，每天光照12～14小时，光强2500～3000 lx。经过30天左右培养，可将芽丛进行切割，每瓶3～4个芽丛，接种于增殖培养基上MS+6-BA 1 mg/L进行增殖培养。以后每隔25～30天继代1次，继代时间不应超过2年。当瓶内苗增殖达到需要数量时，将芽丛分成单株，每株应达到2～3片叶，放置在生根培养基1/2MS+ IBA 0.2 mg/L中进行瓶内生根，15～30天即能生根，当生有3～4条根、根长达到0.5 cm时，即可打开瓶口锻炼，转入温室中沙床扦插驯化，生根后移栽入穴盘。穴盘原种苗可以用于销售或定植于田间作母株繁殖生产用苗。

（三）露地栽培

红花草莓、白花栽培品种、野生草莓均可地栽。宜选择地势较高、地面平坦、土质疏松、土壤肥沃、酸碱适宜、排灌方便、日照充足、通风良好的园地。忌在板结黏土、碱性土上栽植。草莓连作5年以上，生长势减弱，连作障碍较严重。草莓为浆果作物，需肥需水量大，尤其在结果期，定植前需施足基肥。基肥以有机肥为主，一般亩施腐熟有机肥2000～4000 kg。畜禽粪、饼肥、绿肥等是很好的基肥，但施用时一定要腐熟。草莓开花结果期长，在施足基肥的基础上，还要进行追肥。从现蕾期开始，每隔15天左右追肥1次。追肥与灌水结合进行，每亩施氮磷钾复合肥10 kg或磷酸二氢钾15 kg，液肥浓度以0.2%～0.4%为宜，也可以用沼液代替液肥使用；喷施的叶面肥可用高效液体有机复合肥、生物菌肥等。

春季定植母苗时，由于其抽生匍匐茎能力强，可按0.5 m×0.5～1m的株行距定植，在夏秋季会布满空处。定植日期宜尽量选择阴天、低温时间栽苗，切忌在高温、阳光暴晒、风大的天气栽苗。栽植后马上浇水，尤其栽植裸根苗时应尽量做到边栽苗边浇水。栽植草莓缓苗后，要及时进行一次中耕除草。草莓用于地被、庭院栽植，可以采用多年一栽制的地毯式栽植，以省力省工，3年后重种植更新。多年一栽制时，需在果实采后割除地上部分的老叶，并松土、培土、浇水、施肥，促使植株生长和匍匐茎繁出新苗，更新部分老苗弱苗。

草莓植株既不抗旱也不耐涝，必须干旱时能及时浇水，雨季要注意排水。草莓需水量大，不同生长发育期对水分的要求不同。灌溉时期应根据草莓需水和土壤墒情而定，一般有以下几个关键时期：①定植时，必须马上浇水，使草莓植株根系与土壤密接，提高成活率。②春季各地温度升高，而且天气较为干旱，草莓植株开始迅速生长，要及时浇水。③开花结果期是草莓需要水分最多的时期，适时灌水特别重要。④土壤上冻前，为使草莓安全越冬，应灌一次封冻水。

草莓在北方地区一般不能露地安全越冬，越冬防寒能有效保证植株不受冻害、保持绿叶，促使翌年生长健壮。覆盖物可用稻草、玉米秸秆、树叶等，庭院栽植少量植株时甚至可以培土防寒，效果很好。覆盖一般在土壤刚要结冻时进行。覆盖前，先浇一遍封冻水，等表层基本干后覆盖地膜，之后盖稻草等覆盖物，覆盖厚度10 cm左右，要求覆盖均匀，压实，不漏空隙。沈阳地区一般在11月初防寒。早春当平均气温高于0℃化冻时即可撤除防寒物，并清扫地表，松土保墒，促进生长。沈阳地区一般在3月底至4月初撤除防寒物。

（四）盆栽

红花草莓、白花栽培品种、野生草莓均可盆栽，盆栽容器可采用塑料盆、瓦盆等，上口径为10～25 cm。基质要求肥沃、疏松透气、pH 6～7。可用腐叶土、草炭、河沙、珍珠岩、蛭石、腐熟的稻壳、锯末、椰糠等与肥沃田园土配制而成，其中腐熟有机肥占比为1/5，混合比例可为肥沃田园土：腐叶土（草炭）：腐熟有机肥 = 2 ：2 ：1。

利用前述方法繁殖的健壮匍匐茎苗，8月下旬至10月中旬定植于花盆。选择阴天或晴天傍晚定植，切忌在高温、阳光暴晒、风大的天气栽苗。起苗前提前1天将苗圃浇透水。选择根茎粗度0.8 cm以上、展开叶片数5片及以上、根系发达、叶片无病虫害的生长健壮苗定植。栽植株数依据盆的大小、植株大小而定，可以栽单株或多株，通常口径20 cm花盆可栽2～3株。定植时，先将花盆装1/3的基质，然后将植株放于盆中央（栽单株时）或等距离排布于盆内（栽多株时），将植株根系舒展于盆中，填土压实，栽直栽正。栽植深度应使根茎与地面平齐，做到“深不埋心、浅不露根”。定植时应边栽苗边浇水，确保缓苗快、成活率高。

盆栽基质要经常松土，可在盆土稍干时进行松土，结合松土清除杂草。定植后1周内每天浇1次水，保持土壤湿润但不涝。其后浇水保持见干见湿，开花结果期需较大的土壤湿度，土壤含水量60%～70%。追肥与浇水结合进行，在现蕾期～开花结果期，每隔10～15天追肥1次，可叶面喷施0.2%～0.4%磷酸二氢钾溶液；也可施用沤制腐熟的豆饼肥、麻酱渣肥等有机液肥，施用浓度5%。植株生长发育期白天20～25℃，夜间8～12℃（不低于5℃）为宜。及时摘除老叶、病叶和匍匐茎。及时采摘成熟果实，去掉结完果后的花序。植株大量开花结果后会变衰弱，一方面可在花果期追肥，恢复长势，另一方面用新抽生出的匍匐茎苗代替衰弱老植株，重新栽植，并换盆土。

（五）病虫害防治

草莓主要病害有白粉病、灰霉病、炭疽病等，虫害主要有蚜虫、红蜘蛛、蓟马等。坚持“预防为主，综合防治”原则，加强通风、合理土壤种植密度或盆花摆放密度，及时摘除病株、病叶、病果，销毁或深埋。用于鲜食果实的草莓，在坐果期及之后禁止喷施有毒农药。

1. 白粉病

主要危害草莓叶片、花及果实。叶片染病后，在背面发生白色点状菌丝，像面粉一样，以后迅速扩展到全株，随着病势加重，叶向上卷曲，后期呈现红褐色病斑，叶片边缘萎缩、焦枯。花蕾和花感病后，花瓣变为红色，花蕾不能开放。果实感病后，果面覆盖白色粉状物，果实停止膨大，着色变差，几乎失去商品价值。

加强土、肥、水综合管理，降低湿度，增强植株长势；避免偏施氮肥，防止植株徒长；注意通风换气，雨后及时防止过干过湿；发现中心病株后要及时摘除病叶，并集中烧毁。化学药剂防治可用21.5%氟吡菌酰胺+21.5%肟菌酯悬浮剂30～40 mL/亩喷雾、25%戊甲醚酚+21%吡唑醚菌酯悬浮剂40～50 mL/亩喷雾、11.2%吡唑萘菌胺+17.8%嘧菌酯悬浮剂30～50 mL/亩喷雾，或采用硫黄熏蒸，扣棚保温后每周3～4次，每次2～4小时。

2. 灰霉病

主要危害草莓果实、花及叶片。发病初期，受害部分出现黄褐色病斑，并扩展变褐、变软、变腐烂，病部表面密生灰色霉层。在未成熟果实上先出现淡褐色干枯病斑，之后病果呈干腐状；花瓣染病后变成黄褐色，在果梗、叶柄上形成暗褐色长形斑。

选择抗病品种，培育壮苗；草莓果实收获后和种植前彻底清除残体，并对棚室进行消毒处理（设施栽培），可采用高温闷棚。生长期及时清扫园地的枯蔓病叶集中烧毁，发病初期及时摘除染病幼果和花序，集中烧毁或深埋；采用地膜覆盖，避免果实与潮湿土壤直接接触；起垄栽植，采用滴灌或膜下暗灌，避免棚内高湿，灌水时不要让水浸泡果实；经常除老叶加强通风透光，防止徒长。化学药剂防治可用21.2%吡唑醚菌酯+21.2%氟唑菌酰胺悬浮剂30～50 mL/亩喷雾、12.8%吡唑醚菌酯+25.2%啶酰菌胺水分散粒剂20～30 g/亩喷雾、50%啶酰菌胺水分散粒剂30～40 mL/亩喷雾。

3. 炭疽病

主要危害匍匐茎、叶柄、叶片和花，果实也可感染。发病初期，病斑水渍状，呈凹陷的纺锤形或椭圆形，大小3～7 mm，后病斑变黑色，或中央褐色，边缘红褐色。叶片、匍匐茎上的病斑相对规则整齐，很易识别。匍匐茎、叶柄上的病斑可扩展成环形圈，其上部萎蔫枯死。一般在7～9月发病，气温高的年份可延续到10月。降雨会加重该病的发生，往往导致死苗。

避免苗圃地连作；及时摘除病叶、病茎、枯老叶等带病残体，并清理田园；在匍匐茎抽生前进行药剂防治。化学药剂防治可用150 g/L咪鲜胺乳油50～75 mL/亩喷雾、133 g/L戊唑醇+267 g/L咪鲜胺肟菌悬浮剂40～50 mL/亩喷雾、50%戊唑醇+25%肟菌酯水分散粒剂40～50 g/亩喷雾。

四、价值与应用

草莓属植物均开白花，红花草莓为属间杂种（*Fragaria* × *Potentilla*），主要观赏部位是其红色或粉色的花，艳丽迷人，花朵繁密，露地栽培时花期可达1个月，温室栽培可达到4个月以上。尤其是现在一些四季红花草莓品种的问世，使花期变得更长。红花草莓的匍匐茎为红色，盆栽时悬垂效果较好，匍匐茎上的苗也可开花结果。红花与绿叶相互映衬，果实可食，芳香浓郁。红花草莓主要用于盆栽观赏和露地绿化（图5），也经常见于用钵苗栽成一面墙，开满红花，甚是壮观。红花草莓露地栽培可用于地被、花坛、花境。观赏期从春到秋，时间长，叶绿花红，观赏效果好。

白花栽培品种主要用于盆栽或庭院地栽，也经常见于各种形式的柱式栽培，观赏兼食用（图6）。盆栽可观花、观茎、观果，果实香气怡人。盆栽红花草莓可放于居室阳台、窗台、几案等处，也可吊盆，匍匐茎悬垂可长达0.5～2 m，且新抽生的匍匐茎苗当年就可开花，可以利用红花草莓匍匐茎长的特点，制作非常漂亮的红花草莓吊盆。

草莓果实芳香多汁，营养丰富，素有“浆果皇后”的美称。草莓香味独特，深受人们喜爱，不仅可鲜食，而且还可加工成各种产品，如制

图5　红花草莓的盆栽（A）和地栽（B）

图 6　草莓的盆栽（A）和柱栽（B）

成草莓酱、草莓酒、草莓汁、草莓蜜饯、草莓罐头、冻干草莓以及作为雪糕、糖果、饼干等的添加剂、糕点的点缀物等。草莓还有较高的医疗和保健价值，对白血病、贫血等具有较好的功效，具有抗衰老作用。

一些野生草莓种类，抗寒性强，可用于绿化成片栽植，果实虽小但风味极佳。野生草莓的盆栽在我国应用较少，但利用潜力较大。

（薛莉　雷家军）

Gaillardia 天人菊

菊科天人菊属（*Gaillardia*）一年生、二年生或多年生草本。该属有 16 种，分布于北美洲。其中宿根类只有两种，宿根天人菊（*G. aristata*）和披针叶天人菊（*G. aestivalis*）均较高大，易倒伏。目前景观中应用较多的是宿根天人菊与一年生的天人菊（*G. pulchella*）的杂交种群，统称为大花天人菊（*G.* × *grandifora*）。该杂交种群兼具天人菊生长快速和宿根天人菊寿命长的特点，但受一年生亲本的影响，仅为短命的多年生。

一、形态特征与生物学特性

（一）形态与观赏特征

茎直立，全株被粗毛。叶形变化较大。基生叶和下部茎叶长椭圆形或匙形，长 3 ～ 6 cm，宽 1 ～ 2 cm，全缘或羽状缺裂，具长柄；中部茎叶披针形、长椭圆形或匙形，长 4 ～ 8 cm，无柄或心形抱茎。头状花序径 7 ～ 10 cm；舌状花瓣先端常 3（～ 5）裂或喇叭状，黄色、红色、橙色或复色；管状花黄色至栗色。花期夏季。四倍体。

（二）生物学特性

喜光，耐热，耐旱，忌湿；冬季潮湿环境不利越冬成活；耐贫瘠，不择土壤。

二、园艺品种

大花天人菊 *g.* × *grandifora*

宿根天人菊（*G. aristata*）与一年生的天人菊（*G. pulchella*）的杂交种群。品种众多（也有以宿根天人菊的名字出现），差异主要表现在花色和株型方面，花有单瓣与重瓣，花瓣有舌状亦有喇叭状，黄色与红色搭配出令人眼花缭乱的花色，株型也是有高有矮。这里介绍一些有代表性的品种（图片作者无标注者均来自 https://garden.org/）。

（1）‘小精灵’‘Goblin’

公认的最好的品种之一。株高 20 ～ 30 cm，常形成一个矮小紧凑的小花丘。花径可达 10 cm，舌状花基部 2/3 为红色，先端黄色，管状花栗色（图 1）。

（2）‘亚利桑那阳光’‘Arizona Sun’

与‘小精灵’很像，但花朵更多（图 2）。

图 1 ‘小精灵’

图 2 ‘亚利桑那阳光’（Lisainy 摄）

图 3 ‘勃艮蒂’

图 4 “躁动”系列

图 5 ‘号角’

图 6 “葛尔雅”系列

（3）‘勃艮蒂’‘Burgunder’

株高 60 ～ 90 cm，舌状花为浓郁的红色，花心色更深（图 3）。

（4）“躁动”系列 Commotion™

株高 45 ～ 60 cm，舌状花喇叭状。‘狂热’（‘Frenzy’），舌状花橙红色，筒状花栗色。‘勇气’（‘Moxie’），舌状花金黄色，筒状花橙红色。‘泰斯丽’（‘Tizzy’），舌状花红色，筒状花栗色（图 4）。

（5）‘号角’‘Fanfare’

株高 25 ～ 45 cm，舌状花喇叭状，先端黄色，中部至基部橙色。花期长，6 ～ 9 月（图 5）。

（6）“葛尔雅”系列 Galya™

株高 30 ～ 60 cm。‘Blazing Sun’，舌状花向基一半为红色，先端黄。‘Coral Spark’，高度重瓣型，筒状花几乎完全瓣化；舌状花向基一半为深紫红色，先端黄绿色。‘Red Spark’，半重瓣型，部分筒状花瓣化；舌状花喇叭状，红色，先端橙红色。‘Wild Fire’，舌状花红色，仅先端黄色（图 6）。

（7）“梅萨”系列 Mesa™

一组相对矮生的单瓣品种，有 4 ～ 5 个品种，多数耐寒，可耐 -26 ℃低温。‘明亮双色’（‘Bright Bicolor’），株高 35 ～ 40 cm，橙与黄双色。‘桃子’（‘Peach’），株高 35 ～ 45 cm，筒状花及舌状花瓣基橙红色，其余为黄色，可耐 -37 ℃低温。‘红色’（‘Red’），舌状花深红色，筒状花深栗色。‘黄色’（‘Yellow’），舌状花黄色，筒状花深黄色（图 7）。

（8）“旋转先端”系列 Spin Top™

一组花瓣具有窄镶边的矮生品种，冠

图 7 “梅萨”系列
注：A.‘明亮双色’；B.‘红色’；C.‘黄色’；D.‘桃子’。

图 8 “旋转尖端”系列
注：A.‘铜色太阳’；B.‘橙色光环’；C.‘一抹黄’；D.‘红色星爆’。

幅 30 ～ 45 cm，有 4 ～ 5 个品种，多数极耐寒（–37 ℃）。‘铜色太阳’（‘Copper Sun’），株高 20 ～ 30 cm，花瓣舌状或喇叭状，红色具黄色镶边。‘橙色光环’（‘Orange Halo’），株高 30 ～ 35 cm，舌状花红色具橙色镶边，可耐 –26 ℃ 低温。‘红色星爆’（‘Red Starburst’），株高 35 cm，舌状花深橙红色具橙色镶边。‘一抹黄’（‘Yellow Touch’），舌状花深橙红色，瓣尖具淡淡的黄色（图 8）。

三、繁殖与栽培管理技术

（一）播种繁殖

春播、秋播均可。种子适宜萌发温度 20 ～ 25 ℃，播后 10 ～ 15 天萌发。春播苗当年可以开花（董长根 等，2013）；秋播苗翌年开花，但植株更壮实。园艺品种实生苗会产生性状分离。

（二）分株繁殖

早春萌动前分株，常规操作即可。

（三）园林栽培

1. 土壤

不择土质，排水良好的各种土壤均可。

2. 水肥

耐旱忌积水、耐贫瘠，故中等肥力即可，一般园土中种植无须施肥；多雨季节注意排水。

3. 光照

喜光，庇荫条件易徒长，应种植于光照下或有少量庇荫环境。

4. 修剪及越冬

花后修剪残花枝可促生新花枝，以延长花期。多数耐寒能力强，冬季无须保护。

（四）病虫害防治

抗逆性较强，病虫害较少。根系长时间在湿润土壤中易腐烂，故多雨地区可起高垅种植。

四、价值与应用

花色丰富，花色明艳，花型多样，花期长，无视湿热，抗逆性强，易栽培，是最有名的观赏植物之一。可丛植或片植于花园、花境、庭院、街头等各种景观中，也常盆栽。

（李淑娟）

Gaura 山桃草

柳叶菜科山桃草属（*Gaura*）为多年生粗壮宿根草本。该属有21种，分布于北美洲中部和东部至墨西哥中部。山桃草属已被APG Ⅳ并入月见草属（*Oenothera*，PW）；但植物智仍单列，本书依后者。仅有1种山桃草及其品种作为观赏植物，花白色至深粉红色；一些品种的花瓣于黎明时是白色，但到了黄昏则是粉红色的。

一、形态特征与生物学特性

（一）形态与观赏特征

常丛生；茎直立，高60～100 cm，常多分枝，入秋变红色，被长柔毛与曲柔毛。叶具基生叶与茎生叶，基生叶较大，排成莲座状，向着基部渐变狭成具翅的柄；茎生叶互生，具柄或无柄，向上逐渐变小，缘具齿。花序穗状或总状。花常4数，花瓣水平地排向一侧，雄蕊与花柱伸向花的另一侧，花常在傍晚开放，开放后一天内就凋谢；花瓣4，通常白色，受粉后变红色，具爪。花期5～8月，果期8～9月。原产于美国路易斯安那州南部及得克萨斯州，主要分布于北美洲温带。我国南北各地均有引种栽培，在河北、香港、江西和浙江发现逸为野生。

花序细长，花开时，整个植株顶部长满花枝；花色丰富，品种繁多，花朵看着像一个个彩色的蝴蝶，无论是盆栽还是地栽，都具有很好的观赏效果（图1）。

图1　山桃草（李淑娟 摄）

（二）生物学特性

喜凉爽，较耐寒，可耐 -35℃低温。喜半湿润气候、排水良好，耐干旱。宜生长在阳光充足的场所，耐半阴。对土质要求不严，以疏松肥沃、排水良好的砂质壤土为佳。抗性强，适应性广，在西安可露地生长10年以上。

二、种质资源与园艺品种

山桃草 *G. lindheimeri*

又名千鸟花。枝条细长外伸，株型显得松散杂乱。低矮紧凑是人们的第一个育种目标，而后就是花色与叶色方面。目前主要有以下品种系列：

（1）“芭蕾舞者”系列（Ballerina series）

紧凑型，在夏季炎热区域生长良好。表现最好的是‘芭蕾舞者之胭脂’（‘Ballerina Blush’）和‘芭蕾舞者之玫瑰’（‘Ballerina Rose’），‘芭蕾舞者之玫瑰’花深玫红色（Armitgae，2008）。

（2）“蝴蝶”系列（Butterfly series）

低矮型，并且比其他品种更紧凑。‘红蝴蝶’（‘Crimson Butterflies’），多年生宿根草本。开花植株高40～60 cm，低温期间叶色深红，高

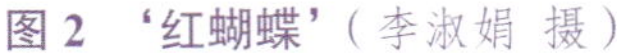

图 2 ‘红蝴蝶’（李淑娟 摄）

图 3 ‘宝石蝴蝶’（Hia Kai 摄）

图 4 “贝丽莎”系列

注：A. 深粉红色；B. 亮粉红色；C. 白色。

温季节叶色转绿，花期 6 ～ 10 月（图 2）。‘宝石蝴蝶’（‘Bijou Butterflies’），叶片有红色和绿色的斑纹，花玫瑰红色（图 3）。‘阳光蝴蝶’（‘Sunny Butterfly’），花白色，比其他品种更紧凑，但仍然显得有点瘦长，从遗传角度上讲，白色花山桃草比深色花的山桃草的花大。

（3）“贝丽莎”系列（Belleza™）

低矮型，株高 30 ～ 50 cm，花境与花坛的优良材料。可耐 -20℃低温。有 3 个花色，即深粉红色、亮粉红色和白色（图 4）。

（4）‘胭脂粉’‘Blush Pink’

低矮型，株高 30 ～ 45 cm，花序枝及萼片紫红色，花瓣粉色，瓣中至瓣基玫红色。可耐 -26℃低温（图 5）。

（5）‘简之玫瑰’‘Rosy Jane’

低矮型，株高约 60 cm，萼片紫红色，花瓣粉白色，瓣缘具玫红色斑。可耐 -26℃低温（图 6）。

（6）‘锡金粉’‘Siskiyou Pink’

中等株型，株高 75 ～ 90 cm。是该属第一个红色园艺品种。花萼深紫红色，花瓣粉色至玫红色，瓣中脉至基部深玫红色（图 7）。可耐 -20℃低温。

（7）‘闪耀白’‘Sparkle White’

低矮型，株高 30 ～ 60 cm，花萼粉色或淡粉色，花瓣白色（图 8）。可耐 -23℃低温。

（8）‘白花’山桃草‘So White’

低矮型，株高 30 ～ 45 cm。花萼淡绿色，花瓣白色（图 9）。可耐 -26℃低温。

图 5 ‘胭脂粉’（Deoniv 摄）

图 6 ‘简之玫瑰’（李淑娟 摄）

图 7 ‘锡金粉’（Jenny Cal 摄）

图 8 ‘闪耀白’（Tony Rebelo 摄）

图 9 ‘白花’山桃草（Jankolk 摄）

三、繁殖与栽培管理技术

（一）播种繁殖

花后 40 ～ 60 天种子成熟，在果荚变黄但未开裂时采收。5 ～ 8℃贮藏有利于保持种子活力且出苗整齐。春播、秋播均可。秋天播种时，翌年春夏即可开花。播种前，用 GA_3 200 mg/L 液浸种 24 小时可显著提高萌发率。种子萌发适宜温度 18 ～ 20℃，过高过低均不利萌发。

盆栽育苗时选择育苗盘播种，整平基质，均匀撒播种子后，再覆盖 0.5 cm 基质或蛭石，保持湿润，15 ～ 20 天出苗。幼苗 5 cm 时分栽于营养钵培育，生长点与土面平齐，过深幼叶不易长出，高出土表易干枯失水。栽植基质以富含腐殖质且透水良好为宜。小苗忌日光暴晒，夏季可置于遮光 50% 的条件下。

大田播种一般选择秋天播种，小苗需低温春化。栽培地点需光照好，通风，土壤肥沃。翻耕土壤，清除杂草、平整地面，浇水后，撒播种子，上面覆土 1 cm 左右，出芽前要一直保持土壤潮湿。成苗后进行间苗，保持株距 15 cm 以上。

（二）扦插和分株繁殖

春季用嫩枝、夏季用半木质化的枝条扦插繁殖（董长根 等，2013）。将枝条剪成 10 ～ 12 cm

图 10 山桃草野趣景观（李淑娟 摄）

长的插穗，去掉底部的叶片，可扦插于河砂或珍珠岩中，或者直接扦插在疏松排水好的砂质土中。保持环境温暖，定期浇水，控制扦插基质湿度和土壤微微湿润，插穗很容易生根发芽。

初春或秋末进行分株。不耐移植，分株繁殖时要带土移植。将大田植株挖起，进行分离，每株保留 2 ～ 3 枝定植到田间，及时浇透水。

（三）园林栽培

对土质要求不严，栽培管理容易。种植前，视基质肥力情况施加基肥，以腐熟的农家肥为佳。适宜种植在干燥的土壤中，生长期间要保持土壤干燥，但在出芽前要一直保持土壤湿润而不积水。在生长期间定期施肥，保持土壤肥沃。要有适当的间距，每一株要隔开 30 cm 以上的位置，保持有足够的生长空间。山桃草在花朵凋谢后，要及时将整个花梗剪掉，以促新枝萌发，产生新花序；在秋天条件适宜时，又能重新再开花一次。

（四）病虫害防治

在通风不良时，叶片上易感染白粉病。发病初期选用 15% 粉锈宁可湿性粉剂 1500 倍液，或 25% 吡唑醚菌酯悬浮剂 1000 ～ 1500 倍液、15 % 三唑酮可湿性粉剂 2000 倍液等，每隔 10 ～ 15 天喷洒 1 次，3 ～ 4 次即可控制其传播。有时会发生蚜虫危害，可用 10% 吡虫啉可湿性粒剂 1500 倍液或 3 % 啶虫脒乳油 1000 倍液喷雾进行防治。

四、价值与应用

山桃草属于多花型草本，花色从白色到深红色，花形酷似桃花。如山桃草花蕾是白色略带粉红的，初花呈白色，谢花时则浅粉红色；开花后，黎明时花瓣白色，黄昏时花瓣则呈粉红色。适用于园林绿地，多成片群植，也可以种植在草坪、花坛、庭院等地作点缀装饰之用（图 10）。在夏季凉爽的地区，整个季节都会持续开花。

（刘安成）

Gazania 勋章菊

菊科舌状花亚科勋章菊属（*Gazania*）多年生草本。其属名有“僵硬”“死板”“不可弯曲”之意，可能与其苞片、冠毛或鳞片有关。可用作盆栽、地被和花境、岩石园、插花等园林绿化装饰材料。

一、形态特征与生物学特性

（一）形态与观赏特征

具根茎。叶由根际丛生，狭倒卵形至倒卵形，全缘或羽裂，叶背密被白毛，头状花序，边缘为无性的舌状花，有白色、黄色、红色、铜绿色、紫色等多种颜色，中间由两性的管状花组成，昼开夜合，单花寿命长达 10 天左右，花径 7 ～ 8 cm，花期 4 ～ 5 月。瘦果，具冠毛。

（二）生物学特性

性喜温暖向阳，生长适宜温度 15 ～ 30℃，宜在疏松肥沃的砂壤土中种植，对水分比较敏感，夏季高温高湿条件下对勋章菊生长和开花不利。在西安露地为一年生，在冷棚内才能多年生。

二、种质资源及园艺品种

该属有 16 种，大部分分布在纳米比亚和南非地区，赤褐勋章菊（*G. krebisaia*）分布范围扩展到了安哥拉和坦桑尼亚地区。

1. 勋章菊（勋章花）*G. rigens*

花朵基部常有深色斑眼和色环，因其花形状似勋章而得名。目前已经确定的变种有 3 个，主要可以从叶片白色绢毛分布位置、花眼的有无以及花径大小三方面加以区分。

1a. 蔓生勋章菊 var. *leucolaena*

全身密被白色绢毛，无黑色眼斑，头状花序直径仅 2.5 ～ 4 cm。

1b. 丛生勋章菊 var. *rigens*

仅叶片下表面具白色绢毛，舌状花基部具黑色眼斑，头状花序直径 4 ～ 8 cm。

1c. 单花勋章菊 var. *uniflora*

叶片仅下表面具白色绢毛，舌状花基部无黑色眼斑，头状花序直径较小，2.5 ～ 5 cm。

2. 常见园艺品种

（1）黎明系列（Daybreak）

早花种，比所有勋章菊早 7 ～ 20 天开花，花色有黄、橙、红褐色、粉、白和橙黄双色。

（2）丑角系列（Harleguin）

株高 20 ～ 40 cm，花色有黄、橙、粉、红、褐等。常见新品种介绍如下。

‘钱索尼特’（‘Chansonette’） 株高 20 cm，早花种，花径 10 cm。

‘戴纳星’（‘Dynastap’） 株高 20 cm，短茎。

‘迷你星’（‘Ministap’） 株高 20 cm，叶片银绿色，花径 7 ～ 8 cm，星状花。

‘阳光’（‘Sunshine’） 株高 25 cm，叶银绿色，花大，花径 10 cm，每朵花具 4 ～ 5 种色彩。

‘天才’（‘Talent’） 矮生种，株高 20 cm，叶银白色，花径 8 ～ 10 cm，花有黄、橙、白、粉红等色。

‘黄日出’（‘Sunrise Yellow’） 花大、黄色，具黑眼。

图 1 ‘红纹’及其舌状花　　图 2 ‘星白’及其舌状花

‘阳光’（‘Sun Glow’） 花黄色。

‘日出’（‘Sun Burst’） 花橙色，具黑眼。

‘太阳之舞’（‘Sun Dance’） 株高 25 ～ 30 cm。

‘月光’（‘Moon Glow’） 花重瓣，鲜黄色。

另外，还有多花类型的‘阿兹特克皇后’（‘Aztec Queen’）、‘红色葡萄酒’（‘Bungundy’）、‘铜王’（‘Copperking’）和‘红色节日’（‘Fiesta Red’）及‘红纹’（图 1）、‘星白’（图 2）等品种。

三、繁殖与栽培管理技术

（一）播种繁殖

4 月春播或 9 月秋播，少量可盆播，每克种子 560 ～ 580 粒，每平方米苗床播种量 15 g 左右。撒播，种子上面盖细土 0.8 cm 左右。发芽适温 16 ～ 18℃，播后 14 ～ 30 天发芽。苗具 1 对真叶时移植到 4 cm 种苗盘。或开沟按 8 cm 的株行距栽下种苗。苗期控制气温 15 ～ 25℃，土壤水分控制适中，要充分见光。定植前 5 ～ 7 天通风降温，适度控水炼苗。无霜后定植露地。

（二）分株和扦插繁殖

在 3 ～ 4 月茎叶生长前，将越冬的母株挖出，盆栽的则将母株从花盆倒出，用刀自株丛的根颈部纵向切开，但每一分株必须带芽头和根系，可直接盆栽。

常在春、秋季扦插，室内栽培全年均可进行，露地栽培的在春、秋凉爽季节进行。剪取带茎节的芽，留顶端 2 片叶，如叶片过大，还可剪去 1/2，以减少叶面水分蒸发。插入沙床，室温 20 ～ 24℃，保持较高的空气湿度，插后 20 ～ 25 天生根。若用 0.1% IBA 处理 1 ～ 2 秒，生根更快。插芽繁殖将每一芽插于排水良好的基质中。切芽时会流出乳液，要充分洗净，使之吸水后再行扦插，很易发根。发根后与分株相同，先用小苗育苗后，再于翌春定植。生根后移入直径 8 cm 的容器中栽培。

（三）组培快繁

外植体常用茎尖和花蕾。茎尖经消毒后接种在添加 6-BA 1 ～ 3 mg/L 和 NAA 0.2 mg/L 的 MS 培养基上，诱导愈伤组织和分化芽。再转移到添加 NAA 1 mg/L 的 MS 培养基上，培养 30 ～ 40 天，幼苗生根形成完整小植株。

（四）园林栽培

1. 定植

宜在肥沃、疏松和排水良好、光照充足的砂质壤土栽培。施肥整地后，做成 0.5 ～ 0.53 m 宽的垄或 1 m 宽的畦，每垄栽 1 行，每畦栽 2 行，株距 33 ～ 40 cm，栽时浇透水。及时除草松土，大面积垄作的应铲趟几遍，保持土壤疏松和无杂草。因株型紧凑，不用摘心。种子成熟后及时采收，种子量较少。耐低温，不怕霜，但不能忍耐长时间冰冻，较温暖地区冬季来临前需覆盖越冬，北方寒冷地区不能露地越冬。

2. 温度

生长适温为 15 ～ 20℃，3 ～ 9 月为 13 ～ 24℃，9 月至翌年 3 月为 7 ～ 13℃。但对 30℃以上的高温适应性较强，只是叶片生长迟缓，开花减少。冬季温度不低于 5℃，但短时间能耐 0℃低温，如时间长易发生冻害。

3. 水分

对水分比较敏感，茎叶生长期虽需土壤湿润，但雨季土壤水分过多，植株容易受涝造成全株死亡。同时，夏季高温时，空气湿度不宜过高，盆土不宜积水，否则均对勋章菊生长和开花不利。

4. 光照

属喜光性草本花卉，生长和开花期需充足阳光。如栽培场所光照不足，则叶片柔软，花蕾减少，花朵变小，花色变淡。相反，阳光充足，则花色鲜艳，开花不断。

（五）盆栽

盆栽土壤可用草炭土、腐叶土和粗沙等量的混合土。常用盆径为 8 ～ 12 cm 的盆。幼苗 3 ～ 4 片叶时可从 4 cm 育苗盘内取出定植于 8 ～ 12 cm 盆中。生长期每 15 天左右施 1 次薄肥，要充分见光。如不留种，花谢后要及时剪除，可减少营养消耗，促使形成更多花蕾开花。勋章菊对温度和光照适应范围较宽，10 ～ 30℃均能生长良好。温室栽培一年四季可开花不断。

（六）病虫害防治

常见有根腐病和叶斑病危害，可用 50% 根腐灵可湿性粉剂 800 倍液喷洒防治根腐病，25% 多菌灵可湿性粉剂 1000 倍液喷洒防治叶斑病。虫害有红蜘蛛和蚜虫，蚜虫用 2.5% 鱼精乳油 1000 倍液喷杀，红蜘蛛用 40% 氧化乐果乳油 1500 倍液喷杀。

四、价值与应用

勋章菊舌状花瓣纹新奇，花朵迎着太阳开放，至日落后闭合，非常有趣。用它盆栽摆放花坛或草坪边缘，十分自然和谐。点缀小庭园或窗台，又似张张花脸，滑稽可笑。也是很好的插花材料。

（杨俊杰　吴学尉）

Gentiana 龙胆

龙胆科龙胆属（*Gentiana*）一年生或多年生草本。种类繁多，我国资源丰富，花有红、蓝、蓝紫、蓝白等多种颜色；部分种类花冠大，达 4 cm 以上，大部分种类花冠为 2 ～ 4 cm。红花龙胆（*G. rhodanthha*）、滇龙胆（*G. rigescens*）、头花龙胆（*G. ephalantha*）及云南龙胆（*G. yunnanensis*）等均有较高的观赏价值（孙爱群 等，2016）。

一、形态特征与生物学特性

（一）形态与观赏特征

茎直立，四棱形，斜升或铺散。叶对生，稀轮生，在多年生的种类中，不育茎或营养枝的叶常呈莲座状。复聚伞花序、聚伞花序或花单生；花两性；花萼筒形或钟形，浅裂，萼筒内面具萼内膜，萼内膜高度发育呈筒形或退化，仅保留在裂片间呈三角袋状；花冠筒形、漏斗形或钟形，常浅裂，使冠筒与裂片等长或较短，裂片间具褶，裂片在蕾中右向旋卷（图 1）；雄蕊着生于冠筒上，与裂片互生，花丝基部略增宽并向冠筒下延成翅，花药背着；子房一室，花柱明显，一般较短，有时较长呈丝状；腺体小，多达 10 个，轮状着生于子房基部。蒴果 2 裂。种子小，数量多，表面具多种纹饰，有致密的细网纹，增粗的网纹，蜂窝状网隙或海绵状网隙，常无翅，少有翅或幼时具狭翅，老时翅消失。

图 1　龙胆

（二）生物学特性

喜阳光充足、较湿润的地方，有耐寒性，根在地内越冬。对土壤要求不严，但土层深厚为更好。多生长在林荫下，耐寒、耐半阴，以富含腐殖质的壤土或砂质壤土为好。

龙胆种子萌发要求较高的温度和适当光照。如湿度适宜，温度在 25℃左右时，大约 1 周即可萌发。发芽率可达 60% ～ 80%。龙胆的种子寿命比较短，使用年限为 1 年，1 年后发芽率明显降低，2 年后种子就不能萌发。龙胆种子播下后，2 年能够开花结实。

二、种质资源

龙胆属有 334 种。是典型的高山类群，广布于全世界的主要山脉，以青藏高原为分布中心和分化中心。龙胆属目前包含 11 个组（Section）20 个系（Series）。

（一）分组概述

一般采用植物营养器官和生殖器官特征相结合的原则，以下分类依据反映了龙胆属丰富的物种多样性。

1. 多年生和一年生

分为多年生和一年生两大类。伴随多年生的

特征是具肉质根和莲座叶丛；伴随一年生的特征是木质根，无莲座叶丛。多年生类群的根又分为肉质主根、肉质松散须根及肉质黏结须根等三类。

2. 分枝方式

多年生植物的分枝方式是一个极稳定而又容易鉴别的性状，因而是一个可靠的分类依据。它有两种方式。

（1）单轴分枝

全株的中心具一个始终进行营养繁殖的不育茎，不育茎的叶密集呈莲座状，包围着中心的顶芽，花枝从莲座叶丛的外围叶腋中抽出，节间长，叶疏离。单轴分枝又可分为两种类型。

①多年枝单轴分枝。不育茎极低矮，莲座叶丛不发达，叶小而少，三角状，包被着中心的顶芽，全株中心仅有 1 个莲座状叶丛；花枝从莲座叶丛的外围叶腋中抽出后，当年不死亡，而是多年继续生长。

②一年枝单轴分枝。不育茎的莲座叶丛发达，叶大而多，包被着中心的顶芽，花枝从莲座叶丛的外围叶腋中抽出后，当年死亡。植株的不育茎极低矮，顶芽不生长成主茎，全株仅中心具 1 个莲座叶丛，或不育茎的顶芽发育，生长成主茎，主茎有分枝，每个分枝顶端再形成 1 个莲座叶丛。

（2）合轴分枝

与单轴分枝方式相反，植株顶芽早亡，侧芽发育，生长点不断更新。这种分枝方式又分为两种类型。

①根茎状合轴分枝。植株的顶芽早亡后，由侧芽发育成花枝，并在花枝的基部形成次级侧芽，花枝开花后当年死亡，次级侧芽在翌年发育成新的花枝。由侧芽依次更替，形成根茎。在龙胆草组（Sect. *Pneumonanthe*）中莲座叶丛缺失，侧芽包被在小的鳞片中，而在高山龙胆组（Sect. *Frigida*）中侧芽包被在发达的莲座叶丛中。

②匍匐茎状合轴分枝。植株的顶芽早亡后，侧芽发育成直立的花枝，花枝在顶端形成莲座状叶丛，开花后不死亡，平卧或下部平卧成匍匐状，翌年在它的节上产生新的花枝，依次继续生长。

3. 种子

龙胆属种子表面的纹饰及翅是一个比较稳定的、可靠的分组性状。种子表面的纹饰多种多样，有致密的细网纹，增粗的网纹及有角质、鳞片形附属物的网隙等。这种角质小鳞片构成六角形窝孔，覆盖在种子表面，在放大镜下宛如蜂巢或海绵，故称为蜂窝状网隙或海绵状网隙。

4. 褶

花冠褶的发达程度在各组里很不一样。

5. 花柱和子房柄

在一年生的类群里，花柱的长度与子房柄的长度有一定的相关性。

6. 特有的性状

龙胆属有的组具有一些与众不同的特有性状，从而成为识别它的重要标志。

（二）分系和分种概述

主要是依据花枝上花的多少，花萼裂片的形状，花冠褶的分裂情形；茎生叶对生或轮生，叶的形状，毛被，主茎发育与否等特征。但在各组内标准是不尽相同的。

龙胆属内种与种之间的界限，一般是比较清楚的。但在地理分布上，绝大多数的种集中在云南西北部、四川、西藏及青海。种的划分主要是根据花的颜色，花冠有无斑点及条纹、形状、大小；花部的数目，雄蕊整齐或否，花萼与花冠的比例，花萼裂片与萼筒的比例、毛被、叶形及质地等。

（三）园艺栽培种

龙胆属龙胆草组植物，主要是三花龙胆（*G. triflora*）和龙胆（*G. scabra*）种间杂交育成的各种切花和盆花品种，即花卉市场上的“龙胆”（图 2）。大面积商业化观赏栽培品种几乎全从国外引进。我国以观赏为目的的研发还处于萌芽阶段，自主研发的原生龙胆新品种极少。仅有江苏省林业科学院选育出盆栽品种‘苏龙一号’等。

龙胆花期长、花朵繁密和花形独特，自身观赏开发价值高，药用以根部为主，如果能够

图 2　龙胆切花

在一些种类上，如条叶龙胆（*G. manshurica*）、阿墩子龙胆（*G. atuntsiensis*）、头花龙胆（*G. cephalantha*）、滇龙胆（*G. regiscence*）实现地上部分作为观赏切花使用，地下部分作为药用，无疑能够大幅提高种植收益。

三、繁殖技术

（一）播种繁殖

在种子成熟期选择生长健壮、性状稳定、长势一致、质量优良的植株采集种子，种子采收筛选之后装入袋中置于阴凉干燥处贮藏待用（付海滨，2020）。

播种前，可使用沙藏法或赤霉素处理法对种子进行处理（李爱民，2014）。一是沙藏法。播种前 30 ～ 40 天，将种子与洁净的细沙按体积比 1 ： 5 的比例搅拌混匀，保持含水率在 25% ～ 30%，以手握成团、轻压即散为宜，装入木箱置于 0 ～ 5℃阴凉干燥处待用。二是赤霉素处理法。在播种前 1 ～ 2 天，用浓度为 50 mg/L 的赤霉素水溶液浸种 3 ～ 6 小时；然后用流水清洗种子，使水达到无色，再把种子装入布袋中直至不流水为止；最后将种子与洁净的细沙按体积比 1 ： 5 的比例搅拌混匀，保持含水量为 25% ～ 30%，装入木箱后放置在 0 ～ 5℃阴凉处待播种。

一般情况下，每年的 4 月、5 月、9 月是播种的最佳时机，播种量一般为 4 ～ 5 g/m^2。在播种前，要先拍实苗床，再将畦床浇透，等到水完全渗透后开始播种。播种时禁止直接将种子扔到苗床中，种子和细沙按照 1 ： 10 的比例搅拌均匀后，再用细筛轻轻敲打，使其均匀撒播在畦床上，并在表面覆盖 1 mm 细土，盖好薄膜，以保证播种的温度和湿度（李培靖，2020）。

播种后要加强对苗床的管理，控制好温度和湿度，促进幼苗的健康生长。龙胆草在整个生长过程中，每个阶段对于温湿度的要求都有所不同，而 20 ～ 25℃是最适宜种子萌发的温度，如果温度超过 30℃，就会影响幼苗的生长。龙胆草在种植时需要选择光照充足的地方，但它并不喜欢阳光直射，可以用透光率为 50% 的遮光网进行遮光；等到长出对叶后再撤掉遮光网。另外，如果发现土壤缺水，不能直接用水管猛灌，要通过润水灌溉来保证水分充足、均匀，并且保证幼苗不会因为受到冲击而死亡，对于此时的土壤来说，含水量控制在 40% 左右是最适合的。

为使幼苗发育良好，要进行 1 ～ 2 次追肥，一般在 1 对真叶长好后就可以追肥，可将磷酸二铵溶解在水中，稀释 500 倍直接向苗床叶面上喷洒。当龙胆达到 2 ～ 3 对真叶，主根长 6 ～ 8 cm，生长 55 天前后即可进行移栽。在移栽前半月，应对幼苗进行通风和加大光照锻炼，待幼苗适应后再将苗床两侧薄膜全部打开，育苗 50 天之后可彻底打开通风。

（二）分株繁殖

3 ～ 4 年生的龙胆草随着各组芽的形成，根茎产生分离现象，形成既相连又分离的根群，挖起后容易掰开，分成几株根苗，分别栽植繁殖。

以滇龙胆为例，在当年秋季滇龙胆草采收时，选择植株健康，无病斑、无霉烂的健壮带须根的根茎作为繁殖材料。将挑选好的繁殖材料在室内及时进行分株处理，分株时，每个单株苗要有 1 个根茎并带 2 ～ 4 条须根，并及时用混有 5% 多菌灵（含量 50%）的草木灰翻拌均匀，达到单株苗伤口杀菌消毒目的，将处理好的种苗封闭贮存在透气的筐内，保持湿度和低温条件，避免种苗干燥失水或高温发热腐烂造成损失，同时要及时移栽，不宜较长时间贮存（和桂琴，2020）。

（三）组培快繁

一般选取带节茎段为外植体；用 0.2% 升汞消毒 10 分钟，然后用 5% 次氯酸钠消毒 10 分钟，再用无菌水清洗 5 次后接种于诱导培养基（MS+IBA 0.1 mg/L+ZT 1 ～ 2 mg/L）中。待诱导出芽以后再转接至增殖培养基（MS+IBA 0.1 mg/L + ZT 0.5 ～ 1.5 mg/L）中，增殖系数一般可达到 3 ～ 4 倍。增殖至一定的基数后转接至生根培养基（1/2MS+IBA 0.3 ～ 0.5 mg/L），生根率达 90% 以上。待生根后移栽至 1 ∶ 1 的珍珠岩：草炭的基质中，保湿遮光，成活率可达 90% 以上（钟士浚 等，2021；晋海军 等，2020）。

四、栽培管理技术

（一）园林栽培

1. 基质

幼苗的生长基质主要是泥炭土和碎石，以体积比 3 ∶ 1 的比例进行混合。

2. 水肥

滇龙胆草适宜潮湿的土壤环境生长，秋季移栽时，土壤具有一定的水分，加上少量的雨雪，稍显干燥，但这时的滇龙胆草处于冬季休眠期，不宜有过多的水分。开春以后，地温回升，滇龙胆草也会很快萌发出苗，这时的春季处于比较干旱季节，可以视情况给予一定的水分补充；但滇龙胆草抗旱能力也比较强，若没有灌溉条件也不影响，滇龙胆草也能自我调节生长。5 ～ 6 月雨季来临时，要及时疏通排水沟，不能造成墒面积水，以免引起根腐病等病害。

在种植龙胆前 3 ～ 5 天进行土壤整理，捡去杂草，混合腐熟农家肥 22.5 ～ 30 t/hm^2，或氮：磷：钾 = 15 ∶ 15 ∶ 15 的三元复合肥 375 kg/hm^2 作底肥，中间追肥 1 ～ 2 次即可。

3. 光照

忌强光，出苗后应严格控制光照，可采用透光率为 50% 的遮光网进行遮光。

4. 越冬

龙胆属植物多是喜冷的高山植物，冬季无须保护。

（二）切花栽培

1. 定植

将切花种苗定植于 15 cm ×15 cm 的营养钵内或按 10 cm×10 cm 株行距移栽，移苗时要尽量减少对根部的损伤。要求白天温度为 25℃，夜间温度为 15℃，光照充足。采取间歇喷雾保证水分供应，前期肥力适中，后期适当增加肥力，可进行叶面喷肥。

2. 温度管理

花期喜高温，对温度要求较高，24 ～ 28℃生长良好，可耐 36℃以上高温。光照越强，光照时间越长，花的品质也越好。

3. 肥水管理

定植后可在土表施用缓释肥或液肥。以硝态液肥为主，可施用浓度为 2‰的尿素，1‰的磷酸二氢钾，每 15 天喷施 1 次。除非土壤中含有丰富的钙质，否则一定要在生产过程中补施钙肥。

水分供应宜逐渐降低，在植株的栽培后期适当干旱有利于延长花期。

4. 张网

为得到高品质的切花，防止倒伏，在定植后要架设支撑网，一般架设两层网，网眼尺寸应选用 15 cm × 15 cm 或 15 cm × 20 cm。随植株的生长，逐渐提升支撑网。

5. 采收

采收适期以植株上有 70% 的花处于半开状态时，最好能将豆粒般大小的花苞摘除。采收最好在清晨气温低时进行，将收获的花束进行冷处理，可延长采收后的寿命。采后如能使用切花保鲜剂，对瓶插寿命亦有帮助。

（三）病虫害防治

1. 斑枯病

斑枯病主要危害叶和茎，发病的叶子容易破裂，叶片的背面会长出白色斑点，即病原菌的孢子器。危害茎时会出现圆褐色斑点，严重时茎秆枯死，发病率较高。一般 6 月开始发生，7 ～ 8 月病重，9 月停止发展。发现中心病株要及时用 50% 多菌灵 500 ～ 600 倍液或 70% 甲基托布津 600 倍液进行喷雾，每隔 7 ～ 10 天喷 1 次，连喷 3 ～ 5 次；清除枯枝落叶，及时烧毁。

2. 苗枯病

主要是在幼苗 2 ～ 3 对真叶长出前后发生，叶片由绿变深，水渍状，有黏液，由中心病株向外蔓延。2 片真叶时，每 10 天喷 1 次 2000 倍液的百菌清。发病后，要带土挖出病株埋掉，对发病区用五氯硝基苯 500 倍液浇灌，再用清水冲洗叶片，清除残液。

3. 害虫

常见的地下害虫包括蛴螬、金针虫等，可在整地、作畦或打垄时施入 1000 倍辛硫磷毒土，或用 1000 倍的辛硫磷药液喷洒消毒。

五、价值与应用

龙胆属植物中的多个类群具有较高的药用和观赏价值。多枝组（Sect. *Kudoa*）花色艳丽、株型优美，可用于园艺观赏（付鹏程 等，2019）。

较多种为常用中药的主要植物来源，历史悠久。不但具有保肝利胆、抗炎镇痛等传统功效，且在抗病毒方面显示出新活性。比如龙胆草组（Sect. *Pneumonanthe*）和秦艽组（Sect. *Cruciata*）的根是重要的中药材，含有环烯醚萜苷类、龙胆苦苷、三萜和甾体等成分，临床上广泛用于呼吸道、心脑血管等疾病的治疗。

（张艺萍　贾文杰）

Geranium 老鹳草

牻牛儿苗科老鹳草属（*Geranium*）多年生宿根花卉。其属名 *Gernium* 源自拉丁语“*geranós*”，为“鹤”的意思，寓指其果实形似鹤嘴。英文名称 cranesbill（鹤嘴之意）。中文将其定名为“老鹳草”源自古代的传说，孙思邈云游到四川，发现年迈的老鹳鸟啄食此种植物后变得强壮，于是用它治愈了饱受风湿病折磨的人们，并将它命名为“老鹳草”。

一、形态特征与生物学特性

（一）形态与观赏特征

1. 根

根多为贮藏根，有很多种的根木质化，对应地上部的每个花茎都有各自的地下根予以支撑。根通常较肥厚且较深地分布于土壤中。生长较好的根多分布于地表。一些种的根质地坚韧，生长也较慢；一些种则在地面上形成伸展较远的根茎。只有较少的种有块状根，以利于植株在炎热的夏季成活。

2. 茎和叶

多为草本，稀为亚灌木或灌木，通常被倒向毛。茎具明显的节。地上部的生长习性分为两种：直立和匍匐。直立的茎上着生茎生叶，然后抽生出直立的花莛；匍匐的株型几乎没有茎生叶，茎蔓生平铺于地面生长（图 1A）。

叶形变化非常大。基生叶通常排列成莲座状，叶有 5 ～ 7 呈辐射状的裂片，几乎都深至叶子基部，每个裂片又都有较深的缺刻；这些裂片和叶缘带有齿，使得老鹳草的叶子看起来就像带有花边或者呈现羽毛状。一些种在秋季还会有漂亮的叶色。茎生叶相对较小，对生或者互生，通常有裂或有缺刻。

叶形通常与生长习性相关。自然分布于阴处的种类，通常叶裂和缺刻较浅，叶缘的齿较小，叶相对多毛，叶面褶皱，叶呈现黄绿色；而那些自然分布于干燥、全光照下的种类，叶色深绿，裂片狭长；有极少数的种为了适应炎热干燥的气候，叶子银色而且被非常多的毛（图 1B）。

3. 花

花序聚伞状或单生，每总花梗通常具 2 花，稀为单花或多花；总花梗具腺毛或无腺毛；花整齐，花萼和花瓣各 5 枚，植株的花径通常 1.5 ～ 4 cm，花基本上成对生长，花瓣呈覆瓦状排列，5 个萼片交错生长在 5 个花瓣下面。该属花瓣的色彩从蓝色、紫红色到白色，以及相间色。花瓣的顶端通常会有一凹口，花纹呈网状，或者或深或浅的平行花纹，花纹从花瓣基部呈放射线，有指引昆虫去授粉或吸取花蜜的作用。雄蕊 10 个，位于花的中心部位，分为 2 圈排列，5 个雄蕊环绕着雌蕊生长，外圈的 5 个雄蕊呈种子囊（图 1C），可以分别通过授粉形成 1 粒种子。花莛非常开散，很多种的花期很长，尤其是一些蔓生种，花期可达 3 ～ 4 个月。直立种的花枝着生比较紧密，花期也相对短一些。

4. 果实

蒴果，具长喙，5 果瓣，每果瓣具 1 种子，果瓣在喙顶部合生，成熟时沿主轴从基部向上端反卷开裂，弹出种子或种子与果瓣同时脱落，附着于主轴的顶部，果瓣内无毛（图 1D）。种子具胚乳或无。

图 1 老鹳草形态特征

注：A. 植株形态；B. 叶形和叶色；C. 花器官；D. 蒴果形态。

（二）生物学特性

自然分布非常广泛，不同种适应的环境条件各异。生长于落叶林中的种类，夏季干旱且荫蔽度高，植株的生长和开花基本上在春季就完成了，夏季已进入休眠状态。生长于林地边缘的种，环境为半荫蔽，植株为了寻找阳光，慢慢进化成了蔓生的地被状态。生长于草原、全光环境下的种，与其他植物一起生长，相互竞争，可在任意良好的土壤环境中生长，包括较强的碱性土壤条件。

1. 温度

大部分具有较好的耐寒性，在冬季 1 ～ 20℃条件下都可以存活。冬季温度比较低的地区可以通过覆盖保温来提高越冬存活率，生长季保障植株充足的生长也可以提高越冬存活率。如果植物耐热性较差，可以通过容器栽种、轻微遮光、补充空气湿度等方法提高植物的夏季耐热性。

2. 光照

需要适度的光照条件，大部分喜欢上午照光、下午适度遮光，尤其是夏季炎热的地区。栽种后如果出现叶子灼伤或植株发育不良的症状，就是光照太强了；相反，如果植株枝叶疏松、株型松散，则是植株需要更多的光照。

3. 水分

大部分种在潮湿的土壤中生长最好；在夏季炎热干燥地区，适度增加空气湿度有助于那些不耐热的种类越夏。

4. 土壤

对各种土壤都有很强的适应性，绝大多数种

都需要潮湿或微湿的壤土，也可以在砂质土壤中成活，很难在黏重且湿润的土壤中正常生长。有一些种可以忍受沼泽的条件，如 *G. gracile*、*G. palustre*；一些种则可以忍受干旱条件，如吉利亚尔老鹳草（*G. macrorrhizum*）、老鹳草（*G.×cantabrigiense*）。对土壤 pH 没有特殊的要求，大多数的高山老鹳草喜欢碱性、排水好的土壤。

二、种质资源与园艺分类

老鹳草属与天竺葵属（*Pelargonium*）非常近缘，经常会被写作天竺葵属。这个混淆要追溯到 1753 年卡尔·林奈在开创现代植物命名法时，就没有区分开老鹳草和天竺葵这 2 个属。此混淆持续了 226 年。二者最主要的区别在于花器官：老鹳草属的花为 5 瓣，覆瓦状排列，花型规整，花瓣大小一致，雄蕊为 10 枚；天竺葵属的花也是 5 瓣，但上面 2 瓣较大，下面 3 瓣较小，而且花的基部有花管，雄蕊少有超过 10 枚的。天竺葵通常不耐寒，其主要分布在暖冬地区；而老鹳草除了南极洲，在世界上任何一个国家都有分布（图 2）。

老鹳草属约 260 种，世界广布，但主要分布于温带及热带山区。我国有 50 种（18 个特有种，3 种为引进栽培），全国广布，主要分布于西南、内陆山地和温带落叶阔叶林区。根据老鹳草的植物学特征和生长习性，《中国植物志》将我国老鹳草属的 50 个种分为 11 个组：矮老鹳草组（Sect. *Columbina*）、林生组（Sect. *Geranium*）、斑眼组（Sect. *Lucida*）、沼生组（Sect. *Palustria*）、多花组（Sect. *Polyantha*）、反瓣组（Sect. *Reflexa*）、鱼腥草组（Sect. *Robertiana*）、血红花组（Sect. *Sanguinea*）、鼠掌组（Sect. *Sibirica*）、糙毛组（Sect. *Strigosa*）和块根组（Sect. *Tuberosa*）。

由于我国老鹳草育种落后和野生资源的开发利用不足，使得我国的野生老鹳草种几乎没有被开发应用，我国应用的老鹳草多为国外的优良栽培种和杂交品种。根据北京市植物园数 10 年的引种栽培经验，按生长习性和用途将我国引种的老鹳草属植物分为以下四类。

（一）地被类

地被类老鹳草生命力强，植株由地表走茎蔓延扩散，紧密地生长在一起，可以良好地覆盖地面，同时还可以很好地抑制杂草的生长。从早春到仲夏植株开花不断，花后植株虽有些凌乱，可以剪除凌乱的部分，重新生长的植株可以再次开花。良好的地被类有老鹳草、吉利亚尔老鹳草、耐寒老鹳草（新拟）*G.× oxonianum* 和恩氏老鹳草（*G.endressii*）等。

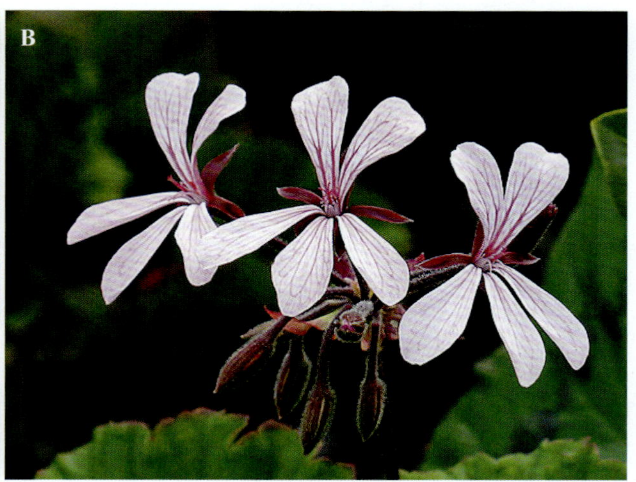

图 2　老鹳草与天竺葵的主要区别

注：A. 老鹳草的花；B. 天竺葵的花。

图 3 老鹳草‘剑桥’

图 4 吉利亚尔老鹳草‘贝尔’

图 5 耐寒老鹳草‘阿代尔’

图 6 比利牛斯老鹳草‘比尔沃利斯’

1. 老鹳草 *G.* ×*cantabrigiense*

根很细，地下有很多生长点。茎细长、稍木质、棕色，被毛浓密。叶掌状，有光泽，几乎无毛，有淡淡的香味。花粉红色，花径约 2.5 cm。品种‘剑桥’（‘Cambridge’），新芽几乎为红色，花淡粉色，秋叶为非常漂亮的红色（图 3）。

2. 吉利亚尔老鹳草 *G. macrorrhizum*

肉质根，茎高生、肥厚多汁，叶大、5～7深裂，裂片圆形。花洋粉红色，萼片红色。花径约 2.5 cm，生长性状非常强壮。品种‘贝尔’（‘Bevan's Variety’），株高 40 cm，冠幅约 100 cm，叶子有香味，花紫红色，花萼深红色（图 4）。

3. 耐寒老鹳草（新拟）*G.*× *oxonianum*

植株形成丛状，叶片 5 深裂，叶面有时会显现褐色斑块。花漏斗形，花瓣带有缺刻，花白色或粉色系，经常有深色的花脉。花径 3～3.5 cm。品种‘阿代尔’（‘Katherine Adele’），叶面带有深棕色斑块，花银粉色、花脉紫色。该品种需要全光照的生长条件，但在夏季非常炎热的地区午后要适当遮阴（图 5）。

（二）阴生类

许多耐阴的老鹳草可以在夏季炎热、冬季阴凉潮湿的气候条件下生长良好。阴凉情况下要适当控制水分，避免太湿引起根系的腐烂。遮阴的程度和遮阴的时间都是变化的，应充分了解栽种地的气候情况，以选择合适的种类栽种。良好的阴生老鹳草种有比利牛斯老鹳草（*G. pyrenaicum*）、结节老鹳草（*G. nodosum*）、掌状

图 7 喜马拉雅老鹳草

图 8 草地老鹳草的品种‘夏日天空’（下）和‘克拉克夫人’（上）

老鹳草（*G. palmatum*）等。

4. 比利牛斯老鹳草 *G. pyrenaicum*

植株能够长成很大的团状株丛，叶绿色，较宽，近圆形，有 7～9 个较窄的裂片，具有观赏性。花莛较长，花星状，花小，直径 1.3 cm，花瓣有凹口，白色、粉色或紫色。品种‘比尔沃利斯’（‘Bill Wallis’），花亮紫色，花期长（图 6）。

（三）喜光类

此类老鹳草生长量大，植株会形成团状或者紧凑的丛状，非常适宜在全光下的花坛或花境中使用。植株通常需要 3 年才能达到理想的观赏效果。植株的大小取决于土壤质量、土壤湿度和夏季的温度。冬季可以适当通过覆盖来提高植株的抗寒性。喜光类老鹳草种有喜马拉雅老鹳草（*G. himalayense*）、草地老鹳草（*G. pratense*）、血红老鹳草（*G. sanguineum*）、线裂老鹳草（*G. soboliferum*）等。

5. 喜马拉雅老鹳草 *G. himalayense*

地下根状茎，肉质。叶松散，带有 7 个宽裂片。花深蓝色，基部微红色，花浅碟状，花径约 4.5 cm，是老鹳草中的大花种类（图 7）。

6. 草地老鹳草 *G. pratense*

株型丰满呈团状，叶子带有 7～9 裂的缺刻，花白色、紫罗兰色和紫色，部分为重瓣，花期晚春到仲夏。品种有‘夏日天空’（‘Summer Skies’），为淡紫罗兰色，重瓣，花瓣中心白色。

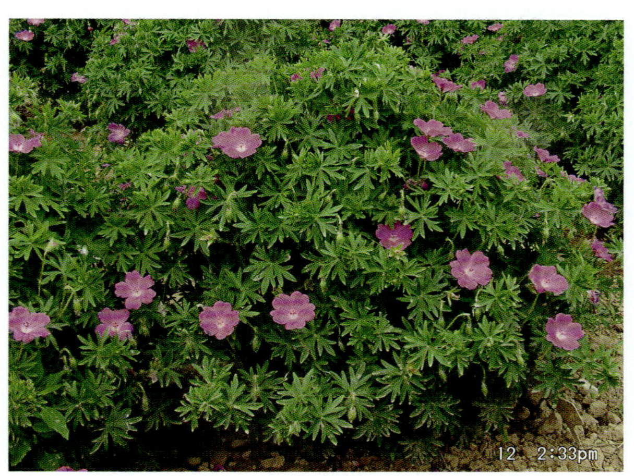

图 9 血红老鹳草

‘克拉克夫人’（‘Mrs. Kendall Clark’），叶子中绿色，深裂到基部，花为紫粉色，花量大（图 8）。

7. 血红老鹳草 *G. sanguineum*

地下根状茎，肉质。植株呈团状，叶片暗绿色，基生叶莲座状，指状分裂或有缺刻。茎生叶深裂片几乎到基部。花色从白色、淡粉色至洋红色。花径约 3 cm，杯形，单生（图 9）。

（四）岩生类

适于岩石园种植的老鹳草多是原产自山地的种类，它们有很长的根系，需要偏碱性、排水良好的多孔或多岩石的土壤。在夏季比较炎热的地区，适当遮阴和增加空气湿度有助于其越夏。良好的岩生类老鹳草有银叶老鹳草

图 10　银叶老鹳草（Giorgio Desidera 摄）

图 11　法雷里老鹳草（Peqanum 摄）

（*G. argenteum*）、法雷利老鹳草（*G. farreri*）和 *G.regelii* 等。

8. 银叶老鹳草 *G. argenteum*

植株团状，叶片有 5 ～ 7 深裂片，再裂成 3 部分；叶片银色，灰色茎上有丝状的毛。花淡粉色至白色，花药橙红色，花瓣带有紫色的脉纹，花径约 2.5 cm（图 10）。

9. 法雷里老鹳草 *G. farreri*

低矮的高山植物。植株团状，有肥厚的肉质根，冠幅约 5 cm；叶子裂片 5 ～ 7，每个裂片又裂为 3 或更多的裂片。花浅粉色，花径约 2.5 cm，带有淡绿色条纹，花萼绿色，花药蓝黑色（图 11）。

三、繁殖技术

（一）播种繁殖

播种苗变异性很大，但大量生产还是常采用播种的方法。大部分种子吸水率低，发芽率低。经过处理后的种子，播种于营养土：珍珠岩 5 ∶ 1 的基质中，用蛭石或沙子覆盖 0.5 cm，保持基质湿润，在 15 ～ 20℃条件下，光照或者黑暗（因种而异），5 ～ 20 天即可萌发。可以通过刺破种皮、摩擦种皮和化学药品浸泡的办法促进种子萌发。

1. 刺破种皮

对于种子数量较少的种，可以采用刺破种皮的方法促进发芽。用尖嘴的镊子夹住种子，用细针在种子较钝的一段刺破第 2 层种皮，种子能很快发芽。用针刺的时候要掌握力度，只需要轻微的刺穿或划伤种子即可，避免用力太大，以免伤害种子的子叶。

2. 摩擦种皮

经过砂纸打磨种皮的种子，可以很快吸水萌发。根据不同大小的种子选用不同目数的砂纸对种皮进行打磨，掌握适当的力度，磨去种子表皮阻碍吸水的部分，种子即可很快萌发。

3. 化学药品浸泡

大量的种子可以采用浓硫酸、过氧化氢等强酸强碱溶液进行浸泡，去除种子表皮阻碍吸水的成分，但需要掌握好浸泡的浓度和时长，避免浸泡过度伤害种子。一般种子在浓硫酸中浸泡不要超过 1 分钟，否则种子畸形率很高。处理大量种子之前，需要进行试验来确定合适的浸泡浓度和时长。

（二）分株繁殖

最简单和安全的繁殖方法就是分株。在早春或早秋的季节进行分株；或者夏季在花后去除地上的植株，将根部挖出来，用手或者工具进行分株，尽量减少根部伤害，去除枯枝败叶后重新栽种。

（三）基生芽扦插

2 ～ 4 月取 5 ～ 6 cm 长、木质化的茎基部作插穗，插入轻质且排水良好的基质中，放在散射光下，及时补充水分。

（四）块根或根茎切割

只有少数种的老鹳草具有块根，可以在秋季进行块根的分割繁殖。在寒冷地区，块根切割后可以在冷室内栽培，春季再栽种到室外。切割后的块根可以水平栽种，因为有时很难确定生长点在哪一端。

切割带有生长点的老鹳草的地下根茎，形成多个单株，并将小植株栽种进行扩繁。

（五）组培快繁

一些大型的花卉生产公司采用组织培养的方法繁殖老鹳草。此方法高效、繁殖速度快，但需要经过严格的品种筛选，挑选出观赏性和适应性都强的种类进行繁殖和推广。

四、栽培管理技术

（一）露地栽培

1. 种类选择

老鹳草作园林应用时，要选择适合当地生态环境的种类。尽管有些种和品种，可以通过夏季的遮阴、喷水降温和冬季的木屑覆盖来提高成活率，但适宜种类的选择是最重要的。

2. 苗期管理

实生苗或幼苗长至 4 枚叶片就可以上盆，盆土以富含有机质的砂壤土为宜，注意苗期浇水要见干见湿，利于植株根系的发展。苗期生长温度要控制在 20 ～ 30℃之间，温度高于 30℃时要注意适度的喷水和遮阴降温。

3. 定植

大部分老鹳草秋季播种翌年春季即可开花，生长很快，但形成大的株丛一般需要 2 ～ 3 年的时间。当直径 13 cm 以上的花盆被成苗长满时就可以露地定植了。3 月下旬至 4 月上旬适宜定植，栽种的第 1 年冬季需给予适当的保护。

定植土壤根据栽种老鹳草种类的不同进行改良。大部分的老鹳草都喜疏松、微碱性土壤。定植最好在早春或早秋，尤其是在黏重的土壤条件下，这样可以避免秋季栽种后气温降低造成植株腐烂。较耐寒、春季叶子萌发较早的种类宜秋季种植，有利于春季的萌发生长。

4. 田间管理与修剪

露地栽植的植株早春即可发芽，大部分种的老鹳草在春季开花，花期可以持续 20 ～ 25 天。花后及时修剪对于老鹳草至关重要。不少种的老鹳草在花期需要支撑，否则会倒伏，花后及时去除残花，过于凌乱的植株可将其全部清除。施肥促进新叶生长，通常 6 周左右植株就可以充分生长，有些种还能再次开花。

（二）病害防治

大部分种的老鹳草养护简便，生长健壮，虽然病虫害比较少发生，但生产和应用中还是会遇到一些问题。

1. 细菌和真菌性叶斑病

细菌性叶斑病会在叶片上形成小黑点，并逐渐扩大连成片。这些斑点释放出的细菌渗出物，边缘呈现黄色，细菌性叶斑病常在炎热的气候条件下发生。

真菌性叶斑病会在叶片上有凹陷的斑点，逐渐变黑，导致整个叶片变黑。真菌性叶斑病往往在凉爽潮湿的气候条件下发生。

2. 锈病

锈病多见于栽植过密的植株上，会产生变色的斑点，带有斑点的黄色叶片会脱落。多见于天竺葵属植物，偶发于老鹳草属植物。增加种植间距、适当通风，尽量在上午浇水，将水浇到地面，降低叶面湿度，可以有效减少这些病害的发生。如果病害比较严重，及时剪除病枝，并喷洒广谱性杀菌剂可以治愈。

3. 白粉病

白粉病是一种真菌性病害，染病的植株在茎叶上出现灰色或白色的粉块。白粉病一般出现在仲夏，很少导致植株死亡，但会失去观赏价值。除了注意浇水的时间和着水部位外，还要避免夏末施用氮肥。

4. 霜霉病

真菌性病病害。会使叶片背面形成难看的色

图 12 老鹳草园林应用形式

斑，并在色斑的表面形成霉菌。充足的光照可防止霜霉病的发生。

（三）虫害防治

老鹳草较少发生虫害，但如果栽植地点有较多的蛞蝓和蜗牛时，会对老鹳草的生长造成危害，需要对栽培地进行除虫处理。

五、价值与应用

（一）观赏与园林应用

老鹳草是分布广泛的重要宿根花卉，株型优美，花叶俱赏，适应性极强，适应全光或半阴的栽培条件。老鹳草属植物，尤其是那些原产于极端气候条件下的老鹳草备受青睐，具有极佳的应用前景。园林应用形式丰富多样。选用适宜的种和品种，应用于花境、岩石园、地被、阴生园等不同景观中（图 12）。

（二）药用价值

老鹳草属植物有多种药用价值。一是祛风活血。常常应用于风湿疼痛、风湿麻痹、肢体麻木、跌打损伤等症状的治疗。二是补充维生素、抗病菌。对金黄色葡萄球菌、乙型链球菌、肺炎链球菌、卡他球菌等多种病菌都有抑制作用，并且对甲型流感病毒也有一定的抑制作用。三是止泻。尼泊尔老鹳草的提取物有一定的止泻作用，此提取物能抑制小肠、十二指肠的活动，促进盲肠的活动，但是若剂量过大会出现泄下的现象。此外，老鹳草植物还有一定的抗癌、止咳、抗氧化和消炎作用。

（王雪芹）

Gerbera 非洲菊

菊科非洲菊属（*Gerbera*）多年生草本植物。原产于南非德兰士瓦，喜温暖通风、阳光充足的环境。非洲菊种质资源丰富，具有花色鲜艳、花朵大、花莛粗壮、抗病性强等特点。切花产量高，在设施栽培条件下可周年开花，且切花成品率高，市场需求量大，具有较高的经济价值。在全世界广泛栽培，可用于切花、盆栽及庭院装饰，是世界五大切花之一，我国云南、福建、浙江、山东、湖北等 10 多个省份均有规模化种植。

一、形态特征与生物学特性

（一）形态与观赏特征

全株被细毛，叶基生，具长柄，叶长椭圆形，基部渐狭，长 12 ～ 18 cm，宽 8 ～ 10 cm，叶缘羽状、浅裂或深裂，顶端短尖或略钝，上面无毛，下面被短柔毛，中脉背面凸起明显，侧脉 5 ～ 7 对，叶柄具粗纵棱，叶柄长 8 ～ 15 cm，多少被毛。根状茎短，为残存的叶柄所围裹，具较粗的须根。

头状花序单生或稀有数个丛生，花莛长 30 ～ 60 cm，粗 5 ～ 7 mm，无苞叶，毛于顶部最稠密，头状花序单生于花莛之顶，花期舌瓣花展开时直径一般可达 6 ～ 15 cm，花色有白、黄、粉、橙、红、紫等；总苞钟形，外层线形或披针形，顶端尖，长 8 ～ 10 mm，宽 1 ～ 1.5 mm，背面被柔毛，以鳞状排成数轮，内层长披针形，顶端尾尖，长 10 ～ 14 mm，宽约 2mm，背脊上被疏柔毛，花托扁平，裸露，蜂窝状，直径 6 ～ 8 mm。头状花序由两类小花构成，一类为舌状花，形状较大，花冠管短，4 ～ 5 mm，花冠上部舌状单向伸展，长圆形，长 3 ～ 5 cm，宽 2 ～ 7 mm，顶端具 3 齿，基内侧生 2 裂丝状，长 4 ～ 18 mm，雄蕊退化，雌蕊从小管内伸出，舌状花着生于花序边缘，排列成 1 轮至数轮，形成单瓣或重瓣花，舌状花基部具 200 根以上的冠毛。另一类小花为管状花，带有较小管形花冠，着生于花序中舌状花的内轮，形状相对较小，长 1 ～ 2 cm，花冠在开花之前通常呈黄色，后续开放后形成两个以上小舌状花瓣，位于外面几轮的管状花，雌雄蕊发育完全，可产生花粉和柱头，具有可授性，小花的短舌状花构成半重瓣；而中间的管状花只具有雄蕊，雌蕊退化，花药长约 4 mm，具长尖的尾部，管状花基部具约 60 根冠毛。

种子为黑褐色瘦果，长椭圆形，纵向具细条纹，顶端短尖着生冠毛，种子长约 1 cm，千粒重 3 ～ 5 g。

（二）生物学特性

性喜温暖、阳光充足和空气流通的环境，属半耐寒性花卉，不耐强光，当光照达 60000 lx 时，应适当遮阴。日照以 12 小时为佳。非洲菊最适宜生长温度为 20 ～ 25℃，产花的最适根际温度为 19 ～ 22℃，若低于 7℃会使花蕾发育停止，且根部容易发生病害；低于 0℃，则产生冻害；若高于 30℃，生长受阻，开花减少。喜疏松肥沃，排水良好，富含有机质的砂壤土，忌黏重。不耐干旱，亦忌积水，土壤湿度以田间持水量的 60% ～ 70% 为宜。适宜在 pH5.8 ～ 7.5 的土壤中生长。开花集中在 9 月至翌年 6 月，夏季休眠，7～8月开花少。在盐胁迫、干旱和寒冷等逆境下，非洲菊的生长及产量会受到严重抑制，非洲菊是喜氮植物，整个生育期对氮素均有较高需求，从6月开始需氮量增加，10月达到最高吸收峰，然后下降，因此冬季施氮肥过高或过低均造成花产量降低和品质下降。

二、种质资源和园艺品种

（一）种质资源

非洲菊属有35种，分布于南非、马达加斯加等地。

1. 非洲菊 *G. jamesonii*

多毛无茎植物，墨绿色叶片具长叶柄，叶片形态多样，锯齿形或浅裂，下表面具茸毛，花梗长50～80 cm，硬朗无叶，花序直径8～12 cm，花瓣细长，有黄色、橙色和红色。果实为瘦果长约1 cm，尖端具灰白色冠毛。

2. 绿叶毛足菊 *G. viridifolia*

白色花，花瓣背面呈黄色，叶片浅绿色，无茸毛。

3. 橙黄毛足菊 *G. aurantiaca*

德兰士瓦和纳塔尔的野生种。

4. 紫花非洲菊（新拟）*G. asplenifolia*

开普敦好望角野生种，特点是紫色花。

5. 克劳西非洲菊（新拟）*G. krausii*

纳塔尔野生种，特点是花瓣正面白色，背面粉色（李绅崇，2020）。

（二）育种概述

目前大部分非洲菊商业品种来源于非洲菊和绿叶毛足菊的二倍体杂交后代（李涵，2009）。1902年始法国育成了切花非洲菊品种，逐步形成了非洲菊的育种和栽培中心。20世纪80年代以来，德国、波兰、荷兰、西班牙等国进一步开展育种和品种改良；1999—2009年间仅荷兰就申请非洲菊新品种10个（聂京涛，2011）。现代大花型的非洲菊品种则多由荷兰的Venwijk育成，花朵直径可达15 cm以上（祝红艺，2005），目前由Florist、Schreurs、Terra Nigra和Preesman等荷兰育种公司所育成的非洲菊品种占据市场主导地位。

我国自20世纪90年代初将非洲菊引入上海、浙江和云南种植，并开展了非洲菊杂交育种。目前，国内育成并申报植物新品种的非洲菊新品种60多个，如耐低温品种‘红极星’，高产抗病品种‘秋日’‘夏日风情’‘粉佳人’，单瓣品种‘清心’，拉丝型品种‘拉丝1号’‘拉丝6号’‘拉丝8号’等，并开始种苗繁育与推广，但总体上突破性品种还比较少（李绅崇，2020）。

尽管近年来国内新品种蓄势待发，但目前国内流行的非洲菊品种仍以老品种为主（过聪，2022），目前国内栽培的品种主要有‘大雪桔’‘热带草原’‘香槟’‘玲珑’‘西瓜粉’‘云南红’‘阳光海岸’‘水粉’‘白马王子’‘紫灵’‘蜜糖’‘太阳风暴’‘紫佳人’‘紫玫瑰’等（郭方其，2020；夏潮水，2021）。

（三）园艺分类

根据花瓣形态和花径大小初步将非洲菊园艺品种分为3大类，一是常规瓣型，二是拉丝型，三是小花型，各自包含一些代表性主流品种。

1. 常规瓣型品种

花瓣规整，花朵较大，花朵直径8～12 cm。

‘云南红’　花瓣呈红色、宽瓣、花径9～10 cm，花芯黄绿色、直径1.5～2.5 cm，色泽鲜亮，花莛长40～50 cm，莛粗0.5～0.7 cm。有较好的耐低温性和耐热性，抗病性较强，田间叶斑病和菌核病发病轻，分枝数3～4个/株，每株年产量37～39枝，周年出花量稳定，瓶插寿命7～11天。冬季加强保温，适当提高大棚管理温度，促进花莛伸长，其他同常规栽培管理（图1）。

‘太阳风暴’　花瓣呈黄色、宽瓣、花径9～10 cm，花芯黑色、直径1.5～2 cm，色泽鲜亮，花莛长35～60 cm，莛粗0.6～0.7 cm。具有较好的耐低温性和耐热性，抗病性较强，田间叶斑病和菌核病发病轻，分枝数3～6个/株，每株年产量37～39枝，周年出花量稳定，冬季产量高，瓶插寿命8～13天。定期摘除老叶和

图 1 ‘云南红’栽培表现

图 2 ‘太阳风暴’栽培表现

图 3 ‘粉钻’栽培表现

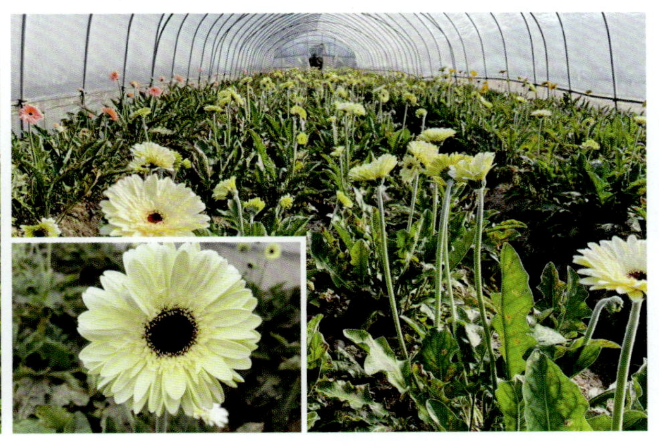

图 4 ‘白马王子’栽培表现

过密的叶，防止基部郁闭，减少花莛细软和过度伸长的情况，其他同常规栽培管理（图 2）。

‘粉钻’ 花瓣呈粉红色、宽瓣、花径 10 ～ 11 cm，花芯黑色、直径 2 ～ 2.5 cm，色泽鲜亮，花莛长 40 ～ 60 cm，莛粗 0.7 ～ 0.8 cm。有较好的耐低温性和抗病性，田间叶斑病和菌核病发病轻，分枝数 3 ～ 5 个 / 株，每株年产量 25 ～ 27 枝，春季切花产量高，瓶插寿命 10 ～ 12 天。春季和秋季适当肥水量，防止植株徒长和花莛过度伸长，其他同常规栽培管理（图 3）。

‘白马王子’ 花瓣呈白色、宽瓣、花径 8.5 ～ 9.5 cm，花芯黑色、直径 2.8 ～ 3.2 cm，色泽鲜亮，花莛长 40 ～ 55 cm，莛粗 0.6 ～ 0.7 cm。有较好的耐低温性和抗病性，田间叶斑病和菌核病发病轻，分枝数 3 ～ 5 个 / 株，每株年产量 28 ～ 30 枝，春季切花产量高，瓶插寿命 8 ～ 12 天。夏季适当遮阴、加强通风降温，提高植株长势，其他同常规栽培管理（图 4）。

2. 拉丝型品种

花瓣畸变，花瓣狭长，花朵较大，花朵直径 8 ～ 12 cm。

‘拉丝 1 号’ 花瓣呈玫红色、狭瓣、花径 10 ～ 12 cm，花芯黑色、直径 3.5 ～ 4.5 cm，色泽鲜亮，花莛长 40 ～ 60 cm，莛粗 0.5 ～ 0.7 cm。具有较好的耐低温性和抗病性，叶斑病和菌核病发病轻，分枝数 3 ～ 6 个 / 株，每株年产量 38 ～ 40 枝，周年出花量稳定，冬季产量高，瓶插寿命 7 ～ 11 天。冬季适当增加钾肥施用量，适当降低大棚白天管理温度，提高花莛的充实度，减少花莛空心发生，其他同常规管理（图 5）。

图 5 ‘拉丝 1 号’栽培表现

图 6 ‘拉丝 8 号’栽培表现

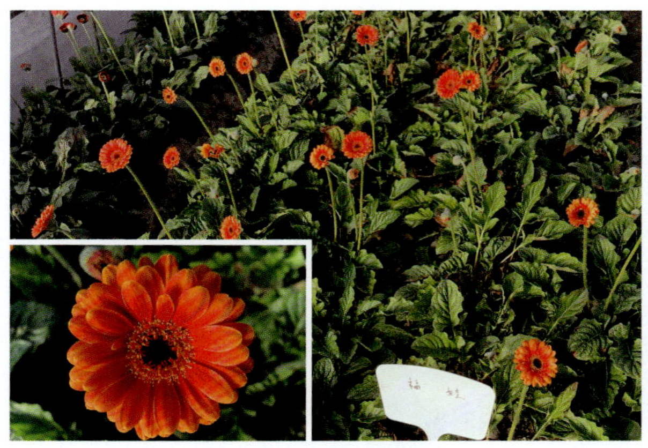

图 7 ‘福娃’栽培表现

‘拉丝 8 号’ 花瓣呈白色、狭瓣、花径 10 ～ 12 cm，花芯黑色、直径 3.5 ～ 4.5 cm，花莛长 40 ～ 55 cm，莛粗 0.5 ～ 0.7 cm。具有较好的耐低温性、耐热性和抗病性，叶斑病和菌核病发病轻，分枝数 3 ～ 5 个 / 株，每株年产量 25 ～ 27 枝，早春切花产量高，瓶插寿命 11 ～ 13 天。春季应控制氮肥用量，增施钾肥，提高花莛粗度，其他同常规管理（图 6）。

3. 小花型品种

花瓣规整，花型较小，花朵直径 6 ～ 7 cm。

‘福娃’ 花瓣呈橘红色、短瓣、花径 6 ～ 6.5 cm，花芯黑色、直径 2 ～ 2.5 cm，花莛长 45 ～ 55 cm，莛粗 0.4 ～ 0.5 cm。具有较好的耐低温性和抗病性，叶斑病和菌核病发病轻，分枝数 5 ～ 6 个 / 株，每株年产量 37 ～ 39 枝，早春切花产量高，瓶插寿命 12 ～ 13 天。春季应控制氮肥用量，增施钾肥，提高花莛粗度，其他同常规管理（图 7）。

三、繁殖技术

（一）播种繁殖

用于矮生盆栽型品种或育种，春播适于 3 ～ 5 月，秋播适于 9 ～ 10 月。选择成熟饱满无病虫侵害的种子，先将种子放入盆内，再缓缓倒入 50 ～ 55℃水，边倒边搅拌，使种子受热均匀，持续 15 ～ 20 分钟后，水温降至 30℃，继续浸种 2 小时。基质按腐殖土：珍珠岩：草炭 = 1 ： 1 ： 1 的比例配制，或采用普通园土，基质厚度为 10 cm 左右（朱朋波，2021），将种子均匀撒在基质表面，切忌密度过大，更不能出现种子叠压的情况，播种后覆盖 0.5 ～ 1.0 cm 基质于种子表面，再适量浇水，将基质湿化后放置于大棚离地苗床架上，适当遮阴。发芽适温 18 ～ 22℃，播后 7 ～ 10 天发芽。发芽后全光照栽培，待子叶完全开展后进行分苗，小苗长出 2 片真叶时即可定植，定植最佳时期为 5、6 月，定植后 2 ～ 3 个月可开花。

（二）分株繁殖

4 月下旬或 8 月下旬将蘖芽生长良好的母株挖起，剪掉一部分叶片和老根、朽根，同时将根的尖端也剪掉一部分，以促进须根的萌发。将母株分切成 4 ～ 6 株小苗，每一株小苗都要带有根、芽和叶片，可直接用作定植苗（吴海红，2011），栽种在预先准备好的畦面上，不能过深，

图 8　分株繁殖过程

要保证小苗的根芽露出土面，栽种后浇定根水，定植初期适当遮阴，成活后全光照栽培（图 8）。

（三）组培快繁

1. 初代诱导培养

采用 MS+6-BA 2 mg/L+IBA 0.1 mg/L+ 蔗糖 30 g/L，以‘云南红’和‘拉丝 6 号’幼嫩花蕾的花托及幼叶为外植体，经清水冲洗，在超净工作台上，依次用 75% 酒精浸泡 2 分钟，无菌水漂洗 6 次，0.1% 升汞浸泡 15 分钟，无菌水漂洗 6 次，1% 次氯酸钠浸泡 10 分钟，再用无菌水漂洗 6 次。剥去花蕾或幼叶周边的叶片，去除花蕾或幼叶表面的茸毛，将外植体接种在初代培养基上，30 天左右发生不定芽。发现 2 个品种以幼嫩叶片作外植体，诱导率均高于幼嫩花托（表 1）。

表 1　不同品种外植体诱导芽数量

品种	幼嫩花托			幼嫩叶片		
	接种数	出芽数	诱导率（%）	接种数	出芽数	诱导率（%）
‘云南红’	40	15	37.5	40	20	50.0
‘拉丝 6 号’	40	11	27.5	40	17	42.5

2. 增殖培养

选择‘云南红’‘拉丝 6 号’，在春季从非洲菊植株基部分枝内的幼蕾诱导出丛生芽，经增殖培养基 MS+6-BA 0.3 mg/L+IBA 0.1 mg/L+ 蔗糖 30 g/L 形成生长一致的组培苗。非洲菊组培增殖培养中常发生玻璃化问题，降低 MS 浓度虽能减少玻璃化苗发生，但苗生长也会受到影响，以 MS+6-BA0.3 mg/L+IBA 0.1 mg/L+30 g/L 蔗糖 + 多效唑 0.02 mg/L，增殖效果最理，组培苗叶片较小、深绿，叶柄直立、长度适中，无玻璃化苗，培养 30 ～ 40 天转接比较理想。

3. 生根培养

春季从‘云南红’植株基部分枝内的幼蕾诱导出丛生芽，将增殖培养基 MS+6-BA 0.3 mg/L+ IBA 0.1 mg/L+ 蔗糖 30 g/L 培养的组培苗，进行生根培养，适合生根的培养基为 1/2MS+IBA 0.3 ～ 0.5 mg/L，组培苗生根快，生根量大，生根率高，苗健壮，生根培养基培养 30 天可炼苗移栽。

4. 组培苗移栽

（1）组培苗质量要求

组培苗繁殖的种源应选择具有典型品种性状的无病虫害的健壮植株，组培苗继代培养增殖倍数不超过 5 倍，继代数不超过 20 代，组培苗纯度 98% 以上；组培苗植株健壮，根系发达，根尖白色，株高 10 ～ 15 cm，5 ～ 6 片叶，叶片绿色，无病虫侵害。

（2）组培苗育苗介质

组培苗育苗介质采用 70% 丹麦品氏育苗泥炭（5 ～ 10 mm）或维特育苗专用泥炭（5 ～ 10 mm）与 30% 珍珠岩（6 ～ 7 mm）的混合物，pH5.5 ～ 6.3。

（3）组培苗假植方法

适宜的假植期一般在 9 月中旬至 12 月，组培苗生根培养 15 ～ 20 天后，当组培苗形成 3 ～ 7 条根、长度 2 ～ 3 cm 时，将瓶苗移至大棚内苗床上炼苗 10 ～ 12 天，将组培苗从培养瓶中取出，用清水洗净根部的培养基，用 50% 多菌灵 500 倍液和 72% 农用链霉素 5000 倍液浸泡 5 ～ 8 分钟，在 1 ～ 2 天内定植于离地苗床的介质中，定植前 1 ～ 2 天先将介质浇水至湿润状态，定植后浇透定根水，并立即在预先准备好的苗床小拱棚上覆盖薄膜保湿，假植前在育苗大棚膜上面覆盖 70% 遮光率的黑色遮光网（图 9）。

5. 组培苗管理

定植后 1 周内苗床拱棚用薄膜密闭保湿，要求空气相对湿度 90% ～ 95%，此后苗床拱棚开始少量通风换气，并逐渐增加通风量，使组培苗适应大棚栽培环境，待完全适应后揭去苗床拱棚薄膜，空气相对湿度控制在 70% ～ 80%。组培苗适宜生长温度为 15 ～ 25℃，冬季在大棚内设置内棚和苗床拱棚上覆盖薄膜或薄膜衬无纺布进行保温，白天揭去内棚及苗床拱棚薄膜，增加光照强度。定植 10 天后开始施用水溶性肥料，一般每 10 ～ 15 天施用 1 次，以氮：磷：钾 =20 ：20 ：20 和氮：磷：钾 =14 ：0 ：14 交替使用，浓度为 2000 ～ 3000 倍。每 7 ～ 10 天喷 1 次农药防治蚜虫、潜叶蝇、白粉虱、灰霉病和枯萎病等，一般用 75% 百菌清可湿性粉剂 600 倍液、70% 甲基托布津 1000 倍液、58% 甲霜灵锰锌可湿性粉剂 500 倍液、5% 蚜虱净乳油 2000 倍液、50% 灭蝇胺 3000 倍液、15% 达螨灵 1000 倍液，根据各时期的病虫侵害情况选择适当的药剂交替喷施。

四、栽培管理技术

（一）设施及土壤

1. 设施装备

宜采用 GP-825 或 GP-622 装配式钢管塑料单体大棚，大棚平行间隔距离为 1.5 ～ 1.8 m，棚体跨度分别为 8 m 和 6 m，棚体长度 30 ～ 50 m，棚体顶高 2.6 ～ 3 m，风载荷≥ 10 级，雪载荷≥ 200 mm，单体大棚内应设置内棚，内棚顶高 2 ～ 2.6 m，内棚采用 60 g/m^2 无纺布和聚乙烯薄膜双层保温。建立滴灌、配肥系统，滴灌带铺设在畦面种植的两株之间。

2. 土壤轮作处理

针对设施栽培下土壤酸化、次生盐渍化和土传病害严重等问题，采用水稻 - 玉米 - 非洲菊轮作模式，利用水稻灌溉水有效淋洗大棚土壤中富集的矿物元素，后茬玉米可吸收土壤中多余肥力，结合土壤消毒、微喷滴灌自控增湿降盐、水肥一体化技术，可有效改善土壤理化性能。一般

图 9 非洲菊‘云南红’组培苗炼苗假植过程

在6月初拔除三四年生的非洲菊老株，拆除大棚或拆掉大棚门、揭去大棚膜，放水翻耕整田。6月10日前换茬种植水稻，利用灌溉水有效淋洗大棚土壤中富集的矿物元素，减轻因长期设施连作栽培造成的土壤酸化和次生盐渍化的影响，改善土壤的理化性状。在10月底水稻收获后，整地做畦，覆盖大棚薄膜。于12月下旬播种甜玉米，采用大棚设施保温条件进行促早栽培，利用玉米吸肥力强的特性，进一步改善土壤理化性。翌年5月玉米收获后，5月25日至6月10日定植非洲菊。

（二）设施栽培

1. 整地做畦

水稻、玉米等前茬作物采收后，对土壤进行翻耕作业，用45%敌磺钠可湿性粉剂6 kg/亩和5%辛硫磷颗粒剂3 kg/亩均匀撒施土表，同时施入有机质45%以上的商品有机肥600 kg/亩，后用旋耕机混入土中，与土壤充分混匀。定植前30～60天开沟作畦，将沟土堆放畦面，土块晒干后，经淋雨自然松散成细土，沟深一致，畦呈龟背形，畦面平整，畦土沉实。整平畦面时施50%烯酰吗啉可分散粒剂1.5 kg/亩+65%丙森戊唑醇可湿性粉剂5 kg/亩+0.5%阿维菌素颗粒剂8 kg/亩，将杀菌剂和杀虫剂与表土混匀。畦高30～35 cm，畦顶宽60～120 cm，沟宽40～45 cm，沟深30 cm以上，排水通畅，大棚边缘设50～60 cm操作道。

2. 定植

春季宜在4～5月定植，秋季宜在9月上旬至10月上旬定植。选择株高11～15 cm、5片叶以上、无病虫害、茎部粗壮、叶色嫩绿的种苗。行距30 cm，株距26～30 cm，标准大棚种苗用量3600～4500株/亩。定植时要“深穴浅栽”，地下根系尽可能伸展，根颈部位与畦面齐平。定植前2天畦面先浇透水，使土壤充分湿润，定植后立即浇透定根水，使根系与土壤紧密结合，至新叶展开前保持土壤湿润。每两行之间铺设一条滴灌带，定植成活新叶发生后可滴灌浇水（图10）。

定植后，大棚膜上覆盖70%遮光率的黑色遮光网，当植株新叶展开1～2叶时打开两端门，揭去边膜、遮光网（温度稳定低于30℃时可揭去遮光网），春季定植遮光期一般20～30天，秋季定植遮光期一般为15～20天（图11）。

3. 肥水管理

宜采用滴灌供水，非洲菊生长期和开花期要求土壤水分供应充足，土壤湿度以田间饱和持水量的60%～70%为宜。冬季应严格控制浇水量，保持土壤偏干状态，防止因土壤含水量偏高导致土壤温度下降，从而影响根系生长，翌年3月下旬气温回升，当日最低温度10℃以上可增加浇水量，提高切花产量和品质（图12）。

非洲菊对土壤盐分敏感，通常不宜一次性大量施用肥料。由于非洲菊周年不停开花，

图10　定植成活后滴灌浇水

图11　苗生长前期覆盖黑色遮阳网

整个生长期需肥量较大，在生长旺盛阶段应不断追肥。定植前施足基肥，一般施复合肥 40 kg/亩。春季定植的小苗，苗期应看苗色以水溶性液肥和颗粒肥相结合施追肥。前期于株间土表下施 1 ～ 2 次复合肥，施用量为 10 kg/亩，6 月可施水溶性肥料（氮 ：磷 ：钾 = 20 ： 20 ： 20）1 次，稀释比例为 1000 倍，浇水量 4 ～ 6 t/亩。夏季应增加供水量和供水次数，施水溶性肥料（氮：磷：钾 = 15 ： 15 ： 30）每周 1 次，用肥量 10 kg/亩，用水量 4 ～ 6 t/亩。9 月可施用 1 次复合肥，施用量 10 ～ 15 kg/亩。10～12 月间可根据植株长势施水溶性肥料（氮：磷：钾 = 15 ： 15 ： 30），每 10 ～ 15 天施 1 次，稀释比例 500 ～ 1000 倍，浇水量 3 ～ 6 t/亩。冬季应严格控制浇水量，保持土壤偏干状态，防止因土壤含水量偏高导致土壤温度下降，从而影响根系生长。翌年 3 月气温回升后，施水溶性肥料（氮：磷：钾 = 20 ： 20 ： 20）2 次，用肥量 10 kg/亩，用水量 4 ～ 6 t/亩，有利增加切花产量和品质；4 ～ 5 月施水溶性肥料（氮：磷：钾 = 15 ： 15 ： 30）每周 1 次，用肥量 10 kg/亩，用水量 4 ～ 6 t/亩。6 月进入梅雨季，视雨水情况，减少水肥施用次数，遇雨水较多时结合病虫防治喷施叶面肥。7 月后水肥管理与上述盛花期相同。

4. 温度调控

非洲菊适宜生长温度为 20 ～ 25 ℃，昼温 22 ～ 26 ℃，夜温 15 ～ 20 ℃。若日平均温度低于 8 ℃会使花蕾发育停止，长期低温使植株生长势下降，易进入半休眠状态，若低于 0 ℃则植株易发生冻害，高于 35 ℃则生长停顿，花蕾、花朵、新叶会被灼伤（李彪，2019）。夏季高温时加强棚内通风，当年栽培的苗可采用遮阴降温。秋季夜温低于 12 ℃时采取外棚单层薄膜保温，夜温低于 10 ℃时应采取内外棚双层保温。白天棚内温度高于 30 ℃时，宜在 10：00 ～ 14：00 将大棚两端开门通风降温，棚外温度低于 5 ℃时不宜敞开北门通风降温，可开南门通风。春季 3 月中下旬夜温回升到 10 ℃以上，可揭去内棚膜。4 月下旬夜温稳定在 15 ℃时，可将大棚两侧薄膜收起，不再进行大棚保温管理（图 13）。

5. 光照调控

非洲菊苗期适宜光照强度 20000 ～ 30000 lx，生长期适宜光照强度为 30000 ～ 50000 lx。

（1）春季定植的苗

梅雨季需避雨栽培。当年夏季可揭去薄膜，覆盖 70% 遮光率的遮光网，8 月下旬前应揭去遮光网，覆盖薄膜，加强光照，防止弱光照高湿环境诱发褐斑病发生，尽快形成秋季产花高峰。冬季低温期夜间双层薄膜保温，白天收起内棚膜，翌年 3 月下旬揭去内棚膜，全光照栽培。翌年夏季高温期不必遮光，否则会因光照不足引起植株徒长、花蕾退化，降低切花产量，同时大棚不能揭膜，以免高温期雨水过多损伤植株。8 月下旬至 9 月底可揭膜露地栽培，增强光照。冬季夜间采用双层薄膜保温，白天应揭去内棚膜改善棚内

图 12　3 月中下旬‘温情’‘小橘灯’和‘云南红’开花表现

图 13 ‘云南红’在不同季节保温方式与开花表现

光照条件。

（2）秋季定植的苗

成活后不必遮光。翌年初次越夏栽培可揭去大棚膜，高温阶段应覆盖 70% 遮光率的黑色遮光网。其余管理措施同春季定植的苗。

6. 摘叶和疏蕾

非洲菊整个生育期需要及时摘除老叶、病叶和过密叶，调整植株长势，减少病虫害发生。当年春季种植的非洲菊苗，在夏季进入初花期时，对未达到 5 个以上较大功能叶片的植株，应及时摘除花蕾，促进植株形成较大营养体，为秋冬季优质丰产打好基础。当年冬季叶片生长缓慢，不需要摘老叶，但应及时清理病叶。翌年春季非洲菊植株生长加快，必须在 5 月下旬开始剥去过多的叶片，使植株基部有良好通风和透光条件，以增加 6 月下旬以后切花产量。二年生植株夏季应定期剥除老叶，防止叶层过于郁闭，可促进新芽发育和花蕾的形成，提高秋季切花产量。冬季因叶片生长慢，以剥去老病叶为主（图 14），开花植株单株宜保留 20 片展开叶，改善通风透光条件（图 15）。

7. 割叶和复壮

选择种植年数超过 3 年、蘖芽数超过 4 个的植株，在春季 4 月初，揭掉大棚薄膜，宜选择晴朗温和的天气，割除所有叶片，仅保留 2 ～ 3 cm 叶柄，避免割叶后植株伤口愈合前，因淋雨引起病菌感染。割叶后施入复合肥（氮：磷：钾 = 15 ： 15 ： 15）10 kg/亩、40% 五氯硝基苯粉剂 2.5kg/亩左右，覆土固定老苗，并用滴灌供水一次，促进新叶发生（图 16），同时喷施防虫和防病药剂。割叶后经过 2 ～ 3 次大雨洗淋，土表湿度增大促进蘖芽的生长，遇梅雨季连续降雨应及时覆盖棚膜，夏季盖 70% 遮光率的遮光网。

（三）病虫害综合防治

常见危害非洲菊的主要真菌病害有 11 种（周韦成，2015），虫害 6 种（图 17 至图 19）。宜采用土壤轮作、选用抗病品种（方丽，2023）、

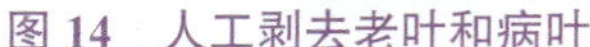

图 14 人工剥去老叶和病叶

图 15 剥去老叶和病叶的植株状态

图 16 割叶和复壮植株生长情况

物理防治和改善栽培环境等方式控制病虫害发生，化学药剂防治以预防为主，选择保护性杀菌剂与内吸性杀菌剂交替使用，提高防治效果。主要病虫害防治月历如下。

4 月，非洲菊当年苗定植初期，重点防治疫病、茎基腐病、灰霉病和斑潜蝇，宜采用 75% 百菌清可湿性粉剂 600 倍液、70% 甲基托布津可湿性粉剂 1000 倍液、58% 甲霜灵锰锌可湿性粉剂 500 倍液、80% 灭蝇胺 2000 倍液。定植 2 年生的苗，当日最低温度高于 10℃，大棚揭去内膜后，适宜进行二斑叶螨、烟粉虱、斑潜蝇、灰霉病、白粉病的防控，以 40% 联肼 · 乙螨唑可湿性粉剂 2000 倍液 +22% 螺虫 · 噻虫啉悬浮剂 1500 倍液 +25% 吡唑醚菌酯 2000 倍液喷雾进行防治，或 80% 灭蝇胺乳油 1500 倍液 +5% 阿维菌素乳油 1500 倍液 +10% 吡丙醚乳油 1000 倍液 +25% 丙环唑乳油 3000 倍液，每周 1 次，连续防治 2 ～ 3 次。日常防控采用 31% 阿维 · 灭蝇胺悬浮剂 1500 倍液 +72% 吡虫 · 杀虫单可湿性粉剂 750 倍液 +10.5% 阿维 · 哒螨灵乳油 1000 倍液 +25% 三唑酮可湿性粉剂 1000 倍液进行防控，每 10 ～ 20 天防控 1 次。

5 ～ 7 月气温明显升高后，需重点防控斑潜蝇、烟粉虱、蓟马及夜蛾类幼虫，宜采用 5% 氯虫苯甲酰胺悬浮剂 1500 倍液 +800IU/μL 苏云金杆菌 +80% 灭蝇胺乳油 1000 ～ 2000 倍液 +22% 螺虫 · 噻虫啉悬浮剂或 27% 阿维 · 螺螨酯悬浮剂 2000 倍液。

8 ～ 10 月天气由高温转凉，阴湿、光照不足、土壤黏重、排水不良时褐斑病发生严重，夜蛾类和蓟马危害加重，可用 70% 代森锰锌可湿性粉剂 600 倍液 +70% 甲基托布津可湿性粉剂 600 倍液 +15% 茚虫威悬浮剂 1000 倍液，或 +24% 虫螨腈悬浮剂 1500 倍液，或 +3% 甲氨基

图 17　非洲菊菌核病

图 18　非洲菊褐斑病

图 19　斑潜叶蝇危害

图 20　甜菜夜蛾危害花朵

阿维菌素苯甲酸盐浮油 1500 倍液。

11 月至翌年 3 月为冬春低温时期，可采用烟熏剂重点防控菌核病、灰霉病和烟粉虱，以 10% 异丙威烟剂 +45% 百菌清烟剂 +5% 阿维菌素乳油进行闷棚烟熏一夜，第二天通风换气，每 7 ~ 10 天 1 次，连续 2 ~ 3 次，也可在连续阴雨前喷施 50% 异菌脲可湿性粉剂或 50% 腐霉利可湿性粉剂 1000 倍液，或 40% 菌核净可湿性粉剂 1500 倍液防治。

五、价值与应用

非洲菊是世界五大切花之一，花大色美、花色丰富、娇姿悦目（朱朋波，2017），喜庆色彩浓郁，是开业等庆典活动花篮制作的主材，也可作家庭插花，是装饰厅堂、门侧，点缀窗台、案头的佳品（图 21）。

非洲菊又名扶郎花，大朵红色非洲菊用于新娘捧花。据说 20 世纪初叶，在非洲南部的马达加斯加，当地有位名叫斯朗伊妮的少女，从小就非常喜欢种茎枝微弯、花朵低垂的野花。当她出嫁时，她要求厅堂上多插一些以增添婚礼的气氛。来自各方的亲朋载歌载舞，相互频频祝酒。谁料酒量甚浅的新郎，只酒过三巡就陶然入醉了，他垂头弯腰，东倾西斜，新娘只好扶他进卧室休憩。众人看到这种搀扶的姿态与那种野花的姿态何其相似，不少姑娘异口同声地说：“噢，花可真像扶郎哟！”从此扶郎花的名字不胫而走。

图 21　非洲菊插花应用

（郭方其　吴超　付曼曼　方丽）

Geum 路边青

蔷薇科路边青属（*Geum*）多年生草本植物。我国常见的路边青（*G. aleppicum*）在中国古代历史上曾有一名多物的情况，如唇形科的大青（*Clerodendrum cyrtophyllum*），也曾经被称之为路边青；好在两者形态特征差别较大，实物并不太容易混淆。一物多名的情况在路边青身上就更为常见了，常见的就有水杨梅等。水杨梅一名，最早见于明代的炼丹奇书《庚辛玉册》，书中称之为地椒，又名水杨梅，“苗叶似菊花，茎端开黄花”；李时珍的《本草纲目》也引用此说，从所描述的形态特征来看，确实和现今所说的蔷薇科路边青相符。

一、形态特征与生物学特性

（一）形态与观赏特征

基生叶为奇数羽状复叶，顶生小叶特大，或为假羽状复叶，茎生叶数较少，常三出或单出如苞片状；托叶常与叶柄合生。花下垂或直立，两性，单生或成伞房花序；萼筒陀螺形或半球形，萼片5，镊合状排列，副萼片5，与萼片互生；花瓣5，黄色、白色或红色；雄蕊多数；雌蕊多数，花柱丝状，果期宿存，渐变长，先端具钩者伸长到约1 cm，无钩者伸长到7 cm或更长。

（二）生物学特性

生长在海拔200～3500 m的山坡草地、沟边、地边、河滩、林间隙地及林缘。生长速度快，极耐寒，喜光照和湿润，排水良好的前提下对土壤条件的要求不严格，不耐干旱，忌湿热。

二、种质资源与园艺品种

（一）种质资源

本属全世界约55种（PW合并了不少小属），广泛分布于南北两半球温带。我国有3种，分布于南北各地。下面按照种加词首字母顺序对物种进行介绍（Armitgae，2008，2012）。

1. 路边青 *G. aleppicum*

株高30～100 cm。花直立，直径1～1.7 cm，花瓣黄色，无长爪，萼片平展，绿色。宿存柱头先端具小钩（图1、图2）。

广布北半球温带及暖温带，我国广布。

2. 红花路边青 *G. coccineum*

株高和冠幅均约30 cm。叶不规则分裂，茎细长，具分枝，被毛。花橙红色（图3），夏季开花。

3. 柔毛路边青 *G. japonicum* var. *chinense*

茎部常被柔毛或混生少数粗硬毛。基生叶侧生小叶1～2对，花托上具有黄色柔毛，长2～3 mm（图4），而路边青的茎部常被粗硬毛，基生叶侧生小叶2～6对，花托上具有白色短柔毛，长不超过1 mm，可以区别。

广布于我国南北各地。

4. 高山水杨梅 *G. montanum*

株高10 cm，冠幅约25 cm。叶羽状，具一大而圆的顶生裂片。花金黄色，夏季开放。种子先端呈羽毛状。

生于欧洲亚高山海拔2100 m的区域，适合岩石园栽培。此种是基生叶最漂亮且保存时间最长的物种，进入夏季仍然鲜嫩，不像其他物种花后就枯落了，尤其是夏季晚上凉爽地区表现最好（图5）。

图 1 路边青

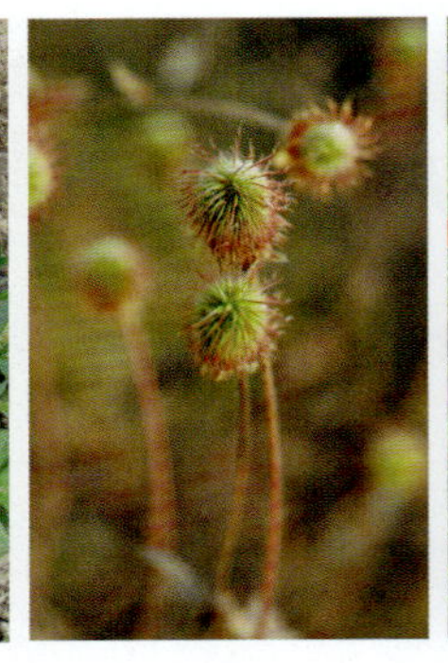

图 2 路边青的果序

图 3 红花路边青（Felix Riegel 摄）

图 4 柔毛路边青（李淑娟 摄）

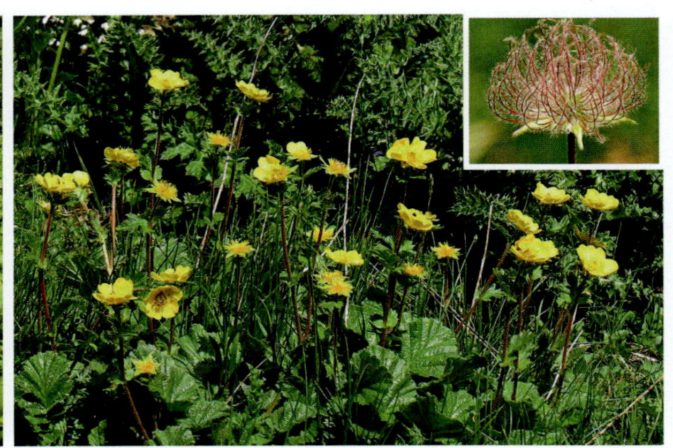

图 5 高山水杨梅（Alenka Mihoric 摄）

图 6 智利路边青

图 7 ‘布拉德肖夫人’

5. 智利路边青（山地路边青）*G. quellyon*

株高 40 ～ 60 cm，冠幅 60 cm。花猩红色，花期 6 ～ 8 月。带毛的叶子裂成 5 ～ 7 个裂片，顶端裂片大小是其他裂片的 2 倍（图 6）。

原产智利，花园中最常用。喜温和气候，在冬夏气候反差较大地区常为短命的多年生植物。其品种‘布拉德肖夫人’（‘Mrs. J. Bradshaw’）（图 7）在排水良好，午后遮阴和保持湿润的情况下有较好的表现。

6. 匍枝路边青 *G. reptans*

植株矮小，多匍匐枝。叶子具深锯齿，顶端裂片和两侧的等大。初夏开花，花亮黄色（图 8）。需全光照、排水良好的土壤条件。

原产欧洲高山地区，极具观赏价值的花园物

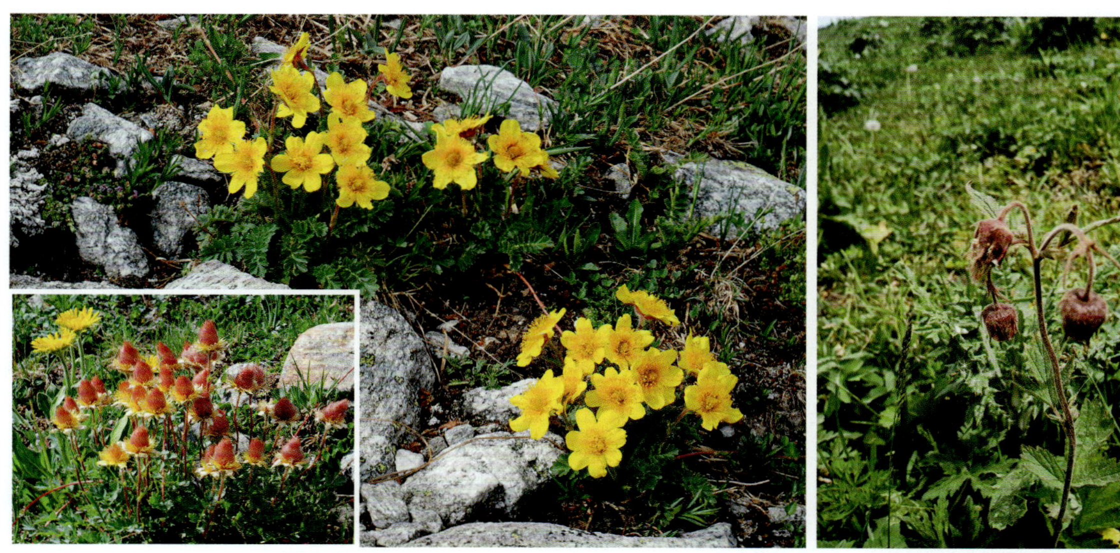

图 8 匍枝路边青（Giovanni Perico 摄）

图 9 紫萼路边青

种。匍匐枝条可用来进行压条繁殖。种子需要在 20 ～ 25℃湿润环境下 2 ～ 3 周才能萌发。

7. 紫萼路边青 *G. rivale*

沼泽物种。根状茎肥厚呈棕色，经过水煮后的汤汁尝起来似巧克力味道。叶裂片 7 ～ 13 个，顶端裂片是两侧裂片大小的 2 倍；叶片被毛，有明显锯齿。花下垂，萼片紫色，花瓣黄色有紫色条纹，基部具长爪（图 9）。在凉爽湿润地区是一个极好的地被材料。在非沼泽地带只要保证湿度也可正常生长。炎热地区表现不佳。

广布于北极至北半球温带，我国新疆有分布。

8. 三花路边青 *G. triflorum*

整株被软毛，具匍匐茎。高 10 ～ 45 cm。花常 3 朵形成花序，花杯状，下垂，紫红色；宿存花柱果期呈粉色羽毛状（图 10、图 11），持续数周，故而也有火炬花、长羽紫色路边青、狮子胡须、老人络腮胡俗称。不同于其他物种的特征是长 15 cm 的叶片有约 30 个裂片。耐寒、中度湿热区域均可种植。全光照排水良好的湿润地带是其适生区域。极易分株繁殖（Armitgae，2008；徐晔春，2016）。

原产北美洲高原地带。

9. 中间路边青 *G.* × *intermedium*

紫萼路边青和欧亚路边青（*G. urbanum*）的自然杂交种，株高 45 cm。花淡黄色，萼片紫红色（图 12）。喜湿润环境。

（二）园艺品种

该属的品种多数来源于智利路边青 × 红花路边青、紫萼路边青、高山路边青、三花路边青及其之间的杂交。部分为短命的多年生。花色丰富，黄色、红色（图 13）、紫红色、橙色及各种过渡色（Armitgae，2008）。

1. 红色系品种

‘杠铃’（‘Bell Bank’） 株高 60 ～ 90 cm，花铜红色，萼片紫红色，花径 2.5 ～ 5 cm，花蕾下垂，开放后稍上扬。花期晚春至夏季。可耐 –26℃低温。

‘燃烧的日落’（‘Blazing Sunset’） 株高 30 ～ 45 cm，早春开花，猩红色，重瓣。可耐 –32℃低温。

‘闪光猫眼石’（‘Fire Opal’） 株高 80 cm，冠幅 45 cm，古铜色至猩红色的半重瓣花。

‘激情火焰’（‘Flames of Passion’） 株高 30 ～ 50 cm，茎红色，萼片紫红色，花红色至猩红色，花期 5 ～ 9 月。可耐 –29℃低温。

‘布拉德肖夫人’（‘Mrs. J. Bradshaw’） 株高 45 ～ 60 cm，冠幅 45 cm，猩红色，半重瓣花。可耐 –26℃低温。

‘赤龙’（‘Red Dragon’） 花正红色至深红

图 10　三花路边青（Pedky Cypress 摄）

图 11　三花路边青（Cheri Phillips 摄）

图 12　中间路边青（Pete Mella 摄）

图 13　红色系品种

注：A.‘杠铃’；B.‘燃烧的日落’；C.‘布拉德肖夫人’；D.‘激情火焰’；E.‘赤龙’；F.“节奏”系列之‘珊瑚红’。

图 14　‘杧果奶昔’

图 15　“节奏”系列之‘橙色’

图 16　黄色系 Cocktails™ 系列

注：A.‘阿拉巴马监狱’（‘Alabama Slammer’）；B.‘四海’（‘Cosmopolitan’）；C.‘柠檬酒’（‘Limoncello’）；D.‘美态’（‘Mai Tai’）；E.‘海风’（‘Sea Breeze’）；F.‘日出’（‘Tequila Sunrise’）。

图 17　‘斯特西登’

色，重瓣，花头向上，极丰花。

“节奏”系列之‘珊瑚红’（Tempo™ Coral）株高 30 ～ 45 cm，株型浑圆，萼片紫红，花淡橘红色，极丰花。可耐 -26℃低温。

2. 黄色系品种

‘杧果奶昔’（‘Mango Lassi’）从一批实生苗中选育，株高及冠幅均约 30 cm。重瓣型，花瓣金黄色上具橙色晕，瓣爪淡绿色，花柱橙红色（图 14）。极丰花，可耐 -26℃低温。

“节奏”系列之‘橙色’（Tempo™ Orange）株高 20 ～ 40 cm，冠幅 40 cm，株型紧凑，花朵密集。茎深紫色，花橙色，萼片紫色（图 15）。

“鸡尾酒”系列（Cocktails™）源自‘Mango Lassi’×‘Flames of Passion’，花色丰富，金黄色、橙黄色及黄粉复色等（图 16）。

‘斯特西登’（‘金球’）（‘Lady Stratheden’）株高 45 ～ 60 cm，冠幅 45 cm，亮黄色半重瓣花（图 17）。

三、繁殖与栽培技术

（一）播种繁殖

萌发周期为 15 ～ 16 天，萌发后幼苗生长较慢，20℃是幼苗生长的最适温度（吕小旭 等，

2022）。

（二）分株繁殖

栽培3年后秋季进行分株繁殖。具匍匐茎的种及品种，可随时分栽匍匐茎生成的植株。

（三）园林栽培

1. 基质

喜排水良好的各种土壤。育苗基质按泥炭：珍珠岩=3 ：1混合，并用60%代森锌粉剂进行消毒，充分拌匀后用塑料薄膜覆盖，2～3天再揭去薄膜，待药味挥发后使用。

2. 水肥

现蕾前要注意浇水，使其很好地进行营养生长，避免干旱引起过早开花结实，影响种子的饱满度。浇水于16：00后进行，每次浇水后要进行中耕，增加土壤的透气性，防止板结。结实期要控制浇水。

3. 修剪

留一部分长势好的植株作为采种母株，其他的花后及时摘除残花，剪除花莛，不使其结实，可再次开花。冬季无须保护，但土壤不宜太湿。

四、价值与应用

路边青性强健，可用于公园绿地等的园路边，进行快速绿化造景，可以快速覆盖裸露地面，满足人们对环境绿化、美化的不同要求（徐晔春 等，2015）。

蓝布正（路边青和柔毛路边青的干燥全草）作为民间传统药物，中医主要用来治疗高血压引起的头痛头晕、小儿惊风、尿道炎等疾病。

（任保青　梁楠）

Glechoma 活血丹

唇形科活血丹属（*Glechoma*）多年生草本。属名 *Glechoma* 起源于希腊语 *glechon*，意为薄荷，可能是由于该植物有类似薄荷的香味吧。活血丹一名最早出自吴其濬的《植物名实图考》，书中还记载有马蹄草、透骨草等同属植物（张彦 等，2019，2020；郑梦迪 等，2019），因具有活血舒筋的功能而得名。

一、形态特征与生物学特性

（一）形态与观赏特征

通常具匍匐茎，逐节生根及分枝。叶片通常为圆形、心脏形或肾形，对生，薄纸质，先端钝或急尖，基部心形，边缘具圆齿或粗齿。轮伞花序 2 ～ 6 花，稀具 6 花以上；两性花；花萼管状或钟状，花冠管状，上部膨大，冠檐二唇形，上唇直立，下唇平展；雄蕊 4，花丝纤细，无毛，在雌花中不发达，药室长圆形，平行或略叉开；花盘杯状，全缘或稀具微齿，前方呈指状膨大。小坚果长圆状卵形，深褐色，光滑或有小凹点。

（二）生物学特性

适应性强，对土壤要求不严，但以疏松、肥沃、排水良好的砂质壤土为佳；多生于田野、河边、沟坡、林间草地，耐寒，能安全越冬，但不耐旱，夏季在直射阳光下，叶片枯黄，秋季重新生长（黄天赐 等，2012）。

二、种质资源

该属有 6 种，广布于欧、亚大陆温带地区，南美洲、北美洲有栽培；我国有 5 种 2 变种。仅欧活血丹及其品种在景观中有应用，但白透骨消和活血丹极具园林应用潜力，有待开发。

1. 欧活血丹 *G. hederacea*

株高 10 ～ 20 cm，基部通常为淡紫红色，除节上被倒向糙伏毛外，其余几无毛。叶草质，茎基部的较小，近圆形；茎上部叶较大，肾形或肾状圆形，长 0.8 ～ 1.3 cm，宽约 2 cm，先端圆形，基部心形，缘具粗圆齿，两面无毛。聚伞花序 2 ～ 4 花，组成轮伞状；花萼管状，上部微弯，长 5 ～ 7 mm，齿 5，齿长约 1 mm，先端急尖，边缘具缘毛；花冠紫色，长约 1 cm（图 1）。

主产北欧、西欧、中欧各国，我国新疆有分布。

‘花叶’活血丹（‘Variegata’），叶片上有淡黄色至淡粉色斑块（图 2）。

2. 白透骨消 *G. biondiana*

株高 15 ～ 30 cm，全体被具节的长柔毛。叶草质，茎中部的最大，心脏形，长 2 ～ 4.2 cm，宽 1.9 ～ 3.8 cm，先端急尖，早春叶带棕紫色。聚伞花序通常 3 花，呈轮伞花序；花萼管状，微弯，长 1 ～ 1.2 cm，齿 5，长 4 ～ 5 mm，先端渐尖呈芒状；花冠粉红至淡紫色，钟形，长 2 ～ 2.4 cm（图 3）。花期 4 ～ 5 月。

产陕西秦岭一带。

3. 活血丹 *G. longituba*

又名佛耳草、金钱草。与欧活血丹相似，但叶被柔毛。萼筒长 9 ～ 11 mm，萼齿长为萼筒的 1/3 以上；花冠淡蓝、蓝至紫色，下唇具深色斑

图 1 欧活血丹（Laura Neale 摄）

图 2 活血丹‘花叶’

图 3 白透骨消（李淑娟 摄）

图 4 活血丹（李淑娟 摄）

点（图 4、图 5）。

除青海、甘肃、新疆及西藏外，我国各地均产。

三、繁殖与栽培管理技术

（一）播种繁殖

4～6 月开花，5～6 月种子成熟，种子千粒重 0.35 g 左右，成熟后易自然落地萌发，种子发芽率为 79.3%。坚果中只有 1 粒种子，种子采收后贮藏于 4℃冰箱。种子发芽需要变温，恒温抑制种子发芽。20℃光照条件下播种，种子萌发率最高（李品汉，2008）。

（二）扦插繁殖

具匍匐茎，茎节生根，因此通常采用茎节扦插进行繁殖。繁殖时间为清明前后，选取茎节已生根的匍匐茎，截成 15 cm 左右的茎段作为插穗，也可将直立无根茎段 4 ～ 5 节切为 1 段，插入土中不少于 2 节。栽培时选择疏松肥沃的轻壤土，种植行距 30 ～ 45 cm，株距 10 ～ 15 cm，每穴 2 ～ 3 枝。扦插后浇水，保证土壤水分充足的条件下，10 天左右可生根，1 个月后基本可郁闭。

（三）组培快繁

以活血丹的子叶为外植体时，愈伤组织诱导培养和继代增殖培养可选用 MS+KT 0.4 mg/L+ 2, 4–D 1.8 mg/L 的培养基；愈伤组织诱导选用 1/2MS+$AgNO_3$ 0.7 mg/L+ZT 0.2 mg/L+NAA 0.1 mg/L 培养基（张瑜 等，2012）。

以不定芽为外植体时，用浓度为 2 mg/L 的 ABT2 号溶液对不定芽进行 48 小时处理，生根诱导可选用 N6+IAA 0.2 mg/L 培养基；继代增殖培养选用 N6+ABT2 号 0.5 mg/L+IAA 0.4 mg/L 培养基。试管苗扦插成活率可达 96.3%，定植成活率达 98.2%（徐娜 等，2011）。

（四）园林栽培

1. 土壤

以疏松肥沃土壤最宜，土壤肥力足，其枝芽茂盛，郁闭度高；土壤贫瘠，其茎段生长迅速，但根状茎变细，分枝形成变少，郁闭度降低。

2. 浇水

喜湿润的土壤环境，不耐干旱。生长期间应适时浇水，保持土壤湿度中等至湿润，同时应经常向枝叶及四周喷水，以提高空气相对湿度。但高温时不要向叶片喷水，否则叶面上容易出现焦斑。冬季要减少浇水，保持稍为湿润即可。

3. 施肥

除了要在定植时施足基肥，还需要每 1 ～ 2 个月追肥 1 次，以有机肥为佳。

4. 光照

喜欢阴湿的生长环境，光照要适当。在养护期间，给予半日照或者约 40% 的阳光会生长旺盛。夏季高温光照强烈时，应进行遮阴，遮去光照的 30% ～ 40%。

图 5　冬季雪下的活血丹（李淑娟 摄）

5. 修剪越冬

喜温暖，生长适宜温度为 15 ～ 28℃，较耐寒。露地栽培，在入冬经霜后叶片微微变红。入冬后地上部分枯死的，至翌年春季天气转暖后会重新抽枝长叶。西安冬季半常绿（图 5）；入冬前若移入室内，则可保持四季常绿。

冬季或春季对植株进行 1 次修剪，剪去老化的枝蔓，并剪短过长的枝条。

（五）病虫害防治

活血丹病害较少，偶有蜗牛、蛞蝓来咬食茎叶，需要及时捕杀，消灭害虫。也可选用 90% 晶体敌百虫 1000 倍液浇灌，或用 8% 灭蜗灵颗粒剂或 10% 多聚乙醛颗粒剂每亩 1 ～ 1.5 kg，在晴天傍晚撒施。

四、价值与应用

活血丹既耐阴又喜阳，抗涝抗旱，易于栽培，营养繁殖能力强，能控制其他杂草生长，花期长达月余，枝叶茂密，地面覆盖好，有较高的观赏价值，是极好的耐阴地被。常用于林下或阴湿处地面覆盖，也可作花境前景地面填充材料。

（王庆）

Helenium 堆心菊

菊科堆心菊属（*Helenium*）多年生草本。该属有32种，原产北美，生长在东部沼泽和潮湿的草地，北至加拿大，常被人称为喷嚏草。我国江西、湖北、四川、上海、浙江等地有引种栽培。

一、形态特征与生物学特性

（一）形态与观赏特征

一年生或多年生直立草本。叶互生，全缘或具齿，有黑色腺点。头状花序单生或排成伞房花序状，多数具异型花，花冠由舌状花和管状花构成；总苞片2～3层，通常草质；花序托凸起，球形或长圆形，无毛；舌状花1轮，舌瓣黄色，3～5裂；盘状花管状，管毛具5～6鳞片。

（二）生物学特性

适应性强，不择土壤，能在田园土、砂壤土中生长，但以肥沃、排水良好的土壤为宜。喜欢向阳温暖的环境，耐热耐旱。

二、种质资源

1. 堆心菊 *H. autumnale*

多年生草本，株高可达100 cm以上。头状花序生于茎顶，舌状花柠檬黄色、花瓣阔，先端有缺刻，管状花黄绿色。花期7～10月。

原产北美，分布于美国及加拿大，适应性较强，抗寒耐旱，不择土壤。

1a. 堆心菊‘海伦娜’‘Helena’

株高60～120 cm，株型紧凑。叶宽披针形，基生叶丛生。头状花序，花黄色（图1）。花期7～8月。花后及时修剪可二次开花。喜阳光充足的环境，耐高温、高湿；适应性强，养护简单，是优良的夏季观花植物。应用于花境、盆栽和组合容器。

2. 苦味堆心菊‘金色达科他’*H. amarum* ‘Dakota Gold’

株高30～40 cm，冠幅60～70 cm，株型紧凑。花色为艳丽的金黄（图2）。花期7～11月。长势强健，适应性强，养护简单。

3. 短毛堆心菊‘棒棒糖’*H. puberulum* ‘Autumn Lollipop’

多年生草本。株高40～60 cm。叶狭长形，舌状花黄色，极小，可忽略不计（图3），耐热耐寒。

图1 堆心菊‘海伦娜’（周翔宇 摄）

图2 苦味堆心菊‘金色达科他’（周翔宇 摄）

图3 堆心菊‘棒棒糖’（周翔宇 摄）

三、繁殖与栽培管理技术

（一）播种繁殖

基质采用草炭、蛭石等，pH5.8 ～ 7.0。EC 值小于 0.75 mS/cm。温度控制在 18 ～ 22℃。育苗周期为 4 ～ 6 周。

（二）园林栽培

1. 土壤

栽培基质需排水良好，基质中的黏土含量宜为 15% ～ 30%，每立方米基质施加 1 ～ 3 kg 的平衡肥、1 ～ 3 kg 的缓释肥。

2. 水肥

喜肥植物，每周交替施用浓度为 200 ～ 250 mg/L 的氮钾平衡肥（氮 ：钾 =1 ： 1.5）。9 月中旬后不要施肥。为了防止镁元素和铁元素缺乏，可分别喷施浓度为 0.05% 的硫化镁 1 ～ 2 次，及铁螯合物 1 ～ 2 次。田间栽培时，每年在每平方米栽培土壤中加入 80 ～ 100 g 的缓效肥可改善土壤。

3. 光照

属长日照植物，不需要遮光，需要较高的光照水平。长日照（14 小时）有利于植株开花。冬季需进行补光。

4. 修剪及越冬

若作一年生栽培，在移植后就要进行打顶，有利于增加分枝和提高品质。

（三）病虫害防治

病虫害较少，偶尔可见粉霉病、茎腐病。可用 65% 代森锌 600 ～ 800 倍液、50% 速克林 1000 ～ 12000 倍液喷洒防治；常见虫害为蓟马、蚜虫，可分别用氧化乐果、吡虫啉 1000 ～ 12000 倍液防治。

四、价值与应用

堆心菊花色亮丽，花开不断，即使在炎热的夏季，观赏期也能长达 3 ～ 4 个月，是炎热夏季花园地栽、容器组合栽植不可多得的花材（图 4）。

图 4　堆心菊属的景观应用（田娅玲 摄）

（朱军杰）

Heliopsis 赛菊芋

菊科赛菊芋属（*Heliopsis*）多年生草本植物。与向日葵属（*Helianthus*）亲缘关系较近，具有同样明艳的花朵，而且分枝较多，呈茂密的丛状，更适合景观应用。

一、形态特征与生物学特性

（一）形态与观赏特征

多分枝。叶对生，长卵圆形，先端圆钝，基部楔形，具长柄，边缘具锯齿，叶面粗糙。头状花序集成伞房状；花黄色。花期夏季。因其外形酷似菊芋而得名。

（二）生物学特性

喜光，庇荫条件下，枝条细弱，易倒伏；耐旱，忌积水；耐热，极耐寒，可耐 -40℃低温。耐贫瘠。

二、种质资源与园艺品种

该属有 18 种，主要分布于美国和墨西哥的开阔林地、干燥草甸和大草原。与向日葵属不同之处在于，菊芋是多年生草本植物，植株上部有很多分枝，头状花序较小而很多；向日葵则是一年生，顶端只有一朵大的头状花序。

1. 赛菊芋 *H. helianthoides*

株高（40 ～）80 ～ 150 cm，地下茎横走。茎丛生，1 ～ 10 或更多；被红棕色刚毛。叶片卵形至披针形，长 6 ～ 12（～ 15）cm，边缘具规则或不规则粗齿，先端锐尖至渐尖，有毛或无毛，叶面光滑或粗糙。头状花顶生，1 ～ 15 或更多；花序梗长 9 ～ 25 cm；辐射小花 10 ～ 18；金黄色，2 ～ 4 cm；盘状小花多数，黄色至褐黄色（裂片比筒部亮）（图 1）。连萼瘦果 4 ～ 5 mm，无毛或具短柔毛；冠毛 0 或 2 ～ 4。

1a. 糙叶赛菊芋 var. *scabra*

糙叶赛菊芋与原种区别在于，叶片三角形至狭卵状披针形，宽约为原种一半；叶面中等光滑到粗糙；株型紧凑（图 2）。赛菊芋的原变种与变种的中间型极为常见；目前应用的园艺品种也为二者之下的品种。

2. 园艺品种

（1）‘渗血的心’‘Bleeding Hearts’

株高 60 ～ 70 cm。茎深紫红色；叶片紫绿色，叶脉紫红色；舌状花基部深红色，向外渐变为深橙红色（图 3）。

（2）‘燃烧的心’‘Burning Hearts’

株高 90 ～ 120 cm。茎及叶色同‘渗血的心’；舌状花中心一半为深红色，边缘一半为金黄色（图 4）。

（3）重瓣赛菊芋‘金羽’‘Goldgefieder’

株高 90 ～ 130 cm。完全重瓣型，花亮黄色（图 5）。极丰花，是最好的重瓣品种。

（4）‘草原日落’‘Prairie Sunset’

株高 90 ～ 150 cm。茎紫红色；舌状花金黄色，盘状花酒红色（图 6）。夏秋季有两次花期。

（5）‘夏日粉’‘Summer Pink’

株高 60 cm。茎紫红色；叶片除叶脉为绿色外，其余部分为粉色或浅黄色。花黄色（图 7）。

（6）‘夏夜’‘Summer Nights’

株高 90 ～ 120 cm。显著特点是从早春起，茎即为黑紫色；叶片深绿色。花黄色（图 8）。

图 1　赛菊芋（李淑娟 摄）

图 2　糙叶赛菊芋

图 3　‘渗血的心’

图 4　‘燃烧的心’

图 5　重瓣赛菊芋（寻路路 摄）

图 6　‘草原日落’
（Janice McLaughlin 摄）

图 7　‘夏日粉’

图 8　‘夏夜’

图 9 ‘夏日阳光’

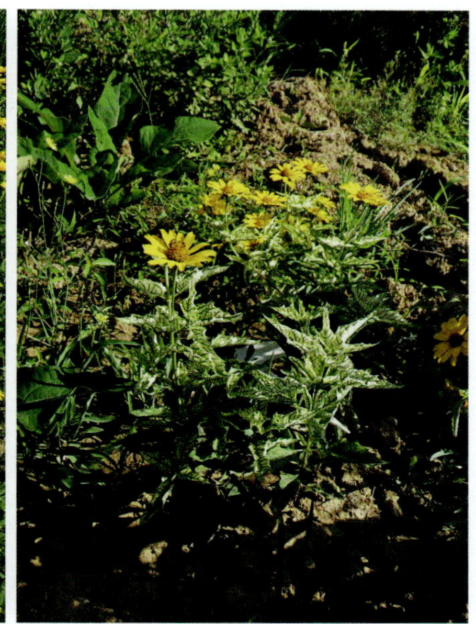

图 10 ‘云隙阳光’

（7）‘夏日阳光’‘Summer Sun’

株高 60 ～ 90 cm。株型紧凑丰满，茎及叶绿色。花黄色（图 9）。花期 70 ～ 80 天。喜温暖气候，耐热性好。可用播种繁殖。

（8）‘云隙阳光’‘Sunburst’

株高 50 ～ 70 cm。叶脉绿色，叶片白绿色。生长势较弱，全光照下花叶特征明显（图 10）。

三、繁殖与栽培管理技术

（一）播种繁殖

春播。直播或穴盘播种均可，保持土壤湿度，20℃条件极易萌发，7 ～ 12 天出苗。原种自播能力较强，注意清除，以防影响景观效果。

（二）分株和扦插繁殖

早春萌动前，切分带芽地下茎块，另行种植即可。一般最好 2 ～ 3 年分株 1 次，以复壮植株。

夏季进行嫩枝扦插；也可于春季取下萌发的嫩芽扦插，均易生根。

（三）园林栽培

1. 土壤

排水良好的各种土壤均可。

2. 水肥

耐旱、耐贫瘠，故中等肥力即可，一般园土中种植无须施肥。

3. 光照

喜光，庇荫条件易徒长。

4. 修剪及越冬

种植 3 年后需分株复壮；修剪残花枝可促生新花枝，以延长花期。耐寒能力强，冬季无须保护。

（四）病虫害防治

时有蛞蝓和蜗牛危害，常规防治即可。

四、价值与应用

春季叶丛茂密，夏秋繁密且明艳的黄、橙或红色花朵布满株丛，让人无法忽视。常片植或丛植于自然式景观，也是花海、花境、野花花园或盆栽花卉的优良材料。

（赵叶子）

Helleborus 铁筷子

毛茛科铁筷子属（*Helleborus*）多年生草本植物。共有 21 种，其中黑根铁筷子（*H. niger*）会在圣诞节前后绽放迷人的雪白花朵，所以英国的园丁称其为“圣诞玫瑰”。其园艺品种大多来自英国。现在常见栽培的大多为园艺杂交种，花期 2 ～ 4 月，特别是中国特有原种铁筷子（*H. thibetanus*），庭院种植 2 月下旬就始花，气质高雅，姿态曼妙。

一、形态特征与生物学特性

（一）形态与观赏特征

株高 20 ～ 40 cm，全株光滑无毛，在茎的上部分枝。叶具长柄，叶片掌状分裂，下部茎生叶 1 ～ 2 片，基部生 2 ～ 3 片鞘状叶。花在基生叶刚抽出时开放，萼片 5，呈花瓣状，白色至粉红色，最终在果期会变成绿色，也是观赏的最主要部位。同种或不同种的铁筷子萼片颜色都有区别，一般以冷色调为主，间杂深色斑点或脉纹，用以吸引昆虫；也有粉红或紫红色的种类。而真正的花瓣则已经退化为一个很小的管状结构，具短柄，8 ～ 10，淡黄绿色，小且不明显，内有蜜腺（图 1）。雄蕊多数。蓇葖果，有横脉，喙长约 6 mm，一朵花有 2 ～ 3 个蓇葖果。随着温度回升，蓇葖果从绿色逐渐变成淡黄色，5 月下旬蓇葖果开裂，种子成熟脱落，成熟的种子黑色，椭圆形，扁，光滑。

（二）花粉育性

野生铁筷子的花粉育性明显高于园艺品种，单瓣、半重瓣的铁筷子花粉育性强于重瓣型的品种。中国野生铁筷子及 8 个园艺品种的花粉粒均为长球形，具有 3 条萌发沟，且萌发沟等间距环状分布，在花粉粒大小、邻孔脊宽、单位面积穿孔数和外壁纹饰上存在显著差异；中国野生铁筷子不是现在市场常用园艺品种的亲本来源；Ca^{2+} 是铁筷子花粉正常生长的必需条件。铁筷子花粉的萌发率随着天气因素的变化波动较大，晴天采集的花粉萌发率均在 10% 以下，阴天采集的花粉萌发正常（史小华 等，2018）。

（三）生物学特性

耐寒（-20 ℃左右），喜半阴潮湿环境，耐旱，不喜欢高温潮湿环境，忌干冷。多生长于含砾石较多的砂壤、棕壤土中，对土壤肥力的要求中等偏下。在冬末春初开花，可谓“冬日精灵”（图 1、图 2）。全光照条件下能提早开花，过夏

图 1　铁筷子的花

后即进入休眠期。

二、种质资源与园艺品种

（一）种质资源

铁筷子属全球有21种，主要分布在欧洲巴尔干地区；我国原产1种，即铁筷子（*H. thibetanus*），分布在陕西、甘肃、四川等中西部省份，生长在海拔1100～3700 m阴湿的山地疏林或灌丛中。常用的国外原种如下。

1. 科西嘉铁筷子 *H. argutifolius*

花色为淡绿色，花径3～4 cm，开放的时候像梅花一样（图4）。叶片边缘有锯齿，适宜光照好的环境。植株较高，栽培时需要支柱，新的茎秆长出花芽后，老茎秆会自然枯萎。

原产科西嘉岛、撒丁岛。

2. 臭铁筷子 *H. foetidus*

又名异味铁筷子。花色浅绿色，花径2～2.5 cm，叶片多裂（图5），根系少，不耐高湿环境。在挺拔的植株顶端开放铃铛形的绿色小花。

原产英国、德国、匈牙利、法国、瑞士、意大利、西班牙、葡萄牙。

3. 芳香铁筷子 *H. odorus*

花色绿色或者黄绿色，花径5～7 cm。其花形、大小、花色都因生长环境不同而有所差异，但是多数是带有香气的绿色花朵，其中部分花带有草腥气或者没有香气（图6）。

原产斯洛文尼亚、匈牙利、罗马尼亚、波斯尼亚等。习性强健，强光照下也可以生长。

4. 镶边铁筷子 *H. torquatus*

花色为紫色至绿色，花径3～4 cm，花形、花色很丰富，单瓣和重瓣均有（图7）。叶片有点紫色，生长速度慢。

原产波斯尼亚、克罗地亚、塞尔维亚等。冬季落叶，不喜欢水涝，生长环境避免阳光直射。

5. 土耳其铁筷子 *H. vesicarius*

花色淡绿色带有红色，花径2 cm（图8）。从发芽到开花时间较长，生长慢。

原产土耳其、叙利亚。夏季落叶休眠，10月发芽。耐干燥，根系较大。休眠期湿度过高容易腐烂死亡，栽植在干燥环境下较好。

6. 青灰铁筷子 *H. lividus*

又名巴里亚利铁筷子。花色豆沙色至绿色，花径2 cm左右。叶片常绿，但带有白色斑纹，很有特点（图9）。

原产西班牙。生长快，耐寒性较强，不耐高温高湿。

（二）园艺品种

铁筷子原种在长期的园艺栽培中，亲缘关系较近的铁筷子就会持续发生种间和亚种间的杂

图2 “雪中精灵”铁筷子

图3 铁筷子野生环境下开花状态

图 4　科西嘉铁筷子

图 5　臭铁筷子

图 6　芳香铁筷子

图 7　镶边铁筷子

图 8　土耳其铁筷子

图 9　青灰铁筷子

交，这些杂交有可能是人为的，也有可能是自然发生的。杂交使得铁筷子萼片的颜色变得更加绚丽多彩，从黄绿色和白色的浅色系，到各种红色和粉红色的红花系列，以及各种灰黑色和深紫色的深色系；同时，萼片上的变化更为丰富，有脉纹、有斑点、有镶边（图 10）。同时，花的形态出现各种重瓣型、半重瓣型和银莲花型的铁筷子。从某种意义上来说，这是一种“逆进化”的过程——即铁筷子的花瓣进化成为蜜蜂提供花蜜的结构，现代园艺师则让它们再度变回真正花瓣的形态。与原种相比，杂交品种和无性系品种的花色、花形更丰富，花期更长，抗性更强，同时很多园艺品种克服了原种花朵下垂的特点，使得观赏性更佳。

目前日本的铁筷子园艺种大致分为以下 9 种色系：杏色花系（Apricot）、覆轮花系（Picotee）、紫色花系（Purple）、红色花系（Red）、银色花系（Sylver）、白色花系（White）、白色红点系（White & Spot）、黄色红点系（Yellow & Spot）、重瓣花系（Double）（图 11）。

图 10　左上为绿花铁筷子，右上为臭铁筷子，其他的为杂交品种（来自 wikimedia）

图 11　日本园艺品种

三、繁殖与栽培管理技术

（一）播种繁殖

种子量较多，因此以播种繁殖为主。采收种子要适时，当发育良好的果实果皮由绿色变成淡黄色且未开裂时，此时种子颜色还未完全变黑，呈深灰黑色，从果柄处剪下，置于通风干燥处，风干后清理种子装入袋中贮存（图 12、图 13）。

图 12　果实初期绿色

图 13　果实采收

种子具有形态后熟和生理后熟的过程。通过解剖观察，采收期铁筷子种子的种胚特别小，处于心形胚阶段；虽然已经开始分化，却处于分化的早期阶段。经过暖温层积处理，从心形胚经历鱼雷胚的前、后期和子叶胚阶段，逐渐发育成熟，胚根开始萌动（赵雪艳，2021）（图 14）。因此 5 月种子收后不应立即播种，可以在当年 9 ～ 10 月或者翌年 3 ～ 4 月播种。

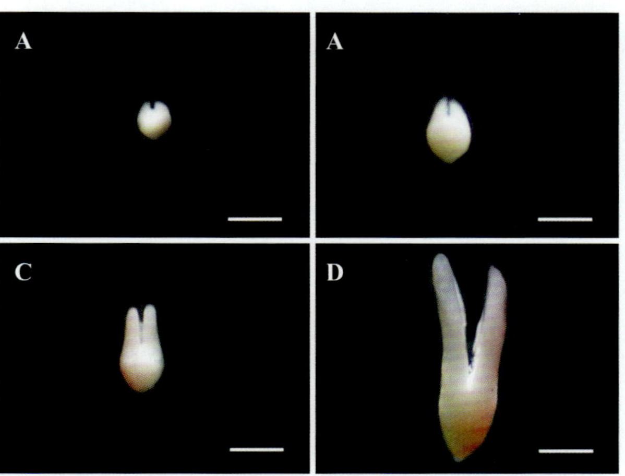

图 14　层积处理下铁筷子种胚发育过程

注：A、B. 心形胚阶段；C. 鱼雷胚阶段；D. 子叶胚阶段。

（二）分株繁殖

可结合移栽进行分株繁殖。夏秋之际，起苗时根据芽在根状茎上的分布情况，剪带有 1 ～ 2 个芽的根状茎另行栽植，翌年即可正常开花。

（三）园林栽培

1. 基质

使用排水良好的土壤，如小颗粒沙：腐叶土 =4 ：3 的比例混合栽植，保水保肥透水透气。

2. 水肥

生长期基质表面见干即可浇足水分，休眠期不需要太多水分，保持栽植土壤适度潮湿即可。夏天避免干燥。从 11 月到翌年 4 月，室内盆栽的铁筷子开始萌发新叶，室外种植的一般在翌年 2 月萌发新叶（图 15、图 16），此时薄肥勤施，10 ～ 15 天施用 1 次液体肥料，可以浇灌基质，也可以喷施叶面。休眠期禁止施肥，否则容易伤根。

3. 光照

在种植中最重要的就是遮光。初春保持充足的光照，有利于开花结实，夏季应适当遮光。4 月底至 8 月底，阳光强烈，应遮光 70%；否则会引起茎叶灼伤、干枯。或者可以将其种植在落叶树下，这样秋冬季节有阳光，盛夏有阴凉（图 17、图 18）。

图 15 大棚盆栽 1 月中旬开始萌动

图 16 露地栽培 2 月初萌发

图 17 引种地栽

图 18 引种盆栽

（四）病虫害防治

比较常见的病害是黑斑病，通常在通风不良或者积水的情况下会产生。其主要症状是叶子表面出现黑褐色的斑块（图 19），不及时防治就扩大到整片叶子。防治方法：剪掉病叶，用杀菌剂每隔半个月喷洒 1 次。

常见的虫害是蚜虫。一般蚜虫会在铁筷子花朵和叶背部吸食危害。若不及时防治，导致叶片发黄变枯，可用吡虫啉粉剂及黄粘板进行综合防治。家庭种植可以用肥皂水、烟丝水、辣椒水进行防治，1 周 1 次。

图 19 铁筷子黑斑病

四、价值与应用

铁筷子既有自然美，又有野趣，非常适合自然式庭院布置。在冬季和早春时节，盛开的铁筷子犹如雪中精灵。花期长，花色丰富，抗性强，部分常绿，国外美誉其为“圣诞玫瑰”，又名

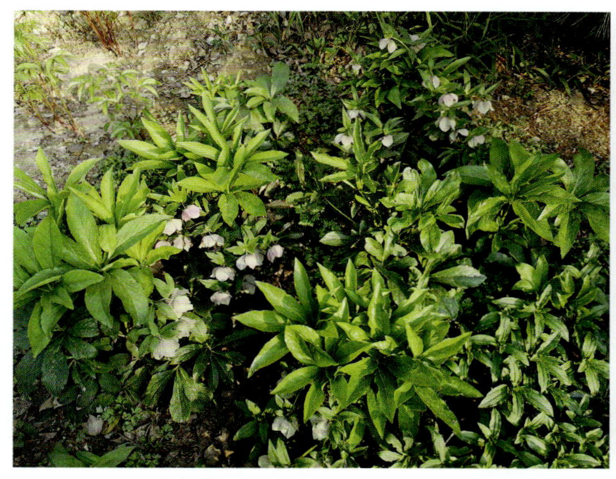

图 20　杂交铁筷子冬季常绿（西安植物园岩石园）

图 21　早春 2 月开花

“冬天女王”。铁筷子的习性喜欢半阴环境，非常适合作乔灌木的下层地被。

铁筷子的药用范围也较为广泛。据记载，其药用历史可追溯至公元前 1400 年，外用可驱除体外寄生虫，内服多用于治疗精神疾病。在欧洲早期医学中，有两类植物被称为“铁筷子”，分别为黑系（Black hellebore）和白系（White hellebore）。黑系包括产于欧洲的多种铁筷子属植物；白系则是藜芦科的白藜芦（*Veratrum album*），虽然它在形态和分类上都和铁筷子差很远，但欧洲医学奠基人希波克拉底仍把它归为Hellebore。铁筷子的毒性主要来源于原白头翁素（Protoanemonin）和毛茛苷（Ranunculin），这类化合物具有强烈的黏膜刺激性，内服会导致一系列消化道症状，如喉头肿胀、呕吐、腹泻以及内出血。公元前 585 年，希腊的基拉城（Cirrha）被周边城邦联盟军队围困，围攻者投放了大量的铁筷子来污染城市的供水系统，导致城里的防御者由于腹泻变得虚弱无力，最终城池被攻破。这或许是大规模生物武器的早期应用了。

（李艳）

Hemerocallis 萱草

阿福花科萱草属（*Hemerocallis*）多年生宿根花卉，具有观赏、食用、药用等多种价值。萱草属名来自希腊语“*hemera*”（意为“一天”）及“*kallos*”（意为“美丽的”），合在一起意为“开一天美丽的花朵”，在18世纪由林奈命名，并由他在百合科与玉簪属、芦荟属和真正的百合属一起命名。1985年Dahlgren等人提出的单子叶植物的现代分类方法中，萱草被归入它们自己的科——萱草科（Hemerocallidaceae）。然而，最近的分子DNA研究表明，萱草属植物及其姐妹群是一个单系类群。2016年APG Ⅳ分类系统，将萱草归为阿福花科。萱草属植物全世界约有19种，我国有11种，是世界萱草属植物自然分布的中心。迄今为止，国际登录的萱草品种已超过9万个，成为园林应用中广受欢迎的花卉之一。

萱草品种繁多，花大，花形多样，色彩丰富，具有极高的观赏价值。萱草适应性强，耐旱、耐涝、抗寒、耐热，在全光和遮光的条件下都能正常生长开花，同时在各种土壤类型上都可以生长良好。虽然一朵花只能开一天，但是一枝花莛上可以开很多花朵，因此多花品种的萱草一株可以开花数周，可广泛应用于道路绿化、园林景观、水土保持、庭院美化、家庭园艺、盆栽及切花等，是不可多得的景观宿根花卉及生态植物，被公认为世界三大宿根花卉之一。

一、形态特征与生物学特性

（一）形态特征

1. 地下部形态

萱草具短的根状茎，根状茎外包裹黄色纤维状纸质鳞片，鳞片在茎生长时也不脱落，当有脱落时，新的鳞片随即形成。根茎和在上面越冬的芽决定了萱草的抗寒性，如果根茎受损，植株的一部分或全部将会死亡（图1）。

萱草的根直接从根茎上长出，从根茎侧面开始，向外向下生长，并且逐渐变细、分叉。根通常呈浅棕褐色，多为绳索状根或肉质根，直径0.2～0.4 cm。中下部有纺锤状膨大块根，长2～5 cm，块根直径0.5～2.5 cm，先端生有次生根，半透明黄白色，髓心半木质化。根的形态因种与品种间有较大差别，小萱草（*H. dumortieri*）的根是圆柱形的，萱草（*H. fulva*）的根是纺锤形的，黄花菜（*H. citrina*）的根是膨大的肉质纺锤形根，小黄花菜（*H. minor*）、矮萱草（*H. nana*）和‘金娃娃’萱草的根是绳索状半肉质须根，一般较细，直径0.2～0.4 cm，不膨大或只是在根的末端加厚。北黄花菜（*H. lilioasphodelus*）和大苞萱草（*H. middendorffii*）的根是相对纤维状的。杂交种在根的性状上多为中间型。

萱草优异的抗性同根的特性有关。肉质的纺锤根可以贮存大量的水分和营养，使植株顺利度过休眠期，并使它们在春天更早地旺盛生长。绳索状根则可以充分利用土壤中的水分，使萱草具有更强的抗旱性。

2. 地上部形态

萱草属植物的株高30～200 cm，因种和品种的不同而不同。黄花菜和萱草可高达100 cm以上，矮型园艺品种高只有30～50 cm。叶基生，排成二列，线状披针形，光滑有细微的棱纹，通常沿着中脉向内折叠，长6～130 cm，宽0.4～3.5 cm，下面呈龙骨状突起，从根茎分

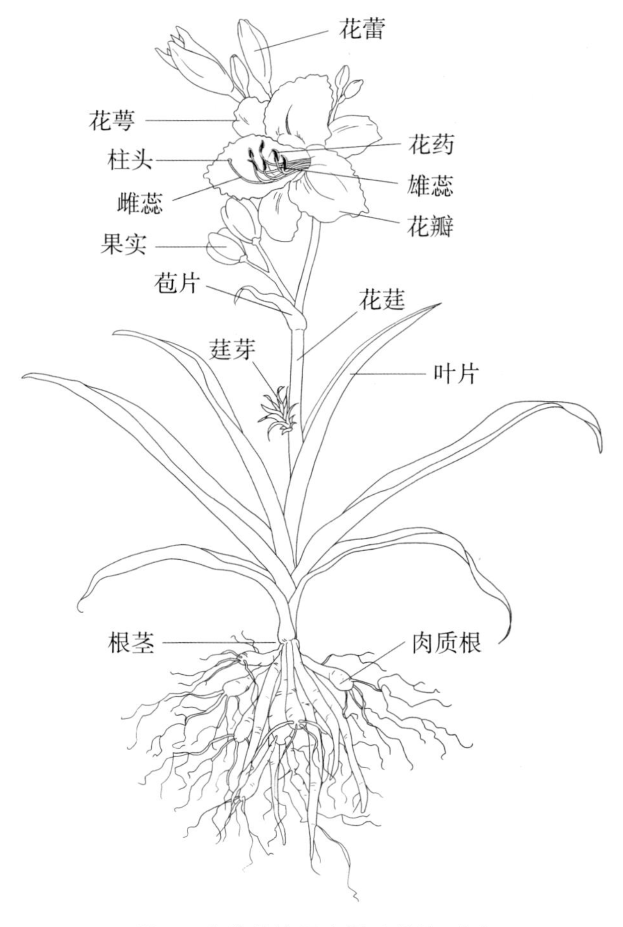

图 1　萱草植株示意图（梁峥 绘）

两列生长，向上和向外拱起，形成扇形。叶色从浅绿色到深绿色，在花期和春天通常是非常浅的绿色，或者灰绿色。

蘖生芽由根茎基部或根状茎茎节部位发生。蘖芽出土前先生成根盘，由根盘中央发生小根状茎，先为白色，后转为黄白色茎，出土后的新叶转为绿色，呈扁锥状破土而出。出土后叶片两列展开，叶鞘变为纤维状鳞片。

花莛从叶丛中央抽出，在中上部分枝，顶端具总状或假二歧状的圆锥花序，较少花序缩短或只具单花，单个花莛最多可着花 100 朵以上。花莛长度 4 ～ 200 cm，杂交种萱草花莛长度 22 ～ 115 cm，平均在 45 ～ 75 cm 之间，粗度 0.5 ～ 5 cm，直立、拱形或向下弯曲，中空光滑，颜色从浅绿色到几乎黑色。花莛的横截面近圆形，上部 1/3 或更高处分枝。多花萱草（*H. multiflora*）是自由分枝，小萱草（*H. dumortieri*）和大苞萱草（*H. middendorffii*）只向顶端分枝，矮萱草（*H. nana*）相对不分枝。

萱草属的花直立或平展，近漏斗状，下部具花被管，通过一个短花梗附着在花莛上。萱草花由 6 个花瓣状的部分组成，统称为花被。花被裂片 6，明显长于花被管。花被排列成两组，外部的一层（最初形成花蕾的外壳）被称为萼片，内部的一层称为花瓣。内三片常比外三片宽大，萼片通常比花瓣更窄更尖。单瓣萱草有 6 个花被，有 6 个花被以上的称为重瓣。花瓣和萼片通常在基部结合，形成一个短管。花被的轮廓或多或少是喇叭形的，在原种和早期的杂交种中只稍微张开，现代的杂交品种通常会急剧下弯或向后卷。雄蕊 6，纤细，着生于花被管上端；雄蕊的顶端着生花药，花药背着或近基着。雌蕊单管，比雄蕊更粗，突出得更远，从雄蕊中间伸出，基部膨大，子房 3 室，每室具多数胚珠，花柱细长，柱头小（图 1、图 2）。

少部分萱草的花有香味，类似麝香味，闻起来像金银花。北黄花菜（*H. lilioasphodelus*）的香味被认为是最强的，紧随其后的是黄花菜（*H. citrina*），在小萱草（*H. dumortieri*）、大苞萱草（*H. middendorffii*）和小黄花菜（*H. minor*）中也可检测到轻微的香味。空气湿度和土壤湿度是萱草香味表达的关键因素。夜开型萱草，香味在开放时是明显的，但在昼开型中，直到白天温度升高时，香味才会形成。在寒冷的气候下，大多数萱草中的香味要淡得多。

种子在大致为卵状、深绿色的子房囊中发育，蒴果钝三棱状椭圆形或倒卵形，长 3 ～ 5 cm，表面常略具横皱纹。蒴果由 6 个部分组成，由 6 个棱分开，室背开裂。当成熟时（受精后 60 ～ 80 天），节段成对开放，露出 3 排圆形或卵圆形的种子，每排种子的一端都有一个稍微凸起的点。蒴果当中可育的成熟种子有十几个，通常为黑色、发亮，有棱角。如果是不育的，几乎是白色的。蒴果中的种子数量因种或栽培品种而异，二倍体萱草种子数量多，四倍体的种子数量较少。

反卷型　喇叭型　平盘型　三角型　芍药型重瓣

套叠型重瓣　星型　圆型　蜘蛛型　皱边型

图 2　萱草部分花型（图片由王云山提供）

（二）生长发育规律

萱草在一年中生长发育的过程可分为 5 个时期，即春苗生长期、抽莛现蕾期、开花期、冬苗生长期和休眠期。无论春季定植还是秋季定植，对萱草的生长阶段都没有影响。一般 3 ～ 5 月为春苗生长期，5 ～ 6 月为抽莛期，6 ～ 9 月为开花期，9 ～ 11 月为冬苗生长期，11 月至翌年 3 月为休眠期。

1. 春苗生长期

春苗生长期指幼苗萌发出土到花莛开始显露前。一般月平均温度达 5℃以上时，幼叶开始出土，随着温度的升高，叶片迅速生长，其最适生长温度为 15 ～ 20℃。

萱草萌芽后到抽莛前，叶片迅速生长，尤以 3 ～ 5 月生长最快。5 月底至 6 月下旬抽莛后，同化物质大多供给花莛生长，叶片数及叶片大小增长缓慢。春季每个分蘖抽生的叶片数目为 16 ～ 20 片，随品种、土壤、气候及肥水管理而异。叶片少的，仅约 15 片，多的可达 22 片。萱草不同品种间，苗期天数有差异，苗期短的品种在 40 天左右，苗期长的品种可达 70 天以上。春苗生长期是萱草营养生长的盛期，为当年开花制造营养，关系到当年的开花数量及开花质量，所以开春后早追肥、灌水，促进春苗早发旺长，是保证当年开花质量的关键。

2. 抽莛现蕾期

抽莛现蕾期一般指花莛露出心叶到花蕾开始显现这段时间，大约 1 个月。花莛通常于 5 月中下旬开始抽生，花莛初抽生时先端由苞片包裹着，呈笔状，渐长后发生分枝并露出花蕾。从出现花莛到开始开花，约需 25 天。在每个花莛上用肉眼能看到的花蕾数，开始很少，仅 3 ～ 5 个，后逐渐增多，到开始开花时花蕾数可达 50 个以上，这时花莛先端还在不断地分化小花蕾。

萱草抽莛现蕾期对水分很敏感，缺水可造成抽莛延迟，花莛少而细，有的不抽莛，同时花蕾也小，并大量脱落。所以 5 月上旬充足灌水，使根层土壤全部湿润，对促进花莛发生有重要作用。

3. 开花期

开花期指萱草花从开始开放到结束所需的时间，依不同品种和管理情况，一般 30 ～ 60 天。早花品种与晚花品种时间短，中花品种时间长；肥水条件好的，花期可以延长。开花期间，花芽还在不断地分化和发育，所以仍需及时灌水、追肥。

一个长约 2 cm 的花蕾，距离开花的时间需 7 ～ 8 天。初期花蕾生长很慢，开始的 3 ～ 4 天，每天伸长 0.1 ～ 0.5 cm，但于开花前 3 ～ 4 天，则生长迅速，每天伸长达 2 cm 左右。

4. 冬苗生长期

抽莛开花过后，花莛下部的腋芽陆续萌发生长，此时期被称为冬苗生长期。冬苗的旺盛生长是在开花完毕后，特别是当植株提早枯萎，或受到机械损伤后，极易大量萌发。一般认为，春苗生长的好坏直接关系到萱草当年的开花质量，而冬苗主要将光合作用制造的有机物贮积于根和短缩茎内，供来年发苗生长。所以冬苗生长的好坏，主要影响来年的开花。

5. 休眠期

霜降后植株的地上部枯死，进入休眠期。休眠期应注意在地面壅土，防止短缩茎露出地面。同时做好冬灌，为来年春苗早发快长奠定基础。

（三）生态习性

1. 光照

萱草是长日植物，其花芽分化及开花需要长日照条件，只有当日照长度在 14 ～ 17 小时及以上才能形成花芽。充足的光照能提高光合作用，有利于营养物质的积累，从而获得高品质开花。

萱草喜光，同时也耐阴，对光照强度变化的适应性强，在树林中半阴处也能够生长，但开花会受到影响。有研究表明，在弱光照下，萱草叶片大小、叶长、叶宽、叶厚等都较全光照下有明显差别，随着遮阴度加大，光辐射强度的减弱，植株叶面积变大，叶片数量减少，叶片薄而大，花莛高度增加，开花数减少。大部分品种萱草更适宜在 40% 以上的光照条件下生长。

萱草的不同种和品种对光强的耐受性不同，小黄花菜比北黄花菜、‘金娃娃’萱草耐阴性更强。有些品种在阳光充足的情况下开花良好，而有些品种在最热的时候强光下会出现花褪色或漂白，以及花“油脂化”的情况。但这些品种在半阴情况下会开得很好。一般色较浅的品种比较耐强光，较暗的红色、红黑色、紫色和紫黑色品种不太能耐受强光。

2. 温度

萱草在生长过程中对温度有较强的适应性，早春平均温度达 5℃以上时，开始萌芽出土。一般生长温度范围为 5 ～ 34℃，在 20 ～ 25℃温度条件下最为适宜，该温度下萱草根芽分生组织活跃，终年都可长芽。抽莛开花期最适温度是 20 ～ 25℃。较高的温度和较大的昼夜温差能够促进花蕾的形成和营养物质的累积。

长期持续超过 35℃高温条件，特别是在高温缺水情况下，萱草叶尖会出现干枯，直至叶片大部分枯黄，枯黄部分直达叶基部，仅有心部新叶保持绿色，甚至整个花序因蒸腾量过大而失水下垂。持续高温还会造成植株花量减少，花期推后，花期持续时间缩短，严重影响萱草的观赏价值。由于萱草具有较强的耐高温性，其肉质根肥厚，高温并不会致死，温度降低后，植株会迅速抽生花莛，并且开花。不同品种受高温影响程度有所不同。

萱草地下部耐寒性很强，在气温下降到 -30℃的地区仍可安全越冬。不同品种的萱草越冬表现差异很大，在我国北方大部分品种不能保持冬季常绿，秋末冬初不抗寒品种的叶片已经全部枯黄，而部分耐寒品种 11 ～ 12 月仍可保持叶片绿色。部分品种在长江中下游以南可保持冬季叶片不枯，观赏性较枯萎品种强。抗性强，适应性广，在西安可露地生长 10 年以上。

3. 水分

萱草在一年的生长周期中，抽莛期是大量需水的临界期，花莛抽出前需水较少，开始抽莛后需水增加。开花期，尤其是盛花期需水最多，在该时期灌水量应该加大，此时期缺水易使幼蕾萎缩、变黄、脱落，甚至导致叶片枯黄。

萱草有较强的抗旱性，其肉质根既能贮藏营养，又能蓄积水分，只要生长期间稍有降水，就能积蓄大量水分供其生长发育。萱草叶片含水量在 65% ～ 86%，叶片保水性较强，特别是叶子狭长、角质层厚的品种类型，蒸腾作用较弱，比叶片宽大、角质层薄的品种耐旱力更强，这类品种在较难灌溉的山坡上也能生长。因此不同品种类型抗旱能力表现较大的差异，原生种萱草材料同园艺品种相比，比较耐旱的占比较高。同时萱草忌连阴雨，怕涝，遇到这种情况，应开沟排水，避免烂根。

4. 营养

萱草不同品种之间对元素的吸收程度也有显著差异，一般生长势强的品种吸收氮比生长势弱的品种量大，因此形成了有的品种叶色浓绿，有的品种叶色发黄的情况。不同生长阶段叶片对养分的吸收表现出不同程度的差别，营养生长阶段养分吸收元素的顺序依次为钾＞氮＞钙＞镁＞磷；生殖生长阶段为氮＞钾＞钙＞磷＞镁；枯黄期为氮＞钙＞钾＞磷＞镁。在生殖生长阶段的养分吸收，氮、磷、钙、镁需求量比营养生长和枯黄阶段大，特别是磷的吸收水平比营养生长阶段提高 80% 以上。

二、种质资源与育种概述

（一）种质资源

萱草属植物全世界约有 19 种（张志国，金红，2021），主要分布于东亚至俄罗斯西伯利亚地区。北起俄罗斯北纬 50° ～ 60° 之间，南至缅甸、印度、孟加拉国，西缘为俄罗斯境内乌拉尔山脉以东的西伯利亚平原、蒙古，东至朝鲜、韩国、日本的本州岛、北海道和库页岛都有发现。其中日本有 7 种、朝鲜半岛有 6 种、俄罗斯有 6 种，我国是世界萱草属植物自然分布中心，有 11 个种（图 3）。

1. 矮萱草 *H. nana*

植株较矮小，高约 35 cm。根稍肉质，中下部有纺锤状膨大。花莛细长，7 ～ 34 cm，顶生单花，极少具 2 花；花梗长 1 ～ 2 cm；苞片披针形或卵状披针形，长 0.5 ～ 1.4 cm，宽 0.3 ～ 0.4 cm；花被金黄色或橘黄色，背面稍带淡紫色或黄褐色；花被管长 1 ～ 1.7 cm，花被裂片长 5.2 ～ 7 cm，内三片宽 1.2 ～ 1.5 cm。花期 6 月。

分布于云南西北部（中甸、丽江），生于高山近雪线边缘或松林内。

2. 黄花菜 *H. citrina*

植株高可达 100 cm。根近肉质，中下部常有纺锤状膨大。叶长 50 ～ 130 cm，宽 0.6 ～ 2.5 cm，深绿色，狭长带状，下端重叠，向上渐平展，全缘。花莛直立，稍长于叶，基部三棱形，上部多少圆柱形，有分枝，最多可开花 100 朵以上；苞片披针形，下面的长可达 3 ～ 10 cm，自下向上渐短，宽 0.3 ～ 0.6 cm；花梗较短，通常长不到 1 cm；花大，淡黄色，漏斗形，有时在花蕾顶端带黑紫色，萼片背面带绿色，顶端呈紫色，花为夜开型；花被管长 3 ～ 5 cm，花被裂片长 6 ～ 12 cm，内三片宽 2 ～ 3 cm。蒴果，革质，钝三棱状椭圆形，长 3 ～ 5 cm。种子黑色光亮，有棱。

产秦岭以南各地（包括甘肃和陕西的南部，不包括云南）以及河北、山西和山东。生于海拔 2000 m 以下的山坡、山谷、荒地或林缘。适应性强，耐寒、耐旱。

3. 北黄花菜 *H. lilioasphodelus*

植株高可达 90 cm。根肉质，多少绳索状，粗 2 ～ 4 mm，中下部有纺锤状膨大。叶色深绿，长 20 ～ 70 cm，宽 0.3 ～ 1.2 cm。花莛长于或稍短于叶，花序分枝，花可多达 15 朵；苞片披针形，在花序基部的长可达 3 ～ 6 cm，上部的长 0.5 ～ 3 cm，宽 0.3 ～ 0.7 cm；花淡黄色，芳香，夜开型；花被管一般长 1.5 ～ 2.5 cm，决不超过 3 cm；花被裂片长 5 ～ 7 cm。蒴果卵圆形或椭圆形，长约 2 cm，宽约 1.5 cm 或更宽。种子倒卵球形，黑色，有光泽。花果期 6 ～ 9 月。

产黑龙江（东部）、辽宁、河北、山东（泰山、崂山）、江苏（连云港）、山西、陕西（太白山、华山、佛坪）和甘肃（南部）。生于海拔 500 ～ 2300 m 的草甸、湿草地、荒山坡或灌丛下。也分布于俄罗斯和欧洲。

4. 小黄花菜 *H. minor*

根多少肉质，较细，绳索状，不膨大，粗 0.15 ～ 0.4 cm。叶长 20 ～ 60 cm，宽 0.3 ～ 1.4 cm。花莛细长，长于叶或近等长，花序不分枝或稀为二歧状分枝，常具 1 ～ 2 花，很少 3 ～ 4 花；花梗很短，苞片近披针形，长 0.8 ～ 2.5 cm，宽 0.3 ～ 0.5 cm；花被管通常长 1 ～ 2.5 cm，极少能近 3 cm；花被黄色或淡黄色，花被裂片长 4.5 ～ 6 cm，内三片宽 1.5 ～ 2.3 cm。蒴果椭圆形或矩圆形，长 2 ～ 2.5 cm，宽 1.2 ～ 2 cm。花果期 5 ～ 9 月。

产黑龙江、吉林、辽宁、内蒙古（东部）、河北、山西、山东、陕西和甘肃（东部）。生于海拔 2300 m 以下的草地、山坡或林下。也分布于朝鲜和俄罗斯。

5. 多花萱草 *H. multiflora*

根肉质，无纺锤状膨大。叶纤细不对折，长 75 cm。花莛可高达 100 cm，花序常两次分枝，花最多可达 75 ～ 100 朵；花色金黄，花瓣明显反折，昼开型，花为上午开放；花被管长 1.5 ～ 5 cm。蒴果倒卵圆形。

分布于河南鸡公山。

6. 萱草 *H. fulva*

根状茎粗短，具肉质纤维根，多数膨大呈窄长纺锤形。叶条状披针形，长 30 ～ 60 cm，宽约 2.5 cm，沿中脉对折。花莛高达 100 cm 以上，圆锥花序顶生，有花 6 ～ 20 朵；花梗长约 1 cm，有小的披针形苞片；花长 7 ～ 12 cm，橘红色至橘黄色，内花被裂片下部一般有“∧”形彩斑，大多数在花瓣上有明显颜色的中肋；花被 6 片，开展，向外反卷，花柱细长；昼开型，无香味；花被管较粗短，长 2 ～ 3 cm。蒴果长方形，种子倒卵球形。花果期 5 ～ 7 月。

秦岭以南各地野生，全国栽培。

7. 西南萱草 *H. forrestii*

根常肉质，中下部有纺锤状膨大。根状茎较明显，叶长 30 ～ 60 cm，宽 1 ～ 2 cm，中绿色。花莛高于叶，上部分枝，花 3 至多朵；花梗长 0.8 ～ 3 cm；苞片披针形，长 0.5 ～ 6 cm，宽 0.3 ～ 0.4 cm；花被管长约 1 cm；花漏斗状或钟状，花被金黄色或橘黄色，裂片长 5.5 ～ 6.5 cm，内三片宽约 1.5 cm，裂片外弯；雄蕊 6，花药背着；子房 3 室。蒴果椭圆形，长约 2 cm，宽约 1.5 cm，革质。种子成熟时黑色，光亮。花果期 6 ～ 10 月。

分布于云南、四川。生于海拔 2300 ～ 3200 m 的松林下或草坡上。

8. 折叶萱草 *H. plicata*

具肥大肉质纺锤状块根。根状茎短，叶基生，条形，长 30 ～ 40 cm，宽 0.5 ～ 0.8 cm，常对折。花莛高 25 ～ 50 cm，聚伞花序有花数朵；苞片小，卵状三角形；花橘黄色，漏斗形；花被管长 1.5 ～ 2 cm；花被 6 片，向外弯，长 6 ～ 7 cm，宽 1 cm；雄蕊 6，外伸；子房 3 室，花柱伸出，上弯，和花被片近等长。蒴果椭圆形，革质，内具黑色种子多粒。花期 6 ～ 7 月，果期 9 ～ 10 月。

产云南中部、西北部和四川西部亚高山和高山地区。生于海拔 1800 ～ 2900 m 的草地、山坡或松林下。

9. 北萱草 *H. esculenta*

根稍肉质，中下部常有纺锤状膨大。叶长 40 ～ 80 cm，宽 0.6 ～ 1.8 cm。花莛稍短于叶或近等长，总状花序短缩，具 2 ～ 6 朵花，有时花近簇生；花梗短；苞片卵状披针形，宽 0.8 ～ 1.5 cm，先端长渐尖或近尾状，全长 1 ～ 3.5 cm，只能包住花被管的基部；花被橘黄色，花被管长 1 ～ 2.5 cm，花被裂片长 5 ～ 6.5 cm，内三片宽 1 ～ 2 cm。蒴果椭圆形，长 2 ～ 2.5 cm。花果期 5 ～ 8 月。

产河北、山西、河南北部和甘肃南部。生于海拔 500 ～ 2500 m 的山坡、山谷或草地上。也分布于日本和俄罗斯。

10. 小萱草 *H. dumortieri*

根较粗，肉质，上部纺锤形膨大。株高 25 ～ 50 cm。叶线形，长 46 ～ 56 cm，宽 1.2 ～ 2.5 cm。花莛明显短于叶，常倾斜生长，有分枝或无分枝，无分枝则花近簇生；苞片长圆状卵形或卵状披针形，花梗长 0.2 ～ 0.4 cm，被两个渐狭的重叠苞片隐藏；花蕾上部红褐色或绿色；花被长 5 ～ 7 cm，橙黄色或金黄色，花被管长约 1.8 cm；花药黑色。蒴果近圆形，花期

5～7月。

产于吉林（靖宇县）。也分布于日本、朝鲜和俄罗斯东西伯利亚。

11. 大苞萱草 *H. middendorffii*

根多少呈绳索状，粗0.15～0.3 cm。株高可达90 cm，具很短的根状茎。叶长50～80 cm，通常宽1～2 cm，柔软、光滑，上部下弯。花莛与叶近等长，不分枝，顶生2～6朵花；苞片宽卵形，宽1～2.5 cm，先端长渐尖至近尾状。花近簇生，具很多的花梗；花被金黄色或橘黄色；花被管长1～1.7 cm，1/3～2/3为苞片所包（最上部的花除外）；花被裂片长6～7.5 cm，内三片宽1.5～2.5 cm。蒴果椭圆形，稍有三钝棱。花果期6～10月。

产黑龙江、吉林和辽宁。生于海拔较低的林下、湿地、草甸或草地上。也分布于朝鲜、日本和俄罗斯。

（二）栽培简史

我国是萱草的故乡和自然分布中心，在我国已经有近3000年的栽培历史，很早就被我国人民赋予了深厚的文化色彩。最早文字记载见于公元前11世纪至公元前6世纪《诗经·卫风·伯兮》："焉得蘐草，言树之背。愿言思伯，使我心痗。""蘐"（xuan）同谖，朱熹注曰："谖草，令人忘忧；背，北堂也。"《诗经疏》称："北堂幽暗，可以种萱"，北堂即代表母亲之意。古时候当游子要远行时，就会先在北堂前种萱草，希望减轻母亲对孩子的思念，忘却烦忧。唐朝孟郊《游子》写道："萱草生堂阶，游子行天涯；慈母倚堂门，不见萱草花。"萱草成为中国最早的母亲花。晋（266—420）崔豹撰《古今注》载"欲望人之忧，则赠丹棘（萱草）。丹棘一名忘忧草，使人忘忧也。"故名忘忧草。在古代的萱草也被称为"宜男草"，古人认为孕妇佩之则生男孩，故名宜男。

中国的萱草（*H. fulva*）大约在公元前300年通过丝绸贸易路线到达欧洲的匈牙利，同时也到达葡萄牙的里斯本和意大利威尼斯的海港。萱草的引用最早出现在16世纪欧洲草药医生克鲁塞斯（1525—1609）和罗贝尔（1538—1616）的著作中，也出现在杰拉德（1545—1612）的《草药或植物史》（1597）中。林奈在1753年将萱草属命名为*Hemerocallis*，就源于希腊单词*hemero*，它的意思是"一天"，*callis*的意思是"美丽"，合起来的意思就是开一天的美丽花朵。经过了200年，萱草的其他种从亚洲传到了欧

H. fulva var. *kwanso*

萱草

黄花菜

大苞萱草

北萱草

北黄花菜

小黄花菜

图3　原生种萱草（图片由王云山提供）

洲，包括小黄花菜（*H. minor*），这是由切尔西药物花园的馆长菲利普·米勒（1722—1771）描述的。在19世纪，威尔逊、福里斯特和金登－沃德在中国西部的长江峡谷发现了小萱草（*H. dumortieri*）并由菲利普·冯·西博尔德运到根特的植物园。大苞萱草（*H. middendorffii*）首先由亚历山大·冯·米登多夫收集，并在圣彼得堡的植物园开花后由他描述。*H. fulva* 的'Flore Pleno'于1869年到达欧洲，后来黄花菜（*H. citrina*）和 *H. fulva*'Maculata'被查尔斯·斯普林格和威利·穆勒（意大利）接收，他们在欧洲各地传播这些植物和其他物种。斯托特（Stout）1934年出版的关于萱草的书是第一部对各种萱草进行系统分类的著作。

1946年美国成立了萱草协会（American Hemerocallis Society），定期出版刊物，报道有关萱草杂交、育种、繁殖、栽培等方面的最新研究成果。同时，萱草也被带到新西兰和澳大利亚并在那里种植。2021年中国园艺学会球宿根花卉分会设立了萱草专家组。

（三）新品种培育

萱草的种子繁殖常被用来进行新品种培育，萱草正是通过无数育种工作者的努力，通过杂交育种、种子繁殖，创造出了近10万个品种，成为品种最多的观赏植物之一。

第一个有记录的萱草杂交品种'Apricot'诞生于1893年，同年被英国皇家园艺学会授予优异奖。是由 *H. lilioasphodelus* × *H. middendorffii* 杂交而成。

到19世纪晚期，萱草才被引入美国，但是随后在美国进行了大量优秀的育种工作，到了20世纪70年代，萱草已经成为美国最畅销的多年生植物，直到今天，它们仍然高居榜首。

根据育种目标，选择与目标接近的父母本。当母本花蕾膨大后于开花前1天去雄套袋，去雄时可用手或镊子进行，注意尽量不碰伤雌蕊。开花当天8：00～10：00进行授粉，方法是将成熟的父本花药用平头镊子或手指夹住，轻轻地将花粉敲击到母本的柱头上。授粉后立即封好套袋，并挂牌标明杂交组合、授粉日期，授粉后间隔1天去袋。授粉后的几天，花瓣就会脱落，在花的基部能够看到一个小的绿色种荚。由于萱草的花器官中雌蕊比雄蕊高出许多，而清晨又是萱草授粉的最佳时间，随着时间的推移，授粉的成功率会越来越小，萱草这种不易自花授粉的特性，使得杂交育种也可以不去雄，不套袋。套袋反而会造成袋内温度过高，影响坐果。不去雄、不套袋可以大幅度提高育种效率，减少去雄、套袋过程中对花器官的伤害，提高坐果率。正常情况下6～10周种子成熟，种荚会变成棕色、裂开，在果实发白开裂后要及时采收。

在杂交育种的过程中，以下几个问题需加以注意。

1. 明确育种目标

目前，萱草国际品种登录已超过9万个，育种工作取得了很大成效，观赏价值、食用价值及药用价值的萱草也都得到了极大开发。未来，萱草的育种目标主要集中于以下几个方面：在花色育种方面，一是致力于培育出纯粹蓝色、黑色和纯白色萱草品种。二是培育更加漂亮的花眼、花喉、中肋、水印等花部颜色变化的萱草品种。三是培育出四倍体复合花眼品种。在花型育种方面，以培育四倍体重瓣型、蜘蛛型以及其他奇特花型的萱草，其中重瓣型中又以月季花型作为今后育种改良的重点，同时培育出特大型花、矮生及小花系列。在观赏期方面，培育单朵花期超过24小时的萱草；以及早花、晚花品种、二次开花品种；在提高萱草抗性方面，利用我国优良的野生资源，提高萱草的耐旱、耐寒、抗病性，特别是抗锈病及叶枯病萱草品种。与此同时，利用西南萱草、折叶萱草、北萱草等未被开发的种质资源，以求在萱草的观赏价值上找到新的突破点。培育具有浓郁花香的品种。

2. 选好父母本

最好是优势叠加，或者互补，比如开花数量多同时又具有植株生长健壮、叶形美观的品种，这样可以延长开花季节，提高观赏性。父母本有相同缺点的萱草不应该杂交，不管它有多美。如果发现一朵花有一个缺点或不足，将它与另一朵有同样问题的花杂交只会强化这个缺点。应该选择父母本来消除问题，而不是强化问题。

3. 注意萱草的倍性

萱草的倍性对育种的成功有至关重要的影响，授粉前要明确知道需要杂交的萱草是二倍体还是四倍体。Ted L. Petit 的研究表明，二倍体与四倍体杂交一般不会成功，虽然最初可能会有果实膨大，但在以后的几周蒴果会逐渐变干并脱落，果实里面并没有成活的种子。因此他认为二倍体只能与二倍体杂交，而四倍体只能与四倍体杂交。Arisumi 的研究也证明四倍体与二倍体杂交后，50% 的果实在 1 周内脱落，最后只有 18.6% 的果实成熟，而外观正常的种子很少，二倍体和四倍体杂交结实率低，果实败育严重。发生不同倍性萱草杂交障碍有多种原因，包括多倍体萱草花粉活力低下、雌蕊发育不良、花粉管伸长受阻、合子后胚乳败育等。为了解决这一问题，有的育种家采取将二倍体以秋水仙素诱变加倍成四倍体，再和四倍体杂交的办法来克服杂交不亲和的问题。也可以在授粉 10 ～ 12 天后采收膨大的果实，将其中不成熟的种子接种到 MS 培养基上，采用胚拯救的办法来取得三倍体杂交后代种苗。

4. 花粉贮存

如果选择的亲本花期不遇，可以采用花粉贮存的办法。将整朵花采下放入冰箱冷藏，萱草花可以保持相对新鲜两天或更多天，这样每天使用一个或多个雄蕊，可以有效延长授粉时间。如果把采集到的花粉放入密封良好的小胶囊中，并将其放入一个带有硅胶的密封盒子中，可以使花粉在冰箱冷藏室里保存两周或更长时间。花粉经过初始干燥，放入密封的聚乙烯袋，冷冻后可以保存一年左右时间。

5. 创造适合授粉的环境条件

天气状况对坐果率有非常大的影响。凉爽干燥的早晨是萱草授粉的最佳时间，随着时间的推移，成功杂交的可能性越来越小。温度在 18 ～ 28 ℃之间，持续 3 天以上的晴天，萱草的结实率最高，盛花期若最高气温超过 30 ℃结实率会降低。可以选择开花前期最高温度低于 30℃的晴天进行授粉，能提高结实率。凉爽、阴天通常会有很好的结实，因此可以搭遮阳棚创造适宜授粉的环境。天气太热太潮湿、连续的雨天都会影响萱草结实。一般来说，二倍体比四倍体更容易授粉成功。

6. 选择合适的花朵

萱草以主花序顶端分枝及第二分枝的结果率最高。从节位看，第 1 和第 2 节的结果率最高。为此，对于第 1 ～ 4 个分枝，可以保留 1 ～ 4 节上的花蕾，主花序顶端分枝可保留第 1 和第 2 节上的花蕾，其余的花蕾应疏掉，使养分集中于授粉果实和种子。

7. 培育壮苗

萱草可在春秋季进行播种育苗，秋播的当年就能萌发形成种苗，比春播的发苗要快，但小苗冬季易受冻害，如有温室条件进行秋季播种，整个冬天都会生长，可以使幼苗提早开花。育苗时，整理好苗床后施足底肥，并进行浇水以保证墒情。种子在育苗前先在温水中进行催芽，然后点播于整理好的苗床上，行距 15 cm，株距 3 cm，播种后覆土，覆土不宜太厚。2 周左右出苗，出苗后进行低温炼苗，以提高种苗的抵抗力，及时除草并预防病虫害，以形成壮苗。

三、园艺分类与优秀品种

（一）园艺分类

作为园林应用广受欢迎的花卉之一，萱草经过 200 多年的育种，国际登录的品种已经超过 9 万个，并且每年都有超过 2000 个新品种诞生。国内外学者对萱草品种分类进行了持续探索，但是由于萱草品种数量众多，类型多样，想要建立一个统一的分类标准比较困难。萱草大体上可根据以下内容分类。

1. 根据花朵大小分类

根据开花大小对萱草进行分类是一种简单自然的鉴别方法，花朵的直径可以从 2.5 cm 到

30 cm 不等。一般花的大小可以分为 4 类。

微型　花直径小于 8 cm。如‘小葡萄’‘马德琳之眼’。

小花　花直径 8 ～ 11 cm。如‘康迪拉’‘重瓣可爱’。

大花　花朵直径 11 ～ 18 cm。如‘夜烬’‘口红糖果’。

特大花　花朵直径大于 18 cm。如‘自由车轮’‘蜘蛛奇迹’。

2. 根据花型分类

原生种萱草的花型是单一的喇叭型，经过 100 多年的人工培育，萱草的花型出现了星型、三角型、圆型、蜘蛛型等多种花型，同时还出现了重瓣、皱边等不同的花瓣类型，观赏性状得到了极大提高。萱草的花型可以根据花朵的形状或轮廓、花瓣的多少等不同的方法进行分类。

（1）根据花瓣多少分类

单瓣型　具有正常的内外两轮花被片（3 个花瓣 +3 个萼片），6 枚雄蕊和 1 枚雌蕊。

重瓣型　具有多层花瓣。重瓣又分两种类型，分别是芍药型重瓣，由雄蕊瓣化形成花瓣（有时心皮也可能发生瓣化），花朵中间伸出额外的花瓣状物，形成像芍药一样的花朵；套叠型重瓣，在一层花瓣上又多了一层花瓣或瓣状附属物，看起来就像数朵花相套叠在一起，每一轮基数为 3。

重瓣花的外形经常随着品种类型和开放的进程而表现不同，因此一个品种可能每天开放的花朵形状不同，更普遍的情况是随着季节的不同而改变。重瓣萱草对温度敏感，在炎热的气候中表现出色，但在较冷的地区，只有在异常炎热的时期才会开重瓣。有些品种分栽种植后的第一个开花季是单瓣，以后随着生长会出现重瓣。有的品种在一丛当中会同时出现单瓣和重瓣。

多瓣型　花被片 2 轮，每轮花被片数多于正常的 3 枚，雄蕊数目为 8 或 10 枚或更多。

（2）根据花朵开放的正面形状进行分类

圆型花　花瓣和花萼钝尖、短阔，长度、大小几乎相同，花瓣互相重叠，形成一个圆形轮廓。

三角型花　花瓣比圆型花窄一些，花萼向后翻卷，形成一个三角形。

星型花　花瓣和花萼狭窄，呈又长又尖的长条形（但还没有达到蜘蛛型的长度），花瓣之间有相当大的空隙，形成一个六角星形。

蜘蛛型花　花瓣和花萼更为狭窄，长度是宽度的 5 倍或更高，花瓣不重叠。

（3）按花朵开放时侧面形状分类

反卷型　花瓣尖端向后翻卷。

平盘型　花瓣开张角度很大，花朵平开，喉部非常短，花瓣尖端开放后呈平盘状。

喇叭型　花瓣开张角度较小，呈喇叭状，类似于百合，前视常见三角形。

（4）按花瓣边缘形状分类

齐边　边缘简单、光滑、整齐。

皱边　花瓣边缘有不同程度的凸起、锯齿状和卷曲，特别是在圆型品种上效果更为突出。

3. 根据花色分类

决定萱草颜色的色素位于花被的不同层。原生种萱草只有黄色、橙色、黄褐色等极少的颜色。黄色、橙色和黄褐色是由位于叶肉中的类胡萝卜素产生的，叶肉是花被的中间层。通过不断的杂交选育，现代萱草的颜色范围得到了极大丰富，除了蓝色、绿色、棕色和纯黑色还没有，现在已经涵盖了所有基本颜色。从最初的黄色和橙色品种开始，杂交者创造了园艺奇迹，产生了大量的颜色和图案。红色、粉红色和紫色（水溶性的）是由集中在表皮深层液泡中的氰菊酯产生的。因此，粉红色、红色和紫色颜料色素只在表面。受黄色影响，锈红色更容易实现，并且比蓝色、红色更能忍受炎热的太阳和大雨，因为蓝色、红色的颜料色素分布在表面，会从表面丧失。

根据花的基本色可分为白色系列，白色至奶油色；黄色系列，淡黄色至金黄色；橙色系列杏色，肉色至橙色；粉色系列，桃色至玫瑰粉色；紫色系列，淡紫色至深紫色；红色系列，红色至暗红色。

4. 根据花部颜色图案分类

根据萱草中的花部颜色分布方式及图案分类。

（1）纯色或称单色

花瓣和花萼无论在颜色还是明暗上都完全相同。

（2）混色

花瓣和花萼都具有两种不同的颜色，但花瓣和花萼之间没有区别。例如花瓣和花萼都为红黄两色，而不是花瓣红色，花萼黄色。

（3）多色

多色是指一朵花的所有花部可能混合几种颜色，同时分布在花瓣和花萼上，与混色类似，只是颜色更多。

（4）双调色

花瓣和花萼颜色色相相同，但是颜色的明度和深浅不同。

（5）双色

双色是指花瓣和萼片颜色不同，如花瓣红色，萼片黄色。

除了以上花部颜色分布方式外，花朵上颜色形成的图案同样也能形成丰富多彩的组合。

（6）花斑

花瓣和花萼底部与其主色形成对比的深色斑块。经过不断的选育，萱草的花斑也出现了很多变化，比如多层花斑，还有一些带有其他图案的复合色花斑。

（7）花边

花被片边缘与主色形成对比的或深或浅的装饰边。在四倍体萱草中有一个新的突破，那就是培育了花瓣的外缘带有黄色边的品种。育种者还利用这种黄色花瓣边的品种和其他花边的品种杂交获得了花瓣边缘具有双色花边的萱草。

（8）水印

内外轮花被片先端和花喉之间与主色形成对比的浅色眼斑。与花斑类似，但斑纹的颜色比花瓣和花萼的背景色要浅。水印或负眼是一个较浅色调的宽条，在此处线段颜色与喉部相交。水印是一种遗传决定的眼睛区域缺乏色素沉着，显示出一种更亮更清晰的颜色，与通常较暗的外部花被色相协调。

（9）中脉

花瓣中部由花心向外呈放射状延伸的与背景色颜色不同的细线，它从喉部一直延伸到花瓣末端，将花瓣分成两半。它可以是明显的或几乎不明显的，凸起的或平坦的，并且可以是与花瓣颜色相比较浅的阴影或较浅的对比色。最常见的是淡黄色或奶油色。中肋的凸起十分醒目，突出了花瓣的颜色，从而增加了萱草的观赏性。

（10）喉部

花被片基部与花被管连接处称为喉部，喉部可以从相对较小的变化到相当大的变化，其颜色对花朵整体效果的影响可以是非常明显的，也可以是不明显的。喉部颜色与花被片不同，常见的是黄色、绿色和橙色，不同种类其喉部大小也不同，这个特性也是杂种的变异来源之一。与之类似，花药的颜色一般从黄色到橙色再到红黑色过渡。尽管喉部和花药的颜色很难一眼就察觉，但是却能参与形成独特的花朵颜色和图案组合。

（11）花眼

内外轮花被片先端和花喉之间的与主色形成对比的深色眼斑。如果花瓣和萼片上都出现较暗的阴影，这就叫做花眼。蜘蛛型变种通常会出现“人”字形的花眼。

（12）花环

只分布在花瓣上的深色眼斑被称为花环。蜘蛛型变种通常会出现“人”字形的眼睛。

（13）光晕

花瓣及萼片上隐约可见的深色眼斑，是一种模糊或轻微可见的光带或颜色。

（14）钻石光泽

在阳光照射下花瓣细胞中微小晶体的反光现象，使得花朵像钻石一样闪闪发光。

（15）洒锦

花朵表面上分布有与主色形成对比颜色的斑点、斑块或条纹。

5. 根据花莛高度分类

①矮小型，花莛高度 30 cm 以下。

②矮型，花莛高度 30 ～ 60 cm。

③中型，花莛高度 60 ～ 90 cm。

④高型，花莛高度 90 ～ 120 cm。

⑤巨型，花莛高度 120 cm 以上。

萱草的高度可能会由许多因素决定，如气候、位置、种植和管理等。

6. 根据质感特征分类

质感是萱草花表面的质量，取决于单层表皮。

①质地光滑。花朵光滑的萱草反射光线，使颜色看起来更加明亮和清晰。

②纹理粗糙。

③蜡质纹理。给人以厚重和清晰的印象。

④皱纹组织。可以起皱，也可以像泡泡纱，可以像灯芯绒棱纹。起皱或粗糙纹理的花吸收光线，颜色丰富。

7. 根据花被的厚度分类

花被的两面被表皮覆盖，由单层保护细胞组成。夹在两个表皮层之间的是由多层不规则形状的活细胞组成的叶肉，叶肉层的数量和细胞的大小决定了花被的厚度。

①薄花被片的叶肉细胞有 1 ～ 3 层。

②厚花被片的叶肉细胞可达 14 层。

四倍体细胞比二倍体细胞大。叶肉中嵌入了一个传输营养和水分的导管细胞网络，形成脉。

8. 根据开花习性分类

大多数萱草开花持续时间不到 24 小时，可以根据一天中开放的时间进行分类。萱草有 3 种开花习性：白天开花（昼开型）、夜晚开花（夜开型）和长时开花。

①白天开花的萱草占绝大多数，这些萱草在白天开放，晚上凋谢。

②夜开型萱草在下午晚些时候或傍晚开放，持续一夜，在第二天中午前后凋谢，如黄花菜等。

③长时开花型开花时间可以接近或超过 24 小时，可以从早晨一直开到第二天早上的某个时候，或者从晚上一直开放到第二天下午的某个时候关闭。每朵花开 16 个小时以上，就可以称为长时开花。

9. 根据花期分类

①极早花，早于当地萱草花期集中期超过 1 个月开始开花。

②早花，早于当地萱草花期集中期 2 ～ 4 周开花。

③中早花，早于当地萱草花期集中期 1 ～ 2 周开花。

④中花，花期处于当地萱草最集中的开放时间开花。

⑤中晚花，晚于当地萱草花期集中期 1 ～ 2 周开花。

⑥晚花，晚于当地萱草花期集中期 2 ～ 4 周开花。

⑦极晚花，晚于当地萱草花期集中期超过 1 个月开花，高温地区夏末开放，冷凉地区秋天开放。

开花习性分类是基于萱草在该季节开花的时间，因为萱草是一种花期特别长的多年生植物，早花、中花和晚花萱草经常会在同一时期开花。

开花的数量由产生的花莛的数量、花莛在开花时间上的间隔以及每个花莛中的花蕾数量决定。分类的早、中、晚会稍有变化。

同时，开花的实际时间也主要受当地气候的影响，其次受生长条件的影响。萱草通常在春天的最后一个月开花，南半球是 11 月，北半球是 5 月。冬季特别温和的温暖气候可能会比寒冷气候提前一个月开花。盛花期通常在夏季的第一个月。

10. 根据再次开花习性分类

萱草也可以根据是否再次开花进行分类。

在最初开花后休息一段时间，许多萱草会再有一次或多次开花，这种特征或分类被称为再次开花。许多因素可以决定重新开花的时间和开花数量。气候条件、天气模式的季节性变化、植株种植的位置以及管理都会对再次开花的数量和质量产生影响。

再次开花是指当一个已经开花的扇叶长出更多的花莛时，就会发生再开花，这与不同的扇叶在第一个花莛上开花后立即形成花莛是不同的。如果夏末秋初有足够高的温度，一些具有再开花因子的萱草可以再次开花。当萱草在第一次集中开花结束前再开花，可以使开花季节延长到近5周，也称持续开花。

二次开花是指萱草在两次开花之间有一个休眠期，而持续开花是当第一个花莛开花时，另一个花莛出现。

11. 根据叶冬态习性分类

根据叶片习性分类是基于萱草植株在一年中较冷的月份保持叶片的程度。这是休眠的一种量度指标。

①冬眠类型是指植株在冬天完全落叶，仅在土壤层或土壤层附近可以看到叶扇的尖端。冬季休眠是植物适应寒冷冬季的一种方式，休眠的萱草更能适合冬季寒冷的地区。

②常绿萱草全年都保持绿叶，更适合气候温暖的地区。

③半常绿萱草是介于休眠萱草和常绿萱草之间的类型，它们会逐渐枯萎并失去一些叶子，但总会保留一部分绿色叶片。这是3种分类中最难确定的一种，因为落叶的情况会因气候而有很大的不同，在寒冷的气候下可能是休眠的，在炎热的气候下可能是常绿的。

萱草的适应性很强，常绿类型萱草在热带气候下都能很好生长，许多休眠类型在这样的气候条件下也可以长得很好。休眠类型在较冷的气候下生长很好，而许多常绿萱草也可以表现得很好。半常绿品种适应性更强，通常在任何气候条件下都可以表现良好，只是休眠程度不同。

12. 根据倍性分类

萱草也可以按染色体的倍性分为二倍体、四倍体及其他倍体。

二倍体，2n=22；四倍体，2n=44；其他，有三倍体、五倍体、六倍体等。

一般人无法从外观上区分二倍体和四倍体植株，不同倍性只在资源与育种当中有意义。总体上，人们认为四倍体植株比二倍体更强壮，叶片更好，叶片和花莛更有活力，花更大，颜色更浓，质感更强。但优质的二倍体也可能有同样的性状。

（二）优秀品种

常见应用的萱草优秀品种见表1。

四、繁殖技术

萱草常用的繁育方式有分株、扦插、播种、组织培养等。

（一）分株繁殖

萱草分株繁殖具有方法简便、分株后生长速度快、能够保持母株性状的特点。同时，生产成本低，可提供大量遗传基因稳定、性状一致的无性苗，一般分株第二年就可开花，是最传统、最常用的繁殖方法。缺点是繁殖系数低、易带病虫

表1　萱草优秀品种

序号	品种名	花色	花型	花径（cm）	花莛高（cm）	叶冬性	倍性
1	‘Night Ember’	樱桃红色花，白边绿色花喉	重瓣	12	76	半常绿	四
2	‘Candy Lipstick’	粉色奶油混合色花，黄色花喉	单瓣	12	60	半常绿	四
3	‘Bela Lugosi’	深墨红色花，绿色花喉	单瓣	15	84	半常绿	四
4	‘Spacecoast Gator Eye’	奶油色花，薰衣草色花眼及花边，黄绿色花喉	单瓣	15	71	半常绿	四
5	‘Wineberry Candy’	杏粉色花，紫红花眼，绿色花喉	单瓣皱边	12	55	休眠	四
6	‘Belly Button’	砖红色花，金边绿色花喉	单瓣皱边	14	60	半常绿	四

续表

序号	品种名	花色	花型	花径（cm）	花莛高（cm）	叶冬性	倍性
7	‘Fooled Me’	金黄色花，红色花眼，红色镶边	单瓣	14	61	休眠	四
8	‘Diane Taylor’	玫瑰粉色花，金边绿色花喉	重瓣	15	68	常绿	四
9	‘Daring Deception’	紫粉色花，深紫花眼，紫边绿色花喉	单瓣	12	61	半常绿	四
10	‘Condilla’	金黄色花	重瓣	11	66	休眠	二
11	‘Double Cutie’	黄绿色花，绿色花喉	重瓣	10	40	休眠	二
12	‘Sweet Sugar Candy’	粉玫瑰色花，红色花眼，黄绿色花喉	单瓣	11	55	休眠	四
13	‘Little Grapette’	葡萄紫色花，绿色花喉	单瓣	8	55	半常绿	二
14	‘Living in Amsterdam’	金黄色花，黄色花喉	单瓣	18	66	休眠	二
15	‘Rosy Returns’	玫瑰色花，深玫瑰花眼，黄绿色花喉	单瓣	12	60	休眠	二
16	‘All American Chief’	鲜红色花，大的黄色花喉	单瓣	23	81	休眠	四
17	‘All Fired Up’	橙色花，红色花眼及饰边	单瓣	15	51	常绿	四
18	‘Canadian Border Patrol’	奶油色花，紫色花眼及镶边	单瓣	15	71	半常绿	四
19	‘Celebration of Angls’	奶油色花，黑紫花眼，细金色镶边	单瓣	12	64	常绿	四
20	‘Dorothy and Toto’	桃红色、奶油色混色花	重瓣	15	76	半常绿	四
21	‘El Desperado’	芥末黄色花，紫色花眼及镶边	单瓣	13	71	休眠	四
22	‘Forestlake Ragamuffin’	粉红花，金色褶边	单瓣齿边	14	71	休眠	四
23	‘Francois Verhaert’	紫粉色花，紫色花眼及镶边	单瓣	14	61	常绿	四
24	‘Free Wheelin’	浅黄色花，红色花眼	蜘蛛型	23	86	常绿	四
25	‘Get Jigge’	浅紫粉色花，紫罗兰色花眼及镶边	单瓣	13	94	休眠	四
26	‘Heavenly United We Stand’	血红色花，绿色花喉	单瓣	23	130	休眠	四
27	‘Highland Lord’	鲜红色花，黄色花边	重瓣	13	56	半常绿	四
28	‘Janice Brown’	浅粉红色花，玫红色花眼	单瓣	11	53	半常绿	二
29	‘Jason Salter’	黄色花，蓝紫色花眼	单瓣	7	46	常绿	二
30	‘Lullaby Baby’	浅粉色花，绿色花喉	单瓣	9	48	半常绿	二
31	‘Madeline Nettles Eyes’	橙褐色花，黑紫色花眼及镶边	单瓣	6	53	半常绿	四
32	‘Mary’s Gold’	亮金橙色花，绿色花喉	单瓣	17	86	休眠	四
33	‘Midnight Magic’	黑红色花，绿色花喉	单瓣	14	71	常绿	四

续表

序号	品种名	花色	花型	花径（cm）	花莛高（cm）	叶冬性	倍性
34	‘Off to See the Wizard’	紫水晶色花，深紫色花眼	单瓣	14	84	半常绿	二
35	‘Primal Scrsam’	橙色花，绿色花喉	单瓣	19	86	休眠	四
36	‘Siloam Double Classic’	亮粉红色花，绿色花喉	重瓣	13	41	休眠	二
37	‘Spacecoast Sea Shells’	奶油色花，紫色花眼及镶边	单瓣	14	76	常绿	四
38	‘Spider Miracle’	黄绿色花，绿色花喉	独特型	22	81	休眠	二
39	‘Star Over Oz’	紫色花，大的绿色花喉	独特型	22	71	半常绿	二
40	‘Thin Man’	亮红色花，黄绿色花喉	独特型	30	107	常绿	四
41	‘Trahlyta’	灰紫色花，深紫色花眼	单瓣	17	76	休眠	二
42	‘Webster’s Pink Wonder’	粉色花，绿色花喉	独特型	33	86	半常绿	四
43	‘Wild Horses’	奶油黄色花，黑紫色花眼	单瓣	18	94	常绿	四
44	‘Mary Todd’	明黄色花，黄绿色花喉	单瓣	14	65	休眠	四
45	‘Naomi Ruth’	橘粉色花，黄绿色花喉	单瓣	11	55	休眠	二
46	‘Rose Doohickey’	砖红色花，深红色花眼	单瓣	6	74	休眠	二
47	‘Pygmy Prince’	深红色花，绿色花喉	单瓣	10	60	休眠	四
48	‘The Orthodontist’	玫红色花，黄色镶边	单瓣齿边	18	70	休眠	四
49	‘Forbidden Territory’	紫红色花，黄色镶边	单瓣齿边	15	40	休眠	四
50	‘Gentle Shepherd’	奶油白色花，绿色花喉	单瓣	14	80	半常绿	二
51	‘Gertrude Condon’	橘黄色花，同色花喉	单瓣	13	60	常绿	二
52	‘Moses Fire’	砖红色花，细黄色镶边	重瓣	15	60	休眠	四
53	‘Yellow Submarine’	黄色花，绿色花喉	重瓣	12	68	半常绿	四
54	‘Lake Norman Spider’	紫红色花，黄绿色花喉	蜘蛛型	17	66	休眠	二
55	‘Garden Crawler’	橘红色花，绿色花喉，深红色花眼	蜘蛛型	24	100	休眠	二
56	‘Spider Breeder’	黄色花，绿色花喉	独特型	18	110	休眠	二
57	‘Blackberry Dragon’	黑红色花，黄绿色花喉	独特型	20	75	休眠	四
58	‘Cosmo Queen’	橘黄色花，深红色花眼	独特型	19	80	半常绿	四
59	‘Electric Lizard’	土黄色花，宽紫红色花眼	蜘蛛型	20	50	常绿	二
60	‘Stellar Double Rose’	深玫红色花，深红色花眼	重瓣	12	100	休眠	二

害、一个品种靠分株繁殖要达到商业出售的数量，需要许多年时间。萱草不同的品种无性繁殖能力不同，每年的增殖系数为1 ∶ 3～1 ∶ 29不等，一般二倍体繁殖系数高，多倍体材料繁殖系数相对较低。依据品种不同，一般3～5年可以分株1次。通常每丛萱草可保持15个左右的

分枝，株丛超过 20 枝就应该进行分植。

分株时有两种方法，一种是将母株丛全部挖出，重新进行异地分栽；另一种方法是在母株丛一侧挖出一部分植株作种苗，留下的在原地继续生长。

以春秋时节（8 月中旬至翌年 3 月中旬）进行分株最为适宜。春季分株，当年夏季即可开花。秋季分株宜早不宜晚，以保证根系有充足的生长时间、安全越冬。挖苗和分苗时要尽量少伤根，可以用叉子挖苗，叉子对根部的伤害更小。挖出后抖去泥土，剪去老、弱、病和过多须根，仅保留 2 ～ 3 层新根，约留 10 cm 长即可。挖出的部分按自然分蘖逐个掰开，或每 2 ～ 3 个芽片为一丛，每丛留的芽越多，见效越快。地上部的叶片应剪短，以减少水分消耗。修剪好的种苗，可用 70% 甲基托布津可湿性粉剂 800 ～ 1000 倍液或 50% 多菌灵可湿性粉剂 500 倍液浸泡 10 分钟，或药剂全面喷洒后用塑料薄膜覆盖半小时，加以消毒处理。选择晴天，随挖随栽效果最好。种植深度以短缩茎顶部入土 2 ～ 3 cm，土表露苗 4 ～ 5 cm 为宜，定植不宜过深，以后在适当时间进行培土有利于植株生长。定植后浇足水并适当追肥。

（二）莛芽扦插

萱草花莛上的侧芽具有萌芽形成小苗的能力，可以用来进行扦插繁殖，这种方法具有简便易行，成本低，成苗周期短的特点。扦插繁殖对萱草品种有一定要求，必须是花莛上可以产生侧芽形成小苗的品种，一般二倍体品种较多，一些品种每枝花莛上甚至可产生 5 ～ 6 个侧芽。

萱草扦插繁殖一般在 7 月中旬进行，此时开过花的花莛开始老化，侧芽开始成熟，部分侧芽已经长出肉质根。选择生长健壮、无病虫害、仍然保持绿色的花莛，在花莛中、上部鲜绿苞片下生长点上、下部各留 15 cm 左右剪下。直接插入由泥炭：珍珠岩 3 ∶ 1 配比而成的育苗基质中。扦插后浇透水，进行 75% 的遮阴处理，育苗期间土壤水分保持在 40% 左右。1 周左右可长出新根并萌芽生长。有的品种会从花莛上长出完整的小植株。扦插时在植株底部下方约 2 cm 处切下花莛，直接种植到育苗基质中，这些小苗根系形成得非常快，并且生长迅速。

（三）播种繁殖

萱草的播种繁殖主要用于两个方面，一是对于能够保持品种特点的品种，可以用播种繁殖的方法快速、大量、低成本得到大量种苗，例如‘金娃娃’萱草、黄花菜、北黄花菜等。二是用来进行新品种培育。

对于‘金娃娃’萱草、黄花菜、北黄花菜等，选择生长健壮、无病虫害、品质优良、产量或观赏性较高的种株获取果实。开花期在没有人为干扰的情况下，自然形成的蒴果一般 8 ～ 9 月果实泛黄、顶端有裂口时需及时采收，否则蒴果极易开裂，种子散落。萱草不同品种蒴果成熟时间不同，早熟品种 7 月中下旬收获，中、晚熟品种 8 月中下旬至晚秋成熟，一般每个蒴果里有优良种子 10 ～ 50 粒。萱草种植的区域、自然气候、温度高低、土壤肥力及水分、出苗先后等条件都会影响蒴果成熟期及结实率。土壤养分不足、干旱或者花期遇雨授粉不良，结实率就会降低。由于大花萱草结实率低，所以除了育种外一般不采用播种繁殖的方法。

果实采收后阴干两天，待果实自然开裂、种子脱落后收集起来，去除杂质，贮存备用。完全成熟的种子颗粒饱满、乌黑发亮，千粒重 15 ～ 30 g，二倍体种子小些，多倍体萱草种子大些。一般常绿型萱草的种子不需要进行任何处理，可以即采即播，种子播种后大约 1 周即可发芽。休眠型萱草种子采收后需要冷处理，在 0 ～ 7℃低温下处理 6 ～ 8 周才能发芽整齐。最简单的处理方法是将种子放入装有干燥剂的塑料袋中，在 4℃左右的冰箱冷藏室放置 30 ～ 40 天。经过低温处理的种子，发芽率高，发芽整齐一致。暂时不播种的种子可以低温贮存，有研究表明，常温下种子贮存一年发芽率会降低 25% 左右，因此应尽量即时播种，减少贮存期以保证发芽率。

萱草穴盘播种要求基质透气、透水性好，可

用纯泥炭作播种基质。播种前将种子用60℃温水浸泡搅拌至30℃停止，继续浸泡两小时后播种。播后覆盖基质1～2 cm，并保持基质湿润。发芽适宜温度20～25℃，光照对种子的发芽没有影响。大田播种要求育苗地土质疏松肥沃，搂平后做成1～2 m宽的小畦，苗床整理精细，灌溉后待土壤不黏时播种。播种前先在畦面上开沟，深3～5 cm，行距15 cm，株距3～5 cm，播后稍镇压，而后覆土，覆土厚度1～2 cm，出苗前2～3天浇1次水，出苗后3～5天再浇1次水。如有条件可覆盖塑料薄膜，以提高地温，促进幼苗生长，但要注意温度变化，以防高温灼伤幼苗。穴盘苗生长2～3个月后可直接下地栽培。第一年的萱草幼苗根系不发达，不耐旱，需随时观察土壤水分情况，及时补充水分。一般在8月上中旬播种，当年即可长出10～13片叶。11月上旬移栽，移栽定植株距20～25 cm，行距30 cm。翌年6～7月有少量植株开花。第三年5～6月可全部开花。

（四）组培快繁

1. 外植体与初代材料的获得

萱草属植物组织培养的外植体有子房、茎尖、花蕾、花莛、根、短缩茎、叶片等，其中花莛取材容易、诱导的效果也比较好。取生长健壮、无病虫害的花莛为外植体，除去花序顶部花蕾，切段后自来水流水冲洗30分钟。于超净工作台上，用无菌水先冲洗2遍，然后用75%酒精浸润30秒，0.1%升汞消毒8分钟，无菌水冲洗5～6次。切1 cm左右幼嫩带节花莛，接种于愈伤组织诱导培养基MS+6-BA2～4 mg/L+NAA0.2 mg/L中，培养室光照12小时/天，温度25℃ ±2℃。20天左右花莛底部及分叉部位等开始产生黄白色愈伤组织，30天后愈伤组织逐渐产生丛生芽。

2. 增殖培养

切下丛生芽接种在继代增殖培养基为MS+6-BA0.5～2 mg/L+NAA0.05～0.1 mg/L上进行光照培养，25天左右丛生芽长满瓶，增殖系数可达3～4，每过20～30天可以继代增殖1次。

3. 生根培养

将继代培养的小苗切下，转接入生根培养基1/2MS+NAA0.2 mg/L+IBA0.2 mg/L中培养，15天后开始陆续生根，27天后植株平均根长可达2.73 cm，每株平均生根数为3.7条，且植株长势较好，整齐，根较粗壮。

4. 驯化移栽

在温室内打开瓶盖炼苗3天后，取出小苗洗净根部的培养基，再用0.1%多菌灵药水洗根，

图4　萱草组织培养（图片由王云山提供）

注：A. 愈伤组织诱导；B. 诱导出芽；C. 分化丛生芽；D. 增殖培养；E. 增殖扩繁；F. 生根培养；G. 穴盘炼苗；H. 成品苗。

移植至育苗基质中，移栽完毕后浇透水，并用0.1% 百菌清或多菌灵喷雾防病。栽后第 1 周遮盖 60% 的遮阳网，温度控制为 24 ～ 28℃，相对湿度 85% ～ 90%，然后逐渐增加光照强度，移栽成活率均可达 95% 以上（图 4）。

一般来说越是好的品种和生长缓慢的品种也是最不容易组培成功的。相比之下，那些普遍好种植的品种组织培养效果很好，一旦无性系建立，每隔一段时间，萱草就会以 2 ～ 3 倍的速度繁殖，通常 4 周左右可以增殖一代。不同的品种对培养基成分有不同的反应，需进行试验研究。

五、栽培管理技术

（一）露地栽培

1. 整地做畦

萱草对土壤要求不严格，从酸性的红黄壤土到弱碱性土壤都可以生长，最佳 pH 范围为 6 ～ 8。萱草的根系主要分布于 30 ～ 70 cm 土层中，性喜排水良好、土质疏松、土层深厚的地块，特别是潮湿、肥沃、易碎的壤土。重黏土排水不良，会导致根系腐烂，不利于萱草生长，需添加大量粗沙和有机肥料进行土壤改良。萱草用地在种植前应深翻 50 cm 左右，并结合深翻每亩施入 3000kg 腐熟的混合堆肥，添加复合化肥 50kg。然后耧平、打埂、修渠、做畦。地边应预留灌水渠道和排水渠道，要求旱时能引灌溉水，雨涝能排水，以确保田间不积水。畦的宽窄及长度可根据栽培需要确定。

2. 株行距

株行距应根据观赏要求和萱草的类型来定。如果以立即产生大规模群体观赏效应为目标，株行距一般在 10 cm × 15 cm，便于短期内形成地面覆盖，较快达到观赏效果。如果以种苗繁殖生产为目的，株行距应放大到 20 cm × 25 cm，以保证根系有充足的生长空间。大多数萱草生长繁殖速度快，种植时应在植株之间留出足够的距离。对于丛生种植或独立种植，植株之间至少需要 90 cm 的距离。如果种植微型或小花品种，株行距可适当小些，一些生长势特别强的小花品种，可以根据对大花品种的株行距来种植。

3. 定植和移栽

移栽定植一般在春季或秋季进行。清明节前后，土壤解冻后春苗发芽前定植。秋季一般在地上部叶片干枯到大地封冻前进行，为了根系有充足的生长时间，应在预计霜冻开始前至少 6 周种植。冬季寒冷到来之前定植可使植株牢固扎根，当年根系可恢复生长，春天生长得更快，种植后第一个开花季节的开花质量更好。

挖穴栽植，种植孔至少是植株根的两倍大，直径不小于 45 cm，深 25 cm 左右，每穴栽 2 ～ 3 株。栽植不宜过深或过浅，定植的深浅直接影响植株分蘖的快慢和长势。定植过深，分蘖慢，开花少，进入花期所需时间长；定植过浅，分蘖快，但根系浅，长势弱，易早衰，耐寒性差，易受冻。适宜的定植深度为根茎部入土 3 ～ 4 cm。栽后踩实，并浇定根水。

4. 灌溉

移栽当日应浇透水，隔 2 ～ 3 天再浇 1 次。如有条件，7 天后浇第 3 次水，并及时覆土，而后需及时松土以保持土壤墒情。每年早春浇 1 次返青水，能够保证植株迅速生长，现蕾早而且多。随着大花萱草的迅速生长，进入需水关键期，如蕾期、花期、花后都不能缺水。除了以上几个关键时期浇足水外，还要视天气情况及时进行浇水或排水。11 月上冻前，浇足 1 次越冬水，即可安全越冬。浇水宜在蒸发较少的晚上或清晨，应避免在花朵开放时进行头顶浇水，以确保花朵不会被弄脏或留下痕迹。微喷和滴灌系统可以根据萱草的需水情况精准灌溉，并且可以根据需要随时追肥，同时节水效果非常明显。水对萱草的健康比施肥更重要，没有足够的水，营养物质就不能被吸收，植物看起来会很脆弱，叶子颜色不好，花更稀疏、更差、更薄，开花期的长短会受到影响。

5. 中耕除草

在定植后、苗期应及时进行中耕除草。苗期中耕宜浅不宜深，一般 5 ～ 10 cm，随苗龄的增加，中耕加深。中耕除草应在土壤墒情适中时进行，除草时不可距苗过近，以免碰伤幼苗，待叶从覆盖土地后即可停止。

6. 施肥

科学施肥是保证萱草健康生长的重要环节。一般认为萱草不施肥也能存活，然而，只有提供最佳的条件，包括均衡施肥，才能获得最佳的效果。萱草年生长期不同阶段对肥料的需求量及元素类型不同。营养生长阶段生长旺盛，需肥量大，特别是氮、钾和钙，因此，春季重施基肥有利于春苗的生长。可以沟施或穴施，每亩地施腐熟有机肥 2500 ～ 3000 kg、过磷酸钙 50 ～ 75 kg，施后覆盖 5 ～ 7 cm 厚的细土，不使根系直接接触肥料，以防发生烧根现象。4 月上中旬可以结合浇水每亩施尿素 15 kg，促进叶片早生快发，生长健壮，增强抗病虫能力。氮肥也不宜过多，过多的氮会导致繁茂的叶片大量生长，相应地降低花的数量和质量。从孕莛、抽莛到现蕾是萱草生长过程中需肥最多的阶段，施肥以速效化肥为主，氮、磷、钾配合使用，每亩施尿素 15 kg、过磷酸钙 15 kg、硫酸钾 5 kg，可使萱草提前抽莛，增加花朵数量，提高花的色泽。仲夏后不再使用高氮肥，因为它会使新生叶片变软，更容易受到昆虫的伤害，此时的钾肥可使植株强壮、并充实根系。萱草秋季停止生长、霜后凋萎时施入冬肥可培肥地力，保证萱草来年生长。冬肥以有机肥为主，每亩施优质有机肥 2500 ～ 3000 kg，并配合过磷酸钙 50 kg。距株丛 10 cm，开宽 15 ～ 20 cm、深 15 cm 的施肥穴深施，施后覆土。

7. 覆盖栽培

覆盖栽培是利用秸秆、落叶、沙石、瓦盆、草帘或塑料薄膜等覆盖地表的一种保护地栽培方式，对萱草种植是一项非常有利的技术措施。覆盖栽培具有集水保墒、调节土壤温度、抑制杂草、改善土壤养分、促进萱草生长、减小地表径流等效应。最常用的有地膜覆盖和有机覆盖。

地膜覆盖可结合定植一次完成，在栽好苗后将地整平，选用高强度长寿专用膜进行覆盖。覆膜时，从地面的一侧开始，沿栽好的种苗行间进行展膜，膜与膜的交接缝隙正好处在种苗的栽植行。第 1 幅膜展平后随即在未覆膜的下一个行间轻轻取土，将地膜两边压好，用同样的方法依次作业，直至全部覆盖完为止。全膜覆盖一次覆膜，多年使用，节水效果特别明显。

有机覆盖是利用废弃的树皮、木屑或刨花、蘑菇堆肥、稻草、秸秆等通过粉碎、腐解等制成有机覆盖材料，覆盖于刚刚定植好的大花萱草植株间裸露的地面上。利用有机覆盖材料覆盖后，改变了土壤的物理、化学和生物性质，改善了土壤的水、肥、气、热等状况，具有明显的综合生态效应。有机覆盖在雨季有利于雨水入渗，减少了高温季节水分的气化和蒸发，降低了土温，保墒效果十分明显。有机覆盖还有助于控制杂草，可以减少杂草的数量，防止杂草生长，同时也使除草变得更容易。覆盖层需长期保持才能发挥作用，因此需要每年加以补充，用于永久覆盖的覆盖物厚度应保持在 6 ～ 9 cm。

8. 花后清理

萱草开过的残花对观赏性有很大影响，残花液化成一团黏糊糊的东西黏在叶片上，从废花中渗出的染色汁液会弄脏叶片。尽管大家都在想方设法研究培育有自洁能力的萱草，但是目前还只能在下午或傍晚手工摘除残花。

花莛开过花之后，失去了观赏价值，只要不是为结实而保留，在花莛枯黄后可以从基部拔出。

整个花期结束时，要对植株进行清理。剪去枯黄的老叶、病虫伤害的叶片。剪去所有的花莛，以减少果荚生长消耗养分。及时喷施杀菌剂防止病害发生。地里腐烂的叶片应该尽快清除，以便让花园在冬天保持整洁，防止蛞蝓、蜗牛等害虫在里面过冬。

9. 越冬期管理

北方地区寒露以后天气渐冷，萱草叶片逐渐枯黄，植株进入休眠。11 月中旬至 12 月上旬，要将枯叶距地面 3 ～ 5 cm 割掉，清除株丛基部枯残叶片，清理苗地，将垃圾移出园地销毁，以减轻来年病虫危害。入冬前浇灌越冬水，有利于植株安全越冬，保证来年早发苗。

10. 盆栽

大花萱草盆栽选择‘金娃娃’‘小安娜罗莎’等矮生品种效果会更好。盆土可用草炭土 4 份、松针 3 份、牛粪 2 份和园土 1 份混合配制，或用泥炭土：珍珠岩：蛭石＝ 85 ： 10 ： 5。栽后需注意整形，增强观赏性。盆栽植株用烯效唑 60 mg/L 喷施可使株型矮化、紧凑，叶片变小，叶色浓绿，花朵直径增加。

（二）病害防治

1. 萱草锈病

萱草锈病主要危害叶片和花莛。发病初期，在叶片和花莛上出现褪绿斑点，后逐渐形成黄色疱状斑点，即夏孢子堆。夏孢子堆先在叶片和花莛的表皮下，后期表皮破裂散出铁锈色粉状的夏孢子。严重时整个叶片变成铁锈色，不抽莛或抽莛瘦弱，花蕾少而干瘪，易落蕾，直至全株枯死。萱草锈病的发生与气候关系密切，主要是由于温度和湿度条件同时符合要求。我国南方 4 ～ 5 月雨水多，春苗发病重，9 ～ 10 月秋雨多，秋苗发病严重。北方地区 7 ～ 9 月，降水量大、相对湿度高易发病。萱草的不同品种抗病性不同。

防治方法：①选用抗病品种。②合理施肥，避免偏施氮肥，增施磷钾肥提高抗病性。③注意通风透光，降低土壤湿度。④喷施嘧菌酯或唑菌胺酯、百菌清、腈菌唑、丙环唑、三唑酮、戊唑醇、氟酰胺等杀菌剂，使用浓度及用药量可根据药剂说明。施药的最佳时期是发病初期，即发病率为 5% 时开始喷药。对于容易感病的品种以及老龄株丛，宜早喷药早预防。以后根据病情，每隔 13 ～ 15 天再喷 1 次，连续喷 2 ～ 3 次。喷药后 3 小时内下大雨，应当补喷。

2. 萱草炭疽病

炭疽病原菌以菌丝及分生孢子在土壤及病残体上越冬。翌年春天气温达到 15℃左右，分生孢子借气流及水滴进行初侵染，潜育期 7 ～ 10 天。分生孢子借风雨可重复侵染 2 ～ 3 次，降雨频繁年份发病重，温度 20 ～ 32℃有利于发病。发病初期叶尖及叶面上产生淡黄褐色褪绿斑点，扩展后病斑为椭圆至菱形褐色斑，病斑中央后期灰白色，天气潮湿或下雨后，叶片病斑处长出黑色小点的分生孢子团。病斑与健康组织交界处为淡黄色晕圈，几个病斑相连后叶片易风折。严重时，病叶干枯脱落，花莛呈黑褐色枯死。重瓣及多倍体萱草易感病。

防治方法：①冬季及时清园，烧毁病残体。②适当增大株行距，改善通风透光，合理施肥浇水，提高抗病力。③发病期每隔 7 ～ 10 天喷施 75% 百菌清可湿性粉剂 600 倍液 1 次，连续 2 ～ 3 次。药剂还有三环唑、代森锰锌、代森锌、多菌灵等。

3. 萱草叶枯病

萱草叶枯病主要危害叶片和花莛。叶片发病时先产生水渍状褐色小点，后沿叶脉向上下蔓延，叶尖和叶边缘先失绿，后病斑扩大，形成褐色长条形病斑，边缘赤褐色，中央深褐色，上面密生小黑点。发病严重时多个病斑相连成大斑，导致叶片枯死。花莛染病后形成水渍状病斑，后变褐色至深褐色枯死，湿度大时斑面生黑色霉层，即病菌分生孢子梗和分生孢子。分生孢子在染病的萱草叶片和花莛上越冬。翌年春天，条件适宜时，产生分生孢子，借风雨传播，从气孔和皮孔上侵入到叶片或花莛。后又在病斑上产生分生孢子，进行再侵染，病害在萱草生长的后期危害加重。病菌在 4 ～ 38℃均能生长，菌丝生长和产孢适宜温度为 25 ～ 30℃。不同萱草品种感病程度不同，其中大花萱草‘红运’较易感病。

温暖高湿有利于病菌孢子的萌发和侵入，阴雨天气亦有利于发病。一般 4 月下旬开始发病，5 ～ 6 月发病加快，7 月上旬形成一个发病高峰，9 月又开始发病，10 月上旬形成一个发病小高峰。

防治方法：①冬季及时清园，烧毁病残体。②适当增大株行距，改善通风透光，合理施肥浇水，适度多施钾肥，提高抗病力。③春天幼苗出土后每隔 10 ～ 15 天喷洒石硫合剂 1 次，连续 2 ～ 3 次。发病时可选用吡唑醚菌酯悬浮剂

1000 倍液、苯甲嘧菌酯悬浮剂 1000 倍液、45% 咪鲜胺微乳剂 1000 倍液、50% 异菌脲可湿性粉剂 1000 倍液、50% 多菌灵可湿性粉剂 1000 倍液喷施。

4. 萱草叶斑病

主要危害叶片和花莛。叶片初生水渍状、淡黄色小斑，后扩大呈椭圆形大斑，斑缘深褐色，四周具黄色晕圈，中央黄褐色至灰白色。湿度大时，病斑上出现淡红色霉状物，即病原的分生孢子梗及分生孢子。花莛染病，初期产生很小的褐色小点，后逐渐扩展成中间凹陷的椭圆形斑，边缘暗褐色。当病斑扩大环花莛一周后，花莛逐渐干缩枯死。

病菌生长适温 15 ~ 20℃，最高 35℃。主要以菌丝体或分生孢子在枯叶上越冬，翌春条件适宜，孢子萌发，侵染叶片，经 3 天潜育即显症状。显症后 7 ~ 10 天，病部又产生分生孢子，进行再侵染。病菌可在枯叶和花莛上越夏，进入秋季侵染秋苗。旬平均温度 17 ~ 18℃，相对湿度高于 80% 或阴雨天后易流行。萱草的不同品种对叶斑病抗性不同。偏施氮肥，叶片生长柔嫩，土壤黏重，管理粗放易发病。

防治方法：①选用抗病品种。②加强管理，合理施肥，防止徒长、培育健苗，秋季枯叶集中销毁。③开沟排水，降低地下水位，防止湿害和涝害。适时更新复壮老苗。④在发病初期可选用 1% 波尔多液、70% 甲基托布津可湿性粉剂 500 倍液、50% 多菌灵可湿性粉剂 1500 倍液、70% 噁霉灵可湿性粉剂 1500 倍液、10% 苯醚甲环唑水分散剂 2000 倍液等药剂喷雾，隔 7 ~ 10 天喷 1 次，连喷 2 ~ 3 次。⑤未发病地块可用 80% 代森锰锌喷雾进行预防。

5. 萱草病毒病

受病毒侵染的植株矮小，幼嫩叶片上出现深绿与浅绿相间的斑驳花叶状，后发展为条斑或棱斑，黄化卷曲，最后干枯死亡。花畸形，花瓣显现淡绿色棱形条斑，有的甚至不能出莛或不能正常开花。通过媒介昆虫（蚜虫）和汁液接触等传播，分栽带病根茎可以传递病毒到下茬植株。

防治方法：①选用抗病品种有利于预防病毒病的发生。②及时清除病株、病残体和杂草，减少毒源。③及时防治蚜虫，切断各种传毒途径。④可用 1.5% 植病灵 2000 倍液在发病前或发病初期使用有一定的效果，隔 7 ~ 10 天喷 1 次，连喷 2 ~ 3 次；也可用 8% 病毒克水剂 800 ~ 1000 倍液喷淋或灌根。

6. 萱草茎腐病

又名白绢病、烂脚瘟。发病初期，在叶片基部产生水渍状褐色病斑，逐渐扩大为稍凹陷湿腐状斑。病部周围有白色绢丝状霉层，潮湿时产生紫色菌核。叶片呈淡黄色，严重时苗丛矮缩，整丛枯死。病菌主要以菌核在土壤中越冬，也可以菌丝体遗留在病残组织中越冬，菌核在土中可存活 5 ~ 6 年。翌年条件适宜时菌核萌发产生菌丝，从根部或近地面的茎基部直接侵入，也可从根茎部的伤口侵入，还可通过雨水、肥料和农事操作传播。高温、高湿季节有利于病害的发生流行。

防治方法：①清园消毒，并进行深耕，结合整地施入适量石灰，可减少病害发生；②发现病株及时拿出田外销毁，还要在病穴内撒施石灰进行消毒；③适当增大株行距，改善通风透光条件，降低土壤湿度；④春季幼苗期，用石灰半量式波尔多液全株喷洒预防。发病初期在植株茎基部及周围土壤以 50% 代森铵 800 ~ 1000 倍液，或 50% 多菌灵可湿性粉剂 500 倍液，或甲基硫菌灵可湿性粉剂 1000 倍液喷洒，每隔 7 天喷 1 次，连喷 2 ~ 3 次。

7. 萱草褐斑病

主要危害叶片和花莛。发病初期先在叶面产生水渍状小点，后变成长梭形黄褐色斑，边缘有明显赤褐色晕圈和水渍状失绿环，后期病斑中央产生小黑点，叶片枯黄。花莛发病初期产生褐色小斑点，逐渐扩大呈褐色病斑，后期病部产生黑色小粒点。病情严重时花莛抽出前大部已腐烂。病菌主要以菌丝体或分生孢子盘随病残体在田间越冬。翌年春天，条件适宜时产生分生孢子，从叶片和花莛的伤口侵入，产生新的病斑。湿度大时，子实体释放出分生孢子，借风、雨传播，进行多次再侵染。

防治方法：①加强管理，均衡施肥，避免氮肥施用过多，防止徒长，培育健苗。②发现病株及时拿出田外销毁，减少侵染源。③适当增大株行距，改善通风透光，降低土壤湿度。④发病初期，选用36%甲基硫菌灵悬浮剂500倍液，或50%苯菌灵可湿性粉剂1500倍液、50%退菌特可湿性粉剂500～700倍液、20%三环唑可湿性粉剂500～700倍液等药剂喷雾防治。抽莛初期，结合防治蚜虫，可用70%甲基托布津800倍液和10%吡虫啉1500倍液，或70%代森锰锌800倍液和4.5%高效氯氰菊酯1500倍液喷施。

（三）虫害防治

1. 蚜虫

被害后的花蕾伸展不出或花蕾瘦小，容易脱落，严重影响观赏价值。危害萱草的主要有桃蚜、萝卜蚜、甘蓝蚜等。蚜虫的繁殖力很强，一年能繁殖10～30个世代，世代重叠现象突出。北方地区一般以卵在冬寄主上越冬，早春卵孵化迁飞到转主寄主植物上危害。6～8月蚜虫危害最重，尤其在降水量少、气候干燥情况下发生严重。

防治方法：①冬季集中清理残花、残叶，集中烧毁，降低越冬虫口密度。②按照30～40块/亩的比例架设黄色粘虫板诱杀有翅蚜，架设高度与花莛高度基本持平。③发现大量蚜虫时，及时喷施农药。可用50%抗蚜威可湿性粉剂3000倍液，或2.5%溴氰菊酯乳剂3000倍液，或40%吡虫啉水溶剂1500～2000倍液等，喷洒植株1～2次。施用任何药剂时，均应加入1%肥皂水或洗衣粉，增加黏附力，提高防治效果。

2. 红蜘蛛

红蜘蛛危害一般先从植株下部叶片开始，逐渐向上蔓延。5月繁殖速度快，危害加剧，6～7月数量猛增，危害严重，7～8月达到危害盛期。红蜘蛛生活史短，代数多，繁殖量大，从幼螨到成螨一般用7天左右，一年可发生20代左右。降水少，干旱情况下发生较重，田间点发生的红蜘蛛，一旦遇到适宜的气候条件将迅速蔓延，暴发式危害。同时由于世代重叠，会给防治造成困难。

防治方法：①清除田间及周边杂草，冬季集中清理残花、残叶，集中烧毁，降低越冬虫口密度。②用73%克螨特乳油2000倍液、40%炔螨特乳油2000倍液、20%哒螨灵乳油2000倍液喷雾防治。红蜘蛛抗药性强，各阶段虫态混合发生，且多栖息于叶背。因此，喷洒方法要从外向内、从下往上，全部喷到，特别是叶背。在药液中加入尿素水、展着剂等可起到恢复叶片、提高防效的作用。

3. 蓟马

蓟马体长1.2～1.4 mm，幼虫呈白色、黄色或橘色，成虫黑色、褐色或黄色。1年发生8～10代，世代重叠。若虫有畏光性，白天多栖在叶片背面，早、晚或阴天活动危害。成虫活泼，能飞善跳，又能借风力传播。蓟马还有趋嫩绿的习性。夏季天气干旱、温暖时蓟马危害严重。

防治方法：①早春清除田间杂草和残枝落叶，集中烧毁或深埋，消灭越冬成虫和若虫。②利用蓟马有趋蓝色的习性，在田间设置蓝色粘虫板诱杀成虫，粘板高度与萱草高低持平。③可选用10%吡虫啉可湿性粉剂1500～2000倍液，或5%啶虫脒1000倍液加2.5%高效氯氟氰菊酯1500倍液，或1.8%阿维菌素乳油1500～2000倍液等喷雾防治。药剂应交替使用，避免蓟马产生抗药性。蓟马昼伏夜出，用药宜下午日落后、早上日出前进行。

4. 蛴螬

蛴螬以萱草的幼嫩根、根状茎以及幼芽为食，主要危害萱草根部，咬伤、咬断根、根状茎后致叶萎蔫、枯黄，严重的枯死。蛴螬形成的伤口还可诱发病害，造成根际腐烂。成虫金龟子啃食叶片，造成大量缺刻。蛴螬1～2年发生1代，长者5～6年1代。以幼虫和成虫在土中越冬，4月上旬至6月上旬为冬后幼虫危害盛期。

夏季土温 23℃以上则向深土层中移动，至秋季土温下降到活动适宜范围时，再移向土壤上层。

防治方法：①避免施用未腐熟的有机肥，有机肥充分腐熟可以杀死 95% 以上的虫卵。②秋季及时清除田间杂草，使成虫产卵和幼虫取食没有环境。③ 4 ～ 8 月，利用金龟子的趋光性，采用频振式杀虫灯诱杀。④撒施药土。第 1 次在越冬幼虫活动盛期（4 月中旬至 5 月上旬），第 2 次在卵孵化盛期至低龄幼虫期（7 月中下旬）。使用 5% 毒死蜱、或 30% 阿维毒死蜱缓释性颗粒剂 2.5 ～ 3kg/ 亩，在根际两侧开沟施入，随即覆土灌水。地上部表现受害症状时，对矮小、黄化植株，可用 48% 毒死蜱或 70% 噻虫嗪乳油 1000 倍液，将喷雾器的喷头取下在被害植株的根际附近进行雨淋式喷雾。⑤在 6 月下旬和 7 月中旬，金龟子出土高峰时段，用 48% 毒死蜱乳油或聚酯类药剂 1000 倍液进行地面封锁喷雾，杀死出土成虫金龟子。

5. 蜗牛

蜗牛以其齿舌舔食叶片造成空洞与缺刻，严重时食光叶片造成死苗。蜗牛 1 年发生 1 代，降水偏多、田间湿度大时发生较重。

防治方法：①人工捕杀。于傍晚、早晨或阴天蜗牛活动时，对植株上的蜗牛进行捕捉，集中处理。或用树枝、杂草、蔬菜叶等设诱集堆，使蜗牛潜伏于诱集堆内，集中捕杀。②彻底清除田间杂草、石块等可供蜗牛栖息的场所，并撒上生石灰，减少蜗牛活动范围。③适时中耕。翻地松土，使卵及成贝暴露于土壤表面，在阳光下暴晒而亡。④在蜗牛产卵前或有小蜗牛时，选用 6% 四聚乙醛诱饵，或 8% 灭蜗灵颗粒剂，或 10% 多聚乙醛颗粒剂 3 ～ 4kg/ 亩顺根际撒施，7 天后再施药 1 次，防效更好。

六、价值与应用

（一）文化价值

萱草是中国母亲花。早在康乃馨成为母爱的象征之前，我国人民就将萱草作为母亲之花。《诗经》称：“北堂幽暗，可以种萱”；北堂即代表母亲之意。古时候当游子要远行时，就会先在北堂种萱草，希望减轻母亲对孩子的思念，忘却烦忧。唐朝孟郊《游子诗》写道：“萱草生堂阶，游子行天涯；慈母倚堂门，不见萱草花。”

萱草翠叶萋萋，着花秀秀，焕发出一种外柔内刚、端庄雅达的风采，使人感到像母亲一样亲切和蔼，赏心悦目。难怪古人把它比喻为慈母的音容。苏东坡曾赋诗曰：“萱草虽微花，孤秀能自拔，亭亭乱叶中，一一芳心插”。他所述的“芳心”，就是指母亲的爱心。

（二）观赏价值

萱草品种繁多，花大，花形多样，色彩丰富。花的颜色发展到目前除了纯黑、纯蓝色外几乎涵盖了所有色系，不同的花心、花环、眼区使色彩更加丰富。花径上从小花到超过 20 cm 的特大花，以及蜘蛛型、异型花等。萱草又具有适应性强，耐旱、耐涝、抗寒、耐热，在全光和遮光的条件下都能正常生长开花，在各种土壤类型上都可以生长良好的特点。

萱草栽培容易，春季萌发早，绿叶成丛极为美观，具有极高的观赏价值，被公认为世界三大宿根花卉之一。园林中多丛植或于花境、路旁栽植，广泛应用于园林景观、庭院美化、专类花园、道路绿化等场合。萱草类耐半阴，又可作疏林地被植物。萱草还常用作插花材料，搭配不同容器应用于不同场景，给人以美的享受，具有较高的观赏价值。

（三）生态价值

萱草根系发达，既有肉质根又有纤细根，根系数量大，分布深广，因此萱草具有耐旱、耐寒的特性，是优良的生态植物，可防止水土流失，改良土壤和生态环境。萱草耐盐碱能力强，多年种植萱草对盐碱地有明显的脱盐改土效应。

另外，萱草对氟十分敏感，当空气受到氟污染时，萱草叶子的尖端就变成红褐色，所以常被用来监测环境是否受到氟污染的指示植物。

（四）食用价值

萱草最初是作为食物或药用植物种植的。古

时候人们以萱草的嫩芽、叶和花芽供食用。据《群芳谱》记载："春食苗，夏食花，其雅牙花的跗皆可食。但性冷下气，不可多食。"后来的许多植物学著作中，如《救荒本草》《花镜》《本草纲目》等多有记述。《花镜》中还记载了重瓣萱草，并指出它的花有毒，不可食用。萱草的花蕾被采摘下来，经过蒸、晒，加工成干菜，被称为"金针菜"或"黄花菜"。

萱草的食用部分是花蕾，呈细长条状，质地肥厚，色泽金黄，香味浓郁，食之清香、鲜嫩，爽滑同木耳、草菇，营养价值高，可炒菜、凉拌、煲汤，被视作"席上珍品"。宋明以后，中国海员出航必携金针、木耳以代蔬菜；黄花菜还是出口商品，大量销往印度等地，那里的人们常用其养生。

萱草有较好的健脑、抗衰老功效，是因其含有丰富的卵磷脂，是机体中许多细胞，特别是大脑细胞的组成成分，对增强和改善大脑功能有重要作用。同时还能清除动脉内的沉积物，对注意力不集中、记忆力减退、脑动脉阻塞等症状有特殊疗效，故人们称之为"健脑菜"。

另据研究表明，萱草能显著降低血清胆固醇的含量，有利于高血压患者的康复，可作为高血压患者的保健蔬菜。黄花菜中还含有能抑制癌细胞生长的有效成分。在日本国立癌症预防研究所，从高到低排出的 18 种对肿瘤有显著抑制效应的蔬菜中，黄花菜位列第 11 位。丰富的粗纤维还能促进大便的排泄，因此可作为预防肠道癌的食品。

（五）药用价值

萱草具有较高的药用价值，其茎、根、叶均可入药。萱草性平、味甘、微苦，归肝、脾、肾经；有清热利尿、解毒消肿、止血除烦、宽胸膈、养血平肝、利水通乳、利咽宽胸、清利湿热、发奶等功效。

现代医学证明，萱草具有降低血清胆固醇、抗氧化及抗癌、改善睡眠、抵抗衰老、养颜美容、抗抑郁等功能。

（王云山）

Hemiboea 半蒴苣苔

苦苣苔科半蒴苣苔属（*Hemiboea*）多年生草本。该属植物25种，我国产23种；其中4种亦见于越南北部和日本。*Flora of China* 只收录23种，最近10年新发现报道了10种1变种。带有肉质茎叶，叶色深绿，叶片宽大，外形特点明显。

一、形态特征与生物学特性

（一）形态与观赏特征

植株高达40 cm，不分枝，肉质，散生紫斑。叶片椭圆形或倒卵状椭圆形，长达22 cm，宽达12 cm，带肉质，正面深绿色，背面淡绿色或带紫色。聚伞花序假顶生或腋生，具3～10余朵花；花冠白色，具紫色斑点。

（二）生物学特性

生于海拔350～2100 m的山谷林下，岩石上或沟边阴湿处。喜阴，耐寒，抗旱，忌积水，忌土壤板结，耐贫瘠。

二、种质资源

随着该属植物丰富的多样性得到认识，作为园林地被、花卉应用的潜在价值被逐渐发掘出来。

半蒴苣苔（降龙草）*H. subcapitata*

茎高10～40 cm，疏生紫褐色或紫色斑点，具4～8节。叶片椭圆形至卵形或倒卵形，通常基部稍不等长。聚伞花序（1～）3～10或者多花；花序梗长2～7（～13）cm，无毛；总苞长1～2.5 cm；花萼5个，裂片等长；花冠白色，具紫色斑点，筒部长2.8～3.5 cm；退化雄蕊3，雌蕊3～4 cm，无毛。蒴果1.5～2.5 cm。花期8～10月，果期10～12月。

生于海拔350～2100 m的山谷林下或沟边阴湿处；产陕西南部、甘肃南部、江苏南部、安徽南部、浙江、江西、福建、河南、四川、贵州等地。

三、繁殖与栽培管理技术

（一）分株和组培繁殖

一般采用分株繁殖，植株有地上走茎，走茎前端产生新植株。

（二）园林栽培

喜阴凉环境，不宜阳光直射，应选择林下或侧方荫蔽的地块。宜疏松、湿润及排水良好的砂壤土。通透性差的黏重土壤可用富含有机质的肥土混合或拌入石料改良。栽前要施足有机肥，栽植不宜过深。

（三）病虫害防治

幼嫩叶片易受到鳞翅目的天蛾、蝶类幼虫危害，形成许多孔洞，影响美观；早春，叶片生长接近成型时，可用敌杀死、敌百虫、敌敌畏等防治。

四、价值与应用

半蒴苣苔植株端庄、姿态优美，叶片大而明显，是良好的林下地被植物，适用配植于林下、石埂、石景（图1、图2）；其观叶效果好，当

图 1　半蒴苣苔栽植于石埂基部

图 2　半蒴苣苔栽培于石埂上

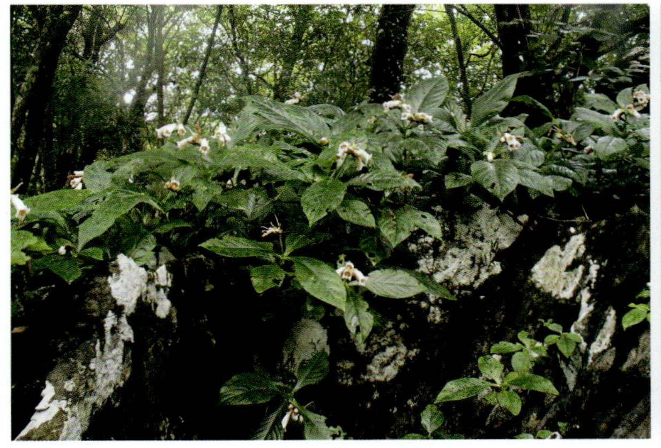

图 3　半蒴苣苔原生于林下石灰岩浮土上

图 4　半蒴苣苔原生于石灰岩石缝中

种植在建筑物北面等阴湿处的石埂缝隙，肉质化、水嫩的叶片和硬质的石块形成鲜明的对比，是优良的岩石园、自然景观构建材料（图 3、图 4）。

（张宏伟）

Hepatica 獐耳细辛

毛茛科银莲花族獐耳细辛属（*Hepatica*）多年生宿根草本。由植物学家 Miller 于 1754 年建立。属名 *Hepatica* 源自希腊语 *Hepar*，意思是“肝脏”，指 3 裂的叶片形似肝脏。本属有 5 种，分布于北半球温带，在我国、日本、朝鲜半岛、北美洲及欧洲都有分布。因其叶片基生，叶片质地稍厚，大小近似细辛，且叶片两面被柔毛形似獐耳而得名。我国作为观赏栽培是近些年开始的，主要是爱好者种植。

一、形态特征与生物学特性

（一）形态与观赏特征

地下具短根状茎，并具数条至多数肉质、略粗的侧根。叶基生，数枚，具叶柄；单叶，显著或不明显 3 ～ 5 浅裂或深裂至中部，边缘全缘或具牙齿。花莛不分枝，具 1 花；苞片 3 枚，轮生，形成总苞，分生，萼片状；花顶生，两性；萼片花瓣状，狭倒卵形或长圆形；花瓣缺失；雄蕊多数，花丝近线形，花药椭圆形；心皮多数；花柱短，宿存；子房具 1 枚胚珠。瘦果卵球形（图 1）。

（二）生长发育规律

冬末春初或早春萌动、开花。先花后叶或花叶同放，花期一般在 2 ～ 4 月，于高海拔及寒冷地区可至 5 月。园艺品种室内栽培情况下，3 月花期，但也可提前至 1 月开花。花期一般可达半月。野生状态下，地上部分一般于夏秋枯萎。

（三）生态习性

喜光又耐阴，不耐强光，直射易出现叶片灼伤，尤其在叶片边缘出现枯焦。喜冷凉气候，不耐高温，极耐寒。喜欢空气凉爽，适合非热带地区栽培。对干霜、冻雨抗性很差。根系不耐水湿，栽培中不能积水。尤其入夏后，更应注意控制栽培基质湿度。喜空气湿润，且凉爽通风环境，略干燥也可生长，但不能忍受长期干旱。喜欢疏松肥沃、排水良好的土壤或基质。多数原生种对富含石灰岩的碱性土壤有很好的抗性。

二、种质资源及园艺分类

（一）种质资源

獐耳细辛属是毛茛科中很小的属，原生种较少，在分类上，也存在争议。属内分类则大致分为两种观点：一种认为本属就 1 种和 1 个变种，分别是欧洲獐耳细辛（*H. nobilis*）及美国獐耳细辛（*H. nobilis* var. *obtusa*）；而持小种观点的学者则细分为数种，主要根据萼片形态及颜色的不同加以区分，一般认为 5 种，分布于我国、日本、朝鲜半岛及北美洲和欧洲。有代表性的种类如下。

1. 欧洲獐耳细辛 *H. nobilis*

叶裂片宽卵形，全缘，先端近钝，有时短尖。总苞片卵形至椭圆状卵形，边缘全缘，花蓝紫色（图 2）。

原产欧洲。

1a. 獐耳细辛 var.*asiatica*

又名幼肺三七。株高 8 ～ 18 cm。萼片白色、粉红色到紫色。花期 3 ～ 5 月。

安徽、河南、江苏、辽宁、陕西东南部及浙江有分布。生于海拔 200 ～ 1100 m 的林荫下溪旁、林下或草坡石下阴湿处。

图 1　獐耳细辛植株和花器官形态特征

1b. 日本獐耳细辛 var. *japonica*

萼片桃红色，花期 4 ～ 5 月。

原产日本。

1c. 美国獐耳细辛 var. *obtusa*

花大，萼片圆钝，一般为柔和的堇色，是为数不多的、生活在酸性土壤环境中的獐耳细辛。

原产美国。

1d. 绒毛獐耳细辛 f. *pubescens*

萼片白色镶红边。

原产日本。

图 2　欧洲獐耳细辛（Aliaska 摄）

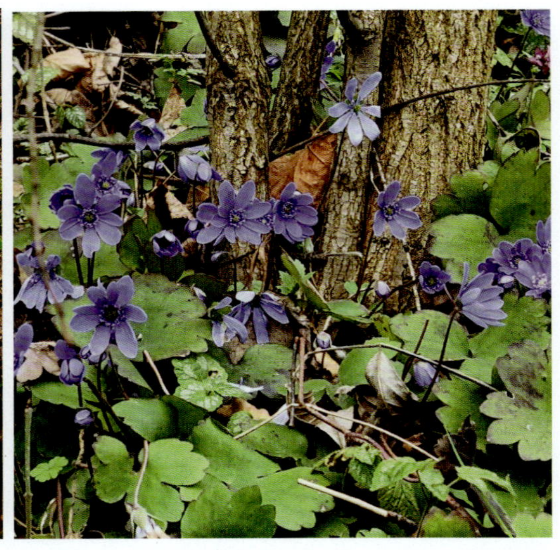

图 3　特兰西瓦尼亚獐耳细辛（Chen Greenstep 摄）

2. 特兰西瓦尼亚獐耳细辛 *H. transsilvanica*

萼片较窄，近钴蓝色（图 3）。

原产喀尔巴阡山脉。

3. 川鄂獐耳细辛 *H. henryi*

花期株高 4 ～ 6 cm，果期达 12 cm。叶裂片边缘具 1 ～ 2 齿，先端锐尖。花莛 1 ～ 2 个；总苞片边缘全缘或 3 齿，先端锐尖。花期 4 ～ 5 月。

湖北西部、湖南北部、陕西、四川有分布。生于海拔 1300 ～ 2500 m 的山地林下或阴湿草坡。

4. 尖萼獐耳细辛 *H. acutiloba*

萼片尖细，淡粉色或白色（图 4）。

原产美国。

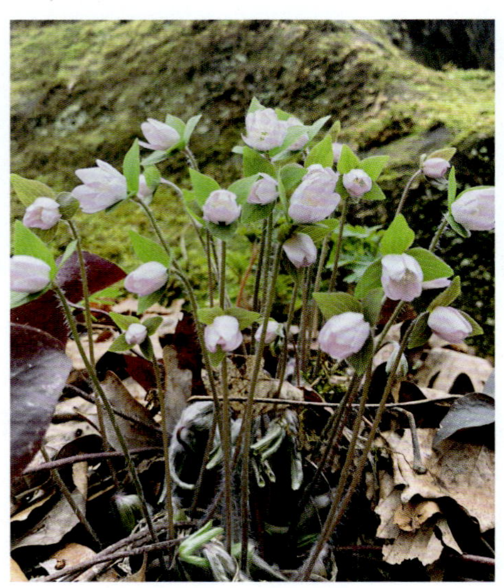

图 4　尖萼獐耳细辛（Matt Tomlinson 摄）

（二）园艺分类

獐耳细辛属以植株迷你、花姿优美，受到人们的喜爱。在日本尤其盛行，与樱花齐名，栽培品种较多。其中，很多园艺品种是由产自欧洲、亚洲、美洲的多个种（变种）进行杂交选育的结果。品种差异主要表现在花色及花型。花色丰富，有白色、粉红色、紫红色、蓝色、蓝紫色、紫粉色、绿色、黄色、黄绿色、橘色或复色（花瓣与瓣化雌雄蕊颜色不同，包括覆轮、洒斑等）。花型包括单瓣、重瓣品种，主要是由其雄蕊或雌蕊瓣化而成（图 5）。

1. 单瓣类

单瓣品种根据雌雄蕊发育情况的不同分为标准花、花药退化的“药退花”、雄蕊退化的“雄退花”、苞片变异的“变化花”。

标准花　雄蕊、雌蕊发育完全，具备生育能力。如‘山樱花’‘萌春’‘赤富士’及一些原生种。

乙女辦（雄退花）　雄蕊完全退化。

日轮辦　雄蕊肉质化，如日轮一般紧紧环绕着雌蕊，具备生育能力。如‘明芳’‘白糸の滝’。

二段辦　雄蕊瓣化，有些有生育能力，有些无。如‘波の音’‘铃风’‘华美’。

丁字辦　雄蕊瓣化不完全，呈扭曲形态，具

雌蕊。

2. 重瓣类

重瓣品种则包括了只有雄蕊瓣化以及雌雄蕊都发生瓣化，不同类型及其品种如下：

唐子瓣　雄蕊雌蕊皆瓣化。如‘彩蝶’‘大雪岭’。

千重瓣　雄蕊雌蕊皆瓣化。如‘大和’‘桃彩’‘紫珍珠’。

三段瓣　雄蕊化叶状萼片，萼片带有纤毛，花朵更为立体。

妖精瓣　雄蕊萼片化，环绕在雌蕊周围。

3. 叶艺类

此外，还有一些叶艺品种：叶面出现紫红、红及黄色斑点、斑块或条纹；叶缘有波状齿等。

图 5　部分獐耳细辛品种的花色和花型

注：A. 单瓣（标准花）；B. 半重瓣；C. 千重瓣；D. 复色半重瓣。

三、繁殖与栽培管理技术

（一）播种繁殖

主要的繁殖方式。栽培条件下，一般 4 ～ 5 月种子成熟时为最佳播种时期。成熟种子可置于阴凉通风处 7 ～ 10 天晾干后播种，或即采即播，久放种子活力下降，降低发芽率。可原盆播种，也可另外准备培养土播种，宜选用小颗粒、不添加肥料的播种用土，播种后将容器置于阴凉区域，需要保持湿润但不积水，当年 11 ～ 12 月开始生根，12 月至翌年 3 月陆续发芽（部分种类需 2 年后才能萌发）。一般第 1 年以子叶为主，第 2 年长出真叶，3 ～ 4 年始花。獐耳细辛有自播能力，常见实生苗出现在成株周围。

（二）分株繁殖

晚春开花后或者秋季进行分株繁殖。

（三）盆花生产

獐耳细辛在日本商品化生产主要是盆花。其栽培技术要点如下。

1. 种植前处理

种植应选择排水、透气性适中的栽培容器，以“炻器”（日本的专用盆，介于陶器和瓷器之间的陶瓷，不上釉、但烧制温度比粗陶更高、坯体比粗陶盆更加致密，透气性介于粗陶盆和上釉陶盆或瓷盆之间）为佳，紫砂盆、陶瓦盆也可。在植株适应环境之前，最好不要用排水透气性不太好的上釉陶盆或瓷盆；粗陶盆或红陶盆透气性太好，容易过干，也应慎用。根据植株的大小选择合适的盆。一般商品苗是 3 年生苗到 5 ～ 6 年生苗，根据购入植株的大小选择 10 cm 左右口径的花盆。

栽培基质需要综合考虑保水性和排水性，将硬质和软质的颗粒介质配合使用，针对不同的种植盆略有区别。可以选用泥炭和颗粒土 6 ∶ 4，充分混合，并过筛或水洗去除细尘。播前需对土壤或基质进行消毒，可采用高温或暴晒，也可用福尔马林或多菌灵等杀菌剂。

2. 光照及水分管理

除了冬季，花盆都可以置于散射光下，确保土壤不会过干。冬季浇水在温暖的上午进行，间隔 1 周或超过 1 周，一般表土干燥就应浇水；其他季节，确保通风条件下，视栽培基质情况，缩短浇水周期；夏季高温干旱时，可以每天浇水 1 次；梅雨期湿度大，基质以偏干为佳，选择凉爽的傍晚进行补水，浇水后置于空气流动较快的区域快速干燥。高温期盆内过多的水分会严重损害根部，叶尖发黄。定期施用杀菌剂、杀虫剂治疗或预防。总之，浇水原则是保持基质润而不湿；炎热季节，气温高，傍晚补水；寒冷季节，选择暖和的上午补水。

此外，花期浇水要注意不要让花碰到水，可以直接向植株基部浇水。花后长叶时，给水要充分。将獐耳细辛移动到背阴处后，根据土的干燥情况给水，表土干了就浇水。

3. 肥料管理

定植时可使用缓释肥。根据植株状态、肥料品种的不同，用量也会有所差别，基本上小号盆加入 3 粒、大号盆加入 5 粒固体颗粒缓释肥就可以了。

固体追肥：定植后 2 周后，施用固体缓释肥追肥，小号盆施用 1 粒，中号盆 2 粒，大号盆 3 粒左右。其后，每年春秋 2 次施用固体缓释肥。

液肥追肥：要根据生长阶段选用不同类型的肥料。刚长叶的时候（4 ～ 5 月上旬）用高氮肥，花芽形成的时期（5 月中旬至 6 月中旬）用高磷肥，植株壮大的时期（9 月下旬至 11 月上旬）用氮、磷、钾均衡肥。按照液肥的标准兑水比例调配，2 周左右施用 1 次。夏季不需要施肥。

具体施肥措施因根据植株状况而定，施肥要薄，避免产生肥害。

4. 植物生长调节剂处理

开花前及花期可施用芸薹素处理，防止夹箭。

（四）病害防治

1. 炭疽病

发病初期出现针孔般大小的红褐色斑点，后转为深褐色斑块，边缘带有黄晕、紫褐色或暗绿色，末期病斑由深褐色转黑褐色，并产生轮纹状小黑点，病斑过多时导致叶片枯萎、脱落。防治方法：种植环境要通风，种植密度不宜过大，盆土要严格消毒，定期施肥、喷洒杀菌剂，及时摘除并烧毁病叶，减少侵染来源。

2. 软腐病

发病初期叶片在晴天出现萎蔫状，阴天或早晚均能恢复正常，后植株逐渐失去恢复能力，叶片大量枯黄，末期枝秆基部或根部产生水渍状病斑，此时叶片呈现黄褐色，腐状下垂，植物组织腐朽成烂泥状后带有阵阵恶臭味。防治方法：种植环境要通风，种植密度不宜过大，定期施肥、喷洒杀菌剂健壮植株，喷洒杀虫剂减少伤口的产生，及时摘除病叶并烧毁，减少侵染来源。

3. 白绢病

又名菌核性根腐病和菌核性苗枯病。发病初期根茎皮层逐渐变成暗褐色，逐渐凹陷直至软腐，根茎表面或周边地面覆有白色绢丝状菌丝体，后期菌丝体内形成很多油菜籽状的小菌核（初期为白色，最终转为暗褐色），接着菌丝逐渐向下延伸及根部，引起根腐。植株染病后，严重影响水分与养分的吸收，导致地上部叶片变小、变黄，枝梢节间缩短，严重时枝叶凋萎，当病斑环茎一周，植株便枯死，这时茎秆组织呈纤维状，易折断拔起。防治方法：种植环境要通风，种植密度不宜过大，盆土要严格消毒，基质要疏松透气、排水良好，定期喷洒杀菌剂。

（五）虫害防治

主要有蚜虫、介壳虫、叶螨、夜盗虫（越冬幼虫统称）危害叶片或花芽，应经常检查，及时发现虫害，并使用杀虫剂防治。此外，还应注意防治一些软体动物，如蜗牛和蛞蝓危害。

1. 叶螨

多数叶螨喜好干燥、炎热的气候，因此夏天是叶螨最猖獗的时期。因若螨、成螨群聚于叶背吸取汁液，导致叶背灰褐色，叶面发黄，严重时叶片枯萎脱落。防治方法：梅雨结束前，每周喷洒除螨剂进行预防。

2. 根瘤线虫

根部出现瘤状凸起，植株生长停滞，严重影响水分与养分的吸收。与对植物有益的根瘤菌之区别是，线虫瘤松软，形态各异，破碎后呈白色或暗铅白色麻团状松散纤维，含水量少，无黏液。防治方法：严格消毒盆土，旧土不得重复使用，新旧混合也不推荐，定期喷洒杀虫剂进行预防。

四、价值与应用

獐耳细辛属植株矮小，叶片形色奇特，花色清新典雅，早春开放。但栽培难度较大，目前主要还是用于盆栽，作为室内花卉应用，也可置于室外养护。但在我国长江以南地区地栽，梅雨季节容易腐烂死亡。一般不适合与其他植物混植，不宜用于花境、花坛，可作地被栽培，以华北等北方地区为宜。一些花色美丽的重瓣品种可制成干花，供长期欣赏。

作为观赏植物以日本栽培最多。现存最早的记载见于江户时代中期的《地锦抄附录》。但当时的日本人欣赏的不是獐耳细辛的花，而是叶。日本獐耳细辛（*Hepatica nobilis* var. *japonica*）的名字“ミスミソウ”写成汉字就是“三角草”，由其 3 裂的叶片得名。在 19 世纪中期，日本已经出现了一些早期的獐耳细辛园艺品种。明治时代，海外的各种獐耳细辛传入日本，经过品种改良，最终形成了现在绚烂多彩的园艺品种，其花色富于变化，已经出现红、蓝、黄、淡紫等花色的品种，叶片也有不同。至今，每年都有新品种诞生。

獐耳细辛为早春类短生植物，早春开花，破雪而出，因此被日本人称之为“雪割草”。此外，因其常常先花后叶，被误以为无叶，也被称为“地生之花”。在欧洲最常见分布的欧洲獐耳细辛（*H. nobilis*）叶片 3 钝裂圆形，具有白色斑纹，看上去更像肝脏，因此它也得到了一系列 liverleaf、liverwort 之类与肝脏有关的英文名字。

（叶康）

Hesperis 香花芥

十字花科香花芥属（*Hesperis*）二年生或多年生草本植物，是由卡尔·林奈于1754年设立并命名。该属34种，原产于地中海沿岸，后逐渐扩散至整个欧洲大陆、亚洲西北部及北美洲中部地区，并在北美地区广泛引种。

一、形态特征与生物学特性

（一）形态与观赏特征

二年生或多年生草本，常有长单毛及分叉毛，有时也具短腺毛；茎直立，有分枝。叶全缘、有深锯齿至羽状分裂，下部叶具柄，上部叶近无柄或无柄。总状花序具多数花；花大，美丽，白色、粉红色、紫色或带黄色；萼片直立，具白色膜质边缘，内轮基部囊状；花瓣长约为萼片的2倍，多有深脉纹，具长爪；花丝离生，其内轮雄蕊的比外轮雄蕊的为宽，具不等宽的翅；侧蜜腺环状，外侧3裂，无中蜜腺；子房有多数胚珠，柱头2裂，常直立，近无花柱。长角果线状长圆形，圆柱状，常稍扭曲，2室（图1），不易开裂，果瓣稍坚硬，具1明显中脉。种子大，长圆形；子叶背倚胚根。

（二）生物学特性

需经2～3个月0～5℃的低温春化作用才能完成花芽分化。花期3～6月，夏季高温时期（平均温度达30℃）生长缓慢或进入半休眠状态；秋季可继续生长，直到冬季来临进入休眠状态。

喜阳，喜冷凉，夏季应适当遮阴，适应性强，生长期短，适合中度湿度、排水良好的土壤。

二、种质资源

该属大多数种原产于欧洲中南部、西南亚、高加索、俄罗斯以及蒙古山区的欧亚大陆温带暖温带。Busch认为地中海地区和中亚是香花芥属的起源中心（Busch，1939），而Dvorák认为该属起源于土耳其的安纳托利半岛（Dvorák，1973）。该属植物随地壳运动、人口迁移等外在压力逐步向欧洲西北部、北美洲中部迁移。在我国分布以下两种。

1. 欧亚香花芥 *H. matronalis*

二年生至多年生草本，株高40～100 cm；被单毛和2叉毛。茎直立，常上部分枝，无腺体，上端常无毛。基生叶花开时枯落；中部和

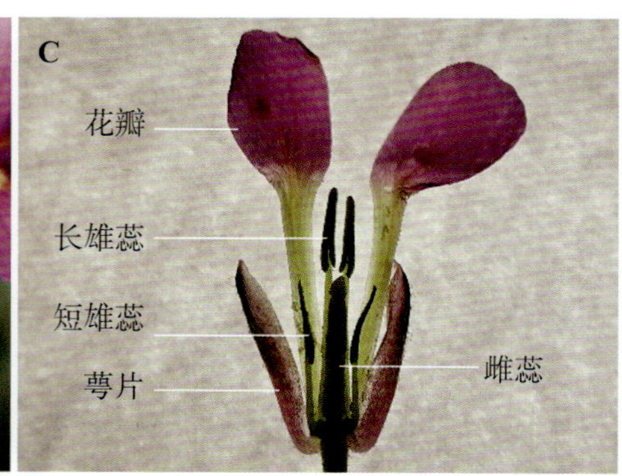

图1 欧亚香花芥的花形态

注：A. 花序；B. 花；C. 解剖结构。

图 2 北香花芥

上部的茎生叶窄长圆形、披针形或宽卵形，长 4 ～ 15 cm，先端锐尖或渐尖，基部楔形，边缘具细齿或全缘，具短柄。总状花序具多数花，花大，白色、粉红色、紫色或带黄色；萼片 4，窄长圆形，长 5 ～ 8 mm；花瓣 4，深紫、淡紫或白色，倒卵形，长 1.5 ～ 2 cm，先端圆，基部爪长 0.6 ～ 1.2 cm；四强雄蕊，花丝 6，4 枚较长，2 枚较短，长 2.5 ～ 6 mm；花药线形，长 2.5 ～ 4 mm。长角果圆柱形，长 0.6 ～ 1 cm；果瓣无毛，种子间缢缩；果柄直立开展或水平开展，0.7 ～ 1.7 cm，无腺体。种子长圆形，长 3 ～ 4 cm。花果期 5 ～ 9 月。染色体 2n=24。

作为栽培种引入我国多年，在新疆栽培，并能够在自然条件下存活数年。

2. 北香花芥 *H. sibirica*

原产我国辽宁、河北、内蒙古及新疆等地区，生于海拔 900 ～ 2900 m 山坡灌丛或平原河边（图 2）。植株常密生腺体，叶、花、果实均明显大于欧亚香花芥（图 3），染色体 2n=14。

国内部分学者也发现了本属植物的新种或变型，但至今未得到植物学界的认可，例如雾灵香花芥（*H. oreophila*）、二色雾灵香花芥（*H. oreophila* f. *bicolor*）等（成克武 等，2009）。它们与北香花芥的区别仅局限于叶、花、果实的形态和色彩等形态特征方面的细微差异，染色体数目经鉴定均为 2n=14，可能为同种植物在不同产地气候条件（温度、光照）的作用下发生了生态型的变异。

三、繁殖与栽培管理技术

（一）播种繁殖

花后 2 个月左右种子成熟，植株上部茎秆枯黄但未开裂时采收，自然阴干后 4℃低温保藏，有利于维持种子的发芽活力。播种前用 GA_3 300 ～ 500 mg/L 处理 24 小时可显著提高萌发率。育苗基质为泥炭土：河沙 =2 ： 1。播种前把基

图 3 欧亚香花芥和北香花芥的茎毛、叶、花
注：A、B、C：欧亚香花芥；D、E、F：北香花芥。

质浸湿，而后将种子均匀撒于基质表面并以河沙覆盖，用保鲜膜包裹苗床保持基质湿润。温度保持 25 ～ 30℃，7 ～ 10 天出苗后即可撤掉保鲜膜。待长出 2 ～ 4 片真叶时可移栽，移栽基质为泥炭土：河沙：园土 =1 ：1 ：1，移栽时注意不伤及幼苗根部，同时填土时保持生长点与基质持平。注意遮光、土壤保湿。待长到 8 ～ 10 片叶、植株冠幅达到 15 ～ 20 cm 时可露地移栽，此时植株具有较强的抗寒性，可露地越冬。

播种时间南北方略有差异，北方一般在 8 月下旬至 9 月下旬播种，南方一般在 9 月下旬至 10 月下旬播种，这样可保证在冬季严寒来临前植株充分生长，增强其抗寒性。若采用育苗栽培，其露地移栽时间可相对延后。

（二）分株繁殖

多年生植株根颈部木质化后可不断自然增殖。也可在春季植株萌动前或秋季 9 月时将整株挖出，抖净泥土，去掉老根和遭受病虫害及枯败的茎叶，每丛保留 2 ～ 3 个萌芽；将分离好的小植株分别定植于大田中，填土至盖住根部且能固定株身。搭设遮阴网，缓苗半个月即可。定期对分株苗浇水、施肥、松土除草等抚育工作。

（三）园林栽培

1. 整地

栽植前 1 个月需要将栽植地的石块、杂草清除干净，土壤以疏松透气的砂质土壤为宜，同时对土壤进行深翻。平整地面后起垄，垄距 60 ～ 80 cm、高 20 ～ 30 cm 为宜。

2. 栽植方法

栽植前在植株底部施入腐熟基肥，施用量为 7 ～ 8 kg/m^2。常用的栽植方法有直接播种和育苗移栽两种方法。直接播种的操作较为简便，适合大面积栽植时应用，一般可分为条播和撒播两种方式，条播间距需要控制在 50 cm 左右，栽植深度控制在 2 ～ 3 cm，栽植后需要覆土并压实，每亩播种量 1.5 ～ 2 kg，同时需要适时补播或间苗，以保证一致的出苗率及长势。

育苗栽培适合小面积栽植，可保证出苗整齐一致。移栽时将幼苗从育苗盘中倒出，去掉周围的土和烂根后，保留根部中心的土，并保持根系在定植土壤内舒展分布，之后覆土并压实，以茎基部与土面齐平为宜。

3. 水肥管理

在春季植株萌动前后追加氮肥可促进植株长势，施氮量 3 ～ 4 kg/ 亩。开花前补充氮、磷、钾复合肥可提高花期观赏性和结实率，推荐用量为 20 ～ 30 kg/亩。在果期喷施磷酸二氢钾，一般叶面喷施磷酸二氢钾 0.3 ～ 0.5 kg/亩，可有效防止其早衰。

夏季高温时期可在早晚适当喷水，降低小环境温度。生长季注意保持土壤湿润；但切忌浇水过勤导致根部积水腐烂、植株倒伏，可采取高垄、挖排水渠等方式减少积水。冬季来临前需要浇“封冻水”提高植株抗寒性，一般是在 10 月下旬至 11 月初土壤封冻前进行。

4. 遮阴

幼苗移栽后注意遮阴防护，遮阴度以 30% ～ 40% 为宜，以提高植株成活率。同时夏季高温时也需要适当遮阴（40% ～ 50%）以降低小环境温度，减缓高温伤害。

（四）虫害防治

虫害多出现于植株生长的中后期，此时植株生活力下降容易遭受病虫害，以蚜虫最为典型，可在出现蚜虫后以 10% 吡虫啉 4000 ～ 6000 倍液连续喷施 2 ～ 3 次达到防治目的，注意需要在傍晚喷施效果最佳。

四、价值与应用

香花芥属植物多具红色至蓝紫色系的花，且花朵数量较多，花感强烈；植株直立，茎秆分枝少；结实量大，繁殖速度快；对不同环境适应性强，比较耐寒。其中欧亚香花芥作为园林花卉引入我国多年，在长江流域大部分地区、黄河中上游地区（南方和大部分冬暖地区）均可广泛种植，成为营造花境、花海的优良植物材料（郭美，2003）。

（李彦慧）

Heuchera 矾根

虎耳草科矾根属（*Heuchera*）多年生阴生草本植物，也称肾形草。“矾根”的名字来自它的英文名“alum root”，alum 意为明矾，root 意为根，直译就是“矾根”，这个名字是因为其根富含单宁，可以像明矾一样在酸洗过程中使用，根也被用作收缩组织的药物，用于治疗鼻出血、喉咙痛、溃疡等。原产北美，叶色丰富，花也有不同的观赏特性。喜阴，耐寒，观赏期长，低维护，成为园林应用中很受欢迎的宿根花卉之一。

一、形态特征与生物学特性

（一）形态与观赏特征

常绿或半常绿植物，叶片基生，具有长叶柄，叶边缘有浅裂、波状或全缘。花瓣小或无，萼片常有较强的观赏性，部分种具有较强观赏性的花，但大部分种都具有很强观赏性的叶片。叶片从中心的生长点促生紧贴在地面上，或者稍稍低于地面土壤。中心生长点是一个很短的中央茎（基部茎），叶片排列成一个拥挤的螺旋状，螺旋的每一个完整的旋转都由 6 片叶子组成从茎上长出来。每个节都包含一个芽，这个芽最终将形成一个新的叶子或花序。矾根的主要观赏特征是叶色，野生种叶子通常是绿色的，偶尔有对比鲜明的紫色叶脉和银色或白色脉间斑块。冬季叶色可能呈现出青铜色或紫色。杂交品种有非常多的明亮颜色，包括鲜艳的红色、黄色、橙色、青铜色、粉红色和紫色，通常还带有脉间银白色图案（图 1）。

花序为复总状花序，花萼、花瓣和花药的下部融合成一个花托状结构；在一个单一的花序上由许多小的钟形或蜘蛛状的“小花”组成的集合。花梗的高度一般是花序高度的 2 ～ 3 倍。花茎分枝多（最多 30 个分枝），每一个分枝都有十几朵色彩各异的小花，包括绿白色、白色、粉色、珊瑚色、深红色、猩红色和红色。

图 1　五彩斑斓形态各异的观叶矾根

（二）生物学特性

以观叶为主，观赏期一般为 4 ～ 11 月。日中性植物。喜排水良好的环境，不耐涝，低至中等需肥水平。喜阴，但在保持良好水分的情况下，全光下也能有很好的表现。耐寒、耐热性均较好。

二、种质资源与品种分类

（一）种质资源

卡尔·林奈为纪念威滕堡大学的医学和植物学教授约翰·海因里希·冯·休彻（John Heinrich von Heucher）而将其命名为 Heuchera。从现有的文献中能查到第一次提到该植物是在 1623 年法国出版的《魁北克、新英格兰和弗吉

图 2　几种矾根属植物
注：A. 美洲矾根；B. 小花矾根；C. 绒毛矾根。

尼亚的外来植物》。

矾根属有约 35 种，不同种叶形、花色、叶片质感有很大区别。矾根不同父母本的后代传承不同的性状，主要原生种有美洲矾根、珊瑚钟矾根、圆柱矾根、绒毛矾根、小花矾根、理查森矾根等，同一个矾根品种可能同时具备多个原种的特性。

1. 美洲矾根 *H. americana*

原产美国东部，东北至加拿大，该种具有良好的耐热性和耐寒性，株型紧凑并且叶形独特（图 2A）。

2. 小花矾根 *H. micrantha*

原产美国及加拿大西部海岸，矾根的皱边叶型大都源于此种。因为天生皱叶，所以在适应冬季的低温时，优势明显。该类矾根的另一大特点是比其他矾根更耐土壤湿涝（图 2B）。

3. 圆柱矾根 *H. cylindrica*

原产北美洲西部，分布地从加拿大一直向南贯穿整个美国西部。该种具有紧凑的株型和观赏性突出的花朵，此类矾根对极端气候和干冷风的耐受性很强。

4. 珊瑚钟矾根 *H. sanguinea*

原产美国新墨西哥州的戈壁地带，因此具备非常好的耐干热能力，并且有漂亮的珊瑚色小花。

5. 理查森矾根 *H. richardsonii*

原产美国中部大平原和加拿大，该种最大特点是叶片很像天竺葵，此类矾根对于各种气候均有不错的适应性。

6. 绒毛矾根 *H. villosa*

原产美国东部，野外仅在岩石上发现，生长在悬崖和巨石上。绒毛矾根具有较好的抗湿热性，因此常用于提高品种耐湿热性的育种中（图 2C）。

7. 泡沫花 ×*Heucherella*

英文名 foamy bell（泡沫花）。近缘的黄水枝属（*Tiarella*）与矾根属的属间杂交种，早在 19 世纪末就取得了种间杂交后代。因令人惊叹的叶子和在花园中的多功能性而成为园丁的热门选择。

图 3　黄水枝与矾根的属间杂交品种
×*Heucherella*‘Alabama Sunrise’

（二）品种分类

19 世纪末，维克多·勒莫因和他的儿子埃米尔就开始在法国开展矾根的育种工作，他们培育出一系列观叶品种，并获得了第一批种间杂交种。随后矾根在英国作为重要的观赏作物开始了大量的育种工作，并取得了很多成果，1934 年的切尔西花展上，艾伦·布鲁姆就用矾根布置了展示区，其中展示了 9 个新品种。市场上常见的矾根品种最初多是由美洲矾根和小花矾根育种的后代，随着育种工作的广泛开展，越来越多的种加入到种质资源库中，新品种推出的也越来越多。

矾根的育种近些年成为国外花卉育种的热门，以美国的育种公司为主。其中种子繁殖的品种主要由先正达（Syngenta）公司、班纳利（Benary）公司选育，以红花矾根、美洲矾根为主，叶色较单调。营养繁殖的品种，以特拉诺娃苗圃（Terra Nova Nurseries）、保尔公司（Ball）和丹梓花业（Danziger）等育种公司为主，在叶色、叶形、开花性、株型、适应性等方面都有新的育种突破，适应性强且更易于栽培。根据其观赏特点，将矾根的品种分为观叶型品种和花叶兼赏型品种。

1. 观叶型品种

大部分矾根的品种都有丰富的叶色，观赏性高，目前常见的品种有‘桃色梅尔巴’（‘Peach Melba’）、‘橘子酱’（‘Marmalade’）、‘午夜玫瑰’（‘Midnight Rose’）、‘黑曜石’（‘Obsidian’）、‘桃色火焰’（‘Peach Flambé’）、‘李子布丁’（‘Plum Pudding’）、‘红辣椒’（‘Paprika’）、‘樱桃可乐’（‘Cherry Cola’）、‘桃色乔治亚’（‘Georgia Peach’）、‘永恒红’（‘Forever Red’）等 200 多个品种。

棕色、绿色叶的品种叶子颜色随季节变化不大，黄色系、红色系叶色的品种，因为调整叶色的花青素、胡萝卜素、叶绿素等随着光照、温度等因素会有较大的变化，因此大部分的矾根观叶品种，在不同季节会有叶色的变化，部分黄色叶的品种在夏季或光照不足的情况下，叶色会变绿。

2. 花叶兼赏型品种

矾根品种中有一类能够花叶兼赏，如，“城市”（City）系列均可持续开花，包括‘好莱坞’（‘Hollywood’）、‘巴黎’（‘Paris’）、‘上海’（‘Shanghai’）等，这些品种花量大，可重复开花，每个花梗可持续开花，其中‘上海’这个品种雨雪冰均不会受到伤害，冬季叶色较好；此外，还有‘铜铃红宝石’‘金发女郎’‘疯狂’等品种。

三、繁殖技术

矾根繁殖可采用播种繁殖、分株繁殖和组培繁殖。选取哪种繁殖方式取决于不同的品种，可接受的成本和繁殖的目标等因素。在种苗生产上，矾根最常用的还是播种繁殖和组培繁殖。

（一）播种繁殖

相对较便宜，且能迅速获得大量种苗，是最常见的繁殖方式之一。可全年播种，最适宜的播种季节是早春。可采用穴盘育苗，基质配比为泥炭：珍珠岩 =7 ：3，温度为 18 ～ 22℃时种子 10 ～ 20 天可发芽。基质中保持较低的 EC 值，pH6.0 ～ 6.5。种子萌芽需光，无须覆盖。露白后子叶出现及生长阶段，温度可降低至 18℃，同时降低栽培介质的湿度至含水量 30% ～ 70%，但仍不可太过干燥，EC 值不可高于 0.5 mS/cm。此阶段可开始施肥，以 50 mg/L 的完全平衡氮肥为宜。真叶开始生长后，开始施用氮：磷：钾比例为 2 ：1 ：2 的水溶肥，浓度可由 75 mg/L 逐步增加到 200 mg/L。等根系盘住基质坨，可轻易从穴盘中拔出，即可移栽上盆。

（二）分株繁殖

一般在秋季或早春进行，分株的裸根苗移栽后能够快速长成成品，但存在整齐度差、繁殖倍率低等问题。因此，矾根规模化生产中，较少采用这种繁殖方式。可采用锋利刀片将挖出的裸根从茎基部切分开，保留 3 ～ 5 个健壮芽，去除多余根系和地上部分枝条。分株后的裸根应及时种植到新的土壤中，种植后及时浇透水，或随水灌多菌灵或敌磺钠，预防根腐病的发生。

（三）组培快繁

大部分商业化品种目前以组培繁殖为主要方式。大部分的品种都没有很好地解决制种问

图 4　矾根观叶品种

注：A.'桃色梅尔巴'；B.'桃色火焰'；C.'午夜玫瑰'；D.'桃色乔治亚'；E. 三角洲黎明（'Delta Dawn'）；F.'红辣椒'；G. 永恒紫（FOREVER®）；H. 卓越紫（NORTHERN EXPOSURE™'Purple'）；I. 黑森林蛋糕（'Black Forest Cake'）。

图 5　矾根观花品种

注：A.'上海'；B.'好莱坞'；C.'巴黎'。

题，不能通过播种繁殖的方式大量进行繁殖；此外，因为分株繁殖存在繁殖时间长、场地面积需求大、繁殖倍率低等原因，而组培繁殖技术、成本、周期更可控，因此成为主要的繁殖方式。以矾根带茎尖幼嫩茎段为外植体，以 MS 为基本培养基，诱导增殖培养基为 MS+ 6-BA 0.5 mg/L+ NAA 0.05 mg/L，继代培养基为 MS+6-BA 0.1 mg/L+ NAA 0.01 mg/L，生根培养基为 1/2 MS+ NAA 0.2 mg/L+ AC 1 g/L，生根苗移入泥炭土：珍珠岩 =2 ：1 的基质。移栽后养护要求参见播种繁殖种苗养护。

四、栽培管理技术

矾根的栽培根据需求，会涉及盆栽生产、园林应用栽植等方面。

（一）盆栽生产

根据植株的品种特性和种苗大小，选择口径和深度为 10 ～ 15 cm、排水良好的容器进行生产栽培，生产所用的种苗可采用自育种苗或采购穴盘苗移栽上盆。宜在秋季或早春移栽，基质可用草炭：松针：珍珠岩按 5 ：3 ：2 混配。基肥可选择氮：磷：钾比例为 1 ：1 ：1 的复合肥，释放期 5 ～ 6 个月的控释肥，每立方米基质加入 3 ～ 4.5 kg；也可混入 10% ～ 30% 腐熟有机肥作为底肥。穴盘苗移栽前需要提前浇透水，移栽时将穴盘苗基质上表面与盆土上表面齐平。

栽植完成后及时浇透水，之后根据基质干湿情况进行水分补充；春季萌动后施用适当氮肥，花芽形成前后增施 100 ～ 200 mg/L 氮：磷：钾比例为 1 ：3 ：2 的复合肥。北方霜冻前浇透水，定期检查基质干湿情况，适时补水。

（二）园林栽培

园林施工中多选用盆栽产品栽植。大部分矾根属品种喜阴不耐全光，种植前应对现场环境及品种特性提前了解。矾根属植物不耐涝，喜排水良好的土壤，种植应选在排水良好的地形，清除杂草、石砾，耙碎土块，土层厚度大于 30 cm，如果基质条件较差，可用园土或泥炭进行基质改良。株行距根据植株大小及品种特性确定，一般为 10 ～ 25 cm，土层表面与盆栽基质表面平齐，填充土壤并压实。栽植后及时浇透水，间干间湿，及时中耕除草，早春可补充 100 ～ 200 mg/L 氮肥，休眠后应剪除干枯的地上部分。可在栽植 2 ～ 3 年后的春、秋季进行分株，每丛 2 ～ 3 个芽重新栽植。

（三）病虫害防治

常见病害有白粉病，细菌性病害如假单胞杆菌、黄单胞杆菌、葡萄孢菌等，锈病也是常见的病害。白粉病发生在叶子和嫩枝上，有时在花上。白粉病可在发病初期施用 25% 嘧菌酯 1000 倍液，或 50% 烯酰吗啉 1500 倍液喷施来防治。细菌性病害导致叶子上出现褐色斑点。假单胞菌表现为红棕色斑点，可能导致叶片形状异常。黄单胞菌在叶子上的小褐色斑点周围产生黄色环或光环。葡萄孢菌产生较大的褐色斑点。细菌性病害可用 40% 氢氧化铜 1000 倍液，或 30% 噻唑锌 1000 倍液喷施防治。矾根上也会发生锈病，虽然不一定是致命的，但当黑暗的斑点形成在叶子的上表面，在下面有橙色的斑点时，会降低叶片观赏性。锈病防治可用 20% 三唑酮 1500 倍液，或 25% 嘧菌酯 1000 倍液进行喷施。

矾根虫害较少，偶见蜗牛及蛞蝓。蜗牛及蛞蝓轻微危害或零星发现时，可以直接抓除，如果情况严重或无法以镊子抓除时，在植物种植表面撒上 6% 聚乙醛饵剂进行诱杀。

农药施用要在 10：00 前或 15：00 后施用，农药不能多种类混用，注意不同作用机理的农药交替施用。

五、价值与应用

对花园设计师来说，矾根迷人的叶子比花更有价值，因为在花园设计中，花通常是短暂的，而五颜六色的叶子可以提供一个季节的色彩。然而，矾根的花不应该被忽略，因为它们在生长季节的部分时间段，会给花园带来线条的美感。

图 6　矾根花序

矾根在园林和花园中多用于林下花境、花坛、花带、地被、绿墙，也可作为小盆栽用于庭院布置。色叶矾根品种与其他色叶植物，如日本枫树或黄栌组合在一起，创造一个紫色和银色的天堂。将紫叶品种与互补的彩色叶或开花植物，如黄色（金钱草属）、粉红色（剪秋罗属）或白色（百子莲）等进行搭配可以形成鲜明的对比。类似的，将上面列出的树木和灌木与黄色或青铜叶的矾根搭配，也可以形成对比鲜明的调色板。

图 7　矾根的应用

（李丽芳）

Hibiscus 木槿

锦葵科木槿属（*Hibiscus*）不仅有草本、灌木甚至小乔木等丰富的生活型，还有丰富的物种多样性。全球675种，广泛分布于热带与亚热带地区。我国25种（特有种12种，引进栽培4种）。以木本为主，宿根类较少，本书仅介绍其中的多年生宿根草本，也包括引种到北方的半灌木花卉。

一、形态特征与生物学特性

（一）形态与观赏特征

叶互生，掌裂或不裂，具掌状叶脉。花两性，5数，花常单生于叶腋间；小苞片5或多数，分离或于基部合生；花萼钟状，很少为浅杯状或管状，5齿裂，宿存；花瓣5，各色，基部与雄蕊柱合生；花通常仅开放1天，花色多有变化。蒴果，5裂，卵球形或球形，先端通常具细尖、锐尖或渐尖。

（二）生物学特性

主要分布于热带及亚热带地区，多数耐寒性较差，相对耐寒的如木芙蓉、芙蓉葵也仅适生于我国中部及南部，再向北就只能作一年生栽培。该属植物均喜光，也稍耐半阴。在水分的需求方面，不同种有所差别，多数喜湿润，但玫红木槿可以生长于水分饱和的土壤中甚至浅水中。

二、种质资源与园艺品种

（一）种质资源

目前，园林中应用的宿根类木槿属植物多数为外来种。

1. 红叶槿 *H. acetosella*

又名蔓越莓锦葵、假洛神花或非洲木槿。一年生或多年生草本（秦淮线及以南地区）。株高达0.9～1.7 m。茎直立，无毛，基部常木质化。单叶掌状，3～5裂或不裂，缘具齿，深栗色至红绿相间，长约10 cm。单花腋生或顶生，具短柄；花径5 cm，小苞片10，下部近棒状，先端2叉状；萼片5；花瓣粉色至栗色，内面基部红色或紫色（图1）。花期为秋季。

原产非洲中西部，后传入南美洲，广泛种植，具有酸味的嫩叶被当作蔬菜食用，紫红色花朵可作为饮料色素。耐寒性较差，长江以北地区只能作一年生栽培。

2. 大麻槿 *H. cannabinus*

一年生或多年生草本。生长速度快，100～125天便可高达1.5～3.5 m。茎直立，无毛，疏被锐利小刺，少分叉，基部常木质化。叶长10～15 cm，异型，下部叶心形，不分裂，上部叶掌状3～7深裂，裂片长2～11 cm，宽6～20 mm，呈披针形，先端渐尖，基部心形至近圆形，具锯齿，在下面中肋近基部具腺。花单生于枝端叶腋间，近无柄；花径8～15 cm，花萼近钟状；花白色、黄色或淡紫色，内面基部红色或紫色（图2）。花期为秋季。

原产西非，现全球种植，是重要的纤维作物，种子可榨油。耐寒性较差，长江以北地区只能作一年生栽培。

3. 玫红木槿 *H. coccineus*

又名红秋葵、水生木槿、沼生木槿等。茎直立或稍斜升，紫红色，被白粉，基部常木质化，在我国南方呈灌木状；高1.8～3.6 m，冠幅1～1.8 m。单叶，掌状5深裂，也有3～7裂者，裂片狭披针形，叶径达20 cm或以上。花单生于中上部叶腋间，具11～14条线形副萼；花径

图 1　红叶槿（Craig Peter 摄）

图 2　大麻槿（Craig Peter 摄）

10～20 cm；花鲜红色（图 3）。花期为夏秋季。

原产北美湿地及沼泽处。耐寒性较差，二年生以上植株在西安可宿根露地越冬，再高纬度区域冬季需保护。

4. 大花秋葵 *H. grandifloras*

茎直立，无毛或仅嫩枝有微毛；高 1.2～1.5 m 或更高。叶卵圆形至长卵形，先端尾尖；3～5 中裂，叶长 15～30 cm，密被短绒毛，故也称丝绒锦葵（velvet mallow）。花单生于枝端叶腋，花冠白色或粉色，瓣基深红色，花瓣不重叠；花径 15～18 cm（图 4）。花期为（5～）6～8（～9）月。

原产北美东南沿海沼泽地。耐寒能力较弱，可耐 -15℃低温。该种是诸多品种的亲本。

5. 芙蓉葵 *H. moscheutos*

又名草芙蓉。茎直立或稍斜升，被星状毛或近无毛；高 1～2.5 m，冠幅 0.6～1.2 m。叶卵圆形或卵状披针形，基部楔形或近圆，先端尾尖，缘具钝齿；叶长 7～18 cm。花单生于枝端叶腋，花梗长 2～8 cm；花冠白、粉或红色，瓣基深红色；花径 10～15 cm（图 5）。花期为 7～9 月。

原产北美。较耐寒，可耐 -25℃低温。该种是诸多品种的亲本。

6. 木芙蓉 *H. mutabilis*

又名酒醉芙蓉、重瓣木芙蓉。可能南方的朋友觉得木芙蓉出现在这本书里不合适，其实该种的生活型从南向北变化极大，从高大乔木至落叶灌木，再到宿根型，甚至一年生。茎直立或丛生状；全株除花瓣外密被星状毛与直毛混合的细茸毛；高 1～3.5 m 或更高。叶卵状心形，常 5～7 裂，缘具钝圆齿；叶长 10～15 cm。花单生于枝端叶腋，花梗长 5～8 cm；花冠初开白色或淡红色，后深红色；花径 10～15 cm（图 6、图 7）。花期为 8～10 月。

原产我国湖南，现广泛栽培。耐寒性较差，可耐 -10℃低温。

（二）园艺品种

宿根类木槿属植物多数高大而株型松散，相对矮生、紧凑，花色丰富是该属一贯的育种目标。原种多分布于北美洲，因而，栽培品种也多起源于此，其中最有名的育种家当属弗莱明（Fleming）兄弟（Jim、Robert 和 David），他们在 50 年间创造出数量惊人的品种，多来源于芙蓉葵、大花秋葵及玫红木槿等种内及种间的杂交。随着后来者的加入，该属品种已让人目不暇接，色彩丰富（Armitage，2008）。

1.'蓝河 Ⅱ''Blue River Ⅱ'

花纯白色，花径可达 25 cm；绿叶中带着一丝蓝色。一个优秀的长花期品种（图 8）。

图 3　玫红木槿

图 4　大花秋葵（Adam Bull 摄）

图 5　芙蓉葵（李淑娟 摄）

图 6　木芙蓉（李淑娟 摄）

2. “亲切”系列 Cordial™

直立，多分枝，株高 90 cm；平均花径 20 cm，有深红、红色、粉色及白色（图 9）。

3. “迪斯科美女”系列 Disco Belle

多分枝，株型紧凑，株高 120 ~ 180 cm；花大，花瓣平展，呈盘状，有深红、红色、粉色及白色（图 10）。易受日本甲虫危害。

4. ‘巴尔的摩女士’‘Lady Baltimore’

弗莱明兄弟最经典的品种之一。株高 120 ~ 180 cm，冠幅 90 ~ 150 cm；叶片 5 深裂；花瓣稍有褶皱，深粉色，瓣基深红色，花径 15 ~ 30 cm（图 11）。

5. ‘巴尔的摩勋爵’‘Lord Baltimore’

弗莱明兄弟最经典的品种之一。株高 150 ~ 180 cm，冠幅 90 ~ 120 cm；叶片 5 深裂；花深红色，花径 15 ~ 30 cm（图 12）。

6. “Summerific™”系列

多分枝，株型紧凑，株高 120 ~ 180 cm，冠幅 60 ~ 90 cm；花径 15 ~ 30 cm，花瓣稍有皱褶，花色丰富（图 13）。较耐寒，可耐 -26℃。其中，‘French Vanilla’是少见的黄色品种，花初开时黄色，渐变为奶油色，叶片紫绿色；‘Lilac Crush’花瓣蓝紫色，瓣基深紫红色，叶片黄绿色；‘Holy Grai’花墨红色，叶片深紫色。

图 7　木芙蓉花色的日间变化（Rob Duval 摄）

图 8　'蓝河Ⅱ'

图 9　"亲切"系列

注：A. 'Cherry Brandy'；B. 'Cinnamon Grappa'；C. 'Peppermint Schnapps'。

图 10 “迪斯科美女”系列

注：A.‘Pink’；B.‘Red’；C.‘Rosa Red’；D.‘White’。

图 11 ‘巴尔的摩女士’

图 12 ‘巴尔的摩勋爵’

图 13 Summerific™ 系列

注：A.‘All Eyes on Me’；B.‘Ballet Slippers’；C.‘Cherry Cheesecake’；D.‘Cherry Choco Latte’；E.‘Perfect Storm’；F.‘Spinderella’；G.‘Summer Storm’；H.‘Edge of Night’；I.‘French Vanilla’；J.‘Evening Rose’；K.‘Candy Crush’；L.‘Berry Awesome’；M.‘Lilac Crush’；N.‘Valentine's Crush’；O.‘Cranberry Crush’；P.‘Holy Grai’。

三、繁殖与栽培管理技术

（一）播种繁殖

1. 采种

芙蓉葵的蒴果成熟后自主开裂，种子易散落，故宜在果荚变黄或变褐但未开裂时采收，置于阴凉处，待其开裂；玫红木槿的蒴果成熟后不开裂，则可待其成黄枯色后采收。

2. 净种及贮藏

待果荚开裂或完全干燥后，取出种子；水选后，将饱满种子阴干，干藏待用。

3. 播种及移栽

木槿属的种皮坚硬，最好浸种 24 小时后再播。浸种后 2 ～ 3 天即可露白，玫红木槿第一次浸约有 60% 种子吸涨（吸涨的种子明显变大），剩余者可继续浸泡，直至吸涨。大田散播或穴播均可，播后要保持土壤湿润，约 5 天出苗。两个月后苗高 15 cm 时，即可移栽（张庆革，2009）。

（二）分株繁殖

该属植物春季萌发较晚，且地下茎较粗大，于 4 ～ 5 月萌发时，将地下茎掘起，根据需要每丛保留数个健壮萌芽，并另行种植，生长点与土面平齐。

（三）组培快繁

以节间茎段为外植体，用自来水冲洗 60 分钟，用乙醇（96%）、过氧化氢（38%）和水按 1 ∶ 1 ∶ 2 的比例混合浸泡 5 分钟。

在培养基 MS+CPPU 0.1 mg/L 上可获得较好芽诱导效果，诱导率可达 73.3%。芽增殖培养基配方同上，增殖率 5.8；在 CPPU 浓度为 0.05 mg/L 的液体培养基中芽增殖率为 9.2。生根培养基可用 MS+IBA 0.1 mg/L，生根率达 99%（Sereda et al., 2024）。

（四）园林栽培

1. 土壤

木槿属宿根类植物多不择土壤，对酸碱适应性强，但芙蓉葵还是喜通透性好的土壤。

2. 水肥

喜湿喜肥。玫红木槿及大花芙蓉则可以浅水或沼泽中生存，故所有品种生长季均需保持土壤肥力及湿度。

3. 光照

喜全光照，耐热，遮阴条件下，色叶返绿，花量减少；故宜种植于阳光充足或每天至少有 5 小时光照的区域。

4. 修剪及越冬

多数品种可于萌发枝条长 50 ～ 80 cm 时回剪至 20 cm 以促分枝，形成密灌丛；该属宿根类植物枝条多粗壮，基部木质化，入冬前应保留约 20 cm 基茎修剪上部枯枝叶，并移走销毁，以减少虫害及病菌。根据各品种的耐寒程度和立地条件，冬季做适度保护。

（五）病虫害防治

对木槿属植物危害最严重的是日本甲虫（*Popillia japonica*）（图 14），芙蓉葵的多数品种

图 14　日本甲虫（Jeff Hahn 摄）

都难逃其害，将叶片吃得千疮百孔。日本甲虫仅在夏季羽化成虫，其余时间都在地下土壤中，故可于5月前及深秋后用吡虫啉等灌根，毒杀土中幼虫；成虫期可人工捉取或用杀螟松、西维因等杀虫剂1000倍液喷杀2～3次。

四、价值与应用

木槿属宿根类植物多植株高大或灌丛丰满，花朵硕大，色彩艳丽。大而美丽的花朵，让无数人着迷，如芙蓉葵。在不同景观中孤植、丛植、列植或片植均可获得不错的效果，常作花境和各种景观的背景材料。

部分种的纤维发达，是优良的纤维作物，如大麻槿。部分种还是传统的药用植物，如木槿的花、叶、皮及果实均可入药。

（李淑娟）

Hosta 玉簪

天门冬科多年生宿根花卉。玉簪的属名 *Hosta* 是 1812 年为纪念奥地利植物学家 Host（1761—1834）而得名。但这个属名中间经历了曲折的漫长过程，直至 1905 年，第一届国际植物学大会根据《国际植物命名法规》（*International Code Botanical Nomenclature*，简称 ICBN，1905）投票决定保留 *Hosta* 作为本属的有效属名，使得 *Hosta* 属名得以合法。全世界玉簪属有 30 余种，主要分布于我国、朝鲜和日本。我国有 4 种，玉簪（*H. plantaginea*）、紫萼（*H. ventricosa*）、东北玉簪（*H. ensata*）和白粉玉簪（*H. albofarinosa*）。

一、形态特征与生物学特性

（一）形态与观赏特征

根状茎短，粗壮，须根纤维质增粗。叶基生，成簇，多宽阔，具多数呈弧形的侧脉和纤细的横脉；叶柄长。花莛从叶丛中央抽出，高出于叶，通常单一，总状花序顶生，下部具 1 ～ 3 枚苞片；花白色或淡蓝紫色，常单生，极少 2 ～ 3 朵簇生，具绿色或白色苞片；花被近漏斗状，下部结合成窄管状，上半部近钟状，钟状部分上端有 6 裂片、近直立或开展；雄蕊 6，离生或下部贴生于花被管上，弯曲，与花被管等长或稍外伸，花丝纤细，花药背部有凹穴，“丁”字状着生；子房无柄，3 室，每室有多数胚珠，花柱细长，线形，柱头头状，伸出花被外。蒴果长圆形，常具棱，室背开裂。种子多数，黑色，有扁平的翅。

（二）生长发育规律

多年生宿根花卉，有一定的春化要求和热休眠，一般要求 4 周以上低于 4.4℃ 的春化阶段才能芽萌动。北京地区的玉簪一般 3 月底（3 月 25 日左右）至 4 月上旬（4 月 10 日左右）开始发芽。然后进入玉簪展叶期，至 4 月下旬或 5 月初展叶期结束。5 月上旬开始进入迅速生长期，一般到 5 月下旬玉簪的叶色基本稳定，叶片达到最大，株型已经圆满。5 月下旬至 6 月上旬开始进入玉簪的初花期。但不同的品种花期早晚有差异。根据玉簪在我国的实际栽培情况，早花期（典型种圆叶玉簪 *H. sieboldiana*）为 5 月 25 日至 6 月 25 日；中花期（典型种紫萼 *H. ventricosa*）为 6 月 25 日至 7 月 30 日；晚花期（典型种玉簪 *H. plantaginea*）为 8 月 1 日至 9 月 10 日；迟花期（典型种 *H. tardiflora*）为 9 月 10 日至 10 月 10 日。10 月中旬开始，玉簪开始进入地上部枯萎期。

不同的玉簪种类生长发育规律有差异。圆叶的圆叶玉簪（*H. sieboldiana*）类及其衍变的品种（‘Elegans’‘Big Daddy’‘Love Pat’等）、圆株玉簪（Tukodama）类和山地玉簪（*H. monata*）类，萌芽较迟，开花较早，只有一个生长高峰，夏季高温进入休眠，秋季停止生长，枯叶期较早。中井玉簪（Nakaiana）类、中国的紫萼（*H. ventricosa*）类、高丛玉簪（*H. fortunei*）类及其衍变的品种（‘Albomarginata’‘Francee’‘Gold Standard’等），大多 4 月上旬萌芽，6 月下旬至 7 月下旬开花。此类玉簪生长旺盛、迅速，通常有多个生长高峰期，株型紧密，秋季仍有生长，成芽较多，枯叶期较晚，观赏期长，作地被最佳，覆盖迅速。中国的玉簪（*H. plantaginea*）、直立玉簪（*H. rectifilia*）及衍生品种（'Regal Splendor''Elatior''Krossa Regal'等），此类玉簪品种萌芽早，前期生长慢，后期生长快，没有休眠，开花晚，枯叶也晚，也是很好的耐阴地被，其观赏价值在于少有的白花品种、花大而浓香。以匍匐型为主，叶匍匐、花茎倾斜、匍匐地面，多为小型和微型玉簪。这类玉簪叶狭长形、圆形或长椭圆形，萌芽晚，分株力较弱，开花较迟，通常夏末秋初，多为灰绿叶（'One Man's Treasure''Peterware''Fragrant Star''Harry Van De Laar'等）。

（三）生物学特性

一般生长于山地、草坡、林缘或海边岩石上，性喜凉爽湿润略阴的环境，性较强健，较耐寒和较耐湿，最适于生长的夏季空气相对湿度在 75% ～ 80%。普遍喜近半阴条件，多数品种能耐较阴的环境，大部分玉簪品种不能忍受午后直射阳光，但也有部分品种能忍受较强的上午阳光。相对蓝叶或白斑叶玉簪品种更耐阴而绿叶或黄叶品种更耐阳。耐阴植物，在林下或建筑物阴面生长良好；在露天强光处会出现严重枯叶。对土壤的酸碱度要求一般以 pH6.0 ～ 6.5 弱酸性为宜，但也能耐一定的弱碱性，有些野生于近海的种类也能耐受含盐量较高的土壤。对水分的要求比较严格，喜欢中等偏旱的环境，怕积水，土壤相对湿度 50% ～ 60% 为宜，雨季要及时进行排涝。

二、种质资源与栽培简史

（一）种质资源

1. 玉簪 *H. plantaginea*

又名白鹤仙和白萼。根状茎粗壮，粗 1.5 ～ 3 cm。叶卵状心形、卵形或卵圆形，长 14 ～ 24 cm，宽 8 ～ 16 cm，先端近渐尖，基部心形，具 6 ～ 10 对叶脉；叶柄长 20 ～ 40 cm。花莛高 40 ～ 80 cm，具几朵至十几朵花；花的外苞片卵形或披针形，长 2.5 ～ 7 cm，宽 1 ～ 1.5 cm；内苞片很小；花单生或 2 ～ 3 朵簇生，长 10 ～ 13 cm，白色，芬香；花梗长约 1 cm；雄蕊与花被近等长。

原产四川（峨眉山至川东）、湖北，湖南、江苏、安徽、浙江、福建和广东。生于海拔 2200 m 以下的林下、草坡或岩石边。全国各地有栽培（图 1）。

2. 紫萼 *H. ventricosa*

又名紫玉簪。根状茎粗 0.3 ～ 1 cm。叶卵状心形、卵形至卵圆形，长 8 ～ 19 cm，宽 4 ～ 17 cm，先端通常近短尾状或骤尖，基部心形或近截形，极少叶片基部下延而略呈楔形，具 7 ～ 11 对侧脉；叶柄长 6 ～ 30 cm。花莛高 60 ～ 100 cm，具 10 ～ 30 朵花；苞片矩圆状披针形，长 1 ～ 2 cm，白色，膜质；花单生，长 4 ～ 5.8 cm，盛开时从花被管向上骤然作近漏斗状扩大，紫红色；花梗长 7 ～ 10 mm；雄蕊伸出花被之外，完全离生。蒴果圆柱状，有 3 棱，长 2.5 ～ 4.5 cm，直径 6 ～ 7 mm。花期 6 ～ 7 月，果期 7 ～ 9 月。

原产江苏（南部）、安徽、浙江、福建（北部）、江西、广东（北部）、广西（北部）、贵州、云南（宾川、大理）、四川、湖北、湖南和陕西（秦岭以南）。生于林下、草坡或路旁，海拔 500 ～ 2400 m。全国各地有栽培（图 2）。

3. 东北玉簪 *H. ensata*

又名剑叶玉簪。根状茎粗约 1 cm，有长的走茎。叶矩圆状披针形、狭椭圆形至卵状椭圆形，长 10 ～ 15 cm，宽 2 ～ 6（～ 7）cm，先端近渐尖，基部楔形或钝，具 5 ～ 8 对侧脉；叶柄长 5 ～ 26 cm，由于叶片下延而至少上部具狭翅，翅每侧宽 2 ～ 5 mm。花莛高 33 ～ 55 cm，具几朵至二十几朵花；苞片近宽披针形，长 5 ～ 7 mm，膜质；花单生，长 4 ～ 4.5 cm，盛开时从花被管向上逐渐扩大，紫色；花梗长 5 ～ 10 mm；雄蕊稍伸出花被之外，完全离生。花期 8 月。

原产吉林南部（延边、抚松、通化）和辽宁南部（桓仁、辽阳）。生于海拔 420 m 的林边或湿地上。也分布于朝鲜和俄罗斯。全国各地有栽培（图 3）。

图 1　玉簪在北京海淀公园的应用

图 2　紫萼在北京大兴的应用

图 3　东北玉簪在沈阳的应用

4. 圆叶玉簪 *H. sieboldiana*

叶片灰绿色或绿色，平展，椭圆形或卵状椭圆形，长 25 ～ 35 cm，宽 14 ～ 23 cm，尖端渐尖，心形，明显波状，叶脉下面有皱褶，叶脉 13 ～ 14 条；花茎直立，长 50 ～ 6 cm，是叶长的 2 倍，苞片披针形，尖端渐尖，平展，宿存，长 2.5 ～ 6 cm，宽 1 ～ 1.7 cm，绿色至白色，有时带紫色，花梗平展，长 11 ～ 15 mm；花长 5 ～ 5.7 cm，白色，在日本本州（北陆及北近畿地区）花期 6 月；广泛栽培于日本的花园中。本种是很多圆形叶玉簪品种的育种亲本（图 4）。

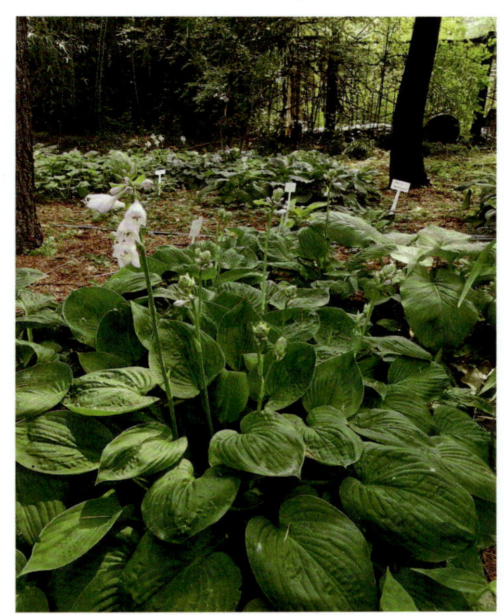

图 4　圆叶玉簪在中国科学院植物研究所的应用

（二）栽培简史

玉簪有文字记载的栽培历史至少可上溯至我国汉代，至今有 2000 多年的栽培历史。从明代开始，玉簪和紫萼都已在我国广泛栽培。日本在奈良或平安时代（8—11 世纪）的仿唐寺院和庭院中已有玉簪栽培。欧洲人约于 1692 年认识玉簪，1784 年起成功将中国和日本的玉簪、紫萼、狭叶玉簪（*H. lancifolia*）等引入法国和英国并引起了轰动，此后（尤其是 1829—1879 年）陆续有大量玉簪属植物从日本引入欧洲并在欧洲广泛传播。1968 年在英国切尔西花展上首次举办了玉簪属植物专题展，这次展会引起了普通民众对玉簪的极大兴趣。同年，美国玉簪协会（American Hosta Society, AHS. https://americanhostasociety.org）成立，为玉簪属植物在北美的发展作出了很大的贡献。1981 年英国成立玉簪萱草协会（British Hosta and Hemerocallis Society，BHHS），该协会促进了玉簪属植物的推广、应用以及古老品种的收集整理，并成为玉簪国际登录的地区代表。此后，澳大利亚、新西兰及东欧各国也兴起了玉簪属植物的生产和栽培。经过长期的栽培选择和杂交育种，至 20 世纪末玉簪类已成为世界第一销量的宿根花卉，成为世界著名的叶、花、形俱佳的景观园艺植物，并且具有较高药用、文化和经济价值。

三、园艺分类与常见品种

（一）园艺分类

美国玉簪协会是玉簪栽培品种国际登录机构，由于其专业性和权威性，对玉簪品种的分类是目前最有影响力的。该协会每年举办的年度玉簪展，展示分类系统采用二级分类法，先根据叶型大小分为 5 组，然后根据叶色分为 8 大类。

1. 根据叶型大小分为 5 组

Ⅰ组（Sect. Ⅰ） 巨叶型（giant-leaved）；

Ⅱ组（Sect. Ⅱ） 大叶型（large-leaved）；

Ⅲ组（Sect. Ⅲ） 中叶型（medium-leaved）；

Ⅳ组（Sect. Ⅳ） 小叶型（small-leaved）；

Ⅴ组（Sect. Ⅴ） 微叶型（miniature-leaved）。

玉簪属品种的大小分类：美国玉簪协会和国际登录权威采用叶型大小 5 级分类法（最初为 6 级，后将Ⅵ归并入Ⅴ，表 1）。

表 1　玉簪品种按叶型大小分类

叶型大小	叶面积 S（cm^2）
巨叶型	$S \geq 900$
大叶型	$530 \leq S < 900$
中叶型	$160 \leq S < 530$
小叶型	$36 < S < 160$
微叶型	$S \leq 36$

2. 根据叶色分为 8 类

1 类（Class 1） 全绿（green）。

2 类（Class 2） 全蓝（粉叶）（blue）。

3 类（Class 3） 全黄（yellow）。

4 类（Class 4） 白边（white margined）。

a 中黄、中白、中黄绿（yellow, white, chartreuse center）;

b 中绿或蓝（green to blue center）。

5 类（Class 5） 黄边（yellow margined。

a 中黄、中白、中黄绿（yellow, white, chartreuse center）;

b 中绿或蓝（green to blue center）。

6 类（Class 6） 绿或蓝边（green or blue margined）。

a 中黄、中白、中黄绿（yellow, white, chartreuse center）;

b 中绿或蓝（区别于边缘颜色）(green to blue center）。

7 类（Class 7） 条块或斑块（streaked or mottled）。

8 类（Class 8） 其他（季节变化等）（others）。

3. 株高用途分类法

玉簪的植株大小和生长速度决定了其栽培应用途径，Paul Aden（1990）曾按高度和景观用途将玉簪分为 5 种类型：

小型（株高＜ 20 cm） 用于岩石园。

边缘栽培型（株高＜ 30 cm） 适于水平生长的非走茎类群。

地被型（株高＜ 45 cm） 有走茎、单株萌芽多、生长迅速的类群，适合作地被。

背景栽培型（株高＞ 60 cm） 主要是针对一些株型高大的品种，用作背景或空间屏蔽。

孤植（标本）型（各种大小） 用于孤赏。

4. 其他分类法

随着园艺和栽培范围的扩大，园艺界通常还根据品种的特定性状分类，如根据品种对光照的适应程度分为阴性、半阴性和耐阳品种。根据夏季高温地区的栽培适应性分为耐热型和不耐热型。根据品种是否易受虫害的影响分出（抗）耐虫型和不（抗）耐虫型等。

（二）常见品种

1. ‘大富豪’‘Big Daddy’

株型直立，株高 75 cm，冠幅 170 cm；叶巨型，叶长 38 cm，叶宽 36 cm；叶蓝绿色，叶面覆盖蜡粉，叶厚，近圆形，叶面杯状，有严重褶皱；叶脉 16 ～ 17 对；花莛直立，高达 80 cm，有蜡粉；花近白色，花量大，花期 6 ～ 7 月。这是目前我国园林应用中叶面积最大的蓝叶玉簪，是花叶俱佳的蓝粉玉簪系列，耐阴性强，忌强光直射，适宜的光照为 400 ～ 600 μmol/（m^2·s），在园林中以栽植在半阴处为佳，即针叶林下。曾在 1989 年全美园艺学会获奖，是非常有前景的蓝叶系玉簪品种之一（图 5）。

2. ‘全貌’‘Sum and Substance’

株型直立，株高 80 cm，冠幅 170 cm；叶巨型，叶长 45 cm，叶宽 38 cm；叶金黄色，叶厚，蜡质，阔卵圆形，叶面光滑，有轻微的褶皱；叶脉 14 ～ 17 对；花莛倾斜，高约 180 cm；花淡紫色，花大，花径 6 ～ 7 cm，花期 7 ～ 8 月。这是目前我国园林应用中最大的黄叶玉簪，耐强光，抗虫害，适宜于露天栽植或林缘栽植（图 6）。

3. ‘法兰西’‘Francee’

株型圆穹状，株高 25 ～ 30 cm，冠幅 30 ～ 45 cm；叶中型，叶长 22 cm，叶宽 15 cm，叶面平滑，卵形至心形，边缘大波状；春生叶深绿色，夏生叶呈浅绿色，脉色深绿，白色边缘较规则。叶背面叶脉突出，叶脉 11 对。花期 6 月下旬至 7 月下旬。花漏斗形，开张较小，长 5.5 cm，宽 3 cm。花淡紫色。能结种子。

本品种生长强健，返青期早，枯叶晚，生长速度快，是园林中最佳的白边型玉簪品种之一。该品种耐阴，忌强光直射，适宜的光照是 200 ～ 400 μmol/（m^2·s），常配置于林下或建筑物背面，丛植或片植。喜肥沃湿润、排水良好、富含腐殖质的砂质土壤。

4. ‘金标’‘Gold Standard’

株型圆穹状，株高 50 ～ 55 cm，冠幅 120 ～ 150 cm；叶中型，叶长 20 ～ 25 cm，叶宽 15 ～

图 5 ‘大富豪’在北京海淀公园的应用

图 6 ‘全貌’在北京海淀公园的应用

20 cm；叶彩色，中间金黄色，边缘绿色；叶薄，纸质，长椭圆形，叶面有轻微的褶皱；叶脉 10 ～ 11 对；花莛直立，高达 80 ～ 85 cm。花紫色，花期 7 ～ 8 月。这是世界著名的经典品种，中间金黄色，边缘绿色，初春特别耀眼漂亮，目前广泛应用于园林地被（图 8）。

5.‘出众’‘Knockout’

株型圆穹状，株高 40 cm，冠幅 80 cm；中型叶，叶长 15 cm，叶宽 13 cm；叶心形，叶面稍有皱，淡绿叶、不规则的乳黄边。花期 7 月初至 8 月初，花漏斗形，淡紫色。本品种突出的特征是叶质厚、叶色漂亮、分株能力强、生长快速、株丛密集，是很好的金边玉簪类耐阴地被（图 9）。

6.‘圣诞前夜’‘Night Before Christmas’

株型圆穹状，株高 50 cm，冠幅 90 cm；中型叶，叶长 20 cm，叶宽 12 cm；叶椭圆形，叶片中央白色，两侧有较宽的浅绿色边，叶色对比十分

图 7 ‘法兰西’在北京市植物园的应用

图 8 ‘金标’在北京市植物园的应用

强烈，叶脉 8 对；花期 7 月上旬至 8 月上旬，花淡紫色，漏斗形，开张较大，长 5 cm，宽 4 cm。本品种株型高大，白心中绿边，雅洁可爱。喜阴，耐强光，抗性强。是很好的背景材料。在园林中应栽植在林缘或针叶林下（图 10）。

7.‘林间之阴’‘Shade Fanfare’

株型圆穹状，株高 40 cm，冠幅 80 cm；中型叶，叶长 25 cm，叶宽 12 cm；叶心形，黄绿叶宽

图 9 ‘出众’在北京市植物园的应用

图 10 ‘圣诞前夜’在北京市植物园的应用

图 11 ‘林间之阴’在北京海淀公园的应用

图 12 ‘蓝剑’在北京市植物园的应用

图 13 ‘油绿番茄’在北京市植物园的应用

的乳白边，花期 7 月初至 8 月初，花集生顶部，淡紫色，钟状，花量很大（45 ～ 50 朵 / 株）。本品种最主要的特征是生长快速、分株能力强、株丛密集，是很好的银边类耐阴地被，全国多地有栽培应用（图 11）。

8.‘蓝剑’‘Blue Arrow’

株型圆穹状，株高 15 cm，冠幅 40 cm；小型叶，叶长 12 cm，叶宽 8 cm；叶形似剑，叶形优美，为纯正的宝石蓝色。花期 6 ～ 7 月，花近白色。本品种株型紧凑，生长快速，是很好的林

图 14 ‘秋月’在北京市植物园的应用

图 15 ‘金色欲滴’在北京市植物园的应用

图 16 ‘大皇冠’在中国科学院植物研究所的应用

下地被（图 12）。

9.‘油绿番茄’‘Fried Green Tomatoes’

株型直立状，株高 50 cm，冠幅 80 cm；叶中型，叶长 20 cm，叶宽 15 cm；叶圆形，深绿色。花期 7 月下旬至 8 月下旬，花大，花径 6.5 cm，花有香味。本品种生长快速，花大而香，观赏期长，观赏价值高，是非常有潜力的香味玉簪品种。

10.‘秋月’‘August Moon’

株型直立状，株高 60 cm，冠幅 90 cm；叶中型，叶长 20 cm，叶宽 12 cm；圆形、杯状，叶面粗糙。花期 7 月初至 8 月初，花近白色，漏斗形。本品种抗性强、分株能力强、生长快速、丛植效果较好（图 14）。

11.‘金色欲滴’‘Gold Drop’

株型圆穹状，株高 15 cm，冠幅 40 cm；叶小型，叶长 8 cm，叶宽 5 cm；叶金黄色，心形，小而薄。花期 6 月中旬至 7 月中旬，花淡紫色，近似钟形。其叶全年金黄色，株型紧凑，分株能力强，抗病、抗虫，是林下不可多得的黄色叶耐阴地被（图 15）。

12.‘大皇冠’‘Grand Tiara’

株型圆穹状，株高 30 cm，冠幅 60 cm；叶小型，叶长 10 cm，叶宽 8 cm；花期 7 月初至 7 月下旬，花紫色，钟形。本品种绿叶、宽的金黄边，叶色对比强烈，生长快速，株型紧凑，分株能力强，是观赏价值很高的地被玉簪（图 16）。

13.‘甜心’‘So Sweet’

株型圆穹形，株高 40 cm，冠幅 80 cm。中型叶，叶长 20 cm，叶宽 10 cm；叶卵圆形，叶面光滑，边缘稍波状；绿色黄边，后变白边。花期 7～8 月，花近白色，管状，有香味。本品种展叶早，枯叶晚，绿色期长，是花叶俱佳的香味玉簪品种，全国各地广泛栽培应用（图 17）。

14.‘冰酒’‘Frozen Margarita’

株型直立状，株高 40 cm，冠幅 80 cm，叶中型，叶长 20 cm，叶宽 15 cm；叶薄，黄叶白边。花期 8 月中旬至 9 月下旬，花管状，近白

图 17　玉簪‘甜心’在北京市植物园的应用

图 18　玉簪‘冰酒’在颐和园的应用

图 19　玉簪‘琼妮’在北京市植物园的应用

色，花大而浓香，花形美丽，花量大，花期长。是少有的晚花期彩色香味玉簪品种，应用前景广阔（图 18）。

15.‘琼妮’‘June’

株型圆穹状，株高 20 cm，冠幅 60 cm；叶小型，叶长 15 cm，叶宽 10 cm；叶心形，黄心蓝边；花期 7 月中旬至 8 月中旬，花蓝紫色，花密，花量大。本品种株型紧凑，叶质厚，耐强光直射，抗蜗牛和蛞蝓，有广阔的应用前景（图 19）。

四、繁殖技术

（一）播种繁殖

原种或者杂交品种育苗一般采用播种繁殖。播种前宜用 40℃恒温水浸种 24 小时；播种时间宜 3 月中旬至 4 月初或 9 月中旬至 10 月中旬。穴盘发芽可用湿润的基质或无纺布覆盖穴盘。萌发适宜温度 20 ～ 24℃，空气相对湿度 90% 以上；保持基质持续湿润，基质含水量 70% 以上，不可施肥；种苗真叶长出前，适宜环境温度 20 ～ 25℃，夜间温度不宜低于 15℃，夏季温度不高于 30℃。空气相对湿度 70% ～ 90%，光照强度保持 4000 ～ 8000 lx；保持基质持续湿润，基质含水量在 50% 以上，不需要施肥；种苗真叶完全展开后，适宜环境温度为 15 ～ 28℃，空气相对湿度 40% ～ 60%，光照强度逐渐增至 20000 lx。保持基质水分干湿循环，交替施用氮：磷：钾 = 20 ：10 ：20 和 14 ：0 ：14 的水溶肥，从 75 mg/L 逐渐增加到 200 mg/L，一周 2 次。

（二）分株繁殖

分株宜在 3 月上旬至 4 月上旬或 9 月中旬至 10 月中旬进行。分株时，起出母株，保证植株完整，去除枯根和老根；在空隙较大的根节处，小型植株宜用手掰开，大型植株宜用锋利刀具分割，每丛保留 2 ～ 3 个饱满芽体，尽量保留更多侧根；宜用 800 倍多菌灵蘸根，然后栽植。

（三）组培快繁

春季芽萌动前，宜在晴天选取 2 ～ 3 年生植株的腋芽作为外植体，并用消毒的解剖刀切取腋芽，然后消毒、接种、增殖培养、生根培养、炼苗移栽等。接种培养基可采用 MS+6-BA4 mg/L + NAA0.1 mg/L + 蔗糖 30 g/L+ 琼脂粉 4.5 ～ 5.5 g/L；增殖培养基可采用 MS+6-BA0.5 ～ 2 mg/L + NAA0.1 ～ 0.2 mg/L + 蔗糖 30 g/L + 琼脂粉 4.5 ～ 5.5 g/L；生根培养基可采用 1/2MS + NAA0.5 ～ 0.8 mg/L + 蔗糖 30 g/L + 琼脂粉 4.5 ～ 5.5 g/L。宜在温室中进行生根苗炼苗 7 天，环境温度控制在 20 ～ 30℃，空气湿度不低于 75%，光照强度在 3000 ～ 4500 lx。

五、栽培管理技术

（一）园林栽培

1. 土壤

土壤以肥沃、排水良好的壤土和砂壤土为宜，pH6.5 ～ 8.5。栽植前宜对种植土进行翻耕，深度为 30 cm，整平。

2. 光照

玉簪喜半阴的环境，适宜的光强为 10000 ～ 20000 lx。

3. 种苗规格

小型叶玉簪种苗规格以 5 ～ 6 芽为宜；中型叶玉簪规格以 3 ～ 4 芽为宜；大型叶和巨型叶玉簪规格以 1 芽为宜。

4. 栽植

分株苗适宜时间为植株萌芽前的 3 月上旬至 4 月上旬或休眠前 9 月中旬至 10 月中旬；播种苗和组培苗生长季均可栽植。宜采取穴植的方式。栽植深度以根茎部入土 1 ～ 2 cm 为宜。株行距根据品种特性确定，小型叶、迷你型、微型叶品种宜 15 cm × 15 cm ～ 25 cm × 25 cm，中型叶品种宜 25 cm × 25 cm ～ 40 cm × 40 cm，大型叶品种宜 40 cm × 40 cm ～ 60 cm × 60 cm。

5. 水肥管理

栽植后首次应浇透水；早春返青水和入冬前冻水根据当年的物候情况适时浇灌；生长季根据土壤墒情、品种特性和生长表现及时浇灌。夏季大雨后及时排水。灌溉的时间宜 10：00 前完成。

栽植前宜施用腐熟有机肥为基肥，施用量宜为 8 ～ 12 kg/m^3，栽植后根据品种特性和长势追肥，追肥以水溶无机肥为主，氮：磷：钾 =20 ：10 ：20，单株施肥量 15 ～ 20 mL，单次施肥浓度 300 ～ 500 mg/L。

6. 修剪与越冬

夏季花期到来前，及时去除花序。

地上部枯萎后，清除枯叶、落叶，及时浇封冻水。当年栽植的幼苗应用树叶或草帘覆盖。

（二）病虫害防治

1. 主要病害

玉簪主要病害有炭疽病、软腐病和线虫病。宜采取栽培、物理、生物防治和低毒的化学试剂进行综合防治。及时清理带病虫的叶片，防止病虫害扩散，防治方法见表 1。

表 1　玉簪常见病害及防治

病害种类	症状	病源	防治措施
炭疽病	叶缘，有时叶中间出现大的不规则至圆形的棕黑色斑	炭疽菌	首先剪掉感染叶，灌溉时避免叶片积水，并对健康叶片喷洒杀菌剂。发病时喷施 70% 甲基托布津 800 倍液，依病情 7 ～ 10 天喷 1 次
软腐病	叶柄和茎基部叶片腐烂，直至叶片变黄和枯萎	果胶杆菌	首先剪掉感染叶。分株时，切割用的刀子和其他工具应进行消毒处理。当分完一株植物更换另一株植物时，应洗手
线虫病	多发生于老叶。感染叶呈现浅黄色至黄色的条纹，条纹与主叶脉平行	滑刃线虫	引进没有感染线虫病的植株，叶面避免积水，用水冲洗感染线虫的叶片，剪掉或销毁感染叶

表 2　玉簪常见虫害及防治

防治对象	防治药剂	剂型	使用量 / 浓度	使用方法
蜗牛	6% 蜗克星	颗粒	500 g/亩	拌土撒施
蚜虫	6% 吡虫啉	乳油	3000 倍	喷雾
蛞蝓	6% 四聚乙醛	粉剂	400 g/亩	喷雾

2. 主要虫害

主要虫害是蜗牛、蛞蝓和蚜虫，防治方法见表 2。

六、价值与应用

玉簪具有花叶共赏、耐阴性强等特点，是世界著名的耐阴地被。经过长期的育种工作，现在国际上登录的玉簪园艺栽培品种已近 7000 个，在欧美和日本已广泛应用于园林绿化，成为著名的世界三大宿根花卉之一。

近几年，随着国内园林绿化对林下地被要求的提高，玉簪应用的品种日益丰富，应用的面积逐渐扩大，成为最重要的林下地被植物之一，可以应用于玉簪专类园、花境、盆栽、庭院等。玉簪除了园林应用外，还具有药用、食用以及文化等价值。

（刘东焕　杨柳燕）

Houttuynia 蕺菜

三白草科蕺菜属（*Houttuynia*）多年生草本植物。单种属。因搓碎有鱼腥味，又名鱼腥草。

一、形态特征与生物学特性

（一）形态与观赏特征

植株半匍匐状，茎上部直立，下部匍匐地面，高一般为 15 ～ 60 cm，茎有时带紫色，有鱼腥味，茎具有明显的节，下部伏地，节上生须根，通常无毛。地下根茎细长，匍匐蔓延繁殖，白色、圆形，粗 0.4 ～ 0.6 cm，节间长 3.5 ～ 4.5 cm，每节除着生根外还能萌发芽，每个芽均可发芽长成新的植株。单叶互生，心形、卵形，长 4.5 ～ 7.5 cm、宽 4 ～ 6 cm，先端渐尖，基部心形，全缘，叶面平展、光滑、深绿色，叶背紫红色或紫绿色，叶脉 5 ～ 8 条，呈放射状，略有柔毛。穗状花序着生于茎顶端，与叶对生，穗长 1.5 ～ 2.5 cm，花序柄长 1.5 ～ 3 cm，总苞片 4 枚，白色或淡绿色，花瓣状；花小而密，两性，淡绿色，无花被，雄蕊 3 枚，长于子房，雌蕊由下部合生的 3 个心皮组成。果卵圆形，有条纹，顶端开裂。花期 6 ～ 8 月，果期 9 ～ 10 月。

（二）生物学特性

在自然条件下常野生于背阴山地、林缘路边、水沟洼地边的草丛中。性喜温暖湿润的气候，在阴湿条件下生长良好，忌干旱。对温度适应范围广，地下茎越冬，-10℃时不会冻死，气温在 12℃时地下茎生长并可出苗，生长前期要求 16 ～ 20℃，地下茎成熟期要求 20 ～ 25℃。喜湿耐涝，要求土壤潮湿，田间土壤持水量为

图 1　蕺菜的景观效果

图 2　蕺菜的形态特征

75% ～ 80%。土壤 pH6 ～ 7。对土壤要求不严格，以肥沃的砂质壤土及腐殖质壤土为佳，但在黏性土中也能生长。施肥以氮肥为主，适当施磷钾肥，在有机质充足的条件下，地下茎生长粗壮。对光照条件要求不严，弱光条件下也能正常生长发育。

二、种质资源

蕺菜 *H. cordata*

原产我国，分布于我国中部、东南至西南部各地，东起台湾，西南至云南、西藏，北达陕西、甘肃。亚洲东部和东南部广布。常见品种有5个。

（1）小叶鱼腥草

叶子呈长椭圆形，长度 1.5 ～ 3 cm，宽度 0.5 ～ 1.2 cm，叶面有疏密不均的茸毛。

（2）大叶鱼腥草

叶子较大，长度 2.5 ～ 6 cm，宽度 2 ～ 4 cm，叶子表面相对平整，较少茸毛。

（3）条叶鱼腥草

叶子形状较特别，形状似狗尾草，长度 1 ～ 3 cm，宽度 0.1 ～ 0.3 cm。

（4）香茅鱼腥草

又名香茅草、香蔻草、香附草。气味芳香特殊，有较强的祛湿作用。

（5）大花鱼腥草

花白色，花径 1.5 ～ 2 cm，花序紧密且较大。

三、繁殖与栽培管理技术

（一）分株繁殖

可采用分株、插枝、根茎繁殖等营养繁殖方式。

选择半阴半阳、土壤疏松肥沃、排水良好、通透性好的中性或微酸性砂壤土地块做畦，畦宽 1.0 ～ 1.2 m、高 25 ～ 30 cm。在 3 月下旬至 4 月，挖出分株移栽于沙土苗床，即可实现分株繁殖。

（二）插枝和根茎繁殖

春夏季整畦宽 150 cm、高 30 cm，挖沟底宽 20 cm 的沟，剪插穗长 15 cm 左右插于苗床上，行株距 15 cm × 10 cm，适时浇水遮阴，生根后移栽定植。

根茎繁殖每亩用种量 120 kg 左右，可在春季晚霜结束后挖取肥壮无病的未萌芽地下茎，截成 8 cm 长小段，栽植沟育苗即可。

（三）露地栽培

1. 栽种

选择交通便利、地势平坦、水源充足、排灌方便、土壤疏松肥沃、pH 6.5 ～ 7.0 的壤土或砂壤土地块，清除杂草、翻晒土壤整畦，每亩施充分腐熟有机肥 4000 kg、复合肥 50 kg、饼肥 40 kg 作底肥耙平，做高 30 cm、宽 40 cm 的垄，在垄面上开沟 2 行（深 8 ～ 10 cm），栽种茎的株行距 5 cm × 25 cm，将种茎用 50% 多菌灵可湿性粉剂 600 ～ 800 倍液浸种 10 ～ 20 分钟后再用 500 mg/kg 的生根剂 3 号溶液浸泡 10 分钟，晾干后截成有 2 个芽眼以上的 8 cm 长小段，平置于沟内定植，覆土 6 ～ 7 cm 后用 50% 乙草胺乳油 70 ～ 75 mL 兑水 40 ～ 45 kg 均匀喷雾于畦面除草。适时浇水且保持垄面湿润，20 天左右可萌发出土。

2. 温湿度管理

蕺菜生长前期温度以 15 ～ 20℃为宜，地下茎主要分布在 20 ～ 35 cm 的土层内，成熟期适温是 20 ～ 25℃，耐阴喜湿，保持土壤相对湿度 80% 左右、空气相对湿度 50% ～ 80%，生长良好。一年四季都可栽种。

3. 水肥管理

蕺菜喜欢湿润的土壤环境，要及时浇水，在 5 ～ 6 月茎叶生长旺季和 7 ～ 8 月高温干旱时尤其重要。幼苗成活至封行前除草结合施肥，可用稀薄腐熟人畜粪尿或沼气发酵肥追施 2 ～ 3 次，每隔半个月施 1 次，促进幼苗快速生长。5 ～ 10 月当苗高 8 ～ 10 cm 时可多次采摘嫩茎叶食用，第 1 次采摘后以施氮肥为主，促植株萌发、枝繁叶盛，提升抗病力；4 月中旬茎叶生长旺盛、地下茎腋芽迅速萌生时施以磷钾肥为主的复合肥 15 kg，蕺菜是喜钾作物，生长期可用 0.4% 磷酸二氢钾溶液叶面追肥，每周喷 1 次，共 3 次。

4. 植株管理

当株高 12 cm 以上应及时培土护蔸防倒伏，有利于地下茎粗壮生长。植株要适时摘心促侧枝生长。5 月中旬植株孕穗开花现蕾时及时摘除花蕾，以避免生殖生长与营养生长竞争养分，抑制地下茎的生长。

5. 采收

蕺菜可周年采挖食用，春、夏季采摘嫩茎叶，秋、冬挖掘地下茎。人工栽培的于夏初采收 1 ～ 2 次嫩茎叶，秋、冬挖掘地下茎。采收地下茎不要捡净，留下一部分或断头，翌年气温回升时，即萌发出苗，及时进行除草、松土、间苗、追肥等管理，这样可连续生产多年。

（四）病虫害防治

1. 白绢病

主要危害近地面根茎部，病部表面产生大量绢丝状白色菌丝层。发病初期喷施 20% 三唑酮乳油 1500 倍液或 50% 扑海因可湿性粉剂 1000 倍液，每隔 10 天喷 1 次，共 2 ～ 3 次，采摘前 7 天停用。对病株可用 40% 福星乳油 6000 倍液或 43% 菌力克悬浮剂 8000 倍液浇根茎和邻近植株及土壤。

2. 叶斑病

发病初期叶面出现不规则或圆形病斑，边缘紫红色，中间灰白色，上生浅灰色霉，后期严重时几个病斑融合在一起，病斑中心有时穿孔，叶面局部或全部枯死。初期喷 50% 甲基托布津 800 ～ 1000 倍液，或用 70% 代森锰锌 400 ～ 600 倍液喷雾，每隔 15 天喷 1 次，连喷 2 ～ 3 次。

3. 茎腐病

茎部病斑长椭圆形或梭形，略呈水渍状褐色至暗褐色，边缘颜色较深，有明显轮纹，上生小黑点，发病后期茎部腐烂枯死。在发病初期选用 50% 多菌灵可湿性粉剂或 65% 代森锌可湿性粉剂 500 ～ 600 倍液，每隔 7 天喷 1 次，连喷 2 ～ 3 次。

4. 螨类

螨类（红蜘蛛）刺吸蕺菜叶片、嫩枝的汁液，严重时植株变黄和枯梢，以 3 ～ 6 月和 9 ～ 11 月为高峰期，可用 24% 螨危悬浮剂 4000 ～ 6000 倍液或 5% 尼索朗乳油 3000 ～ 5000 倍液喷雾防治。

四、价值与应用

喜湿耐涝，耐阴，适应性强，是良好的地被植物，尤其适用于林下地被或雨水花园。

蕺菜全株均可食用，具有食用价值和药用价值。性寒，味辛、苦，有抗菌、抗病毒、清热解毒的功效，用于治疗肺脓疡、感冒咳嗽、肺炎、百日咳、慢性支气管炎、痈肿疔疮初起、尿血、冠心病心绞痛等症。

（吴学尉）

Hydrocleys 水金英

泽泻科水金英属（*Hydrocleys*）多年生浮叶草本，原属于黄花蔺科。该属5种，原产中南美洲，叶片青翠，花朵黄艳美丽，为池塘边缘浅水处的装饰材料，常栽培于园林水景的水池、大型水槽中，也可盆栽，用于庭院水体绿化。具有一定的氮、磷吸收能力，并能够分泌抑制浮游藻类生长的化学物质，在一定程度上可以维持水质清洁。

一、形态特征与生物学特性

（一）形态与观赏特征

茎圆柱形，呈海绵质。叶互生，卵形至近圆形，先端圆滑，基部略为心形；叶面油亮，犹如镜面般光滑，叶背有气囊；叶柄圆柱形，具有横隔，叶柄长度随水的深浅而有所变化。由于其茎呈海绵质，叶背有气囊，叶柄有节状横隔，因此可以浮于水面。花单生，亮黄色，具3片花瓣，花冠杯形，似罂粟花，花期6～12月。蒴果披针形。

（二）生物学特性

多生于池沼、湖泊、塘溪中。喜温暖、湿润的气候环境，低温或高温对植株的正常生长均会产生影响。喜阳光充足的环境，至少要让植株每天接受3～4小时的散射日光。性喜温暖，不耐寒，在25～28℃的温度范围内生长良好，越冬温度不宜低于5℃。

二、种质资源

水金英（*H. nymphoides*）

又名水罂粟。多年生浮叶草本。株高1～5 cm。茎圆柱形，直径约5 mm。叶具长柄，圆形至阔卵圆形。伞形花序；小花具长柄，罂粟状，直径6 cm，淡黄色艳，花心棕红色；花瓣3，扇形；萼片3，长椭圆形。蒴果披针形。种子细小，多数，马蹄形（图1）。花期6～9月。

原产巴西、委内瑞拉。1969年引入我国台湾，我国各地水族馆及生态园水域有栽培。水金英喜日光充足的环境，喜温暖，不耐寒，在25～28℃的温度范围内生长良好，越冬温度不宜低于5℃。

三、繁殖与栽培管理技术

（一）分株繁殖

因自交不亲和，且结籽较小，故不常用播种繁殖。地下根茎十分发达，茎节明显，根自茎节处长出。园林中多以根茎分株的方式进行营养繁殖，可在3～6月进行。

（二）园林栽培

1. 盆养

可使用清洁的湖水、自来水等作为栽培基质。盆养可以结合分株进行操作。所用容器通常为堵好排水孔的大型敞口花盆，注意摆放地点一定要有充足的阳光照射。可先将清水注入栽培容器中，再将准备好的种苗直接投入即可。

2. 环境管理

水金英对水质要求不严，可在普通的淡水中种植。水体的pH最好控制在5.5～7.2。其对肥料的需求量较多，生长旺盛阶段每隔2～3周施1次追肥。至少要让植株每天接受3～4小时的散射日光。该种植物为多年生，其发苗迅速，每

图 1　水金英花部特写（张佳平 摄）

图 2　水金英水中种植（张佳平 摄）

年可以繁衍出大量新株。

（三）病虫害防治

在良好的管理条件下，水金英不易患病，亦较少受到有害生物的侵袭。在实际栽培中，常会遇到滋生孑孓的情况，当其羽化为蚊虫后，就会给环境带来很大危害。为了避免这种情况出现，应该在水中投放一些小型鱼类，以清除孑孓。尽量不要采用农药进行灭杀，以免污染环境。

四、价值与应用

该属植物叶青翠，花色金黄、清新宜人，其中水金英的花黄色、明艳，观赏性极佳，多用于公园、绿地等水体绿化，常成丛种植于浅水处或成片种植于浅水边，也可盆栽观赏，且具有净化水质的生态价值。

（张佳平　夏宜平）

Hydrocotyle 天胡荽

伞形科天胡荽属（*Hydrocotyle*）多年生矮生草本植物。该属约130种，我国分布有10余种。天胡荽（*H. sibthorpoilides*）与同科芫荽属（*Coriandrum*）的芫荽（香菜）（*C. sativum*）相似，故又名盆上芫荽。

一、形态特征与生物学特性

（一）形态与观赏特征

茎细长，匍匐或直立。叶片心形、圆形、肾形或五角形，有裂齿或掌状分裂；叶柄细长，无叶鞘；托叶细小，膜质。花序通常为单伞形花序，细小，有多数小花，密集呈头状；花序梗通常生自叶腋，短或长过叶柄；花白色、绿色或淡黄色；无萼齿；花瓣卵形，在花蕾时镊合状排列。果实心状圆形，两侧扁压，背部圆钝，背棱和中棱显著，侧棱常藏于合生面，表面无网纹，内果皮有1层厚壁细胞，围绕着种子胚乳。

（二）生物学特性

主要分布于长江以南及陕西等地；通常生于海拔475～3000 m，适生于湿润的路旁、田边、沟边、草地和溪流河畔，全年可采，没有明显的季节要求。

二、种质资源

天胡荽属广泛分布于陕西、江苏、安徽、浙江、江西、福建、湖南、湖北、广东、广西、台湾、四川、贵州、云南等地。国内常见的有天胡荽，还有吕宋天胡荽（*H. benguetensis*）、缅甸天胡荽（*H. burmanica*）、中华天胡荽（*H. chinensis*）、毛柄天胡荽（*H. dichondroides*）、裂叶天胡荽（*H. dielsiana*）、中缅天胡荽（*H. forrestii*）、普渡天胡荽（*H. handelii*）、阿萨姆天胡荽（*H. hookeri*）、红马蹄草（*H. nepalensis*）、柄花天胡荽（*H. podantha*）、密伞天胡荽（*H. pseudoconferta*）、长梗天胡荽（*H. ramiflora*）、怒江天胡荽（*H. salwinica*）、刺毛天胡荽（*H. setulosa*）、天胡荽（*H. sibthorpioides*）、肾叶天胡荽（*H. wilfordi*）、鄂西天胡荽（*H. wilsonii*）等种。

图1　天胡荽

图2　花叶天胡荽

天胡荽 *H. sibthorpoilides*

茎细长而匍匐，平铺地上成片，节上生根。叶膜质至草质，圆形或肾圆形，长 0.5 ～ 1.5 cm，宽 0.8 ～ 2.5 cm，基部心形，两耳有时相接，不分裂或 5 ～ 7 裂，裂片阔倒卵形，边缘有钝齿，表面光滑，背面脉上疏被粗伏毛，有时两面光滑或密被柔毛；叶柄长 0.7 ～ 9 cm，无毛或顶端有毛；托叶略呈半圆形，薄膜质，全缘或稍有浅裂。伞形花序与叶对生，单生于节上；花序梗纤细，长 0.5 ～ 3.5 cm，短于叶柄；小总苞片卵形至卵状披针形，膜质，有黄色透明腺点，背部有 1 条不明显的脉；小伞形花序有花 5 ～ 18，花无柄或有极短的柄，花瓣卵形，绿白色，有腺点；花丝与花瓣同长或稍超出，花药卵形。果实略呈心形，两侧扁压，中棱在果熟时极为隆起，幼时表面草黄色，成熟时有紫色斑点。花果期 4 ～ 9 月。

破铜钱 var. *batrachium*。

园艺品种有天胡荽‘花叶’(‘Crystal Confetti’)。

三、繁殖与栽培管理技术

（一）播种繁殖

可于 6 月中下旬采收野生或栽培留种的种子，经晒干、扬净后贮藏备用。

1. 直接播种

一般于 9 月初开始播种，如要提早到 7 月下旬或 8 月上旬播种，可将收藏的种子翻晒 1 ～ 2 天后，置于冷藏室内处理 7 ～ 10 天后播种，以打破种子休眠，利于发芽成苗。播前经翻耕施肥、整地作畦后，在畦面上开 5 ～ 7 cm 的浅横沟，在沟内用 7.5 ～ 11.25 t/hm^2 腐熟人粪尿兑水 25% 浇施后，将 750 g/hm^2 左右的种子用细泥或草木灰拌匀后，均匀地撒播于沟内，播后覆以约 1 cm 厚的肥土，保持土壤湿润，7 ～ 10 天后即可出苗。

2. 播种育苗

苗床以在排灌管理方便、水源清洁、肥力中上的砂壤土地块为宜，播种时间和种子处理方法同直接播种。播前结合翻耕施 22.5 ～ 26.25 t/hm^2 腐熟粪肥和 11.25 ～ 15 t/hm^2 草木灰作基肥，然后开沟敲碎土块，整成连沟 1.5 m 宽的微弓型苗床，用 7.5 ～ 8 t/hm^2 腐熟人粪尿兑水 25% 浇施湿润畦面后，将 750 g/hm^2 的种子拌以 225 ～ 300 kg/hm^2 的细泥均匀撒播于畦面，用细泥：草木灰 =1 ：0.5 的肥土覆盖约 1 cm 厚。育苗前期可采用遮光网进行适当遮光，在育苗期间如遇干旱应灌以 2/3 的沟水湿润畦面，隔夜后及时排除；逢多雨天气应注意做好清沟排水工作，以免积水，造成渍害。一般在育苗期间无须施肥，到了起苗移栽前的 4 ～ 5 天，应用 7.5 t/hm^2 的人粪尿兑水 40% ～ 50% 浇施起身肥，当苗长到 3 ～ 5 叶、匍匐茎长达 10 ～ 15 cm 时，于前 1 ～ 2 天浇灌湿润畦面后，即可起苗移栽。

（二）根茎繁殖

可通过采集自然野生苗、栽种地分苗和采收留苗方式进行，采苗、分苗栽种除 5 ～ 6 月花果期不利成活、需要备加管护外，其余生长季节栽种均易成活。采收留苗的，只要在采收时按规定密植要求，每穴处留置 5 ～ 6 根长约 10 cm 的根茎后，加以施肥管理即可；但是在连种 2 ～ 3 年后，要进行 1 次翻耕或轮作。

（三）露地栽培

1. 地块选择

选择排灌方便、水源清洁、空气洁净、远离交通要道和有污染源的厂矿企业，土层较厚、肥力较高的稻田、缓坡地、微潮砂壤土地块种植为佳。

2. 整地栽种

于移栽前 5 ～ 7 天深翻 20 ～ 25 cm，结合翻耕施用 26.25 ～ 30 t/hm^2 粪肥、7.5 ～ 11.25 t/hm^2 草木灰作基肥，翻后敲碎土块，开沟作畦，整成连沟 1.5 m 的微弓型垄畦，在畦面上开沟距 20 cm、沟深 5 ～ 9 cm 的浅横沟，直播的在沟内浇施人粪尿后，将种子均匀播于沟内，并覆土；移栽的在沟内间距 10 ～ 15 cm 栽入根茎苗，栽后随即用 10% 稀薄人粪尿或兑水 50% 沼液浇施定根水，以利发根，促其早发。

3. 查苗补缺

当播种出苗后，匍匐茎长到 7 ～ 10 cm，移栽成活后 2 ～ 4 天，应对出苗和栽后成活情况进行 1 次检查，发现有缺株死苗的，应先取壮苗予以补缺，对补缺苗最好用稀薄人粪尿浇施定根水，以保成活，促进发棵，达到匀苗齐长的目的。

4. 中耕施肥

中耕施肥要求在即将封垄前结束，一般在播种出苗后匍匐茎长至 10 ～ 15 cm、移栽后 10 天左右，用腐熟澄清人粪尿 11.25 t/hm^2，或沼液 15 ～ 18.75 t/hm^2，或市售精制有机肥 1500 ～ 1875 kg/hm^2 进行第 1 次中耕施肥，过 10 ～ 15 天用同样的施用量进行第 2 次中耕施肥，封垄后不再进行中耕施肥。每次采收后，对所留根茎用腐熟粪肥 22.5 t/hm^2、草木灰 7500 kg/hm^2 开沟条施并培土。若在封垄后采收不及时，土壤肥力不高，养分供应不济，可用磷酸二氢钾或叶面肥等叶面喷施 1 ～ 2 次。

5. 抗旱防渍

天胡荽虽喜阴湿环境，但也怕浸渍积水，如遇地下水位偏高地块，应注意开设排水沟降低地下水位，防止浸渍危害；如逢多雨天气应做好清沟排水，以防积水的不利影响，促进根系下扎；如遇干旱无雨天气，应灌沟水抗旱，不能灌水的应浇水护苗，以保健壮生长。

6. 采收

天胡荽通常采取根茎拔取或离地面 2 ～ 3 cm 处割除法采收，因其用途不同，采收期不尽一致。作为食用，一般在茎叶封行时开始采食，一直可采收到 4 月底至 5 月上旬始花时止。到了盛花期后，由于茎叶组织老化，纤维素含量增多，食用口味随之变差，故一般不再作采收食用。作为药用，一般可在封垄后 10 ～ 15 天至盛花期采收，这样有利于产量的提高，达到高产的目的。采收后去除基部黄叶、杂草，洗净后以供食用或晒干后备作药用或销售。作为种用，于 6 月中下旬悬果萼片转为黄褐色、种子呈黄色带有光泽时采收，晒干、脱粒、扬净后贮藏备用。

（四）病虫草害防治

1. 杂草防除

地被类铺地生长草本，一旦发生草害，相比其他高秆作物损失更重，不仅影响产量和品质，还增加采收和捡拾用工。尤以在播种、移栽初期，由于地面覆盖度低，更有利于杂草生长而形成草害。因此，在播种、移栽初期，茎叶未封垄前，结合施肥，应通过中耕除草与手工拔除相结合的方法除草 2 ～ 3 次，以免草害发生。

2. 病害防治

病虫害发生的种类并不多，危害也不甚严重，生产上发生的病害主要有叶枯病、白粉病等。在注意搞好田园卫生、加强栽培管理、注意合理轮作的基础上，进行必要的谨慎用药，将病虫害防治在初始阶段，便可控制其危害。叶枯病、白粉病可用代森锌、多菌灵、百菌清、三唑酮等兑水喷雾防治。

3. 虫害防治

叶甲类害虫可在成虫发生期、始盛期选用敌百虫、敌敌畏、马拉硫磷、灭蝇胺等兑水喷杀，在幼虫发生期用马拉硫磷、鱼藤精兑水或用茶籽饼、烟茎 300 ～ 375 kg/hm^2 捣碎后用开水浸泡 10 ～ 12 小时，再兑以适量水浇施根际处防治。为保证优良品种，化学农药必须在采收前的 20 ～ 30 天停止使用。

四、价值与应用

耐阴，适应性强，可作林下地被植物。

具有清热利尿、解毒消肿、化痰止咳、祛风等功效，被广泛用于医治黄疸型肝炎、晚期肝炎、肝硬化腹水、急性肾炎、百日咳、胆尿路结石、泌尿系统感染、伤风感冒、咽喉炎、扁桃体炎、结膜炎、丹毒、目翳、脚癣、带状疱疹、湿疹、衄血、风火赤眼、蛇缠疮等。因其风味独特、自然无公害，还被广泛用作蔬菜，炖、炒皆可，深受人们喜爱。

（刘克龙　吴学尉）

Hylomecon 荷青花

罂粟科荷青花属（*Hylomecon*）多年生草本。该属3种，分布于我国东北、华北、华中、华东；日本、朝鲜、俄罗斯东西伯利亚也有分布。因花期早，花冠大，色彩艳丽，被诸多学者公认为是极具开发潜力的野生花卉。

一、形态特征与生物学特性

（一）形态与观赏特征

株高15～40 cm，具黄色液汁。根茎短，茎直立，柔弱，不分枝，下部无叶或稀具1～2叶。基生叶少数，叶片羽状全裂，裂片2～3对，最下部1对较小，具长柄；茎生叶2枚，生于茎上部，对生或近互生，稀3枚，叶片同基生叶，具短柄。花1～3朵，组成伞房状花序，顶生或腋生；萼片2，极早落；花瓣4，黄色，具短爪；雄蕊多数；子房圆柱状长圆形。蒴果狭圆柱形，自基部向上2瓣裂。种子小，多数，具种阜。花期4～7月，果期5～8月。

（二）生物学特性

常生于落叶阔叶林下、杂木林下、林缘、沟边或沙地，喜水肥条件较好的腐殖土和适当遮阴的环境。需在半阴、湿润条件下栽培，完全暴露在光照条件下不能开花。

二、种质资源

1. 荷青花 *H. japonica* var. *japonica*

原变种。产我国东北至华中、华东（南至安徽、浙江），生于海拔300～1800（～2400）m的林下、林缘或沟边。朝鲜、日本及俄罗斯东西伯利亚也有分布（图1、图2）。

1a. 锐裂荷青花 var. *subincisa*

与原变种的区别在于叶最下部的全裂片通常一侧或两侧具深裂或缺刻。产华北和华中，生于海拔1000～2400 m的林下。模式标本采自湖北西部。

1b. 多裂荷青花 var. *dissecta*

与原变种的区别在于叶全裂片羽状深裂，裂

图1　荷青花的花及果实

图 2　荷青花的种子

图 3　缝瓣荷青花

注：A. 生境；B. 开花的个体（Wei, 2019）。

片再次不整齐的锐裂。产湖北、陕西、四川，生于海拔 1000 ～ 2000 m 的林下。间断分布于日本。

1c. 缝瓣荷青花 var. *dentipetala*

仅见于湖北神农架，叶片多裂，花被顶端具啮蚀状齿（图 3）。

三、繁殖与栽培管理技术

（一）播种繁殖

播种前按常规整地，在整好的地上按行距 25 ～ 30 cm，开约 2 cm 深的浅沟，将种子与细沙拌匀后均匀撒于沟内，覆土 0.5 ～ 1 cm，因种子细小（千粒重 2.5 ～ 2.8 g），覆土不宜过厚，轻镇压，后浇水。播种后种子在 18 ～ 21℃条件下，1 周即可发芽。当第一片真叶出现时即可分苗，5 ～ 6 片叶时可定植。苗出齐后，要勤松土除草，并间去过密的弱苗。定苗后及时追肥 1 次，以后加强管理。

（二）分株繁殖

将分株苗采用 500 mg/L 的生根剂浸泡 2 分钟，移栽到基质中。

（三）园林栽培

1. 基质

荷青花喜水肥条件较好且排水良好的腐殖土。选择高燥地块，对土壤杀菌消毒，并加入大量腐殖质和水，然后翻地、整地。

2. 水肥

种植前，每亩施农家肥 5 t，在基肥中增加硼砂，除施足基肥外，生长期每月施肥 1 次，用复合肥即可，加入适量硼作叶面肥施用。一般 3 天左右浇 1 次水。在花序抽生及生长发育期，水肥要充足，否则花枝短小，花朵不繁茂。

3. 光照

荷青花喜半阴环境，故在全日照环境处加盖遮光率为 50% 以上的遮阴网。植株进入生殖生长后尽量延长光照时间，保证每日光照 10 小时以上，白天温度 20 ～ 25℃，晚间温度 10 ～ 15℃，避免高湿度和 30℃以上的高温。

4. 修剪及越冬

入冬前清除枯叶，以防病虫害发生。由于荷青花耐寒，故自然越冬即可。

（四）病虫害防治

生长期间有棉红蜘蛛危害茎叶。发生期可用 40% 水胺硫磷 1500 倍液，或 20% 双甲脒乳油 1000 倍液喷雾防治。

四、价值与应用

多见于各地公园、庭园栽培，现已有北京天坛公园丁香林下的栽培应用实例（胡晋燕，2012；肖智，2013）。

为我国传统中药，多以根茎药用，又名拐枣七，具有祛风湿、止血、止痛、舒筋活络、散瘀消肿等功效，治劳伤过度、风湿性关节炎、跌打损伤及经血不调。常与多种中药合用，用于治疗风寒湿痹、风湿关节痛、跌打损伤、劳伤、四肢乏力、胃脘痛、痢疾等疾病。全年均可采集（范春楠，2016；王静 2017）。

（任保青　梁楠）

Hylotelephium 八宝

景天科八宝属（*Hylotelephium*）多年生草本植物。原为景天属（*Sedum*）的一个组，1977 年日本学者 Ohba 将景天属中茎直立、叶片扁平、花期在夏秋季的一些种分离出来，提升为新属。花色丰富，花期长，抗逆性强，特别是耐旱、耐贫瘠的特点，为其在景观中赢得一席之地。其中，长药八宝于 2008 年被选为迎奥运地被花卉植物，在北京的景观中经常可以见到此种植物。

一、形态特征与生物学特性

（一）形态与观赏特征

根状茎肉质、短；茎直立，高 30 ～ 70 cm。早春茎末伸长时，叶呈玫瑰状簇生。茎叶互生、对生或 3 ～ 5 叶轮生，扁平；叶卵形至宽卵形，或长圆状卵形，长 4 ～ 10 cm，宽 2 ～ 5 cm，先端急、钝，基部渐狭，全缘或多少具波状牙齿。花序复伞房状、伞房圆锥状或伞状伞房状，小花序聚伞状；花两性，五基数，少有为四基数或退化为单性的，萼片不具距，花瓣通常白色、粉红色、紫色，或淡黄色、绿黄色（图 1、图 2）。

（二）生物学特性

多年生，地上部分早春萌发，抗旱、抗盐、耐寒、耐热、耐瘠（图 3）。抗性强，适应性广，在西安可露地生长 10 年以上。

二、种质资源与园艺品种

全球有 27 种，分布于欧亚大陆及北美洲。我国有 15 种 2 原变种及 2 变种，南北各地均有分布。八宝属园艺品种从 20 世纪 90 年代开始，迅速发展，主要以长药八宝、紫八宝及大八宝等为亲本培育而来。观赏应用的主要有以下种及其品种（董长根　等，2013；Armitage，2008；Graham , 2012）。

1. 岩生八宝 *H. cauticola*

株高约 8 cm，宽约 30 cm，常呈垫状生长。叶片圆形或长椭圆形，生于肉质小枝顶部，粉红色或灰绿色。花紫粉色（图 4）。花期秋季。

图 1　对生的叶片

图 2　八宝属的花序

图 3 八宝早春萌动

注：A. 地栽；B. 盆栽。

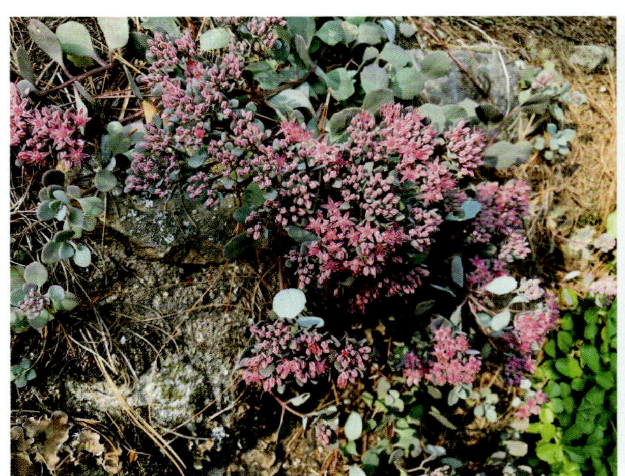

图 4 岩生八宝（Lemheg Wood 摄）

图 5 八宝 3 月下旬露地栽植的新叶

原产于日本北海道的高山岩石间，故又名北海道岩八宝。耐寒，喜碱性到中性土壤。该种曾获得英国皇家园艺学会的园林优秀奖。

2. 八宝（八宝景天）*H. erythrostictum*

茎直立，高约 70 cm。叶对生，稀互生或 3 叶轮生，长圆形或卵状长圆形，长 4.5 ～ 7 cm，先端钝，基部楔形，有疏锯齿；无柄。伞房状花序顶生；小花密集，径约 1 cm，白或粉红色；雄蕊与花瓣等长或稍短，花药紫色（图 5）。花期 8 ～ 10 月。

我国南北各地均有分布。

3. 长药八宝 *H. spectabile*

与八宝的区别在于，叶先端钝尖，缘具波状牙齿或全缘；花瓣淡紫红色或紫红色（开花初期为淡紫红色，中期为紫红色或红色，秋季则渐变为深红色，甚至锈红色）；雄蕊长于花瓣（图 6）。

产我国东部秦淮线及其以北地区。是许多园艺品种的亲本。

4. 紫八宝 *H. telephium*

茎直立，常紫红色，单生或少数聚生，高达 70 cm。叶互生，卵状长圆形或长圆形，长 2 ～ 7 cm，先端钝圆，上部叶无柄，基部圆，下部叶基部楔形，有不整齐牙齿。花序伞房状，花密生；花瓣紫红色，自中部向外反折；雄蕊与花瓣稍等长（图 7）。

产我国新疆和东北；欧洲、远东地区、日本及北美洲也产；生于山坡草原上或林下阴湿山沟

图 6 长药八宝（李淑娟 摄）

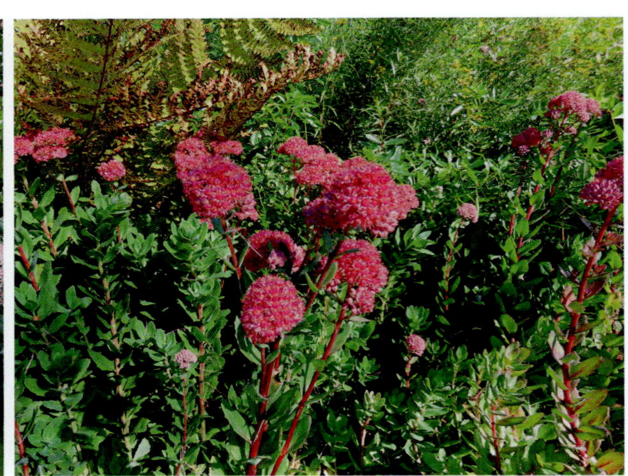

图 7 紫八宝（Hardy woods 摄）

图 8 大八宝（Aliaksandr Mialik 摄）

图 9 ‘秋之喜悦’苗期（李淑娟 摄）

图 10 ‘秋之喜悦’蕾期

图 11 ‘秋之喜悦’初花期

边。重要的育种亲本。

5. 短叶八宝（大八宝）*H. maximum*

半肉质。茎直立，从根茎生长而来，高度可达 80 cm。叶卵形，边缘有钝齿，暗绿色至棕红色，长达 10 cm。花呈乳白色，有时带有绿色、黄色、粉红色或紫色，从夏末到秋天成簇开放。

原产欧洲至高加索地区（图 8）。

6. '秋之喜悦' *H.* 'Herbstfreude'（'Autumn Joy'）

长药八宝与紫八宝的杂交后代。丛生状，茎直立，株高 45 ～ 60 cm。叶灰绿色，椭圆形至倒卵形，缘具尖齿，长约 9 cm。伞房花序顶生，平顶而宽，花序径约 20 cm；花期 8 ～ 11 月；花蕾白绿色，开放后，花瓣粉红色，心皮紫红色。心皮较花瓣和雄蕊长而色深，是花色的主要表面部位。残花头渐变为褐红色，宿存越冬，可为冬日的花园提供色彩。因而，人们在花期的不同时段可以见到不同的花色（图 9 至图 14）。

7. 秋悦八宝 *H. maximum* × *spectabile*

大八宝与长药八宝的杂交种群。花色变化丰富（图 15）。

8. '紫闪蝶' *H.* 'Purple Emperor'

为大八宝的种内杂交品种（*H. maximum* subsp. *maximum* 'Atropurpureum' × subsp. *ruprechtii*）。茎紫红色，叶深灰紫色，宽椭圆形。花序径约 20 cm，花瓣粉绿色，心皮由紫红色渐变成栗色和棕色（图 16、图 17）。极好的红叶品种，花期夏秋季。

三、繁殖与栽培管理技术

（一）播种繁殖

花朵盛开之后，子房壁失水，逐渐裂开，暴露出内部的种子。长药八宝种子具有较高的活力，种子不需要休眠可以直接萌发。属于典型的喜光性种子，在全光照条件下萌发率在 8 天内可以达到 95%。30 ℃浸种 13 小时后，种子在第 7 天达到最大萌发率 98%。长药八宝种粒微小，播种后生长慢，育苗期长（矫国荣 等，2006）。

（二）分株和扦插繁殖

分株以春初或秋末为好。自春季抽生地上茎开始至开花前，都可扦插。扦插繁殖的植株当年即可开花，成活率高，且长势良好，并且在 6 ～ 8 个月后就可以形成整齐的地被层。根状茎、嫩枝均可扦插。

（三）组培快繁

以八宝植株腋芽的幼嫩茎段为外植体，消毒后接于初代培养基（MS+3% 蔗糖 +0.8% 琼脂，pH5.8）上培养 7 ～ 10 天后，腋芽开始萌动、生长，40 天后芽长 1.5 ～ 2 cm。切取腋芽继代到增殖培养基 MS+6-BA 0.1 mg/L+NAA 0.02 mg/L 中经过 40 ～ 50 天的培养就可形成多个丛生状不定芽。然后将丛生芽切成 1 cm 的小段，转移至相同成分的新鲜培养基上继代培养。经生根培养、炼苗后移植至大棚肥沃园土中，移植成活率可达 95% 以上（邱宁宏 等，2003）。

选取长药八宝的顶芽茎段作为外植体，在

图 12 '秋之喜悦'末花期

图 13 '秋之喜悦'冬态

图 14 '秋之喜悦'庭院应用（陈煜初 摄）

图 15　秋悦八宝花色丰富

图 16　'紫闪蝶'（陈煜初 摄）

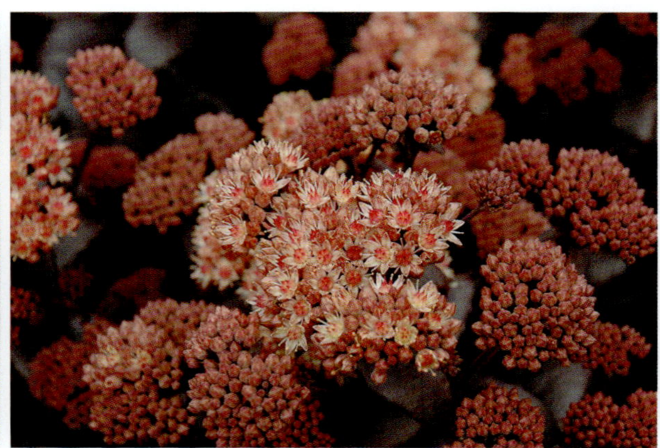

图 17　'紫闪蝶'花序（陈煜初 摄）

启动培养基 MS+2, 4-D 0.5 mg/L+KT 0.5 mg/L+6-BA 0.5 mg/L 中。顶芽茎段萌动的同时，既有芽丛分化，又产生愈伤组织。将芽丛分割成单芽继代到不定芽增殖培养基 MS+6-BA 0.1 mg/L+NAA 0.1 mg/L 中进行培养。茎段基部先形成愈伤组织，再分化出芽。分化出的芽生长健壮，30 天继代 1 次，增殖系数可达 22 倍左右。之后选择高度在 2 ～ 3 cm 的健壮无根苗转移到生根培养基 1/2MS 上，30 天后生根率可达 100%。对生根培养 30 天的生根苗进行移栽，其移栽成活率可达 97.1%（任爽英 等，2006）。

选取华北八宝的幼嫩叶片，消毒后接于 MS+2, 4-D 2 mg/L+6-BA 0.5 mg/L 的培养基上，愈伤组织诱导率高达 92.1%。不定芽诱导培养基为 MS+6-BA1 mg/L，诱导率为 81.5%。生根培养基为 1/2MS，生根率达 100%（王珏，2010）。

（四）园林栽培

植株强健，管理粗放。忌雨涝积水。春季十分干旱的地区，应灌溉 1 ～ 2 次。以扦插繁殖为主，也可分株或播种。自春季抽生地上茎至开花前，均可露地扦插，扦插繁殖的植株当年开花。分株以春初秋末为好。扦插可在 4 ～ 9 月进行，剪取 2 ～ 5 cm 长的插穗，剪口晾干 2 ～ 5 天，再插入繁殖沙床中，保持荫蔽环境，生根后即可繁殖。叶片较大时，也可用叶插，需将剪口晾干后再进行扦插。分株繁殖除冬季外均可进行，直接分离母株根际发出的蘖枝，切口稍干燥后，栽植于合适的盆中，在荫蔽处养护一段时间，便可转入正常栽培管理。播种繁殖应用较少，宜在春季进行。种子覆以薄土，保持 15 ～ 18℃的条件，3 ～ 5 周即可发芽。待 1 ～ 2 片真叶后，再移植上盆。

长药八宝是一种耐旱植物，性喜强光和干燥、通风良好的环境，能耐 -20℃的低温；喜排水良好的土壤，耐贫瘠和干旱，忌雨涝积水。

（五）病虫害防治

土壤过湿时，易发生根腐病，应及时排水或用药剂防治。此外，可有蚜虫危害茎、叶，并导致煤烟病；介壳虫危害叶片，形成白色蜡粉。对于虫害，应及时检查，一经发现立即清除或用肥皂水冲洗，或一般杀虫剂防治。

四、价值及应用

八宝属大都具有抗旱、抗盐、耐热、耐瘠、花朵美丽、花色丰富等优良特性，并且具有投入费用低、易护养、病虫害少等特点。主要应用于屋顶绿化、公路绿化、边坡防护、广场地被绿化或一些园林景观工程，也是干旱花境及岩石园的优良材料。

（赵雪艳　李艳）

Hypoestes 枪刀药

爵床科枪刀药属（*Hypoestes*）草本、灌木或乔木。该属约 40 种，主要分布东半球热带地区。属名源于希腊语 *hypo*（在下的）和 *estia*（房屋）的合成词，指本属植物的花萼包被于苞片之中。因部分种的彩叶而用于观赏栽培。

一、形态特征与生物学特性

（一）形态与观赏特征

单叶，全缘或有齿。穗状花序腋生，由数个或多个头状花序组成；总苞片 4 或 2 枚，单花（其余花朵退化），花萼和小苞片小，包被于总苞片内；花冠紫红、粉红或白色；冠管细长，扭转，冠檐二唇形（图 1）。

图 1　枪刀药属花部特征

（二）生物学特性

喜温暖、湿润及半阴的环境，不耐寒，忌强光，适宜肥沃、土层深厚、富含腐殖质且排水良好的微酸性土壤栽植。生长适温 20 ～ 30℃。越冬温度需 12℃以上。

二、种质资源

景观应用的仅有红点草、枪刀药及其园艺品种。

1. 红点草（嫣红蔓）*H. phyllostachya*

多年生草本或亚灌木。株高 20 ～ 50 cm，冠幅 20 ～ 30 cm。单叶对生，卵状披针形，全缘，叶色丰富，绿色，具白色、粉色或红色圆点或泼墨状斑块（图 2）。单花腋生，紫红色。花期夏季至初秋。红点草及其品种是目前应用最广泛的。

2. 枪刀药（红丝线）*H. purpurea*

多年生草本或亚灌木。株高 50 cm；茎下部常膝曲状弯拐，上部具 4 钝棱和浅沟。叶卵形或卵状披针形，长 4 ～ 8 cm，先端尖，基部楔形，下延，全缘。穗状聚伞花序位于花序轴的一侧；总苞片 4，两两合生成筒，长约 8 mm，其内通常仅有 1 花；花冠紫蓝色，长 2 ～ 2.5 cm（图 3）。花期 10 ～ 11 月。

分布于我国南部沿海地区及菲律宾。

三、繁殖与栽培管理技术

（一）播种繁殖

春秋季播种。种子无须深埋，撒播后，覆 1 mm 细土即可。播种地忌阳光直射，保持基质湿度，种子萌发适宜温度 20 ～ 26℃，5 ～ 10 天萌发。幼苗生长适宜温度 15 ～ 25℃。

（二）分株繁殖

生长季进行。茎匍匐着地处易生根，切下带

图 2　红点草（嫣红蔓）叶色

图 3　枪刀药（Wan-hsuan Kao 摄）

根嫩枝另植即可。

（三）扦插繁殖

扦插是该属最常用的繁殖方式，常年均可进行，以春秋两季为主。将枝条剪成小段，每段 2 ～ 3 节，3 节及顶芽的插穗生长最好。以纯河沙或河沙、珍珠岩和细木屑的混合物为基质。培养环境保持阴凉及基质湿度，避免阳光直射。20 ～ 25℃条件下，3 ～ 4 周生根。

（四）园林栽培

1. 土壤

喜排水良好的砂壤土。

2. 水肥

喜中等湿度且排水良好、富含有机质的土壤。生长季每月追施 1 次复合肥。

3. 光照

喜阴，忌强光，但过阴环境易徒长，叶斑色易减褪。以 50% ～ 70% 光照为佳。

4. 修剪及越冬

生长季修剪过长的枝条可使植株萌发更多新枝。北方冬季需温室保存或作一年生栽培。

（五）病虫害防治

常有蛞蝓危害，偶有白粉病出现。均可采用常规方法防治。

四、价值与应用

叶片色彩斑斓，生长迅速，枝叶茂盛。可用作林下地被、花境的色块构建材料，也常盆栽用于家庭园艺。

（李淑娟）

Hyssopus 神香草

唇形科神香草属（*Hyssopus*）多年生草本或半灌木。全属 2 种，分布于亚洲中部，经西亚至南欧及北非。仅有神香草（*H. officinalis*）及其品种在景观中应用。

一、形态特征与生物学特性

（一）形态与观赏特征

多年生草本或半灌木，帚状。叶大多线形至长圆形。轮伞花序 2 至多花，大多偏于一侧，腋生，多数组成顶生伸长的穗状花序；花萼管状；花冠蓝色、紫色或偶有白色，冠檐二唇形；雄蕊 4，花柱先端相等 2 浅裂；花盘杯状，平顶。小坚果长圆形或长圆状卵形。

（二）生物学特性

喜光，不耐阴。极耐寒（-40℃）。极耐旱，忌积水。耐贫瘠。生性强健，可在各种气候带生长，在温暖气候、中等温度土壤中生长最佳（董长根 等，2013）。

二、种质资源

神香草 *H. officinalis*

宿根或半灌木，落叶至常绿，株高 20 ～ 50（～ 80）cm。茎多分枝，钝四棱形，具条纹，被短柔毛。叶线形、披针形或线状披针形，长 1 ～ 4 cm，宽 2 ～ 7 mm，无柄，两面无毛，具腺点。轮伞花序具 3 ～ 7 花，腋生，常偏向于一侧，枝上部者较密集；花萼管状，常具色泽；花冠浅蓝、蓝至紫色，长约 1 cm（图 1、图 2）。花期 6 ～ 9 月。

原产于欧洲。

‘白花’神香草（‘Albus’） 花白色（图 3）。

‘粉红’神香草（‘Roseus’） 花粉色（图 4）。

图 1　神香草（Gennadiy Okatov 摄）

图 2　神香草花枝（Alenka Mihoric 摄）

图3 ‘白花’神香草

图4 ‘粉花’神香草

三、繁殖与栽培管理技术

（一）播种繁殖

春播。发芽适宜温度18～25℃，萌发约需2周；具3～4片真叶时进行移栽。

（二）分株繁殖

早春掘起老株丛，切分后另行种植即可；或于秋季分根繁殖。

（三）园林栽培

1. 土壤

排水良好的各种土壤均可。

2. 水肥

耐旱，但喜湿润，而忌积水。故根据当地降水情况，起高垄种植或适时排水，一般无须特别浇水；耐贫瘠，一般耕作层土壤无须追肥。

3. 光照

需全光照条件下种植。

4. 修剪及越冬

入冬前修剪枯枝叶。冬季一般无须保护。

四、价值与应用

株型丰满，枝叶茂盛，芳香，小花密集。常用于药草园、香草园、岩石园或花境中，特别是北方干旱区域景观的优良材料。同时也是极佳的蜜源植物。

具有特殊的薄荷味和辛辣味，早于16世纪中期就作为香料栽培，主要用于提取香精油或食用。味辛，性凉，有止咳化痰、清热利湿的功效，被制成祛痰剂、发汗剂、刺激剂、健胃剂、祛风剂、利尿剂等。

（李团结　李淑娟）

Iberis 屈曲花

十字花科屈曲花属（*Iberis*）一年生、多年生草本或亚灌木。全球约 30 种，主要分布于地中海及南欧。因该属的很多种发现于西班牙的 Iberia 而得。十字花科的小花都是 4 瓣，但屈曲花紧凑的伞房花序看起来就是像是由无数小花组成的大花朵，加上低矮而呈垫状的株簇，在花期就形成了洁白或粉色的花毯或花丘，十分引人注目。

一、形态特征与生物学特性

（一）形态与观赏特征

呈密实的垫状或丘状；茎无或有分枝，具锐棱。叶线形或匙形，全缘，有牙齿或羽状半裂。总状花序伞房状；萼片近直立，宽卵形，有宽膜质边缘，基部不呈囊状；花瓣白色、玫瑰紫色或紫色，美丽，大小不等。短角果宽卵形、球形或横卵形。

（二）生物学特性

喜光，抗旱，忌湿，耐贫瘠，耐寒。适应性较强，常绿屈曲花在西安可露地生长 3 ～ 10 年。

二、种质资源

景观应用的种及其品种如下：

1. 直布罗陀屈曲花 *I. gibraltarica*

低矮的亚灌木或宿根类，株高 20 ～ 30 cm，冠幅约 30 cm。叶长倒卵形，缘具少量浅齿，长约 2.5 cm，在基部形成莲座状。伞房花序，扁平，小花多数；花白色至粉色（图 1、图 2）。花期 3 ～ 5 月。可耐 –23℃低温。

原产北非，直布罗陀是欧洲唯一产地；该种是直布罗陀巨岩自然保护区的标志植物，被印到该地的货币上（Armitage，2008）。

2. 石生屈曲花 *I. saxatilis*

种加词意为“生长在岩石上”，这种紧凑的植物总能与周围岩石完美结合。低矮的常绿或半常绿植物，株高 7.5 ～ 15 cm。叶长披针形，长约 2 cm，宽 0.3 cm。伞房花序顶生，小花多数；花白色至紫色（图 3、图 4）。花期 5 ～ 6 月。

分布于南欧，却极耐寒，可耐 –37 ℃低温（Armitage，2008）。

3. 常绿屈曲花 *I. sempervirens*

低矮的常绿或半常绿、草本或半灌木，株高 20 ～ 30 cm，冠幅约 45 cm。叶线形至倒披针形，长 1 ～ 3（～ 5）cm，宽 2 ～ 5 mm。总状花序，在果期稍伸长；花瓣白色或有时粉红色，花径约 2.5 cm（图 5）。花期 4 ～ 5 月。

分布于南欧，极耐寒，可耐 –37 ℃低温。该种有众多品种，只是在花色或生长习性方面有所不同；也是景观中应用最多的种和品种（Armitage，2008；董长根 等，2013）。

三、繁殖与栽培管理技术

（一）播种繁殖

秋季于冷棚中播种，种子易萌发。种子繁殖后代可能有花色分离。

（二）扦插繁殖

具有匍匐生长的习性，茎节触地生根，易于

图 1　直布罗陀屈曲花（Peter Zika 摄）

图 2　直布罗陀屈曲花（Yan Wong 摄）

图 3　石生屈曲花（Вадим 摄）

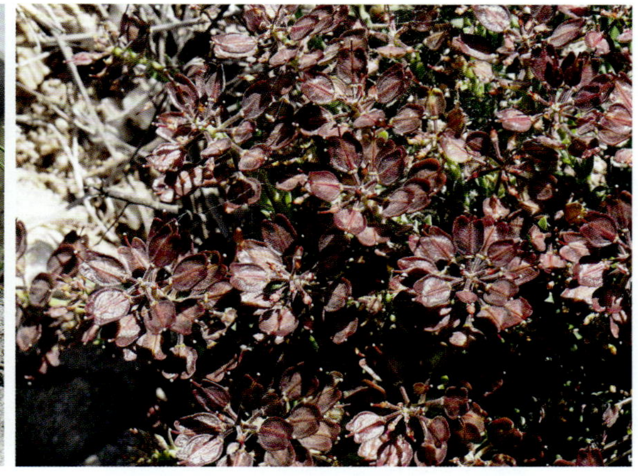

图 4　石生屈曲花果序（Felix Riegel 摄）

图 5　常绿屈曲花

扦插繁殖。一般于春末行嫩枝扦插，2～3 周生根；于夏季用半木质化茎段扦插。

四、价值与应用

植株低矮紧凑，花朵密集，抗旱，耐贫瘠，部分种极为耐寒，是优良的岩石园、花境及自然景观构建材料，常用于前景及草地与高大植物之间的过渡。

（李淑娟）

Incarvillea 角蒿

紫葳科角蒿属（*Incarvillea*）多年生草本花卉。属名是为了纪念法国传教士、植物学家汤执中 Pierre le Chéron D'Incarville（1706—1757 年）。角蒿属主要分布于我国，分布于西南部的一些种，因花似大岩桐之花，也称为耐寒大岩桐，花大色艳，观赏价值很高。

一、形态特征与生物学特征

（一）形态与观赏特征

一年生或多年生直立或匍匐草本，具茎或无茎。叶基生或互生，单叶或一至三回羽状分裂。总状花序顶生；花萼钟状，萼齿 5；花冠红色或黄色，漏斗状，多少二唇形，裂片 5，圆形，开展。蒴果长圆柱形，直或弯曲，渐尖，有时具棱。种子多数，小而扁平，两端或四周有白色透明膜质翅或丝状毛（图 1）。

图 1　路边的角蒿

（二）生物学特性

喜光、耐寒、耐旱；但分布于我国西南地区的波罗花亚属，喜冷凉气候，耐热性差。均喜排水性好的土壤。

二、种质资源

角蒿属有 17 种，主要分布于我国及环喜马拉雅山脉的南亚和中亚地区。我国有 12 种，多种为中国特有种。根据其形态与习性差异，分为 5 个亚属：波罗花亚属（Subgen. *Amphicome*）（红波罗花、鸡肉参）、角蒿亚属（Subgen. *Incarvillea*□（角蒿）、中亚角蒿亚属（Subgen. *Olgaea*□（中亚角蒿）、两头毛亚属（Subgen. *Pteroscleris*）（两头毛）和（Subgen. *Niedzwedzkia*）亚属（塞米雷特角蒿）（杭佳 等，2021）。

角蒿属几乎都有极佳的观赏价值，但开发利用严重不足，特别是在我国。目前，园艺品种不多，景观中少量应用的有以下几种（Graham，2012；Armitage，2008；董长根 等，2013）。

1. 红波罗花 *I. delavayi*

无茎，全株无毛。叶基生，一回羽状分裂，长 8 ～ 25 cm，侧生小叶 4 ～ 11 对，缘具粗锯齿或钝齿；顶生小叶长 1.5 ～ 3.5 cm，宽 1 ～ 2.5 cm，与顶部的 1 对侧生小叶汇合。总状花序具 2 ～ 6 花，着生于花莛顶端，花莛长达 30 cm；花冠钟状，深粉红色，长约 6.5 cm，直径 3.5 ～ 5.5 cm，裂片 5，开展，喉部黄色（图 2）。蒴果木质，四棱形。花期 7 月。可耐 -24℃低温，适宜种植于夏季冷凉的全光照或半阴环境。

2. 鸡肉参（短柄波罗花）*I. mairei*

与红波罗花的区别在于侧生小叶 2 ～ 3 对，

卵形，顶生小叶较侧生小叶大 2 ～ 3 倍，长达 11 cm，宽 9 cm。总状花序有 2 ～ 4 朵花，花莛长约 22 cm；花冠紫红色或粉红色，长 7 ～ 10 cm，直径 5 ～ 7 cm（图 3）。蒴果圆锥状。花期 5 ～ 7 月，果期 9 ～ 11 月。可耐 -40℃低温，喜冷凉气候。

3. 角蒿 *I. sinensis*

一年生或多年生草本，茎高 50 ～ 80 cm，具分枝。叶互生，二至三回羽状细裂，形态多变。疏散总状花序顶生；花冠玫红色至粉红色，钟状长漏斗形，长约 4 cm。果线状圆柱形（图 4）。花期 5 ～ 9 月。

产我国西部。

3a. 黄花角蒿 var. *przewalskii*

花淡黄色。花期 5 ～ 10 月（图 5）。

4. 中亚角蒿 *I. olgae*

多年生草本，丛生，少分枝，基部常木质

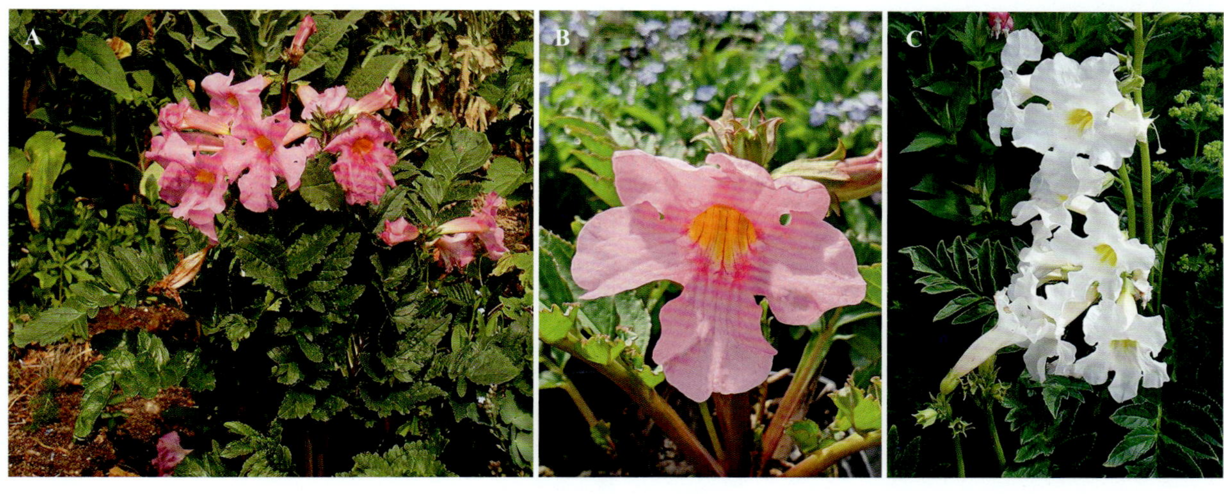

图 2　红波罗花及其品种

注：A. 红波罗花；B. *Incarvillea delavayi* 'Bee's' Pink；C. *Incarvillea delavayi* 'Snowtop'。

图 3　鸡肉参（Yaoshawn 摄）

图 4　角蒿（着红花者）

图 5　黄花角蒿

图 6　中亚角蒿（Aleksandr Naumenko 摄）

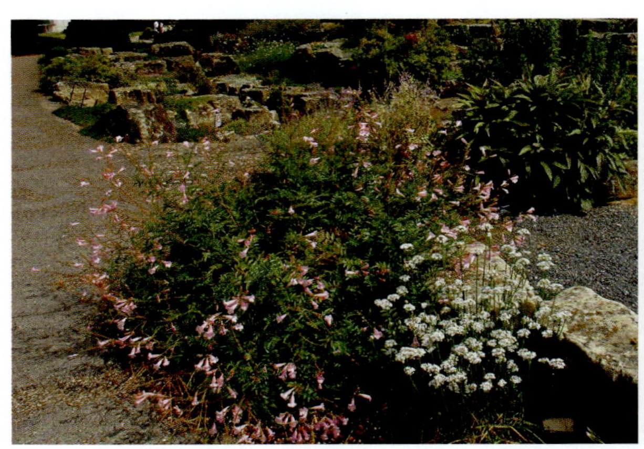

图 7　两头毛（Ryan Van Mete 摄）

图 8　*Incarvillea semiretschenskia*（Vladimir Epiktetov 摄）

化，高 70 ～ 100 cm。叶对生，羽状，羽状全裂或多回羽状全裂。圆锥花序顶生；萼筒钟状，花冠窄漏斗形，粉红色至玫红色，长 3 ～ 4.5 cm。蒴果革质，圆柱形（Chen et al.，2006）（图 6）。花期 6 ～ 8 月。

产土库曼斯坦到塔吉克斯坦和阿富汗东北部。抗寒，抗旱，耐贫瘠，有待开发利用。

5. 两头毛 *I. arguta*

茎多分枝，基部常木质化，高达 1.5 m。叶互生，不聚生于茎基部，一回羽状复叶，长约 15 cm；小叶 5 ～ 11 枚，长 3 ～ 5 cm，宽 1.5 ～ 2 cm，缘具齿。总状花序顶生，具小花 6 ～ 20 朵；花冠淡红色、紫红色或粉红色，钟状长漏斗形，长约 4 cm。果线状圆柱形，革质，长约 20 cm。花期 3 ～ 7 月，果期 9 ～ 12 月（图 7）。适宜我国中部和南部种植。

6. 塞米雷特角蒿（新拟）*I. semiretschenskia*

茎直立，丛生，亚灌木，高 45 cm。叶深裂，裂片线形。总状花序顶生，管状花长 6 cm，宽 4 cm。果形独特，长约 5 cm，具 6 个波浪状的翅，轴裂（图 8）。该种目前仍在遥远的高山高原上独自怒放，等待人们开发利用。

三、繁殖与栽培管理技术

（一）播种繁殖

秋播，9 ～ 10 月进行，种子细小，可与细沙混合撒播，播后用细土薄薄覆盖一层，保持基质潮湿，1 ～ 2 周出苗。苗高 4 ～ 5 cm 时分栽上盆，翌年春天移栽于景观中（董长根 等，2013）。

（二）园林栽培

1. 土壤

各种土质均可，但以透水性好的砂质土壤为佳。

2. 水肥

耐旱，一般自然降水即可满足水分需求，但波罗花亚属稍喜湿，所有种均忌积水。耐贫瘠，栽培中保持中等肥力即可。

3. 光照

喜阳光充足，也可在一天中有短暂遮光的环境中生长。除角蒿外，其他种均喜夏季冷凉气候，故夏季高温是严峻的生存考验。

4. 修剪及越冬

入冬前清除地上枯枝叶。所有种的耐寒能力都比较强，波罗花亚属在北方冬季寒冷地区须做地面覆盖保护。

（三）病虫害防治

主要有蛞蝓和蜗牛危害。

四、价值与应用

该属植物花色艳丽，耐寒，抗逆性强，宜在我国西南、西北及北方等夏季冷凉的地区应用，可植于林缘或自然景区，也可作花境材料。还具有祛风湿、解毒、杀虫的药效，多数种都有药用功能。

（李淑娟　刘青林）

Inula 旋覆花

菊科旋覆花属（*Inula*）多年生草本，稀一二年生。该属有 90 种，分布于欧亚大陆及非洲；我国有 20 余种。明亮的黄色或橙黄色花朵在夏季的花园中绽放光芒，长长的线形舌状花瓣无疑提高了它们的显示度。

一、形态特征与生物学特性

（一）形态与观赏特征

植株常有腺毛、糙毛或柔毛。单叶互生或仅基生，全缘或有齿。头状花序大或稍小，伞房状或圆锥伞房状；总苞片多层，覆瓦状排列；花黄色，稀白色。瘦果近圆柱形。

（二）生物学特性

喜光，稍耐阴。喜夏季冷凉气候，耐寒，在南方高温高湿条件下生长不良。喜潮湿但排水良好的土壤。

二、种质资源

景观中常用的有以下几种（Graham，2012；Armitage，2008）。

1. 土木香 *I. helenium*

根状茎块状。茎直立，粗壮，高 60 ～ 150（～ 250）cm，被开展的毛。基生叶及下部茎生叶花期常存，椭圆状披针形，基部渐狭为柄，连柄长 30 ～ 60 cm；上部叶稍宽，基部半抱茎；均被糙毛。花序伞房状；小花梗长 6 ～ 12 cm；花径 5 ～ 8 cm，舌状花线状，长 2 ～ 3 cm，黄色，管状花橙黄色（图 1）。花期 6 ～ 9 月。

分布于我国内蒙古、新疆；欧洲、中亚、西伯利亚也有分布。适宜于秦淮线以北及西北地区种植。

2. 锈毛旋覆花 *I. hookeri*

丛生状，常有匍匐或斜升的枝，株高 60 ～ 100 cm。叶长圆形或椭圆状披针形，长 7 ～ 17 cm，宽 1.5 ～ 3 cm，掌状，基部狭，半抱茎，缘具小尖齿，两面密被锈毛。头状花序单生于茎枝端，花径 6 ～ 8 cm；舌状花黄色，线形，管状花色深（图 2）。花期 7 ～ 10 月。

原产于我国云南西北部、藏南山区。可耐 -20℃低温。

3. 巨飞蓬 *I. magnifica*

植株高大，可达 240 cm 以上，丛生状；茎在顶端多分枝。叶大，椭圆形至卵形，被粗毛，缘具齿，长 25 cm。头状花径达 15 cm，舌状花黄色，线形（图 3）。

原产于高加索东部的高山草甸和林地空地。喜潮湿甚至沼泽地，可耐 -18℃低温。

4. 总状土木香 *I. racemosa*

也称藏木香。植株高大，可达 250 cm，与土木香的区别在于头状花序无梗或有长 0.5 ～ 4 cm 的短梗，排列成总状花序（图 4）。

原产于喜马拉雅山脉。极耐寒。

三、繁殖与栽培技术

（一）播种繁殖

种子自播能力较强，但出苗不整齐。可随采随播或于翌年春播，覆土 1 ～ 2 mm，保持基质

图 1　土木香

图 2　锈毛旋覆花（Piermario Maculan 摄）

图 3　巨飞蓬（Vadim Prokhorov 摄）

图 4　总状土木香

潮湿，10～15天出苗（董长根 等，2013）。

（二）分株繁殖

可于春季萌动时或秋季分株繁殖。

（三）园林栽培

1. 土壤

各种土质均可。

2. 水肥

土壤保持湿润，巨飞蓬可在沼泽地土壤中生长。该属植物的适应性较强，耐贫瘠，种植基质中等肥力即可。

3. 光照

喜阳光充足，稍耐阴。

4. 修剪及越冬

由于自播能力较强，故除采种外，可于花后修剪花序，以防自播扩散。入冬前剪除地上枯枝叶。该属除巨飞蓬外，其余种的耐寒性均较强，冬季可根据不同种类的耐寒能力及立地条件进行适当保护。

四、价值与应用

该属植物植株高大，花色明艳，抗逆性强。可于自然景观中丛植或片植，作花境背景，或应用于水景湖岸等处。

据《中国药典》记载，该属的土木香和总状土木香的干燥根具有健脾和胃、行气止痛、安胎的功效。

（李团结　李淑娟）

Ipomoea 番薯

旋花科番薯属（*Ipomoea*）一年生或多年生蔓生草本。其属名源于谐音类似的希腊语 *ips*（蠕虫），意指藤蔓有着蠕虫般缠绕植物的习性。其中番薯（*I. batatas*）（又名甘薯、红薯、地瓜等）为重要的粮食和蔬菜作物，有些种类供观赏用，是集食用、药用和观赏于一身的多用途植物。有些甘薯品种的花、茎、叶具有很好的观赏价值，国外已培育出多种优良的观赏甘薯品种。

一、形态特征与生物学特性

（一）形态与观赏特征

茎具乳汁。地下具纺锤形块根，可食用，但口味不及食用型甘薯块根。茎生不定根，匍匐地面，高 15 ～ 40 cm，宽 2 ～ 15 cm，旺盛的藤蔓可以长到约 80 cm。叶簇生，心形至掌状裂片，长 5 ～ 12 cm，先端渐尖，基部心形或近平截，全缘或 3 ～ 5 裂；叶柄长 2.5 ～ 20 cm。叶色因栽培品种不同而异，为明亮的单色或多色混合。聚伞花序，花序梗长 2 ～ 10.5 cm，苞片披针形，长 2 ～ 4 mm，先端芒尖或骤尖；花梗长 0.2 ～ 1 cm；萼片长圆形，先端骤芒尖；花冠粉红、白、淡紫或紫色，钟状或漏斗状，长 3 ～ 4 cm，无毛；雄蕊及花柱内藏，大多数观赏品种在我国通常不开花。果实较小，通常为干燥的蒴果，很少产生。

（二）生物学特性

适合在光线充足的环境中种植，管理相对粗放。霜冻过后的春天或初夏开始进行繁殖，盛夏生长迅速，在阳光直射、光线充足的环境下叶片颜色更加明亮，秋季霜后叶片开始迅速脱落。不耐寒，对低温的适应性较低。生性强健，喜光、耐高温、耐旱、耐瘠薄，喜疏松肥沃、排水良好的土壤。

二、种质资源与园艺分类

（一）种质资源

全球番薯属植物约有 425 种，分布于热带、亚热带和温带地区；我国约有 20 种，南北均产，但大部分产于华南和西南，其中番薯、三裂叶薯和南沙薯藤为近缘种。

1. 番薯 *I. batatas*

原产南美洲及大、小安的列斯群岛，现已广泛栽培在全世界的热带、亚热带地区（主产于北纬 40° 以南），我国北京、山西、山东、河南、江苏、江西等大多数地区都普遍栽培。

2. 三裂叶薯 *I. triloba*

又名小花假番薯、红花野牵牛，分布在美洲热带以及我国台湾、广东等地，多生在丘陵路旁、荒草地及田野。

3. 南沙薯藤 *I. gracilis*

分布于中南半岛、斯里兰卡、马达加斯加、澳大利亚、马来西亚、印度以及我国南沙群岛等地，多生在海滩。

三裂叶薯和南沙薯藤目前尚未有人工引种栽培。

（二）育种简史

最早出现的甘薯观赏品种为‘Sulfur’，具有硕大的 3 裂叶片，先端渐尖，基部心形，两面近于无毛，花冠淡粉色，长势非常旺盛，在生长季末其枝蔓扩展直径可达 12 m，Al Jones 和 Phil dukes 教授于 20 世纪 80 年代末从美国农业部甘薯育种站选育出其株苗，随后几经辗转，1996 年由 Armitage 教授申请登记，并命名为‘Margarita’；同时，Armitage 教授还引进‘Blackie’这一品种，为深紫色、心形簇生叶，是第一个被用于园林绿化的观赏甘薯品种。

20 世纪 90 年代末期，以甘薯观赏特性为育种目标的项目首先在北卡罗来纳州立大学开始。其育种技术主要为杂交，首个杂交组合是 Margarita × Blackie，之后又开展了多个不同的杂交组合。因此，之后逐渐被育成的观赏甘薯品种，甚至目前我国引进的多种观赏甘薯品种都具有 Margarita 和 Blackie 的遗传背景。

美国北卡罗来纳州立大学甘薯项目组，通过筛选和杂交育种改良培育出“Sweet Carolina”系列观赏甘薯品种，开创了观赏甘薯育种的先河。之后有不同色系、多种多样的观赏型甘薯相继问世，得到园林工作者的关注。依据观赏型甘薯的花、茎、叶等不同部位的观赏价值和用途，可对观赏型甘薯进行分类，浙江大学陆国权、福建农林大学邱才飞等开展了此类研究。

（三）品种分类

观赏甘薯种质间的遗传距离较大，有较为丰富的遗传多样性。苏一钧（2018）根据遗传距离从 1100 份资源中将 96 份菜用和观赏用甘薯种质划分为 3 个类群，类群Ⅰ中含有来自 11 个省份的入选品种和一个巴西品种共 22 份种质资源，主要包括‘温岭红皮’‘红茎种’‘遂宁 3 号’‘渝紫 7 号’等；类群Ⅱ中含有 14 个省份和 2 个外国引进品种共计 25 份种质资源，有‘南薯 010’‘龙薯 24’‘永胜斯纳’等；类群Ⅲ包含有来自 12 个省份和 5 个国家地区的品种、品系共计 49 份资源。

目前，我国已经筛选出的观赏型甘薯品种主要分为观叶类、观花类和观赏兼用类三大类。

1. 观叶类

观赏甘薯多为观叶类，具体可分为观叶形和观叶色两类。叶形以心形、戟形、圆形、三角形叶以及深或浅缺刻为主；叶色主要以紫色、黄绿色和花色为主。不同叶形和叶色混合种植可给人不同的视觉冲击感。园林中最常见的是将不同形状和色彩的叶片与其他绿化植物混合配植，作为花边镶嵌在外围，起到铺垫和衬托的作用。也可将观赏甘薯植于花钵和墙体上，让其藤蔓型的枝条随意攀缘或者下垂，具有良好的绿化效果，颇具代表性的有国外的‘Blackie’‘Margarita’和国内的‘葡萄叶’。

“Sweet Carolina”系列　具有紧凑的生长习性，高度分枝，枝条短。叶密生、互生，叶片掌状 3 ～ 5 深裂，先端渐尖，基部渐窄，成熟叶片直径达可达 10 cm，叶片颜色明亮而独特。在短日照条件下可以开花，生长速度较快，覆盖能力强。适合用于园林绿化和花台绿化。主要品种有‘Sweet Caroline Purple’（图 1）、‘Sweet Caroline Bronze’（图 2）、‘Sweet Caroline Red’（图 3）、‘Sweet Caroline Light Green’（图 4）、‘Sweet Caroline Green’（图 5）、‘Sweet Caroline Green Yellow’（图 6）。

“Sweet Carolina Bewitched”系列　紧凑至中等致密的生长习性，直立到半直立。叶密生、互生，呈肾形，叶缘呈不规则锯齿状，无附着茸毛，脉纹在叶的基部呈掌状，向叶尖呈弓形。适合于容器生产、地面覆盖或边界应用。主要品种有‘Sweet Caroline Bewitched Purple’（图 7）、‘Sweet Caroline Bewitched Green’（图 8）。

图 1　‘Sweet Caroline Purple’

图 2 'Sweet Caroline Bronze'

图 3 'Sweet Caroline Red'

图 4 'Sweet Caroline Light Green'

图 5 'Sweet Caroline Green'

"Sweet Carolina Sweetheart" 系列 紧凑至中等致密的生长习性，直立到半直立，叶互生、全缘、光滑，叶片为小到中等大小的肾形，基部心形，顶端渐尖。与 "Sweet Caroline" 系列的颜色相似。生长速度适中，适合于容器生产。主要品种有 'Sweet Caroline Sweetheart Red'（图 9）、'Sweet Caroline Sweetheart Light Green'（图 10）、'Sweet Caroline Sweetheart Purple'（图 11）。

"NCORNSP" 系列 紧凑，略微直立或直立、不缠绕的品种。分枝良好，可产生许多短枝，节间较短。叶互生，掌状 5～6 浅裂或宽卵形，在短日照条件下会偶尔产生花朵。适合用作景观植物或容器生产。主要品种有 'NCORNSP-023BWAM'（图 12）、'NCORNSP-019SCSHLM'、'NCORNSP-021SHJB'、'NCORNSP-014BWPI'、'NCORNSP-015SCPI' 'NCORNSP-012EMLC'（图 13）、'NCORNSP-011MNLC'（图 14）、'NCORNSP-029SCBC' 等。

此外，还有一些著名的番薯品种虽未申请专利，但也在园林绿化中备受欢迎，主要种植为一年生的夏季藤蔓植物：'Blackie'（图 15），具有深紫色或紫黑色的掌状浅裂簇生叶，花淡紫色，根可食，与 "Sweet Carolina" 系列不同的是它有紫色的深耳垂。'Black Heart'（也称 'Ace of Spades'）（图 16）是另一个黑叶品种，

图 6 'Sweet Caroline Green Yellow'

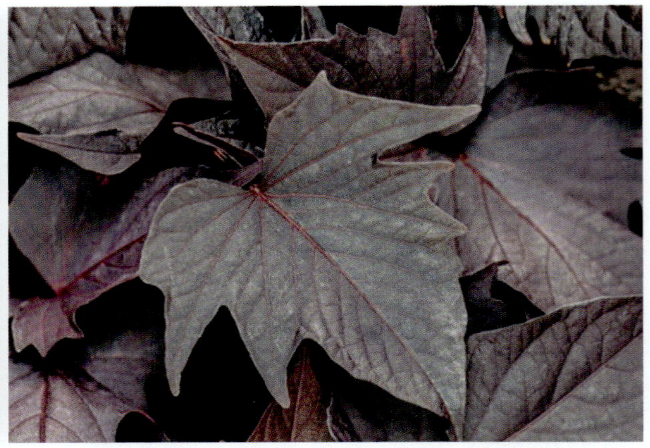

图 7 'Sweet Caroline Bewitched Purple'

图 8 'Sweet Caroline Bewitched Green'

图 9 'Sweet Caroline Sweetheart Red'

图 10 'Sweet Caroline Sweetheart Light Green'

图 11 'Sweet Caroline Sweetheart Purple'

图 12 ‘NCORNSP-021SHJB’

图 13 ‘NCORNSP-012EMLC’

图 14 ‘NCORNSP-011MNLC’

图 15 浙江农林大学校内观赏甘薯花境

图 16 ‘Black Heart’

图 17 ‘Margarita’

和‘Blackie’所不同的是，其叶形为宽卵形，叶色在充满阳光时为深紫色至近黑色，在局部阴影中时底部为绿色。‘Terrace Lime’有大而明亮的黄褐色叶子和淡紫色的花。‘Margarita’（也称‘Sulfur’）（图 17）簇生心形叶，叶片颜色为鲜艳的柠檬绿，是园林植被中不可多得的浅色系列，并且颜色持久性很强。‘Tricolor’（也称‘Pink Frost’）（图 18）叶片浅绿色掌状浅裂，边缘有不规则的粉红色和白色条纹，与其他品种相比生活力较弱，对低温更敏感。还有‘Lady Fingers’，叶子呈中绿色，纤细的叶子分为长而细的指状裂片，叶上有紫红色的茎和脉。“Illusion”系列，以很深的切叶为特点，叶片颜色有黄绿色的‘Illusion Emerald Lace’（图 19）、紫红色混合绿色的‘Illusion Garnet Lace’（图 20）和深紫色的‘Illusion Midnight Lace’（图 21）。

国内育成品种（系）主要有‘浙 6025’‘葡

图 18 ‘Pink Frost’

图 19 ‘Illusion Emerald Lace’

图 20 ‘Illusion Garnet Lace’

图 21 ‘Illusion Midnight Lace’

菊叶’‘桂粉1号’‘品系2053’‘CL-7’‘绿带’‘紫霞’‘花者’‘未黄’‘早红’等。

2. 观花类

甘薯花型为漏斗状，辐射对称，花期长，花多，颜色艳丽。观花类甘薯在北纬23° 以南地区较常见，可自然开花，花期长达数月之久。观花类甘薯除自然开花以外，还可以通过人工短日照诱导促进开花，从而使其提前开花或者延长花期，以适应不同季节的绿化需求。在北纬23° 以北地区，由于日照及气候的影响，甘薯在自然状态下很难开花，只能通过人工诱导的方法来实现开花。目前市场观花甘薯较少，主要是观叶兼观花，且花色多样，主要包括白色、淡紫色和淡粉色三类，以“Sweet Caroline”系列为代表。

3. 观赏兼用类

（1）观赏菜用型淡紫

将甘薯先天具有的既可观赏又可食用的特性结合起来，极大地拓宽了开发应用前景。甘薯茎蔓顶端生长点以下长10～15 cm鲜嫩的部分，包括甘薯的叶片、叶柄、嫩茎等，具有生长速度快、再生能力强、抗病虫害、适应性强、耐肥水等特点，可作蔬菜。由江苏徐州甘薯研究中心、江苏省农业科学院作物研究所和南京市农业科学研究所联合提出菜用甘薯育种的技术经济指标：食用部分要求脆嫩，茎尖再生能力强，且10 cm部分蛋白质含量高于3%，维生素A、B、C含量分别应在15 mg/kg、201.3 mg/kg、400 mg/kg以上，茎尖无茸毛，口感好等。代表品种有‘莆薯53’‘福薯7-6’。

（2）观赏药用类

甘薯的药用价值早在20世纪60年代就已受到人们关注，利用甘薯的块根和茎叶开展多项药用产品的研发和研制。邱俊凯等人研究表明：58个甘薯品种茎叶中主要的抗氧化活性物质为多酚类物质。观赏药用甘薯品种具有效果明显且独特的医疗保健作用。日本研究者通过对40多种蔬菜抗癌成分分析发现，熟甘薯（98. 7%）和生甘薯（94. 4%）对癌症的抑制效果分别名列第一和第二，可有效预防结肠癌和乳腺癌。

三、繁殖技术

（一）块根繁殖

选用具有品种特征、皮色鲜明、生活力强、大小适中（0.15～0.25 kg/个）的健康薯种，严格剔除带病的皮色发暗、受过冷害、薯块萎软、失水过多及破伤的薯块，在种植前用70%甲基托布津300倍液浸种10分钟，可显著提高成活率。在春季霜冻过后，利用小薯直接插种于大田，小薯自身膨大成大薯，或者小薯浅插，母薯大半露出土表，使之木质化，控制母薯自身膨大，促使母薯上不定根膨大成小薯。薯块在16～35℃的范围内温度越高，发芽出苗越快。16℃为薯块萌芽的最低温度，最适宜温度范围为29～32℃。薯块长期在35℃以上时，容易发生“糠心”。

（二）育苗移栽

利用薯块周皮下潜伏不定芽原基萌发长苗，然后适当修剪幼苗去除老叶并栽插于大田，或插植于采苗圃繁殖后，从采苗圃剪取幼苗栽插至大田。

（三）扦插繁殖

剪取生长健壮、无病虫害的当年生藤蔓5～10 cm，直径0.2 cm，顶端保留2～3片叶。上端离芽15～20 mm处平剪，下端离下芽3～5 mm处剪成马耳形。扦插前用250 mg/kg α-萘乙酸速蘸，有助于促进愈伤组织形成，生根率可达95%。扦插时先用直径0.5 cm左右的木棒在基质上插孔，然后放入插穗，按5～10 cm株行距进行扦插，扦插深度2～3 cm，扦插基质选择1/2蛭石+1/2珍珠岩，可显著提高生根率至约100%，插后压实，喷水，再搭上弓棚覆盖塑料薄膜。插后每天按时进行喷水，土壤相对湿度应保持在80%左右，插床温度控制在24～28℃，气温过高时可打开弓棚侧边作降温处理，生根后减少喷水次数。经过10天左右即可完全生根，15天后可进行移栽（李淑霞 等，2007）。

四、栽培管理技术

（一）露地栽培

1. 土壤

耐瘠薄，对土壤要求不严。但以土层深厚、疏松、排水良好、含有机质较多、具有一定肥力的壤土或砂壤土为宜。

2. 水肥

薯苗生长最需要氮肥，氮肥不足时，薯苗叶少而小，叶色变黄，矮小，根系发育不良。但追施氮肥过多，特别是大水大肥又缺少光照时，薯苗柔软细弱，徒长成弱苗。苗期追肥以速效性肥料为主，垄面覆盖有机肥有利于提高出苗数量。施肥时间和数量要因苗情而定。观赏菜用甘薯采摘后要及时补肥，以促进分枝和新叶生长。采取小水勤浇的措施进行频繁补水，炎热季节要防止土壤干裂，有条件的可采用喷灌，保持土壤湿度80% ～ 90%，以满足茎叶生长对水分的需求。对于盆栽甘薯，适当的干旱可以抑制其过分生长。

3. 光照

喜光，每天保持 6 个小时以上的全日照不仅使薯苗生长健壮还有利于保持叶片的光泽感，但光照过强易使纤维提前形成和增加，适当遮阴有利于观赏菜用甘薯产量和食用品质提高。居民阳台栽植的观赏甘薯，应将其摆放在有光照的窗户周边。有条件的可以在室内给予补光，例如盆栽上设置 LED 植物生长灯。

4. 温度

需要温暖的气候条件，温度要求在 10 ～ 30℃，7 ～ 8 月高温期需要遮阴；12 月上中旬低温来临时，将观赏甘薯移入温室保留母株。

5. 修剪

覆盖性强，生长迅速，可以根据不同用途采取不同的修剪方式。在藤蔓生长旺期，通常从根部 10 cm 以上剪掉枯老和徒长的枝条，适度修剪能够抑制植株徒长。修剪时最好在晴天进行，尽量避开阴雨天气。对于枯老的藤可以使用刀割的方法。

6. 越冬

对低温适应性较低，在秋冬打霜之前及时收获，将块根收获存放至阴凉干燥的地方留种，或挑选生长旺盛、带心叶的顶段苗剪下带入室内水培、盆栽，也可以采用不同方法进行处理在大棚内越冬。大棚内地面覆盖稻草和冬前摘掉茎叶对越冬育苗不利，大棚越冬育苗比早春播种种薯育苗产量高（郑守贵，2014）。

12 月冷空气来临，要及时将观赏甘薯移入室内，如量大的可以部分移入室内，确保母株能够安全越冬。室内温度低于 7℃时，要适当增温，防止死苗。育苗棚内一般有加温措施，棚内温度高于 10℃，可以达到观赏甘薯的生长适温。因此，为了避免观赏甘薯发生冻害，应就近将观赏甘薯全部或部分转移到育苗棚内，确保来年有苗扦插。

（二）水培

观赏甘薯在 pH6.5 ～ 7.0，EC 值 2.51 ～ 2.66 mS/cm，1/2 倍浓度循环水生菜营养液中生长可达到最佳的观赏效果。根据栽植体的不同可以分为以下 3 种。

1. 单叶水培

首先应选择叶柄粗且长、叶大而厚、叶色浓郁的叶片，在培养时留 1 个茎节为宜。前期每周换 1 次营养液，换液量为 50%，须根长到一定程度时加自来水即可，1 个月换 1 次水，同时把容器刷洗干净。

2. 茎叶水培

剪取茎尖部位，一般留有 3 ～ 4 片叶，茎的另一端留有 2 ～ 3 个茎节，先将剪取的茎叶于阴暗处发根，待水生根长到 2 cm 时，连同定植栏移入营养液中。一般每周换 1 次溶液，每次换水的时候，将已老化的须根剪去。

3. 块根水培

一般选择形状独特、有一定形象寓意的块根，比如连体甘薯、葫芦形、棱锥形、圆形等进行水培。在观赏甘薯块根盆景培养时，选择的薯块要大小适宜、形状相似，以便组成盆景时具有很好的观赏价值，因为块根水培主要观赏块根，所以要防止上部茎蔓长势过于旺盛；上部茎蔓要经常剪短，还要剔除过多的幼芽，控制上部生长，延长块根的利用时间，块根水培的水量不要求多，一般到块根高度的1/3左右。

（三）病虫害防治

观赏甘薯病害较少，主要通过控制田间枝叶密度和轮作来预防，也可通过人工灭虫控制虫害。病虫害的防治原则是以农业防治为主，药剂防治为辅。虫害主要防地下害虫，如小地老虎、蛴螬等，为了保证质量安全，建议以药剂诱杀为主，如使用糖醋药液、药剂拌青草等方法，生产上可用高效、低毒、低残留的生物杀虫剂（如天霸等）进行生物防治，避免使用化学农药，药剂防治病虫害应采用高效低毒的农药，叶菜型甘薯用药时，要注意确保符合采摘安全间隔期的要求。

五、价值与应用

（一）室内观赏

由于观赏甘薯的耐阴性强，对水肥无严格要求，喜温暖环境，且管理粗放，病虫害较少，因而水培或者盆栽观赏甘薯已经逐渐发展为当前受欢迎的室内观赏植物。耐贫瘠，耐干旱，繁殖力强，盆栽观赏甘薯也可作为室内家居点缀环境的艺术品，可以选择悬挂盆栽，也可以选择平放盆栽。盆栽观赏甘薯可与多姿多样的花卉一样，装饰办公室、酒店、会议厅，点缀客厅和阳台，既有创意的乐趣，又有浓厚的大自然气息。

利用营养液对甘薯块根进行水培，观赏其千奇百怪的形状及薯块表皮不同的颜色，像是各色玛瑙一般。多数形态各异的薯块来自大自然的鬼斧神工，在暗环境中悄然形成。此外，也可通过人工制作模型促进目标形状的形成，具体品种依个人喜好程度而定。将其水培于透明容器中，可观赏溶液中轻柔飘逸的须根，若将其放在大一点的容器中，还可以饲养游鱼等水生生物，看着鱼儿在洁白的须根中嬉戏打闹，为工作和生活增添生机与色彩。

（二）园林应用

观赏甘薯具有茎叶生长期长、环境适应广泛、生命力强等优点，在国内大中城市园林绿化中应用已初见成效，但仍处于应用的初始阶段。其应用形式多样，前景广阔。

1. 立体装饰

可选择匍匐型生长的观赏甘薯品种栽植于较高的花钵中，蔓条垂丝，随风摇曳，与其他花草错落搭配，颜色形态各异，极具观赏价值。也可将观赏甘薯应用于立体绿化，让枝蔓沿着立柱或立墙攀缘，很快便可形成郁郁葱葱的绿化柱、绿墙和绿篱等立体装饰。在天津的历史建筑街两侧墙体绿化就选用了匍匐型的浅绿色观叶甘薯。

2. 坡体绿化

甘薯根系发达，而且气生根多，可以选择抗性强的品种种植于盐碱地或者坡体上，具有防尘、降温、增湿、耐瘠薄的优点，且种植和管理成本较低。不但可起到美化环境的功能，还可达到防风固沙、保护环境的效果。观赏甘薯亦可作为地被植物，与各种乔木、灌木进行合理的搭配种植，形成空间和视觉的层次感，达到颜色艳丽、景观层次丰富的效果。

3. 花坛与道路绿化

观赏甘薯可应用于花坛，与不同花色、花期、花序、叶形、叶色和株型的花卉植物组合搭配，创造色彩缤纷的花坛景观。也可以作为道路绿化植物，为道侧增加一抹绿意盎然的画面。G20峰会期间，杭州市交通要道两侧绿化植物中有大量的紫色、浅绿色和三色的观赏甘薯；四川美术学院的道路两侧也摆放了各种颜色和形状的观赏甘薯作为校园绿化材料；北京、上海及深圳街道两侧的花坛、花钵中都有观赏甘薯的应用。

4. 岩石园应用

可将观赏甘薯配植于岩石缝隙、假山之处，沿着攀缘物匍匐生长，形成静中有动、动中藏静、相得益彰、野趣天成的自然景观。杭州湾海上花田的秘密花园景区中，栅栏的绿化材料选用的是观赏甘薯品种中的紫叶甘薯，园中的坡体绿化采用紫叶和金叶甘薯混合搭配的方式，一紫一金在太阳的照耀下光彩夺目，与其他绿化材料的对比效果颇为突出。

（陆国权）

Iris 鸢尾

鸢尾科鸢尾属（*Iris*）多年生草本植物，种类繁多且普遍具有较高观赏价值。属名*Iris*来自希腊神话中彩虹女神的名字。中文名称源于其株形似鸢鸟的尾部，《诗经·大雅·旱麓》曰："鸢飞戾天，鱼跃于渊。"全世界鸢尾属植物的原种有281种，还有数量众多的亚种、变型，以及自然与人工杂交的品种，总计逾7万种，极为丰富，其花形奇特、色彩繁多、生态类型多样，广泛应用于各类园林绿地，部分种类可作为切花或盆花，也适用于家庭园艺。是最著名的"世界三大宿根花卉"之一。

一、形态特征与生物学特性

（一）形态与观赏特征

根状茎长条形或块状，横走或斜伸，纤细或肥厚。叶多基生，相互套迭，排成二列，叶剑形、条形或丝状，叶脉平行，中脉明显或无，基部鞘状，顶端渐尖。大多数的种类只有花茎而无明显的地上茎，花茎自叶丛中抽出，多数种类伸出地面，少数短缩而不伸出，顶端分枝或不分枝；花序生于分枝的顶端或仅在花茎顶端生1朵花；花及花序基部着生数枚苞片，膜质或草质；花较大，蓝紫色、紫色、红紫色、黄色、白色；花被管喇叭形、丝状或甚短而不明显，花被裂片6枚，2轮排列，外轮花被裂片3枚，常较内轮的大，上部常反折下垂，基部爪状，多数呈沟状，平滑，无附属物或具有鸡冠状及须毛状的附属物，内轮花被裂片3枚，直立或向外倾斜；雄蕊3，着生于外轮花被裂片的基部，花药外向开裂，花丝与花柱基部离生；雌蕊的花柱单一，上部3分枝，分枝扁平，拱形弯曲，有鲜艳的色彩，呈花瓣状，顶端再2裂，裂片半圆形、三角形或狭披针形，柱头生于花柱顶端裂片的基部，多为半圆形，舌状，子房下位，3室，中轴胎座，胚珠多数。蒴果椭圆形、卵圆形或圆球形，顶端有喙或无，成熟时室背开裂；种子梨形、扁平半圆形或为不规则的多面体，有附属物或无（图1）。

图1 有髯鸢尾

（二）生物学特性

对不同生态环境的适应能力强，分布广泛，涵盖从湿生到旱生的多种生境。许多鸢尾生长在湿地、沼泽、河岸等湿生环境中，如黄菖蒲（*I. pseudacorus*）和燕子花（*I. laevigata*）。这些种类的根系发达，能够耐受高湿度和水浸。某些鸢尾适应干旱环境，如德国鸢尾（*I. germanica*）等，特别怕水涝。这些种类通常具有厚实的根茎和较长的根系，能够在旱生环境中贮存水分。对温度的适应性差异较大，有些种类能适应极端寒冷气候，如西伯利亚鸢尾（*I. sibirica*）。

叶片通常具较高的光合效率，能够在较广的

光照条件下进行光合作用。大部分种类需要充足的阳光，但在炎热的夏季需要适当遮光，避免阳光直射。某些种类在光照不足的情况下，也能够通过调整叶片的角度和排列方式，增加光合作用的效能；也有些种类耐半阴，如蝴蝶花（*I. japonica*）。

二、种质资源与栽培简史

（一）种质资源

鸢尾属植物主要分布于北温带地区，其中具有重要园艺价值的鸢尾类群，如路易斯安那鸢尾（Louisiana iris）起源于北美洲，西伯利亚鸢尾（Siberian iris）主要分布于俄罗斯中部和欧洲的中西部地区，花菖蒲（Japanese iris）则主要分布在东亚地区。我国是鸢尾属植物的现代分布中心，有 58 种 1 亚种 7 变种，其中 21 个是我国特有种，主要分布于西南、西北及东北地区，以西南地区为主要分布中心。

《中国植物志》将我国原生鸢尾种质分为 6 个亚属：无附属物亚属（Subgen. *Limniris*）、琴瓣鸢尾亚属（Subgen. *Xyridion*）、尼泊尔鸢尾亚属（Subgen. *Nepalensis*）、野鸢尾亚属（Subgen. *Paranthopsis*）、鸡冠状附属物亚属（Subgen. *Crossiris*）和须毛状附属物亚属（Subgen. *Iris*）。常见栽培种简介如下。

1. 鸢尾 *I. tectorum*

植株基部有老叶残留的膜质叶鞘及纤维。蓝紫色花朵直径约 10 cm，花形美观，具较高观赏价值。花期 4 ～ 5 月，适合种植在向阳坡地、林缘及水边湿地，适应性强。根状茎具有药用价值，可用于治疗关节炎、跌打损伤、食积及肝炎。此外，对氟化物敏感，适用于环境污染的监测，具有一定的生态指示作用（图 2）。

2. 蝴蝶花 *I. japonica*

根状茎分为粗壮的直立部分和纤细的横走部分，叶基生，暗绿色，有光泽。花淡蓝色或蓝紫色，直径 4.5 ～ 5 cm，花期 3 ～ 4 月，具高观赏价值，适合种植于荫蔽湿润的草地、疏林下或林缘草地，尤其在云贵高原的高海拔地区常见。还具有药用价值，可用于清热解毒、消瘀逐水，民间用于治疗小儿发烧、肺病咳血、喉痛、外伤瘀血等症，具有一定的医疗功效（图 3）。

3. 马蔺 *I. lactea* var. *chinensis*

多年生密丛草本，具有较强的耐盐碱、耐践踏能力，根系发达，适宜于水土保持及改良盐碱土。叶坚韧且在冬季可作牛、羊、骆驼的饲料，并用于造纸和编织。花浅蓝色、蓝色或蓝紫色，具观赏价值。根的木质部坚韧，适合制刷子。花和种子可入药，种子中含有马蔺子甲素，具有避孕功效。此种在荒地、路旁、山坡草地上生长较多，生态与经济价值兼备（图 4）。

4. 溪荪 *I. sanguinea*

根状茎粗壮，外包棕褐色老叶残留的纤维。花为天蓝色，花朵直径 6 ～ 7 cm，外花被裂片具黑褐色网纹和黄色斑纹，花期 5 ～ 6 月，具有显著的观赏价值。花茎高 40 ～ 60 cm，适合种植在沼泽地、湿草地或向阳坡地。果实长卵状圆柱形，果期 7 ～ 9 月。广泛分布于我国黑龙江、吉林、辽宁及内蒙古等地，也产于日本、朝鲜及俄罗斯，

图 2　鸢尾片植盛花效果

图 3　蝴蝶花

图 4　马蔺

适应性强，具有较高的园艺和生态价值（图 5）。

5. 黄菖蒲 *I. pseudacorus*

根状茎粗壮，基生叶灰绿色，剑形。花黄艳，直径 10 ～ 11 cm。广泛分布于欧洲及我国各地，常见于河湖沿岸的湿地或沼泽地。因美丽的花朵和适应湿生环境的特性，在园艺中具有重要的观赏价值，同时也被用于湿地生态恢复和水质改善。花期 5 月，果期 6 ～ 8 月，适合水景和生态花园的布局（图 6）。

6. 玉蝉花 *I. ensata*

根状茎粗壮，叶条形，长 30 ～ 80 cm，深紫色花朵直径 9 ～ 10 cm，花期 6 ～ 7 月，果期 8 ～ 9 月。广泛分布于我国黑龙江、吉林、辽宁、山东和浙江等地，常见于沼泽地和河岸的湿地，也分布于朝鲜、日本和俄罗斯。因鲜艳的花色和优雅的姿态，成为重要的观赏植物，适合用于水景园和湿地生态恢复。同时，其在药用和环境保护方面的潜在价值也引起了关注（图 7）。

7. 燕子花 *I. laevigata*

根状茎粗壮，外包棕褐色老叶残留纤维，叶剑形或宽条形，灰绿色，株高 40 ～ 60 cm。蓝紫色花朵直径 9 ～ 10 cm，花被管似喇叭形，外花被裂片反折下垂，具鲜黄色的沟状中央，具有极高的观赏价值，花期 5 ～ 6 月。广泛分布于我国黑龙江、吉林、辽宁及云南的沼泽地及河岸湿地，也产于日本、朝鲜及俄罗斯。作为著名的观赏花卉，在世界各地的植物园中广泛栽培（图 8）。

8. 小花鸢尾 *I. speculatrix*

叶暗绿色，剑形或条形，长 15 ～ 30 cm。蓝紫色或淡蓝色花朵直径 5.6 ～ 6 cm，外花被裂片匙形，有深紫色环形斑纹及鲜黄色鸡冠状附属物，花期 5 月，具较高观赏价值。花茎高 20 ～ 25 cm，苞片包含 1 ～ 2 朵花，花凋谢后花

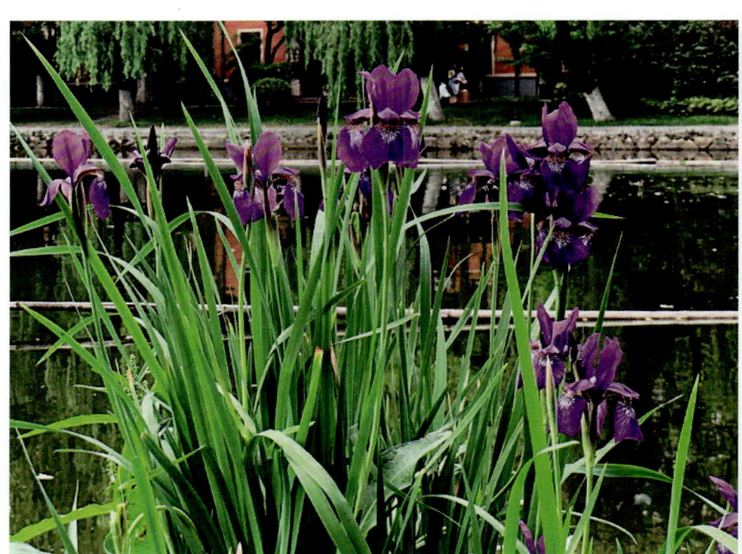

图 5　溪荪在水边丛植点缀

图 6　黄菖蒲临水片植

图 7　玉蝉花花部特征（左）和花叶玉蝉花花海效果（右）

梗弯曲，果实呈水平状态。该种适应性广，分布于中国南方的山地、林缘或疏林下（图 9）。

9. 喜盐鸢尾 *I. halophila*

具紫褐色、粗壮肥厚的根状茎，直径达 1.5 ～ 3 cm，表面残留老叶叶鞘。叶剑形，灰绿色，长 20 ～ 60 cm，宽 1 ～ 2 cm，略微弯曲，具多条纵脉。花茎粗壮，高 20 ～ 40 cm，上部分枝处具草质苞片，花黄色，直径 5 ～ 6 cm，花被管长约 1 cm，外花被裂片呈提琴形。果实椭圆状柱形，绿褐色或紫褐色，具 6 条翅状棱，成熟时室背开裂。耐盐碱，常生于草甸草原、荒地及潮湿的盐碱地，适合在盐碱地作为景观植物栽培（图 10）。

10. 金脉鸢尾 *I. chrysographes*

因独特的深蓝紫色花朵和显眼的金黄色条纹而备受观赏界推崇。株高达 50 cm，花径可达 12 cm，具有狭长的外花被裂片和拱形的花柱分枝，增添了花形的优雅。适应性强，能生长于海拔 1200 ～ 4400 m 的山坡草地或林缘，展现了其良好的环境适应性。除了观赏用途外，还因优雅的花姿和鲜明的色彩，被广泛用于园林布景和高山花园设计中，增添了自然景观的美感（图 11）。

（二）研究与栽培简史

鸢尾属（*Iris*）于 1753 年由瑞典植物学家卡尔·林奈命名，他的《植物种志》（*Species Plantarum*）系统地描述了鸢尾属植物，并正式列入植物分类系统。19 世纪的植物学家们开始对鸢尾属植物进行更详细的分类学研究，代表性专著如约翰·吉尔伯特·贝克（John Gilbert Baker）在 1877 年出版的《鸢尾属》（*Handbook*

图 8　燕子花

图 9　小花鸢尾

图 10　喜盐鸢尾

图 11　金脉鸢尾

of the Irideae），学者们还对其地理分布进行了探讨，特别是在欧洲和亚洲地区。20 世纪初，鸢尾的遗传学研究逐渐展开，人们开始将鸢尾作为杂交育种的材料，用于园艺品种的培育。威廉·里克特（William Rickatson Dykes）在 1913 年出版的《鸢尾属》（*The Genus Iris*）一书中，对鸢尾属的分类、形态及育种进行了详细描述。20 世纪中后期，鸢尾的研究逐渐扩展到生理学和分子生物学领域。进入 21 世纪，鸢尾的研究进一步深入到基因水平，如结合高通量测序和分子标记技术研究性状调控相关的基因表达和遗传多样性。

我国对鸢尾的栽培和应用均早于西方，但古籍中对于鸢尾应用的记载多是对其药用价值的描述，包括鸢尾（*I. tectorum*）、蝴蝶花（*I. japonica*）和马蔺（*I. lactea* var. *chinensis*）等几个广布种。药学专著《神农本草经》《唐本草》《蜀本草》《本草图经》《本草纲目》等都有对鸢尾药用价值甚至生长习性的记载。而我国最早的鸢尾记载出现在东汉的《神农本草经》，是作为一种药用植物。五代时期，后蜀药学家韩保升著《蜀本草》解释了鸢尾的命名，谓“叶名鸢尾，根名鸢头”。自南北朝开始，我国就有鸢尾栽培的记载，如南朝陶弘景的《本草经集注》、唐代苏敬《新修本草》中记载的“庭台多种之”“此草所在有之，人家亦种”等。宋代嘉祐年间的《本草图经》、明代李时珍的《本草纲目》均记载多种鸢尾科植物，并详述其形态特征与药用价值。清代吴其濬在《植物名实图考》中清晰、准确地描绘鸢尾并指出了前人常发生的错误，从此统一了鸢尾这一称谓。

在古希腊和古罗马，它被视为美丽和智慧的象征。法国以鸢尾属的香根鸢尾（*I. pallida*）为国花，皇室徽章上有鸢尾花纹，抽象为矛的意象以象征国家权力。到公元 9 世纪后，鸢尾成为欧洲皇家花园中的重要花卉，尤其偏爱蓝色的鸢尾花，寓意爱与自由，也是大画家梵高、莫奈的名作素材。

鸢尾栽培品种引入我国较晚，改革开放后才得以规模化引种。20 世纪 90 年代，北京市植物园、南京中山植物园、中国科学院植物研究所北京植物园等分别引进有髯鸢尾、西伯利亚鸢尾、花菖蒲等鸢尾品种，并进行适应性观测和科普展示，使鸢尾品种逐渐走进大众视野。近年来，鸢尾的国外品种引进与国内育种进程加速，不断推动鸢尾在我国的园艺化栽培和园林应用。

三、园艺分类

根据根茎鸢尾垂瓣上有无附属物和附属物排列性状将其分为有髯鸢尾、无髯鸢尾和冠饰鸢尾 3 大类。

（一）有髯鸢尾

垂瓣上有髯毛状附属物，花大色艳，某些品种具有轻微香气，原产于欧洲中部和南部地区。德国鸢尾（*I. germanica*）和香根鸢尾是有髯鸢尾重要的亲本，随着天然四倍体种质 *I. mesopotamica* 和 *I. trojana*（二者均被 PW 作德国鸢尾的异名）的引入，增加了有髯鸢尾的花莛高度。20 世纪 50 年代，美国鸢尾协会根据植株高度与花期将有髯鸢尾分为迷你矮型有髯鸢尾（MDB）、标准矮型有髯鸢尾（SDB）、中型有髯鸢尾（IB）、迷你高型有髯鸢尾（MTB）、花坛型有髯鸢尾（BB）、高型有髯鸢尾（TB）。有髯鸢尾根茎肥大，耐水湿性较差，应避免积水造成根腐病的发生。有髯鸢尾由于花形奇特、色彩丰富且华丽，近年来有髯鸢尾在家庭园艺中大受欢迎，有许多品种成为“网红”产品，处于供不应求的状态（图 12）。常见品种如下。

‘钟摆’（‘Balancoire’） 复色，花瓣边缘褶皱明显，株高约 90 cm，江南地区花期为 5 月。

‘芝士蛋堡’（‘Pumpkin Cheesecake’） 复色，花瓣边缘有褶皱，株高约 90 cm，江南地区花期为 5 ～ 6 月，能够二次开花。

‘下午茶’（‘Afternoon delight’） 复色，花瓣边缘有褶皱，株高约 90 cm，江南地区花期为 4 月下旬至 5 月。

‘四轮马车’（‘Clarence’） 复色，花瓣边缘有褶皱，株高约 80 cm，江南地区花期为 5 月，能二次开花。

‘世界首演’（‘World premier’） 复色，花瓣边缘有褶皱，株高 100 ～ 120 cm，江南地区花期为 5 月中下旬。

‘牧师’（‘Divine’） 复色，花瓣边缘有大褶皱，株高约 100cm，江南地区花期为 4 月下旬至 5 月。

‘摩纳哥公主’（‘Princesse Caroline de monaco’） 复色，花瓣边缘褶皱明显，株高约 85 cm，江南地区花期为 4 月下旬至 5 月。

‘碎浪’（‘Breakers’） 蓝色，花瓣边缘褶皱明显，株高约 90 cm，江南地区花期为 4 月下旬至 5 月。

‘兴登堡’（‘Hindenburg’） 橙色，花瓣边缘有褶皱，株高约 95 cm，江南地区花期为 4 月下旬至 5 月。

‘世界情歌’（‘Immortality’） 白色，花瓣边缘有褶皱，株高约 80 cm，江南地区花期为 5 月，能二次开花，生长迅速，芳香宜人。

（二）无髯鸢尾

可分为路易斯安那鸢尾系、西伯利亚鸢尾系、花菖蒲系、加利福尼亚鸢尾系（Californian iris）和拟鸢尾系（Spuria iris）。因良好的生态适应性，目前在我国园林景观中应用最为广泛，特别是路易斯安那鸢尾以其常绿水生特性受到了普遍欢迎。花菖蒲花大美丽、品种多样，花型也较其他鸢尾种类更为丰富多变，越来越多优良品种得到应用。上海辰山植物园和上海植物园在鸢尾属植物引种和适应性评价方面做出较大贡献。经过多年观察记录，表现优异的路易斯安那鸢尾有‘See Wisp’‘Bold Pretender’‘Sinfonietta’‘Wizard of Aussie’和‘Heather Stream’等；西伯利亚鸢尾有‘Genetle Lass’‘Slamander Crossing’‘Jewelled Crown’‘Sailor's Fancy’和‘Shaker's Prayer’等；花菖蒲有‘Nagai-shiro’‘Muramatsuri’‘Noumai’‘Waka-mizu’和‘Fire Rika Riron’等。

1. 路易斯安那鸢尾（Louisiana iris）

因品种丰富，适应性强，能够在江南地区

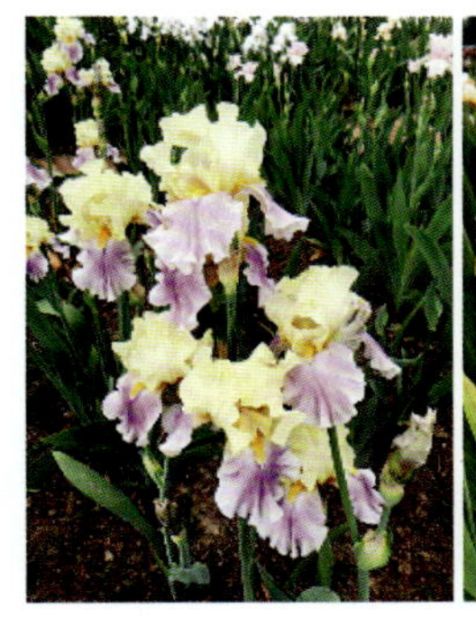
‘钟摆’

‘芝士蛋堡’

‘下午茶’

‘四轮马车’

‘世界首演’

‘牧师’

‘摩纳哥公主’

‘碎浪’

‘兴登堡’

‘世界情歌’

图 12　有髯鸢尾品种（丽彩园艺 摄）

常绿，在园林应用中一经推广便广受欢迎（图13）。常见品种如下。

‘热辣’（‘Hot and Spicy’） 株高50～80 cm，花径10～11 cm，叶片呈绿色，花为橙红色，垂瓣橘红色，边缘褶皱，背面为黄色，旗瓣橘黄色，花瓣基部紧凑，花梗粗壮，江南地区花期为4月下旬至5月中旬。

‘缤纷’（‘Colorfic’） 株高60～100 cm，花径13～15 cm，叶片呈绿色，垂瓣紫粉色，旗瓣白色，上有深紫粉色脉纹，花柱黄绿色，垂瓣基部有黄色花斑，江南地区花期为4月下旬至5月中旬。

‘怀希婚礼’（‘Waihi Wedding’） 株高70～90 cm，花径14～14.5 cm，叶片呈黄绿色，花白色，基部深黄绿色花斑，花瓣边缘有褶皱，江南地区花期为4月下旬至5月下旬。

‘红瑞特’（‘Rhett’） 株高70～90 cm，花径14～14.5 cm，叶片呈黄绿色，花白色，基部深黄绿色花斑，花瓣边缘有褶皱，江南地区花期为4月下旬至5月下旬。

‘达任’（‘Darlene C’） 株高70～110 cm，花径12～13 cm，叶片呈黄绿色，垂瓣、旗瓣及花柱均为蓝紫色，垂瓣基部具亮黄色花斑，深紫色中轴线，花期4月末至5月末。

2. 西伯利亚鸢尾（Siberian iris）

原产欧洲地区，环境适应性极好，耐寒又耐旱热，在浅水、湿地、林荫、旱地或盆栽条件下均能生长良好，而且抗病性强，被广泛应用于世界各地（图14）。常见品种如下。

‘看见星星’（‘I See Stars’） 株高35～50 cm，花莛高32～45 cm。花朵冠径7.5 cm左右，花瓣深蓝色，基部黄褐色斑纹，周围白色斑纹，斜向上；花柱深蓝色，斜伸。初花期4月14日左右，盛花期4月中旬至下旬，群体花期4月中旬至5月上旬。绿叶期3月初至12月下旬。

‘五月之愉’（‘Pleasures Ofmav’） 株高55～65 cm，花莛高55～69 cm。花朵冠径7.5～8 cm，花浅粉紫色，旗瓣斜伸，垂瓣下垂，垂瓣基部有黄褐色脉纹。初花期4月10号左右，盛花期4月末，群体花期4月中旬至4月末。绿叶期3月初至12月下旬。

‘粉色芭菲’（‘Pink Parfait’） 株高35～55 cm，花莛高30～40 cm。花朵冠径10.5 cm左右，粉色，3层，14片花瓣，似玫瑰花螺旋生长。初花期4月25号左右，盛花期5月上旬，群体花期4月下旬至5月中旬。绿叶期3月上旬至12月中旬。

3. 花菖蒲系（日本鸢尾，Japanese iris）

是由玉蝉花杂交选育所获得的一个鸢尾类群。在日本已有超过500年的栽培历史，在日本传统节日和盛会上经常用到。花大而美丽，适应性强，全日照或部分遮阴都可正常生长。与路易斯安那鸢尾系和西伯利亚鸢尾系类似，花菖蒲系品种也可适应旱生、湿生和水生环境（图15）。常见品种如下。

‘满月的恋’（‘Mangetsu No Koi’） 株高一般为54～60 cm，肥后系，八重花型，垂瓣、旗瓣均为纯白色，花瓣数量一般在10瓣左右，边缘微透明，基部黄色。花径15～18 cm，在杭州花期一般为5月22日至6月15日。

‘乙女’（‘Otome Tohge’） 株高一般为60 cm，伊势系，三英花型。垂瓣、旗瓣均为淡粉色，垂瓣下垂，基部黄色花斑，边缘有微微褶皱。花直径11.5～14.5 cm，在杭州花期一般为5月14日至6月3日。

‘小紫’（‘Komurasaki’） 株高一般为80～100 cm，三英花型。垂瓣、旗瓣均为紫红色，垂瓣基部具黄色花斑；花直径13～15 cm，在杭州花期一般为5月14日至6月5日。

‘小笹川’（‘Kozasa Gawa’） 株高一般为90～110 cm，三英花型。江户系，旗瓣和花柱蓝紫色，垂瓣白色，上有蓝紫色条纹，基部有黄色花斑。花直径13～14 cm。在杭州花期一般为5月23日至6月20日。

‘艺妓’（‘Frakrld Ceigval’） 株高一般为80～100 cm，六英花型。垂瓣、旗瓣均为白色，紫红色覆轮及砂子纹，边缘褶皱波浪形，基部有黄色花斑。花直径为14～15 cm。在杭州花期

‘热辣’　　‘缤纷’　　‘怀希婚礼’

‘红端特’　　‘达任’

图 13　路易斯安那鸢尾品种（晨航环境工程有限公司 摄）

‘看见星星’　　‘五月之愉’　　‘粉色芭菲’

图 14　西伯利亚鸢尾品种（晨航环境工程有限公司 摄）

一般为5月25日至6月25日。

（三）冠饰鸢尾

常见的有鸢尾和蝴蝶花，均在园林景观中普遍应用，虽然二者都有不同花色的变异类型，但目前尚少商品化的品种群。在美国鸢尾协会已登录的品种中，二者均有花叶和纯白色花品种（变种），但尚少见应用（图16）。

白蝴蝶花（*I. japonica* f. *pallescens*）1980年登录，生长健壮，花为纯白色，垂瓣上有黄色花斑。

花叶蝴蝶花（*I. japonica* 'Variegata'）在日本发现多种蝴蝶花的花叶变异。

白花鸢尾（*I. tectorum* 'Alba'）1901年登录，花色纯白。

四、繁殖技术

（一）播种繁殖

作为一种传统的繁殖方法，因其操作简便、成本低廉以及能够获得健壮植株等优势而被广泛应用。鸢尾属种子量大，使用种子繁殖可单次获得较大的繁殖系数。种子成熟期通常在6～8月。种子采集的最佳时机是花梗干枯、蒴果即将开裂之际。采集后的种子需经过阴干处理，并妥善保存于通风干燥的环境中。播种可在春季或秋季进行，但秋季播种更为适宜，通常在8～9月间进行。播种前，将种子浸泡于温水中24小时，以提高发芽率。鉴于种子普遍具有休眠性，播种后的第一年可能不会完全萌发（朱旭东 等，2010），需要耐心管理和适当的环境调控。

鸢尾属的种子常表现出休眠特性，限制了其在繁殖过程中的应用效率。种子的休眠现象主要由以下4个因素引起：种皮机械阻碍、抑制物的存在、种子后熟作用及光周期的影响（胡永红 等，2012）。已有多种打破种子休眠的技术（李康 等，2016）。低温层积，通过在低温条件下存放种子，模拟自然界中的冬季环境，有效促进种子内部生理变化，为萌发创造条件。去除种皮，物理方法去除种皮，直接解决机械阻碍问题。激素处理，使用外源植物激素，如赤霉素（GA_3），促进种子内部生理活动，加速萌发过程。尽管激素处理在某些情况下效果显著，但对于如西南鸢尾、燕子花和玉蝉花等特定种类，GA_3处理可能无效（肖月娥 等，2008）。因此，低温层积作为一种经济且简便的方法，被广泛应用于打破鸢尾种子的休眠。

（二）分株繁殖

分株是鸢尾繁殖的常用方法，能够完全保持亲本原有性状，并在短期内成苗，是目前商品化生产中最常用的繁殖方式。其中无髯鸢尾类，如花菖蒲和路易斯安那鸢尾，无性繁殖系数相对较高，年繁殖系数可以达到5倍以上；而有髯鸢尾和球根鸢尾繁殖系数较低，通常每年可产生2～4个新芽或小籽球。西伯利亚鸢尾虽然单季发芽数高，但由于植株较小，通常需2～3年分株1次。分株时间可选择在春季花前的3月或秋季花后的9～10月，避开梅雨季节在花后进行分株可以使花芽在冬季来临前充分分化，不影响第二年开花，并能保持品种特性。分株前应去除老根和腐烂的须根，在分割根茎时，应确保每块分株根茎上保留2～3个未分化的不定芽，以增加分株数量，并提高成活率。在进行有髯鸢尾的分株时，必须将根茎切口进行消毒处理，以避免后续发生根腐病等病害。通常情况下，种植2～3年后分栽1次，这既有利于繁殖，又能促进生长。栽植密度依根茎大小、栽植时间和地点的不同而异。为了保证栽植整齐美观且便于管理，通常在栽植地采用20 cm × 30 cm的株行距，栽植深度约为6 cm。

在起苗时，用铲将花苗连土块铲起，抖落附在根部的土块，植株修剪高度控制在10～15 cm，这样既方便运输至栽植地，又有利于栽植成活。在栽植之前，按规格挖好栽植穴，确保裸根与土壤充分接触，填土并压实，栽植深度与原植株根际线一致。栽后及时浇水定根，并保持土壤湿润。

‘满月的恋’ ‘乙女’ ‘小紫’

‘小笹川’ ‘艺妓’ ‘日出的鹤’

图 15 花菖蒲品种（晨航环境工程有限公司 摄）

白蝴蝶花 花叶蝴蝶花 白花鸢尾

图 16 蝴蝶花和鸢尾品种

（三）组培快繁

主要通过体细胞胚胎发生和器官发生两种途径来增加鸢尾属植物的繁殖系数。目前，常见的组培方法是以茎尖、侧芽和种子为外植体，通过间接器官发生途径获得组培苗，这一方法已成功应用于有髯鸢尾、玉蝉花、路易斯安那鸢尾等多个品种类群中。采用花器官、种胚等为外植体诱导产生体细胞胚胎后，再通过细胞悬浮培养或脱分化形成不定芽和根，能够获得更高的繁殖系数。花被管的基部和子房的顶部更容易产生不定芽（魏晓羽 等，2024）。这些外植体含有高比例的未分化细胞，易于诱导形成愈伤组织或不定芽。

不同类型的鸢尾属植物需要不同的芽诱

导条件。例如，有髯鸢尾在MS+6–BA 1 mg/L +NAA 1 mg/L可以促进愈伤组织的形成（张金政 等，2004）。而野鸢尾的增殖培养基中6–BA的浓度可能在1～2 mg/L之间，与IBA或NAA配合使用以获得最佳增殖效果（毕晓颖 等，2009）。增殖培养基的组成对鸢尾属植物的增殖至关重要。增殖培养基通常在MS培养基的基础上，添加不同的植物生长调节剂，如6–BA和NAA或IBA。增殖培养温度维持在20～25℃，每天光照12～16小时，光照强度控制在1600～2000 lx。通常，生根培养基会使用1/2MS培养基，并添加较低浓度的NAA，如0.1 mg/L。生根过程中，适当降低培养基中的营养水平，有助于诱导根的形成。生根后的植株需要经过炼苗阶段，以适应外界环境。炼苗过程中，逐渐减少湿度和光照，增强通风。移栽基质的选择对幼苗的成活和生长至关重要，常用的基质为腐质土、园土和沙的混合物。

五、栽培管理技术

（一）园林栽培

鸢尾属植物以其丰富的品种和独特的花型在园艺中占有重要地位。不同种类的鸢尾对栽培条件有着不同的需求，因此，合理地进行基质、水肥、遮光、修剪及越冬管理，是确保它们健康成长和盛开的关键。

1. 土壤

基质是植物生长的基础。例如，有髯鸢尾能在稍黏重的土壤中生长，但同样需要良好的排水条件以避免根部腐烂。对于能生长在盐碱地区的喜盐鸢尾、马蔺等，则需要改良土壤结构，增加有机质，以提高土壤的缓冲能力和肥力。

2. 水肥

栽植前应进行土地深翻，将地整平，放入腐熟的有机肥，并施入过磷酸钙和草木灰等含磷钾成分较高的肥料作基肥（郑林，2020）。栽植期间需保持土壤湿润，但避免过度浇水，以免导致根部腐烂。在干燥的季节，需要增加浇水频率。在生长季节，每隔一段时间施一次肥，可以使用有机肥或复合肥。

对于有髯鸢尾等旱生和中生类型鸢尾，适宜在干旱或半干旱环境中生长。它们对水分的需求相对较低，但对土壤的排水性要求较高，以避免根部长时间浸泡在水中导致腐烂。这类鸢尾在生长季节需要适量的水分，但应避免过度灌溉。在干旱时期，适当增加灌溉频率，但要保证土壤在灌溉后能够迅速排水。其对肥料的需求也相对适中，在春季生长初期和花后，可以适量施用全元素复合肥或有机肥料，以促进植株的生长和花朵的开放。施肥时应避免过量，以防烧根或影响植株健康。

水湿生类型的黄菖蒲、路易斯安那鸢尾、花菖蒲和西伯利亚鸢尾等，适应于在湿润或水边环境中生长。这类鸢尾需要持续的水分供应，它们通常生长在池塘、湿地或溪流旁。在干旱季节，可能需要人工补充水分以保持土壤湿润。而其对肥料的需求可能较低，因为水生环境中通常含有丰富的营养物质。然而，在生长旺盛期，可以适当施用缓释肥料或液体肥料，以促进健康生长。由于水生环境的特殊性，施肥时应避免使用会污染水体的肥料。

3. 光照

大部分种类喜充足的阳光，但在炎热的夏季可以通过遮光网或植物遮挡来减少强烈阳光的直射，保护植物免受高温和紫外线的伤害。也有一些种类喜半阴，如蝴蝶花，适合栽植在林下。

4. 修剪及越冬

定期修剪可以促进鸢尾的分枝和开花，也可减少病虫害的发生。最佳的修剪时间是在春季花蕾形成前进行，将过长的枝条剪短，保留每个枝条上的2～3个芽眼，这有助于保持植株整体形态美观，并促进开花。耐寒性普遍较强，冬季气温较低时进入休眠期。大多数品种能生长在北方寒冷地区，甚至能在俄罗斯地区生长，如西伯利亚鸢尾、黄菖蒲等，在寒冷地区露地越冬，只需在土壤上覆盖一层有机物，如树叶或稻草，以保护根茎免受冻害。需要注意的是，原产亚热带地区的种类，如路易斯安那鸢尾，能耐 -10℃的低温（Li et al.，2022），可在亚热带、温带与亚热带过渡区域露地越冬，当在冬季更加寒冷的地区种植时，最好在气温降低至 5℃之前搬至室内养护。

（二）病虫害防治

1. 主要病害

鸢尾在生长过程中可能受到多种病虫害的威胁，影响生长和观赏价值（王海英，2013）。主要病害包括根部细菌性软腐病、溃腐病、细菌性叶斑病、真菌性叶斑病和锈病。软腐病通常在高温高湿条件下发生，侵染根状茎、块状茎和球茎，导致根茎或球茎全部腐烂。而锈病则在高湿季节发生，使叶片上产生红褐色斑点，影响植物的光合作用和生长发育。针对病害，综合管理措施至关重要。对于细菌性软腐病，除了保持栽培地的排水畅通和减少高温季节的浇灌次数外，还需在发现病害时迅速采取措施，如切除腐烂部位并使用硫黄粉进行消毒。对于叶斑病，定期喷施甲基托布津等杀菌剂可以有效预防病害的发生和扩展。此外，合理轮作和选择抗病虫害的品种也是重要的预防措施。

2. 主要虫害

可能遭受食心虫、鼻涕虫、蜗牛和蚜虫等的侵害。这些害虫不仅直接损害植物，如食心虫钻食植物的茎和叶，还可能传播病原体，如蚜虫传播病毒病。虫害的防治同样需要综合考虑。对于鼻涕虫和蜗牛，可以采取人工清除或诱捕的方式，同时改善栽培环境以减少其栖息地。蚜虫的防治可以通过物理方法如用清水冲洗，或使用生物农药如辛硫磷溶液进行化学防治。此外，加强田间管理，如及时清除老叶和杂草，可以减少害虫的藏身之处和食物来源，从而降低虫害发生的风险。在栽植前一定要做好土壤和繁殖材料的杀菌消毒工作，加强日常养护管理。在发生病害或虫害初期，要及时处理病叶，并喷洒化学药剂进行防治，可用 40% 氧化乐果稀释 1500 倍进行喷洒，避免病虫害大面积发生，影响植株生长。

六、价值与应用

（一）文化价值

鸢尾因独特的花形和丰富的色彩，在世界多国文化中被赋予了丰富的象征意义。在欧洲，鸢尾的花文化深厚悠久，常常与宗教和神话故事联系在一起，以希腊神话中的彩虹女神爱丽丝（Iris）命名，赋予其爱的象征与花色丰富的寓意。基督教兴起后，就将鸢尾奉为伊甸园之花，又因其三片花瓣的形象，被认为是圣父、圣子、圣灵三位一体的象征，受到广泛的尊重。法国是一个浪漫的国度，对鸢尾花有一种特别的偏爱，尤其是蓝色鸢尾花，他们将其视为一种“宁静”和“忠诚”的颜色。在古埃及时代，鸢尾花也是当地“生命之树”图案的一部分，被寓意为“复活、生命”之意。

花菖蒲、燕子花在日本文化中扮演重要角色，被视为美丽、吉祥和纯洁的象征，常用于庆祝节日和表达祝福。中国唐朝的端午节文化自飞鸟时代传入日本，宫中端午节宴会曾规定必须佩戴菖蒲缦才能进入宫中。到平安时代，花菖蒲与燕子花开始作为端午节时令花卉以避免邪魔侵袭。室町时代，日本最为古老的花道专集《仙传抄》中记载了花菖蒲已用作“五节供花”。自江户时代起，栽培与选育花菖蒲成为了大名、武士等贵族们的风雅之事，1822 年由松平定信所著的《群芳园草木画谱》记载了 45 种花菖蒲，这也是第一本花菖蒲彩色画谱。自江户时代起，春天赏樱花、初夏赏花菖蒲和冬天赏梅成为了日本赏花文化的三大主题。

我国古代关于鸢尾的文字记载主要集中在药用领域，如射干、马蔺等。中国传统文化中，文人常借花卉托物言志，早在晚唐的曹邺《代罗敷诮使君》诗云：“未必菖蒲花，只向石城生。自是使君眼，见物皆有情。”但仍较少赋予鸢尾文化内涵。至清代雍正年间，鸢尾花的审美已经很高，如“雍正·粉彩鸢尾蛱蝶纹盘”，画的鸢尾花栩栩如生，且画作时间比梵高要早。这个瓷盘在当年的社会地位非常高，远甚梵高的《鸢尾花》。

鸢尾在我国有悠久的历史，但尚未充分地重视并应用。亟待重塑我国的鸢尾文化，大力挖掘其精神文化内涵，开发其医药应用价值和花卉旅游价值，为传统花卉的综合利用做出新贡献。

（二）观赏价值

鸢尾以其美丽而优雅的花朵著称，品种繁多、花色丰富、生态类型多样，成为重要的园林绿化材料。根据鸢尾的生态习性、物候期及花期、花色的差异，可以科学合理地进行陆地与湿地生态环境的绿化与美化（图 17）。旱生类型可群植作林下、林缘地被，或丛植用于岩石园、花境，也可点缀景石，水湿生类型可布置生态湿地、滨水绿化和景观水体，多种鸢尾可合理搭配，营造鸢尾专类园。鸢尾还可用于盆栽或作为切花装饰。

在国内，上海辰山植物园目前拥有最多的鸢尾品种，其鸢尾专类园收集和展示了约 600 种鸢尾植物（含品种），包括路易斯安那鸢尾、有髯鸢尾、花菖蒲、西比利亚鸢尾、琴瓣鸢尾等类群。江苏常州的圩墩遗址公园近年来引种了大量鸢尾属植物，以路易斯安那鸢尾和花菖蒲等园艺品种为主，结合人工水景营造的鸢尾花园，创造了富有欢快感和野趣的景观意境。无锡鼋头渚景区则创建了鸢尾属植物主题花卉节——花菖蒲节，利用自然起伏的地形和溪沟种植了大量花菖蒲，以白色、浅紫色和蓝紫色品种为主色调，并与景区内绣球花等相互映衬、相得益彰。

（三）生态价值

鸢尾属在生态环境保护和修复中发挥了重要作用，尤其是水湿生类鸢尾，如黄菖蒲和花菖蒲类，不仅能有效净化水体，去除水中污染物，还能修复重金属污染土壤，具有显著的生态价值。黄菖蒲在水涝条件下表现出优异的耐涝性，能够维持较高的腺苷酸能荷（adenylate energy charge）水平来稳定能量供应，从而增强其在湿润环境下的生存能力。此外，马蔺、喜盐鸢尾和黄花鸢尾（*I. wilsonii*）等种类具有不同程度的耐盐性，在盐碱地和盐碱水体的生态修复中具有重要应用价值。部分落叶鸢尾如溪荪、玉蝉花和北陵鸢尾（*I. typhifolia*）原产于寒冷地区，抗寒性强，为寒地生态系统的稳定与恢复提供了重要的生态服务。

（四）药用和经济价值

自古以来，鸢尾属就因其丰富的药用功效而受到重视。在《神农本草经》中，鸢尾被记载具有活血祛瘀、行水消积之功效。鸢尾具有辛辣、苦涩和寒凉的特性，常用于治疗风湿性疼痛和跌打损伤。马蔺则性味甘平，具有清热、利湿、止血和解毒的功效，适用于黄疸、泻痢、吐血、血崩及咽喉肿痛等症状的治疗。溪荪的根茎入药，性辛、性平且无毒，主要用于消积行水，具有缓解胃痛和腹痛的效果。蝴蝶花的根茎经过切段晒干后，具有显著的消肿止痛和清热解毒作用，特别在糖尿病和肝炎的治疗中显示出良好的疗效。此外，蝴蝶花在苗族和土家族的传统药物中应用广泛，因其低廉的价格和良好的疗效，展现了巨大的药用资源开发潜力和广泛的市场前景。

鸢尾属植物在香料工业中也具有重要地位。香根鸢尾的根茎能够提取出鸢尾酮，这是一种极为珍贵的香料，被誉为“蓝色黄金”。鸢尾酮因其稀有的提取工艺，复杂、耗时长、产量低，在香水业中的地位尤为珍贵。鸢尾香料是国际上公认的紫罗兰系列名贵香料，该系列香料具有特殊的香韵和优良的定香能力，可广泛用于卷烟、食品、化妆品、衣物、纸张和书画等。

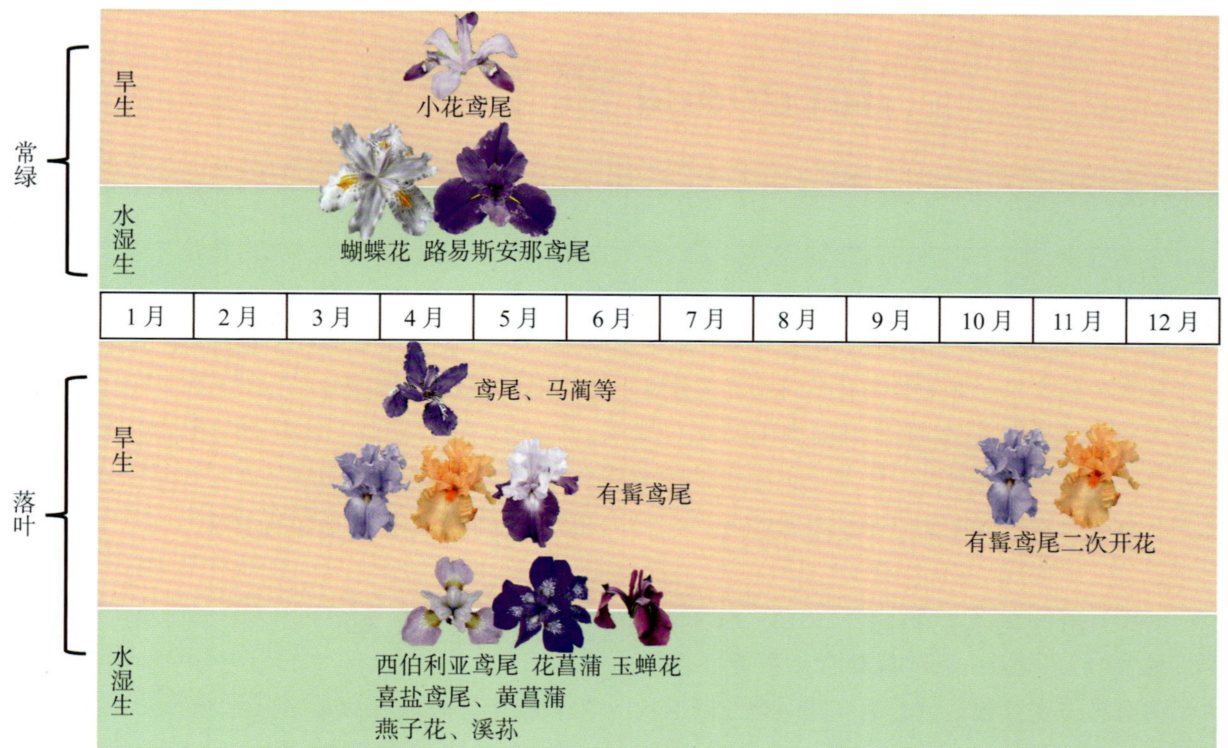

图 17 常见宿根鸢尾的园林应用特征（李丹青 绘）

注：每类鸢尾属植物花部照片对应月份为其在杭州地区的自然花期。

（夏宜平 李丹青）

Jacobaea 疆千里光

菊科疆千里光属（*Jacobaea*）多年生至半常绿草本，是从千里光属（*Senecio*）中分离出来的（POWO）。全球63种，自然分布从亚北极到美国东北部，温带亚欧大陆到中南半岛。该属目前应用于景观的仅有银叶菊及其品种，因叶片密被银白色柔毛而得名。

一、形态特征与生物学特性

（一）形态与观赏特征

株高50～80 cm。茎基部常木质化，茎直立，多分枝，密被银白色柔毛。叶一至二回羽状分裂，正反面均密被银白色柔毛，叶背面更甚；叶长5～15 cm，宽3～7 cm。头状花序，花径12～15 mm，黄色（图1）。花期6～9月。主要分布于地中海地区的悬崖和岩石海岸边。

银叶菊常与同样具有银灰色叶片的雪叶菊相混淆。但银叶菊的花黄色，而雪叶菊（*Centaurea cineraria*）的花紫红色（图1）。

（二）生物学特性

喜光，稍耐阴。耐旱，忌积水。耐贫瘠，较耐寒。喜砂质等排水良好的土壤。

二、园艺品种

银叶菊 *J. maritima*

园艺品种主要有‘卷云’（‘Cirrus’）（图2）、‘新视觉’（‘New Look’）和‘细裂’（‘Silver Dust’），三者在形态上区别不大；与原种相比，叶片的银白色柔毛更密。其中，‘细裂’银叶菊是目前市场应用最多的品种，又名‘银灰’银叶菊。常呈半常绿状，株高50～100 cm。叶片羽状细裂（图3至图5）。

图1　银叶菊（左）与雪叶菊（右）

三、繁殖与栽培技术

（一）繁殖技术

秋季于温室内播种育苗，抚平基质，浸透水，种子撒于基质表面，无须覆土，保持湿度，易出苗，10～20天萌芽；冬季于棚内越冬。

扦插于夏季以半木质化枝条为插穗进行。分株于春季进行。

（二）园林栽培

1. 土壤

以土层深厚且排水良好的各种壤土为佳。

2. 水肥

耐贫瘠，水分充足时，氮肥过量易徒长，故一般无须施肥。保持土壤湿度中等或干燥，降水过多时，需排水，或种植于排水较好的高处。

3. 光照

宜植于全光照处或短期遮光处。

4. 修剪及越冬

银色叶片是银叶菊的主要观赏性状，故在苗期可多次掐尖以萌发更多枝条，促进株丛丰满。花后修剪花枝，以保持株型。北方寒冷地区，冬季可适当覆盖保护，但忌土壤过湿。

图2　卷云银叶菊（Jon Sullivan 摄）

图3　‘细裂’银叶菊种苗

图4　‘细裂’银叶菊叶丛

图5　‘细裂’银叶菊花期

四、价值与应用

银叶菊全年叶色银白，苗期株型紧凑，花期亮黄色小花更添色彩。常丛植、片植或带状种植，应用于岩石园、花境或其他景观中，与其他花卉配色（图6），也可盆栽布置花坛。

图6　银叶菊花境应用

（李淑娟）

Kalanchoe 伽蓝菜

景天科伽蓝菜属（*Kalanchoe*）多肉植物。约有 144 种，大多分布于非洲，少数分布于亚洲、美洲的热带地区。因其形态奇特、种类繁多，适应性较强，深得各园林单位以及广大爱好者的喜爱。

一、形态特征与生物学特性

（一）形态与观赏特征

多年生肉质草本、亚灌木或灌木。叶轮生或交互对生，全缘、具齿、羽状半裂或羽状；部分种类的叶片上有不定芽，可长出小植株；大多数种类在冬季温度较低时经阳光照射叶片会变红。花序为顶生圆锥花序或聚伞花序，花黄色、红色或紫色。

（二）生物学特性

喜通风环境，排水性良好的砂质土壤，耐旱性强，不耐寒。喜温暖和阳光充足环境，耐半阴，部分种类忌烈日暴晒，夏季应适当遮阴。

二、种质资源

伽蓝菜属植物种类较多，约有 144 种，又有很多杂交种和品种；国内常见栽培的有 16 种。

1. 趣蝶莲 *K. synsepala*

叶灰绿色，叶缘有锯齿状缺刻，叶缘红色。花悬垂铃状，黄绿色。

2. 唐印 *K. thyrsiflora*

叶椭圆形，色淡绿或黄绿，被有浓厚的白粉。在冷凉季节若阳光充足，则叶片会变红。

3. 仙女之舞 *K. beharensis*

较大型。叶肉质，形似象耳；橄榄绿色至灰绿色，被稠密毛，毛银白色至红褐色。

4. 鸡爪三七 *K. laciniata*

叶片羽状深裂，裂片披针形，叶缘具齿，顶生叶为披针形；花浅黄或黄色。

5. 玉吊钟 *K. fedtschenkoi* 'Rosy Dawn'

通常为扁平肉质椭圆形叶片。叶片为蓝或灰绿色，叶边缘具齿。聚伞花序，花橘红色。

6. 棒叶落地生根 *K. tubiflora*

叶棒状，上表面具沟槽，粉色，叶端具齿，上有不定芽，落地后可长成小苗。花序顶生，花红紫色。

7. 宽叶落地生根 *K. daigremontiana*

叶椭圆形或长椭圆形，叶端具齿，上有不定芽，落地后可长成小苗。圆锥状聚伞花序，花下垂，紫色或淡蓝色稍带灰色。

8. 江户紫 *K. marmorala*

叶倒卵形，叶边缘有齿状缺刻，叶片蓝绿色，被白粉，上有不规则红紫色斑点。

9. 月兔耳 *K. tomentosa*

叶片形似兔耳朵，上面密布白色茸毛，叶端具齿纹，缺刻处有褐色斑。

10. 扇雀 *K. rhombopilosa*

叶片灰白色，扇形，上面被白色粉层，有褐色斑点。

11. 长寿花 *K. blossfeldiana*

叶交互对生，椭圆形，边缘具齿状缺刻。圆锥状聚伞花序顶生，花有红、粉红、橘红、黄等颜色。

12. 灯笼草 *K. pinnata*

叶椭圆形或长椭圆形，叶端具齿，上有不定芽，落地后可长成小苗。花下垂，淡紫红色或紫红色。

13. 红提灯 *K. manginii*

叶对生，长卵形。花红色或橘红色，外形酷似小提灯。

14. 仙人之舞 *K. orgyalis*

叶对生，阔卵圆状三角形，肉质，新叶平展，老叶正面稍凹，叶缘有突起，橄榄绿色至灰绿色，被稠密的灰白色毛。花黄绿色。

15. 齿叶伽蓝菜 *K. longiflora*

叶倒卵形，绿色，叶边缘有齿状缺刻。

16. ‘掌上珠’ *K.* ‘Fortyniner’

叶灰白色，具花纹。

三、繁殖与栽培管理技术

（一）分株和扦插繁殖

主要有扦插繁殖、分株繁殖及播种繁殖。在冬季进行最好，小苗得以在冬季和春季充分生长，利于度夏。在扦插或分株过程中，尽量保持所取侧芽或叶片的完整性，保护好叶基，以利于扦插后叶芽的生长。在进行扦插或分株之前，可将侧芽或叶片适当晾干，有利于长根和生长。

（二）盆栽

1. 栽培容器

常见的栽培容器有塑料盆、陶盆、紫砂盆等。

2. 栽培基质

栽培土壤除了要求保肥性外，在透气性和排水性方面也要求较高。一般采用腐殖土、泥炭土等呈弱酸性或中性的土壤，加入定量的河沙、贝壳粉、谷壳灰、基肥进行混合配制，也可以用泥炭土、煤渣混合腐熟粪肥作培养土。栽培前可用 40% 福尔马林溶液进行消毒，用药量 400 ～ 500 mL/m^3，喷施后晾晒 2 ～ 3 天即可。在条件允许的情况下，也可以用高温加热消毒。

3. 光照管理

大多数喜欢充足的阳光。在我国大多数地方，都可进行栽培，有些高温地区在夏季进行适当的遮阴。

4. 温度管理

一般在 18 ～ 20℃时开始生长，在生长期保持较大的昼夜温差，对该属植物的生长有利。伽蓝菜较不耐寒，故而冬季最好保持在 0℃以上，在温度低的时候容易发生寒害或冻害，较低温地区在冬季则应移入室内适当保暖，冬季应减少浇水，并尽量让阳光照射到种植土壤上，保持土壤的干燥度。不同的温度处理可以使部分植物更好地表现出其固有的美，如长寿花、唐印等的植株的叶片在较低温度下经阳光照射会变红，极具观赏性。在遗传因素或内外环境因素的共同影响下，部分植株会出现观赏性更强的变异，在叶片或茎部等部位发生颜色上的变化，如变红、变白、变黄等，出现斑锦化现象（图 1）。

图 1　唐印化锦

5. 水分管理

浇水需在土壤还没有完全干透前就进行，这样可以最大限度地保持其毛细根系的存在时间。但要注意，不要浇水过多，若浇水太多，而无法保证土壤的疏水性，则很容易造成根系腐烂。少数较不耐水的植物需要在完全干透以后才能浇水。在生长的不同时期，要控制不同的浇水量，在小苗期和生长旺盛期，应特别注意补充水分。该属多为冬眠种，在春季生长期浇水较多，冬季尽量少浇水，避免引起根系腐烂或冻伤。但浇水情况还与种植材料、地域环境等有关，间隔多长时间浇水还是需要依经验来判断。

（三）病虫害防治

常见的虫害为根粉蚧、红蜘蛛和夜蛾类幼虫。根粉蚧主要危害幼苗根部，严重时导致植株萎缩死亡，可用3%呋喃丹粉剂或40%乐果乳油2000倍液进行防治；红蜘蛛喜吸食植株汁液，造成植株萎缩，可喷施螨类专杀药剂，如20%三氯杀螨醇乳油800～1000倍液、15%哒螨灵2000倍液等；夜蛾幼虫则啃食植株生长点，造成植株破顶，对此可使用广谱性杀虫剂进行防治。

植株在交易流通过程中很可能会感染病虫害，故而在种植前，最好检查植株株体及根部是否带虫体或虫卵，或者有病害特征。如有发现，应及时清理，以防传染给其他植株。

四、价值与应用

植物习性特殊，具有较高的观赏价值，在园林景观的应用上，常见的有以下两种形式。

（一）垂直种植

适应性较强，可以用小盆栽借助于各种形式的构件或以植株借助棚架、花架等器材生长从而组成景观。这种种植方式除了景区展览之外，也适用于家居环境如墙面、阳台、门庭的布置。采用这种方式种植时，宜挑选枝叶较为丰满、株型较为美观的品种，如红提灯、月兔耳、江户紫等种类；或挑选该属的不同种类依照一定的设计种植从而形成具有一定落差的坡面景观，或者在假山、建筑物及一些需要保护的枯树上种植，使景观更富自然情趣。这种布置方式适用于道路、桥梁两侧坡地，宜挑选灯笼草、棒叶落地生根等种类。

（二）平面种植

平面种植可采用自然种植、地被种植、色块种植等种植方式。自然种植意在表现一种自然美，在营造过程中尽量减少人工作业痕迹，可随意搭配或按伽蓝菜属种类、颜色归类种植；地被种植叶面积指数较大，光合作用和净化空气能力较强，养护也较为容易，除了达到观赏效果外，对水土保持也有一定的效果，达成较高的生态价值，宜选择适应性强的种类，如长寿花等；色块种植就是利用植物不同品种所具有的不同色彩来进行铺设以达到园林景观效果，一般提倡大面积铺设，以达到热烈乃至震撼的艺术效果，采用的种类有趣蝶莲、玉吊钟等（图2）。

图2 伽蓝菜多肉平面花境

（李兆文 吴学尉）

Kalimeris 马兰

菊科马兰属（*Kalimeris*）多年生宿根性草本植物。又名马兰头、红梗菜、竹节草、鸡儿菜等。约 16 种，分布于亚洲南部及东部，喜马拉雅地区及西伯利亚东部；我国有 7 种。

一、形态特征与生物学特性

（一）形态与观赏特征

叶互生，全缘或有齿，或羽状分裂。头状花序较小，单生于枝端或疏散伞房状排列，辐射状，外围有 1 ～ 2 层雌花，中央有多数两性花，都结果实。总苞半球形；总苞片 2 ～ 3 层，近等长或外层较短而覆瓦状排列；草质或边缘膜质或革质；花托凸起或圆锥形，蜂窝状。雌花花冠舌状，舌片白色或紫色，顶端有微齿或全缘；两性花花冠钟状，有分裂片；花药基部钝，全缘；花柱分枝附片三角形或披针形；冠毛极短或膜片状，分离或基部结合成杯状（图 1）。瘦果稍扁，倒卵圆形，边缘有肋，两面无肋或一面有肋，无毛或被疏毛。

（二）生物学特性

原产亚洲南部及东部，对环境条件要求不高，适应性强，抗寒、耐热，耐旱、耐涝，短期内积水不影响植株生长。性喜冷凉湿润的气候，喜充足光照，种子在红光下发芽好。种子发芽适温 20 ～ 25℃，当地温回升到 10 ～ 12℃，气温回升到 10 ～ 15℃时，嫩茎叶开始萌发生长。生长期间晴天多、日照充足，在 15 ～ 25℃的适温范围内，植株生长迅速；在 25℃以上生长较慢，高温下叶片易纤维化，品质下降；气温在 10℃以下，植株生长缓慢；在 -5℃的低温下，植株不会受冻，地下匍匐根状茎能在 -10℃安全越冬。虽然马兰适应性广，抗逆性强，但在栽培时宜选肥沃、疏松土壤，有利于提高品质和产量。

二、种质资源

马兰 *K. indica*

地上茎圆形、直立，株高 30 ～ 60 cm，茎

图 1　马兰生长特征

粗 0.5 ～ 0.7 cm，茎基部紫红色，从下至上颜色变淡，茎基分枝多。植株形态丛生，茎下部叶宽卵形；茎中部叶互生、质薄，茎部渐狭，边缘有疏粗齿或羽状浅裂，顶端钝或尖，叶片主脉三条基出，中部以上的叶片边缘具不规则锯齿，两面光滑；茎上部叶倒披针形或椭圆形，叶片渐小、全缘。头状花序单生于枝端，并排成疏伞房状，苞片略带紫色，总苞 2 ～ 3 层，倒披针形。果为瘦果，扁平，深褐色，倒卵状椭圆形，冠毛较少。种子无胚乳，能繁殖，发芽力可保持 5 年。马兰根状茎细长，在土中横向匍匐平卧生长，分布于 10 ～ 20 cm 的土层内，白色，无限生长，匍匐茎上有节，节间短，节上着生根芽，均能发芽繁殖。

马兰的野生种有尖叶、板叶、碎叶之分。尖叶马兰叶片窄长，早春萌发早，生长快，上市早，但产量一般。板叶品种叶椭圆形，大而厚，萌发略迟于尖叶品种，但产量高，品质好。碎叶品种叶片小，产量低，萌发迟，品质较差。因此，生产上主要选用红梗椭圆形叶马兰和青梗披针形叶马兰。

三、繁殖技术

（一）播种繁殖

春季在 2 月下旬至 3 月上中旬播种，每亩用种量 500 ～ 700 g。采用撒播法时，撒播后用木板轻轻压实，让种子与泥土紧密接触，使种子充分吸水，促进出苗。条播时按行距 25 ～ 30 cm 开沟，沟深约 1 cm，播后稍加压实，浇透水，上覆 1 层塑料薄膜或稻草，以利保温保湿，防止板结。种子萌芽出土后揭去覆盖物，保持畦面湿润。

（二）根茎繁殖

于 9 月至封冻前将采挖的野生马兰的根茎收集起来，保留根上带的泥土，以防根系脱水风干。将粗壮的地下根茎剪成 10 cm 长，带有 3 ～ 4 个芽的根段。把根段平铺在沟底，芽朝上，须根舒展，按 10 cm × 10 cm 的行株距定植到繁殖苗圃田。

（三）分株繁殖

春、秋季均可进行，在春季 4 ～ 5 月将植株连根挖出，剪去地下部多余的老根，将已有根的侧芽连同一段老根切下，按株距 25 cm 移栽到整好的畦面上，每穴 3 ～ 4 株，压实，浇足水，1 周左右成活。在秋季分株栽种，一般于 8 月下旬至 9 月上旬，在留种地选取生长健壮的植株，连根挖起，地上部留 10 ～ 15 cm，分株并剪除多余老枝，移栽到整好的畦面上，每穴定植 3 ～ 4 株，穴间距及行距均为 10 cm，一般 5 ～ 7 天可成活。成活后及时追肥，以促发棵。

四、栽培管理技术

（一）露地栽培

1. 选地整地

马兰对土壤适应性很强，但宜选择水利设施好、排灌方便，土质疏松、肥沃、湿润的壤土或砂质壤土和杂草少的地块。定植前深翻土地、晒垡，整细耙平，开挖畦沟。畦的宽度和长度根据田块大小和大棚覆盖标准而定，一般土地利用率要求在 90% 以上。把好除草关和施足基肥是获得马兰优质产品的基础，移栽前拔除杂草，施足基肥，结合整地于定植前每亩施腐熟优质有机肥 1500 ～ 2000 kg。

2. 苗期管理

播种后 15 天左右出苗，出苗以后，保持畦面湿润，适时除草。当幼苗长出 2 ～ 3 片真叶时，可进行第一次追肥，每亩施入腐熟的稀薄人粪尿液 750 ～ 1000 kg。采取分株栽种的，定植成活后，栽培管理与播种出苗后的相同。

3. 定植

每年春季或秋季均可进行栽种，大棚覆盖栽培一般秋季栽种。于秋季 8 月上旬至 10 月下旬将马兰种株挖出后，剪去老枝及衰老的根系，截去嫩的部分，再切成 10 ～ 15 cm 一根的小段，5 ～ 6 根一簇，按株行距将茎段穴栽或斜铺在开好的沟中，沟深 10 ～ 15 cm，沟间距 20 ～ 25 cm，露出地面 5 ～ 10 cm，覆土后踏实，浇一遍透水。

4. 肥水管理

每次追肥宜在采收前 1 周施入，以后每收 1 次，追肥 1 次，施肥量不宜过大，以腐熟稀粪水为主。也可使用经认证机构许可的绿色环保型速效有机颗粒肥料或绿色环保型速效有机液体肥料。

5. 中耕除草、间苗

当幼苗长到 5 ～ 8 片真叶时，开始间苗、补苗、匀苗，保持适当的株间距。除草坚持“除早、除小、除了”的原则。

6. 温湿度控制

以保持白天 20 ～ 25℃、夜间 10 ～ 15℃为宜。晚秋盖棚后，前期温度较高时，应注意通风降温；中期深冬温度低，应注意保暖，必要时加盖草帘等；翌年开春后，温度逐步升高，2 月中旬后温度较高时，应加强通风降温，维持适宜的温度。清明（4 月 4 ～ 6 日）过后，揭去大棚架上的塑料薄膜，让其自然生长，勤管理、勤施肥，其嫩梢产量更高，且香味浓郁，品质更优。

（二）保护地栽培

在自然条件下生长，马兰每年只能收获早春一季，如通过人工及设施覆盖栽培能够延长生产和供应季节，实现周年生产，有较好的发展前景。可采用钢架大棚或竹木结构大棚，以大、中棚覆盖为主，也可小棚覆盖。11 月中下旬，日均温度 10℃左右时，用塑料大棚覆盖，冬季才可以采收，有较好产量。进入 12 月将大棚四周封严，白天保持棚内温度为 18℃左右，空气相对湿度 65% ～ 70%，浇水后及时通风。遇到寒冷深冬，可在大棚内加盖小拱棚覆盖或两层棚覆盖，以保持棚内温度适宜，促进马兰生长。大棚种植马兰一年四季均可采收，且栽种一次可连续采收多年。

（三）采收

种植较好的马兰一般出苗后 30 ～ 40 天即可采摘幼苗。幼嫩的马兰茎白叶绿，萌芽生长约 12 cm 长时即可采摘。采摘后的嫩梢，要放在阴湿的陶器缸中，喷水防止萎蔫，用保鲜袋装好及时送往市场销售，做到按时采剪、保鲜上市。采收的方式有 2 种，常用的大多是一次性整齐收割，另一种是采用收大留小的方式采收。采收的方式不同，采收的次数和经济效益有所不同。采取大棚覆盖栽培，大棚内温湿度条件适宜，马兰生长迅速，采收前 3 ～ 5 天，在棚内中午前后要进行通风换气，提高马兰品质。一般从 1 月上中旬开始采收，则能采收 3 ～ 4 次。大棚种植马兰，每年可采收 4 ～ 6 次，每次每亩可采收 500 ～ 800 kg，效益显著。

（四）病虫害防治

马兰抗病虫力强，一般不需要用药物防治病虫。主要以农业防治为主，可通过降低田间湿度、及时清除田内和四周杂草、烧毁或深埋病株等方法，有效控制病害发生。

五、价值与应用

马兰适应性强，花期较长，是应用广泛的花境植物。

马兰含有多种营养成分，一般可作为蔬菜食用。幼叶通常作蔬菜食用，俗称“马兰头”。马兰的食用时间为 4 月中旬之前，采其嫩芽食用，通常的食用方法有炒食、凉拌、做馅和烧汤。

全草药用，有清热解毒，消食积，利小便，散瘀止血之效。

（胥成刚　吴学尉）

Knautia 孀草

忍冬科孀草属（*Knautia*）一年生至多年生草本植物，也称欧洲山萝卜属。该属约有 60 种，主要分布于欧洲东南至土耳其。多数呈杂草状，目前景观应用的仅有多年生的红花轮峰菊（*K. macedonica*）（Armitage，2008；Graham，2012；董长根 等，2013）。

一、形态特征与生物学特性

（一）形态与观赏特征

单叶互生。顶生灿烂的花状花序。苞片小或无。花萼 6 ～ 8 个或多个刚毛。花冠 4 裂，有齿。

（二）生物学特性

原产欧洲和地中海地区，在亚洲西南部和非洲西部也有分布。喜光，耐旱，耐寒，可耐 -35℃低温。常生于林缘及向阳山坡的碱性砂地上。

二、种质资源

红花轮峰菊（中欧孀草）*K. macedonica*

株高 50 ～ 70 cm，多分枝，全株被毛。该种叶形变化较大，基生叶莲座状，长椭圆形，全缘至羽状浅裂；茎生叶对生，羽状深裂，向上甚至裂片为细条形。头状花序生于枝端，直径 2 ～ 3 cm，花序梗细长，花酒红色。花期 6 ～ 10 月（图 1、图 2）。

三、繁殖与栽培管理技术

（一）播种繁殖

春播或秋播。种子小，覆薄土即可，浇透水并保持土壤湿度，萌发适温 20℃左右；种子出苗不整齐。自播能力较强，注意清除过多的实生苗。

（二）分株繁殖

春季进行分株繁殖。

（三）园林栽培

1. 土壤

排水良好的各种土壤均可，但以偏碱性的砂

图 1　红花轮峰菊（刘毓 摄）

图 2　红花轮峰菊花序

质为佳。

2. 水肥

耐旱、耐贫瘠，故中等肥力即可，一般园土中种植无须施肥。

3. 光照

喜光，宜种植于开阔处。

4. 修剪及越冬

初花期后，修剪花枝可促生新花枝，甚至延迟花期至初霜。入冬前清除地上部分；冬季无须保护。

四、价值与应用

叶丛茂密，花色艳丽，花期持久。可植于自然景观开阔地带、花境、野花花园等。是碱性土壤美化的优良材料。

图 3　红花轮峰菊

（李淑娟）

Kniphofia 火把莲

阿福花科火把莲属（*Kniphofia*）常绿或落叶草本。全球71种，主要分布在南非的山区和高地草原地区，埃塞俄比亚、阿拉伯和马达加斯加也有分布。属名*Kniphofia*是为纪念德国药学家J. H. Kniphof（1704—1765）而命名的。该属植物粗壮的橙红色或橙红与黄色复色花序开放时，宛如熊熊燃烧的火把（火炬），热情奔放，叶片细长如剑，故又名火炬花、剑叶兰。

一、形态特征与生物学特性

（一）形态与观赏特征

地下块茎粗壮。叶片莲座状族生，条状。花序穗状顶生，花莛粗壮；小花多数，数十至数百朵，长筒状，花冠筒先端浅裂，蕾期常橙红色、橙色、橙黄色、黄色或黄绿色等，开放后色渐变淡为黄色或淡黄色；小花自下向上开放；雌雄蕊较长，伸出花管（图1）。蒴果，成熟后顶端3裂，种子黑色，多数。

图1 火把莲花序及花部特征

（二）生物学特性

喜光。耐旱，亦喜湿，但忌积水。稍耐寒。

二、种质资源与园艺品种

火把莲属早在18世纪就被应用于景观，因种间的自然杂交较为常见，加之300年来的人工杂交，使得属内多数品种家系不清（CM Whitehouse，2016）。目前数千个园艺品种尚无系统分类，以下是主要的观赏种、育种亲本（Graham，2012）及其品种。

1. 具茎火把莲 *K. caulescens*

常绿草本，株高90～120 cm。茎短而粗壮，常匍匐。叶簇生基部；叶长条形，缘具小尖齿，长达70 cm，宽约5 cm；蓝灰色，中脉较粗硬，下陷。花莛粗壮，顶生穗状花序狭塔形，花蕾珊瑚红色，开放后黄色至淡黄色（图2）。花期夏季。

分布于南非东部和莱索托高海拔沼泽和岩石区。喜光也耐半阴，较耐寒；喜富含腐殖质排水良好的砂壤土。

2. 黄花火炬花 *K. citrina*

又名柠檬火炬花。株高50～60 cm。叶长条形，向上渐狭，缘具小尖齿，长达70 cm，宽约1 cm；中脉明显，下陷。花莛较粗壮，花蕾绿黄色，顶端小花有时略带橙色，开放后淡黄色（图3）。花期7～8月。

产南非东开普省沿海草原。生性强健，喜光也耐阴，较耐寒。

图 2 具茎火把莲（Janet Taylor 摄）

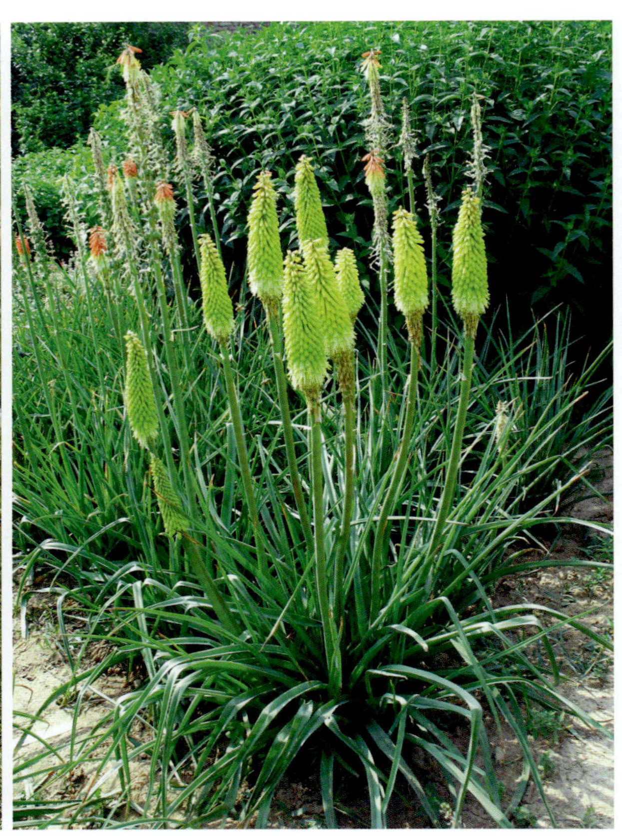

图 3 黄花火炬花

图 4 夹皮尼火炬花

图 5 硬毛火炬花‘火舞’

图 6 线叶火炬花（Troos Merwe 摄）

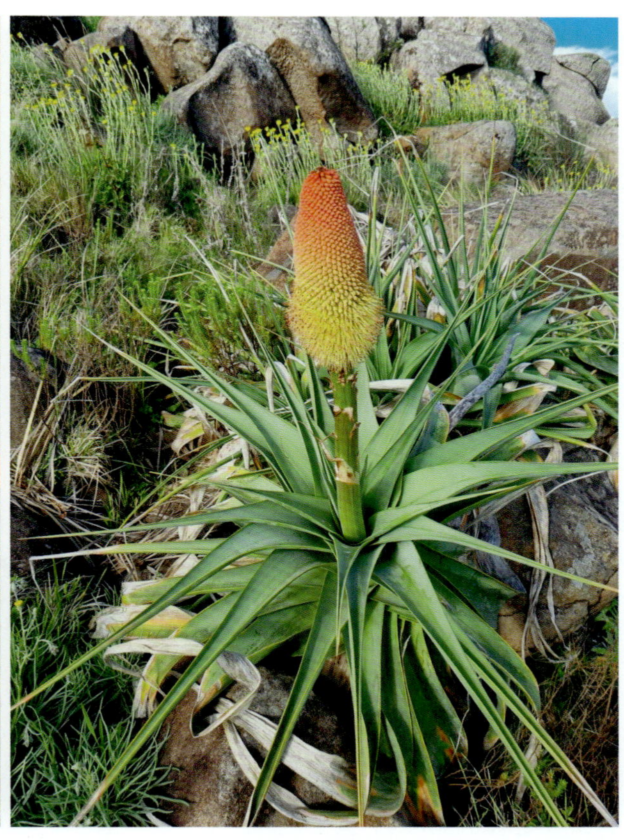

图 7 阔叶火把莲（Jonann van Biljon 摄）

3. 夹皮尼火炬花 *K. galpinii*

株高 90 ～ 120 cm。叶草质，长条状，长达 60 cm，宽约 1 cm。穗状花序顶生，长 10 ～ 15 cm。花蕾红色或橙红色，开放后黄绿色或黄色（图 4）。花期 7 ～ 8 月。

产南非的草原和沼泽。喜光也耐半阴，较耐寒。

4. 硬毛火炬花 *K. hirsuta*

株高 50 ～ 60 cm。叶长条状，长达 60 cm，宽约 2.5 cm；密被长毛。花蕾橙色至橙红色，开放后黄绿色。花期 7 ～ 8 月。

产南非的草原和沼泽。通常用播种繁殖，早春播种苗当年就可开花。该种是一些矮生品种的亲本，如 '红绿灯'（'Traffic Lights'）株高 30 ～ 45 cm，因花序开放时呈现红黄淡绿三色而得名；'火舞'（'Firedance'）株高 45 cm（图 5）。

5. 线叶火炬花 *K. linearifolia*

株高 120 ～ 150 cm。叶长条状，长达 140 cm，宽约 3 cm。花蕾猩红色，开放后亮黄色（图 6）。花期 7 ～ 10 月。

产南非。一种典型的火把莲，是目前众多细叶品种的亲本。

6. 阔叶火把莲 *K. northiae*

高大草本，株高 150 ～ 170 cm，植株各部分均粗大。叶宽条形，长达 150 cm，宽约 12 cm，中脉不显，蓝灰色。小花密集，花蕾橙红色，开放后黄白色（图 7）。花期 8 ～ 9 月。

产南非东部及莱索托草原。高大粗壮的外形及大而色彩柔和的花穗引人注目，需要生长于阳光充足、土壤潮湿但排水良好处。

7. 秋花火把莲 *K. rooperi*

株高 120 ～ 140 cm。叶长约 110 cm，宽约

图 8　秋花火把莲（Roland Morisse 摄）

4 cm，灰绿色。穗状花序几乎呈球形，花蕾亮红色，开放后黄色。花期 9 ～ 11 月（图 8）。

原产南非东部海岸沼泽地区。

8. 三棱火把莲 *K. triangularis*

株高 50 ～ 60 cm。叶细条状，长达 60 cm，宽不足 1 cm。花蕾通常橙色至红色，开放后变化不大。是一个形态多样的种（图 9、图 10）。花期 8 ～ 10 月。

产南非东部及莱索托。是一些矮生品种的亲本。

图 9　三棱火把莲蕾期

图 10　三棱火把莲花期

图 11　火把莲

图 12　火把莲园艺品种（一）

注：A.‘烛光’；B.‘皇家城堡’。

图 12 火把莲园艺品种（二）

注：C.'硫黄'（陈煜初 摄）；D.'火焰'（李丽芳 摄）；E.'南希的红衣'（李丽芳 摄）；F.'柠檬冰棒'（李丽芳 摄）；G.'柠檬冰棒'；H.'杧果冰棒'（周翔宇 摄）；I.'杧果冰棒'；J.'木瓜冰棒'；K.'太妃糖'（陈煜初 摄）。

9. 火把莲 *K. uvaria*

株高 100 ～ 110 cm。叶细条状，长达 80 cm，宽 2 cm。穗状花序常呈卵状，花蕾通常橙色至红色，开放后黄色（图 11）。花期 8 ～ 10 月。

产南非开普地区的山区。是最经典的火把莲，也是最早被应用于景观的种，但形态多变，加上人工和自然杂交使市场上冠以此名的种及品种家系混乱不清。

9a.'烛光''Candlelight'

花蕾绿色，开放后黄绿色，顶端小花带红晕（图 12A）。

9b.'皇家城堡''Royal Castle'

花蕾暗红色，开放后黄绿色（图 12B）。

目前我国市场上广泛应用的多为细叶品种。

9c.'硫黄''Brimstone'

株高 75 ～ 100 cm，叶片狭条形，花蕾绿色，开放后硫黄色，花期 8 ～ 9 月（图 12C）。

9d.'火焰''Fire Glow'

株高 40 ～ 60 cm，叶片狭条形，花蕾暗红色，开放后橙红色至橙色，花期 9 ～ 11 月（图 12D）。

9e.'南希的红衣''Nancy's Red'

株高 40 ～ 60 cm，叶片狭条形，花蕾深红色，开放后艳红色至橙红色（图 12E）。

9f.'柠檬冰棒''Lemon Popsicle'

株高 40 ～ 50 cm，叶片狭条形，长约 50 cm，宽约 1.8 cm。花穗长约 20 cm，具小花约 100 朵，花蕾黄绿色，开放后柠檬黄色（图 12F、图 12G）。

9g.'杧果冰棒''Mango Popsicle'

株高 50 ～ 65 cm，叶片狭条形，长约 40 cm，宽约 1.2 cm。花穗长约 13 cm，具小花 120 朵，花蕾橙黄色，开放后金黄色（图 12H、图 12I）。

9h.'木瓜冰棒''Papaya Popsicle'

株高 40 ～ 50 cm，叶片狭条形，长约 45 cm，宽约 1 cm。花穗长约 14 cm，具小花约 100 朵，花蕾橙红色，开放后黄色（图 12J）。

9i.'太妃糖''Toffee Nosed'

株高 100 cm，叶片狭条形。花穗长 15 ～ 20 cm，花蕾棕橙色，开放后乳黄色（图 12K）。

三、繁殖与栽培管理技术

（一）播种繁殖

春播、秋播均可。春播于早春进行，播前温水（40℃）浸种 24 小时有利于出苗快而整齐；穴播或条播均可，播后覆土 1 cm，保持基质潮湿，1 ～ 2 周出苗。极少数种（或品种）春播苗当年可开花，但多数种需第二年或第三年才可开花。播种繁殖后代的性状多数会出现分离，难以保持原有性状，故生产中少见采用（Graham, 2012；董长根 等，2013）。

（二）分株繁殖

常规分株方法，于春季萌发前后或秋季花后进行。

（三）园林栽培

1. 土壤

以土层深厚、疏松且排水良好的砂质壤土为佳。

2. 水肥

种植前，应施入腐熟的有机肥和过磷酸钙或骨粉为基肥；于春末至花期，每半月追施 1 次磷酸二氢钾。生长期，根据实际情况浇水，保证土壤潮湿且不可积水（积水易烂根）；冬季和早春低温时段则应避免土壤过湿。

3. 光照

宜植于全光照处或短期遮光处。

4. 修剪及越冬

花后，如无须留种，则应及时修剪残花枝，避免种子成熟消耗营养；入冬前剪除地上枯枝叶。耐寒性一般，可耐 -12℃低温，在我国秦淮线以北地区，冬季需做地面覆盖保护，早春及时去除覆盖物。冬季防止土壤过湿而降低植株耐寒性。

（四）病虫害防治

火把莲的病害主要为锈病，危害其叶片和花茎，发病初期用石灰硫黄合剂或用 25% 萎锈灵乳油 400 倍液喷洒防治。

四、价值与应用

火把莲品种众多，叶片纤长似兰，花葶挺拔而强健；花形花色似燃烧的火把，热情奔放，引人注目。常丛植或片植于花境、公园等各种景观（图 13、图 14）。

图 13 火把莲'硫黄'花境应用（陈煜初 摄）

图 14 火把莲'太妃糖'花境应用（陈煜初 摄）

（李淑娟）

Lamium 野芝麻

唇形科野芝麻属（*Lamium*）一年生或多年生草本花卉。该属约有20种，原产欧洲、北非及亚洲，输入北美；我国有3种4变种。

一、形态特征与生物学特性

（一）形态与观赏特征

叶圆形、肾形至卵圆形或卵圆状披针形，边缘具极深的圆齿或为牙齿状锯齿；苞叶与茎叶同形，比花序长许多。轮伞花序4～14花；花冠紫红色、粉红色、黄色或污白色，通常较花萼长1倍；上唇直伸，多少盔状内弯，下唇向下伸展，3裂。

（二）生物学特性

生性强健。喜湿，也稍耐旱；喜半阴，耐寒，耐贫瘠。多生长于林下、林缘、溪边及路边草丛中。

二、种质资源与园艺品种

景观中应用的有3种及其品种。

1. 短柄野芝麻 *L. album*

茎高30～60 cm，四棱形，中空。茎下部叶较小，茎上部叶卵圆形至卵圆状披针形，长2.5～6 cm，宽1.5～4 cm，先端急尖至长尾状渐尖，基部心形，缘具牙齿状锯齿，上面橄榄绿色。轮伞花序8～9花；花萼钟形，长0.9～1.3 cm，基部有时紫红色；花冠浅黄或乳白色，长2～2.5 cm。5～11月间歇开花（Armitage，2008）（图1）。

产我国北方，欧洲及蒙古、日本、加拿大有分布。该种花可入药，叶富含胡萝卜素，幼叶可食，也是很好的蜜源植物。

2. 花叶野芝麻 *L. galeobdolon*

俗称黄大天使（yellow archangel）。茎高20～50 cm，具匍匐茎，水平扩展较快。叶椭圆形，长2.5～7 cm，先端渐尖，基部心形，缘具齿；叶面常有银色斑块或斑点，荫蔽条件

图1　短柄野芝麻（KRo Line 摄）

图2　花叶野芝麻（J Dwilson 摄）

图 3　花叶野芝麻的品种

A.‘Hermann's Pride’；B.‘Jade Frost’；C.‘Silberteppich’；D.‘Variegatum’

下不明显。轮伞花序 5 ～ 6 花；花冠黄色，长 2 ～ 2.5 cm。花期 5 ～ 6 月（图 2）。

产欧洲和西亚。耐寒性好，可耐 -32℃低温。有以下几个品种（图 3）（Armitage，2008；Graham，2012）。

‘Hermann's Pride’　是荷兰人 Herman Dykhousen 在前南斯拉夫旅行时发现的。该品种较原种叶片和花都更小，直立性更好；叶脉的绿色与叶肉部分的银色形成漂亮的斑纹。是一个非常优秀的品种，特别是在春天，植株相当紧密。在特别温暖干燥的条件下，植物可能在夏季休眠。

‘玉霜’（‘Jade Frost’）　叶片较宽圆，叶缘黄色，中心绿色，银色分布于剩余部分。

‘银毯’（‘Silberteppich’）（‘Silver Carpet’）呈紧凑的块丛状。叶脉绿色，叶肉部分银色。

‘Variegatum’　应用率较高的品种。株高 60 cm。银色斑块分布于叶片中脉与叶缘之间。耐阴性极好，甚至可以在花园中最暗的地方生长。

3. 紫花野芝麻 *L. maculatum*

宿根或半常绿，茎高 30 ～ 50 cm，疏生白色短柔毛。茎生叶卵形，长 2.5 ～ 5 cm，基部近截形至宽楔形，缘具齿，先端尾状渐尖；中脉具白色条斑。轮状聚伞花序 8 ～ 12 花；花冠紫红色，1.8 ～ 2.5 cm；上唇外具浓密柔毛；花药深紫色。花期 7 ～ 8 月（图 4）。

产我国甘肃和新疆，俄罗斯、亚洲西南部、欧洲和北美洲有分布。耐寒性好，可耐 -37℃低温。紫花野芝麻是该属中应用率较高的种，其种下品种较多（图 5）（Armitage，2008；Graham，2012）。

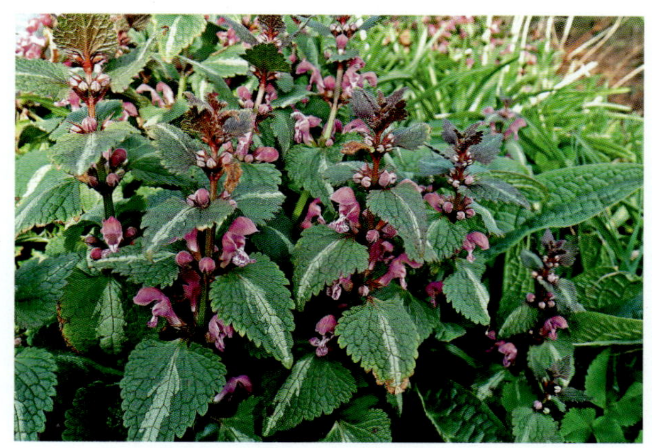

图 4　紫花野芝麻（Anita Sprungk 摄）

‘Anne Greenaway’　产生于 20 世纪初。叶片由 3 种颜色组成，黄绿色、黄色与银色；花玫粉色，丰花，花期 5 ～ 7 月。是一个非常优秀的品种，很容易栽培，只需特别干燥时补充水分即可。

‘金叶’野芝麻（‘Aureum’）　叶片除中脉上的银色条斑外，其余部分为柔和的黄色，新叶常金黄色；花紫红色。需要种植于半阴环境。

‘灯塔银’（‘Beacon Silver’）　最受欢迎的品种之一。叶片几乎全为银色，仅叶缘为绿色。花粉紫色，花期 5 ～ 8 月。

‘契克斯’（‘Chequers’）叶片中间的银色条纹较宽，花深粉色。开花时株高 20 ～ 30 cm。

‘柠檬霜’（‘Lemon Frost’）　株高 15 ～ 20 cm。叶片黄绿色，中间具银色条斑。

‘粉蜡’（‘Pink Pewter’）　株高 15 cm。叶银色，似蜡粉，叶缘绿色；花粉色。花期长，比许多品种更耐阳光。

‘暗紫’（‘Dark Purple’）　与‘灯塔银’较像；

图 5　紫花野芝麻的品种

注：A.'Anne Greenaway'；B.'金叶'；C.'灯塔银'；D.'契克斯'；E.'柠檬霜'；F.'粉蜡'；G.'暗紫'；H.'兰花霜'；I.'紫龙'；J.'玫瑰红'；K.'贝粉'；L.'南希白'。

花暗紫色。

‘兰花霜’(‘Orchid Frost’) 叶片银色，具极狭的绿色叶缘，花粉红色至玫红色。

‘紫龙’(‘Purple Dragon’) 与‘灯塔银’较像；花为艳丽的深紫红色。

‘玫瑰红’(‘Roseum’) 花玫红色。

‘贝粉’(‘Shell Pink’) 叶与‘灯塔银’相似，花粉色。

‘南希白’(‘White Nancy’) 叶与‘灯塔银’相似，花白色。

三、繁殖与栽培技术

(一) 扦插繁殖

有匍匐茎，接触土壤易生根，该属植物也是采用这种方式扩展蔓延的。生长期取枝条，剪成带有 2 ～ 3 个节间的插穗，保留 1 片或半片叶，插入苗床，保持基质湿润，易生根。

(二) 分株繁殖

生长期均可进行。母株上有一些生根的枝条，直接分离另栽即可。

(三) 园林栽培

1. 土壤

不择土质，在黏重土壤中也可生长。

2. 水肥

喜湿，耐贫瘠。生长期应保持土壤潮湿，荫蔽环境也可耐短期干燥，故多数地区林下种植时，自然降水即可满足其生长；常规施肥即可。

3. 光照

宜植于半阴、全阴或斑驳阴影下。冷凉环境可适当增加光照。

4. 修剪及越冬

入冬前剪除地上枯枝叶。耐寒性强，一般冬季无须特别保护。

四、价值与应用

抗逆性强，生长快速，枝叶旺盛，易成景；叶色独特，花色或艳丽或淡雅，是非常优秀的林下地被材料。常用于花境中作前景或填充材料，更多地是用于景观中的各种背光环境的地面覆盖。

国产的野芝麻 (*L. barbatum*)，全株入药，味辛，甘，性平，具有凉血止血、活血止痛、利湿消肿的功效。

(李淑娟)

Lamprocapnos 荷包牡丹

罂粟科荷包牡丹属（*Lamprocapnos*）多年生宿根草本花卉。单种属，我国北部及日本、俄罗斯等有分布。因叶形似牡丹而取名为荷包牡丹，别名兔儿牡丹、铃儿草、鱼儿牡丹。

一、形态特征与生物学特性

（一）形态与观赏特征

地下根状茎肉质，水平生长；地上茎直立生长，圆柱形，茎带红紫色。一至数回三出复叶，叶片表面绿色，背面具白粉，叶脉明显，叶柄较长。花序顶生或与叶对生，呈下垂的总状花序，每朵小花排列整齐均匀，每个花序约 10 朵小花，花形奇特似荷包，花色有粉红、红色、白色、黄色等。果实为蒴果，种子细长，种子先端有冠毛。

（二）生物学特性

耐寒性强，在北方不用防寒可露地越冬。忌夏季的暑热，忌烈日暴晒，喜散射光充足的半阴环境。生长要求的土壤为肥沃湿润的壤土，稍耐干旱，在黏土及砂土等贫瘠的土壤上生长不良。夏季开花后，植株进入休眠状态。

二、种质资源

荷包牡丹原属马裤花属（*Dicentra*），新的荷包牡丹属只有 1 种，分布于北美和亚洲，变种有白花荷包牡丹。我国主产西南，以秦岭以北地区栽培较多。

荷包牡丹 *L. spectabilis*

无毛，茎直立，分枝，多叶，多汁的茎 50 ～ 90 cm。叶柄 5 ～ 12 cm；叶片背面有白霜，正面绿色，宽三角形；小叶楔形，深裂为宽的锐尖裂片或粗糙的齿。花序顶生和腋生，总状，几乎水平，疏松，7 ～ 15 花，被线形苞片包围；花梗长 5 ～ 15 mm；花有 2 个对称面，心形，宽 20 ～ 25 mm。萼片早落，全缘；外部花瓣粉红色或偶尔白色，基部宽袋状；内部花瓣白色，通常有红色和黄色斑纹，22 ～ 25 mm，每个外部花瓣有一个突出的白色羽冠；雄蕊瓣状，彼此离生；花蜜从每个中央雄蕊的基部分泌；子房绿色，纺锤形；柱头长圆形。蒴果长圆形，2 ～ 8 种子，花柱宿存。种子黑色，圆形，平滑，具一大浅裂的角果体。花果期 4 ～ 6 月。2n=16。

有 1 变型和多个品种。

白花荷包牡丹 f. *alba*（图 1）；'金心'荷包牡丹 'Gold Heart'。

三、繁殖技术

荷包牡丹常用的繁殖方法有播种、分株、扦插和组织培养等。

（一）播种繁殖

种子成熟以后要随采随播，一般在培育新品种和大量繁殖时采用。6 月下旬种子成熟收获后，随即撒播于苗床中，浇透水，15 天出苗。苗期保持土壤湿润、疏松。冬季覆盖，保苗越冬，翌年 3 月施 1 次稀薄的肥水。定植株行距 30 cm × 50 cm，实生苗 3 年后开花，收获留种。6 月下旬至 7 月在果荚变成黑色、种子成熟时及时采收。将花序剪下晒干，脱粒，精选干净。种子不宜长期贮藏，在常温、干燥条件下贮藏发芽力容易下降。

图1 白花荷包牡丹

（二）分株繁殖

最常用分株法繁殖，在春季新芽开始萌动而新叶未展出之前分株最适宜，成活率最高；若老株的新叶已经展开再进行分株，易伤根系，成活率低，深秋季节也可分株繁殖，但成活率不高。分株时，将整个植株从地下挖出，抖掉根部泥土，用利刃将根部周围的根茎带须根切成3～5个芽的小段，3个小段为一丛，栽于事先准备好的苗床中，覆土高度应高于旧土根2～3 cm，浇透水，放置阴凉处，1周以后新叶长出，就可进行正常的养护管理，新分株的植株当年即可开花。一般2～3年分株繁殖1次。北方地区在3月下旬至4月上旬，新芽萌动之后、新叶长出之前进行。分株要注意两点：一要适时，若老株的新叶已展开再分株，易伤根系，成活率低，深秋休眠期亦可分株，方法与早春分株相似；二要相隔2～3年才能分株1次，不能年年分株。

（三）扦插繁殖

可用嫩枝扦插和芽插等多种方式进行扦插繁殖。

1. 嫩枝扦插

待花全部凋谢后，剪去花序，取枝条下部有腋芽的嫩枝，按2～3节一段剪开，留上端一片叶，疏去部分小叶，插入土中2节，上部一节带小叶露出土面，株行距10 cm × 10 cm。插后用细眼喷壶浇1次透水，使插穗与基质密切接触。床面扣拱棚，上覆塑料薄膜，盖上草帘子，创造半阴环境。温度控制在25℃左右，过高时应适当通风降温，经常保持床土湿润。30～40天生根，逐渐去掉棚膜、草帘，翌春即可移栽定植。

2. 成熟枝扦插

在夏季剪取下部有腋芽的健壮枝条，将其切成8～10 cm的小段，每段要带2～3个芽，小段基部削面要平滑。扦插基质用河沙或珍珠岩，pH5～6，使用前用0.1%高锰酸钾溶液进行消毒。先用木棒插一个与插条粗度相当的孔洞，再把插条插入孔洞中，插条插入1/2，喷水压实，放在阴凉处。

3. 芽插

选腋芽比较饱满的枝条，剪掉花序，每节带2 cm的枝条作插穗，疏去部分小叶，平插入基质中，深5 cm，叶片露出土面，株行距5 cm × 10 cm。

4. 根状茎插

也可用根状茎在10月进行扦插繁殖，将整个植株根系挖出，清水冲洗干净，用多菌灵或者高锰酸钾消毒后晾晒 12 小时，用刀将根茎切成 10 cm 的小段，用蜡或者泥巴封住切口，将根段插入泥沙中，上面用 2 ～ 3 cm 的泥沙将插条覆盖，需要进行遮阴处理，每 15 天喷水 1 次，每次喷水一定要喷透，11 月后进行防寒，上面覆盖稻草，停止浇水，翌年春天就会长出新芽，生长开花。

四、栽培管理技术

（一）园林栽培

1. 整地

应选地势较高的地方，栽植前深翻床土，并施入腐熟的有机肥；土壤整地深度 50 ～ 60 cm，有利于根系向下扎。栽培于腐殖质含量较高的壤土中，可用腐叶土与菜园表土等量混合作培养土，在黏土中生长不良。

2. 水肥管理

根系为肉质根，稍耐干旱，怕积水，春季返青期要浇足水。生长期要及时浇水保证土壤湿润，也可根据天气、土壤墒情和植株生长情况等适时浇水，掌握“不干不浇，见干即浇，浇即浇透，不可积水”的原则。春、夏、秋三季生长的晴天可每隔 1 天浇水 1 次，阴天 3 ～ 5 天浇水 1 次。土壤太湿或太干对其生长不利；过湿易烂根，过干生长不良，易引起叶片发黄。盛夏期和冬季休眠期，土壤要相对干一些，7 ～ 8 月的梅雨季节，要注意排水，以免植株下部腐烂或诱发真菌性病害。霜降前浇 1 次防冻水，用树叶或者稻草覆盖，有利于防寒越冬。荷包牡丹生长季节保持土壤湿润，7 ～ 10 天灌水 1 次。越冬苗返青、分株苗缓苗后施 1 次腐熟的粪肥或尿素 150 kg/hm^2。花蕾形成期施 0.2% 磷酸二氢钾或过磷酸钙 1 ～ 2 次。夏季适当遮阳或与高秆作物间作。越冬前灌水或挖出植株在 5℃、半墒状态的窖内湿沙贮藏。

喜肥性花卉植物，栽植在富含腐殖质的壤土中生长良好，栽前必须施足基肥，生长旺盛期可结合浇水进行追肥，每隔 10 ～ 15 天施 1 次稀薄的液肥，使其叶茂花繁，缺肥易引起生长不良，植株矮小，花朵变小，色泽暗淡，降低观赏价值。花蕾孕蕾期间，施 1 ～ 2 次磷酸二氢钾或过磷酸钙，可使其花大色艳。施肥时不能施浓肥，浓度过高易引起烧根。

（二）盆栽

1. 种苗选择

盆栽主要选择红色、粉红色的低矮品种；选择 3 年生或以上、6 个以上花芽且芽大饱满的健康种苗。

2. 上盆与摆放

根据需要和荷包牡丹生长规律，一般于 12 月初从地下挖出种苗，放入室内晾根，以便栽入盆内能充分、快速地吸水。盆栽荷包牡丹盆土以肥沃湿润的壤土为宜，也可用腐叶土，再加上少量的沙土或泥沙，最好用泥瓦盆种植荷包牡丹，根据盆的直径大小来种植，10 cm 的盆可每盆栽种 2 ～ 3 株，不要过密，否则影响开花。盆栽时，一定使用桶状深盆，盆底多垫一些瓦片以利于排水。盆栽荷包牡丹夏季中午要放置阴凉处，其他季节放置在阳台上，要注意把窗户打开通风。10 月下旬放在室内安全过冬，室温以 3 ～ 8℃为宜，12 月中旬移入到室温 12 ～ 15℃的室内，春节即可开花。开过花后再放入冷室中，翌年 4 月初移至室外，置于遮阴处。以后进行正常的养护管理即可，盆栽的荷包牡丹，应每 2 ～ 3 年分根繁殖 1 次，在 2 ～ 3 月进行。

3. 水肥管理

肉质根，稍耐旱，怕积水，盛夏和冬季休眠期，盆土要相对干一些，微润即可。荷包牡丹喜肥，上盆定植或翻盆换土时，宜在培养土中加点骨粉或腐熟的有机肥或氮磷钾复合肥，生长期 10 ～ 15 天施 1 次稀薄的氮磷钾液肥，使其叶茂花繁，花蕾显色后停止施肥，休眠期不施肥。

4. 光照和温度管理

怕强光暴晒，喜散射光充足的半阴环境，不能见直射光。比较耐寒，而怕盛夏酷暑高温，夏季休眠期要置于通风良好的阴处，并常向附近地面洒水，提高空气湿度。夏季的阳光直射下会使荷包牡丹的叶片失绿，并逐渐变焦，植株生长不良，容易发生日灼伤，叶片边缘枯萎，甚至变干落叶，开花少或花小等。因此，盛夏要及时遮阳，避免晒伤叶片，失水萎蔫。

霜降后移入5℃左右的低温温室。一般温度调控，前期长茎期至抽序期约20天，夜间控温5～8℃，白天控温15～18℃；中期展叶期约15天，夜间控温10～12℃，白天控温20～23℃；后期花瓣膨大期约10天，夜间控温13～14℃，白天控温23～25℃。此后为观赏期，花期可长达2个多月，此间温度不低于5℃即可。温度越低，花期越长。

5. 修剪

夏季的高温季节，茎叶进入休眠期，停止生长，这时，可将枯枝及黄叶剪去，改善其通风透光条件，使养分集中。剪去过密的枝条，如交叉枝、重叠枝、并生枝、内向枝及有病虫害的枝条等，保证株型完美。

6. 越冬防寒

进入深秋，气温逐渐降低，荷包牡丹停止生长，叶片开始变黄脱落，地上部分开始枯萎变干，要做好越冬准备工作，剪除地上部分枯枝，保护地下根系以利于越冬防寒。用稻草或者壅土等方法覆盖其根系安全越冬。翌年春季，气温回暖，加强肥水管理，使其正常生长开花。

（三）病虫害防治

叶斑病发病初期，叶面上出现黑褐色小斑点，继而扩大成不规则的轮纹状，后期生成黑色霉斑。叶斑病主要发生在雨量较大、空气湿度较高的夏季。应合理施肥浇水，夏季应做好排水，降低空气湿度，注意增加通风透光，提高植株的抗病能力。发病初期，可及时摘除病叶，集中销毁或者深埋，减少病原侵染。面积较大时喷洒65%代森锌可湿性粉剂600倍液或者用50%多菌灵1000倍液、70%甲基托布津可湿性粉剂1000倍液喷施。

介壳虫吸食汁液，在被吸食处会呈现黄白色或黄褐色斑点或晕圈。单独存在的介壳虫在叶上的吸食可能造成点点的斑痕，多数群聚在一起的介壳虫因吸食量大，则使叶片或茎部整块呈现黑褐色。介壳虫以口器刺吸植物组织的伤口，又可造成病菌感染，对植株造成极大伤害，还会引起叶片泛黄、叶片提前脱落，严重时植株枯萎死亡。这主要是通风不良、光照不足、栽植过密、施肥不当造成的。可以用瓢虫来消灭大量的介壳虫，或者用40%氧化乐果1000～1500倍液喷雾防治，也可用50%杀螟硫磷乳油1000～1500倍液喷雾防治。冬季或者早春在新孵若虫时用药效果更好。

五、价值与应用

荷包牡丹花期为4～6月，植株丛生，叶色翠绿，叶丛美丽，花朵玲珑，色彩绚丽，花似小荷包，悬挂在花梗上优雅别致，是花境、花丛、林边、草地边缘的丛植花卉，景观效果极好。也可以盆栽在室内或者走廊下，还可用作鲜切花。

全草也可入药，有镇痛、调经、散血等功效。

（王菊萍　吴学尉）

Lavandula 薰衣草

唇形科薰衣草属（*Lavandula*）半灌木或小灌木。全球约有 40 种，产欧洲南部地中海地区至索马里、巴基斯坦及印度等地。其属名源于拉丁文的“*Lavare*”或“*Lavo*”，指用于沐浴的薰衣草香草水（Armitgae，2008）。又名灵香草，英文名 lavander。全株有特殊的香气，是重要的蜜源植物。国际香草协会 1999 年选拔年度香草时，第一个就是薰衣草，它被称为“香草女王”。

一、形态特征与生物学特性

（一）形态与观赏特征

叶常灰绿色，线形至披针形或羽状分裂。花序轮伞状，具小花 2 ～ 10 朵，常在枝顶聚集成顶生间断或近连续的穗状花序；苞片形态多样；花冠蓝色或紫色；花萼管形，二唇形，具 5 齿。小坚果光滑。

（二）生物学特性

具有很强的适应性。生长适宜温度 15 ～ 25℃，在 5 ～ 30℃可正常生长，0℃以下休眠。成年植株既耐低温，又耐高温，在收获季节能耐高温 40℃左右。陕西黄龙地区，植株安全露地越冬在 -21℃；新疆地区，经埋土处理、积雪覆盖可耐 -37℃低温。幼苗可耐受 -10℃低温。在翌年生长发育过程中，平均气温 8℃左右开始萌动，需 10 ～ 15 天；平均气温 12 ～ 15℃植株枝条开始返青伸长，需 20 天。平均气温 16 ～ 18℃开始现蕾，需 25 ～ 30 天；平均气温 20 ～ 22℃开始开花；平均气温 26 ～ 32℃开始结实。

性喜干燥、需水不多的植物，年降水量在 600 ～ 800 mm 比较适合。返青期和现蕾期，植株生长较快，需水量多；开花期需水量少；结实期水量要适宜；冬季休眠期要进行冬灌或有积雪覆盖。所以，一年中理想的降水分布是春季要充沛、夏季适量、冬季有充足的雪。生长环境忌炎热和潮湿，长期受涝会根烂死亡。

选择阳光充足的环境种植。长日照植物，生长发育期要求日照充足，全年要求日照时数在 2000 小时以上。植株若在阴湿环境中，则会发育不良、衰老较快。

根系发达，性喜土层深厚、疏松、透气良好而富含硅钙质的肥沃土壤。强酸性或碱性的土壤及黏重、排水不良或地下水位高的地块，都不宜种植。

二、种质资源与园艺分类

（一）种质资源

常见观赏种植的有狭叶薰衣草（*L. angustigolia*）、宽叶薰衣草（*L. latifolia*）、西班牙薰衣草（*L. stoechas*）、加那利薰衣草（*L. canariensis*）、齿叶薰衣草（*L. dentata*）、绵毛大薰衣草（*L. lanata*）、蕨叶薰衣草（*L. multifida*）、羽叶薰衣草（*L. pinnata*）、绿薰衣草（*L. viridis*）等。

1. 薰衣草 *L. angustifolia*

半灌木，株高 20 ～ 80 cm，多分枝，全株被灰白色星状茸毛，在幼嫩部分较密。叶线状披针形或倒披针形，长 6 ～ 7 cm。穗状或轮状聚伞花序常具 6 ～ 10 花，穗状花序长 3 ～ 5 cm，花序梗长约为花序本身 3 倍，密被星状茸毛；苞片小，长约 4 mm，菱状卵圆形，先端渐尖成钻状；花冠蓝紫色，密被灰色茸毛，长 0.8 ～ 1 cm，芳香（图 1）。花期 6 月。

图 1 薰衣草

第一年即可开花的多年生花卉，最低可耐 -29℃低温，一般秋季播种，翌年春季开花，整齐的植株盛花不断。原产地中海地区，作为香料广泛栽培，可布置花境。

2. 宽叶薰衣草 *L. latifolia*

半灌木，有分枝；枝四棱形，密被短的星状茸毛，在幼嫩部分特别密，具极长的节间。叶在基部丛生，在上部极稀疏，狭披针形或线状披针形及线形，长 2 ～ 4 cm，宽 2 ～ 5 mm，基部渐狭成柄，全缘。轮伞花序具 4 ～ 6 花，疏松，由 7 ～ 8 轮组成顶生而间断的穗状花序，穗状花序长 15 ～ 25 cm，总梗长 17 ～ 35 cm，密被星状茸毛；苞片线形，与花冠近等长；花萼管状，5 齿；花冠长 1 ～ 1.1 cm，花期 6 ～ 7 月。

与薰衣草的区别在于叶片较宽，花梗及花序都更长。

3. 西班牙薰衣草 *L. stoechas*

矮小半灌木。花紫色，特殊之处在于花序顶端具一丛长 1.7 ～ 2.5 cm 的花瓣状苞片（图 2）。花叶芳香，平地花期为 2 ～ 5 月，中高海拔山区花期为 4 ～ 10 月。

原产于西班牙南部海拔 1800 m 的地方。

3a. 亚种 subsp.*luisieri*

花梗长于花朵，苞片玫红色。紫色的长苞片是该种最吸引人的地方。大多数品种可高达 45 ～ 60 cm（图 2）。

喜光照，忌高温多湿，喜好温度 5 ～ 10℃。生长良好时，可能是最漂亮的薰衣草。是制作干燥花的好材料，既芳香又美观。多用于花境。

4. 齿叶薰衣草 *L. dentata*

多年生草本。生长较快，株高可达 1 m，冠幅可达 1 m。茎短且纤细，丛生，全草味道芬芳。叶多，绿色，叶灰绿色，线形至披针形，叶背有白色茸毛，缘具规则圆齿。花穗少，短，淡紫色，每层轮生的小花彼此间不紧密，顶端苞片与花瓣同色，不明显（图 3）。花期长，花具樟脑的香气。

半耐寒，较耐热。常用于香枕香袋中，能驱虫且香味持久；也可萃取质量良好的精油。

5. 羽叶薰衣草 *L. pinnata*

多年生草本，株高约 50 cm；全株密被白色茸毛。叶对生，二回羽状复叶，小叶线形或倒披针形；叶深裂成羽毛状。花茎长，花穗约 10 cm，紫红色；小花上唇较大，花穗的基部再长 1 对分枝，花穗呈三叉状，四季开花（图 4）。

耐热、耐寒，喜阳充充足、通风的环境，荫蔽处生长不良。栽培土质以富含有机质的砂质壤土为佳。排水需良好。一般置于通风处，夏季处于室内或闷湿处有猝死的危险。

6. 柠檬薰衣草 *L.viridis*

丛生草本；叶条形，揉碎后有柠檬的青香味；花序顶端苞片披针形，柠檬黄色（图 5）。

产西班牙和葡萄牙。

（二）品种分类

薰衣草的品种目前已达数百种，主要由以上原生种人工或自然杂交而来，根据其来源可分为穗状薰衣草品种群（Spicas Group）[也有人将该品种群分为真薰衣草品种群（Lavandula Group）] 和杂薰衣草品种群（Lavandin Group）、齿叶薰衣草品种群（Dentatae Group）、法国薰衣草品种群（Stoechas Group）和羽叶薰衣草品种

图 2　西班牙薰衣草（左）及亚种（右）

图 3　齿叶薰衣草

图 4　羽叶薰衣草

群（Pterostoechas Group）。花园中常用的主要有穗状薰衣草品种群、法国薰衣草品种群和羽叶薰衣草品种群。

1. 穗状薰衣草品种群（Spicas Group）

包括狭叶薰衣草、宽叶薰衣草、绵毛薰衣草（枝叶密被绵毛）及以它们为亲本培育的品种集合。薰衣草的杂交品种统称为 Lavandin 或 Lavandula hybrida。主要包括 2 个杂交群体：荷兰薰衣草 *L.* × *intermedia*（*L. angustifolia* × *L. latifolia*，图 6）和查特薰衣草 *L.* × *chaytorae*

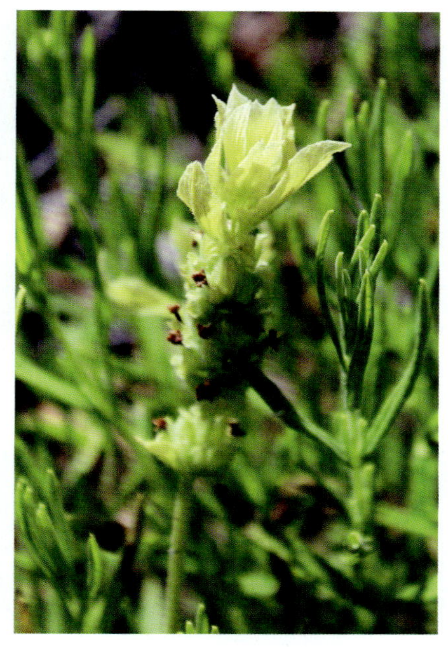

图 5 柠檬薰衣草

（*L.* × *lanata* × *L. angustifolia*）。主要特点为小花在花序上轮生。品种众多，株型及花色均丰富，有白色、粉色、紫色及深紫色等（图 7、图 8）。

薰衣草‘格罗索’（*L.*‘Grosso’） 丛生，高达 60 ～ 90 cm，冠径达 1 m 或以上；叶条形至披针形；穗状花序较长，着花密集；花蓝紫色。是普罗旺斯种植最广泛的品种。

L.‘Elliott Brown’ 花紫红色，耐寒、耐热亦较耐湿，生长势强，株型圆润整齐，是非常受欢迎的品种。

2. 法国薰衣草品种群（Stoechas Group）

主要亲本为法国薰衣草（*L. stoechas*）。特点为花头紧密，像一个谷穗，上部具花瓣状苞片，似兔子的耳朵，观赏价值高（图 9）。主要品种如下。

‘芭蕾舞者’（‘Ballerina’） 花序顶端苞片长条形，扭曲，白色。

‘激情之夜’（‘Night of Passion’） 丛生草本；叶条形，灰绿色；穗状花序顶生，花序顶端有显著紫色苞片。

‘皇冠’（‘Tiara’）花序顶端苞片短小，卵形，黄白色。

‘有爱’（‘With Love’） 花序顶端苞片椭圆

图 6 薰衣草‘格罗索’（左）和‘Elliott Brown’（右）（Kelly Kilpatrick 摄）

图 7 真薰衣草品系各色品种

注：A.‘Blue Cushion’；B.‘Munstead’；C.‘Coconut Ice’；d.‘Vicenza Blue’。

图 8 真薰衣草品系品种 Ellagance 系列

注：A.‘Ellagance Ice’；B.‘Ellagance Purple’；C.‘Ellagance Deep Purple’；D.‘Ellagance Snow’。

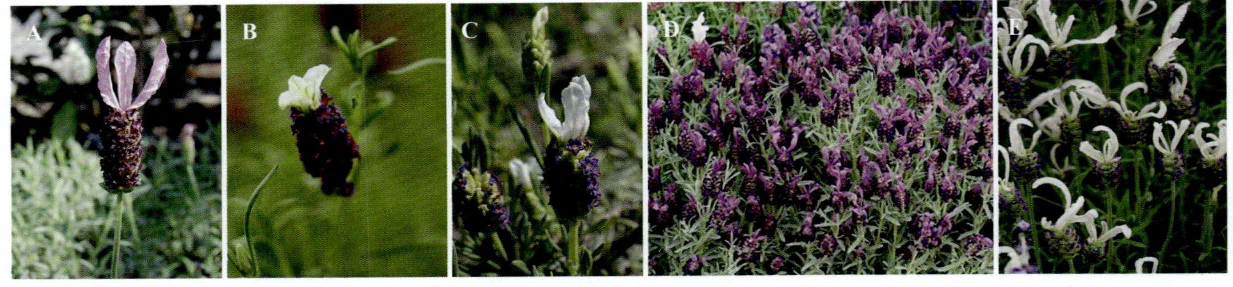

图 9 法国薰衣草品种群

注：A.‘Otto Quas’；B.‘Tiara’；C.‘Madrid-blue’；D.‘Night of Passion’；E.‘Ballerina’。

形，皱褶，粉色。

3. 羽叶薰衣草品种群（Pterostoechas Group）

包括叶片羽裂的种及其品种，多分布于非洲北部地中海南岸，无香味或具非正宗薰衣草香味，耐热性强。甜薰衣草及其品种也归在这个品种群，甜薰衣草是狭叶薰衣草与齿叶薰衣草的杂交种，具有樟脑与薰衣草的混合香甜味，目前景观中应用较多。

多裂薰衣草‘西班牙之眼’（*L. multifida* ‘Spanish Eyes’） 丛生草本；叶灰绿色，二至三回羽状细裂；穗状花序具长总梗。

三、繁殖技术

（一）播种繁殖

在春天或者秋天进行。播种前应浸种 12 小时，然后用 20 ～ 50 mg/L 赤霉素浸种 2 小时再播种。在 20℃环境中，14 ～ 21 天发芽。

（二）扦插繁殖

扦插在春、秋两季进行。夏季用嫩枝插。插穗用一年生带顶芽 10 cm 长的或较嫩、没有木质化的枝条，扦插时将底部 2 节的叶片摘除，然后用“根太阳”生根剂 100 倍液浸一浸，处理过后插入土中 2 ～ 3 周就会生根。扦插的基质可用河沙与椰糠按 2 ： 1 的比例混合均匀，装进 50 孔的穴盘里进行扦插。扦插后将苗放在通风凉爽的环境里，前 3 天保持土壤湿润，以后视天气而定，保证枝条不皱叶、干枯，提高成活率。扦插苗的管理比较方便，整个苗期都不用施肥。

（三）组培快繁

1. 外植体及消毒

取薰衣草嫩枝用流水冲洗 30 分钟，然后剪取带腋芽茎段或茎尖 1 cm 左右，用 70% 酒精浸泡 40 秒，然后用 0.1% 升汞消毒浸泡 5 ～ 6 分钟，取出材料用无菌蒸馏水冲洗 5 ～ 6 次，每次 1 分钟，冲洗完毕用无菌滤纸吸干水分待用。

2. 培养基

将切好的外植体接种到初代培养基，配方为 MS + 6-BA 0. 1 mg/L + NAA 0.1 mg/L。不定芽诱导阶段采用 MS + 6-BA 2 mg/L + NAA 0. 1 mg/L

有利于不定芽的产生，增殖效果好；生根阶段采用 MS+0.5 mg/L NAA。

3. 移植

当试管苗不定根长 0.5 ～ 1.5 cm，苗高 4 ～ 7 cm 时，从培养瓶中取出，洗净基部培养基。用 600 ～ 800 倍多菌灵稀释液浸泡基部 1 ～ 2 分钟后移栽。试管苗移栽到基质中以后，上方可用塑料薄膜和枝条搭建小型拱棚，保证拱棚内湿度，以防水分过度流失，有效提高薰衣草试管苗成活率。

四、栽培管理技术

（一）露地栽培

1. 土壤

基质必须排水良好，忌黏重土壤；土壤以微碱性或中性砂质土为宜（pH7.0 ～ 7.5），如果土壤 pH 低于 7.0，可加入石灰调节。种植前施基肥，生长期用磷、钾肥。

2. 水肥

对新定植的薰衣草，前 3 年要保证充足的灌水，以促进植株发棵。4 月中下旬返青期及时浇好返青水，根据天气情况和土壤墒情全年浇水 6 ～ 8 次，注意重点浇好现蕾水和花期水，要浇匀、浇透，确保浇水质量。结合每次灌水及时中耕，达到保墒、增温和锄草的目的。11 月上中旬灌越冬水。

虽然具有较强的耐瘠薄和耐旱能力，但适宜的水肥供给更利于生长。对新定植的薰衣草，在定植后 3 年内要早施肥、勤施肥。第 1 次一般结合灌水施肥，每亩施尿素 15kg、磷酸二铵 10kg；第 2 次追肥在植株旁人工穴施，每亩施尿素 10kg。

3. 修剪与越冬

新定植的薰衣草前期生长较缓慢。在 4 月中旬进入返青期，为促进分枝和根系发育，4 月底至 5 月上旬进行人工修剪，即将距地面 15 cm 以上的顶端枝条进行修剪平茬，对植株中部重剪，四周轻剪。

寒冷地区（如新疆）越冬前必须进行人工埋土。即 11 月上旬灌越冬水后，先将距地面 15 ～ 20 cm 以上的枝条进行平茬修剪，然后用土培围，埋土厚 15 cm 左右，以保证基部发棵部位不遭受冻害。翌年春季在浇返青水前，及时扒土放苗，即把覆盖在植株上的覆土扒去，以防枝叶在土壤中霉烂。

（二）病虫害防治

1. 病害防治

一年生的播种苗或扦插苗受害时首先出现植株萎蔫、失水、叶色暗淡，叶片枝条顶部向下弯曲下垂，在现蕾期表现最明显。轻者夜间可以复原，重者两三天就死亡，根部腐烂，茎部导管变褐。3 年生以上的苗子除与苗期病态表现一样外，萎蔫症状在植株的中心或边缘，逐渐向内向外发展，枝条萎蔫枯死，最后全株死亡。

一般从 5 月开始，7 ～ 8 月达到高峰。喷 1 ∶ 200 波尔多液预防 2 ～ 3 次，或喷代森锌 500 ～ 800 倍液。根腐病、镰刀菌凋萎病用 50% 多菌灵 500 倍液，或 50% 甲基托布津 400 倍液灌根或叶面喷施。

2. 虫害防治

红蜘蛛用 1.8% 阿维菌素 600 ～ 1000 倍液，或三氯杀螨醇等叶面喷雾。

叶蝉、跳甲用 50% 辛硫磷乳油、50% 杀螟松乳油、12% 灭虫冠乳油等菊酯类药剂防治。

五、价值与应用

薰衣草叶形、花色优美典雅，蓝紫色花序颀长秀丽，全株芳香宜人，是优良的多年生耐寒花卉。13 世纪是欧洲医学修道院园圃中的主要栽种植物；15 世纪海尔幅夏地区开始种植；16 世纪末法国南部地区也开始栽培；18 世纪萨里的密契，伦敦南区的薰衣山，法国的普罗旺斯、格拉斯附近的山区都以种植薰衣草而闻名，并成为世界闻名的旅游胜地。目前，法国普罗旺斯、日本北海道和我国新疆伊犁地区（图 10）都有成百上千公顷的薰衣草种植园，开满淡紫色花、随

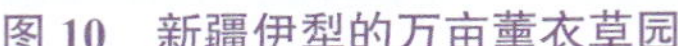

图 10　新疆伊犁的万亩薰衣草园

图 11　‘Blue Cushion’景观应用（Stewardess 摄）

处飘香。因其具有抗旱节水，病虫害少的特点，可营造“普罗旺斯”风格景观，近年来在城市景观中的应用也备受人们的青睐（图 11）。

古希腊时代，薰衣草被称为纳德斯（Nardus），这个名称来自叙利亚一个叫作纳达（Naarda）的城市。薰衣草的花 1 磅可以卖到 100 迪纳里（Denarii），这个价钱约等于当时一个农场工人 1 个月的工资，或是理发师帮 50 个人理发所得的报酬。罗马人会将薰衣草和各种香草一起放到洗澡水内，他们将这种沐浴的方法引进到不列颠。从此，薰衣草种植和销售遍布全世界。薰衣草在 18 世纪时，一直被称为“espic”；而在普罗旺斯，薰衣草则被昵称为“epi”。古代民间传说薰衣草一直作为治疗皮肤病的美妙补救方法。

全株挥发油含量高，可提取精油，用于药用和日化，可作为经济作物栽培。并利用植株的耐修剪性，多年收获。

（李淑娟　陈尘）

Leonotis 狮耳花

唇形科狮耳花属（*Leonotis*）一年生或多年生草本植物或小灌木。该属有 40 种，主要分布于非洲、印度及美洲中部地区。因其管状花先端内部长满同色长毛、形似狮耳而得名狮耳花（lion's ear）。

一、形态特征与生物学特性

（一）形态与观赏特征

茎四棱，基部常木质化。叶对生，卵形或戟形，缘具齿。轮伞花序簇生于茎节处；小花长管状，多数；橙色、黄色或乳白色；萼片先端尖刺状。花期夏季至冬季。

（二）生物学特性

喜光，稍耐阴；不耐寒；忌积水。

二、种质资源

3 种在景观中有应用。

1. 狮耳花 *L. Leonurus*

半灌木至宿根类。株高 100 ～ 200 cm。叶狭长条形，密被柔毛，长 5 ～ 10 cm，缘具齿，芳香。花橙色，稀白色，花径 5 ～ 10 cm，花筒内底部具 3 圈毛（图 1）。花期夏至冬季（Graham，2012）。

2. 荆芥叶狮耳花 *L. nepetifolia*

短命的多年生植物，暖温带及其以北地区作一年生栽培。株高 100 ～ 300 cm，冠幅 120 ～ 180 cm。叶似荆芥，卵圆形，宽 4 ～ 15 cm，芳香。花橙色、黄色或乳白色，花筒内底部具 3 圈毛（图 2）。花期夏至秋季（Graham，2012）。

3. 罗勒叶狮耳花 *L. ocymifolia*

半灌木至宿根类。株高 200 ～ 300 cm。茎多数稀疏分枝，具沟槽，多毛。叶心形，具长柄，密被短柔毛，天鹅绒状，叶缘具圆齿，叶长 5 ～ 8 cm，芳香。花橙色、黄色或乳白色，花筒

图 1　狮耳花（Craig Peter 摄）

图 2　荆芥叶狮耳花（陈煜初 摄）

图 3 罗勒叶狮耳花（David Hoare 摄）

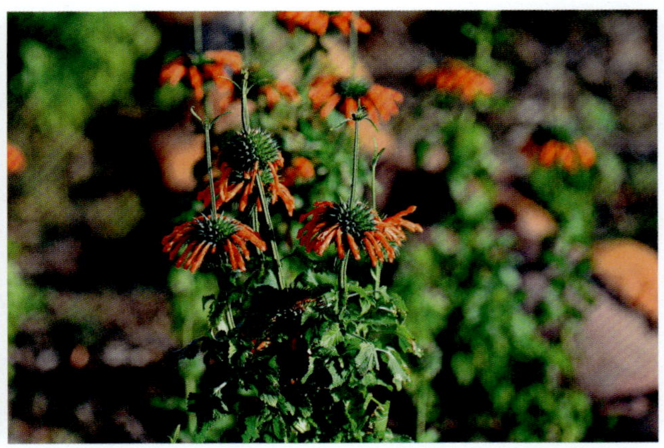
图 4 罗勒叶狮耳花（David Renoult 摄）

内底部仅有 1 圈毛（图 3、图 4）。花期夏至秋季（Graham，2012）。

三、繁殖与栽培技术

（一）播种繁殖

早春播种，秋季开花；秋季冷棚播种，翌年夏季开花。

（二）扦插繁殖

热带地区可于初夏用半木质化茎扦插繁殖。

（三）园林栽培

1. 土壤

喜排水良好的酸性土壤，在微碱性土壤中也可生长。

2. 水肥

喜中度湿润且排水良好的土壤，忌水湿。喜肥沃，亦耐贫瘠，一般园土中种植无须施肥，但肥沃土壤生长更佳。

3. 光照

喜光，稍耐阴。

4. 修剪及越冬

花期修剪残花茎可促使发新枝，形成新花序；冬季温度适宜可持续开花。北方入冬前修剪地上部分，并进行覆盖保护。

四、价值与应用

枝叶芳香，花形奇特，花色亮丽，花期较长。是花境背景的优良材料。

该属植物含有益母草碱和夏至草素，是非洲的传统草药。

（李淑娟）

Leonurus 益母草

唇形科益母草属（*Leonurus*）一年生、二年生或宿根植物。全球有25种，分布于欧洲、亚洲温带，少数种在美洲、非洲各地逸生，9种为多年生（Graham，2011）。植株健壮，抗逆性强，在园林建设中主要适于岩石园、野生花园、花境种植。

一、形态特征与生物学特性

（一）形态与观赏特征

叶3～5深裂，下部叶宽大，近掌状分裂，上部茎叶及花序上的苞叶渐狭，全缘，具缺刻或3裂。轮伞花序腋生，多花密集，多数排列成长穗状；花萼漏斗状，5脉；萼齿多少3/2式二唇，前2齿靠合，多少反折，尖三角形；花冠紫红、粉红至白色，筒内具微柔毛或有毛环，其上直伸或呈囊状膨大；上唇微外凸，在基部大部分狭窄，下唇直伸或平展（图1）。

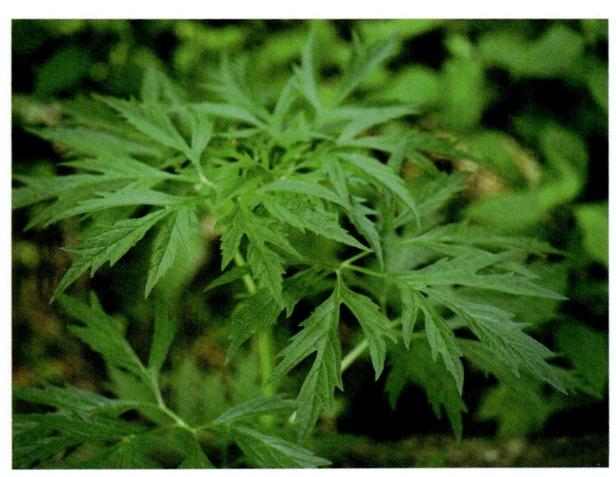

图1　益母草植株

（二）生物学特性

喜温暖湿润气候，喜光，抗寒性强，对土壤要求不严，耐贫瘠。一般栽培农作物的平原及坡地均可生长，在较肥沃的土壤中生长最好，需要充足的水分条件，但不宜积水，怕涝。

二、种质资源

仅见细叶益母草和欧益母草（引进种）在景观中应用。我国产12种1变种2变型，未见在景观中应用，乡土植物的景观应用有待开发。

1. 细叶益母草 *L. sibiricus*

茎直立，高20～80 cm。叶蓝绿色，深裂，裂片通常近线形。花粉色或紫红色（图2）。

2. 欧益母草 *L. cardiaca*

又名胃益母草。茎直立，高100～150 cm。基生叶近掌状分裂，表面叶脉下陷，有皱。花粉色、粉紫色或偶有白色，上唇背面簇生白色长毛，下唇具紫色斑（图3）。

三、繁殖与栽培管理技术

（一）播种繁殖

一般采用播种繁殖。以直播方法种植，春播或秋播，2～3周出苗。幼苗长到5～10 cm时分栽上盆，10 cm时移植于园地。

（二）园林栽培

1. 土壤

一般土壤均可栽种。但以土层深厚、富含腐殖质的壤土及排水好的砂质壤土为佳。

2. 水肥

益母草耐旱，但喜湿润而忌积水；土壤过于干燥会导致植株下部叶片枯黄脱落，甚至整株枯萎死亡，故根据当地降水情况，适时浇水或排

图 2　细叶益母草（Biokrebs 摄）　　图 3　欧益母草（Shell 和 Leoguy 摄）

水。耐贫瘠而喜肥沃，可根据立地条件施肥。

3. 光照

以全光照条件下种植为佳，也可部分遮阴。

4. 修剪及越冬

在适宜条件下，种子具有较强的自播繁衍能力，故无留种需求时，可于种子成熟前剪除果序。入冬前修剪枯枝叶。冬季一般无须保护。

（三）病虫害防治

病害有白粉病，在发病前后用 25% 粉锈宁 1000 倍液防治。菌核病可喷 1 ∶ 500 的瑞枯霉或 1 ∶ 300 波尔多液或 40% 菌核利 500 倍液等防治。虫害有蚜虫，春、秋季发生，用化学制剂防治。小地老虎于早晨捕杀，或堆草诱杀（徐建中 等，2006）。

四、应用与价值

益母草株型俊秀、叶美花妍，适应性强，生长旺盛，可成片栽植于田园式风景区或生态园林的绿地中，特别适合对撂荒地的绿化。

益母草是我国传统中药材，在欧洲也有悠久的药用历史（治疗神经性高血压）。地上部分入药，有效成分为益母草素，具有清热解毒、祛瘀止痛、活血调经的功效，这也是其名称益母草（motherwort）的来历。

（向林）

Leucanthemum 滨菊

菊科春黄菊族滨菊属（*Leucanthemum*）多年生宿根草本。全球25种，主要分布于中欧和南欧山区；在我国已经广泛栽培。由于花朵净白美丽，花期长久，受到大家的喜爱，是应用比较广泛的园林绿化植物（嵇凌，2015）。

一、形态特征与生物学特性

（一）形态与观赏特征

根状茎长。株高15～100 cm。头状花序单生，很少茎生2～5个头状花序；边缘雌花1层，舌状，白色；中央盘状花多数，黄色，两性，管状；总苞碟状，总苞片3～4层，边缘膜质；花托稍突起。瘦果有8～12条、但通常10条强烈突起的等距排列的椭圆形纵肋，纵肋光亮。舌状花瘦果显著压扁，弯曲，顶端无冠齿或有长0.8 mm的侧缘冠齿；管状花瘦果顶端无冠齿或有长0.3 mm的由果肋延伸形成的钝形冠齿。花期5～10月。

（二）生物学特性

典型的草坪花卉，花期长，适应性较强，喜温暖、湿润、阳光充足的环境，耐寒性较强，在我国长江流域冬季基生叶仍常绿，耐半阴，栽培宜用疏松肥沃、排水良好的砂壤土。对于开花较早而较小的植株，为使其多发枝、多开花，可进行基部采枝，以达到扩株增蘖目的。

二、种质资源与园艺分类

（一）种质资源

景观中常用的主要是大花滨菊、滨菊、大滨菊及其品种。

1. 大花滨菊 *L. maximum*

植株高大，40～100 cm。叶缘具细尖锯齿。头状花序大，直径达7 cm或更大。

2. 滨菊 *L. vulgare*

株高15～80 cm。叶缘具圆或钝齿。头状花序常5 cm（图1）。

图1 滨菊花期

3. 大滨菊 *L. × superbum*

杂交种。19世纪90年代美国育种者Luther Burbank通过葡萄牙滨菊（*L. lacustre*）、滨菊以及大花滨菊杂交而成（图2）。1901年Burbank给第一个杂交品种命名为‘Moutain Shasta’，之后又培育出一些品种。

（二）园艺分类

用于景观的主要品种按植株高度和边花类型进行分类（Armitgae，2008）。

1. 单瓣高大型

株高60 cm以上。

图 2　大滨菊（李淑娟 摄）

'Alasaka' 最古老最好的品种之一，纯白色花，花径 3 cm，高 60 ～ 90 cm，耐寒（图 3）。

'Banana Cream' 花初开淡黄色，后渐变为白色（图 4）。

'Becky' 直立性好，甚至在花期和雨后均不倒伏，及时去除残花，花期可持续 8 周（图 5）。

'Brightside' 舌状花白色，心花黄色，株高 75 ～ 90 cm。

'Phyllis Smith' 白色花，单瓣至半重瓣，黄色花心，株高 60 cm。

'Starburst' 生命力较旺盛的品种，白色花，花径达 4 cm。

'Switzerland' 白色花，花期较长，株高 60 ～ 90 cm，抗性比其他白色品种好。

2. 单瓣低矮型

株高不足 30 cm。

'Little Miss Muffet' 株高 8 ～ 12 cm，花径 2 ～ 3 cm，乳白色边花，橘黄色花心（图 6）。

'Silver Princess' 矮化品系，与 'Little Miss Muffet' 相似，花期长达 12 周。

'Little Princess' 株高 12 cm，大白花和黄心。

'Snowcap' 株高 15 ～ 18 cm，紧凑型灌木状，耐受性好，雨季和大风不会造成太大影响（图 7）。

'Snow Lady' 靠播种繁殖的低矮型品种，株高 12 ～ 15 cm，花径 2 cm 的纯白色花（图 8）。是最好的低矮型品种之一。

'White Knight' 播种繁殖，株高 18 ～ 24 cm，多花短命品种。

图 3　'Alasaka'

图 4　'Banana Cream'

图 5　'Becky'

图 6　'Little Miss Muffet'

图 7　'Snowcap'

图 8　'Snow Lady'

图 9 大花滨菊重瓣品种

注：A.‘Aglaya’；B.‘Coconut’；C.‘Ice Star’；D.‘Highland White Dream’。

3. 重瓣型

‘Aglaia’ 花瓣流苏状，常被毛毛虫攻击（图 9A）。

‘Coconut’ 重瓣，花瓣多细丝状；初开黄色，渐变为白色，黄色花心（图 9B）。

‘Crazy Daisy’ 花径 2.5 ～ 3.5 cm，乳白色，黄色花心小。

‘Diener's Double’ 花瓣具褶边，茎高 60 cm。

‘Highland White Dream’ 半重瓣白花类型，株高 30 cm（图 9D）。

‘Ice Star’ 纯白色重瓣花，株高 60 cm，秆粗壮、抗倒伏（图 9C）。

‘Marconi’ 花白色，花径 4 cm，株高 90 cm。

‘Wirral Pride’ 株高 60 ～ 90 cm，中心明显隆起。

三、繁殖与栽培管理技术

（一）播种繁殖

多在春季进行，7 ～ 10 天发芽，发芽整齐。种子撒播时可混入干洁的泥沙，以便均匀撒播种子，覆土时以不见种子为度。覆土完毕后，均匀覆盖一层稻草，然后用细孔喷壶充分喷水。雨季应有防雨设施，种子发芽出土时，应除去覆盖物，以防幼苗徒长。

（二）分株繁殖

选择健壮、发育较好的芽进行分株，分株时不伤芽，分株与栽种同时进行。分株繁殖比较容易，且分株成活率高、开花快，两年生大滨菊即可分株，1 墩可以分成 10 ～ 15 株。春、秋季分株皆可。

（三）扦插繁殖

以软枝扦插较易成活，多在春季进行。插穗选择母株基部萌芽，待芽长至 5 ～ 8 cm 时从芽基部剪取，插于素沙做成的插床上，保持温度并适当遮阴，2 周左右即可生根。

（四）组培快繁

滨菊腋芽诱导的最佳培养基为 MS+6-BA 0.5 mg/L+NAA 0.05 mg/L；最适宜的继代培养基为 MS+6-BA 0.3 mg/L+NAA 0.03 mg/L；生根的最适宜培养基为 1/2MS+IBA 0.5 mg/L。继代周期 25 天左右，生根需要 15 天，生根率可达 95% 以上，移栽成活率达到 100%（王华宇 等，2012）。

（五）园林栽培

1. 土壤

选择富含腐殖质、疏松肥沃、排水良好的园田土、砂壤土，中性稍偏碱，用腐熟的羊粪作基肥。栽前对土地进行深翻暴晒，消灭病菌孢子，并除去杂草，基肥随翻地时翻入，土壤保持一定湿度，且耙平。

2. 水肥

栽植前要深翻土壤并施以腐熟的厩肥和充足的钾肥。特别在分株后和对新栽植的幼苗，要加强水肥管理以使其尽量扩大株型。生长期每月施氮、磷、钾均衡的稀薄液肥一次，严格控制氮水用量，避免花期推迟，可考虑在稀薄的饼肥水中加入 0.2% 磷酸二氢钾。控制用量，过量则会推

图 10　大滨菊景观应用（李淑娟 摄）

迟花期。

入冬前栽植后，浇足定根水保持土壤湿度。萌芽出土后浇水量须充足而均衡，当植株现蕾后可适当加大浇水量，保证植株的观赏价值。浇水宜于 10：00 前或 16：00 后（茹先古丽·克依木，2009）。

3. 光照

大滨菊喜光，在栽植地点清除影响光照的障碍物，确保接受足量的光照。

4. 越冬

寒冷地区越冬植株最好稍加覆盖以利早春萌芽。

（六）病虫害防治

常有叶斑病和茎腐病危害，可用 65%代森锌可湿性粉剂 600 倍液喷洒。虫害有盲蝽和潜叶蝇，用 25%西维因可湿性粉剂 500 倍液喷杀（茹先古丽·克依木，2009）。

田间定植密度过大时，容易发生白粉病，应注意通风透光，可剪除受害严重的叶片烧毁处理，同时喷洒多菌灵 800 倍液进行消毒。发生蚜虫和红蜘蛛危害，喷洒啶虫脒 1000 倍液或炔螨特 1000 倍液进行防治（再依同古丽·斯拉一丁，2016）。

四、价值与应用

滨菊花色洁白素雅，株丛紧凑，适用于花坛、花境前景或中景栽植布置，可盆栽观赏，也可点缀于庭园、岩石园、湖岸、树群及草地的边缘，还可作切花栽培（杨广乐 等，1994）。

（任保青　梁楠）

Lewisia 露薇花

水卷耳科露薇花属（*Lewisia*）多年生肉质草本花卉。叶片肥厚且花色靓丽，分布于美国西海岸中部山区，在欧洲十分常见，作为多肉观花草本盆栽，常用来布置餐厅或露天酒吧、私家花园或岩石园。

一、形态特征与生物学特性

（一）形态与观赏特征

基生莲座叶丛，深绿色的叶片呈倒卵状匙形，全缘或波状，无梗，肉质的叶片厚实、表面光滑、多汁且硬朗。花序紧密，圆锥状至近伞形聚伞花序，花序聚生在一个或多个 10 ～ 30 cm 高的花轴上，每个花轴上最多有 50 朵花；花有 7 ～ 13 片花瓣，每片长约 1.5 cm；花有梗，花色丰富，有白、黄、粉、淡紫、红色等并带有较深的色脉（图 1）；花多为单瓣花，也有少数双层重瓣花。花期早春至夏季。

（二）生物学特性

不耐寒也不耐热，喜春季湿润、夏季凉爽的生长环境，栽培时选取疏松且排水良好的粗砂质或石砾质土壤，并放置在半阴处，在气候潮湿地区，宜全光照下栽培，否则会烂根，不耐夏季酷热。华东和华中地区常越夏困难，采用播种繁殖或于春季分株繁殖。

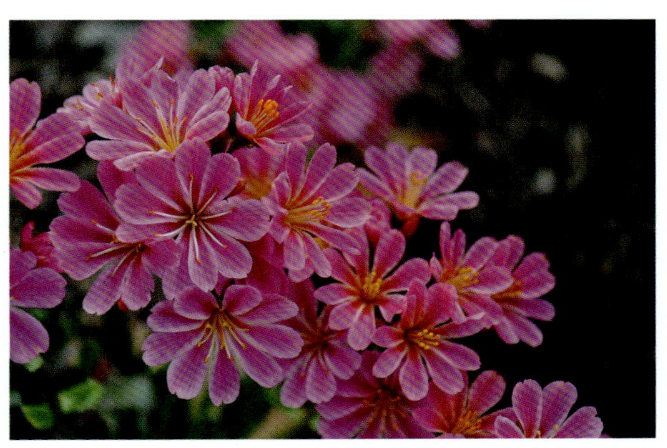

图 1　露薇花

二、种质资源

20 世纪 80 年代，美国学者把露薇花属分为 2 个亚属共 19 个种。其中子叶露薇花（*L. cotyledon*）是最常见的种。20 世纪 80 年代以后，园艺栽培品种有上百个，有白、橙、粉色、黄及混色等多种花色。'奇特''彩虹'等新优品种及"爱丽丝"系列（Elise mix）杂交一代品种已引入中国市场。

1. 子叶露薇花 *L. cotyledon*

原生于美国北加利福尼亚和俄勒冈州南部，株高 15 ～ 23 cm。有细长的、波浪状边缘的多肉多汁的叶子。花色丰富，有的是纯色的，有的花瓣上有条纹脉络；颜色有纯白、黄色、橙色、粉红色和红色。在晚春集中开花，但通常在四季都能开出零散的花朵。

2. 哥伦比亚露薇花 *L. columbiana*

原生于加拿大西部不列颠哥伦比亚省，生长在岩石山缝中。常绿品种，叶呈莲座状，细窄，几乎圆柱状。花茎相对较高，细长。在晚春开花，每个花冠上只有一朵细嫩的白色小花，上面有粉红色的脉络。

3. 特鲁蒂利露薇花 *L. tweedyi*

原生于美国华盛顿的韦纳奇山脉至加拿大不列颠哥伦比亚省的最南端一带。在露薇花属里，这个种以花朵最大而闻名，叶片也是相对宽大的卵形叶片。

4. 三叶草露薇花 *L. triphylla*

原生于美国西部，通常在潮湿多岩石的高

山地区生长，在融雪时会开花。之所以叫三叶草，是因为这种植物只有3个肉质狭长的叶子。小花从植株的基部长出来，几乎没有茎。星形花有5～9片花瓣，花瓣一般为白色，上有粉红色纹路。

三、繁殖与栽培技术

（一）播种繁殖

一般于深秋播种，冬季有大棚或气温达10～20℃时也可露地播种，种子可即采即播，播后覆盖薄土避光，促使种子发芽。待幼苗长出6～8片真叶后方可移植并进行正常养护。播种基质为草炭和珍珠岩，以2∶1的比例混合均匀，用百菌清800倍液清洗穴盘并给基质消毒，播种后覆基质0.3 cm，覆盖无纺布和塑料薄膜，保持80%～90%湿度，出苗后逐渐增加光照。

（二）叶片扦插

叶插基质为草炭∶珍珠岩=2∶1，基质使用前用百菌清800倍液消毒并浇透。选取完整肥厚的叶片，将其从植株剥离，避免伤害到叶基部生长点。扦插时叶基部速蘸生根粉，斜插入基质中0.1 cm，叶片扦插方向一致，保持平行。遮阴，避免阳光直射，基质表面微干时喷湿即可。

（三）分株繁殖

使用草炭∶珍珠岩=2∶1基质，用百菌清800倍液清洗花盆并消毒。脱盆，用消过毒的手术刀将吸芽切下，切口平整，避免伤害老桩，晾置一夜至伤口干燥。上盆时在盆底铺一层珍珠岩以增加通气透水性，基质填至花盆3/4处并压实，用喷壶喷湿基质表面，注意避开吸芽，以免腐烂。分株繁殖一般选取春季进行，缓苗两周即可移至日照充足处进行正常养护。

（四）组培快繁

种子无菌播种生长培养基MS + 6-BA 1.5 mg/L + NAA 0.2 mg/L，继代培养将初代苗置于DKW + NAA 0.01 mg/L + TDZ 0.1 mg/L的培养基中，诱导率、增殖倍数和有效芽分别为86.67%、3倍、100%，诱导出的不定芽多、长势旺盛且颜色呈翠绿。将无菌苗叶片置于DKW + TDZ 0.3 mg/L培养基中，体胚诱导率最高，为77.3%。将初代苗、继代培养、不定芽直接诱导、体细胞胚诱导产生的无菌苗置于1/2 DKW+ IBA 2 mg/L+ NAA 0.4 mg/L培养基中，生根率为86%。

（五）盆栽

选取陶盆、瓦盆等透气性好的容器更有利于根系生长，栽培时选取疏松且排水良好的粗砂质或石砾质土壤，植株上盆后并放置在半阴的窗台、阳台等位置。

1. 春季养护要点

3～5月，是露薇花打破冬季休眠开始萌发新叶的时间，主要是保证早春室内的夜间温度不低于3℃。放置在室内阳光充足处。当室外最低温度稳定在10℃以上时，及时通风，并保证良好的光照条件。正常情况下，每周给水2次，保持盆土湿润即可，不能积水。室内空气干燥时，叶片上适当喷水，以增加叶片表面湿度。北方地区在6月可以放到阳台外和室外养护，保证一定的空气湿度，并注意天气变化，做好防护。

2. 夏季养护要点

养护要点是满足其半阴的光照条件和土壤水分的供给。根据其夏季需要较为干燥的生长条件的特点，视天气情况，每周浇水2～3次，适当叶面喷水，增加空气湿度。室内盆花必须放置在阳台光照充足的环境中进行管理养护。每月追施复合颗粒肥1～2次。成年植株一般在5～6月开花，不同地区，花期有差异。

3. 秋季养护要点

适当减少土壤水分和降低空气湿度，每周浇水1～2次。秋季减少施肥次数，以磷酸二氢钾为宜，可以增强植株抗性。当预报最低气温低于5℃时，及早移入室内养护。

4. 冬季养护要点

保证室内夜间最低温度5℃以上。宜放置在阳光充足处，略微控制浇水次数，保持土壤正常湿度即可。室内如有暖气，在温度高于20℃时，需要放置在半阴处，防止叶片出现徒长。冬季室内盆栽时需要经常通风，减少霉菌危害。

图 2　露薇花（中间红色花）在岩石园的应用

图 3　露薇花开花植株

四、价值与应用

露薇花花期长，色彩鲜艳，且耐旱、耐热，无须经过低温就可开花，适合盆栽和露地应用，深受市场欢迎（图 2、图 3）。

（高含　吴学尉）

Ligularia 橐吾

菊科橐吾属（*Ligularia*）多年生草本植物。该属有125种，主要产自亚洲；我国分布110余种。以形态多样的大叶片而著称，高耸的花序及明艳的黄色或橙黄色花朵进一步提升了其观赏价值，是景观中阴湿凉爽处不可或缺的材料。我国橐吾属种质资源丰富，但景观应用极少，有待开发利用。

一、形态特征与生物学特性

（一）形态与观赏特征

根茎极短。茎直立，常单生，自丛生叶丛的外围叶腋中抽出，当年开花后死亡。基生叶发达，具长柄，基部膨大成鞘，叶形多样，肾形、卵形、箭形、戟形或线形，叶脉掌状或羽状，稀为掌式羽状；茎生叶互生，少数，多与丛生叶同形，较小。头状花序排列成总状或伞房状花序或单生，花常黄色或橙黄色。

（二）生物学特性

喜阴或斑驳阳光；喜夏季冷凉气候，多数耐寒；喜潮湿土壤，多数不耐旱。

二、种质资源与园艺品种

景观中常用的有以下几种（Armitage，2008；Graham，2012）。

1. 齿叶橐吾 *L. dentata*

肉质根粗壮；株高30～150 cm，上部有分枝，被柔毛或下部光滑。基生叶与下部叶具长粗柄，基部膨大成鞘；叶片绿色，肾形，长7～30 cm，宽12～38 cm，先端圆，缘具整齐的齿；茎生叶肾形，向上渐小，至无柄，具膨大的鞘。总花序伞房状或复伞房状，开展，舌状花黄色，艳丽，长达5 cm（图1）。花期7～10月。

产我国中西部及日本，耐寒性强。1900年，威尔逊（E. H. Wilson）将该种寄往英国，作观赏栽培，后培育出众多园艺品种（图2）（Armitage，2008；Graham，2012）。

‘克劳福德’（‘Britt Marie Crawford’） 植株高宽几相等，60～90 cm，紧凑；茎深栗色，新叶深紫红色，后渐转为紫绿色；花深橙黄色。选自‘奥赛罗’（‘Othello’的实生苗。

‘苔丝德蒙娜’（‘Desdemona’） 株高60～90 cm，冠幅45～75 cm；新叶紫红色或深紫红色，后渐转为紫绿色，叶片背面紫红色，花橙黄色。

‘黑咖啡’（‘Osiris Cafe Noir’） 矮生品种，株高50～60 cm，冠幅40～60 cm；叶缘具不规则大齿，新叶深紫红色，有时近紫黑色，后渐转为紫绿色。

‘幻想曲’（‘Osiris Fantaisie’） 与‘黑咖啡’相似，叶片紫绿色，植株更紧凑。

‘奥赛罗’（‘Othello’） 株高60～90 cm，冠幅45～75 cm；新叶紫红色或紫绿色，后渐转为紫绿色或深绿色，叶背面紫红色，叶柄极长。

2. 蹄叶橐吾 *L. fischeri*

根肉质，黑褐色；株高80～200 cm，上部及花序，被黄褐色柔毛，下部光滑。基生叶与下部叶具长柄，基部成鞘；叶肾形，长10～30 cm，宽13～40 cm，先端圆，有时具尖头，缘具整齐的齿，基部弯缺宽，掌状脉5～7条；茎生叶肾形，向上渐小。花序总状，长25～75 cm，头状花多数，舌状花黄色，长圆形，长1.5～2.5 cm（图3）。花期7～9月。

产我国东北、华北、中西部及东北亚，耐寒

性极强。

3. 鹿蹄橐吾 *L. hodgsonii*

丛生状，紧凑，株高 90 cm。叶具长柄，肾状或心状肾形，绿色或下面带紫色。头状花序辐射状，单生至多数，排列成伞房状或复伞房状，花黄色或橙黄色，花期 7～9 月。与齿叶橐吾相似，不同的是，植株较矮，小花梗较短，远观花朵似簇生状（图 4）。适用于小一点的花园。

产我国西南地区和秦岭西段，远东地区及日本有分布。

4. 掌叶橐吾 *L. przewalskii*

株高 30～130 cm，茎直立，光滑，纤细。丛生叶与茎下部叶具柄，纤细，长达 50 cm，无毛，基部具鞘；叶片卵形，掌状 4～7 裂，长 4.5～10 cm，宽 8～18 cm，裂片 3～7 深裂，中裂片二回 3 裂，小裂片边缘具齿，叶脉掌状；茎中上部叶少而小。头状花序排列成总状，长达 50 cm，花黄色（图 5）。花期 6～8 月。

分布于四川、青海、甘肃、宁夏、陕西、山西、内蒙古、江苏等地。

'龙息'（'Dragon's Breath'） 叶片裂片更细（图 6）。

三、繁殖与栽培管理技术

（一）播种繁殖

种子宜随采随播，存放的种子萌发率会下降。将园土、泥炭土和珍珠岩以 2 ∶ 2 ∶ 1 的比例混合后用作播种基质，播种后，保持基质湿润但不积水，1～2 周萌发（董长根 等，2013）。

（二）分株繁殖

一般采用分株繁殖，于秋季休眠后至春季萌动前进行。

（三）园林栽培

1. 土壤

各种疏松、排水良好的微酸性至中性土壤。

2. 水肥

生长期间需保持土壤湿度中等至湿润。种植基质肥力要求中等至肥沃，故应定期追施有机肥。

3. 光照

喜阴，宜种植于半阴环境或阳光斑驳的林下；夏季凉爽地区可种植于阳光充足处。

4. 修剪及越冬

养护简单。秋末休眠后，剪除地上枯枝叶。绝大多数种及品种耐寒性强，冬季无须保护。

图 1 齿叶橐吾（陈煜初 摄）

图 2 齿叶橐吾品种

注：A.'克劳福德'；B.'苔丝德蒙娜'；C.'黑咖啡'；D.'幻想曲'；E.'奥赛罗'。

图 3　蹄叶橐吾（陈煜初 摄）

图 4　鹿蹄橐吾（Богданович Светлана 摄）

图 5　掌叶橐吾（张军民 摄）

图 6 ‘龙息’

（四）病虫害防治

在湿润的环境中，常有蛞蝓和蜗牛危害，可常规防治。

四、价值与应用

叶片巨大而形态奇特，可丛植或片植于庭院、林下、水景园、沼泽园及景观设施背阴处，也可应用于湿润花境或溪流湖岸。

我国绝大多数种只是作为传统中药利用，具有清热解毒、活血止血、消肿止痛、化腐生肌、止咳祛痰等功效。

（李团结　李淑娟）

Limonium 补血草

白花丹科补血草属（*Limonium*）多年生草本或亚灌木。全世界有350种；我国有17种，主要分布于西北、东北、华北等地。

一、形态特征与生物学特性

（一）形态与观赏特征

多年生（罕一年生）草本、半灌木或小灌木。叶基生，少有互生或集生枝端，通常宽阔。花序伞房状或圆锥状，罕为头状；花序轴单生或丛出，常作数回分枝，有时部分小枝不具花（称为不育枝）；穗状花序着生在分枝的上部和顶端；小穗含1至数花（图1）；外苞短于第一内苞，有膜质边缘，或有时几全为膜质，先端无或有小短尖，第一内苞通常与外苞相似而多有宽膜质边缘，包裹花的大部或局部；萼漏斗状、倒圆锥状或管状，干膜质，有5脉，萼筒基部直或偏斜；萼檐先端有5裂片，有时具间生小裂片，或者裂片不显或而呈锯齿状；花冠由5个花瓣基部连合而成，下部以内曲的边缘密接成筒，上端分离而外展；雄蕊着生于花冠基部；子房倒卵圆形，上端骤缩细；花柱5，分离，光滑，柱头伸长，丝状圆柱形或圆柱形。蒴果倒卵圆形。

（二）生物学特性

原产地中海沿岸地区，性喜阳光充足、干燥凉爽、通风良好的环境，忌潮湿闷热，耐旱，较耐寒。喜微碱性土壤，极耐干旱和盐碱。生命力强，常分布于沙漠、戈壁滩、盐化草甸、石质山坡、流动沙丘等生境（黄勇 等，2002）。如二色补血草属于典型的黄土高原植物，原生境土层深厚且排水良好。引种到西安后，遇到夏季多雨时生长受到影响，表现为植株枯黄，生长势弱，逐年退化死亡，可露地生长3～10年。

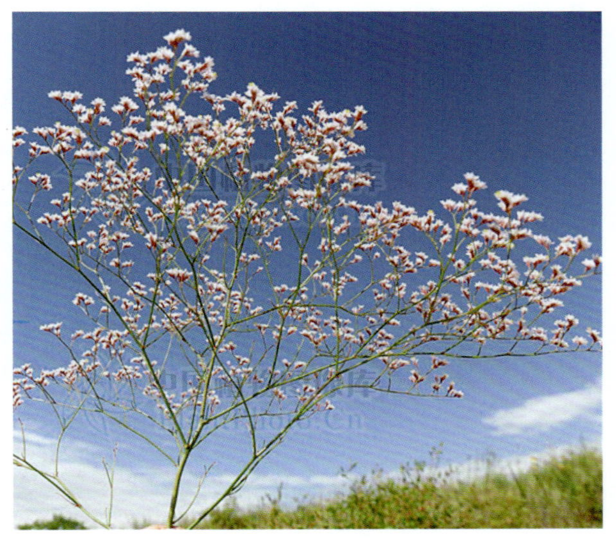

图1　补血草花

二、种质资源与园艺分类

我国的补血草属共有17种，主要有深波补血草（勿忘我）、小花补血草（情人草）、二色补血草、杂种补血草等，经驯化以后可成为切花和园林用的品种。

1. 深波补血草 *L. sinuatum*

又名勿忘我、星辰花。叶丛生于茎基部，叶片羽裂，叶长20 cm。花序从基部分枝，呈伞房状聚伞圆锥花序，松散张开，花枝长达1 m，小花穗上有4～5朵花，有紫、蓝、粉、白、黄等色。喜光，耐旱，阳光充足条件下开的花，色泽

图 2　勿忘我品种

注：A. 白色勿忘我；B. 黄色勿忘我；C. 蓝紫色勿忘我；D. 蓝紫色勿忘我；E. 粉勿忘我；F. 小桃红勿忘我；G. 淡紫色勿忘我。

艳丽，花期 5 ～ 7 月。是优良的插花配材（黄勇和孟宪磊，2002）。

常见的有浅紫色、紫色、深紫色、黄色、白色、粉色、桃红色 7 个花色品种（图 2）。

2. 小花补血草 *L. beltaard*

又名情人草。叶丛生于基部，呈莲座状，叶片呈匙状。花朵细小，花枝坚硬直立，整枝花呈塔状，色彩淡雅，干膜质。喜凉爽气候，花期 7 ～ 8 月。常用于鲜切花配花和干花制作（罗广元和唐志红，2001）。

常见的有紫色、黄色、粉色 3 个花色品种（图 3）。

图 3　情人草品种

注：A. 紫色情人草；B. 红水晶；C. 黄水晶。

3. 二色补血草 *L. bicolor*

又名干枝梅、匙叶草。叶基生，呈莲座状，倒披针形或匙形。开花初期呈紫色和粉红色，随着成熟变成白色，花茎有数回分枝，花量大。耐干旱、贫瘠，花期 5 ～ 10 月。鲜花和干花一样独特美丽，被誉为“不枯的鲜花”，是最适宜加工为干燥花的植物资源之一（周子晴 等，2009）。

4. 大叶补血草 *L. gmelinii*

叶基部丛生，长圆状倒卵形，先端钝圆或圆，叶色深绿，叶大而光滑。花蓝紫色，花朵密集，花谢后膜质苞片持久不落。喜生于盐渍化的荒地上及盐湖周围，生境多为盐土荒漠和戈壁滩，花期7～8月。既可作为鲜切花，也可作为干花保持数年不落（何春霞，2014）。

5. 黄花补血草 *L. aureum*

又名干活草、金色补血草等。叶基生，呈长圆状匙形或倒披针形，先端钝圆或圆。花序呈聚伞状，花序轴着生小疣点，下部无叶，具多数不育小枝，花朵细小，花色艳丽，植株低矮。多生于戈壁、滩地、流动沙丘等干旱环境，花期6～8月。是不可多得的干花植物和插花配材，成片盛开时既美丽又壮观，因此可以在城市绿化中营造出很好的群体景观（田福平 等，2010）。

另外，还有杂种补血草（*L. latifolium*）、中华补血草（*L. sinense*）、耳叶补血草（*L. otolepis*）、烟台补血草（*L. franchetii*）、细枝补血草（*L. tenellum*）、曲枝补血草（*L. flexuosum*）等，都因独特的观赏性状，在国内外市场上受到大多数人的喜爱，具有广阔的开发利用前景（黄勇 等，2002）。

三、繁殖与栽培管理技术

（一）播种繁殖

一般采用播种繁殖。但补血草属植物的遗传性十分特殊，其花粉有A、B型之别，柱头有玉米状、乳头状和头状之分，其杂交亲和性取决于花粉和柱头的形态组合；同时补血草具有大量的不孕枝和同型杂交不孕的特性，种子结实少，细小，萌芽率低，播种后代变异大。所以补血草若用播种繁殖，种子来源的可靠性就限制了批量生产（冯晓英，2002）。因此，在生产中很少使用播种繁殖。

（二）组培快繁

选择优良单株，通过组织培养进行大量快繁。品质优良的情人草组培苗大多具有5～8片叶子，根系发达，定植后成活率高，植株生长快，长势均匀，切花产量高，品质好。一般以叶片和带腋芽的花茎为外植体，经消毒灭菌后接种于诱导培养基MS +6-BA 0.5～0.8 mg/L+NAA 0.1～0.3 mg/L上，分化出芽后继续在增殖培养基MS+6-BA 0.3～0.6 mg/L+NAA0.1～0.2 mg/L上增殖培养，待达到一定的数量后在生根培养基上1/2MS + IBA 0.3～0.5 mg/L+NAA 0.1～0.2 mg/L + Vc 200 mg/L + PP333 0.1～0.2 mg/L中，生根后再炼苗移栽。移栽至珍珠岩：草炭 = 1 ：1的基质中，保湿遮阴，成活率可达90%以上。

（三）园林栽培

1. 基质

一般都是土栽，也可用草炭栽培。

2. 水肥

整地时应重施基肥，可按每亩施腐熟农家肥1.8～2 t的标准，再配合其他无机缓效磷肥一起施用。待小苗成活开始生长时，每10天配合灌溉进行追肥。在水中补充0.02%的氮肥、0.01%的钾肥混合液进行施肥。小苗期间保持土壤湿润，注意经常进行中耕除草，促使小苗根系健壮发育。

3. 光照

基本无须遮光。

4. 越冬

抗寒性较强。冬季无须保护。如需要冬季开花，就应特别做好保温工作。

（四）促成栽培

勿忘我和情人草切花基本都是简易大棚栽培。

1. 基质

对土壤的要求不高，但以疏松透气、土层深厚的砂壤土为好。定植前调节土壤的酸碱度，使其略偏碱性。基肥用量占肥料总用量的70%。基肥可使用缓效性的复合肥和腐熟的有机肥，施用后均匀翻入土中。

2. 定植

定植时，整平做畦，畦高20 cm左右。定植株行距为30 cm × 40 cm。小苗定植不宜过深，栽植深度以根颈部和土壤表面平齐为宜，定植后及时浇透水。

3. 肥水管理

待小苗成活开始生长时，每10天配合灌溉进行追肥，在水中补充 200 mg/L 的氮肥、100 mg/L 的钾肥混合液进行施肥。小苗期间保持土壤湿润，经常进行中耕除草，促使小苗根系健壮发育。小苗定植后约 2 个月，开始抽生花枝。进入开花时期时，水肥要充足，否则花枝短小，花朵不繁茂。可在灌溉水中补充 200 mg/L 的氮钾混合液，每 10 天左右施肥 1 次。抽薹开花期除追施液肥外，还需用 0.1% 磷酸二氢钾和 0.1% 硼酸混合液进行叶面喷肥，以提高切花的产量和质量。

在栽培过程中要注意排水，忌水涝。整个生育期要适当控制浇水量，否则会导致开花质量及产量下降。

4. 光照调节

必须在充足的日光照射下才能正常生长。若环境荫蔽，虽然繁茂，但抽生的花莛少。因此，每天植株接受日光照射要在 4 小时以上。如果能够保证全日照，则生长更好。光照不足时，需要补光。

5. 温度管理

喜凉爽环境，怕高温。其花芽分化需 1.5 ～ 2 个月低温阶段，需要的温度在 15℃以下，长日照条件对其成花有利，气温高于 30℃或低于 5℃对其生长不利。因此，春夏定植时，若种苗未作低温处理，需推迟进入大棚的时间，使其充分接受低温，完成春化作用。

6. 花枝固定、整形与修剪

要生产出高品质的切花，通常要拉网固定花枝。具体做法是在植株抽薹前，距地面 20 ～ 30 cm 拉一层网架，待植株长出花莛后，再距地面 45 cm 高的地方罩上第二层网。随着花枝的生长，及时引扶花枝进入网格内，保持花莛直立。

在生长期间对抽生的花枝要根据苗的大小来区别处理。对已长得较大、植株间叶片基本封行的植株，每株保留 4 ～ 5 个花枝让其生长开花；对植株较小的苗，可摘除开花枝，抑制其暂不开花，使植株充分生长，为生产优质切花打基础，待植株充分长大再让其进入产花期。在此期间，还要定期摘除新抽生的细弱花枝，以集中养分供应开花枝，并改善植株内部的通风透光条件，减少植株中下部盲花数量，提高单一花枝的品质。切花量超过 50% 后，要开始培养下茬开花枝。做法是在此时期保留少量新抽生花枝，待上一茬全部切完花后，保留的花枝已生长到一定高度，从而有效缩短两茬花之间的时间，使其能够连续不断地开花，供应市场。

7. 采收

当每个小花枝上花瓣展开达 30%，全部花序显色，即可采切。早晨或傍晚采花时，从植株基部进行剪切；特别是采切初期，应在花枝的一片大叶以上剪切，可促进植株的腋芽萌发。采切后，将花枝基部浸入保鲜液中，使花枝保持水分充足上市。切花在 2℃左右下可贮藏 2 ～ 3 周。

（五）病虫害防治

勿忘我病害有灰霉病、白粉病、病毒病等。灰霉病可用百菌清 800 ～ 1000 液、甲基托布津 800 ～ 1000 倍液连续喷洒 3 ～ 4 次防治。白粉病可用粉锈宁等喷洒防治，病毒病主要采取及时拔除病株烧毁，喷洒杀虫剂防止昆虫传病等措施防治。

情人草的病害相对较少。主要有炭疽病、叶斑病、茎腐病及疫病等。防治方法是加强环境卫生及栽培管理。发病初期及时摘除病叶并烧毁。每隔 10 ～ 15 天喷 50% 百菌清或 50% 甲基托布津 1000 ～ 1500 倍液进行预防处理。施用 1 ∶ 1 ∶ 100 的波尔多液或退菌特与波尔多液交替喷洒 3 ～ 4 次，对叶斑病防治效果良好。代森锰锌 1000 倍液对疫病的防治效果较好。

情人草的虫害主要有苗期的地下害虫，以及鳞翅目幼虫、菜青虫、夜蛾类、蓟马、螨类等，可参考相关防治方法进行防治。

四、价值与应用

补血草属有近 20 种可作观赏用，因花朵细小、密集，花枝长，干膜质，色彩淡雅，观赏时期长，与满天星一样，是重要的配花材料。除作鲜切花外，还可制成自然干花，用途更为广泛，是近年来发展较快的一类新型配花类鲜切花，当前，补血草属植物作为各种类型插花作品的优良配花正受到越来越多的人喜爱（杨春梅 等，2002）。

补血草具有繁殖容易、管理粗放、耐盐碱、抗干旱等特点，在城市绿化中也具有广泛的应用前景，是布置缀花草坪、花坛花池、护坡固土的优良节水型地被植物。

可作为药用植物，具有补血、止血的功效，如中华补血草、黄花补血草、二色补血草等具有补血、止血、抗菌消炎、保肝、抗癌等药理作用。

（张艺萍　贾文杰）

Linaria 柳穿鱼

车前科柳穿鱼属（*Linaria*）一年生或多年生草本。约150种，分布于北温带，主产欧亚两洲；我国产8种，在东北、华北及山东、河南、江苏、陕西、甘肃等地多有分布，俗名小金鱼草。花萼裂片披针形，花冠黄色，小花长得像小鱼，线形的叶子多数互生，酷似柳叶，花叶结合，恰似鱼儿遇见水，动起来游刃有余，故得名“柳穿鱼”。在欧美，因为柳穿鱼产于温带地区，长得极其茂盛，且色彩艳丽，亮泽多姿，如同女孩一样娇美，又被称为“新娘草”；同时它也是被选来祭祀受罗马帝国迫害而殉教的牧羊少年的花。

一、形态特征与生物学特性

（一）形态与观赏特征

叶互生或轮生，常无柄，单脉或有数条弧状脉。花序穗状、总状，稀为头状。花萼5裂几乎达到基部；花冠筒管状，基部有长距，檐部二唇形，上唇直立，2裂，下唇中央向上唇隆起并扩大，几乎封住喉部，使花冠呈假面状，顶端3裂，在隆起处密被腺毛；雄蕊4枚，前面1对较长，前后雄蕊的花药各自靠拢，药室并行，裂后叉开，柱头常有微缺。蒴果卵状或球状，在近顶端不规则孔裂。种子多数，扁平，常为盘状，边缘有宽翅，少为三角形而无翅或肾形而边缘加厚。

（二）生物学特性

有较强的耐寒性，生长在阳光充足或半阴半阳处。不适宜生长在过于瘠薄和高温的环境中。柳穿鱼属于典型的黄土高原植物，原生境土层深厚且排水良好。引种到西安后，遇到夏季多雨时生长受到影响，表现为植株枯黄，生长势弱，逐年退化死亡，在西安可露地生长3～10年。

二、种质资源

1. 柳穿鱼 *L. vulgaris* subsp. *chinensis*

多年生草本，株高20～80 cm；茎直立且常在上部分枝；叶通常多数而互生，少下部的轮生，上部的互生。花为总状花序，花期短而花密集，果期伸长而果疏离，花序轴及花梗无毛或有少数短腺毛，苞片条形至狭披针形，花萼裂片披针形，花冠黄色。蒴果卵球状；种子边缘有宽翅，成熟时中央常有瘤状突起。花期6～9月。

原产我国“三北”地区及江苏。生长在沙地、山坡草地及路边，具有较高观赏价值。

2. 宽叶柳穿鱼 *L. thibetica*

多年生草本，高达1 m。我国特有种。

生于海拔2500～3800 m的山坡草地及林缘和疏灌丛中。四川、云南产的花为淡紫色，西藏产的花为黄色。

3. 云南柳穿鱼 *L. yunnanensis*

与宽叶柳穿鱼形态几乎一样，根据文献和少数标本，区别为本种苞片卵状披针形；花萼裂片长卵形，中部最宽，宽3 mm。花冠黄色，长12 mm，距长2～4 mm，下唇裂片顶端圆钝。此外叶片也较宽，宽1.5～3 cm。

4. 长距柳穿鱼 *L. longicalcarata*

多年生草本，株高15～35 cm，茎中部以上多分枝，叶互生。花序疏花，花冠鲜黄色，喉部隆起处橙色。蒴果直径5 mm，长6～8 mm，种子盘状，中央光滑。

分布于我国新疆西北部海拔1100～1400 m

的阴山坡、河沟草地及石堆中。

5. 多枝柳穿鱼 *L. buriatica*

多年生草本，自基部极多分枝，分枝常铺散，高仅 8 ~ 20 cm。叶完全互生，多而密，针形至狭条形。总状花序生于枝顶，长 3 ~ 7 cm，花序轴、花梗密被腺柔毛。蒴果卵球状，长 9 mm，直径 7 mm。种子盘状，有宽翅，中央有瘤突。花期 6 ~ 8 月。

6. 摩洛哥柳穿鱼 *L. maroccana*

也称姬金鱼草。枝叶细如柳，叶线形，分枝多。总状花序，花沿花茎逐渐向上开放，花冠紫红色、白色、堇紫色等，唇瓣中心鲜黄。喜光照，喜温暖，不耐寒，不耐热，喜肥沃、富含有机质的砂质壤土；生长适温 12 ~ 25℃。

6a. 摩洛哥柳穿鱼‘梦幻曲’‘Fantasista’

开花繁茂，花期长，繁花期状似花毯，适合公园、绿地、公路的隔离带成片种植观赏，可用于花坛、花境栽培，也常盆栽用于居室装饰（图 1、图 2）。

图 1 摩洛哥柳穿鱼‘梦幻曲’（虹越花卉有限公司 摄）

图 2 摩洛哥柳穿鱼'梦幻曲'混色
（虹越花卉有限公司 摄）

7. 欧洲柳穿鱼 *L. vulgaris*

花序轴及花梗通常密被腺质短柔毛；花萼裂片披针形，长约 4 mm，外面无毛，内面多少被腺毛；花较大，花冠黄色，除去距长 1 ～ 1.5 cm，上唇长于下唇，卵形，下唇侧裂片宽卵形，中裂片舌状，距稍弯曲。蒴果较大。花期 6 ～ 9 月。

三、繁殖与栽培管理技术

（一）播种繁殖

在 9 月下旬至 10 月上旬播种。苗床平整细匀，种子掺入细沙均匀播入苗床，覆盖苇帘遮光，种子未出土前，均匀喷水，保持土壤湿润，两周后萌发子叶。育苗期间注意间苗，可使苗长得粗壮。真叶长出 5 ～ 8 片时要及时摘心。侧根多，易移栽，待长到 2 ～ 3 个分枝时移植 1 次。

（二）扦插繁殖

通常结合摘心工作，取粗壮、无病虫害的顶梢作为插穗。插穗生根的适宜温度为 18 ～ 25℃。低于 18℃时，插穗生根困难、缓慢；高于 25℃时，插穗的剪口容易受到病菌侵染而腐烂，并且温度越高，腐烂的比例越大。扦插后遇到低温时，保温的措施主要是用薄膜把花盆或容器包起来。

（三）园林栽培

1. 土壤

要求疏松透气、排水良好，黏重板结的土壤不宜，可用 40% 草炭 +40% 园土 +20% 珍珠岩进行混合，要求基质 pH5.5 ～ 7.0。基质中可添加适量有机肥或颗粒肥，使基质 EC 值达到 1 mS/cm 左右，但不宜超过 1.5 mS/cm。

2. 水肥

对肥水要求较多，但最怕乱施肥、施浓肥和偏施氮、磷、钾肥，避免过干过湿，不要让其萎蔫，否则会伤害植株的生长。交替施用 20 ∶ 10 ∶ 20 与 12 ∶ 2 ∶ 14+6CaO+3MgO 的肥料，氮肥浓度为 150 ～ 200 mg/L，每周浇灌 1 次肥水。

3. 光照

在晚秋、冬、早春三季，由于温度不是很高，要给予直射光，以利于进行光合作用和形成花芽、开花、结实。夏季若遇到高温天气，需遮掉大约 50% 的阳光。开花后放在室内养护观赏的，要放在东南向的门窗附近，以尽可能地延长花期和增加开花数量。

4. 修剪

在开花之前一般进行两次摘心，以促使萌发更多的开花枝条。上盆 1 ～ 2 周后，或者当苗高 6 ～ 10 cm 并有 6 片以上的叶片后，把顶梢摘掉，保留下部的 3 ～ 4 片叶，促使分枝。在第一次摘心 3 ～ 5 周后，或当侧枝长到 6 ～ 8 cm 长时，进行第二次摘心，即把侧枝的顶梢摘掉，保留侧枝下面的 4 片叶。进行两次摘心后，株型会更加理想，开花数量也多。

（四）病虫害防治

抗病性较好，一般没有严重病害。虫害方面，要注意防治斑潜蝇和蓟马，将病株与其他植株分开，修剪病枝，2 天喷洒 1 次药物，连喷 3 ～ 4 次，用吡虫啉、噻虫嗪、艾绿士、卡猛瑞等药物轮流喷洒，以避免耐药性，主要喷叶背和嫩芽。

图 3 摩洛哥柳穿鱼‘梦幻曲’应用（虹越花卉有限公司 摄）

四、价值与应用

柳穿鱼枝条纤细修长，质地柔软，常由于风吹倒伏或向日性呈弯曲状，甚为雅致。春季至初夏开花，自枝条先端逐渐向上绽开，花紫红色，唇瓣中心鲜黄，瓣基部后方有一针形瓣，花形小巧，惹人怜爱。花谢花开，观赏期可持续 3 个月，适合花坛栽培或盆栽。柳穿鱼花朵与金鱼非常类似，色彩艳丽，亮泽多姿，有着较高的观赏价值，常运用在山坡、草地及路边景观中（图 3）。

（张佳平　夏宜平）

Linum 亚麻

亚麻科亚麻属（*Linum*）一年生或多年生草本植物。全属有180多种，主要分布于北半球温带地区，地中海地区分布较集中。宿根亚麻（*L. perenne*）和一年生的亚麻（*L. usitatissinnm*）作为油用及纤维用经济植物已有几百年的栽培历史。

一、形态特征与生物学特性

（一）形态与观赏特征

草本或茎基部木质化。茎不规则叉状分枝。单叶、全缘，无柄。对生、互生或散生聚伞花序或蝎尾状聚伞花序；花5数；萼片全缘或边缘具腺睫毛；花瓣长于萼片，红色、白色、蓝色或黄色。蒴果卵球形或球形。种子扁平，具光泽。

（二）生物学特性

喜光，稍耐阴，部分种耐寒，喜生长于干燥且排水性好的土壤中。

二、种质资源

以下3种宿根类亚麻在园林中有应用（Graham，2012；Armitage，2008）。

1. 黄亚麻 *L. flavum*

株高35～45 cm，茎直立，基部多少木质化，半常绿型。叶狭披针形，深绿色，具3～5条脉，叶基两边各具一小腺体。聚伞花序，小花多数，可达50朵；花瓣亮黄色，远大于萼片，花径2 cm（图1）。花期夏季。较耐寒，可耐-20℃低温。

'Compactum' 高15～25 cm，株型更紧凑，枝条更密集；花朵也更密集（图2）。

2. 蓝亚麻 *L. narbonense*

多年生长寿草本，株高45～75 cm，茎直立。叶轮生，狭披针形，灰绿色，叶脉3条。花漏斗状，径4.5～5 cm，天蓝色，喉部白色（图3）。

分布于地中海西部和中部。较耐寒，可耐-20℃低温。花后将植株剪回约20 cm，通常会促使其重新开花。蓝亚麻花大，开花次数多，

图1 黄亚麻（Sokolov Yuriy 摄）

图2 黄亚麻 'Compactum'（Growital 摄）

寿命长，是花园使用的最佳种。蓝亚麻与宿根亚麻形态相似，区别在于花冠喉部的白色和漏斗状花形。

‘Heavenly Blue’ 株型紧凑，极少倒伏。株高 30 ～ 50 cm，花深蓝色（图 4）。极受欢迎的品种。

3. 宿根亚麻 *L. perenne*

多年生草本，株高 40 ～ 70 cm。茎直立或斜升，纤细，中部以上多分枝，基部木质化。叶互生，条状披针形，淡蓝绿色。聚伞花序，松散，花蕾下垂；花冠较蓝亚麻开展，浅蓝色，花径 2 ～ 2.5 cm（图 5）。花期夏季，越往高纬度花期越晚但越长，半阴及凉爽处花期达两个半月；花后修剪可延长花期。

分布于我国河北、内蒙古及西北、西南地区；欧洲及西伯利亚广泛分布。可耐 -30℃低温。

‘Sapphire’ 株型紧凑，株高 25 ～ 30 cm，花蓝色（图 6）。

三、繁殖与栽培技术

（一）播种繁殖

冷凉地区可用播种繁殖。春播、秋播均可，土壤温度 10 ～ 15℃为宜。春播，播前用温水浸种，可促进种子萌发；撒播后，覆一层薄土，保持湿度，等待出苗。秋播于 9 月进行。

图 3　蓝亚麻（Cesarfb 摄）

图 4　蓝亚麻 **‘Heavenly Blue’**

图 5　宿根亚麻（Tatyana Kalugina 摄）

图 6　宿根 **‘Sapphire’**（Spring Green 摄）

（二）分株繁殖

常规繁殖方法，于春季萌动期进行。生长期当基部萌生的新芽长到10 cm长时，可切分另栽。

（三）园林栽培

1. 土壤

喜中性至碱性、排水性好的土壤。

2. 水肥

喜中等至干燥土壤，忌积水。基质中等肥力即可。

3. 光照

喜阳光充足，稍耐阴。部分品种在阴凉处花期更长。

4. 修剪及越冬

入冬前剪除地上枯枝叶。耐寒性较强，冬季可根据不同种类的耐寒能力及立地条件进行适当保护。休眠期地下茎尤忌水湿，故冬季应保持土壤湿度处于中等至干燥状态。

四、价值与应用

枝叶纤细，蓝花雅致，黄花热烈，抗旱耐热，适宜于自然景观中的坡地，特别是岩石园种植，也可于排水好的花坛、花境等景观中种植。人们往往会被连绵起伏的蓝色亚麻花海所震撼（图7）。

图7 英国Berkshire的亚麻花田（Lublamai 摄）

（李淑娟 刘青林）

Liriope 山麦冬

天门冬科山麦冬属（*Liriope*）常绿多年生草本。该属约有6种，分布于我国越南、菲律宾、日本；我国有6种，主要产于秦岭以南各地，华北也有。该属是我国重要的园林地被植物，其应用范围比相似的沿阶草属（*Ophiopogon*）更为广泛。代表性栽培种有山麦冬（*L. spicata*）、阔叶山麦冬（*L. platyphylla*）、短莛山麦冬（*L. muscari*）和兰花三七［浙江山麦冬（*L. zhejiangensis*）］等。山麦冬和禾叶山麦冬（*L. graminifolia*）广泛栽培，其小块根亦作中药麦冬用。

一、形态特征与生物学特性

（一）形态与观赏特征

根状茎很短，有的具地下匍匐茎。叶基生，密集成丛，禾叶状，基部常为具膜质边缘的鞘所包裹。花莛从叶丛中央抽出，通常较长，总状花序具多数花；花数朵簇生于苞片腋内；花梗直立，具关节；花被片6，分离，两轮排列，淡紫色或白色；雄蕊6枚，着生于花被片基部。果实在发育的早期外果皮即破裂，露出种子。种子浆果状，球形或椭圆形，早期绿色，成熟后常呈黝黑色（图1、图2）。

（二）生物学特性

常生长于海拔50～1400 m的路边草丛、山坡、山谷林下、路旁或湿地，喜阴湿，忌阳光直射。对土壤要求不严，但以肥沃、湿润的砂质土为最佳生长环境。较耐寒，能够在不同的环境中生长，包括山沟、灌丛、林下或林缘草丛。

二、种质资源

山麦冬属植物与沿阶草属植物在分布、形态、应用方式等方面非常相似，故而两属植物极易混淆，其中最典型的就是山麦冬与沿阶草属的麦冬（*Ophiopogon japonicus*）的混淆。山麦冬别名麦冬、土麦冬等，其别名与麦冬有重叠。山麦冬属花直立，子房上位；而沿阶草属花俯垂，子房半下位。

1. 山麦冬 *L. spicata*

应用最为广泛的种，从我国华北到华南地区均有种植。在华东地区，与麦冬、吉祥草是应用频率最高的3种常绿宿根花卉。山麦冬长势旺盛，易形成连片的草本地被植物景观。而阔叶山麦冬的叶片较宽，植株较为高大，单体观赏效果也很好，易与其他观花、观叶灌木或草本植物搭配使用，构成花境植物景观。

2. 浙江山麦冬（兰花三七）*L. zhejiangensis*

根状茎长1～3 cm，肉质，黄色，有气味。根肉质化，近顶端块茎状。叶线形，18～55 cm × 0.4～1.2 cm，先端渐尖，柔软，基部近直立，10～15脉（图3）。但此定名在业内未获得广泛认可与推广。

近十几年来，一种优异的山麦冬属植物“兰花三七”在长三角地区作为地被和花境材料迅速推广（杭州蓝天园林集团，2007；张佳平 等，2016）。“兰花三七”在2004年被发现于湖州安吉龙王山，因株型、叶形接近某些兰花，且据说根茎有近似三七的疗效，故而命名为“兰花三七”，这是典型的民间俗名应用。

3. 阔叶山麦冬 *L. platyphylla*

叶密集成丛，长25～65 cm，宽1～3.5 cm；花莛通常长于叶，长45～100 cm。种子成熟时

图 1　山麦冬属植物花序

图 2　山麦冬属植物观叶效果

图 3　兰花三七的观花效果

图 4　金边阔叶山麦冬

变黑紫色。

4. 短莛山麦冬 *L. muscari*

叶密集成丛，叶片先端急尖或钝，基部渐狭，有明显的横脉。花莛通常长于叶，多花，花簇生于苞片腋内，花紫色或紫红色。

4a. '金边阔叶' 山麦冬 'Variegata'

是短莛山麦冬的栽培品种。多年生常绿草本，根状茎粗短，无地下走茎。株高 15 ～ 35 cm。叶片宽线形，两侧具金黄色边条。花莛短于或稍长于叶簇，花紫色或紫红色，4 ～ 8 朵簇生于苞片内。花期 7 ～ 8 月（图 4）。

5. 禾叶山麦冬 *L. graminifolia*

花序通常长 6 ～ 15 cm；花常几朵簇生于苞片腋内。

6. 矮小山麦冬 *L. minor*

花序长 1 ～ 3 cm；花通常单生于苞片腋内，少有 2 ～ 3 朵簇生。

这几种常绿宿根花卉的株型、叶形、叶质相近，却也有明显不同，均为重要的园林地被植物，混合搭配后可营造丰富的地被景观。

三、繁殖与栽培管理技术

（一）播种繁殖

可用播种繁殖，但速度慢，出苗不整齐，且后代性状分离严重，一般在生产中不提倡使用。

（二）分株繁殖

全年均可进行，但以3～4月分株最佳。将植株挖起，选生长旺盛、无枯萎、无病虫害的高壮苗，剪去块根和须根及叶尖和老根茎，拍松茎基部，用手或用剪子剪开，使其分成单株，剪出残留的老茎节，叶片不开散为度。将供栽培的植株存放在室内阴凉处，以防干燥，一般应在5天内栽种完毕。新根发出后要多施薄肥，促使基部萌蘖发棵。

（三）园林栽培

1. 土壤

对土壤的适应性极强，但以富含有机质且排水良好的砂质土壤或腐殖质土为佳。光照充足及半阴处均能正常生长，但以光照度在50%～70%时，叶色较为美丽。

2. 栽植

全年均可，但以春、夏、秋3季为佳，一般在雨季来临前较好。种植前，先浇水、后松土、整地，保证土壤水分；单株、密植连根带叶，打穴栽植。密度以4 cm×4 cm或6 cm×6 cm，"品"字形排布，穴深5～6 cm，每穴栽苗3～5株。种后用土踏紧，做到地平苗正，及时浇水（陈菁瑛，2011）。当年栽种当年成坪，景观效果好。经栽植后半年观察，风景林郁闭度越高的地方长势越好，反而个别空旷地方长得比较差。

3. 水肥

栽种后，需及时浇水并经常保持土壤湿润，以提高出苗率。初期，因未定根，要防践踏并加强水分管理，以防脱水死亡。7～8月高温时采用灌水降温，但不宜积水，故灌水和雨后应及时排水。冬季土壤上冻之前应灌足冻水，以保证翌年苗木的成活率。

初步定根后施以氮肥。追肥时以施用各种有机肥为佳。氮、磷、钾化肥中氮肥比例稍多，能促进叶色美观。生长期长，需肥量大，一般每年5月开始，结合松土追肥3～4次，以农家肥为主，配施少量复合肥。

4. 除草

宜选晴天进行，一般每年3～4次，最好经常除草，同时可以防止土壤板结。

5. 管护措施

栽植初期及时清除枯枝落叶及其他杂物，防止覆盖物过厚影响生长与成活。种植初期因未形成竞争力，要及时清除杂草。早春（2月底至3月初）修剪一次，去除枯枝。也可根据长势不定期修剪，促使植株始终保持一定高度。

（四）病虫害防治

主要有白粉病、叶枯病、黑斑病等，一般4月中旬始发，主要危害叶片，每亩可用波尔多液、甲基托布津、多菌灵等喷洒防治。

主要有蝼蛄、地老虎、蛴螬等，可每亩用40%甲基异柳磷或50%辛硫磷乳油0.5kg兑水750kg灌根防治。也可用激光诱灯式毒饵杀灭，效果较好。

四、价值与应用

园林应用上，山麦冬的花莛直立，挺出叶丛，观花效果很好，果实黑色，叶片斜伸、交叠，株丛间分界不明显，可营造出类似缀花草坪的效果。往往具备碧绿的叶片、秀雅的花莛和黝黑发亮的果实，均具较好的观赏价值；且终年常绿，在大雪覆盖下依然生机勃勃。而麦冬因花莛弯垂在叶丛中，观花价值有限，其以常绿丛生型观叶为主，果实蓝色，起到绿化林下、分割空间、强化路缘的效果。

药用价值上，干燥块根可以入药，性味甘、微苦，微寒。主要成分含多糖、氨基酸、短葶山麦冬皂苷等，具有养阴生津、润肺清心的功效。

（张佳平　夏宜平）

Lithospermum 紫草

紫草科紫草属（*Lithospermum*）多年生草本植物。因其根皮暗紫色，故名“紫草”。约有55种，分布于美洲、非洲、欧洲及亚洲；我国产5种，除青海、西藏外，各地均有分布。

一、形态特征与生物学特性

（一）形态与观赏特征

全株具短糙伏毛。叶互生。花单生叶腋或构成有苞片的顶生镰状聚伞花序；花萼5裂至基部，花冠漏斗状或高脚碟状，喉部具附属物，若无附属物则在附属物的位置上有5条向筒部延伸的毛带或纵褶，檐部5浅裂。小坚果卵形（图1）。

图1　紫草（Svetlana Nesterova 摄）

（二）生物学特性

通常生长在阳坡山地、草地、林缘或灌丛间。喜凉爽、湿润的气候，耐寒、怕高温，忌雨涝和干旱，喜充足的阳光，需要在全光照下才能健康生长。

二、种质资源

景观及花园应用的仅有分布于北美洲的灰毛紫草及流苏紫草。

1. 灰毛紫草 *L. canescens*

株高15～40 cm，全株被短毛。茎不分枝，1至数条。叶互生，长圆形，无柄；长2.5～5 cm，宽1.3 cm以下。总状花序顶生；花朵管状，直径约1 cm；黄色或橙色（图2）。花期4～5月。极耐寒，可耐–37℃低温（Armitage，2008）。

2. 流苏紫草 *L. incisum*

株高15～30 cm，全株被短毛。茎族生，长约30 cm。叶细条状；长可达6 cm。花管长约4 cm，花径1～2 cm；淡黄色或金黄色，边缘流苏状（图3）。花期初春至初夏。

三、繁殖与栽培管理技术

（一）播种繁殖

主要繁殖方法。种子必须经过一个低温阶段才能完成种胚的后熟。若将种子春播，当年不出苗。采收的种子在严冬之前，将其用20℃左右温水浸泡30分钟左右，捞出后按2～3倍于种子量的消毒湿沙混匀，保证种子充分吸水后，将其装入编织袋置于室外地势高燥的背风背阴处冷冻。最好在其上用雪覆盖，四周用冰封严。经过一个严冬的冻处理即可。

（二）园林栽培

1. 土壤

以地势干燥、土层深厚、排水良好的中性或微酸性砂壤土为宜；不宜种植在盐碱、涝洼、黏重的土壤地段。

图 2 灰毛紫草（Frank Bergougnou 摄）

图 3 流苏紫草（Zachary Nielsen 摄）

2. 水肥

干旱时要及时浇水，雨季要及时排涝。肥力需求中等，也耐贫瘠，但较肥沃土壤生长更佳。

3. 光照

需全光照条件下种植。

4. 修剪养护及越冬

生长期几乎无须打理。耐寒性强，冬季无须保护。

（三）病虫害防治

根腐病发生在高温多湿季节，主要危害根部，要注意排水，发现病株要及时挖出，并用硫酸亚铁灌注病穴。叶斑病发病时要用等量式波尔多液喷洒。苗期立枯病可用多菌灵 200 倍液防治。常见虫害为蚜虫，常规防治即可。

四、价值与应用

株型紧凑，花朵密集，花色明亮；抗旱能力极强。常用于岩石园及花境中。

紫草作为药用在我国已有悠久的历史。最早的记载始于《神农本草经》，以后的历代本草都有记载。《别录》“紫草生阳山谷及楚地”。《本草经集注》“今出襄阳多从南阳新野来”。《新修本草》“紫草所在皆有，苗似兰香，茎赤，节青，花紫白色，结实白”。《本草纲目》“此草花紫根紫可以染紫”。根据古人对紫草的这些描述、插图和紫草科植物在我国的分布情况，可以确认紫草为 *L. erythrorhizon* 无疑。根含紫草素，可入药，治麻疹不透、斑疹、便秘、腮腺炎等症；外用治烧烫伤。

该属另一个分布于北美的灰毛紫草，根部具红色汁液，被印第安人用作染料或面部颜料，故而俗称红根草或印地安染料草。

（魏钰）

Lobelia 半边莲

桔梗科半边莲属（*Lobelia*）草本或半灌木。全球有400余种，主要分布在热带和亚热带地区，特别是非洲和美洲的热带地区，少数品种延伸到温带地区；我国19种，除山梗菜（*L. sessilifolia*）外，均产长江流域以南各地。其属名 *Lobelia* 是为了纪念比利时医生及植物学家玛蒂亚斯·洛贝尔（Mathiasde Lobel）（1538—1616）而命名的。该属植物花形奇特，很多种的花色艳丽，具有很高的观赏价值。

一、形态特征与生物学特性

（一）形态与观赏特征

叶互生。花单生叶腋（苞腋），或总状花序顶生，或由总状花序再组成圆锥花序；花冠两侧对称，背面常纵裂至基部或近基部，极少数种花冠完全不裂或几乎完全分裂，檐部二唇形或近二唇形，个别种所有裂片平展在下方（前方），呈一个平面，上唇裂片2，下唇裂片3；雄蕊筒包围花柱；柱头2裂，授粉面上生柔毛（图1）。蒴果，成熟后顶端2裂。

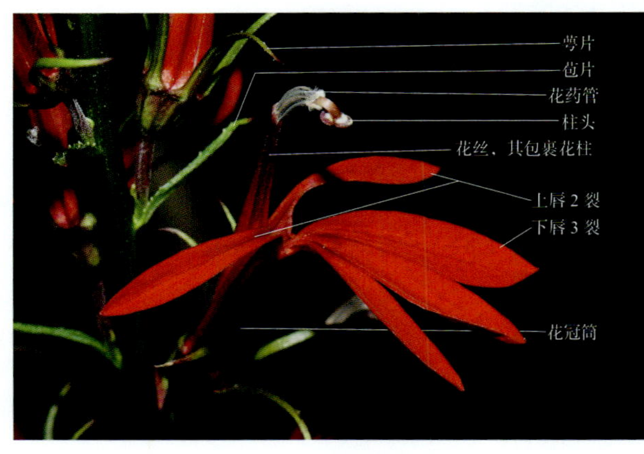

图1　红花半边莲花部特征
（Josh Klostermann 摄）

（二）生物学特性

喜光，可耐半阴；喜湿，多数种喜排水性好深厚的土壤，部分种可沼生或生于浅水中。

二、种质资源与园艺品种

以下是主要的观赏种及育种亲本。

1. 南非山梗菜（六倍利）*L. erinus*

匍匐至半直立草本，基部分枝稠密且细弱。基生叶较大，剑形，柄长1 cm；茎生叶无柄，向上渐变为狭披针形至线形。聚伞花序松散，苞片叶状至线形，小花梗长3 cm；花冠蓝色，上唇2个裂片线形，下唇3个裂片倒卵形，近等长，喉部具黄色斑点。园艺品种繁多，花色丰富（图2）。该种及其品种喜光也耐半阴，耐寒能力较差，忌酷热；为长日照植物，喜富含腐殖质排水良好的土壤。我国各地均有应用，多数作一年生栽培。

2. 红花半边莲（红衣主教花）*L. cardinalis*

主要育种亲本。为较短命的多年生草本，高60～120 cm，茎直立不分枝。叶互生，披针形至椭圆形，长20 cm，宽5 cm，绿色，缘具齿。总状花序顶生，高达70 cm；花艳红色，深5裂，花径可达4 cm，花期夏秋季。有白色（f. *alba*）和粉红色（f. *rosea*）变型（图3）。常生于潮湿的河岸、沼泽和低矮丛林中，因而景观中多用于水景园作边际植物。

3. 山梗菜 *L. sessilifolia*

茎直立，圆柱状，常不分枝，高60～120 cm。叶厚纸质，宽披针形至条状披针形，缘具细齿，长约 5 cm。总状花序顶生，长 10 ～ 30 cm；花冠蓝紫色，长约 3 cm（图 4）。花期 7 ～ 8 月。

4. 大蓝半边莲 *L. siphilitica*

丛生状，茎直立，高 90 ～ 150 cm。叶互生，长 10 cm，椭圆形或矛状。总状花序顶生，长 30 ～ 60 cm，花蓝色，二唇形，直径 2.5 cm，绿叶苞片（图 5）。花期夏至秋季。生长在阳光充足或阴凉的潮湿环境中，如池塘边缘。原产于北美洲东部。

5. 血红山梗菜（恶魔山梗菜）*L. tupa*

常绿，植株高大健壮，高 90 ～ 150 cm，茎多分枝。叶长约 30 cm，灰绿色，表面具褶皱，密被软茸毛。总状花序顶生，长 50 ～ 80 cm，花冠猩红色，萼片深红色（图 6）。花期晚夏至初秋，丛植效果壮观。原产于智利，当地人将其叶片作烟叶吸食。

6. 杂交半边莲 *L.* × *speciosa*

是红花半边莲（*L. cardinally*）和大蓝半边

图 2　南非山梗菜的各色品种

图 3　红花半边莲的粉色及白色变型

图 4　山梗菜（空猫 T. N. 摄）

图 5　大蓝半边莲（Karen Sabath 摄）

莲（*L. siphilitica*）的杂交品种的集合（Armitage，2008；Graham，2012）。茎直立，分枝或不分枝，高 60 ～ 120 cm。具明显的基部莲座状叶，茎生叶长圆形、椭圆形或长披针形，被柔毛。花序总状，花冠紫色、红色、粉色、白色或紫罗兰色，下唇上有白色的斑点。性喜湿，有许多耐寒性较强的优良品种，同时也较原生种更长寿。

‘维多利亚皇后’（‘Queen Victoria’） 茎挺立，健壮，深紫色；叶片狭窄，甜菜红色，花冠为鲜艳的猩红色；花期 6 ～ 8 月（图 7）。短命的多年生植物。种子繁殖易变异。

“扇”系列（Fan Series） 是一个 F_1 系列。植株紧凑直立，高 60 ～ 75 cm，分枝性好，花朵密集（图 8）。由德国的恩斯特·贝纳里（Ernst Benary）培育。

“星空飞船”系列（Starship™） 由 Pan-American Seed 公司于近年推出，为 F_1，植株紧凑直立，高 50 ～ 80 cm，单株冠幅 25 ～ 40 cm，生性强健，相对早花，开花整齐（图 9）。

三、繁殖与栽培管理技术

（一）播种繁殖

春播、秋播均可，或温室播种。春播者当

图 6 血红山梗菜（Freck Les 摄）

图 7 ‘维多利亚皇后’（陈煜初 摄）

图 8 半边莲之“扇”系列品种花色

年可开花，但花量较少；秋播者翌年开花。种子较小，千粒重 1.1 ～ 1.6 g，光照可促进种子萌发，故不用覆土。种子发芽适宜温度 18 ～ 22 ℃，7 ～ 9 天萌发。7 ～ 9 周可移栽，株距 30 ～ 40 cm。从萌发至开花约需 6 个月。宿根半边莲为长日照植物，故苗期应将日照时间控制在 13 小时以上，花期日照时间应在 14 小时以上（Armitage，2008；Graham，2012；董长根 等，2013）。

（二）分株与扦插繁殖

常用分株繁殖，于春季萌发前进行。宿根半边莲为短命的多年生植物，一般 2 ～ 3 年就要分栽 1 次。

扦插繁殖春季剪取萌生枝条或于花后剪取枝条扦插即可。

（三）园林栽培

1. 土壤

适宜于各种湿润、肥沃的酸性至中性土壤，pH5.8 ～ 6.2。

2. 水肥

喜湿，整个生长期均应保持土壤湿润，每月施肥 1 次。

3. 光照

宜植于阳光充足处或短期遮光处。

4. 修剪及越冬

入冬前剪除地上枯枝叶。耐寒性较差，最低可耐 -12℃，我国秦淮线以北地区，冬季需根据实际条件，做地面覆盖或将地下茎移回温室保存。地面覆盖物在早春萌发时应及时去除，以免影响新芽生长。

图 9　半边莲之“星空飞船”系列品种

注：A. Starship™ Blue；B. Starship™ Deep Rose；C. Starship™ Scalet Bronze Leaf；D. Starship™ Scalet 。

图 10　六倍利垂吊景观（陈煜初 摄）

图 11　宿根半边莲花境应用（陈煜初 摄）

（四）病虫害防治

由于生境潮湿，常有蜗牛和蛞蝓危害，可在植株周围撒 6% 四聚乙醛颗粒剂灭杀。蚜虫也常见危害，一般杀虫剂即可防治。

四、价值与应用

宿根半边莲品种众多，或枝叶纤细，株型清秀，或直立健壮；花色丰富，花形奇特，花朵密集。常用于花境、花坛、水景园等，或丛植或片植或盆栽垂吊，各有韵味（图 10、图 11）。

据传该属全株具毒，很多种具有药用价值，如北美山梗菜（*L. inflate*）（图 12），是北美洲有名的多用途草药，小剂量有助于缓解哮喘，大剂量可催吐（Armitage，2008）。半边莲（*L. chinensis*）（图 13）全株含多种生物碱，有清热解毒、利尿消肿之效，中医常用于治毒蛇咬伤、肝硬化腹水、晚期血吸虫病腹水、阑尾炎。

图 12　北美山梗菜（Tom Norton 摄）

图 13　半边莲

（赵叶子　李淑娟）

Lotus 百脉根

豆科百脉根属（*Lotus*）一年生或多年生草本植物，稀灌木。该属的多种多年生种为优良的牧草，如我国原产的百脉根（*L. corniculatus*），别名五叶草、牛角花、都草、鸟足草，根系发达，具有耐旱耐热的特性，很适合作岩石园植物或较干旱区域地被。

一、形态特征与生物学特性

（一）形态与观赏特征

匍匐或半匍匐型，株高 20 ～ 30 cm。三出掌状复叶，小叶 5，上部为 1 顶生小叶，中部为两个侧生小叶，下部为两个基生小叶。花序具花 1 至多数，多少呈伞形，基部有 1 ～ 3 枚叶状苞片，也有单生于叶腋，无小苞片；萼钟形，萼齿 5，等长或下方 1 齿稍长，稀呈二唇形；花冠黄色、玫瑰红色或紫色，稀白色，典型的蝶形花冠。荚果开裂，圆柱形至长圆形，直或略弯曲。

（二）生物学特性

多数种耐旱耐热，但耐寒性较差，喜光，不择土壤，喜肥沃土壤，也耐贫瘠。

二、种质资源

百脉根属有 125 种，分布于欧洲、亚洲、非洲北部、北美洲和澳大利亚的牧场和干燥的多岩石区域。景观中应用的主要有以下 3 种。

1. 百脉根 *L. corniculatus*

匍匐或半匍匐生长，分枝众多，高 15 ～ 50 cm。掌状三出叶，小叶卵圆形或倒卵形；先端尖，基部楔形，全缘，无毛或幼时有疏长柔毛。伞状花序，花黄色。花期 5 ～ 10 月，花期长，花量大（图 1、图 2）。该种不择土壤，能在高纬度及寒冷干旱地区生长且适应性良好，可在裸露坡地种植，具有良好的水土保持性能（图 3）。

2. 金斑百脉根 *L. maculatus*

多年生蔓性草本。叶轮生或簇生，小叶狭条

图 1　百脉根（野生）

图 2　百脉根（栽培）

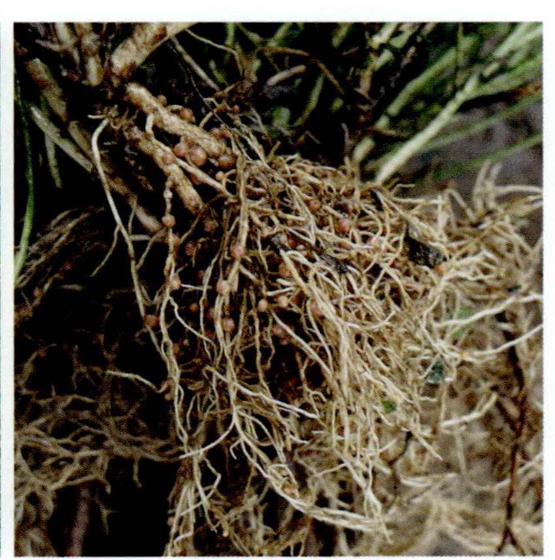
图 3　百脉根（根）

形，全缘，先端圆；常灰绿色。1～3 花生于叶腋；花为黄色与橙红（红或褐红）复色，外侧与先端色更深；花瓣先端长渐尖，旗瓣花期反折，瓣中央具纵向深红色条斑。花期 5～9 月（图 4）。金斑百脉根为西班牙加那利群岛的特有种，叶色美观，花色靓丽，形态优美，宜植于小型篱垣、墙垣等作垂直美化。

有 2 个园艺品种，'亚马孙日落'（'Amazon Sunset'），花瓣外侧几乎全为红色（图 5）。'金色闪耀'（'Gold Flash'），花瓣上黄色较多，也更明艳（图 6）。

3. 海滨百脉根 *L. maritimus*

匍匐生长，分枝多，高 10～20 cm。三出叶，小叶倒卵形；先端急尖，基部宽楔形或近圆形，侧生小叶中脉两边不对称，常具长柔毛。花单生，黄色。花期夏季（图 7）。该种喜排水良好的土壤。原产于欧洲。

三、繁殖与栽培技术

（一）播种繁殖

百脉根的结籽率和种子发芽率均高，一般采用播种繁殖。种子有 10% 左右的硬实率，为提高发芽率可在播种前用 0.01% 的钼酸铵或 0.03% 的硼酸溶液浸种。为增加种子上的有效根瘤菌，播种前可用 250 g 晒干的菜园土或河塘泥，加一酒杯草木灰，拌匀后盛入大碗中并盖好，然后蒸 0.5～1 小时，待其冷却。将已开花的健壮的百脉根植株的根部轻轻挖出用水洗净在阴处晾干，将 30 株干根捣碎并用少量冷开水拌成菌液

图 4 金斑百脉根

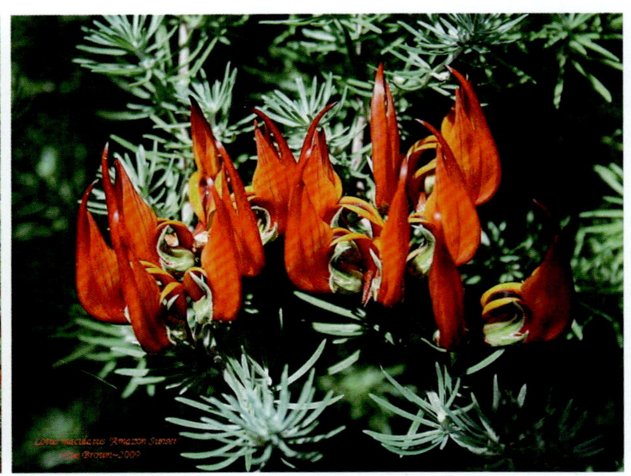

图 5 '亚马孙日落'

图 6 '金色闪耀'

图 7 海滨百脉根（R. Ziebarth 摄）

与蒸过的土壤拌匀，然后置于 20 ～ 30℃温度下 2 ～ 3 天，每天略加冷水搅拌，制成菌剂。拌种时用量为 50 g/ 亩。因根瘤菌在高温、干燥条件下几小时就会死亡，故拌种时宜在阴暗、温度较低、不过于干燥的地方进行，拌种后立即播种和覆土。百脉根种子最适宜发芽条件为温度 24℃，pH6，湿度在 40% 左右。播种苗当年即可开花。

（二）分株繁殖

于春季萌发前或 9 ～ 10 月进行；挖出整株，修剪枝叶，抖落泥土，若老根衰老，应剔除，根据需要每丛保留数个健壮萌芽，并另行种植，生长点与土面平齐。

（三）园林栽培

1. 土壤

对土壤要求不严，在弱酸性和弱碱性、砂性或黏性、肥沃或薄地均能生长。适宜 pH4.5 ～ 8.2。

2. 光照

喜光植物，不耐荫蔽，选择开阔向阳的地方栽植有利于植株长势强壮低矮，开花繁密，开花期长。如在十分荫蔽之地栽植，植株长势弱，开花十分稀少或不开花。

3. 肥水管理

对于有机质含量低的土壤，在播种之前施用少量氮肥，有助于根瘤菌形成前的幼苗生长。幼苗期生长缓慢，注意适时浇水并及时拔除杂草。在分枝、现蕾及刈割后，叶面喷施磷肥可增加叶片数、茎枝数和开花数，同时促进根系发育。每次修剪后立即灌水可在短期内恢复绿色。

4. 修剪及越冬

在水肥较好的区域可能植株较高，用作地被时，应定期回剪，以保持平整。抗寒性较好，在秦淮线以南常表现为常绿，以华北及西北地区，表现为宿根型，入冬前清除枯枝叶，冬季无须保护。金斑百脉根耐寒性较差，长江流域及以北地区均需保护越冬。

四、价值与应用

由于根系发达，植株低矮、紧密，茎叶匍匐，自繁能力强，覆盖度好，花繁叶茂，开花期长，花色醒目，病虫害少，绿色期长，管理粗放，能适应不同质地土壤，耐干旱，可作为干旱地区地被植物。

（王琪　李淑娟）

Lupinus 羽扇豆

豆科羽扇豆属（*Lupinus*）多年生草本植物，原产于美洲和地中海沿岸国家（余定松 等，2007），多半生长在其他植物无法生存的砂质地。因根系具有固肥的机能，在我国台湾地区的茶园中广泛种植，被台湾当地人形象地称为“母亲花”，并音译为“鲁冰花”。“*Lupin*”在希腊文里是“悲苦”的意思。种子苦涩异常，含在嘴里，令人皱眉，看起来似乎很痛苦的样子，花语是“苦涩”。

一、形态特征与生物学特性

（一）形态与观赏特征

一年生或多年生草本，偶为半灌木。掌状复叶（单叶种类我国未见有引种），互生。总状花序顶生；花色丰富，小花轮生或互生；蝶形花，旗瓣圆形或卵形，翼瓣先端常连生，包围龙骨瓣；雄蕊单体，形成闭合的雄蕊筒，花药二型，长短交互。荚果线形，多少扁平，果瓣革质，通常密被毛；有种子 2 ～ 6 粒（刘乐成 等，2009）。

（二）生物学特性

喜日照充足，喜凉爽，忌水涝，忌炎热，稍耐阴，适宜在土层深厚、疏松肥沃、排水良好、pH5.5 的酸性砂壤土中生长，中性和微碱性土壤植株会生长不良。环境适宜可多年生长开花。如果地栽，遇梅雨季易枯萎（余定松 等，2007）。较耐寒，可忍受 0℃的气温，夏季酷热生长受到抑制。在陕西凤县山区，生长良好。但不耐高温高湿，在西安作一年生栽培，主要原因是遇到夏季高温高湿就枯死。在适宜的小气候条件下，可以连年生长，露地生长一般在 3 年以内。

二、种质资源与园艺品种

本属约 225 种，主要分布北美洲，其次为南美洲、地中海区域和非洲。

1. 多叶羽扇豆 *L. polyphyllus*

多年生草本，株高 90 ～ 150 cm，茎粗壮直立，光滑或疏被柔毛。掌状复叶，多基生，小叶 9 ～ 16 枚，披针形至倒披针形，长 5 ～ 15 cm，表面光滑，背面具粗毛。顶生总状花序，长 30 ～ 60 cm，小花长 1.3 cm，旗瓣带紫色，翼瓣蓝色（图 1），也有白、紫、深红、玫红及白与玫红间色等品种；花期 5 ～ 6 月。种子棕褐色，有光泽。原产北美洲，从华盛顿州至加利福尼亚州均有分布。我国常见园艺应用品种为多叶羽扇豆（楚爱香，2003），主要变种和园艺品种如下（图 2、图 3）。

var. *albiflorus* 花白色。

var. *moerheimii* 低矮型，花瓣粉红色至白色。

‘Russel Lupine’ 它是英国的 Geoger Russell 在 1973 年发表的杂交种，花色极富变化，多为双色花，花序长达 50 ～ 60 cm，有小花 150 ～ 200 朵，是北欧各国夏季花坛的主要材料。

‘Comet’ 旗瓣乳白色，翼瓣粉红色，花序长。

‘Daydrem’ 花淡粉色，有黄色条纹。

‘Fireglow’ 早花品种，花橙红色。

‘Harvester’ 花暗橙色，花序长。

‘Joy’ 花亮朱红色。

‘Lilac Time’ 旗瓣白色，有紫色晕，翼瓣淡紫色。

'Limelight' 花纯黄色。

'Louise' 粉红色或淡黄色双色花。

'Purple Spire' 花深紫红色。

'Rhapsody' 花淡紫色、粉红色。

'Vogue' 旗瓣白色，翼瓣紫色。

2. 宽叶羽扇豆 *L. latifolius*

株高 30 ～ 200 cm，与多叶羽扇豆相比，小叶较宽；花序长而松散，花有蓝、白、黄、紫等（图 4）。

三、繁殖与栽培管理技术

（一）播种繁殖

边开花边结实，成熟果荚在烈日下易暴裂，弹出种子，应及时采收。采收的新种子易吸水，种子发芽率高。种子为硬实种子，种子较难吸水发芽，贮藏寿命长（楚爱香 等，2005）。播种前通常采用浓硫酸处理 2 ～ 5 分钟，或用开水烫种 1 ～ 2 分钟后，清水冲洗 3 遍后浸泡 24 小时，种子吸胀后进行播种（贾永华 等，2006）。

图 1 多叶羽扇豆（Vladimir Bryukhov 摄）

图 2 羽扇豆各色品种（李艳 摄）

图 3 羽扇豆各色品种（李艳 摄）

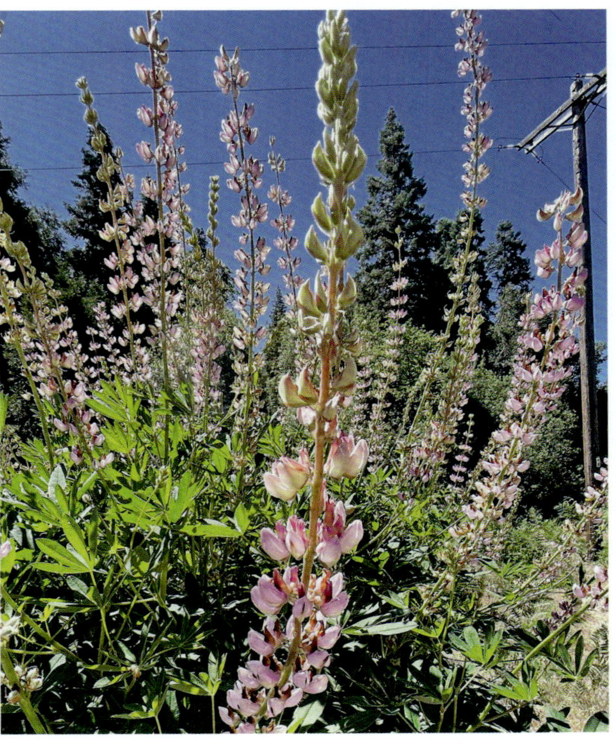

图 4 宽叶羽扇豆（Patricia Vasquez 摄）

春秋季播种均可，但春播后生长期正值夏季，受高温炎热影响，可导致部分品种不开花或开花植株比例低、花穗短，观赏效果差。自然条件下秋播较春播开花早且长势好，9～10 月中旬播种，花期翌年 4～6 月（李国梁 等，018）。

盆栽采用穴盘点播，大田播种采用撒播或条播，撒播一般 7～8 g/m²；条播一般行距 10 cm，株距 6～7 cm，播量为 6～7 g /m²。盆栽播种基质选择疏松均匀、透气保水的育苗专用土或泥炭土、珍珠岩混合使用，基质保证湿润，温度保持 20～23℃，7～10 天种子发芽。条播或撒播的育苗地要求疏松、透气、富含有机质的肥沃砂壤土，中性至偏弱酸性为宜。一般亩施腐熟有机肥 1.5～2 t，碳氨 100 kg，钙镁磷肥 80 kg 后，深翻 20 cm，打碎土块，耙平、整细，做成宽 1 m 的低畦，再撒播或条播。

播种期一般早晚各喷 1 次水，最好保持表土湿润，以利于种子吸水萌发；浇水 1 定要及时，在无雨情况下，一般每 3 天浇一次水。营养生长期浇水因天气情况而定，无雨时 10 天左右浇 1 次水；花芽分化期及花期，15 天左右浇 1 次水即可（李宽中 等，2009；李乐承 等，2009；拉巴次仁，2010）。

（二）扦插繁殖

在春季剪取根茎处萌发枝条，剪成 8～10 cm 扦插于冷床，遮阴 60%，空气加湿，待生根后进行移栽（刘乐承 等，2009）。扦插繁殖成活率低，养护成本较高，不是羽扇豆的主要繁殖方法。

（三）组培快繁

以种子或根茎为外植体，采用 0.1% 高锰酸钾、70% 乙醇和 0.1% 升汞依次消毒 30 分钟、40 秒和 9 分钟效果较好，污染率最低为 14.8%。培养基中添加 AC 2 g/L，培养周期控制在 25 天之内，平均褐化率可控制在 5.3%。温度是影响玻璃化的关键因素。培养基中添加蔗糖 30 g/L 和琼脂 6 g/L，在 20℃培养条件下，光照 14 小时，玻璃化率最低为 3.1%。不定芽诱导培养基以 MS+ 6–BA 0.5 mg/L+ 琼脂 6 g/L + 白糖 45 g/L 最佳；增殖培养基以 MS+ 6–BA 0.5 mg/L+ GA_3 0.8 mg/L + AC 2 g/L+ 琼脂 6 g/L + 白糖 45 g/L 最佳，繁殖系数大；生根培养基以 1/2 MS+ NAA 0.25 mg/L+ 琼脂 6 g/L + 白糖 45 g/L 最佳（刘建 等，2004；吕晋慧，2009）。

（四）园林栽培

1. 基质

选择疏松透气、富含有机质的砂壤土，或用育苗土、蛭石、珍珠岩配制，调节 pH ＜ 7（王庆等，2010）。

2. 浇水

多叶羽扇豆为肉质根系，湿度大易导致根系腐烂，因此应见干见湿。保持下部盆土 60% 的含水量。

3. 施肥

喜肥，喜中性至弱酸性土壤。应配矾肥水进行施肥，每次浇水时用稀释 10 倍左右的矾肥水进行浇灌。苗期一般 7～10 天抽一片真叶，若叶色发黄，生长速度慢，可适量追加氮肥，一般以 20～25 g /m² 尿素为宜；若长势健旺，苗期可不追肥。营养生长期一般每 10～15 天施 1 次肥，以氮肥为主，配合磷肥使用。自身有固氮作用，且对土壤中磷肥的利用率也较高，一般施纯氮 8～9 g /m²，五氧化二磷 25～27 g /m² 即可。花芽分化期及开花期以磷钾肥为主，配合氮肥来施用，每 10～15 天施肥 1 次，施用量为 24～25 g /m² 氧化钾，35～36 g 五氧化二磷，5～6 g 氮。植株叶色变淡时，可叶面喷施 3% 的尿素进行补肥（王小玲 等，2008）。

4. 光照

喜强光，光照不足，易引起小花败育，花梗抽出后不开花或开花量降低，因此，光照不足时需要进行适当补光，延长光照时间。一般补光后光照强度不低于 500 × 100 μmol/（m² · s），光照时数不低于 13 小时。

5. 修剪与移栽

盆栽植株为保持良好的株型，在植株萌芽期要进行抹芽，留 10 个左右健壮芽作为定芽，其余芽全部抹去。羽扇豆为直根系，不耐移植。一般在播种苗具有 3～4 片真叶时进行移栽，移栽时尽量多带土，少伤根，以利缓苗。

（五）促成栽培

多叶羽扇豆自然花期 4 月下旬至 6 月。若想提前开花，需冬前放入大棚或温室，保持秋季生长的叶子鲜绿，温度以 5℃以上为好；当植株有 12 片以上叶子时，可把温度提高到 10 ～ 20℃，使光照长度不低于 13 小时，补光 30 ～ 40 天，花蕾可抽出，继续补光直到花开。

（六）病虫害防治

抗病性强，极少发生病虫害。但高温易发生根腐病，用 50% 代森锰锌进行根系处理。若出现叶斑病、叶枯病、白粉病危害时，可用 50% 多菌灵可湿性粉剂 1500 倍液喷洒。

温室栽培主要虫害为蜗牛，少量可人工捕捉，多量时撒施 6% 嘧达颗粒剂。有蚜虫、盲蝽危害时，可用常规药剂防治（叶剑秋，2004；王小玲 等，2008）。

四、价值与应用

羽扇豆具有花色丰富、花序多和耐低温的特点，是观赏价值极高的园林花卉品种，既可以作切花，也可作盆花和布置园林，具有很好的观赏效果（杨俊杰 等，2015）。

是优质植物蛋白来源，蛋白质含量与大豆相近，耐旱能力比大豆强；产量和蛋白质含量较蚕豆、豌豆、鹰嘴豆等高。除食用外，其茎叶果实也是畜禽的优质饲料，同时其根瘤可以固氮，可作绿肥和覆盖作物（闫长生 等，2004）。

图 5　羽扇豆用作郁金香花谢之后的补充（李淑娟 摄）

（王庆）

Lychnis 剪秋罗

石竹科剪秋罗属（*Lychnis*）多年生直立草本。APG Ⅳ已将其并入蝇子草属（*Silene*），但FOC和植物智均单列，本书依后者。剪秋罗属中的“剪”为裁剪的意思，“秋”则代表开花的季节为秋天，而“罗”意指美女所穿的薄纱罗衣。形象地描述了花朵基本形态特征，花开五瓣，薄如轻纱罗衣，花瓣边缘呈不规则的缺刻齿状，如同剪刀裁出来。

一、形态特征与生物学特性

（一）形态与观赏特征

茎直立，不分枝或分枝。叶对生，无托叶。花两性，呈二歧聚伞花序或头状花序；花萼筒状棒形，稀钟形，常不膨大，无腺毛，具10条凸起纵脉，脉直达萼齿端，萼齿5，远比萼筒短；萼、冠间雌雄蕊柄显著；多数种的花较大，美丽，常栽培于庭园作观赏花卉；花瓣5，白色或红色，具长爪，瓣片2裂或多裂，稀全缘；花冠喉部具10板片状或鳞片状副花冠；雄蕊10；雌蕊心皮与萼齿对生，子房1室，具部分隔膜，有多数胚珠；花柱5，离生。蒴果5齿或5瓣裂，裂齿（瓣）与花柱同数；种子多数，细小，肾形，表面具凸起；脊平或圆钝；胚环形（图1）。

（二）生物学特性

花期6～8月。性喜凉爽、湿润的气候，高温多雨季节生长不良。在荫蔽的环境及疏松、排水良好的土壤中生长良好。栽培容易，幼苗期需注意摘心，生长期保持土壤湿润，合理施肥，雨季要及时排水。

二、种质资源与园艺品种

全球约25种，生长于北温带至北极；我国有10种，分布于黑龙江、辽宁、吉林、内蒙古、河北、山西、云南、四川等地；国外分布于日本、朝鲜、俄罗斯。散生于野外，种群分布较少，野外常与等高或略低于剪秋罗的植物一起生长。

图1　剪秋罗属植物

1. 大花剪秋罗 *L. fulgens*

多年生草本，株高 50 ~ 80 cm，根簇生纺锤形，稍肉质。茎直立。叶片卵状长圆形或卵状披针形。二歧聚伞花序具少数花，稀多数花，紧缩呈伞房状，花瓣深红色，爪不露出花萼，狭披针形，具缘毛，瓣片轮廓倒卵形，副花冠片长椭圆形，暗红色，呈流苏状。蒴果长椭圆状卵形，种子肾形。花期 6 ~ 7 月，果期 8 ~ 9 月。

喜阳，喜凉爽，耐旱，对土壤要求不严。产我国，日本、朝鲜和俄罗斯也有分布，常生于低山疏林下、灌丛草甸阴湿地。在园林中常自然式布置，或丛植或作背景材料，亦可作切花（图 2）。

2. 毛叶剪秋罗 *L. coronaria*

原产于亚洲及欧洲，为常绿多年生草本植物。茎叶被毛呈灰色，叶子的毛很细，看起来像银灰色的天鹅绒。花洋红色、玫红色或白色。种名 *coronaria* 意为“用于花冠”。我国有引种，作为城市庭园栽培供观赏（图 3）。

3. 皱叶剪秋罗 *L. chalcedonica*

单叶对生，全缘，无柄，卵形至披针形，平行脉。小花朵密生于茎顶形成聚伞花序，鲜红色或砖红色，花期 5 ~ 6 月。

原产俄罗斯、西伯利亚及我国新疆地区；我国各城市庭园多有栽培。植株矮小，性状一致，种植生长速度快，可进行快速绿化造景和覆盖裸露环境，是配置花坛、花境，点缀岩石园的好材料，也可用作切花、盆栽。园艺品种有‘卡尔涅亚’（‘Carnea’）（图 4）。

4. 剪春罗 *L. coronata*

初夏开花，花色艳丽，五彩缤纷，至秋不断，鲜艳夺目。

分布于我国江苏、浙江、江西和四川（峨眉山），生长于疏林下或灌丛草地。其他地区有栽

图 2　大花剪秋罗

图 3　毛叶剪秋罗

图 4　皱叶剪秋罗

培，日本也有引种栽培。是花园、花坛、花境绿化美化的较好花卉，也可盆栽或作切花。

5. 丝瓣剪秋罗 *L. wilfordii*

株高 45 ～ 100 cm，全株无毛或被疏毛。主根细长。茎直立，不分枝或上部多少分枝。叶无柄，叶片长圆状披针形或长披针形，基部楔形，微抱茎，顶端渐尖，两面无毛，边缘具粗缘毛。二歧聚伞花序稍紧密，具多数花。蒴果长圆状卵形，长约 10 mm，比宿存萼短或近等长；种子肾形，长约 1 mm，黑褐色，具棘凸。花期 6 ～ 7 月，果期 8 ～ 9 月。

分布于我国吉林，生于海拔 250 ～ 1200 m 的湿草甸、河岸低湿地、林缘或疏林下。朝鲜（北部）、日本、俄罗斯（远东地区）也有分布。

6. 剪红纱花 *L. senno*

分布于长江流域各地，北达秦岭北坡等，世界各地广泛栽培。生长于海拔 150 ～ 2000 m 的疏林下或灌丛草地。喜阴凉湿润，宜在丘陵地区较阴处生长。土壤以肥沃、疏松的腐殖质土或夹沙土种植为好。

7. 洋剪秋罗 *L. viscaria*

株高 40 ～ 60 cm，冠径 23 cm 以上。丛生，地上部分常不分枝。茎和叶密被毛。叶大，卵形至披针形，基生，暗绿色。花星状，红紫色，初夏至仲夏开放。

野外生长在石隙或峭壁处，适宜作花坛植物或在岩石园中配植（图 5）。

8. 仙翁花 *L. flos-cuculi*

原产欧洲及西亚地区（图 6）。

三、繁殖与栽培管理技术

（一）播种繁殖

春播时 5 ～ 6 月，秋播 8 ～ 9 月。条播为主。种子易发芽，20℃时发芽率为 97.3%，25℃时发芽率达 100%。以 150 mg/L 的 GA_3 预处理，存放 1 天的种子能够达到 76.33% 的发芽势

图 5　洋剪秋罗

图 6　仙翁花

和 85.33% 的发芽率。此外，在 25/15 ℃变温条件下的发芽率达 99%，生长期间耐干旱，可耐 35 ～ 40℃的高温，遮阳 30% 条件下生长最佳。

8 月下旬，将种子按成熟顺序依次采收，平摊晾晒，干后收入牛皮纸袋中，室外自然越冬。秋季每亩施入有基肥 1000 ～ 2000 kg；翌年春季精细耙耕，同时使用 90% 敌克松可湿性粉剂进行土壤消毒，做成宽 1 m，长适度的畦备用。4 月中下旬播种，条播，行距 20 cm，深 3 ～ 5 cm。由于种子微小，播种时拌入 3 ～ 5 倍细河沙或草木灰，覆土后喷灌浇透水，5 ～ 10 天出苗。

（二）组织培养

以大花剪秋罗茎节为外植体，温度 25 ℃，光照强度 2000 ～ 3000 lx，光照周期 12 ～ 14 小时 / 天。最佳茎节诱导培养基为 MS + 6-BA 0.8 mg/L+ NAA 0.08 mg/L，萌发率为 90.24%。幼芽最佳增殖培养基为 MS + 6-BA 3 mg/L+ NAA 0.03 mg/L，最佳继代时间为 25 天，平均增殖率为 94.1%。最佳生根培养基为 1/2 MS + NAA 1 mg/L，生根率为 87.03%。适合离体保存的培养基为 1/10 MS（大量元素）+1/3 MS（微量元素）+1/2 MS（铁盐）+1/4 MS（有机物质），恢复率 86.97%。

以大花剪秋罗种子为外植体，在生长温度为 23℃ ±2℃，光照强度为 2000 ～ 3000 lx 的条件下，进行不定芽诱导，最佳诱导丛生芽的增殖培养基为 MS + 6-BA 3 mg/L+ NAA 0.03 mg/L + 蔗糖 35 g/L，pH5.8，其平均增殖系数为 5.7，且诱导的无菌苗健壮。最适宜生根培养基 1/2MS + NAA 1 mg/L，生根率高达 88% 以上，生根健壮且数量繁多。为提高试管苗的增殖率及避免玻璃化现象的发生，最佳继代周期为 25 天。

（三）分株和根插繁殖

春秋均可分株。1 ～ 2 年可分株 1 次。将植株从土壤中小心挖出，然后分成几株，注意新分的每一株都要带芽，再分别栽回土中。

如果在分株过程中不小心弄断了根系，也可以将断根收集起来，进行根插繁殖。根断口与地面平齐，下端插入土 1 ～ 3 cm，在半阴条件下即可形成新生小植株。

（四）园林栽培

1. 土壤

对土壤的要求不高，可以选择排水良好、富含腐殖质的石灰质土壤或者砂质土壤。

2. 水分

适宜湿润环境，对水的需求量很高，土壤必

须要保持湿润，这样才能够正常分枝，花蕾萌发的数量也增多。在生长期间需要保证每个月浇水3～6次。冬季的时候可以减少次数，但在夏季的时候一定要保证足够的水分。同时也可以喷洒水雾，保持一定空气温度。

3. 肥料

生长期需追施肥，原则是薄肥勤施。6月下旬或种苗长至10～20 cm时，追施氮磷钾全效复合肥，每亩施氮：磷：钾为15 ∶ 15 ∶ 15的复合肥15 kg，开沟施入。初现蕾时进行第2次施肥，方法及用量同第1次，同时按说明喷施叶面肥50%多菌灵可湿性粉剂800倍液 + 40%乐果乳油1200倍液，混合后喷施全株，10天喷施1次，连续3次。注意叶面肥不要喷施到花蕾。第3次追肥在霜降后，以有机肥为主，每亩准备基肥1000～2000 kg，将有机肥与田园土按体积比1 ∶ 1混拌后用塑料布封闭发酵。

4. 光照

需要充足的光照，花色才能保持鲜艳，除夏季外，其他季节都要接受全日照。夏季可以搬回室内或搭遮阳棚，否则光线过强，剪秋罗的花易褪色，植株生长不良。

（五）病虫害防治

病害主要是叶枯病。种植时科学安排密度，确保通风；有机肥充分发酵后作基肥使用，不偏施氮肥，增施磷钾肥；秋季清除枯枝，减少病源；从6月上旬开始喷施36%甲基硫菌灵悬浮剂500倍液或50%溶菌灵可湿性粉剂600倍液或50%苯菌灵可湿性粉剂1000倍液，10天喷施1次，雨后补喷；科学使用矮壮素，避免生长期倒伏。

虫害主要是蚜虫。蚜虫群聚吸食剪秋罗顶芽及茎汁，展叶后转入叶背面吸食叶片及嫩梢，同时繁殖幼虫，天气晴朗及气温20～30℃时繁殖最快，早春地表喷施1次40%乐果乳油1000倍液预防，蚜虫发生初期使用40%乐果乳油800～1000倍液，或50%灭蚜松（灭蚜灵）乳油1000～1500倍液叶面喷雾，视情况可交替使用。

四、价值与应用

中国古人认为，剪秋罗是大自然的杰作，是大自然用风裁剪出的美丽小花。汉代的皇家园林里曾种植剪秋罗作观赏之用，故剪秋罗又名“汉宫秋”。南宋时期，诗词人作品中开始出现“剪春罗”，如洪适的《剪春罗》：“巧剪鲛绡碎，深涂绛蜡匀。残英枝上隐，逾月逞新鲜。”清人袁枚在《随园诗话》中记载了一首描写剪秋罗的小诗，《剪秋罗》诗云：“半晌无言倚竹扉，绕丛蝴蝶故飞飞。秋来也有风如剪，裁出香云作舞衣。”诗中形容秋风如剪，裁出如蝴蝶般翩翩起舞的剪秋罗花，比喻新奇而生动。剪春罗和剪秋罗，一个开在春夏之交，一个开在夏秋之交。每当“东风无力百花残”之时，剪春罗花开；而在夏花已谢、秋花未发时，剪秋罗花开。这两种花的花期，正好填补了花坛的空白。明代张谦德的《瓶花谱》，将剪春罗、剪秋罗评为“九品一命”。此后，这两种草根小花，便进入名花之列。

剪秋罗花色醒目红艳，花期集中，可用于广场、花坛、花境、地被、盆栽（需做矮化处理）观赏，亦是我国庭院栽培的主要品种之一，曾被2008年北京奥运会选为园林绿化成果展示花卉。本属植物多数种的花较大，美丽，常栽培于庭园作观赏花卉。

部分种的根可入药。

（傅小鹏）

Lysimachia 珍珠菜

报春花科珍珠菜属（*Lysimachia*）多年生草本，大多为匍匐或直立，很少为半灌木。一些匍匐草本类生长迅速、覆盖力强、喜半阴环境，可作为林下地被和观赏性草坪（夏斌 等，2015）。如过路黄及其栽培品种，叶形奇特、形态优美、青绿期长、冬季叶红而不落，易繁殖，成坪速度快，易管理，是良好的观赏草坪和地被植物。

一、形态特征与生物学特性

（一）形态与观赏特征

茎无毛或被多细胞毛，通常有腺点。叶互生、对生或轮生，全缘。花单生腋生或排成顶生或腋生的总状花序或伞形花序；总状花序常缩短成近头状或有时复出而成圆锥花序；花萼5深裂，极少6～9裂，宿存；花冠白色或黄色，稀为淡红色或淡紫红色，辐状或钟状，5深裂，稀6～9裂，裂片在花蕾中旋转状排列。蒴果卵圆形或球形，通常5瓣开裂；种子具棱角或有翅。

（二）生物学特性

多数种类在我国南北各地广泛分布。生长于阳光充足或稍阴的场所，喜湿润环境、耐潮湿，但抗旱能力也强；适应性强，喜温暖环境，耐寒性强，不同种类存在一定差异，如广西过路黄（*L. ysinachiaalfredii*）和金叶过路黄（*L. nummularia* ‘Aurea’）的抗寒能力较强，临时救（*L. congestiflora*）的抗寒能力最弱（张朝阳 等，2008）。

二、种质资源

珍珠菜属约175种，主要分布于北半球温带和亚热带地区；少数种类产于非洲、拉丁美洲和大洋洲。我国有132种1亚种和17变种，近80%为我国特有种，全国各地广泛分布，但西南部最多。目前，该属植物已有50多种开发为药用或园林植物。据初步统计，全球有30多个栽培品种用作观赏（郑伟，2009）。该属植物应用于园林绿化的有过路黄、点腺过路黄（*L. hemsleyana*）、巴东过路黄、狭叶落地梅（*L. paridiformis* var. *stenophylla*）、紫脉过路黄（*L.rubinervis*）、疏头过路黄（*L. pseudohenryi*）、临时救、珍珠菜等。因植株形态不同，在园林应用上分为直立草本和匍匐草本2类。

（一）直立草本

1. 虎尾草（狼尾花）*L. barystachys*

株高40～100 cm，地下茎横走，全株密被毛。叶互生或近对生，长圆状披针形或倒披针形，全缘或有细锯齿，近无柄。总状花序顶生，花密集，常转向一侧，花冠白色。花期5～6月（图1）。

原产亚洲，我国东北、华北、西北、华中、西南等地有分布（董长根 等，2013）。

2. 毛黄连花 *L. vulgaris*

株高60～120 cm，有匍匐根状茎。茎直立，有分枝。叶对生或轮生，椭圆形、披针形至卵状披针形，背面有稀疏腺点，全缘或略波状。圆锥花序，花冠嫩黄色。花期5～8月（图2）。

原产欧洲、亚洲西南部、北美洲等地，我国新疆西部有分布。栖息地为湿地或湖岸。

3. 珍珠菜 *L. clethroides*

生长旺盛，茎直立，高可达 1 m。叶片灰色、狭窄。花序密集顶端，柔软下弯，尾部上翘，花期长，小花白色，清新素雅。

4. 缘毛过路黄‘火爆竹’ *L. ciliata* ‘Fire Cracker’

直立草本，株高 50 ~ 100 cm。叶轮生、青铜色。在叶腋上部有垂生的星形黄色花（图 3）。

5. 细腺珍珠菜 *L. punctata*

株高 50 ~ 100 cm。叶披针形至椭圆形，对生或轮生。花黄色、基部红色。原产欧洲。

（二）匍匐草本

6. 过路黄 *L. christinae*

茎柔弱，平卧延伸，长 20 ~ 60 cm，节间生不定根。叶对生，卵圆形至近圆形，全缘，两面有黑色腺条。花单生叶腋，花梗长 1 ~ 5 cm，花冠黄色，裂片线状舌形至近披针形（图 4）。花期 5 ~ 7 月。

产我国西北、西南、华中、华东等地。栽培范围广，是优良的园林地被植物。近年来选育出了一些新品种，如过路黄‘金叶’（‘Jinye’）、过路黄‘紫心’（‘Zixin’）等（夏斌 等，2015）。

7. 巴东过路黄 *L. patungensis*

茎匍匐，全株密被黄色多节腺毛。花冠黄色，基部带橘红色。叶片阔卵形或近圆形（图 5）。

8. 圆叶过路黄 *L. nummularia*

茎匍匐，全株无毛。卵形至心形的叶子沿着平卧的茎对生，具黑色腺体。花黄色。

圆叶过路黄‘金叶’（‘Aurea’） 叶片黄

图 1 虎尾草（李淑娟 摄）

图 2 毛黄连花（陈煜初 摄）

图 3 缘毛过路黄‘火爆竹’（李淑娟 摄）

图 4 过路黄（李淑娟 摄）

色，圆形或卵形，明亮的黄色花朵，花径 2 cm（图 6）。

9. 临时救（聚花过路黄）*L. congestiflora*

茎下部匍匐，上部分枝上升，花生茎端或枝端，簇生黄色花，部分叶面有紫斑，盛开季节，金灿夺目（图 7）。

临时救‘巧克力’（‘Midnight Sun’） 一种低矮的多年生常绿植物，匍匐生长，叶子深紫色。花期夏季，明亮的黄色花朵在茎尖紧密地簇生（图 8）。

临时救‘腹地日落’（‘Outback Sunset’）低矮的多年生常绿植物，叶宽卵形，绿色，有浅黄色的斑点。花期晚春到仲夏，花金黄色（图 9）。

三、繁殖与栽培管理技术

（一）播种繁殖

播种一般在 4 月中下旬进行。可分为撒播和条播。播种前用热水浸种有利于出苗，播后及时浇透水，在温度适宜的情况下，播后 7 ～ 20 天即可出苗，成活率高。

图 5　巴东过路黄（江国彬 摄）

图 6　圆叶过路黄‘金叶’（张莹 摄）

图 7　临时救（MP Zhou 摄）

图 8　临时救‘巧克力’（Cinda 摄）

图 9　临时救‘腹地日落’（Sandra Pruden 摄）

（二）扦插繁殖

扦插时间不限，但以春季扦插成活率最高。扦插时选健壮母株截取上带有 3 ～ 4 芽的枝茎或匍匐茎，插穗长 10 cm 左右，按株行距 5 cm × 5 cm 扦插在苗床中，扦插入土长度约为茎枝的 2/3 为宜，扦插后浇透水，保湿，10 ～ 20 天发根。多数有节间易生不定根的特点，也可采用茎短撒播法进行快速繁殖（董长根 等，2013）。

（三）分株繁殖

一般初春或秋末进行，选取健壮株，挖出后用刀把各分枝切割开，即可定植。本属多数种类地下茎发达，侵入性强，易对周边其他植物造成侵害。

（四）园林栽培

1. 土壤

对土壤要求不严，但以疏松、富含有机质、保水性好的砂质壤土为佳。

2. 水肥

喜湿，故生长期需保证土壤湿度，不宜长时间干燥。施肥以有机肥为佳。

3. 光照

喜光，稍耐阴。夏季凉爽的地区，宜种植于阳光充足处或落叶林下；气温较高地区，可种植于半阴环境。彩叶品种则应种植于全光下，以保证彩叶性状的呈现。

4. 修剪及越冬

生长期无须修剪；入冬前，清理直立种类的地上枯枝叶。

（五）病虫害防治

在连续阴雨或过分干旱和缺肥情况下易发生锈病。危害严重时，叶片背面斑点密布，叶片反卷，以致全株枯死。发病初期用 15% 粉锈宁可湿性粉剂 1500 倍液、75% 百菌清可湿性粉剂 800 倍液，或 50% 多菌灵可湿性粉剂 600 倍液，进行叶面喷施防治，每隔 7 ～ 10 天喷 1 次，连续喷施 2 ～ 3 次。时有地下害虫如蛴螬、地老虎等危害，及时进行防治。

四、价值与应用

珍珠菜的叶与花都具观赏价值。生态适应能力强，对土壤要求不严，很多种类为多年生植物，既有高大直立草本可作为花境、花带等应用，还有匍匐类作地被栽培应用。花期长，多在 5 ～ 8 月；花色有黄色与白色，花密集。不仅有众多优良园艺栽培品种，一些野生种类也具有很高的观赏和园艺应用价值，可广泛应用在高速公路绿化带、小区、公园、湖边、街边绿地或庭院内（图 10）。

部分种类为民间常用草药和香料，其中灵香草（*L. foenumgraecum*）为一种著名的芳香植物；过路黄（*L. christinae*）治疗肾结石很有效，还有一些种类也是民间常用草药。

图 10　虎尾草应用于花境（陈煜初 摄）

（刘安成）

Lythrum 千屈菜

千屈菜科千屈菜属（*Lythrum*）一年生或多年生草本。多生长于河湖岸边，夏秋两季是其漫长的花期，7～9月都能看到一串串开满紫色小花的千屈菜。相传，千屈菜是西方14位救世主之一的省班提雷翁的守护花，也是基督教中7月27日的日期花。当日出生的孩子，虽然看上去乖巧低沉，内心却是非常地要强，凡事讲求独立完成，具有主见。千屈菜的花语是孤独，爱尔兰语称为“河畔迷失的孩子”。

一、形态特征与生物学特性

（一）形态与观赏特征

一年生或多年生草本，稀灌木；小枝常具4棱。叶交互对生或轮生，稀互生，全缘。花单生叶腋或组成穗状花序、总状花序；花被片4～6基数；萼筒长圆筒形，稀阔钟形，有8～12棱，裂片4～6，附属体明显，稀不明显；花瓣4～6，稀8枚或缺；雄蕊4～12，排成1～2轮，长、短各半，或有长、中、短三型；花柱线形，亦有长、中、短三型，以适应同型雄蕊。蒴果；种子8至多数，细小。

（二）生物学特性

性强健，生长于沼泽地、沟渠或浅滩上。喜光、湿润、通风良好的环境，不择土壤，耐盐碱，但在肥沃、疏松的土壤中生长更好。盆栽和露地栽种，耐寒性较强，在我国北方各地可露地越冬，无须防寒。耐一定的干旱、贫瘠，受高温的影响较小，是一种优良的庭院观赏植物。

二、种质资源

本属约36种，广布于全世界；我国有3种——中型千屈菜（*L. intermedium*）、千屈菜（*L. salicaria*）和帚枝千屈菜（*L. virgatum*）。仅千屈菜在景观中广泛应用。

千屈菜 *L. salicaria*

多年生挺水或湿生草本。茎直立，多分枝，高30～100 cm，全株被粗毛或密被茸毛，枝常4棱。叶对生或3叶轮生，披针形或阔披针形，长4～6（～10）cm，顶端钝形或短尖，基部圆形或心形，有时略抱茎，全缘，无柄。花组成小聚伞花序，簇生，形成一大型穗状花序；花瓣6，红紫色或淡紫色，倒披针状长椭圆形，基部楔形，长7～8 mm（图1）。蒴果扁圆形。广布种；常生于河岸、湖畔、溪沟边和潮湿草地。

千屈菜特征明显，与其形态接近的种类极罕见，但在园林中多与虎耳草科的扯根菜（*Penthorum chinense*）混淆，苗木市场上多将扯根菜以野生千屈菜、白花千屈菜之名冒充千屈菜。其实两者区别很大。扯根菜茎少分枝或不分枝，茎无毛，聚伞花序，无花瓣，花萼是绿色等，可与千屈菜区别（陈煜初，2016）。

千屈菜园艺品种并不多，可能与其在北美洲的遭遇有关。千屈菜19世纪初传入北美洲，并迅速在那里的湿地中扩散，严重影响了当地的生态系统，故被美国列入入侵植物名单，禁止销售。我国景观中常用的有原种千屈菜和‘密花’千屈菜，另外一些品种也有少量应用。

‘密花’（‘Mordens Rose’） 与原种的区别是株型更为紧凑，花密集，花期长。

‘胭脂红’（‘Blush’） 小花更密集，花色

图 1 千屈菜（张军民 摄）

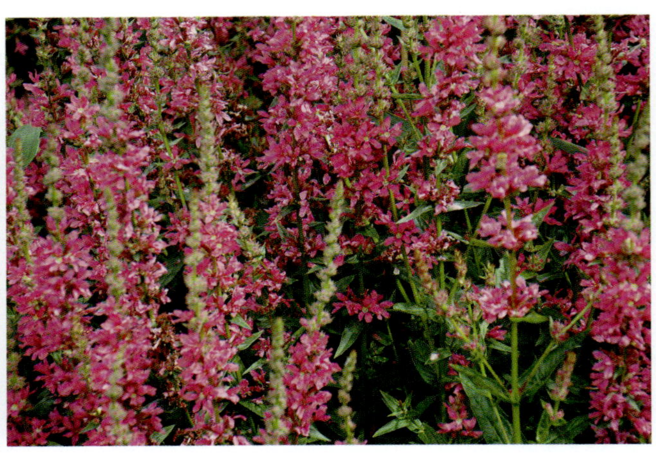

图 2 ‘胭脂红’（陈煜初 摄）

更艳丽（图 2）。

‘大花’（‘Rusumspetunr’）花穗大，花暗紫红色。千屈菜的多个品种差异不大，景观无太大区分。

三、繁殖与栽培管理技术

（一）播种繁殖

盆播或露地直接播种。种子体积特小，种子对温度的要求比较严格，一般温度达到 18 ～ 23℃，种子才会萌发（赵在立，2015）。盆播于 3 ～ 4 月进行，选用 60 cm 左右的盆，盆内装培养土，整平压实，浸透水后撒播，播种后上面覆盖一层细土，盆面用玻璃盖上，略留缝隙，并保温保湿，温度 20℃左右时，约 20 天发芽。露地播种在 4 ～ 5 月进行，选择通风向阳的低洼地播种。种子小而轻，应掺沙进行撒播；播种后上面覆盖一层细土，加水后再用薄膜覆盖，30 天左右即可发芽。播种繁殖特点是繁殖量大，但当年开花较晚，成型较慢（赵家荣，2002）。

（二）分株繁殖

一般在 4 月进行，将老株挖起，抖掉泥土，去除老的不定根、茎，再用快刀分成若干块状丛，每块丛留芽 4 ～ 6 个，再行栽培。繁殖量小，但生长速度快，当年开花早，成型快（赵家荣，2002）。

（三）扦插繁殖

生长快，初夏和秋天进行，避开盛夏高温。插穗长度 5 ～ 15 cm，只要确保具节就可，插后要加强水分管理，确保苗床潮湿或表面有水，但水位以不超过插穗顶部为宜。也可用盆作露地插床。插后每天喷水 1 ～ 2 次，温度约 25℃，10 天即可生根。方法简便、操作容易、繁殖量大，但移植成活率低，成型较慢。

（四）组培快繁

以嫩茎为外植体，诱导培养嫩茎愈伤组织可用 MS+6-BA 0.2 mg/L+2, 4-D 0.8 mg/L 和 1/2MS+6-BA 0.2 mg/L+2, 4-D 0.8 mg/L，嫩茎愈伤组织分化培养可用 MS+$AgNO_3$ 1.0 mg/L+6-BA 0.6 mg/L+NAA 0.2 mg/L，不定芽分化继代培养可用 MS+6-BA 0.5 mg/L+NAA 0.1 mg/L，试管苗生根培养和生根继代培养 1/2MS+IAA 0.2 mg/L，试管苗移栽和扦插可用炉灰渣基质（陈旸升，2010）。

（五）园林栽培

千屈菜生命力强，管理粗放，但要选择光照充足、通风良好的环境。露地栽培多在公园湖畔园林水景的浅水区及湿地栽植，不用保护可自然越冬。长江流域及其以南地区一年四季均可种植，华北及其以北地区以在生长季种植为宜。

1. 土壤

对土质要求不严，但肥沃的塘泥或鱼池泥生长更佳。容器种植时，由于基质容量有限，需用肥沃的河泥，并要施足鸡粪、饼肥等底肥才可保证健康生长（彭博，2007）。

2. 水肥

喜湿，也可旱生，生长季最好保持土壤湿润。春季返青时浇 1 次返青水，可促进植株提早萌发。在生长发育期内，要清除杂草，可根据景观需求追施 2 ～ 3 次肥。春、夏季各施 1 次氮肥或复合肥，秋后追施 1 次堆肥或厩肥，经常保持土壤潮湿。水边种植时，要掌握其水面高度，浅水中生长最好，可任其自然生长。

3. 光照

喜光及空气通透，不可以种植过密，应控制好行株距，通常保持行株距在 30 cm × 30 cm 左右，以此确保植株之间具有良好的透光通气性（欧克芳，2011）。

4. 修剪及越冬

定植后至封行前，每年中耕除草 3 ～ 4 次。在生长发育期内，要清除枯枝、弱枝，使株型美观，并及时清除杂草、水苔。千屈菜生长快，萌芽力强，耐修剪，种植时不能太密。生长期内应及时进行摘心，以 1 ～ 2 次为宜。在 7 ～ 8 月或花后修剪，则可促使其抽生新枝，再次开花，可延长花期至 10 月。若景观需要可在 9 月初修剪，剪后萌发的新芽仍能保持绿色，一直到 11 月枯萎。

10 月下旬千屈菜地上部分逐渐枯萎，可用枝剪将地上株丛全部剪掉，使其自然越冬，盆栽须移入低温冷棚越冬，整个冬季必须保持盆土湿润，温度控制在 0 ～ 5℃为宜，以免冬季提前萌芽，造成春季植株冻害发生（彭博，2007）。

（六）病虫害防治

抗病虫性极强，病虫害较少，不需要防治。但是若生长环境密闭，通风透光性不好，植株间株行距过小或者没有及时修剪掉过密枝条，也会发生叶螨的虫害（俗称红蜘蛛）。如果叶螨病害不严重，仅有个别叶片受害，只需摘除受害叶片。如果植株受叶螨侵扰严重，致叶片失绿、叶缘向上卷翻，甚至焦枯、脱落，造成花蕾早期萎缩，严重时植株死亡。该虫害 1 年发生 7 ～ 8 代，3 ～ 4 月开始危害，6 ～ 7 月危害严重。虫害严重暴发时，可采用 99% 矿物油 150 ～ 200 倍液，或 10% 阿维菌素水分散粒剂 8000 ～ 10000 倍液进行全田全面喷雾，每隔 5 ～ 7 天防治 1 次，2 种药剂交替使用效果更好，也可采用 8% 阿维 · 哒乳油 1500 倍液或 5% 噻螨酮乳油 1500 倍液交替喷雾，每隔 5 ～ 7 天喷施 1 次，防治效果更好（郭延荣，2016）。

四、价值与应用

（一）观赏价值

千屈菜花形秀丽，开花整齐且色彩鲜艳，花期从夏季至秋季，观花期长，尤其耐高温；早春萌发早，新叶紫红色，秋季茎叶紫红或橙紫红色，观赏性很高，是水景园布置、盆栽布景的良好水生观赏植物材料（图 3、图 4）。可以成片种植在浅水附近，营造美丽的岸边风景，也是很好的花海植物材料。千屈菜喜水也耐旱，成枝力及萌芽力强，耐修剪，可作花境及色块植物材料。千屈菜有时也作切、插花装饰用。

千屈菜株丛整齐，耸立而清秀，花朵繁茂，花序长，花期长，是水景中优良的竖线条材料。开放时远远望去一片红紫色，鲜艳的颜色与清凉的水体构成别有情趣的景观，最宜在浅水岸边丛植或池中栽植（图 5）。

（二）生态价值

除了观赏外，还具有优良的生态功能。其耐寒、耐旱、耐盐碱等特点，不分土壤立地条件优劣，有很强的适应性，而且管理粗放，能够很好地调节空气湿度，净化水质，可作盐碱地优良的地被植物，具有很好的生态保护功能。研究表明，千屈菜对污水中化学需氧量（COD），总氮（TN）和总磷（TP）有明显的去除效果，因此能够用来清洁水质，改善水环境（柳骅，2005；韩潇源，2008；李素娜，2011；张丽艳，2019）。另外，千屈菜也可以被作为一个生态学指示植物，来指示铅对环境污染的程度（任惠朝，2010）。

图 3　千屈菜景观（李淑娟 摄）

图 4　千屈菜容器种植（李淑娟 摄）

图 5　千屈菜景观（李淑娟 摄）

（三）药用价值

传统中医药认为千屈菜具有清热、凉血、清热毒、收敛和破经通瘀的作用，其含有多糖、酚类、糖醛酸类、黄酮和类黄酮等物质，具有抗腹泻、止咳、抗细菌和降糖效果，且几乎无西药产生的不良反应（张晴，2018）。同时，千屈菜的春季嫩叶还是很好的蔬菜。

（张燕）

Macleaya 博落回

罂粟科博落回属（*Macleaya*）大型宿根草本植物，高可达 4m，叶片大小可达 25cm 以上。全球有 2 种，分布于我国及日本。

一、形态特征与生物学特性

（一）形态与观赏特征

株高 0.8 ～ 4 m。根匍匐。茎直立，圆柱形，中空，光滑，具白粉，具黄色乳状浆汁，有剧毒，基部木质化。叶互生，叶片宽卵形或近圆形，基部心形，通常 7 或 9 裂，裂片波状至具细齿，表面绿色，无毛，背面多白粉，具叶柄。花多数，于茎和分枝先端排列成大型圆锥花序；花梗细长；花芽棍棒状或圆柱形；萼片 2，乳白色；花瓣无；雄蕊 8 ～ 12 或 24 ～ 30，花丝等长于或短于花药，花药条形；子房 1 室，2 心皮，胚珠 1 或 4 ～ 6 枚。种子 1 粒，基着，或 4 ～ 6 粒着生于缝线两侧，卵珠形。

（二）生物学特性

生于山坡及草丛中，喜温暖、湿润的环境，喜阳光充足，喜肥、怕涝，有较强的耐旱力和抗寒力，对土壤要求不严，但以肥沃、砂质和黏壤土长势健壮。适宜的生长温度为 22 ～ 28℃。

二、种质资源

种间区别主要集中在花芽形状、雄蕊的数目、种子着生方式和种子数量等方面。

1. 博落回 *M. cordata*

花芽棒状；雄蕊 24 ～ 30，花丝与花药近等长。蒴果狭倒卵形或倒披针形（图 1A、B）。

分布于我国长江以南、南岭以北的大部分地区，生于海拔 150 ～ 830 m 的丘陵或低山林中、灌丛中或草丛间。

2. 小果博落回 *M. microcarpa*

花芽圆柱形；雄蕊 8 ～ 12，花丝远短于花药。蒴果近圆形（图 1C、D 至图 4）。

产山西东南部、江苏北部、江西西南部、河南西部和北部、湖北西部、陕西南部至东南部、甘肃东南部、四川东北部等地，生于海拔 450 ～ 1600 m 的山坡路边草地或灌丛中。该属植物在我国景观中应用较少，可能是因为它们的侵占性；园艺品种较少。

图 1　博落回与小果博落回的花果对比
注：A、B. 博落回；C、D. 小果博落回。

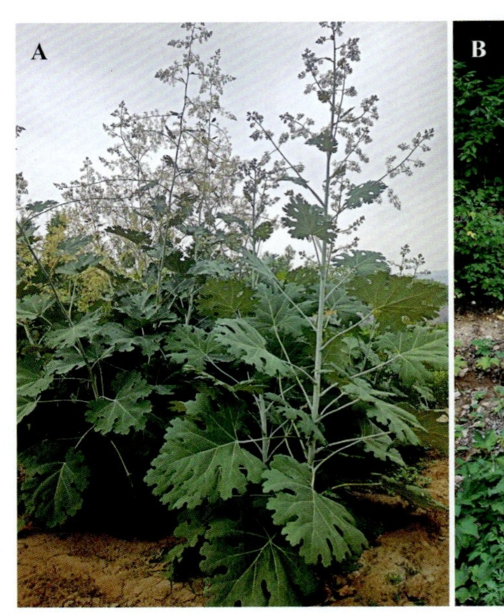

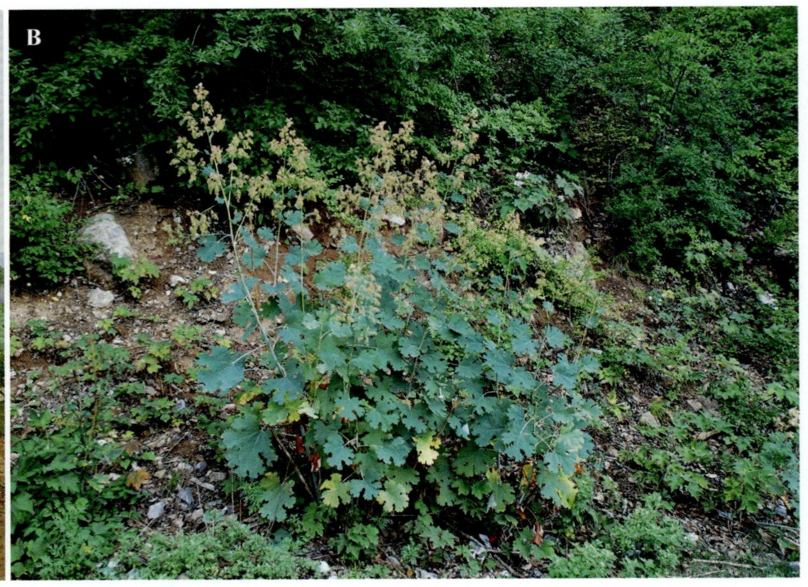

图 2　小果博落回全株

注：A. 全光照栽培；B. 沟谷野生。

图 3　小果博落回花芽和幼嫩果序

三、繁殖与栽培管理技术

（一）播种繁殖

北方地区宜在谷雨前后播种。先将种子用水浸泡 10 ～ 12 小时，捞出沥干表面水分，待其能自然散开后加入 2 倍量的细沙，拌匀；撒播于整平的基质上，再覆土 1 ～ 1.5 cm，压平，并保持土壤湿润。种子在温暖湿润的环境下，2 周内就可以萌发，但发芽不整齐。

（二）分根繁殖

春季 3 月挖取博落回的返青植株幼苗，或者从植株老根选取适合的根茎，保证每个根茎均带有 2 ～ 3 个较为明显的芽眼。将采集回来的博落回根放置在荫蔽的地方，每天洒水进行保湿，保湿一两周，直至根段上的芽长至 1 ～ 2 cm 时可以进行移栽。选用排水良好且疏松肥沃的壤土，栽植床周围设排水沟防止积水。挖深 5 cm 的栽植沟，沟距 50 cm，将发芽的根段放入沟中，株距 20 cm，栽好后覆土，栽植时注意不要使已萌发的芽受损伤。

（三）组培快繁

花药离体培养诱导胚状体发生的培养基 MS+ GA_3 1 mg/L+KT 0.15 mg/L+3% 蔗糖 +0.3% 植物凝胶；分化培养基 MS+ GA_3 1 mg/L +3% 蔗糖 +0.3%

图 4 小果博落回的花序

植物凝胶；生根培养基 MS（无激素），高达 69.5% 的胚状体可以继续发育成完整再生苗（宋锡帅 等，2014）。

（四）园林栽培

1. 土壤及光照

生命力较强，对于环境的适应力强，对土壤要求不严，在光照充足和半阴处即可生长。但最好选择排水良好、富含有机质的腐殖质土或砂壤土。

2. 水肥

幼苗在生长初期需要较多的水分，而北方地区春季多干旱，应随时根据土壤湿度进行适当浇水，保证根系尽快形成，以促进植株的生长。当苗高 30 cm 时，根据长势再次适量地进行根部追肥，以磷、钾肥为主，每亩 20 ～ 25kg，并进行根部培土。雨季要防止田间积水。

3. 修剪与越冬

抗寒抗旱，只需修剪枯枝正常过冬即可。

（五）病虫害防治

主要有斑点病危害叶片，可选用 75% 百菌清 600 ～ 800 倍液，或 50% 多菌灵 600 ～ 700 倍液喷雾防治。

苗期有蚜虫危害植株，可用 40% 乐果乳剂 1200 ～ 1500 倍液喷杀，或采用其他杀虫剂喷杀。

四、价值与应用

博落回具有较强的观赏性，植株高大粗壮，叶大如扇，开花繁茂，秋季果序红色（图 5）。宜植于庭园僻隅、林缘池旁或作花境背景（郭振，2019）。

图 5 小果博落回果序红色（李淑娟 摄）

博落回有大毒，全草均可入药，但不可内服。博落回中含有的化合物主要有血根碱、白屈菜红碱、黄连碱、小檗碱、博落回碱、马卡品等生物碱，多糖及其苷类、萜类、皂苷、黄酮及其苷类、香豆素内酯及其苷，以及多肽蛋白质和有机酸。主要有抗菌抗炎、杀虫、抗肿瘤、改善肝功能、增强免疫力方面的功效。常用于治疗风湿骨病、跌打肿胀、蚊虫叮咬、皮肤瘙痒和痤疮等，且具有显著的效果（王瑾瑜 等，2009；王珂佳 等，2015）。

（任保青 梁楠）

Maianthemum 舞鹤草

天门冬科舞鹤草属（*Maianthemum*）多年生草本植物，包括传统鹿药属（*Smilacina*）和狭义舞鹤草属（*Maianthemum*）。1986 年 J. V. ZaFrankie 将两者合并，最新的被子植物分类系统（APG Ⅳ）将舞鹤草属从百合科移至天门冬科（梁松筠，1995；谢艳阳，2023），FOC、eFloras、英国皇家园艺学会（RHS）及许多国内外园艺网站中做了相应的修订。鹿药在我国西南部、西北部至东北部分布广泛，资源十分丰富，多生长在林下、林缘、灌丛及山坡阴处潮湿腐殖质丰富的地方。

一、形态特征与生物学特性

（一）形态与观赏特征

具根状茎，直立或匍匐状生长。叶互生，有柄至无柄，通常心状卵形、矩圆形或椭圆形。花小，两性或单性而雌雄异株，排成顶生的总状花序或圆锥花序；花被片 4 ～ 6，离生或作不同程度的合生，较少合生成高脚碟状；雄蕊 4 ～ 6，花丝常有不同程度的贴生，长或极短；花药为球形、卵形或椭圆形，背部或基部着生，且内向纵裂；子房近球形，2 ～ 3 室，每室有 1 ～ 2 枚胚珠；花柱长或短，柱头小。果实为球形浆果，具 1 至数粒种子。

（二）生长发育

种子有休眠特性，而且萌发有些困难，需要经过低温层积来打破休眠。鹿药从出土展叶到地上部枯萎，整个生育期约 160 天，将其划分为出苗期、茎叶生长期、现蕾期、开花期、果期和枯萎期 6 个生育时期。

1. 生育周期（物候期）

出苗期　鹿药 4 月中旬以锥状体的形态露出地面，1 周后陆续展叶，叶片一般 3 枚，卵状椭圆形，叶长 2 ～ 3 cm，叶宽 1 ～ 1.5 cm，先端近短渐尖，基部圆形，叶片的两面和边缘及茎的中部以上被粗毛。

茎叶生长期　4 月下旬至 5 月上旬，此期间植株生长迅速，平均株高 10 cm，叶片多为 5 枚，叶、茎鲜重比为 1.33，叶生物量占全株的 55.33%，此期间鹿药的生长中心为叶片。

现蕾期　当地上部分叶片全部展开时，在鹿药植株的顶端开始出现顶生的圆锥花序。

开花期　5 月上旬至 6 月上旬，花期持续时间约为 1 个月，圆锥花序顶生，长 3 ～ 6 cm，有毛，具 10 ～ 20 余朵小花，白色，花梗长 2 ～ 6 mm，开花顺序为沿圆锥花序自下向上渐次开放，开花盛期为 5 月上旬至 5 月下旬。

果期　鹿药从孕蕾到果实成型持续 8 ～ 15 天，果期从 6 月初至 9 月中旬。果期植株继续生长，果实生长缓慢，单株结果量为 15 ～ 40 个。

枯萎期　9 月中旬至 10 月上旬，此期植株叶片变黄脱落，地上生物量下降，生长中心为果实。至 10 月上旬，鹿药植株全部枯萎。

2. 生命周期

鹿药的根状茎一般每年伸长生长 1 节，春季，由前一年形成的顶芽萌发为地上茎，并在地上茎的基部，沿着根状茎的水平前进方向不断向前伸长生长成新一节根状茎，根状茎黄白色。随着根状茎向前生长，当年生根状茎的前端又形成一新顶芽，顶芽白色，不断生长，至秋季停止生长，长 2 ～ 3.5 cm。顶芽尖端方向与根状茎几乎垂直，朝向地面。翌年春季，此顶芽向上生长，出土，形成地上植株。例如，当年新生一节，其节龄为1年，到第2年，新长出另一节，这一节的节龄为1年，而前一年长出的那一节节龄则为2年，依次类推。随着生长年限的增加，老龄根状茎出现腐烂、老化现象，逐渐萎缩死亡消失。地上茎枯萎后，在根状茎上留下一个圆盘状的茎痕，可据此来判断鹿药的节龄，一般野生鹿药常见4～6节，在6～7节根茎处出现腐烂，直至消失，说明根茎的寿命应该为6年。

（三）生态习性

耐寒，耐低温，喜阴湿，忌强光直射，散射光下开花更好，宜生长在凉爽湿润气候的地方；对土壤条件要求不严，黏土、壤土、砂土均可生长，喜欢富含腐殖质的酸性至中性且潮湿但排水良好的土壤，忌积水，否则容易产生烂根现象（毕晓颖，2015；张玲 等，2016）。

二、种质资源

（一）分类和育种概述

舞鹤草属有38种，主要分布在亚洲东部和北部、中北美洲、欧洲北部等；中国约19种，其中9个为特有种。这些物种大多来自原鹿药属，狭义舞鹤草属野生资源较少。目前市场上销售的鹿药属植物主要为野生资源的驯化栽培种，主要包括舞鹤草、鹿药、假黄精、北方舞鹤草、长柱鹿药［*M. oleraceum*（*Smilacina oleracea*）］、管花鹿药［*M. henryi*（*S. henryi*）］、窄瓣鹿药［*M. paniculatum*（*S. paniculata*）］、台湾鹿药［*M. formosanum*（*S. formosana*）］、抱茎鹿药［*M. forrestii*（*S. forrestii*）］、心叶鹿药［*M. fuscum* var. *cordatum*（*S. cordata*）］、巨人鹿药［*M. gigas*（*S. gigas*）］和紫花鹿药［*M. purpureum*（*S. purpurea*）］等（图1）。作为园林观赏花卉相对较晚，市场上的商品主要以野生资源驯化为主，1993年栽培假黄精被授予RHS花园优异奖（AGM）。近年来也人工培育出了如北方舞鹤草‘Baby moon’、鹿药‘Kaku’、假黄精‘Major’等园艺品种。

舞鹤草属植物开发时间较晚，自然结实率不高，种子萌发困难，因而市场上的园艺品种较少。我国关于舞鹤草属花卉的育种尚未展开，国内市场上的相关产品多以药用为主。目前舞鹤草观赏品种培育产业主要集中在欧美和日本，但主要商品来源也大多以野生植物资源栽培扩繁为主，如Crûg Farm Plants、Beth Chatto Gardens Ltd、Farmyard Nurseries等公司。据笔者掌握的资料，目前市场上销售的舞鹤草属观赏花卉种商品大都直接以植物学名命名，主要来自Pépinière AOBA、RHS等单位，大多由原生的舞鹤草、北方舞鹤草、鹿药、假黄精培育而来，且通常库存数量非常有限。对原生种的叶形、叶色、花色及花量进行了改良：叶片有绿色、黄绿色、花叶等，花色主要为白色、粉色和紫色，花量增加，花序更为紧凑。

（二）种质资源

1. 北方舞鹤草 *M. dilatatum*

植株低矮，0.1～0.5 m，叶形优美，通常具2枚心形茎生叶，白色总状花序精致优雅，红色浆果鲜艳亮丽。目前市场上的品种大都由北方舞鹤草培育而来，主要对叶色进行了改良，如‘Kure’，属于“Z5”系列品种，来源于日本，由Cédric Basset引种并命名，株型较小，心形浅绿色叶片边缘为黄色。‘Baby Moon’，同样为花叶品种，叶形更加圆润。

2. 鹿药 *M. japonicum*

株高30～60 cm（图2）；根状茎横走，多为圆柱状，直径6～10 mm，肉质肥厚，有多数须根，有时具膨大结节。

鹿药观赏品种主要为“Z5”系列品种，大多来源于日本，并由Cédric Basset引种并命名。这一系列在叶形和叶色上进行了改良，株高0.2～0.6 m，适合丛植，在春末的茎顶端结出大片白色蒸气状花束。主要品种有‘Kaku’，叶片较细长，上面不规则的分布几条白线。‘Komorebi’，叶子较宽大，边缘乳白色，与金边玉簪相似。‘Mabayui’，叶子是亮黄色的，带有一些绿色的条纹。‘KouKou’，叶片是黄绿色的，略带几条绿线。‘Tresor du Japon’，叶子圆润，

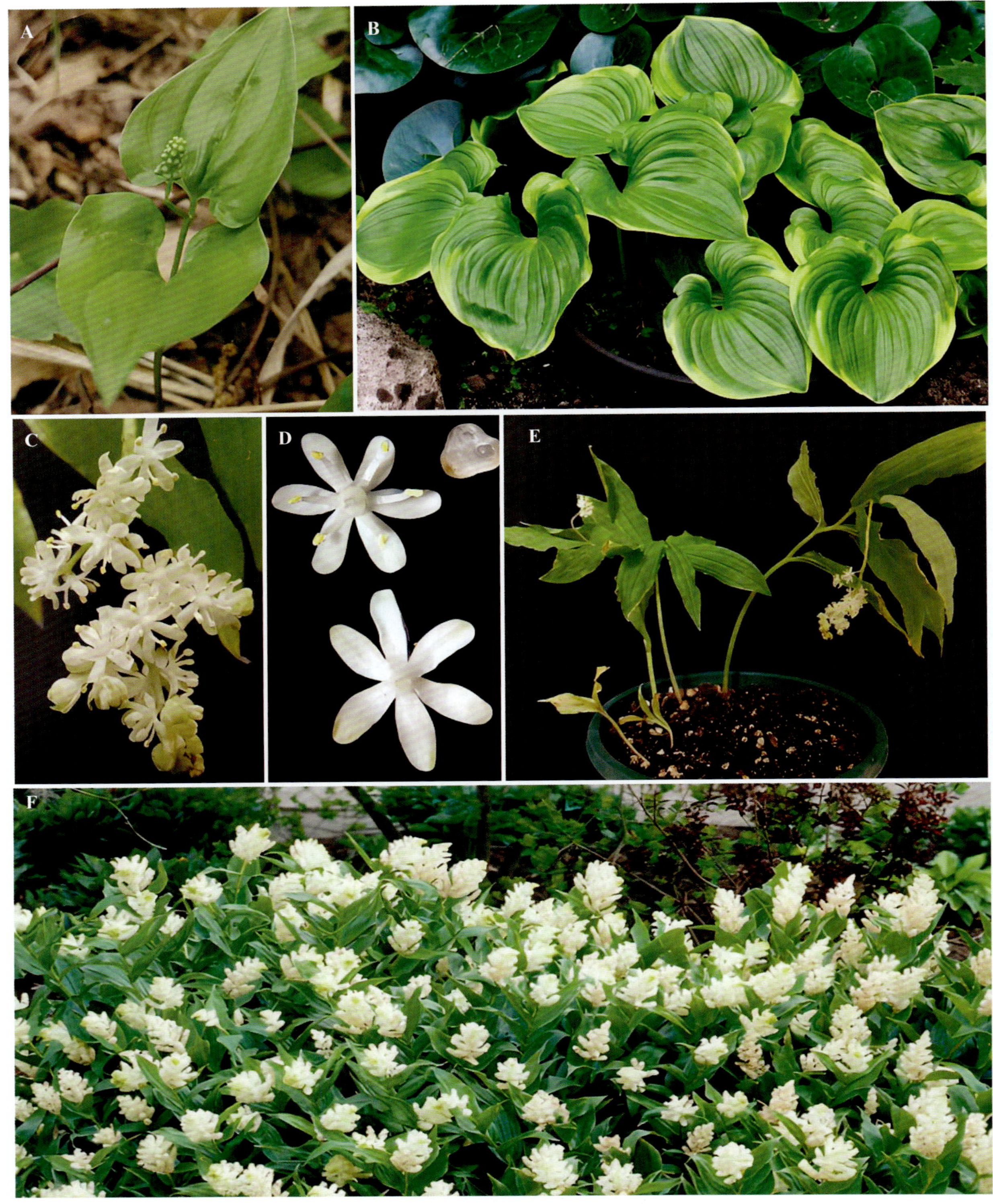

图1　舞鹤草属植物

注：A. 舞鹤草自然生境（李涛 供图）；B. 北方舞鹤草'Baby moon'观叶盆栽（引自 Sadzawka）；C. 鹿药花序特写；D. 鹿药花正反面及子房横切特写；E. 鹿药盆栽效果；F. 假黄精花期丛植效果（引自 RHS）。

带有绿色和灰绿色的条纹。

3. 假黄精 *M. racemosum*

源自北美，株高 0.5 ～ 1 m，拱形的茎上有宽椭圆形的叶子和蓬松的末端圆锥花序，乳白色花朵芬芳怡人，浆果夏季为绿色，秋季成熟后呈淡红色，叶色春夏为绿色，秋季变为黄色。RHS

图 2　鹿药植株

推出的一款名为'Major'的品种，株高、叶色及果实颜色都得到了改良：株高较原种更为高大，1 ～ 1.5 m；叶脉较深；花后果实为带粉红色斑点的浆果，秋季完全变为红色，提升了该品种的观赏性。

4. 高大鹿药 *M. atropurpurea*

株高 30 ～ 60 cm；根状茎横走，直径 1 ～ 1.5 cm。茎回折状，上部或中部以上被粗短毛，具 5 ～ 9 叶。

5. 兴安鹿药 *M. dahurica*

根状茎纤细，直径 1 ～ 2.5 mm。茎近无毛或上部有短毛，具 6 ～ 12 叶。

6. 台湾鹿药 *M. formosana*

根状茎匍匐状，直径 5 ～ 10 mm，具疏离的膨大结节。茎中部以上有短硬毛。

7. 抱茎鹿药 *M. forrestii*

株高 50 ～ 80 cm；茎无毛，具 6 ～ 9 叶。叶薄纸质，卵状椭圆形或狭椭圆形。

8. 西南鹿药 *M. fusca*

株高 25 ～ 50 cm；根状茎为不规则的圆柱状或近块状，直径约 1 cm。茎无毛，具 4 ～ 9 叶。

9. 金佛山鹿药 *M. ginfoshanica*

根状茎圆柱状，肉质，淡紫色，直径 3 ～ 4 mm，具少数纤维根。茎纤细，紫色，无毛，具 2 叶。

10. 管花鹿药 *M. henryi*

株高 50 ～ 80 cm；根状茎直径 1 ～ 2 cm。茎中部以上有短硬毛或微硬毛。

11. 丽江鹿药 *M. lichiangensis*

株高 7 ～ 20 cm；根状茎细长。茎下部无毛，中部以上有硬毛，具 2 ～ 4 叶。

12. 长柱鹿药 *M. oleracea*

株高 45 ～ 80 cm；根状茎近块状，直径 1 ～ 2 cm。茎上部有短柔毛或近无毛。

13. 窄瓣鹿药 *M. paniculata*

株高 30 ～ 80 cm；根状茎近块状或有结节状膨大，直径（2.5 ～）7 ～ 16 mm。茎无毛，具 6 ～ 8 叶。

14. 紫花鹿药 *M. purpurea*

株高 25 ～ 60 cm；根状茎近块状或不规则圆柱状，直径 1 ～ 1.5 cm。茎上部被短柔毛，具 5 ～ 9 叶。

15. 三叶鹿药 *M. trifolia*

株高 10 ～ 20 cm；根状茎细长，直径 2 ～ 2.5 mm。茎无毛，具 3 叶。

16. 合瓣鹿药 *M. tubifera*

株高 10 ～ 30 cm；根状茎细长，直径通常约 1 mm，较少达 3 ～ 6 mm。茎下部无毛，中部以上有短粗毛，具 2 ～ 5 叶。

三、繁殖与栽培管理技术

鹿药是舞鹤草属观赏园艺应用中的代表植物，与同属其他物种相比繁殖技术较为成熟，可以采用播种繁殖、分株繁殖、组织培养。

（一）播种繁殖

浆果秋季采收后去除果肉，将种子进行水洗、沙藏；种子有休眠特性，需要经过低温层积来打破休眠。翌年春季即可播种，北方地区也可于采收的当年秋季播种。选择坡度在 25° 以下，可以保持湿润但排水良好的半阴或全阴处进行播种，并清除大部分灌木与杂草，同时保留一定数量的乔木以保持林地湿润。种植行距 10 cm，株距 6 cm，沟深 2 ～ 3 cm，覆土 2 ～ 3 cm，可起低垄，上覆盖一层树叶以保持土壤水分。但鹿药自然结实率和种子萌发率均较低，有报道显示沙藏 60 天后萌发率仅 30%，有的播种后要经过两次低温春化，即第三年才可萌发出苗，因此通常较少采用播种繁殖的方法（丁海伶 等，2014；王芝恩 等，2014）。

（二）分株繁殖

常用的繁殖方式，繁殖系数大，成活率高。当年生地上茎的基部，沿着根状茎的水平方向产生新的顶芽，并向前生长，可进行分株。在冬季休眠前，根状茎的侧面靠近顶芽的位置会形成侧芽。植株完全休眠后，用锹小心挖开两侧土，将带潜芽的根茎剪成 5 cm 长的根段，伤口处用杀菌剂或草木灰处理消毒。芽朝同一方向栽植在育苗床上，株距 10 cm，深度 5 cm，覆土 3 ～ 5 cm，保持湿润，不要积水（丁海伶 等，2014）。

（三）组培快繁

以鹿药的根茎为外植体，消毒后，用 MS + ZT 0.2 mg/L + CH 20 mg/L+2, 4-D 1.5 ～ 2 mg/L 培养基诱导茎愈伤组织，诱导率可达 90% 以上。将诱导出的愈伤组织接种到 MS + $AgNO_3$ 0.2 mg/L + 6-BA 0.2 mg/L + KT 0.3 mg/L + NAA 0.1 mg/L 的愈伤组织分化培养基上培养，分化率可达 97%。然后将分化出的不定芽接种到 1/2 MS + 6-BA 0.4 mg/L + NAA 0.1 mg/L 培养基，进行继代与增殖培养。最后接种到 1/3 MS + NAA 0.1 mg/L + IAA 0.4 mg/L 培养基，进行生根培养。成苗后移栽，13 天后长出新叶，成活率达 92%（安晓云 等，2010）。

（四）园林栽培

1. 土壤

适合湿润、排水良好、富含腐殖质的酸性至中性土壤（pH 5.5 ～ 7.0），土层深度 ≥ 30 cm。切忌连作，否则会导致品种退化、药性降低和生长缓慢。

2. 温度

喜温，最适生长温度为 20 ～ 25℃，耐寒性也较好，可耐受冬季 -15 ～ -20℃的低温。

3. 光照

喜阴湿，适合生长在全郁闭或半郁闭的林下、灌木丛边、湿地、水旁等处，郁闭度 0.5 ～ 0.7。忌强光照射，散射光照射即可。

4. 生长期管理

（1）水肥管理 忌积水，日常养护要保持土壤湿润，雨季要疏通畦沟排水。对于腐殖质含量较高的土壤通常不需过度施肥，生长期根据长势可追肥 1 次，以草木灰或复合肥为宜。

（2）中耕除草 及时清除杂草，保持田间无杂草且土壤疏松。

（3）摘蕾 大量扩繁或收获根茎用时，开花前可将花蕾摘除，使营养集中到根部，促进根茎生长。

（五）主要病害防治

在野生环境中病害较少，但在大面积人工栽培时容易发生多种病虫害。

1. 褐斑病

受害叶片呈褐色病斑，严重时叶片枯死。清除病株，减少病原传播；使用 65% 代森锌 500 倍液连续喷施 2 ～ 3 次，以控制病害发展。

2. 锈病

发病叶片有黄色圆形病斑，背后有黄色小粒。及时清除病株，并在穴内撒上生石灰，以消毒土壤；喷洒 1 ～ 2 次石硫合剂，以杀灭病菌。

3. 根腐病

发病时根茎腐烂，严重影响植株生长。①移栽前将种根用 50% 退菌特 100 倍液浸泡 3 ～ 5 分钟后再栽植。②雨季应注意排水，以防止地内积水。③发病期用 50% 甲基托布津 800 倍液进行浇灌。

（六）主要虫害防治

主要虫害有蛴螬和地老虎，主要危害幼根部位。

1. 蛴螬

每公顷用 85% 硫丹 22.5 ～ 30 kg，加 750 kg 土搅拌后，均匀地撒在植株附近的表土上，以消灭蛴螬。

2. 地老虎

在幼虫 3 龄前用 50% 辛硫磷乳油 800 ～ 1000 倍液喷施根茎部，或利用地老虎食杂草的习性，在苗圃堆放用 6% 敌百虫粉拌过的新鲜杂草，进行诱杀，草与药的比例 50 ∶ 1。

四、价值与应用

舞鹤草应用十分广泛，兼具药用、观赏、食用价值。茎秆优雅，交互着生心形或卵形具光泽的叶片，花小而精致，花量大，花期在春末夏初。凋谢后会出现小的绿色浆果，成熟后变成鲜红色或橙色，为植株提供额外的观赏元素。耐阴性强，易于栽培，养护成本低。可盆栽、丛植或片植于林下及花坛。也可与玉簪、虎杖、肺草、淫羊藿等耐阴观赏植物搭配布置花境。

舞鹤草属植物是药用植物专类园的优质绿化材料（刘健 等，2016）。舞鹤草，中药名二叶舞鹤草，全草入药，《全国中草药汇编》中描述“酸、涩，微寒”，用于凉血、止血。鹿药的根状茎和根也可药用，《千金·食治》中记载鹿药“甘、苦、温”，具补气益肾、活血调经等功能。美洲原住民用假黄精的根和叶制造药茶。

许多舞鹤草属植物幼嫩根茎还是深受人们喜爱的山野菜（赵淑杰 等，2009）。

（王聪　赵淑杰　王文元）

Malva 锦葵

锦葵科锦葵属（*Malva*）一年生或多年生草本。在暖温带地区多数宿根，可作为宿根花卉应用。本属25种，分布于亚洲、欧洲和北部非洲；我国有4种（其中1种为引进栽培）2变种，产各地。

一、形态特征与生物学特性

（一）形态与观赏特征

叶互生，掌状分裂。花单生于叶腋间或簇生成束，有花梗或无花梗；有小苞片（副萼）3，线形，常离生，萼杯状，5裂；花瓣5，顶端常凹入，白色或玫红色至紫红色；雄蕊柱的顶端有花药；子房有心皮9～15，每心皮有胚珠1枚，柱头与心皮同数。果由数个心皮组成，成熟时各心皮彼此分离，且与中轴脱离而成分果。

（二）生物学特性

广布于温带地区，多数种类喜光照充足。在阳光充足的情况下，花色最好。直根系，易在中等湿度、排水良好的肥沃砂壤土中生长，忌积水。花期6～8月，果期7～9月。自播繁殖能力较强。

二、种质资源

传统上认为属于花葵属（*Lavatera*）的一些物种，特别是美国和澳大利亚分布的物种归入锦葵属更合适。以前这两个属是根据副萼裂片的连合与否而分开的，目前分子生物学证据表明该特征不可靠。PW已将二者合并，并将花葵属名作为锦葵属的异名。

花葵 *M. dendromorpha*（=*Lavatera arborea*）为二年生草本，野葵（*M. verticillata*）及其2个变种中华野葵（var. *rafiqii*）和冬葵（var. *crispa*）属一年生或二年生草本。该属多年生种区分如下（表1）。

表1　国产锦葵属多年生植物分种检索表

1 植株较高，50～90cm，直立；花冠直径3～5 cm，紫红色或白色；副萼裂片长圆形，先端圆形；分果爿背面有柔毛	锦葵 *M. cathayensis*
1 植株较矮，25～50cm，常平卧；花冠直径1～1.5cm，白色到粉红色；副萼裂片线状披针形，先端尖；分果爿无毛	圆叶锦葵 *M. pusilla*

1. 锦葵 *M. cathayensis*

二年生或多年生直立草本，高50～90 cm，分枝多，疏被粗毛。叶圆心形或肾形，具5～7圆齿状钝裂片，长宽几相等，5～12 cm，基部近心形至圆形，边缘具圆锯齿，两面均无毛或仅脉上疏被短糙伏毛；叶柄长4～8 cm，近无毛，但上面槽内被长硬毛；托叶偏斜，卵形，具锯齿，先端渐尖。花3～11朵簇生，花梗长1～2 cm，无毛或疏被粗毛；小苞片3，长圆形，长3～4 mm，宽1～2 mm，先端圆形，疏被柔毛；萼片状，长6～7 mm，萼裂片5，宽三角形，两面均被星状疏柔毛；花紫红色或白色，直径3.5～4 cm，花瓣5，匙形，长2 cm，先端微缺，爪具髯毛；雄蕊柱长8～10 mm，被刺毛，花丝无毛；花柱分枝9～11，被微细毛。果扁圆形，径5～7 mm，分果爿9～11，肾形，被柔毛。种子黑褐色，肾形，长2 mm。花期5～10月（图1）。

图 2　荚果蕨孢子繁殖

注：A. 荚果蕨原叶体；B. 荚果蕨幼孢子苗；C. 荚果蕨孢子苗。

后耙细作床，床宽 1.2 m，高 10 cm，长度根据作业方便而定，步道 40 cm。栽苗方法：从育苗盘掰块，直径约 1.5 cm，每盘可移栽 800 簇左右，每簇 2 ～ 3 棵幼苗，栽苗行距 15 cm，株距 10 cm，栽后适时通风与浇水，以防出现休眠现象。每 7 天喷施烯酰吗啉 500 倍液预防霜霉病，栽苗 7 ～ 10 天缓苗，完全缓苗后，结合浇水时施入 0.3% 尿素，可促进幼苗生长（图 7、图 8）。秋季完全休眠后，床面覆盖遮光网，预防冻害。

7. 圃地壮苗

幼孢子苗经过阴棚炼苗 1 年，还没达到栽入丰产田出圃标准的，要换床移栽壮苗。壮苗苗圃地选择旱季能引水灌溉、雨季能排涝的地块。苗圃整地作床规格要求与炼苗相同，移栽时间为 5 月中旬至 6 月中旬。移栽要求为随起随栽，株距 15 cm，行距 20 cm，缓苗后，浇 0.3% 尿素液。适时除草与病虫害防治。秋季 9 月下旬休眠，翌年春季可出圃栽入丰产田。

（二）根茎繁殖

1. 根茎采集

春秋两季均可进行根茎采集，以春季采集为最好，成活率比较高，恢复生长快。在春季萌动前或秋季叶枯后，选择粗壮的簇生根，连同横走茎一同挖出，采挖时不要伤及植株的芽，横走茎尽量挖得长些，最好是现挖现栽，暂时不能栽的要假植或保湿之后待用。

2. 整地、做床

选择地势相对平坦，排水和水源方便的地块，以砂壤土为最好。选好地后，进行整地、翻地，翻地前亩施经过腐熟的牛粪 700 kg，施肥要均匀，深翻 30 cm，去掉树根、石头等杂质，做床。做 80 cm 宽的床，长度根据地块决定。

3. 栽植

栽培前苗床浇 1 次透水，待床面见干见湿时，进行栽植。在床上按照株行距 35 cm × 55 cm 进行挖穴，穴深比根茎的长度长些，避免栽植时窝根，将簇生根茎植入穴中，培土，提根，压实，马上浇 1 次透水，搭设 70% 的遮光棚。

（三）露地栽培

1. 选地、清园与整地

耐阴、耐寒，喜腐殖质丰富及含水量较高的中性土壤，尤以暗棕壤为好。因此，应选择地势平整、水肥条件好、土壤肥沃、渗透性好的地块作为栽培地。宿根植物，一年栽植，多年收益。越冬前一定要对苗床进行 1 次彻底清理，除掉病植株、病叶、病根等，并且集中烧毁。之后浇 1 次封冻水，使苗木安全越冬。

地块选好后，搭建 50 m × 9.5 m 的塑料大棚框架。在框架内的地面上铺一层 2 ～ 3 cm 的肥沃壤土或腐叶土，并施以农家肥；深翻 20 ～ 25 cm，整细整平，做好 4 个 2 m 宽、50 m 长、10 cm 高的栽培床。每个栽培床之间留 0.5 m 的过道，以便日后管理行走。

2. 移栽

立秋过后，选择根茎发达、健壮的植株，连根带土挖起，保持根茎完整。要求根系圆纺锤形或椭圆形，长 10 ～ 15 cm，直径 6.5 ～ 8 cm，去茎留根，按照株距 10 cm、行距 20 cm 在栽培床上随起苗随栽植。每个栽培床栽植 5000 株，根基上部覆土 6 ～ 8 cm 后压实。

3. 扣棚与田间管理

（1）扣棚与遮光

当外部温度达到 5 ～ 10℃，大棚内温度达到 15 ～ 20℃、湿度达到 70% 时荚果蕨开始萌芽。成活后，根据天气情况，进行遮光处理。温度过高时要及时通风降温。

（2）水分

水对蕨类的栽培很重要，要保证土壤水分和空气湿度，原则是土壤不干不浇水。要经常对叶面喷水，清洗叶面灰尖，保持叶面清洁和湿度。栽后马上浇 1 次透水。之后要根据土壤墒情调节水分。遇到干旱天气，需要增加浇水次数，雨季及时排水排涝，越冬前浇 1 次越冬水。

（3）肥料

成活后，亩施复合肥 50 kg，施肥时间最好选择雨前进行，施肥要均匀，避免个别地方施肥浓度过高，造成烧苗。休眠期前 1 个月亩施磷钾肥 20 kg。

（4）除草

要做好除草、松土等正常的生产管理工作。结合松土进行除草。除草、松土时注意保护苗木根系不能外露，以避免造成蕨类植株死亡。生长期间勤除草，做到除早、除小。

4. 采收

种植一次可采收多年。采集时间在春季，东北地区 5 ～ 6 月进行。采集根部以上嫩的茎叶，茎叶盘状卷曲为好，要求茎叶完整，无损伤，不破裂。病虫、残缺等需要处理。采集后茎叶根部立即蘸土，防止茎叶失水老化。用柳编筐装集，装满后盖上青草，防止日晒老化。荚果蕨每株可长出 8 ～ 12 个茎，当茎长到 15 ～ 20 cm 时即可采收，每株可采收两次。每株单产 50 ～ 100 g，每平方米可产 3 ～ 4.5 kg。

5. 采后管理

采收后已是 5 月，植株又重新生长出新茎，外部气温达到 10 ～ 15℃时撤掉塑料薄膜使其自然生长。5 月下旬追施 1 次氮肥，施后浇水；秋季植株枯萎后，撒施腐熟的厩肥或堆肥，保苗越冬，并为翌年生长打下基础。

四、价值与应用

荚果蕨集食用、药用、观赏于一身，是一种极具开发潜力的植物。

荚果蕨幼叶可食，以其特有的黄瓜香味深受人们的喜爱。荚果蕨富含多糖、黄酮、甾酮和维生素等多种营养物质，具有较高的药用价值。此外，荚果蕨株型优美，春绿秋黄的彩叶具有较高的观赏价值。

根茎中含有多种药用成分，具有清热、解毒、止血、滑肠、降气、祛风、益气安神、化痰等功效。味苦，清凉，有小毒，对脑膜炎双球菌、痢疾杆菌等都有抑制作用。荚果蕨具有杀虫、驱虫的作用。

（李军　吴学尉）

Medicago 苜蓿

豆科蝶形花亚科苜蓿属（*Medicago*）一年生或多年生草本植物，俗称金花菜。几千年来，随着航海贸易或战争，苜蓿被逐渐传播到世界各地。到1800年，苜蓿已蔓延到七大洲，且得到广泛种植。在我国，西汉的张骞出使西域，加强了内地同西域之间的经济文化交流，并带回苜蓿种子，从此，苜蓿开始进入中原地区。到明清时期，苜蓿在我国已达到相当广泛的种植。

一、形态特征与生物学特性

（一）形态与观赏特征

一年生或多年生草本，稀灌木，无香草气味。羽状复叶，互生；托叶部分与叶柄合生，全缘或齿裂；小叶3，边缘通常具锯齿，侧脉直伸至齿尖。总状花序腋生，有时呈头状或单生，花小，一般具花梗；苞片小或无；萼钟形或筒形，萼齿5，等长；花冠黄色，紫苜蓿及其他杂交种常为紫色、堇青色、褐色等，旗瓣倒卵形至长圆形，基部窄，常反折，翼瓣长圆形，一侧有齿尖突起与龙骨瓣的耳状体互相钩住，授粉后脱开，龙骨瓣钝头；雄蕊两体，花丝顶端不膨大，花药同型，单粒花粉粒，花粉为20～40 μm，长球形或近球形，外壁呈网状雕纹，具3孔沟型萌发孔（郭芳 等，2019）；花柱短，锥形或线形，两侧略扁，无毛，柱头顶生，子房线形，无柄或具短柄，胚珠1至多数。荚果螺旋形转曲、肾形、镰形或近于挺直，比萼长，背缝常具棱或刺；有种子1至多数。种子小，通常平滑，多少呈肾形，无种阜；幼苗出土子叶基部不膨大，也无关节。

（二）生物学特性

性喜温暖半干燥气候，最适生长日均温度15～21℃，进入秋冬季节日照变短以及低温来临时植株停止生长，进入休眠状态，但当气温达到4～6℃即可返青。喜排水良好、中性或微碱性的土壤，耐干旱，抗寒，耐盐碱，不耐水淹。苜蓿可固定大气中的氮，提高土壤肥力；发达的根系能有效防止水土流失，改善土壤渗透性。

图1　紫花苜蓿

注：A. 幼苗；B. 花；C. 果实。

二、种质资源与园艺分类

（一）种质资源

全球苜蓿属共83种（PW；Small and Jomphe，1989），广泛分布于地中海区域、西南亚、中亚和非洲。我国有13种1变种，包括褐斑苜蓿（*M. arabica*）、木本苜蓿（*M. arborea*）、青海苜蓿（*M. archiducis-nicolai*）、毛荚苜蓿（*M. edgeworthii*）、野苜蓿（*M. falcata*）、天蓝苜蓿

（*M. lupulina*）、小苜蓿（*M. minima*）、阔荚苜蓿（*M. platycarpos*）、南苜蓿（*M. polymorpha*）、早花苜蓿（*M. praecox*）、花苜蓿（*M. ruthenica*）、紫苜蓿（*M. sativa*）、杂交苜蓿（*M. varia*）。主要分布于青藏高原、黄土高原、内蒙古高原各大山脉附近的坡地、沙地、谷地、河岸、草原和林缘地区，其中新疆是我国苜蓿属植物分布最集中、最丰富的地区（方强恩 等，2019）。

苜蓿（紫苜蓿）***M. sativa***

多年生草本，株高 0.3 ～ 1 m。茎直立、丛生以至平卧，四棱形，无毛或微被柔毛。羽状三出复叶；托叶大，卵状披针形；叶柄比小叶短；小叶长卵形、倒长卵形或线状卵形，等大，或顶生小叶稍大，边缘 1/3 以上具锯齿，上面无毛，下面被贴伏柔毛，侧脉 8 ～ 10 对；顶生小叶柄比侧生小叶柄稍长。花序总状或头状，长 1 ～ 2.5 cm，具 5 ～ 10 花；花序梗比叶长；苞片线状锥形，比花梗长或等长；花长 0.6 ～ 1.2 cm；花萼钟形，萼齿比萼筒长；花冠淡黄、深蓝或暗紫色，花瓣均具长瓣柄，旗瓣长圆形，明显长于翼瓣和龙骨瓣，龙骨瓣稍短于翼瓣；子房线形，具柔毛，花柱短宽，柱头点状，胚珠多数。荚果螺旋状，紧卷 2 ～ 6 圈，中央无孔或近无孔，脉纹细，不清晰，有 10 ～ 20 种子（图 1）。种子卵圆形，平滑。

苜蓿是世界上利用最早、栽培最广的一种优良豆科牧草，因含有丰富的粗蛋白、粗纤维、维生素、矿物质等因子而具有“牧草之王”的美誉。目前，在我国西北、华北和东北各地均有大量栽培，南方地区也开始有大面积种植。

（二）园艺分类

1. 按照根系类型分类

（1）直根型

有明显主根，株丛直立，适宜于刈割利用，大多数紫花苜蓿属于这一类型。

（2）侧根型

没有明显主根，有大量水平侧根，根系伸展较广，株丛直立或半直立，可刈牧兼用，大多数杂花苜蓿为这一类型。

（3）根蘖型

具有较多的水平根，其上能生出很多不定芽，萌发形成新的植株，具有较强的伸展习性，较其他非根蘖型苜蓿耐旱、耐寒、耐牧，适宜于放牧利用。

（4）根茎型

根颈距地表相对较低，并从其主根中轴发育出类似根状的茎，萌发出营养枝，既适宜于刈割又可用于放牧。

2. 按照秋眠性分类

我国地域辽阔、生境复杂、气候多样，形成了大量适宜不同环境的苜蓿品种，构成了苜蓿品种的多样性。苜蓿的秋眠性（fall dormancy，FDR）被定义为在夏末和秋季随着气温下降和光周期缩短，出现植物生长缓慢和匍匐枝条增加的现象。秋眠性等级分为极休眠型（FDR1 ～ 2）、休眠型（FDR 3 ～ 4）、一般休眠型（FDR 5）、半休眠型（FDR 6 ～ 7）、不休眠型（FDR 8 ～ 9）和极不休眠型（FDR 10 ～ 11）。紫花苜蓿种质表现出广泛的秋眠性反应，反映了其生态适应的广度。我国的苜蓿品种秋眠级多数为 1 ～ 3 级，少数为 4、5 级，主要为秋眠类型品种。

（三）主栽品种

至 2017 年，通过国家牧草品种审定委员会审定的苜蓿品种有 92 个。栽培品种包括地方品种、育成品种以及国外引进品种。地方品种有新疆大叶、陇东、河西、天水苜蓿等。育成品种有‘甘农 1 号’‘甘农 2 号’‘甘农 3 号’‘中苜 1 号’等。引进品种有‘阿尔冈金’‘牧歌 401’‘格林’‘拉达克’等。地方品种遗传基因丰富，兼具地域性与特异性；育成品种遗传差异显著；引进品种的抗病能力较强。

三、繁殖与栽培管理技术

（一）播种繁殖

苜蓿种子较小，播种前要对种子进行清选，使其纯净度达到 90% 以上，发芽率保证 85% 以上。当种子硬实率超过 30% 时，可通过阳光暴晒、热水浸泡、物理碾磨、药物处理等方法对种子进行处理，提高其发芽率。其中，药物处理可用浓硫酸浸泡 3 分钟左右，然后用清水洗净即可。苜蓿播种前常需要进行根瘤菌接种，最常用方法是通过根瘤菌剂拌种。

苜蓿种子在春季、夏季和秋季都可以播种。其中，以春季播种较为适宜。播种期因各地的自然条件不同很难一致。春播宜早不宜晚，一般为 3 月下旬至 4 月上旬，平均气温以 9 ～ 11℃为宜；夏播一般为 6 ～ 7 月，尽可能避开播后暴雨和暴晒；秋播一般为 8 ～ 9 月，平均气温在 20℃左右为宜（宋立荣，2018）。播种应避开雨季，减少杂草的危害。

播种方式主要有条播、撒播和穴播。条播行距控制在 20 ～ 30 cm，采用此方式通风和透光性较好，方便苗期管理。撒播是比较古老的方式，通过人工或撒播机将种子均匀撒在地面上，然后进行覆土。穴播在紫花苜蓿的种植中也比较常见，穴距根据种植的实际情况设定，一般为 50 cm × 70 cm 或 50 cm × 60 cm。种植后覆土 1 ～ 2 cm 厚，覆土后进行镇压，可保护土壤墒情，提高种子出苗率（寇亚玲，2024）。为使出苗整齐，播种深度要一致，一般 1 ～ 2 cm。播后压实，以保证种子的出苗率。种子萌发期和幼苗期间应保持土壤充足水分，以利于萌发和扎根（柴金平，2019）。

（二）扦插繁殖

茎段扦插是苜蓿最常用的扦插繁殖方式，苜蓿一般在现蕾初期扦插成活率较高。选取直立、健壮、无病虫害的一级分枝作为母枝，从中间茎段剪取长 5 ～ 10 cm 带有 1 个叶芽的茎节作为插条，上切口与枝条垂直平切，下切口为斜切，不带叶片。扦插前将插条下切口放在 50 mg/L 生根粉溶液中浸泡 1 小时，以利于生根。将腐殖土和大田土按 1 ∶ 3 比例混合，打细，浇透水作为扦插基质。扦插深度 3 ～ 4 cm，压实，叶芽露出地面即可。扦插后及时灌水，使插条和土壤紧密接触，以后每隔 5 ～ 7 天灌水 1 次，连灌 4 ～ 6 次，使土壤表皮湿软，必要时可搭盖塑料拱棚或遮阳网，使棚内温度保持在 25℃左右，保证枝条生长所需的适宜温湿度。待插条根长约 5 cm 以上，新枝长约 10 cm 时可带土移栽。

（三）组培快繁

可利用的外植体部位很多，包括子叶、下胚轴、叶片、叶柄、花药、根等。挑选饱满的苜蓿种子，去除杂质后，用 75% 酒精浸泡 30 秒，蒸馏水冲洗 3 次；再用 0.1% 升汞溶液消毒 10 分钟，灭菌的蒸馏水冲洗 4 ～ 5 次后，接种于 MS 培养基上使其发芽。培养条件为温度 25℃，光照时间 12 小时/天，光照强度 3000 ～ 4000 lx。生长 7 天后，将无菌苗下胚轴切成 3 ～ 5 mm 长的小段作为外植体，接种于愈伤组织诱导培养基（如 MS + 2, 4-D 2.5 mg/L + 6-BA 0.5 mg/L）中，黑暗培养。将获得的愈伤组织再接种至分化培养基（如 MS + NAA 0.3 mg/L + KT 0.5 mg/L）中，促使不定芽的形成。将培养 1 cm 左右不定芽的愈伤组织继续接种至生根培养基（如 1/2MS + IBA 1.0 mg/L）中，生长 30 天左右，发育成正常植株。去掉培养瓶的盖子，室内自然光下炼苗 3 天后，取出幼苗，用蒸馏水冲洗干净根部培养基，移入营养土∶蛭石 =1 ∶ 1 混合的基质中，保湿遮阴，当幼苗长出茎叶后可移栽至大田。

（四）露地栽培

1. 田间管理

苜蓿种子小，破土能力差，苗期生长缓慢，因此播种前需要整地，深耕细耙、上松下实，以利于出苗生长。早春土壤解冻后及时疏松土壤，提高地温，利于播种或促进返青。幼苗期和收割后是苜蓿生长的薄弱时期，杂草危害比较严重，要及时清除杂草。对杂草不太严重、面积不大的地块可进行人工拔除；如果杂草地面积较大，可采用化学除草剂进行茎叶喷雾。

2. 水肥管理

苜蓿根系比较发达，能够很好地吸收土壤中的水分。在日常灌溉中坚持深灌、少浇的原则。开花前期是苜蓿需水的关键时期，要注意灌水。整个生长期内，灌水 2 ～ 3 次，对增产效果非常明显。一般春季土壤解冻后苜蓿返青期进行一次春灌，可促进苜蓿返青；冬季结冻前灌溉一次，可提高苜蓿越冬性（柴金平，2019）。苜蓿不耐水淹，在多雨的季节应及时注意排水。

为保证苜蓿产量，播前应结合整地施磷二铵 225 kg/hm^2，如有条件可施腐熟有机肥 15000 ～ 22500 kg/hm^2 效果最好（蒋宏，2021）。在苜蓿生长过程中及时追肥，增加土壤肥力，如返青期、分枝期、现蕾期或收割后（柴金平，2019）。降雨或灌水时，每亩可追施钾、磷、氮各含 15% 的复合肥 50 ～ 75 kg，以促进植株生长，提高品质和产量。

3. 刈割

刈割适期以初花期为最佳时期，此时草质好、产量高。秋播苜蓿不宜当年刈割。苜蓿每年可刈割 3 ～ 5 次，一般每隔 25 ～ 40 天刈割 1 次。平时刈割留茬 5 cm 左右，最后一次留茬高度应不低于 10 cm，可有利于来年返青。

（五）病虫害防治

苜蓿在生产过程中经常受到多种病虫害的侵袭，引起茎叶枯黄或出现病斑、叶片脱落、植株生长不良等现象。

常见病害有锈病、霜霉病和白粉病等。锈病在发病初期用 15% 三乙唑酮可湿性粉剂 2000 倍液或 25% 敌力脱 4000 倍液喷雾；霜霉病在发病初期用 40% 三乙膦酸铝可湿性粉剂 200 倍液或 75% 百菌清可湿性粉剂 500 倍液喷雾；白粉病在发病初期用 20% 粉锈宁乳油 2000 倍液或者 15% 粉锈宁可湿性粉剂 1500 倍液喷雾防治。

虫害春季以蚜虫类、潜叶蝇、蓟马类危害严重，可用 10% 吡虫啉可湿性粉剂 1500 倍液喷雾防治；夏季害虫主要是鳞翅目害虫，以棉铃虫、苜蓿斑螟为主，可采用每亩 40 g 博星或杜邦安 18 mL 兑水 30 kg 喷雾防治（宋立荣，2018）。

在病虫害防治上，坚持预防为主、综合防治的原则。根据当地的气候条件选择合适的耐病虫害优良品种，加强田间管理，增强植株抗病虫害能力。同时，合理加强物理机械防治，如对害虫适当地进行人工或简单的机械捕捉，或利用黄板诱杀蚜虫，或通过晒种和温水浸种杀死种子内的病虫卵和孢子，以及生物防治，如在苜蓿种植地引入一些天敌，利用天敌直接捕食害虫等技术，尽可能减少使用或不使用化学农药，从而减少对环境的污染，最大程度确保苜蓿草的安全以及其他生物的生存环境不会遭到破坏（李鸿坤 等，2019）。

四、价值与应用

因该属植物营养丰富、适应性强、适口性好，具有重要的饲用价值，作为牲畜喜爱的饲草被广泛引种栽培。

除饲养牲畜外，苜蓿还具有顽强的生命力，在园林上多用于贫瘠土地、盐碱地的绿化、景观绿化用草种。

（权文利　产祝龙）

Melissa 蜜蜂花

唇形科蜜蜂花属（*Melissa*）多年生草本植物。属名的希腊文之意为“蜜蜂”，意指该属植物具有吸引蜜蜂的作用。古希腊、罗马人认为蜜蜂花为月亮与狩猎女神阿耳忒弥斯（黛安娜）的化身，故将其种植于寺庙周围，吸引蜂群酿造蜂蜜。

一、形态特征与生物学特性

（一）形态与观赏特征

株高 50 ～ 60 cm，茎多分枝，故常丛生；茎四棱，具四浅槽。单叶，对生，卵圆形，缘具圆或钝齿；主茎上叶长达 5 ～ 6 cm，分枝上叶较小。轮伞花序腋生，小花 2 ～ 14；苞片叶状，比叶小很多，被长柔毛及缘毛；花萼钟形，长约 8 mm；花冠乳白色，长 12 ～ 13 mm，冠檐二唇形。花期 6 ～ 8 月（图 1、图 2）。

（二）生物学特性

喜光，亦耐半阴。耐寒（–32℃）。喜湿也耐旱。耐贫瘠。生性强健，可在多种气候带生长。

二、种质资源

该属有 4 种，主要分布于欧洲及亚洲。景观应用的仅有 1 种。

香蜂花 *M. officinalis*

又名柠檬香草或柠檬香蜂花。原产俄罗斯、伊朗至地中海及大西洋沿岸。目前，广泛种植于欧洲、中亚和北美地区。

‘All Gold’ 叶片全部黄绿色，花淡紫色（图 3）。

‘金叶’（‘Aurea’）叶片具不规则黄色斑块（图 4）。

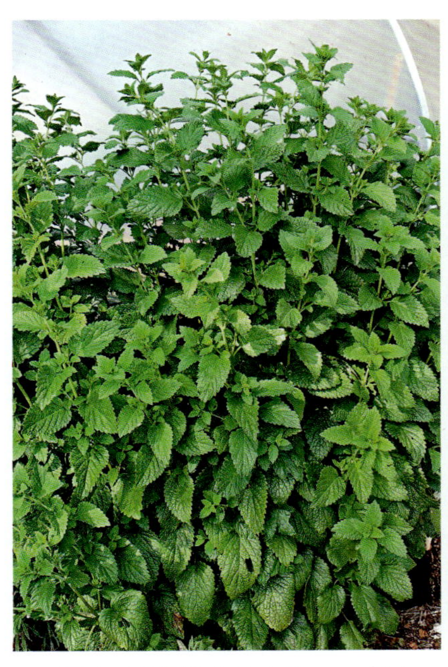

图 1　香蜂花（Rich Thorne 摄）

图 2　香蜂花春态（D. J. King 摄）

图 3 香蜂花‘All Gold’

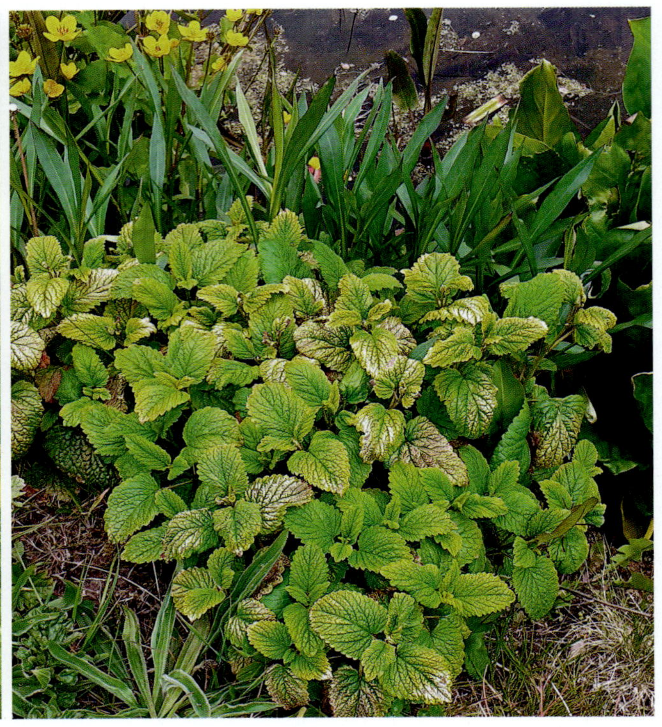

图 4 香蜂花‘金叶’

三、繁殖与栽培技术

（一）播种繁殖

春播或秋播。因种子细小，撒播后无须覆土，但萌发期间需保持基质潮湿。20℃左右，10 ～ 15 天萌发。具 4 ～ 6 片真叶时进行移栽。定植株距 30 ～ 50 cm（董长根 等，2013；陈建明，2002）。

（二）分株和扦插繁殖

生长季分栽茎基部生根的枝条，或于秋季分根繁殖。

春末行扦插繁殖。将健壮的枝条分割成 5 cm 左右的段进行扦插。适当遮阴，保持基质潮湿，极易生根，2 ～ 3 周即可移栽。

（三）园林栽培

1. 土壤

排水良好的各种土壤。

2. 水肥

喜湿润，但忌积水，亦耐旱。故需根据降水情况起高垄种植或适时排水。耐贫瘠，一般耕作层土壤无须追肥，但肥沃土壤生长更佳。

3. 光照

喜光，也耐阴。黄叶品种在全光照下，可能产生灼伤，半阴或阳光斑驳处表现更佳。

4. 修剪及越冬

花后应及时修剪残花序，一则可促新枝叶萌发；二则以防产生种子自播。入冬前修剪枯枝叶。耐寒性强，冬季一般无须保护。

四、价值与应用

枝叶茂盛，春夏冠丛圆润，鲜叶芳香，光亮。常用于药草园、香草园或花境中。

该属植物具有浓郁的柠檬香味，可替代柠檬用于调味；植株富含多种物质及精油，具有增进食欲、促进消化的功能，栽培历史悠久。如欧美用香蜂花为原料制作的加尔慕罗水（carmelite water），迄今仍为法国人夏日之饮料；将干燥香蜂花叶片煮成茶即为著名的 Melissa tea，为感冒时解热之饮品。

（赵叶子 李淑娟）

Monarda 美国薄荷

唇形科美国薄荷属（*Monarda*）一年生或多年生的直立草本，是纪念16世纪的西班牙医生与植物学家尼古拉斯·蒙纳德斯（Nicolas monardes）对植物学的贡献而命名的。全世界产16种，分布于美国至墨西哥。我国栽培2种。我国各地园圃均有栽培，应用较广泛。

一、形态特征与生物学特性

（一）形态与观赏特征

叶具柄，边缘具齿。苞片与茎叶同形，较小，常具不同的颜色。小苞片小。轮伞花序密集多花，在枝顶排成单个头状花序，或为多个而远离；花萼管状，伸长，直立或稍弯，具15脉，萼齿5，近相等，在喉部常常有长柔毛或硬毛；花冠鲜艳，有红、紫、白、灰白、黄色，常具斑点，冠筒伸出花萼或内藏，内无毛环，喉部稍扩大，冠檐二唇形，上唇狭窄，直伸或弓形，全缘或微凹，下唇开展，浅3裂，中裂片较大，先端微缺；前对雄蕊能育，插生于下唇下方冠筒内，常常靠上唇伸出，花丝分离，无齿，花药线形，中部着生，初时2室，室极叉开，后贯通为1室，后对雄蕊退化，极小或不存在；花柱先端2裂，裂片钻形，近相等；花盘平顶。小坚果卵球形，光滑。

（二）生物学特性

性喜凉爽、湿润、向阳的环境，亦耐半阴。适应性强，不择土壤。耐寒，忌过于干燥。在湿润、半阴的灌丛及林地中生长最为旺盛。

二、种质资源

1. 美国薄荷 *M. didyma*

多年生草本植物，株高100～120 cm，茎近无毛，节及上部沿棱被长柔毛，后脱落。叶卵状披针形，长达10 cm，先端渐尖或长渐尖，基部圆，具不整齐锯齿，上面疏被长柔毛，后渐脱落。轮伞花序组成径达6 cm的头状花序；沿脉被短柔毛，花冠紫红色，被微柔毛，冠筒内面被微柔毛，上唇直立，先端微缺（图1）。花期7月。

2. 拟美国薄荷 *M. fistulosa*

茎钝四棱，密被倒向白色柔毛。花萼喉部密被白色髯毛，花冠上唇先端稍内弯。花期6～7月（图2）。

原产北美洲，在我国各地园圃中栽培作观赏用，花冠颜色鲜艳美观。

三、繁殖与栽培管理技术

（一）播种繁殖

播种多在春、秋季进行。发芽适温为21～24℃，播后10～21天发芽，发芽率高达90%以上。播后4个月开花。幼苗应注意通风，及时间苗移栽。

（二）分株繁殖

春、秋季（休眠期）进行。植株的分蘖力强，能在老株周围萌生许多新芽，只要挖取新芽另行栽植，或将根部切开分栽便可，切取2～3分枝作为一小株丛栽种。成活率高，由于植株的扩展性强，地栽时应至少每2～3年分栽1次，分株可结合翻盆进行。

图 1 美国薄荷‘全景’

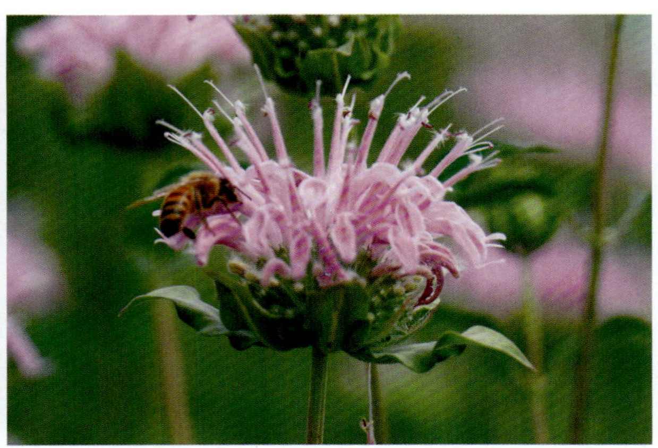

图 2 拟美国薄荷

（三）扦插繁殖

大规模生产可用扦插法。4～5 月进行，剪取粗壮充实、长 5～8 cm 的一二年生健壮枝条作插穗，插入用泥炭、沙、珍珠岩等混合而成的扦插基质中，保持半阴、湿润，约 30 天即可生根，成活率高。

（四）园林栽培

1. 土壤

对土壤要求不严，耐瘠薄。在一般土壤都能生长，但在肥沃、疏松、湿润与排水良好的土壤上生长更好。在我国华北地区可露地越冬，在长江流域地区冬季常绿。盆栽基质可用腐叶土、园土、粗沙等材料配制。因生长速度快，宜每年进行 1 次翻盆，通常在春、秋季进行。

2. 株行距

株行距以 30 cm × 40 cm 为宜，每盆栽 3～5 株，每 2～3 年进行 1 次分株，以防株丛过密，影响植株生长及开花、结实，降低观赏效果。

3. 温度

喜温暖。抗寒性强，华北地区可露地越冬。喜充足阳光，稍耐阴，种植或置放处应具有充足的阳光。光照不足时植株徒长，枝秆变得细弱。盛夏时需适当遮阴。

4. 浇水

喜湿润的土壤环境，抗旱性较差。生长期间应充分供给水分，保持盆土湿润。小苗期的生长更需充足的水分。但忌过湿和积水。生长季应充分浇水。

5. 施肥

生长季每半月追施 1 次肥料。春季后的施肥应以氮为主，以促使茎叶生长。5 月中下旬开花前应增施磷钾肥，以促使开花良好注意，减少病虫害发生。

6. 修剪

繁殖幼苗应进行摘心，以控制高度和多发分枝，5～6 月进行 1 次修剪，以调整植株高度与花期。开花后残花会留在枝条顶端，应将枝条自地面 5 cm 左右处剪去以上部分，有利于后期的开花繁盛。注意保持通风良好，及时疏剪去除病虫枝叶。

（五）病虫害防治

病虫害较少。植株在过密或土壤湿润时易发生白粉病，发生后应及时喷药防治。严重时，要将植株的地上部分全部剪去，让植株重新萌芽生长。其他还有叶斑病、锈病和夜蛾、蚜虫等病虫危害。多发生在干热的夏季，霉菌会导致其幼苗受害，应及时清除感染的枝叶，及时喷施杀菌剂防治。

四、价值与应用

近年已成为一种优良新颖的常绿、耐寒、多年生宿根花卉及香料植物。株丛繁茂枝叶芳香，夏秋之交色泽鲜艳的花朵深受人们欢迎。适宜栽植在天然花园中，或栽种于林下、水边，也可丛植或行植在水池、溪旁作背景材料。美国薄荷也可盆栽观赏或用于鲜切花，美化、装饰环境。

美国薄荷是很好的香料植物，可从其新叶中提取香料，或将其花朵取下阴干，作熏香剂或泡茶饮用。叶子可以药用，将叶子揉碎后，再加入热开水浸泡当茶喝，可以治疗头痛和发烧。由于根内含有芳香油，可以防止地下害虫的侵袭，有时也被间植在一些小型蔬菜作物的周围，来减少虫害。

美国薄荷能散发清凉的香气。其香气由薄荷酮、薄荷醇、樟脑萜、柠檬萜等组成，有安神静气、减缓压力、提振精神、杀菌强身的作用。可以作为酱汁、醋、蔬菜、甜点或制成糖果，还可用于饮料、牙膏、药品的调味。其精油可治呕吐，薄荷本身具有刺激性，可助消化，减少胃肠气。干燥的美国薄荷叶子可作为芳香疗法时用的药草，香味和香柠檬的味道很像，只有些微的不同。

（陈纪巍　周翔宇）

Monochoria 雨久花

雨久花科雨久花属（*Monochoria*）多年生沼泽或水生草本植物。花多为淡蓝色、蓝紫色，偏紫色的花瓣，像只飞舞的鸟儿，所以又称之为蓝鸟花。搭配美丽的株型，就像是在欣赏一段美丽的爱情故事，天长地久，此情不渝。契合其花语“天长地久”。

一、形态特征与生物学特性

（一）形态与观赏特征

多年生，在不利的环境下为假一年生。茎直立或斜上，从根状茎发出。叶基生或单生于茎枝上，具长柄；叶片形状多变化，具弧状脉。花序排列成总状或近伞形花序；花被片6枚，白色、淡紫色或蓝色，中脉绿色，开花时展开，后来螺旋状扭曲；雄蕊6枚，着生于花被片的基部，较花被片短，其中有1枚较大，其花丝的一侧具斜伸的裂齿，花药较大，蓝色，其余5枚相等，具较小的黄色花药；花药基部着生，顶孔开裂，最后裂缝延长；子房3室，每室有胚珠多枚；花柱线形；柱头近全缘或微3裂。花期7～8月，果期9～10月。蒴果室背开裂成3瓣，种子小，多数（图1）。

（二）生物学特性

生于池塘、沼泽靠岸的浅水处和稻田中，性喜温暖、湿润的气候环境，不耐低温，耐荫蔽能力较好，喜肥沃、疏松的土壤环境（张家仁，2010）。适合种植在池塘边缘的浅水处，水深最好保持在10～20 cm，在栽培过程中不可使之遭受干旱。对水质的适应性较强，水体的pH最好控制在6.5～7.8。

二、种质资源

全球有7种，分布于我国东部及北部、朝

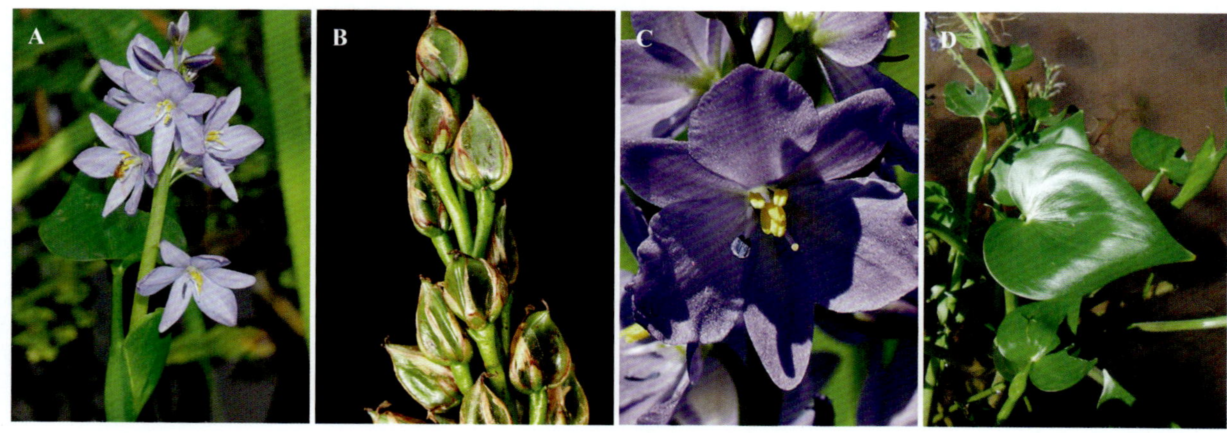

图1　雨久花形态特征

注：A. 雨久花花序；B. 雨久花果实；C. 雨久花花部特写；D. 生长在沼泽地中的雨久花。

鲜、日本等地；我国有 5 种，各地均有分布。

1. 雨久花 *M. korsakowii*

茎粗壮，高 30 cm。叶互生和茎生；叶片宽心形、心形至卵形，4 ～ 10 cm × 3 ～ 8 cm，具多数弧状脉，基部心形，具圆形的基部裂片，全缘，先端锐尖或渐尖。花茎直立，高 30 ～ 70 cm，基部有时紫红色；花序在花后保持直立，总状至圆锥状，10 ～ 20 花或更多；花被片蓝色，椭圆形，1.2 ～ 2 cm，先端钝；大的雄蕊花丝具附属物；较小的雄蕊花丝丝状。蒴果狭卵球形，1 ～ 1.8 cm。种子有翅 8 ～ 10。花期 7 ～ 8 月，果期 9 ～ 10 月。

安徽、河北、黑龙江、河南、湖北、江苏、吉林、辽宁、内蒙古、陕西、山东、山西均有分布。国外分布在印度尼西亚、日本、朝鲜、巴基斯坦、俄罗斯（西伯利亚）、越南。

2. 鸭舌草 *M. vaginalis*

茎直立或斜直立。叶具宽的鞘；叶柄长 3 ～ 50 cm；叶片狭心形、卵形或披针形，2～21 cm × 0.8 ～ 10 cm，先端锐尖或渐尖。花茎高 12 ～ 35 cm。花序不久反折在花后，3～8（～12）花；花序梗 1 ～ 3 cm，基部具苞片；苞片披针形；花有花梗；花被片略带紫色，卵状披针形至长圆形，0.8 ～ 1.5 cm；大的雄蕊花丝有附属物，花药 1.8 ～ 4 mm；小的雄蕊花丝丝状；花药 1.5 ～ 3 mm。蒴果卵球形至椭圆形，0.7 ～ 1 cm。种子椭圆形，约 1 mm；翅 8 ～ 12。花期 8 ～ 9 月，果期 9 ～ 10 月。

分布于我国。日本、马来西亚、菲律宾、印度、尼泊尔和不丹也有分布。

2a. 窄叶鸭舌草 var. *angustifolia*

首次是在泰国发现，均具有类似的总状花序。但窄叶鸭舌草的叶片为窄披针形；而鸭舌草的叶片则较宽，为卵形或心形，二者有明显的差异（汪光熙，2003）。

3. 箭叶雨久花 *M. hastata*

分布于广东、海南、贵州和云南。

4. 高莛雨久花 *M. elata*

分布于我国南部。

三、繁殖与栽培管理技术

（一）播种繁殖

成熟后的种子不能立即萌发，即使播种在条件适宜的情况下也处于休眠状态中，一般有 4 ～ 6 个月的生理休眠期。低温处理有助于解除种子休眠，在 4℃的水中浸泡 1 个月后，结合 GA 溶液浸泡 48 小时可有效解除休眠。雨久花种子较小，只能浅层萌发，种子覆土 0 ～ 1 cm，白天温度 20℃左右，晚上温度 15℃左右，水分处于饱和、超饱和或有水层的条件下，12 ～ 24 天种子萌发率在 70% 左右（徐凤，2015）。当大部分的幼苗长出 3 片以上叶子就可以移栽。

（二）分株繁殖

最好是在早春 2 ～ 3 月，土壤解冻后进行。把母株从花盆内取出，去除多余的盆土，把盘结在一起的根系尽可能地分开，用锋利的小刀剖开成两株或两株以上，分出来的每一株尽可能带根系，并对根系进行适当修剪，以利于成活。分株下来的小株在 56% 百菌清水乳剂 1500 倍液中浸泡消毒约 5 分钟取出晾干后即可上盆。上盆后需浇一次透水，但因分株后根系受到损伤，根系吸水能力极弱，所以分株 3 ～ 4 周内需控制浇水量，避免烂根。但叶片蒸腾没有受到影响，所以需每天给叶片喷水 1 ～ 3 次，高温天多喷，温度低少喷或不喷。分株后，放置于遮阳棚内养护，避免光照过强，养护 20 ～ 30 天可萌发新根（唐新霖，2010）。

（三）组培快繁

以嫩茎为外植体可在培养基 MS + 6–BA 0.6 mg/L+2, 4–D 1.2 mg/L 中诱导分化出愈伤组织，在培养基 1/2 MS + $AgNO_3$ 0.6 mg/L 中愈伤组织可分化出芽，壮苗生根培养基可用 1/3MS + IAA 0.5 mg/L。将生根的组培苗移栽至 1/2 河沙 +1/2 肥沃园土混合基质苗床上，苗床湿度维持近 100%、温度维持在 25 ～ 30℃，前 10 天遮光处理，20 天后开始成活生长，成活率在 98% 左右（邹翠霞，2009）。

图 2　雨久花的园林应用

注：A. 沿水体带状栽种；B. 沼泽地中成片栽植。

（四）园林栽培

在 4 ～ 5 月进行，株行距为 25 cm× 25 cm，当年即可生长成片。生长发育期最好保持浅水栽培，及时清除杂草，以免与幼苗争夺养分，花期追施磷酸二氢钾，用可腐性纸袋装好后塞入泥土中（泥面下 5 ～ 10 cm），一般在生长发育期追施 2 ～ 3 次肥。雨久花对肥料需求较多，可在生长旺盛阶段每隔 2 周追肥 1 次。当植株开花时，可追施磷酸二氢钾（唐新霖，2010）。冬季要清除枯枝落叶，预防病虫害的发生。

（五）盆栽

可将幼苗直接栽入装满培养土的盆中，保持土壤潮湿或浅水栽培。盆栽沉水法与盆栽相同，移栽后将盆沉入水池中，在水平面下 15 cm 左右。

（六）病虫害防治

雨久花在良好的管理条件下，不易患病，亦较少受到有害动物的侵袭。在露天水养时，常会招致蚊虫滋生，可在水塘、盆器中投放一些小型鱼类，以清除孑孓。

四、价值与应用

（一）园林应用

雨久花花形漂亮，花色淡雅，叶色翠绿，是一种观赏性极强的水生植物，在园林水景布置中常与其他水生观赏植物搭配使用，单独成片种植效果也好，可沿着池边、水体的边缘作带状或方形栽种（图 2），也可植于花盆内沉入水中点缀水池景观或生态草缸，花序与叶还可作切花材料，具有较高的观赏价值。

（二）食用及药用

雨久花嫩茎叶可作蔬菜食用，营养丰富，口味宜人，全株也可作家畜、家禽饲料；全株可入药，具有清热解毒、祛湿、消肿的功效，具有重要的开发价值（刘彩云，2020）。

（吴红芝）

Morina 刺参

忍冬科刺参属（*Morina*）宿根或常绿草本植物。该属约有13种，分布于巴尔干到亚洲中部及喜马拉雅山脉东部；我国有8种（4种为特有种）。大型多刺而似蓟的莲座状叶丛和高耸的花序，时时彰显着野性的美。无论是在花境还是岩石园中，都是最吸引人们眼球的。

一、形态特征与生物学特性

（一）形态与观赏特征

根肥大粗壮，分枝。茎短，木质，通常被基部枯叶覆盖。叶3或4（～6），轮生，线形至长圆状披针形，全缘至羽状半裂，具刺。花序轮生聚伞状，多个；总苞钟状，萼筒斜，钟状；花瓣二唇形，唇瓣2或3浅裂或微缺，花冠筒长，二唇形。瘦果具皱纹，柱状。

（二）生物学特性

喜光，喜温暖和湿润，忌积水，稍耐贫瘠。

二、种质资源

景观应用的有以下两种（Graham，2012；董长根 等，2013）。

1. 长叶刺参 *M. longifolia*

株高约90 cm。基生叶大型莲座状，革质，边缘波状或深齿状，齿尖具刺，深绿色，长30 cm，茎生叶形似基生叶，向上渐小。小花长3 cm，先白色，后渐变为淡粉色再到红色。适合于潮湿的土壤，土壤必须保持良好的排水。

分布于喜马拉雅山脉（图1、图2）。

2. 波斯刺参 *M. persica*

株高30～90 cm。叶片具齿或深裂，齿刺比长叶刺参更长更密（图3）。花期7～8月。

分布于中欧及中亚。较耐旱。

图1　长叶刺参（Kreemoweet 摄）

图 2　长叶刺参花序（Morten Ross 摄）

图 3　波斯刺参（Christoph Moning 摄）

三、繁殖与栽培技术

（一）播种繁殖

种子随采随播或冷藏后秋季播种。种子适宜萌发温度 18 ～ 21℃，7 ～ 20 天萌发。幼苗在冷棚中越冬，翌年春季移栽。根系粗壮，移栽时注意保护根系，以免损伤，影响成活。

（二）园林栽培

1. 基质

喜排水良好的砂壤土。

2. 水肥

生长期保持土壤中度湿润，不可积水。花期前追一次有机肥。

3. 光照

喜光，但忌强光。以 70% ～ 80% 光照为佳。

4. 修剪及越冬

入冬前修剪地上部分枯枝。越冬土壤不宜过湿。可耐 -17℃低温，秦淮线以北地区需保护越冬。

四、价值与应用

浑然天成的大型莲座叶群，整齐而茂盛，高耸的茂密花序，由白转红的花朵，使其成为景观的焦点。可用于自然景观、花境或岩石园，也可配置于溪谷或河道两旁。

各地用作传统草药，如安纳托利亚将波斯刺参的地上部分干枯后煎服，用以治疗感冒（Andrei et al.，2016）。

（李淑娟）

Musa 芭蕉

芭蕉科芭蕉属（*Musa*）多年生大型丛生草本。全世界约有70种，主产东半球的热带地区，即亚洲东南部；我国约10种，分布于西南部至台湾。芭蕉为热带亚热带地区重要的一类植物资源，其代表种香蕉（*M. nana*）、大蕉（*M. sapientum*）等为广东、台湾的重要果品之一。芭蕉也是重要的园林观赏植物，栽培历史悠久，文化底蕴深厚。

一、形态特征与生物学特性

（一）形态与观赏特征

具根茎，多次结实。假茎全由叶鞘紧密层层重叠而组成，基部不膨大或稍膨大，但绝不十分膨大呈坛状；真茎在开花前短小。叶大型，叶面鲜绿色，叶片长圆形，叶柄伸长，且在下部增大成一抱茎的叶鞘。花序直立，下垂或半下垂，但不直接生于假茎上密集如球穗状；苞片扁平或具槽，芽时旋转或多少覆瓦状排列，绿、褐、红或暗紫色，但绝不为黄色，通常脱落，每一苞片内有花1或2列，下部苞片内的花在功能上为雌花，但偶有两性花，上部苞片内的花为雄花，但有时在栽培或半栽培的类型中，其各苞片上的花均为不孕；合生花被片管状，先端具5（3+2）齿，二侧齿先端具钩、角或其他附属物或无任何附属物；离生花被片与合生花被片对生；雄蕊5；子房下位，3室。浆果伸长，肉质，有多数种子，但在单性结果类型中为例外；种子近球形、双凸镜形或形状不规则。染色体数目x=10或11，稀7或9。

（二）生物学特性

茎的分生能力优势明显，具有强大的适应能力，可快速增长。芭蕉适宜在肥沃疏松且排水良好的土壤中生长。芭蕉喜温，不耐寒，最适生长温度为24～32℃，在10℃时生长受阻，3℃时受冷害，1℃以下植株地上部枯萎，保护条件下可以越冬。在10～12℃低温时果实形成缓慢，且品质较差。叶片大且宽，典型的平行脉，结构呈疏松状态，如若出现大风天气，易被吹裂，所以种植中需选择避风条件较好的区域。

二、种质资源

1. 芭蕉 *M. basjoo*

又名绿天、扇仙、甘蕉等。多年生大型草本。假茎直立，高可达4～6 m。蕉叶碧翠似绢，玲珑入画，叶螺旋状排列，长约3 m，宽约40 cm，呈长椭圆形，有粗大的主脉，两侧具有平行脉，叶表面浅绿色，叶背粉白色。夏、秋间开花，大型花淡黄色。果实形似香蕉，12月成熟，但不能食用，可供观赏（图1）。

原产我国广东、广西、福建、台湾和云南等地。现长江以南地区广为种植。

图1　芭蕉（吴棣飞 摄）

2. 红蕉 *M. coccinea*

又名红花蕉、炬芭蕉。从生的直立大型草本。株高 1 ～ 2 m。叶斜举，叶片长圆形，长 55 ～ 100 cm，宽 15 ～ 25 cm，叶面深绿色，背面浅绿色，顶端圆形，基部不相等；叶柄长 30 ～ 40 cm，具槽。椭圆形的穗状花序直立，长 30 cm，宽 13 cm，从假的顶部抽出，苞片外面鲜红色，内面粉红色，由数 10 个披针形的红片组合而成，每一片内有淡黄色的小花数枚。红花蕉并非是花朵红色的，而是它的花苞殷红如火炬，鲜红夺目，十分美丽，亦可作切花（图 2）。

主要分布在亚洲热带地区。我国产于云南，广西、广东、福建和台湾等地有栽培。

3. 紫苞芭蕉 *M. ornata*

最好的观赏芭蕉之一，原产于印度北部。拥有巨大的桨状蓝绿色叶子，长达 180 cm。直立的橘黄色花的穗状花序装饰着艳丽的粉红色苞片。可以在地面或容器中种植。是墙壁边界、沿海花园或地中海花园的绝佳选择（图 3）。

4. 小果野蕉 *M. acuminata*

假茎油绿色，高约 4.8 m，具明显的黑色或棕色斑点。叶鞘和叶柄具粉霜；叶柄管边缘直立或展开，有翅；叶片长圆形，上面绿色，被蜡粉。花被片先端 3 裂，中裂片两侧有小裂片。苞片外部呈红色、暗紫色或黄色，内部呈粉红色、暗紫色或黄色，内部苞片颜色通常向基部褪色为黄色，披针形或狭卵形，从肩部急剧变细，苞片反折且打开后回卷。

4a. 芭蕉‘暹罗红宝石’‘Siam Ruby’

一种杂色的观赏芭蕉品种，原种产于泰国。该品种能长到大约 2.5 m 高，绿色的叶子会产生红橙色的阴影，上面点缀着碎片状的石灰绿色（图 4）。

4b. 芭蕉‘条纹叶’‘Zebrina’

一种低矮的观赏芭蕉品种，叶子有杂色。叶子上的图案类似于斑马的皮毛，有紫色和浅绿色的阴影（图 5）。

三、繁殖与栽培管理技术

（一）分株繁殖

生长 5 年以上的芭蕉可用分株的方法完成繁殖。分株前应先用铁锹或锄头挖开芭蕉根部周围的泥土，让小芭蕉头及根茎露出，再从根茎上切下小芭蕉头，此时切下的芭蕉头就是分株繁殖的种苗。分株移栽的关键是选取新生不到 1 年的小芭蕉头，分株时需避免挖断地下根系，并保证每个分株上都有 2 ～ 3 个一年生茎。分株后要在切口处涂抹药剂预防病菌侵入，并促进伤口组织的愈合、生长，避免根茎切口因病原物侵染坏死。

如果切下的小芭蕉头已生长有部分须状根茎，可以直接用于盆栽种植或将其放置于庭院土壤中自然生长。如果切下的种苗没有须根，可以先将种苗放置于育种苗床中，用砂质土壤进行覆盖。用干净的清水将其浇透，保持土壤长时间湿润，促进幼苗以更快长出须状根茎。

图 2　红蕉

图 3　紫苞芭蕉（吴棣飞 摄）

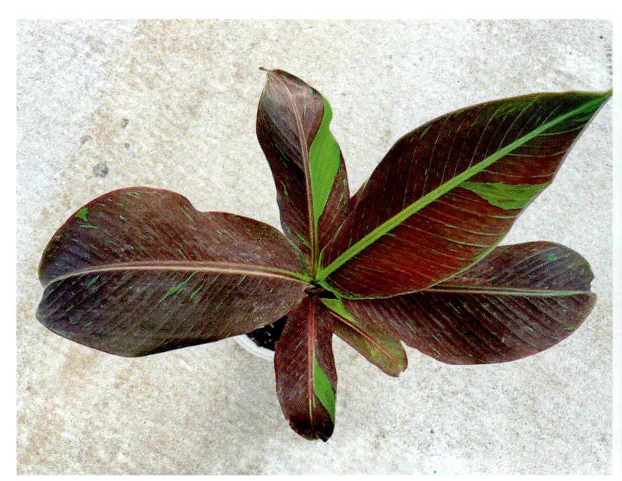

图 4 芭蕉‘暹罗红宝石’

图 5 芭蕉‘条纹叶’

（二）露地栽培

1. 选地整地

土壤条件对观赏性芭蕉生长具有重要作用，种植前应做好整地工作。加强土壤深翻处理，而后在阳光下晒土 2 天，有效消灭土壤中的病菌及虫卵。若采取盆栽模式，则应使用肥沃的腐殖土，定期更换土壤，保证苗木稳定、健康生长。在土壤中加入适量的锯末，腐化前能够为苗木生长提供充足的营养供应。

2. 整形修剪

修剪坚持轻剪原则，确保维持自然形态，使修剪后叶片分布均匀。秋季以后是观赏芭蕉最为理想的修剪时期。修剪过程中，不得使芭蕉茎皮受损，避免伤口处发生病菌感染。完成修剪工作后，应结合观赏芭蕉实际适量追肥。夏季高温时芭蕉处于半休眠状态，不得修剪，否则植株易出现较明显的创口，容易受到病虫影响，影响观赏芭蕉的健康生长。

3. 水肥管理

作为喜光植物，观赏芭蕉在生长过程中要求日照充足。观赏芭蕉喜欢湿润的环境，需要经常浇水以补充水量，但也不能一次性浇太多，易导致烂根。盆栽的观赏芭蕉需每天用喷水壶浇水 3 ～ 5 次，确保水分充足。

观赏芭蕉的肥料需求不很苛刻，腐殖质、肥堆、厩肥都能作为观赏芭蕉生长的基础肥料，采用薄肥勤施的方法。如果芭蕉在生长过程中出现叶片泛黄的情况，需要在肥料里补充一定的氮元素。

（三）病虫害防治

观赏芭蕉的主要虫害是香蕉弄蝶，其危害时期主要是幼虫阶段，会将一些娇嫩的叶子卷起来形成筒状结构，幼虫藏身其中，食用叶子的同时会将其不断卷起，严重影响植株的观赏价值；成虫主要吸食花蜜，对植株伤害不大。在除虫方式上采用物理灭虫方式，对于已经卷起的叶子需要摘除，并在黄昏的时候对成虫进行捕杀。

四、价值与应用

（一）观赏价值

芭蕉因翠绿的色彩、优美的形态、自然的声响，能在园林中构建出丰富多样的景观。园林中的芭蕉不仅给人带来赏心悦目的意境感受，还能使人产生独特的审美体验。作为中国传统植物之一，芭蕉对营造园林意境和审美情调具有重要作用。芭蕉不仅单体观赏优美，也能与园林中建筑、山水、道路、小品等组合搭配造景，而不同的配植模式形成的审美风格是截然不同的。在庭前院落或窗前屋后栽植几簇，与建筑门窗掩映成趣，更能体现出芭蕉淡雅秀丽的姿态；士大夫多喜爱种植小片蕉林，营造蕉坞，更能体现芭蕉的

图 6 芭蕉属植物景观应用

图 7 芭蕉在园林中的应用

清幽。蕉竹配植是较常见的搭配，因芭蕉与竹子生长特性、地域分布、颜色神韵很相近，又有“双清”的美称；将芭蕉与海棠左右对植，蕉绿棠红，则另有一番意境（图 6、图 7）。

更为重要的是，芭蕉已逐渐深入中国文人文化生活，成为文人精神生活的组成部分，具备浓厚的文化象征意义。不同的造景方法则体现出不同的意境，如李渔创立的蕉叶联，他在《闲情偶记》中写道“蕉叶题诗，韵事也；状蕉叶为联，其事更韵”，利用蕉叶的形态，制作似蕉叶的对联，变成了文人的闲情逸致，被争相效仿。蕉石小品、蕉影当窗、粉墙绿蕉都是传统园林中常用的造景手法，尽显风姿雅趣。

（二）药用与保健价值

芭蕉自古以来就是我国民间广泛流传的一种药食兼用佳品，其果肉是极好的水果，清甜爽口，具有开胃消食的功效，且花、叶、根均有较高的药用价值，临床上主要用于治疗心脑血管、消化系统、循环系统、风湿及妇科方面的疾病。

（王秀云　夏宜平）

Musella 地涌金莲

芭蕉科地涌金莲属（*Musella*）多年生草本植物。其花朵盛开后像极了金灿灿的莲花。单种属，主要分布于我国云南西北部的金沙江干热河谷，生于海拔 1500 ～ 2500 m 的山间坡地，在园林造景和水土保持方面具有极大潜力（马宏 等，2013）。

一、形态特征与生物学特性

（一）形态与观赏特征

植株丛生，具假茎，高可达 100 cm，基径约 15 cm，基部有宿存的叶鞘。叶片长椭圆形，长达 0.5 m，宽约 20 cm，先端锐尖，基部近圆形，两侧对称，有白粉。花序直立，直接生于假茎上，密集如球穗状，长 20 ～ 25 cm，苞片干膜质，黄色、淡黄色或红色，有花 2 列，每列 4 ～ 5 花；合生花被片卵状长圆形，先端具 5（3+2）齿裂，离生花被片先端微凹，凹陷处具短尖头。浆果三棱状卵形，长约 3 cm，直径约 2.5 cm，外面密被硬毛，果内具多数种子；种子大，扁球形，宽 6 ～ 7 mm，黑褐色或褐色，光滑，腹面有大而白色的种脐。

（二）生物学特性

是世界上最大的花之一，花序直径 30 ～ 50 cm；花期最长的花之一，花期可达 250 天左右；还是产蜜量最大的植物之一。花鲜黄色或橙红色，是佛教“五树六花”之一。喜光、忌夏日阳光直射，不耐寒，忌涝，喜排水良好的土壤，地涌金莲一般繁殖方式为分株繁殖和播种繁殖。地涌金莲的自然分布非常狭小，野生地涌金莲大多生长在悬崖峭壁上（图 1），其种子难以保存，不易萌发。

二、种质资源与园艺品种

1. 地涌金莲 *M. lasiocarpa*

根状茎水平。假茎直径约 15 cm。叶片有白霜，狭椭圆形，两侧对称，50 cm × 20 cm，基部近圆形，先端锐尖。花序长 20 ～ 25 cm。每花 8 ～ 10 苞片。合生花被片卵状长圆形。浆果约 3 cm × 2.5 cm。种子棕色至黑棕色；种脐白色。

主要分布于非洲，但延伸至印度、泰国、缅甸及我国云南、四川，再往南经印度尼西亚至菲律宾。有原变种地涌金莲（var. *lasiocarpa*）（图 2）和红苞地涌金莲（var. *rubribracteata*）（图 3）。后者 2011 年在四川境内被发现，花苞片呈橘红色至红色，是花色单一的地涌金莲培育新品种的重要种质资源。

地涌金莲虽然是我国的民族植物，但由于开发利用较晚，目前只培育出 5 个新品种，分别是‘佛喜金莲’‘佛悦金莲’‘佛乐金莲’‘祥瑞’和‘福星’。

1a. ‘佛喜金莲’

世界首个地涌金莲园艺品种，2006 年从地涌金莲野生种群的天然变异植株中经单株营养繁殖选育而来（万友名 等，2013）。经 2 代营养繁殖后代田间观测，特异性状稳定且表现一致（图 4）。株高 65.1 ～ 70.2 cm，叶片呈长椭圆形，腹面中脉基部绿色，带红色，背面中脉基部红

图 1　野生地涌金莲

图 2　地涌金莲

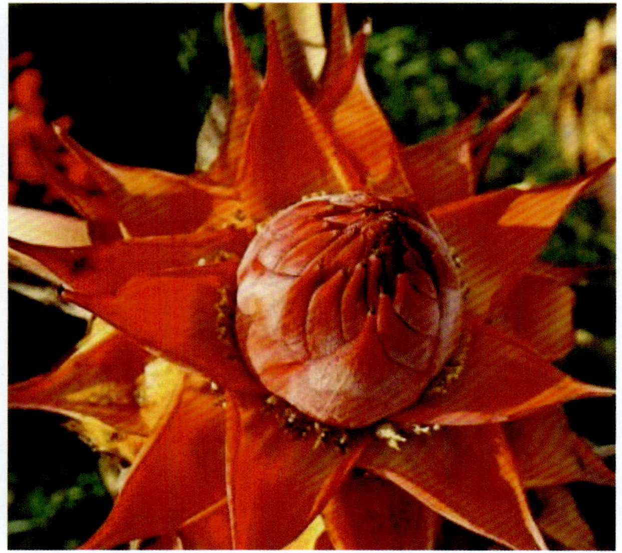

图 3　红苞地涌金莲

色，叶柄长 7.3 ～ 10.1 cm，顶部 2 枚叶片的叶柄背腹面均为绿色，第 3 枚及以下叶片的叶柄腹面红色，背面红色。群体花期 4 ～ 10 个月，单株花期 3 ～ 6 个月，苞片腹面自顶端至基部约 7/10 为橙红色，基部约 3/10 为黄橙色，背面橙红色；种子百粒质量约 10 g。极端最低温度 -10℃以上地区均可种植，种植地需全光照。2012 年 9 月获云南省林业厅园艺植物新品种注册登记证书。

1b.‘佛悦金莲’

是 2006 年从地涌金莲野生种群的天然变异植株中经单株营养繁殖选育而成的园艺新品种（马宏 等，2013）（图 5）。多年生大型草本，株型伸展；株高 104.2 ～ 155.8 cm；具叶鞘连合形成的假茎，高 46.3 ～ 59.6 cm；叶片卵圆形，60.8 ～ 71.2 cm × 29.1 ～ 37.3 cm，羽状侧脉凸出明显；叶柄长 15.7 ～ 19.2 cm，背腹面均为红色至红紫色；吸芽植株自第 3 年由营养生长转入生殖生长，开花植株无叶片，仅残存叶鞘，极少见数枚较小叶片；群体花期 4 ～ 10 个月，极端最低温度 -10℃以上地区均可种植，种植地需全光照。2012 年 9 月获云南省林业厅园艺植物新品种注册登记证书。

1c.‘佛乐金莲’

是 2008 年从地涌金莲野生种群的天然变异植株中经单株营养繁殖选育而成的新品种（马宏等，2013）（图 6）。多年生大型草本，株型伸展；株高 121.8 ～ 137.6 cm；具叶鞘连合形成的假茎，高 47.2 ～ 57.8 cm；叶片卵圆形，65.1 ～ 88.4 cm × 35.2 ～ 44.9 cm，中脉腹面橙红色，背面绿色，羽状侧脉凸出不明显；叶柄长 18.7 ～ 27.6 cm，背腹面均为橙红色；群体花期 4 ～ 10 个月，单株花期 3 ～ 6 个月；莲座状花序直立生于假茎顶端；苞片腹面黄橙色，背面橙红色；种子百粒质量约 10 g。对气候无特殊要求，在极端最低温 -10℃以上地区均可种植。土壤以酸性（pH 5 ～ 6.5）为宜。2012 年 9 月获云南省林业厅园艺植物新品种注册登记证书。

1d.‘祥瑞’

是以地涌金莲品种‘佛悦金莲’为父本、‘佛乐金莲’为母本，从杂交 F_1 代群体中选出的单株经组织培养繁育而成（图 7）。多年生大型草本，株型伸展；吸芽萌发能力较弱，3 年生植株平均每株吸芽萌发数量不足 1 株；假茎高 40.10 cm；叶片长椭圆形，叶柄长 20.74 cm，叶片长 76.07 cm，叶片宽 40.17 cm，叶柄背面花青苷显色中，为灰棕色，腹面花青苷显色弱，为浅粉红色，叶片下表面蜡粉少，上表面颜色浅绿色，侧脉中度凸起；莲座状花序直立生于假茎顶端，花序展开直径 38.95 cm；苞片卵圆形，苞片

营养生长期植株

开花植株侧面图

开花植株俯视图

图 4 ‘佛喜金莲’

营养生长期植株

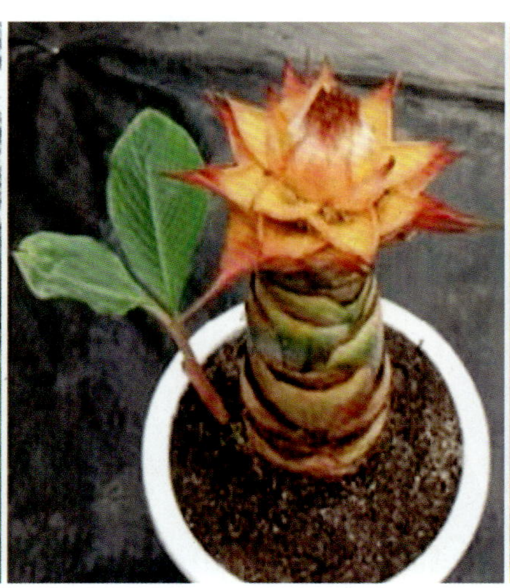
开花植株侧面图

开花植株俯视图

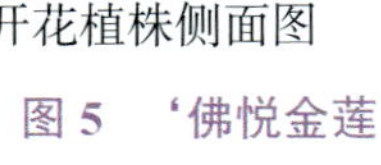
图 5 ‘佛悦金莲’

营养生长期植株

开花植株侧面图

开花植株俯视图

图 6 ‘佛乐金莲’

完整植株（茎、叶、花）

开花植株侧面图

开花植株俯视图

图 7 ‘祥瑞’

完整植株（茎、叶、花）

开花植株侧面图

开花植株俯视图

图 8 ‘福星’

长 15.02 cm，苞片宽 8.99 cm；苞片下表面具 2 种颜色：主色为深橙色，次色为棕色；苞片上表面具 2 种颜色，主色为深橙色，次色为鲜黄色，颜色分布式样为近等不规则；种子百粒质量约 11 g；群体花期 3 ～ 10 个月，单株花期 3 ～ 6 个月。2020 年 10 月获云南省林业厅园艺植物新品种注册登记证书。

1e.‘福星’

是以地涌金莲品种‘佛悦金莲’为父本、‘佛乐金莲’为母本，从杂交 F_1 代群体中选出的单株经组织培养繁育而成（图 8）。多年生大型草本，株型伸展，吸芽萌发极少，3 年生植株平均每株吸芽萌发数量不足 1 株；假茎高 57.32 cm，假茎粗 33.23 cm；叶片长椭圆形，叶柄长 28.44 cm，叶片长 94.25 cm，叶片宽 37.70 cm，叶柄背面花青苷显色中等，为灰棕色，腹面花青苷显色弱，叶片下表面蜡粉少，上表面颜色浅绿色，侧脉中度凸起；莲座状花序直立生于假茎顶端，花序展开直径 54.03 cm；苞片椭圆形，苞片长 20.16 cm，苞片宽 10.01 cm；苞片下表面具 2 种颜色：主色为橙黄色，次色为鲜红橙色；苞片上表面具 2 种颜色，主色为鲜橙黄色，次色为深红橙色，颜色分布式样为局部晕状斑块；种子百粒质量约 10 g；群体花期 3 ～ 10 个月，单株花期 3 ～ 6 个月。2020 年 10 月获云南省林业厅园艺植物新品种注册登记证书。

三、繁殖与栽培管理技术

可用播种、分株和组培法进行繁殖，但以分株繁殖较为便捷，大规模繁殖可用组织培养法。

（一）播种繁殖

果实为浆果，在成熟的浆果中有多粒种子，一般为 17 ～ 25 粒，有时多达 40 粒。在育苗实践中，种子因休眠特性的存在而阻碍了实生苗的形成。因此在播种前先软化种子种皮，再分别点播于 20 ～ 30℃的环境下。在 20℃下，第 28 天可见第 1 苗；发芽温度控制在 30℃时，第 15 天开始见苗（田美华 等，2012）。

（二）分株繁殖

于早春或秋季，把根部分蘖长成的小株（吸芽）连同地下的匍匐茎，从母株上切下另行种植即可，浇足定根水，成活率极高，可达 98% 以上（傅本重 等，2010）。分株繁殖是老百姓种植采用的主要方式。

（三）组培快繁

以幼芽为外植体，在 MS+6-BA 1 mg/L+IBA 0.5 mg/L 培养基上诱导培养 30 天后获得无菌幼芽（李洪波 等，2007），在增殖培养基和生根培养基上培养，达到一定数量的苗后炼苗移栽到大田。

（四）园林栽培

1. 选地及种植

好气性肉质须根系，选地时要注意选择未种过芭蕉科作物、排灌方便、土层深厚、疏松肥沃、不含有毒物质的砂壤土（图 9），株行距为 80 cm × 80 cm。

图 9　地涌金莲庭院种植

2. 肥水管理

合理施肥，保证植株营养，缩短植株成熟周期。施肥分基肥和追肥，整地时每亩施猪粪 500 ～ 800 kg、石灰 50 kg、磷肥 40 kg 作基肥，每个季度施 1 次有机复合肥。每个月向植株喷浇 1 次磷酸二氢钾或活力素液肥。秋末或早春施以腐熟有机肥作为追肥，以利于回根、壮秆、保叶、促花。

要求夏季湿润，冬、春季稍干燥。夏季注意适当浇水，保持土壤湿度在 50% ～ 70%，夏季温度超过 35℃要遮阴，大雨后注意排水，防止积水泡根。

3. 光照

喜光植物，全年需光照充足，每天需保持 4 ～ 7 小时以上的光照，避免遮光。

（五）病虫害防治

病虫害较少，种植前可每亩地用 95% 敌克松可湿性粉剂或 75% 百菌清可湿性粉剂 1 kg 拌细河沙 50 kg 进行土壤消毒。夏秋会有叶枯病发生，可喷 600 ～ 800 倍的代森锰锌加以防治；空气不畅通易遭介壳虫危害，可用 40% 速扑杀乳油 1500 倍液喷雾防治。

四、价值与应用

佛曰：在佛祖诞生时每走一步都会盛开一朵金灿灿的莲花，象征着高贵和神圣。受傣族小乘佛教的影响，在我国西双版纳地区，地涌金莲是受人们爱戴的“五树六花”之一。在滇中彝族地区，地涌金莲具有食用、药用、观赏、水土保持、饲料等多种价值，是彝族传统文化的重要组成部分。受佛教和彝族文化的影响，地涌金莲得以有效地保护和可持续利用。

（吴红芝）

Nanocnide 花点草

荨麻科花点草属（*Nanocnide*）多年生常绿小草本。本属有 2 种，分布东起日本，西至我国横断山脉以东，是中国—日本植物区系中较典型的代表植物。《中国植物志》记载 2 种，2019 年报道了产于浙江的一新种浙江花点草（*N. zhejiangensis*）。

一、形态特征与生物学特性

（一）形态与观赏特征

茎直立，自基部多分枝，下部多少匍匐，高约 20 cm，常半透明，黄绿色，上部带紫色。叶三角状卵形或近扇形，长约 3 cm，宽 2 cm，上面翠绿色，下面浅绿色，常带紫色。雄花序为多回二歧聚伞花序，生于枝的顶部叶腋，花紫红色；雌花序密集成团伞状，花绿色。花期 4～5 月，果期 6～7 月。花点草植株纤细秀丽。居群低矮、外貌整齐划一，花开时，紫红色的秀气花序铺盖在植被上面，迷人的美感虽然自然形成，却胜似精美设计。

（二）生物学特性

喜阴湿环境，耐寒，耐贫瘠。

二、种质资源

1. 花点草 *N. japonica*

茎黄绿色，近基部略带紫色，直立，通常分枝，高 10～45 cm，多少肉质；茎和叶柄具粗毛。托叶宽卵形，具纤毛；叶柄长 1～5 cm；叶片三角状卵形或菱状卵形，1.5～4 cm×1.3～4 cm，下部的叶近扇形，较小，3～5 脉，正面带绿色，疏生短贴伏的蜇毛，钟乳体香肠状，两面显眼。雄花序在上部腋生，聚伞状，多回二歧分枝，长于叶，花序梗长，具粗毛。雌花序簇生，花序梗短。略带紫色的雄花，有花梗；花被片 5 裂，卵形；雄蕊 5；不发育的子房宽卵形；雌花带绿色；花被裂片 4，不等大，外部 2 片舟状。瘦果宽卵形，多疣。花期 4～5 月，果期 6～7 月（图 1、图 2）。

生长在森林、岩石裂缝、溪流的阴湿处；海拔 100～1600 m。分布于安徽、福建、甘肃、贵州、湖北、湖南、江苏、江西、陕西南部、四川、台湾、云南东部、浙江。

2. 毛花点草 *N. lobata*

茎基部略带紫色，铺散，基部通常分枝，高 17～45 cm，肉质。叶柄 0.8～1.8 cm，具反曲的粗毛；叶片宽卵形、三角状卵形或近扇形，1.5～2 cm×1.3～1.8 cm；基部截形或浅心形，钟乳体香肠状，两面显眼。雄性聚伞花序腋生，多回二歧分枝，5～12 mm；雌花序簇生，花被裂片（4～）5，卵形；雄蕊（4～）5；雌花带绿色；花被裂片 4，不等大，外部 2 片舟状，具脊。花期 4～6 月，果期 6～8 月（图 3）。

生长在森林、草地、岩石裂缝、沿溪流的阴湿处；自海平面至海拔 1400 m。分布于安徽、福建、广东、广西、贵州、湖北、湖南、江苏、江西、四川、台湾、云南东部、浙江。

图 1　花点草自然景观

图 2　花点草精美的雄花序

图 3　毛花点草原生于磐石基部

（二）园林栽培

宜选择林下、建筑物北面、岩石或假山基部等阴凉湿润的环境，不宜阳光直射。宜肥沃及排水良好的砂壤土；干燥、板结土壤则生长不良，通透性差的黏重土壤可用腐叶土或富含蛭石、粗沙料的肥土浅覆盖地表。栽前要先耕翻整平土地，施足有机肥，栽植不宜过深。

（三）病虫害防治

花蕾期见有少量霉菌类叶斑病，可用多菌灵、百菌清、代森锰锌等防治。

三、繁殖与栽培管理技术

（一）播种和扦插繁殖

花点草可以通过播种、分株或插条繁殖。种子应播种在排水良好的砂壤土并保持湿润；插条应取自半木质化枝条。种子和插条都应保存在温暖潮湿的环境中。

四、价值与应用

花点草植株低矮紧凑，花色艳丽，花朵密集；具有抗旱、耐寒、耐贫瘠等特性，是优良的岩石园、花境及自然景观营建材料。

（张宏伟）

Nelumbo 荷花

莲科莲属（*Nelumbo*）多年生挺水植物，莲科属于单属科，莲属只产2种。荷花是我国十大传统名花之一，栽培历史悠久，长达2500年，其形、姿、色、韵俱美。荷花不仅供观赏，其地下根状茎为著名蔬菜莲藕，其果实（莲子）为传统的营养保健品。因栽培目的不同，经长期的人工选择形成了花莲（观赏）、子莲和藕莲三个类型。

一、形态特征与生物学特性

（一）形态与观赏特征

根状茎横生，肥厚，节间膨大，内有多数纵行通气孔道，节部缢缩，上生黑色鳞片，下生须状不定根。叶圆形，盾状，直径25～90 cm，全缘，稍呈波状，上面光滑，具白粉，下面叶脉从中央射出，有1～2次叉状分枝；叶柄粗壮，圆柱形，长1～2 m，中空，外面散生小刺。花梗和叶柄等长或稍长，也散生小刺；花直径10～40 cm，美丽，芳香；花瓣红色、粉红色或白色，矩圆状椭圆形至倒卵形，长10～15 cm，宽3～8 cm，由外向内渐小，有时变成雄蕊，先端圆钝或微尖；花药条形，花丝细长，着生在花托之下；花柱极短，柱头顶生；花托（莲房）直径5～10 cm。坚果椭圆形或卵形，长1.8～2.5 cm，果皮革质，坚硬，熟时黑褐色；种子（莲子）卵形或椭圆形，长1.2～1.7 cm，种皮红色或白色。

从浮叶到立叶；花色有白色、粉色、红色，从淡黄到深黄，从浅绿到中绿，还有复色、洒锦等五彩缤纷；花型有碗状、杯状、飞舞状等多种形态；花瓣有单瓣、半重瓣、重瓣、重台、千瓣，变化丰富；花径12～40 cm。既端庄、雍容、高雅，又具素颜、洁净、清淡芳馨之气。

荷花的观赏特征有个体和群体之分，无论是个体或是群体形态，受物候期的影响非常大。就其个体形态的变化，《爱莲说》曰：“中通外直，不蔓不枝”，当是其形态之一。初春时出水面之叶或如钱，或“小荷才露尖尖角”，卷曲成筒状的幼叶被叶柄挺出水面，多成斜角状，未及筒状卷曲的幼叶只需3～5天至多8～10天便开展如盘如伞，从此宽阔平静的水面就打破了冬的寂静，此时，虽残荷尚存，但已展出勃勃生机了。

叶形变化：从刚出水的线形转至盾形，然后逐渐展开至盘状圆形，同时其离水面的高度也逐渐升高，整个过程高温时仅3～5天，低温时则有8～10天，这些一日龄、二日龄、三日龄……荷叶的变化充满生机，天天进步，给人以振奋、努力向上的激情，而且在荷花的整个生长期每时每刻都在发生。

群体动态：荷花的群体从体量上虽然是单个个体的集合，其形态绝不是简单的个体集合，在群体中每时每刻都在演绎着荷叶的“小荷才露尖尖角”到叶如盘的每个阶段，还有花开花谢，莲蓬竞相长大结实的过程。

（二）生物学特性

在华东、华中地区，当日平均气温稳定通过13℃时，地下茎的顶芽开始萌动，率先开始长叶，稍后其茎横向生长也开始。刚长出的叶呈卷状，出水面后松卷展开，在长出3～5片浮叶后开始生长立叶，卷状叶挺出水面，经3～4天卷状叶叶柄增高，松卷、展开，增大成圆形的盾状叶即立叶。荷花一旦长出立叶，其抗性增强，生长速度加快。初出的立叶较小，而后一片较一片高，一片较一片大，间距也越来越长，从卷叶到成叶的时间也缩短到 3 ～ 4 天。一般品种长到 4 ～ 7 片立叶后开始现蕾，也有的中小型品种花蕾先于立叶挺出水面。由于立叶的生长，叶面积增加，加上气温升高，地上地下的生长速度都迅速增加。地下根状茎（藕鞭）快速生长，并出现分枝，在分枝藕鞭的节上又长出片片立叶。至此，覆盖水面的荷叶有大有小，有高有低，层层叠叠。地下的藕鞭纵横交叉，直至花蕾出现，营养生长达到高潮。

生长期间，主藕的藕鞭长可达 3 ～ 5 m，最长的可达 8 m。缸、盆种植的藕鞭沿着缸盆内壁沿顺时针方向盘旋而下生长，直到缸、盆底部（图 1）。藕鞭节上，萌生子藕鞭，子藕鞭在分支藕鞭节上再分生出二级、三级藕鞭，分支藕鞭与主藕鞭交织在一起盘旋生长，长可达 1.5 ～ 6 m。藕鞭分支直接影响新藕的数量。该性状受品种遗传影响较大，与气温、基质以及栽培管理技术也有很大关系。据试验，缸栽、盆栽因受边际效应影响，单位面积种藕产量远高于大田种植。

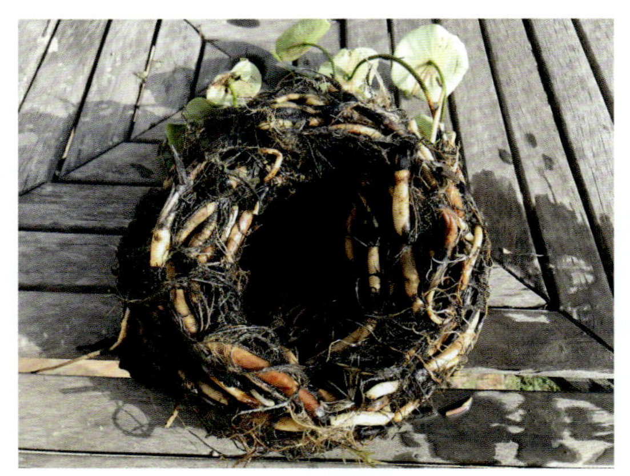

图 1　荷花的地下根茎

荷花生长发育很有特色，边长叶、边开花、边结实，虽然单朵花期较短，一般单瓣型品种仅 3 天，重瓣型品种也只有 4 天，千瓣莲的单朵花期可达 10 余天。而荷花的群体花期在两个月以上，有的甚至长达 4 ～ 5 个月。如‘希陶飞雪’在杭州的花期为 6 月初至 11 月初，长达 5 个月之久。一般缸、盆种植的花期短于池栽和大水面种植。尤其是种植密度较稀的后期长势更好，花期更长。这与生长空间有关。还有当年种植的群体花期要长于老茬的花期。

花蕾出水后需 13 ～ 15 天开花，花柄生长期 10 天左右，花柄的生长与同节的立叶同步，在花柄长高的同时，花蕾也不断增大、成型，雌蕊、雄蕊发育也趋于成熟，开花时花蕾一般于 1：00 开始松动，3：00 松动明显，6：00 ～ 7：00 花蕾先端张开直径 2.5 ～ 3 cm。8：00 后开始闭合，11：00 左右基本闭合。第二天 5：00 左右又见张开，花瓣从外至内逐渐张开，7：00 ～ 10：00 呈最佳盛开状态，11：00 左右又开始闭合，但不能完全闭合，第三天全开。下午开始闭合，但不能全部完全闭合，第 4 天花瓣开始掉落。第一天开花，雌蕊已成熟，而雄蕊则在第二天成熟。因此，一般人工授粉，在花开第二天的花中收取花粉，给第一天开花的雌蕊授粉，一般时间掌握在 5：00 ～ 8：00 时。受精后花托膨大成莲蓬，子房发育成果实，胚珠发育成种子，从受精到成熟需 28 ～ 35 天，在华东、华中地区进入 10 月后，气温逐渐降低，荷叶开始枯萎，此时地下藕鞭先端开始膨大。缸、盆栽，因生长空间影响，早在 8 月底 9 月初便开始结藕。

荷花在年生育期内是先叶后花，花叶同出，而且单朵花依次而生，一面长叶、一面开花、一面结实，叶、蕾、花、莲蓬（果实）并存。花后生新藕，表现出生长—发育—生长的节奏。

（三）生态习性

荷花是喜温植物。农谚云：“三月三，藕出苦，九月九，挖野藕”。是指长江流域 4 月上旬平均气温上升至 13℃以上，荷花的顶芽始萌动；10 月中旬气温下降至接近 15℃，地下茎先端膨大成藕，荷花年生育期基本终结。根据武汉地区 20 世纪 60 年代至 1983 年气象资料统计，4 ～ 10 月各月平均气温与荷花物候期相对应为：4 月上旬（17℃）萌芽，中旬浮叶展开，5 月中下旬（22.3℃）立叶挺水，6 月上旬（25.9℃）始花，6 月下旬至 8 月上旬为盛花期，9 月中旬为末花期，7、8月（29.3℃、28.8℃）为果实集中成熟期，9月中下旬（24.2℃）为地下茎成熟期，10月中下旬（17.7℃）为地上叶枯黄期，然后进入休眠期。整个生育期的积温约为4420℃，可见荷花年积温约需4000℃。最适宜荷花生长的温度为22～32℃。对35～40℃的高温亦能忍耐，但低于17℃生长极为缓慢。当气温降至10℃处于休眠状，5℃以下地下茎易受冻。我国南北方冬季温差极大，而夏季温差较小，因而荷花在大江南北、长城内外都能生长。在东北地区也有大面积野生荷花分布或人工栽培盆荷成功，如黑龙江省黑河市逊克县奇克镇边疆村荷花湖的野生荷花。此地地处北纬49°，年积温仅2400℃，较所需要积温差2000℃，可见东北地区气候对荷花生长发育稍有影响。尽管该地区冬季气温常低于–30℃，水体结冰达1 m以上，但冰下泥水温度并不低于5℃，故荷花能安全越冬。

气温对单朵花的发育快慢有影响。据王其超等研究证明：在5月中旬现蕾者，单朵花形成需16天，6月中旬现蕾者，单朵花形成需12～14天，7月现蕾者，单朵花形成需9～11天。表明在相同栽培条件下，气温为22℃左右时，单朵花形成过程较慢，当气温升至29℃左右时，单朵花形成则较快。

荷花为强喜光植物，极不耐阴。据王其超等观察证明：全光照下较树荫下的荷花花期早55～58天，黄叶期相应迟缓50天。因此，阳台养碗莲，只要每日阳光能直射5～6小时，不致影响开花，但盆荷处在半阴半阳的环境下，3～5天后花叶有“偏头”侧向，花柄、叶柄明显徒长，表现强烈的趋光性，从而降低盆荷质量。

荷花喜相对稳定的静水，不喜流速较急、涨落悬殊的流水。不同类型品种对水深要求有别。大株型品种，如洪湖红莲、普者黑红荷等，适宜在50～200 cm水中生长，但最适合水深为50 cm；小株型荷花如‘小天使’‘金珠落玉盘’，生长适宜水深10～20 cm。子莲产区种植子莲时，其水深多控制在15～30 cm；这是莲农千百年来总结的最适合荷花生长的水位。同一品种在整个生育期中的不同阶段，对水深的要求也不同。初期宜浅水位，随着气温的不断上升，荷叶高度不断增加，可逐步加深水位。

荷花对土壤适应性很强。最适宜在富含有机质的湖塘河淤泥、水稻土中生长。适宜pH6.5～7.5，但在pH8.0～9.0碱性土中也能适应。据河北南戴河荷花园观察记录，土壤pH达9.1，前期长势明显偏弱，但一旦长出立叶，便可迅速恢复。说明荷花有较强的耐盐碱性。但土壤pH过低或偏高、土壤质地过于疏散，都对荷花的生长发育有影响。

荷花喜微风、惧大风。在微风下婆娑多姿，遇6级以上大风，荷叶碰撞易破裂，重瓣型、重台型、千瓣型等大花品种，最易倒伏。碗莲更娇，遇5级风时，花易损，蕾易败。沿海地区常有台风袭击，尤应注意选择小气候环境植荷，以减少风害。

盆栽荷花由于摆放在地上，在阳光照射下，容器及植株都可快速感温，受热面积较大，水体及泥土升温快。因此，盆栽荷花在相同时间内获得热量要多于池塘，即积温相对要高，同一品种在相同的气候条件下，整个生育期为140～160天，比湖塘荷花短30～50天。其在杭州的物候期：3月下旬地下茎开始萌发，4月中旬出现浮叶，下旬至5月上旬出现立叶，6月中下旬至7月中旬为盛花期，8月下旬开始膨大结藕。

二、种质资源与园艺分类

（一）栽培简史

浙江余姚河姆渡遗址出土有距今约7000年的荷花的花粉，还有芡、菱等的碳化果实，河南省郑州市大河村遗址出土了2粒碳化莲子（约5000年前），湖南石门的殷商古墓中也出土了碳化莲子（约3500年前），说明这些水生植物早在7000多年前已被我们的先民所采集食用。荷花作为食物的优势十分明显，莲子不但可鲜食，更宜于长期贮藏；莲藕采集容易，采掘时间从秋季一直延续到翌年春季，是冬季“粮荒”时期极好的食物来源。收集莲子、采集莲藕安全、方便、高效，且淀粉含量高，营养丰富，是先民们的美食。

荷花作为观赏植物的栽培则始于战国时期（公元前473年）的吴王夫差在离宫（今江苏吴县）修“玩花池”，移种了野生红莲，是人工砌池栽荷供观赏的最早实例。第一部荷花专著《缸荷谱》是由上海的杨钟宝于清嘉庆年间（1808年）问世，记载了33个缸栽品种。目前品种已逾2500个。

（二）种质资源

莲科仅1属，即莲属（*Nelmbo*）。莲属仅2种。

1. 荷花（莲）*N. nucifera*（*N. komarovii*）

形态如前文描述。产于亚洲及大洋洲。

2. 美洲黄莲 *N. lutea*

产于美洲。多年生挺水植物，根状茎粗壮，横走，有长节，节间秋季膨大，内有纵行通气孔道，节部缢缩。叶互生，盾状圆形，径20～70 cm，全缘，稍呈波状；柄无刺，长1～1.5 m，挺出水面；叶鼻在中间被分隔成两部分；单花腋生，花柄长1～2 m，光滑无刺，花径20 cm左右。萼片4～5枚早落，花瓣多数（15～20枚），倒卵形，黄色；雄蕊多数，花药线形，花丝细长，附着物淡黄色、长7～8 mm，花托在果期膨大，海绵质。坚果椭圆形或卵形。花果期6～9月。

美国东部和南部，中美洲国家和加勒比海国家有分布。生长在池塘、浅水湖泊、江河及沼泽中。

美洲黄莲与莲的区别，前者叶柄、花柄均光滑无刺，叶鼻中间分隔成两部分，花黄色，栽培品种较少。

（三）园艺分类

1. 根据植株大小分类

叶径≥30 cm，花径≥18 cm的为大株型；

叶径＜30 cm，花径＜18 cm的为中小株型。

2. 根据花瓣数量及花的形态变化分类

单瓣类、半重瓣类、重瓣类、重台类、千瓣类（表1）。

表1 花型分类简表

类型	花瓣数和花形态
单瓣类	花瓣数＜30
半重瓣类	花瓣数30～60
重瓣类	花瓣数＞60
重台类	多数雄蕊已瓣化，心皮部分或者全部泡化或瓣化
千瓣类	花瓣数在600以上，不见雌雄蕊和花托发育

3. 花型结合种系

根据《中国荷花新品种图志》中的品种分类稍作调整后的荷花品种分类见表2。

三、繁殖技术

荷花可通过种藕、莲子或藕鞭进行繁殖。

（一）种藕繁殖

种藕要求有3节，1个顶芽，1～2个侧芽，藕支饱满、无病虫害且无机械损伤。

1. 常规植藕法

在华东、华中地区，4月上旬气温上升至

表2 荷花品种分类表

类型	种系	群	类	型	代表品种
温带型	莲	大株型	单瓣类	红莲型	西湖红莲
				粉莲型	尼赫鲁莲
				白莲型	一丈青
				复色莲型	单洒锦

续表

类型	种系	群	类	型	代表品种
温带型	莲	大株型	半重瓣类	红莲型	满江红
			重瓣类	红莲型	红万万
				粉莲型	粉千叶
				白莲型	重瓣一丈青
				复色莲型	大洒锦
			重台类	红莲型	中山台红
			千瓣类	红莲型	宜良千瓣
				粉莲型	千瓣莲
		中小株型	单瓣类	红莲型	一点红
				粉莲型	八一莲
				白莲型	白衣战士
				复色莲型	霞光染指
			半重瓣类	红莲型	朱衣使者
				粉莲型	唐婉
				白莲型	白云碗莲
				复色莲型	真尤美
			重瓣类	红莲型	红蜻蜓
				粉莲型	娇容三变
				白莲型	天高云淡
				复色莲型	彩蝶
			重台类	红莲型	富贵莲
				粉莲型	彩云飞渡
				白莲型	小碧台
				复色莲型	彩虹
	美洲黄莲	大株型	单瓣类	黄莲型	美洲黄莲
		中小株型	单瓣类	黄莲型	瘦影
	中美杂种莲	大株型	单瓣类	黄莲型	黄舞妃
				复色莲型	舞妃莲
			重瓣类	黄莲型	友谊牡丹莲
		中小株型	单瓣类	红莲型	红领巾
				粉莲型	粉斑莲
				白莲型	娃娃莲

续表

类型	种系	群	类	型	代表品种
温带型	中美杂种莲	中小株型	半重瓣类	黄莲型	小金凤
				复色莲型	小舞妃
				红莲型	红莺
				白莲型	冰心
				黄莲型	翠柳
				复色莲型	春晓
			重瓣类	白莲型	冰心玉洁
				黄莲型	黄寿桃
				复色莲型	夕阳红
			重台类	红莲型	紫瑞
				粉莲型	牡丹莲 28 号
				黄莲型	牡丹莲 66 号
				复色莲型	红唇
热带型	莲	大株型	单瓣类	红莲型	国庆红
				粉莲型	粉霸王
				白莲型	秋玉
				复色莲型	粉艳
			重瓣类	红莲型	赛凌霄
				粉莲型	烽火
				白莲型	至高无上
		中小株型	单瓣类	白莲型	希陶飞雪
			重瓣类	红莲型	粉红凌霄

13℃以上，顶芽开始萌发。湖塘植藕，宜在 3 月下旬至 4 月上旬，放干或仅留 5 ～ 10 cm 深的水，根据藕身的长度，用手扒一深浅约为 15 cm，20° ～ 30° 斜度的泥槽，将顶芽向下放置，再用泥土盖住藕身，最好露出尾部。6 ～ 10 天后，根据藕苫伸长情况，逐渐加深水位。

子莲产区的莲农植藕较为简易。先将藕田土壤耕匀耙平，水深控制在 20 cm 以内。种植时，挑着藕筐，边走边将藕沿着行进方向左右各放一株，再用脚轻轻一踩就可以了。

2. 草袋抛藕法

有的湖塘水深达 2 m 左右，人工不能直接种植，又不便排水降低水位，可采用草袋或废旧编织袋装上种植土，装土时，同时将种藕平放于袋中，使泥土包裹住藕身，每袋放 2 ～ 3 株（必须是大株型，耐深水的品种）种藕，袋口不宜封实。用船装载运至水中，边行船边按等距离轻轻平抛下草袋即可。

（二）莲子繁殖

莲子要求颗粒饱满，种皮无损伤。

西湖红莲　尼赫鲁莲　一丈青　单洒锦

满江红　红万万　粉千叶　重瓣一丈青

大洒锦　中山台红　宜良千瓣　千瓣莲

图 2　温带型莲（大株型）代表种

1. 莲子种植法

4 月下旬至 8 月下旬（气温 20 ～ 24℃，水温达到 16℃）均可播种，但仅 4 月下旬至 6 月下旬播种的当年才能开花。播种前应将莲子底部剪破，但应尽少损伤子叶。在播种季节，将已破壳的莲子放在容器里，加入水（自来水或河水）至容器的 2/3 处，以完全浸泡莲子为度，摆放在室外或有较强光照的地方，每天换水 1 次，1 ～ 3 天可发芽。莲子发芽后 7 ～ 10 天（时间视气温高低而不同）长出根和 2 ～ 4 片幼嫩开展的浮叶，方可种植。种植容器选口径 18 ～ 30 cm 无底孔的塑料盆或瓷盆，盆内加 1/2 种植土，提前两周加水浸泡，不能施肥。移栽时，只需将莲子壳包括根系按入土中，叶片浮在水面上即可，每盆 1 株种苗，移栽后加水至叶片浮在水面上，勿使水位高于叶片。

2. 莲子抛撒法

有些较大型水体景观水位较深，又急于见效，又无合适品种的种藕时，可采用此法。首先备制稍干的塘泥或是含水量较高的黏性泥土，将莲子破壳，包裹于拳头大小的泥块中，再轻轻捏成圆球状，每个泥团最好只包裹 1 粒莲子，全部制成球后，再行播种。面积较小的湖塘可在岸边沿线抛掷；大面积湖塘，可用竹筏、木船载上莲子泥团，在水中抛掷。此法成本低，操作简便易行。

（三）藕鞭繁殖

时间上已过春季种植期、或是需要延迟种植、或是为促成栽培研究、或是延缓荷花观赏期等因素，均可采用此法。在长江流域，正值荷花旺盛生长期，取 2 ～ 3 个节且顶芽完整的藕鞭（幼嫩根状茎），直接置入泥中。其种植环境同“常规植藕法”，将藕鞭全部置于泥土中，覆土 5 ～ 10 cm 即可。为提高种植成活率，需选择阴雨天气或傍晚种植，必须随采藕鞭随种，若需长途运输或贮藏，采后时间不宜超过 3 天，

一点红 　八一莲 　白衣战士 　霞光染指

朱衣使者 　唐婉 　白云碗莲 　真尤美

红蜻蜓 　娇容三变 　天高云淡 　彩蝶

富贵莲 　彩云飞渡 　小碧台 　彩虹

图 3　温带型莲（中小株型）代表种

美洲黄莲　瘦影

图 4　美洲黄莲

黄舞妃　　舞妃莲　　友谊牡丹莲

图 5　中美杂种莲（大株型）代表种

红领巾 　　粉斑莲 　　娃娃莲 　　小金凤

小舞妃 　　红莺 　　冰心 　　翠柳

春晓 　　冰心玉洁 　　黄寿桃 　　夕阳红

紫瑞 　　牡丹莲 28 号 　　牡丹莲 66 号 　　红唇

图 6　中美杂种莲（中小株型）代表种

国庆红　粉霸王　秋玉

粉艳　赛凌霄　烽火

至高无上　希陶飞雪　粉红凌霄

图 7　热带型莲代表种

且运输贮藏温度应保持在 25℃以下。种植后绝对不可缺水。

四、栽培管理技术

（一）园林栽培

1. 种植时间

日平均气温稳定通过 13℃即可种植，我国从海口、广州的 1 月下旬至 2 月上旬到西宁、拉萨的 5 月下旬至 6 月上旬。

2. 脱盆移植

新营造荷塘未能在正常植荷季节完工，或是原有池塘水位较深，不易控制水位，而又被要求必须在夏日（7 月或 8 月）赏花的条件下，可在 4 月将种藕种植在口径 30 cm 左右塑料缸盆里，放置在阳光充足、水源方便、周围无大树遮阴的场地。可稍密摆放。施足基肥及追肥，让植株（荷秆）生长得高大而健壮。为移栽时尽量减少植株损伤，宜提前若干天不浇水，夏日一般提前两天即可，控水至缸盆中的泥和缸盆壁分离并相对硬化，以荷泥从缸盆中脱出时不变形为要。移栽时将植株带荷泥从缸盆中轻轻整个脱出种植即可。泥球从缸盆中脱出及种植过程中泥球不变形和完好是技术关键。若荷泥变形极易导致泥中茎和根部受损，影响生长。需要注意的是荷泥缺水时间过长易导致荷叶枯萎，在具体操作时一定要注意观察。

3. 种植密度及深度

有不少荷花景观设计者或种植者多采用1～2株/m^{2}的种植密度，这样确有立竿见影之效，但在单位面积上的投入加大了，且在2～3年后，荷叶拥挤不堪，甚至密不见水，泥中盘根错节，开花量逐年减少，展示不出荷塘应有的景观效果。

子莲及藕莲产区的种植密度约为150株/亩。花莲株型较小，植物体的营养面积亦较小，其种植密度可提高到1株/2 m^{2}或2株/3 m^2，300～450株/亩即可。草袋抛藕法和藕鞭种植法，因有一定的损伤，其种植密度可提高到1～2株/m^2。莲子抛撒法应根据莲子在深水中萌发成苗的大约情况估算，一般1200～2000粒/亩。

顶芽与藕节入土深度2～5 cm。种植水深应根据荷花株型大小进行控制，大株型10～20 cm为宜，中小株型3～15 cm为宜。

4. 控根

荷花的地下根状茎非常发达，生长迅速，曾有当年伸长生长超过10 m的野外记录，而且其穿行能力非常强，一般能穿越1.5 m左右宽的田埂。如底质质地坚硬或水深过深时，甚至能呈跳跃式走茎，即其地下根状茎游离于水体中，此时其节间相对较长，节部一般生长浮叶，笔者在微山湖野外考察时曾发现这种沉浮于水体中的根状茎长度达3 m。因此，为保持品种间不混生，需要做好硬质隔离措施，其隔离措施下方应深入底泥母质层以下，上方应高于表土20 cm。

5. 肥水管理

荷花赖水而生，分栽初期不论塘植盆栽，水位不宜过高，以后随着浮叶、立叶的生长，逐渐提高水位。但池塘最深处宜控制在1.5 m内，否则会影响生长。缸植者，夏季应1～2天灌水1次，碗莲容器小则应每天浇水，即或雨天，常因翠叶覆盆，雨水滚落盆外，故仍需浇水。若建水泥浅池，深度高于盆面6～10 cm，将碗莲排列池中，灌满池水，可节省人工。浇灌荷花的水，一般用自来水，若属地下水，须先引入池、缸，经过日晒提高水温后再用。秋末冬初，荷花已停止生长进入休眠，不必经常浇水，缸盆内只需保持浅水即可。池塘植莲，若塘泥肥沃，一般不施追肥。缸盆植荷，若基肥充足，也不必追肥。尤其是碗莲，肥多易受害。在生长季节，发现荷叶黄瘦，应追肥促壮。掌握薄肥勤施的原则，追肥过量易产生肥害。

6. 防风、防冻管理

荷花抗风力弱，盆栽荷花的花圃应择避风向阳场所。阳台养花应于大风前移到安全处。

缸栽荷花在长江流域可以露地越冬。为安全计，可在花缸周围塞土防寒。盆栽碗莲，因盆薄泥浅，新藕细小，经受不住风寒，须在严冬到来之前移至不结冰的室内越冬，或设薄膜防寒，室内越冬时应保持盆泥湿润。

7. 翻缸翻盆

植荷4～5年之后，茎蔓重叠，长势衰退，影响开花。故应翻塘挖藕。缸盆植者，应于每年清明前后翻缸翻盆，一可扩大繁殖，二可更换基质。翻盆前应保持缸盆内泥层润湿，操作时，将缸或盆倒扣在地，这时新藕全貌可见。然后仔细散开泥土，随手将主藕、子藕、孙藕各保留2～3节分离。取出新藕，勿碰坏顶芽。一般一缸一盆可新增藕7～10株，多者可达20余株。

（二）病虫草害防治

1. 斑枯病

斑枯病6～9月间发生在荷叶上，尤以多雨季节发病严重。发病初期叶面出现褪绿斑点，以后逐渐扩大，使病斑周围组织坏死，形成不规则的斑点，干枯后变成淡褐色至深棕色的轮纹状大块病斑，导致部分叶绿组织枯死。防治时用25%多菌灵可湿性原粉于早晚喷撒在荷叶上，或用甲基托布津原粉喷撒，均可收到70%左右的效果。

2. 莲叶脐黑腐病

危害部位为立叶，先在叶脐周边表现症状，叶脐颜色逐渐变深，经褐色至黑色，后期腐烂，并扩展至叶脐下周半叶。叶片通常下端开裂，不能正常展开，常向下披垂。用 50% 多菌灵可湿性粉剂 1000 倍液喷雾喷施发病处进行防治。

3. 花蓟马

危害部位为花、叶。成虫、若虫多群集于花内取食危害，花器、花瓣受害后成白化，经日晒后变为黑褐色，危害严重的花朵萎蔫。叶受害后呈现银白色条斑，严重的枯焦萎缩。

药剂防治：喷洒 50% 辛硫磷乳油或 5% 锐劲特悬浮剂、35% 伏杀磷乳油 1500 倍液、44% 速凯乳油 1000 倍液、1.8% 爱比菌素 4000 倍液、35% 赛丹乳油 2000 倍液。此外，可选用 2.5% 保得乳油 2000 ～ 2500 倍液或 10% 吡虫啉可湿性粉剂 2000 倍液。

农业防治：清除藕田及周围杂草，减少越冬虫口基数，加强田间管理，减轻危害。

物理防治：利用蓟马对蓝色的趋性，可采用蓝色诱虫板对蓟马进行诱集，效果较好。

4. 蚜虫

物理防治：越冬期开始，结合修剪，将蚜虫栖居或虫卵潜伏过的残花、病枯枝叶，彻底清除，集中烧毁。这样可收到事半功倍之效。对土壤及旧花盆进行消毒，以杀死残留的虫卵。

生物防治：利用蚜茧蜂、瓢虫、食蚜蝇、草蛉、蜘蛛、食蚜绒螨等天敌防治。利用使蚜虫致病的蚜霉菌等微生物防治。

化学防治：用 1.8% 阿维菌素 3000 ～ 5000 倍液，10% 吡虫啉可湿性粉剂 2000 倍液防治，50% 抗蚜威可湿性粉剂 1500 ～ 2000 倍液对蚜虫有特效。重点喷植株幼嫩部位和叶片背面。

5. 斜纹夜蛾

农业防治：①在收获后要清除田间杂草，翻耕晒土或灌水，以破坏其化蛹场所，有助于减少虫源。②高温期经常观察荷叶，随手摘除卵块和群集的初孵幼虫，以减少虫源。

物理防治：①夜间悬挂黑光灯诱杀成虫，每盏灯能有效控制 2 ～ 3 hm^2。②用糖醋液诱杀成虫。③在田间悬挂害蛾性诱剂，诱杀雄虫。

生物防治：可采用细菌杀虫剂，如国产 Bt. 乳剂或青虫菌六号液剂，通常采用 500 ～ 800 倍稀释浓度。保护斜纹夜蛾的天敌，如黑卵蜂、赤眼蜂、小茧蜂、广大腿小蜂、姬蜂、蜘蛛等。

化学防治：喷药防治应掌握在 1 ～ 2 龄幼虫期，喷药时间掌握在早晨和傍晚，喷药水量要足，植株基部和地面都要喷雾，且药剂要轮换使用。防治药剂可选用 90% 敌百虫 800 ～ 1000 倍液，2.5% 溴氰菊酯乳油 2000 ～ 3000 倍液，或 21% 灭杀毙乳油 3000 ～ 4000 倍液喷施 2 ～ 3 次，隔 7 ～ 10 天 1 次。

6. 杂草管理

池塘内常生有喜旱莲子草、水莎草、野慈姑等杂草。对荷花生长有影响。尤其是喜旱莲子草，极易蔓延，荷花无力抗衡，有被“吃掉”的危险，故应及时清除。长江流域 4 ～ 5 月正值荷花出苗生长期，可使用除草剂，每公顷用量为 25% 除草醚 7.5kg，加 25% 敌草隆 0.75kg，用毒土法撒施，除草效果良好。应随时捞除缸盆内滋生的浮萍、田字萍及藻类，减少肥水损失。

五、价值与应用

据潘富俊研究，截至清代，历代吟荷花的诗词歌赋曲等达 1 万多首，仅次于柳、松、竹，且历朝历代，长久不衰。在清及以前文学家眼中的柳、松和竹，应是目前属的概念，甚至超越属，而荷花只有一个种，因此，可以认定吟荷花的是最多的。

荷花全身都是宝，不但可以观赏，还可以食用，有水中第二大粮食作物之称，全身各器官皆可入药，还可以代茶，作化妆品原料等。

莲子营养丰富，含有碳水化合物、蛋白质、脂肪、维生素、矿物质、氨基酸等营养成分，还有生物碱、多酚、超氧化物歧化酶（SOD）等功能活性成分，是一种营养健康的食品。干莲子经过蒸煮后口感软糯，入口即化，味道清香，可以作为主食日常食用。莲子、莲藕富含淀粉，营养丰富，干莲子历来为滋补佳品，莲子可烹饪上百款菜肴。莲藕为我国最重要的水生蔬菜，全国各地多有栽培，产量高，口感好，易贮运。适宜煎、炸、蒸、煮、炖等多种烹饪方法，可单独也可多种材料一起烹饪。卷叶、藕带、花瓣皆可入蔬做菜，各荷花产地多有“荷花宴”。

据《中华人民共和国药典》(2020年版)记载，莲子：滋养补虚，强心安神。莲子心：降压、降脂。莲房：消瘀、止血、祛湿。莲须(雄蕊)：清心、益肾、涩精、止血。荷叶：减肥、降脂。藕节：止血、散瘀。

荷花在乡村振兴中，不但是乡村环境整治的好材料，还是乡风建设、乡村旅游、自然教育的好材料，更是乡村产业振兴的好选择。荷花切花近年流行，主要是采集花蕾，还出口日本。荷花是和合文化的载体，出淤泥而不染，也是廉政教育的重要载体。

(陈煜初　章志远)

Neomarica 巴西鸢尾

鸢尾科巴西鸢尾属（*Neomarica*）具有根状茎的一类多年生草本植物。分布在巴西、阿根廷、巴拉圭和乌拉圭等中美洲和南美洲地区。属名是由希腊文前缀 *neo-*（新）及希腊神话中居住在山林水泽中的女神 Marica 缔造而来。巴西鸢尾又名“行走鸢尾”（walking iris），是因它的花葶像叶片般呈扁平的剑形；开花授粉后，雌蕊会继续成长，然后在花茎顶端部分直接长出新苗；花茎会被花朵或新苗的重量压弯，着地生根，仿佛向前跨出一步。还被叫成“使徒植物”（apostle plant），源于叶子长到 12 片时，就被认为成熟到可以开花，与耶稣的 12 个使徒有关。

一、形态特征与生物学特性

（一）形态与观赏特征

根状茎匍匐或直立，没有被宿存的纤维包膜状叶基覆盖。叶片光滑，呈剑形，以扇状排列。花葶（花序梗和第一苞片）叶状扁平。

（二）生物学特性

原种主要生长在亚热带地区的森林腐质层中，且土壤排水非常良好。土壤大多是红色、酸性，铁和铝含量高，氮磷钾等含量低。栽培中，对环境的忍受能力很强，大多数种在温暖和高湿条件下生长旺盛，在开花季节需要充足的水分。不论是全日照、半日照、明亮散射光处，都可生长良好，但若希望叶子长得青翠繁盛，还是以半日照或有遮阳的环境较佳。因此，墙边、树荫下或是室内明亮处，都是理想的栽培地点。

二、种质资源

新的热带属，建立于 1928 年，包括以前称为 *Marica* 和 *galanthea* 的植物。在巴西，这些植物的原名是 *Marica*，与壶鸢花属（*Cipura*）、杯鸢花属（*Cypella*）和豹纹鸢尾属（*Trimezia*）关系密切。因此，同种巴西鸢尾可能同时列在这些不同的属下。最近有学者将巴西鸢尾属和壶鸢花属合并到豹纹鸢尾属中，但尚未得到广泛采用。

该属现有 28 种，可以通过花的颜色来区分，如 *N. caerulea* 有深紫蓝色的花，*N. northiana* 有白色和黄色的花，*N. gracilis* 有蓝色边缘的白色花，*N. longifolia* 有黄色的花，花瓣上有棕色、桃花心木色斑点。常见的原种和园艺栽培种如下。

1. 巴西鸢尾 *N. gracilis*

又名“马蝶花”或“新玛丽雅”，种名 *gracilis* 则是“纤细的”的意思，表达其植株形态。巴西鸢尾分布在墨西哥至巴西一带的热带至亚热带地区。直立，株高 40 ～ 60 cm。根茎匍匐多节，粗而短，浅黄色，弯拱如竹头，径 1.5 ～ 2.5 cm，布满曲折的须根，外被黑褐色皮膜，横切面赭红色；母根茎侧芽可长出子株。单叶，深绿色，左右对合，丛生，叶从基部根茎处抽出，呈扇形排列，革质；长披针形，长 20 ～ 40 cm，宽 1.8 ～ 2.8 cm，先端尖细，基部为鞘状，全缘，中肋不明显，光滑，上表面深绿色，有光泽，成熟期叶片 8 ～ 12 枚。

单一花茎自近地表的茎基部抽出，可开 3 ～ 5 朵花，次第开放；花茎扁平似叶状，但中肋较明显突出，花从花茎顶端鞘状苞片内开出，花有 6 瓣，外 3 瓣外翻，白色，基部有红褐色斑块，内 3 瓣直立内卷，为蓝紫色并有白色线条；

花通常上午开放，至15：00～16：00就开始内卷枯萎。但花鞘内的花开完后，会长出小苗，小苗最后接触土表，发根成苗，而小苗来年就有开花能力（图1、图2）；花期在春至夏季之间。果实为蒴果，长椭圆状卵球形，长1.5～2 cm，径约0.5 cm，有6棱，成熟时3瓣裂，先端具宿存的花被筒；种子黑褐色，梨形，无附属物。果期6～8月。

2. 长叶新泽仙 *N. longifolia*

又名黄花巴西鸢尾。是一种生长在巴西东南部的物种，它生长在大西洋森林的阴凉处。叶蓝绿色，平坦，坚韧，长达30 cm。茎直立的，僵硬、线状。5 cm长的花呈柠檬黄色；外花被爪上有紫褐色的横条，内花被有褐色或米色的尖端。人们用这个名字种植的大多数植物都是豹纹鸢尾属的，包括黄扇鸢尾（*Trimezia fosteriana*）。

3. 蓝巴西鸢尾 *N. caerulea*

多年生植物，具短根状茎。叶剑形，坚硬，深灰绿色，长90～150 cm，宽1.5～2.5 cm。花序粗壮翅状，长在叶子上方；花大，宽7～10 cm，芳香；花瓣呈鲜紫蓝色，基部紫褐色，中间呈白色和蓝色。花期春末夏初。每朵花仅开放一天，但是一朵朵的接着连续不断地开，所以可以长时期保持花园的色彩。新苗不停萌发，非常吸引人，同时可以扩大繁殖。在阳光充足处生长良好，但叶色在遮阴下表现最好，夏季要定期或不定期灌溉，在阴凉的地方耐旱。排水良好的肥沃土壤效果最好，但植物也能耐受黏土。耐-4℃的低温。可作花园植物，与兰花等林下配置。但由于生长旺盛，在原产地广泛分布，在引种地也成为入侵植物。

4. 行走巴西鸢尾（新拟）*N. northiana*

多年生植物，通常高60～100 cm。长60 cm、宽5 cm的剑形闪亮绿色叶片扇形拱起。春末至初秋时出现扁平的花序，在叶的上方升起，或常向下垂，簇生着一束8～10 cm宽的花，稍有香味。花朵在早晨开放，只开放一天，并且在其基部附近斑驳有白色的花瓣，上面有黄色或橙色的斑点，直立的花被部分是白色和蓝色，有明显的白色花药丝。不耐寒，叶大，是一种流行的室内观叶植物。

三、繁殖与栽培管理技术

可以用分株和播种的方法进行繁殖，但由于播种繁殖容易发生变异，一般用于新品种培育，主要以分株繁殖为主。

（一）分株繁殖

每隔2～4年，当植株过分拥挤时，可以在春季花后及秋季将植株小心挖出，尽量避免伤及根部，除去泥土后，在根部每2～3株才一并掰开成为一组，整组重新种植，效果比每株一组种

图1 巴西鸢尾

图2 巴西鸢尾片植

植好，成活率更高。种植后，在热带及亚热带地区，一般一年后可开花，在温带地区，大约两年才会开始开花。花后分株，花芽可在秋季分化，翌年着花较好。

（二）播种繁殖

播种应于种子成熟后进行，10 月为好，遮阳，始终保持温暖，冬天少浇水，播种后 2 ～ 3 年开花。

亦可用腋芽、叶片、底盘、花茎等不同器官，通过组培方法繁殖。

（三）园林栽培

1. 土壤

喜欢疏松的土壤，如排水良好的腐叶土。如果黏土太多可加入粗沙改良土质。

2. 温度与光照

喜欢半日照（每天约 4 小时日照）至半阴（每天约 2 小时日照）环境，最适生长温度 20 ～ 28℃。在炎夏正午最好能避开阳光，而在冬季低温日子（10℃以下）最好能移至室内越冬，若地植可以用枯草枯叶等铺在地面护根。

3. 浇水

需供水充足。由于根部不能长期水淹，每次要待土表干燥才可再浇水，亦不应让底碟长期积水。每次浇水时要浇透，让水分能充分渗入种植土；夏季浇水时间宜避开正午，冬季可减少浇水，浇水时间宜在中午之前。空气干燥会导致叶尖枯焦。

4. 施肥

基肥可用有机肥如豆饼、油粕。春季开花前每两周施 1 次以磷肥为主的稀薄花肥，花后每两周施 1 次均衡肥，气温 15℃以下或 30℃以上，以及开花期间暂停施肥。

（四）常见病害

1. 常见病害

主要有锈病、叶斑病、灰霉病等。

锈病　被锈菌侵染后，通常在叶表面出现凸起的黄色小疱斑，内含黄色的孢子。植株表现生长衰弱。

叶斑病　叶片前期为边缘水浸状的褐色小斑，之后逐渐变为眼斑。

灰霉病　感染灰霉病，生长受阻，鞘叶受湿腐影响。

白绢病　多发生于霉雨季节，初发病时叶基布满白色菌丝，导致根茎腐烂。

炭疽病　终年都有，高温多雨季节更为猖獗，病斑先从叶尖向根茎处延伸，严重时导致整株死亡。

根腐病　主要表现为植株局部生长受阻，花苞枯萎，根系呈水渍状腐烂。

2. 防治措施

加强栽培管理　选择健康的植株，注意土壤的排水和通风情况，保持适当的湿度和光照。

定期喷药保护　定期喷洒杀菌剂，如 65% 代森锌 500 倍液或 50% 多菌灵可湿性粉剂 1000 倍液，以保护叶片和植株。

及时摘除病叶　发现有病叶出现时，及时摘除并烧毁，以防止病害扩散。

控制土壤湿度　保持土壤湿度在适当的范围内，避免过湿或过干，以减少病害的发生。

增强植株抗性　通过合理的施肥和浇水，增强植株的抗病能力。

（五）常见虫害

蚜虫和白粉虱是巴西鸢尾常见的虫害。这些虫害会吸食植株汁液，影响其正常生长。介壳虫，俗称“兰虱”，在高温多湿、空气流动不畅的情况下繁殖最快。

对于虫害，可以使用杀虫剂进行处理，如 1% 氧化乐果等。对于少量的盆栽，也可以人工刷除介壳虫。

四、应用与价值

巴西鸢尾引入我国台湾的时间很长，因此在台湾地区能够经常看到。近几年，我国南方地区应用于园林绿化渐多，在华东、华中地区的小气候环境下能越冬，少量用于室内栽培。虽然花朵寿命短，但众多花茎轮流开放，也可观赏一段时间。

花形独特且美丽，花朵呈现忧郁但又不失韵味的蓝紫色，花朵上还间接点缀着白色的线条，两种颜色相互映衬，看起来优雅而又别致。非花期时，浓绿光亮、具线条感的叶子也有一定的观赏价值。并且栽培难度不高，我国华南地区广泛应用于室外，布置林下、花坛、花境或庭园露地栽培。在北方可以进行室内盆栽，是非常好的观叶和观花植物。

还可用于切花。在巴西人民的眼中，它代表的是“浪漫的你”，男子经常把自己心爱的女子比作美丽的巴西鸢尾，以此来抒发和表达强烈的爱意。花语还有“好意的使者”，往往能给人带来好的运气，还可以送给自己的老师、朋友和家人，均可以表达自己浓浓的敬意和爱戴之情。

此外，具有清热解毒、祛风利湿、活血化瘀的功效，主治风湿痹痛、跌打损伤、肝炎、咽喉肿痛、胃痛、食积腹胀等症。

（朱旭东）

Nepeta 荆芥

唇形科荆芥属（*Nepeta*）多年生草本或灌木。该属植物超过200种，主要分布于欧亚温带，东自日本海，西至大西洋东岸的西班牙、摩洛哥，分布中心在地中海、近东及中亚，在非洲自北非延至热带山区。我国产38种1变种，主要分布于云南、四川、西藏、新疆等地的山区。具芳香，常被用于药用、观赏和香料。

一、形态特征与生物学特性

（一）形态与观赏特征

直立茎，四棱形，具槽。叶对生，通常具锯齿或分裂，叶形多样，有披针形、卵形等。花常组成轮伞花序，聚集成穗状或圆锥状花序；花冠多为二唇形，颜色有蓝色、紫色、白色等。小坚果，卵状或三棱状（图1）。

（二）生物学特性

适应范围较广，能在多种土壤类型中生长，包括贫瘠的土壤。但在肥沃、排水良好的土壤中生长更佳，多数物种能适应较宽的温度范围，但不同物种对极端温度的耐受程度有所不同。大多数喜欢充足的阳光，但也能在部分遮阴的环境中生长。

二、种质资源

1. 荆芥 *N. cataria*

又名猫薄荷、猫穗草。原产于欧洲、西南亚、中亚的温带地区，我国新疆、甘肃、陕西、河南、山西、山东、湖北、贵州、四川及云南等地有分布，多生于海拔不超过2500 m的灌丛中。我国各地均有栽培。株高60～100 cm，对环境适应性较强，最适于生长在肥沃、疏松的土壤，湿度适中、阳光充足和温和的气候条件下，种子在15～20℃下即可发芽，生长适温为20～25℃，耐高温也较耐寒。

2. 长苞荆芥 *N. longibracteata*

主要分布于我国新疆南部和西藏西部地区，在克什米尔地区也有分布。生长于海拔高

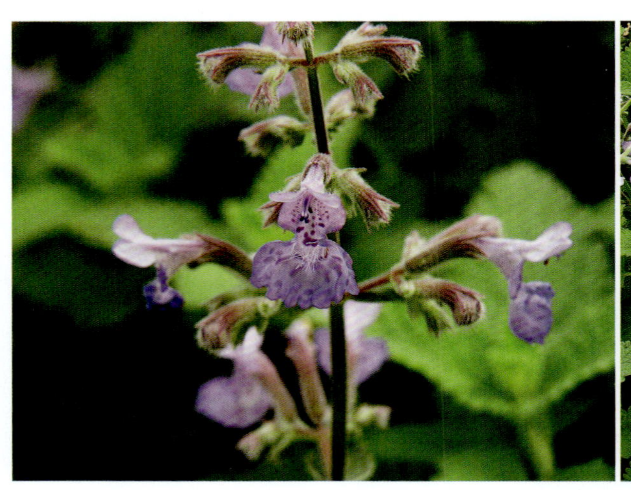

图1　荆芥花、叶部特征（吴棣飞　摄）

达5500 m的高山流动乱石堆上，能适应极端的高海拔环境。其茎高8～12 cm，根部木质、多节，在上部分枝形成短的根茎，向下纵向分裂成粗糙的纤维。花序通常呈球形，苞片线形或狭线形，呈淡紫色，边缘密被长单毛，外面被小腺毛；花萼直立，呈狭倒圆锥形，花冠为蓝青色。

3. 淡紫荆芥 *N. yanthina*

主要生长于西藏西部的班公湖及老康地区，海拔在4200～4300 m之间。基部呈半灌木状，分成多数直立的分枝，被短而疏的绵毛。叶具柄，心状卵形，具不规则的圆齿状牙齿或近深缺刻状，具泡状隆起。轮伞花序腋生，花萼淡紫色，被紫色绵毛；花冠较小，微超过萼。

4. 杂交荆芥 *N.* × *faassenii*

杂交荆芥是 *N. racemosa* × 小猫荆芥（*N. nepetella*）的杂交种。园林应用多选择杂交的荆芥品种，目前多自国外引进。

三、繁殖与栽培管理技术

（一）播种繁殖

在花朵凋谢后，果实成熟时采集优质的种子。通常在春季或秋季进行播种。春季播种有利于幼苗在生长季节充分生长，秋季播种则可使幼苗在冬季来临前有一定的生长基础。选择疏松、排水良好的土壤，将种子均匀撒播在土壤表面，然后轻轻覆盖一层薄土。保持土壤湿润，一般在适宜的温度和湿度条件下，种子会在1～2周内发芽。

（二）分株繁殖

春季或秋季，当植株生长旺盛时进行分株。小心地将母株挖出，用锋利的刀具或剪刀将其分成若干个带有根系和芽的小株。然后种植在准备好的土壤中，并浇透水。

（三）扦插繁殖

选择健康、无病虫害的枝条作为插穗，一般长度在5～10 cm。剪去插穗下部的叶片，保留顶部的几片叶子。将插穗插入湿润的沙床或培养土中，保持适宜的温度和湿度，通常在2～3周内生根。

（四）园林栽培

1. 土壤

荆芥属植物适合在疏松、排水良好的土壤中生长。可以使用腐叶土、园土和粗沙混合配制，以保证土壤的透气性和肥力。

2. 水肥

保持适度湿润，但避免积水。一般在生长季节，根据土壤干燥情况适时浇水。在春季和秋季生长旺盛期，每隔2～3周施1次稀薄的复合肥。

3. 光照

喜欢充足的阳光，但在夏季高温时，可能需要适当遮阴，避免烈日暴晒。

4. 修剪及越冬

定期修剪可以促进植株的分枝和生长，保持植株的形态美观。在花期过后，及时剪掉残花和枯枝。

（五）病虫害防治

可能会受到白粉病影响，在叶片上出现白色粉状霉层，可加强通风，降低湿度，发病初期可喷洒硫黄悬浮剂、三唑酮等药剂。若叶片上出现褐色或黑色斑点，应及时清除病叶，减少叶斑病病源，发病初期可用百菌清、代森锰锌等药剂喷雾防治。

四、价值与应用

荆芥在园艺和药用方面有一定的价值。人工栽培的常用荆芥属植物如荆芥，其花朵美丽，香气浓郁，花期较长，花色丰富（有蓝色、紫色、粉色、白色等），适合用于花坛边缘、花境前部、岩石花园或作为地被植物（图2）。其优美的姿态和迷人的花色能为园林景观增添自然、浪漫的氛围。荆芥的品种大多耐修剪，可通过修剪控冠，翌年自然成球型。花后可将其修剪到10～15 cm，以促进生长。若管理得当，一年可开3次花（图3）。

因其芳香特性，也常用于香草园艺，增添花

图 2　荆芥杂交品种‘蓝色奇迹’的园林应用

图 3　荆芥品种 *Nepeta* × *faassenii*‘Walker's Low’园林应用

园的香气。其芳香气味具有驱虫和杀菌作用，可减少病虫害的发生。荆芥的花朵吸引蜜蜂和蝴蝶，对促进花园生态平衡有积极作用，还可以改善土壤，增加土壤有机质含量。此外，其提取物常被用于制作香水、护肤品和调味品等。

荆芥在传统医学中具有重要地位，特别是在中药领域。具有抗过敏、抗炎、镇痛等作用，常用于治疗过敏反应、头痛、肌肉疼痛等症。

（任梓铭　夏宜平）

Nephrolepis 肾蕨

水龙骨科肾蕨属（*Nephrolepis*）多年生草本植物。全球 20 种，主要生于热带和亚热带地区；我国有 5 种，华南、西南、台湾等地均有野生分布。由于肾蕨叶片羽状深裂，肾形的小羽片形态别致，形似蜈蚣，故又名蜈蚣草。肾蕨是最常见的蕨类植物之一，其姿态秀美、绿意葱茏，耐阴性好，装饰效果较佳，被广泛用于室内环境的绿化美化。

一、形态特征与生物学特性

（一）形态与观赏特征

株高 30 ～ 60 cm，地上具直立短茎，密被棕褐色茸毛状鳞片，地下具匍匐状根茎。一回羽状复叶，密集丛生、簇生、斜上伸或下垂生长，叶长 40 ～ 60 cm，宽 6 ～ 7 cm；具 40 ～ 80 对羽片，小羽片长 3 cm，交错而整齐地排布于叶轴两侧。叶轴绿色至褐色、光滑，羽片基部以关节着生于叶轴，容易脱落。

（二）生物学特性

自然界肾蕨的生长方式有地生型和附生型两种类型。前者一般都生长在林下、溪边等潮湿半阴的环境中；而附生类型则附着生长于树干上或石隙中，依靠吸收空气中的水分、养分来生长。喜温暖潮湿的环境，由于叶片较薄，不能适应较大的温差，生长适温 16 ～ 25℃，冬季不得低于 10℃。对湿度要求较低，但为了保证植株的正常生长与叶片更新，最好保持在 50% 以上。长期在湿润环境下栽培将促进植株横走茎的产生，干旱时将产生更多的圆球茎。喜半阴，忌强光直射，在中等荫蔽下生长良好，无论采用自然遮阴还是遮阳网荫蔽都应将光照强度控制在 400 ～ 1500 lx。对土壤要求不严，以疏松、肥沃、透气、富含腐殖质的中性或微酸性砂壤土生长最为良好，不耐寒，不耐旱。

二、种质资源及园艺品种

常见的有波斯顿蕨、长叶肾蕨等。

1.‘波士顿’蕨 *N. exaltata*‘Bostoniemsis’

高大肾蕨的品种。株高 30 ～ 50 cm。根状茎有直立的主轴，主轴上长出匍匐茎；匍匐茎的短枝上生有小块茎，主轴和根状茎上密生钻状披针形鳞片。叶簇生，翠绿，披针形。羽片长 90 ～ 100 cm，一回羽状，羽片无柄，基部圆形，其上方呈耳形（图 1）。

1894 年在美国波士顿被发现，故而得名。‘波士顿’蕨不能抵御寒冷，稍能忍受干旱，怕强烈的阳光直接照射，喜明亮散射光的半阴环境。也能忍耐较弱的光照。性喜温暖、潮湿及荫蔽的环境。生长适温为夜间 15 ～ 20℃，白天 24 ～ 28℃，35℃以上停止生长，处于半休眠状态；冬季能忍耐 -2℃低温。能忍受贫瘠，但最适宜在土质松散、腐殖质丰富、透气性好及排水通畅的中性或微酸性土壤中生长。

2. 长叶肾蕨 *N. biserrata*

根状茎短而直立，伏生披针形鳞片，鳞片红棕色，略有光泽，边缘有睫毛。根状茎生有匍匐茎，向四方横展，暗褐色，粗 1 ～ 2 mm，被疏松的棕色披针形鳞片，并有细根（图 2）。

喜阴凉环境，可适应较大的温度变化。由于其叶片稍厚，能耐 10℃左右的低温；但是长时间的低温会严重抑制生长甚至幼叶的萌发，30℃

图 1 ‘波士顿’蕨

图 2 长叶肾蕨

以上的高温会导致幼嫩叶片变异，株型不整齐，影响美观。最适生长温度为 22 ～ 28℃。为了保证植株的正常生长及叶片更新，相对湿度保持在 50% 以上。能耐较高湿度；但长期在过湿环境下栽培会缩短鲜切叶的保鲜时间，因此作切叶生产时，应将环境湿度控制在 80% 以下。

3. 肾蕨 *N. cordifolia*

叶簇生，直立，一回羽状，羽叶 45 ～ 120 对，披针形，先端钝圆或有时为急尖头，基部心脏形，通常不对称。孢子囊群成 1 行位于主脉两侧，肾形，囊群盖肾形，褐棕色。

生海拔 30 ～ 1500 m 溪边林下。为世界各地普遍栽培的观赏蕨类。园林栽培的以本种为主，其特征是羽叶较直立，羽片较狭，小羽片先端钝圆形。

三、繁殖与栽培管理技术

（一）孢子繁殖

肾蕨成年植株在其羽状复叶的小叶背面形成孢子囊，其中产生大量的孢子，可收集这些孢子来进行播种。应在叶背肾形囊群盖还未脱落时采收。由于孢子非常微小，似灰尘状，不易收集，可在收集孢子前，预先糊一些长条形纸袋，在叶背孢子囊显现初期，将这些纸袋套在叶片上，略微绑一下，以防滑落；待孢子成熟后，则会自动散落于纸袋内，将叶片连同纸袋一同剪下，收集纸袋内的孢子播种。

播种用的基质可选用泥炭、木屑、腐叶土、苔藓等。播前需进行消毒，然后将基质放入繁殖盆内，先用浸盆法浇水，然后将孢子均匀地撒于基质表面，不用覆土。用报纸或玻璃盖好盆，置于 20 ～ 25℃的室内，1 个月左右就会发芽，长出细小的扇形原叶体；再生长一段时间，当幼小的植株长满盆时即可分栽或上盆。

（二）分生繁殖

春、秋季气温适宜（15 ～ 20℃），选健壮、生长茂盛的植株，脱盆，将株丛用手轻轻撕开，或分割带根的幼叶，另行上盆即可。刚分生的新株，要适当遮阴，应叶面喷水，保持盆土湿润，但不可使土壤过湿。分生的新株经 1 ～ 2 个月培养，即可长出新的较大的羽状叶片。在空气湿度和温度适宜的情况下，肾蕨的匍匐茎生长很迅速。此时也可以采取适当的干旱胁迫，促使匍匐茎多产生圆球茎。这些圆球茎即为肾蕨的芽孢，能长出独立的根茎和叶，成为新的植株。此时可以直接从母株上剪断，单独种植。

（三）组培快繁

以孢子或根状茎尖为外植体，接种于人工培养基上，诱导形成新植株。一般可采用 MS+NaH_2PO_4 170 mg/L+KT 0.05 ～ 0.5 mg/L+NAA 0.01 mg/L 的固体培养基，根的诱导在无激素的培养基上进行，培养条件为 25℃，光照度为 2500 lx，每日光照 16 小时。

（四）盆栽

1. 基质与种植

肾蕨根系分布较浅，具有一定的气生性，因此基质要求疏松、肥沃、排水良好。

盆栽可选用的基质为腐殖土、椰糠（或花生壳），其中腐殖土：粗沙：椰糠（或花生壳）按1：1：1比例混匀。在花盆底部先垫一层碎陶片（蛭石或碎石），以增加花盆透气性，再往盆内填土至盆高4/5高度，然后将植株放置于盆中央，往盆内均匀添加栽培基质，厚度以盖过根颈1 cm为宜。家庭盆栽时，为了保持土壤的湿润，可向培养土中混入一些水苔、泥炭藓等，这对肾蕨的生长是非常有利的。

作吊篮栽培时可用腐叶土和蛭石等量混合作培养土，重量较轻，适宜悬垂。可根据不同的喜好选择吊篮，吊篮底部铺一层椰丝或苔藓，然后填入适当的栽培基质，将植株基部压稳。吊篮悬挂时，需经常用喷壶向叶片及根部补充水分。浇水方法为喷淋，每次喷淋之后，基质土会往下渗落，因此每隔一段时间就必须添加腐殖土，直到植株生长稳定为止。

地被观赏或切叶栽培基质配方参考盆栽方式。栽培地点选择荫蔽、长条状的苗床为宜。苗床不宜过宽，以方便切叶。株距不超过30 cm，直立茎埋入土壤的深度在2 cm左右，以增强植株稳定性。

2. 水分管理

肾蕨生长迅速，管理简单，是蕨类植物中比较容易栽培的种类之一，栽培中应充分考虑其生长习性。

肾蕨喜潮湿的环境，栽培中应注意保持土壤湿润，应经常向叶面喷水，保持空气湿润，这对肾蕨的健壮生长和叶色的改善是非常必要的。浇水时要做到小水勤浇。夏季气温高，水分蒸发很快，每天向叶面喷洒清水2～3次，可使植株生长健壮、叶色青翠、更加富有生机。春、秋季气温适宜，肾蕨生长较旺盛，盆中不断有幼叶萌发，此时应充分浇水，以使幼叶能正常、迅速地生长。冬季应减少浇水，并停止喷水，以保持盆土不干为宜。冬季室内栽培，如果室内有暖气或火炉，则往往会由于空气干燥而引起叶缘枯焦；当土壤缺水、空气过于干燥或浇水忽多忽少，常会导致植株叶色变淡、苍白、失绿，叶片尖端枯焦，严重时叶片大量脱落降低观赏价值。

3. 温度管理

肾蕨不耐严寒，冬季应做好保暖工作，保持温度在5℃以上，就不会受到冻害；温度8℃以上时还能缓慢生长，但也不宜置于靠近热源的地方，否则往往会由于温度高而引起过旺生长影响整体株型。冬季应特别注意防止夜间霜冻及冷风吹袭。

肾蕨也怕酷暑，夏季气温高，蒸腾剧烈，注意保持良好的通风，并不断地向植株喷水，这样也可使叶色更加嫩绿。在充分浇水、喷水的情况下，肾蕨在气温30～35℃时还能够正常生长。春，秋季气温适宜，是肾蕨生长的旺盛时期，应注意通风良好，同时经常转盆，以防生长偏向一侧。

4. 光照管理

肾蕨比较耐阴，只要能受到散射光的照射，便可较长时间地置于室内陈设观赏，几乎不需专门补光。在中等荫蔽下生长良好，无论采用自然遮阴还是遮阳网，应将光照强度控制在400～1000 lx。光照强度对叶片颜色深浅有一定的影响。当光照过强时，常会造成叶片干枯、凋零、脱落。长期在室内放置的肾蕨要特别避免突然遇到强光照射；这种情况下即使是很短的时间，也会导致叶片失水，叶缘枯焦叶片枯黄，严重影响其观赏价值。长期荫蔽不见光，也会导致生长柔弱，叶色变淡，叶片脱落；同时由于叶片伸长而改变其原有的姿态，造成生长不整齐，观赏性变差。为了保持植株长期具有良好的观赏效果，应使之定期见光。春、秋两季可在早晚略微照光，每天保证4小时的光照；冬季可将肾蕨置于窗前能见到阳光的地方；夏季光照强，肾蕨可一直置于室内能见到散射光的地方即可。

5. 施肥管理

肾蕨养分消耗不多，对肥分的要求较低，但

栽培中也应注意定期施肥。施肥以氮肥为主。在春、秋季生长旺盛期，每半月至1个月施1次以氮为主的有机液肥或无机复合液肥。肥料一定要稀薄，不可过浓，否则极易造成肥害。适量的施肥能够保持叶色的持久翠绿，使植株充满蓬勃的生机和旺盛的生命力。肾蕨的叶色相对其他观叶植物较浅，并非营养缺乏。

6. 换盆

肾蕨生长迅速，生长一年以后株丛会非常茂密，根系也布满花盆，应及时分株换盆，一般每年一次，早春进行。换盆时除去老叶、枯叶，并可进行分株，既改善观赏效果，还能促使新叶不断地抽发。

（五）病虫害管理

肾蕨在栽培中病虫害较少，但有时由于管理不善，也会产生虫害。如在过于潮湿的地方会有蛞蝓危害；通风不良时，有介壳虫的发生；另外有时也有潜叶蛾危害，造成叶片上产生褐色圆形斑点，影响观赏。按照肾蕨的生长习性，提供适宜的温度、湿度、光照、土壤等条件，一般都能有效地避免和克服。

高湿热环境下，尤其是雨季易遭受蛞蝓危害，啃食幼叶。①栽培土壤以及烂树叶等用生石灰除虫，清洁栽培场所周围的沟渠并撒施生石灰，除掉杂草，以减少蛞蝓的发生。②撒施8%灭蜗灵颗粒剂或10%多聚乙醛颗粒剂。

潜叶蛾对肾蕨属植株的叶片有偏好，初孵幼虫以咀嚼式口器潜蛀入植株的新梢、叶片、嫩枝表皮，啃食形成迂回曲折的虫道，影响植株生长势和质量，造成叶片枯黄脱落。潜叶蛾一旦进入叶片，则难以用化学农药将其杀死。首先要剪除及销毁叶片，减少虫口。将25 g/L的敌杀死乳油稀释为2500～4000倍液喷雾。其后每隔1周喷药1次，彻底杀灭土壤中残留的虫卵，直至新叶长出。喷施200 g/L康福多溶液1000～2000倍液或40%乐果乳油稀释2000倍液也能起到杀虫效果。

四、价值与应用

肾蕨是优良的室内观叶植物，姿态秀雅，叶色青翠碧绿光润，又具有良好的耐阴性，堪称观赏蕨类中的佼佼者。盆栽时宜选用较小、较浅的花盆栽培；同时，最好用浅色或白色的盆，以更好地衬托其秀丽清雅的姿态。可广泛用于家庭居室、宾馆、饭店、会议室等室内环境的布置装饰，能够给室内环境带来清新的自然气息，增添动人的绿意。在长江流域以南，可露地栽培。

肾蕨也是一种优良的插花材料，常作为衬叶，可和多种花材搭配，制作成各种花束、花篮、胸花等插花艺术品。近年来，欧美及日本等国将肾蕨加工成干叶，用于各种花艺制作，效果也很不错。

根状块茎含有淀粉，能够入药，可治疗咳嗽、腹泻等疾病。

（吴学尉）

Nuphar 萍蓬草

睡莲科萍蓬草属（*Nuphar*）多年生浮叶类植物。全球有17种，广泛分布于北温带。属名 *Nuphar* 源于波斯语的睡莲之名。春末至初秋，光亮浓绿的叶片三三两两浮于水面，一朵朵灿烂的金黄色花朵挺水而出，清风拂面，叶移花动，别具风韵。又名黄金莲、萍蓬莲或水面一盏灯。

一、形态特征与生物学特性

（一）形态与观赏特征

根状茎肥厚，水平生长。叶二型，初生叶沉水，较小，近膜质，边缘多波状；次生叶浮水或高出水面（拥挤时），厚纸质或革质；基部深裂至柄，心形、卵状心形，稀近圆形，全缘。花单生，挺水开放；萼片4～7，常为5，革质，花瓣状；黄色或橘黄色，背面凸出，宿存；花瓣多数，小于萼片，雄蕊状，黄色；雄蕊多数，比萼片短，花丝短，扁平；心皮多数，柱头辐射状，合生形成盘状。浆果卵形至圆柱形或坛状；种子多数，褐色或亮绿色（图1）。

叶片油绿光亮，花朵金黄挺立，花瓣状萼片金黄色，近蜡质，与红艳的柱头盘相配，更显花朵娇艳；花朵开放过程中，花被片形态及颜色富于变化，增加了观赏性：萼片花期外侧基部带绿色，中上部及内侧金黄色，花后至少有1枚萼片边缘变为红色；中心的柱头盘红艳，随着开放，颜色逐渐变深；雄蕊群初花时，紧贴子房，簇拥着柱头盘，第二天起，雄蕊向心式成熟，花丝伸长，花药向外反折，直至所有雄蕊成熟全部反卷（周庆源，2005）（图2）。

图1　中华萍蓬草形态

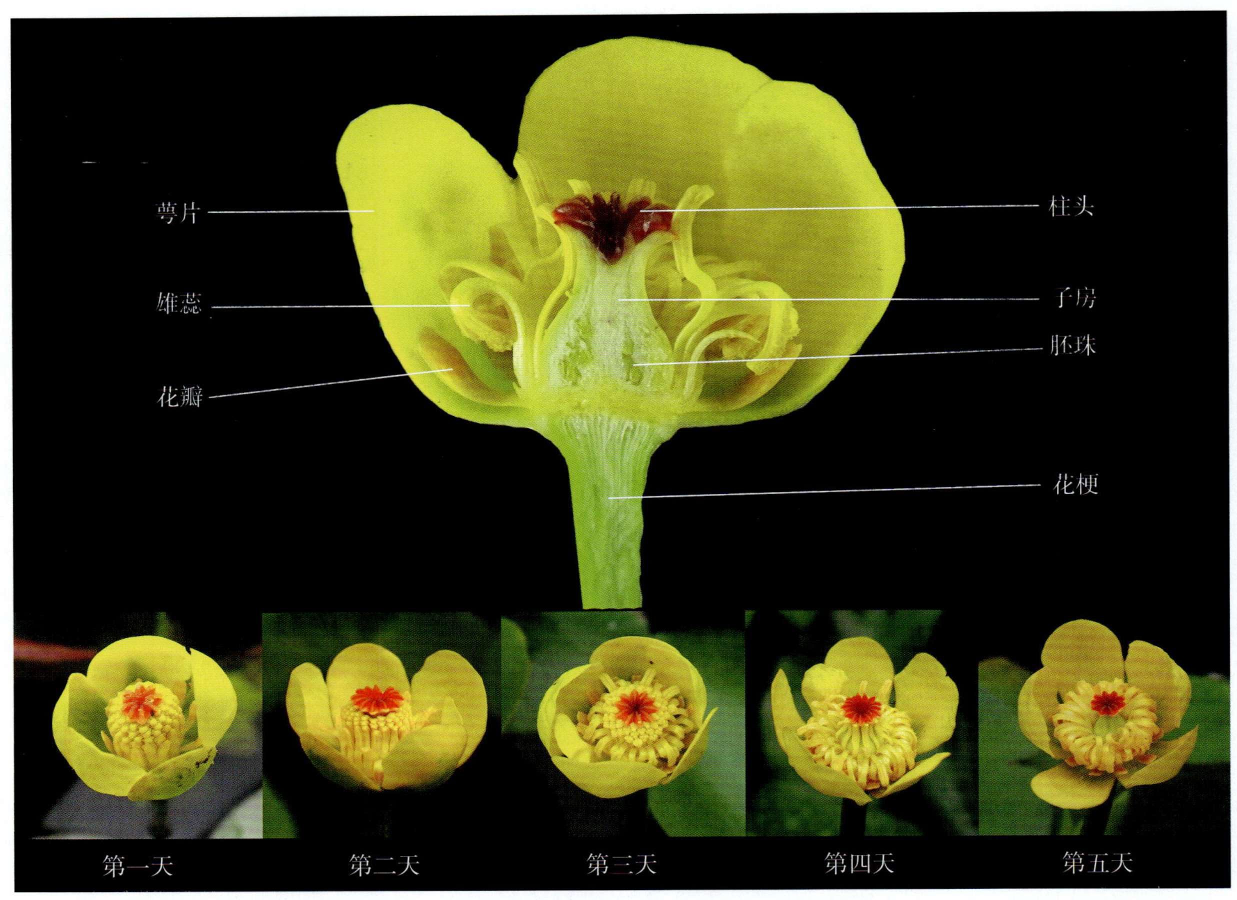

图 2　中华萍蓬草花部结构及花器官形态在花期的变化

注：图上部为花朵纵剖图

（二）生物学特性

我国园林常用的几种萍蓬草均耐寒，春季萌动较早。杭州 2 月中下旬萌动，花期 4 ～ 10 月，11 月初叶开始枯黄（陈煜初 等，2016）。西安 3 月上中旬萌动，花期 5 ～ 9 月，11 月进入休眠。喜肥，在贫瘠及盐碱的基质和水体中生长不良。喜浅水，水位超过 120 cm 时，往往只产生沉水叶；当水位适宜时，可同时产生沉水叶、浮水叶和挺水叶。喜光，亦可耐部分荫蔽，过阴环境，则不能开花。

二、种质资源

萍蓬草属依萼片数分为两个组：萍蓬草组（Sect. *Nuphar*）和多萼组（Sect. *Astylus*）。中国分布 2 种 1 变种，即欧亚萍蓬草（*N. lutea*）、萍蓬草（*N. pumila*）和中华萍蓬草（*N. pumila* subsp. *sinensis*）。*Flora of China*（2001）将《中国植物志》（1979）中的萍蓬草（*N. pumilum*）、台湾萍蓬草（*N. shimadai*）和贵州萍蓬草（*N. bornetii*）合并为萍蓬草（*N. pumila*），将中华萍蓬草（*N. sinensis*）归为萍蓬草的变种。我国分布的均属萍蓬草组。

目前，萍蓬草属尚无园艺品种。国内园林中应用的主要为我国的原生种，欧亚萍蓬草（图 3）、中华萍蓬草（图 4）和萍蓬草，三者的主要区别见表 1。

表 1　国产萍蓬草属检索表

1 浮叶长 15 ～ 30 cm；柱头盘全缘，直径 7 ～ 19 mm	欧亚萍蓬草 *N. lutea*
1 浮叶长 6 ～ 17 cm；柱头盘明显浅裂，直径 4 ～ 7.5 mm	
2 花药长 1 ～ 2.5 mm；花径 1 ～ 2.5 cm	萍蓬草 *N. pumila* subsp. *pumila*
2 花药长 3.5 ～ 6 mm；花径 2 ～ 4.5（～ 6）cm	中华萍蓬草 *N. pumila* subsp. *sinensis*

图 3 欧亚萍蓬草

图 4 中华萍蓬草

图 5 箭叶萍蓬草

图 6 紫果萍蓬草

图 7 多萼萍蓬草

多萼组中的多数种亦具有较高观赏价值，有待引进并开发利用。如箭叶萍蓬草（*N. sagittifolia*），叶片狭长（图 5）；紫果萍蓬草（*N. variegata*），果实深紫红色（图 6）；多萼萍蓬草（*N. polysepala*），花大且花色艳丽，萼片多于 6 枚（图 7）。

三、繁殖与栽培技术

（一）播种繁殖

1. 采种及保存

花后 30 ～ 40 天种子成熟，果皮自然开裂，心皮壁包裹着种子散出，漂浮于水面，故应提前套袋；否则，种子会随着水体波动而漂散。待心皮壁及假种皮腐烂后，净种，常温保存于清水中。若需来年播种，冬季积存种子最便捷的方法是将种子装入网袋内，一起沉入池底（保证室外池底不会结冰）。

2. 播种培育

春天或生长季节，用播种盘装沙约 5 cm，表面整平。放入水深 10 ～ 15 cm 的容器或水体中；将种子均匀撒播于沙面上，再用手或刷子抚动沙面，使种子浅埋于沙中。置于部分遮光或散射光下。待长出 2 ～ 3 片浮叶时，即可移栽。可先用小口径营养钵种植，基质以肥沃的塘泥为好，全光照下培养。待长出 5 ～ 7 片浮叶后，即可定植于大田。

（二）块茎繁殖

于春季或生长季节将植株挖出，清洗干净地下茎上的泥土，用快刀从母茎上切下带顶芽的茎段为繁殖材料。保留主茎 8 ～ 10 cm，侧茎长度则根据实际情况，不短于 3 ～ 4 cm，长一些更好，可带少量根系。种植时需固定好茎段，否则茎段容易漂浮到水面。将茎段几乎水平放置，根系埋于泥土中，起固定作用，若根系过少，则需将茎段稍倾斜，尾部插入泥土中，或用其他重物压在茎段上固定。使顶芽与泥面平齐。水位 20 ～ 40 cm、全光照下培养。

（三）组培快繁

1. 外植体及灭菌

以萍蓬草的幼嫩茎段为外植体。从泥土中挖出地下茎后，去掉叶、花及根系，反复冲洗干净茎段上的泥土。将茎段置于 0.001% 升汞溶液中初步杀菌 48 小时后，剪下幼嫩茎段部分，用自来水冲洗 40 分钟，再用 0.05% 安利洗涤液振荡洗涤 15 分钟，移至超净工作台。再用无菌水洗涤至没有泡沫时加入 70% 乙醇灭菌约 20 秒，迅速用无菌水振荡洗涤 2 次，再用 0.05% 升汞溶液振荡灭菌 5 分钟，移入 0.025% 升汞溶液中，继续振荡灭菌 15 分钟，最后用无菌水洗涤 5 次。无菌条件下，将灭菌处理的幼嫩茎段切成 0.2 ～ 0.3 cm 的块，待用。

2. 愈伤组织诱导及继代培养

将外植体接种到组分为 MS+6-BA 0.4 ～ 0.8 mg/L+2, 4-D 1.2 mg/L 的培养基上，培养温度 18 ～ 26 ℃，光照 12 小时 / 天，光照度 2000 ～ 3000 lx，约 45 天可诱导出具分生能力的愈伤组织。在相同培养基上进行继代培养，可连续培养 8 代，每个继代繁殖系数可达 36。

3. 不定芽诱导及继代培养

将愈伤组织分散成颗粒状，接种到组分为 1/2MS + $AgNO_3$ 1.2 mg/L+6-BA 0.3 mg/L + NAA 0.1 mg/L 的培养基上，培养条件同上。约 60 天诱导出高 0.5 cm 以上的嫩绿色丛生状不定芽。将不定芽从基部剪下，在相同组分的培养基上继代培养，可连续培养 7 代，每代繁殖可达 5.7。

4. 根系诱导

将不定芽接种到 1/3MS+IAA 0.5 mg/L 的液体培养基中，7 ～ 10 天即可形成根原基，40 天可培养出达到移栽规格的小苗（茎段长 2 cm、高约 4 cm、叶片伸展、根系发达、生长旺盛）。将上述试管苗切成具有一段根茎和 1 ～ 2 片叶的继代培养材料，接种到相同液体培养基中进行生根继代培养，约 40 天 1 代，且无退化现象。

5. 炼苗及移栽

将具有生长旺盛试管苗的培养瓶瓶塞打开，放到光照 4000 ～ 5000 lx、15 ～ 27 ℃的条件下炼苗 3 ～ 4 天。

将试管苗从培养瓶中取出并种植。基质为园土，厚度 10 cm 以上，水位 2 ～ 5 cm。在前 10 天应防止强光直射。平均成活率达 99.4%。待小苗长出 4 ～ 6 片浮叶时，即可移池塘浅水区。7 月前移植的试管苗，当年即可开花。

（四）园林栽培

1. 土壤及水肥

对土壤酸碱度要求不严，在 pH5.5 ～ 7.5 条件下均可正常生长。但土壤肥力与生长及开花有密切关系，肥沃的土壤中，花多，色艳，花期长，植株生长势强，观赏期长；反之，即使能存活，观赏价值也会大大降低（赵家荣，2002）。整个生长期均需在水中完成，喜浅水，水位 20 ～ 50 cm 为佳。水位过浅或拥挤时，易出现叶片挺水现象；水位超过 1 m 时，往往只有沉水叶（陈煜初 等，2016）。

2. 光照及温度

宜种植于全光照或半阴条件下。我国绝大多数地区的热量条件都可满足生长需求，只是南方生长期长，北方生长期短而已。如果容器或小水域种植，夏季水温过高（＞ 40 ℃）易出现植株停止生长或生长缓慢现象，高温加上连续强光直射也会造成枯叶现象，故应注意降温。

3. 修剪及越冬

入冬前应及时清除枯枝叶，以防水体污染及病菌滋生。萍蓬草抗寒能力强，冬季只需保证地下茎处于冰冻层以下即可。

四、价值与应用

萍蓬草是观赏、药用、食用和生态功能兼备的优良种质。叶片翠绿光亮，金黄色的花朵中央点缀红色柱头，更显艳丽别致，适应性强，同时具有较强的水体净化能力。适于孤植、片植，也

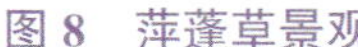

图 8　萍蓬草景观

图 9　欧亚萍蓬草群植景观

可与其他水生植物配置景观（图 8、图 9）。根系较发达，有很好的水体净化功能，特别是对铜尾矿污染水体中的铜离子有较好的吸附和净化作用（吴亮，2017；刘森，2018）。

萍蓬草的根及种子均可入药，性甘、平，无毒，可用于治疗病后体弱、月经不调、刀伤等症（彭海鹏，1997），也可食用。在日本，萍蓬草称为“Senkotsu（川骨）”，民间用作退热剂、止痛剂、抗炎剂（Yoshikawa et al.，1997）。萍蓬草生物碱具有显著的抗肿瘤、免疫抑制、抗炎、抗菌、杀虫活性，特别是含有羟基的含硫二聚倍半萜萍蓬草碱具有显著的免疫抑制和抗肿瘤细胞转移活性（周小力 等，2013）。

（李淑娟）

Nymphaea 睡莲

睡莲科睡莲属（*Nymphaea*）多年生浮叶水生植物，广泛分布于除南极洲以外的所有大陆。睡莲既是人们对睡莲属植物的统称，也是 *N. tetragon* 这个中国原生种的中文名。英文名为 water lily 或 waterlily。夏纬瑛在《植物释名札记中》称“此记实（唐段公路《北户录》）谓此植物之花被数层如莲之形，昼开而夜缩入水底若之状，即其名为‘睡莲’之故”。属名 *Nymphaea* 源于古希腊文的 *Nymph*，其含义是静洁纯美的山川女神。古希腊哲学与博物学家狄奥佛拉斯塔（Theophrastus，约公元前 371—约前 287 年）用该字来描述此类植物的特征特性及论述古希腊人崇尚睡莲，并以睡莲花供奉山川女神的习俗（黄国振，2008）。

一、形态特征与生物学特性

（一）形态与观赏特征

分热带睡莲和耐寒睡莲（图 1）两个生态类型，植株、叶片和花朵等器官尺寸种间差异较大。热带睡莲地下茎多呈菠萝状（生长期）、椭圆形或不规则球形（休眠期），直立生长。耐寒睡莲地下茎按其结构和形态的不同分为马利耶克型（Marliac-Type）、块茎型（Tuberosa-Type）、香睡莲型（Odorata-Type）、墨西哥睡莲型（Mexicana-Type）、凤梨型（Pineapple-Type）5 种，除墨西哥睡莲型和凤梨型的主茎为直立生长外，其他均为地下茎水平方向生长（图 2）。叶二型：沉水叶薄膜质，脆弱；浮水叶片有圆形、肾心形、椭圆形、箭头形等多种形态；耐寒睡莲叶片全缘，革质光滑，绿色，有的种或栽培品种叶面洒嵌各色斑点或斑纹；下表面有的具有短柔毛，黄褐色或紫红色；热带睡莲中，部分全缘，部分叶缘有不规则缺刻波状，锯齿状或重锯齿状；上表面较粗糙，草绿色，有的种或栽培品种叶面有各种色彩斑纹镶嵌；下表面黄褐色或紫红褐色或具各色斑纹。无论是热带睡莲或耐寒睡莲叶脉均在下表面隆起，在主脉两侧各有 7 ～ 12 条侧脉从叶心向边缘辐射排列。叶基部弯缺处两侧叶耳或相叠盖或分离。

花两性，辐射对称，花径 1 ～ 30 cm。部分热带睡莲（栽培品种）和耐寒睡莲（栽培品种）花具芳香。花瓣 4 枚至 100 枚以上。花色具可见光谱中的各种颜色。雄蕊多数，晚上开花睡莲雄蕊呈片状；白天开花热带睡莲具尖戟状附属物；耐寒睡莲和澳洲睡莲雄蕊花药移到顶部，外层花丝片状，内层花丝长而纤细。雌蕊心皮多数，聚合成蒴果状。心皮间的侧壁相互分离或连合；心皮附属物有或缺失，有则呈锥状或片囊状。柱头盘呈浅碟状、深碟状或锥形漏斗状。中轴呈半圆形或圆锥形突起（图 3、图 4）。蒴果状浆果，果实在水中发育。花梗和叶柄圆柱形，长度随水深而变化，表面光滑或被短柔毛。耐寒睡莲开花结束后，花梗入水中呈螺旋弹簧状延伸。花期 4 ～ 10 月。花后 25 ～ 30 天果实成熟种子散出，种子圆形或椭圆形，极细小或粗大如绿豆粒。播种或营养繁殖。

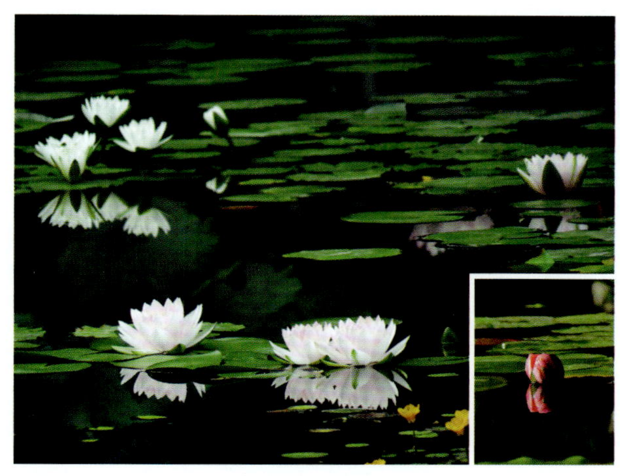

图 1　我国常见耐寒睡莲花朵白天浮水开放，傍晚闭合

（二）生物学特性

睡莲需生长于水中，喜全光照，喜肥沃的黏性土壤。耐寒睡莲多生长于亚热带以北区域，冬季气温下降而自然休眠，春季气温上升至 10℃以上时，开始萌发生长，花期 4 ～ 10（～ 11）月；在热带地区栽培时，无休眠，但冬季花量减少或无花。热带类睡莲在热带地区水分充足条件下，可周年生长、开花结实，若遇干季，则会逐渐停止生长开花，地下茎分生或蜕变成表皮坚硬的不规则球形休眠茎，从而进入休眠，待外界条件适宜时，再度萌发生长；热带地区以外，则随纬度高低及种的不同而有不同表现，或死亡或形成休眠茎。

二、种质资源

（一）分类概述

目前，全球睡莲属有 60 多种（APG Ⅳ系统最新结果），全球广布。Conard（1905）在他的专著 *The Waterlilies* 中，将睡莲属共分为 5 个亚属，检索表见表 1。

2019 年最新的 APG Ⅳ系统中，睡莲属共分为 4 个亚属，将 Conard 睡莲属分类系统中的两个夜间开花亚属 *Lotos* 和 *Hydrocallis* 降级为组，合并形成夜花亚属 Subgen. *Lotos*。

睡莲属在我国有 5 种。耐寒睡莲亚属 3 种，白睡莲（*N. alba*）、雪白睡莲（*N. candida*，图 5）和睡莲（子午莲，*N. tetragona*，图 6）。古热带睡莲亚属 1 种，柔毛齿叶睡莲（*N. lotus* var. *pubescens*）。广热带睡莲亚属 1 种，延药睡

图 2　睡莲属地下茎类型

注：A. 马利耶克型；B. 块茎型；C. 香睡莲型；D. 墨西哥黄睡莲型；E. 凤梨型；F. 热带睡莲的球形休眠茎。

图 3 （耐寒）睡莲花部结构

表 1 睡莲属亚属检索表（Conard，1905；图 4）

1 心皮侧壁间分离（离生心皮组 Group Apocarpiae）	2
1 心皮侧壁间联合（合生心皮组 Group Syncarpiae）	3
2 心皮无花柱（心皮附属物）；雄蕊无附属物	澳洲亚属 *Anecphya*
2 心皮有花柱（心皮附属物），肥厚；雄蕊有附属物	广热带亚属 *Brachyceras*
3 萼片脉纹明显；花柱（心皮附属物）条形；叶缘具齿	古热带亚属 *Lotos*
3 萼片脉纹不显；外层花丝花瓣状	4
4 花柱（心皮附属物）棒状，花夜间开放	新热带亚属 *Hydrocallis*
4 花柱（心皮附属物）舌状，花白天开放	耐寒亚属 *Nymphaea*（Castalia）

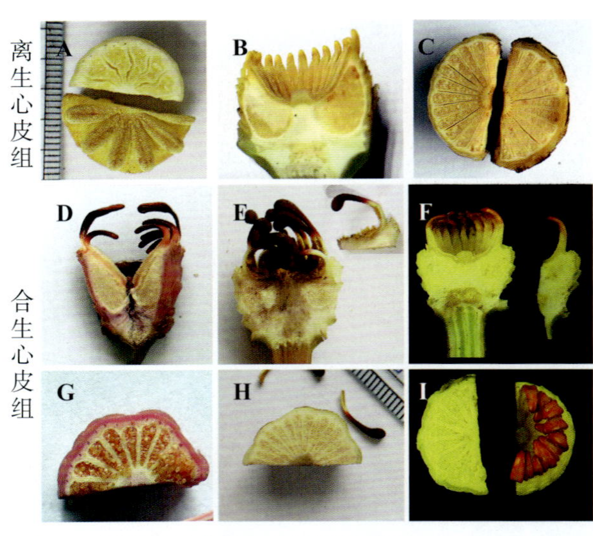

图 4 睡莲属各亚属心皮壁间关系及心皮附属物形态
A. 澳洲亚属心皮无附属物，心皮壁间离生；B. 广热带亚属心皮附属物短尖状；C. 广热带亚属心皮壁间离生；D. 古热带亚属心皮附属物长片状；E. 新热带亚属心皮附属物棒状；F. 耐寒亚属心皮附属物长舌状；G. 古热带亚属心皮壁间合生；H. 新热带亚属心皮壁间合生；I. 耐寒亚属心皮壁间合生

图 5　雪白睡莲及其花和果实

图 6　睡莲及其花朵

注：图中红盆直径 30cm。

莲（*N. nouchali*）（Fu et al.，2001）。其中以睡莲（*N. tetragona*）的分布最为广泛（李淑娟 等，2019）。

以下是在 170 年的育种过程中，提供了重要基因的各亚属的种。

（二）耐寒亚属 Subgen. *Nymphaea*

1. 睡莲 *N. tetragona*

微型睡莲，我国广布种。地下茎粗短，水平生长，不分枝。叶薄革质或纸质，心状卵形或卵状椭圆形，长 5 ～ 12 cm，宽 3.5 ～ 9 cm，全缘，上面深绿色，下面带红或紫色，两面无毛，具小点；叶柄长达 60 cm。花径 2 ～ 5 cm；萼片 4，花瓣 8 ～ 17，白色。浆果球形，径 2 ～ 2.5 cm，为宿萼包被。种子椭圆形，长 2 ～ 3 mm，黑色。花期 6 ～ 10 月，果期 8 ～ 10 月（Fu et al.，2001）。耐寒睡莲品种中，微型基因的提供者。

2. 红睡莲 *N. alba* var. *rubrea*

白睡莲 *N. alba* 的红花变种。地下茎匍匐。叶纸质，近圆形，直径 10 ～ 25 cm，基部具深弯缺，裂片尖锐，近平行或开展，全缘或波状，两面无毛，有小点；叶柄长达 50 cm。花径 10 ～ 20 cm，芳香；萼片披针形，长 3 ～ 5 cm，脱落或花期后腐烂；花瓣 20 ～ 25，白色，卵状矩圆形，长 3 ～ 5.5 cm，外轮比萼片稍长；花托圆柱形；柱头具 14 ～ 20 条辐射线，扁平。浆果扁平至半球形，长 2.5 ～ 3 cm；种子椭圆形，长 2 ～ 3 mm。花期 6 ～ 8 月，果期 8 ～ 10 月（Slocum，2005）。耐寒睡莲品种中，花瓣红色基因的提供者。

3. 粉花香睡莲 *N. odorata* var. *rosea*

香睡莲 *N. odorata* 的粉花变种，又名望角睡莲（cap cod water lily），19 世纪末发现于美国东部地势低洼的山谷中，可以休眠的形式度过较长时期的干旱。地下茎匍匐生长，质地为松软海绵状。叶片绿色，幼叶呈古铜色。花淡粉红色，芳香，雄蕊黄色（图 7）；萼片奇特，在花瓣合闭后，萼片仍然展开（Slocum，2005）。耐寒睡莲品种中，花瓣红色基因的提供者。

4. 墨西哥黄睡莲 *N. mexicana*

地下茎凤梨型，垂直生长；于生长期自主茎上抽生数条走茎，走茎节间产生小植株，先端形成由香蕉爪状营养体组成的休眠茎，繁殖能力极强。花亮黄色，花径 6 ～ 13 cm，花瓣 12 ～ 23，萼片和花瓣椭圆形、卵形至披针形，锐尖或更钝。花托有 4 个膨大的脊。叶漂浮水面或在空中，圆形至卵形，近全缘或边缘波状，叶径 10 ～ 18 cm；上表面绿色，具褐色斑点（至少幼叶如此）；下表面深紫色或紫绿色（伸出水面的叶背为绿色），具小黑点。果卵球形，种子直径 0.48 cm，是睡莲属最大的（Slocum，2005）。耐寒睡莲品种中，花瓣黄色基因的提供者，几乎所有黄色及橙色品种均为它的后代（图 8）。

（三）昼开亚属 Subgen. *Brachycera*

地下茎直立生长，凤梨型（生长期）或近球型（休眠期）。花朵昼开夜合。雄蕊具与花瓣同色的附属物。耐寒性差。

5. 美洲白睡莲 *N. ampla*

叶片直径 15 ～ 50 cm，通常叶长稍大于宽，近盾状着生，叶缘具粗齿或波状，上下均具小黑点（最少在幼叶期如此）；下面紫红色；叶耳锐尖。萼片 4，远轴面绿色，有短的黑色线条；花白色，花径 7 ～ 13 cm；花瓣 7 ～ 21 枚，卵圆形至披针形；雄蕊 30 ～ 190，黄色，外层长于内层（Slocum，2005）（图 9）。

6. 埃及蓝睡莲 *N. caerulea*

叶片直径 30 ～ 40 cm，全缘或基部稍具波状，圆形或卵圆形，狭盾状着生；上面绿色，下面绿色，有深紫色小斑点，近缘四周略带紫色。花蕾圆锥形；萼片厚，远轴面绿色，具黑色线斑或点斑；花瓣 14 ～ 20 枚，披针形，上半部浅蓝色，下半部暗白色；雄蕊 50 ～ 73（Slocum，2005）（图 10）。

7. 蓝星睡莲 *N. colorata*

叶片直径 20 ～ 23 cm，全缘，叶缘波状，近圆形；上面绿色，下面蓝绿色。花蓝紫色或白色，杯状，花径 8 ～ 14 cm，花瓣 13 ～ 16 枚；花药深紫红色，花丝黄色；心皮附属物极短（Slocum，2005）（图 11）。蓝星睡莲是

图 7　粉花香睡莲

图 8　墨西哥黄睡莲的花、种子及幼苗

图 9　美洲白睡莲（花和果）

图 10　埃及蓝睡莲

图 11　蓝星睡莲

图 12　细瓣睡莲（ÁlvarezRuiz 摄）

很多优秀品种的亲本，如‘Director George T. Moore’‘Midnight’和‘Woods Blue Goddess’等；近年来，一些育种家将其深色花药基因融入澳洲亚属，培育出了一批花药颜色各异的品种，如‘Yasuhiro’和‘Kew's Kabuki’等。

8. 细瓣睡莲 *N. gracilis*（白绿睡莲 *N. flavo-virens*）

花白色，星状，极香，花径 15 cm，花瓣狭长而尖细；雄蕊群黄色；萼片绿色，有黑色条纹。叶纯绿色，有深陷的齿状叶缘（图 12）。分布于墨西哥、秘鲁、巴西。从 19 世纪末起，就被育种家们广泛应用，故以该种为亲本的品种极多，特别是与 *N. capenis*（var. *zanzibariensis*）的杂交品种最多，如‘August Siebert’‘Rose Star’和‘Mrs. C. W. Ward’等（Slocum，2005）。

9. 小花睡莲 *N. micrantha*

中小型。叶片近圆形，上面浅绿色，下面浅棕色，具墨紫色斑点；叶片具胎生功能。花淡蓝色至白色，花瓣 10～20，萼片 5；初开杯状，后星状；具淡香；花径 2.5～10 cm（图 13）。分布于非洲西海岸。该种是昼开亚属中叶胎生品种的提供者，如‘August Koch’‘Charles Thomas’‘Daubeniana（Daben）’‘Margaret Mary’‘Mrs. Martin E. Randig’‘Panama Pacific’‘Patricia’‘Paul Stetson’‘Islamorada’‘Dorothy Pearl’等（Slocum，2005；Andreas，2023）。

10. 米奴塔 *N. dimorpha*（*N. minuta*）

微型睡莲，具有沉水型和出水型两种生活型。沉水型：叶片 10 cm × 14 cm，极薄，柔弱，卵形，全缘但具波状，表面光滑，具小疱状突起或皱纹；上面绿色，下面绿色中具棕色或红色晕；叶耳明显开张，在基部有重叠；叶柄显著短于叶片，橄榄绿色，无毛。花蕾径 0.5～2 cm，长 1.5～2 cm，在水下极少开放，闭花受粉。出水型：浮叶圆形，7～12 cm，全缘，叶耳呈 10°～30° 开放，上面绿色，下面淡紫色至棕色，外观呈灰色调，冠径约 60 cm。花小，2.5～4 cm，萼片 3～4 枚，有时长于花瓣，先端圆钝或尖；花瓣 6～7 枚，淡粉色至白色，长 1.5～2 cm，基部宽 0.5 cm，花瓣向上渐细至尖形；雄蕊 8～32，短于花瓣；花朵在中午左右开放，下午晚些时候关闭，第 3 天下沉，第 1 天花开放时，雌蕊成熟，同时有花粉成熟并释放，可自花授粉（图 14）。果圆形，约 3 cm × 3 cm。该种为 2006 年发表的新种，种子采自马达加斯加岛（Landon et al.，2006），目前，一些育种者已经将其应用到育种中，以期获得微型品种。

11. 卵叶睡莲 *N. ovalifolia*

非叶胎生；叶片卵形至椭圆形，25 cm × 15 cm，上面亮绿色，具棕色斑点，下面绿色，叶耳长 10 cm，两边近平行。花星状，花径 13～20 cm；花白色，瓣尖蓝色，花瓣 16～18 枚；萼片 4，白色或淡蓝色；花药和雄蕊黄色；具浓香。叶展幅 1.5～2.1 m，叶柄绿色。叶柄与花梗无毛。卵叶睡莲很少作为栽培材料，但普林先生（Dr. George Pring）以它为亲本培育出了几个经典的具浓香纯白色品种，如‘General Pershing’‘Mrs. Edwards Whitaker’和‘Mrs. George h. Pring’（Slocum，2005）。

12. 斯图曼尼睡莲 *N. stuhlmannii*

中等株型。花星状，花径 10 ～ 15 cm，为鲜亮的硫黄色，芳香；雄蕊橙黄色，花药鲜黄色；萼片 4，黄绿色。叶片大，25 cm × 20 cm，近圆形，叶脉显著。冠幅 1.5 ～ 1.8 m（图 15）。原种少有栽培，但是很多黄色热带睡莲的亲本，如‘St. Louis’（Slocum，2005）。

13. 硫黄睡莲 *N. sulphurea*

小株型，冠幅 38 ～ 50 cm。花星状，芳香，花径 5 ～ 8 cm；花瓣 13，亮硫黄色；萼片 4，带紫色；雄蕊黄色，有紫晕。叶片近圆形，上面红褐色，下面红色（图 16）。Dr. George Pring 用该种培育出了经典的黄色品种‘St. Louis Gold’和‘Aviator Pring’（Slocum，2005）。

（四）夜开亚属 Subgen. *Lotos*

14. 印度红睡莲 *N. rubra*

大株型，冠幅 2 ～ 4 m。根状茎直立，抽生纤细的匍匐茎，休眠茎近球形。叶片卵状椭圆形至近圆形，棕红色，叶缘具大粗齿，

图 13　小花睡莲

图 14　米奴塔

图 15　斯图曼尼睡莲（Andreau Dzungwa 摄）

图 16　硫黄睡莲（Robert Taylor 摄）

25～45 cm，纸质，密被短柔毛。萼片脉纹显著；花挺水开放，紫红色，10～20 cm；花瓣12～30枚；花丝厚片状，深紫红色，花药深橙红色（图17）。果卵球形至近球形，3.5～5 cm。

15. 埃及白睡莲 *N. lotus*

大株型，冠幅2.5～6 m。叶片卵状椭圆形至近圆形，绿色，叶缘具大粗齿，25～55 cm，纸质。萼片脉纹显著；花挺水开放，白色，15～25 cm；花瓣15～24枚；花丝厚片状，外层黄色，内层深紫红色，花药黄色（图18）。

印度红睡莲与埃及白睡莲经自然或人工杂交，产生很多品种，花色由白色至深紫红。

（五）澳洲亚属 Subgen. *Anecphya*

16. 巨花睡莲 *N. gigantea*

大株型，冠幅4～6 m。叶卵形，长约40 cm，上面绿色，下面紫色，叶耳"V"字形半开。花朵挺水30 cm，球形星状，花径25～30 cm，花瓣数24；内层花瓣淡蓝紫色，外层深蓝紫色，随着开放时间稍变淡；雄蕊黄色（图19）。有白色和粉色变型（Slocum，2005）。

17. 永恒睡莲 *N. immutabilis*

大株型。叶卵形，最大叶片直径达70 cm，缘具整齐的齿，长4.5 mm。花挺水50 cm，萼片4片，长12.5 cm，外面绿色，带紫色斑点；花瓣数34，白色，有时具蓝色的色调，开放过程中花色无变化（图20）；雄蕊数约400，黄色（Slocum，2005）。

18. 变色睡莲 *N. atrans*

大株型，冠幅2.5～4 m或更大。叶片圆形至卵形，长达40 cm；叶缘具齿且波状；上面亮绿色，下面黄绿色；叶耳基部常重叠或拱起。花朵挺水40 cm；萼片4，长8 cm，外面绿色，里面白色带粉色或蓝紫色，随开放时间渐变为深紫红色；先端钝；花瓣33枚，倒披针形，最外层花瓣白色带粉色或蓝紫色，内层花瓣白色，整体随花龄渐变为深紫红色；先端钝圆（图21）；雄

图17　印度红睡莲

图18　埃及白睡莲

图19　巨花睡莲（Martin Bennett 摄）

图20　永恒睡莲

图21　变色睡莲

蕊约300；心皮10～15。果实近球形，种子多数（Jacobs，1992）。该种发表于1992年；2010年后，泰国和中国育种者，以其为亲本培育出了一批瑰丽的变色品种，如‘Fortune Teller’‘Shallow Spring’‘Hunsha’和‘Mint Atmosphere’等。

三、育种简史与品种分类

（一）育种简史

睡莲的育种开始于19世纪中叶的欧洲，1851年，英国的Joseph Paxton先生培育出第一个睡莲新品种，玫红色的‘Devoniensis’（以他的雇主Devoniensis公爵的名字命名）拉开了睡莲育种的序幕，被誉为“世界耐寒睡莲之父”的法国睡莲育种家Joseph Bory Lartour-Marliac先生一生培育出了100多个花色各异的耐寒睡莲品种，创造了睡莲育种的第一个高潮，他的睡莲新品种也成为著名画家莫奈的画中物（黄国振 等，2008；Conard，1905；李尚志 等，2019）。20世纪，睡莲育种中心转移到美国，而21世纪以来，亚洲特别是泰国和中国睡莲育种异军突起。

中国睡莲的育种始于20世纪末。1998年，西安植物园进行了柔毛齿叶睡莲 × 埃及白睡莲的杂交，并获得了成熟种子；1999年，黄国振先生与夫人邓惠勤女士在中国科学院武汉植物研究所也得到他们的第一批杂交种子，实现了中国睡莲杂交育种零的突破（李淑娟，2019）。之后的20余年间，在黄国振先生的带领下，中国睡莲育种者进行了所有亚属内或亚属间的杂交，育成新品种400余个。截至2023年，通过正式审查国际登录的品种262个，论著中公布的品种155个（李淑娟 等，2008，2011，2018b，2019；邹秀文 等，2003；李钢，2010；黄国振 等，2010，2013a，2013b，2014，2015a，2015b，2016；吴倩 等，2018；苏群 等，2019a，2019b；赵家荣，2002；Kilbane，2015，2016，2017，2018，2019），销售名录中公布的品种2个，通过良种审定的新品种12个（李淑娟 等，2017b）。

（二）品种分类方法衍变

睡莲属植物具有雌雄异熟的特点，种间自然杂交比较常见。据国际睡莲及水景园协会水生植物数据库（Aquatic Plant Database）资料显示，截至2024年6月，共收录了2875条睡莲种及品种信息，名称被接受的睡莲品种有1700多个，其中，经登录权威审查的有977个，未经登录而接受名称的品种有700多个，其余的为名称不合法和异名等。据估计，经过150余年的杂交育种，现全球约有睡莲品种2000个，品种间的亲缘关系错综复杂，绝大多数亲缘关系已无从追溯。目前，全球睡莲品种尚无统一的分类体系。

1996年美国Perry d. Slocum和Peter Robinson等出版了他们的权威性著作*Water gardening Water Lilies and Lotuses*，书中记述了当时全世界育成的睡莲栽培品种300余个。他们首先把睡莲品种分成白天开花热带睡莲、晚上开花热带睡莲和耐寒睡莲三大类。每类项下各品种按品种英文名称的英文字母次序排列对品种的性状进行记述，没有对品种再进行细项分类（Slocum et al.，1996）。1999年Helen Nash和Steve stroupe出版了*Plants for Water Gardens*一书，和Perry d. Slocum一样，他们也把栽培品种区分为白天开花热带睡莲、晚上开花热带睡莲和耐寒睡莲三大类别。在每大类项下，按品种的花色分类。在花色项下，按品种名称英文字母顺序排列进行品种性状记述（Nash et al.，1996）。

黄国振先生编撰的中国第一部睡莲专著《睡莲》（2008）中，也采用了与Perry d. Slocum相同的分类方法。2018年，泰国的Primlarp Wasuwat和Komgrit Chukiatman编著出版的*Thai Nationality Waterlily in Pang U Bon*一书中，在介绍栽培品种时，分为白天开花热带睡莲、晚上开花热带睡莲、耐寒睡莲、澳洲睡莲和跨亚属睡莲五大类，大类中品种也按其英文名字母顺序安排；在对花瓣数量描述时，分为单瓣（≤20枚）、半重瓣（21～32枚）、重瓣（33～44枚）和高重瓣（≥45枚）（Primlarp et al.，2018）。

起源于1984年的国际睡莲及水景园协会

从1997年起每年举办一次国际睡莲新品种竞赛（1999年和2003年停赛），从其参赛新品种分组也可看出睡莲品种分类的动向。1997—2002年，按植株大小分为小、中及大型品种3个组；2004—2009年，改为按生态类型分为热带睡莲和耐寒睡莲两个组；2010年起，在热带型和耐寒型两个组的基础上增加了夜间开花组，成为3个组；2011年起，又增加了澳洲组和跨亚属杂交组，变成5个组，即热带组、耐寒组、夜开组、澳洲组和跨亚属杂交组。目前的竞赛组设置与最新的APG Ⅳ系统中睡莲属分类是一致的，只是多了一个人造类型——跨亚属杂交组。

人们在长期的生产实践中认识到，各种睡莲由于它们的起源与分布地域的不同，对生态条件的要求和各种性状存在着明显的差异，特别是对生存温度的要求和年生长节律都有很大差别。根据它们的不同特征特性，把睡莲区分为两大生态类型，即热带睡莲（tropical water lily）和耐寒睡莲（hardy water lily），两大生态类型主要特征见表2。

从以上文献及同行交流中可见，生态型、开花习性、形态特征和亲缘关系是品种分类的主要依据。因此，作者结合国内其他花卉的分类系统，将生态类型和亲缘关系作为睡莲品种的一级分类标准，分为热带类、耐寒类和跨亚属杂交类；将开花习性和形态特征作为二级分类标准，热带组下分热带品种群、夜开品种群和澳洲品种群；花瓣数量及萼片形态为三级分类标准，分为单瓣型（<20枚）、半重瓣型（20～34枚）、重瓣型（35～49枚）、高重瓣型（≥50枚）和多萼型（热带类）；花色作为四级分类标准，分为红色系、粉色系、白色系、黄色系、蓝紫色系、复色系、变色系（澳洲亚组）和洒金色系。

根据以上分类方法，睡莲品种可分为3个类5个品种群19个型（表3）；每个型下根据花色又分为红色系、粉色系、白色系、黄色系、复色系、洒金色系和变色系。下面对各类、品种群及型作简要说明。

表2 耐寒睡莲与热带睡莲特征特性主要差别（黄国振，2008）

特性	热带睡莲类	耐寒睡莲类
叶片	叶片大，多为圆形	叶片小，有圆形、心形或椭圆形
叶缘	叶缘不规则波状或锯齿状	叶全缘
叶面质地	叶上面粗糙，有明显叶脉网痕迹	叶上面光滑，叶脉痕迹不明显
开花时间	有白天开花和晚上开花的不同种群	只有白天开花种群
花朵与水面的位置	开花时花朵挺立出水面之上	花朵浮在水面上
花色	花色有红、黄、蓝、白、紫、粉等	花色缺紫及紫蓝色
花香	花具香味	只有Odorata和Tuberosa块茎型的种群和品种具有浓郁的香味
胎生特性	部分和变种的叶片或花具有胎生的特性。从叶脐处或花序中长出小植株	叶片不具胎生特性，但有的栽培品种可从花中长出小植株
耐寒性	不耐寒，在-2℃以下不能自然越冬，没有自然休眠期	在-20℃以下的冰层下泥土层中可以自然越冬，有自然越冬休眠期
分布	主要分布在北纬17°以南	主要分布在北纬20°以北

表 3　睡莲品种分类体系一览表

类（3）	品种群（5）	型（19）
（一）耐寒类	1. 耐寒品种群	（1）耐寒单瓣型
		（2）耐寒半重瓣型
		（3）耐寒重瓣型
		（4）耐寒高重瓣型
（二）热带类	2. 热带品种群	（5）热带单瓣型
		（6）热带半重瓣型
		（7）热带重瓣型
		（8）热带高重瓣型
		（9）热带多萼型
	3. 夜开品种群	（10）夜开单瓣型
		（11）夜开半重瓣型
	4. 澳洲品种群	（12）澳洲单瓣型
		（13）澳洲半重瓣型
		（14）澳洲重瓣型
		（15）澳洲高重瓣型
（三）跨亚属杂交类	5. 跨亚属杂交品种群	（16）跨亚属杂交单瓣型
		（17）跨亚属杂交半重瓣型
		（18）跨亚属杂交重瓣型
		（19）跨亚属杂交高重瓣型

（三）耐寒类

1. 耐寒品种群

具有较强耐寒能力，在我国北方地区（秦淮线以北），冬季地上部分枯死，以地下茎形式在泥土中越冬，翌年地下茎萌发生长。叶片全缘，革质光滑，圆形或椭圆形，有的品种叶上面洒嵌各色斑点或斑纹，叶下面绿色、红色或具色斑。多数品种花朵浮水开放，也有挺出水面者，花色有红、粉、白、黄、复色和洒金色，花期 4 ～ 10（～ 11）月。部分品种具结实能力，果实近圆形。

耐寒睡莲品种中的复色品种多为橙色系，主要为墨西哥黄睡莲与红色和粉色品种杂交的后代。

（1）耐寒单瓣型

花瓣数量＜ 20 枚，多为小中型品种。目前拥有红色、粉色、白色、黄色及复色 5 个色系。红色的‘红蕾克’和黄色的‘海尔芙拉’已经存在了 100 多年。

（2）耐寒半重瓣型

花瓣数量 20 ～ 34 枚，多为中大型品种，也是耐寒组中品种数量最多的型。目前，拥有除蓝紫色以外的 6 色系。

（3）耐寒重瓣型

花瓣数量 35 ～ 49 枚，以中大型品种为主，多数为 20 世纪 80 年代以来培育的品种。目前有红色、粉色、白色、黄色及复色 5 个色系。

（4）耐寒高重瓣型

花瓣数量 ≥ 50 枚，品种数量目前相对较少，以具有百年历史的‘格劳瑞德’（‘Gloire de Temple-sur-Lot’）为代表，花瓣数量以雄蕊瓣化的形式增多，后来的品种也多由该品种杂交而来。目前拥有除蓝紫色以外的 6 色系（图 22）。

（四）热带类

包括 3 个品种群，热带品种群、夜开品种群和澳洲品种群。

耐寒能力差。在南北回归线以内，多数可以周年生长开花，生长期的凤梨型地下茎耐寒能力差，在我国北回归线以北，冬季需要保护越冬；但晚秋季节或生长环境不利时，一些品种会形成具有一定耐寒能力的坚硬球形休眠茎，这种球形休眠茎可以在 5 ～ 15℃潮湿或水浸条件下保存越冬。该组品种花朵高高挺出水面开放，多数株型较大。

2. 热带品种群

是指热带类白天开花品种中雄蕊具附属物的一类，是品种数量最多的亚组，估计在 1000 个左右。该亚组品种绝大多数叶片较大，叶缘多为波状，叶片绿色或具色斑，还有部分品种的叶片具胎生能力；花色丰富、艳丽，包含所有的可见光谱。

（5）热带单瓣型

品种数量较少，以小型品种为主，目前仅有

图 22 耐寒高重瓣型品种

注：A.'Jakkaphong'；B.'格劳瑞德'；C.'Lili Pons'；D.'Fuchsia Pom Pom'；E.'Arrakis'；F.'Lemon-Meringue'。

红色、白色、黄色和蓝紫色系。由于小型品种可以在小容器中生长开花，因此，随着家庭园艺的兴起及 2 个小型原生种米奴塔和卢旺达睡莲（图 23）的发现和利用，该型的品种数量和色系有望增加。

（6）热带半重瓣型

是热带品种群中品种数量最多的一个，以中大型品种为主。花色包含所有色系，蓝紫色和红紫色品种最多。多数品种在 20 世纪育成。

（7）热带重瓣型

多数为 1990 年以后育成，以中大型品种为主。花色包含除洒金色以外的 6 个色系。

（8）热带高重瓣型

主要由雄蕊完全或部分瓣化形成，除 1941 年育成的'午夜'外，其余均为 1998 年以后育成。分为雄蕊完全瓣化和部分瓣化两种。多数瓣化的雄蕊与正常花瓣相比，一般要短、窄一些。完全瓣化的雄蕊往往明显小于花瓣，在中心形成喷泉状，特别是瓣化部分与花瓣色彩有明显差异的，颇为美观，如'狐火'（'Foxfire'）；雄蕊部分瓣化者，往往外层瓣化雄蕊与花瓣平稳过渡，形成菊花状，如'银河系'（'Galaxy'）（图 24）。

图 23 卢旺达睡莲

（9）热带多萼型

显著的特点就是萼片数量 8 枚，为睡莲属其他品种的 2 倍，并且萼片的形态也完全不同，为匙状，是一个特殊的类型。多萼类睡莲最早发现于泰国和印度，起源尚不明。该型花朵有时不能完全打开，同一品种花瓣数量时有变动。目前已经培育出了 7 个色系的品种，近期还出现了一些高重瓣型品种。该类品种休眠茎的无性繁殖能力极强。

图 24　热带高重瓣型品种

3. 夜开品种群

包括热带睡莲中夜间开花的品种，由于目前同为夜开型的美洲组（Sect. *Hydrocallis*）仅有 1 个栽培品种［‘新热带礼物’（‘Neotropical Gift’）］，故在此重点介绍 Sect. *Lotos* 品种。*Lotos* 品种均为大型品种，冠幅常超过 250 cm；叶片近圆形，绿色或暗红色，叶缘具粗齿，叶背面中脉明显凸起；花红色、粉色和白色，花朵直径多大于 20 cm，花梗粗壮（可食用），花丝片状，花粉囊嵌入其中。是热带型睡莲中耐寒能力较强的一类，在重庆、武汉等长江流域的露天水域中，部分休眠茎冬天可自然越冬。

（10）夜开单瓣型

数量极少，可能是由于花瓣数量最少的原生种的花瓣数都在 20 枚左右。

（11）夜开半重瓣型

夜开品种群的品种基本上都属于这个型，花色仅为红色和白色及两者之间的过渡色，品种的差异主要表现在花瓣数量、花瓣形态、叶色等方面。

4. 澳洲品种群

主要起源于澳大利亚的种。株型、叶片和花朵一般都比较大，心皮和雄蕊均无附属物，特别是花朵高高挺出水面开放，单花期 5 天以上，以及形似荷花的花瓣和雄蕊，使它们的观赏价值大大提高。除 1946 年普林先生培育的白色品种‘Albert de Lestang’外，其余品种均产生于 21 世纪，澳洲亚组品种选育是现阶段的一个育种热点。目前拥有白色系、红色系、蓝色系、蓝紫色系和变色系品种，随着变色睡莲 *N. atrans* 的应用，相信不久的将来会有更多类型出现。

（12）澳洲单瓣型

品种较少，同夜开单瓣型的原因相似。单瓣品种一般必有它的特别之处，如‘Andre Leu’

就是澳洲品种中的小型品种，花瓣圆润无皱褶（原生种的花瓣多具皱褶）。目前，作者所见到仅有红色系和蓝紫色系品种。

（13）澳洲半重瓣型

应该是澳洲亚组中品种数量最多的。澳洲亚组原生种花色为白色（瓣尖带淡蓝色）、淡蓝色、淡紫红色以及由白或蓝变成紫红色，21 世纪以来的 20 年间，已经培育出除黄色以外的所有色系。不仅在花色方面，在花瓣形态、花瓣数量、花朵大小、株型等方面均出现了多样化的品种。

（14）澳洲重瓣型

品种极少，正式命名的品种仅有一个，就是由美国 Ken Landon 先生于 2006 年培育的蓝紫色花的 'Silver Sky'。但一些育种者已经获得了一些优良株系，相信不久将会正式命名推出。

（15）澳洲高重瓣型

目前还未见正式命名的高重瓣澳洲品种，但我国海南的睡莲育种家朱天龙先生已经获得了粉色、白色和变色系的高重瓣株系。

（五）跨亚属杂交类

5. 跨亚属杂交品种群

目前，跨亚属杂交品种主要分 Subgen. *Nymphaea* 和 Subgen. *Brachyceras*、Subgen. *Anecphya* 和 Subgen. *Brachyceras* 以及 Subgen. *Anecphya* 和 Subgen. *Lotos* 之间杂交产生的品种。前两组的品种较多，后一组仅有一个品种。该组（亚组）目前缺乏纯黄色品种。

Subgen. *Nymphaea* 和 Subgen. *Brachyceras* 的杂交品种，生态型多表现为耐寒型或介于耐寒与热带之间，花色往往比较艳丽（色彩饱和度高）。叶片边缘多波状，质地较耐寒睡莲薄，耐寒性较真正的耐寒品种差一些，但又比热带品种强。雄蕊具与热带亚组相似的附属物（多与花瓣同色），地下茎与耐寒组相似。该组最初多是为了选育蓝色的耐寒睡莲，父本选择蓝色或蓝紫色的种或品种，故后代以蓝紫或紫红色为多。也出现了一些花瓣色呈红—白、粉—白、蓝—白、黄—红过渡的品种，总体来说，花色都较耐寒品种的花色更艳丽，花型以星状为多，也有部分品种花瓣宽短圆润（图 25、图 26）。

Subgen. *Anecphya* 和 Subgen. *Brachyceras* 的杂交品种一般表现为澳洲睡莲的特征，主要变化表现在雄蕊上，个别品种雄蕊出现附属物。以蓝星睡莲（*N. colorata*）为亲本的，后代花丝易表现为白色以外的颜色，如猩红色、红色、粉色等（图 27）。Subgen. *Anecphya* 种的花多少都带有蓝色，故后代也以蓝色为主。由于变色睡莲（*N. atrans*）的应用，也育成了花色不同程度由白、淡蓝、蓝色渐变为粉、红或深红色的品种（图 28）。

Subgen. *Anecphya* 和 Subgen. *Lotos* 杂交品种仅有一个——'Kew's Electric Indigo'［*N.*

图 25　耐寒亚属 × 昼开亚属品种

图 26　'Arianna Renee'

'Barre Hellquist'(Subgen. *Anecphya*) × *N. lotus* (Subgen. *Lotos*)],是由邱园的 Carlos magdalena 先生于 2009 年培育的。这个品种总体上表现为澳洲品种群的形态,不同点在于叶片边缘具粗齿,叶背面叶脉明显隆起。萼片具类似于 Subgen. *Lotos* 的脉纹,但不如其明显;外层雄蕊的花丝为蓝色,心皮壁间联合(Carlos,2010)。

(16)跨亚属杂交单瓣型

品种数量较少,同样是因为人们更喜欢花瓣多的品种。目前命名的仅有红色系和蓝紫色系。

(17)跨亚属杂交半重瓣型

是跨亚属杂交类品种最多的型。无论是 Subgen. *Nymphaea* 和 Subgen. *Brachyceras* 之间还是 Subgen. *Anecphya* 和 Subgen. *Brachyceras* 之间

图 27 澳洲亚属 × 蓝星睡莲品种

图 28 变色睡莲 × 蓝星睡莲品种

杂交，后代均以该型最多。花色包含了除纯黄色以外的所有色系（图 28）。

（18）跨亚属杂交重瓣型

品种数量较少，基本上都是近年育成的。目前有红色系、粉色系、洒金色系和变色系。

（19）跨亚属杂交高重瓣型

品种数量极少，我们仅见到 2 个，黄国振先生的粉色系的‘奇迹’和李子俊先生的蓝色系的‘薄荷氛围’，也都是近年育成的。但朱天龙先生已经获得跨亚属杂交组白色高重瓣个体，相信不久就会命名公布。

四、繁殖技术

（一）播种繁殖

睡莲属的播种繁殖成苗率极低，故一般生产中不用，仅用于育种。

1. 种子采收

果实成熟开裂后，种子散出，此时种子被充气的囊状假种皮包裹，可以漂浮于水面，2 ～ 3 天后假种皮腐烂，即可净种。

2. 种子保存方法

水藏法　种子直接浸泡在清水中保存，也可沥干明水，装入密封容器保存；夏秋室温下，部分种子会很快萌发，若欲长时间保存，最好低温 5 ～ 10℃贮藏。

干藏法　据国际睡莲与水景园协会内部发行本 *Hybridizing Waterlilies: State of the Art* 介绍，澳洲睡莲亚属中的 *N. immutabilis*、部分广热带亚属和古热带亚属的种子可以干藏。将种子摊在吸水纸上，室内通风干燥处阴干，之后装于玻璃瓶或塑料自封袋内，密封，贴好标签，注明来源；定期查看，有霉变现象及时剔除。

3. 播种方法

基质　采用干净的河沙、砂质土或肥力一般的园土。睡莲育种者普遍认为，种子从萌发到第 5 片潜水叶之前，无须施肥。

容器　一般采用浅盘，也有用较深容器或直接播种于池塘中。

播种　5 ～ 9 月间，在浅盘内填充基质 2.5 ～ 5 cm，浇水浸透，将种子撒于表面，再覆盖 3 ～ 5 mm 干净的河沙，再将浅盘缓慢沉入水体中，这个过程中一定要慢，以免水将种子冲出基质；基质之上水层深 2.5 ～ 5 cm；每天保证有 6 ～ 8 小时光照，但应避免强光，否则会导致藻类滋生。

也可将种子浸泡在透明容器中（温度较低的季节，可采用人工加温：耐寒睡莲 20 ～ 25℃，热带睡莲 25 ～ 30℃），待有种子萌发长出根系和小叶片时，再将其移植。

热带睡莲种子采收后，如及时播种，一般 7 ～ 10 天即可发芽，部分品种需要 30 天或更长的时间；耐寒睡莲种子有分批萌发的特点，部分种子甚至翌年才可萌发。干藏或冷藏的种子可能需要 20 ～ 60 天才能发芽。

4. 幼苗期养护

种子萌发后，15 ～ 30 天先长出若干潜水叶，呈莲座状。幼苗期就是指从种子萌发到长出浮叶前的莲座叶期。幼苗的适宜生长温度为 25 ～ 30℃。播种繁殖成苗率较低，最大的问题就是藻类、螺类和蚊类幼虫危害。藻类主要是由于高温和强光照所致，因此，可将种植盘放置于有部分遮阴的环境中，或人工遮阴。幼苗期要随时查看，如有螺类和蚊类幼虫出现，应及时清除，在可控条件下，可搭细网以隔绝蚊类。

追肥在种子萌发后 30 天左右进行。液体或颗粒状复合肥均可，多点多次少量施入。液体肥料可用针管注入泥土中；颗粒状肥料施用时，将播种盆取出，用摄子或其他工具扒开泥土，将肥料施入后，抚平泥面，以防肥料溢出到水体中。

5. 促生浮叶

产生浮叶是睡莲幼苗进入“少年期”的标志（米奴塔幼苗除外）。一般睡莲在萌发后 30 天即可长出第一片浮叶，但也有的种或品种需要更长的时间，甚至 1 ～ 2 年。在作者的播种育苗经历中，最容易出现浮叶的是墨西哥黄睡莲以及有其血统的种质，最早的第 3 片真叶就是浮叶（参见图 8），以墨西哥黄睡莲为亲本的一批杂交种子，多数第 3 ～ 5 片真叶为浮叶，浮叶产生率达 80% 以上；澳洲亚属的种子苗也容易产生浮叶。

除了种质因素外，日照长度和强度、温度及养分等因素对浮叶的生长均可产生影响，在温度保证的情况下，可通过增加光照强度、延长光照时间至 12 ～ 14 小时来促进浮叶产生。

也可采用 GA 促进浮叶产生。傍晚时将播种盘从水体中取出，沥干明水，将 1 ∶ 1000 的 GA 溶液喷洒在播种盘内的幼苗和土壤表面；然后用 GA 水溶液浸湿的纸巾覆盖幼苗，再用塑料薄膜覆盖整个播种盘，防止干燥；最后，将播种盘放置在遮光的室内，温度 21 ～ 24℃，12 ～ 14 小时；翌日上午，去除塑料薄膜及纸巾，将播种盘重新置于水池中。GA 处理过的莲座期幼苗重新见光后，叶色可能会出现发白现象，但很快就会恢复正常颜色；5 ～ 7 天内，多数莲座期幼苗会产生浮叶，进入“少年期”。

6. 移栽

当小苗产生 2 ～ 3 片浮叶时，应及时移栽。可将整个育苗盘取出，将产生浮叶的小苗带泥土起出，或用水小心冲掉泥土，再另行种植，总之，要保留尽可能多的健康根系。移栽时的基质要采用一些肥力较好的泥土或在底部施肥。移栽后，水位宜浅，缓苗后，可逐渐加深水位到 20 ～ 30 cm。以后，每月追肥 1 次有机复合肥 3 g/ 株。

（二）耐寒睡莲的营养繁殖

耐寒睡莲因丰富多样的生长习性形成了 5 种类型的地下茎，即：马利耶克型、香睡莲型、块茎型、墨西哥黄睡莲型和凤梨型（图 2）。其营养繁殖材料即为地下茎上分生的小芽眼及由芽眼长成的分支块茎。睡莲营养繁殖整个生长期均可进行，但以春季为好。

1. 马利耶克型

此类地下茎水平生长，但伸长生长较慢，块茎粗壮、肉质、结构紧密，叶痕和花梗痕更为紧密地排列在地下茎上。芽眼粗壮，结构紧密，因而不易从主茎上分离。

芽眼分栽可结合春季母株分栽进行，用快刀将芽眼从其同母茎的连接处切下，另行种植即可。将小芽眼或块茎横卧泥面，生长点稍稍抬高，尾部靠近容器边缘，生长点朝向容器中央，向下将茎段全部或部分压入泥中，但需保证生长点外露于泥面之上。为了防止刚种植的茎段上浮，种植基质尽量充分搅拌成黏性较强的泥，并使繁殖材料与黏泥紧密结合。盆栽种植后，及时置于水体中；大田种植，株距 100 cm 左右。水位初期可浅一些，10 ～ 20 cm，后期随着浮叶的生长，逐渐加深至 40 ～ 50 cm。

2. 香睡莲型

此类地下茎横向生长速度较快，且易产生较多芽眼，故大部分香睡莲型睡莲需要较大的容器，且需每年分栽，否则，很容易形成植株拥挤而影响正常生长开花。

将整个地下茎起出，用高压水龙头冲掉其上的泥土和污物，将老根回剪至 1 ～ 2 cm，用快刀将具生长点的茎段从母茎上切下，用作繁殖材料，每茎段最好长 8 ～ 12 cm；无生长点的老茎段即可丢弃。种植时，最好将地下茎尾部置于容器边缘，生长点朝向容器中央，茎段倾斜 45° 、尾部向下、生长点向上露出泥面。芽眼分栽，可结合春季分栽进行，但最好于生长季进行，这样对母株生长更为有利。当芽眼长出几片浮叶和一些根系时，就可用快刀将其从母茎上分离并另行栽植。株距及水位同马利耶克型。

3. 块茎型

由于此类睡莲生长速度较快并且芽眼密集，所以也需要每年分栽或及时清除芽眼，否则，就会影响植株的正常生长开花。

分栽方法同香睡莲型。此类型的栽培关键在于芽眼的清除及分栽，最好于生长季节定期扒开泥土进行，或结合春季分栽进行。用手直接将已产生或未产生根系和叶片的芽眼从母茎上掰下，另行种植或丢弃。它们一般分栽后先进行根系生长，再产生叶片。

4. 墨西哥黄睡莲型

一种独特的地下茎类型，这种类型的地下茎有类似凤梨形状的小块茎，由主茎上产生的肉质走茎代替芽眼，在走茎的每个节间产生类似母茎的、当年可萌发生长的小块茎，在走茎的末端产生香蕉束似的休眠块茎，这种休眠茎由 3 ～ 8 对（或更多）营养棒组成，每对营养棒中间着生休眠芽，常可潜伏多年，在条件适宜时萌发。每一健壮植株每年可产数条乃至十几条走茎，形成数量可观的小植株，故墨西哥黄睡莲的侵占性极强，极易造成拥挤。所以种植时，要严格控制其生长范围。容器种植者应每年分栽，池塘种植者也应适时分栽，以防止小植株过多而造成拥挤，影响生长开花。

分栽一般宜于春夏季进行，以保证新植株在入冬前有足够时间生长为健壮植株。分栽时，需将主茎上的走茎清除干净，每容器 1 苗，最好种植于容器中央，泥土覆盖厚度以生长点刚刚露出泥面为宜。节间的小块茎也可从肉质走茎处剪下，另行种植。种植完成后，最好在泥面上覆一层砾石（避开生长点），以防止种植初期块茎漂浮到水面。对于清除掉的小块茎和香蕉束状休眠茎，应及时销毁，以免其在别处肆意生长蔓延。

5. 凤梨型

垂直生长，易产生较多芽眼，所以当生长点高出泥面，或侧芽变得比母株生长更为旺盛，或容器内小植株过多时，就必须切去过长的老茎重栽或进行分苗。

主茎分栽方法同墨西哥黄睡莲型的主茎分栽方法。芽眼分栽，当其萌发出几片叶子和自己的根系时，就可用快刀从母茎上切离，另行种植。方法同主茎分栽方法。

6. 花胎生繁殖

在耐寒睡莲中，有少数品种出现花胎生的现象，即从花朵中长出幼苗。花胎生往往伴随着双花、三花或更多花并蒂的现象。如‘芭芭拉’（‘Babara Dobbins’）（图 29）、‘小宝贝’（‘Xiao Baobei’）、‘科罗拉多’（‘Colorado’）和‘万维莎’（‘Wanvisa’）等。

待花谢后，小植株长出根系，即可另行种植。

图 29 ‘芭芭拉’的花胎生苗

（三）热带睡莲的营养繁殖

热带睡莲地下茎均为凤梨型，垂直生长。除古热带亚属和新热带亚属部分种及品种生长期会产生走茎外，其余多数生长期不产生分支，即无增殖。

1. 休眠茎繁殖

对于地下茎生长期不产生分支的广热带和澳洲亚属睡莲，无性繁殖只有当其休眠茎再次萌发时，才可增殖。热带睡莲在条件适宜的情况下，具有周年生长的特点，当其遇到不良生长条件（干旱、贫瘠和低温等）时，地上部分会逐渐枯死，将营养输送到地下茎中，形成表皮坚硬、内部质地紧密的近球形休眠茎。以休眠茎的形式度过不良环境，待条件合适时再次萌发生长。休眠茎萌发时一般会产生数量不等的幼苗。

（1）休眠茎促生方法

贫瘠法——在每年 9 ～ 10 月，将处于旺盛生长的植株起出，回剪根系至 10 ～ 20 cm，重新种植到小容器（口径＜ 12 cm）中，采用肥力较低的基质，放回水体中。

干旱法——停止生长前 1 个月，将植株带容器一起从水体中取出，剪掉花梗与多余的叶片（保留中心 4 ～ 5 片叶），用塑料膜或其他可保温的材料覆盖，放置于阴凉通风处，保持基质潮湿。

低温法——结合自然降温，使植株所处的温度逐渐降至 10 ～ 15℃。

通过以上方法可迫使植株进入休眠，形成休眠茎。但低温法不太可靠，因为不同品种对温度的敏感度不同，剧烈降温会导致部分品种死亡

（李淑娟 等，2017）。

（2）休眠茎越冬贮藏方法

休眠茎冬季贮藏适宜温度为 8 ～ 15℃。

沙藏法　将休眠茎清洗干净，置于阴凉通风处 1 ～ 2 天，表面干燥无水；再埋藏于湿度为 60% 的干净河沙中，表面用保温材料覆盖即可（李淑娟 等，2008）。

干藏法　清洗并凉干休眠茎，保存于密闭容器（罐或自封袋）中（尉倩 等，2019）。

水藏法　将清洗干净的休眠茎藏于干净水中，每 2 周换水 1 次。

泥藏法　直接带泥土容器一起放置于室内的水体中或陆地上。陆地保存过程中，需保持泥土潮湿。

以上方法，均需定期查看，以清除腐烂霉变者。

（3）休眠茎繁殖方法

直接种植法　春末夏初，将休眠茎直接种植于泥土中，生长点与泥面平齐。人工加温或自然温度下萌发，若一个休眠茎萌发出多个幼苗，待其长出浮叶后，即可分栽。分栽时，要小心操作，尽量少伤及根系，以提高成活率。

水培法　将休眠茎置于 15 ～ 20 cm 深的水箱或其他容器中水培，水温控制在 24 ～ 30℃，每天提供 8 小时以上照度为 3000 ～ 8000 lx 的光照；等休眠茎萌发出小苗，且长出 1 ～ 3 片浮叶和 4 条以上定根时，及时分栽小苗；然后将休眠茎重新放回，继续培养，其上就会新苗长出，待小苗长到以上标准时再分栽；以后重复以上步骤，直至 9 月中旬；连休眠茎一起种植。这方法可以获得直接种植法 2 ～ 10 倍的幼苗，同时，很容易分离，不会伤及根系，因而成活率较高（李淑娟 等，2016）。

2. 走茎繁殖

走茎仅产生于古热带亚属和新热带亚属的部分种和品种中。在生长季节，主茎上会不定期抽生走茎，当其顶端生长点开始生长，并长出 2 片以上的浮叶时，即可移出重新种植。其关键点在于，一是小苗不能太小，二是移栽时尽可能少伤及根系，否则成活率低。

3. 叶胎生繁殖

一些白天开花的热带睡莲，在其旺盛生长期的叶片叶鼻处会产生一个结节，此结节将发育成一个小植株。初期（叶片初展时）为一毛状突起物，随着叶片的生长，毛状物中出现不规则的尖凸状物，小苗逐渐长出，先长幼叶，后产生不定根（图 30）。小苗从母株叶片中获得营养，叶片黄枯腐烂后，小苗以叶柄与母株相连，并依靠叶柄提供营养，叶柄腐烂后，小苗脱离母株，自由漂泊，遇到适宜生长环境即可着地生长。

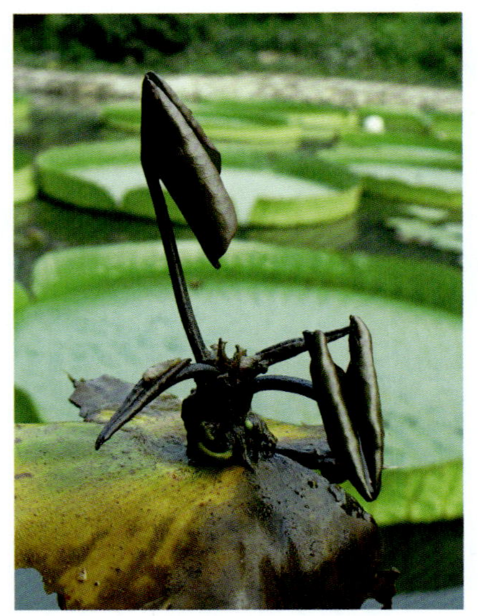

图 30　热带睡莲叶胎生苗

（1）生长季节繁殖法

材料采集　当叶胎生苗出现小叶片展开并有少许根系产生时，将老叶片一起从叶柄处采下，保留 2 ～ 5 cm 叶柄。

基质　用肥沃的塘泥或赤玉土为基质。

种植　老叶片太大时，可将老叶片四周去除一部分，保存面积大小视种植环境而定，保留叶片面积越大越有利于成活；将保留的叶柄垂直插入泥土中，直到叶片紧贴泥面为止，为防叶片漂浮，也可在老叶片上压小石块、沙子等重物；而后，加水淹没叶片 10 cm；置于有光照处培养。

移栽　当胎苗明显开始生长，产生 5 片以上新浮叶后，就可以移栽，另行种植。

（2）越冬贮藏繁殖

材料采集　于秋季采收胎生体，清理胎生体

上的腐烂叶片及杂物。

促生休眠茎　将胎生体置于室外光照条件下，水中浸泡胎生体 20 ～ 40 天，形成休眠茎；将清理干净的休眠球置于阴凉通风处阴干。

越冬贮藏　休眠茎置于 60% ± 10% 湿沙中，于黑暗处 9 ～ 17℃贮藏，期间定期检查。

繁殖　翌年 3 月下旬，催芽繁殖，方法同休眠茎繁殖法（李淑娟 等，2019）。

4. 花胎生繁殖

（1）古热带亚属繁殖方法同耐寒亚属花胎生繁殖方法。

（2）新热带亚属生长期花胎生苗繁殖，方法同耐寒亚属花胎生繁殖方法。

新热带亚属的花胎生体非常多，有一部分（特别是秋季）产生后将处于休眠状态，这部分的繁殖方法同广热带亚属的叶胎生苗越冬贮藏繁殖方法。

五、栽培管理技术

（一）园林栽培

1. 种植

露地池塘种植时，密度视品种而异，一般耐寒睡莲和热带睡莲中的中小型品种，株行距为 1.5 ～ 2 m；热带睡莲中的大型品种株行距为 2 ～ 3 m；种植方法参照“营养繁殖”。生长季均可进行，以春季最佳。

2. 基质

喜肥，以肥沃的塘泥或富含腐殖质的园土为佳。

3. 水肥

需要一直生长于水体中，水位视品种而异，小型品种水位 10 ～ 30 cm；中型品种水位 30 ～ 50 cm；大型品种水位 30 ～ 80 cm；澳洲亚属品种水位 30 ～ 120 cm，在 100 cm 的水深处生长最佳。睡莲花期长，需肥量是一般陆生植物的 2 倍以上，故在生长期一般 1 个月追肥 1 次，以有机复合肥为佳，氮鳞钾比例 3 ： 2 ： 1；施用量视植株与容器大小而定，旺盛生长的中大型耐寒睡莲，每株 5 ～ 8 g。追肥方法为，用报纸或厚纸巾包裹肥料，用手握紧，送入泥土内 5 ～ 10 cm 处，然后抚平泥面，以防肥料外溢，污染水体；盆栽者，可将盆移出水体，用工具分离盆体与泥土，将颗粒状肥料倒入盆体与泥土的缝隙中，然后抚平泥面，每盆可分 3 ～ 4 个点施入。

4. 日常管理

（1）水分管理

睡莲属植物整个生长期均需在水中完成，故需保证不同品种对水位的要求；虽然睡莲叶柄可随水位长高而延伸，但当水位回落时却无法再缩回，可能导致部分叶片搁浅而枯死，因而，最好保持水位的相对稳定。

（2）清洁水体

夏季高温时，水体易出现藻类而影响美观，严重时可能影响睡莲展叶和开花，浮萍等漂浮类和各种沉水植物过量生长时，均会影响睡莲生长，应及时清除。

（3）修剪枯黄老叶

睡莲生长较快，新陈代谢也快，残花及枯黄叶片不仅影响美观，腐烂物还易传播病害，应及时清除。

5. 越冬管理

（1）耐寒睡莲

入冬前，应将枯黄及腐烂的地上部分清除干净，以保证水体清洁和防止病害传播；这类睡莲耐寒能力强，冬季只需保证地下茎处于冰冻层以下 10 cm 即可。

（2）热带睡莲

此类睡莲耐寒能力总体较差，当然品种间也有较大差异。少数较耐寒的热带睡莲如印度红睡莲，在长江以南的深水中可自然休眠，部分种及品种可在南岭以南地区自然休眠。热带睡莲在我国多数地区冬季需要人工保护越冬（水温 18℃以上，光照不少于 6 小时）或作为一年生植物栽培。

（二）病虫害防治

常见危害睡莲的害虫有蚜虫、斜纹夜蛾、水螟、摇蚊及螺类。

蚜虫，虫量较少时，可在水体中投放食蚊

鱼；虫量较大时，可喷施药物防治，一般杀虫药即可。斜纹夜蛾、水螟和摇蚊，用 40% 辛硫磷乳油 1000 ～ 1500 倍液喷洒；也可用灯光诱杀法。螺类，量少时，可人工捕捉；量多时，可采用茶籽饼或贝螺杀防治，茶籽饼每亩用量 3 ～ 4 kg，加温水 50 kg 浸泡 3 小时，取其滤液喷洒；每亩用 20% 贝螺杀 50 g，稀释 1000 倍后喷洒（黄国振 等，2008）。

六、价值与应用

（一）文化与科学价值

睡莲和荷花一样，在人类的文明发展历史中有着重要的位置。在古埃及，公元前 3000 年前后就把蓝睡莲奉为圣花；蓝睡莲成为宫廷及贵族在盛大节日和祭典仪式中的供奉用花，睡莲也成为亲朋好友来往及情侣间的献礼用花，因而蓝睡莲被广为栽培。欧洲古希腊人和古埃及人都把睡莲花视为美丽、纯洁及高尚品德的化身和象征。在《圣经》中也有“圣洁之物出污泥而不染”的美句（黄国振 等，2008）。今日，睡莲仍是埃及和圭亚那的国花。睡莲与荷花同尊为佛教圣花，在印度及泰国等佛教国家，睡莲及荷花一直是佛前供花的首选。

睡莲属植物是一群古老的植物，在被子植物的系统演变发育树中，它们处于靠根基位置，是由前被子植物向高等被子植物演化的过渡种群，对研究被子植物的进化有重要的意义。同时，睡莲属植物在生态类型、开花习性、花色、地下茎类型和繁殖方式方面，均表现出广泛的多样性，也是研究植物多样性的好材料。

（二）观赏及生态价值

睡莲属物种丰富，形态多样，花色更包含了所有可见光谱。作为水景中浮叶植物的主角，应用历史悠久，同时，其根茎叶对水体也有极强的净化能力，因此，随着生态文明建设的推进，睡莲属植物在城市水景及湿地建设中都得到了大量应用。可孤植或片植，或与其他水生植物配置使用，小型水体中常小片植，大型水体或湿地中常大量片植（图 31、图 32）。

（三）食用及药用价值

睡莲浑身是宝，地下茎、叶柄和花可食；花中富含黄酮及酚酸类物质，具有抗氧化、抗菌、抗炎、抗辐射、美白肌肤、降血糖和降血压等功能，如昼开亚属的多数花朵可以制作睡莲花茶；主产于新疆的雪白睡莲（*N. candida*）的干燥花蕾是我国传统维药（赵军 等，2014）。故睡莲属植物具有较大的产业化开发价值。

图 31　小型水体睡莲景观

图 32　大型水体睡莲片植景观

（李淑娟）

Nymphoides 荇菜

睡菜科荇菜属（*Nymphoides*）多年生水生浮叶草本植物。其属名 *Nymphoides* 意为像睡莲一样，表达其具有与睡莲相似的叶形及叶浮水特征。“……参差荇菜，左右采之……”，碧绿的荇叶在阳光下闪着亮光，亭亭出水的金黄色荇花随波摇曳，一叶小舟穿梭其中，妙龄少女采荇其上……从中也可以看出，当时先民们已有采食荇菜嫩茎叶的习俗。

一、形态特征与生物学特性

（一）形态与观赏特征

具根茎。茎伸长，分枝或否，节上有时生根。叶基生或茎生，互生，稀对生，叶片浮于水面。花簇生节上，5 数；花冠常深裂近基部呈辐射状，稀浅裂呈钟形，边缘全缘或具睫毛或在一些种中，边缘宽膜质、透明（或称翅），具细条裂齿；雄蕊着生于冠筒上，与裂片互生，花柱短于或长于雄蕊。

（二）生物学特性

喜光，耐寒或不耐寒（因种而不同），抗逆性强，但离开水体无法生存。该属的繁殖能力都比较强，在适宜条件下具有一定入侵性。

二、种质资源与园艺分类

荇菜属约有 40 种，广布全球的热带和温带地区；我国产 6 种。仅有 3 种应用于园林。

1. 荇菜 *N. peltata*

浅水性浮叶植物。匍匐茎细长，柔软，多分枝，节上生根，漂浮于水面或生于泥土。叶近革质，圆形或卵圆形，长宽 3 ～ 5 cm，上面绿色，下面紫红色，基部深裂成心形。花黄色或金黄色，径约 2.5 cm，5 裂（图 1）。荇菜一般于（2 ～）3 ～ 5 月返青，5 ～ 10 月开花并结果。植株边开花边结果，至降霜，水上部分即枯死。在温暖地区，青绿期达 240 天左右，花果期长达 150 天左右。荇菜再生力极强。广布种。

2. 金银莲花 *N. indica*

又名印度荇菜或一叶莲。茎圆柱形。单叶顶生，近革质，近圆形，基部深心形；绿色或黄绿色，全缘。多花簇生节上，5 数；花梗细弱；花冠白色，基部黄色，长 7 ～ 12 mm，直径 6 ～ 8 mm，分裂至近基部，裂片卵状椭圆形，先端钝，腹面密生流苏状长柔毛；雄蕊着生于冠筒上（图 2）。花果期 8 ～ 10 月。节上产生簇生的质密棒状根，根簇中有一新芽，或萌发生长，或于逆境中休眠；环境适宜时由棒状根提供养分萌发生长（图 3），另外，当其叶片受损后，边缘会产生“珠芽”（图 4）。

图 1　荇菜的花及花色

3. 水皮莲 *N. cristata*

又名水浮莲或银莲花。与金银莲花有相似的生长习性。区别在于叶片深绿色或绿色，表面常有较多的棕褐色斑纹或斑块；花冠裂片边缘无流苏，有一隆起的纵褶达裂片两端（图 5）。

三、繁殖与栽培技术

（一）扦插繁殖

播种繁殖和营养繁殖均可，但播种繁殖极少采用，以营养繁殖为主。

主要用于荇菜。生长季进行。收集荇菜的匍匐茎，将其剪成带有 1 ～ 2 节的段，插入 5 ～ 10 cm 浅水的泥中，使节间接触泥土，极易成活。

（二）根簇繁殖

用于金银莲花、水皮莲等。生长季进行。采收茎节上的棒状根簇，将棒根插入泥土中，中间小芽与泥土平齐，水位 5 ～ 20 cm，条件适宜时，很快开始生长。

（三）珠芽繁殖

用于金银莲花、水皮莲等。生长季进行。收集叶片边缘已长出少量根系和小叶片的珠芽，种植方法同根簇繁殖。

（四）园林栽培

1. 土壤

各种土质均可，但以软质底泥为佳。

2. 水肥

整个生长期都不可离开水体。对肥力要求不严。

图 2　金银莲花

图 3　金银莲花的棒状根簇

图 4　金银莲花叶片上的珠芽（朱天中 摄）

图 5　水皮莲（下中部为棒状根簇）

图 6　荇菜

图 7　荇菜景观

3. 光照

喜光，亦可耐短时遮阴。

4. 修剪及越冬

几乎无须修剪，除非为控制生长。荇菜为广布种，耐寒能力极强，全国范围内，冬季只需保证地下茎在冰冻层以下即可。国内其他种的耐寒能力都比较差，水皮莲在长江以南可以自然越冬，金银莲花较水皮莲耐寒能力差，其他区域均需保护越冬。

四、价值与应用

荇菜在我国具深厚文化底蕴和应用历史。3000 多年前的《诗经》的首篇《关雎》中就有荇菜的记载："关关雎鸠，在河之洲。窈窕淑女，君子好逑。参差荇菜，左右流之。…… 参差荇菜，左右采之。……参差荇菜，……" 可以说家喻户晓，朗朗上口。

荇菜叶片碧绿光亮，小花亭亭玉立，精巧玲珑，花叶随风微动，带给人一种花欲静而风不止、景有尽而意无穷的美感。抗逆性强，成景快，是优良的水生美化植物（图 6、图 7）。

金银莲花（一叶莲）目前是网红漂浮植物。同时，荇菜的茎叶还有利尿、止渴、解毒的功效。

（赵叶子　李淑娟）

Ocimum 罗勒

唇形科罗勒属（*Ocimum*）多年生草本植物，又名约瑟夫草兰香、九层塔等。罗勒属种及品种繁多，但主要由国外相关机构培育。我国利用的罗勒品种较少，开发利用的范围和深度远远不及欧美国家，其产量也相对较低，明显满足不了市场的需求。

一、形态特征与生物学特性

（一）形态与观赏特征

具圆锥形主根和密集的纤维状根，株高30～50 cm，茎为四棱，分枝很多，上部被微柔毛，绿色，常染红色，多分枝，上部稍具槽，基部无毛。叶对生，卵圆形，长1.5～2 cm，宽1～1.2 cm，先端微钝，两面无毛，绿色叶片。花为总状花序，顶生于各个分枝上，下部相距2 cm，上部轮距近，花由6花交互对生的轮伞花序组成（图1），花期6～7月，茎中部花先开，逐渐向顶部开放。开花后约30天种子成熟，成熟的种子为坚果，黑褐色，椭圆形，种子千粒重1.5～2 g。

（二）生物学特性

不耐寒、不耐旱，生长要有充足的光照和温暖潮湿环境。发芽适宜温度为20～25℃，最适宜生长温度为20～30℃，温度低于15℃生长不良，容易提前开花，影响植株正常生长。

图1　罗勒开花特性及花特征

二、种质资源与主栽品种

（一）种质资源

全球罗勒属植物约65种，包括大型罗勒、丁香罗勒、灰罗勒、罗勒、毛罗勒、毛叶变种、毛叶丁香罗勒、圣罗勒、疏毛罗勒、疏柔毛罗勒、台湾罗勒等。自然分布于热带和暖温带地区，以非洲及南美（巴西）为多，而非洲南部尤为广布，亚洲较少。我国境内有5个种及3个变种，分别为灰罗勒（*O. americanum*）、圣罗勒（*O. sanctum*）、台湾罗勒（*O. tashiroi*）、罗勒（*O. basilicum*）及其变种疏柔毛罗勒（var. *pilosum*）和大型罗勒（var. *majus*）、丁香罗勒（*O. gratissimum*）及其变种毛叶丁香罗勒（var. *suave*）。主要分布于新疆、吉林、河北、河南、浙江、江苏、安徽、江西、湖北、湖南、广东、广西、福建、台湾、贵州、云南及四川等地。

（二）主栽品种群

1. 罗勒 *O. basilicum* 及其品（变）种

株高60～70 cm，具有强烈的香味。茎绿色。叶暗绿色，叶内折，先端渐尖。花白色，轮伞状花序，顶生，花萼卵状，花茎较长。可药食并用。罗勒类包括甜罗勒类、大叶罗勒类、迷你罗勒类、密花罗勒类、紫叶罗勒类。

1a. ‘甜罗勒’‘Sweet’

一年生草本、亚灌木或灌木，植株个体矮小，高20～80 cm，茎直立，四棱形，上部微具槽，基部无毛，翠绿色，多分枝。叶片对生，大而厚，卵圆形至卵圆状长圆形，长 2.5 ～ 5 cm，宽 1 ～ 2.5 cm，先端微钝或急尖，基部渐狭，两面近无毛，高温季节易产生皱褶。总状花序顶生于茎、枝上，各部均被微柔毛，通常长 10 ～ 20 cm，由多数具 6 花交互对生的轮伞花序组成，苞片细小、早落，花色为白色或淡紫色，花茎较长，分层较多，轮伞状花序，顶生，花萼卵状，花冠明显具有小茸毛，花期通常 7 ～ 9 月，果期 9 ～ 12 月。全株具有强烈、刺激的香味，体表腺毛分泌的大量挥发油是其香气的主要来源，品种不同，香味也不尽相同。果实为小坚果，种子小，卵圆形，黑色，当种子吸收水分时会膨大且有黏质包裹。

1b. 罗勒‘紫叶’‘Purple Ruffles’

又名紫叶九层塔。茎叶深紫色，叶色独特，是罗勒的栽培变种，株高 20 ～ 40 cm，分枝少，茎钝方形，全株暗紫红色。叶对生，卵形或长椭圆形，叶面微皱，叶缘有不规则锯齿状深缺刻。花期夏季，轮伞花序 6，花序淡紫色，顶生，花萼钟状，花排列成假总状花序，小花白色。香味稍淡。

1c.‘绿罗勒’‘Green Bush Basil’

‘绿罗勒’为传统食用罗勒，生长旺盛，枝叶产量较大，植株绿色，较适合种植在花盆中，花多为簇生，数量较大，花色由玫瑰色至白色，轮伞状花序，顶生，花萼卵状。此品种鲜嫩明快的翠绿色和特殊的芳香气息很受人们欢迎。

1d. 罗勒‘窝宦’‘Lettuce’

植株亮绿色，叶极大且皱褶，先端钝尖，叶缘具整齐锯齿。花白色，轮伞状花序，顶生，花萼卵状。是观叶性强的草本植物。

1e. 罗勒‘茴香’‘Anise’

植株暗绿色。茎紫色。叶卵状披针形，先端渐尖，叶脉紫色。花粉红色，轮伞状花序，顶生，花萼钟状，花丝白色，花柱裂片钻形，萼片紫色，花茎较长，具茴香香味。

1f. 罗勒‘密生’‘Miye’

叶密生，植株近圆形，紧凑，株高 15 ～ 30 cm。香味适中；花白色，轮伞状花序，顶生，花萼卵状。可种植在花盆作为盆花，也可作为切枝插在花瓶中观赏，是一种观赏价值较高的绿色草本园艺植物。

1g. 罗勒‘暹罗皇后’‘Siam Queen’

株高 0.5 ～ 1 m。叶暗绿色，大小中等，长 5 ～ 12 cm，表面光滑，卵状，长圆形。穗状花序，花序淡紫色，顶生，花萼钟状，花期长。可作花境材料或作树坛边缘空隙地绿化植物。具浓烈香味。

1h. 罗勒‘桂皮’‘Cinnamon’

具浓重桂皮香味，株高 45 ～ 75 cm。茎紫色。叶暗绿色。花粉红色。轮伞状花序，顶生，花萼钟状。生长势强。

1i. 大叶罗勒 var. *majus*

植株暗绿色。茎紫色。叶卵状披针形，先端渐尖，叶脉紫色。花粉红色，轮伞状花序，顶生，花萼钟状，萼片紫色。

1j. 柠檬罗勒 var. *citriodorum*

株高 30 ～ 60 cm，全株被稀疏柔毛。叶对生，大小中等，表面平滑，暗绿色。花淡粉色，轮伞状花序，花序绿白色，腋生，花萼钟状，具柠檬香气，适应性强。

柠檬罗勒类主要品种有柠檬罗勒和莱姆罗勒等。

1k. 疏柔毛罗勒 var. *pilosum*

一年生草本植物，株高 20 ～ 80 cm。茎幼嫩时红色，渐老变为绿色。叶亮绿色，呈卵形至卵状长圆形，叶片表面光滑近无毛，叶背具腺点，叶柄及花具短柔毛。花淡紫色，轮伞状花序，顶生，花萼钟状。植株具强烈香气，可作提取芳香油的原料。

2. 丁香罗勒 *O. gratissimum*

半灌木或灌木、一年生草本，被长柔毛，株高 40 ～ 50 cm。茎紫色。叶绿色，卵圆状或长圆形，长 5 ～ 12 cm，宽 1.5 ～ 6 cm，叶脉为浅紫色，两面密被柔毛状茸毛及金黄色腺点。花通常白色或浅紫色，小或中等大，轮伞状花序，顶生，花萼钟状，花梗直伸，先端下弯，花柱粉色，花柱裂片呈扁平状。丁香罗勒喜温暖、潮湿的气候，不耐干旱，生长快速，精油提取产量高。成熟时间 60 ～ 80 天，花期在夏季，花色粉红、气味芳香、紫花绿叶，有很好的驱蚊效果，观赏性很好。

2a. 极香罗勒 var.*gratissimum*

株高约 25 cm。茎紫色。叶片大，紫绿色，叶面皱褶且内翻。花白色，轮伞状花序，顶生，花萼卵状，花丝白色。香味极浓。

3. 圣罗勒 *O. tenuiflorum*

株高 1 m，茎直立，基部木质，近圆柱形，具条纹，有平展的疏柔毛，分枝多。叶长圆形，长 2.5 ～ 5.5 cm，宽 1 ～ 3 cm，边缘具浅波状锯齿，绿色，两面被微柔毛及腺点。总状花序纤细，长 6 ～ 8 cm，着生于茎及枝顶，通常于茎顶呈三叉状；花梗长约 2.5 mm，被微柔毛；花萼钟形，长 2.5 mm，外面被柔毛及腺点，内面无毛，萼筒长 1.5 mm，萼齿 5，呈二唇形，上唇 3 齿，中齿最大，扁宽卵圆形；苞片心形，长宽约 1.5 mm，先端骤然短锐尖，基部浅心形，无柄，外面被微柔毛，内面无毛；花药卵圆形，汇合成一室；花柱超出雄蕊，先端相等 2 浅裂；花盘平顶，具 4 齿，齿均位于子房。小坚果卵珠形，长 1 mm，宽 0.7 mm，褐色，有具腺凹陷，基部有 1 小白色果脐。花期 2 ～ 6 月，果期 3 ～ 8 月。

圣罗勒类主要生产品种有‘荷立’‘红荷立’及‘神罗勒’。

4. 台湾罗勒 *O. tashiroi*

植株暗绿色，茎绿色，被短柔毛。叶卵圆形，先端渐尖，叶柄光滑无毛。花粉红色，轮伞状花序，顶生，花萼钟状。

三、繁殖与栽培管理技术

（一）播种繁殖

温度稳定超过 15 ～ 20℃时在大棚或温室中播种（通常为 4 月初）。播前施优质农家肥 5 kg/m^2，同时根据病虫发生情况酌情施用杀菌剂和杀虫剂，平整土地后做高畦，播前浇透水。选择颗粒饱满的种子进行育苗，播种前要对种子进行温水浸种，把种子放入 50 ～ 60℃温水中，搅拌至 30℃，浸泡 4 小时，洗净后放在 28℃恒温箱中催芽，用透气保水材料包裹种子，保持种子湿润，露白后即可播种。密度 2 cm × 2 cm，盖细沙土，覆保温保湿塑料膜，出苗后及时除草，当苗高 15 cm 左右时定植。

采取穴盘育苗，穴盘选择 72 孔为宜，育苗基质以草炭为最佳。将育苗基质浇透水，撒播种子，每穴播种 2 ～ 3 粒，覆盖 0.5 cm 蛭石或珍珠岩，放置在 25 ～ 30℃环境下，3 天就能出苗，当长到 2 cm 时进行间苗，每个孔留 1 株健壮幼苗。苗期要满足充足的光照，保持基质湿润，15 天左右应追施钾肥，促进幼苗的生长。苗期适宜生长温度为 25 ～ 35℃，既要控制棚内温度，还要注意通风，降低棚内湿度，减小罗勒苗期发生病害的风险。

（二）田间栽培

1. 选地及整地

深根植物，一般深入土内 50 ～ 100 cm，因此选地一定要选在排水良好的位置，尤其是肥沃且松软的砂质土壤。栽种前一定要施加充足的肥料，做一个平整的宽约 1 m 的平畦或高畦。定植前每亩施腐熟有机肥 1000 kg，复合肥 30 kg。起垄种植，垄宽 80 cm，沟宽 60 cm，采取滴灌浇水，上面覆盖地膜。

2. 移栽定植

当小苗长到 5 cm 时就可以进行移栽，以晴天上午栽苗为宜，起苗时避免损伤根系，定植最低温不能低于 12℃，温度过低容易提早开花，影响植株生长，如遇低温，可以覆盖薄膜小拱棚保温。

3. 水肥管理

喜水作物，保持土壤湿润有利于植株生长健壮。定植后 15 天浇 1 次三元复合肥 2 ～ 3 kg / 亩，之后每半个月追肥 1 次，随水浇肥，每亩用量 2 ～ 3 kg，促进植株生长。开花期适当增加磷肥，增强植株抵抗力，有利于种子成熟。

5. 采收

一般在定植50天左右之后，开花初期就可以采收了，主要采收四周的茎叶分枝，采收时要注意不要移动根系，以免影响其后期生长。根据实际市场需要，每年可采收数次，采收后晾晒干燥，可以保持罗勒香味，干燥后的叶子包装后可以贮存售卖。如果要采收种子，需要留部分侧枝，种子在开花40天左右，种子颜色变褐色后就可以采收了，采收时要摘除顶部幼嫩花朵，采收下部成熟种子。

（三）病虫害防治

病害主要是霜霉病，苗期和生长期都有可能发生，主要危害部位是叶片，会在叶片形成多个灰褐色坏死小斑点，天气潮湿时，会在叶片背面产生黑色霉层，严重时整个叶片会干枯。种植前清除菌源，改善通风透光条件，雨后及时排水，降低湿度，可以减轻霜霉病的发生。可用72.2%霜霉威1000倍液或70%烯酰吗啉·霜脲氰1500倍液喷雾防治。

虫害主要是蚜虫和红蜘蛛，防治蚜虫可用10%氟啶虫酰胺1500倍液或70%吡虫啉3000倍液喷雾。红蜘蛛繁殖快，在高温干旱季节容易暴发，可在罗勒上方悬挂黄色防虫板，减小虫口密度。可用22.4%螺虫乙酯2000倍液或15%哒螨灵2500倍液喷雾防治。

四、价值与应用

罗勒集观赏、食用、药用于一身，深受人们喜爱，市场前景广阔。其花朵艳丽，植株可盆栽供观赏。罗勒含有蛋白质、维生素、纤维素和还原糖等营养成分，嫩梢、嫩叶可炒食、凉拌、煮汤、调味等，味道独特。还具有解毒止风、除湿除食和活血化瘀等功效，用于治疗损伤、月经不调、外感头痛、上腹痛、腹泻、食物胀气、皮肤疼痛瘙痒和蛇咬伤等疾病。植株含有芳香成分，作药用可提神、醒脑。采其叶片、嫩芽、花可提取天然植物精油，治疗各种呼吸道感染，缓和痉挛及消化系统不适。

随着人们生活水平的提高以及大众对纯天然植物利用重视程度的不断升温，国内外对芳香植物的需求越来越大。欧美国家早已把罗勒作为经济作物种植，我国台湾地区近几年也已将其作为调整产业结构的重要品种加以推广。

罗勒叶片可作为蔬菜食用，也可以冲泡花草茶，浸入醋中可得色泽美丽的罗勒醋。园林应用时适合种植于庭院、花坛或盆栽，构成色彩变化。

（王丽花）

Oenanthe 水芹

伞形科水芹属（*Oenanthe*）多年生水生或湿生草本植物。顾名思义，是生长于水中的“芹菜”，具有远浓于一般芹菜的味道。全球约有 40 种，分布于北半球温带和南部非洲，我国产 9 种 1 变种。

一、形态特征与生物学特性

（一）形态与观赏特征

具匍匐茎，株高 20 ～ 80 cm，密集生长于浅水中时，茎直立，鲜嫩；缺水条件则铺地而生（图 1、图 2）。茎直立或斜升，中空，具纵纹，近地面节上生根或倒伏后节间生根。基生叶具鞘，抱茎；一至二回羽状复叶，互生，小叶卵形至菱状卵形，长 2 ～ 5 cm，缘具齿，有时有裂片。复伞形花序顶生，小花小，白色（图 3）。花期 6 ～ 7 月。

图 1　水芹（Mizuki Shimoda 摄）

图 2　陆生的水芹

图 3　水芹的花序

（二）生物学特性

喜光，稍耐阴；喜湿，耐寒，抗逆性强。常生于浅水低洼地方，池沼、水沟及河流边和其他潮湿处。

二、园艺品种

水芹 *O. javanica*

我国各地均有春季采食广布种水芹的习惯，现已有人工种植生产。景观中应用的也仅有水芹及其花叶品种（Graham, 2012；Armitage, 2008）。

图 4　五彩水芹

目前景观应用最多的是该种的花叶品种‘火烈鸟’（‘Flamingo’）或称‘五彩’水芹，叶片上具有粉色、乳白或白色斑块（图 4）。

三、繁殖与栽培管理技术

（一）播种繁殖

8～9 月种子成熟后，随采随播，极易出苗（栖息地常见成片自播苗）。

（二）分株和压枝繁殖

水芹的匍匐茎外延会产生小植株，分栽即可。

利用茎间遇水或遇湿土生根的特性，将直立或斜升的茎压倒铺地或入水，节间即可生根。

（三）扦插繁殖

生长季，水芹茎基及匍匐茎会生根，采集水芹茎，分成 2～3 节的茎段，扦插于湿润或浅水插床上，1 周内即可生根。

（四）园林栽培

1. 土壤

各种土质均可，但以软质底泥为佳。

2. 水肥

喜水，对肥力要求不严，但在浅水及肥沃基质上生长最佳。

3. 光照

喜光，亦耐阴，宜种植于全光或半阴环境。

4. 修剪及越冬

若不采种，可于花后修剪残花序，以防自播扩散。秋季清除残败枝叶；冬季无须保护。

（五）病虫害防治

常有蚜虫、蛞蝓及蜗牛危害，常规方法防治。

四、价值与应用

枝叶茂盛，花色素雅，赏食兼用。宜应用于水景园、湿地、溪流边或花境的湿润处。

水芹也是传统中药，带根全草具有清热凉血、利尿消肿、止痛止血的功效。

（赵叶子　李淑娟）

Oenothera 月见草

柳叶菜科月见草属（*Oenothera*）一二年或多年生草本植物。常在傍晚或深夜开放，有见月方开之意，故而得名月见草；它还有个美丽的英文名字 evening promise（夜晚的诺言）。原产美洲，19 世纪传入欧洲，1848 年日本也开始引入（杨恭毅，1984）。我国月见草属植物的引种最早可追溯到庐山植物园于 1936 年引入（陈封怀，1958），后在我国东北引入栽培而逸为野生（陆尚志 等，1981）。

一、形态特征与生物学特性

（一）形态与观赏特征

有明显的茎或无茎；茎直立或匍匐，多具主根。未成年植株常具基生叶，以后为茎生叶，螺旋状互生，全缘、有齿或羽状深裂。花序穗状、总状或伞房状，生于茎顶端叶腋或退化叶腋（图 1）；花管发达（指子房顶端至花喉部紧缩成管状部分）；萼片 4，反折，绿色、淡红色或紫红色；花瓣 4，黄色，紫红色或白色，有时基部有深色斑，常倒心形或倒卵形（图 2、图 3）；雄蕊 8；子房 4 室，胚珠多数；柱头深裂成 4 线形裂片；单花花期多为 1 天。蒴果圆柱状，常具 4 棱或翅，直立或弯曲，室背开裂，稀不裂。种子多数，每室排成 2 行（图 4）。基本染色体数 x=7。

图 1　月见草植株

图 2　月见草花

图 3　月见草花解剖结构

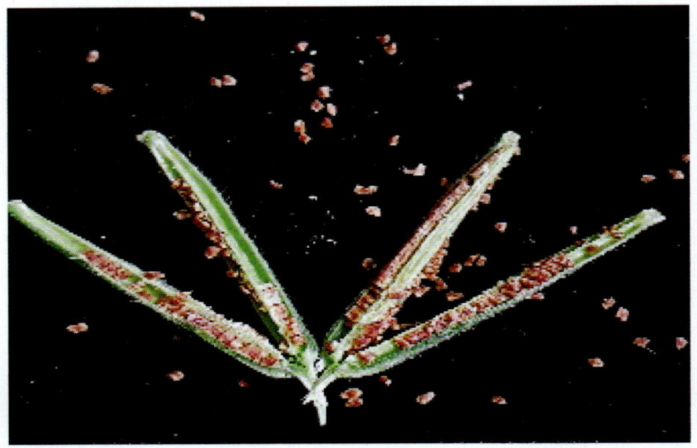

图 4　月见草种子

花朵开放时，花萼反折，花似杯盏状，散发出阵阵幽香，令人神清气爽。受粉后，花瓣掉落，果实迅速成长为一个筒形，切开后里面有近百粒种子，形似芝麻，因此也称山芝麻、野芝麻。

（二）生物学特性

多5～10月开花，花期较长，开花时花粉量大，以风媒和虫媒传粉，是一种自交、异交均可育、亲和性较高的植物。喜阳光，多生长在向阳山坡、次生林边缘、道路旁、海滨开阔的沙地和河岸沙砾地等处，适应能力强、抗性强。根系发达，抗风沙，固沙能力强，是理想的水土保持植物。

二、种质资源

全球有152种，分布于北美洲、南美洲及中美洲温带至亚热带地区，据*Flora of China*记载，我国引入并归化的月见草属植物有10种，几乎在我国每个省份都广泛作为花卉栽培和逸为野生，其中多年生的有6种，即黄花月见草（*O. glazioviana*，图5）、粉花月见草（*O. rosea*）、裂叶月见草（*O. laciniata*）、四翅月见草（*O. tetraptera*）、小花月见草（*O. parviflora*）和海边月见草（Chen et al., 2007）。在园林中常见有开黄色花的长果月见草、四棱月见草、海边月见草等，开粉色花的美丽月见草和粉花月见草，还有花色会随时间变化的变色月见草。

1. 长果月见草 *O. macrocarpa*

多年生草本，株高15～30 cm，不分枝或分枝少。叶互生，狭窄，披针形或倒披针形，边缘整齐，稀有齿。花单生于叶腋，花径7～12 cm，花瓣4，倒卵圆形，嫩黄色，微香，单花可开放多日，花期5～7月（图6）。

原产美国中部和南部，我国北方有引种栽培。抗逆性强。

2. 四棱月见草 *O. tetragona*

株高30～60 cm。叶宽披针形。花瓣4，顶端凹，昼开夜合。花期7～8月。

原产美国。

3. 海边月见草 *O. drummondii*

茎直立或平铺，长20～50 cm，具分枝，常被白色长柔毛。叶片倒披针形或椭圆形，先端锐尖，基部渐狭至叶柄，边缘浅齿或全缘，两面被白毛。花生于枝条叶腋处，匍匐枝上部的花先开，之后依次向下陆续开放。每个匍匐枝着花3～5朵。枝条上部的花与下部花的开放时间相差约1天，少有同时开放。花蕾锥状披针形，具有发达的花管，萼片4枚，黄绿色，披针形，花黄色，花径2.5～5.1 cm，花瓣宽倒卵形，先端微凹（图7）。

4. 美丽月见草 *O. speciosa*

具地下匍匐茎。茎高30～50 cm，无毛或有稀疏毛。叶互生，长椭圆形至披针形，边缘有不规则钝齿或波状，无柄或有短柄。花生于上部叶腋，杯状，粉红色，喉部黄色，花期5～9月（图8、图9）。

原产美国西南部至墨西哥。我国西北、华中、华东等部分地区有栽培。抗逆性强，水肥条件优越时，具一定入侵性。

5. 粉花月见草 *O. rosea*

茎多分枝。叶披针形至长圆状卵形，边缘具齿突。花朵直立，花瓣粉红色（图10、图11）。

原产北美。我国有引种，入侵性强。在种植中可通过控制环境中的磷元素来对其进行有效防治。

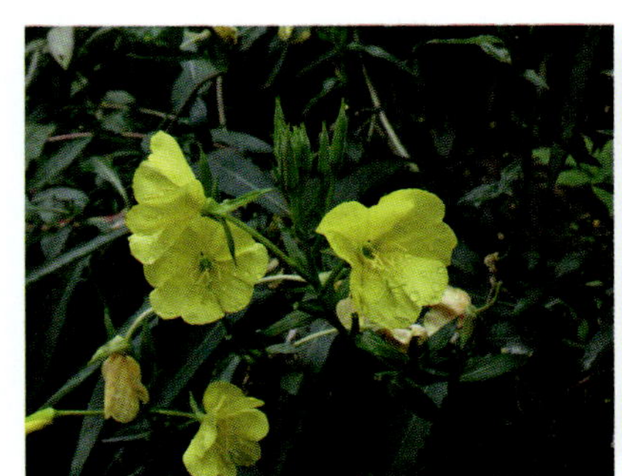

图5 黄花月见草

图6 长果月见草

图7 海边月见草（丘群光 摄）

图 8 美丽月见草（丘群光 摄）

图 9 美丽月见草景观（丘群光 摄）

图 10 粉花月见草

图 11 粉花月见草景观

6. 变色月见草 *O. versicolor*

短期的多年生草本，株高 30 ～ 45 cm，茎圆柱形，有分枝，紫红色，全株有毛。叶线形或披针形，边缘有稀疏锯齿，灰绿色。花初放时黄色或橙色，完全绽放时橙红色，花径约 2.5 cm（图 12），花期 6 ～ 7 月。

原产美洲。

图 12 变色月见草（Chris Kettinger 摄）

三、繁殖与栽培管理技术

（一）播种繁殖

种子除要求饱满、成熟、纯度和净度高、无病虫外，特别要注意只能用当年或头年收获的种子，陈种子发芽率极低。贮藏 1 ～ 4 年的种子，发芽率急剧下降，依次为 80.0%、65.0%、15.3%、4.0%，因此，贮藏 2 年以上的种子利用价值不大（于漱琦 等，2000）。用激素 GA_3 5000 mg/L+ 6-BA 10 mg/L 浸种 4 天，可使月见草种子发芽率达到 88%（南桂仙 等，2008）。春播可在 3 月中下旬气温 10 ～ 18℃的条件下进行，10 ～ 15 天发芽。秋播在冷棚中进行，发芽适温 18 ～ 20℃，15 ～ 30 天出苗，光照有利于种子萌发。幼苗在温室内培育，翌年春季栽植园地，当年即可开花（董长根 等，2013）

（二）扦插繁殖

在 5 ～ 6 月进行最佳。扦插基质选用泥炭和珍珠岩按照2 ：1比例混合而成，铺设8 cm厚度即可。扦插前用生根粉等药剂处理插条，可以有效促进生根。插穗生根的最适温度在18～25℃，每天喷水1～3次，待插条新根长到2～3 cm时，即可适时移植上盆。定植成活后的月见草需要进行一次摘心，促使其分枝和植株矮化，并多开花（张博，2016）。

（三）组培快繁

以月见草茎尖为外植体，丛生芽诱导选用培养基MS+ 6-BA 2.0 mg/L + NAA 0.2 mg/L；继代培养培养基MS+ 6-BA 1.0 mg/L + NAA 0.1 mg/L；生根培养基MS + IBA 0.2 mg/L（陈晓梅 等，2008）。按照蛭石：泥炭土：河沙 = 1 ：2 ：1的比例混合基质移栽，成活率可达93.33%（王乃根 等，2012）。

（四）园林栽培

1. 土壤

对自然环境适应性强，具耐寒抗旱特点，对土壤要求不严，一般中性、微碱或微酸性疏松的土壤上均能生长，砂质壤土最佳。

2. 水肥

一般在栽植前施足有机肥和腐殖质，生长期间通常不需要追肥。对氮肥比较敏感，可导致徒长。当水肥过于充足或长时间疏于管理时，经常发生旺长倒伏和花量减少；通常可在盛花前追施一次液肥，以追磷钾肥为主，可以有效提升开花效果，并促使种子饱满。

粉花月见草入侵性较强，磷元素对其生长具有一定的影响作用，可通过调节环境中磷元素的量来对其进行有效控制。在磷浓度为0.5 mmol/L和1 mmol/L时，粉花月见草生长较好，在无磷和高磷（磷浓度为2 mmol/L、3 mmol/L、4 mmol/L）条件下，粉花月见草生长受到抑制（杨再军，2015）。

幼苗期不耐旱。早春干旱，直接影响出苗和保苗，待要出现干旱时应进行灌水，保证幼苗健壮生长。抽茎后怕水渍，进入雨季后，要加强排水管理。

3. 光照

喜全光环境，在半阴或全阴下生长不良，或枝干瘦弱，或全株枯死。但短期的暴晒会使海边月见草幼株嫩叶灼伤发焦，夏季要适当遮阴或将盆株至于庭荫树下，或搭荫棚遮光，勿使其见全光照。待植株生长至比较健壮时，方可撤下。

4. 修剪及越冬

耐修剪，修剪后可迅速恢复地面全覆盖效果，并形成整齐的二次盛花。在北方地区露地越冬率极低，深冬季节，可在月见草上覆盖腐殖质，从而增强抗寒性和越冬后萌发能力。

（五）病虫害防治

病虫害很少。栽植过密时容易引起腐烂病，病株根部开始变色腐烂，产生菌丝后叶片也萎蔫干枯，直至全株枯死。注意保持合理的栽植密度，及时修剪，清除过密的植株，保持通风透光；同时也可用1%石灰水或50%甲基托布津1500倍液浇灌，或用75%百菌清1000倍液浇灌。

在夏季，月见草容易吸引刺吸式飞虫吸食花蜜和叶片汁液，而造成嫩叶皱缩和穿孔，则可通过每月喷洒1次稀薄除虫药液控制。

四、价值与应用

月见草株型丰满，花形柔美，色彩靓丽，芳香浓郁，观赏期长，长势强健，不择土壤，适应性广泛，管理粗放简便，是优良的节约型园林绿化用材，可作大面积地被景观布置，也常用于花坛、花境边饰，也可点缀岩石园，或盆栽用于城市街区、路旁美化（图9）。夜晚开放，香气宜人，适于点缀夜景，是建设“夜景园”和“芳香植物园”等专类园的优良材料。

（*尉倩*）

Ophiopogon 沿阶草

天门冬科沿阶草属（*Ophiopogon*）常绿多年生草本。本属约有67种和一些变种，分布于亚洲东部和南部的亚热带和热带地区。我国有33种及部分变种，分布于华南、西南各地。仅有麦冬（*O. japonicus*）一种广布到秦岭南部及河南、安徽、江苏等地。一些种具有小块根，中药上作麦冬用；而目前园林应用量大的多为麦冬和沿阶草（*O. bodinieri*）两种。

一、形态特征与生物学特性

（一）形态与观赏特征

根细而分枝多，根状茎不明显。茎匍匐或直立，常为叶鞘所包裹，上部生出新叶，下部叶脱落后，直立或平卧地面，并生根。叶基生成丛或散生于茎上，没有明显的叶柄；叶上面绿色，背面常为粉绿色或具粉白色条纹，有时边缘具细锯齿。总状花序生于花茎顶端；花单生或2～7朵簇生于苞片腋内；花梗常下弯，具关节；花被片6，分离，两轮排列；雄蕊6枚，着生于花被片基部，通常分离。果实在发育早期外果皮即破裂而露出种子。种子浆果状，球形或椭圆形，早期绿色，成熟后常呈暗蓝色。

（二）生物学特性

分布于我国的华东地区及云南、贵州、四川、湖北、河南、陕西（秦岭以南）、甘肃（南部）、西藏和台湾。生于海拔600～3400 m的山坡、山谷潮湿处、沟边、灌木丛下或林下，生命力顽强，适应性好，具有很好的抗逆性。

耐阴性　既能在强阳光照射下生长，又能忍受荫蔽环境，属耐阴植物。在建筑物背阴处或竹丛、高大乔木的阴影下终年不见直射阳光的地方能茂盛生长，且叶面比直射光下显翠绿而有光泽。

耐热性　在南亚热气候带至海拔780m的南盘江河谷种植，能安全越夏，能耐受最高气温46℃。

耐寒性　能耐受-20℃的低温而安全越冬，且寒冬季节叶色始终保持常绿。

耐湿性　在雨水中浸泡7天仍无涝害症状，在年均相对湿度81%的罗平县生长良好，耐湿性极强。

耐旱性　根系发达，能贮存大量的水分和营养物质，叶片具有蜡质保护层，可在干旱环境下最大限度地减少水分蒸发，维持其正常的生长所需的营养和水分。据测定，干旱的12月至翌年1月叶片含水量仍能达到60%～80%。建植覆盖后，可不必灌溉。

二、种质资源

1. 麦冬 *O. japonicus*

根较粗，中间或近末端具椭圆形或纺锤形小块根，小块根长1～1.5 cm，径0.5～1 cm，淡褐黄色（图1至图3）。品种如矮麦冬（'Kyoto'），为观叶品种。

2. 沿阶草 *O. bodinieri*

植株矮小。叶长5～10 cm，宽1～2.5 mm。花莛长5～8 cm；花被黄色，稍带红色。

3. 间型沿阶草 *O. intermedius*

本种和沿阶草很相似，主要区别在于不具地

图 1 麦冬的花序

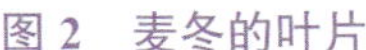

图 2 麦冬的叶片

图 3 麦冬的果实

下走茎，而且根状茎一般较粗大。

4. 匍茎沿阶草 *O. sarmentosus*

根细长而质软，生于茎下部的每个叶簇下。茎细长，直径 3 ～ 4 mm，匍匐，节上具紫褐色或深褐色膜质的鞘，每隔几节生叶。

5. 棒叶沿阶草 *O. clavatus*

植株由地下细长的走茎相连接。茎短，叶基生成丛，狭矩圆状倒披针形，长 5 ～ 12 cm，宽 5 ～ 13 mm，先端钝或钝圆，基部渐狭成叶柄，上面绿色，背面粉绿色，具 5 ～ 7 条明显的脉。

6. 钝叶沿阶草 *O. amblyphyllus*

根细长而多；具几条细长的地下走茎。茎中等长，密生许多叶，每年延长后，下部斜卧地面，形如根状茎，由此发出地下走茎。叶倒披针状矩圆形或近倒披针形，长 6 ～ 8 cm，宽 8 ～ 24 mm，先端近浑圆或钝，极少近急尖，基部渐狭成柄，上面绿色，下面灰白绿色，具 9 ～ 13 条脉。

7. 大叶麦冬 *O. planiscapus*

原产于我国和日本，耐阴的常绿多年生植物，白色小花夏天盛开在直立花穗。果穗绿色至深灰色。强阴下生长，全年绿叶，用作地面覆盖。

流行品种‘黑麦冬’（黑龙江，‘Nigrescens’），叶黑紫色。

三、繁殖与栽培管理技术

（一）播种繁殖

将秋季收获的种子干燥后存放在纸质信封或小塑料袋中，放置在一个带有密封盖子的容器中，干燥避光保存。春季播种，行距 15 ～ 20 cm，每穴下种 3 ～ 5 粒，覆土 2 cm 厚。第 3 年可移栽。也可秋季种子成熟时采种，把浆汁洗净，随即播种，播深 2 ～ 3 cm，播后 20 ～ 30 天发芽。

（二）分株繁殖

多在春季，起出株丛，分株时，挖出老株丛，将老叶剪去 2/3，抖掉泥土，剪开地下茎，每 3 ～ 5 小株分为一丛，丛株分栽即可。

（三）园林栽培与盆栽

沿阶草无论盆栽或地栽均较简单，无须精细管理。但要求通风良好的半阴环境，经常保持土壤湿润，北方旱季应经常喷水，叶片才能油绿发亮，如果空气过于干燥，叶片常会出现干尖现象。不耐干旱，较耐水湿，但如果盆土长期积水，肉质根和地下茎也会腐烂，因其生长迅速，除栽植时施足基肥外，生长期还应追肥，最好是每月追 1 次液体肥。

盆栽时注意清除杂草。夏季应置荫棚下，忌烈日直射，在荫蔽环境下叶色翠绿。盆栽沿阶草一般两年需翻盆 1 次，否则地下肉质根会布满全盆，将盆土顶出盆面，根系逐渐枯死，叶片也会发黄。所以，要对老叶进行剪除并除去外围 1/3 ～ 2/3 的宿根，保留新芽，再换上新土即可。

庭院地栽多单行植于小径两侧，株距 30 ～ 40 cm，栽时施入基肥，栽后浇透水，平时注意清除杂草，保持土壤湿润。盆栽可用腐叶土上盆，庇荫养护，6 月施肥两次，其他季节不必施肥，盆土保持湿润。每两年换盆 1 次，换盆时适当修去 1/3 的外围老根，并进行分株。地栽冬季可露地越冬，盆栽最好入室，在 1 ～ 5℃的室内即可越冬。

（四）病虫害防治

沿阶草抗性强，通常不易发生病虫害。但沿阶草叶枯病是由半知菌类真菌引发的一种常见病，主要对沿阶草叶片造成侵害，一般从叶尖开始发生，初期病斑呈灰色枯萎状，逐渐转为灰白色，后期病斑干枯，并着生有黑色粒状物。

防治上需加强水肥管理，注意提高磷、钾肥的施用量。春季植株萌芽时用 75% 百菌清可湿性颗粒 1000 倍液喷施进行预防，每隔 7 天喷 1 次，连续喷 3 ～ 4 次，可有效防止该病发生。发病期禁止喷灌，及时排除积水。如有病害发生，可用 50% 多菌灵可湿性粉剂 500 倍液或 75% 甲基托布津可湿性粉剂 1000 倍液喷雾，连喷 3 ～ 4 次，每次间隔 10 天，雨后要注意补喷。

四、价值与应用

植物文化上，沿阶草的花语是不老、不死。《见山堂集》中“春风自绿沿阶草，秋麦犹青负郭田”就是对沿阶草的描述。

麦冬又名沿阶草、书带草等，叶片碧绿柔美，花茎纤秀雅致，果实深蓝美观，是最常用的地被植物，尤其在华东、华中地区，在城乡绿化中应频率极高。麦冬还可以用于路缘镶边、搭配景石和假山等，均具有很好的观赏效果。具有终年常绿、开花繁盛、果实素雅、抗性强健等优质特性。除了麦冬之外，培育出的一些彩叶类沿阶草属植物，也于近些年被逐步推广，可以与其他观花观叶植物搭配，构成色彩和层次均丰富的花境植物景观。

药用价值上，据《本草纲目》记载，沿阶草有清热解毒、养肺润肺、益胃生津的功效，可治疗咽燥干咳、舌红少苔、燥热伤阴等疾病，还能增加肠胃蠕动，加速将身体中废物排出。

（张佳平　夏宜平）

Origanum 牛至

唇形科牛至属（*Origanum*）多年生草本或半灌木。牛至在历代本草多有著录，以“江宁府茵陈”药用之名，首次载于《本草图经》。牛至的学名是由希腊语“山的喜悦”演化而来的。牛至属植物是著名的香料作物，应用历史悠久，很多园艺品种也是常用的观赏植物，应用较广泛。

一、形态特征与生物学特性

（一）形态与观赏特征

叶大多卵形或长圆状卵形，全缘或具疏齿。常为雌花、两性花异株。小穗状花序圆形或长圆形，果时伸长或否，由多花密集组成，有覆瓦状排列的小苞片，小穗状花序复组成伞房状圆锥花序；苞片及小苞片绿色或紫红色，卵圆形、倒卵圆形、倒长圆状卵圆形至披针形；花萼钟形，外面被毛或否，内面在喉部有柔毛环，约 13 脉，萼齿 5，近三角形，锐尖或钝，几等大；花冠白色或粉红至紫色，钟状，冠筒稍伸出或甚伸出于花萼外，冠檐二唇形，上唇直立，扁平，先端凹陷，下唇开张，3 裂，中裂片较大；雄蕊 4，在两性花中通常短于上唇或稍超过上唇，在雌性花中则内藏，花药卵圆形，2 室，由三角状楔形的药隔所分隔，花丝无毛；花柱伸出花冠，先端不相等 2 浅裂；花盘平顶。小坚果干燥，卵圆形，略具棱角，无毛。

（二）生物学特性

极耐寒。于北京郊区露地种植，冬季略培土覆盖即能安全越冬。在高温多雨的夏季仍能生长，不择土壤，对环境适应性强。

二、种质资源与园艺品种

该属约有 35 种，在世界范围内广为分布，主要分布于地中海、西伯利亚、北非至中亚地区，多生长于斜坡和山地（海拔 0 ～ 4000 m）。我国仅产牛至 1 个广布种。

1. 牛至 *O. vulgare*

多年生草本或半灌木，芳香。根茎斜生，其节上具纤细的须根，多少木质。茎直立或近基部伏地，通常高 25 ～ 60 cm，多少带紫色，四棱形，具倒向或微蜷曲的短柔毛，中上部各节有具花的分枝，下部各节有不育的短枝，近基部常无叶。叶具柄，叶片卵圆形或长圆状卵圆形，上面亮绿色，常带紫晕，具不明显的柔毛及凹陷的腺点，下面淡绿色，明显被柔毛及凹陷的腺点。伞房状圆锥花序，开张，苞片绿色或带紫晕，花萼钟状，花冠紫红、淡红至白色，管状钟形，两性花冠筒显著超出花萼，而雌性花冠筒短于花萼，冠檐明显二唇形，上唇直立，下唇开张（图 1）；雄蕊 4，花柱略超出雄蕊，先端不相等 2 浅裂。小坚果卵圆形。花期 7 ～ 9 月，果期

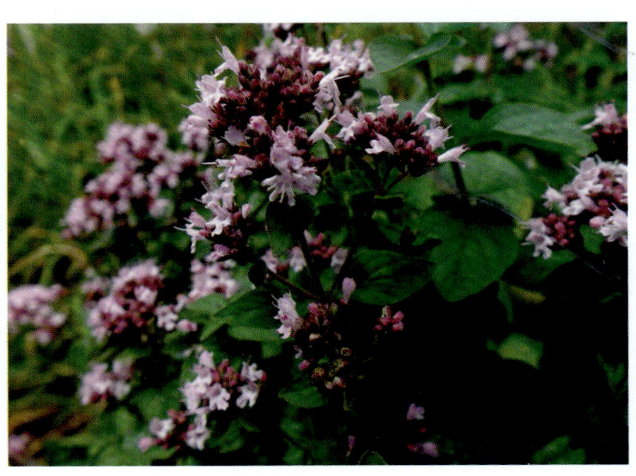

图 1　牛至

10～12月。

产于我国，分布广泛。

1a.‘紧致’‘Compactum’

多年生，株型紧凑，分枝密，基部木质化，自然冠幅圆球状，最高不超过15 cm。叶片卵形，小，具强烈的芳香。花序近球形，小花放射状着生，紫色至粉红色，花期夏季至秋季（图2）。成株冠幅10～50 cm，喜排水良好的全光照环境，耐寒性较强，可耐-10～-15℃低温。

2. 黎巴嫩牛至（新拟）*O. libanoticum*

低矮的多年生观赏植物。叶宽椭圆形，芳香，灰绿色。苞片簇生，大，圆形，重叠，淡绿色带深粉红色，花管状，小，淡紫色至粉红色，花期夏季。成株高度10～50 cm，冠幅10～50 cm，喜排水良好的全光照环境，耐寒性强，可耐-5～-10℃低温，耐旱（图3）。

3. 白鲜牛至 *O. dictamnus*

常绿亚灌木，株型紧凑，圆顶状，高约15 cm，有迷人的拱形茎，芳香，圆形，全株被浓密毡毛。叶片灰绿色，偶尔具紫色斑驳。苞片紫色，花漏斗状，粉红色，花期夏季。成株冠幅10～50 cm，喜排水良好的全光照环境，耐寒，可耐-5～1℃低温，耐旱（图4）。

4. 红花牛至 *O. laevigatum*

多年生，基部木质化，株型松散。叶片卵形，蓝绿色，芳香，长1～2 cm。苞片紫色，花管状，玫瑰色，长15 mm，花期长，从春季至秋季。成株冠幅10～50 cm，喜排水良好的全光照环境，耐寒性很强，可耐-15～-20℃低温，耐旱（图5）。

4a.‘霍普利’‘Hopleys’

株高60 cm。叶小，细腻，柔软，芳香。茎呈酒红色。苞片深紫色，花管状，粉红色，相对较大（2 cm），花期长，从春季到秋季。成株冠幅10～50 cm，喜排水良好的全光照环境，耐寒性很强，可耐-15～-20℃低温，耐旱（图6）。

5. 牛至‘布里斯穿塔’*O.*‘Bristol Cross’

半常绿亚灌木，具有和虾条一样的花序，具独特的观赏性。其父母本来自红花牛至和圆叶牛至（*O. rotundifolium*）。植株冠形呈丘状。叶片灰绿色，芳香。苞片轮生，下垂生长，红色，小花管状，紫粉色，花期从夏末到秋季。可食

图2 ‘紧致’（A、B 吴棣飞 摄）

图3 黎巴嫩牛至

图4 白鲜牛至

图 5　红花牛至

图 6　‘霍普利’

图 7　‘布里斯穿塔’

用，但最常作为观赏植物种植。成株株高 10 ～ 50 cm，冠幅 10 ～ 50 cm，喜排水良好的全光照环境，耐寒性较强，可耐 -5 ～ -10 ℃低温（图 7）。

三、繁殖与栽培管理技术

（一）播种繁殖

种子细小，千粒重约为 0.1 g，且发芽不整齐。如在户外育苗床播种，须提前对土壤精细整理，播前浇透水，撒播种子后覆薄土，遮盖薄膜保湿，发芽适温 22 ～ 25 ℃，7 ～ 14 天出苗。如种子量少，可采用盆播，苗高 10 cm 时移植园地。

药用栽培时采取直播法。于春季 3 月播种，将种子与细沙混合后，按行株距 25 cm × 20 cm 开穴播种。条播按行株距 25 cm 开条沟，将种子均匀播入。

（二）扦插繁殖

扦插繁殖成活率、繁殖系数高，不受季节限制，4 ～ 10 月均可进行。将营养土、河沙、蛭石以 1 ∶ 1 ∶ 1 的比例混匀作为基质，平铺于育苗盘中，用多菌灵 800 倍液浇透，然后将插穗竖直扦插于育苗盘中，每穴 1 个，扦插深度 2 cm 左右。

扦插后采用全光照间歇喷雾育苗法，每天 8：30 ～ 17：30 间歇喷雾，20 ～ 30 天后长至 8 ～ 12 片真叶、根系 3 ～ 5 cm 长时即可移植栽培。

（三）组培快繁

以牛至的种子为外植体，发芽培养基可采用 MS+ GA 2.4 mg/L+ 6-BA 2 mg/L+ NAA 0.1 mg/L 和 MS+ 6-BA 2 mg/L+ NAA 0.1 mg/L。增殖培养基可用 NAA 2 mg/L+ 6-BA 0.25 mg/L 或 NAA 1 mg/L 对牛至地上部分促进作用明显。添加 NAA 0.1 mg/L、IBA 0.4 mg/L、IBA 0.8 mg/L+6-BA 0.25 mg/L 或 IBA 0.8 mg/L 均有效促进牛至地上部分生长和根系发生。

（四）露地栽培

以向阳、土层深厚、疏松肥沃、排水良好的砂质壤土栽培为宜。对土壤要求不严，一般土壤都可以栽培，作香料栽培时，宜选择地势较高地段。种植株行距 30 cm × 50 cm。生长期间每年中耕除草 2 ～ 3 次，并结合追施有机肥 2 ～ 3 次。

牛至长势旺盛，管理较粗放。作为提炼香精油栽培时，注意在苗期进行除草，干旱时适时灌溉，秋收后培肥，收割后留茬约 10 cm。留种后的植株，花前追施一次磷钾肥，花后要灌溉，保持田间湿润。

（五）病虫害防治

病虫害较少，但苗期病害有根腐病、菌核病，虫害有地老虎等，注意防治。

四、价值与应用

牛至花叶俱赏、植株紧凑，可用于园林地被、花境营造（图8），是香草园、药草园中的常见材料。

含有丰富的精油（＞2%），可作香料、调料、药剂，也可提取精油。欧洲自中世纪以来，常将牛至做成香袋，也常用于料理及花茶。在意大利披萨中，常用牛至调味，所以又被称为披萨草。牛至的挥发油还具有祛痰、抗痉挛、滋补强身、镇痛、防腐、抗菌、抗霉、抗氧化、抗细胞毒素的作用。

图8　红花牛至的花境应用

（周泓　夏宜平）

Orthosiphon 鸡脚参

唇形科鸡脚参属（肾茶属，*Orthosiphon*）多年生草本或亚灌木。该属共有40种，主要分布于非洲、澳大利亚及亚洲的热带和亚热带地区；我国有3种。景观应用的仅有肾茶或称猫须草（*O. aristatus*）这一种。

一、形态特征与生物学特性

（一）形态与观赏特征

株高可达1.5m。茎四棱，具浅槽及细条纹，被倒向短柔毛。单叶对生，卵形、菱状卵形或卵状长圆形，长2～2.5 cm，先端急尖；缘具粗齿或圆齿。轮伞花序6花，在主茎或分枝上组成顶生的总状花序；花冠淡紫色或白色，上唇疏布锈色腺点；冠筒狭管状，长9～19 mm，这正是其属名的来历；雄蕊4，伸出花冠2～4 cm，似猫须，故俗称猫须草（图1、图2）。

（二）生物学特性

喜温暖湿润的气候，生长温度18～32℃，适生温度为26～30℃，冬季气温降至3℃时，部分叶片受冻，但仍能继续开花，0℃时，嫩芽及部分叶片干枯，故亚热带及暖温带种植时，就变成宿根型了。喜湿，但忌积水；喜光，对土壤及肥力要求不严，但以疏松、肥沃、排水良好的砂质壤土，且有一定荫蔽的条件为佳（王江民，2005）。

二、种质资源

肾茶（猫须草）*O. aristatus*

景观应用的仅有这一种。株高达1.5 m。茎被倒向柔毛。叶菱状卵形或长圆状卵形，长（1.2～）2～5.5 cm，先端尖，基部宽楔形或平截楔形，具粗牙齿或疏生圆齿。聚伞圆锥花序长8～12 cm，花序轴密被柔毛；上唇长宽约2.5 mm，下唇具4齿；花冠淡紫色或白色。小坚

图1　肾茶花序

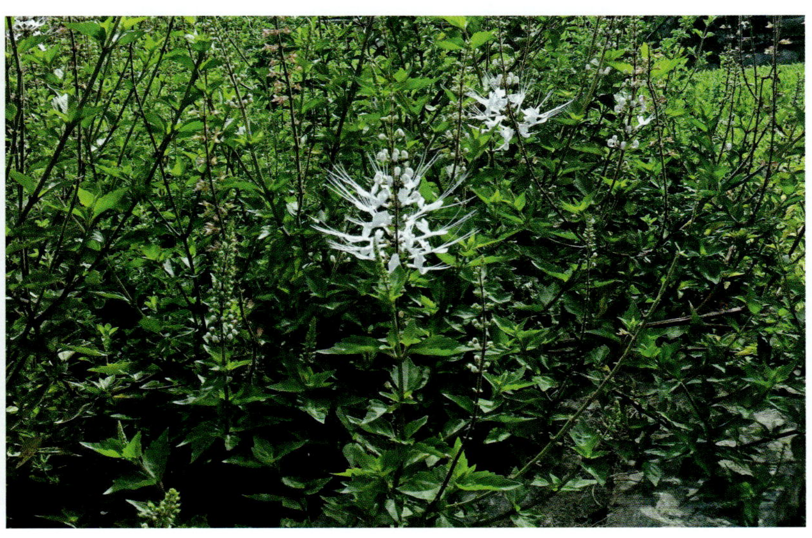

图2　肾茶

果深褐色，卵球形，长约 2 mm，具皱纹。花、果期 5 ～ 11 月。

产我国广东、海南、广西南部、云南南部、台湾及福建。生于林下潮湿处；有时也见于无阴平地上。海拔 0 ～ 1050 m。

三、繁殖与栽培管理技术

（一）播种繁殖

春末夏初，种子随采随播；撒播后覆土 1 ～ 2 cm，浇水并保持土壤湿度（可适当覆盖），约 10 天出苗。苗高 10 ～ 15 cm 时，即可选择无阳光的日子移苗定植。

（二）扦插繁殖

生长季进行，嫩枝、半硬枝及硬枝均可用作插穗，但以嫩枝生根率最高。插穗长 12 ～ 15 cm，在浓度为 2500 mg/L 的生根粉液中浸蘸约 10 秒取出，可大大提高生根率；扦插基质以壤土和砂质土为好。插后保持基质湿润，7 ～ 12 天生根，生根 1 周后即可移栽。

（三）园林栽培

1. 土壤

对土壤要求不严，但须排水良好。

2. 水肥

喜湿，阴凉处可耐短时干旱，日常需要保持土壤湿度。稍耐贫瘠，中等肥力即可，一般园土中种植无须施肥。

3. 光照

喜光，稍耐阴。

4. 修剪及越冬

热带亚热带地区，可根据景观需求，适时修剪；暖温带地区，入冬前修剪地上部分，并根据立地条件，可做适当地面覆盖。

（四）病虫害防治

时有蚜虫、卷叶蛾等危害，常用杀虫剂即可防治。

四、价值与应用

枝叶茂盛，花形奇特，花色素雅，花期较长。可用于花境背景，或丛植于自然景观中（图 3）。

从肾茶这个植物名也可以看出，其具有药用价值。用肾茶的叶子制成的茶，在热带地区常作为一种利尿剂，印度尼西亚和马来西亚的民间医学，用肾茶叶煮汤来治疗膀胱或肾脏疼痛、痛风、风湿病和动脉硬化等，我国南方也有药用种植。

图 3　肾茶配植于房屋边（Jathton　摄）

（李淑娟）

Paeonia 芍药

芍药科芍药属（*Paeonia*）多年生草本植物（不含木本种类），是享誉世界的中国传统名花。芍药姿态娇艳，仪态万千，深受人们的喜爱。唐代文学大家韩愈曾写诗夸赞："浩态狂香昔未逢，红灯烁烁绿盘笼。觉来独对情惊恐，身在仙宫第九重。"芍药又名可离、将离、离草、余容、犁食、没骨花等，因为其花期在春末夏初，是春天里的最后一抹景色，颇有独自为灿烂的春光谢幕的意味，也被称为"殿春花"或"婪尾春"。《本草纲目》中记载："芍药，犹约也。约，美好貌。此草花容约。"解释了芍药的命名，是源于它美好的容貌。在我国古代，芍药更是被认为具有能解百毒的奇效。周密《癸辛杂识》中记载："制食之毒者，宜莫良于芍药，故独得药之名耳。"在西方，peony这个词是一位医生的名字。传说有一名医术高超的医生佩翁（Paeon）利用一种花治好了冥神的伤病，因此在他死后，冥神将他变作这种能治病的花，并以他的名字peony来命名这种植物，芍药由此也被视为"药草中的女王"。

一、形态特征与生物学特性

（一）地上部形态

完整植株包括地上和地下两部分。芍药的地上部分由茎、茎节上的叶片、茎顶端的花组成（图1A、图1B）。株高常为40～110 cm，无毛；茎的基部为圆柱形，有紫红色晕，上部多具棱。叶片为异型叶，茎中下部为二回三出羽状复叶，由下往上，其叶片结构逐趋简单，茎上部多为三出复叶或单叶，小叶9～16枚，小叶多为狭卵形、椭圆形或披针形，顶端渐尖，基部楔形或一侧偏斜，叶缘密生白色骨质细齿，这是芍药（*P. lactiflora*）的重要识别特征；叶面为黄绿色或深绿色，无毛。花单朵或数朵生于茎顶和近顶端叶腋，有时仅有顶部花蕾开放，上部叶腋处有败育的侧蕾；萼片4～5枚，宽卵形或近圆形；花盘浅杯状，包裹心皮基部，顶端裂片钝圆；心皮1～5枚，绿色或紫红色，无毛或被棕褐色短茸毛（图2）。蓇葖果，长圆状椭圆形，顶端具喙；种子卵形，棕褐色至黑色，具光泽，种皮坚硬。

（二）地下部形态

地下部分由根茎、生于根茎上的根茎芽和根组成（图1C、D）。

图1　芍药基本形态特征（Kamenetsky and Dole，2012）
注：A. 显蕾期的植株形态特征；B. 茎秆形态特征；C. 根茎及萌发的根茎芽；D. 根茎芽和肉质根。

芍药根茎是由茎基膨大短缩形成一种变态结构，其形状类似块根，根茎上有节，呈合轴分枝形态逐年更新（图3）。肉质根由根茎上萌生的不定须根发育而来，根皮黄褐色或灰紫色。着生

图 2 芍药‘粉面桃花’

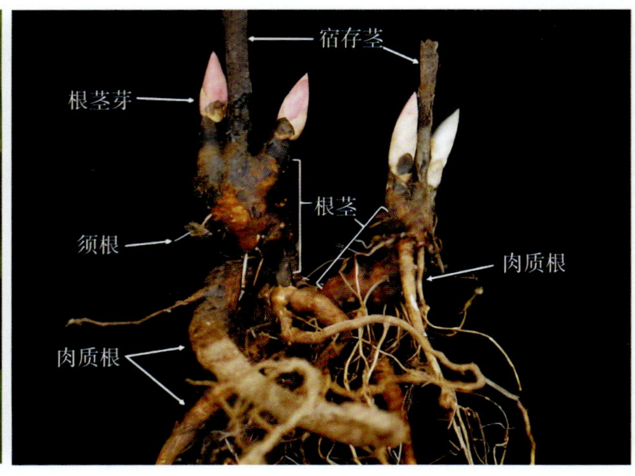

图 3 芍药根茎结构

于根状茎节上的芽即为根茎芽，位于根茎顶端的芽可于春季萌发，完成植株的周年更新，而其余的根茎芽由于受到顶端优势的影响而长期处于休眠状态不萌发（图 3）。

（三）生长发育规律

对于实生苗而言，其生命周期开始于种子中胚的形成。从种子萌发到开花前为其幼年期，成年植株开花 20 ～ 30 年后进入衰老期。

1. 年周期

一年之中，芍药的生长发育受季节性气候节律变化的影响而发生变化的时期，称为芍药的物候期（图 4）。在北京地区，3 月下旬至 4 月上旬，休眠根茎芽萌发出土，多呈紫红色或黄绿色。经过 1 周左右的抽茎生长，进入展叶期。4 月上中旬，茎的顶端出现花蕾，于 4 月底至 5 月上中旬开花，5 月底或 6 月初花期结束。7 月底至 9 月初，种子成熟。芍药单朵花的花期通常为 1 周左右，群体花期约 25 天。因为花期主要集中在 5 月，芍药因此也被称作“5 月花神”。

花期过后，根茎芽快速进行营养生长，并于 9 月前后进入生殖发育期。冬季土壤封冻，芍药整体进入休眠，直到翌年春季随着根茎芽萌动出土开始新一轮的生长。这就是芍药的一个完整的年生长周期。

2. 根茎芽的结构和生命周期

根茎芽由顶芽和侧芽组成。顶芽由叶、叶腋内的腋芽和顶端分生组织组成。侧芽着生于根茎芽的鳞片腋内，按照有无鳞片又可以分为裸芽（无鳞侧芽）和鳞芽（有鳞侧芽）（图 5）。二者除有无鳞片外，结构基本相同，即由叶（或鳞片）、腋芽（着生于叶片或鳞片腋内）以及顶端分生组织组成。多年生芍药的根茎芽即由芽鳞腋内的侧芽发育而来。

春季萌发时，随着根茎芽节间的伸长，其顶芽发育形成叶、主茎和顶部花枝，紧邻顶芽的无鳞侧芽和部分有鳞侧芽形成主茎下部的侧枝或枯萎，其余有鳞侧芽则随着主茎基部变态发育形成根状茎而宿存在根状茎上，但仅其上部 1 至多个宿存有鳞侧芽具有发育优势，来年能够萌发出土实现植株的更新，而其下部受到顶端优势抑制的有鳞侧芽发育停滞而成为长期处于休眠状态的根茎芽。

因此，无鳞侧芽、部分有鳞侧芽及顶芽叶腋内腋芽的生命周期是 2 年，根状茎顶部具有顶端生长优势的根茎芽（有鳞侧芽）的生命周期是 3 年，其余受到顶端优势抑制的根茎芽（有鳞侧芽）的生命周期与根状茎的生命周期相同，一旦顶端优势去除这些芽即可萌发成苗。

3. 花芽分化

芍药的根茎芽为混合芽，萌发后既开花又长叶。在一年之中，芍药的根茎芽会随着气候节律的变化而发生生长和休眠的交替变化。开花后期，随着顶端优势的解除，茎秆基部的根茎芽进入快速生长发育时期，芽体的长度和直径明显增

图4　芍药发育的物候期

注：A. 萌动期；B. 抽茎期；C. 展叶期；D. 现蕾期；E. 紧实期；F. 透色期；G. 松动期；H. 花期；I. 花后期。

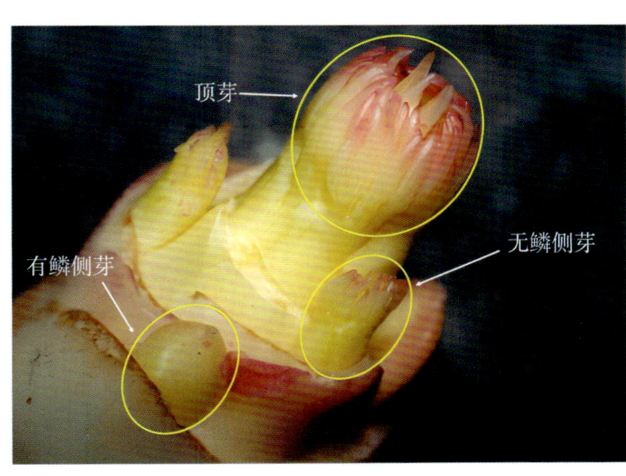

图5　芍药根茎芽内部结构

长。初秋，根茎芽的顶端分生组织由叶原基分化状态转为分化苞片原基，随着温度的降低，在低温环境下，完成成花转变并继续花原基分化。其花芽分化过程大致经历5个时期（图6、图7），即苞片原基、萼片原基、花瓣原基、雄蕊原基和雌蕊原基，整个花芽分化过程通常始于8月下旬或9月初，止于翌年3月底或4月初，冬季由于土壤封冻其通常以雄蕊原基或雌蕊原基分化状态暂停进一步分化，华北地区花芽分化停滞的时间通常达3个月甚至4个月之久，春季随着气温的升高，花芽分化过程继续推进，通常在出土前后各花原基全部完成分。因此，芍药的花芽分化在冬季休眠前后有两个分化高峰期。

对于单花类品种而言，芍药的花芽分化过程通常按照先后顺序，依次为苞片原基分化期、萼片原基分化期、花瓣原基分化期、雄蕊原基分化期和雌蕊原基分化期。苞片原基、萼片原基、花瓣原基呈向心式依次发生，雄蕊原基呈离心式发育形成雄蕊，雌蕊原基同步发育形成心皮，雌蕊原基内侧往往还可继续分化更多的雌蕊原基。对于该类群中的重瓣类品种，其主要通过花瓣原基的向心增生分化、雄蕊原基的离心瓣化和雌蕊原基的瓣化3种途径来发育形成各类花型。花瓣原基向心增生，雄蕊原基分化由外向内逐渐减少，

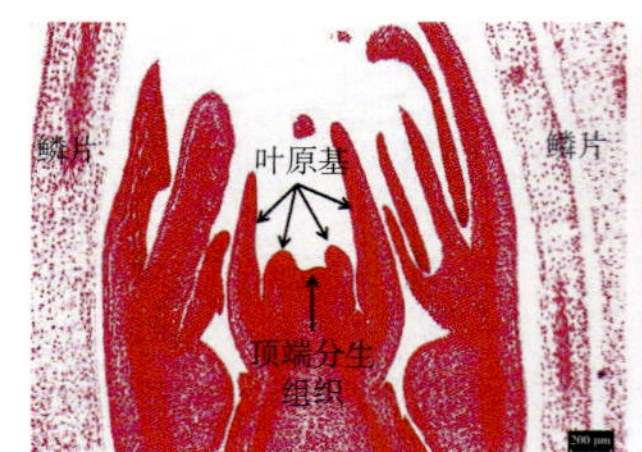

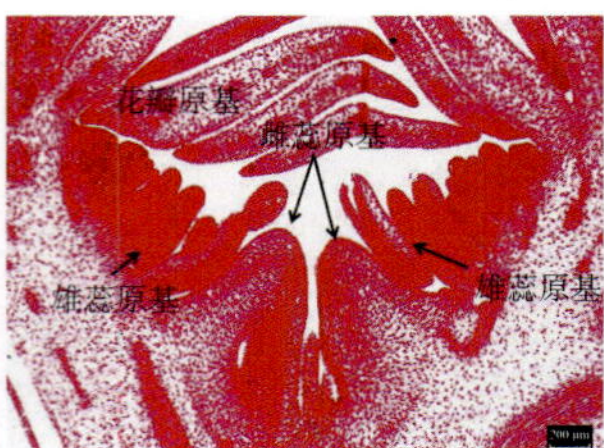

图 6　花芽分化过程石蜡切片方法

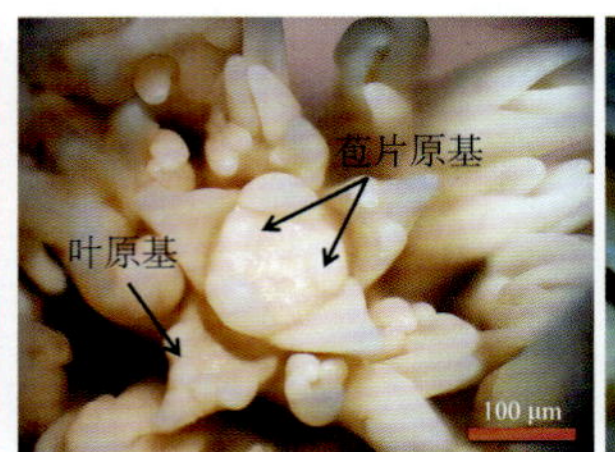

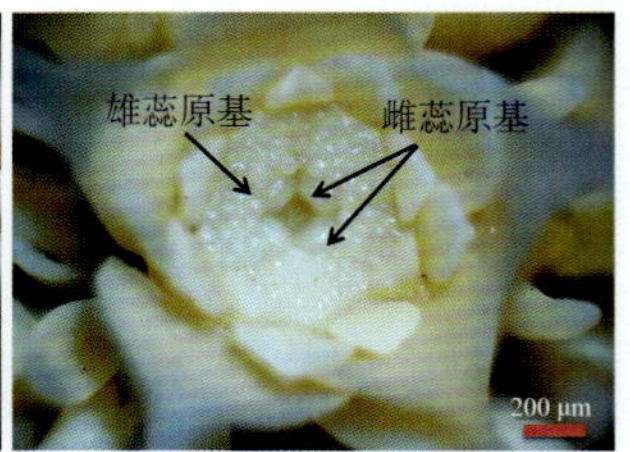

图 7　花芽分化过程体视显微镜观察法

依次发育形成荷花型、菊花型、蔷薇型等千层类花型。雄蕊原基离心瓣化发育形成金蕊型、金环型、托桂型、皇冠型和绣球型等楼子类花型。雌蕊原基的瓣化对单花类品种花型的影响相对有限。

多花叠合形成的台阁类品种的花芽分化过程，按照先下方花后上方花的顺序进行分化。上下方花的花芽分化顺序与单花类芍药品种花芽分化的顺序相同。

（四）生态习性

典型的温带植物，其生态适应范围极广，栽培范围横跨中亚热带、北亚热带、中温带，部分种类甚至能在寒温带露地越冬。芍药的生长发育主要受到光照、温度、水分、土壤等环境因子的影响。

1. 光照

喜光植物，充足的光照有利于形成花大色艳的效果。芍药也稍耐半阴，花后适当遮阴，可增湿降温，防止叶片灼伤，能延长植株绿色期。若在生长期遮阴过度，则会引起徒长、长势衰弱，成花少、花朵小且色泽暗淡，甚至不能开花。

2. 温度

对温度的适应性较广泛。其耐寒性极强，一些品种在我国黑龙江北部 -46.5℃的极端低温条件下能露地过冬。芍药也具有一定的耐热能力，某些品种在安徽亳州夏季极端温度达到 42.1℃的条件下也能安全越夏，生长正常。

开花质量的好坏与根茎芽发育质量密切相关，而温度直接影响根茎芽生长发育的全过程。一般在夏末秋初气温下降的时候，根茎芽的顶端分生组织由营养生长转向生殖生长，开始进行花芽分化。冬季随着气温的下降，花芽分化进程减缓直至休眠，随着春季气温的升高，根茎芽萌动出土并完成花芽分化过程，继而开花。

3. 水分

不耐水涝，肉质根积水 6 ～ 10 小时就会引起腐烂，所以应当栽植于地势高燥的环境中。芍药比较耐干旱，不需要经常灌溉，多数品种在含水量为 30% 的土壤中也能正常生长。

4. 土壤

适宜生长在土层深厚、排水良好、疏松肥沃的中性或微酸性砂质壤土中。个别品种也具有一定的耐盐碱能力，如‘大富贵’在土壤含盐量为 200 mmol/L 条件下短期生长未见明显异常。长期连作不利于芍药生长，在大面积产区应当与菊花及豆科植物等进行轮作。

二、种质资源

芍药种质资源丰富，栽培历史悠久，品种繁多。芍药属为芍药科下唯一属，最早起源于白垩纪晚期（距今约 9000 万年）的泛喜马拉雅地区，目前广泛分布于北半球的温带地区，形成了中国西南山地和地中海沿岸两个物种多样性中心。中国和欧洲希腊等国也是有记载的最早引种栽培芍药的国家，其历史均超过 1500 年，而后流传至日本、美国和南半球，发展至今全球培育出大量芍药栽培品种，仅在北美芍药协会登录的芍药属品种就多达 6000 多个，我国的品种也多达 500 多个。为了应用和研究的方便，人们根据不同的特征，建立了不同的分类体系。

根据 2010 年洪德元院士的芍药属分类系统，该属共 33 种，是芍药科唯一的属。含牡丹组（Sect. *Moutan*）、芍药组（Sect. *Paeonia*）和北美芍药组（Sect. *Onaepia*）共 3 个组。牡丹组为木本类群，包含约 8 个种，仅分布于我国。北美芍药组为草本类群，仅包含 2 个种，分布于北美西部。芍药组大约涵盖 23 个物种，广泛分布于欧亚大陆的温带地区，是芍药属下野生种质资源最丰富的组。洪德元院士根据每茎开花数量（单花还是多花）、根部形状（块根还是直根），将芍药组分为了 3 个亚组，即：

（一）多花直根亚组（Subsect. *Albiflorae*）

地下根系为胡萝卜状，单枝茎上着花数朵，野外偶见单花，这种情况下一般能在下部叶腋处发现未发育完全的花蕾。该亚组一共 5 种，我国均有分布，包括芍药、多花芍药、白花芍药、新疆芍药和川赤芍。

1. 芍药 *P. lactiflora*

叶片全缘，明显区别于其他 4 种多次分裂的叶片，同时芍药叶缘具有骨质细齿，是其特有的识别特征，当前野生芍药主要分布于内蒙古和东北一带（图 8）。

2. 多花芍药 *P. emodi*

多花芍药是我国野生芍药乃至世界野生芍药中株高最高的一个种，自然居群中，较多个体株高超过 1 m，分布于喜马拉雅山一带，是尼泊尔等国的传统草药（图 9）。

3. 白花芍药 *P. sterniana*

我国特有物种，花朵白色钟形，狭域分布于西藏波密一带，数量极其稀少，在 2021 年被国家林业和草原局列为国家二级保护野生植物（图 10）。

4. 新疆芍药 *P. anomala*

侧花蕾通常发育不完全，在我国仅分布于新疆西北地区，但在西伯利亚大陆上广泛分布，是

图 8　芍药的花朵与叶片

图 9　多花芍药的花朵与叶片

图 10　白花芍药的花朵与叶片

图 12　川赤芍的花朵与叶片

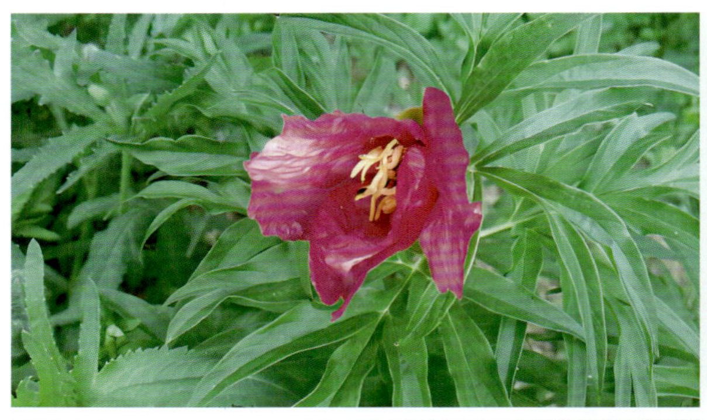

图 13　毛叶草芍药的花朵与叶片

图 11　新疆芍药的花朵与叶片

图 14　美丽芍药的花朵与叶片

芍药属中分布面积最广的物种之一（图 11）。

5. 川赤芍 *P. veitchii*

花朵平展，花色多为紫红，分布泛围较广，四川、山西、青海、宁夏和甘肃都有分布（图 12）。

（二）单花直根亚组（Subsect. *Foliolatae*）

地下根系为胡萝卜状，单枝茎上只开花一朵，下部叶腋也没有未发育的花蕾。该亚组一共 11 种，我国仅分布有 2 种，草芍药和美丽芍药。

6. 草芍药 *P. obovata*

草芍药下包含两个亚种：拟草芍药（subsp. *obovata*）和毛叶草芍药（subsp. *willmottiae*），其主要区别在于两者叶背的被毛量，毛叶草芍药的被毛较密。

仅分布于我国河南、湖北和陕西一带，而拟草芍药则广泛分布于中国大部分山地，西起四川，南起云南、贵州，然后往东北一直分布到朝鲜、日本和俄罗斯远东地区（图 13）。

7. 美丽芍药 *P. mairei*

花期较早，单茎单花，中国特有物种，主要分布于云南、四川、陕西、甘肃等地（图 14）。

另外 9 种芍药（图 15）主要分布于中亚和地中海地区，包括马略卡芍药（*P. cambessedesii*）、科西嘉芍药（*P. corsica*）、伊比利亚芍药（*P. broteri*）、克里特芍药（*P. clusii*）、达乌里芍药（*P.*

图 15　世界其他地区的单花直根亚组野生芍药资源

注：A. 马略卡芍药；B. 科西嘉芍药；C. 伊比利亚芍药；D. 克里特芍药；E. 达乌里芍药；F. 南欧芍药；G. 黎巴嫩芍药；H. 革叶芍药。

daurica）、南欧芍药（*P. mascula*）、黎巴嫩芍药（*P. kesrouanensis*）、革叶芍药（*P. coriacea*）等。

（三）单花块根亚组（Subsect. *Paeonia*）

地下根为纺锤形，单枝茎上只开一朵花。该亚组一共 7 种，其中仅块根芍药一种在我国有分布。

8. 块根芍药 *P. intermedia*

主要分布范围为哈萨克斯坦等中亚国家，在我国新疆西部仅有少量分布。块根芍药叶形与新疆芍药十分相似，而且分布范围有重合，因此以往常被认为是一个种。两者除了根的形态差异，生境上也存在差异，块根芍药多生长在开阔草地，而新疆芍药多生长于林下或灌丛中（图 16）。

另外 6 种植物（图 17）主要分布于中亚和地中海地区，包括细叶芍药（*P. tenuifolia*）、欧洲芍药（*P. peregina*）、刚毛芍药（*P. saueri*）、旋边芍药（*P. arietina*）、黑瓣芍药（*P. parnassica*）和荷兰芍药（*P. officinalis*）等。

我国传统栽培芍药品种均起源于一个野生种，即芍药（*P. lactiflora*），而我国原产的其他野生芍药资源均未参与品种的形成。外国的育种家则充分利用了当地原产的芍药资源，如荷兰芍药等，将其与来自中国的芍药品种进行杂交，已

图 16　块根芍药的花朵与植株

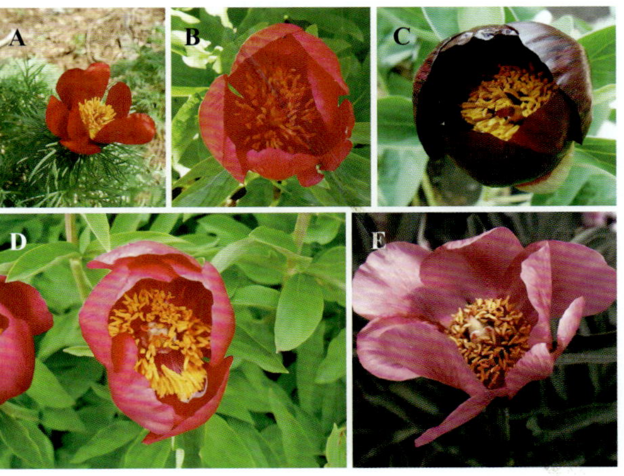

图 17　世界其他地区的单花块根亚组野生芍药资源

注：A. 细叶芍药；B. 欧洲芍药；C. 黑瓣芍药；D. 旋边芍药；E. 荷兰芍药（原亚种）。

经培育出了许多新奇的品种，形成了当前世界流行的主要芍药品种群。

这展示了种质资源对于育种工作的重要性，然而由于城镇化和气候变化等因素，中国野生芍药植物的种群数量存在不同程度的收缩，这要求我们一方面要加大野生资源的保护工作，另一方面需要加快种质资源的开发利用工作，二者表面上看似冲突，实则目的一致，即芍药属野生资源的可持续利用。

三、品种分类

芍药园艺品种主要有基于品种群、花型、花期、花色的四大分类体系。

（一）品种群分类体系

根据品种的亲本来源（野生种源）不同，芍药品种可以划分为3个类群：中国芍药品种群（Lactiflora Group，LG）、杂种芍药品种群（Hybrid Group，HG）和伊藤芍药品种群（Itoh Group，IG）。

1. 中国芍药品种群（Lactiflora Group，LG）

该品种群的品种，亲本均为芍药（*P. lactiflora*）这一个野生种，全部为二倍体，一般多具有侧蕾，花期集中在5～6月，花色以紫色、粉色、白色居多。我国培育的传统芍药品种均属于该类群，如‘杨妃出浴’‘种生粉’‘粉玉奴’‘大富贵’‘晴雯’等。外国的育种家们利用一些原产于我国的品种培育出了一大批优秀的中国芍药品种群的品种，如‘查理白’（‘Charlie's White’）、‘华美盛宴’（‘Edulis Superba’）、‘内穆尔公爵夫人’（‘Duchesse de Nemours’）、‘莎拉·伯恩哈特’（‘Sarah Benhartdt’）等（图18），都是在国际市场上非常流行的芍药切花品种。

2. 杂种芍药品种群（Hybrid Group，HG）

杂种芍药品种群，是指其由两种或两种以上芍药野生种（或野生种下的品种）杂交形成的品种类群。由于亲本来源复杂，因此其形态变异更加丰富。该类群的品种多为单茎单花，少有侧蕾。花茎粗壮高大，花色纯净艳丽，其花型以单瓣或半重瓣为主。花期早，通常集中在4月中旬至5月下旬。

在数量繁多的杂种芍药品种中，根据参与品种形成的亲本类型的不同又可以进一步细分为细叶芍药品种群、珊瑚芍药品种群、纯红芍药品种群3个类群。

图18　中国芍药品种群部分品种

注：A.‘杨妃出浴’；B.‘种生粉’；C.‘大富贵’；D.‘查理白’；E.‘内穆尔公爵夫人’；F.‘粉红宝石’。

（1）细叶芍药品种群

由细叶芍药（*P. tenuifolia*）与芍药（*P. lactiflora*）杂交而成。这个类群的品种通常花期比中国芍药品种更早，株高更矮，叶片开裂更多，如‘侦察兵’（‘Early Scout’）和‘红宝石’（‘Little Red Gem’）（图 19）。

（2）珊瑚芍药品种群

由欧洲芍药（*P. peregina*）与芍药（*P. lactiflora*）杂交而成。珊瑚芍药品种的特点：茎秆粗壮，单茎单花，其不同寻常的珊瑚色（也叫鲑鱼色），会随着花朵的开放逐渐变色，如‘珊瑚落日’（‘Coral Sunset’）花朵初开时的颜色是深珊瑚红色，盛花期后逐渐变淡，最后变为奶油白色。该类品种不但可以作为优良的切花，也是庭院观赏花卉的主角之一，典型品种有‘玫瑰之约’（‘Lovely Rose’）、‘夏威夷粉珊瑚’（‘Pink Hawaiian Coral’）（图 20）等。

图 19　细叶芍药品种群代表品种‘红宝石’

（3）纯红芍药品种群

由荷兰芍药与芍药（*P. lactiflora*）杂交而成。这个品种的植株茎秆直立，花期很早，花型多为单瓣型，颜色鲜红，如‘斯嘉丽’（‘Scarlet O’Hara’）、‘福至如归’（‘Many Happy Returns’）（图 21）等都是经典品种。

3. 伊藤芍药品种群（Itoh Group，IG）

伊藤芍药品种群，是由芍药组与牡丹组的品种通过组间远缘杂交形成的，为了纪念首位培育出这种芍药的育种家伊藤东一而命名。这些品种兼具牡丹与芍药的优点：形态优美，株型紧凑，茎秆粗壮挺拔；花头直立，花色丰富，很多品种具有芍药花中少有的黄色；花期持久，且抗寒抗病，耐寒性很强。代表品种有‘玫红花公子’（‘Old Rose Dandy’）、‘柠檬美梦’（‘Lemon Dream’）、‘流行蕉黄’（‘Going Banana’）（图 22）。

（二）中国芍药品种花型分类体系

按照花型分类，有中国和欧美两套不同的标准。我国芍药的栽培历史久，品种较多，也有不同的品种花型分类方案，各具特点。目前芍药花型按照演化程度可以分为 2 类 4 亚类 13 型，具体方案如下：

1. 单花类

（1）千层亚类

单瓣型　花瓣阔大，有 2 ～ 3 轮花瓣，雌雄蕊发育正常。如‘粉玉奴’（图 23A）。

荷花型　花瓣阔大，有 4 ～ 5 轮花瓣，花瓣

图 20　珊瑚芍药品种群部分品种

注：A.‘玫瑰之约’；B.‘珊瑚落日’；C.‘夏威夷粉珊瑚’。

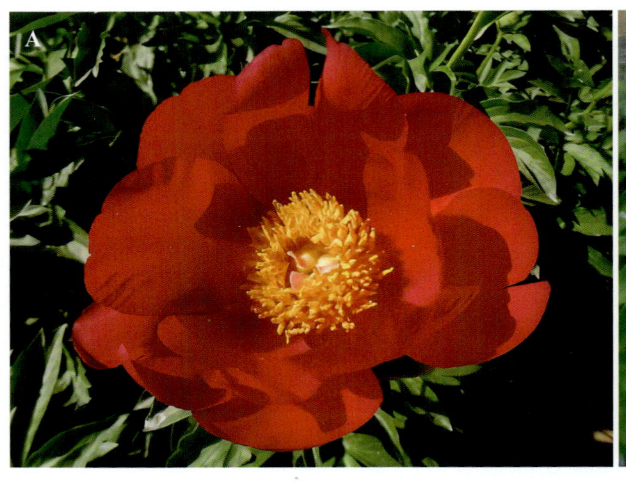

图 21 纯红芍药品种群部分品种
注：A.‘斯嘉丽’；B.‘福至如归’。

图 22 珊瑚芍药品种群部分品种
注：A.‘玫红花公子’；B.‘柠檬美梦’；C.‘流行蕉黄’。

整体形状相近，雌雄蕊均发育正常。如‘珊瑚落日’（‘Coral Sunset’）（图 23B）。

菊花型 花瓣在 6 轮以上，花瓣由外向内逐渐变小，雄蕊数量变少，部分雄蕊瓣化成花瓣，其余雄蕊正常，雌蕊正常。如‘美国小姐’（‘Miss America’）（图 23C）。

蔷薇型 花瓣数量极度增加，花瓣由外向内逐渐变小，雄蕊全部消失，或在花心有若干小型雄蕊，雄蕊正常或退化。如‘塔夫’（‘Taff’）（图 23D）。

（2）楼子亚类

金蕊型 花瓣宽大，2～3 轮，雄蕊的花丝、花药增粗变大，金黄色的雄蕊群呈现为半球形，雌蕊发育正常。如‘玫红金蕊’（图 23E）。

托桂型 外瓣 2～3 轮，雄蕊变成狭长的花瓣，雄蕊瓣化的花瓣群体整齐隆起，雌蕊多正常。如‘巧玲’（图 23F）。

金环型 外瓣宽大，雄蕊变成狭长的内瓣，内外瓣之间有一圈正常的雄蕊，雌蕊正常或瓣化。如‘粉楼系金’（图 23G）。

皇冠型 外瓣宽大平整，雄蕊几乎完全瓣化，圆整高耸。雄蕊瓣化的花瓣之间有正常的或者部分瓣化的雄蕊，雌蕊正常或瓣化。如‘桃花飞雪’（图 23H）。

绣球型 外瓣宽大圆整，雄蕊全部瓣化，完全形成花瓣，整体呈绣球状。如‘朱尔斯·埃利先生’（‘Mins. Jules Elie’）（图 23I）。

2. 台阁花类

（1）千层台阁亚类

初生台阁型 下方花是以花瓣增多为主的千层类花型，而且上方花结构常常比下方花的演化程度低。如‘晴雯’（图 24A）、‘紫绒浮金’等。

图 23 单花类花型代表品种

注：A. 单瓣型—‘粉玉奴’；B. 荷花型—‘珊瑚落日’；C. 菊花型—‘美国小姐’；D. 蔷薇型—‘塔夫’；E. 金蕊型—‘玫红金蕊’；F. 托桂型—‘巧玲’；G. 金环型—‘粉楼系金’；H. 皇冠型—‘桃花飞雪’；I. 绣球型—‘朱尔斯·埃利先生’。

（2）楼子台阁亚类

彩瓣台阁型 下方花雄蕊基本瓣化，雌蕊瓣化成其他彩色花瓣，瓣化的花瓣比正常的花瓣质地更硬，且颜色更深。如‘大富贵’（图24B）、‘黄金轮’‘莎拉·伯恩哈特’（‘Sarah Benhartdt’）等。

分层台阁型 下方花雄蕊瓣化花瓣在颜色、形态上与正常的花瓣没有明显的差异，在大小上比正常花瓣较小，上方花外轮花瓣阔大，雄蕊瓣化的花瓣比正常花瓣短小，整朵花具有明显的分层结构。如‘紫燕飞霜’（图24C）、‘大红袍’等。

球花台阁型 下方花的雄蕊瓣化花瓣充分伸展，变得与正常花瓣没有区别，全花呈现出绣球状。如‘紫绣球’（图24D）。

（三）欧美芍药品种花型分类体系

欧美花型分类比较简单，仅有5种（图25）：

单瓣型 外瓣宽大，1～2轮，雌雄蕊发育正常。如‘玫瑰情书’（‘Roselette’）（图26A）、‘斯嘉丽’（‘Scarlet O’Hara’）等。

半重瓣型 外瓣宽大，1至多轮，雄蕊变异成花瓣，瓣化雄蕊中常混生有正常雄蕊。如‘夏威夷粉珊瑚’（‘Pink Hawaiian Coral’）（图26B）、‘珊瑚落日’（‘Coral Sunset’）等。

日本型 外瓣宽大，1～2轮，雄蕊花丝伸长，花药增大呈羽状。如‘紫凤羽’‘巧玲’（图26C）等。

绣球型 外瓣宽大，1～2轮，雄蕊变异成瓣，密集着生成球状，瓣化花瓣宽大但与外瓣容易区分。如‘华美盛宴’（‘Edulis Superba’）、

图 24　台阁花类花型代表品种

注：A. 初生台阁型——‘晴雯’；B. 彩瓣台阁型——‘大富贵’；C. 分层台阁型——‘紫燕飞霜’；D. 球花台阁型——‘紫绣球’。

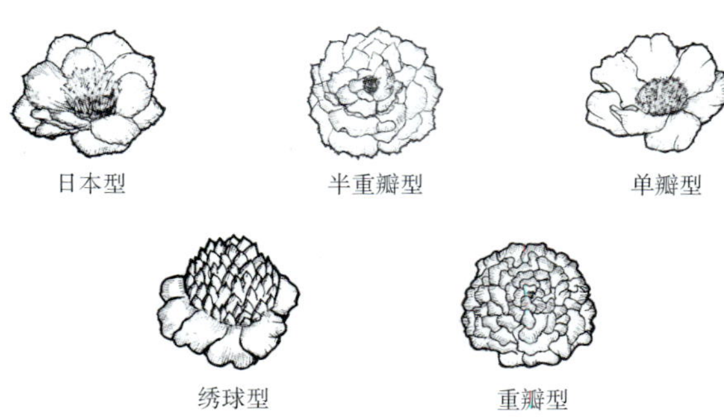

图 25　国外芍药花型分类示意图

‘朱尔斯 · 埃利先生’（图 26D）等。

重瓣型　外瓣宽大，1 至多轮，雌雄蕊瓣化，中央的瓣化花瓣与外瓣难以区分。如‘种生粉’‘莎拉 · 伯恩哈特’（‘Sarah Benhartdt’）（图 26E）。

（四）花期分类体系

花期是园林植物的一个重要特征，花期对于品种分类、园林应用、商品生产、花期调控和杂交育种等方面都具有重要意义。目前，芍药品种按照花期可以分为极早花、早花、中花、晚花、极晚花 5 类（图 27）。

以北京地区为例，芍药花期可以从 4 月上中旬持续到 6 月上中旬。4 月 20 日前开花的品种为极早花品种，如‘侦察兵’（‘Early Scout’）和‘红宝石’（‘Little Red Gem’）；4 月 21 日至 5 月 5 日为早花品种，如‘玫瑰情书’（‘Roselette’）；5 月 6 ～ 20 日为中花品种，如‘大富贵’‘粉玉奴’；5 月 21 ～ 31 日为晚花品种，如‘晴雯’‘玫红花公子’（‘Old Rose Dandy’）；6 月 1 日后为极晚花品种，如‘塔夫’（‘Taff’）。

图 26　国外芍药花类花型代表品种

注：A. 单瓣型——‘玫瑰情书’；B. 半重瓣型——‘夏威夷粉珊瑚’；C. 日本型——‘巧玲’；D. 绣球型——‘朱尔斯·埃利先生’；E. 重瓣型——‘莎拉·伯恩哈特’。

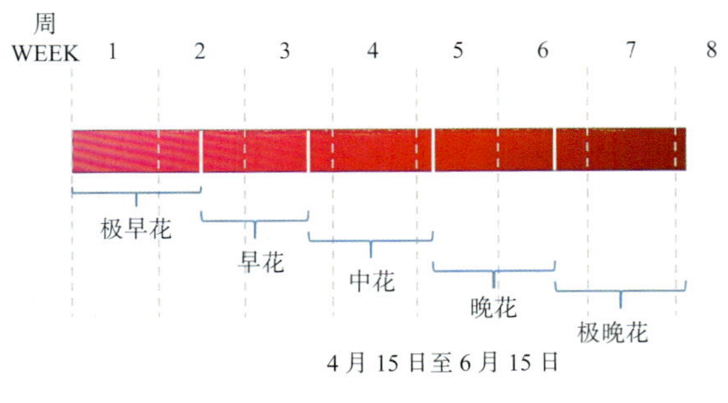

图 27　芍药品种花期分类示意图

（五）花色分类体系

芍药品种花色丰富，用花色进行分类，一目了然，也有利于使用和推广。按照花色可以分为白色系、黄色系、粉色系、红色系、橙色系、紫色系、绿色系、墨色系、复色系共 9 大色系（图 28）。

四、繁殖技术

芍药的繁殖技术包括分株、播种、扦插、压条以及组织培养等。

（一）分株繁殖

分株于 9 ~ 11 月晴朗天气进行。具体操作：剪掉枝叶，挖出植株，抖落泥土并冲洗干净，剪除腐烂根和老根，稍微晾干。再顺着自然缝隙，用刀切开或用手掰开母株，500 倍多菌灵水溶液浸泡 15 分钟，晾干待植（图 29）。3 ~ 4 年生母株可分为 3 ~ 4 个带有 3 ~ 5 芽的子株。

（二）播种繁殖

果荚颜色变为蟹黄色、微微开裂时采收种子。采收后的种子在 15 ~ 25℃条件下沙藏，约 30 天后种子开始露白（种皮破口，胚根微露）时即可播种。在播种前，深耕土壤并施用底肥和杀虫剂，整平待用。播种时土壤湿润为宜。大田播种时，覆土 5 ~ 6 cm，再盖上地膜，防寒保

图 28　芍药花色分类代表品种

注：A. 白色系；B. 黄色系；C. 粉色系；D. 红色系；E. 紫色系；F. 墨色系；G. 绿色系；H. 橙色系；I. 复色系。

图 29　芍药分株过程示意图

注：A. 修剪地上部分；B. 挖出母株；C. 美工刀分株；D. 徒手分株；E. 子株；F. 消毒杀菌。

图 30　芍药播种流程示意

注：A. 水选；B. 沙藏；C. 长根；D. 条播；E. 覆膜；F. 出苗。

暖。翌年 3 ～ 4 月种子萌发出土（图 30）。

（三）扦插繁殖

扦插繁殖的方法主要包括茎插和根插。

茎插宜在开花前半月进行。取长 10 ～ 15 cm 的插穗，带 2 个节，上部复叶剪去 1/2，下部复叶连叶柄剪去。插穗在 IBA2000 mg/L 溶液中速蘸 10 秒后扦插，扦插基质可选用蛭石和珍珠岩进行混合，基质消毒，扦插深度以插条深度的 2/3 为宜。扦插后约 2 个月开始生根。秋季时插穗下部叶腋的隐芽发育成新芽，新芽长出后剪掉地上部位。翌年春天解冻后可将植株带花盆基质移栽至大田（图 31）。

根插宜在秋季分株时进行。以粗度为 2 cm 左右且无病虫害的肉质根为材料，剪成 15 cm 左右的根段，剪口上下均平，用 IBA200 mg/L 处理 4 小时，稍微晾干后，竖直扦插（图 32）。根段上端距地表 1 cm 处覆土压实，培土 15 cm 左右。

（四）压条繁殖

5 月下旬至 6 月上旬，选取健壮、无病虫害的枝条，在叶腋下部 2 ～ 3 cm 处环剥，宽度为 0.5 ～ 1 cm，环剥处可用 IBA 溶液处理。在环剥处附上基质，用不透光的材料包裹住枝条和基质（图 33）。枝条生根前要注意基质保湿，幼根长到一定长度后，及时从母株上剪下，移入花盆种植。

（五）嫁接繁殖

嫁接繁殖主要以秋季时半木质化的伊藤芍药的腋芽为接穗，以芍药的肉质根为砧木。茎秆木质化程度越高且形成的腋芽越饱满，其嫁接的成活率和繁殖效率就会越高。芍药嫁接的主要方式为根接，根接的具体方法包括嵌接法、劈接法、贴接法。从白露到霜降期间均可嫁接，越早嫁接其成活率越高。嫁接后要尽快将嫁接成品保湿并进行沙藏。沙藏 20 天以上进行栽植。翌年出苗后，做好水肥管理，按照苗子的生长状况及时调整株距。

（六）组培快繁

芍药的组织培养繁殖效率高、繁殖周期短，同时能够获得无菌苗、定向培养芍药优良新品种，与传统繁殖方法相比优势明显。芍药的组织培养技术自 20 世纪 70 年代以来已取得显著进展，特别是在胚培养、芽培养、愈伤组织诱导和体细胞胚诱导等方面。目前，芍药胚培养已实现胚拯救和快速繁殖优良种株，其中仅切取胚的萌

图 31 芍药茎插繁殖示意图
注：A. 激素处理；B. 大棚扦插；C. 插穗生根；D. 移栽；E. 长芽；F. 萌发。

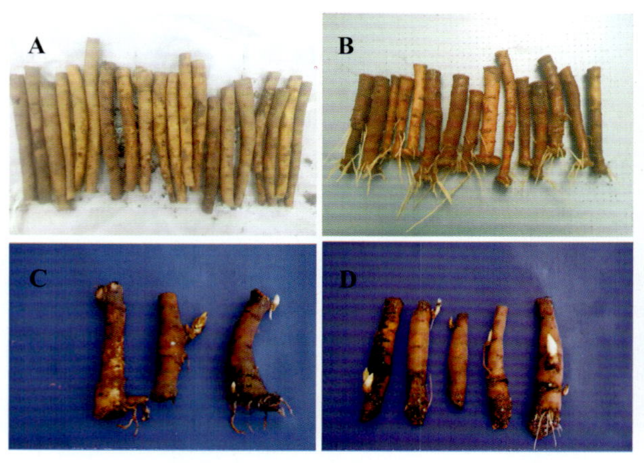

图 32 芍药根插繁殖示意图
注：A. 插穗准备；B. 长根；C、D. 长芽。

图 33 芍药压条繁殖
注：A. 生根；B. 长芽。

发效果最佳，以 GA_3 和 6–BA 作为外源激素，壮根阶段推荐使用无激素的 1/2MS 培养基。芽培养方面，常以 GA_3 与 6–BA 作为启动培养基激素组合，6–BA 和 KT 作为增殖培养基激素，已获得高增殖系数，如'大富贵'品种的特化培养基。愈伤组织诱导再分化虽存在挑战，但通过优化激素配比和培养条件，已能初步分化出不定芽。体细胞胚诱导作为遗传转化的理想途径，2,4–D 和细胞分裂素的结合使用，以及 ABA 的添加，促进了胚状体的正常发育。此外，碳源、金属元素和外源添加物质的优化，也显著影响了体细胞胚的诱导和发生。这些进展不仅提高了繁殖效率，还为芍药的遗传改良和新品种开发提供了重要手段。

图 34　芍药组织培养

注：A. 胚培养；B. 芽培养；C、D. 愈伤组织诱导；E. 芍药组培苗。

五、栽培管理技术

芍药的种植及管理是一项长期的工作，包括栽培养护管理和病虫害防治等，其中，田间栽培是主要的种植方式，病虫害防治亦是保持芍药美丽的秘诀之一。

（一）田间栽培

1. 栽培地和土壤选择

栽培地应该选择地势较高，排水良好，土层深厚，疏松肥沃的砂质壤土，一般以中性或微酸性的土壤为好，芍药叶片黄化与土壤 pH 密切相关，要选择合适的土壤才能生长良好。种植地应阳光充足，周围有干净便利的水源（图 35）。

2. 整地及土壤改良

选定栽培地后要深翻土地，最好在栽植的前 1 个月进行深翻，深度在 60 cm 以上，清除土壤中的杂草、石头、砖块等，并施足底肥，每亩施入有机混合肥料至少 1500 kg。不可施用未经过腐熟的生肥，肥料翻入土中后，整平，等待秋季种植，此过程称为“养地”。

若地势较低，可以筑高台以抬高地势。当土壤 pH 小于 5.5，呈酸性时，可施草木灰、石灰粉、氨水、钙镁磷肥等；当土壤 pH 大于 7.5，呈碱性时，可每亩施 30 ～ 40 kg 石膏作为基肥，或者使用少量的硫酸亚铁、硫黄粉，也可以施用有机菌渣肥来改良土壤。

3. 做畦及栽种

平整土地后做畦，先在两排畦间做宽 60 cm、低于地平面 20 cm 的垄沟，两畦间做低于地面 20 cm 的畦埂。南方多雨地区应做高畦，畦面高

图 35　芍药田间种植

出地面 25 cm，两畦间留宽 50 ～ 60 cm 的沟，以备雨季排水。北方少雨高燥地区，宜用低于地面的低畦，便于保水和灌溉，畦面多为南北走向。畦面耙平后，即可定植植株。

栽植时期以 8 ～ 10 月为宜，秋季不可栽植过晚，气温过低会使芍药发根较慢，甚至不发根，不利于芍药安全越冬和来年的正常生长。庭院栽培可以按照自己的喜好不规则种植、孤植或丛植。栽植时，将芍药的根舒展开放入穴中，穴深约 35 cm（图 36A、B），填入一半土时（图 36C），将根轻轻上提，使根系充分接触土壤（图 36D）。栽植深度以芽与地面相平或稍低于地面为宜。填满土后，踩实，并封埋 15 cm 左右高的土堆（图 36E），以保温保湿。栽后灌足水。

4. 水肥管理

芍药为肉质根，耐旱，怕积水。平时浇水以保持土壤湿润为好，春季解冻时需要浇解冻水，开花前后保持土壤湿度，花期忌浇水，容易导致花朵提前凋谢，影响观赏。夏季高温时节，浇水应在清晨或傍晚。越冬前需浇冻水。夏秋多雨季节，尤其是江南地区，要注意及时排水，不要积水，防止根系腐烂。灌溉的方式有很多种，如果是庭院小面积种植，可以人工浇水，如果是种苗的生产栽培，则可以采用地下管道滴灌或者喷灌的方式，既可节省劳动力，也可以节约水资源。

芍药喜肥，每年可多次施肥，主要有 3 次，第一次是早春萌芽时施肥，俗称“花肥”，为花蕾发育和开花补充养分。第二次是花期过后施肥，俗称“芽肥”，主要用来促进来年新芽发育。第三次在入冬前施肥，俗称“冬肥”，可结合封土越冬进行，主要是为了防寒保墒，也为早春初期提供养分。一般根据土壤检测结果，按照当地实际土壤营养水平施用不同配方的肥料。施肥一般结合雨天来临前进行，或者与灌溉相结合，有助于植株对肥料的吸收和利用。若切花生产，在切花后要增加叶面追肥，常使用磷酸二氢钾等，补偿因切花对植株造成的损伤。

图 36　芍药栽培示意

注：A. 挖坑；B. 放根；C. 填土；D. 提根；E. 覆土保温保湿。

5. 摘蕾修剪

中国芍药品种群多有侧蕾。为了保证顶蕾花朵硕大，可以通过早期去除侧蕾的办法，使养分集中供应给顶蕾，去侧蕾不宜过晚。剥除侧蕾最好在晴天进行，阴雨天去除容易导致伤口感染病菌。

同时，有些品种侧蕾易开花，在不影响顶蕾的情况下，可以适当保留延长整体花期。

花谢后要及时剪除残花，既可以保持美观，又可以避免因结实消耗掉过多养分影响来年成花。

入秋后，芍药地上部分开始慢慢枯萎变黄，此时需剪除枯萎的地上部分，并将枯秆清理干净，集中处理，防止来年感染枯秆上的病虫害。

6. 除草

春季出苗后要定期除草，避免杂草与芍药植株争夺养分，草丛过密有时容易感染多种病虫害。

7. 防寒越冬

芍药是越冬时芽容易受损伤的草本花卉，在地上枯枝乱叶清除后，要在根基覆盖土丘防寒，保证芽不漏在外面，否则容易冻伤，影响来年开花（图 37）。

图 37　芍药覆土堆防寒

（二）病害防治

1. 常见病害及其表现

芍药常见的病害包括灰霉病、白粉病、红斑病、根腐病、炭疽病等（图 38）。植株染病时，便会在植株上出现相应病斑，进而迅速扩展，导致叶片皱缩、花朵腐烂、根部死亡等。如灰霉病发病时，常在叶片上出现褐色、椭圆形或不规则水渍状的病斑，叶背长出灰色霉层；白粉病发病初期，叶片上会出现细小的白色小圆斑，随后圆斑面积逐渐扩大，最终在植株的地上部分全部密覆一层白粉。

2. 发病条件

植株间距过密，空气湿度较大，加快病菌的流行速度。浇水过多，土壤积水；或者氮肥的施用量多，导致植株徒长，降低其对病菌的抵抗能力，也会导致植株染病。

3. 防治办法

芍药病害的防治办法是预防为主，防治结合。选择地势较高、排水性好的圃地栽植芍药。合理规划植株间距，保持通风透气。按时剪去残枝败叶，疏除残花，提高植株间通风透光的状况。秋末将芍药的地上部分全部剪除，清理干净，并集中处理。

在植株生长的各个阶段喷洒杀菌剂进行防

图 38　芍药病害示例

注：A. 白粉病；B. 红斑病。

治。植株萌芽之后可以每隔一定时间或是在雨后喷施保护剂，预防病害的发生。在植株发病初期，以一定的频率喷施对应的杀菌剂，保护叶片和花朵。

（三）虫害防治

1. 常见虫害

芍药常见的害虫有根结线虫、蛴螬、蚜虫、介壳虫（图 39）等。这些害虫对芍药植株的根、茎、叶、花等部位都会造成不同程度的伤害。具体来说，如根结线虫主要危害芍药根系的健康；而蛴螬的幼虫会啃食植株的根茎，成虫会食用叶片和花朵；蚜虫和介壳虫是刺吸式害虫，会寄居在植株上吸取植株的汁液。

图 39　芍药虫害示例
注：A. 根结线虫；B. 蛴螬。

2. 发生条件

害虫常以卵及幼虫的形式隐藏起来不易被发现，它们藏身在土中或周边环境中，昼伏夜出，等到条件适宜时进行繁殖和扩散。如蛴螬发生最重的季节主要是春季和秋季，此时气温达 25℃以上，风和日丽，雨量适宜，卵的孵化率很高，幼虫发育快。

3. 防治办法

害虫防治的办法包括物理防治、化学防治和生物防治。

（1）物理防治

包括在栽植芍药前，深翻土地，将土壤中的卵和幼虫清除；合理的轮作安排和栽种方式布局、调整栽种时期、合理施肥、灌溉与密植，以及加强田间管理等措施；也可利用害虫的趋光性，在田间设立黑光灯、白炽灯或频振式杀虫剂诱杀成虫。

（2）化学防治

主要是以除虫剂的药物作用杀死害虫。常用的药剂有有机磷类、拟除虫菊酯类、辛硫磷、吡虫啉等，采用涂抹、喷施等方式，使其发挥作用。

（3）生物防治

是利用害虫的天敌进行防治的办法。如防治蚜虫可以通过保护或人为放生瓢虫、食蚜蝇、小花蝽这样的捕食性天敌，或是菜蚜茧蜂、白足蚜小蜂类等寄生性天敌，在一定程度上防治蚜虫。

六、价值与应用

在我国，芍药栽培应用的历史最早可追溯到夏商时代。至唐代，与牡丹并称“花王、花相”，从此在花卉界一直占据稳固的地位。近年来，随着国外新优品种的大量涌入，国内掀起了一个芍药栽培与应用的新高潮，栽培面积逐年扩增，河南、山东、四川、云南、陕西、北京、甘肃、河北、浙江、江苏、安徽等地都开始大力发展芍药产业，扩大芍药栽植规模。芍药硕大的花朵，丰富的色彩，馥郁的芬芳，成为人们表达爱情、甜美、喜悦与满足等情绪的最好媒介，因此，近年来其作为鲜切花的需求量迅速上升。芍药是中国的传统名花之一，被誉为“花相”，在药用、文化以及多功能应用方面都有着深远的影响。

（一）文化价值

芍药在中国传统文化中占有重要地位。它象征着富贵、吉祥、爱情和美丽，常被用于各种节日和庆典活动中（图 40）。在古代文学作品中，芍药也频繁出现，其中最著名的记载之一便是《诗经》中的“维士与女，伊其相谑，赠之以芍药”。这句诗描绘了青年男女在春日游玩时，以芍药花作为爱情的象征相互赠送，展现了芍药在古代人们心中的浪漫寓意。

图 40　恽寿平《五色芍药图》

图 41　芍药庭院观赏

图 42　芍药鲜切花

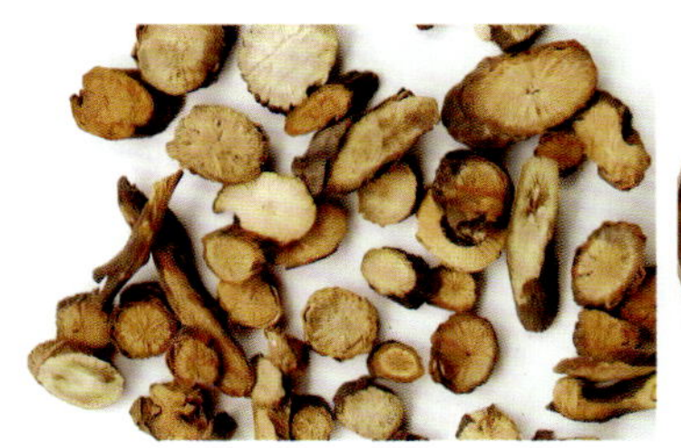

图 43　芍药根部作为药材

图 44　芍药花茶

图 45　芍药美人香
（北京林业大学于晓南课题组研发）

（二）观赏价值

芍药花型多样，色彩丰富，花型也有单瓣、重瓣之分，颜色从纯白到深红，再到淡雅的粉色和黄色，极具观赏性。芍药花期集中在 5 月，能为园林景观增添绚烂色彩，常被用于园林布置和插花艺术（图 41、图 42），是美化环境、提升生活品质的理想花卉。如今芍药切花越来越受到人们的青睐，在花卉市场中占有重要的地位。

（三）药用价值

芍药的药用历史悠久，其全株尤其是根部含有多种生物活性成分。芍药根含有的芍药苷、芍药内酯苷等成分，具有显著的镇痛、抗炎、抗肿瘤、调节肠道菌群等作用，常被用于改善神经功能缺损、风湿性关节炎、系统性红斑狼疮和糖尿病等（图 43）。芍药花提取物则含有挥发油、黄酮类等成分，具有抗炎、抗肿瘤、抗病毒、抗氧化的功效，在心血管疾病中有比较好的治疗效果。

（四）多功能应用

芍药的多功能应用非常广泛。在食品领域，芍药花瓣可以制作成花茶，具有美容养颜的效果（图 44）。在化妆品领域，芍药花提取物可以用于制作护肤品，具有抗衰老、美白肌肤的作用。在香水领域，芍药花香也可以用于制作线香（图 45），散发出独特的香气。

（于晓南）

Panax 人参

五加科人参属（*Panax*）多年生宿根性草本植物。属名是瑞典植物学家林奈于1742年建立的，其希腊文的含义是“总的医疗”或“万能药”之意，这说明人参属药材具有卓越的功效。根据古地质学史和古生物学史推断，人参是地球上古老的孑遗植物之一，在被子植物极为繁盛的第三纪广为繁衍。

一、形态特征与生物学特性

（一）形态与观赏特征

通常该属植物主根膨大呈肉质纺锤形、圆柱形或呈纤维状，主根下面稍有分枝；根状茎（芦头）短，每年生1节（图1、图2）。药用部位为其干燥根及根茎。

地上茎单生，直立，圆柱形，不分枝，株高30～69 cm。叶为掌状复叶，具有3～7片小叶，生于茎顶。伞形花序单个顶生，花为两性或杂性；花瓣5，离生，较少合生，在花芽中呈覆瓦状排列；雄蕊5，花丝较短，花药卵形或长圆形；子房2室，部分物种为3～4室，稀5室；花柱2，部分物种为3～5，极少数物种退化成了1室；花盘肉质，呈环形。果实扁球形，有的呈现三角形或近球形。种子通常2粒或3粒，稀少4粒，呈扁形或三角形，成熟时鲜红色（图3）。

（二）生物学特性

通常为阴生植物，喜冷凉湿润气候，忌强光直射。该属可以分为南方物种和北方物种两个分布产区。其中北方产区生长的人参及西洋参物种适宜生长的生态因子范围为最冷季均温 –23～11℃，最热季均温12～27℃，年均温

图1　人参外观形态特征

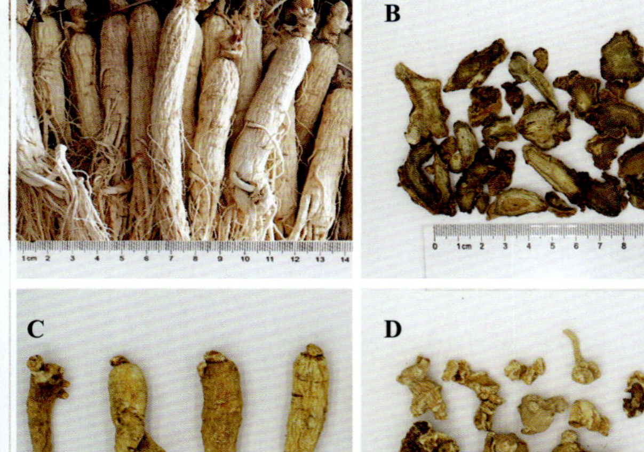

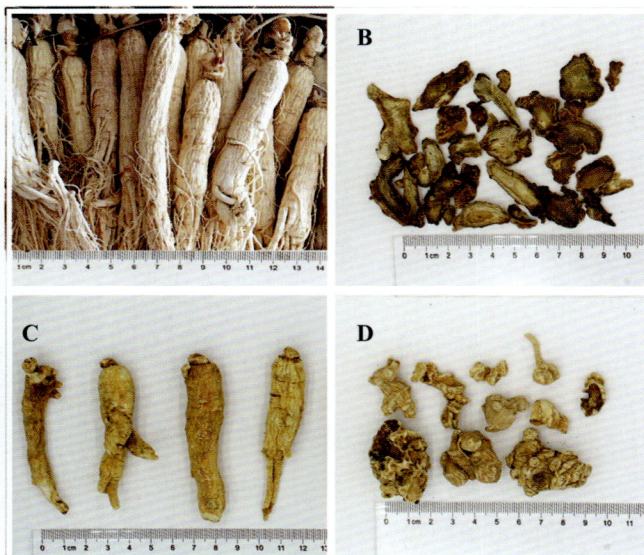

图2　人参属不同药材根部形态特征

注：A. 人参；B. 三七；C. 三七；D. 竹节参。

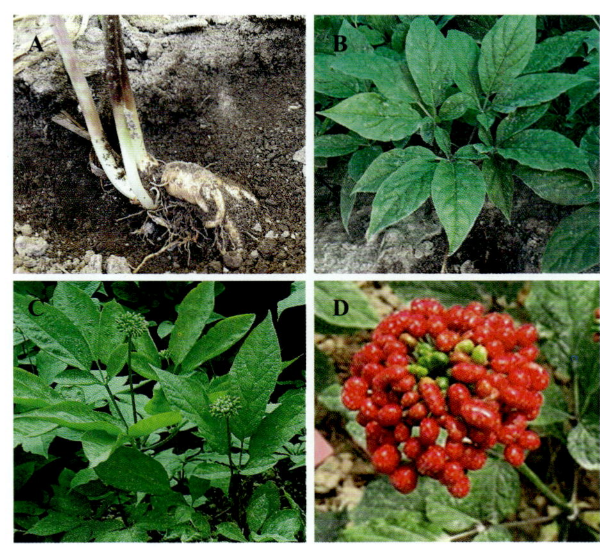

图 3　人参属植物地上植株外观特征

注：A. 根及根茎；B. 叶子；C. 花蕾；D. 种子。

为 -2 ~ 20℃，年均降水量为 500 ~ 2000 mm，而年均日照为 110 ~ 165 W/m^2。南方产区生长的三七和竹节参适宜生长的生态因子范围为最冷季均温 -7 ~ 15℃，最热季均温 10 ~ 28℃，年均温为 2 ~ 23℃，年均降水量为 500 ~ 2300 mm，而年均日照为 120 ~ 160 W/m^2 的区域。

对土壤要求较严，以土层深厚、富含腐殖质、通透性好、排水良好的棕壤土和砂质壤土为宜。忌砂质过大、黏土及盐碱土。

自然成熟的人参属种子具有休眠特性，即种胚的形态后熟和生理后熟。采收的种子均需在适宜的温度和湿度条件下，经过一定的时间方可完成形态后熟和生理后熟。

二、种质资源与品种资源

（一）种质资源

该属全球 13 种，我国有 3 种，我国西南地区分布众多，如三七、竹节参、珠子参等，推测西南地区可能是人参属植物的起源中心（吴征镒，1975）（图 4）。人参（*Panax ginseng*）、三七（*P. notoginseng*）、西洋参（*P. quinquefolius*，引进种）和竹节参（*P. japonicus*）为较为重要的 4 种药材，拥有上千年的用药历史，在世界范围内广泛应用（国家药典委员会，2020）。人参属植物有较为丰富的遗传多样性，野生种的遗传多样性显著高于栽培种，农家品种在长期栽培过程中也产生了较为丰富的遗传多样性。虽然各地区人参属植物群体遗传多样性呈现出一定地域性，但遗传变异稳定，受环境影响较小，与地理距离无相关性（Xu et al.，2017）。

人参属植物在长期栽培过程中，已形成了丰富的种质资源。如人参种质资源根据外观形态可分为紫茎红果种、青茎黄果种及青茎红果种；根据果色可分为红果、黄果和橙黄果等；按照茎数可分为单茎参、双茎参和多茎参；按照人参形态可分为大马牙、二马牙、圆膀圆芦、长脖等类型。

（二）主栽品种

优质、高产、抗病虫害的人参新品种是优质人参药材生产的前提。人参属植物为常异花授粉植物，可以通过系统选育、集团选育、混合选育等组合方法选育新品种（王铁生，2001）。在培育新品种时，要注意培育抗病、抗虫及适应性广的新品种。

目前，我国选育的人参优良品种已经达到 8 个，三七优良品种有 3 个，西洋参品种有 2 个，而竹节参仅选育出了‘鄂竹节参 1 号’（表 1）。人参新品种的选育单位主要为中国农业科学院特产研究所及吉林农业大学，主要是优质、高产及适宜农田种植的新品种。三七优良品种的选育单位主要为文山学院及中国中医科学院中药研究所等单位，主要为高产及抗病虫害优良品种。西洋参及竹节参选育单位主要是吉林农业大学和湖北省农业科学院中药材研究所，相关新品种的数量相对较少（图 4）。在实际生产过程中，各地区应确立优良抗病虫害新品种培育的发展方向，争取培育出可有效提高药材产量及质量，减少农药使用量的优良品种（沈亮　等，2018）。

图 4　人参属不同物种外观形态

注：A. 人参；B. 三七；C. 西洋参。

表 1　人参属药用植物主要品种类型及特性

物种	授权名称	育种单位	主要特点	抗性	用途
人参	吉参 1 号	中国农业科学院特产研究所	丰产、单根重、优质参比例高、皂苷含量高、种子产量高	适应性广	适宜东北三省种植，药用、食用
	集美人参	吉林农业大学、康美新开河药业有限公司等	品种优良、产量高、质量好	适应性好，长势稳定	药用、食用
	宝泉山 1 号	中国农业科学院特产研究所、吉林大学物理研究所所、吉林农业大学	茎秆粗壮、叶较宽、地下根大而粗壮、产量高	抗病一般，适宜性好，产量高	药用、食用
	黄果人参	中国农业科学院特产研究所	总皂苷含量高、产量高	适应性广	药用、食用
	新开河 1 号	中国医学科学院药用植物研究所、集安人参研究所、康美新开河药业有限公司	整齐度高、生长快、高产、稳产、边条参率高	抗病性好	药用、食用
	康美 1 号	吉林农业大学	产量高、质量好	抗逆性好、长势稳定	适宜非林地种植，药用、食用
	福星 1 号	中国农业科学院特产研究所所、抚松人参产业发展办公室、参王植保有限责任公司	产量高、稳定性好	抗逆性好	适宜吉林省无霜期在 90 ～ 130 天的地区种植，药用、食用
	益盛汉参 1 号	吉林农业大学、集安益盛药业股份有限公司	产量高、稳定性好	抗逆性能优良	适宜农田种植，药用、食用
三七	滇七 1 号	文山学院、文山苗乡三七股份有限公司	栽培新品种、优质、高产	抗逆、高产、优质	适宜大田种植，药用、食用
	苗乡三七 1 号	文山学院、文山苗乡三七股份有限公司	中良种、产量高、质量好	高产、适宜性好	适宜大田种植，药用、食用
	苗乡抗七 1 号	文山学院、中国中医科学院中药研究所、文山苗乡三七股份有限公司	新品种、抗根腐病	抗病性能优良	适宜大田种植，药用、食用

续表

物种	授权名称	育种单位	主要特点	抗性	用途
西洋参	中农洋参一号	吉林农业大学	产量高、适应性好	适应性好，种植性能稳定	适宜大田种植，药用、食用
	三抗1号	文登市西洋参协会	抗光性好、产量高	抗光性比原栽培品种提高30%	光照较强地区，药用、食用
竹节参	鄂竹节参1号	湖北省农业科学院中药研究所	高产、优质、蛋白质及总皂苷含量较高	抗逆性好	适宜海拔1400 m地区种植，药用

三、繁殖与栽培管理技术

（一）播种繁殖

主要采用播种繁殖。通常人参种子需要经历形态后熟和生理后熟两个过程才能完成萌发，达到播种条件。播种前需要进行催芽处理。催芽时根据人参属植物种子后熟期间种胚形态与生理变化特征，及时调整生长环境的温度和湿度条件，创造适宜的后熟条件，促进种胚尽快完成生长发育，缩短种子休眠时间，使种子提前出苗及整齐出苗。人参种子催芽过程中，需要对种子定期翻动，通过补水或晾晒使人参种子处于适宜萌发环境中。

春播一般在4月中下旬开始，当种植产区土壤解冻时即可进行。秋播一般在10月中旬至土壤结冻前进行。人参属植物播种方式有点播、条播和撒播3种。播种完成后，畦面覆土深浅一致，以冬季不被冻伤为原则。苗期管理包括松土拔草、畦面覆盖等环节（沈亮 等，2016）。

（二）田间栽培

1. 土壤消毒

为降低人参属植物病虫害发生率，提高药材产量，可采用化学熏蒸法或非化学熏蒸法对种植土壤进行病虫害防治。为保护生态环境，推荐使用的中药材土壤熏蒸剂主要有威百亩、棉隆、1,3-二氯丙烯、碘甲烷等。当气温稳定在10℃以上，土壤相对湿度为50%～80%时，适宜开展化学药剂消毒，将消毒药剂施入土壤进行密封消毒处理。各农药消毒处理方法依据国家相关标准规定进行，消毒完成后立即进行土壤翻耕，排空土壤中残留的有毒气体后进行后续种植。另外，日光和生防菌剂如木霉菌也可作为辅助消毒方法（陈士林 等，2018）。

2. 土壤改良

根据人参属生长需求，在土壤改良初期进行绿肥种植，如种植紫苏、玉米、大豆等作物，夏季高温时期进行绿肥回田。后期土壤改良过程中可增施有机肥及菌剂，调节土壤物理结构及pH等。施肥以有机肥为主，少量搭配化肥和微量元素肥料，使改良的土壤疏松肥沃，达到优质农产品生产要求。

3. 播种和移栽

播种可以分为春播和秋播，根据各物种的适宜播种期进行。育苗地播种可采用点播、条播或散播方式进行。春季播种覆土厚度为3～4 cm，秋季播种覆土厚度4～5 cm，播种后需要将畦面耧平，用木板稍微压紧，播种完成后使用稻草等进行覆盖，厚度为2～3 cm，并进行后续管理，确保种苗健康生长。

移栽时起参苗与选参苗应同时进行。选择生长健壮、芦头完整、芽苞肥大及无病虫害的优质参苗进行移栽。春栽适宜在土壤解冻且不黏时进行，时间集中在越冬芽萌动前一周内为宜；秋栽在植株地上部分枯萎后进行，栽参时不要伤到芽苞和参根。移栽采用先栽小苗后栽大苗方式，移栽完成后，将畦面耧平，覆土5～8 cm，使植株充分接触到土壤。移栽后覆盖2～3 cm

稻草。

4. 合理施肥

人参属植物施肥要以有机肥为主，同时配施部分化肥。人参为根类药材，在施肥过程中主要多施钾肥，少施氮肥，除了施足底肥外，还要结合其各个生长期植株生长需求，适时追肥。人参属植物生产过程中肥料的施用方法如下所示（表2）（徐江 等，2017）。

表 2　人参属植物肥料种类及施用方法

施用类型	肥料种类及施用方法	施用时期
绿肥	紫苏（中研肥苏一号）（1.5 ～ 3 g/m^2）、玉米（4.5 ～ 7.5 g/m^2）、紫花苜蓿（1.5 ～ 2.5 g/m^2）等	土壤改良期
微生物菌肥	中农绿康、5406、枯草芽孢杆菌 0.17 mg/L、32% 蜡芽菌木霉菌、哈茨木霉菌喷雾 0.03 亿～ 0.04 亿 /m^2，100 g/m^2 地恩地（DND）	土壤改良期
基肥	以猪粪、鸡粪或羊粪为主的农家肥或者以家畜粪便、油粕饼制备的农家肥，每亩施入 2.5 ～ 6.0 t	整地作畦期
追肥	农家肥 1 ～ 2 t / 亩及尿素、硫酸钾等复合肥 25 kg / 亩	多年生苗期
叶面肥	2% 过磷酸钙溶液、800 ～ 1000 倍磷酸二氢钾溶液等	开花前期

5. 田间管理

田间管理贯穿栽培到采收的整个生育期，应因地制宜采用各种管理措施。早春气温变化幅度较大时，人参属各药材生产过程中注意防寒及畦面消毒，其中西洋参的防寒能力最差，冬季要做好防护。待植株出土后，需要依据各地区风力及阳光强度进行覆膜和调光。生产中可根据各地区环境条件，选择拱棚模式和复式棚模式进行遮盖，参棚如有破损应及时修补，雨季注意防止参膜破损漏雨。需要根据土质板结程度，全年松土3 ～ 5 次，做到土壤疏松无杂草。如果长出棚外，可以采用扶苗培土的方法进行扶正。根据植株是否需要留种，在花梗长度达到 5 cm 时及时进行摘蕾、疏花和疏果。秋冬季节来临时，需要及时进行覆盖及防寒，防止植株在寒冷季节被冻伤。

（三）病虫害防治

1. 主要病虫害

作为根茎类药材，人参属植物的病虫害种类较多，其常见病虫害种类及防治措施如表 3、表 4 所示（王铁生，2001；刘亚南 等，2014）。

表 3　人参属植物病害种类及防治方法

病害种类	危害部位	防治方法		发病物种			
		化学方法	综合方法	人参	西洋参	三七	竹节参
立枯病	茎基	噁霉灵、咯菌腈或天达参宝	及时松土，提高地温和保持干燥	√	√	√	√
锈腐病	根部	多抗霉素、噁霉灵、米达乐	哈茨木霉、绿色木霉、枯草芽孢杆菌	√	√	√	√
根腐病	根部、根茎	噁霉灵、代森锌、甲基托布津、波尔多液	做好排水及通风，减少光照，病株挖出	√	√	√	√
黑斑病	茎叶果实	代森铵、退菌特、多抗霉素、菌核净等	调节遮阴及通风，透光均匀，田间消毒	√	√	√	√
疫病	茎和叶	甲霜灵、霜脲锰锌、乙磷铝、瑞毒霉素等	加强畦内通风排湿、保证荫棚透光均匀	√	√	√	√

续表

病害种类	危害部位	防治方法		发病物种			
		化学方法	综合方法	人参	西洋参	三七	竹节参
菌核病	根部、茎基	石灰乳、噁霉灵、黑灰净	及时排水透气，发现病株拔除	√	√		
炭疽病	各部位	波尔多液、克菌丹、代森锰锌、退菌特等	种子种苗消毒、及时排水、清理杂草病株	√	√	√	√
白粉病	叶片	粉锈灵、硫黄、多菌灵、福美双、农抗	注意防止参棚连续高温、保持棚内湿润	√	√	√	√

表 4　参属植物虫害种类及防治方法

虫害种类	危害部位	防治方法		发病物种			
		化学方法	综合方法	人参	西洋参	三七	竹节参
金针虫	根茎和幼茎	米乐尔颗粒	合理施肥、印楝素、阿维菌素、捕杀等	√	√	√	
地老虎	参根、茎端叶柄及嫩茎	多抗霉素、代森锌、溴氰菊酯等	翻耕晾晒、清除杂草、水旱轮作、灌水控制杂草	√	√	√	√
蛴螬	参根、嫩茎及叶片	地亚农颗粒	黑光灯和糖醋液诱杀、深翻整地、合理施肥灌溉	√	√	√	√
蝼蛄	种子及嫩茎、根茎	乐斯本、对硫磷乳油	施用圈肥、堆肥、诱虫灯、鲜草诱杀	√	√	√	
土蝗	叶片和茎		松土除草、清洁田园、诱杀	√	√		
根结线虫	根部		种子种苗检验检疫、加强田间管理		√	√	

2. 农业防治

农业防治技术主要包括抗病虫害优良种质选育、种子种苗检验检疫、土壤改良、合理密植、田间管理等措施。随着种植规模的扩大，人参属药材种子种苗在各地区的调运逐渐频繁，为避免不同产区的病虫传播及扩散，应加强种子种苗流通环节的检验检疫工作，保障人参属药材种植产区的安全生产。对大量进口的西洋参药材、种子及种苗加强检验检疫工作，发现携带病虫的污染源应禁止流通或就地销毁。同时该属药材栽培管理过程中应对农具及交通工具进行消毒处理，防止交叉污染。田间管理过程中做好水、肥、光的协调处理，控制好作物的需水数量及施肥比例。

3. 物理防治

人参属植物常见虫害主要有地老虎、金针虫等，利用害虫的成虫具有趋光性特点，可采用黑光灯或频振式杀虫灯对虫害进行防治（刘亚楠等，2014）。如可以依据地老虎的羽化时间，在其羽化前设置黑光灯、糖醋液进行诱杀成虫。利用飞蛾、蚊蝇等害虫对特殊光谱的吸引特点，可采用黄板、蓝板等方法进行趋避和诱杀。在土壤休闲改良过程中，可以利用夏季高温气候，通过覆盖地膜提高地温方法，及时翻晒方法杀死土壤中的病源和虫源。

4. 化学防治

化学防治是人参属药材病虫害防治的主要方

法。化学农药使用过程中应该做到科学用药、对症用药及适时用药，严格按照用药说明及安全间隔期进行农药使用。采用国家推荐使用的高效、低毒、低残留农药，以降低农药残留及重金属污染等，严禁使用国家规定的剧毒、高毒、高残留的农药种类。施药期间注意合理配施农药及轮换交替用药，以达到杀灭害虫，降低药材农药残留量、保护天敌的目的，同时做好施药人员的安全防护工作。

四、价值与应用

人参红果累累，可作盆栽观赏，也可作为林下阴生地被植物。

人参属均为药用植物，大都是我国传统名贵药材，药效显著，疗效确切。多具补气、安神、益智、活血、止血、提高免疫力等功效，被广泛用于传统中医药及民间医学，药用价值极高（王铁生，2001）。随着经济发展和人们养生保健意识的增强，人参属药材用量逐渐增大，野生资源已难以满足生产需求。近年来，卫生部批准人参、西洋参等药材作为新资源食品在国内市场流通，由此导致其需求量又持续上升。因此，加强人参属植物生理生态学以及种植技术研究是其产业发展的关键（沈亮 等，2015）。

（沈亮）

Paris 重楼

黑药花科重楼属（*Paris*）宿根花卉，曾先后被归为百合科、延龄草科。民间习称七叶一枝花、独角莲等。中文名来源于明代兰茂所著的《滇南本草》，因植株的一轮叶片之上还有一轮叶状萼片，似为两层绿叶之故。重楼不仅药用价值高，还极富观赏价值，可用来点缀花坛、布置草坪，也可盆栽用来观赏，或作为插花的材料。

一、形态特征与生物学特性

（一）形态与观赏特征

具根状茎的多年生直立草本植物。株高20～100 cm。一个茎，一轮叶，顶生一朵花。花被片离生、两轮，外轮为花萼，内轮为花瓣，萼片叶状，宽长，多为绿色；内轮花瓣狭长，狭线形或丝状，与萼片互生。蒴果球形，内含多数球形种子，具红色或黄色的多浆汁外种皮。花期4～7月，果期9～11月。

（二）生物学特性

主要生长在常绿阔叶林、针叶林及灌丛等林缘或林下。喜气候湿润，富含腐殖质的酸性红壤、黄壤以及棕壤的林下荫蔽处。

二、种质资源

重楼属植物主要分布于亚欧大陆的温带及热带地区，共有27种。除四叶重楼（*P. quadrifolia*）和无瓣重楼（*P. incompleta*）分布于欧洲，其余24种均广泛分布于东亚；我国分布有22种，以西南各地为多。品种选育多以药用原料为目的，目前已育成并应用生产的有滇重楼系列品种、白药滇重楼系列品种、云农滇重楼系列品种等。经人工培育已选育出具有观赏和药用价值的多茎滇重楼品种。以下介绍5个具有较好观赏价值的种。

图1　滇重楼

注：A. 单茎；B. 多茎。

1a. 滇重楼 *P. polyphylla* var. *yunnanensis*

又名云南重楼，为多叶重楼（*P. polyphylla*）的一个变种。叶倒卵状长圆形至倒披针形。花瓣上部常扩宽；雄蕊2～4轮（图1）。主要分布于我国云南及周边区域，在云南省已实现规模化种植。

1b. 七叶一枝花 *P. polyphylla* var. *chinensis*

我国分布广泛，在江苏、浙江、安徽、江西、福建、台湾、湖北、湖南、广西、广东、四川、贵州、云南均有分布，生长于海拔1100～2800 m的山谷常绿阔叶林、竹林、杂交林、箭竹灌丛中，越南北部也有。与滇重楼的主要区别：花瓣狭线形，明显短于萼片，常反折，上部不扩宽，叶片一般狭长，基部通常楔形（图2）。该种主要为药用，也可作为景观植物。

2. 南重楼 *P. vietnamensis*

分布于我国广西西南部、西部，云南东南

图 2 七叶一枝花

图 3 南重楼

图 4 禄劝花叶重楼

图 5 凌云重楼

部、南部和西部，多生于海拔 2000 m 以下地区。茎高 30 ～ 150 cm，根茎粗壮。叶片较大。花瓣线形，子房淡紫色、绿色，花柱基和花柱青紫色（图 3）。南重楼植株较大，种植后可从单茎变为多茎，且在适宜生长环境实现四季常绿，可作为盆景和观赏植物点缀花坛。

3. 禄劝花叶重楼 *P. luquanensis*

分布于我国云南中部和四川南部，多生长于海拔 2300 ～ 2800 m，适宜透水性好的微酸性腐殖土或红壤土。植株矮小，茎紫色，茎高 5 ～ 20 cm。叶面深绿色，叶背深紫色，叶脉沿脉带为淡绿色，无叶柄（图 4）。其矮小的植株和特殊的叶片，可作为室内观赏植物进行开发利用，目前已选育出'银龟''银梭'等园艺品种。

4. 凌云重楼 *P. cronquistii*

分布于我国西南部和越南北部，生长于海拔 200 ～ 1950 m 地区。其特点在于叶片卵形，正面绿色，沿主脉有白色斑纹（图 5），背面紫色或绿色带紫色斑纹。花瓣黄绿色，丝状。近年来，我国西南地区的农户有引种栽培，喜阴，适宜作为室内盆栽观赏植物。

三、繁殖与栽培管理技术

（一）播种繁殖

9 ～ 11 月重楼种子充分成熟后采收，选择晴天采收，洗去种子外种皮，晾干种子表面水分直接播种，或将种子晾干至含水量≤ 16%，放入种子袋中，在室内贮藏。按株行距 4 cm × 5 cm 点播，每穴 1 粒种子。播后覆盖厚 1 ～ 2 cm 过筛腐殖土或细土，适度压实，在床面上盖厚 2 cm 的松针或碎草，浇透水。鲜种子播种时间为 10 月中旬至 11 月下旬，播后第三年 4 ～ 5 月苗出齐。干种子播种时间为 4 月上旬至 5 月上旬，播种翌年 4 ～ 5 月苗出齐。出苗后第二年或第三年，种苗叶片为 4 片及以上，即可移栽。

（二）园林栽培

1. 定植

宜在灌溉方便、排水良好、荫蔽度高、有机质丰富的砂壤土栽培，在全光照区域应适当遮阴。施肥整地后，根据地块的坡向从高向低理墒，便于雨季排水，墒面宽 120 cm、高 25 cm，墒沟宽 30 ～ 40 cm，整平墒面。按行距 15 cm，开 5 ～ 6 cm 深的沟，按株距 15 cm 将种苗放入沟内，理顺须根，芽头向上，覆土搂平，适度压实，再在墒面上盖厚 2 cm 的松针或碎草，浇透水。

也可室内外盆栽，盆栽土壤可用营养土、腐殖土和粗沙等量的混合土。根据植株大小选择合适的花盆，带土移苗入盆，移栽后覆盖松针或碎草，浇透水。

2. 光照管理

半喜阴植物，生长期需要一定的荫蔽度。遮光率低，植株叶片会晒伤受损，生长不良，严重时地上部分植株提前倒苗，需要保证遮光率在 50% 以上。

3. 浇水、排涝和追肥

干旱时及时浇水，保持土壤湿润。雨季到来前应对排水沟进行清理，雨季及时排出积水，避免植株染病死亡。

移栽后第一年，6 月上旬土壤略施薄肥，8 月上旬追肥，同时可在生长旺盛期增施叶面肥。

4. 越冬管理

在冬季休眠期，将腐熟有机肥均匀撒在墒面上，起保湿增肥作用。每隔 15 天检查 1 次土壤墒情，保持土壤湿润。

（三）病虫害防治

重楼病害主要有灰霉病、软腐病、叶斑病。虫害较少，主要有地老虎、蛴螬等地下害虫。

1. 灰霉病

5 ～ 6 月进入雨季后开始发生，持续至 11 月植株倒苗，多发生在开花的重楼成年植株，花和果实最易发病，其次为叶、茎，该病常导致滇重楼茎、叶、花、果萎蔫、枯萎及倒伏，病部产生灰色的霉层和黑色的菌核。发病后，使用保护性杀菌剂 80% 代森锰锌，交替复配 10% 苯醚甲环唑、25% 吡唑嘧菌酯、36% 甲基硫菌灵、50% 腐霉利中的 1 种，喷雾 2 ～ 3 次，间隔期为 7 ～ 10 天，兼防真菌性叶斑病。由于滇重楼灰霉病常年发生，易传播、易复发，有过发病史的区域或地块，应该在进入雨季后尚未出现明显危害时，即开始喷雾药剂进行预防，田间发生明显病害时，应连续喷雾药剂 2 ～ 3 次，间隔期为 7 ～ 10 天，以避免病害复发。

2. 软腐病

全年发生，造成滇重楼叶片、茎秆、根状茎顶芽稀软、腐烂，植株倒伏，病部具刺激性臭味。茎叶发病后，交替使用 15% 乙蒜素、6% 春雷霉素、3% 中生菌素、50% 二氯异氰尿酸中的的 1 种，喷雾 2 ～ 3 次，间隔期为 7 ～ 10 天，病株近地面茎秆部位应增加用药量，让药剂沿茎秆流到根茎顶芽，以预防根茎腐烂。根茎发病后应及时挖除病株，使用药剂对病穴周围植株灌根。

3. 叶斑病

6 ～ 11 月发生，在滇重楼叶片上形成灰褐色病斑，严重时造成叶片、植株枯萎。防治方法同灰霉病。

4. 虫害防治

重楼常发生的虫害有地老虎和蛴螬，均为地下害虫，常啃咬重楼茎秆基部，造成植株倒伏、田间缺苗，或取食叶片形成缺齿。两种害虫的防治方法相似，利用成虫的趋光性，用杀虫灯诱杀成虫；幼虫具有昼伏夜出的习性，傍晚使用 5% 高效氯氰菊酯或 5% 甲氨基阿维菌素苯甲酸盐喷雾地表，或用上述药剂拌细碎白菜叶等制成毒饵撒入田间诱杀。

四、价值与应用

重楼属分布范围广，适应性强，易栽培。重楼出苗后，上层为花，下层为叶，似两层楼，可作为观叶植物。该属花叶重楼、禄劝花叶重楼、凌云重楼等叶表面具有特殊的花纹和斑块，有较强的观赏性。滇重楼、七叶一枝花、毛重楼果实成熟后似炸开的石榴，红彤彤的种子尤其招人喜爱。重楼属植物作为盆栽观赏植物和花坛点缀植物有广阔的应用前景。

具有重要的药用价值，以根茎入药，首载于《神农本草经》，其后历代本草均有记载，具有悠久的药用历史。滇重楼（*P. polyphylla* var. *yunnanensis*）和七叶一枝花（*P. polyphylla* var. *chinensis*）为《中华人民共和国药典》（2020 年版）收载重楼药材的基原植物。

（李晓杨　杨斌）

Pelargonium 天竺葵

牻牛儿苗科天竺葵属（*Pelargonium*）多年生常绿草本至亚灌木。该属有280种，有的生长在高山草地，有的生长在海滨沙滩，还有的生长在森林灌木丛中。17世纪末至18世纪初，天竺葵相继输入英国和欧洲大陆，引起了园艺界广泛的兴趣与关注。我国引入栽培约5种。

一、形态特征与生物学特性

（一）形态与观赏特征

具浓郁气味。茎略呈肉质。叶对生或互生；圆形、肾圆形或扇形，不分裂或掌状分裂；边缘波状，具齿；具托叶。花序通常为伞形或聚伞花序，稀为花单生，总花梗腋生或与叶对生；花通常两侧对称，萼片5，覆瓦状排列，基部合生；花瓣5。蒴果成熟时果瓣由基部向上卷曲。

（二）生物学特性

大多原产南非，性喜阳光和温和的气候。冬怕严寒风干，夏怕酷暑湿热，适宜生长温度15～20℃，冬季不应低于5℃，夏季25℃以上时植株处于休眠或半休眠状态。较耐旱而忌水湿，要求富含腐殖质、疏松肥沃、通透性强的中性或微酸性砂质培养土。

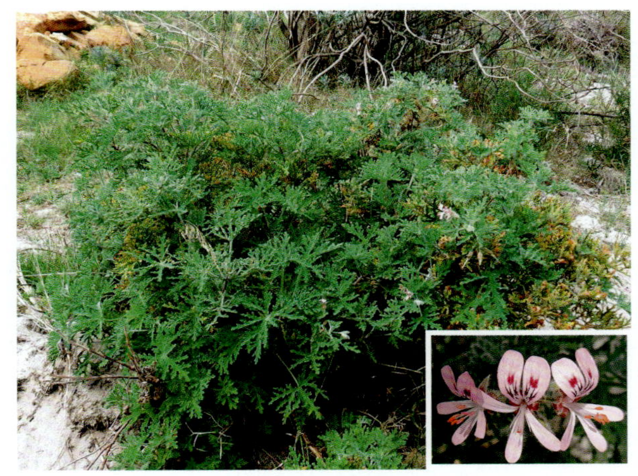

图1　香叶天竺葵（Klaus Wehrlin 摄）

图2　芳香天竺葵（Marie Delport 和 Nicola van Berkel 摄）

二、种质资源与园艺分类

（一）种质资源

1. 香叶天竺葵 *P. graveolens*

又名香草等。茎叶被柔毛，有浓郁的玫瑰香气。花玫瑰色或粉红色（图1）。花期5～7月。

2. 芳香天竺葵 *P. odoratissimum*

又名麝香天竺葵、苹果香天竺葵。含芳香油，手触叶片即发出香气。小型的蔓生植物，株高仅30 cm，冠幅60 cm。花小，淡粉色（图2）。

3. 盾叶天竺葵 *P. peltatum*

又名爬蔓绣球。蔓性。茎长40～100 cm，茎粗3～10mm，具棱角，多分枝，光滑或几无毛。叶盾状着生，互生，略呈肉质，5裂。伞房花序腋生，有花数朵；花冠洋红色。原产非洲南部。

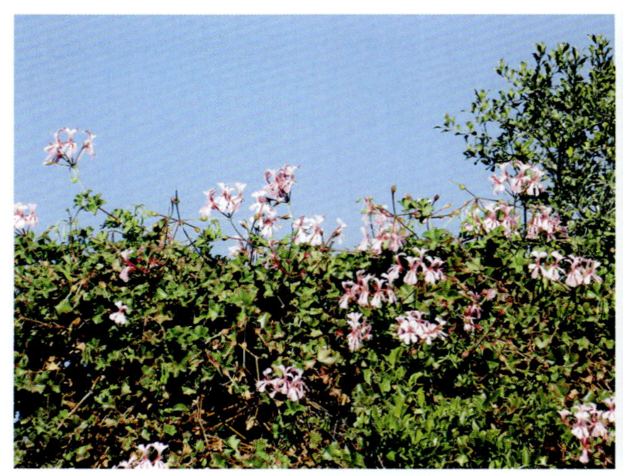

图 3 盾叶天竺葵（Q. Grobler 摄）

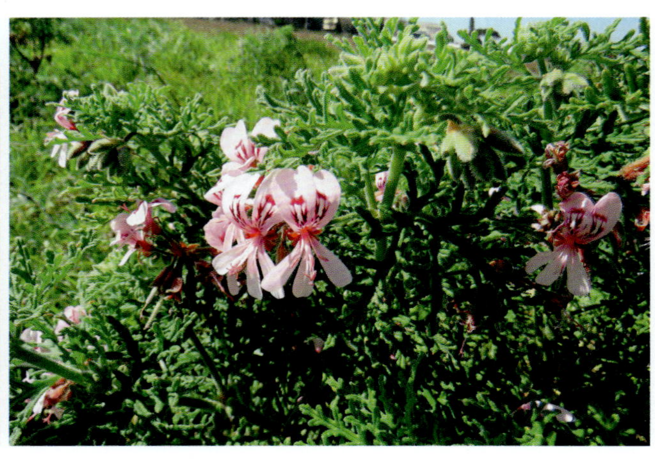

图 4 菊叶天竺葵（Anne McLeod 摄）

图 5 马蹄纹天竺葵（Johan Eksteen 摄）

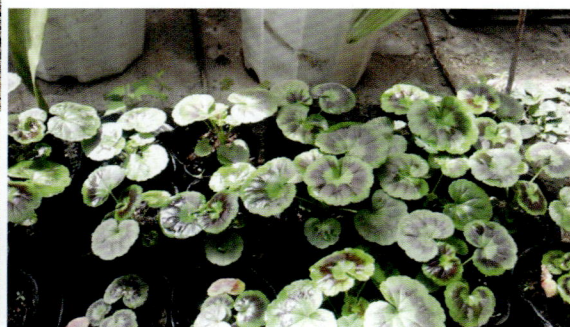

图 6 猩红天竺葵（Craig Peter 摄）

图 7 洋绣球幼苗

4. 菊叶天竺葵 *P. radens*

在温暖地区呈小灌木。全株被白粉，高达1m。叶片近圆形或心形，直径 3 ～ 10 cm，掌状 5 ～ 7 深裂近基部或仅达中部，裂片条形，彼此远离，边缘具明显锐齿，两面被糙毛。花玫瑰红或粉红色（图 4）。花期 5 ～ 7 月。

5. 马蹄纹天竺葵 *P. zonale*

半灌木或宿根。茎直立或攀缘，后稍木质化。叶片心形或圆形，长宽几相等，3 ～ 5 裂，叶片中心常具一马蹄形深色环带。伞形花序，具小花 5 ～ 70 朵，花瓣较狭长，粉紫色且具红色纵纹（图 5）。花期夏季。原产非洲南部。

（二）园艺分类

在人工栽培和长期选育中，出现了许多新品种，有的种类和品种已成为大面积栽培的经济作物。余树勋将常用的栽培种分为 4 个品种群（刘

图 8 洋绣球各色品种

图 9 大花天竺葵（李淑娟 摄）

图 10 大花天竺葵品种（李淑娟等 摄）

玉梅，2009）。

1. 室外天竺葵杂种群 *P.* × *hortorum*

又名洋绣球。该种群的主要亲本为马蹄纹天竺葵和小灌木猩红天竺葵（图 6）。茎肥厚肉质；叶圆形至肾形，边缘具浅钝锯齿或齿裂；有鱼腥味。花瓣红色、橙红、粉红或白色，花期 10 月至翌年 6 月，除盛夏休眠外，只要环境条件适宜，可不断开花（图 7、图 8）。

2. 室内天竺葵杂种群 *P.* × *domesticum*

又名蝴蝶天竺葵、大花天竺葵、帝王天竺葵等。是天竺葵属中花朵最大的种群。高 30 ~ 40 cm，茎直立，多分枝，基部木质化，被开展的长柔毛。叶片圆肾形，基部心形或截形，长 3 ~ 7 cm，宽 5 ~ 8 cm，边缘具不规则的锐锯齿，有时 3 ~ 5 浅裂。伞形花序与叶对生或腋生，明显长于叶，具花数朵；花冠粉红、淡红、深红或白色，花径 1.8 ~ 2.2 cm，先端钝圆，上面 2 片较宽大，具黑紫色条纹（图 9）。品种众多（图 10），其亲本涉及 10 余个种，如兜叶天竺葵（*P. cucullatum*）、桦叶天竺葵（*P. betulinum*）、大花天竺葵（*P. grandiflorum*）、玫瑰香天竺葵（*P. capitatum*）、心叶天竺葵（*P. cordifloium*）、香叶天竺葵等（Loehrlein & Craig, 2001）。是一季花品种，多花性形似盆栽杜鹃。

图 11 盾叶天竺葵品种

图 12 香叶天竺葵杂种群品种

3. 盾叶天竺葵品种群 *P. peltatum* Group

枝条柔软，常作垂吊盆栽或篱笆攀缘材料。品种丰富（图 11）。我国中部及长江流域种植，冬季可重剪至地面，保护越冬。

4. 香叶天竺葵杂种群 Fragrant-leaved Hybrids Group

该种群主要亲本为香叶天竺葵与芳香天竺葵，主要用于香料栽培，也是不错的景观植物。品种相较其他种群少（图 12）。

三、繁殖与栽培管理技术

（一）播种繁殖

开花后种子陆续成熟，部分重瓣品种需要人工授粉。授粉后一般夏季 35 ～ 40 天种子成熟，冬春季节种子成熟需要 40 ～ 50 天（魏照信 等，2009）。种子采收在蒴果变黄时分批采收，过晚采收，果实开裂，种子易散落。采收后的果实放在塑料棚膜上干燥，用木条拍打收取种子。手工搓去种子的白色尾毛，精选入库。

种子春秋均可播种，播种前用 GA_3 200 mL/L 处理种子，可以提高种子的发芽率，播种最佳温度为 23 ～ 28℃（王庆 等，2017）。播种基质为草炭土：蛭石：珍珠岩 =8 ：1 ：1 或 75% 泥炭 +25% 珍珠岩，或 50% 加拿大泥炭 +25% 蛭石 +25% 的珍珠岩混合栽培介质。介质混合后，先用 0.1% 高锰酸钾进行消毒，再加入适量的腐熟有机肥及过磷酸钙，保持 pH ＞ 6 以上，EC ＜ 1 mS/cm。播种前基质浇透，然后把种子均匀播入育苗盘中，覆盖蛭石，厚度为种子直径的 3 倍左右，保持基质湿度，温度 20 ～ 25℃，7 ～ 10 天出苗。

真叶展开时施 0.05% 硝酸钙和 0.1% 磷酸二氢钾混合液，每隔 7 ～ 10 天 1 次。四叶一心期分苗，株行距 10 cm × 12 cm，6 ～ 7 片叶时保留 3 ～ 4 片叶摘心，留 3 ～ 5 个侧枝培养（赵新玲，2005）。

（二）扦插繁殖

除 6 ～ 7 月植株处于半休眠状态外，其余时间均可扦插，以春、秋季为好。插穗选顶端生长健壮的枝条，保留上端 1 ～ 2 片叶，长 10 ～ 13 cm。由于天竺葵基部多为肉质，水分多，取下立即扦插易腐烂，故应置阴凉处，使之干燥后再扦插。插条切口干燥数日，形成薄膜后扦插于蛭石、河沙或珍珠岩中，或用 0.01% IBA 液浸泡插条基部 2 秒后扦插。扦插温度 13 ～ 18℃，15 ～ 21 天生根，根长 3 ～ 4 cm 时上盆。一般扦插生根后 6 个月开花（麦热亚木 等，2009）。

（三）组培快繁

以天竺葵种子为材料，继代培养基以 MS+ 6-BA 0.1 mg/L+ IAA 0.2 mg/L 培养基最佳，生根以 1/2MS+ IBA 0.2mg/L 培养基较好。而天竺葵叶片诱导愈伤组织的最佳培养基为 MS+ 2.4-D 0.5 mg/L+ 6-BA 0.05 mg/L，愈伤组织诱导率较高，高达 93.3%（袁婷 等，2012；张玉园 等，2016）。

大花天竺葵叶片诱导不定芽分化的最适培养基为 MS+ NAA 0.5 mg/L+ 6-BA 3 mg/L，诱导率 75.61%，平均不定芽个数 4.98；叶柄诱导愈伤组织的最适培养基为 MS+ NAA 0.3 mg/L+ 6-BA 1 mg/L，诱导率 47.2%；带芽茎段诱导不定芽的最适培养基为 MS+ NAA 0.5 mg/L+ 6-BA 1 mg/L；诱导率 81.27%（程建军 等，2011）。

玫瑰天竺葵茎段诱导，初代诱导培养基以 MS+6-BA 1 mg/L+NAA 0.1 mg/L 为宜；继代培养基以 MS+6-BA 0.5 mg/L+NAA 0.05 mg/L 为宜，芽增殖倍数为 5.8；生根培养基以 1/2MS+IBA 0.6 mg/L 为宜，生根率达 97.5% 以上，平均生根数 13.8 条（鞠玉栋 等，2015）。

香叶天竺葵离体芽为外植体材料进行诱导，MS+6-BA 0.5 ～ 2 mg/L+NAA 0 ～ 0.2 mg/L 的配比可直接诱导产生较多的不定芽；MS+NAA 0.1 mg/L 可作为微型扦插的继代培养基；MS+ IBA 0.5 mg/L 为最佳生根培养基，试管苗移栽成活率可达 95%（清元 等，2010）。

（四）园林栽培

1. 基质

忌水多，因此要求基质疏松，透气性好，排水良好，养分充足的微酸性土壤。通常使用 55% ～ 75% 的草炭，20% ～ 25% 的珍珠岩，5% ～ 10% 的蛭石，5% ～ 10% 的陶粒较为理想（阳征助，2007）。

2. 水分

耐干旱、怕积水。因此，在生长过程中，应本着“不干不浇，浇则浇透，宁干勿湿”的原则，适当控水。浇水过多，含水量过大，会引起徒长或烂根。春秋生长开花旺盛时，可适当多浇水，但也应以保持土壤湿润为宜。冬季气温低，植株生长缓慢，应尽量少浇水。

3. 施肥

喜肥沃透气良好基质，因此栽培时，除施足基肥外，在生长季节，可 7 ～ 10 天施用含钾和硝酸钙及磷为主的肥料。天竺葵对氨基酸很敏感，施用这类肥料不宜超过 10 mg/kg。施肥前 3 ～ 5 天，少浇或不浇水，盆土偏干时浇施，更有利于根系吸收。

4. 光照

喜光。生长环境全日照状态，可使其良好生长并提早开花。春季和初夏光照不太强烈的情况下，可将其置于光照充足的地方，夏季天竺葵休眠期，适宜放置在阴凉处，忌强光照射，易造成枝叶灼伤（任志，2010；窦剑 等，2012）。

5. 修剪

为使株型美观，多开花，需要对天竺葵进行修剪。天竺葵一年至少要修剪 3 次。第 1 次在早春 3 月，主要进行疏枝；第 2 次在 5 月，开花后剪去残花和过密的枝条；第 3 次修剪在立秋后，主要是进行整形，根据植株长势，一般选留靠近基部生长健壮、分布均匀的主枝 3 ～ 5 个，其他过密的、纤弱的徒长枝条，一并从基部剪掉，并将主枝和侧枝进行短截（窦剑 等，2012；崔传勇，2010）。

（五）促成栽培

生长期需要充足的阳光，光照充足有助于控制植株高度和促进花序形成。在较长的光照下株型高大松散，较短光照下矮小紧凑。长日照和较高的温度条件下，强光可以促进天竺葵提前开花。在生产上利用光周期进行促成栽培时，首先在出苗后给予 16 小时的长日照，获得高大健壮的植株；当真叶达到 5 片时给予 12 小时的短日照诱导，以促进花芽分化，加速开花进程（王琴 等，2013）。

（六）病虫害防治

如土壤潮湿、降水过多，灰霉病、褐斑病、

细菌性叶斑病等易发生，因此土壤湿度不宜过高。灰霉病、褐斑病发病初期每隔 7 ～ 10 天以 50% 扑海因 1000 倍液，或 75% 甲基托布津 800 ～ 1000 倍液，或 50% 多菌灵 800 倍液喷雾并灌根，连续防治 2 ～ 3 次。细菌性叶斑病用 77.2% 可杀得 2000 悬浮剂 1000 倍液，或 72% 农用链霉素 2000 倍液交替使用，全株喷施。

四、价值与应用

天竺葵具有多种特殊功能，有的常年开花，花色艳丽迷人，但却散发出“熏倒牛”的异味；有的花色平平，却散发出宜人的芳香；有的貌不出众，却能煎水为居民治病消灾；有的叶片似裙边，多姿多彩，茎叶还能挤出桃红或玫瑰红的食品色素。

20 世纪中叶大花天竺葵传入中国，北方人称它为“洋绣球”，沿海城市的群众称它为“入腊红”。引进的天竺葵只是些花朵小、植株高、叶片臭的品种。如今从美国、德国引进的天竺葵品种花色繁多，花球硕大，叶片多彩无异味，花期长达数月，已成为园林花卉不可缺少的一员。近年来，各大园林场所也有成片的种植，在林隙空地大面积种植的天竺葵亮丽夺目，还有将天竺葵与不同草花品种混种在不同的环境中，在地被色块上增添美感（赵曼祯，2014）。

（王庆）

Penstemon 钓钟柳

车前科钓钟柳属（*Penstemon*）多年生常绿或半常绿草本植物，少数是灌木或一年生草本。具有独特的观赏特性，在全北美几万种野生花卉中，以最丰富的自然色彩和广泛的适应性著称，并以多变的花形装饰着北美辽阔的草原、沙荒和山地，备受当地人的喜爱（龙雅宜，2008）。近几年在园林绿化的应用逐渐增多，栽培品种也比较丰富，再加上其自身喜凉爽、色彩丰富、着花数量多、喜石灰质土壤等特点，钓钟柳在露地花卉领域越来越受人们重视（宁妍妍，2016）。

一、形态特征与生物学特性

（一）形态与观赏特征

多年生草本，可作一二年生栽培。株高15～45 cm，叶丛莲座状。枝条直立，丛生性强，基部常木质化。单叶对生，基生叶卵形，茎生叶披针形，全缘或具锯齿。聚伞圆锥花序或总状花序顶生，花冠筒状唇形，花单生或3～4朵生于叶腋与总梗上，呈不规则总状花序，花钟状唇形，花冠筒长约2.5 cm，上唇2裂，下唇3裂，花朵略下垂，组成顶生长圆锥形花序；花色紫、玫瑰红、紫红或白等，具有白色条纹。花期4～6月或7～10月。

（二）生物学特性

1. 光照

性喜光，在光照充足、通风良好的环境中生长旺盛；也耐半阴，但半阴条件下，植株生长偏高，花序伸长，花色较淡。不耐热，因此夏日应适当遮阴，防止直射的阳光灼伤花、叶。

2. 温度

喜温暖和凉爽的栽培环境，忌酷热；耐寒，对冬季温度要求不严，适宜在北方地区生长，大多数品种只要不受到霜冻就能安全越冬，最适宜的生长温度为18～25℃，花后应采取防寒措施，帮助其顺利越冬。南方地区夏季需要适当遮阴，做好通风措施，少施肥、少浇水，钓钟柳便可以安全度夏。抗性强，适应性广，在西安可露地生长10年以上。

3. 水肥

不耐水淹，生长期注意不能长时间积水，根据墒情适时浇水，经常保持湿润有利于生长。花前花后注意及时施肥，生长期每半月施一次追肥，鸡粪或复合化肥均可，可以使植株旺盛、花大色艳。

4. 土壤或基质

基质必须有良好的排水性，钓钟柳无法适应酸性土壤，在中性或偏碱性土壤中都能健康生长，以排水透气性好，含石灰质的肥沃砂质土壤为佳。盆栽应选用底部孔较大的花盆，盆下垫一些瓦片或碎石子可防止土壤过湿导致钓钟柳根部腐烂。

二、种质资源与园艺分类

（一）种质资源

钓钟柳属有275种，原产于北美西部和墨西哥。最初在美国东部种植，毛叶钓钟柳、无毛钓钟柳（*P. laevigatus*）被引种到英格兰后，该属才声名鹊起（Armitgae，2008）。目前园林常见的种及园艺品种的亲本有红花钓钟柳、钓钟柳、电灯花、毛地黄叶钓钟柳、艳红钓钟柳、异叶钓钟柳、毛叶钓钟柳、松叶钓钟柳、小钓钟柳（*P.*

图 1 红花钓钟柳

图 2 钓钟柳

图 3 电灯花钓钟柳（Kathryn Wells 摄）

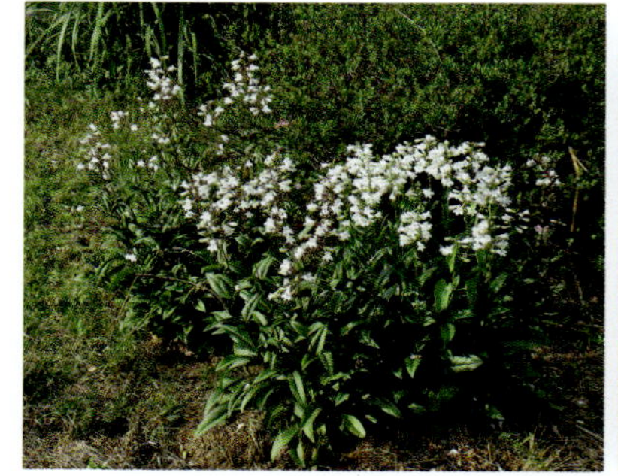

图 4 毛地黄叶钓钟柳

图 5 毛地黄叶钓钟柳秋季叶色

图 6 艳红钓钟柳（Carolina Chun 摄）

smallii）等。

1. 红花钓钟柳 *P. barbatus*

又名草本象牙红。株高 45 ～ 90 cm，冠幅 45 cm。叶及茎具白霜。叶长披针形至线形。总状花序长 30 ～ 70 cm，花细长管状，长 2.5 ～ 5 cm，深红色，下唇 3 裂，裂片反折，喉部具黄色长毛（图 1）。花期 5 ～ 6 月。

原产美国东南部及墨西哥；极耐寒，可耐 -30℃低温。是主要的亲本之一。品种见后。

2. 钓钟柳 *P. campanulatus*

株高 30 ～ 45 cm，冠幅 30 ～ 45 cm。茎柔弱，具分枝，直立或斜升，略带紫色。叶线状披针形，缘具细锐齿。花宽管状，长 5 ～ 7.5 cm，粉红色、深紫色或紫罗兰色，喉部具长毛（图 2）。花期夏季。

原产墨西哥及危地马拉；可耐 -15℃低温。重要的亲本。

3. 电灯花钓钟柳 *P. cobaea*

株高 45 ～ 60 cm，冠幅 30 ～ 45 cm。叶椭圆形至卵形，长 3.8 ～ 15 cm，宽 0.6 ～ 5 cm。花宽管状，长 5 ～ 7.5 cm，白色或粉色，管部具紫色线条（图 3）。花期 4 ～ 5 月。

原产美国中部的山坡、受侵蚀的牧场、砾石堆、岩石群及石灰质土壤中；可耐 -26℃低温。重要的亲本。

4. 毛地黄叶钓钟柳 *P. digitalis*

株高 70 ～ 90 cm，冠幅 30 ～ 45 cm。丛生状，茎直立，无毛。基生叶椭圆形，长 10 ～ 13 cm，秋末及冬季为紫绿色或紫红色；茎生叶披针形至椭圆形。花序圆锥状，花白色或带粉色（图 4、图 5）。花期 5 ～ 6 月。

原产美国及墨西哥；极耐寒，可耐 -37℃低

图 7 异叶钓钟柳（Smfang 摄）

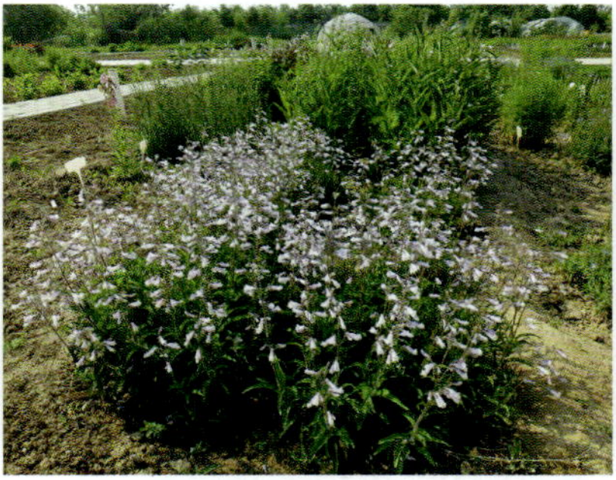
图 8 毛叶钓钟柳

图 9 松叶钓钟柳（Andrew Tree 摄）

温。种下品种众多（见后）。

5. 艳红钓钟柳 *P. hartwegii*

半常绿草本，株高 30 ～ 70 cm。茎常紫红色，密被短毛。叶狭披针形，光亮，绿色，长约 10 cm。总状花序，长可达 50 cm；花朵狭钟状，亮红色、紫色或深红色，喉部具白色斑纹，长 4 ～ 5 cm（图 6）。花期夏季至初秋。

6. 异叶钓钟柳 *P. heterophyllus*

常绿或半常绿，株高 30 ～ 50 cm，丛生状。茎基部木质化，有时紫红色。叶常狭披针形，但形态多变，蓝绿色。穗状花序顶生，花冠管状钟形，为深浅不一的蓝紫色，管基紫红色，长约 3.5 cm。花期仲夏。

原产美国加利福尼亚州。耐旱、耐贫瘠，可耐 -15℃低温。

7. 毛叶钓钟柳 *P. hirsutus*

株高 30 ～ 70 cm，全株具细密短毛。地下茎缓慢横走，地上茎直立或斜升，常紫红色，无分枝。叶披针形，缘具细齿，长约 10 cm。圆锥形花序顶生，花冠管状钟形，粉色至淡紫色，喉部白色，长约 2.5 cm（图 8）。花期 5 ～ 7 月。

原产北美东北部，耐寒、耐旱、耐贫瘠。该种是最早被应用于花园的种。

8. 松叶钓钟柳 *P. pinifolius*

株高 30 ～ 60 cm，常绿草本或半灌木至小灌木。茎斜升或拱形。叶松针形，长约 2 cm。圆锥形或总状花序顶生，花冠管状钟形，艳红色，长约 2 cm（图 9）。花期夏季。

原产美国西南部，耐旱、耐贫瘠，较耐寒（-15℃）。

（二）园艺分类

钓钟柳园艺品种众多，主要来源于以上亲本，但还有一些品种家系不甚清楚。Granham（2011）将钓钟柳品种根据花的大小分为 3 型。

1. 小花型（Small-Flowered）

花管长小于 3 cm，花朵紧凑，叶片窄，株高小于 60 cm（笔者认为小花组还应包括一些毛地黄叶钓钟柳的植株更高、宽叶片的品种）。

（1）红花钓钟柳

具有较强耐寒能力的小花品种：

‘苹果花’（‘Apple Blossom’） 花枝稠密，丛生状。花冠具粉色晕，花瓣先端深粉色（图 10）。

Pristine™ 有粉、猩红、深玫红、紫红和蓝色品种（图 11）。

‘朗姆酒’（‘Pinacolada Red’） 花色极为鲜艳的红色品种（图 12）。

“小红帽”系列（‘Riding Hood’） 株高约 45 cm，花朵密集，花色丰富（图 13）。

（2）毛地黄叶钓钟柳部分品种

“达科达”系列（‘DakotaTM’）‘勃艮第’（‘Burgundy’） 叶片、茎、花梗均为深紫红色，繁密的花朵为粉色至紫红色（图 14）。

‘佛得角’（‘Verde’） 花色、茎色同前者，但叶片为绿色（图 15）。

‘红叶’钓钟柳（‘Husker's Red’） 花白色或淡粉色，春夏至初夏及秋季叶色深紫红色，盛夏渐变为绿色（图 16）。

‘世外桃源’（‘Mystica’） 与‘红叶’钓钟柳相似，只是红叶时间更长（图 17）。

图 10 ‘苹果花’

图 11 Pristine™（左起，Blue；Deep Rose；Lila Purple；Pink；Scarlet）

图 12 ‘朗姆酒’（陈煜初 摄）

图 13 “小红帽”系列

图 14 ‘勃艮第’

图 15 ‘佛得角’

图 16 ‘红叶’钓钟柳

图 17 ‘世外桃源’

图 18 ‘哥尔丁夫人’

图 19 ‘午夜’

图 20 “小丑”系列（左起，Magenta；Pink；Purple；Red）

图 21 “凤凰城”系列（左起，Appleblossom；Magenta；Red；Pink；Violet）（李丽芳 摄）

2. 中花型（Medium–Flowered）

花管长度在 3 ～ 4 cm，花冠唇口大，又分为窄叶型和宽叶型。

‘哥尔丁夫人’（‘Madame Golding’） 株高约 60 cm。艳丽的玫红色花朵，长筒状，瓣筒内为苍白色且具深紫色条纹（图 18）；极丰花，花期整个夏季。

‘午夜’（‘Midnight’） 株高 60 ～ 90 cm。花紫色或蓝紫色（图 19），花期长，6 月至初霜。

“小丑”系列（‘Harlequin™’） 株高 30 ～ 45 cm。植株紧凑，直立性好，花朵宽筒状钟形。冠筒内白色，具与筒外同色的条纹。具各种花色（图 20）。

3. 大花型（Large–Flowered）

花管长度大于 4 cm，根据花的形状细分为小号花、大喇叭花和钟状花。大花型是目前的育种方向。“凤凰城”系列 Phoenix™ 是其代表（图 21）。

三、繁殖与栽培管理技术

（一）播种繁殖

播种一般在秋季或早春，萌发适宜气温为 13 ～ 18℃。种子发芽速度比较慢，多用秋播，种子采收后即可播种，选用清洁消毒的基质（腐叶土与珍珠岩 1 ∶ 1）混合均匀，铺于床面，撒上种子，轻微镇压，用细眼喷壶浇水，保湿，2 周后即可发芽，幼苗期娇嫩，需要注意保持基质湿润，经常洒水。播种繁殖较易发生变异，许多优良品种不宜采用此法（宁妍妍，2016）。秋播不可太晚，以防入冬前苗过小，生长量不足，影响春化及翌年抽薹开花率。

（二）扦插繁殖

常在秋季进行，多用于优良品种的繁殖。一般于花谢后 10 月前后，选择生长强健的嫩枝梢，剪成 10 cm 长作为插穗，切口部位消毒，插入基质。保持湿度并适当遮光，一个月左右即可生根。生根的植株可上盆定植。若作花坛地栽，可在翌年解冻后 3、4 月脱盆（宁妍妍，2016）。

（三）分株繁殖

因为钓钟柳的基部容易分生小芽，所以分株繁殖也是一种很好的繁殖方式，分株后植株生长状况更好（卢金荣 等，2013）。分株繁殖一般选在春季进行，母株露新芽后，挖出母株（带土），用刀将萌芽小苗与母体割离，直接定植，浇透水。

（四）组培快繁

以红花钓钟柳无菌苗茎尖（1 ～ 2 cm）为外植体，不定芽诱导培养基组分为 MS+6–BA 1 mg/L+ NAA 0.05 mg/L，培养 30 天，不定芽诱导可达 100%；不定根诱导培养基组分为 1/2MS+ IBA 0.2 mg/L+ NAA 0.2 mg/L，培养 20 天，生根率可达 100%，且根系发达（莫秀媚 等，2014）。

（五）园林栽培

1. 种植

栽种前对地块进行深翻，施入基肥，如果土壤偏酸，应进行改良，保持土壤为中性或偏碱性；栽植前 1 周，用福尔马林等消毒剂对土壤进行消毒，预防病害发生；平整土地后按常规方法进行播种或者栽种。

2. 水肥管理

栽培管理比较简单，生长期间特别是开花前和开花后，需要注意补充养分，及时的施肥尤其是磷钾肥，可以促使其花大色艳。所有钓钟柳均忌积水，需要种植于阳光充足及排水良好的环境下。夏季炎热多雨之地区应注意排水，特别在雨季，应防止雨水过多或土壤湿度过大而致植株死亡。部分种及品种开花后，需要采取防寒措施，将地上部分剪掉，做好冬前灌水，帮助其顺利越冬。

3. 越冬

在9月下旬至10月上旬，对其进行修剪，将整个植株的上半部分的枯枝剪掉，然后脱盆将其埋进土里安全过冬（卢金荣 等，2013）。

（六）病虫害防治

刚成活的幼苗极易感染猝倒病，致使成片死亡，因此，栽培基质消毒、栽培环境通风、控制株行距、及时剪除枯枝是不容忽视的预防方法（宁妍妍，2016）。夏季高温多雨季节容易发生茎腐病、锈病和叶枯病等。加强栽培管理，避免连作。及时拔除病株并烧毁，减少侵染菌源，降低发病率。发病初期，用粉锈宁可湿性粉剂或代森锌可湿性粉剂等进行喷施防治。

四、价值与应用

钓钟柳总状花序长，花期长，花朵繁茂，花形独特；植株矮生，丛状紧凑，生长整齐，开花一致。花色鲜艳、颜色丰富，许多种类花有明显的白色或有其他颜色美丽条纹的喉。适应范围广，园林上可栽于花带、草地边缘及城市绿地等，可组成极鲜明的色彩景观，用于花坛、庭院、花境等配景效果极佳（图22），也可切花或盆栽观赏。适合大面积块植或带植，形成花海，也是优良的庭院花卉。

所有种都有观赏价值，还有众多优良栽培品种。不同种与品种因植物学性状与生态适应性的不同而有较大的差异。株丛略高的钓钟柳适宜作灌木丛前或草地背景，利用不同色彩的品种组成色块条状带植，也可与不同类型的宿根花卉或多年生观赏草互相配置。冬季宿存叶丛的种类更能收到极好的地被效果。匍匐种类是岩石园的好植材。一些花序细长的品种是很好的小切花，在瓶饰中具有秀丽的身姿与灵巧的风韵（龙雅宜，2008b）。

图22 ‘朗姆酒’钓钟柳花境应用（陈煜初 摄）

（刘安成 李淑娟）

Pentanema 苇谷草

菊科苇谷草属（*Pentanema*）一年生、多年生草本或矮灌木。该属用作观赏植物的几个种，原属于旋覆花属（*Inula*），现修订为该属。苇谷草属有18种，分布于亚洲、欧洲和非洲；我国约有5种。

一、形态特征与生物学特性

（一）形态与观赏特征

茎直立。叶互生，线形至卵形或椭圆形，全缘或具齿，具柄或下延抱茎。头状花序通常构成顶生伞房花序，稀单生；总苞片覆瓦状，通常不等长，多层排列，线形至卵状披针形；边缘花放射状，明显长于总苞，有时与总苞等长或稍短，舌状，个别几乎管状，亮黄色；盘状花亮黄色。

（二）生物学特性

喜光，稍耐阴。喜夏季冷凉气候，耐寒，在南方高温高湿条件下生长不良。喜潮湿且排水良好的土壤。

二、种质资源

该属与旋覆花属均属于旋覆花亚族，二者极相近似，原作为后者的一组，主要以瘦果无沟或棱与之区别。此外，此属冠毛较少，或舌状花无冠毛；但旋覆花的一些种的冠毛更少，且舌状花常有冠毛。景观中常用有以下几种（Gutiérrez-Larruscain et al.，2018；Graham, 2012；Armitage, 2008）。

1. 欧亚旋覆花 *P. britannica*

丛生状，茎直立或斜升，被茸毛，高10～40（～75）cm。基生叶无柄，披针形，长3～7 cm，茎生叶披针状椭圆形至披针状线形，长2～5 cm，被长柔毛和糙毛，基部半抱茎，全缘或有细齿。头状花序单生茎及分枝顶端；花径2.5～5 cm，舌状花线状，黄色至橙色，管状花橙黄色（图1）。花期6～9月。

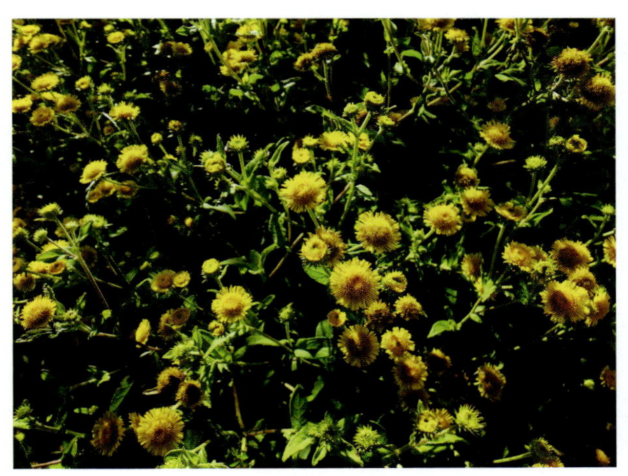

图1　欧亚旋覆花

分布于欧洲、中亚、西伯利亚及我国北方等。

2. 剑叶旋覆花 *P. ensifolium*

丛生状，茎直立，高30～60 cm，冠幅60 cm。叶线形至狭披针形，无柄，基部半抱茎，长6～10 cm。头状花序单生枝顶；花径3～5 cm，舌状花线状，黄色至橙色，管状花橙黄色（图2）。花期6～8月。

分布于欧洲、中亚、西伯利亚等。适宜于我国秦淮线以北及西北地区种植。

3. 东方旋覆花 *P. orientale*

丛生状，茎直立，高40～80 cm。叶椭圆形至卵形，长10～15 cm，半抱茎，全缘，两面密被长柔毛。头状花序单生于枝端，苞片密被黑色

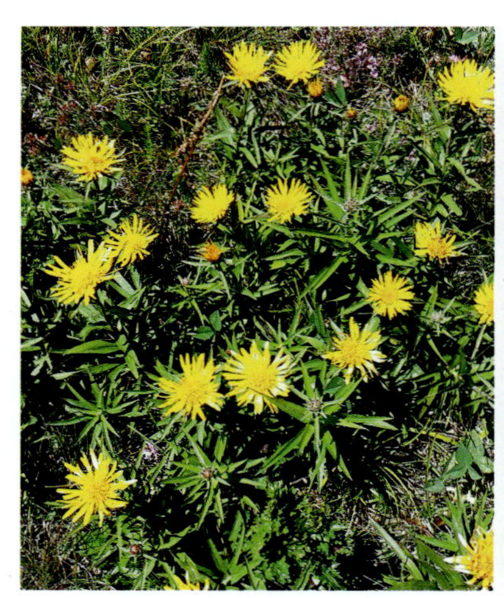

图 2　剑叶旋覆花
（Katerina Kashirina 摄）

图 3　东方旋覆花
（Andrey Efremov 摄）

图 4　柳叶旋覆花
（Stuart Fisher 摄）

长腺毛，花径 6 ～ 9 cm；舌状花橙黄色，线形，密集，盘状花色稍深（图 3）。花期 6 ～ 8 月。

原产高加索及土耳其。生于潮湿处。

4. 柳叶旋覆花 *P. salicinum*

与剑叶旋覆花相似，植株稍矮，高 20 ～ 60 cm。叶片向下稍弯曲，不像剑叶旋覆花那样直挺。花径也稍小，2.5 ～ 4 cm（图 4）。花期 5 ～ 7 月。

原产高加索及土耳其。生于潮湿处。广布于欧洲。

三、繁殖与栽培技术

（一）播种繁殖

该属种子自播能力较强，但出苗不整齐。可随采随播或于翌年春播，覆土 1 ～ 2 mm，保持基质潮湿，10 ～ 15 天出苗。

（二）分株繁殖

可于春季萌动时或秋季分株繁殖。

（三）园林栽培

1. 土壤

各种土质均可。

2. 水肥

土壤保持湿润，部分种可在沼泽地土壤中生长。该属的适应性较强，耐贫瘠，种植基质中等肥力即可。

3. 光照

喜阳光充足，稍耐阴。

4. 修剪及越冬

由于自播能力较强，故除采种外，可于花后修剪花序，以防自播扩散。入冬前剪除地上枯枝叶。该属除巨飞蓬外，其余种的耐寒性均较强，冬季可根据不同种类的耐寒能力及立地条件进行适当保护。

四、价值与应用

该属植物丰花，花色明艳，抗逆性强。可于北方自然景观中丛植或片植，或作夏季花境的焦点植物。以其明亮的黄色花朵及良好的抗逆性，得到了中纬度地区花园的青睐。

（李淑娟）

Pentas 五星花

茜草科五星花属（*Pentas*）多年生草本。花冠冠檐开展，裂片 5，呈五角星形（故称“五星花”）。属名 *pentas* 这个名字源自希腊语“*pente*”（5 个），指的是五星花冠檐裂片数为 5。定名人 George Bentham（乔治·边沁）是英国植物学家，五星花属是其从比利时园艺家获得的栽培植物而建立的。事实上，1840—1860 年期间栽培的这种植物是从科摩罗群岛收集的植物的后代（Vercourt, 1963）。

一、形态特征与生物学特性

（一）形态与观赏特征

多年生（很少二年生）常绿草本或亚灌木，直立或蔓生，根茎纤维质或木质。叶对生或 3 ～ 5 叶轮生；托叶 2 至多裂，丝状，顶端具黏液毛。花通常较小，个别种大，雌雄同株，花单性、两性或三性，多数在多分枝的顶生复合聚伞花序中，单个分枝在果期通常成为穗状。在单性花中，雄蕊包围在筒的顶端突然扩张，花柱外露；在两性花中，短花柱的先端逐渐扩张，长花柱的先端突然扩张；在极少数情况下，三性花出现，三性花同时包含雄蕊和花柱。萼筒卵形或球形，有时顶部有一个离生的环状部分；萼片通常 5 裂，相等或不等大，其中 1 ～ 3 枚比其他裂片大或有时成叶状。花冠管短圆柱形至狭管状，长为宽的 2 ～ 40 倍，喉部被柔毛；裂片卵形或长圆形。子房 2 室，每室具胚珠多数，贴附在胎座隔膜上。蒴果倒三角形或卵球形，具肋（棱），具喙，先端开裂，喙裂成 4 瓣；蒴果有时分裂成 2 个球果。种子细小，褐色（棕色），不规则球状或四面体，种皮网状（图 1）。

图 1　五星花花部和叶部结构

（二）生物学特性

喜光，耐热性强，稍耐半阴。耐干旱，也耐瘠薄，部分品种常生长在多岩石地区，园林栽植以疏松肥沃、排水良好的砂质土壤为好。对水分比较敏感，稍耐寒。

二、种质资源与园艺分类

（一）种质资源

全球五星花属包括 16 个种 11 个亚种和 12 个变种（图 2、图 3），共 39 个分类群。分布于热带和非洲南部、科摩罗、马达加斯加、阿拉伯半岛。我国引入栽培 1 种五星花（*P. lanceolata*），目前广东、福建、上海、北京、江苏等地有栽植应用。

五星花属植物可划分为 6 个亚属：*Phyllopentas* 亚属的一些萼裂片特殊地扩大成膜状薄片，这与许多玉叶金花属植物一样。*Vignaldiopsis* 亚属包含具有等线形萼裂片的种，

图 2　国外 8 种五星花属植物

注：A. *P. purpurea*；B. *P. angustifolia*；C. *P. schimperiana*；D. *P. nobilis*；E. *P. decora*；F. *P. hindsioides*；G. *P. longituba*；H. *P. ionolaena* subsp. *madagascariensis*

大花、半肉质根茎的种被归入 *Megapentas* 亚属。为一种花序小且萼裂片有铲形倾向的种而建立的 *Chamaepentadoides* 亚属。它与一个新亚属 *Chamaepentas* 有直接的亲缘关系。*Longiflora* 亚属包含有相等的三角形萼裂片，有轮生叶的倾向和花柱毛被的一个特征。其余的种被归入 *Pentas* 亚属，这些物种都有相似的不等长的萼裂片（Verdcourt，1953d）。

（二）品种分类

我国市场上现有品种集中在五星花（*P. lanceolata*）这一种上（图 3），按照株型可分为高型种、中型种和矮型种。

1. 高型种

‘万花筒’（‘Kaleidoscope’）　早熟品种，是繁星花杂交的一代种。株高 45 ～ 50 cm，冠幅达 35 ～ 40 cm，植株分枝性佳，株型紧凑饱满。重瓣，花大，颜色有苹果红、洋红、浓红、淡紫、深玫红、粉红和混合色等。

‘蝴蝶’（‘Butterfly’）　株高 30 ～ 56 cm，冠幅 25 ～ 46 cm，观赏期 6 ～ 11 月，株高叶大，生长势强、花大，开花较早，具有较高的整体观赏性，耐雨水，适宜用作盆花栽培或夏季庭院景观和园林景观应用。

‘北极光’（‘Northern Light Lavender’）　株高 50 ～ 55 cm，耐旱、耐热、耐寒冷，不耐湿，花期长。花朵颜色为淡紫色，还能适应较低的 pH。

2. 中型种

‘新星乐’　由先正达种子公司选育，株高 35 cm 左右，花大、多且密，盆状花冠，开花较早。耐热、耐雨，抗病性强，耐旱，在高温高湿的条件下仍能不断生长，花期持续时间久，花色有粉红、绯红、桃红、白色等（图 4）。

‘幸运星’　株高 30 ～ 41 cm，冠幅 30 ～ 36 cm，从夏到秋花开不断，株型紧凑。而且耐高温、耐盐碱，具有超强的开花能力，是夏季耐热品种的最佳选择。有淡紫色、白色、深粉色、深红色等花色。

3. 矮型种

‘新貌’（‘New Look’）　德国班纳利公司选育，是播种繁殖的矮性繁星花，株高 20 ～ 25 cm，株型紧凑，分枝性佳。花序大且密集，生长较缓慢，可周年开花，无须使用生长调节剂。耐热、耐旱。花色有粉红、红、玫红、紫红、白和混合色。

‘壁画’（‘Graffiti’）　株高 25 ～ 30 cm，株

图 3　不同花色的五星花

型矮壮、萌蘖性强，大花，花期长，花色有亮红、紫青、口红、粉红、红色白边、玫红、紫红、白和混合色。

'小蜜蜂'　由先正达公司选育，高 14 ～ 15 cm，分枝性好，花序繁密，株型紧凑，生长整齐、不需使用生长调节剂，耐热性好。花色鲜艳，拥有繁星花中最正的红色（图 4）。

图 4　两种五星花

注：A.'小蜜蜂'混色；B.'新星乐'深玫红色（引自谢菲，2019）。

三、繁殖与栽培管理技术

（一）播种繁殖

种子细小，一般包衣后播种，在春季进行，采用穴盘育苗，喜光性种子，播种后不覆盖基质，要保持基质和空气湿润。发芽适温 20 ～ 26℃，播种至出苗 15 ～ 20 天，发芽期间需要光照，100 ～ 1000 lx 的光照能促使发芽整齐，发芽后及时给予 10000 ～ 30000 lx 的光照可以避免幼苗徒长，并薄薄覆盖一层过细筛的基质。播种基质要求富含腐殖质、排水良好，无菌，pH6.5 ～ 6.8，可用泥炭土或播种专用基质。小苗长出 2 ～ 3 片叶时可进行移栽。

（二）扦插繁殖

一般在春季进行，扦插场地一定要有控温设备。选取发育健壮的母株，从母株上剪取当年生嫩枝，每 3 ～ 4 节为一段，去掉下部叶片，浸入清水中或生根液数秒备用。扦插基质只要能保持透气即可，插穗斜插于苗床或播盘中，扦插深度以一个节间入土为好，扦插后要及时浇透水，使插条与基质紧密密合。温度控制在 20 ～ 22℃。扦插后要及时遮阴，生根后逐渐接受阳光，防止幼苗徒长。要保持基质湿润，并且使空气湿度保持在 80%左右，20 ～ 30 天长出新根，使用适量的生根剂可以提高扦插成活率，当扦插苗根系长至 0.8 ～ 1.2 cm 或苗株有 10 cm 高时，即可移植栽培。

（三）组培快繁

五星花带芽茎段为外植体，最适的取材时间为春季（5 月）。培养环境为温度 23℃ ± 2 ℃，光照强度 2000 lx，光照时长 14 小时 / 天。最适灭菌方法为 75% 酒精 30 秒 + 2% 次氯酸钠 10 分钟。丛生芽诱导阶段适宜培养基为 MS + 6–BA 1 mg/L + NAA 0.3 mg/L, 丛生芽增殖阶段适宜培养基为 MS + 6–BA 1.5 mg/L + NAA 0.3 mg/L，壮苗阶段适宜培养基为 MS+IBA 0.5 mg/L 。接种后 40 ～ 50 天，发育成具有 3 ～ 5 片叶片的完整植株，试管小苗移栽至蛭石与腐殖土或泥炭与珍珠岩的混合土壤中（姜琳 等，2017）。

（四）园林栽培

1. 土壤

喜疏松肥沃、透气、湿润的砂壤土，pH6.5 ～ 7.0，菜园土基质或菜园土与其他基质配比适合五星花的生长发育。pH 过低可能出现叶片发黄的现象，可以适量添加砻糠灰以调节栽培基质的 pH。

2. 水肥

对水分比较敏感。春、秋两季遵循“见干见湿”的原则即可，夏季高温期间，可早、晚各浇一次透水，并适时向植株及周围地面喷洒水雾，保证其生长旺盛及多孕蕾开花，但要避免栽培基质积水，植株极易受涝造成全株死亡。叶片对冷水敏感，浇水时，水温不宜过低（即水温与介质温度应保持一致），冬季保持盆土微湿即可。

花量大且花期长，应多施磷钾肥。

3. 温度

温暖且日照充足有助于五星花的生长。生长期间，宜保持夜温在 18℃以上，日温 24℃以上。低于 10℃，会使开花不整齐并延迟或妨碍花朵的开放。

4. 光照

喜日照充足的环境，光线愈强，株型愈紧凑。光照不足会导致花茎徒长，冬季应适当补充光照，夏季忌强光直射，需稍遮阴。

5. 摘心与修剪

定植后，植株出现 3 ～ 4 对真叶可摘心 1 次，摘心后留 2 对真叶，使分枝整齐，开花一致。

花后应立即剪去残花，加强肥水管理，促进新枝萌发继续开花。老株下部枝条稀疏时，应重剪一次，促使植株萌发新枝，形成良好的株型。

6. 越冬

稍耐寒，南方各地可露地越冬；长江以北地区须入室过冬，室温需保持在 5℃以上方可安全越冬。室温在 15℃以上时，可照常生长和开花观赏（王里，2000）。

（五）花期调控

1. 延迟栽培

（1）可摘心两次或三次，每次摘心将延迟开花 10 ～ 12 天。

（2）选用稍大规格的营养钵可以延长成苗时间，10 cm 的营养钵换为 15 cm 的营养钵可延长花期 20 天左右（杨俊杰，2010）。

2. 促成栽培

长日照植物，适当延长昼长至 13 ～ 16 小时可将栽培时间缩短 2 ～ 3 周（吴强，2011）。

（六）病害防治

1. 叶斑病

叶片上先出现褐色小斑点，外部有黄色晕圈，扩展后为近圆形、椭圆形病斑，直径 4 ～ 8 mm；发病后期病斑浅褐色、斑缘褐色，轮纹似有似无，病斑后期开裂。病叶经处理后病斑上着生褐色小霉点（图 5A）。温暖多雨的年份和季节多发病，偏施、过施氮肥会使病害加重。①清除烧毁病残物。②避免过施、偏施氮肥，勿使盆土过湿。③发病初期交替喷施 50% 苯来特可湿性粉剂 800 倍液、50% 混杀硫悬浮剂 800 倍液、50% 退菌特可湿性粉剂 600 倍液、65% 多克菌可湿性粉剂 800 ～ 1000 倍液、60% 多福可湿性粉剂 600 倍液、25% 施保克乳油 1000 倍液、或 50% 多菌灵可湿性粉剂 800 倍液，隔 10 ～ 15 天喷 1 次，连喷 3 ～ 4 次，前密后疏（张宝棣，1999；雷增普，2005）。

2. 黄萎病

发病初期，植株一侧下部叶片变黄褐色萎蔫，渐向上发展。切开病茎可见维管束变为红褐色（图 5B、E）。连作、地势低洼、排水不良易发病。①要合理轮作。②发现病株及时拔除，并处理病穴土壤，用 50% 多菌灵 500 倍液浇灌病穴（魏国先 等，2007）。

3. 病毒病

叶片上出现黄、绿相间的花叶；叶畸形；叶面上有疱状突起、叶皱缩，叶形发育不对称；有明脉现象（图 5C、D）。①加强检疫工作，严禁带毒的植物调入或调出。②从无病株上选取繁殖材料或组培无毒苗。③及时防治蚜虫等刺吸式口器害虫。④加强养护管理，及时清除田间、田边杂草。⑤发现病株及时处理或拔除销毁。⑥药剂预防，可用 20% 病毒 A 可湿性粉剂 500 倍液，7.5% 克毒灵水剂 700 倍液或 3.85% 病毒必克 700 倍液喷雾（雷增普，2005；魏国先 等，2007）。

4. 灰霉病

一般是由雨季多湿或过度浇水引起。发病初期茎、叶缘产生水渍状褐色斑，逐渐扩展以致枝、叶腐烂。空气湿度较大时，病部常出现灰色霉状物。保持栽培介质半干状态，不要过度浇水，并加强栽培场所通风。栽培介质要彻底消毒。栽培前，场地以百菌清烟剂消毒，剂量为 200 g / 亩，栽培后需持续进行，每 10 天 左右 1 次。发病时用 50% 扑海因 1500 倍溶液、瑞毒霉 2000 倍溶液（詹瑞琪，2007）、50%速克灵可湿性粉剂 2000 倍液或 70%甲基托布津可湿性粉剂 1000 倍液喷施全株（吴强，2011）。

5. 灰斑病

主要危害五星花的新梢。因此，施药防治重点是喷施新梢，尤其是夏季新梢。可根据灰斑病发生的轻重、天气情况酌情安排施药。药剂可选用 70% 甲基托布津、75% 百菌清、70% 代森锰锌、50% 多菌灵等。上述药剂应适当搭配并轮换使用（凌耿贤，2009）。

6. 猝倒病

苗期易发生，发病幼苗突然倒伏死亡，影响育苗成活率，甚至全部毁苗。病害主要发生在幼苗出土后，幼茎基部受到病菌的侵染。开始，病部呈小渍状斑，后变为淡褐色至褐色并凹陷缢缩。病部迅速发展绕茎一周，使幼叶依然翠绿色时即从基部倒伏死亡，故称猝倒病。最后病苗腐烂或干枯。播种后，从种子萌发到出土前也可感病，造成芽腐和种腐，在苗床上出现缺苗断垄现象。基质湿度高时，在病苗及附近土表常可见一层白色絮状菌丝体。猝倒病是一种典型的土壤传播病害。可在种植前按基质重量的 0.1%拌入 50%多菌灵可湿性粉剂进行基质灭菌。苗期要控制灌水量，土壤不宜过湿，保持栽培环境通风良好。发病时常用的杀菌剂有 50% 多菌灵可湿性粉剂 500 倍液，25% 甲霜灵可湿性粉剂 800 倍液，40% 乙磷铝可湿性粉剂 200 ～ 400 倍液，75% 百菌清可湿性粉剂 600 倍液等，注意喷洒幼苗嫩茎和中心病株及其附近的病土。每 7 ～ 10 天用药 1 次，药物需交替使用，连续喷药 2 ～ 3 次，或视病情而定。一般在苗期和盆栽管理初期

图 5　三种病害症状图

注：A. 五星花叶斑病；B、E. 五星花黄萎病的整株和病茎；C、D. 五星花病毒病（A、D 引自雷增普，2005；B、C、E 引自魏国先 等，2007）。

各喷施药剂 1 次进行预防（吴强，2011）。

（七）虫害防治

1. 白粉虱

体小，白色，成虫、幼虫吸取植物汁液，使受害叶片枯黄脱落；其成虫分泌的蜜露能导致煤污病，植株幼嫩部叶褪绿变黄，最终全株萎蔫枯死。①物理防治：使用防虫网阻隔外界虫害侵入；利用黄色粘虫板诱杀；定期查看植株叶背、下部枝条等相对不易观察的地方，虫害严重的部位或盆栽可进行修剪或回收处理；清除杂草。②化学防治：栽培前对栽培场所彻底熏杀。用 2.5% 功夫 2500 ～ 3000 倍液或 20% 灭扫利 2500 倍液全株喷施（詹瑞琪，2007）。可用敌杀死 0.01% 溶液或 2.5% 功夫乳油 2000 ～ 2500 倍液或 20% 灭扫利 2500 倍液全株喷施。如果在温室等密闭环境中，用熏蒸剂强力棚虫Ⅱ号或敌敌畏熏蒸效果更好，连续 2 ～ 3 次，可彻底消灭白粉虱（凌耿贤，2009）。可用 40% 氧化乐果 1000 倍液，或 2.50% 溴氰菊酯乳剂 2000 倍液，或 10% 扑虱灵 2000 倍液每隔 10 天喷 1 次，连喷 3 ～ 4 次，可收到明显的效果（吴强，2011）。

2. 蚜虫

受蚜虫危害叶片向背面卷曲皱缩，心叶生长受阻，严重时植株停止生长，甚至全株萎蔫枯死。蚜虫危害时排出大量水分和蜜露，滴落在下部叶片上，引起霉菌病、煤污病等发生。可用速扑杀 800 ～ 1000 倍液或万灵 600 ～ 800 倍液喷杀（凌耿贤，2009）。

3. 红蜘蛛

红蜘蛛危害叶片呈现灰黄点或斑块，叶片枯黄、脱落，甚至落光。可用 0.01% 三氯杀螨醇溶液喷杀（凌耿贤，2009）。

四、价值与应用

五星花属植物因成簇生长的星形小花而深受人们喜爱，全球育种公司相继推出了一些性状优良的园艺品种，被广泛应用于园林景观、庭院景观和家庭园艺中。五星花属植物叶形独特，花色丰富，花期长，花朵优美独特，适用于花境、花坛、盆栽、岩石园、野生花卉园、蝴蝶园等。可单色或混色布置花坛、花丛，花色鲜艳，开花繁茂，观赏期长，观赏效果较好。也可植于林缘或在花境中与其他花园花卉搭配丛植，丰富园林景观。也可栽植于野生花园和自然地，能吸引蝴蝶和蜂鸟等动物，丰富生态多样性和增添野趣。矮型品种还可用作吊篮和种植钵观赏（图 6），也适宜用作地被植物。花枝还可作切花水养。

图 6　五星花在园林中的应用

注：A、B. 花钵景观；C、D. 花坛景观。

五星花属植物也有较高的药用价值，以富含蒽醌和吡喃萘醌类物质而为人所熟知（El-Hady，2002），在原产地被当地居民广泛用作药用植物，近年来在药用植物研究方面也开始受到越来越多的关注。

（郭微）

Peristrophe 观音草

爵床科观音草属（*Peristrophe*）多年生草本植物。该属多数在我国作为传统中药栽培，具有抗肝炎、保肝、解热镇痛、镇咳祛痰、抗病毒等作用；用于观赏的较少。冠丛圆润饱满，是良好的林下地被材料。

一、形态特征与生物学特性

（一）形态与观赏特征

常绿草本或灌木（图 1）。叶通常全缘或稍具齿。由 2 至数个头状花序组成的聚伞式或伞形花序顶生或腋生，有时因花叶退化形成圆锥花序状；总苞片 2 枚，稀 3 或 4 枚，对生，通常比花萼大，内有发育花 1 朵，花冠红色或紫色，扭转，冠檐二唇形。蒴果开裂时胎座不弹起。

（二）生物学特性

喜散射光，耐阴，喜温暖湿润气候，不耐旱，忌强光长期暴晒。喜潮湿且排水良好的土壤。

二、种质资源与园艺分类

观音草属有 15 种，主产于亚洲的热带和亚热带地区（至马来西亚），非洲（从埃及南达南非）也有分布。我国约 11 种。仅见九头狮子草有园林应用。

九头狮子草 *P. japonica*

丛生状，株高 30 ～ 50 cm。叶对生，卵状矩圆形至披针形，全缘，深绿色；长 5 ～ 12 cm。花序顶生或生于上部叶腋，由 2 ～ 8 聚伞花序组成；花冠粉红色至淡紫色，上下唇均具深紫色斑点（图 2）。花期 7 ～ 8 月。

分布于我国秦淮线以南各地，日本也有。

图 1　九头狮子草

图 2　九头狮子草的花

三、繁殖与栽培管理技术

（一）分株繁殖

春秋进行，将母株挖出，切分成带有10芽左右的块，另行种植即可。春季分株时，栽植后需遮阴保湿，待缓苗后撤去。秋季分栽宜早，休眠前给小苗留有足够时间生长，或采取防寒措施，保护越冬（董长根 等，2013）。

（二）园林栽培

1. 土壤

各种土质均可，但以透水性好的微酸性、中性及微碱性土壤为佳。

2. 水肥

喜湿，故整个生长期应保证土壤湿润，久旱无雨时，应及时灌水。所有种均忌积水。较耐贫瘠，栽培中保持中等肥力即可。

图3 九头狮子草作林下地被

3. 光照

喜明亮的散射光，宜种植于林下。

4. 修剪及越冬

入冬前清除地上枯枝叶。北方冬季寒冷地区需做地面覆盖保护。

（三）病虫害防治

偶有白粉病出现，常规方法防治。

四、价值与应用

九头狮子耐阴性好，株型浑圆饱满，自然天成。宜种植在疏林下，三五成群或片植作地被。

（李淑娟）

Perovskia 分药花

唇形科分药花属（*Perovskia*）宿根或落叶半灌木。作为园林植物，分药花的花漂亮且香味浓厚，当叶子碰伤会有浓烈的气味散发出来。APG Ⅳ已将其并入鼠尾草属（*Salvia*，PW），但植物智仍单列，本书依后者。

一、形态特征与生物学特性

（一）形态与观赏特征

具独特的浓郁芬芳气味，株高 0.5 ～ 1.2 m，通常在基部分枝，具全缘或有时羽状分裂的对生叶，无毛或被具节单毛或星状毛或仅被星状毛，密布金黄色圆形无柄腺点。花多数，无梗或具短梗，排列成轮伞花序，轮伞花序再组成圆锥花序；花萼管状钟形，密被毛及腺点；花冠紫、玫瑰红、浅黄或稀为白色，长为花萼的 2 倍，冠筒漏斗状，冠檐二唇形，全缘。

（二）生物学特性

喜欢光照充足的环境，耐干旱，耐严寒，最低可耐 -34℃的低温。常生于砾石山坡、干燥河床及河溪两岸；喜碱性土壤，忌酸性土壤。全光照、排水良好才能幸存于湿润的冬季。

应用中存在两个问题：一是即使在全光下也易倒伏，很难让其笔直生长；二是在高热高湿的地方表现很一般（Armitgae, 2008）。

二、种质资源与园艺品种

约 7 种，产伊朗北部、巴基斯坦、阿富汗、印度西部、俄罗斯及我国新疆和西藏西部。我国有 2 种。

1. 滨藜叶分药花 *P. atriplicifolia*

产我国新疆和西藏，分布于新疆的帕米尔分药花合并于此种内。品种如下：

‘蓝箭’（‘Blue Steel’） 萌芽率和萌芽势更高，几乎不需要移苗就可以得到高整齐度的种苗产品；不需要春化处理的特性使其生长周期大大缩短。植株强健，花朵芳香，叶片为银绿色，蓝色的小花点缀在粗壮的银色花茎之上，浪漫飘逸（图 1 至图 4）。枝条非常坚硬，花茎不易折断和开裂。株型紧凑，且观赏期超长，耐高温与干旱，非常耐寒。是非常突出的夏季淡紫、蓝色的当年开花的宿根花卉品种。

‘蓝雾’（‘Blue Mist’） 比原种花期早，花量少。耐热性好。边缘具缺刻状牙齿，茎被粉状茸毛，花萼被极密长硬毛。

‘蓝尖塔’（‘Blue Spire’） 拥有深紫色花和深缺刻的叶（图 5B）。

‘Filigran’ 银灰色叶淡蓝色花，笔直的植株比原种更具观赏性（图 5A）。

‘小尖塔’（‘Little Spire’） 植株比原种矮小且在抗倒伏性方面比原种好（图 5C），它可能是和分药花（*P. abrotanoides*）的杂交种。

‘Longin’ 与‘蓝尖塔’相似，但叶较后者窄（Armitgae, 2008）。

2. 分药花 *P. abrotanoides*

产我国西藏。和滨藜叶分药花的区别主要在于叶片的分裂程度，滨藜叶分药花是一回羽状深裂；分药花是二回羽状深裂。园林应用的主要是滨藜叶分药花及其品种。

图 1　滨藜叶分药花展叶期

图 2　滨藜叶分药花花期全株

图 3　滨藜叶分药花的茎叶

图 4　滨藜叶分药花的花序

图 5　滨藜叶分药花品种

注：A‘Filigran’；B.‘Blue Spire’；C.‘Little Spire’；D.‘Blue Steel’。

三、繁殖与栽培管理技术

（一）播种繁殖

主要的繁殖方式之一，适合春天播种，只需 4 个月左右即可收获满园的幽香，适合栽植在大容器中，容器栽植株高可控制在 50 cm。

（二）分株或扦插繁殖

2 ～ 3 年后会产生分蘖枝，可于春季分株另栽。

夏季可进行嫩枝扦插，选择长势良好的根茎作为繁殖材料，取 3 cm 的茎段，蘸生根剂，插入沙中，保持湿润，14 ～ 21 天即可生根。

（三）组培快繁

茎尖离体培养在 MS 培养基上，添加 BAP 3 mg/L 和 IBA 0.5 mg/L，芽增殖率 83.3%，增殖系数为 5.5，是该植物诱导芽分化的最佳培养基。不加激素的 1/2MS 培养基是最好的生根培养基，生根率可达 100%（Ghaderi et al., 2019）。

（四）园林栽培

1. 土壤

分药花一般在钙质土中生长，故喜碱性土壤，若为酸性土壤，需进行改良。

2. 水肥

不应过度浇水及施肥。秋季末每隔一年在植株周围撒上少量化肥或堆肥，整个生长季要保持土壤湿润。

3. 光照

全日照进行栽培，无须遮光。

4. 修剪及越冬

每年春季进行短截，以形成低矮的骨架。春季萌发时，将老茎剪回到最低的一组叶子上。如果在春末或春季出现徒长，可修剪顶部 1/3 茎以促进直立生长。如果在夏季停止开花，剪掉残花序，会促生新花序。除春季萌动时，生长季不要重剪。

分药花耐寒性强，可露地越冬。

（五）病虫害防治

病虫害较少，病害主要是白粉病，虫害主要为蚜虫。冬季加入石硫合剂或 50% 硫黄胶悬剂 500 倍液喷树干、枝条，发病初期喷洒 40%

多菌灵，预防白粉病。有蚜虫出现，常规防治即可。

四、价值与应用

该属植物松散的亮蓝色小花和小叶在花园形成轻快的感觉，花开时节在仲夏或晚夏，可与开白花的植物，如滨菊属植物搭配形成很好的景观，花可持续15周（从7月初至9月中旬）。曾被美国的多年生植物协会（Perennial Plant Association）评为1995年“年度宿根植物”。

分药花叶片银灰色，分枝性好，株型圆整，随着植株逐年成熟，株型会更加漂亮，花期长，在干旱地区使用也能有很好的效果。随着夏季群开的蓝紫色花序点缀在银绿色的叶片和花茎上，浪漫又雅逸，具有极高的观赏价值。多用于美化私人庭院住宅及点缀花境边缘（图6），布置花海、花园景观，或作盆栽、切花等方面都有着很大的发展空间。

在伊朗民间药中，分药花主要用于治疗利什曼病（Leishmaniasis）。分药花含有丰富的挥发油，在其醇提物中主要有蓟黄素、鼠尾草素、丁香醛、咖啡酸乙烯酯、胡萝卜苷、迷迭香酸甲酯等化合物，具有抗菌活性、细胞毒活性及胚胎毒活性，具备一定的医药应用前景（周俊 等，2015）。

图6　滨藜叶分药花花境应用（陈煜初 摄）

（任保青　梁楠）

Philodendron 喜林芋

天南星科喜林芋属（*Philodendron*）常绿草本或藤本。该属植物物种丰富，全球约490种，分布于热带美洲；我国台湾、广东引种栽培6种。叶形、叶色均奇特多变，体态婀娜多姿，名中的“喜”字更被认为是幸福美满的象征，是深受人们喜爱且低维护的室内装饰植物之一。

一、形态特征与生物学特性

（一）形态与观赏特征

攀缘植物，节间多少延长或稀匍匐。茎稀极短缩而近于不存在，有时乔木状具不定气生根。叶柄各式，圆柱形，平坦，具槽或上面深凹，边缘纤维状；叶柄具长鞘，叶鞘顶部常舌状；叶片纸质、亚革质，长圆形、卵形或长圆形，基部多少深心形，叶戟形、箭形，或不规则的浅裂、3全裂、羽状分裂或二次羽状分裂；侧脉平行，相等或一级侧脉较粗。花序柄通常短，佛焰苞厚，肉质，白色、黄色或红色。

（二）生物学特性

自然分布于美洲热带雨林。性喜温暖、湿润的环境条件，喜阴，忌强光。耐热、耐湿，不耐寒。

二、种质资源与园艺品种

喜林芋属多数种具观赏价值，目前已被开发利用的有数10种，园艺品种众多。

1. 红苞喜林芋 *P. erubescens*

攀缘类常绿草本。分枝节间淡红色。叶柄腹面扁平，背面圆形，长15～25 cm；叶片纸质或半革质，长三角状箭形，长15～25 cm，宽10～18 cm，基部心形。佛焰苞外面深紫色，内面玫红色，长7～8 cm（图1）。花期11月至翌年1月。原产哥伦比亚。该种市场应用较多的园艺品种有以下几种。

1a.‘红宝石’‘Red Emerald’

叶革质，戟形，暗绿色，有紫红光泽，长20～30 cm；嫩叶的叶鞘为玫红色，新叶带红色晕，叶柄紫红色（图2）。最畅销的品种之一。

1b.‘绿宝石’‘Green Emerald’

叶革质，长心形；叶片、茎、叶柄、嫩梢与叶鞘均为绿色，叶片无紫红色晕（图3）。最畅销的品种之一。

1c.‘铂金’‘Birkin’

叶片半革质，光亮，墨绿色叶片上具淡黄色弧形条纹（图4）。

1d.‘血玛丽’‘Bloody Mary’

叶片、叶柄深紫红色，叶片有时紫色会减少（图5）。

1e.‘粉红公主’‘Pink Princess’

叶片色彩斑斓，具深绿色、浅绿色、深粉红色和浅粉红色的不规则斑点或斑块（图6）。

1f.‘黑桃王’‘King of Spades’

叶片三角状箭形；新叶古铜橙色，后转为紫红色，成熟叶片深绿色；叶背栗色，叶柄深栗色（图7）。

1g.‘柠檬’‘Lemon Lime’

叶片长椭圆形；新叶金黄色，全株其他部分除托叶外均黄绿色（图8）。

1h.‘油画女郎’‘Painted Lady’

叶柄红色；叶片明黄色（或带橙色晕）中带淡绿色斑点及斑纹，呈泼墨状（图9），十分独特。

1i.‘橙王子’‘Prince of Orange’

新叶橙红色或棕橙色，成熟后渐变黄绿色，（图 10）。

1j.‘红钻’‘Rojo Congo’

叶片墨绿色，泛淡淡的紫色，新叶色渐淡，有时紫红色；叶柄深紫红色（图 11）。

2. 心叶喜林芋 *P. gloriosum*

常绿攀缘植物，幼苗多直立。叶心形，薄纸质，长 15 ～ 25 cm；叶表面绿色，叶脉淡黄色，明显，叶背面苍白绿色（图 12）。

3. 心叶蔓绿绒 *P. hederaceum*

又名心叶藤。常绿攀缘草本，茎可长达数米。叶草质或薄革质，心形，先端渐尖；叶柄圆柱状，与绿萝叶柄两侧具鞘明显不同。花白色，少见（图 13）。该种耐寒性极差，最低生长温度 15℃。

3a.‘金叶’蔓绿绒‘Aureum’（‘Lemon Lime’）

叶片金黄色、黄绿色或绿色（图 14）。

3b.‘巴西金线’蔓绿绒‘Brasil’

叶片中脉附近有黄色和黄绿色斑块（图 15）。

三、繁殖与栽培管理技术

（一）扦插繁殖

主要采用扦插繁殖。生长季节进行，将茎蔓分成 1 ～ 2 节带一张叶片（有气生根的可连根）的插穗，插入基质保湿透水的插床，保证有一节间置于基质表面，保持基质湿润，置于半阴处，在 20 ～ 30℃的条件下，2 周左右即可生根。

（二）园林栽培

1. 土壤

以土层深厚、富含腐殖质、微酸性且透水性

图 1 红苞喜林芋（Catta 摄）

图 2 ‘红宝石’喜林芋

图 3 ‘绿宝石’喜林芋

图 4 ‘铂金’蔓绿绒

图 5 ‘血玛丽’蔓绿绒

图 6 ‘粉红公主’蔓绿绒

图 7 ‘黑桃王’喜林芋

图 8 ‘柠檬’喜林芋

图 9 ‘油画女郎’

图 10 ‘橙王子’喜林芋

图 11 ‘红钻’蔓绿绒

好的壤土为佳。

2. 水肥

多喜湿润，生长季保证土壤潮湿且不可积水（积水易烂根），也可当表层土壤干燥时再浇透水；空气干燥时，可适当叶面喷雾；冬季和早春低温时段则应避免土壤过湿。

3. 光照

宜植于林下或明亮的散射光下。

4. 修剪及越冬

如果植株下部叶片脱落，影响观赏，可采用短截的方法，促进腋芽萌发，截下的茎还可用来扦插。除热带地区外，冬季温度低于 15℃时都需保护越冬。

（三）病虫害防治

基质长期过湿时，易出现根腐病，叶片变黄脱落。可用百菌清和甲基托布津 800 倍液交替防治。

四、价值与应用

喜林芋属植物品种众多，叶形奇特多变，叶色丰富，或碧绿光亮，或色彩斑斓；超强的耐阴能力和极易养护的特性使其成为室内绿植的热门选择。小型叶片者常用作垂吊盆栽，大型叶片者常附柱栽培，在热带地区也可垂直绿化用。

图 12　心叶喜林芋（Liana Brazil 摄）

图 13　心叶蔓绿绒

图 14　'金叶'蔓绿绒（Carly Rush 摄）

图 15　'巴西金线'蔓绿绒（Joy 摄）

（李淑娟）

Phlomoides 糙苏

唇形科糙苏属（*Phlomoides*）多年生草本植物。全球有175种，是唇形科的第二大属。主要分布在中亚、伊朗高地、我国的山地高原和（半）沙漠地区。我国共有58种17变种，其中在横断山和青藏高原地区发现了37种和9变种。

一、形态特征与生物学特性

（一）形态与观赏特征

叶常具皱纹，苞叶与茎叶同形，上部的渐变小。轮伞花序腋生，常多花密集；苞片通常多数，卵形、披针形至钻形；花通常无梗，稀具梗，黄色、紫色至白色；花萼管状或管状钟形，5或10脉，脉常凸起，喉部不倾斜，具相等的5齿；花冠筒内藏或略伸出，内面通常具毛环，冠檐二唇形，上唇直伸或盔状，宽而内凹，或自两侧狭窄而呈压扁的龙骨状，稀狭镰状，全缘或具流苏状缺刻的小齿，被茸毛或长柔毛，下唇平展，3圆裂，中裂片极宽或较侧裂片稍宽；雄蕊4，二强，前对较长，均上升至上唇下，后对花丝基部常突出成附属器，花药成对靠近，2室，室极叉开，后汇合；花柱先端2裂，裂片钻形，后裂片极短或稀达前裂片之半，极少二者近等长；花盘近全缘。小坚果卵状三棱形，先端钝，稀截形，无毛或顶部被毛。

（二）生物学特性

喜欢温暖湿润的环境，对土壤要求不严，但以排水良好、肥沃的砂质土壤为佳。喜欢充足的阳光，也能适应半阴的环境。块根糙苏适应性强，耐移植，在西安可露地生长10年以上。

二、种质资源

糙苏属由Moench建立，虽然基于花冠形状和果实结构等依据将糙苏属重新复活，但仍旧被认为是木糙苏属（*Phlomis*）的一部分；直到Scheen证实其是单独一个属，后来二者的分离被更广泛的分类单元取样研究证实。在之后的分子系统发育研究中，至少有7个属应该被转移到糙苏属（Zhao et al.，2024）。目前，对糙苏属的引种驯化、杂交选育、园艺栽培等研究较少，这里只介绍园林中常用的几种。

1. 橙花糙苏 *P. fruticosa*

株高100～150 cm。根肥厚，其中须根肉质。茎木质，多分枝，疏被倒生短硬毛。叶对生；叶片近圆形、卵圆形或长圆状卵形。轮伞花序，其下有较小的苞叶2枚；花冠橙黄色（图1）。花期为6～9月。对土壤的要求不高，耐瘠薄，但在肥沃（富含有机质）、深厚、疏松、湿润但排水良好的林下砂质土壤中生长最好。主要应用于花境、花甸、庭院。

2. 块根糙苏 *P. tuberosa*

株高40～150 cm。根块根状增粗。茎具疏柔毛。叶三角形或三角状披针形。先端钝或急尖，基部深心形，边缘为不整齐的粗圆齿状，中部的茎生叶，基部心形，边缘为粗牙齿状，稀为不整齐的波状；叶片上面橄榄绿色，被极疏具节刚毛或近无毛。轮伞花序多数，花冠紫红色（图2）。花、果期7～9月。

产我国黑龙江、内蒙古、新疆；生于湿草原或山沟中，海拔1200～2100 m。中欧各国，巴尔干半岛至伊朗、俄罗斯、蒙古也有分布。

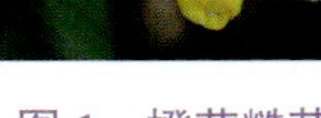

图 1　橙花糙苏

图 2　块根糙苏‘亚马孙’（田娅玲　摄）

三、繁殖与栽培管理技术

（一）播种繁殖

多以播种为主。通常采取果序中上部种子，播种前可将种子浸泡在 5% ～ 15% 的 PEG 溶液中，温度控制在 20 ～ 25℃。

（二）园林栽培

1. 土壤

糙苏适应性强，能在瘠薄的石灰岩土壤中生长，喜深厚、肥沃及排水良好的砂壤土。通透性差的黏重土壤可用腐叶土或富含有机质的肥土混合改良。栽前要先耕翻整平土地，施足有机肥，栽植不宜过深。

2. 水肥

春季移植后，须加强通风和排水防涝，防止高温高湿下白绢病的发生。不耐干旱，但也不可过度潮湿。夏季高温天要注意雨后及时排水，防止积水。冬季则减少浇水次数，防止腐烂。在生长期可每周施加一次稀释的液体肥，以促进植株生长和开花。

3. 光照

耐热，忌高温高湿，夏季可适当进行遮阴。

4. 修剪及越冬

定期修剪残花和枯枝，花后及时修剪，部分种如橙花糙苏、俄罗斯糙苏（*P. russeliana*）等若长势过强导致植株拥挤，在秋季要及时分株。

（三）病虫害防治

病害较少，以白绢病、蚜虫等为主。可加强通风，改善土壤基质加强排水。发现白绢病需立即清除发病植株及带菌土壤，并喷洒 25% 唑醚菌酯乳油 2000 倍液。

四、价值与应用

由于糙苏属植物野外常生长在山地沟谷草甸、灌丛、林缘或草原，在园林绿化中常被用于岩石园、花境或坡地的绿化点缀装饰（图 3）。糙苏是我国民间传统草药，具有多种药理活性，该属植物的根和全草均可入药。

图 3　橙花糙苏的景观应用（田娅玲　摄）

（朱军杰　周翔宇）

Phuopsis 长柱草

茜草科长柱草属（*Phuopsis*）多年生草本。该属为单种属，仅有1种长柱草（*P. stylosa*），是一种枝叶茂密、呈地毯状生长、花序密集的地被类植物，枝叶有气味。分布于俄罗斯、土耳其、伊朗。

一、形态特征与生物学特性

（一）形态与观赏特征

落叶或半常绿。株高20～60 cm；茎具4个角棱，棱上有疏刺毛，通常不分枝。叶6～10片轮生，狭披针形，长1.2～2 cm，宽1.5～3 mm，顶端尖，缘具刺状细缘毛，无柄。小花多数，密集成头状花序，顶生；花冠粉红色，管状漏斗形，长约1 cm；花柱纤细，伸出花冠之上达7 mm。花期5～8月（图1、图2）。

（二）生物学特性

喜光，稍耐阴，耐寒，耐贫瘠。常生于阳光充足、排水良好的各种土壤中。可耐 -32℃低温。

二、园艺品种

仅有1个园艺品种应用。

紫花长柱草（*P. stylosa*‘Purpurea’）花深紫红色（图3、图4）。

图1　长柱草植株（Lern 摄）

图3　紫花长柱草植株（Sianeileen 摄）

图2　长柱草花序（Lern 摄）

图4　紫花长柱草花序（Sue Taylor 摄）

三、繁殖与栽培技术

（一）繁殖技术

播种、扦插或分根繁殖。

（二）园林栽培

1. 土壤

适宜各种排水良好的土壤。

2. 水肥

喜中等至湿润土壤，但忌水湿。耐贫瘠，中等肥力即可。

3. 光照

需种植于阳光充足或稍有遮阴处。

4. 修剪及越冬

入冬前修剪地上部分。北方冬季一般无须特别保护。

四、价值与应用

丰花且花期长，花色艳丽；枝叶茂密，生长势强，是极好的地被材料。可用于花境等景观的地面填充或岩石园。

（李淑娟）

Physostegia 假龙头花

唇形科假龙头花属（*Physostegia*）多年生草本植物。花朵生长是排序而上的，形状类似芝麻的花，但是稍微稠密一些，所以也叫做芝麻花。其花语自然就有着“步步高升”的意思。而随意草这个别名赋予了假龙头花“谦逊低调”，寓意人们在事业工作中低调；等到需要你的时候，你又能够站出来解决各种问题，成为一个有能力有担当的人。

一、形态特征与生物学特性

（一）形态与观赏特性

株高 60 ～ 120 cm，成株丛生状，茎四方形。叶对生，披针形，亮绿色，叶缘有细锯齿，叶秀花艳。穗状花序聚成圆锥花序状，花序顶生，长 20 ～ 30 cm（图 1、图 2）；每轮有花 2 朵，花筒长约 2.5 cm，唇瓣短花茎上无叶，苞片极小，花萼筒状钟形，有三角形锐齿，上生黏性腺毛，唇口部膨大，排列紧密。夏至秋季（7 ～ 9 月）开花，淡蓝、紫红、粉红小花。小坚果（任爱华，2015）。

（二）生物学特性

性喜温暖、阳光和疏松肥沃、排水良好的砂质壤土，较耐寒，耐旱，耐肥，适应能力强。地下直立根茎较发达，花后植株衰老，地上部枯萎，而地下根茎分蘖、萌发新芽形成新植株。

种子成熟后易自落自生，每年入冬前就自播繁衍出许多小苗（孙光闻，2011）。

图 1　假龙头花开花植株

图 2　假龙头花穗状花序

二、园艺品种

该属全球12种，分布于北美；我国引进1种。

假龙头花 *P. virginiana*

形态同属的特征描述。已知有12个栽培品种，其中白花品种'Alba''Miss Manners''Nana''Alba Nana'和'Summer Snow'均源自假龙头花（*P. virginiana*）；另有粉花品种'Eyeful Tower''Grandiflora''Pink Bouquet''Red Beauty''Variegata''Nora Leigh'和'Vivid'。目前，国内引进栽培的品种为粉花（'Vivid'）和白花（'Alba'）（Armitgae，2008）。

三、繁殖与栽培管理技术

（一）播种繁殖

北方高寒地区，通常3月上旬在温室或大棚里播种。制作长5.6 m、宽1.2 m、高25～30 cm的苗床，床面翻松打碎整平，在太阳下暴晒几天，再用高锰酸钾溶液消毒。将假龙头花种子撒播在苗床上，覆沙土厚约为种子直径的2倍，平时保持苗床湿润，在16～21℃条件下6～7天可以出苗，3～4片真叶时可以分苗、移栽。

（二）分株繁殖

一般每2年分株1次，年繁殖系数一般为3～5（姜忠康，2016），肥沃土壤可达5～8，分株可在早春返青期进行。于4～5月将2～3年生植株掘起，分8～10株，每株须带有完整的1～2个芽，然后按行距0.2 m、株距0.2 m，坑深0.2 m，先将基肥施入坑中，略盖细土，然后栽苗，栽后覆土4～5 cm，压实，浇透水。

（三）园林栽培

1. 土壤

性喜温暖、阳光充足、疏松肥沃、排水良好的砂质壤土，种植前应深翻土壤。

2. 肥水

绿色期长，在肥水管理上要求施足基肥，盛花期后要追施有机肥和复合肥。培育期间，春夏松土除草2～3次，3～6月可施复合肥1次，如花前施1次磷肥，可提高花的质量，要适时浇水（于华，2010）。

在夏季高温季节，要及时浇水，保持土壤湿润。生长缓慢时可适当追施氮肥，花芽分化后至开花期应施磷肥。施肥宜勤，薄施为好，每15天施1次氮、磷、钾复合肥，使其花大花多，一般在10对单叶左右即可开花。

3. 摘心整形

为使株丛茂密，增加花枝数量，当幼苗长出4～5片叶时摘心1次。摘心后施1次薄肥，促其腋芽萌生成枝；又当腋芽长至5～6 cm高时，再摘心1次。经过2～3次摘心，可以使每株能有4～6个侧枝，降低植株高度和增大植株的丰满整齐度。

（四）病虫害防治

1. 叶斑病

主要危害假龙头花的叶片。发病时，叶面散生大小不一的圆形病斑，直径1～5 mm，初暗褐色，扩展后变成深褐色，后期中央灰白色，边缘黑褐色，病斑多时，叶片枯死。①秋末冬初及时清除病落叶，集中烧毁。②精心养护，加强肥水管理，增强抗病力，雨后及时排水，防止湿气滞留。③发病初期喷洒1∶1∶150倍式波尔多液，或47%加瑞农可湿性粉剂700倍液，或25%苯菌灵·环己锌乳油800倍液，或50%甲基硫菌灵·硫黄悬浮剂800倍液。

2. 青枯病

发病初期，茎部出现绿色病斑，后变为黑色条状病斑。叶片自上而下突然萎蔫，下部老叶挂垂，傍晚尚能恢复正常，3～5天后整株呈青色枯死，受害植株比健康植株矮小，根部和茎部维管束变褐，最后蔓延到髓部，造成空洞，茎内外有菌胶溢出，逐渐变为漆黑晶亮的颗粒。叶部感病后，叶脉呈墨绿色条纹，有时纵横交错成网状，迎光透视，其中心油渍状，背面脉纹黄色突起，呈波浪形捻曲，愈近叶缘捻曲愈多。假龙头花青枯病主要是通过带病的种子、病残体进行越冬和传播。一般在暴雨过后猛晴的情况下，病害会暴发流行，在整个生育期均有可能发生。可用20%叶青双可湿性粉剂750 g/hm^2，或50%多菌灵可湿性粉剂750 g/hm^2，兑水750 g/hm^2，喷雾。如点片发病明显，可改用药液灌蔸，效果更佳。发病初期用绿亨1号3000倍液灌根效果很理想。

3. 螟蛾

幼虫于6～8月在土中咬食假龙头花的根部和茎基部，造成生长不良，严重时整株枯死。①利用鳞翅目害虫成虫的夜行性，可用灯光诱杀成虫，以减少田间数量。②以性信息素诱剂及诱捕器捕捉雄成虫，减少雌蛾交尾及产卵机会，需注意田间发生的鳞翅目害虫种类，使用正确的性信息素才能有效降低田间雄成虫密度。施行性信息素防治最好能配合区域性的共同防治，才能更有效减少田间虫口数。③40%毒死蜱乳油1000～1500倍液，或45%辛硫磷乳油1000～2000倍液灌根。

4. 蚜虫

主要发生在5月，先危害叶片，之后在花蕾上刺吸汁液，被害的花蕾瘦小，容易脱落。可用石硫合剂、45%辛硫磷乳油、10%吡虫啉可湿性粉剂等来防治，均可取得良好效果。

四、价值与应用

（一）园林应用

假龙头花叶秀花艳，宜在花境、花坛或野趣园中丛植。群体花期长达89天，是很好的夏秋观花植物。在北方地区表现佳且能露地安全越冬，具有广泛的园林应用前景。在园林绿化中用于创建人工群落和复层结构的植物景观。可在我国华北、西北、东北等地园林绿化推广种植，绿地点缀，花期长，且早春叶片萌发早，翠绿叶丛甚为美观。加之既耐热又抗寒，适应性强，栽培管理简单，适宜在城市公园、广场等绿地片植（张圣芸，2014）。

叶形整齐，花色艳丽，花序长而大，很适合盆栽观赏或可作为鲜切花用于花艺设计。

（二）经济价值

花中含有的色素可以制作出纯天然的指甲油。颜色自然清新，并且不会损伤指甲，受到众多女性的欢迎。

图3　假龙头花应用效果

（杨佳明）

Phytolacca 商陆

商陆科商陆属（*Phytolacca*）多年生草本植物。属名来源于希腊语 *phyton* 与 *lacca* 的组合。*phyton* 意为植物，*lacca* 指红色的湖，指代其深紫红色的果实。果实内富含色素（甜菜色素），捏破则溢出紫红色汁液。因其汁液可用于染甲，故得名“胭脂草”。

一、形态特征与生物学特性

（一）形态与观赏特征

常具肥大的肉质根，或为灌木，稀为乔木，直立，稀攀缘。茎、枝圆柱形，有沟槽或棱角，无毛或幼枝和花序被短柔毛。叶片卵形、椭圆形或披针形，顶端急尖或钝，常有大量的针晶体，有叶柄，稀无；托叶无。花通常两性，稀单性或雌雄异株，小形，有梗或无，排成总状花序、聚伞圆锥花序或穗状花序，花序顶生或与叶对生；花被片 5，辐射对称，草质或膜质，长圆形至卵形，顶端钝，开展或反折，宿存；雄蕊 6 ～ 33，着生花被基部，花丝钻状或线形，分离或基部连合，内藏或伸出，花药长圆形或近圆形；子房近球形，上位，心皮 5 ～ 16，分离或连合，每心皮有 1 粒近于直生或弯生的胚珠，花柱钻形，直立或下弯。浆果，肉质多汁，后干燥，扁球形；种子肾形，扁压，外种皮硬脆，亮黑色，光滑，内种皮膜质；胚环形，包围粉质胚乳（图 1、图 2）。

（二）生物学特性

生活力极强，常野生于山脚、林间、路旁及房前屋后，平原、丘陵及山地均有分布。喜温暖湿润，耐寒不耐涝，适宜生长温度 14 ～ 30℃。地上部分在秋冬落叶时枯萎，而地下的肉质根能耐 −15℃的低温。对土壤的适应性广，不论是砂土还是红壤土，不管土壤肥沃还是瘠薄，都能长得枝繁叶茂。适生性及繁殖力强，病虫害发生少。

二、种质资源

商陆属有 25 种，分布于热带至温带地区，绝大部分产南美洲，有杂草状大树，少数分布于非洲和亚洲，亚洲种均为宿根草本。我

图 1　商陆的花部结构

图 2　商陆果实极具观赏价值

注：A. 美洲商陆；B. 商陆。

国有4种，商陆（*P. acinosa*）、美洲商陆（*P. americana*）、日本商陆（*P. japonica*）和多雄蕊商陆（*P. polyandra*）。其中，以商陆和美洲商陆最为常见。

1. 商陆 *P. acinosa*

株高0.5～1.5 m。根肉质，倒圆锥形。因形似萝卜，又名“山萝卜”，又因似人参而名“野人参”。商陆的根虽形似人参，却有剧毒，此外其果实也是毒性富集处之一，应避免误食。

2. 美洲商陆 *P. americana*

原产北美，是一种入侵植物，现世界各地引种，我国大部分地区都有栽培。株高1～2 m。全株有毒，根及果实毒性最强，种子黑色具光泽。

商陆与美洲商陆容易区分。在果序上，美洲商陆果序总是下垂（图3），因而又名垂序商陆；而商陆果序则直立（图4）。美洲商陆的雄蕊、

图3 美洲商陆花序与果序下垂

注：A. 美洲商陆花序；B. 美洲商陆果序。

图4 商陆花序与果序直立

注：A、B. 商陆花序；C. 商陆果序。

花柱、心皮数常10，这使得它获得了十蕊商陆的另一别名；而商陆雄蕊、心皮数通常为8。此外，美洲商陆心皮合生，果实光滑圆润，外观上没有“分瓣”。

三、繁殖与栽培技术

（一）播种繁殖

秋季果实成熟时采收，放于水中搓去外皮，晾干供来年春季播种用。可直播或育苗移栽。应选择东南方向，冬季背风向阳，土壤肥沃，水源充足，便于自流灌溉的地块播种。开浅穴播种，每穴8～10粒，播后盖土1～2 cm，盖焦泥灰则效果更好。播后20～25天出苗，苗高10～15 cm时间苗，每穴留苗1～2株。育苗移栽，可先在宽约1 m的畦面播种，然后覆1层薄草，等到苗高10 cm以上时，于阴天或午后移栽；亦可自播繁殖。

（二）切块繁殖

于11月中旬至12月中旬宿根休眠期间选取生长健壮的植株，挖取根茎后，将肉质根每块选取3～4个根芽进行切块，切口抹草木灰后每穴3～4块栽于穴中，覆土3～4 cm再施优质农肥并保湿。

（三）园林栽培

1. 基质

对土壤要求不高，但在富含腐殖质的砂壤土上生长更好。因此宜选择土质肥沃、疏松的砂性土壤。

2. 温度

喜温暖气候，耐寒不耐涝，适宜生长温度为14～30℃。

3. 水肥

不耐涝，注意雨季需要及时排水以免烂根。出现旱情及时浇水。

可使用腐熟有机肥作基肥，配施过磷酸钙、硫酸钾或复合肥。

4. 管理与养护

耐粗放管理，栽种后的第1年进行简单养护，以后均可任其生长。幼苗期，可在晴好天气时施几次薄肥，松土锄草2～3次，出现分枝后就不需精细管理。

四、价值与应用

商陆植株形态健壮、叶大茎粗，叶绿茎紫，花序精致秀气，果序或青或紫，犹如一大串光彩夺目的葡萄。植株整体红绿相间、赤黑杂存，极具观赏价值。可用于配置花池、花坛，或配置于绿地角隅、池岸边、假山侧，可丛植、片植或以其他几何形状种植。

商陆具有药、食、饲、肥、污染治理、观赏等多种用途。根入药，也可作兽药及农药。果实含鞣质，可提制栲胶。嫩茎叶可供蔬食。可作为绿肥，同时对锰有明显的富集作用，可用于锰污染治理。

（薛彬娥）

Pilosella 细毛菊

菊科细毛菊属（*Pilosella*）多年生草本。该属有20种和约60个小种（microspecies，无融合或杂交分类群），主要分布于非洲北部、亚洲及欧洲；我国有2种，目前景观应用的仅有橙黄细毛菊或称橙黄山柳菊（*P. aurantiaca*）一种。

一、形态特征与生物学特性

（一）形态与观赏特征

低矮宿根花卉，株高30～60 cm（含花莛），全部具乳白色汁液；具匍匐茎。叶常基生，椭圆形至披针形，长5～20 cm，宽1～3 cm；茎生叶无或仅1～2；茎和叶被短而硬的黑毛。伞房状花序茎生，具2～25个头状花序，小花径1～2.5 cm，顶端小花常密集；全部为舌状花，橙黄至橙红色，而且常常呈现出引人注目的颜色渐变。花期6～7月（图1，图2）。

图1　橙黄细毛菊花序（Pete Woodall 摄）

图2　橙黄细毛菊（David Bird 摄）

原产于欧洲，现在世界各地归化。密集而艳丽醒目的橙色花朵及莲座状叶片，极具观赏价值，故早早地就进入了欧洲的花园。

（二）生物学特性

喜光，稍耐阴。耐旱，忌积水。较耐寒，可耐 –26℃低温。耐贫瘠。

二、种质资源

1. 橙黄细毛菊 *P. aurantiaca*

景观应用较多。

2. 莴苣细毛菊 *P. lactucella*

原产我国新疆（图3、图4），具开发潜力。

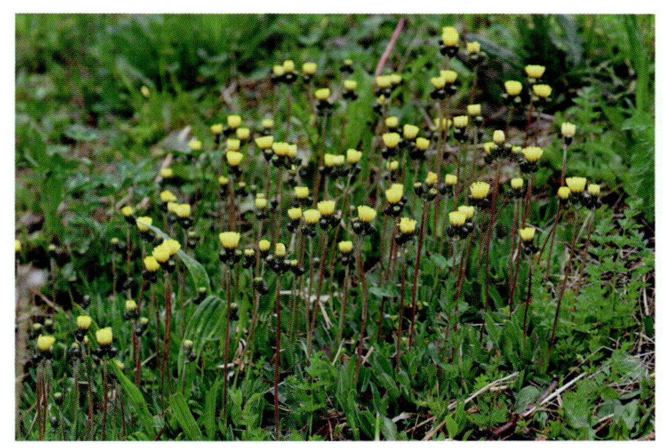
图 3　莴苣细毛菊群体（Giovanni Perico 摄）

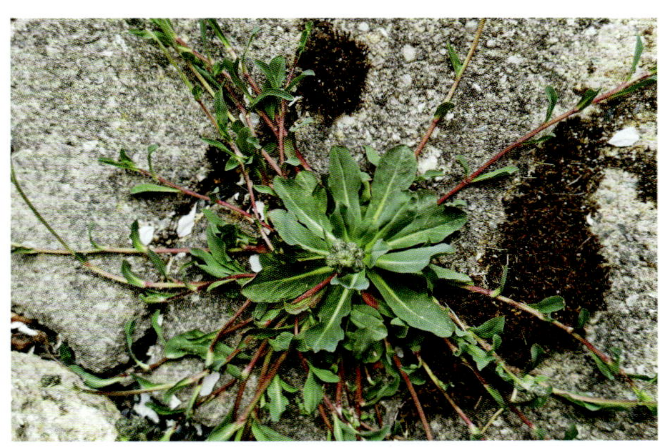
图 4　莴苣细毛菊莲座状叶及匍匐茎（Winterling 摄）

三、繁殖与栽培技术

（一）播种繁殖

种子易出苗，播种时间不限，生长季均可。撒播后覆土 0.2 cm，浇水并保持土壤湿度即可。自播能力较强，故应注意清除过多的实生苗。

（二）分株繁殖

地下茎每年可产生大量的匍匐茎，匍匐茎间生根，可形成密集的垫状株群（正因这一特性，可能存在入侵性），可随时分栽生根的植株繁殖。也可切分地下茎繁殖。

（三）园林栽培

1. 土壤

排水良好的各种土壤均可。

2. 水肥

耐旱、耐贫瘠，故中等肥力即可，一般园土中种植无须施肥。

3. 光照

喜光，稍耐阴。

4. 修剪及越冬

种植 3 年后需分株或间苗，否则会因植株过密而生长不良；冬季最低气温低于 −25℃的地区，可做适当地面覆盖。

四、价值与应用

茂密低矮的莲座状叶常形成垫丛，艳丽的橙色花朵更是引人注目。可用于开阔地带作地被，也是花境、野花花园或盆栽花卉的优良材料（图 5）。

图 5　橙黄细毛菊应用于花境

（李淑娟）

Pimpinella 茴芹

伞形科茴芹属（*Pimpinella*）一年生、二年生或多年生草本植物。该属约有 200 个种，分布于欧洲、亚洲、非洲，少数分布至美洲。我国有 39 种 2 变种。几乎都是杂草，部分种入药，少数种园林应用。

一、形态特征与生物学特性

（一）形态与观赏特征

株高 30 ～ 100 cm，茎中空，具深沟槽，多分枝。基生叶具柄，长 20 ～ 60 cm；茎生叶互生，羽状深裂，小裂片尖。复伞形花序顶生，5 ～ 6 cm；花瓣白色、粉色或玫红色。花期 6 ～ 8 月（图 1、图 2）。

图 1　大茴芹（Nikolay Panasenko 摄）

图 2　大茴芹（Thomas Wrbka 摄）

（二）生物学特性

喜光，稍耐阴，喜湿忌涝，耐寒，耐贫瘠。常生于阳光充足、排水良好的各种土壤中。可耐 -25℃低温。

二、种质资源

大茴芹 *P. major*

多年生草本。以其少见的粉色或玫红色花朵被应用于景观中。仅有 1 个园艺品种应用（Graham，2012；Armitage，2008）：

'玫红'（'Rosea'）　花朵初开深玫红色，后渐变为粉色（图 3 至图 5）。

图 3　'玫红'（René Stalder 摄）

图 4 ‘玫红’初开花序（René Stalder 摄）

图 5 ‘玫红’开花后期

三、繁殖与栽培管理技术

（一）播种或分根繁殖

种子成熟后，随采随在冷棚中播种；移栽宜选用深容器。

分根繁殖于春天进行。

（二）园林栽培

1. 土壤

喜中性至碱性、排水良好的土壤。

2. 水肥

喜湿，但忌水湿。中等肥力即可。

3. 光照

需种植于阳光充足或稍有遮阴处。

4. 修剪及越冬

花期过后，应及时修剪枯败的花头，入冬前修剪地上部分。北方冬季一般无须特别保护，最低温度低于 –25℃的地区，可做地面覆盖。

（三）病虫害防治

常有蚜虫危害，湿润处也有蜗牛、蛞蝓危害；偶有白粉病出现。均可采用常规方法防治。

四、价值与应用

早春叶丛葱郁，开花密集，花期长。可用于花境及自然景观中（图 6）。

图 6 茴芹早春葱郁的叶丛

（赵叶子 李淑娟）

Plantago 车前

车前科车前属（*Plantago*）一二年生或多年生陆生或沼生草本。又名车前草、车轮草等。公元11世纪的《图经本草》首次对车前的形态特征进行了较为详细的描述："春初生苗，叶布地如匙面，累年者长及尺余，如鼠尾。花甚细，青色微赤。结实如草劳，赤黑色。"从《图经本草》的描述及部分附图来看，"大叶、长穗、细子"等特征与车前属的车前（*P. asiatica*）相符合。

一、形态特征与生物学特性

（一）形态与观赏特征

直根系或须根系。叶螺旋状互生，紧缩成莲座状，或在茎上互生、对生或轮生；叶片宽卵形、椭圆形、长圆形、披针形、线形至钻形，全缘或具齿，稀羽状或掌状分裂；叶柄长，少数不明显，基部常扩大成鞘状。花序1至多数，出自莲座丛或茎生叶的腋部；花序梗细圆柱状；穗状花序细圆柱状、圆柱状至头状，有时简化至单花；苞片及萼片中脉常具龙骨状突起或加厚，有时翅状，两侧片通常干膜质，白色或无色透明；花两性，稀杂性或单性；花冠高脚碟状或筒状，至果期宿存；冠筒初为筒状，后随果的增大而变形，可呈壶状，包裹蒴果；檐部4裂，直立、开展或反折；雄蕊4，着生于冠筒内面，外伸，少数内藏，花药卵形、近圆形、椭圆形或长圆形，开裂后明显增宽，先端骤缩成三角形小突起。子房2～4室，中轴胎座，具2～40余个胚珠。蒴果椭圆球形、圆锥状卵形至近球形，果皮膜质，周裂。种子1～40余个；种皮具网状或疣状突起，含黏液质，种脐生于腹面中部或稍偏向一侧；胚直伸，两子叶背腹向（与种脐一侧相平行）或左右向（与种脐一侧相垂直）排列（图1）。

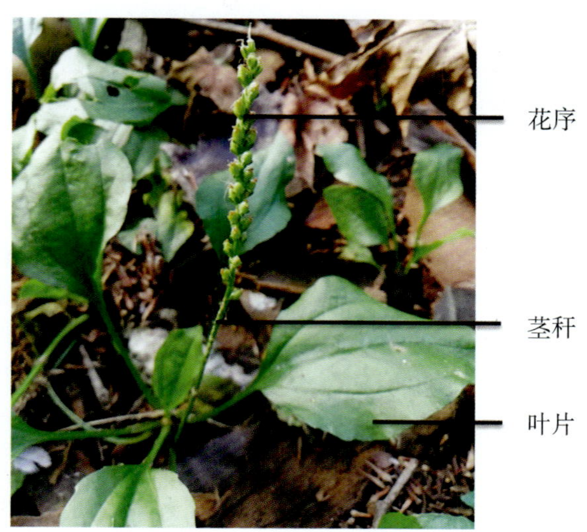

图1　车前形态

（二）生物学特性

大车前（*P. major*）、车前（*P. asiatica*）、尖萼车前（*P. cavaleriei*）等须根系种类多分布于路边、住宅四周、草地、沟边和水沟边等比较潮湿的生境中；北美车前（*P. viriginica*）等直根系种类多数分布于比较干燥疏松的土壤中（郑太坤 等，1993）；盐生车前（*P. maritima* var. *salsa*）、芒苞车前（*P. aristata*）、海滨车前（*P. camtschatica*）和巨车前（*P. maxima*）等多见于盐碱化生境中（郭水良，2002）。大多数种类抗性强，适应性广。但有少数品种表现不佳，如'紫叶'车前（*P. major*'Purpurea'）不耐寒、不耐高温，也不耐湿，在西安栽植3年后绝迹。

二、种质资源

车前属约270种；我国有20种，其中2种为外来入侵杂草，1种为引种栽培及归化植物。栽培的种子多为野生采收或地方品种。以下仅介绍多年生草本类。

1. 蛛毛车前 *P. arachnoidea*

多年生小草本。叶基生呈莲座状，纸质，披针形、窄椭圆形或线形，先端急尖或渐尖，基部渐窄，边缘近全缘、浅波状或疏生小钝齿，脉1～3条，不明显；叶柄长1.2～2.5 cm；根茎、叶、花序密被白色或淡褐色蛛丝状毛。蒴果卵圆形或窄卵圆形，于基部上方周裂；种子1～2，长圆形或椭圆形，腹面平坦；子叶背腹向排列。

2. 车前 *P. asiatica*

二年生或多年生草本。须根多数。叶基生呈莲座状，平卧、斜展或直立；叶片薄纸质或纸质，宽卵形至宽椭圆形，两面疏生短柔毛；脉5～7条；叶柄基部扩大成鞘，疏生短柔毛。花序3～10个，直立或弓曲上升；花序梗有纵条纹，疏生白色短柔毛；穗状花序细圆柱状；苞片狭卵状三角形或三角状披针形；花具短梗；花萼萼片先端钝圆或钝尖；花药卵状椭圆形，顶端具宽三角形突起，白色，干后变淡褐色。种子卵状椭圆形或椭圆形，黑褐色至黑色；子叶背腹向排列。花期4～8月，果期6～9月。

3. 海滨车前 *P. camtschatica*

多年生草本，叶及花序梗和花序轴密被白色长柔毛。直根粗，具多数细侧根。叶基生呈莲座状；叶片狭椭圆形或椭圆状卵形，先端急尖；叶柄基部鞘状。花序3～25个；花序梗常弓曲上升，有明显的纵条纹；穗状花序细圆柱状；苞片卵状椭圆形；花冠白色，无毛，裂片卵状椭圆形或卵形；花药椭圆形。蒴果卵状椭圆形或圆锥状卵形。种子4～5，长圆形或卵状椭圆形，黑色。花期5～7月，果期6～8月。

4. 尖萼车前 *P. cavaleriei*

多年生草本。须根多数。根茎较短。叶基生呈莲座状；叶片纸质，宽卵形至椭圆形，先端钝圆至急尖，脉5（～7）条；叶柄基部明显扩展成鞘状。花序2～10个；花序梗直立或弓曲上升，有纵条纹；穗状花序细圆柱状；苞片宽卵形至宽卵状三角形；花具短梗；萼片先端渐尖；雄蕊着生于冠筒内面近基部，与花柱明显外伸。蒴果狭圆锥状卵形，于基部上方周裂。种子6～9，卵形至椭圆形，具角，黑褐色至黑色；子叶背腹向排列。花期5～8月，果期7～9月。

5. 龙胆状车前 *P. gentianoides*

多年生草本。须根多数。叶基生呈莲座状；叶片卵形、宽卵形或宽椭圆形，先端急尖或短渐尖，脉3～5条；叶柄扁平具宽翅，基部鞘状。花序1～5，有时更多；花序直立或弓曲上升，具纵条纹；穗状花序头状至圆柱状；苞片宽卵形或宽卵状三角形，具明显的纵脉纹；花具短梗；花萼无毛；花冠白色，干后变褐色，无毛；雄蕊着生于冠筒内面近基部，与花柱明显外伸，花药椭圆形；胚珠4～7。蒴果椭圆球形或卵球形，先端截形。种子2～4（～7），椭圆形，褐色至黑褐色，腹面近平坦。花期6～8月，果期8～9月。

6. 翅柄车前 *P. komarovii*

多年生小草本。直根发达，侧根细，根茎粗。叶基生呈莲座状；叶片线状披针形，先端渐尖，脉3条；叶柄长0.8～1.5 cm，明显具翅，基部略扩大成鞘。花序2～5个；花序梗直立或弓曲上升；穗状花序短圆柱状至头状；苞片卵圆形或三角状卵形；花萼基部有疏柔毛；花冠白色，无毛；雄蕊着生于冠筒内面近顶端。蒴果卵球形。种子3～4，卵状长圆形或狭卵形，黑色；子叶背腹向排列。花期5～6月，果期7～8月。

7. 长叶车前 *P. lanceolata*

多年生草本。直根粗长，根茎粗短。叶基生呈莲座状；叶片线状披针形、披针形或椭圆状披针形，先端渐尖至急尖，脉（3～）5（～7）条。花序3～15个；花序梗直立或弓曲上升，有明显的纵沟槽；穗状花序幼时通常呈圆锥状卵形；苞片卵形或椭圆形；花冠白色，无毛，裂片披针形或卵状披针形；花药椭圆形；胚珠

2～3。蒴果狭卵球形，于基部上方周裂。种子1～2，狭椭圆形至长卵形，淡褐色至黑褐色，有光泽，腹面内凹成船形。花期5～6月，果期6～7月。

新西兰 PGG Wrightson Seeds 等公司培育了'托尼克''大力神'长叶车前品种，在产业上应用较广。

8. 大车前　*P. major*

二年生或多年生草本。须根多数，根茎粗短。叶基生呈莲座状；叶片宽卵形至宽椭圆形，先端钝尖或急尖，边缘波状、疏生不规则牙齿或近全缘，脉（3～）5～7条；叶柄基部鞘状，常被毛。花序1至数个；花序梗直立或弓曲上升，有纵条纹，被短柔毛或柔毛；穗状花序细圆柱状；苞片宽卵状三角形；花无梗；萼片先端圆形，无毛或疏生短缘毛，边缘膜质；花药椭圆形。蒴果近球形、卵球形或宽椭圆球形。种子（8～）12～24（～34），卵形、椭圆形或菱形，腹面隆起或近平坦，黄褐色。花期6～8月，果期7～9月。有'紫叶'（'Purpurea'）品种。

9. 沿海车前　*P. maritima*

多年生草本。直根粗长，根茎粗。叶簇生呈莲座状，线形，先端长渐尖，边缘全缘，脉3～5条；无明显的叶柄，基部扩大成三角形的叶鞘。花序1至多个；穗状花序圆柱状；苞片三角状卵形或披针状卵形；萼片边缘、顶端及龙骨突脊上有粗短毛；花冠淡黄色；雄蕊与花柱明显外伸，花药椭圆形，先端具三角状小突起；胚珠3～4。蒴果圆锥状卵形。种子1～2，椭圆形或长卵形，黄褐色至黑褐色，腹面平坦。花期6～7月，果期7～8月。

10. 巨车前　*P. maxima*

多年生粗壮草本。直根粗，圆柱状，根茎粗短。叶基生呈莲座状，直立或斜展；叶片宽椭圆形、卵状长圆形、宽卵形或宽倒卵形，脉7～11条；叶柄有明显的纵条纹，密被向下贴生的短柔毛。花序1～2；穗状花序粗壮而紧密，圆柱状；苞片长卵形；萼片长椭圆形或卵状椭圆形；花药卵状椭圆形，先端具三角状突起；胚珠4。蒴果卵球形，无毛。种子（2～）4，卵形至长卵形，黄褐色至黑色，有光泽，背腹两面隆起。花期6～8月，果期8～9月。

11. 北车前　*P. media*

多年生草本。直根较粗，圆柱状，根茎粗短，具叶柄残基，有时分枝。叶基生呈莲座状；叶片纸质或厚纸质，椭圆形、长椭圆形、卵形或倒卵形，先端急尖，边缘全缘或疏生浅波状小齿；叶柄具翅，密被倒向白色柔毛。花序通常2～3个；花序梗直立或弓曲上升，具纵条纹；穗状花序；苞片狭卵形；萼片与苞片约等长，无毛；花冠银白色，无毛；花药长椭圆形，先端具三角形突起，通常淡紫色，稀白色；胚珠4。蒴果卵状椭圆形。种子（2～）4，长椭圆形，黄褐色或褐色，有光泽。花期6～8月，果期7～9月。

12. 小车前　*P. minuta*

一年生或多年生小草本，叶、花序梗及花序轴密被灰白色或灰黄色长柔毛。直根细长，无侧根或有少数侧根。叶基生呈莲座状；叶片线形、狭披针形或狭匙状线形，先端渐尖，边缘全缘，基部渐狭并下延脉3条。花序2至多数；穗状花序短圆柱状至头状；苞片宽卵形或宽三角形；花冠白色，无毛，裂片狭卵形；胚珠2。蒴果卵球形或宽卵球形，于基部上方周裂。种子2，椭圆状卵形或椭圆形，深黄色至深褐色，有光泽，腹面内凹成船形。花期6～8月，果期7～9月。

13. 苣叶车前　*P. perssonii*

多年生草本。直根粗壮。叶基生呈莲座状；叶片披针形或狭披针形，先端长渐尖，脉3～5条，稍明显；叶柄纤细。花序1～10个；穗状花序狭圆柱状，疏松；苞片狭卵状椭圆形或卵形；花冠白色，无毛；花药椭圆形，先端具狭三角形尖头，干后黄色；胚珠4～5。蒴果卵状椭圆球形，于基部上方周裂。种子1～2，椭圆形，腹面平坦，褐色至黑色。花期6～7月，果期7～8月。

三、繁殖与栽培管理技术

（一）播种繁殖

1. 直播

北方春播在3月底至4月中旬，秋播在10月中下旬。南方秋播最早可于8～9月进行。播种前将地翻耕15～20 cm，结合翻耕每亩施入腐熟农家肥2000～3000 kg，或者施入三元复合肥20～30 kg。翻耕、耙碎、整平地后做畦，畦宽1.2～1.5 m。畦上开沟，沟距20～25 cm，将种子与细沙混匀后，撒施在沟内，均匀覆盖细土，厚度以不见种子为宜。

大田每亩用种量为40～50 g，一般7～10天可以出苗。出苗后用遮阴度40%～50%，保湿育苗。苗龄30～35天，即可培育成4～5片全展叶壮苗。

2. 育苗

选择肥沃疏松的土壤，深翻后亩施有机基肥4000 kg。将种子播种在畦面上（畦宽1 m，畦高20～30 cm），每亩0.5 kg，播后每隔3～5天浇水1次，保持土壤湿度，促进种子萌发。苗高7～10 cm时就可以移栽。

（二）组培快繁

大车前（*P. major* 'Giant Turkish'）的成熟种子培养在添加IAA 0.2 mg/L和TDZ 1 mg/L的MS培养基中，不经过愈伤的分化阶段，从子叶节的部位产生不定芽。以叶片为外植体，在添加NAA 1 mg/L的MS固体培养基中培养3周，形成愈伤组织。愈伤组织在添加6-BA 4 mg/L的MS固体培养基中分化得到再生芽。两种途径得到的再生芽转到1/2MS培养基上均可生根、长成完整植株（李平 等，2005）。叶柄是平车前愈伤组织诱导的最佳外植体。MS + 6-BA 0.2 mg/L + NAA 2 mg/L是平车前愈伤组织增殖的理想培养基，MS + 6-BA 0.2 mg/L + 蔗糖30 g/L是愈伤组织分化的最佳培养基。1/2 MS + 蔗糖15 g/L + IAA 0.2 mg/L是平车前生长芽和不定芽生根培养的理想分化培养基（王晓旭，2013）。

（三）园林栽培

1. 移栽

车前对土壤要求不严，以肥沃、排灌方便的砂质壤土为宜。种植方式一般以直播和育苗移栽为主。

最适时间在8月下旬至9月上旬。移栽前深翻15～20 cm。每亩用地乐胺150 g兑水50 kg，喷湿表土，防除杂草。抢在白露前阴天下午移栽。每畦栽4行，株行距30 cm × 20 cm，每穴栽带土壮苗1株，每亩栽8500～9000株。栽后浇施含尿素0.2%的“定根水”。栽后第二天，若遇晴天干旱，应在傍晚灌“跑马水”，边灌边排，使畦内湿透，但不能大水漫灌。

2. 中耕除草

当直播田的苗高10～15 cm、移栽田苗高15～20 cm时，及时中耕除草。或喷施选择性的除草剂。第二次中耕除草在第1次后的15天左右。车前封行后不再中耕，及时拔除零星杂草。

3. 浇水施肥

见干浇水，保持土壤湿润。车前不耐涝，注意做好排水。

中耕后要及时进行追肥，每亩施尿素5～7 kg，兑水1000 kg浇施。一般追肥2次；入冬前撒草木灰，可补充磷钾肥并提高抗寒力。3月每亩施复合肥5 kg、氯化钾5 kg、硼砂2 kg，并结合防病喷药加0.3%磷酸二氢钾叶面喷施，以促进花芽分化和种子发育。

（四）病虫害防治

车前的抗病性较强，病虫害发生少。但如果管理不当也会引发病虫的侵染（廖丽霞，2017）。

1. 根腐病

主要危害根部，使根系病变、腐烂，最终导致植株死亡。播前将种子用50%多菌灵800～1000倍液浸种30分钟，捞出晾干后再播种。注意田间排水，降低湿度。在发病初期可以用50%甲基托布津1000倍液或50%退菌特1200倍液浇灌病株。

2. 叶斑病

主要危害叶片。发病初期叶表面出现红褐色

至紫褐色小点，逐渐扩大成圆形或不定形的暗黑色病斑。发病严重时，叶片大量脱落，茎秆变黑枯死。保持行间通风透光；发病初期对叶片喷洒80%代森锌可湿性粉剂600～800倍液，每隔7天喷1次，连喷2～3次。

3. 白粉病

主要危害叶片。初期为黄绿色不规则小斑，边缘不明显。随后病斑不断扩大，表面生出白粉斑，最后该处长出无数黑点。发病初期用50%甲基托布津1000倍液喷洒即可。

4. 蚜虫

危害花序和叶片。用40%乐果乳油1000～1500倍液喷洒植株，每隔7～10天喷1次，连续3～4次。

四、价值与应用

相传汉代名将马武，一次带领军队去征服武陵的羌人，被围困在一个荒无人烟的地方。军士和战马都因缺水而得了“尿血症”，战士们焦急万分。一名马夫偶然发现有三匹马，吃牛耳形的野草，“尿血症”不治而愈。为证实其效果，又亲自试服，亦效。于是报告马武。马将军大喜，问此草生何处？马夫用手远指说：“就在大车前面。”马武笑曰：“此天助我也，好个车前草。”当即命令全军吃此草，服后果然治愈了尿血症。车前草的名字就这样流传下来。

车前的嫩叶含较丰富的钙、磷、铁、胡萝卜素及维生素C，幼苗可食。4～5月间采幼嫩苗，沸水轻煮后，凉拌、蘸酱、炒食、做馅、做汤或和面蒸食。全草可药用，含车前苷（plantaginin）、桃叶珊瑚苷（aucubin）等成分，具有利尿、清热、明目、祛痰等药效。

（产祝龙）

Platycodon 桔梗

桔梗科桔梗属（*Platycodon*）多年生草本植物。李时珍在《本草纲目》中释其名曰："此草之根结实而梗直，故名桔梗。"其花冠钟状，先端5裂，倒垂时很像中国古代的钟，因此又名钟形花、铃铛花，其他常见异名还有苦桔梗（《本草纲目》）、苦梗（《丹溪心法》）、荠苨（《名药别录》）、大药（《江苏植物志》）等。

一、形态特征与生物学特性

（一）形态与观赏特征

具白色乳汁，根胡萝卜状，茎直立，通常单一生长，上部稍有分枝。叶轮生至互生，近无柄；叶片卵状披针形，边缘有不规则锯齿。花萼5裂，花冠宽漏斗状钟形，鲜蓝紫色或白色，5裂；雄蕊5枚，离生，花丝基部扩大成片状，且在扩大部分生有毛。花期7～9月。

（二）生物学特性

喜光、耐半阴，耐寒性强，忌积水、怕大风。适宜生长温度10～20℃，能耐-20℃低温。在土壤深厚、富含有机质、排水良好的砂质土壤中生长良好。生于海拔2000 m以下的阳处草丛、灌丛、岩石缝隙等，少生于林下，为耐旱的中生植物。

图1 桔梗
（Ratzu Paltuff 摄）

图2 白花桔梗
（Cacher Clec 摄）

二、种质资源与园艺品种

（一）种质资源

现代分类学研究认为该属为单种属（PW）。

1. 桔梗 *P. grandiflorus*

主产东亚，我国大部分地区都有分布和栽培。茎高20～120 cm，通常无毛，偶密被短毛。叶长2～7 cm，宽0.5～3.5 cm，基部宽楔形至圆钝，顶端急尖，上面无毛而绿色，下面常无毛而有白粉，有时脉上有短毛或瘤突状毛，边缘具细锯齿。花单朵顶生，或数朵集成假总状花序，或有花序分枝而集成圆锥花序，花冠大，长1.5～4.0 cm，蓝色或紫色（图1）。

1a. 变种白花桔梗 var. *album*

花冠白色（图2）。

1b. 变型 f. *duplex*

1992年韩国报道，从野生紫花桔梗自交后代中发现一花冠为淡红色的新变型。

（二）园艺品种

由于桔梗（原种）枝条较高，易倒伏，因而矮生、株型紧凑便成了育种目标。随之出现了一系列园艺品种。

1. "阿斯特拉"系列 Astra Series

株高20～25 cm，株型紧凑。花单瓣或重瓣，蓝色、粉色或白色（图3）。播种苗当年就可开花。

图 3 “阿斯特拉”系列　　　　图 4 “富士”系列

图 5 “箱根”系列

2.“富士”系列 Fuji Series

一个来自日本的品种系列。株高 45 ～ 60 cm，花蓝色、白色及粉色（图 4）。很好的切花品种，同时在花园中也有较好的表现。

3.“箱根”系列 Hakone Series

同样是来自日本的切花品种，也用于花园。株高 35 ～ 60 cm，花蓝色和白色，单瓣或重瓣（图 5）。播种苗要 2 年才可开花。

4.‘重瓣’桔梗 *P.*‘Plenus’

温学森 1996 年发表了一新品种，与原种的主要区别在于花重瓣，花柱裂片畸形或正常。

三、繁殖与栽培管理技术

（一）播种繁殖

种子细小，千粒重约 1.6g，发芽率约 89%。种子寿命 1 年，春播或秋播。适温 15 ～ 25℃，15 ～ 25 天种子萌发，30 天可齐苗。播种前用温水浸泡 10 ～ 12 小时，可促进提早发芽。播种时宜与沙子混合后撒播，可以采取直播的方式。其根肉质，种植后不宜移栽。

（二）营养繁殖

秋季采收新芽，从肉质部位向下 3 ～ 4 cm 处剪下埋在土里，翌年春季移栽至圃地即可。或者在桔梗播种的第一年，将主茎从茎基部折断并覆土 3.5 cm 左右，致使其发出大量不定芽，翌年春季可发芽，秋季可长成小苗进行移栽。亦可用激素处理桔梗枝条后进行扦插繁殖。

（三）园林栽培

1. 基质

基质应疏松且排水良好，适宜的基质为沙：蛭石：草炭土 =2 ：1 ：4。

2. 水肥

幼苗前期生长缓慢，需控制杂草危害，随着气温升高生长速度加快，应适时补充营养和水分。雨季注意排水防涝，避免积水导致烂根现象。

播种苗齐后可适当追加腐熟的农家肥，以促进植株快速生长。开花前和开花后可再次施加农家肥和过磷酸钙，以满足植株生长的营养需求。

3. 修剪及越冬

观赏栽培一般无须修剪。其茎秆柔软易倒伏，可采取支撑，以免影响观赏效果。可将茎修剪至 1/2，降低高度以保持其直立性。

4. 花期调控

采用赤霉素等激素喷洒桔梗植株，可促使植株早抽薹、早开花。

（四）病虫害防治

常见病虫害为轮纹病，此病害将会对叶片造成危害，通常 6 ～ 8 月雨季较为严重，要做好排水和控制湿度；发病后可喷洒 56% 波尔多液进行防治。生长期间地老虎也是常见的虫害，会导致幼苗生长受到影响，可采取毒饵诱杀的方式或喷洒化学药剂进行防治。

四、价值与应用

桔梗是一种集观赏、药用和食用于一体的植物。花蕾形状奇特，花色素雅，叶色蓝绿。常丛植应用于庭院及花境。其花大、美丽，颜色主要为蓝色和白色，淡雅庄重，观赏性强，且花期长，适合与其他宿根花卉及灌木配置，常用于布置花坛、花境，也可点缀岩石园等，是园林绿化的优良花卉品种。中高品种常用于切花，在韩国和日本亦作插花应用。

根可药用，含桔梗皂苷，有止咳、祛痰、消炎（治肋膜炎）等效，是重要的中药药材。根部及幼嫩茎叶还可食用。种子可榨油。

（魏钰）

Plectranthus 延命草

唇形科延命草属（*Plectranthus*）灌木、亚灌木或多年生草本植物。本属约 200 种，广泛分布于非洲、马达加斯加、印度、澳大利亚和太平洋岛屿，以其观赏性强的叶色、花色、花形和适应性强的特点而闻名。我国引进栽培数种。

一、形态特征与生物学特性

（一）形态与观赏特征

灌木、半灌木或多年生草本，根茎通常肥大且木质。株高 30 ～ 60 cm。叶片多具柄，形状各异，常见有齿状边缘。花序为聚伞花序，排列成总状、圆锥状或穗状，花序下部苞叶与茎叶同形，上部渐小呈苞片状；花朵小至中等大，花萼钟形或管状，萼齿 5 枚；花冠通常下倾或下曲，上唇外反，先端有 4 圆裂，下唇较长且内凹；雄蕊 4 枚，花药贯通，花柱丝状，顶端有 2 浅裂。观赏部位主要包括色彩丰富的叶片和独特形状的花序，尤其是花冠的二唇形结构和花萼的钟形特征使其具有较高观赏价值。

（二）生物学特性

该属虽然可适应全光照，但在强烈的阳光下，叶片可能会受到灼伤。因此，需避免长时间阳光直射。在室内种植时，则尽量放置在窗户附近，保证充足的散射光。对排水要求较高，土壤应具备良好的排水性，避免积水，否则容易造成根部腐烂。推荐使用富含有机质的疏松土壤，混合一些沙子或珍珠岩以增强排水性。土壤 pH 应在中性到微酸性范围较为适宜，生长季可施用稀释的平衡肥料，以促进植株健康生长。

二、种质资源

延命草属（也称香茶菜属）曾是个大属，被分为 3 个小属，香茶菜属（狭义）*Isodon*，子宫草属 *Skapanthus*（PW 已作为 *Isodon* 的异名处理）和延命草属（狭义，也称马刺花属）*Plectranthus*。本书所指为后者，但我国没有该属植物的原生分布，多为从国外引种栽培。目前园林应用中常见的有‘特丽莎’香茶菜（*P.*‘Mona Lavender’）、‘银冠’香茶菜（*P. argentatus*‘Silver Crest’）、香妃草（*P. glabratus*）和碰碰香（*P.*‘Cerveza'n Lime’）等，均属于延命草属（非狭义的香茶菜属）。

1. 如意蔓 *P. verticillatus*

原产于南非及周边地区，在这些地区的自然

图 1　如意蔓盆栽

图 2 ‘特丽莎’香茶菜

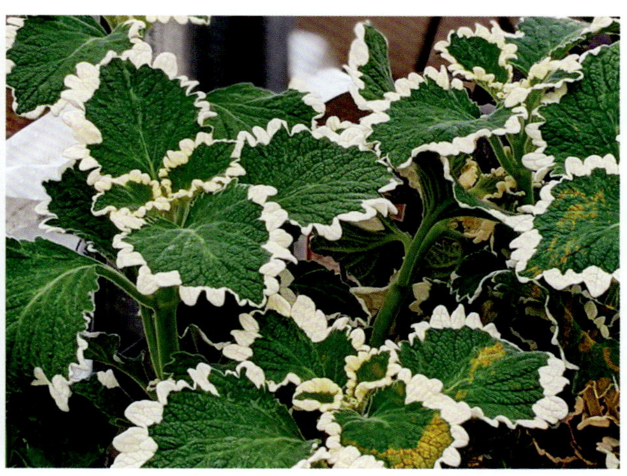

图 3 香妃草园艺品种‘White Surf’

环境中表现良好。通常呈匍匐或半匍匐生长，形成茂密的覆盖层，适合作为地被植物或悬挂植物（图 1）。叶片为宽卵形或心形，边缘具齿，呈深绿色，有时带有银白色的斑点或斑纹。花序为轮伞花序，花朵小而众多，排列成稠密的总状花序；花色主要为白色、淡紫色或淡蓝色，花期较长，能有效延续观赏期。该种常用于花坛、挂篮、悬挂容器及作为地被植物，也适合室内栽培，特别是在明亮的窗台或室内悬挂花盆中，能为室内环境增添绿意和色彩。花期通常在春末夏初，果期则在夏末至秋初。

2.‘特丽莎’香茶菜 *P.*‘Mona Lavender’

由南非开普敦的康斯坦博西国家植物园 1990 年用两个原生种杂交（*P. saccatus* × *P. hilliardiae*）培育出来的，又名艾氏香茶菜、莫娜薰衣草等。一种小型灌木状植物，有较长的花冠筒，花淡紫色，花瓣上会有小条纹。在花开爆盆的时候，效果非常震撼，现世界各地广泛栽培，是当下很受追捧的盆栽“新宠”（图 2）。叶片对生，椭圆形状，暗绿色，表面光滑油亮，终年常绿，冬天也不掉叶子，就算不开花，也是优秀的观叶植物。花朵为紫色或蓝紫色，神秘而高雅，开花繁茂，整朵花无一丝其他杂色，干净纯粹，唯美而梦幻。花期超长，华南地区室外种植可全年开花，华东地区花期从春末至深秋，但耐寒性较差，只能在广东、广西、云南、福建等地露地过冬。

3. 香妃草 *P. glabratus*

主要分布于非洲南部，尤其是南非，在全球热带和亚热带地区也引种栽培。是一种多年生植物，具有蔓生的特性，其茎叶呈卵形或倒卵形，厚革质，边缘带有疏齿，独特的伞形花序（图 3）。这种植物易于栽培，尤其适合作为室内观叶植物。香妃草的一个显著特点是其叶片上拥有香腺，当受到外界刺激时，会散发出迷人的香味，既是中药材，也是可食用香草。

三、繁殖与栽培管理技术

（一）播种繁殖

适合在春季或秋季播种（刘树明，2018），将种子均匀撒在准备好的土壤上，轻轻覆一层薄土即可。保持适宜的湿度，一般需要每天浇水一次。

（二）扦插繁殖

春秋季节扦插，温度维持在 20 ～ 25℃之间。剪下来健壮的枝条，去掉底部的叶子，准备疏松排水好的砂质土，扦插之后保证环境通风透光，维持盆土湿润，早上需散射光，2 ～ 3 周可生根发芽。

（三）园林栽培

1. 土壤

对土壤要求不高，喜欢富含有机质的疏松土壤，种植前应将土壤进行耕作，清除杂草和石块，并施加适量的有机肥料。

2. 水肥

浇水遵循“见干见湿，不干不浇”原则，日常养护过程中，经常加点含磷钾的促花肥料，如花多多、磷酸二氢钾，兑水 1000 ∶ 1 浇灌，能有效增大花量和延长花期（陈雅君，2016）。

3. 光照

喜光照，耐半阴；喜凉爽湿润气候；在封闭的阳台内也表现良好（只要能隔着窗户晒到太阳就行），适合阳台种植；但是更喜欢光照，能露天养、全日照最好。

4. 修剪及越冬

花后修剪，每次开完一波花，及时修剪一次（轻剪即可），促使长出更多新枝条，新枝条一成熟，马上就会挂花。不耐寒，只有广东、广西、福建、云南等地能够露天过冬，其他地区不能露地种植，盆栽需搬入室内越冬。没有明显休眠期，只要温度不是很低，四季都能栽培。

（四）病虫害防治

在通风透光的环境下，‘特丽莎’香茶菜盆栽的病虫害非常少；只有在过度干燥的时候，或者是通风特别不好的时候，才有可能会滋生红蜘蛛和白粉病。常规防治。

四、价值与应用

该属植物用途广泛，大部分种类兼具迷人的芳香和极具观赏性的形态和花色，有很高园林应用价值。园艺品种‘特丽莎’香茶菜性强健，作为芳香植物可驱蚊。花期长，花色靓丽，为优良

图 4 ‘特丽莎’香茶菜盆栽应用

的观花植物；可丛植、片植于公园、庭园、边坡等绿地，还可应用于花坛、花境（图 4）。香妃草、碰碰香、如意蔓等种类可作为小型盆栽香草植物，用于家居室内和办公室窗台、书桌、茶几的点缀。还可以制作香草，将叶片放入个性布袋、网袋、精美纸盒和玻璃瓶中，可以搭配月季、菊花、松果、马尾草等干花草组合造景，制成香干花草工艺品。

部分种类有药用价值，用于消化系统和感冒的治疗；亦有些种类的叶片常用于调味，在东南亚等地区被用作香料或食品添加剂。

（李丹青　夏宜平）

Pleione 独蒜兰

兰科独蒜兰属（*Pleione*）重要的观赏和药用植物。植株小巧可爱，多数种类先花后叶，硕大的花朵配以仅有的 1 或 2 枚叶片，清新的气质为它赢得了许多赞赏（Qin, 2019）。属名 *Pleione* 源于希腊神话中的美丽女神 Pleione，意指该属美丽的花朵（Cribbe and Butterfield, 1999）。

一、形态特征与生物学特性

（一）形态与观赏特征

附生、半附生或地生草本。假鳞茎一年生，常较密集，卵形、圆锥形、梨形至陀螺形，向顶端逐渐收狭成长颈或短颈，或骤然收狭成短颈，叶脱落后顶端通常有皿状或浅杯状的环。叶 1～2 枚，生于假鳞茎顶端，通常纸质，多少具折扇状脉，有短柄，春花类物种叶片在秋季掉落，翌年花后或花期长出，具有明显的冬季休眠特性；秋花类物种叶片在秋季花后或开花前掉落，休眠期仅为 1 个月左右。花莛从老鳞茎基部发出，直立，与叶同时或不同时出现；通常一株 1 花，少见 2 花、3 花或 4 花；花苞片常有色彩，较大，宿存；花色艳丽；萼片离生，与花瓣形态和颜色相似；花瓣一般与萼片等长，常略狭于萼片；唇瓣明显大于萼片，不裂或不明显 3 裂，基部稍收狭，有时贴生于蕊柱基部而呈囊状，上部边缘啮蚀状或撕裂状，上面具 2 至数条纵褶片或沿脉具流苏状毛；蕊柱细长，稍向前弯曲，两侧具狭翅；翅在顶端扩大；花粉团 4 个，蜡质，每 2 个成 1 对，倒卵形。蒴果纺锤状，具 3 条纵棱，成熟时沿纵棱开裂。花期主要集中在春季（2～6 月）和秋季（9～11 月）（吴沙沙 等，2020a）。

（二）生物学特性

原产于喜马拉雅山脉，属于高山花卉。喜凉爽、通风的半阴环境，较耐寒，秋花类越冬温度适宜在 10℃以上，宜栽于疏松、透气、排水良好的水苔或腐殖土中，喜欢四季分明的气候。夏季气温最好不要高于 25℃，喜昼夜温差 10～12℃。冬季休眠期，规模化栽培中种球秋冬季节落叶采收后常于 4℃冷库中干燥冷藏。经过低温休眠 2～3 个月后，种球会萌发新芽。

二、种质资源与园艺品种

（一）种质资源

独蒜兰属由 David Don 于 1825 年基于两个采自喜马拉雅地区的疣鞘独蒜兰（*P. praecox*）和矮小独蒜兰（*P. humilis*）建立，并由 Rolfe 于 1903 年正式确立。独蒜兰属有 21 种，后又陆续有新种和新天然杂交种发表和被接受（吴沙沙 等，2020a；图 1）。分布于喜马拉雅至我国台湾、秦岭南坡至泰国北部、老挝和越南等中南半岛地区。我国分布有 28 种（含天然杂交种 7 种），其中特有种 15 种（含天然杂交种 5 种），是该属植物的分布中心，尤其以云南省分布种类最为丰富，约有 21 种（含天然杂交种 6 种）。2021 年 9 月 7 日颁布的《国家重点保护野生植物名录（第二版）》收录全属植物为二级保护植物。

独蒜兰属根据开花时间分为秋花组（Sect. *Pleione*）和春花组（Sect. *Humiles*）两大类。其中秋花独蒜兰组的植物通常具有 2 片叶子，只有岩生独蒜兰（*P. saxicola*）具有 1 片叶子；而

图 1　不同栽培形式的独蒜兰

春花独蒜兰组的植物通常具有 1 片叶子，只有二叶独蒜兰（*P. scopulorum*）和卡氏独蒜兰（*P. kaatiae*）具有 2 片叶子（Zhu & Chen, 1998）。最新的系统学研究将该属植物分为 2 组（Sect. *Pleione* 和 Sect. *Humiles*），包含 5 个进化支，其中二叶独蒜兰和岩生独蒜兰为单个物种构成的 2 个进化支（Wu et al., 2023）。

1. 独蒜兰 *P. bulbocodioides*

陆生或岩生。假鳞茎卵球形至卵圆形、圆锥形，具明显的颈，单叶。开花时叶未成熟，开花后发育，狭椭圆状披针形，近白色，纸质，基部渐狭为叶柄状，叶柄长 2 ～ 6.5 cm，先端锐尖或渐尖。花序直立；花序梗 7 ～ 20 cm，中部以下被 3 管状鞘覆盖；花苞片线状长圆形，（20 ～）30 ～ 40 mm，先端钝；花单生或很少 2 朵，粉红色至淡紫色，唇上有深紫色的斑点；花梗和子房 10 ～ 25 mm，背面萼片披针形至倒披针形，先端锐尖或钝；侧生萼片狭椭圆形或长圆状倒披针形，稍斜，先端亚锐尖或钝；花瓣倒披针形，稍斜，先端锐尖；唇瓣倒卵形或宽倒卵形，基部楔形，贴生于蕊柱，不明显 3 浅裂，顶部边缘撕裂；中间裂片近方形，先端微缺；花盘具 4 或 5 片糜烂片层；中央小片（当存在时）通常比其他小片短但高。柱头弓形，27 ～ 40 mm；柱状翅在中部以下非常狭窄，在上面膨大，先端不规则具牙齿。蒴果近圆形，27 ～ 35 mm。花期 4 ～ 6 月，2n=40。

喜腐殖质覆盖的土壤，常生长在常绿阔叶林和灌木丛边缘的苔藓岩石上；海拔 900 ～ 3600 m。分布于我国安徽、福建北部、甘肃南部、广东北部、广西北部、贵州、湖北、湖南、陕西南部、四川、西藏东南部、云南中部和西北部。

2. 疣鞘独蒜兰 *P. praecox*

附生。假鳞茎绿色，斑点紫棕色，通常具鼻甲，先端突然收缩成一个明显的颈，外皮疣状，2 或很少 1 叶。叶椭圆状倒披针形至椭圆形，纸质，基部渐狭成叶柄状柄，叶柄长 2 ～ 6.5 cm，先端渐尖。花序在叶子落下或枯萎后出现，直立；花序梗 5 ～ 10 cm，具 3 乳突鞘；花苞片长圆状倒披针形，超过子房，先端锐尖；花单生或很少 2，粉红色至紫红色，很少白色，具黄色胼胝体，唇上偶尔有紫色斑点；背面萼片近圆形披针形，先端锐尖；侧生萼片稍斜，稍宽在基部比背生萼片，先端锐尖；花瓣线状披针形，稍镰刀形，先端锐尖；唇瓣倒卵状椭圆形或椭圆形，不明显 3 浅裂；侧裂片不明显；中间裂片撕裂在顶端边缘，先端微缺；花盘具 3 ～ 5 排乳突，从唇基部沿中叶延伸到中间。柱头弓形，35 ～ 45 mm，先端不规则齿。花期9～10月。2n=40。

生长在森林、悬崖的树干和长满苔藓的岩石上；海拔1200～2500（～3400）m。分布在我国西藏东南部、云南东南部和西南部；孟加拉国、不丹、印度东北部、老挝、缅甸、尼泊尔、泰国北部、越南北部也有分布。

3. 矮小独蒜兰 *P. humilis*

附生或石生。假球茎橄榄绿色，瓶状，颈长，先端有1片叶子。叶倒披针形至椭圆形，先端锐尖。花序在叶前产生，1或2花；花序梗包裹在鳞片鞘内；倒卵形的花苞片，先端亚锐尖至钝。萼片和花瓣白色，唇白色，有斑点和条纹，具深红色或黄褐色、中心浅黄色的色带；花梗和子房2～3 cm。背侧萼片线状倒披针形，先端近锐尖；侧萼片斜倒披针形，先端亚锐尖。花瓣斜线状倒披针形，先端圆形；唇长圆状椭圆形，前面不明显的3浅裂，基部囊状，顶端一半边缘撕裂，先端微缺；侧裂片直立或弯曲。柱头26～28 mm，宽具翅，先端具不规则齿。

（二）育种简史及园艺品种

独蒜兰属植物自20世纪初被引种到欧洲，深受喜爱，后来爱好者们陆续开展了该属植物的杂交育种工作。第1个独蒜兰属人工杂交群为Versailles（*P. formosana* × *P. limprichtii*），1962年第1次开花，Morel于1966年在RHS登录。此后的十几年间，由于能源危机导致了该属植物被人们暂时性的忽略，直到1977年才有第2个杂交群登录。随之而来的是独蒜兰属植物及其杂交育种工作在欧洲逐渐进入繁荣时期，2001—2010年之间，共有143个杂交群登录。目前共有477个独蒜兰属杂交群登录（RHS网站），其中绝大多数由英国、德国、荷兰的育种家登录，中国人登录的该属杂交群仅有21个。

RHS登录的477个独蒜兰属植物杂交群中，主要包括野生种之间、野生种和杂交群之间、杂交群之间的杂交。登录的杂交群中原生种、天然杂交种之间的杂交群104个。除了藏南独蒜兰（*P. arunachalensis*）、长颈独蒜兰（*P. autumnalis*）、小叶独蒜兰（*P. microphylla*）、贡嘎独蒜兰（*P. dilamellata*）、金华独蒜兰（*P. jinhuana*）和越南独蒜兰（*P. vietnamensis*）6个原生种及保山独蒜兰（*P.* × *kindonwardii*）、猫儿山独蒜兰（*P.* × *maoershanensisi*）和贴梗独蒜兰（*P.* × *lagenaria*）4个天然杂交种没有杂交育种利用记录外，其余18个原生种及5个天然杂交种均已被利用。其中以台湾独蒜兰（*P. formosana*）作为亲本登录的杂交群最多，达到41个；其次是黄花独蒜兰（*P. forrestii*）和大花独蒜兰（*P. grandiflora*），分别为33个和31个；排在第4的为艳花独蒜兰（*P. aurita*），参与了30个杂交群。登录的杂交群中种和杂交群间的杂交群168个，杂交群和杂交群间的杂交群205个。

独蒜兰Shantung、Tongariro、Versailles等13个杂交群参与了至少10次杂交，其中最多的为Shantung，参与了29个杂交组合进行后代的培育；其中台湾独蒜兰作为亲本有7个。仅Kenya为杂交群间的杂交后代。

直到2021年11月5日，我国在《植物新品种保护名录（林草部分）（第八批）》中才将独蒜兰属列入其中，自此之后才能在我国申请独蒜兰属植物新品种权。到目前为止尚未授权独蒜兰属的植物新品种权。

三、繁殖与栽培管理技术

（一）无菌播种快繁

无菌播种是利用人工培养基取代自然界中兰菌的作用，使未成熟的种子能继续发育成幼苗，为大量繁殖最好的方法，也是杂交育种时不可或缺的手段，但其缺点是耗时较长，由播种到养成开花球需3～5年，且需要特殊的设备及技术。另外，以冷藏后开花球的花芽茎顶分生组织来进行培养增生、繁殖速率比无菌播种快（张耀干 等，1992）。

对独蒜兰授粉后150～180天的成熟未开裂果荚灭菌，将种子无菌播种在培养基1/2 MS+Hyponex 2 g/L 1+ $MgSO_4 \cdot 7H_2O$ 0.37 mg/L+ 蔗糖25 g/L + 6-BA 1 mg/L+ NAA 0.2 mg/L+ KT 1 mg/L

+ 琼脂粉 5.5 g/L+ 活性炭 1.5 g/L+ 牛肉粉蛋白胨 2 g/L+ 洋葱 50 g/L，pH5.7 ～ 5.8 上 30 ～ 45 天可以萌发，萌发率 95%；原球茎在 1/2 MS + 活性炭 1 g/L + 琼脂 6 g/L + 蔗糖 20 g/L + NAA 1 mg/L + 6-BA 1.5 mg/L + 香蕉泥 50 g/L + 土豆泥 50 g/L 分化效率最好，同时在基部会形成愈伤组织，培养 75 天左右进行下一阶段；假鳞茎膨大培养基可以用 3/4 MS + 6-BA 1.5 mg/L + NAA 3 mg/L + IBA 0.5 mg/L + 蔗糖 30 g/L + 蛋白胨 1 g/L + 活性炭 1 g/L + 土豆泥 150 g/L + 琼脂 7 g/L（袁颖，2020）。移栽前，带瓶在大棚中放置 2 ～ 4 周，然后取出组培苗，用多菌灵将培养基洗净后，移入已用浇透的松树皮中，2 周内保湿通风。成活率可达 90% 以上。待翌年春季无霜冻后移栽到带有遮阴网的露地规模化栽培或者温室或大棚中苗床离地栽培。

（二）分株繁殖

分球及顶芽球繁殖是目前最常用的田间规模化栽培和家庭栽培繁殖方法，子球当年即可销售，顶芽球则需再种一年才能成为开花球。对于多数种类而言，以人工栽培一年以上 5 ～ 8 g 的中球来说，每年可长出 2 个子球及 2 ～ 4 个顶芽球，一般而言，子球增殖个数随母球重量增加而增加（李哞，1984）。

（三）盆栽

1. 基质

盆栽基质可以有许多种配比，选择的基本原则是保持根部透水、透气性，基质选择要根据栽培环境和养护管理的水平来确定。通常用 6 ～ 9 mm 松树皮 ∶ 3 ～ 5 mm 蛭石 ∶ 松针 1 ∶ 1 ∶ 1 和 6 ～ 9 mm 松树皮 ∶ 5 ～ 8 mm 蛭石 ∶ 松针 =1 ∶ 1 ∶ 1 进行种植。在花盆底部放入碎石块，上面铺设上述混匀的基质 5 ～ 10 cm，上面覆盖干枯松针或苔藓。假鳞茎栽培深度为假鳞茎高度的 1/3 ～ 1/2，云南独蒜兰更接近地生兰，可以将种球完全栽入到基质中。

2. 水肥管理

浇水的关键期是生长季节初期，在这一时期应当多补充水分，而花期进入尾声，应该给以小水。软化水和纯水都可以用来浇灌。控制好浇水量，见干见湿。当叶片完全干枯后，停止浇水。让基质完全干燥。叶片会自然脱落。

3. 光照控制

喜欢早上阳光直射，但夏季生长期最好遮阴 50% ～ 70%。室外树荫下是很好的培养场所，另外和其他兰花一样，它们喜欢空气流通。

4. 温度控制

生长适温 13 ～ 25℃，能忍受较短时间的高温，但夜温高于 25℃，花芽不会分化。栽培地夏季平均气温不能超过 25℃，冬季种球休眠期需要在 1 ～ 5℃冷藏并保证无霜，4℃最为适宜。

（四）病虫害防治

常见病虫害有叶斑病、鞘锈菌、白绢病、炭疽病、介壳虫。其中叶斑病主要危害独蒜兰的叶片及花蕾，可采用 1% 波尔多液、50% 多菌灵、50% 甲基托布津 1000 倍液防治或 40% 的乐果乳剂 1500 倍液防治（吴沙沙 等，2020b）。炭疽病终年都有，高温多雨季节更为猖獗。病斑先从叶尖向根茎处延伸，初为褐色，然后逐渐扩大增多，出现许多干黑点，严重时导致整株死亡。除积极改善环境条件外，在发病期内，可先用 50% 甲基托布津可湿性粉剂 800 ～ 1500 倍液喷治，每 7 ～ 10 天 1 次；然后再辅以 1% 等量式波尔多液，每半月 1 次，连续喷 3 ～ 5 次。

四、价值与应用

自然界中独蒜兰尤其喜欢低纬度高山地区云雾环绕的“仙境”，云雾中若隐若现的独蒜兰属植物，仿若落入凡间犹抱琵琶半遮面的仙子，空灵、高冷。理想的生境状态下，它们常常成片群居，盛花期形成蔚为壮观的景象（吴沙沙 等，2019）。

独蒜兰花色瑰丽、花形美观，极具观赏价值。花色主要为白色、黄色、橙色、紫红色。不同物种唇瓣形态多变，有的圆润平滑，温婉如

图 2　独蒜兰属植物杂交品种花色展示

注：A. 台湾独蒜兰作为窗台兰盆栽观赏；B. 独蒜兰属植物组合栽培观赏；C. 独蒜兰花特写；D. 大田规模化栽培。

玉，有的坠着翩翩流苏，灵动活泼。适于盆栽或切花置于窗台观赏，因此又被称为“窗台兰”，也可丛植或片植，与其他喜冷凉的兰花（如虾脊兰属和鹤顶兰属的部分物种、白及、杓兰等）和观赏植物共同栽培，再现丛林兰花野趣的景象（图 2）。

（吴沙沙）

Plumbago 白花丹

白花丹科白花丹属（*Plumbago*）多年生近攀缘草本、常绿亚灌木或灌木。全球24种，广泛分布于非洲、亚洲、南美洲暖温带至热带湿润地区。大多开花美丽，色系独特，花期长，花相饱满。我国有2种，引进1种，如今蓝花丹已成为市民宠爱的家庭园艺观花植物，亦是城市公园、庭院等空间造景所用的新兴景观植物。

一、形态特征与生物学特性

（一）形态与观赏特征

直立、蔓延或攀缘（图1）。地下茎多分枝，地上茎不分枝或分枝。单叶互生，菱状卵形至狭长卵形，上部叶叶柄基部常有半圆形至长圆形的耳，蓝花丹的种加词"*auriculata*"就是指这个特征（耳形的、具耳的）。穗状无限花序顶生或腋生，花冠高脚碟状，淡蓝紫色至蓝白色；雄蕊5枚，略露于喉部之外或藏于花冠筒内，花药蓝色；花瓣5枚，每瓣中央有一深紫色纵纹线；子房近梨形，5棱，花柱无毛，5裂，有长花柱（花柱高于花药，L型）和短花柱（花柱低于花药，S型）之分，为典型的二型花柱植物。蒴果膜质，椭圆状卵形，淡黄褐色。种子红褐色，粗糙且有棱。

图1 蓝花丹生物学特征

注：A. 叶柄基部的耳；B. 花序；C. 长花柱；D. 短花柱；E. 蒴果；F. 种子。

（二）生物学特性

性喜温暖，生长适温25℃，耐热，可耐35～40℃高温。温度是调控其开花的主要环境因子，花芽形成到分化一般需60天，高温（28～32℃）条件下，仅需10～20天。《中国植物志》描述"在适宜温度下可全年开花"，如在泰国曼谷，全年可见开花。蓝花丹于当年生枝条开花，花期长短因区域和气温不同而异，盛花期一年可出现1～2次，如在四川花期可达半年，5～11月可连续有花，其中，6～9月间出现两次盛花期。中国科学院西双版纳热带植物园物候观测显示其盛花期为1月和4～7月，而在杭州有初春和夏末两个盛花期。该植物不太耐寒，当温度低于15℃时植物停止生长，0～5℃时出现休眠，叶片变黄部分脱落，低于0℃时，露地不能越冬。

喜阳稍耐阴，花量因阳光削弱而减少，但不

宜烈日暴晒。稍耐干旱，要求湿润环境，但水分过多会致其根部受损，叶片卷曲、叶面出现白色颗粒状粉末而产生生理病害。对土壤没有严格要求，一般园土即可，偏弱碱性对生长较有利。根系强健、耐修剪，萌蘖性强。一年可中剪 1 ～ 2 次，因枝条有一定韧性，通过冬剪可适当塑形，且为来年长出足够的新枝。抗逆性强、病虫害少、管理简单粗放。

二、种质资源

该属植物中的 3 个重要物种如下。

1. 蓝花丹 *P. auriculata*

花色为蓝色。因其稀有的淡蓝色花冠、适宜温度下的常年开花、少病虫害，耐修剪等优点，被全球广泛引种栽培作为观赏植物，我国华南、华东、西南亦有露地引种栽培，是该属目前应用较为广泛的园林花卉。

蓝花丹原产南非，常生于丛林和灌木丛中。蓝花丹在世界范围内主要分布于温暖的热带、亚热带地区。我国所见为引种栽培种，多见于西南、华南地区，部分北方地区，如北京、青岛等地有少量设施栽培。

本种存在一变种雪花丹（var. *alba*），花冠呈雪白色（图 2），我国少有引种栽培。

2. 白花丹 *P. zeylanica*

花色为白色。

3. 紫花丹 *P. indica*

花色为紫红色。

图 2　雪花丹

注：A. 长花柱；B. 短花柱。

三、繁殖与栽培管理技术

（一）播种繁殖

作为典型的二型花柱植物，两型间存在异型自交不亲和特性，自然结实率低且自然条件下种子发芽率很低、幼苗易死亡。自然条件下，蓝花丹主要为虫媒授粉，授粉后 40 ～ 50 天种荚变为黄褐色，此时种子成熟可采收；种子可随采随播，如不及时播种，可于 30℃烘箱处理 48 小时，干燥种子放 –86℃低温贮藏为佳。播种前宜浸种 11 小时以上，最适发芽温度为 25 ～ 30℃。栽培基质为珍珠岩：蛭石：泥炭土 =1 ：1 ：1，待长出 2 ～ 4 片真叶时移栽至花盆中，小苗忌暴晒，夏季应适当遮光。

（二）扦插繁殖

剪取蓝花丹一年生中上部硬枝作为插穗，插穗长度为 10 ～ 12 cm；放在 IAA 500 mg/L + IBA 500 mg/L+NAA 1000 mg/L 溶液中浸泡 30 秒后，植入插床后浇透水。插床基质的配制比例为蛭石：河沙 =1 ：1。插床温度保持在 20 ～ 25℃为宜，湿度 70% 左右，夏天适当遮阴，加强通风。

（三）组培快繁

以蓝花丹幼嫩茎段为外植体，单芽诱导最适培养组合 MS + 6–BA 0.4 mg/L、丛芽增殖 MS + 6–BA 1 mg/L + NAA 0.3 mg/L + IBA 0.5 mg/L 以及生根诱导 1/2 MS + NAA 0.3 mg/L。

（四）园林栽培

1. 基质

对土壤要求不高，一般园土即可。但园土中混合一定比例的泥炭土、蛭石、珍珠岩对幼苗生长为好。一般比例为园土：泥炭土：蛭石 =1 ：1 ：1。

2. 水肥管理

首次栽植将水浇透，之后见干见湿、干透浇透。在四川地区，种苗成活后，视土壤情况而定，保证土壤湿润，除夏季极端干旱炎热季节外，蓝花丹露地栽培基本不需要人工浇水。蓝花丹种植前，视基质肥力情况施基肥，后期追肥，可使用复合肥。定苗后用 1% 尿素液喷洒叶面，少量多次，2 次 / 月，总量不超过 200 kg/hm^2，定苗后，在两行中间开浅沟埋施硫酸钾高效复合肥约 1000 kg/hm^2。6 ～ 8 月喷硫酸钾或 0.5% 磷酸二氢钾 850 kg/hm^2，每 15 天，连喷 4 次。

3. 光照

性喜温暖，耐热，喜光照，稍耐阴，忌强光暴晒，夏季高温强光会造成叶片枯黄，故在全光照地区应适当遮阴。

4. 修剪及越冬

苗子下地成活后进行冠型修剪；之后每年在花期前进行 1 ～ 2 次修剪可提高新枝率增加花量。花期后越冬前再进行 1 次中度或重度修剪，减少营养消耗，保证顺利越冬。露地不能越冬的地区，需要增加一定的设施确保温度不低于 15℃。

5. 花期调控

蓝花丹开花时间随各地气温变化而定。如在四川地区，初花期为 5 月下旬，如需提前开花，可通过升温办法加快其花芽分化与开花进程。当植株置于昼温 / 夜温 25/21 ～ 31/27℃温度范围内处理 25 ～ 30 天，即可开花。但大于 35℃的高温对开花品质有消极影响。因此，在昼温 / 夜温 28/24℃条件下催花，植株的观赏价值最佳。

（五）病虫害防治

目前发现有螨虫类危害，使叶片内卷，施用 24% 螨危悬浮剂 4000 ～ 6000 倍液或 5% 尼索朗乳油 3000 ～ 5000 倍液喷雾防治即可防治。保持一定 70% 左右的湿度，不要被水长期淹没，蓝花丹基本没有病虫害现象。

四、价值与应用

（一）美学与生态价值

蓝花丹有一个古老而凄美的爱情传说。英勇的战士爱上了亡国的公主，为了爱情，两人逃离了自己的国家。或许是使命感，又或者是责任感，战士终究还是跨上了战马。然而刀枪无眼，战士牺牲了。公主选择用一根蓝色的布条自尽，后来在她的脚下开出了一片美丽的蓝色花朵，这便是蓝花丹。蓝花丹叶色翠绿，清新淡雅；枝条葱绿碧翠，分散而下垂呈蔓生状，秀美独特；花淡蓝或淡蓝紫，多朵小花合围成球状，多枚聚集成穗状簇生枝头，一丛丛、一串串、一片片似蓝色的云彩。纯色花瓣上一条深色花纹，不多余也不可缺少，是极简主义美学的完美诠释。“此枝开罢彼枝开，连绵不断花常在”，随着枝条顶端开花，叶腋间会再生分枝，分枝顶端又形成花蕾，从而层出不穷。通过频繁摘除顶芽促使形成大量分枝，开出一大团盛开的天蓝色花球，像童话故事里的蓝精灵一样轻盈唯美，这在景观建设中将会提供更好的美学吸引力，增添理想景观。

改善环境微景观，给人以清爽舒适之感。蓝色、紫色光波短，在视觉上有加大景深、增强视域之感，夏季还可用来缓解炎热之感。因此，在一些拥挤狭窄环境中，搭配种植蓝花丹可形成扩大空间之效，若在丛林、水体或花坛、花境中等布置，还可增加清凉、雅致之感。

蓝花丹春种夏长，耐修剪，萌蘖能力强，生长迅速，生物量大，在城市种植不仅满足人们审美需求，亦是提高城市绿量的优秀植物。此外，该植物耐一定高温环境，全球气候变暖导致城市热岛效应越来越困扰人们的健康生活，蓝花丹恰好是气候变暖后能种植的景观植物。研究报道，蓝花丹是对频繁迁移流入到城市、郊区景观和苗圃的异黑蝗具有持续抵抗力的物种之一，起到了生物防治虫害的作用。

（二）观赏与园林应用

蓝花丹以其罕见独特的花色（淡蓝色、淡蓝紫色）、秀雅的身姿、繁茂的花朵、极长的花期、粗放的管理以及较高的可塑性成为各国园艺界的宠儿，曾获英国皇家园艺学会（RHS）的园艺功勋奖（Award of Garden Merit）。其主要园林应用形式如下。

1. 立体绿化

蓝花丹生长旺盛、枝叶稠密、花色独特、枝条柔软，枝蔓可向下形成绿帘，达到遮阴和观赏的功能，并起防护和分隔作用，常用作桥梁、庭廊、护栏、边坡等立体绿化（图 3A）。

图 3　蓝花丹造景应用

注：A. 立体绿化；B. 花境；C. 森林康养种植；D. 盆栽。

2. 花境

蓝花丹在亚热带地区花期可达半年左右，是自然界少有的蓝色系花，且病虫害较少，易养护，常用于公园及开敞空间的景观提升（图 3B）。

3. 森林康养

蓝花丹的康养功能有两方面。一是具安神、醒脑功效；二是其挥发物质具有一定的消炎、杀菌保健、康养作用（图 3C）。因此，可用于森林康养植物选择。

4. 编织、造型

因其属于亚灌木，枝条柔韧性较好，花序又着生于当年生枝条的顶端，故是一种潜在植物造型、编艺的材料。

5. 盆栽

因其在温度适宜地区，可常年开花，观赏期长，且其花色独特又耐修剪，故是良好的盆栽观赏植物（图 3D）。人们不仅可选择较矮小的植株单独栽植观赏，还可应用一些枝条悬垂的成熟植株，在大型容器中组合栽植，再配以其他的构筑物，如石块等，形成良好的小型景观，点缀环境。

（三）药用价值

该属植物全株各部位（根、茎和叶）均可积累次生代谢产物白花丹素，以及丰富且广泛的其他代谢产物（如三萜类、甾醇类等）。在中国、印度传统医学体系中，早已有将其根部作为民间药用植物治疗瘊子的记载。

蓝花丹中的重金属、黄曲霉素、农药残留量以及微生物数量均符合世界卫生组织（WHO）的指导方针范围，因此用于医学体系是安全的。并且，其根部含有较高浓度的白花丹素，最新研究表明，白花丹素能直接抑制癌症的关键 PI3K/Akt/mTQR 通路，从而达到显著抑制癌症的作用。此外，蓝花丹含活性化合物总黄酮、总酚和单宁等，具有潜在的抗氧化能力和抗肥胖活性，可作为脂肪酶抑制剂，或用于研发新的减肥药，或用作新减肥药物设计的先导化合物来源，或开发抗肥胖功能性食品。

在南非大鱼河自然保护区，蓝花丹是黑犀牛冬夏两季最优的木本饲料。而对许多昆虫而言，蓝花丹与食虫植物茅膏菜属物种非常相似，是一种引诱剂和驱虫剂。作为生态友好园林植物，蓝花丹现已越来越被园艺疗法推崇。

（高素萍）

Pollia 杜若

鸭跖草科杜若属（*Pollia*）多年生草本。又名地藕、竹叶莲、山竹壳菜。全属19种，分布于亚洲、非洲和大洋洲的热带、亚热带地区。我国有7种，见于长江流域以南，都为直立或上升草本，杜若为该属模式种。

一、形态特征与生物学特性

（一）形态与观赏特征

具走茎或根状茎。茎近于直立，通常不分枝。圆锥花序顶生，粗大而坚挺，或披散成伞状；或蝎尾状聚伞花序有花数朵；总苞片下部的近叶状，上部很小；苞片膜质，抱花序轴；萼片3枚，分离，椭圆形，中间凹入而稍呈舟状，常宿存；花瓣3枚，分离，卵圆形，有时具短爪。果实不裂，浆果状，果皮黑色或蓝黑色。花期7～9月，果期9～10月（图1、图2）。

图1 杜若花序

图2 杜若果序

（二）生物学特性

在我国分布于长江以南海拔1200 m以下的山谷林下潮湿处，性喜凉爽湿润的环境。耐阴、耐寒、亦耐水湿，宜土层深厚、疏松、肥沃的微酸性壤土（夏宜平，2008）。

二、种质资源

我国有7种，分别为川杜若（*P. miranda*）、杜若（*P. japonica*）、大杜若（*P. hasskarlii*）、密花杜若（*P. thyrsiflora*）、伞花杜若（*P. subumbellata*）、长花枝杜若（*P. secundiflora*）、长柄杜若（*P. siamensis*）。杜若属植物的园林应用较少，目前仅杜若在部分植物园有引种栽培驯化。

杜若 *P. japonica*

茎直立或上升，高30～50 cm，被微柔毛。叶无柄或基部渐狭成为具翅的叶柄；叶鞘无毛；叶片狭椭圆形，10～30 cm×3～7 cm，近无毛和粗糙，背面无毛。花序远长于上部叶；花序梗15～30 cm，被微柔毛；蝎尾状聚伞花序多数，2～4 cm，经常为稀疏轮生，个别圆锥花序状；总苞片披针形，被微柔毛；苞片膜质；萼片卵状圆形，无毛，宿存；花瓣白色，倒卵状匙形；雄蕊6，全部能育，很少退化，雄蕊1或2，具短花丝。果球状。花期7～9月，果期9～10月。

生于峡谷森林，近海平面到海拔1200 m均有分布。产我国安徽东南部、福建、广东北部、广西；日本、朝鲜也有分布（图3）。

图 3　林下植株

三、繁殖与栽培管理技术

（一）分株繁殖

自播繁殖或营养繁殖，多以分株法为主。通常在春夏季分株，之后注意遮阴，定期喷水保持湿润即可，成活率高。

（二）组培快繁

取幼嫩叶片或茎段带节芽作为外植体，将叶片和茎段带节芽用洗洁精清洗后，在流水下冲洗 2 分钟，之后用 70% 酒精洗 30 秒后（期间不断摇动）在操作台用 0.1% 氯化汞消毒 7 分钟，用无菌水漂洗 4 ～ 5 遍。将消毒完的叶片切成 0.7 cm × 0.7 cm 的方块，正面向上贴于培养基表面（茎段芽切成 0.5 cm 左右）。培养室温度 25℃ ± 2℃，暗柜培养 30 天。

（三）盆栽

生长适温 15 ～ 25℃，夏秋高温和干燥时节需向植株及其周围喷雾增湿，夏季需适当遮阴，避免暴晒，避免滋生病虫害。冬季注意放在光照充足的室内和减少浇水量，冬春低温时可给予充足光照，低温时控制浇水，保持盆土稍干。避免冷风吹袭。喜疏松肥沃的土壤。可选择通用型营养土或将泥炭：椰糠：珍珠岩 =1 ：1 ：1 配制。

（四）病虫害防治

栽培管理粗放，几无病虫害发生。栽培环境空气湿度过低，叶容易卷边。若配植不当，种植于光线过强处，会有日灼病发生。

四、价值与应用

杜若属植物的花洁白无瑕、小巧精致，3 瓣倒卵状匙形花瓣晶莹剔透，簇拥着中间高高挺立的花蕊与花柱。花梗前端多个花朵组成蝎尾状聚伞花序，成轮状排列，一轮轮的花朵组成圆锥形的花序，高高挺出茎部，整体观感优雅、高洁。叶色光泽鲜明，观赏价值极高。原生于低海拔阔叶林阴湿处，具较强的耐阴性，喜湿润土壤，可林下、林缘配植，丰富景观多样性，亦可用于花境、滨水配植丰富景观效果、增加植物层次感。杜若的植株高大，株丛浓密，花色清雅，自然花期夏季，可作林缘耐阴地被，此外可在阴生花境、药草园等自然式植物景观中配植应用（图 4）。也可用于盆栽观赏。

全株入药，具有疏风消肿、理气的功效。

图 4　林下地被景观

（吴棣飞　蔡晓洁）

Polygala 远志

远志科远志属（*Polygala*）一年生或多年生草本、灌木或小乔木。全球约275种，全世界广布；我国有42种8变种，广布于全国各地，以西南和华南地区最盛。

一、形态特征与生物学特性

（一）形态与观赏特征

植株有时具刺。单叶互生，稀对生或轮生（我国不产），叶片纸质或近革质，全缘，无毛或被柔毛。总状花序顶生、腋生或腋外生；花两性，左右对称，具苞片1～3枚，宿存或脱落；萼片5，不等大，宿存或脱落，2轮排列，外面3枚小，里面2枚大，常花瓣状；花瓣3，白色、黄色或紫红色，侧瓣与龙骨瓣常于中部以下合生，龙骨瓣舟状、兜状或盔状，顶端背部具鸡冠状附属物；雄蕊8，花丝连合成一开放的鞘，并与花瓣贴生，花药基部着生，有柄或无柄，1室或2室，顶孔开裂；花盘有或无；子房2室，两侧扁，每室具1下垂倒生胚珠；花柱直立或弯曲，弯曲状况依龙骨瓣形状而定，柱头1或2。果为蒴果，两侧压扁，具翅或无，有种子2粒；种子卵形、圆形、圆柱形或短楔形，通常黑色，被短柔毛或无毛，种脐端具1帽状、盔状全缘或具各式分裂的种阜，另端具附属体或无。

（二）生物学特性

喜阳喜干，根据其生习性应选择向阳、地势高燥且排水良好的壤土或砂壤土地块。

二、种质资源

1. 香港远志 *P. hongkongensis*

直立草本至亚灌木，高15～50 cm，茎枝细，疏被至密被卷曲短柔毛（图1）。分布于我国大江西、福建、广东、四川等地，主要生长于海拔500～1400 m的沟谷林下或灌丛中。

1a. 狭叶香港远志 var. *stenophylla*

本变种不同于香港远志（原变种）的主要特征为叶狭披针形，小，长1.5～3 cm，宽3～4 mm，内萼片椭圆形，长约7 mm，宽约4 mm，花丝4/5以下合生成鞘（徐绍清，2013）。

产我国江苏、安徽、浙江、江西、福建、湖南和广西等地；生于沟谷林下、林缘或山坡草地，海拔350～1150 m。

2. 瓜子金 *P. japonica*

多年生草本植物。茎枝被卷曲短柔毛。叶厚

图1　不同种类的远志属植物

注：A. 香港远志；B. 瓜子金；C. 荷包山桂花；D. 桃金娘叶远志。

图 2 桃金娘叶远志的花朵、叶片和应用效果（严凤尧 摄）

纸质或近革质，卵形或卵状披针形，无毛或沿脉被柔毛。花序与叶对生，花瓣白或紫色。种子球形（图 1）。花期 4 ～ 5 月，果期 5 ～ 8 月。

该属还有灌木型的桃金娘叶远志（图 2）。

三、繁殖与栽培管理技术

（一）播种繁殖

采用直播或育苗移栽均可，春播在 4 月中下旬；秋播在 8 月中下旬进行；因地制宜，不可过晚，以保证出苗后不因气温太低而死亡。一般先在整好的地上浇水，水下渗后再进行播种。每亩用种 1 ～ 1.5 kg，播前用水或 0.3% 磷酸二氢钾水溶液浸种 1 昼夜，捞出后与 3 ～ 5 倍细沙混合秋播用当年种子，于 8 月下旬播种，翌年春出苗。育苗移栽 3 月上中旬进行，在苗床上条播，覆土约 1 cm，保持苗床湿润，温度控制在 15 ～ 20℃ 为佳，播后约 10 天出苗，待苗高 5 cm 时进行定植。在阴雨天或午后进行。

（二）园林栽培

选择向阳、地势高燥且排水良好的壤土或砂壤土地块。翻地时必须一次施足底肥。在北方多采用宽 1 m 的平畦，进行条播。

因远志植株矮小，苗期生长缓慢，应注意松土除草，松土要浅，保持土表疏松湿润，避免杂草掩盖植株。

喜干燥，除种子萌发和幼苗期需适量浇水外，在生长后期一般不宜经常浇水。每年春冬季节及4～5月间各追肥1次，以磷肥为主。根外追肥于6月中旬至7月上旬。

（三）病虫害防治

根腐病　多雨季节低洼地易发，危害根部。防治方法：①尽早发现病株拔掉并烧毁，病穴用10%石灰水消毒。②发病初期也可用50%多菌灵1000倍液喷灌，每隔7～10天喷1次，连喷2～3次（侯成祥，2021）。

叶枯病　高温季节易发，危害叶片。防治办法：用代森锰锌800～1000倍液或瑞霉素800倍液叶面喷施，每隔7天喷1次，一般2次即可控制危害。

蚜虫　用40%乐果乳剂2000倍液喷杀，每7～8天喷1次，连续2次。

四、价值与应用

该属植物可作观赏花卉，用于花境、花带、岩生或地被植物。桃金娘叶远志可以用于花境、花带栽培，远志和卵叶远志（*P. sibirica*）可作岩生花卉。也可作药用栽培，或作药用植物园的植物配植材料。

根可入药，含远志皂苷、远志碱、远志糖醇、远志素、树脂、脂肪油等成分，有镇咳、化痰、活血、止血、益智安神、散郁的功能，可用于治疗神经衰弱、咳嗽痰多、腹泻、痈疽疮肿。

（张佳平　夏宜平）

Polystichum 耳蕨

水龙骨科耳蕨属（*Polystichum*）多年生常绿草本观叶植物。羽片基部上侧常有耳状凸起，故而得名。全球约有370种，全世界分布，大多都具观赏价值；我国有200余种。

一、形态特征与生物学特性

（一）形态与观赏特征

根状茎短，直立或斜升，连同叶柄基部通常被鳞片；鳞片多型，阔披针形或卵形、线形或纤毛状，边缘有齿或芒状，棕色至黑棕色。叶簇生；叶柄腹面有浅纵沟，基部以上常被与基部相同而较小的鳞片；叶片线状披针形、卵状披针形或椭圆形，一至四回羽状；侧生羽片多对；小羽片、末回小羽片或裂片的基部上侧有耳状突起，边缘有芒状锯齿；叶脉分离，羽状；叶片草质至革质，叶背及叶轴、羽轴常被狭披针形、钻形鳞片或纤维状鳞片。部分物种叶轴上部有时有芽胞，有时芽胞在顶端而叶轴先端能延生成鞭状，着地生根萌发成新株。孢子囊群圆形，通常着生于小脉顶端；囊群盖圆形，盾状着生，宿存或早落，孢子囊的环带由18个以上增厚细胞组成。孢子椭圆形，周壁具褶皱，表面有瘤状突起。染色体基数x=41（陆树刚 等，2007）。

（二）生物学特性

多分布在北半球温带及亚热带山地。较集中地分布在我国西南和南部；以及喜马拉雅山区、印度北部、日本等地。喜温暖、凉爽、阴湿环境。

二、种质资源

常见物种为对马耳蕨。中小型耳蕨观赏种类有革叶耳蕨（*P. xiphophyllum*）、对生耳蕨（*P. deltodon*）、芒齿耳蕨（*P. hecatoteron*）、芽孢耳蕨（*P. stenophyllum*）、鞭叶耳蕨（*P. craspedosorum*）、三叉耳蕨（*P. tripteron*）、硬叶耳蕨（*P. neolobatum*）和峨眉耳蕨（*P. omeiense*）等。

对马耳蕨 *P. tsus-simense*

又名小叶金鸡尾巴草、毛脚鸡、线鸡尾。中小型陆生蕨类，株高40～60 cm。根状茎直立，顶端密被黑棕色鳞片。叶簇生，叶柄禾秆色，长8～15 cm；叶片二回羽状，披针形，长20～35 cm，宽10～15 cm，基部略收缩，先端渐尖；薄革质，叶面绿色，有光泽，光滑无毛。孢子囊群分散生于叶缘和中肋之间，圆形，黑色，孢子囊群盖盾形（图1）。

广泛分布于长江以南各地，向北可到陕西。常生于阴暗山谷、湿润林下、溪边等潮湿小生境。越南、印度、朝鲜、日本等亦有分布。

三、繁殖与栽培技术

对马耳蕨分株繁殖和孢子繁殖均可。

（一）分株繁殖

将直立根状茎一分为二，两部分均保留足够的根系，特别需要保留新根，栽于混有腐叶土的砂质壤土中，放置于湿润阴暗处养护，保持温湿度。特别要注意保护新的拳卷芽和未展开的小叶，细心养护很快就能恢复生长。

（二）孢子繁殖

对马耳蕨孢子形态为肾形（图2A）。孢子

图 1　对马耳蕨植物形态特征
注：A. 叶片形态；B. 孢子囊群；C. 羽片、裂片、鳞。

接种于 1/2MS 培养基上，5 ～ 6 天开始萌发（图 2B），孢子的一端长出一个绿色细胞（原叶体的原始细胞），与原始细胞的分裂面垂直方向产生假根。原叶体原始细胞的继续纵向分裂（约 12 天），产生 2 ～ 7 个单列的细胞即为丝状体阶段（图 2C）。丝状体顶端细胞由一维生长转为二维生长，进入片状体阶段（图 2D），该过程需要 25 天左右。接种约 70 天，进入原叶体阶段（图 2E），以大部分出现心脏形幼原叶体为标志。90 天左右产生幼孢子体（图 2F）（敖金成 等，2010 a）。对马耳蕨配子体发育时间较长，当潮湿荫蔽的生境改变后，整个配子体发育阶段将受到严重影响，需要精心管护。

目前，同属植物通过无菌方法繁殖成功的还有对生耳蕨、硬叶耳蕨、蚀盖耳蕨（*P. erosum*）、黑鳞耳蕨（*P. makinoi*）等。

（三）园林栽培

对马耳蕨喜凉爽阴湿环境。在生长季节每天喷水 1 ～ 2 次，空气湿度保持在 55% ～ 70%，每周施用“史丹利”通用型水溶肥按照体积比 1 ： 200 的淡液肥 1 次。土壤应以透气性好的砂壤土为宜，盆栽用土配比为壤土：素沙：腐叶土 = 2 ： 1 ： 1。每 2 年换盆 1 次，其间随时修剪枯叶和老叶。夜温 8 ～ 12℃，昼温 20 ～ 25℃，空气湿度保持在 60% 左右对其生长有利。

四、价值与应用

叶片质地为草质至革质，单株叶片数量较多，适于盆栽或花坛绿植，也可作切花配叶。对马耳蕨叶片数量多而茂密，株型整齐，青翠碧绿，适宜室内盆栽，亦可作切花配叶。四季常绿，喜湿耐阴，湿润时在全光照下亦能正常生长

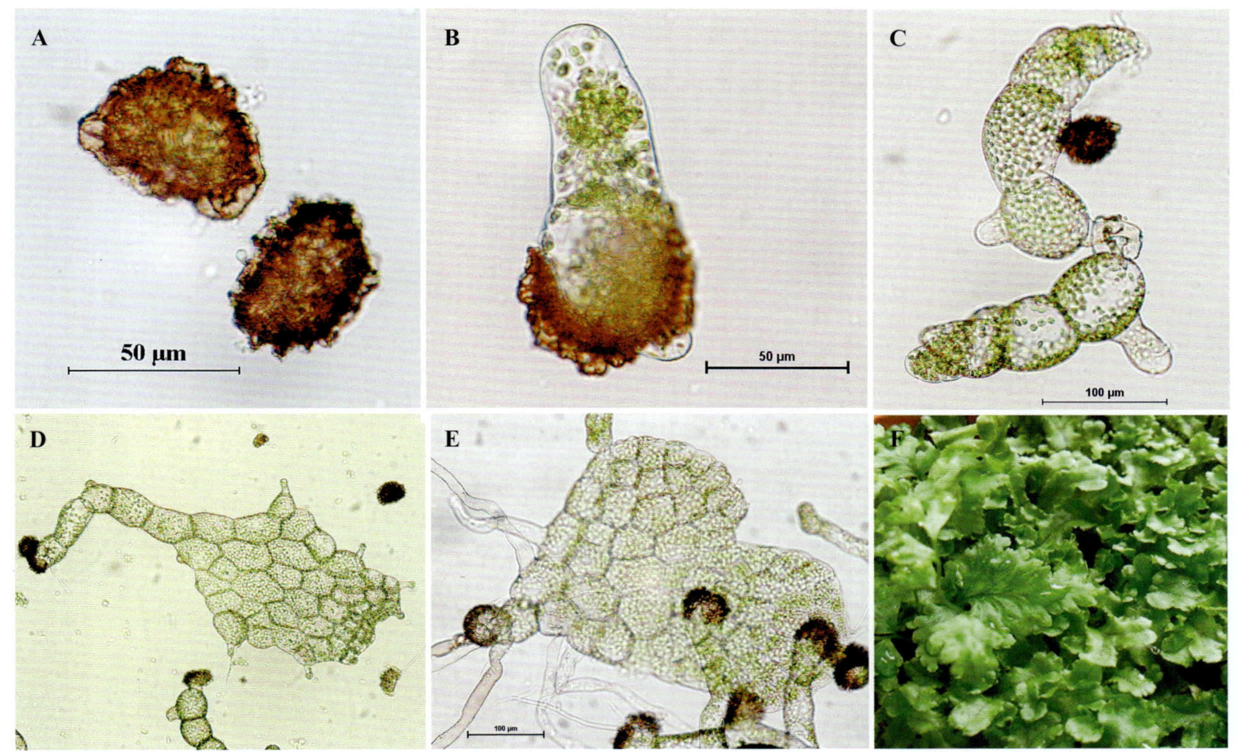

图 2　对马耳蕨不同发育阶段的形态特征

注：A. 孢子；B. 孢子萌发；C. 丝状体；D. 片状体；E. 配子体；F. 幼孢子体。

（敖金成 等，2010 b）。

可作药用，有清热解毒、凉血散瘀的功效。常用于治疗痢疾、目赤肿痛、乳痈、疮疖肿毒、痔疮出血、烫火伤。

（张光飞）

Pontederia 梭鱼草

雨久花科梭鱼草属（*Pontederia*）多年生挺水或湿生草本植物。在北美的水域里，梭鱼的幼鱼喜欢藏匿于某一类植物密生的叶丛与根茎间，在那里嬉戏游乐，俨然是它们的私人隐秘乐园；这种为它们提供隐密场所的植物就是由此而得名的梭鱼草。每到花开时节，叶片翠绿光亮，穗状花莛直立，每条穗上密密地簇拥着蓝紫色或白色圆形小花，上方两花瓣各有两个黄绿色斑点，通常高出叶面。串串小紫花或白花在片片绿叶的映衬下，别有一番情趣。梭鱼草葱绿丛生的叶片和穗状的花序是其主要的观赏特点，长 10 ～ 20 cm 的花序高出叶面直立顶生，由数百朵密生的小花组成，紫色的花朵像飞舞的小鸟。因此，梭鱼草的花语是自由。

一、形态特征与生物学特性

（一）形态与观赏特征

地下茎粗壮，黄褐色，有芽眼。基生叶丛生，株高 80 ～ 150 cm。叶柄绿色，圆筒形，横切断面具膜质物。叶片光滑，呈橄榄色，倒卵状披针形。广心形或披针形，端部渐尖。穗状花序顶生，长 5 ～ 20 cm，小花密集在 200 朵以上；蓝紫色或白色，直径约 10 mm；花被裂片 6 枚，近圆形，裂片基部连接为筒状，中央裂片具黄绿色斑点；花柱分长、中、短三型（图 1）。果实初期绿色，成熟后褐色；果皮坚硬，种子椭圆形，直径 1 ～ 2 mm。花果期 5 ～ 10 月（陈耀东，2012）。

图 1　梭鱼草花序及三型花柱（李淑娟 摄）

（二）生物学特性

喜温暖、喜阳、喜肥、喜湿，怕风，喜肥耐瘠薄，不耐寒。分生能力强，拥挤现象较严重，常导致植株在 8、9 月后叶片枯黄，影响景观。种植于沙石中长势也较好。在南亚热带南部及其以南地区呈常绿，在中温带及其以北地区呈一年生。静水及水流缓慢的水域中均可生长。

二、种质资源

全球约有 6 个种及一些变种，分布于南北美洲的热带及暖温带区域。作为观赏植物应用的有 2 种 1 变种——梭鱼草、白花梭鱼草和剑叶梭鱼草。我国华北及以南地区均有引种栽培。

1. 梭鱼草 *P. cordata*

叶片宽披针形，长宽比约 2 ∶ 1，基部心形；花蓝紫色。应用最为广泛（图 2）。

1a. 白花梭鱼草 var. *alba*

又名白花海寿花。与原变种梭鱼草和箭叶梭鱼草较为接近，唯其花为白色，易于区别（图 2）。

图 2　梭鱼草及白花梭鱼草（李淑娟 摄）

图 3　剑叶梭鱼草（李淑娟 摄）

2. 剑叶梭鱼草 *P. lanceolata*

花蓝紫色，但花序上小花排列更紧密。较梭鱼草植株更高大；叶片为长披针形，长宽比约为 5 ∶ 1；基部浅心形或圆形（图 3）。抗逆性强，抗病虫害。性喜温热，也耐寒。是我国引种的该属植物中最耐寒的种类。喜水较耐旱，在地下水位较高处和潮湿土壤中均能良好生长。耐修剪，耐移植，夏季高温季节强剪移植后 1 个月左右便能恢复正常并开花（陈煜初，2016）。

三、繁殖与栽培管理技术

（一）播种繁殖

春季室内播种。培养土可用青泥土，装盆 2/3，用水浸透；再将种子撒播在上面，后覆盖薄的一层沙或土；然后再加水至满盆，再用玻璃盖住盆口，略留缝隙，以免温度过高烧死种苗。一般温度保持在 25℃左右为宜（赵家荣，2002）。

（二）分株繁殖

在春季进行。将地下茎挖出，抖掉泥土，去掉老根茎，用快刀切成块状，每块保留 2 ～ 4 个芽作繁殖材料（赵家荣，2002）。在生长期起苗后，按每丛 1 ～ 2 芽移植到大田，株行距以 20 cm × 30 cm 为佳（陈煜初，2016）。

（三）组培快繁

选用春天刚萌动的带芽的地下茎段为外植体，冲洗干净泥土，剪成长 4 cm 左右；常规灭菌；诱导生根、新芽及增殖培养基均可选用 1/2MS+ 蔗糖 12 g/L+IAA0.3 mg/L 配方。在 3500 lx、28℃条件下培养。增殖培养时，以具有 2 个生长芽的微型根茎为材料在瓶内的繁殖速度最快，移栽、移植成活率高。微型根茎试管苗移栽成活率近 100%，定植的试管苗保持了梭鱼草的植物学性状和观赏性状（李德鑫，2013）。

（四）园林栽培

1. 土壤

水深 55 cm 以内，软质底泥，pH 6.0 ～ 8.5 之间。

2. 水肥

喜湿、喜肥，水肥一定要满足其需要，适合在静水中生长，一般水位 20 cm 以下的浅水是比较合适的。盆栽时灌满盆，保持一定的水层。生长旺盛期，盆内常保持满水。池、塘最低度水位不能少于 30 cm。并结合除草追施 2 ～ 3 次肥，追肥 20 天左右 1 次。施肥方法：用易腐烂的纸做袋装肥，施入池、塘或盆内的泥土中（深约 10 cm）（赵家荣，2002）。

3. 光照

喜光照，需要充足的阳光。

4. 修剪及越冬

在生长季节修剪后恢复速度快，夏季一般 20 天就能自然开花；初冬修剪枯枝叶，以减少水体污染；种植若干年后需疏除过密部分。容器栽培须定时翻缸分栽。植株生长过密时，及时间疏，促使植株恢复长势，二次开花（陈煜初，2016）。8～10月种子不断成熟，应及时采摘，以免种子落入水中漂走，这时要清除枯黄茎叶，以保持株型美观（赵家荣，2002）。

适宜生长温度18～35℃，18℃以下生长缓慢，10℃以下停止生长。不耐寒，冬季温度低的时候需要进行防寒，可以将种植容器灌水并放进室内越冬，保持温度在5℃以上，便于安全过冬。在暖温带地区，地下茎在冻土层以下的可以安全越冬（图4），否则易受冻害致死，呈一年生（陈煜初，2016）。

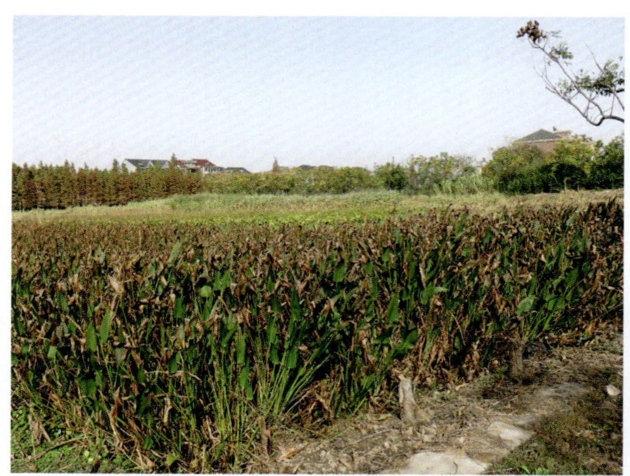

图4　梭鱼草在杭州的冬态

（五）病虫害防治

病虫害比较少，生长期主要害虫为蚜虫，用啶虫脒、吡虫啉等常规杀虫剂即可防治。

四、价值与应用

梭鱼草生长迅速，繁殖能力强，在条件适宜的情况下可在短期内覆盖大片水域。株丛密集、繁茂，花色高雅，花期长，叶色清雅，适合公园风景区及庭园水体绿化。丛植、片植均可，丛植多用于叠石、构筑物的结合等部位，片植宜用于大面积的景观，是一种较有前途的水生观赏植物（陈煜初，2016）。

长达6个月的花期使其在水生植物中有着重要地位，再加上翠绿色的身躯，淡紫色的发丝，别具韵味的姿色，广泛应用于园林美化。栽植于河道两侧、池塘四周、人工湿地等，常与千屈菜、花叶芦竹、水葱、再力花等相间种植（图5、图6）。用于家庭园艺也甚相宜，游走在庭院盆盂与小池中，营造出一种浪漫的气息。

图5　梭鱼草与荷花、慈姑和千屈菜等构成景观
（李淑娟 摄）

图6　夕阳下的梭鱼草（李淑娟 摄）

梭鱼草根系发达，可直接从生长的底泥和水体中吸收氮、磷等营养元素，起到净化水体的作用（马井泉，2005；余红兵，2012），同时具有较强的重金属富集能力（韦菊阳 等，2013），也可用于铜等重金属污染水体的净化（高军侠，2016）。

（张燕）

Potamogeton 眼子菜

眼子菜科眼子菜属（*Potamogeton*）一年生或多年生水生草本。该属是林奈于1753年创立，属名 *Potamogeton* 来源于希腊词，*Potamos* 意为河流，*geiton* 意为人，*Potamogeton* 即指本属植物生于水边。眼子菜属约含100种，全球分布，尤以北半球温带地区分布较多。其中我国产约28种4变种，广泛分布于全国各地。

一、形态特征与生物学特性

（一）形态与观赏特征

常具横走根茎，稀根茎极短或无根茎。茎圆柱形、椭圆柱形或极扁。叶互生，有时在花序下面近对生，单型或两型，漂浮水面或沉没水中，具柄或无柄；叶片卵形、披针形、椭圆形、矩圆形、条形或线形；叶脉因叶形的不同而为3至多数，相互平行，并于叶片顶端相汇合；托叶鞘多为膜质，稀草质，无色或淡绿色，与叶片离生或贴生于叶片基部而形成叶鞘，边缘叠压而抱茎，稀合生成套管状。

穗状花序顶生或腋生，花期伸出水面或否，具花2至多轮，每轮3花，或2花交互对生；花序梗圆柱形或稍扁，与茎等粗或向上逐渐膨大而呈棒状；花两性，无梗或近无梗，风媒或水表传粉；花被片4，排列成1轮，淡绿色至绿色，或有时外面稍带红褐色，通常基部具爪，先端钝圆或微凹；雄蕊4，与花被片对生，几无花丝；花药长圆形，药室背面纵裂；花粉粒球形或长圆球形，无萌发孔，表面饰有网状雕纹；雌蕊1～4，离生，稀于基部合生；子房1室，花柱缩短，柱头膨大，头状或盾形；胚珠1，腹面侧生。

果实核果状，具直生或斜伸的短喙；外果皮近革质，或松软而略呈海绵质；内果皮骨质，背部具萌发时开裂的盖状物，盖状物中肋常凸起而形成钝或锐的龙骨脊，有时因龙骨脊上具附器而呈钝齿牙或鸡冠状，盖状物与内果皮侧壁相接处常形成显著或不显著的侧棱；胚弯生，钩状或螺旋状，无胚乳。2n=26, 28, 38, 42, 52, 78, 88。

（二）生物学特性

喜浅水、静水的生长环境。其中浮叶种类多分布于0.2～0.5 m深的水体内，沉水种类可位于深达1～2 m的水体内。多数种类喜清澈、污染较少的水体，部分广布种，如菹草（*P. crispus*）、篦齿眼子菜（*P. pectinatus*）等也能适应污染的水体；多数种类常见于pH 5～8.5的水体中，其中以分布于新疆、青海等西北地区的种类更偏好微碱性环境，而华中地区分布较广的种类喜微酸性水体。

二、种质资源

Raunkiaer（1896）提出了眼子菜属的两个亚属，分别为眼子菜亚属和鞘叶亚属，这一划分依据了托叶是否合生成叶鞘、花期花序是否挺立出水面风媒传粉等特征，目前已经为广大学者所采纳。

（一）眼子菜亚属 Subgen. *Potamogeton*

叶漂浮水面或常沉没水中，具柄或无柄，托叶与叶片离生，稀基部稍合生，但不形成叶鞘。穗状花序花期伸出水面，花为风媒传粉。内果皮背部盖状物自基部直达顶部。以下4种归于该亚属。

1. 光叶眼子菜 *P. lucens*

具根茎。茎圆柱形，直径约 2 mm，上部多分枝，节间较短，下部节间伸长，可达 20 cm 以上。叶长椭圆形、卵状椭圆形至披针状椭圆形，无柄或具短柄，有时柄长可达 2 cm；叶片长 2 ～ 18 cm，宽 0.8 ～ 3.5 cm，质薄，先端尖锐，常具 0.5 ～ 2 cm 长的芒状尖头，基部楔形，边缘浅波状，疏生细微锯齿；叶脉 5 ～ 9 条，中脉粗大而显著，侧脉细弱，与中脉平行，顶端连接，次级叶脉细弱，但清晰可见；托叶大而显著，绿色，通常不为膜质，与叶片离生，长 1 ～ 5 cm，先端钝圆，常宿存。穗状花序顶生，具花多轮，密集；花序梗明显膨大呈棒状，较茎粗，长 3 ～ 20 cm；花小，被片 4，绿色；雌蕊 4 枚，离生。果实卵形，长约 3 mm，背部 3 脊，中脊稍锐，侧脊不明显（图 1）。花果期 6 ～ 10 月。2n=52。

分布于东北、华北、华东、西北及云南。生于湖泊、沟塘等微酸至中性静水水体。北半球广布种。目前，光叶眼子菜已经作为水体净化以及观赏应用的水生花卉，在园林中广为应用，也用作水族箱的装饰。

2. 穿叶眼子菜 *P. perfoliatus*

具发达的根茎。根茎白色，节处生有须根。茎圆柱形，直径 0.5 ～ 2.5 mm，上部多分枝。叶卵形、卵状披针形或卵状圆形，无柄，先端钝圆，基部心形，呈耳状抱茎，边缘波状，常具极细微的齿；基出 3 脉或 5 脉，弧形，顶端连接，次级脉细弱；托叶膜质，无色，长 3 ～ 7 mm，早落。穗状花序顶生，具花 4 ～ 7 轮，密集或稍密集；花序梗与茎近等粗，长 2 ～ 4 cm；花小，被片 4，淡绿色或绿色；雌蕊 4 枚，离生。果实倒卵形，长 3 ～ 5 mm，顶端具短喙，背部 3 脊，中脊稍锐，侧脊不明显（图 2）。花果期 5 ～ 10 月。2n=52。

图 1　光叶眼子菜

图 2　穿叶眼子菜

分布于东北、华北、西北及山东、河南、湖南、湖北、贵州、云南等地。生于湖泊、池塘、灌渠、河流等微酸至中性水体。广布于欧洲、亚洲、美洲、非洲和大洋洲。目前，已经作为水体净化以及观赏应用的水生花卉，在园林中广为应用，也用作水族箱的装饰。

3. 竹叶眼子菜 *P. wrightii*

根茎发达，白色，节处生有须根。茎圆柱形，直径约 2 mm，不分枝或具少数分枝，节间长可逾 10 cm。叶条形或条状披针形，具长柄，稀短于 2 cm；叶片长 5 ～ 19 cm，宽 1 ～ 2.5 cm，先端钝圆而具小凸尖，基部钝圆或楔形，边缘浅波状，有细微的锯齿；中脉显著，自基部至中部发出 6 至多条与之平行、并在顶端连接的次级叶脉，三级叶脉清晰可见；托叶大而明显，近膜质，无色或淡绿色，与叶片离生，鞘状抱茎，长 2.5 ～ 5 cm。穗状花序顶生，具花多轮，密集或稍密集；花序梗膨大，稍粗于茎，长 4 ～ 7 cm；花小，被片 4，绿色；雌蕊 4 枚，离生。果实倒卵形，长约 3 mm，两侧稍扁，背部明显 3 脊，中脊狭翅状，侧脊锐（图 3）。花果期 6 ～ 10 月。2n=52。

分布于我国南北各地。生于灌渠、池塘、河流等微酸性静水、流水中。俄罗斯、朝鲜、日

图 3　竹叶眼子菜

本、东南亚各国及印度也有分布。目前，已经作为水体净化以及观赏应用的水生花卉，在园林中广为应用，也用作水族箱的装饰。

4. 菹草 *P. crispus*

具近圆柱形的根茎。茎稍扁，多分枝，近基部常匍匐地面，于节处生出疏或稍密的须根。叶条形，无柄，长 3 ～ 8 cm，宽 3 ～ 10 mm，先端钝圆，基部约 1 mm 与托叶合生，但不形成叶鞘，叶缘多少呈浅波状，具疏或稍密的细锯齿；叶脉 3 ～ 5 条，平行，顶端连接，中脉近基部两侧伴有通气组织形成的细纹，次级叶脉疏而明显可见；托叶薄膜质，长 5 ～ 10 mm，早落；休眠芽腋生，略似松果，长 1 ～ 3 cm，革质叶左右二列密生，基部扩张，肥厚，坚硬，边缘具细锯齿。穗状花序顶生，具花 2 ～ 4 轮，初时每轮 2 朵对生，穗轴伸长后常稍不对称；花序梗棒状，较茎细；花小，被片 4，淡绿色，雌蕊 4 枚，基部合生。果实卵形，长约 3.5 mm，果喙长可达 2 mm，向后稍弯曲，背脊约 1/2 以下具齿牙（图 4）。花果期 4 ～ 7 月。2n=52。

分布于我国南北各地。生于池塘、水沟、水稻田、灌渠及缓流河水等微酸至中性水体。世界广布种。目前，已经作为水体净化以及观赏应用的水生花卉，在园林中广为应用。

（二）鞘叶亚属 Subgen. *Coleogeton*

叶全部为沉水叶，无柄，托叶与叶片基部合生，形成明显的叶鞘。穗状花序花期漂浮于水面；花为水媒传粉。内果皮背部盖状物较短小，仅自基部向上约达果长的 2/3 处。

5. 丝叶眼子菜 *P. filiformis*

根茎细长，白色，直径约 1 mm，具分枝，常于春末至秋季在主根茎及其分枝顶端形成卵球形休眠芽体。茎圆柱形，纤细，直径约 0.5 mm，自基部多分枝，或少分枝；节间常短缩，长 0.5 ～ 2 cm，或伸长。叶线形，长 3 ～ 7 cm，宽 0.3 ～ 0.5 mm，先端钝，基部与托叶贴生成鞘；鞘长 0.8 ～ 1.5 cm，绿色，合生成套管状抱茎（或至少在幼时为合生的管状），顶端具一长 0.5 ～ 1.5 cm 的无色透明膜质舌片；叶脉 3 条，平行，顶端连接，中脉显著，边缘脉细弱而不明显，次级脉极不明显。穗状花序顶生，具花 2 ～ 4 轮，间断排列；花序梗细，长 10 ～ 20 cm，与茎近等粗；花被片 4，近圆形，直径 0.8 ～ 1 mm；雌蕊 4，离生，通常仅 1 ～ 2 枚发育为成熟果实。果实倒卵形，长 2 ～ 3 mm，宽 1.5 ～ 2 mm，喙极短，呈疣状，背脊通常钝圆（图 5）。花果期 7 ～ 10 月。2n=78。

分布于陕西（北部）、宁夏（东部）、新疆等地。生于微碱性沟塘、湖沼等静水体。分布于欧洲、中亚和北美温带水域。目前，已经作为水体净化以及观赏应用的水生花卉，在园林中广为应用，也用作水族箱的装饰。

图 4　菹草

图 5　丝叶眼子菜

三、繁殖与栽培管理技术

（一）扦插和分生繁殖

种子发芽率普遍较低，且不耐贮藏，因此在生产上主要以扦插和分生繁殖为主，以地上部直立茎、根状茎、地下块茎等进行繁殖。茎段长度会显著影响扦插成活率，例如对微齿眼子菜（*P. maackianus*）的研究表明，扦插繁殖至少应该采用含有 3 个完整节间的直立茎段，成活率可达 97%。

分生繁殖主要采用眼子菜属植物的地下块茎，野外收集的篦齿眼子菜的地下块茎其室内观察的发芽率达到 92%。

（二）园林与水族箱栽培

竹叶眼子菜在河泥底质或黄土底质上均能生长，且在含氮丰富的河泥底质生长时，偏重营养生长；在含氮较贫乏的黄土底质生长时，其偏重生殖生长。最适温度为 20 ～ 30℃。适宜的水流对竹叶眼子菜生长和生物量的增加具有积极作用；当水质良好、光照能满足其生长需要时，水深增加对竹叶眼子菜生物量的提高也具有积极作用。在光照强度 5320 ～ 12000 lx、温度 30℃、4 ～ 8 mg/L 的总氮浓度下生长良好，并且其对于水深的耐受范围较广，最深可以分布于水深 8.6 m 的区域内，最适种植深度为 0.6 ～ 1.1 m。

当在室内进行水族箱装饰时，宜选用直径 3 ～ 5 mm 的砾石作为栽培基质，也可使用经过淘洗的粗沙作为栽培基质。在操作前的 3 天左右，最好给小苗追肥一次。如不与其他水生植物混栽，所用容器通常为中型水族箱，注意摆放地点应保证植株能够接受所需的光照（5320 lx 以上）。先将栽培基质铺入箱中，其厚度为 5 ～ 7 cm。可先注入适量水至栽培容器中，然后即可种植。

（三）病虫害防治

在实际栽培中，眼子菜属植物不易患病，但会遭到长腿叶甲、螺等有害动物的侵袭。在露天水养时，常会招致蚊虫滋生，可在水塘中投放一些小型鱼类，以清除孑孓。

四、价值与应用

眼子菜属全部种类为水生草本，分布广泛，多构成水生植被的常见优势种。部分种类可以作为水体净化以及观赏应用的花卉。属内大多数种类可以作为草食性鱼类饵料及水禽的饲料。一些种类则为水田及灌渠内的有害杂草。

（张佳琪）

Potentilla 委陵菜

蔷薇科委陵菜属（*Potentilla*）多年生草本植物，可作为宿根花卉应用。属名 *Potentilla* 拉丁语词源 *Potentia* 是力量之意，指该类植物抗性强，分布广泛。全世界约 330 种，大多分布于北半球温带、寒带及高山地区，极少数种类接近赤道。《中国植物志》记录我国有 83 种，分为 6 组 17 系，主要分布在东北、西北和西南各地。有些高山种类形成垫状，为高山草甸植被重要成分。

一、形态特征与生物学特性

（一）形态与观赏特征

多年生草本，稀为一年生草本或灌木。茎直立、上升或匍匐。叶为奇数羽状复叶或掌状复叶；托叶与叶柄不同程度合生。花通常两性，单生、聚伞花序或聚伞圆锥花序；萼片 5，副萼片 5，与萼片互生，萼片宿存；花瓣 5，通常黄色，稀白色或紫红色；雄蕊通常 20 枚，花药 2 室；雌蕊多数，着生在微凸起的花托上，彼此分离；每心皮有 1 枚胚珠。聚合瘦果多数，瘦果着生在干燥的花托上。

（二）生物学特性

广布于北温带，不同种类对环境要求不同。常生于平原、山地草丛、林缘或林下；有的喜欢光照、有的较耐阴；耐寒，耐旱；喜排水良好的砂质土，积水易烂根；花期 5 ～ 7 月；冬季地上枯死，来年重新萌发。

二、种质资源

（一）分类概述

委陵菜属是一群变异十分多样而繁杂的植物。可作为宿根花卉应用的主要种质资源检索如表 1。除金露梅（图 1）外，其余均为宿根花卉。

表 1　国产委陵菜属常见观赏种类检索表

1 小灌木，花黄色……………………………………**1. 金露梅 *P. fruticosa***

1 多年生草本

 2 花单生于叶腋；茎匍匐、斜生或半卧生

  3 三出或掌状复叶

   4 基生叶三出复叶，具明显的匍匐茎，叶深绿色……………**2. 绢毛匍匐委陵菜 *P. reptans* var. *sericophylla***

   4 基生叶为掌状复叶，小叶 5，稀为 3………………………**3. 匍枝委陵菜 *P. flagellaris***

  3 羽状复叶，小叶 13 ～ 17……………………………………4. **鹅绒委陵菜 *P. anserina***

 2 花排列为聚伞花序

    5 羽状复叶或羽状全裂

     6 顶生 3 小叶发达，与侧生小叶远离

      7 不具根茎；生岩石缝隙中……………………………**5. 疏毛钩叶委陵菜 *P. ancistrifolia* var. *dickinsii***

      7 具横走根茎；生草坡湿地…………………………**6. 莓叶委陵菜 *P. fragarioides***

6 顶生小叶与侧生小叶同等发达，排列整齐

8 小叶下面密生灰白色茸毛

9 小叶边缘有钝锯齿；全株密生白色茸毛…………… **7. 翻白委陵菜 *P. discolor***

9 小叶羽状中裂至深裂；植株具疏柔毛……………… **8. 委陵菜 *P. chinensis***

8 小叶两面均为绿色，先端常 2 裂………………………… **9. 二裂委陵菜 *P. bifurca***

5 出掌状复叶

10 茎倾斜向上，小叶背面被灰色茸毛………………… **10. 薄毛委陵菜 *P. inclinata***

10 茎匍匐，小叶背面绿色……………………………… **11. 蛇含委陵菜 *P. kleiniana***

（二）主要种简介

1. 绢毛匍匐委陵菜 *P. reptans* var. *sericophylla*

根茎粗壮。茎细弱，具长 10 ～ 20 cm 的匍匐枝，节上生不定根。叶为三出掌状复叶，边缘两个小叶浅裂至深裂，有时混生有不裂者，小叶下面及叶柄伏生绢状柔毛，稀脱落被稀疏柔毛。花单生叶腋，直径 1 ～ 1.5 cm（图 2）。花果期 4 ～ 9 月。

分布于我国内蒙古、河北、山西、陕西、甘肃、河南、山东、江苏、浙江、四川、云南。生山坡草地、渠旁、溪边灌丛中及林缘，海拔 300 ～ 3500 m。

2. 匍枝委陵菜 *P. flagellaris*

匍匐草本。根细而簇生。匍匐枝长 8 ～ 60 cm，被伏生短柔毛或疏柔毛。基生叶掌状五出复叶，连叶柄长 4 ～ 10 cm，小叶无柄；匍匐枝上叶与基生叶相似；基生叶托叶膜质，褐色，外面被稀疏长硬毛，纤细匍枝上托叶草质，绿色，卵状披针形，常深裂。单花与叶对生，花梗长 1.5 ～ 4 cm，被短柔毛；花直径 1 ～ 1.5 cm；花瓣黄色，顶端微凹或圆钝，比萼片稍长；花柱近顶生，基部细，柱头稍微扩大。成熟瘦果长圆状卵形，表面呈泡状突起（图 3）。花果期 5 ～ 9 月。

分布于我国黑龙江、吉林、辽宁、河北、山西、甘肃、山东。生阴湿草地、水泉旁边及疏林下，海拔 300 ～ 2100 m。俄罗斯、蒙古和朝鲜也有分布。

3. 鹅绒委陵菜 *P. anserina*

根向下延长，有时在根的下部长成纺锤形或椭圆形块根。茎匍匐，在节处生根，长出新植株。基生叶有小叶 6 ～ 11 对，连叶柄长 2 ～ 20 cm，叶柄被伏生或半开展疏柔毛，有时脱落几无毛；茎生叶与基生叶相似，小叶对数较少；基生叶和下部茎生叶托叶膜质，褐色，和叶柄连成鞘状，外面被疏柔毛或脱落几无毛，上部茎生叶托叶草质，多分裂。单花腋生；花梗长 2.5 ～ 8 cm，被疏柔毛；花直径 1.5 ～ 2 cm；萼片三角状卵形，顶端急尖或渐尖，副萼片椭圆形

图 1　金露梅

图 2　绢毛匍匐委陵菜

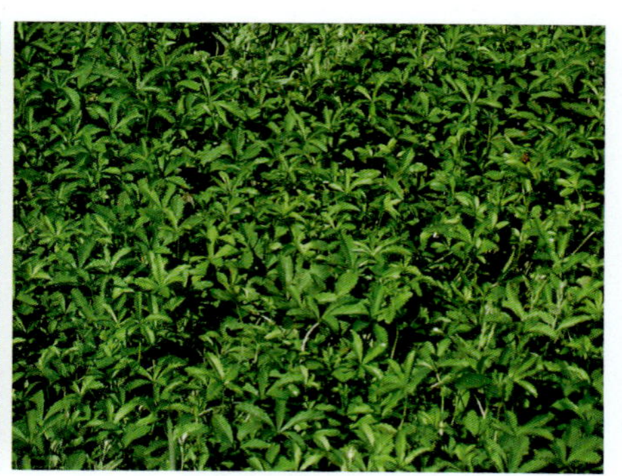

图 3　匍枝委陵菜

或椭圆状披针形，常 2 ～ 3 裂，稀不裂，与副萼片近等长或稍短；花瓣黄色，倒卵形、顶端圆形，比萼片长 1 倍；花柱侧生，小枝状，柱头稍扩大（图 4）。

分布于我国黑龙江、吉林、辽宁、内蒙古、河北、山西、陕西、甘肃、宁夏、青海、新疆、四川、云南、西藏。生河岸、路边、山坡草地及草甸，海拔 500 ～ 4100 m。本种分布较广，横跨欧亚美三洲北半球温带，以及南美智利、大洋洲新西兰及塔斯马尼亚岛等地。

在甘肃、青海、西藏高寒地区，根部膨大，含丰富淀粉，又名“蕨麻”，可食用。在园林中可栽植在河滩水湿地或林下潮湿地。

4. 疏毛钩叶委陵菜 *P. ancistrifolia* var. *dickinsii*

根粗壮，圆柱形，木质。花茎直立，高 10 ～ 30 cm，被稀疏柔毛，上部有时混生有腺毛。基生叶为羽状复叶，有小叶 2 ～ 3 对，常混生有 3 小叶，下面一对常小型，连叶柄长 5 ～ 15 cm，叶柄被稀疏柔毛；茎生叶 2 ～ 3，有小叶 1 ～ 3 对；基生叶托叶膜质，褐色，外被长柔毛；茎生叶托叶草质，绿色，卵状披针形或披针形，边缘有 1 ～ 3 齿，稀全缘。伞房状聚伞花序顶生，疏散，花梗长 0.5 ～ 1 cm，密被长柔毛和腺毛；花直径 8 ～ 12 mm；萼片三角状卵形，顶端尾尖，副萼片狭披针形，顶端锐尖，与萼片近等长，外面常带紫色，被疏柔毛；花瓣黄色，倒卵长圆形，顶端圆形，比萼片长 0.5 ～ 1 倍；花柱近顶生，丝状，柱头不扩大。成熟瘦果表面光滑或脉纹不明显，脐部有长柔毛（图 5）。花果期 6 ～ 9 月。

分布于我国辽宁、河北、山西、陕西、甘肃、河南、安徽。生山坡岩石缝中、沟边、草地及林下，海拔 200 ～ 2700 m。日本也有分布。

5. 莓叶委陵菜 *P. fragarioides*

根极多，簇生。花茎多数，丛生，上升或铺散，长 8 ～ 25 cm，被开展长柔毛。基生叶羽状复叶，有小叶 2 ～ 3 对，间隔 0.8 ～ 1.5 cm，稀 4 对，连叶柄长 5 ～ 22 cm，叶柄被开展疏柔毛，小叶有短柄或几无柄；小叶片倒卵形、椭圆形或长椭圆形，长 0.5 ～ 7 cm，宽 0.4 ～ 3 cm，顶端圆钝或急尖，基部楔形或宽楔形，边缘有多数急尖或圆钝锯齿，近基部全缘，两面绿色，被平铺疏柔毛，下面沿脉较密，锯齿边缘有时密被缘毛；茎生叶，常有 3 小叶，小叶与基生叶小叶相似或长圆形，顶端有锯齿而下半部全缘，叶柄短或几无柄；基生叶托叶膜质，褐色，外面有稀疏开展长柔毛，茎生叶托叶草质，绿色，卵形，全缘，顶端急尖，外被平铺疏柔毛。伞房状聚伞花序顶生，多花，松散，花梗纤细，长 1.5 ～ 2 cm，外被疏柔毛；花直径 1 ～ 1.7 cm；萼片三角状卵形，顶端急尖至渐尖，副萼片长圆状披针形，顶端急尖，与萼片近等长或稍短；花瓣黄色，倒卵形，顶端圆钝或微凹；花柱近顶生，上部大，基部小。成熟瘦果近肾形，直径约 1 mm，表面有脉纹（图 6）。花期 4 ～ 6 月，果期 6 ～ 8 月。

图 4　鹅绒委陵菜

图 5　疏毛钩叶委陵菜

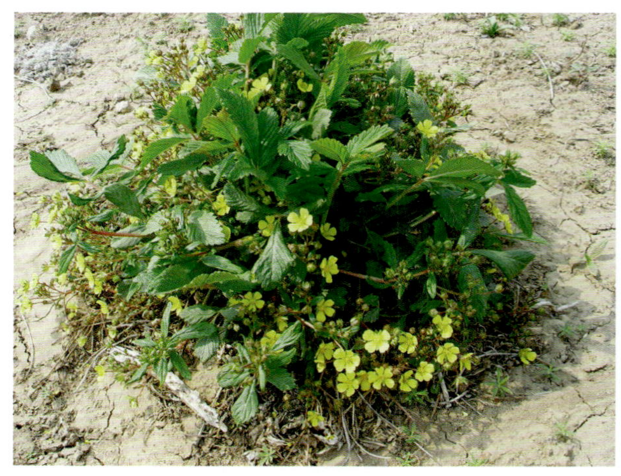

图 6　莓叶委陵菜

分布于黑龙江、吉林、辽宁、内蒙古、河北、山西、陕西、甘肃、山东、河南、安徽、江苏、浙江、福建、湖南、四川、云南、广西。生地边、沟边、草地、灌丛及疏林下，海拔 350 ～ 2400 m。日本、朝鲜、蒙古、俄罗斯西伯利亚等地均有分布。

6. 翻白委陵菜 *P. discolor*

根粗壮，下部常肥厚呈纺锤形。花茎直立，上升或微铺散，高 10 ～ 45 cm，密被白色绵毛。基生叶有小叶 2 ～ 4 对，间隔 0.8 ～ 1.5 cm，连叶柄长 4 ～ 20 cm，叶柄密被白色绵毛，有时并有长柔毛；小叶对生或互生，无柄，小叶片长圆形或长圆状披针形，长 1 ～ 5 cm，宽 0.5 ～ 0.8 cm，顶端圆钝，稀急尖，基部楔形、宽楔形或偏斜圆形，边缘具圆钝锯齿，稀急尖，上面暗绿色，下面密被白色或灰白色绵毛，脉不显或微显，茎生叶 1 ～ 2，有掌状 3 ～ 5 小叶；基生叶托叶膜质，褐色，外面被白色长柔毛，茎生叶托叶草质，绿色，卵形或宽卵形，边缘常有缺刻状牙齿，稀全缘，下面密被白色绵毛。聚伞花序有花数朵，疏散，花梗长 1 ～ 2.5 cm，外被绵毛；花直径 1 ～ 2 cm；萼片三角状卵形，副萼片披针形，比萼片短，外面被白色绵毛；花瓣黄色，倒卵形，顶端微凹或圆钝，比萼片长；花柱近顶生，基部具乳头状膨大，柱头稍微扩大。瘦果近肾形，宽约 1 mm，光滑（图 7）。花果期 5 ～ 9 月。

分布于我国黑龙江、辽宁、内蒙古、河北、山西、陕西、山东、河南、江苏、安徽、浙江、江西、湖北、湖南、四川、福建、台湾、广东。生荒地、山谷、沟边、山坡草地、草甸及疏林下，海拔 100 ～ 1850 m。日本、朝鲜也有分布。

7. 委陵菜 *P. chinensis*

根粗壮，圆柱形，稍木质化。花茎直立或上升，高 20 ～ 70 cm，被稀疏短柔毛及白色绢状长柔毛。基生叶为羽状复叶，有小叶 5 ～ 15 对，间隔 0.5 ～ 0.8 cm，连叶柄长 4 ～ 25 cm，叶柄被短柔毛及绢状长柔毛；小叶片对生或互生，上部小叶较长，向下逐渐减小，无柄，长圆形、倒卵形或长圆状披针形，长 1 ～ 5 cm，宽 0.5 ～ 1.5 cm，边缘羽状中裂，裂片三角状卵形、三角状披针形或长圆状披针形，顶端急尖或圆

图 7　翻白委陵菜

注：A. 全株（曲波 提供）；B. 叶背面（赵宏 提供）。

钝，边缘向下反卷，上面绿色，被短柔毛或脱落几无毛，中脉下陷，下面被白色茸毛，沿脉被白色绢状长柔毛，茎生叶与基生叶相似；基生叶托叶近膜质，褐色，外面被白色绢状长柔毛，茎生叶托叶草质，绿色，边缘锐裂。伞房状聚伞花序，花梗长 0.5 ～ 1.5 cm，基部有披针形苞片，外面密被短柔毛；花直径通常 0.8 ～ 1 cm，稀达 1.3 cm；萼片三角状卵形，顶端急尖，副萼片带形或披针形，顶端尖，是萼片的 1/2 且狭窄，外面被短柔毛及少数绢状柔毛；花瓣黄色，宽倒卵形，顶端微凹，比萼片稍长；花柱近顶生，基部微扩大，稍有乳头或不明显，柱头扩大。瘦果卵球形，深褐色，有明显皱纹（图 8）。花果期 4 ～ 10 月。

分布于我国黑龙江、吉林、辽宁、内蒙古、河北、山西、陕西、甘肃、山东、河南、江苏、安徽、江西、湖北、湖南、台湾、广东、广西、四川、贵州、云南、西藏。生山坡草地、沟谷、林缘、灌丛或疏林下，海拔 400 ～ 3200 m。俄罗斯远东地区、日本、朝鲜均有分布。

8. 二裂委陵菜 *P. bifurca*

根圆柱形，纤细，木质。花茎直立或上升，高 5 ～ 20 cm，密被疏柔毛或微硬毛。羽状复叶，有小叶 5 ～ 8 对，最上面 2 ～ 3 对小叶基部下延与叶轴汇合，连叶柄长 3 ～ 8 cm；叶柄密被疏柔毛或微硬毛，小叶片无柄，对生稀互生，椭圆形或倒卵椭圆形，长 0.5 ～ 1.5 cm，宽 0.4 ～ 0.8 cm，顶端常 2 裂，稀 3 裂，基部楔形或宽楔形，两面绿色，伏生疏柔毛；下部叶托叶膜质，褐色，外面被微硬毛，稀脱落几无毛，上部茎生叶托叶草质，绿色，卵状椭圆形，常全缘稀有齿。近伞房状聚伞花序，顶生，疏散；花直径 0.7 ～ 1 cm；萼片卵圆形，顶端急尖，副萼片椭圆形，顶端急尖或钝，比萼片短或近等长，外面被疏柔毛；花瓣黄色，倒卵形，顶端圆钝，比萼片稍长；心皮沿腹部有稀疏柔毛；花柱侧生，棒形，基部较细，顶端缢缩，柱头扩大。瘦果表面光滑（图 9）。花果期 5 ～ 9 月。

分布于我国黑龙江、内蒙古、河北、山西、

图 8　委陵菜

图 9　二裂委陵菜

陕西、甘肃、宁夏、青海、新疆、四川。生地边、道旁、沙滩、山坡草地、黄土坡、半干旱荒漠草原及疏林下，海拔 800 ～ 3600 m。蒙古、俄罗斯、朝鲜有分布。

9. 薄毛委陵菜 *P. inclinata*

根粗壮，圆柱形。花茎直立或上升，高 12 ～ 40 cm，被长柔毛、短柔毛及稀被茸毛，基生叶为 5（～ 7）出掌状复叶，开花后常枯死，叶柄被长柔毛，短柔毛及稀疏茸毛；茎生叶与基生叶相似，叶柄较短至无柄；小叶片倒卵状长圆形或倒卵状披针形，顶端圆钝，基部楔形，边缘有均匀粗锯齿 5 ～ 7（～ 12），齿顶端急尖或圆钝，上面绿色，伏生疏柔毛，下面被灰色茸毛，成熟后逐渐脱落变薄；基生叶托叶膜质，褐色，外被长柔毛，茎生叶托叶草质，绿色，卵状披针形，全缘或有 1 ～ 2 锯齿，下面被茸毛及长柔毛。伞房状或圆锥状聚伞花序，多花，疏散，花梗长 1 ～ 1.5 cm，外被茸毛及少数长柔毛；花直径约 1 cm；萼片三角状披针形至长圆状卵形，顶端急尖至渐尖，副萼片带状披针形，顶端急尖，比萼片短，稀近等长，外面被长柔毛及短柔毛；花瓣黄色，卵形，顶端微凹或几圆形，比萼片略长；花柱近顶生，基部膨大，柱头略扩大。瘦果表面有脉纹（图 10）。花果期 6 ～ 9 月。

我国新疆有分布。生山坡湿地、河漫滩，海拔 1000 ～ 1300 m。中欧、南欧至中亚地区均有分布。

图 10　薄毛委陵菜

图 11　蛇含委陵菜（曲波 提供）

10. 蛇含委陵菜 *P. kleiniana*

二年生或多年生草本。常被毛。基生叶为近鸟足状 5 小叶，连叶柄长 3 ～ 20 cm，叶柄被疏柔毛或长柔毛，小叶倒卵形或长圆状倒卵形，长 0.5 ～ 4 cm，有锯齿，两面绿色，被疏柔毛；有时上面几无毛，或下面沿脉密被伏生长柔毛；下部茎生叶有 5 小叶，上部茎生叶有 3 小叶，小叶与基生小叶相似；基生叶托叶膜质，淡褐色，外面被疏柔毛或脱落近无毛，茎生叶托叶草质，绿色，卵形或卵状披针形，全缘，稀有 1 ～ 2 齿，外被稀疏长柔毛；花茎上升或匍匐，长达 50 cm，被疏柔毛及长柔毛；聚伞花序密集枝顶如假伞形；花梗长 1 ～ 1.5 cm，密被长柔毛，下有茎生叶如苞片状；花径 0.8 ～ 1 cm；萼片三角状卵圆形，副萼片披针形或椭圆状披针形，外被稀疏长柔毛；花瓣黄色，倒卵形，长于萼片；花柱近顶生，圆锥形，基部膨大，柱头扩大；瘦果近圆形，径约 0.5 mm，具皱纹（图 11）。花果期 4 ～ 9 月。

我国分布辽宁以南湿润半湿润区；东亚、印度、东南亚南部均有分布。生海拔 400 ～ 3000 m 的田边、水旁、草甸及山坡草地。

三、繁殖与管理技术

（一）播种繁殖

果实成熟后在微凸的花托上短时停留便自行散落，故要适时采收。种子收集之后，筛选颗粒饱满的种子备用。翌年春天发芽率可达 50% ～ 90%，直播出苗率为 30% ～ 60%。种子在常温下存放可使用 2 年，若在 4℃冰箱内贮存寿命可延长 1 倍。为了促进种子发芽整齐，要将种子进行层积沙藏催芽。沙藏前用温水进行浸泡 24 小时，之后用适量高锰酸钾充分浸泡 20 分钟。将种子捞出用清水冲洗后依照 1 ∶ 3 比例掺沙放到沙坑当中，在上下位置铺设 20 cm 厚度的湿润河沙，之后用草帘对坑面进行遮盖。

等到春季快要播种时，要提前 2 天取出种子进行催芽，每日按时将种子翻动 2 ～ 3 次，最佳催芽温度是 20℃，湿度 70%。当种子约一半出现裂口露芽之后要及时播种。种植区域要具备良好的排水条件，土质疏松，最佳为壤土或砂壤土。每平方米撒播 3 ～ 5 g 种子。播种后要及时覆土、浇透水、盖草帘。

当种植区域地温达到 20℃之后，10 天之内便能出苗。出苗后撤去覆盖物，搭设 50% 遮阳网，以防太阳强光灼伤幼苗。后期根据苗高变化及时做好间苗、移苗以及定苗，移苗可在自然降水之后选取移苗器进行打孔移苗，栽植密度每平方米 500 株。在苗期管理中要注重松土除草，6 ～ 7 月期间要追施复合肥 2 次，每次 100 kg/hm^2。

（二）匍匐枝繁殖

对一些具有发达匍匐茎的种，如绢毛委陵菜、匍枝委陵菜、鹅绒委陵菜、蛇含委陵菜等，植株在生长期间大量抽生匍匐茎，茎节处均可生根并长成新的植株。将匍匐茎上生长健壮、无病虫害的新植株两边剪断，摘离母体，移植栽培即可进行繁殖。

（三）分根繁殖

一些丛生性强的委陵菜，如莓叶委陵菜、翻白委陵菜等，可在春、秋两季采用分根繁殖。春季繁殖时间为5月中旬，秋季在9月中下旬。要求分根苗带部分短茎，种植株距20～30 cm，种植后压实浇透水，秋季分根要求把地上部分全部去掉。春秋两季分栽成活率均在90%以上。分根繁殖当年栽植，当年达到郁闭效果。

（四）病虫害防治

委陵菜属多数种抗病虫害能力较强，在空气湿度小、通风良好时很少发生病虫害。种植密度如过大，则幼苗期会诱发根腐病，在播种出苗15天之后要及时应用0.4%代森锰锌溶液，间隔1周喷施1次，连续喷施5～6次，能有效控制根腐病。在雨季常发生白粉病或褐斑病，可在雨季之初每两周喷施1次15%粉锈宁可湿性粉剂1000～1200倍液，一般3次可达到防治目的。冬季不需任何防护即可安全越冬。

在防虫害方面，蝗虫、蝴蝶幼虫以及甲虫等咀嚼式口器的害虫可以选择菊酯类、灭多威以及氧乐果等20%乳油杀虫制剂50 mL，兑水50 kg喷雾对害虫进行防治和灭杀。叶蝉、螨虫和蚜虫等刺吸式口器的害虫可以选10%吡虫啉可湿性粉剂和10%虫螨腈悬浮剂等防效高且持续时间长的杀虫剂，稀释1000倍后进行虫害的防治。

四、价值与应用

植株多数低矮或匍匐地面生长，绝大多数种类花黄色，点缀在绿叶之上，在园林中作为地被植物或营造富有野趣的自然式花境应用。多数在园林中是较好的疏林地被植物。

个别块根含丰富淀粉，嫩苗可食。

（王文和）

Primula 报春花

报春花科报春花属（*Primula*）多年生草本植物，与杜鹃、龙胆并称为世界三大高山花卉。中文名称与其开花习性相呼应，通常在春季初期开放，宣告着寒冬的结束和新一年的开始。花朵绽放时宛如一幅精致的春日画卷，色彩丰富且鲜明，犹如春天的使者，带来了生机勃勃的气息。花语“春天的希望”象征着万物复苏、生机勃勃的美好愿景，也被誉为春天的使者（贾军，2011）。

一、形态特征与生物学特性

（一）形态与观赏特征

多数为多年生常绿草本（图 1），少数为二年生；高度通常 30 ～ 50 cm，根茎粗而短，具有多数须根；叶全部基生，莲座状。花 5 基数，通常在花莛顶端排成伞形花序，较少为总状花序、短穗状或头状花序，通常有 2 ～ 6 轮，每

图 1　报春花的形态特征

注：A. 植株；B. 生境；C. 白色花；D. 叶正背面观；E. 花序；F. 花冠；G. 短柱花与长柱花；H. 花萼；I. 蒴果；J. 叶柄柔毛。

轮包含 4 ～ 20 朵花；花梗纤细，长 1.5 ～ 4 cm。花萼为钟状，长 3 ～ 7 mm；有时花单生，花两型，分长短花柱，有利于异花传粉；花冠漏斗状或高脚碟状，花色有白、粉、红、黄、橙、蓝、淡紫、褐色等，直径 5 ～ 15 mm。蒴果球形，直径约 3 mm；花期 2 ～ 5 月，果期 3 ～ 6 月（杨佳丽，2023）。

（二）生物学特性

生长于海拔 1800 ～ 3000 m 的潮湿旷地、沟边和林缘，具有独特的生物学特性，需经过低温春化才能开花（朱银辉 等，2004）。花期主要集中在春季至初夏，即 2 ～ 5 月，此时的花量最为丰富，色彩鲜艳。喜富含腐殖质、排水良好、中性至偏酸性的土壤（周丽，2011）。喜温暖，稍耐寒，不耐霜冻，最适宜的生长温度为 15℃左右（崔玉华 等，1994），在夏季 30 ～ 35℃高温环境下，也能展现出良好的生长状态，温度低于 10℃时，生长速度减缓。喜光也耐半阴，但长时间处于阴暗环境中会导致其生长不良，叶片发黄，甚至影响开花（陶懿，2021），因此，在栽培过程中应确保报春花能够获得足够的光照（表 1）。

表 1 各类报春花在不同生长阶段所需的环境条件

生长阶段	种类	温度（℃）	光照		备注
			光周期	光强	
发芽	英国和多花报春	3.5	多数不需光		10 天至 2 周
	仙女报春	3.5 ～ 3.8	光对原种有利		2 周
	德国报春	3.8 ～ 3.9	发芽即需光		10 天至 2 周
幼苗生长	英国和多花报春	3.5 ～ 3.8	长日照	≈ 10 mol/（d · m²）	6 ～ 8 周
	仙女报春	3.5 ～ 3.8	均可	≈ 10 mol/（d · m²）	6 ～ 8 周
	德国报春	3.5 ～ 3.9	长日照	≈ 10 mol/（d · m²）	6 ～ 8 周
花芽分化（诱导）	英国和多花报春	3.2 ～ 3.5	长日照	＞ 10 mol/（d · m²） ＜ 600 μmol/（d · m²）	新品种不需冷处理
	仙女报春	2.6 ～ 2.9	日中性	≈ 10 mol/（d · m²）	6 周
	德国报春	3.5 ～ 3.8	长日照	≈ 10 mol/（d · m²）	光照对 ‘Libre’
花发育	英国和多花报春	3.2 ～ 3.5	长日照	≥ 10 mol（d · m²） ＜ 600 μmol/（d · m²）	
	仙女报春	3.3 ～ 3.8	长日照	≈ 10 mol（d · m²）	光照对 ‘Prima’
	德国报春	3.8 ～ 3.9	长日照	≈ 10 mol/（d · m²）	光照对 ‘Libre’，3.5℃日中性
上市前	英国和多花报春	3.2 ～ 3.5	均可	≥ 5 mol/（d · m²）	预计生产周期 5.5 ～ 6.5 个月
	仙女报春	3.3 ～ 3.5	均可	≥ 5 mol/（d · m²）	预计生产周期 5 ～ 6 个月
	德国报春	3.5 ～ 3.8	均可	≥ 5 mol/（d · m²）	预计生产周期 4 ～ 6 个月

引自 Karlsson M G, 2001. Primula Culture and Production. HortTech, 11(4): 627-635（表 2 同）。

二、种质资源与园艺分类

（一）分类概述

本属约有475种，主要分布于北半球温带和高山地区，仅有极少数种类分布于南半球。我国有293种21亚种和18变种，主产西南、西北，其他地区仅有少数种类分布（高刚，2024）。国产种类依据花色、形态特征、原产地等分为24个组。

（1）粉报春组 Sect. *Aleuritia*

（2）紫晶报春组 Sect. *Amethyatina*

（3）藏报春组 Sect. *Auganthus*

（4）皱叶报春组 Sect. *Bullatae*

（5）头花报春组 Sect. *Capitatae*

（6）倒卵叶报春组 Sect. *Carolinella*

（7）圆叶报春组 Sect. *Cordifoliae*

（8）指叶报春组 Sect. *Cortusoides*

（9）雪山报春组 Sect. *Crystallophlomis*

（10）球花报春组 Sect. *Denticulata*

（11）岩报春组 Sect. *Dryadifoiia*

（12）葵叶报春组 Sect. *Malvacea*

（13）高峰报春组 Sect. *Minutissimae*

（14）报春花组 Sect. *Monocarpicae*

（15）穗花报春组 Sect. *Muscarioides*

（16）鄂报春组 Sect. *Obconicolisteri*

（17）脆蒴报春组 Sect. *Petiolares*

（18）欧报春组 Sect. *Primtula*

（19）灯台报春组 Sect. *Proliferae*

（20）密裂报春组 Sect. *Pycnoloba*

（21）毛茛叶报春组 Sect. *Ranunculoides*

（22）钟花报春组 Sect. *Sikkimensis*

（23）垂花报春组 Sect. *Soldanelloides*

（24）缺裂报春组 Sect. Souliei。

（二）种质资源

1. 报春花 *P. malacoides*

原产云贵地区，园艺品种繁多，是冬季盆花首选。

2. 鄂报春（四季报春）*P. obconica*

原产西南，开花期很长。花多为玫瑰粉色，就像樱花一样，气质娇美（周敏 等，2018）。

3. 藏报春 *P. sinensis*

又名中国樱草。原产四川、湖北等地。藏报春在中国栽培历史久远，作为园林观赏植物具有多种园艺品种，包括不同颜色和重瓣类型。春季绽放时，花色繁多，为室内空间增添春意（梁树乐 等，2006），是园艺学研究中的重要对象。

4. 德国报春（欧洲报春）*P. vulgaris*

花朵繁茂、色泽艳丽、花色丰富，常用作花坛、地被植物及盆花。商业上常用 *P. acaulis* 来指园艺变种群，原产西欧和南欧，性耐寒。

5. 安徽羽叶报春 *P. merrilliana*

报春里花朵最小且最具仙气的品种，颜色淡雅，花瓣圆润，花型精致小巧。

（三）品种分类

在园艺领域，报春花的栽培历史相当悠久，长久以来就是欧洲庭院和花园中不可或缺的观赏植物。近年来，经过园艺学家的精心选育和杂交，报春花属已经培育出了众多新品种，如‘金粉佳人’‘白水紫霞’‘Quakers Bonnet’等。这些新品种不仅花色更加丰富多样，而且花期也更长，有着极高的观赏价值。报春花品种国际登录权威是美国报春花协会。按主要亲本（原种）及其产地分为以下几类。

中国报春花 Chinese primrose（如报春花 *P. malacoides*）。

英国报春花 English primrose（德国报春花 *P. vulgaris*）。

多花报春花 Polyanthus（*P.* × *polyantha*）。

仙女报春花 Fairy primrose（报春花 *P. malacoides*）。

德国报春花 German primrose（鄂报春 *P. obconica*）。

球花报春 Drumstick（球花报春 *P. denticulata*）。

黄花报春花 Cowslip（黄花九轮草 *P. veris*）。

以上各类的主要性状如表2。

表 2 主要报春花种类的性状

中名	学名	原产地	常用品种系列	耐低温（℃）	株高 (cm)	叶长 (cm)	染色体数 (2n)
中国报春	*P. sinensis*	中国	Fanfare	8 ～ 10	15 ～ 20	7 ～ 10	24, 36, 48
黄花报春	*P. veris*	欧洲		3 ～ 8	15 ～ 20	25	22
球花报春	*P. denticulata*	阿富汗、缅甸、中国		2 ～ 4	45	25	22
英国报春	*P. vulgaris* (*P. acaulis*)	欧洲、土耳其西部	Danova F_1, Lovely F_1, Pageant F_1,Quantum F_1, Dania F_1, Finesse F_1, Gemini F_1, Daniella F_1, Joker F_1, Paloma F_1	4 ～ 5	20	5 ～ 25	22
仙女报春	*P. malacoides*	缅甸、中国	Prima F_1	8 ～ 10	30 ～ 45	2 ～ 5	18, 36, 72
德国报春	*P. obconica*	中国	Juno F_1, Libre F_1, Twilly Touch Me F_1	10	22 ～ 40	15	24, 48
多花报春	*P.* × *polyantha*	杂交种	Pacific Giant, Concorde F_1, Hercules F_1, Rumba F_1	5 ～ 6	25 ～ 30	18	

也可按用途分为园林观花类和室内观花类。前者色彩丰富，包括具有红色、粉色、紫色、白色等多种花色的报春花，以及花色有黄色、橙色、紫色、红色等的德国报春花。后者如四季报春（鄂报春），能在温暖地区全年开花，花色多样，且耐阴，是常见的室内观赏花卉。

三、繁殖技术

（一）播种繁殖

播种是培育报春花的技术难点，因为种子细小，寿命短，隔年陈种多不发芽或发芽率极低（陈封怀 等，1990）。所以适时采集种子是实现播种繁殖的前提。当年产种子萌发持续期一般在 20 天左右，播种后 7 ～ 10 天就开始萌发，一般在萌发开始 2 ～ 3 天内进入萌发高峰期（梁树乐，2006）。当然，种子萌发的具体情况还要视其种类、播种期而异（表 1）。6 月中下旬至 7 月上旬播种最好，一般 7 ～ 10 天后开始萌发，元旦至春节期间处于盛花期，而且植株营养期长，生长健壮；但如果秋季播种，萌发率较低，且植株矮小，冠径较小，严重影响其观赏价值。报春花属种子萌发适温为 15 ～ 20℃，最高极限温度为 25℃（张永鑫 等，2014）。只要加强养护管理，提高播种技术，种子萌发的上限温度至少可以提高到 30℃（金晓霞 等，2005）。

（二）分株繁殖

分株时间以 8 月中下旬效果最好，既不影响第二年开花，而且植株生长健壮。但是，分株繁殖在一定程度上会造成对原生植株的破坏（张永鑫 等，2014）。

（三）组培快繁

常用的外植体有种子、腋芽、带芽茎段、叶片、叶柄、花梗、花药、原生质体等。当培养目的是为了获得单倍体或纯合二倍体植株时，可选用花药、花粉或者子房等为外植体；而以快速繁殖为目的时，常用叶芽和带芽茎段为外植体。报春花属植物组织培养中应用最广泛的基本培养基为 MS，也有用 Miller、N6 培养基，但效果大都不及 MS 培养基。以叶片为外植体，采用 6-BA 2 mg/L+ NAA 0.5 mg/L 时，诱导产生愈伤组织，采用 6-BA 0.5 mg/L+NAA 0.1 mg/L 时，诱导产生丛生芽（贾茵，2010）。报春花属植物培养条件为每天光照强度 1500 ～ 2500 lx、光照时间 12 小时、培养温度 20 ～ 25℃。外植体在培养初期，特别是在诱导愈伤组织阶段，黑暗条件或弱光条件下培养效果更好，而在器官分化阶段，则需要恢复正常光照（游晓会 等，2012）。

四、栽培管理技术

（一）园林栽培

1. 土壤准备

偏好疏松肥沃且排水良好的土壤，pH6～7。在栽培过程中，需采用腐叶土、园土和河沙的混合基质，按照2∶1∶1的比例进行配制，并添加适量的有机肥料，如腐熟的鸡粪或牛粪，以提供充足的养分并改善土壤结构，提高土壤的透气性和保水性。农村房前屋后的园田，可以用土拌一些有机发酵腐熟农家肥，按5∶1使用（汪淑琴，1997）。

2. 温度控制

报春花适宜在温暖的环境中生长，最适生长温度为15～20℃。在室外栽培时，应根据当地的气候条件合理安排种植时间。在寒冷的冬季，温度低于5℃应采取保暖措施，如搭建温室或使用保温膜覆盖，以确保植株能够安全越冬。同时，在高温的夏季，也应注意通风降温，避免植株受到热害。

3. 浇水管理

喜湿润的环境，但过度浇水会导致根部腐烂。在室外栽培时，应根据天气情况和土壤湿度适时浇水。在生长旺季，可每周浇水2～3次；在冬季低温时，则应减少浇水次数，保持土壤微湿即可。浇水时应避免将水直接浇在叶片或花朵上，以减少病害的发生。

4. 施肥管理

在生长旺季和开花期间对肥料的需求较大。在室外栽培时，应每2～3周施1次腐熟的有机肥或1∶0.44∶0.93复合肥。施肥时应注意不要过量，以免造成肥害。同时，应注意肥料的种类和浓度，避免使用含氮量过高的肥料，以免影响报春花的开花质量。

（二）盆栽

1. 基质

盆土宜选用腐叶土2份、园土1份，并施入少量基肥的培养土。这种培养土疏松肥沃，多呈微酸性，以利根系发育。

2. 光照

性喜光，但忌强烈阳光照晒，夏季幼苗期应把盆株放于阴凉通风多见散射光处。从9月起，可使盆株多接受些散射光照，从10月起，在南方可将盆栽报春花置于全光照下，使其多接受晚秋光照，促其生长和花芽分化。在北方，可将盆栽报春花移至温室大棚，避免霜冻。

3. 温度

喜温暖，稍耐寒，适宜生长温度为15℃左右，冬季室温如保持10℃，能在0℃以上越冬，夏季温度不能超过30℃，怕强光直射，故要采取遮阴降温措施。

4. 浇水

喜湿润环境，但不宜浇水过多，盆土过湿，会沤烂根部。夏季如浇水不当，会使幼苗植株死亡，所以夏季应注意掌握浇水量和浇水次数。一般每天早、晚应各浇1次水，中午前后天气特别干热时，要向植株及盆周围地面喷水，以增加空气湿度和降低气温，创造凉爽湿润的气候环境，以利其生长。秋凉时应减少浇水量和浇水次数，可3天浇1次水。冬季入室后，随着生长和孕蕾开花也要减少浇水，可1周浇1次水。

5. 施肥

缓苗以后8～10天施1次氮磷结合的18∶15的复合化肥。入秋后天气逐渐凉爽，报春也逐渐进入旺盛生长期，这时应加强肥水管理，每7～10天追施1次腐熟的稀薄饼肥液，前期应适当多施氮肥，以促使枝叶肥壮；后期应适当增加磷肥，同时每半个月向叶面增喷0.3%磷酸二氢钾水溶液，以促使其多孕蕾开花，直至现蕾。

6. 苗期管理

小苗出齐后15天左右移植浅木盘中，10天内为避免高热，宜遮光防止阳光直射。约两周缓苗后应逐渐缩短遮光时间，并适当松土，喷施1∶50，0.3%磷酸二氢钾水溶肥。施肥时切忌肥料污染叶片，以免伤叶。经过1～2次移苗后最后可移栽至3寸盆中，种植土用腐叶土40%、菜田土 30%、厩肥土 20%、沙 10% 拌好后上盆，上盆后浇透水。上盆后 1 周内，继续喷施 0.3% 磷酸二氢钾水溶肥，肥水浓度可在 1 ∶ 50 的基础上增加到 30%，12 月开始孕蕾，新年前后就可陆续开花。

7. 花期控制

开花时，温度不宜超过 15℃。当温度超过 18℃时，会缩短开花时间，造成植物徒长。冬季以 12 ～ 14℃最为适宜，因较低的温度能延缓植物的新陈代谢，延长花期，花谢后再喷施 0.3% 磷酸二氢钾水溶肥还可抽出新的花莛，开花不断（参见表 1）。夏季如能在冷凉的环境下也能开花（崔玉华 等，1994）。

8. 人工授粉

由于报春花品种各异，雌雄蕊的高度各不相同，有的花朵雌蕊高出雄蕊，二雄蕊的花药是包在萼片里，花粉很难取到。所以，在授粉时须轻轻扒开萼片露出雄蕊取粉。授粉可用火柴棍一头沾着花粉在雄蕊柱头轻点一下，花粉粒沾上即可，一般开花 2 ～ 3 天花粉即已成熟，是授粉的最佳时期，待 8 ～ 10 天后，花粉会逐渐失去生命力（梁树乐，2006）。授粉次数一般 2 ～ 3 次即可成功。为保证营养，花期应适当增施稀薄肥料，以有利于结实。但在花全部凋谢后要停止施肥。结实期间，注意通风，保持干燥。湿度过大会结实不良。5 ～ 6 月种子成熟。由于果实成熟期不一，应随熟随采收。果实采收后，注意不能暴晒，可盖纸稍晒，以免丧失发芽力，干燥后，除去果壳杂质，装袋收藏。

9. 宿根保留

报春花一般在 6 月左右就进入休眠期。这时，应将花盆移入室内通风阴凉处保存，温度控制在 15℃左右，土壤保持湿润，不能过于干燥和过分潮湿，以防烂根和干旱死亡。9 ～ 10 月气温转凉，将其休眠的植株重新换盆，并施入稀薄肥料进行正常管理。10 月就可以发新叶。12 月将会陆续见花（崔玉华 等，1994）。

（三）常见病害防治

报春花常见的病害有花叶病、灰霉病、斑点病、黄叶病、褐斑病。

1. 花叶病

花叶病是病毒病。应及时清除杂草，以减少感染源；预防和消灭蚜虫以切断病害传播。

2. 灰霉病

种植密度要合理。注意通风，降低空气湿度。病叶、病株及时清除，以减少传染源。疾病的第一阶段是喷洒 50% 琥珀酸 1500 倍液。最好交替用药，以防止报春花产生耐药性。

3. 斑点病

选育抗病品种，加强肥水的管理，增加有机肥和磷肥的施用，避免氮肥的局部施用。在发病初期，喷洒 70% 甲基托布津可湿性粉剂 1000 倍液加 75% 百菌清可湿性粉剂 1000 倍液，或 50% 混杀硫悬浮剂或 36% 甲基硫菌灵悬浮剂 500 ～ 600 倍液，或 1 ∶ 1 ∶ 100 波尔多液。

4. 黄叶病

盆栽土壤应富含铁肥，将硫酸亚铁和硫酸锌混合在有机肥料中可以促进根系的发育，提高铁的吸收能力。缺铁情况下，可叶面喷洒 0.2% ～ 0.5% 硫酸亚铁溶液，效果优于直接施用铁肥（谢甜，2018）。

五、价值与应用

报春花属植物原产于亚洲、欧洲和北美洲的温带地区，历史悠久，早在古代就被人们发现和欣赏。19 世纪初，国外就已经开始报春花属植物的调查工作。我国在报春花属的资源调查、系统研究方面起步较晚，始于 20 世纪 30 年代（陈文志，2007）。如今，在园林造景中，报春花以其植株低矮、生长整齐、花色艳丽、花期集中等特点，已经成为不可或缺的元素，以其独特的魅力，为春日增添无限生机和活力（图 2、图 3）。

报春花属植物花型精致，花色丰富多变，从淡雅到鲜艳皆有，花期持久，花朵繁多，展现出极高的观赏价值。它们不仅耐寒，也具备一定的耐热能力，对土壤湿度和光照条件有着广泛的适应性，养护起来相对简单。在园艺布置中，报春

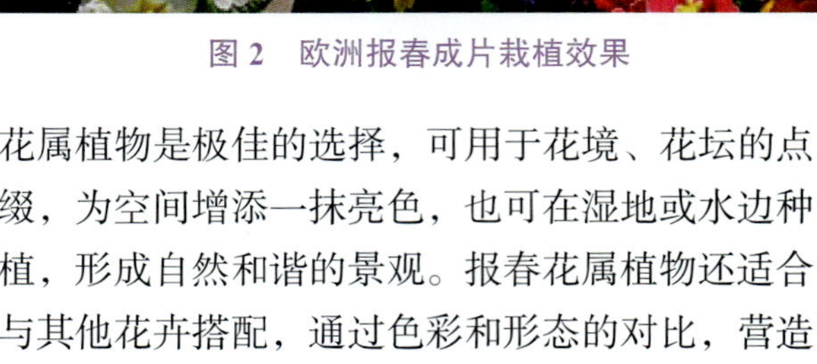

图 2　欧洲报春成片栽植效果

图 3　球花报春单株种植效果

花属植物是极佳的选择，可用于花境、花坛的点缀，为空间增添一抹亮色，也可在湿地或水边种植，形成自然和谐的景观。报春花属植物还适合与其他花卉搭配，通过色彩和形态的对比，营造出丰富多变的视觉效果。此外，报春花还可以种植在奇石、竹篱等人造景观周围，形成独具特色的园艺小品，增添一抹自然的野趣。

（吴红芝　刘青林）

Prunella 夏枯草

唇形科夏枯草属（*Prunella*）多年生草本。该属有7种，全球几乎都有分布；我国原产3种。因夏枯草在夏季果序呈棕褐似枯萎色而得名，而非真正的枯死。目前，景观应用的仅有大花夏枯草及其品种。

一、形态特征与生物学特性

（一）形态与观赏特征

具直立或上升的茎。叶具锯齿，或羽状分裂，或几近全缘。轮伞花序6花，多数聚集成卵状或卵圆状穗状花序；花萼二唇形，3/2式，喉部在果实成熟时由于下唇2齿向上斜伸以致合闭，上唇顶端截形，具3短齿；花冠有外伸的花冠筒及盔状的上唇；雄蕊4，二强，前对较长，平行上升至上唇片，不藏于花冠内；药室2，平行或略叉开。小坚果棕色，基部有一锐尖白色着生面，先端钝圆。

（二）生物学特性

常生于全光或稍庇荫的湿润土壤中。不耐旱。耐热，耐寒，可耐 –26℃低温。

二、种质资源

约15种（或云仅7种），彼此相近，广布于欧亚温带地区及热带山区，非洲西北部及北美洲也有。

大花夏枯草 *P. grandiflora*

地下根茎匍匐，节间生根。株高15～60 cm，茎上升，四棱状，被硬毛。叶片卵状长圆形，长3.5～4.5 cm，宽2～2.5 cm，缘具疏齿。轮伞花序密集组成长4.5 cm的长圆穗状顶生花序，不与叶片紧接，每一轮伞花序下承以苞片；花冠蓝色，长2～2.7 cm，冠筒长9 mm，弯曲（图1）。花期9月。分布于欧洲经巴尔干半岛及西亚至亚洲中部。

有粉色、紫色及白色品种（图2）。

‘贝拉蓝’（Bella Blue） 株高15～25 cm，花蓝色，花期夏季至初秋（图3）。

‘贝拉粉’（Bella Rosa） 株高18～25 cm，花玫红色。可耐 –31℃低温（图4）。

‘神行者蓝’（Freelander Blue） 株高18～25 cm，花蓝紫色。可耐 –31℃低温（图5）。

‘怀特白’（White Alba） 株高20～25 cm，花纯白色（图6）。

图1 大花夏枯草（陈煜初 摄）

图2 大花夏枯草品种花色

图3 ‘贝拉蓝’

图 4 ‘贝拉粉’

图 5 ‘神行者蓝’

图 6 ‘怀特白’

三、繁殖与栽培技术

（一）播种繁殖

种子自播能力较强。春播，直播或穴盘播种均可，保持土壤湿度，易萌发；出苗 6 周后即可移栽；当年夏季花量较少。

（二）分株繁殖

大花夏枯草地下茎发达，匍匐伸展较快。于早春萌动前后，分栽带芽地下茎，保持土壤潮湿，成活后可很快覆盖地面。

（三）园林栽培

大花夏枯草对土壤要求不严，在排水良好的各种土壤均可生长。生长期要保证土壤湿度中等至湿润，特别是在夏季干旱时。耐贫瘠，但肥沃土壤中生长更佳。在土壤湿润条件下，可全光照种植，干旱时则易种植于稍有庇荫的环境下。夏枯草地下茎向四周扩展较快，宜每年适当挖除多余部分，以保证景观。种子自播能力较强，如若无须留种，宜在种子成熟前修剪果序。耐寒性较强，一般冬季无须保护。

四、价值与应用

株型低矮，枝叶茂密，覆盖地面快，花色丰富，或艳丽或素雅，是有名的观花地被植物。常片植于路边、林缘等处作地被，作花境前景或填充材料，也常容器种植用于花坛或时令花卉（图 7）。

图 7 波斯矢车菊景观应用

夏枯草（*P. vulgaris*）为传统中药，性味苦、辛、寒，入肝经，具有清肝火、散郁结的功效，与其他中药配伍，用于治疗肝热目赤、肿痛等；还具有抗肿瘤、调节血压、防治肺结核、抗菌、降血糖、抗病毒、抗炎等功效。

（赵叶子　李淑娟）

Psephellus 绒矢车菊

菊科绒矢车菊属（*Psephellus*）宿根类草本或半灌木，曾归属于矢车菊属（*Centaurea*）。因其叶背面密被茸毛而得名，且花朵总苞片的附属物不下延。该属有90种，主要分布于中亚、西南亚、欧洲和俄罗斯；我国产1种（矮小矢车菊）。

一、形态特征与生物学特性

（一）形态与观赏特征

叶片背面（至少幼叶）密被茸毛。叶片各种分裂。总苞片附属物通常不下延，膜质，全缘，具齿或具缘毛，但无刺（图1）；花托有光滑的刚毛，在瘦果成熟时宿存；头状花序顶生，边缘花不育，辐射状，花紫色、粉红色或淡黄色至白色（Wagenitz，2000）。

图1　绒矢车菊属与矢车菊属苞片特征

注：A. 绒矢车菊属：苞片附属物存在于苞片顶部，不下延；B. 矢车菊属：苞片附属物下延包裹苞片两侧。

（二）生物学特性

耐旱，耐寒，耐贫瘠，忌积水，多生长于干燥贫瘠的山坡及路边。

二、种质资源

该属多数种具有较高观赏价值，目前园林应用的仅有以下几种。

1. 高加索矢车菊（新拟）*P. bellus*

常绿草本，茎匍匐。奇数羽状复叶，小叶椭圆形至卵形，灰绿色至银灰色。头状花序顶生，花莛高20～40 cm，花粉紫色（图2）。花期3～6月。

分布于安纳托利亚和外高加索地区。

2. 波斯矢车菊 *P. dealbatus*

株高50～70 cm。基生叶长达60 cm，奇数羽状复叶，小叶有时具裂片，翠绿色，茎生叶向上渐小。头状花序顶生，花径5～7 cm，花淡紫色（图3）。花期6～8月。

分布于安纳托利亚和外高加索地区。有几个园艺品种，只是花色上稍有差异。喜中性至稍碱性土壤，可耐 -40℃低温，不耐热（Armitage，2008；Graham，2012）。适合我国北方种植。

3. 白背矢车菊 *P. hypoleucus*

该种与波斯矢车菊很像，区别在于此种株型更紧凑，叶片背面更白，花径较小，3.5～5 cm，花粉色（图4）。花期6～7月。其品种‘John Coutts’，植株更高大，也更粗壮，

图 2　高加索矢车菊（Todd Boland 摄）

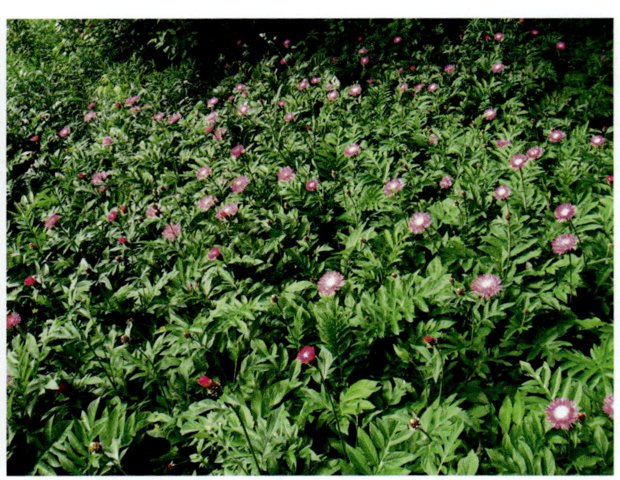
图 3　波斯矢车菊（Yuri Bengus 摄）

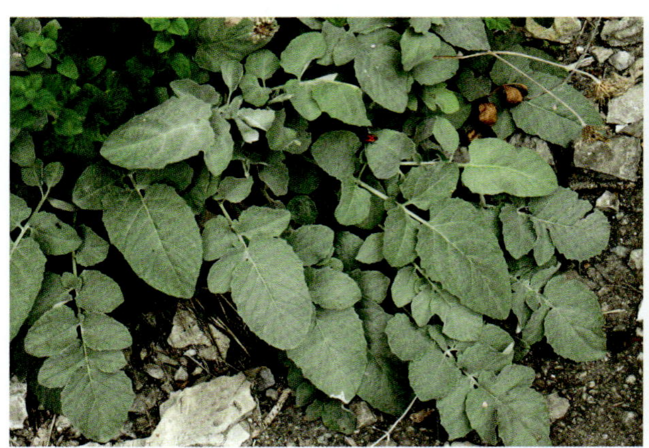
图 4　白背矢车菊（Svetlana Nesterova 摄）

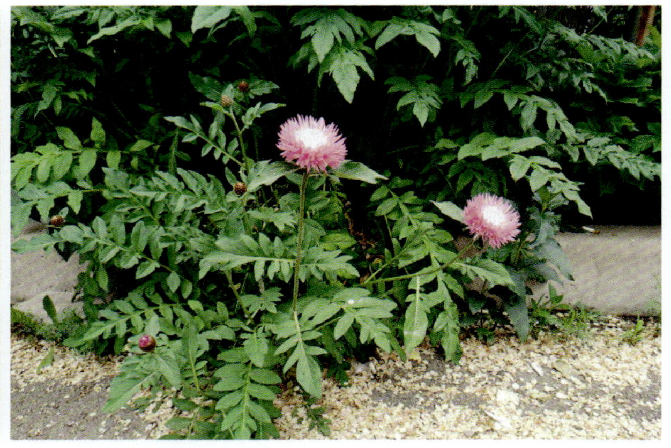
图 5　白背矢车菊 **'John Coutts'**（Kastani 摄）

花大，5～10 cm，浓粉色（图 5）。9 月二次开放。看起来更像波斯矢车菊的杂交种（Graham，2012）。

4. 矮小矢车菊 *P. sibiricus*

矮小型，株高 5～15（～30）cm。茎直立或平卧，单生或具 1～2 分枝，被茸毛至具长柔毛。叶淡灰白色，密被茸毛，背面更密。基生叶椭圆形，约 5 cm，羽状全裂；侧裂片 2～5 对，全缘；顶生裂片较侧裂片大；茎生叶少。头状花序顶生，花冠紫色至粉色（图 6）。花期 7～9 月。

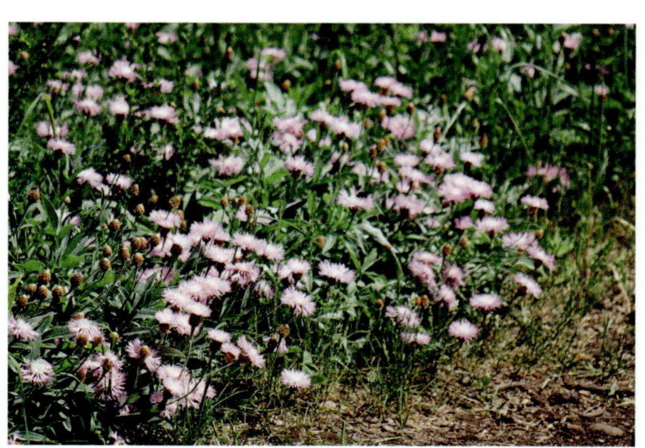
图 6　矮小矢车菊（Султангареева Лилия 摄）

三、繁殖与栽培技术

（一）播种繁殖

春播或秋播，以秋播为主。新鲜种子萌发率高。撒播后覆土 2 mm，保持基质湿度，15～20℃条件下，1～3 周萌发。黑暗可促进种子萌发。苗高 5 cm 最少有 2 片真叶时即可上盆。秋播于冷棚中进行，分栽苗也在冷棚中越冬，来年春季于景观中栽植。最常用的波斯矢车菊种子发芽温度 15～29℃，春播当年可以开花

（Armitage, 2008；董长根 等，2013）。

（二）分株繁殖

春季或秋季进行，但切记尽量少伤根系。

（三）园林栽培

1. 土壤

适应性较强，适宜于各种透水性好的土壤，pH6.6 ～ 7.8；石灰质土壤也可。

2. 水肥

原生于干旱、贫瘠的草地和坡地，耐旱，耐贫瘠。中等肥力即可。一般自然降水即可满足其生长，若遇雨水过多时，应注意排水。

3. 光照

宜植于阳光充足处，或短暂遮阴也可。

4. 修剪及越冬

入冬前剪除地上枯枝叶。耐寒性强，可耐 -35℃低温，一般冬季无须特别保护。

四、价值与应用

波斯矢车菊株丛紧凑，花色艳丽，总苞片形态奇特，叶底茸毛稠密，手感佳；耐寒，耐旱。常用于岩石园、花境、花坛等（图 7），特别是自然景观中的干燥贫瘠处。

图 7　波斯矢车菊景观应用

除了观赏，还是中亚一些国家的传统草药，是天然抗氧化剂和消炎灭菌剂。

（李淑娟）

Pteris 凤尾蕨

凤尾蕨科凤尾蕨属（*Pteris*）多年生草本植物。约300种，分布于世界热带和亚热带地区，南达新西兰、澳大利亚及南非，北至日本及北美洲；我国有66种，主要分布于华南及西南，少数种类向北达秦岭南坡。通株翠绿、叶丛细柔，叶片线条分明，形似鸟类的尾羽，秀丽多姿，因形似凤尾而得名。

一、形态特征与生物学特性

（一）形态与观赏特征

茎很短，但具有很粗的根状茎，株高一般30～50 cm。叶分为孢子叶和不育叶两种类型，簇生于根茎交接处，叶柄细长，叶片椭圆形或卵形，一回羽状复叶；叶羽呈条形，上有细小锯齿。孢子叶全缘，叶边具有线形排列的孢子囊群，上有褐色孢子。

（二）生物学特性

常生于海拔150～1000 m的林下或溪边潮湿的酸性土壤中。较喜温暖，适宜的生长温度应在15℃以上；低于10℃会严重阻碍植株的正常生长，抑制幼叶的萌发。孢子发芽温度25℃。剑叶凤尾蕨生长适宜温度为22～32℃。相对湿度65%以上。喜半阴不耐旱，喜疏松、通气和排水良好的土壤，光照强度在500～1200 lx之间植株生长可达到较好的效果。

二、种质资源

1. 半边旗 *P. semipinnata*

株高35～80（～120）cm。根状茎长而横走。叶簇生，近一型；叶柄长15～55 cm，连同叶轴均有光泽；叶片长圆状披针形，长15～40（～60）cm，宽6～15（～18）cm，二回半边深裂；不育裂片的叶有尖锯齿，能育裂片仅顶端有一尖刺或具2～3个尖锯齿；叶干后草质，灰绿色，无毛（图1）。

图1　半边旗

2. 蜈蚣凤尾蕨 *P. vittata*

株高（20～）30～100（～150）cm。根状茎直立，短而粗健，粗2～2.5 cm，木质。叶簇生；柄坚硬，长 10 ～ 30 cm 或更长；叶片倒披针状长圆形，长 20 ～ 90 cm 或更长，宽 5 ～ 25 cm 或更宽，一回羽状；叶干后薄革质，暗绿色。在成熟植株上除下部缩短的羽片不育外，几乎全部羽片均能育（图 2）。

3. 剑叶凤尾蕨 *P. ensiformis*

株高 24 ～ 60 cm。根状茎细长。叶密生，二型；柄长 10 ～ 30 cm，与叶轴同为禾秆色；叶片长圆状卵形，长 10 ～ 25 cm；叶干后草质，灰绿色至褐绿色。因叶簇生于根茎，为羽状复叶，形似凤尾，故又得名“凤尾草”（图 3）。

3a. 白羽凤尾蕨 var.*victoriae*

株高 50 cm。根状茎细长，叶密生，二型；叶片长圆状卵形，对生；羽片中央沿主脉两侧各有 1 条纵行的灰白色带；小羽片对生，密接，无柄，斜展，长圆状倒卵形至阔披针形；顶生羽片基部不下延；叶干后草质，灰绿色至褐绿色（图 4）。

4. 华中凤尾蕨 *P. kiuschiuensis* var.*centro-chinensis*

株高 60 ～ 80 cm。根状茎短而直立。叶簇生；柄长 25 ～ 55 cm，基部红棕色；叶片卵形，

图 2　蜈蚣凤尾蕨

图 3　剑叶凤尾蕨

图 4　白羽凤尾蕨

图 5　华中凤尾蕨

图 6　栗轴凤尾蕨

长 25 ～ 35（～ 40）cm，宽 20 ～ 25（～ 30）cm，二回深羽裂（或基部三回深羽裂）；叶干后薄草质，草绿色，无毛（图 5）。

5. 栗轴凤尾蕨 *P. bella*

株高 50 ～ 70 cm。根状茎长而斜升，木质。叶簇生；柄长 30 ～ 40 cm；叶片宽卵形至长圆形，长 30 ～ 35 cm，宽 15 ～ 20 cm，二回深羽裂（或基部三回深羽裂）；叶干后草质，草绿色（图 6）。

三、繁殖与栽培管理技术

（一）孢子繁殖

孢子越新鲜，发芽越快，发芽率越高，所以在孢子成熟后，尽快收集播种。育苗常用腐殖土：壤土：河沙 =3 ：1 ：1 的混合土壤。以上各原料必须过筛后拌匀，蒸汽灭菌后才能使用。待床土水分渗透后，将孢子粉均匀撒播于床面上，不要覆土，可稍稍淋水，使孢子与土面相接。播后在床面覆盖地膜，保温保湿。光照以散射光为宜，切忌暴晒。光照时间每天要在 4 小时以上，床土温度控制在 25 ～ 30℃，从播种到出叶需要 1 个月左右的时间。当孢子体长出 3 ～ 4 片叶后移栽，仍用混合土作为基质。孢子萌发后，待苗长至一定程度时便可上盆栽培。

（二）分株繁殖

通常在 4 ～ 5 月分株。分株前，减少浇水，以便于脱土。脱土后，用利器把植株分为 3 ～ 4 丛，再分栽在小盆中，精心护养，直至块茎部位生出初生叶，形成新植株。

（三）盆栽

1. 基质

喜欢生长在肥沃、排水良好的基质，1 份泥炭土 +1 份腐叶土 +1 份珍珠岩较适宜其生长。基质在使用前用热蒸汽处理（80℃，30 分钟以上），晾干。

2. 环境调控

盆栽凤尾蕨时应将其搁置于遮光 50% 左右的荫棚下，既要避免强光暴晒，又应防止遮光太多。冬季养护，应将凤尾蕨放置在室内，适当给予光照。温度在 16 ～ 25℃范围内，植株生长粗壮，挺直，色泽正常，极少出现枯叶黄叶现象。凤尾蕨要求较高的空气湿度，以 70% ～ 80% 较适宜。如果盆土缺水或空气比较干燥，易引起叶干蜷曲；生长期要保持盆土湿润，并经常喷水使其周围环境保证较高的湿度。

3. 修剪

凤尾蕨快速生长时期，生长快、叶丛过密导致生长衰弱，底层老叶通风透光不良会出现叶枯，容易发生叶片腐烂现象。快速生长期间应及时修剪换盆。最好在秋季修剪，去除死叶、黄叶，保证既能促进植株间通气顺畅，又保持植株整体美观。

（四）病虫害防治

凤尾蕨生长期不易受病虫害影响。如果生长环境温度太低、通风透光性差、空气湿度太高时，极易感染灰霉病、立枯病，并伴有红蜘蛛、介壳虫、蛞蝓等害虫危害，导致植株出现叶萎、下垂，甚至枯死。应经常检查叶片，保证叶片不要太湿，注意通风透气；盆土有积水时，停止浇水；出现死苗，及时连同盆土倒掉。

农药防治可用 70% 甲基托布津可湿性粉剂 1000 倍液、杀线磷 1000 倍液、农用链霉素 4000 倍液喷洒凤尾蕨，对其病虫害的防治以及植株品质的形成都有较好的效果。

四、价值与应用

适于盆栽，置于室内书案、茶几，可起到美化居室环境的作用。可作切叶花材之用，也可用于园林造景。

全草可入药，味微苦、性寒，具有清热解毒、利尿祛湿等功效，对痢疾、肠热便血、小儿肝火烦热、黄疸型传染性肝炎、小便短赤、尿血等疾病均有疗效。

（吴学尉）

Pulmonaria 肺草

紫草科肺草属（*Pulmonaria*）多年生半常绿草本。在16—17世纪中草药盛行的医学时代，具斑点的肺草叶片似得病的肺，且对肺病有疗效，因此而得名肺草。

一、形态特征与生物学特性

（一）形态与观赏特征

有长硬毛。茎几不分枝。基生叶大型，有叶柄；茎生叶互生。镰状聚伞花序具苞片；花具梗；花萼钟状，5浅裂，果期增大，包围小坚果；花冠紫红色或蓝色，5裂，筒部与花萼等长，直径10～15 mm。小坚果卵形，黑色，有光泽，有环状边缘。花期4～5月，果期5～6月。

（二）生物学特性

耐寒，喜湿润，分布在山坡、林下、稀疏的树林或灌丛及山谷阴湿处，忌冬季积水，在富含腐殖质的壤土上生长良好。幼苗定植时间可选在早春或初秋，以利于根系的迅速恢复。适合半阳的阴凉处。引自东北的长叶肺草耐寒性极强，但不耐高温酷暑，在西安露地生长3～10年，属于短命的多年生植物。

二、种质资源与园艺品种

（一）种质资源

全球肺草属19种，有种间杂交现象（Meeus et al., 2015），分布于中亚至欧洲。我国产腺毛肺草1种，花园中常见的有5种，均产于欧洲。

1. 腺毛肺草 *P. mollissima*

分布于我国山西、内蒙古。俄罗斯中亚地区、西伯利亚、高加索、小亚细亚至欧洲也有分布（图1）。

2. 甜肺草 *P. saccharata*

又名白斑肺草。半常绿草本。株高30 cm，冠径60 cm。丛生，基生叶叶长椭圆形，叶片长是宽的3倍，具形状不一的乳白色斑点或汇聚成片（图2）。花蕾粉红色，开放时漏斗形，花冠

图1 腺毛肺草的花和种子

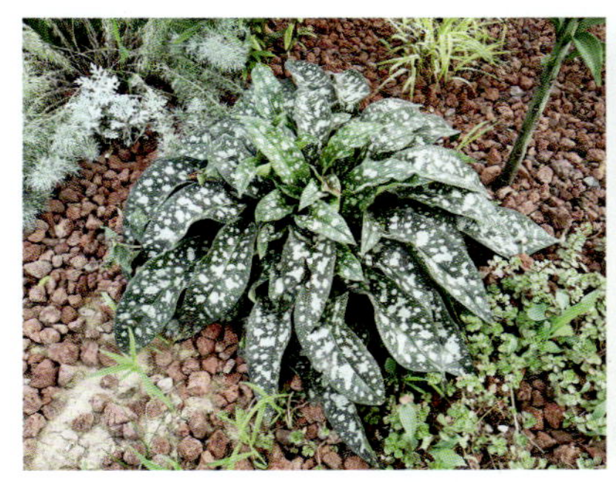

图 2　甜肺草基生叶

图 3　甜肺草（Eliot Stein 摄）

图 4　肺草（Marina Privalova 摄）

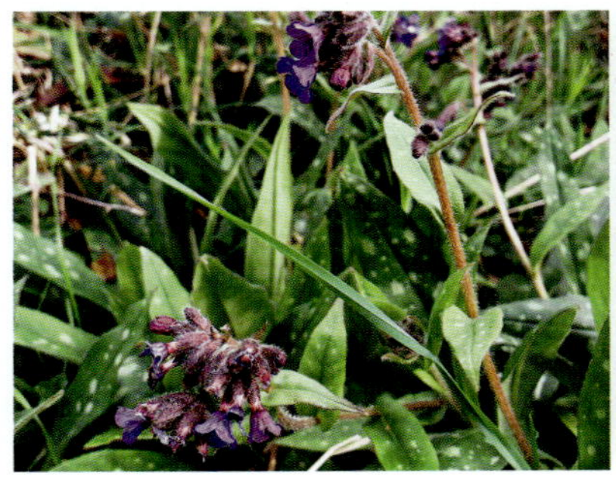

图 5　长叶肺草（Lenaini 摄）

图 6　药用肺草（Pedro Beja 摄）

图 7　红花肺草（Leonid Rasran 摄）

呈现蓝色（图 3）。

法国和意大利有分布。适应性好，叶斑点更多，是最受欢迎的肺草属物种。在整个生长季节需保持土壤湿度以保证观赏性状展现，多雨季节需保证排水良好，忌积水。花后分株繁殖。

3. 肺草 *P. angustifolia*

又名狭叶肺草。株高 23 cm，冠径 45 cm，叶披针形无斑点，深蓝色花早春开放（图 4）。欧洲中部有分布。

4. 长叶肺草 *P. longifolia*

株高 20 ～ 40 cm，冠径 20 ～ 30 cm。基生叶狭披针形（长是宽的至少 6 倍），长可达 45 cm；深绿色，具银色斑点；茎生叶从下到上逐渐变窄变小。总状花序顶生，花冠紫蓝色，早春开放，格外引人注目（图 5）。该种花期略晚于其他种。是很好的地被植物，喜温暖湿润的气候，稍耐旱，也耐寒，可耐 -25℃低温。欧洲西部有分布。

5. 药用肺草 *P. officinalis*

叶粗糙，心形，具白色斑点。花蓝色和粉色，冬末早春开放（图 6）。

6. 红花肺草 *P. rubra*

株高 30 cm，冠径 60 cm。叶卵形，光滑，在温和的气候下常绿，被软毛。花红色，冬末早春开放（图 7）。欧洲东南部有分布。红色花区别于其他的蓝色花的物种。在北方表现优于南方。

（二）园艺品种

肺草属的园艺品种较多，尚无系统分类。品种多来自肺草、长叶肺草、甜肺草及红花肺草的种内及种间杂交。花色丰富，有蓝色、蓝紫色、红色、粉色和白色，再加上该属花朵开放过程中的变色特点，使其更加炫目。

1. 蓝紫色系品种（图 8）

'碧空'（'Azurea'）花蕾红色，开放后呈蓝色；叶片无斑点。

'伯特纶'（'Bertram Anderson'）花紫蓝色，叶片深绿色，具斑点。

'蓝旗'（'Blue Ensign'）宿根或半常绿草本，紧凑茂密的丘状。株高 15 ～ 30 cm，冠幅 30 ～ 45 cm；极耐寒，可耐 -42℃。

'塞德里克'（'Cedric Morris'）花蓝紫色，萼片紫绿色，叶无斑点。

'蓝粉'（'Pink-a-Blue'）花朵初开粉红色，渐变为蓝色；叶具斑点。

图 8　蓝紫色系
注：A.'碧空'；B.'蓝旗'；C.'塞德里克'；D.'伯特纶'；E.'蓝粉'，F.'烟蓝'。

'烟蓝'（'Smoky Blue'）花朵初开粉红色，逐渐变成烟蓝色。株高 12 ～ 30 cm，冠幅 30 ～ 45 cm；耐寒，可耐 -30℃。

2. 红色系品种

红色系品种多源于红花肺草。

'戴维'（'David Ward'）花冠亮红色，萼片奶油色；叶缘具不规则黄白色边。

'里查德'（'Rachel Vernie'）花冠深红色，萼片奶油色；叶缘不规则黄白色边较'戴维'稍少。

'Redstart' 花冠深红色，萼片深棕红色；株型更紧凑；株高 30 ～ 40 cm，冠幅 30 ～ 90 cm。

'Salmon Glow' 浅橙色花，茎生叶无柄（图 9）。

3. 粉色及白色品种

粉色及白色品种多源于药用肺草、长叶肺草和甜肺草（白斑肺草）。

'Dora Bielefeld' 白斑肺草的品种。花粉色；萼片带紫色；叶具小的白斑点。

'Opal' 花蕾粉色，开放后渐变为极淡蓝色；叶斑较密。

图 9　红花肺草的品种
注：A.'Redstart'；B.'里查德'；C.'戴维'。

'Roy Davidson' 药用肺草和白斑肺草的杂交种，耐热型品种，粉花转淡蓝色。

'Sissinghurst White' 花蕾淡粉色或几白色，花白色；株高 20 ～ 30 cm，冠幅 30 ～ 45 cm；耐寒，可耐 -32℃低温（图 10）。

图 10　白色及粉色品种

注：A.‘Opal’；B.‘Dora Bielefeld’；C.‘Sissinghurst White’；D.‘Roy Davidson’。

三、繁殖与栽培管理技术

（一）播种繁殖

宜春季进行，幼苗当年一般不能开花。肺草属植物种间、种内杂交容易，实生苗变化很大。利用播种繁殖不能保持品种特性，因此优良品种须用营养繁殖。

（二）分株繁殖

花后进行，将挖出的根系进行分切，保证每块具有 2 ～ 3 个或更多的芽，另行种植即可。

（三）园林栽培

1. 土壤

喜富含有机质的砂壤土，并且要排水良好，在排水不畅的地方，更容易引起根腐病。

2. 水肥

喜欢略微潮湿的环境，干燥叶子会枯萎。在花园种植的情况下，可以依靠降水，但如果干燥持续很长时间，则需要浇水。冬季幼苗需略微干燥的土壤。每年春季追施一次复合肥。

3. 光照

在全光照条件及炎热夏季，生长不良。适合在半阴或斑驳阳光的阴凉通风处种植。

4. 修剪与过冬

花后需要及时剪掉残花。耐寒性强，但在极寒地区，冬天会将其冻结在土壤中，须采取措施防止冻结。

（四）病虫害防治

常见霉变病，往往发生在炎热潮湿的环境中。发生时，出现白色病变，好像叶子被覆盖了面粉一样。可用杀菌剂处理。保持通风良好可抑制其发生。

四、价值与应用

肺草是很重要的早春花卉，栽培管理容易。花期和报春花相同，适合配置在湿润的疏林下，或建筑物背面作地被植物；也可布置于岩石园或花境的边缘。花后可观赏其美丽的叶片。

（任保青　梁楠）

Pulsatilla 白头翁

毛茛科白头翁属（*Pulsatilla*）多年生草本植物，种子成熟时密集成白色头状，故名白头翁，又名毛骨朵花、白头草、老姑草、老翁花、老冠花、猫爪子花等。全国大部分地区均有分布，以东北及河南、河北、山东、山西、安徽等地分布较多。

一、形态特征与生物学特性

（一）形态与观赏特征

株高 15 ～ 35 cm，根状茎直径 0.8 ～ 1.5 cm。基生叶 4 ～ 5，通常在开花时长出，有长柄；叶片宽卵形，长 4.5 ～ 14 cm，宽 6.5 ～ 16 cm，3 全裂，中全裂片有柄或近无柄，宽卵形；3 深裂，中深裂片楔状倒卵形，少有狭楔形或倒梯形，全缘或有齿；侧深裂片不等 2 浅裂，侧全裂片无柄或近无柄；不等 3 深裂；叶柄长 7 ～ 15 cm，有密长柔毛。花莛 1 ～ 2，有柔毛；苞片 3，基部合生为长 3 ～ 10 mm 的筒，3 深裂，深裂片线形，不分裂或上部 3 浅裂，背面密被长柔毛；花梗长 2.5 ～ 5.5 cm，结果时长达 23 cm；花直立；萼片蓝紫色，长圆状卵形，长 2.8 ～ 4.4 cm，宽 0.9 ～ 2 cm，背面有密柔毛；雄蕊长约为萼片之半（图 1）。聚合果直径 9 ～ 12 cm；瘦果纺锤形，长 3.5 ～ 4 mm，有长柔毛，宿存花柱长 3.5 ～ 6.5 cm，有向上斜展的长柔毛。4 ～ 5 月开花。

图 1　白头翁花朵及开花特征

（二）生物学特性

性较耐干旱，喜光，多生于河岸草甸、山坡草丛、石砾地、林间空地等（图 2）。不耐热，在西安地区越夏比较困难，退化现象严重，一年不如一年，3 年后没有踪迹。

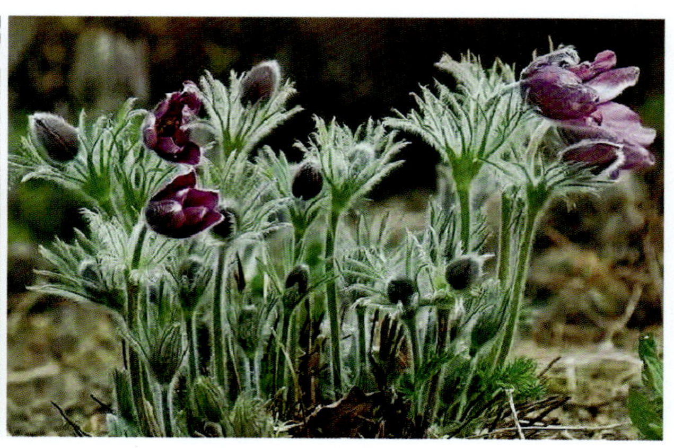

图 2　白头翁生境

二、种质资源

白头翁属全世界约有33种，欧、亚两大洲都有分布。我国有11种，分别为白头翁（*P. chinensis*）、朝鲜白头翁（*P. koreana*）、兴安白头翁（*P. dahurica*）、细叶白头翁（*P. turczaninovii*）、蒙古白头翁（*P. ambigua*）、钟白头翁（*P. campanella*）、西南白头翁（*P. millefolium*）、肾叶白头翁（*P. patens*）、掌叶白头翁（*P. patens* var. *muhifida*）、黄花白头翁（*P. sukaczevii*）等。在16个省份都有分布，包括东北、华北及陕西、甘肃南部、山东、江苏、安徽、河南、湖北、四川西部。朝鲜白头翁分布于辽宁、吉林、黑龙江3省。细叶白头翁分布于宁夏、内蒙古、河北北部、辽宁西部、吉林西部、黑龙江西部；兴安白头翁分布于内蒙古、辽宁、吉林、黑龙江。从各省份的白头翁种类来看，内蒙古最多，达8个种和1变种，黑龙江6种，新疆分布4种和2变种，辽宁3种，吉林3种，其他省份各1种。

1. 朝鲜白头翁 *P. koreana*

株高14～28 cm。根状茎长约达10 cm，粗5～7 mm。基生叶4～6，在开花时还未完全发育，有长柄；叶片卵形，长3～7.8 cm，宽4.4～6.5 cm，基部浅心形，3全裂，一回中全裂片有细长柄，五角状宽卵形；又3全裂，二回全裂片二回深裂，末回裂片披针形或狭卵形；一回侧全裂片无柄，表面近无毛背面密被柔毛；叶柄长4.5～14 cm，密被柔毛。总苞近钟形，长3～4.5 cm，筒长0.8～1.2 cm，裂片线形，全缘或上部有3小裂片，背面密被柔毛；花梗长2.5～6 cm，有绵毛；萼片紫红色，长圆形或卵状长圆形，长1.8～3 cm，宽6～8 cm。瘦果倒卵状长圆形，有短柔毛，宿存花柱长约4 cm，有开展的长柔毛。4～5月开花。

2. 兴安白头翁 *P. dahurica*

株高25～40 cm。根状茎长达16 cm。基生叶7～9，有长柄；叶片卵形，长4.5～7.5 cm，宽3～6 cm，基部近截形，3全裂或近似羽状分裂，一回中全裂片有细长柄；又3全裂，二回裂片深裂，深裂片狭楔形或宽线形，全缘或上部有2～3小裂片或牙齿；一回侧全裂片无柄或近无柄，不等3深裂，表面近无毛，背面沿脉疏被柔毛；叶柄长2.8～15 cm，有柔毛。花莛2～4，直立，有柔毛；总苞钟形，长4～5 cm，筒长1.2～1.4 cm，裂片似基生叶的裂片，背面有密柔毛；花梗长约7.5 cm，有密柔毛；花近直立；萼片紫色，圆卵形，长约2 cm，宽0.5～1 cm，顶端微钝，外面密被短柔毛。聚合果直径约10 cm；瘦果狭倒卵形，密被柔毛，宿存花柱长5～6 cm，有近平展的长柔毛。5～6月开花。

3. 细叶白头翁 *P. turczaninovii*

株高15～25 cm。基生叶4～5，有长柄，为三回羽状复叶，在开花时开始发育；叶片狭椭圆形，有时卵形，长7～8.5 cm，宽2.5～4 cm，羽片3～4对，下部的有柄，上部的无柄，卵形，二回羽状细裂，末回裂片线状披针形或线形，有时卵形，顶端常锐尖，边缘稍反卷，表面变无毛，背面疏被柔毛；叶柄长5～8 cm，有柔毛。花莛有柔毛；总苞钟形，长2.8～3.4 cm，筒长5～6苞片细裂，末回裂片线形或线状披针形，背面有柔毛；花梗长约1.5 cm，结果时长达15 cm；花直立；萼片蓝紫色，卵状长圆形或椭圆形，长2.2～4.2 cm，宽1～1.3 cm，顶端微尖或钝，背面有长柔毛。聚合果直径约5 cm；瘦果纺锤形，密被长柔毛，宿存花柱长约3 cm，有向上斜展的长柔毛。5月开花。

三、繁殖与栽培技术

（一）播种繁殖

1. 采种

白头翁种子一般于5月中下旬开始成熟，种子采收一般在6月上旬，当有60%的种子黄化成熟时即可采收。种子采收过早，成熟度达不到，出芽不壮；采收过晚，种子就会由自身的羽毛带着随风飞散。采收回来的种子放在箩筐里在阳光下晾晒，上面覆盖纱窗网，以免种子随风飞走。晒到98%以上的干度时，放在铁网筛上反复揉搓，直到种子和羽毛都搓碎掉到铁网下为止。种子寿命较短，当年收获的种子，隔年其生活力和发芽率将大大降低，甚至完全丧失活力。而当年播种又由于其出苗周期长，可利用的生长时期短，而且幼苗生长缓慢，翌年移栽时种苗小而弱，不利于成活。白头翁的种子细小，一般1 kg种子有约50万粒。宿存花柱长且有开展的长柔毛，种子发芽时易霉烂，萌发困难，出苗率低且不整齐。播种适时、适当，出芽率可达80%以上。

2. 育苗

选用当年采收的新种子，有喷灌条件的可直接播种，没有喷灌条件的可催芽后播种。早春播种多在3～4月进行，播种时种子在25%多菌灵可湿性粉剂600倍液中浸种1小时，再用清水洗去药液，GA_3 100 mg/L浸种8小时，捞出种子控干，与预先冲洗干净的湿沙以1 ∶ 6比例混拌条播，将种子均匀播入沟内，行距3～4.5 cm，播后覆土，以盖住种子为度。或用温水浸泡种子4～6小时，期间换水1次，捞出后沥干水分，放在25～30℃的温度下催芽，催芽期间要适当翻动种子，以免发热。4～6天后，当有70%以上的种子冒出芽尖时即可播种。若不能及时播种的，要把发芽的种子放在2～5℃的条件下保存。播种时按每亩2.5 kg种子的量，把种子均匀地播到床面上，然后用筛子筛细土把种子盖上，一般覆土0.2 cm左右，然后浇透水，用稻草、松针等物覆盖床面，以利于保湿、出苗。

3. 苗期管理

播种后条件适宜，经催芽的种子一般播后4～5天即可出苗。出苗后逐步撤除稻草等覆盖物，以半遮半盖为宜。当长出真叶后用噁霉灵兑叶面肥喷施防猝倒病，每隔5～7天喷1次，一般喷2次即可。另外可根据长势追施2次尿素，每次追施10 kg后立即浇水或雨前顶雨追施，以防烧苗。除草要早、要彻底，以免杂草与幼苗争夺养分，也可在出苗前喷施农达除草，不过要掌握好喷药时机。

（二）分株繁殖

在老株尚未萌发时连根挖起，即可进行分株栽植。

（三）园林栽培

1. 选地整地

应选择地势稍高、光照充足、排水良好、土质疏松肥沃的砂壤土或壤土栽培；盐碱易涝、重黏土地不宜种植。选地后根据土壤肥力施肥，以施充分腐熟的农家肥为主，少施化肥。每亩施农家肥3000～4000 kg，翻地深30～35 cm。将土块耙细后做床，床高15～20 cm、宽1～1.2 m，床面用耙子耧细，做成微凸床面等待播种。

2. 移栽与水肥管理

白头翁春、秋季都可以进行移栽，可以用当年的1年生苗，也可以用2年生苗进行。因白头翁喜干燥凉爽气候，移栽田最好选择地势高燥地或坡地。可做床移栽，也可以垄栽，做床栽培的株、行距一般在10 cm×（25～30）cm，垄栽的株距在8 cm左右。

移栽后需要浇透水。白头翁极抗旱，所以缓苗后在无大旱的情况下基本不需浇水。白头翁耐贫瘠，苗期可适当施氮肥；抽薹时要摘除花蕾，以利根部发育，以后每年在返青前每亩可追施复合肥10 kg，以利于根系生长。

四、价值与应用

适合地被、花境应用，富有野趣。

其味苦，性寒，归胃、大肠经；具有清热解毒、凉血止痢、燥湿杀虫的功效；主治热毒痢疾、鼻衄、血痔、带下、阴痒、痈疮和瘰疬。

（李海燕　吴学尉）

Pycnanthemum 密花薄荷

唇形科密花薄荷属（*Pycnanthemum*）多年生草本花卉，也称山薄荷（mountain mint）。花朵并不十分显著，但叶片强烈的薄荷香味，总能给人们带来愉悦之感，春天茂密的叶丛，让人不由得想摘几片揉碎来闻。

一、形态特征与生物学特性

（一）形态与观赏特征

具地下茎，地上茎直立，单一或上部多分枝；无毛或具毛。单叶对生。花序头状，顶生或腋生于顶端叶腋，由两叶片（或呈白色）簇拥；花萼5裂，花冠二唇形，上唇2裂，下唇3裂；花白色、淡紫色或紫红色。

（二）生物学特性

喜光，喜温暖且凉爽的气候，喜潮湿且排水良好的土壤；成熟植株易倒伏。

二、种质资源

该属约有20种，主要分布于北美洲。景观应用常用的有2～3种。

1. 白山薄荷 *P. incanum*

最常用的一种，因其花簇下方的最上部叶子和苞片呈白色而得名。直立，中上部多分枝，株高60～150 cm，冠幅同株高。茎叶密被白柔毛。叶披针形至卵状披针形，先端渐尖，缘具稀浅齿。花白色或淡紫色，花瓣具深紫色斑点（图1、图2）。花期6～9月。

2. 山薄荷 *P. muticum*

茎簇生状，株高60～90 cm，冠幅可达90 cm或以上。叶几无柄，宽卵形，被柔毛，上

图1　白山薄荷（Laird Haynes 摄）

图2　白山薄荷花序（John Kees 摄）

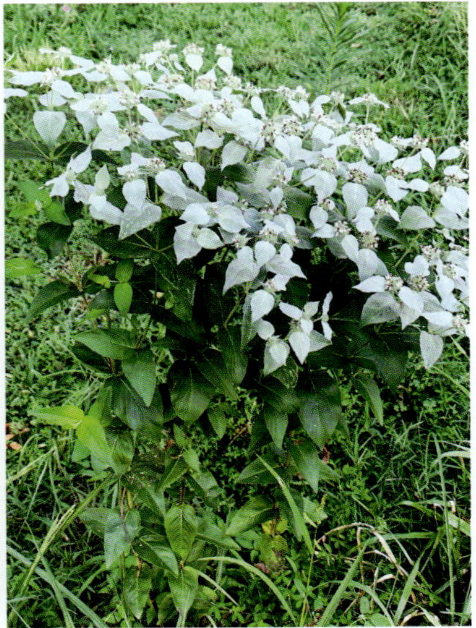

图3　山薄荷（Dwayne Estes 摄）

图 4　山薄荷花序

（Moni 摄）

图 5　狭叶山薄荷（Dawn Stover 摄）

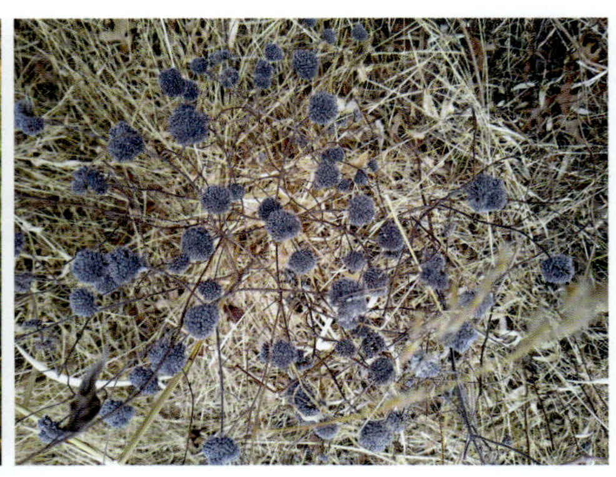

图 6　狭叶山薄荷干果序（Denis Krivenko 摄）

部叶及苞片几乎均为灰白色。头状花序极密集，花白色（图 3、图 4）。花期 6～8 月。耐寒（-32℃）（Armitage，2008）。

3. 狭叶山薄荷 *P. tenuifolium*

丛生，枝叶茂密，株高 30～100 cm。叶无柄，线形，长 2.5～7.5 cm。顶生的聚伞花序由多数头状小花序组成，小花白色（图 4、图 5）。花期 6～8 月。

三、繁殖与栽培技术

（一）播种繁殖

秋播或湿沙层积处理后春播，种子易萌发。

（二）分株繁殖

春季萌动前后行分株繁殖。常规方法即可。

（三）扦插繁殖

地下茎有水平扩展的习性，春季萌动前后，挖出根茎，截取带芽地下茎进行根插，易生根成活。生长季进行枝插，易生根。

（四）园林栽培

1. 土壤

不择土壤。

2. 水肥

喜中等至湿润土壤，不耐旱，故需根据降水情况适时补水；较耐贫瘠，但肥沃土壤生长更佳。

3. 光照

喜光，稍耐阴。阳光充足且夏季凉爽处生长最佳。

4. 修剪及越冬

春季苗期适当截头，一则可使其多萌发新枝，形成密实的株型；二则可控制株高，以防倒伏。耐寒性较好，冬季一般无须保护。

四、价值与应用

该属植物枝叶茂盛，花叶芳香，耐寒亦耐贫瘠，多用于香草园、花境及庭院中，也是理想的河流池湖等水景的边际美化材料。也被当作芳香植物栽培。

（李淑娟）

Ratibida 草光菊

菊科草光菊属（*Ratibida*，草原松果菊属）宿根植物。独特的紫黑色长圆柱状筒状花盘形似墨西哥草帽，故而俗称墨西哥帽（Mexican hat plant）。全球有7种，主要分布于北美洲；我国有引种栽培。

一、形态特征与生物学特性

（一）形态与观赏特征

茎直立，具分枝，有棱纹，被硬毛或柔毛。叶互生，线形至卵形，一至二回羽状分裂，被糙毛，有腺体。头状花序单生或有少数从茎上部叶腋生出；舌状花3～15枚或更多，黄色、棕红色或双色，长圆形至倒卵形；中心管状花密集成球状至圆柱状，小花50～400或更多，花药通常棕紫色。瘦果倒披针形，四棱状，相互压扁，远轴边具翅和毛（图1）。花期6～9月。

图1　草原松果菊野生状态（Peterwvdh 摄）

（二）生物学特性

喜光，耐–30℃低温，抗旱，耐热，忌积水及黏重土壤。喜土层深厚、肥沃及排水良好、pH6.6～7.8的土壤。

二、种质资源

有2种在园林中有应用。

1. 草原松果菊 *R. columnifera*

株高60～90 cm。叶羽状分裂，裂片线形至狭披针形。头状花序，舌状花3～7枚，长0.7～3 cm，黄色、棕红色或黄色中具棕红色斑（图2）；中心管状花密集成圆棒状，长1.5～4 cm。花期6～9月。

2. 羽叶草原松果菊 *R. pinnata*

株高90～150 cm。基生叶羽状3～7裂，茎上部叶披针形。总状花序顶生，舌状花约13枚，长6 cm，筒状花盘球形或卵形，长约2 cm，揉碎后有茴香味（图3，图4）。花期6～9月。

三、繁殖与栽培技术

（一）播种繁殖

春播或秋播，苗床育苗或大田直播均可。种子较小，覆土不宜过厚，0.5 cm左右；种子发芽适宜温度20～25℃，7～15天出苗；苗高

图 2 草原松果菊的各种花色

图 3 羽叶草原松果菊（丘群光 摄）

图 4 羽叶草原松果菊野生状态（Loriannek 摄）

5 cm 时可分栽于盆中培养，10 cm 高时可定植于园地。

（二）分株或扦插繁殖

春季萌发前分株繁殖。

扦插繁殖在生长季节进行，以未木质化的嫩枝为插穗。

（三）园林栽培

1. 土壤

适应性较强，适宜于各种透水性好的砂质土或含砾石的土壤，pH6.6 ～ 7.8。

2. 水肥

耐旱耐贫瘠，一般排水好的园土无须施基肥。一般自然降水即可满足其生长，若遇雨水过多，应注意排水。

3. 光照

宜植于阳光充足处。

4. 修剪及越冬

只需秋末剪除地上枯枝叶。耐寒性强，可耐 -30℃低温，一般冬季无须特别保护。

四、价值与应用

花形奇特，花色明艳，花期较长，是吸引蜜蜂和蝴蝶的理想材料。可丛植于花境、花坛及庭院一隅，亦可于大场地中片植，构建野趣花海。该属是典型的草原植物，常在大草原上形成壮观的花海（图 5）。

图 5　得克萨斯州香松公园草原松果菊花海（Banditoeagle 摄）

（李淑娟）

Rehmannia 地黄

列当科地黄属（*Rehmannia*）多年生草本植物。该属植物在园林中应用的很少，其花冠喇叭状，白色、黄色和红色等，具有一定观赏价值，部分地区对野生资源进行引种驯化并进行园林应用。

一、形态特征与生物学特性

（一）形态与观赏特征

植株被长柔毛和腺毛。茎直立，单生或自基部分枝。叶具柄，在茎上互生或同时有基生叶存在，基生叶莲座状，在顶端的常缩小成苞片，叶形变化很大，边缘具齿或浅裂，通常被毛。花具梗，单生叶腋或有时在顶部排列成总状花序；萼卵状钟形，具5枚不等长的齿，通常后方1枚最长；萼齿全缘或有时开裂而使萼齿总数达6～7枚；花冠紫红色或黄色，筒状，稍弯或伸直，先端扩大，裂片通常5枚，略成二唇形，下唇基部有2褶皱直达筒的基部。

株型低矮，叶自基部集成莲座状，全株密被毛；花形特异，喇叭形花冠筒喉部有明显与花冠不同颜色的斑纹（Granham, 2012），具有观赏性。

（二）生物学特性

喜凉爽湿润气候，耐寒，其块根在25～28℃时增长迅速。喜光照充足，宜生长在阳光充足的场所，耐半阴。耐干旱，怕积水，不耐湿涝。耐贫瘠，喜排水良好、中性至微碱性的疏松砂质壤土，忌过于黏重的土壤。

二、种质资源

全球6种，均特产于我国。天目地黄、高地黄（*R. elata*）、地黄、湖北地黄（*R. henryi*）、裂叶地黄、茄叶地黄（*R. solanifolia*）。用作观赏植物的有3种，暂无观赏品种，新品种培育是今后扩大园林应用的重要途径。

1. 地黄 *R. glutinosa*

株高10～30 cm；全株被灰白色柔毛和腺毛。根茎肉质，鲜时黄色（入药部分）。叶常于茎基部集成莲座状；长卵形至长椭圆形，长2～13 cm，缘具不规则齿，基部渐狭成柄；茎生叶向上急剧变小。花莛直立，高10～25 cm，花序总状，或单生于叶腋；花冠筒状，多少弯曲，长3～4.5 cm，外面紫红色，内部黄紫色（图1）。花期4～6月。可耐–25℃低温。

2. 天目地黄 *R. chingii*

株高30～60 cm；与地黄的区别在于，基生叶早落，花期全为茎生叶；花玫红色（图2）。花期4～5月。可耐–10℃低温。

3. 裂叶地黄 *R. piasezkii*

株高30～100 cm；与天目地黄的区别在于，叶片羽裂（图3）。花期5～6月。可耐–10℃低温。

三、繁殖与栽培管理技术

（一）播种繁殖

3～4月播种，22～30℃条件下，35天出苗。地黄属异花授粉，种子多为杂种，不宜留种用，但播种可选育优良植株。

（二）块根繁殖

在4～5月进行，选择新鲜、健壮、粗约1 cm的根茎，截成5～6 cm长的小段，每段留

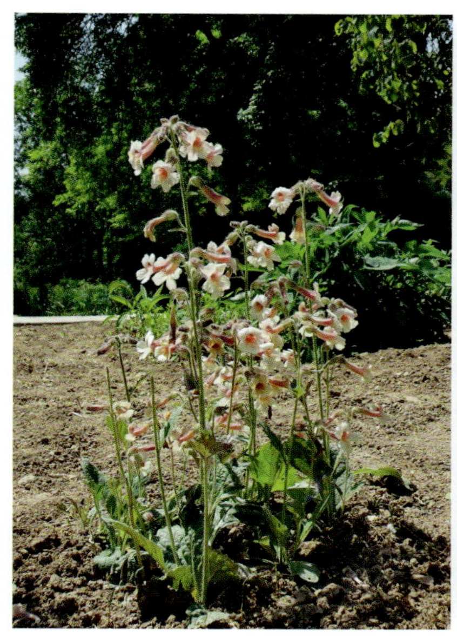
图1 地黄（李淑娟 摄）

图2 天目地黄（李淑娟 摄）

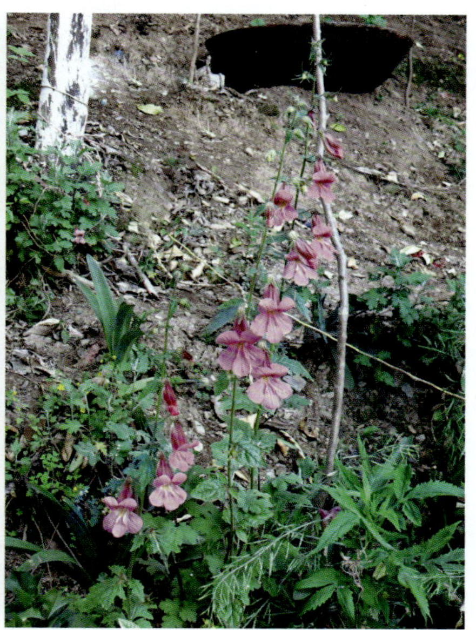
图3 裂叶地黄（李淑娟 摄）

有3个以上芽眼，开沟埋根覆土，压实后浇水，20天左右即陆续出苗。整个生育期内保持土壤湿润即可，浇水宜少，雨季如有积水要及时排除，高湿常引起烂根。根茎繁殖虽简便易行且成效快，但长期栽培易出现退化现象（董长根 等，2013）。

（三）园林栽培

栽植区域宜土层深厚、肥沃、排水良好，地块整理后施足基肥，潮湿地区可以起高垄。种源选择新鲜、健壮的根茎，截段埋植。地黄喜肥，除施足基肥外，在间苗后的生长期进行追肥，促使植株健壮生长。地黄苗期需水量大，应勤浇水；生长期间注意保墒，但不要过湿，大旱时需及时浇水。雨季应注意及时排水，防止根腐病的发生。

（四）病虫害防治

地黄的病害主要有斑枯病、轮纹病、枯萎病，一般于5月上旬开始发生，6～7月比较严重，特别是多雨季节，可采用喷施喷波尔多液等及时防治。虫害有红蜘蛛、地老虎、蛴螬等，这些按常规方法除治，选择药剂时应避免使用高毒农药。

四、价值与应用

株型低矮，花形奇特，多片植在花坛、花境、岩石园或药草园，也可种植在林下作观赏地被。庭院盆栽或植于墙角一隅也很适宜。

地黄是我国常用的药用植物，著名的“四大怀药”之一，全国各地均有栽培。地黄根茎入药，根据生药的鲜干程度、炮制与否可分为鲜地黄、生地黄和熟地黄。

（刘安成）

Reineckea 吉祥草

天门冬科吉祥草属（*Reineckea*）多年生常绿草本植物，单种属，仅含吉祥草（*R. carnea*）一种。吉祥草名称的由来，有的说是释尊在菩提树下成道时，铺此草而坐；也有说是有一位名为吉祥者的人，献上这种草给释尊，因此而得名。又名观音草、紫衣草、松寿兰、小叶万年青、竹根七、蛇尾七，原产中国、日本，现主要分布于我国西南、华中、华南地区的多个省份。吉祥草自古被看成是神圣的草，是宗教仪式中不可缺少之物。

一、形态特征与生物学特性

（一）形态与观赏特征

株高 20 cm 左右，绿色的茎匍匐于地面，多节，顶端有叶簇。根聚生在叶簇下面。叶长 10 ～ 38 cm，宽 0.5 ～ 3.5 cm，线形至披针形，深绿色，丛生，基部渐狭成柄，具叶鞘，尾端渐尖。花期秋末冬初，花莛单一，从叶腋抽出，直立，长 10 ～ 15 cm，较叶短，不出架；花朵排成穗状花序，花序长 2 ～ 6.5 cm；苞片膜质，卵状三角形，淡褐色或带紫色；花被片合生成短管状，上部 6 裂，裂片长圆形，长 5 ～ 7 cm，与花被管近等长，稍肉质，在开放时反卷；花被片外紫红、内粉白，芳香。雄蕊 6 枚，着生在花被管的喉部，直立，伸出花被外，花药背着，内向纵裂，两端微凹；子房上位，瓶状，3 室，每室有 2 枚胚珠，花柱细长，柱头头状，3 裂。果期 10 月，浆果红色球形，直径 6 ～ 10 mm。经久不落；种子 1 至数粒不等。

吉祥草四季常青，株丛繁茂；叶形飘逸，绰约如兰；冷季开花，紫红祥瑞；红果经冬不凋，极富观赏价值（图 1 至图 6）。

（二）生物学特性

喜温暖湿润的环境，且耐寒耐阴性良好，适应性极强，多生长于山沟阴处、林边、草坡及疏林下，尤以低山地区最为常见。

长势强壮，在全日照或浓阴处均可生长，以半阴和湿润处为佳。透光率约 7.7% 的自然光照条件最适合吉祥草的生长。吴志明和向国红根据两年的耐阴性试验认为，在常德地区吉祥草在透光率 20% ～ 30% 状态下生长良好。四川雅安的研究也证实，吉祥草具有典型的阴生叶特征，光

图 1　吉祥草的开花植株

图 2　吉祥草紫红色的穗状花序

图 3　吉祥草叶簇下生根的匍匐茎

图 4　吉祥草似兰花的条形叶

图 5　吉祥草光影下的叶片写意

图 6　吉祥草突出的花丝和翻卷的花被

照过强时，叶色不绿，泛黄，太阴暗则叶片大而薄，生长细弱，不能开花。此外，其老叶的耐阴性比新叶强。土壤过干或空气干燥时，叶尖容易焦枯。吉祥草非常适应水培的环境，即使在清水中也能很好地存活、生长，因此推荐可用作自然教育课程良好的模式植物。

二、种质资源

吉祥草 *R. carnea*

形态特征同属的特征。2n = 38。

原产我国及日本，主要分布于我国西南、华中、华南等地，日本也有分布。1983 年，祝正银和陈治蓉曾报道一种产自四川的新种卵果吉祥草（*R. ovata*），叶细、花序短、平卧、花小。此外还有云南吉祥草（*R. yunnanensis*），这 2 个种目前未被采信，多作异名处理。

三、繁殖与栽培管理技术

（一）分株繁殖

以分株为主。春秋两季均可进行，通常于早春 3 月萌发前进行，将大丛植株切割成 3 ～ 4 块小株，依株行距 25 cm 分开栽培即可，每 3 ～ 4 年分栽 1 次，分栽后浇透定根水，注意遮阴，并常向叶面喷水。因其适应性强，根系发达，对土壤要求不严，繁殖极易成活。

也可播种繁殖，但较少应用。

（二）盆栽

1. 基质

盆土可用腐叶土、园土和沙土 2 ∶ 1 ∶ 1 的比例配制，每丛保持 3 ～ 5 株。作地被栽培时，采用“品”字形排列。种植期间要加强管理，生长期多松土除草，可提高土壤的通气性，加速转化土壤养分，促进根系发达，提高抗病能力。

2. 水分

土壤过干或空气干燥时，容易导致叶尖焦枯，所以平时要注意保持土壤湿润。空气干燥时要注意向叶面喷水。作水培时，根长期浸泡在水中会使水产生异味，因此要勤换水，以每周换 1 次为好。

3. 温度

性喜温暖，较耐寒，在较温暖地区（最低温在 -5℃以上）可露地过冬，在北方寒冷地区的冬季需越冬保护。

4. 施肥

待新叶发出后，每月施 1 次粪肥，促进其生长；5 ～ 6 月追施 2 ～ 3 次稀薄的全肥（如商品指导浓度减半）。作水培种植时，可定期滴加营养液或磷酸二氢钾溶液。喷施壮茎灵在植株表面，可使茎秆粗壮、叶片肥厚、叶色鲜嫩、植株茂盛。每 100 kg 液体中加入该胶囊 1 粒，搅拌溶解后喷施植株，7 ～ 10 天喷 1 次。

5. 光照

放置在室内观赏时，要注意保持叶面整洁，若环境太过阴暗，例如，透光率在常德全年低于

20% 时（吴志明，2010），在长沙 7 月低于 7.7% 时（严潸，2007），在雅安 3 ～ 9 月低于 5% 时（周潇，2007），还要每半个月将其放到室外培养一段时间，再移入室内。地栽初期防止落叶覆盖，保证一定的光照和通风。

（三）病虫害防治

吉祥草较少发生病虫害，主要病虫害有根腐病、叶斑病、炭疽病、蛴螬等。

1. 根腐病

是由真菌引起的植物土传病害，会导致吉祥草根部腐烂，防治时需对发病植株的土壤进行消毒，可以用 70% 百菌清 500 倍液、30% 噁霉灵 1200 ～ 1500 倍液灌根，每株用 200 mL，每隔 7 ～ 10 天灌 1 次，重复 2 ～ 3 次。

2. 叶斑病

叶片上出现水渍状或黄色晕纹，也有的呈棕色、黑色、灰色斑。一般是老叶首先感染进而蔓延到整个植株。发病时间集中在 8 ～ 10 月。叶斑病可通过雨水或昆虫进行传播，空气湿度高时易发此病。防治方法：发病初期用 20% 氟硅唑咪鲜胺 30 mL 加 5% 家瑞农粉尘剂 15 kg/hm^2 喷粉防治，或用新植霉素 5000 倍液喷雾防治。另有研究表明，在推荐使用浓度 1.00 mg/L 下，10% 苯醚甲环唑对病原菌抑菌效果较好。

3. 炭疽病

病斑圆形，灰褐色，边缘深褐色，病健交界处略显黄色晕圈，后期病斑上生黑色小粒点，即病原菌分生孢子盘。病菌在病斑上或潜伏在叶组织内越冬，高温高湿、肥水不足时均有利于病害发生。平时应加强管理，多施有机肥，时常摘除病叶，病害发生后可用 70% 甲基托布津可湿性粉剂 1000 ～ 1500 倍液喷雾防治。

4. 蛴螬

是常见的地下害虫，可使用毒饵诱杀的方式进行防治。具体方法是每亩用 25% 对硫磷 150 ～ 200 g 拌谷子等饵料 5 kg 撒于种沟中。

四、价值与应用

吉祥草株型典雅，寓意美好，绿叶、紫花、红果均美观，可用于赠礼以示祝福。冷凉之地盆栽，常取其吉祥之意，放于厅堂、书斋，亦可用于会议室的几案上或置于鱼缸之上作水培观赏。温暖之地可作为地被植物成片栽植，用以园林造景（图 7、图 8）。

吉祥草性甘凉，有清肺、解毒、理血、止咳的功效，是苗区传统的中草药。吉祥草始载于隋唐时期陈藏器《本草拾遗》，谓其“生西

图 7　园林中的吉祥草地被景观

图 8　半阴环境下的吉祥草地被

国，胡人将来也。”此论述与实际颇为不符，有待考证。《本草纲目》云：“吉祥草，叶如漳兰，四时青翠，夏开紫花成穗，易繁。”《植物名实图考》曰：“松寿兰，叶微宽，花六出稍大，冬开，盆盎中植之。秋结实如天门冬，实色红紫有尖”。以上描述并结合附图，可确证其原植物与今百合科植物吉祥草较相符。而《生草药性备要》所载“万年青”中“似兰花叶样”特征则与万年青不符，推测为吉祥草。清《花镜》对其形态、习性、栽培及欣赏有着扼要但全面的记述：“吉祥草，丛生畏日，叶似兰而柔短，四时青绿不凋，夏开小花，内白外紫成穗，结小红子，但花不易发，开则主喜，凡候雨过分根种活，不拘水土中或石上俱可栽，性最喜温，得水即生，取伴孤石灵芝，清供第一”。其中除花期在夏季存疑（笔者武汉所见为每年秋冬季开花），其余均与当前园林中常见栽培的吉祥草相符。

（胡惠蓉）

Rodgersia 鬼灯檠

虎耳草科鬼灯檠属（*Rodgersia*）多年生草本植物。以巨大、厚实而形态奇特的掌状或羽状叶片吸引人们的注意。该属共有 5 种，分布于东亚、喜玛拉雅山脉；我国有 4 种（其中 2 种为我国特有）。

一、形态特征与生物学特性

（一）形态与观赏特征

根状茎粗壮，常横走。掌状复叶或羽状复叶具长柄；小叶 3～9（～10），先端通常短渐尖，边缘有重锯齿，基部近无柄（图 1）；托叶膜质。聚伞花序圆锥状，小花多数；萼片（4～）5（～7），开展，白色、粉红色或红色；花瓣通常无。蒴果。

图 1　鬼灯檠属植物叶片形态

注：A. 七叶鬼灯檠；B. 鬼灯檠；C. 羽叶鬼灯檠。

（二）生物学特性

喜部分遮光、夏季凉爽、湿润的环境。耐寒或稍耐寒。多生于溪流、沼泽及潮湿的灌丛、山谷等处。

二、种质资源与园艺品种

该属有 3～4 种应用于景观（Armitage, 2008；Graham, 2012；董长根 等，2013）。

1. 七叶鬼灯檠 *R. aesculifolia*

株高 80～120 cm。掌状复叶，似七叶树

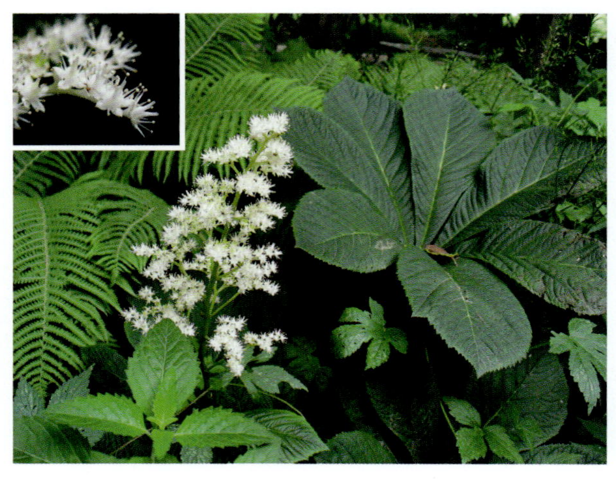

图 2　七叶鬼灯檠

（*Aesculus*）叶形，叶柄长 15 ～ 40 cm；小叶 5 ～ 7，倒卵形至倒披针形，长 7.5 ～ 30 cm，缘具重锯齿，嫩叶棕红色。多歧聚伞花序圆锥状，顶生，长 20 ～ 30 cm；小花多数，白色或粉色，花瓣无（图 2）。花期 5 ～ 6 月。

原产我国陕西至西南地区。较耐寒，可耐 -26℃低温。

'爱尔兰青铜'（'Irish Bronze'）可能源于该种，早春叶茎青铜色，花朵初开粉红色，后渐变为白色（图 3）。

2. 羽叶鬼灯檠 *R. pinnata*

株高 50 ～ 150 cm。近羽状复叶，叶柄长 5 ～ 35 cm；小叶 6 ～ 9，顶生叶 3 ～ 5，似掌状，下部叶轮生或近对生；小叶椭圆形、长圆形至狭倒卵形，长 11 ～ 32 cm，缘具重锯齿；常因叶脉下陷而具皱纹；嫩叶及秋叶棕红色。多歧聚伞花序圆锥状，顶生，长 12 ～ 31 cm；小花多数，粉色或淡粉色，花瓣无（图 4）。花期 6 ～ 7 月。

产我国云贵川地区。耐寒，可耐 -32℃低温。由该种产生一些优秀的红花品种：

'青铜孔雀'（'Bronze Peacock'） 株高 60 ～ 90 cm，冠幅 60 ～ 90 cm；嫩叶青铜色，花期渐绿，花紫红色（图 5）。可耐 -18℃低温。

'樱桃红'（'Cherry Blush'） 株高 90 ～ 120 cm，冠幅 60 ～ 90 cm；叶片棕红色，直至花期，花深玫红色（图 6）。可耐 -32℃低温。

'巧克力'（'Chocolate Wings'） 株高 60 ～ 90 cm；叶片棕红色保持时间是所有品种中最长的，花玫红色；非常密集（图 7）。可耐 -18℃低温。

'华丽'（'Superba'） 株高 90 ～ 120 cm，冠幅 60 ～ 90 cm；春季叶片紫红色，花黄白色；秋季果实紫棕色（图 8）。可耐 -30℃低温。

3. 鬼灯檠 *R. podophylla*

株高 60 ～ 100 cm，茎具棱。掌状复叶，小

图 3 '爱尔兰青铜'（Sue Taylor 摄）

图 4 羽叶鬼灯檠（Wolf Achim 摄）

图 5 '青铜孔雀'（Joy 摄）

图 6 '樱桃红'（Sue Taylor 摄）

图 7 '巧克力'（Sue Taylor 摄）

图 8 '华丽'（陈煜初 摄）

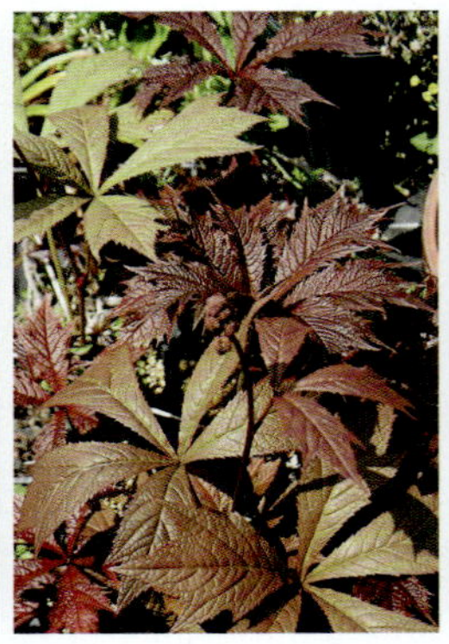

图 9 鬼灯檠（Adam_Wang 摄）

图 10 **'Bloody Wheels'**（Joy Wooldridge 摄）

图 11 **'Bronze Form'**（Joy Wooldridge 摄）

叶 5（～7），近倒卵形，长 15～35 cm，先端 3（～5）浅裂，裂片端尖，缘具粗锯齿；叶柄长 15～30 cm；秋叶棕色。圆锥状花序顶生，长 15～30 cm；小花多数，乳白色，花瓣无（图 9）。花期 6～7 月。

产我国吉林、辽宁等地。耐寒，可耐 -30℃低温。

有 2 个红叶品种：'血轮'（'Bloody Wheels'）（图 10）和'青铜'（'Bronze Form'）（图 11）。

三、繁殖与栽培技术

（一）播种繁殖

种子采收后低温贮藏，春播或秋播。播种基质选用腐叶土或泥炭土，浸透水，种子散播于基质表面，稍压实；需保持基质一直湿润，在 20～24℃条件下，2～6 周出苗。出苗后在 10～15℃下培养（Armitage, 2008；董长根 等，2013）。

（二）分株繁殖

春季或秋季行分株繁殖。

（三）园林栽培

1. 土壤

以富含腐殖质的微酸性或酸性土壤为好。

2. 水肥

喜湿润，不耐旱，生长季需一直保持土壤湿润；对肥力要求中等，但在富含有机质的土壤中生长更佳。

3. 光照

喜柔和斑驳光照。适宜种植于夏季气候凉爽的林下。

4. 修剪及越冬

入冬前剪除地上枯枝。冬季根据品种耐寒性及立地条件进行适当保护。

四、价值与应用

初春，紫红色或棕红色、巨大、奇特、小伞般的叶片破土而出，春末夏初，落新妇般的白色或红色花序浮现于叶丛之上，无不引人注目。适宜应用于土壤湿润的斑驳光照环境下，如疏林、林缘、湖岸、溪旁，也可作花境的背景植物或主景植物。

我国传统中医以其地下茎入药，名为索骨丹，具有健脾燥湿、收敛固涩、消肿解毒、理气止泻等功效。新鲜的根茎可以酿酒，制醋和酱油，主要含有淀粉和糖类，无毒。资料记载它的叶含有单宁，可以提制栲胶。

（李团结　李淑娟）

Rohdea 万年青

天门冬科万年青属（*Rohdea*）多年生草本。该属是由德国医学家和植物学家阿尔布雷希特·威廉·罗斯于1821年发现并设立，全球17种。其中万年青（*R. japonica*）叶终年常绿，红果经冬不凋，故名万年青，又有冬不凋、铁扁担等别称。不仅有很高的观赏价值，同时还是吉祥的象征。

一、形态特征与生物学特性

（一）形态与观赏特征

根状茎粗1.5～2.5 cm。叶3～6枚，厚纸质，矩圆形、披针形或倒披针形，长15～50 cm，宽2.5～7 cm，先端急尖，基部稍狭，绿色，纵脉明显浮凸；鞘叶披针形，长5～12 cm。花莛短于叶（图1），长2.5～4 cm；穗状花序长3～4 cm，宽1.2～1.7 cm；具几十朵密集的花；苞片卵形，膜质，短于花，长2.5～6 mm，宽2～4 mm；花被长4～5 mm，宽6 mm，淡黄色，裂片厚；花药卵形，长1.4～1.5 mm。浆果直径约8 mm，熟时红色（图2）。花期5～6月，果期9～11月。2n=34。

图1　万年青地栽（上）或盆栽（下）植株

（二）生物学特性

性喜温暖湿润，通风，耐半阴，怕强光及积水，较耐寒，适宜肥沃、微酸的砂质土壤。

图2　万年青的红色浆果

二、种质资源

万年青 ***R. japonica***

形态同属的特征。山东、江苏、浙江、江西、湖北、湖南、广西、贵州、四川等地有分布；在日本也有分布。

有‘金边’万年青（‘Marginata’）、‘银边’万年青（‘Variegata’）和‘花叶’万年青（‘Pictata’）等品种。

三、繁殖与栽培管理技术

（一）分株或播种繁殖

通常采用分株和播种的繁殖方法。其中分株繁殖时由于万年青地下茎萌发力强，可于春、秋将母株分割成带根的数株，另行栽植即可。

播种繁殖可于春季 3 ～ 4 月间盆播，保持土壤湿润，温度在 20 ～ 30℃时，20 ～ 30 天发芽。栽培时应为其创造温暖湿润及半阴的生长条件。

（二）园林栽培

夏季可在林下或荫棚下栽培，经常浇水保持土壤湿润，但不能积水，否则易烂根。冬季可适当补充光照，0℃以上即可安全越冬。

（三）病虫害防治

易遭白粉病、介壳虫等危害，要注意通风，发生病虫害时应及时防治。室内种植，可用硫黄粉熏烟，除去病源。白粉病一旦出现，应每隔 7 ～ 10 天喷 1 次 25% 粉锈宁可湿性粉剂 2000 ～ 3000 倍液，或 75% 百菌清可湿性粉剂 500 ～ 800 倍液。

介壳虫以若虫和雌成虫密集在叶片上吸取汁液，严重时使叶片枯死或全株死亡。5 月上中旬卵孵化盛期，用 50% 杀螟松 800 倍液，或 40% 甲胺磷 500 倍液加除虫菊酯 2000 倍液进行喷洒，每隔 7 天喷 1 次，连喷 3 ～ 4 次。

四、价值与应用

万年青在我国有悠久的栽培历史，古代种植以浙江、江苏、湖北等地最为普遍，北京、上海一带皆有栽培。生性强健，耐瘠薄，适应性强，栽培管理比较简单，观赏时间长，适合盆栽观赏。在华中及其以南地区也可种植于林下或岩石园。

全株有清热解毒、散瘀止痛之效，可入药。

（张佳琪）

Ruellia 芦莉草

爵床科芦莉草属（*Ruellia*）多年生草本植物。全球约150种，原产墨西哥，现热带地区广为栽培；我国产4种，台湾、福建、广东、香港、海南和广西等地均有栽培。花色艳丽，抗逆性强，适应性广，被广泛应用于花境、自然式庭园造景、盆栽、地被或花坛镶边观赏。

一、形态特征与生物学特性

（一）形态与观赏特征

叶无梗或具叶柄；叶片边缘全缘、具圆齿或具牙齿。花序腋生或顶生，退化或膨大的二歧，有时形成二歧穗状花序、聚伞圆锥花序或圆锥花序，有时退化为一朵花；苞片对生，通常绿色，边缘全缘；小苞片2（或无）；花无梗或近无柄到有花梗；花萼深5裂；裂片等长或亚等长；花冠漏斗状；管基部具一狭圆筒状部分，通常顶部膨大成一明显的喉；瓣片5裂；裂片通常卵形至圆形，大小不等，在芽中扭曲；雄蕊4，二强雄蕊，通常在花冠筒内；花丝有时成对合生在基部；花药2，具鞘；退化雄蕊1或无；子房每室最多有10枚胚珠；花柱通常包括在花冠筒内或稍外露；柱头2裂，裂片等长或不等长。蒴果具柄或不具柄，12～26粒种子；种子盘状，通常具短柔毛。

（二）生物学特性

抗性强，适应性广，对环境条件要求不严。耐旱性和耐湿性均较强。喜高温，耐酷暑，生长适温22～30℃。不择土壤，耐贫瘠，耐轻度盐碱。对光照要求不严，全日照或半日照都可。不耐寒，在西安自然露地越冬表现不良，略加保护才能正常生长，露地生长3年以内。

二、种质资源与园艺分类

常见栽培种包括翠芦莉（*R. simplex*）、双色芦莉（*R. colorata*）、锦芦莉草/紫心草（*R. devosiana*）、大花芦莉（红花芦莉，*R. elegans*）、白烛芦莉（*R. longifolia*）、绯绢花（*R. macrantha*）、银脉芦莉草（*R. makoyana*）等。

蓝花草（翠芦莉）*R. simplex*

株高60～80 cm。叶对生，线状披针形；成熟叶暗绿色，新叶及叶柄常呈紫红色。花冠漏斗形，多呈蓝紫色，少数粉红色或白色（图1）。花期3～10月。

原产自墨西哥，2012年上海从南方引进栽培。耐高温，适宜生长温度22～30℃。对土壤要求不高，耐贫瘠，耐轻度盐碱。耐旱，也耐水湿。对光照要求不高，全日照或半日照均可。应用于庭院丛植或盆栽。

依植株高度分为高性种和矮性种两种类型。高性种的株高30～100 cm，节间距较大，红褐色茎秆明显可见；花朵繁多，丛植效果颇为壮观，适合花境或自然式庭园造景观赏。矮性种的株高仅10～20 cm，节间距较短小，似丛生状；老株茎秆上有老叶脱落的痕迹，质感苍劲有力，适合用作盆栽、地被或花坛镶边观赏。

'南国星' 'Southern Star'

株高20～30 cm。花冠漏斗形，有粉红色、紫色、白色（图2）。花期3～10月。

图 1　蓝花草

图 2　蓝花草‘南国星’（王昕彦 摄）

三、繁殖与栽培管理技术

（一）播种繁殖

蒴果由绿色转为灰褐色后即可采收。因种子分批成熟，且果皮容易开裂，故应及时采收。采下的种子置于无风处晾干，果实开裂后轻轻敲出种子，随采随播或常温贮藏。选择通透性好，富含养分的土壤作为播种基质，将苗床耙细、整平、压实，然后再刮平。播种前将底水浇足、浇透。因种子特别细小，需掺细沙或细土 1 ～ 2 倍，均匀撒播。播后在苗床上方加盖塑料薄膜，以防止水分蒸发过快。种子发芽适温 20 ～ 25℃，土壤温度过高时，应增大通风量，在光照充足的中午前后，用遮阳网适当遮光以降低土温，避免土温过高使种子丧失生命力。播种至出苗 5 ～ 8 天。苗期需注意水分和温度调控，加强通风，增强光照，注意预防猝倒病的发生。待小苗具 2 ～ 3 对真叶时分苗、移栽。

（二）扦插繁殖

选用粗沙、沙土或掺沙的园土为基质，从生长健壮的枝条上剪取嫩梢为插穗，长 5 ～ 10 cm，基部自节下斜削，只保留顶端 2 ～ 3 片叶，其余的全部摘除。插后浇透水，置半阴处养护。每天向叶面喷水 1 ～ 2 次，保持基质湿润，在温度 20 ～ 30℃的条件下 15 ～ 20 天可生根、移栽。

（三）分株繁殖

在春季气温回升、新芽尚未萌发之前，结合换盆或移栽进行分株。将地下根茎连同叶片分切为数丛，使每丛带 3 ～ 5 支茎秆，然后分别上盆或露地种植。

（四）园林栽培

幼苗移植需一定的荫蔽度，大苗移栽除冬季外其余时间均可进行，移栽后应保持充足的水分和适当的荫蔽度。选择肥力中等、土质疏松、排水透气性良好、富含腐殖质的土壤作为栽培基质。生长期间适量浇水，土壤保持湿润即可，炎夏时需向叶面喷水。施肥以农家肥、堆肥为最佳。为保持株型美观，需定期修剪或摘心，以控制株高。植株冬季老化时需强剪，促使新枝萌发，枝型丰满。

（五）病虫害防治

生性强健，病虫害较少发生。偶尔发生根腐病，多见于高温多湿季节，常导致根部腐烂，甚至造成植株成片死亡，主要防治方法：①加强栽植地的排水。②用波尔多液每隔 6 天左右喷洒 1 次，连续喷 3 ～ 5 次。③拔除病株烧毁，并用石灰液消毒病穴，以防蔓延。

四、价值与应用

将翠芦莉与其他花卉形成自然式的斑块混交，表现花卉的自然美以及不同种类植物组合形成的群落美。翠芦莉的高性种可作为线状花材设计在单面观花境的后侧或双面观花境的中间，矮性品种可作为镶边材料设计在花境的边缘。

翠芦莉花期持久，是布置花坛的理想材料，

尤其是其耐高温能力强，是夏季花坛不可多得的花材。其优雅的蓝紫色引人注目，可与其他植物组合成色彩丰富的花坛图案。

在建筑物周围与道路之间所形成的狭长地带上栽植翠芦莉，可丰富建筑物立面，美化周围环境。或在墙基处栽植翠芦莉，以缓冲墙基、墙角与地面之间生硬的建筑线条。

翠芦莉的矮性种枝叶浓绿，小花密集，种植后可多年生长，可作为地被植物用来覆盖地面以增加园林景观的层次感。

翠芦莉具有较强的抗旱、抗贫瘠和抗盐碱土壤的能力，因此可与岩石、墙垣或砾石相配，形成独具特色的岩石园景观。

翠芦莉具有富集镉的生物特性，将翠芦莉种植在受到镉污染的土壤或水体中，保留地下部，定期收割地上部分，从而清除污染土壤和水体中的镉。

（陈纪巍　周翔宇）

Ruta 芸香

芸香科芸香属（*Ruta*）宿根花卉或半灌木。该属植物是一类具有较高观赏价值和浓郁香味的草本植物。国外很多植物名称均有芸香二字，包括芸香银莲花（小银莲花）、山羊芸香（山羊豆）、墙生芸香（墙生铁角蕨），一些唐松草属的植物构成草地芸香。《植物名实图考》中所引《尔雅》《说文》《梦溪笔谈》等著作里提及的“芸”“芸草”“芸香草”及赵学敏《本草纲目拾遗》中的“芸香草”，则绝非芸香科的本种植物；或可能是豆科胡卢巴（*Trigonella foenum-graecum*）、甚或是禾本科植物臭草（*Melica scabrosa*）（中国植物志，1997）。芸香原产我国，在四川、浙江等地有自然分布（何报作，1998）。又称为臭草，现今至少在广东及广西的居民与生草药店均沿用此名。芸香属因其下部为木质化，故又称芸香树。夏秋季开黄花，花叶香气浓郁，可入药，有驱虫、驱风通经的作用。

一、形态特征与生物学特性

（一）形态与观赏特征

茎基部木质的多年生草本，有浓烈气味，各部有甚多油点。叶互生，羽状复叶。聚伞花序或伞房花序，花黄色；萼片 4 ～ 5 片，基部合生，花后增大且宿存，花瓣 4 ～ 5 片，边缘撕裂如流苏状；雄蕊 8 ～ 10 枚。成熟果（蓇葖）开裂为 4 ～ 5 个分果瓣；种子有脊棱，外种皮有细小的瘤状突体（图 1 至图 3）。

（二）生物学特性

适宜在日照充足、通风良好、排水好的砂质壤土或土质深厚壤土中生长。喜温暖湿润气候，耐寒、耐旱。可耐 -15℃低温，地上部分冻死，

图 1　芸香

图 2　芸香的花序

图 3　芸香的枝干

图 4 芸香不同物候相
注：A. 发芽展叶期；B. 开花期；C. 种子成熟期。

图 5 芸香在太原冬季雪后的状态

地下部分能安全越冬（图 4、图 5）。抗性强，适应性广，耐移植，在西安可露地生长 10 年以上。

二、种质资源

全球 7 种，分布于加那利群岛、地中海沿岸及亚洲西南部。我国引进栽培 2 种。

1. 芸香 *R. graveolens*

全国广泛栽培。园艺品种较少，本种为主要亲本，常见的主要是叶子呈蓝色系的观叶品种。

'蓝色美人'（'Blue Beauty'）叶蓝绿色，适合应用于花境。

'蓝色小丘'（'Blue Mound'）高 15 cm，叶蓝绿色，和'蓝色美人'相似。

'卷发姑娘'（'Curly Girl'）叶蕾丝状卷曲，灌木状，较紧凑。

'捷克蓝'（'Jackman's Bule'）高约 30 cm，叶灰蓝色，花淡黄色（图 6），该品种使得夏秋季花园中黄色和红色更加柔和。

'花叶'（'Variegata'）叶深裂，边缘颜色为奶油白色（图 7）。

2. 叙利亚芸香 *R. chalepensis*

仅见于华南植物园（图 8），后者花瓣边缘明显撕裂成流苏状，区别于前者。

图 6　'捷克蓝'（Paul 摄）

图 7　花叶芸香（李淑娟 摄）

图 8　叙利亚芸香

三、繁殖与栽培管理技术

（一）播种繁殖

自播能力强。春、秋两季播种。直播或育苗移栽。直播法，按行株距 45 cm × 30 cm 开穴播种，覆土 2 ～ 3 cm，稍加镇压，浇水即可；育苗移栽法，秋季将种子撒播于苗床，覆土以盖没种子为度，稍加镇压，浇水，盖草，翌年春季移栽。

（二）扦插繁殖

选 2 ～ 4 年生健壮植株，剪取半木质化的枝条作插条，把枝条剪成 5 ～ 15 cm 长的小段，每段要带 3 个以上的叶节。雨季扦插于苗床。春季扦插，当年移栽；秋季扦插，翌年春季移栽。定植北方以春季、南方以秋季栽种为宜。

插穗生根的最适温度为 20 ～ 30℃。扦插后必须保持空气相对湿度 75% ～ 85%。在扦插后必须把阳光遮掉 50% ～ 80%，待根系长出后，再逐步移去遮光网。

（三）压条繁殖

选取健壮的枝条，从顶梢以下 15 ～ 30 cm 处把树皮剥掉一圈，剥后的伤口宽度在 1 cm 左右，深度以刚刚把表皮剥掉为限。剪取一块长 10 ～ 20 cm、宽 5 ～ 8 cm 的薄膜，上面放些淋湿的园土，像裹伤口一样把环剥的部位包扎起来，薄膜的上下两端扎紧，中间鼓起。4 ～ 6 周后生根。

（四）组培快繁

将茎叶切割后接种于培养基 MS+2,4-D 1 mg/L +KT 0.25 mg/L；MS+2,4-D 1 mg/L+6-BA 0.2 mg/L 上，1 周后茎切段肿胀，叶片切块延展，呈翠绿色，继续培养 1 周茎段分化出不定芽，芽很密集。叶片切块在培养基 MS+2,4-D 1 mg/L+BA 0.2 mg/L 上产生绿色颗粒愈伤组织和不定芽，将伸长的芽移植于培养基 1/2MS+NAA 0.1 mg/L 上，便可生根成为完整植株（吴美芳，1994）。

（五）园林栽培

1. 土壤

以土层深厚、疏松肥沃、富含腐殖质、排水良好的砂质壤土或壤土栽培为宜。

2. 水肥

在大田生产中，芸香通常需要进行两次追肥。首次追肥是在中耕定苗后进行的，使用的是有机质含量不低于 45%，氮、磷、钾含量至少为 5% 的有机肥 10 kg/ 亩，第二次追肥是在收割后，使用生物高分子二铵（氮：磷：钾的比例为 17 ： 32 ： 5）15 kg/ 亩。

3. 光照

适合栽种在略微遮阴的地方。

4. 修剪及越冬

在冬季植株进入休眠或半休眠期，要把瘦弱、病虫、枯死、过密等枝条剪掉，也可结合扦插对枝条进行整理。冬季寒冷地区需覆盖保护越冬。

（六）病虫害防治

芸香常发的病害有根腐病，可用石灰撒病穴防治。虫害有糠蚧和吹绵蚧，这两种介壳虫都属刺吸式害虫，其体外有一层蜡膜，故一般的杀虫剂效果均不佳。可用吡虫啉或吡虫啉的改良剂、万里红稀释3000倍喷雾灭杀。虫害还有柑橘黄凤蝶的幼虫危害叶片，可用90%敌百虫800～1000倍液喷施。

四、价值与应用

耐寒性强，适合作为北方花境及园林地被植物材料，蓝绿色叶子和鲜艳的黄色花朵可以增添花境色彩（图9）。花序可制成干燥花，也是插花的好素材（邢秀芳，1989）。

图9 芸香群植花期（李淑娟 摄）

（任保青 梁楠）

Sagittaria 慈姑

泽泻科慈姑属（*Sagittaria*）多年生水生草本植物，又名剪刀草、燕尾草、茨菰。生在水田里，叶子像箭头，开白花。地下有球茎，黄白色或青白色，可以作蔬菜食用。原生于我国；在亚洲、欧洲、非洲的温带和热带均有分布。

一、形态特征与生物学特性

（一）形态与观赏特征

茎分为短缩茎、匍匐茎和球茎3种。短缩茎腋芽萌动生长，穿过叶柄基部向土中伸长，为匍匐茎，长40～60 cm，每株有10余条匍匐茎。匍匐茎入土约25 cm，入土深浅，受气候影响大。气温较高，匍匐茎顶端窜出泥面，发叶生根成为分株；气温下降，匍匐茎向深处生长，末端积累养分形成球茎。一般球茎高3～5 cm，横截面直径3～4 cm，由2～3节组成，卵形或近球形，肉白色或淡蓝色，顶端具有顶芽。叶变异大，沉水的带状，浮水的或突出水面的卵形或戟形。花单性或两性，为穗状或圆锥花序式排列的花轮，上部的为雄性，下部的为雌性；6个花被片，2列；雄蕊6至多数；心皮极多数，分离，集于一球形或长椭圆形的花托上，侧向压扁，有胚珠1枚；花期7～9月。果由多数压扁或有翅的瘦果组成。

（二）生物学特性

适应性很强，在陆地上各种水面的浅水区均能生长，但要求在光照充足、气候温和、较背风的水体环境，或土壤肥沃，但土层不太深的黏土上生长。慈姑的生长温度应控制在15～25℃之间，这个温度范围有利于其顺利开花。冬季温度低于10℃时，可能会使其花期推迟或缩短，因此需要特别注意保暖防寒。风、雨易造成叶茎折断，球茎生长受阻。

二、种质资源与主栽品种

全属约39种，广布于世界各地，多数种类集中于北温带，少数种类分布在热带或近北极圈。我国已知9种1亚种1变种1变型，除西藏

图1　慈姑的观赏性状

等少数地区无记录外，其他各省（自治区、直辖市）均有分布。

1. 冠果草 *S. guyanensis*

叶片无顶裂片与侧裂片之分，基部深心形。果翅具鸡冠状深裂。

2. 浮叶慈姑 *S. natans*

叶片有顶裂片与侧裂片之分。果翅不整齐，无鸡冠状深裂。

3. 利川慈姑 *S. lichuanensis*

瘦果两侧具脊。外轮花被片不反折，花后仍包心皮，或包果实一部分。叶腋内具珠芽。

4. 欧洲慈姑 *S. sagittifolia*

瘦果两侧无脊。外轮花被片花后反折，不包果实，叶腋内无珠芽，花药紫色。叶侧裂片与顶裂片等长，或稍长于顶裂片。

5. 野慈姑 *S. trifolia*

花药黄色，叶侧裂片明显长于顶裂片，从不等长。以下菜用品种，以野慈姑为主要亲本。

5a.‘刮老乌’（‘紫圆慈姑’）

地下球茎圆形，之所以会被称为‘紫圆’慈姑是因为它的皮是青色带紫色的，而且形状为圆形。‘刮老乌’的肉质较为粗糙，白色。在正常的种植条件下，每亩的产量一般能达到800 ~ 900 kg，但有时也就只有700 kg，而丰产时则能达到1000 kg甚至以上。

5b.‘苏州黄’（‘白衣’慈姑）

地下球茎卵形，单个重15 ~ 25 g，是慈姑品种中个头最小的一种。‘苏州黄’的表皮白色，但果肉的颜色则是黄色的，吃起来和板栗的味道十分接近。是一种品质相对较好的慈姑，但产量不高，每亩一般750 kg。

5c.‘沈荡’慈姑

以浙江海盐地区产量最大，地下球茎椭圆形，单个重33 ~ 34 g。‘沈荡’慈姑的品质和口感都非常不错，没有苦味，而且口感细软。果皮和果肉颜色都是黄白色，但‘沈荡’慈姑有鳞片，颜色为棕褐色。

5d.‘白肉’慈姑

地下球茎扁圆形，个头是慈姑品种中最大的，一般能长到50 ~ 75 g一个，品质好。‘白肉’慈姑的生长期也比较短，一般3.5 ~ 4个月就能成熟，抗性较强，一般亩产1000 ~ 1300 kg。

5e.‘沙菇’

地下球茎和‘苏州黄’慈姑的形状非常相似，但沙菇偏圆一点，卵圆形；单个重一般50 g。果肉和果皮颜色都是黄白色，淀粉含量丰富。它的生长周期和‘白肉’慈姑一样长，亩产一般1000 ~ 1200 kg。沙菇的口感非常好，唯一的缺点是不耐贮藏和运输。

5f. 重瓣慈姑‘Flore Pleno’

叶片宽大，呈心形或箭头形，翠绿欲滴，花朵重瓣，花瓣洁白如雪，层层叠叠。

6. 小慈姑 *S. potamogetonifolia*

叶无叶片与叶柄之分，全部条形，叶柄状。叶片披针形、箭形同时存在，雌花有梗，长0.5 ~ 1 cm；果翅具波状齿，稀平滑。

7. 矮慈姑 *S. pygmaea*

植株基部无纤维状叶鞘，具匍匐茎，通常无球茎，雌花1朵，无梗。

三、繁殖与栽培管理技术

（一）播种繁殖

收集慈姑的种子进行播种。虽然这种方法也能成功繁殖，但相对来说，生长速度较慢，且需要更多的养护和管理。

（二）分株繁殖

主要用匍匐茎或球茎进行分株繁殖，也可取其顶芽播种。需要注意选择合适的土壤，保持适当的水分和光照，以促进植株的生长和繁殖。同时，定期施肥和除草也是保证慈姑健康生长的重要措施。

1. 选种株

选具有品种特征，肥大端正、顶芽粗短而稍弯曲、无损伤、大小适中的球茎，或匍匐茎短而密集、单株球茎数10 ~ 14个的优良植株为种株，其顶芽粗度以0.6 ~ 1 cm为宜。

2. 贮藏与藏芽

用刀将慈姑顶芽带 1 ～ 2 cm 球顶切下，用湿沙堆捂法保存。即选阴凉通风处，铺上细沙，然后放上慈姑芽，一层沙（1.0 ～ 1.5 cm）一层芽（3 ～ 4 cm）堆积贮藏，最上层及沙堆四周盖上 30 cm 以上的潮沙，用锹拍实。沙表面干燥后，应及时洒水或用草席、薄膜覆盖保温保湿。1 ～ 3 月，在 15℃以上和适宜的湿度中进行催芽，出芽后栽植或插芽育苗。

3. 育苗

选择土壤肥沃、疏松、熟化程度高、无杂草、无地下害虫、未污染的水田作苗床。苗床面积根据种植大田的面积而定，苗床面积与大田面积比为 1 ∶ 10。3 月底，当气温回升到 15℃时开始育苗，选常规水稻育秧田作苗床，株行距 10 cm × 10 cm，以栽稳、微露芽尖即可。栽后立即搭棚，其上覆盖稻草、茭白叶等遮阴物，以降低苗床温度。秧田始终保持水深 5 ～ 6 cm。生长期内保持一定的水位，不可干水。移栽前 20 天每亩施复合肥 20 ～ 25 kg 或尿素 5 kg。

（三）露地栽培

1. 整地

应选择低洼地或肥沃稻田，地势平坦、排灌方便和保水保肥的田块，每亩施有机肥 3000 ～ 4000 kg、复合肥（氮磷钾 15-15-15）80 kg、碳酸氢铵 50 ～ 100 kg、磷肥 50 kg、硫酸钾 15 kg，深耕 20 ～ 25 cm，耙平后备用。

2. 定植

栽植规格应考虑品种熟性和定植期。栽植株行距视土壤的肥力而定，一般株行距 50 cm × 60 cm，每亩栽 3000 ～ 3500 株，同时在田边插少量预备苗，作缺棵补苗之用。慈姑幼苗需除去老根老叶，留几条新根和 3 ～ 4 片嫩叶，定植后易发根成活。7 月下旬开始移栽，选择苗高 30 cm 左右、3 ～ 4 片绿叶、根系生长旺盛的幼苗。移栽时拔起秧苗，摘去老黄叶片，减少秧苗水分蒸发，有利于加快成活。田间保持水深 2 ～ 3 cm，秧苗根入土 10 cm，栽稳即可。

3. 调节水位

整个生育期不宜干水，需根据慈姑的不同生长阶段调节水位。定植后保持 5 ～ 10 cm 浅水；第 1 次追肥后保持 3 ～ 5 cm 薄水。每次追肥时灌深水 8 ～ 15 cm，追肥后第 3 天降至 3 ～ 5 cm。

4. 肥水管理

喜肥、耐肥，需肥量大，一般追肥 3 ～ 4 次。第 1 次在生长前期定植后 15 ～ 20 天，每亩施复合肥（氮磷钾 15-15-15）40 ～ 50 kg；第 2 次在定植后 40 ～ 45 天，每亩施复合肥 40 kg。

5. 株高调控

为了控制株高，可施用 15% 多效唑可湿性粉剂。一般分 2 次进行，第 1 次在苗期株高 33 cm 左右，每亩 250 g 兑水 30 kg；第 2 次在定植后 15 ～ 20 天，每亩 250 g 兑水 30 kg。

6. 中耕除草和摘除老叶

慈姑定植缓苗后，即进行 1 次中耕除草，在整个茎叶生长期，每隔 15 ～ 30 天进行 1 次，直到长出匍匐茎为止。需保持一定的叶面积，以提高光合效能，减少病虫害。结合中耕除草，将植株外叶和老叶剥去 4 ～ 5 片，每株仅留 3 ～ 4 片叶，一般只剥叶 1 ～ 2 次，气温降到 25℃以下后不再剥叶。

7. 采收

当球茎成熟后，排干田水，每隔 5 行开沟，降低水位，以后经常注意排除积水，采收前割去慈姑叶片。慈姑在霜降（10 月 23 日左右）后开始采收，采收过早则产量较低，这是因为茎叶刚枯黄，短缩茎中的养分仍可继续向球茎输送，使球茎继续膨大，从而增加产量，每亩产量 2000 ～ 2500 kg。留种田在翌年 2 月底前收获。

（四）病虫害防治

病虫害主要有黑粉病、螟虫、蚜虫。防治措施主要有以下几种：①选用抗病品种，采收时，清除病叶及田间杂草，集中烧毁，合理轮作。②种球茎用 50% 多菌灵可湿性粉剂 1000 倍液或 77% 可杀得（氢氧化铜）可湿性粉剂 1000 倍液进行消毒。③用黄板诱杀蚜虫或用草蛉、瓢虫等天敌捕杀蚜虫。④防治黑粉病可用 42% 戊唑醇悬浮剂 8000 倍液、12.5% 烯唑醇乳油 2500 倍液、10% 苯醚甲环唑水分散粒剂 8000 倍液或硫酸铜：石灰水 =1 ：1.5 兑水 250 倍的波尔多液交替喷雾，每 10 天喷雾 1 次。

防治蚜虫可用选用 1% 苦参碱水剂 600 ～ 800 倍液、50% 抗蚜威可湿性粉剂 4000 倍液。防治螟虫可用 25% 杀虫单可湿性粉剂 600 ～ 800 倍液、1.8% 阿维菌素乳油 1500 倍液或 10% 虫螨腈乳油 2000 倍液。

四、价值与应用

（一）观赏价值

慈姑是一种集观赏与生态价值于一体的水生植物，既能为人们带来视觉上的享受，又能在维护水生态平衡方面发挥重要作用。能有效地吸收水中的营养物质，减缓水体富营养化的进程。根系能为水中的微生物提供栖息地，有助于维持水生态系统的平衡。因此，在湿地公园、湖泊、池塘等水域环境中，慈姑常常被作为重要的生态修复植物进行种植。

（二）食用价值

去皮后的慈姑做菜是新海派菜的一种，烹饪方法主要有炒、烧汤和红烧。红烧的慈姑吃起来非常粉嫩润滑，间或有微微的苦味。炒的慈姑酥脆可口，而慈姑汤可以让人唇齿留香。但是千万不要尝试用素菜去做，这主要是因为慈姑和肉菜一起做的时候会吸进一些油脂，这样能中和慈姑本身的苦涩味道。而和素菜一起做的话，慈姑也会吸收其他蔬菜自带的菜味和苦味，从而变得异常苦涩难吃。

（三）药用价值

慈姑性微寒，味苦，具有解毒利尿、防癌抗癌、散热消结、强心润肺的功效。可治疗肿块疮疖、心悸心慌、水肿、肺热咳嗽、喘促气憋、排尿不利等病症。而且，慈姑含维生素 B1、维生素 B2 较多，能维持身体的正常功能，增强肠胃的蠕动，增进食欲，保持良好的消化，对于预防和治疗便秘最佳。

慈姑富含淀粉、蛋白质、多种维生素和钾、磷、锌等元素，对人体机能有调节促进作用。更主要的是，慈姑还具有益菌消炎的作用。中医认为慈姑性味甘平，生津润肺，补中益气，所以慈姑不但营养价值丰富，还能够败火消炎，辅助治疗痨伤咳喘。

（王灿洁　吴学尉）

Salvia 鼠尾草

唇形科鼠尾草属（*Salvia*）一年生或多年生草本、半灌木或灌木。因其中一些物种的花穗细长如鼠尾而得名，花色十分多样。其属名源自拉丁文 *Salvare*，有拯救、治疗、净化等含义。当前，鼠尾草属植物风靡全球，有百余种在园林绿化中得到应用。该属是一个世界性分布的大属，有 900 多种，主要有 3 个多样性分布中心：中南美洲（500 种）、中亚—地中海地区（250 种）和东亚地区（100 种）。

一、形态特征与生物学特性

（一）形态与观赏特征

单叶或羽状复叶。轮伞花序 2 至多花，组成总状、圆锥状或穗状花序，稀单花腋生；苞片小或大，小苞片常细小；花萼筒形或钟形，二唇形，上唇全缘，2 ～ 3 齿，下唇 2 齿；花冠二唇形，上唇平伸或竖立，两侧折合；下唇平展，3 裂，中裂片宽大，全缘、微缺或流苏状，或裂成 2 小裂片，侧裂片长圆形或圆形，开展或反折。能育雄蕊 2，花丝短，水平伸出或直立，药隔线形，横架于花丝顶端，以关节相连结，呈“丁”字形，其上臂顶端着生椭圆形或线形有粉的药室，下臂或粗或细，顶端着生有粉或无粉的药室或无药室，二下臂分离或联合；退化雄蕊 2，棍棒状或不存在；花柱直伸，先端 2 浅裂，裂片钻形或线形或圆形，等大或前裂片较大或后裂片极不明显；花盘前面略膨大或近等大；子房 4 全裂。小坚果卵状三棱形或长圆状三棱形，无毛，光滑。

（二）生物学特性

主要原产于地中海沿岸及南欧，性喜温暖而阳光充足的环境，不耐积水。所以栽培宜选择日照充足、排水良好的砂质壤土或土质深厚的壤土为宜。

种间差异较大。林地鼠尾草抗性强、适应性广、耐移植，在西安可露地生长 10 年以上。但墨西哥鼠尾草属于不耐寒的宿根花卉。在西安露地背阴向阳的小气候条件下可以越冬；大田越冬困难，需加以覆盖或搬进冷棚，在西安露地生长 3 年以内。

二、种质资源与园艺分类

（一）种质资源

APG Ⅳ已将分药花属（*Perovskia*）并入鼠尾草属（PW）；但植物智仍将分药花属单列，本书依后者。

1. 朱唇 *S. coccinea*

又名红花鼠尾草。多年生草本，植株直立，株型紧凑，株高 80 ～ 90 cm。花期很长，可以从 5 月开到 11 月。总状花序顶生，唇形花冠鲜红色、粉红色或白色，姿色轻盈明媚（图 1）。

原产中南美洲热带地区，耐热而不耐寒，因此一般只作为一年生栽培。

国内比较常见的园艺品种：‘珊瑚仙女’朱唇（‘Coral Nymph’）、‘红衣女郎’朱唇（‘Lady in Red’）、‘夏日宝石’朱唇（‘Summer Jewel’）等。除了以上商品化程度较高的朱唇品种，国外还先后选育出了‘Bicolor’‘Brenthurst’‘Coconut Ice’‘Sugar Queen’‘Tall Form’和‘Vermillion’等众多品种，它们在色彩、株型、叶形和花期表现等

图 1 朱唇（周翔宇 摄）

图 2 蓝花鼠尾草‘萨丽芳’（周翔宇 摄）

方面各具特色。

2. 蓝花鼠尾草 *S. farinacea*

又名一串蓝、粉萼鼠尾草。原产北美，其花萼密被白粉状的茸毛，故而又名粉萼鼠尾草。株高 30 ～ 60 cm，被柔毛，丛生状。茎基部略木质化。花序长穗状，小花紫色，花量大，有香味，花期春夏（图 2）。

品种丰富，也是应用较为广泛的一种，常用的品种有‘发现者’‘推荐’‘维多利亚’‘萨丽芳’等。

3. 樱桃鼠尾草 *S. greggii*

多年生灌木状草本植物，原产于美国得克萨斯州至墨西哥，单叶对生，披针形、椭圆形或卵形，叶有锯齿。总状花序，花萼合生，钟状，二唇形，宿存，花冠唇形，有桃红、深红、粉红、杏黄、白色等（图 3）。樱桃鼠尾的叶散发出淡淡的樱桃香味，因而得此名。叶片一般不食用，常作香包等芳香用途。

品种丰富，有‘蜜桃’、‘皇家泡泡’等。

4. 深蓝鼠尾草 *S. guaranitica*

原产巴西和巴拉圭。株高 1.2 ～ 2.5 m，株型飘逸。枝秆较为粗壮，叶片深绿色，卵圆形，先端急尖，基部心形。花序长 30 cm，小花长筒形、深蓝色，十分美丽。深蓝鼠尾草生长健壮，花期长，从 5 月初直到 11 月陆续开放。

国内应用的主要是其品种，如‘蓝黑’（‘Black and Blue’）（图 4）、‘勇敢者’（‘Amistad’）（图 5）、‘阿根廷天空’（‘Argentina Skies’）。

5. 墨西哥鼠尾草 *S. leucantha*

又名紫绒鼠尾草。原产墨西哥。株高 100 ～ 120 cm。叶片披针形，被柔毛，茎秆密被白色

图 3 樱桃鼠尾草

图 4 深蓝鼠尾草‘蓝黑’

图 5 深蓝鼠尾草‘勇敢者’

图 6　墨西哥鼠尾草（李淑娟、周翔宇 摄）

茸毛。总状花序长 20 ～ 40 cm，花萼上覆着一层紫红色茸毛，颜色华丽（图 6）。花期 9 ～ 11 月，花期贯穿国庆，是非常难得的秋季花卉。耐寒性稍差，耐热性强。合肥地区可以露地越冬，12 月虽然仍在开花，但遇到霜降时植株的地上部分就会枯黄，翌年春季重新萌发新芽。

目前国内有紫色、紫白双色、粉色和花叶 4 个品种（图 7）。

6. 连翘鼠尾草 *S. madrensis*

又名马德拉鼠尾草。原产于中美洲墨西哥山地，多年生的大型宿根草本。植株高可达 1.8 ～ 2 m，耐寒区域 8 ～ 11。茎四棱形。花序长 35 ～ 80 cm，挺立于枝叶之上，花瓣与花萼金黄色，非常耀眼（图 8）。花梗腺毛可以黏杀昆虫，充当花园黄板，可作多功能生态植物。花期 10 ～ 11 月。

7. 丹参 *S. miltiorrhiza*

本土植物，除了具有很好的观赏价值外，还是一味应用历史悠久的大宗中药材，具有活血祛瘀、安神宁心、排脓止痛的功效。《神农本草经》将丹参列为上品，因其根似人参而色赤，故名。丹参是多年生草本植物，株高 30 ～ 60 cm，茎四棱形，叶对生。轮伞花序，小花唇形、蓝紫色，花期 5 月（图 9）。我国主要作为药用植物广泛栽培。

8. 林地鼠尾草 *S. nemorosa*

又名林荫鼠尾草、森林鼠尾草。原产欧洲至俄罗斯，欧洲著名的庭院花卉。株型低矮紧凑，株高 60 ～ 80 cm，花期 5 ～ 9 月。花朵成串开放，蓝紫色，花期很长，花繁叶茂、花叶相互映衬。花后及时修剪可以促成多次开花。

品种非常丰富，目前应用广泛的有‘顶点’‘四月夜’‘蓝山’‘雪山’‘卡拉多纳’‘奇

图 7　‘粉水晶’墨西哥鼠尾草（李淑娟 摄）

图 8　连翘鼠尾草

图 9　丹参
（夏宜平 摄）

图 10　林地鼠尾草‘四月夜’

迹’‘新篇章’等。

9. 一串红 *S. splendens*

半灌木状草本。茎高达 90 cm。叶片卵圆形或三角状卵圆形，长 2.5 ～ 7 cm，下面具腺点；叶柄长 3 ～ 4.5 cm。轮伞花序具 2 ～ 6 花，密集成顶生假总状花序；苞片卵圆形，大，花前包裹花蕾，顶端尾状渐尖；花萼钟状，红色，长约 1.6 cm，花后增大，外被毛，上唇三角状卵形，下唇 2 深裂；花冠红色至紫色，稀白色，长约 4 cm，直伸，筒状，上唇直伸，顶端微缺，下唇比上唇短，3 裂，中裂片半圆形；花丝长 5 mm，药隔长 13mm，近直伸，上下臂近等长，上臂药室发育，下臂增粗，不连合（图 11）。小坚果椭圆形，顶端有不规则少数褶皱，边缘有棱或厚而狭的翅。

10. 天蓝鼠尾草 *S. uliginosa*

又名沼生鼠尾草。原产南美洲湿润的沼泽地。株高可达 105 ～ 165 cm，属于植株高大的类型。花期 5 ～ 7 月，花后及时修剪可以促成多次开花（图 12）。

（二）园艺分类

1. 按开花季节分类

（1）春季开花类

代表种主要有药用鼠尾草（*S. officinalis*）、快乐鼠尾草、轮叶鼠尾草、林荫鼠尾草、彩苞鼠尾草等。此类多属于温带型，原产欧洲和西亚，具有莲座状丛生的植株和粗糙灰白的叶片，花期 5 月前后。这类鼠尾草较耐寒而耐热性较差，在长江流域及其以南地区，要注意越夏保护。

（2）夏秋季开花类

代表种主要有天蓝鼠尾草、墨西哥鼠尾草、凤梨鼠尾草等。此类多原产中美洲或南美洲，直立性强，花色艳，耐寒性差而耐热性强。

（3）多季开花类

代表种主要有深蓝鼠尾草、朱唇等。此类多原产墨西哥及南美洲，每年的花期与为其授粉的蜂鸟迁徙期相关联。

2. 按功能分类

（1）观赏用鼠尾草

其花色鲜艳，花序长、花朵密集且花瓣较大，群体观赏效果好，主要种有蓝花鼠尾草、天蓝鼠尾草、深蓝鼠尾草、红花鼠尾草、彩苞鼠尾草、林地鼠尾草、墨西哥鼠尾草、轮叶鼠尾草、龙胆鼠尾草等。

（2）食用鼠尾草

也大多是可以作为药用的，以芳香的茎、叶为食用（含茶用）和药用部位，主要种类有药用

图 11　一串红（陈夕雨 摄）

图 12　天蓝鼠尾草

鼠尾草、巴格旦鼠尾草、紫叶鼠尾草、黄金鼠尾草、斑叶鼠尾草、凤梨鼠尾草、快乐鼠尾草等。

（3）药用鼠尾草

主要有药用鼠尾草、巴格达鼠尾草、甘西鼠尾草、粘毛鼠尾草、锡金鼠尾草、丹参、南丹参等。如丹参、甘西鼠尾草和云南鼠尾草等的根在中医临床上入药，具有活血祛瘀、改善微循环、防止血栓形成、安神宁心、排脓止痛等功效。

三、繁殖与栽培管理技术

（一）播种繁殖

春播或秋播均可，种子变褐色成熟即可收集。播种前可用大约50℃的温水浸种，能够显著提高出苗率并促进提早出苗。浸种后搅拌，等温度下降到约30℃时用清水冲洗几遍，再置于25～30℃下催芽，等种子露白后即可播种。为提高种子萌发率，也可用500 mg/L 赤霉素浸种后再播种，7～10天便可萌发。种子直播，每穴3～5粒，株高5～10 cm时进行间苗移植。温室中可采用穴盘育苗，育苗基质可用体积比3 ∶ 1的草炭、蛭石的混合物。

（二）扦插繁殖

北方保护地可从3月开始进行，南方5～6月露地扦插。在其旺盛生长期选取植株顶端生长健壮的茎梢，在节间处剪断，插条长5～8 cm，去除基部的叶片，适当摘除上部叶片，插入湿润的珍珠岩或蛭石基质中，插入深度3 cm左右。插后浇水，覆盖塑料膜保湿7～10天即可生根，30天后可移栽定植。扦插基质可以采用园土+有机肥、草炭+蛭石、草炭+沙子的混合基质，这些都可用于鼠尾草的扦插繁殖生产，考虑到成本因素，也要因地制宜地选择基质。扦插生根成活后便可定植。

（三）分株繁殖

天蓝鼠尾草和深蓝鼠尾草等种类具有茂盛的地下茎，可利用这些地下茎进行繁殖。在秋季结合移植，把整个植株挖出，观察横长的带有根系的地下茎，将其以1～2个芽头为一截剪断，重新栽入花盆或土壤中，即可形成新植株。

（四）园林栽培

1. 土壤

对土壤要求不严，适宜种植于光照充足、排水良好的砂质壤土中，在碱性土壤中生长良好。

2. 水肥

栽植前在土壤内施入腐熟的有机肥作为追肥，生长季结合灌水进行追肥2～3次，每次每亩施加尿素5kg左右，4月开花前追施磷钾肥。

3. 修剪

当植株生长至10～15 cm时对植株进行摘心，促进侧枝萌发，形成圆整丰满的株型。5月末鼠尾草进入末花期，可对植株进行重剪，植株地上部分仅保留高约15 cm。修剪后30～40天植株可实现二次开花，花序较第一次开花较短，二次花期可持续50天左右，能够有效延长观赏期。

（五）病虫害防治

常见虫害有粉虱、蚜虫等。可用蓟虱净600～800倍液、5%啶虫脒800倍液或25%阿克泰（噻虫嗪）2500～5000倍液进行防治。常见病害有霜霉病、叶斑病等。病害发生时可喷洒50%甲基托布津可湿性粉剂500倍液进行防治。

四、价值与应用

鼠尾草属植物具有悠久的应用历史，早在古希腊和古罗马时期，就有关于其药用价值的记载。公元9世纪，一些修道院附属的花园中已栽植了鼠尾草属植物；16世纪后，随着航运和海上贸易的发展，来自全球各地的许多种类逐渐进入欧洲，并应用于各式园林景观中。直到20世纪，一些鼠尾草属植物作为经济植物被引入后，才逐步应用于我国的城市园林绿化中。

观赏鼠尾草生态型多样（草本、灌木或半灌木），花色丰富，花序较长，花朵密集且花瓣较大，群体观赏效果较好，已经广泛应用于盆栽、花坛、花境与花海花田设计、园林造景及新兴的芳香疗法和园艺疗法中。除此之外，鼠尾草属植物还具有适应性强、繁殖容易、种间遗传相容性高等特点，由于其独特的香气和多种药用价值，在世界各地被广泛栽植。除一串红和朱唇等早期引进的种类外，近年来引进的墨西哥鼠尾草、天蓝鼠尾草、凤梨鼠尾草等种类也得到广泛应用。由于其生长势强健、分枝性好、花量大、抗逆性强，部分种类在华北地区可露地越冬，属于典型的低维护宿根花卉。可用于花坛、花境，也可大面积种植，代替薰衣草使用，形成蓝色花海或粉色花海，是一种观赏价值高、适应能力强、应用前景广泛的花园植物（图 13）。

丹参在我国栽培历史悠久，但仅限于药用。丹参（*S. miltiorrhiza*）是第一个全基因组测序的药用植物，具备完善的遗传转化体系，已经成为科学研究的热门材料。

图 13 金叶凤梨鼠尾草、朱唇、墨西哥鼠尾草的景观应用（王昕彦 摄）

（周翔宇）

Sambucus 接骨木

忍冬科接骨木属（*Sambucus*）落叶乔木、灌木或高大草本。全球有10种，我国有4～5种。只有血满草和接骨草是多年生高大草本植物。奇数羽状复叶，花冠白色，果熟时红色，可用作观叶、观花、观果植物。

一、形态特征与生物学特性

（一）形态与观赏特征

茎干有皮孔。奇数羽状复叶，对生。花序由聚伞合成伞形式、伞房式或圆锥式；花柱短或近于无，柱头常2～3裂；花冠整齐，辐状、钟状或筒状，不具蜜腺；花药外向或内向；子房3～5室，每室含能育和不育的胚珠各1枚。核果具核3～5粒（图1）。

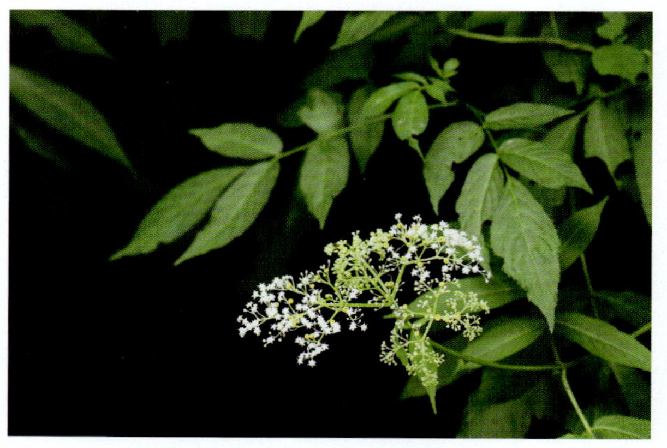

图1　接骨草植株

（二）生物学特性

适应性较强，对气候要求不严；喜向阳，但又能稍耐阴。以肥沃、疏松的土壤栽培为好。

二、种质资源

其中草本类仅有血满草和接骨草两种。

1. 血满草 *S. adnata*

株高1～2 m。根茎折断后有红色汁液；花均为两性花（图2）。

图2　血满草（李淑娟 摄）

图3　接骨草（李淑娟 摄）

2. 接骨草 *S. javanica*

株高 1 ～ 2 m。根茎折断后无红色汁液；具杯形不孕花（图 3）。

三、繁殖与栽培管理技术

（一）繁殖

1. 播种繁殖

8 ～ 9 月果实完全变红成熟时采收，捏破果实并揉搓，再淘洗干净，阴凉通风处阴干 2 周，再室外湿沙层积处理。翌年 4 ～ 5 月播种，条播、撒播均可，种子细小，覆土宜薄；保持基质潮湿，20 ～ 28℃条件下，约 2 周萌发。长出 2 ～ 3 对真叶时，即可移栽。

2. 分株繁殖

于春秋两季进行，只需将植株四周的侧芽分离出来另行栽植即可；春季萌芽期，也可挖出整株，分切地下茎，每块具 2 ～ 3 芽，另行种植于背阴环境。

（二）园林栽培

1. 土壤

以肥沃、疏松的土壤栽培为好。

2. 田间管理

苗高 13 ～ 17 cm 时，进行第一次中耕除草、追肥；6 月进行第二次。肥料以人畜粪尿为主。移栽后 2 ～ 3 年，每年春季和夏季各中耕除草 1 次。

（三）病虫害防治

接骨草最易患根腐病，多菌灵、百菌清、敌克松、代森锰锌、咪鲜胺、苯醚甲环唑等化学农药常用于根腐病的防治（刘紫英，2011；穆向荣 等，2014）。

四、应用与价值

接骨草和血满草花冠白色，果熟时红色橙黄色至黑色，可用作观花观果植物。枝叶浓绿繁茂，也宜作观叶植物。另外，接骨草为湿地植物，可用于城市滨河绿化带的地被植物。

接骨草始载于《神农本草经》，功能疏肝健脾、祛风利湿，用于治疗急性病毒性肝炎、骨折等症。血满草有祛风除湿、活血散瘀的作用，用于治疗风湿痹痛、水肿。广泛用于我国民间，是苗族、傣族、蒙古族独具特色的传统中药。

（向林）

Sanguisorba 地榆

蔷薇科地榆属（*Sanguisorba*）多年生草本植物。该属约有15种，分布于欧洲、亚洲及北美洲；我国有7种。属名由*sanguis*（血）和*sorbere*（吸收）两词合并构成，意指该属植物的止血凉血功能。除其药用及食用价值外，长而精致的羽状叶及瓶刷状的花序同样吸引了园丁的目光。

一、形态特征与生物学特性

（一）形态与观赏特征

根粗壮，下部长出若干纺锤形、圆柱形或细长条形根。奇数羽状复叶。小花密集成穗状或头状花序，顶生；萼筒喉部缢缩，4（～7）片，覆瓦状排列，紫色、红色或白色，稀带绿色，花瓣状；花瓣无；雄蕊通常4枚，稀更多，花丝通常长而显著。

（二）生物学特性

喜光，喜温暖但夏季较凉爽的气候，喜潮湿且排水良好的土壤，耐寒，耐贫瘠。

二、种质资源

景观中常用的有4种及其品种（Armitage, 2008；Graham，2012）。

1. 加拿大地榆 *S. canadensis*

株高90～200 cm。羽状复叶长15～50 cm，小叶7～17枚，长圆形、卵形至矛状长圆形，长2～4倍于宽，缘具锐齿。穗状花序圆柱状，长10～25 cm，由下向上开放；花萼白色至白绿色，花丝长0.6～1 cm，4～6倍于萼片（图1）。花期7～9月。原生于北美洲东部的沼泽、河岸、溪流边等处。

‘红色雷电’（‘Red Thunder’） 株高110 cm，花序深红色（图2）

图1　加拿大地榆（Patrice Bourgault 摄）

图2　‘红色雷电’（陈煜初 摄）

图 3　日本地榆（陈煜初 摄）

图 4　地榆（王雪芹 摄）

图 5　地榆花序（Ведамир Тагана 摄）

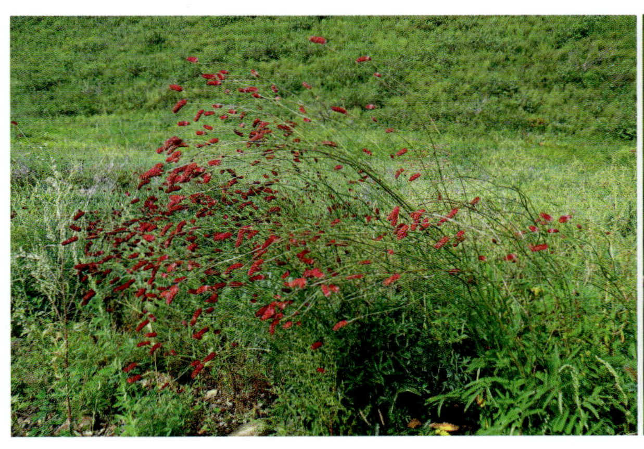

图 6　细叶地榆（Aleksandr Ebel 摄）

2. 日本地榆 *S. hakusanensis*

又名朝鲜山地榆或白山地榆。株高 60 ~ 75 cm。羽状复叶，灰绿色，小叶 9 ~ 13 枚，小叶卵圆形，先端圆钝，缘具齿。长长的穗状花序顶生，蓬松且弯曲下垂，粉红或玫红色（图 3）。花期 6 ~ 9 月。耐寒（-32℃），是观赏性最好的种（Armitage，2008）。

3. 地榆 *S. officinalis*

株高 30 ~ 120 cm。茎直立，具棱，无毛或基部有稀疏腺毛。基生叶为奇数羽状复叶，有小叶 4 ~ 6 对；小叶片有短柄，卵形或长圆状卵形，长 1 ~ 7 cm，宽 0.5 ~ 3 cm，顶端圆钝，基部心形，缘具圆齿，两面绿色；茎生叶较少。穗状花序椭圆形、圆柱形或卵球形，直立，通常长 1 ~ 3（~ 4）cm，横径 0.5 ~ 1 cm，从花序顶端向下开放；萼片 4 枚，紫红色（图 4、图 5）。花果期 7 ~ 10 月。

4. 细叶地榆 *S. tenuifolia*

株高达 1.5m；茎具棱。基生叶羽状复叶，小叶 7 ~ 9 对，具柄，带状或带状披针形，长 5 ~ 7 cm，基部圆、微心形或斜宽楔形，先端急尖或圆，缘具齿，茎生叶与基生叶相似，向上小叶对数渐少，较窄。穗状花序长圆柱形，下垂，长 2 ~ 7 cm；萼片紫红色至粉红色（图 6）。花期 7 ~ 9 月。产我国黑龙江、辽宁、吉林、内蒙古；东北亚也有分布。

三、繁殖与栽培技术

（一）播种繁殖

原生种可春播或秋播；园艺品种种子繁殖易出现性状分离，建议营养繁殖。春播于 3 ～ 4 月进行，秋播于 8 月下旬进行。撒播、条播或盆播均可，基质以富含腐殖质的砂壤土为好，覆土厚度 0.5 ～ 1 cm，种子萌发期间保持土壤潮湿；18 ～ 20℃，约 2 周出苗。苗高 4 ～ 5 cm 时，可以间苗，苗高 7 ～ 8 cm 时，即可分栽（董长根 等，2013；杨肖荣，2016）。

（二）分株繁殖

春季萌动前后或深秋时分，将地下茎挖出，切分带芽的根茎另行种植。

（三）园林栽培

1. 土壤

以肥沃砂壤土为好。

2. 水肥

多喜湿润土壤，不耐旱；加拿大地榆更喜沼生；故需根据降水情况适时补水以保持基质潮湿；较耐贫瘠，但肥沃土壤生长更佳。

3. 光照

喜光，稍耐阴。

4. 修剪及越冬

对于高大的种及品种，花期前后，视生境条件看是否设置围挡物，以防花序倒伏；花后应及时修剪残花果序，以防产生过多种子自播；入冬前修剪枯枝叶。耐寒性强，冬季一般无须保护。

四、价值与应用

花叶共赏的夏秋开花植物，茂盛的大型羽状叶丛，可形成极好的地面覆盖，高大而花（序）形独特，充满野趣。耐寒亦耐贫瘠，是北方自然景观、花境及河流池湖等水景的边际美化材料。

在我国，地榆及其变种的根茎早已成为传统中药材料。该属的羽状幼叶具有淡淡的黄瓜香味，在欧洲常被用于制作沙拉或调味料。

（赵叶子　李淑娟）

Saponaria 肥皂草

石竹科肥皂草属（*Saponaria*）多年生宿根花卉，是一种耐寒、强健、喜光的夏季花期较长的植物。此属约有40种，原生于欧洲、地中海沿岸。我国有1种，为引进或栽培逸生种。

一、形态特征与生物学特性

（一）形态与观赏特征

植株多呈垫状或者较高的丛状，有些植株株型较分散。叶子较小、细长，蛋形或柳叶形。花瓣5，平盘状的圆形花，红色至白色，主要为粉色系。花量很大，夏季开花时几乎覆盖整个植株。

（二）生物学特性

主要分布于地中海沿岸，生长于岩石地区和山地。喜全光照的生长环境，耐热，但耐寒性稍差，冬季寒冷地区需要适当覆盖越冬。喜排水良好的土壤件。

二、种质资源

此属多为多年生种，还有木本种，落叶或常绿。以下仅简介宿根种。

1. 岩生肥皂草 *S. officinalis*

非常吸引人的直立的多年生种。植株低矮，地下走茎生长快。叶子狭窄卵形，表面粗糙，叶长4～7cm。花着生于茎顶端，粉色、红色或白色，花径约2cm（图1）。花期6～9月。有很长的栽培历史，在很多地区有自然分布。多用于混合花境。

‘重瓣红’（‘Rosea Plena’） 重瓣，花柔粉色（图2）。

2. 肥皂草 *S. ocymoides*

株高30cm，花粉色，花期5～7月。

‘雪尖’（‘Snow Tip’） 株高25cm，叶色暗绿，花为纯白色（图3）。花期6～7月。

三、繁殖与栽培管理技术

（一）播种繁殖

春播，简便，萌发率高。用营养土：珍珠岩为5 ：1的比例配制基质，播种后用蛭石或沙子覆盖0.5cm，保持基质湿润，种子没有休眠，适宜播种温度20～30℃，保持适宜的温度7～10天即可出苗。

图1 岩生肥皂草

注：A. 整株；B. 花细部。

图 2 ‘重瓣红’肥皂草

图 3 ‘雪尖’肥皂草

图 4 高生肥皂草花带、花境配植

（二）分株和扦插繁殖

分株在春季萌芽期进行，3～5 芽分为一丛，分株后尽快栽植并浇水。

扦插在夏末进行，花后采集生长的枝条茎尖进行扦插，夏末气温较高，要注意降温和及时给叶面补水。

（三）园林栽培

1. 土壤

植株耐贫瘠，但喜排水良好的腐殖质土壤，土壤中掺入 10%～20% 的珍珠岩或沙子可以增加土壤通透性，促进植株生长。

2. 水肥

种植前施用复合底肥即可满足生长的需要。高生种类花前追肥可以提高开花品质，岩生种类夏季高温时要注意及时排水，防止植株腐烂。入冬前要浇足防冻水提高抗寒越冬能力。

3. 光照

喜全光照的生长条件，轻度遮阴条件下植株可正常生长，花量略有下降。

4. 修剪及越冬

花后要及时修剪，剪除败花和枯枝，可以有效预防病菌滋生，并促进新枝条的生长。冬季干枯的枝条或者落叶覆盖下越冬，可以提高越冬成活率。

（四）病虫害防治

比较常见的有蜗牛和蛞蝓，少量时可以捕捉去除，量多时需要清除杂草，喷施杀虫剂。病害多见叶斑病，常发于夏季植株开完花以后，花后及时修剪残花和黄叶，喷洒广谱性杀菌剂可以有效防治叶斑病。

四、园林应用

适用于岩石园和碎石园，尤其是株型较小、低矮的种类，种植于岩石缝隙和铺装面等区域。较高的种类可以种植于草本的混合花境中（图 4）。

（王雪芹）

Saruma 马蹄香

马兜铃科马蹄香属（*Saruma*）宿根植物，我国特有的单种属。马蹄香（*S. henryi*）又名金线草。现有马兜铃科中最原始的物种，在系统演化及中国种子植物区系研究方面具有重要意义（马金双，1990；李思锋 等，1994），已被列入《中国高等植物濒危及受威胁物种名录》及《秦巴山区重点保护植物名录》，属于国家级保护植物，急需进行保护和恢复（狄维忠 等，1989；陈灵芝，1993）。

一、形态特征与生物学特性

（一）形态与观赏特征

株高 50 ～ 100 cm。茎直立，不分枝或分枝，具纵沟，被灰褐色细毛。膜质单叶互生，心形，长 6 ～ 15 cm，宽 7 ～ 15 cm，表面绿色，背面淡绿色，叶缘具毛；叶柄长 2 ～ 8 cm。花单生于茎顶，被毛；花萼基部与子房合生，顶具 3 个裂片；花瓣 3 片，圆肾形，基部耳状心形，有爪，黄色（图 1、图 2）。蒴果蓇葖状（图 3），革质，花萼宿存。

（二）生物学特性

通常在早春开始萌动，3 月下旬至 4 月初开花，此时植物新叶分化、生长较快，花蕾出现的也较快，一株植物的数个地上分枝上可有 2 ～ 3 朵花同时开放。到 5 月底 6 月初时，开花数减少，整个植株每次仅有 1 朵花开放。到 6 月底 7 月初，植株几乎不再分化出花蕾。马蹄香在早春时花叶同放，花期 4 ～ 7 月，单花花期 4 ～ 7 天，群体花期 50 ～ 60 天，盛花期长达 20 天，

图 1　马蹄香植株

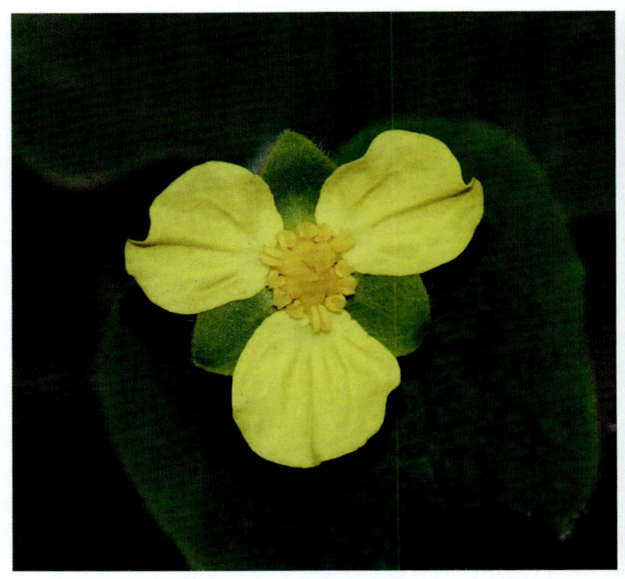

图 2　马蹄香花部特征

图 3　马蹄香的果实（李淑娟 摄）

叶子在 11 月下旬逐渐枯黄，观叶观花时间长。

野外生长于海拔 800 ～ 1600 m 的山谷林下阴湿处，喜土壤疏松肥沃，通风良好的半阴与全阴环境，耐低温，较耐高温和干旱，忌阳光暴晒，适合栽植于阔叶林下和藤架下。

二、繁殖与栽培技术

（一）播种繁殖

果实 5 ～ 7 月成熟。种子含水量约为 14.78%。种子存在胚后熟现象，经过自然环境下常温湿沙层积至秋季，再经过冬季低温积层至翌年 2 月萌发时逐渐观察到胚的形成，层积处理前经过 GA_3 200 mg/L 处理 48 小时后的萌发率可达 98.1%（赵宁 等，2017）。待实生苗长出 2 ～ 4 片真叶（图 4），即可移栽至富含腐殖质的土壤中，忌阳光暴晒。

图 4　马蹄香实生幼苗

（二）扦插繁殖

7 月中旬剪取插穗，插穗长 10 ～ 15 cm，具 1 ～ 2 节，留顶端叶片。使用浓度 500mg/L 的 GGR 生根粉溶液浸泡 30 分钟，插入河沙基质中，全光喷雾 30 天后插穗的生根率可达 93.3%（赵宁 等，2017）。

（三）组培快繁

不同外植体的愈伤组织诱导和芽分化与培养基、植物激素的种类及质量浓度有直接关系。以叶片为外植体，在培养基为 MS+2,4–D 0.5 mg/L +6–BA 5 mg/L 上可以诱导愈伤组织产生，愈伤组织诱导率 50%，但继代培养生长状况较差（田宇红 等，2003）。以顶芽和茎段为外植体，在培养基 MS+6–BA 2 mg/L+IBA 0.2 mg/L+LH 800 mg/L 和 MS+6–BA 2 mg/L+NAA 0.5 mg/L 上的芽诱导率均达 100 %，但前者不能诱导愈伤组织产生，后者可以诱导愈伤组织产生，诱导芽可在 MS+6–BA 1.5 mg/L+KT 0.5 mg/L+IBA 0.2 mg/L 培养基上有效增殖和壮苗，芽苗在培养基 1/2MS（或 MS）+IBA 0.1 mg/L 上的生根达率达 95 %（李会宁 等，2004）。

（四）园林栽培

1. 土壤

喜疏松肥沃的酸性至微碱性土壤，如过于黏重，可在土壤内掺加腐叶土，进行土壤结构和肥力改良。

2. 水肥

适宜肥沃、排水良好的土壤。种植前，根据基质肥力合理施加基肥，以腐化的腐殖质为佳。在干旱地区，若长期缺水会影响其长势，应及时浇灌，雨水充足的地区，应起垄种植，防止积水。

3. 光照

喜半阴与全阴环境，可栽植于阴凉通风的林下环境中。

4. 修剪与越冬

马蹄香在生长过程中基本无须修剪，在冬季植株枯黄后及时修剪清理。抗寒能力强，可耐 –25℃低温，冬季无须保护。

三、价值与应用

马蹄香适应性较强，耐阴寒。在早春开始萌动发芽，生长快速，开花时间早，花期长，枝叶繁茂，株型自然，是一种良好的观叶、观花植物。在疏林下、藤架下等阴生环境中具有较好的应用前景，可与其他耐阴花卉配置，组成林下花园。

作为我国传统的民间草药，其根及根状茎皆可入药，具温中、散寒、理气、镇痛等功效，主治胃寒痛、心绞痛和关节痛等症，其叶片外敷主治化脓疮疡（中国植物志，1988；秦岭植物志，1974）。马蹄香的主要化学成分包括马兜铃酸、挥发油及生物碱（马兜铃内酰胺类），另外还含有胡萝卜苷、马兜铃内酯、木脂素类、查耳酮苷类以及甾醇等成分（毛少利 等，2014）。马蹄香也是我国特有珍稀蝴蝶太白虎凤蝶幼虫的唯一寄主植物（郭振营 等，2014）。

（毛少利）

Saxifraga 虎耳草

虎耳草科虎耳草属（*Saxifraga*）一年生或多年生草本植物。虎耳草一名始载于南宋医药学家王介著的《履巉岩本草》。该属植物在我国多作药用，景观应用相对较少，仅虎耳草（*S. stolonifera*）作为山石及盆景的装饰材料应用较多。

一、形态特征与生物学特性

（一）形态与观赏特征

多年生，很少有一年生或二年生的。其茎通常丛生，或单一。单叶全部基生或者兼茎生。花瓣5，全缘，通常为辐射对称，稀两侧对称，雄蕊10，花丝棒状或钻形；花色丰富，有白色、黄色、橙色、红色或紫红色等；聚伞花序，有时单生；花托杯状，或扁平。

图1　早春墙脚处（西安）

（二）生物学特性

生于林缘、草原、动土地带、岩坡石缝，在生长习性、形态、营养特性、生殖特性以及花粉粒和种子的微观形态上都表现出显著的多样性，因此该属植物在研究高山植物系统演化、物种进化等领域常作为模式类群。

喜欢荫蔽、凉爽的环境，忌高温，畏强光，忌干旱，适宜生长温度为10～25℃。耐寒性较强，在秦岭以北可以自然越冬。适应性强，耐移植，在西安可露地生长10年以上。

在秦岭北麓区域，冬季地上部分并不完全枯萎，基部叶片有发黄枯萎现象，中心叶片呈灰绿

图2　虎耳草翩翩起舞的小花

图3　1月地上部分叶片枯萎（西安）

色，绿期能达到300天以上。每年3月初新叶萌发，5月盛花期，地面覆盖效果好，是非常优秀的耐阴地被材料（图1至图3）。

二、种质资源与园艺分类

（一）种质资源

虎耳草科中最大的属，全球约有370种，占该科的2/3。该属形态多样性极为丰富，国际虎耳草协会（The Saxifrage Society）将该属分为15个组19个亚组和34个系。该属起源于北美的落基山，向南扩散到南美洲的安第斯山和火地岛，在北部经白令海峡扩散到欧亚大陆，现主要分布在北极、北温带和南美洲（安第斯山）。潘景堂（1992）确定我国有203种，主产西南和青海、甘肃等地的高山地区，其中云南分布最多，有100余种。

虎耳草 *S. stolonifera*

是我国最常见的该属植物，又名金线吊芙蓉、老虎耳、石荷叶。高10～30 cm，全身被长腺毛。鞭匐枝细长，基生叶具长柄，叶片近心形、肾形至扁圆形，叶缘具不规则齿牙，叶片正面绿色，背面红紫色，有斑点，羽状脉序。花瓣白色，中上部具紫红色斑点，基部具黄色斑点，5枚，其中3枚较短，卵形，先端急尖，另2枚较长，披针形至长圆形，先端急尖。萼片在花期开展至反曲，花果期4～11月（图4、图5）。

我国原产的球茎虎耳草（*S. sibirica*）（图6）和鄂西虎耳草（*S. unguipetala*）（图7）也是值得开发利用的资源。

图4 虎耳草

图5 花瓣中上部具紫红色斑点

图6 球茎虎耳草（李淑娟 摄）

图7 鄂西虎耳草

图 8　斑叶虎耳草

图 9　虎耳草 5 月完全覆盖地面

图 10　姬虎耳草（微型品种）

图 11　爱得虎耳草品种花色

（二）园艺分类

国际虎耳草协会是虎耳草的国际品种登记机构。通过对国际虎耳草协会的品种数据库进行检索，1870—2020 年记录的该属品种 1455 个（图 8 至图 10）。主要由英国等几个欧洲国家培育，品种来源可以分为三类：直接选育、杂交和品种群，其中 2000 年之后以选择育种方式为主。国际虎耳草协会数据库中品种数排在前三位的品种群：

1. Mossy Group 品种群

植株低矮，叶片细小紧凑，就像苔藓植物，因此常被称为苔藓虎耳草。

2. Blues Group 品种群

植株叶片莲座状着生，叶细小，紧凑排列在地面形成一个半球形，镶嵌着粉色、橘红色或者玫红色的花朵。

3. London Pride Group 品种群

植株具长叶柄，叶片深绿或者浅绿，圆形或者匙形，有缘齿，白色花瓣上点缀着粉红色和黄色斑点，雄蕊和花药粉色（唐世梅　等，2024）。

4. 爱得虎耳草 *Saxifraga* × *arendsii*

比较小众，也叫阿伦兹虎耳草，由多个虎耳草种杂交而来，颜色丰富，花量大，观赏性佳（图 11）。

（三）国际登录品种

‘黑魁’（‘HeiKui’）　我国自主培育并实现国际登录的首个虎耳草品种，在野外考察时发现。个体大，生长健壮，叶片紧凑，排列成莲座状，叶脉间深色条纹明显，开花量大（唐世梅　等，2024）。

‘雪纹’（‘Xue Wen’）　虎耳草的白斑叶变异类型，因其叶脉白色的纹路命名。

‘天目恩赐’（‘TianmuEnci’）叶片背面深紫红色，腹面绿色，叶脉间有大小不等的黑色条斑，因其在浙江天目山野外发现，因此得名。

三、繁殖与栽培管理技术

（一）分株繁殖

一年四季都可进行，以春、秋两季为最佳时节。生产上还可将其匍匐枝顶端的幼株（图 12、图 13）剪下，集中种植于浅盆中，加塑料薄膜保湿，待根系发达后再另行栽植。

（二）组培快繁

一般选择无病虫害、生长健壮的成熟植株，

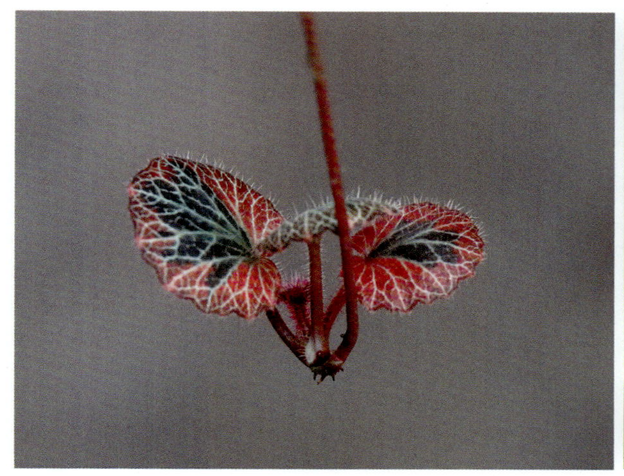

图 12　匍匐枝顶端的幼株

图 13　匍匐枝顶端的幼株已经生根

切掉基部根系，取其茎段作为外植体。培养温度 22 ～ 25 ℃，每天光照 12 小时，光照强度 1500 ～ 2000 lx。先将外植体切成小段后接种在已灭菌的诱导培养基上，待未污染的外植体萌生腋芽或者侧芽后，长到 1.5 ～ 2 cm，转移到增殖培养基上进行增殖和分化培养，建立无菌系。虎耳草的增殖培养周期为 25 天左右。之后可将高 3 ～ 4 cm 的无根小苗继代到生根培养基中，一般 10 天后生根率可达到 90% 以上。小苗根系到 1 cm 左右即可进行炼苗和移栽了。移栽后的管理主要是保湿和遮阴，1 个月后可定植于富含腐殖质的土壤中。

虎耳草中含有虎耳草酚，培养过程基部易褐变，使外植体分化及增长受阻，可以采取添加活性炭、及时继代、彻底切除褐化部位等措施来缓解。

（三）播种繁殖

较少采用。通常播种时间在 3 ～ 4 月，出苗后由于植株较小，一定要避免烈日暴晒，防止积水和温度过低。待幼苗的根系发达后，浇水不必过勤，保持盆土长期湿润即可。光照可用温暖的散射光，置于北面阳台或者阴凉透光处为宜。

（四）园林栽培

夏季温度高、光照强，需要遮阴 50% ～ 60%，否则光照太强会导致叶片灼伤。对土壤要求不严，以疏松肥沃通气、排水良好的土壤为宜。春夏秋为生长旺盛期，保持土壤湿润，施肥需从叶下施入，以免沾污叶面，引发腐烂。很多园艺观赏的虎耳草品种，叶子上有斑斓的纹路，需要多一点的散射光，避免过度遮阴，否则叶色会暗淡，观赏性降低。

（五）病虫害防治

常见的几个虎耳草品种生性强健，通常病虫害较少。在生长的过程中，如果环境不通风容易遭受到粉蚧、蚜虫、粉虱等虫害及灰霉病危害，可将植株搬移到散射光、通风的环境下细心养护，并及时处理下部枯叶烂叶，喷施功夫菊酯乳油、溴氰菊酯乳油等药剂防治。

四、价值与应用

虎耳草属植物有优良的观赏特性，其高山类群具有很多优点，如寿命长、抗虫性好，栽培条件下其野生状态的植物形态可以保持。近年来，因其漂亮的姿态、叶形、叶色和适应性强的特点而在国内越来越多的作为盆栽观赏、盆景点缀以及地被植物进行应用。

很多种类为药材，在化学成分和药理活性方面，有抗菌抗病毒疗效、抗炎抗氧化功能以及抗突变、抗肿瘤、抗雌雄激素等作用。虎耳草在中药里是指全株，通常夏季采收，鲜用或晒干备用。民间最常见的是用汁液治疗中耳炎。

（李艳）

Scabiosa 蓝盆花

忍冬科蓝盆花属（*Scabiosa*）多年生草本植物，有时基部木质呈亚灌木状，或为二年生草本，稀为一年生草本。该属约 80 种，产欧洲、亚洲、非洲南部和西部，主产地中海地区。我国有 9 种 2 变种，产东北、华北、西北及台湾等地。该属植物花色有蓝、紫、红、白、黄等色，具有很高的观赏价值，且生态适应性强，在园林绿化中有广泛的开发应用前景。

一、形态特征与生物学特性

（一）形态与观赏特征

叶子呈羽状半裂或全裂。花朵有蓝色、紫红色、黄色或白色的花冠，花序扁球形或卵形至卵状圆锥形，总苞苞片草质，花托在结果时呈拱形至半球形，有时可呈圆柱状；小总苞（外萼）广漏斗形或方柱状，结果时具 8 条肋棱，全长具沟槽，或仅上部具沟槽而基部圆形，上部常裂成 2 ～ 8 窝孔，末端成膜质的冠，冠钟状或辐射状，具 15 ～ 30 条脉，边缘具齿牙；花萼（内萼）具柄，盘状，5 裂成星状刚毛；花冠筒状，边缘花常较大，二唇形，上唇通常 2 裂，较短，下唇 3 裂，较长，中央花通常筒状，花冠裂片近等长；雄蕊 4；子房下位，包于宿存小总苞内，花柱细长，柱头头状或盾形。瘦果包藏在小总苞内，顶端冠以宿存萼刺。

（二）生物学特性

多生长在草原、草甸草原及山坡草地上。喜欢生长在阳光充足、排水良好的土壤中，适应能力较强，可以在多种环境中生长；耐寒、耐旱、耐贫瘠，能在 -20℃的严寒冬季或高温 40℃的盛夏生存。

二、种质资源

1. 华北蓝盆花 *S. tschiliensis*

又名轮锋菊、松虫草。多年生草本。株高 30 ～ 80 cm，茎自基部分枝，具白色卷伏毛。头状花序，具长柄，花萼 5 齿裂，刺毛状；花冠蓝紫色，先端 5 裂，裂片 3 大 2 小，边缘花放射状排列，与中央花异形，较大，一般两侧对称，花冠二唇形。花期 6 ～ 9 月，果期 9 ～ 10 月（图 1）。其干燥花序可入药，有解热、抗炎、抗氧化、保护心血管系统、镇静、保护肾脏、增强免疫功能、抑制胰脂肪酶等药理作用。

分布于我国多个省份，包括黑龙江、吉林、辽宁、内蒙古、河北、山西、陕西、甘肃东部、宁夏南部等地。

植株低矮、花期长、花序奇特、花瓣美丽，

图 1　华北蓝盆花园艺品种（吴棣飞 摄）

图 2　紫盆花园艺品种（吴棣飞 摄）

图 3　窄叶蓝盆花（寻路路 摄）

适合作盆栽观赏，布置花境、花坛、地被，也可作插花材料，具有耐阴、耐旱、耐寒、耐贫瘠等特点，园林开发应用潜力很大。

2. 黄盆花 *S. ochroleuca*

多年生草本。茎单一或数分枝，高 25 ～ 80 cm，直立。基生叶具柄，椭圆形至披针形，茎生叶对生，基部相连，2 ～ 5 对，披针形或线状披针形。头状花序扁球形，花径 2 ～ 2.5 cm；花冠淡黄色或鲜黄色，边花较中心花为大，外面密生白色柔毛；子房下位，包藏在小总苞内。瘦果椭圆形，黄白色。花期 7 ～ 8 月，果熟 8 ～ 9 月。

产我国新疆（昭苏、布尔津）。生于草原、草甸草原及山坡草地上，海拔 1300 ～ 2200 m。分布于欧洲中部到巴尔干半岛北部、俄罗斯西伯利亚和蒙古。

3. 紫盆花 *S. atropurpurea*

又名松虫草。一年生草本。株高 30 ～ 70 cm，茎多分枝。基生叶长圆状匙形，茎生叶对生，基部相连，长圆形。头状花序单生分枝顶端，圆头状，径 4 ～ 5 cm；小总苞筒状，长约 6 mm，基部钝圆，疏生长硬毛，上部扩大成花篮状，具 8 条纵肋，肋弯拱，上部肋间显膜质，顶端分为 8 个圆裂片，裂片边缘棱状；花冠紫黑色、淡红色至白色，边花大，筒部漏斗形。花期 6 ～ 7 月。

原产南欧，陕西武功及云南昆明曾有栽培，许多园艺品种由该种培育而来（图 2）。

4. 窄叶蓝盆花 *S. comosa*

多年生草本。株高 30 ～ 80 cm，基生叶成丛，叶片轮廓窄椭圆形，茎生叶对生，叶片轮廓长圆形，一至二回狭羽状全裂；花冠蓝紫色，外面密生短柔毛，中央花冠筒状；瘦果长圆形，顶端冠以宿存的萼刺（图 3）。花期 7 ～ 8 月，果期 9 月。

产我国黑龙江、吉林、辽宁、河北北部、内蒙古。生于干燥砂质地、沙丘、干山坡及草原上，海拔 500 ～ 1600 m。分布于俄罗斯和蒙古。

5a. 飞鸽蓝盆花‘粉雾’ *S. columbaria* ‘Pink Mist’

紧凑、多毛的多年生草本植物，高达 40 cm，能在整个夏秋季长时间开放深粉色、中心较浅的直径达 5 cm 的针垫花（图 4）。

5b. 飞鸽蓝盆花‘蝴蝶蓝’‘Butterfly Blue’

高达 40 cm，从夏初到霜降前长时间开放淡蓝色的针垫花。易于栽培管理，可用于花境和岩石园。

6. 高加索蓝盆花‘完美蓝’ *S. caucasica* ‘Perfecta Blue’

丛状紧凑的多年生草本植物，叶子中绿色，叶子上方的细茎上开出蓝紫色的大花，花朵边缘有褶皱，中心为淡紫色，花期夏季至初秋（图 5）。

7. 杂交品种 *S.* ‘Ichwhit’

高达 50 cm，花白色（图 6），花期从夏初到秋末。

图 4　飞鸽蓝盆花‘粉雾’

图 5　高加索蓝盆花‘完美蓝’

图 6　蓝盆花园艺品种‘Ichwhit’

三、繁殖与栽培管理技术

（一）播种繁殖

园艺品种的主要繁殖方式。采收种子后随采随播，或翌年春天进行播种。播种时需要注意将种子均匀撒在土壤表面，然后轻轻覆盖一层薄土，保持土壤湿润，等待种子发芽。

（二）分株繁殖

分株繁殖是蓝盆花最常用的繁殖方式，一般在春季进行。将蓝盆花的母株分成若干个小株，每个小株都应带有一定的根系，然后分别栽种在新的盆土中即可成活。分株繁殖操作简单，成活率高，生长快，但繁殖倍数有限。需要注意选择健康的母株和适宜的繁殖方式，同时保持适宜的光照、温度和水分等环境条件，以保证繁殖的成功和后代的生长健康。

（三）组培快繁

以华北蓝盆花为例，用叶片作外植体，经75% 酒精浸泡 30 秒，再用 2% 次氯酸钠浸泡 9 分钟消毒效果最佳，成活率高达 90%（尹晶晶，2021）。最适宜诱导愈伤组织的培养基为 MS+TDZ 2 mg/L，诱导率为 83.33%，增殖倍数为 3.6；最佳愈伤分化培养基为 MS+ 6-BA 1 mg/L，诱导率为 88.5%；最适诱导不定芽增殖培养基为 MS+ 6-BA 0.8 mg/L，诱导率为 92%；最适壮苗培养基为 MS+ 6-BA 0.6 mg/L，诱导率为 96%；最适生根培养基为 3/4 MS 培养基；最适再生苗移栽的基质成分为草炭土、珍珠岩、沙子，其体积比为 4 ∶ 3 ∶ 2，移栽成活率为 80%，长势健壮。

（四）园林栽培

1. 土壤

喜欢疏松、透气、排水良好的土壤，建议使用砂质土壤进行种植，同时可以在土壤中加入适量的有机肥料，以保证土壤的肥力。

2. 水肥

需要保持土壤湿润，但也要注意避免过度浇水，以免造成根部腐烂。在生长季节，一般每周浇水 2 ～ 3 次，夏季需要适当增加浇水次数，冬季则要减少浇水次数。蓝盆花需要适量的肥料，生长期间每周施 1 次氮肥，但要注意不要过度施肥，以免造成烧根。

图 7　不同花色蓝盆花园林应用

3. 光照

需要充足的阳光。如果光照不足，会影响花朵的开放和颜色。

4. 修剪及越冬

花朵凋谢后需要进行修剪，将残花剪掉，以促进新花朵的开放和生长。同时也要注意修剪过长的枝条和杂草，保持植株的整洁和健康。在极寒天气下，虽然部分枝叶可能会枯萎，但春天会重新发芽生长。

（五）病虫害防治

常见病虫害包括白粉病、蚜虫和红蜘蛛等。对于白粉病，可使用多菌灵或百菌清进行防治；对于蚜虫和红蜘蛛，可使用吡虫啉或阿维菌素进行防治。

四、价值与应用

蓝盆花花形美观、花色艳丽，且具有喜光、耐寒、耐旱和耐贫瘠等特点，成为许多园艺爱好者的宠儿，被广泛用于花坛、花境和切花材料（图 7）。

蓝盆花具有抗炎解热、抗氧化、减轻肾功能损伤、镇静及增强免疫等作用，在国内外广泛作为民族传统用药，潜在药用价值较大，主要成分为黄酮类、酚酸类、萜类和香豆素类等，具有抗肝纤维化、抗氧化、抗肿瘤和抗菌等多种药理活性（苏达　等，2023）。

（李丹青　夏宜平）

Scutellaria 黄芩

唇形科黄芩属（*Scutellaria*）草本或亚灌木。英名 skullcap（无沿帽）源于其萼片的形态。全球约有360种，广布于世界，但热带非洲少见；我国有98种，南北均产之。该属在园林中应用较晚，应用的物种数量也少，可能是它们的药用功能使人们忽视了其观赏价值。

一、形态特征与生物学特性

（一）形态与观赏特征

匍匐上升或披散至直立。茎四棱。茎叶常具齿，或羽状分裂或极全缘，苞叶与茎叶同形或向上成苞片。花腋生、对生或在上部有时互生，组成顶生或侧生总状或穗状花序；花萼钟形，背腹压扁，二唇形，唇片在果时闭合，最终沿缝合线开裂达萼基部成为大小不等的两裂片，上裂片脱落而下裂片宿存，有时两裂片均不脱落或一同脱落，上裂片在背上有一个盾片或无盾片而明显呈囊状突起；花冠筒伸出，前方基部膝曲呈囊状或囊状距；上唇盔状，下唇3裂（图1）；雄蕊4，药室裂口均具髯毛；花柱不相等2浅裂，后裂片甚短。小坚果扁球形或卵圆形，具瘤。

（二）生物学特性

野生于山顶、山坡、林缘、路旁等向阳较干燥的地方。喜温暖，耐严寒，成年植株地下部分在 –35℃低温下仍能安全越冬；耐高温，但不能经受40℃以上连续高温天气。耐旱怕涝，土壤积水或雨水过多，生长不良，重者烂根死亡。排水不良的土地不宜种植。土壤以壤土和砂质壤土，以中性和微碱性为好，忌连作。

二、种质资源

具有观赏价值的宿根种质如下，个别种有品种。

1. 高山黄芩 *S. alpina*

植株低矮，多分枝。叶小（长2.5～3.5 cm）。顶生总状花序，长10～15 cm，小花密集，花紫色，瓣基有时黄色；花下的苞片长于花朵（图2）。极好的岩石花园植物，生长于石灰质土壤中，因此添加石灰石到酸性土壤可促进其生长和

图1　黄芩属花部特征

图2　高山黄芩

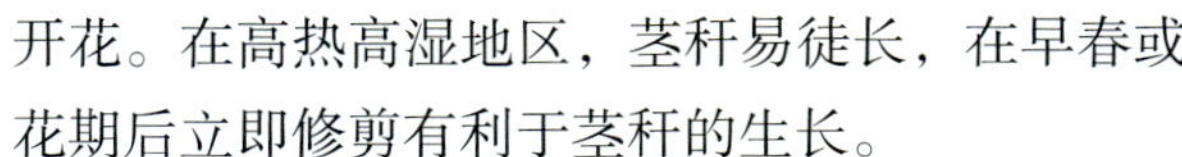

图 3　黄芩

图 4　灰毛黄芩

开花。在高热高湿地区，茎秆易徒长，在早春或花期后立即修剪有利于茎秆的生长。

观赏价值最高，分布于欧洲南部山区、俄罗斯和土耳其。

2. 黄芩 *S. baicalensis*

株高 30 ～ 70 cm。根状茎肥厚，肉质。基部多分枝。叶对生，披针形至条状披针形，全缘，下面密被下陷的腺点，几无柄。总状花序顶生，花排列紧密、偏向一侧，具叶状苞片；花萼紫绿色，上唇背部有盾状附属物；花蓝紫色或紫红色，花期 6 ～ 9 月（图 3）。小坚果卵球形。

产我国西北、华北和东北地区，野生于山地阳坡、草坡、林缘、路边等处。

3. 灰毛黄芩 *S. incana*

株高 40 ～ 120 cm，多毛，茎直立。叶长 10 cm，卵形或菱形，叶缘具圆齿，叶背密被灰白色茸毛。花序多枝，苞片明显；小花为艳丽的蓝色，长 2.5 cm，被茸毛；花期 6 ～ 9 月（图 4）。

原产于美国东部干燥的地区。喜阳光充足且干燥的环境。

4. 印度黄芩 *S. indica*

又名韩信草。全体被毛。茎高 12 ～ 28 cm，常带暗紫色。叶具柄，圆形、卵圆形或肾形，长 1.5 ～ 2.6（～ 3）cm，宽 1.2 ～ 2.3 cm。花对生，在茎或分枝顶上排列成长 4 ～ 8（～ 12）cm 的侧生总状花序，最下一对苞片叶状，其余均细小；花萼长约 2.5 mm，盾片高约 1.5 mm，果时增大；花冠蓝紫色，长 1.4 ～ 1.8 cm。花期 4 ～ 5 月，果期 6 ～ 9 月（图 5）。

分布于我国中部、东南部至西南部海拔 1500 m 以下的山地或丘陵地、疏林下、路旁空地及草地上；日本、印度、中南半岛、印度尼西亚等地也有分布。

5. 半枝莲 *S. barbata*

茎四棱，直立，高 12 ～ 35（～ 56）cm，基部粗 1 ～ 2 mm，无毛或在序轴上部疏被紧贴的小毛。叶具短柄或近无柄，三角状卵圆形或卵圆状披针形，长 1.3 ～ 3.2 cm，宽 0.5 ～ 1（～ 1.4）cm，先端急尖，基部宽楔形或近截形，缘具浅牙齿。花单生于茎或分枝上部叶腋内；苞叶小；花梗长 1 ～ 2 mm。花萼开花时长约 2 mm，盾片高约 1 mm，果时花萼长 4.5 mm，

图 5　印度黄芩

图 6　全缘黄芩

图 7　得克萨斯黄芩

盾片高 2 mm；花冠紫蓝色，长 9 ～ 13 mm，冠檐二唇形，上唇盔状，半圆形，长 1.5 mm，先端圆，下唇中裂片梯形，全缘，宽 4 mm，2 侧裂片三角状卵圆形，宽 1.5 mm，先端急尖。小坚果褐色，扁球形，径约 1 mm，具小疣状突起。花果期 5 ～ 7 月。

6. 全缘黄芩 *S. integrifolia*

株高 30 ～ 40（～ 60）cm，全株被毛。叶对生，下部叶三角形至心形，长约 1.5 cm，宽约 1 cm，缘（单侧）具 3 ～ 4 个圆齿，顶端圆；叶沿茎向上渐狭长，全缘，先端圆钝。单花对生于茎顶叶腋，长约 1.3 cm，蓝紫色，偶有粉色或白色（图 6）。

原产北美。

7. 柳叶红茎黄芩 *S. yunnanensis* var.*salicifolia*

根茎匍匐，茎常呈水红色。叶通常 4 对，狭长呈长圆形或披针形，长 5 ～ 9.8 cm，宽 1 ～ 1.6 cm，基部楔形。边缘全缘或有少数（2 ～ 4 枚）疏浅锯齿。花对生，排列成顶生或间有少数腋生的总状花序；花萼花时常呈紫红色，盾片开展，半圆形，果时增大；花冠与冠檐紫红色但筒部色淡或白色。小坚果成熟时暗褐色，三棱状卵圆形，具瘤。

国内分布于四川、贵州等地。喜生海拔 400 m 的水边。

8. 沙滩黄芩 *S. strigillosa*

根茎极长，横行或斜行，节间生根及匍枝。茎直立或稍弯，高 8 ～ 24（～ 35）cm，疏被毛，不分枝，或多自基部分枝，常带紫色。叶多具短柄，腹凹背凸，被近伸展的长硬毛；叶片多为椭圆形，长 1 ～ 2.5 cm，宽 0.3 ～ 1.3（～ 1.5）cm，先端钝或圆形，基部浅心形或近截形，边缘有钝浅齿，有时为锯齿，有时近全缘，薄纸质，两面密被紧贴的糙毛状长硬毛。花单生于茎或分枝上部的叶腋中；花冠紫色，长 1.6 ～ 1.8（～ 2.4）cm。小坚果黄褐色，近圆球形。花期 6 ～ 8 月，果期 6 ～ 9 月。优良的旱生地被及岩石园植物。

9. 得克萨斯黄芩 *S. suffrutescens*

植株低矮，高 20 ～ 40 cm。茎多分枝，斜升或近直立，密被短茸毛。叶小，长心形至长卵形。花远大于叶，玫红至粉红色，花期晚春至初秋（图 7）。株丛相当密集，如果偶尔修剪，会更丰满。非常适合干燥的环境。2004 年获得由美国丹佛植物园和科罗拉多州立大学主持的 Plant Select® 奖。

原产北美。

‘得克萨斯玫瑰’（‘Texas Rose’） 茎分枝好，株丛紧密丰满，花色玫红色，丰花（图 11）。扦插繁殖。

10. 仰卧黄芩 *S. supina*

植株低矮，半灌木状，斜行或伏地。茎多数，近直立，高 10 ～ 45 cm。叶长卵圆形，先端钝，缘具浅而大的圆齿，长 1 ～ 4 cm，宽 0.6 ～ 2 cm。花序短而紧密，黄色，有时带紫色（图 8）。生长快，能迅速覆盖地面，丰花，花期

图 8　仰卧黄芩

图 9　'烟山'

图 10　'紫泉'

图 11　'得克萨斯玫瑰'

8 月。非常优秀的地被材料。

产我国新疆。

11. 美黄芩'烟山'（新拟）*S. resinosa* 'Smoky Hills'

意为烟雾缭绕群山，说明其丰花性极好。花蓝紫色，下裂片中央有两条短的白色带（图 9）。

12. 长叶黄芩'紫泉' *S. longifolia* 'Purple Fountain'

低矮蔓生，高 15 ～ 30 cm。茎可蔓生至 120 cm。叶卵圆形，缘具圆齿，光亮。总状花序顶生，花大，艳丽的玫红色，丰花（图 10），花期长，夏季至秋季。喜光，夏季强光时需稍遮阴。扦插繁殖。

分布于墨西哥至萨尔瓦多。

三、繁殖与栽培管理技术

（一）播种繁殖

种子成熟期不一致，又易脱落，故应即熟即采，净种备用。

播种前，将种子用温水浸泡 5 ～ 6 小时，捞出稍晾即可。园地播种，选择阳光充足、排水良好、土层深厚肥沃的砂质土壤，施基肥，翻深 25 cm，耙细整平；按行距 30 ～ 40 cm 开沟，沟深 0.5 ～ 1 cm，将种子均匀播入沟内，覆细土，稍镇压后浇水，保持土壤湿润。

穴盘播种，基质采用育苗土，浸湿装盘，点种深度 0.5 ～ 1 cm。春播于 3 月下旬至 4 月中旬进行，15 ～ 18℃条件下，15 天左右出苗。秋播当年不出苗，翌年 4 月初出苗。

（二）分株繁殖

春季未萌发之前，将根挖出，将母株根茎分成若干块，每块保留 2 ～ 3 个芽，另行种植即可，约 10 天可长出幼苗。

（三）组培快繁

1. 外植体

选用黄芩茎节和叶片为材料。

2. 灭菌

用洗洁精水反复摇动泡洗，自来水冲洗 20 ～ 30 分钟，用 75% 酒精处理 30 秒，再用

0.1% 升汞处理 10 秒，加入数滴吐温 80，以提高灭菌效果，最后用无菌水冲洗 4 ～ 6 次，每次 1 ～ 2 分钟，以彻底除去升汞。

3. 初代培养

诱导培养基配方为 6-BA 1.0 mg/L+NAA 0.5 mg/L，在该培养基中所形成愈伤组织呈绿色、菜花状，少量组织呈红色，易分化。

4. 继代与生根培养

将黄芩愈伤组织转入分化培养基进行培养，培养基配方为 6-BA1 mg/L+NAA 0.1 mg/L。愈伤组织接种 7 ～ 10 天后，愈伤组织逐步再分化产生器官原基，形成大量不定芽，继续培养便陆续形成小植株，逐步形成丛状结构。选择 2 ～ 3 cm 的无根壮苗接种到生根培养基上培养。培养基为 1/2MS+NAA 0.5 mg/L+IBA 0.1 mg/L+ 蔗糖 10 g/L+ 琼脂 7 g/L+ 活性炭 10 g/L，pH 5.8 时，一般 15 天左右生根，平均根量 4 ～ 5 条，生根率近 100%，较粗壮。

5. 炼苗

当根长至 1 ～ 2 cm 时，将生根试管苗在驯化室中炼苗 4 ～ 7 天，驯化室为防虫网室，然后取出试管苗，洗净培养基，移栽到基质中。移栽基质采用草炭土与珍珠岩或蛭石等按（1 ～ 2）：1 的比例混合，具有保水、透气和重量轻等优点，非常适宜试管苗移栽，移栽株行距 5 cm × 5 cm，移栽成活率达 90% 以上。

（四）露地栽培

1. 土壤

选择疏松肥沃的砂质壤土，有利于排水防涝。

2. 中耕除草

在出苗前选用 50% 乙草胺乳油 525 ～ 675 mL/hm^2，兑水 450 kg/hm^2 均匀喷于地表，幼苗期及时中耕，保持田间土壤疏松无杂草。

3. 水肥

多数抗旱能力较强，不喜过湿的土壤，故雨水过多时，应及时排水，久旱则应适时补充水分。每年春天返青时需灌水 1 次。黄芩追肥使用高氮、高钾肥，每年返青后，追施氮磷钾复合肥 300 kg/hm^2，秋季再追施 1 次。

（五）病虫害防治

园林应用时病虫害较少，时有蚜虫和白粉病危害。蚜虫可用一般杀虫剂防治；白粉病可通过合理密植、及时排除积水来抑制病害的发生，也可于发病前用 70% 甲基托布津可湿性粉剂 800 倍液，或 80% 代森锰锌可湿性粉剂 800 倍液等保护性药剂进行预防，或发病后用 10% 苯醚甲环唑水分散颗粒剂 1000 倍，或 15% 三唑酮乳油 1000 倍液，或 40% 氟硅唑乳油 5000 倍液等治疗性药剂防治。一般 7 ～ 10 天喷 1 次，连喷 2 ～ 3 次。

四、价值与应用

黄芩花姿秀丽，枝叶美观，抗旱能力强，宜作庭院观赏，是优良的岩石园及花境种植材料，或作盆栽。花朵密集，花期长，亦可用作色块栽植和观花地被应用。

黄芩（*S. baicalensis*）是我国著名的中药，肉质根茎入药，性苦凉，具有清热燥湿、凉血安胎、解毒的功效。黄芩及北美黄芩（*S. lateriflora*）也早被北美印地安人作为镇静剂用于治疗神经紊乱（Nurul et al.，2013）。

（李淑娟　陈尘）

Sedum 景天

景天科景天属（*Sedum*）草本或小灌木。是该科最大的属，约有979种，广布于全球温带和热带的高山地区；我国有150种以上，以西南地区种类繁多。聚伞圆锥花序或伞房状花序，花朵星状，色彩丰富，主要作为观赏用。

一、形态特征与生物学特性

（一）形态与观赏特征

叶对生、互生或轮生，全缘或有锯齿，少有线形的。花序聚伞状或伞房状，腋生或顶生；花有白色、黄色、红色、紫色；常为两性，稀退化为单性；常为不等5基数，少有4～9基数；花瓣分离或基部合生；雄蕊通常为花瓣数的2倍，对瓣雄蕊贴生在花瓣基部或稍上处；鳞片全缘或有微缺；心皮分离，或在基部合生，基部宽阔，无柄，花柱短。蓇葖有种子多数或少数。

（二）生物学特性

喜欢砂质土壤。野生景天属植物主要生于岩石地带、山坡石缝、山谷石崖等处，多数植物喜光照，喜湿润，但忌涝，性耐寒。

二、种质资源及园艺品种

我国景天属植物资源丰富。郑艳等调查显示，安徽共有景天属植物21种。何业祺提到了浙江有景天属植物20种1亚种和3变种，其中3个种为分布的新记录。呼格吉勒图研究确认了景天属植物在内蒙古分布有4种3变种。姜守忠田记载了贵州景天属20种；祁承经等记录了华中地区分布有景天属9种。饶广远分类订正了6种景天属植物，归并了7种1亚种和2变种。2001年出版的 *Flora of China* 也对景天属植物进行了比较全面的修订。

近年来，国内学者不断发现并报道了景天属植物新种。郑艳等发现了石台景天（*S. shitaiense*），该种与江南景天（*S. kiangnanensi*）和凹叶景天（*S. smmarginatin*）颇为相似，但该种的不育枝叶为互生。郭新弧等发现安徽景天属新种皖景天（*S. jinianum*），该种近似于珠芽景天（*S. butbiferum*），但基下部叶短小。王德群等发表了江南景天（*S. kiangnanensi*）和东至景天（*S. dongzhiense*）两个新种，江南景天与凹叶景天的区别为不育枝叶轮生，东至景天近似四芒景天，但叶全为互生。夏国华报道了高岭景天（*S. tricarpum*），并对其形志进行了描述。张艳敏发表了景天属新种胶东景天（*S. jiaodongense*），其近似于日本景天，但区别在于胶东景天的叶较小。杨传东报道了景天属新种梵净山景天（*S. fanjingshanensis*），与单花景天（*S. correpta*）相似，但其有10枚雄蕊，且排列方式有不同，与小山飘风（*S. filipes*）相似，但其花的着生位置明显不同，单生于枝顶。金孝锋等发表了新变种虎耳草状景天（*S. drymarioides*），将无距景天归并到江南景天、狭叶垂盆草归并入垂盆草，确定了浙江无叶花景天的分布范围，爪瓣景天和中华景天可作为独立的种（亚种）。

常见栽培种和品种如下。

1. 松之绿 *S. lucidum*

易萌生侧枝，形成群生，叶片肥厚有光泽，

呈披针形，顶端斜尖，表面光滑无毛，常年绿色。松之绿极易徒长，尤其是缺少阳光或水分过多时，株型松散，影响观赏；光照充足或冷凉气候下，植株紧凑，叶尖有红晕。冬季开花，花序自叶腋间抽出，圆锥花序，小花白色，星形，5瓣。具有冷凉季节生长，夏季高温休眠的习性，对温度和水分比较敏感，休眠期要注意通风遮阴，并且避免浇水过量，造成叶子掉落。繁殖以砍头扦插繁殖为主，繁殖容易，繁殖时要避开夏季休眠期。

1a.‘丸叶’松之绿‘Obesum’

是松之绿的园艺品种，易分枝，易群生。叶片肥厚有光泽，呈椭圆形，顶端有小钝尖，表面光滑无茸毛。光照充足或冷凉气候下，叶缘发亮红色，温差越大颜色越红艳，植株紧凑，叶片紧密排列于茎秆顶部；弱光条件下，极易徒长，叶片扁平变薄，叶片间距变大，植株松散，茎秆纤细脆弱，叶片呈翠绿色。秋季开花，花序自叶腋间抽出，圆锥花序，小花白色，星型。喜欢阳光充足、凉爽干燥的环境，耐寒耐旱，不耐高温和闷热，夏季高温期休眠。休眠期生长点易焦枯，叶片易掉落，要注意防雨或避免浇水过量。可通过叶片扦插或和砍头枝插繁殖，繁殖容易，但要避开夏季休眠期。

2. 八千代 *S. corynephyllum*

植株呈小灌木状，多分枝。叶片圆柱形，表面平整光滑，向上内弯，顶端圆钝无尖、稍细，叶绿色，被有一层薄薄的白粉，从5个方向螺旋形自下往上排列。在阳光充足的条件下，叶片呈黄绿色或豆青色，顶端橘红色，老株或植株生长不良时，下部叶片会脱落，形成老桩，茎秆米色，是盆景造型的优秀素材。春季开花，花序自叶间抽出，聚伞花序，小花鹅黄色，星型。喜温暖、干燥和阳光充足的环境。光照越充足、昼夜温差越大，叶片色彩越鲜艳有光泽。光照不足或水分过多时易徒长，叶片稀疏，间距伸长，茎秆纤细脆弱。夏季休眠，休眠期要注意遮阴和控水。高温期时叶片易脱落化水。以叶片扦插和砍头扦插繁殖为主，繁殖容易。

3.‘春萌’*S. alice*‘Evans’

茎秆直立，易徒长。叶片长卵形，绿色至黄绿色，呈花状排列。在充足的光照或冷凉气候下，叶片呈嫩绿色，叶尖红色。光照不足时，叶片变长变薄，叶间距拉大，颜色呈松柏绿色。春季开花，花序自叶腋间抽出，圆锥花序，小花星形，白色。喜温暖和阳光充足的环境，耐寒耐旱，不耐水湿，要控制水分补给，水分过多时，下部叶片会变黄化水。夏季高温期休眠，但休眠期不明显。以叶片扦插和砍头扦插繁殖为主，繁殖容易。

4. 春上 *S. hirsutum* subsp. *baeticum*

植株微型品种，易群生，茎直立，或主枝上会长出侧枝，叶片紧密排列于枝茎的顶端。叶片常年绿色，互生，无柄，倒披针形，顶端圆钝无尖，全株长满了短小的茸毛，能分泌黏液。下部叶片会老去脱落，形成光滑的枝秆，枝秆肉质，脆弱，很难木质化。夏季开花，聚伞花序，有1～3个蝎尾状分支序，小花白色，星型。喜欢光照充足的生长环境，耐寒耐旱，也耐水湿，浇水遵循“干透才浇透，不干不浇”的原则，夏季休眠，但休眠期不明显。以砍头扦插繁殖为主，叶片扦插很难成活。

5. 佛甲草 *S. lineare*

多年生小型草本植物，多分枝，易群生，茎生长，着地部分能长出不定根和分枝。叶片蜡质，线形，轮生，无叶柄，先端钝尖。阳光强烈时株型紧凑，矮壮，呈橙黄色，缺乏阳光时，植株易徒长，叶片狭长，呈草绿色。夏末开花，花序由中间的茎秆发展而来，圆锥花序，小花黄色，星型，花披针形，开花后，开花株会死亡。佛甲草生长适应性强，耐寒、耐旱、耐盐碱、耐贫瘠，抗病虫害，常应用于屋顶绿化。四季都可以生长，没有明显的休眠期。以砍头扦插繁殖为主，叶片扦插很难成活。

6. 铭月 *S. nussbaumerianum*

多年生亚灌木。叶片肉质互生，披针形，先端有钝尖，在阳光充足的环境下叶片边缘或全株呈金黄色至橘黄色，光照不足时会徒长，表现为叶片呈青黄色或青绿色，叶片细长，叶间距拉长，茎秆纤细。春季开花，花梗自叶间抽出，聚伞花序，小花白色，星型。喜阳光和温暖的生长环境，耐寒耐旱，也耐高温，浇水遵循“干透浇透，不干不浇”的原则。四季都可以生长，没有明显的休眠期。以叶片扦插和砍头枝插繁殖为主。

7. 劳尔 *S. clavatum*

又名天使之霖、乙女牡丹。茎直立，粗壮易木质化。叶片有香味，倒卵形，碧色，表面被有白粉，肥厚饱满，顶端钝尖，尖端红色。在阳光充足的情况下，尖端呈现出淡淡的红晕，白粉变厚。在弱光环境中，颜色渐渐褪去，白粉变薄。夏季开花，花梗自叶腋间抽出，圆锥花序，小花白色，星形，5瓣。喜欢温暖、干燥和通风、阳光充足的环境，耐旱，耐阴，忌闷热水湿。以叶片扦插和砍头枝插繁殖为主。

8. 球松 *S. multiceps*

叶片针形，长1 cm左右，常年葱绿色，呈球形紧密排列于茎秆顶端。老叶干枯后贴在枝干上，形成类似松树皮般的龟裂，脱落后会露出光滑的肉质茎，肉质茎灰褐色。夏季开花，花梗由叶片中央的茎秆发展而来，聚伞花序，小花黄色，星形，5瓣，开花后植株死亡。喜凉爽干燥和阳光充足的生长环境，耐寒耐旱，忌闷热潮湿。以砍头枝插繁殖为主。

9. 塔洛克 *S.* ‘Joyce Tulloch’

人工培育的杂交品种，易分生侧芽，形成群生。叶片倒披针形，叶面中间微凹陷，有光泽，顶端有小尖，互生，平常叶片呈绿色。在光照充足或天气冷凉的情况下，叶片和茎秆呈红色或橘红色，叶背尤为明显。春季开花，花序自莲座中央的茎秆发生而来，圆锥花序，小花白色，星型，5瓣。喜欢干燥、通风、阳光充足的环境。耐干旱，忌水湿，栽培时要注意避免长时间雨淋或浇水过量，以免造成下层叶片掉落化水。四季皆可生长，无明显休眠期。以叶片扦插和砍头枝插繁殖为主，繁殖容易。

三、繁殖技术

主要有播种、叶插、茎秆砍头扦插、分株和组织培养等繁殖方法，目前生产上常用叶插和茎秆扦插的方式进行繁殖。

（一）叶插繁殖

选取生长健壮植株上饱满的嫩叶片，小心摘取，尽量不伤害植株及叶片生长点，取下的叶片基部不能沾水或泥土，如沾染需放置通风遮阳处风干以防止感染。摘下的叶片平铺到干净的平盘容器中，在阴凉干燥处晾1～3天（图1A），伤口愈合后栽种于基质中。栽种深度因叶片长度和厚度而定，叶片长而薄的，叶片基部插到土下0.5 cm左右，太深芽不易拱出土面；叶片较厚的，叶片基部愈合的伤口处贴在基质表面上即可，两周后可浇水，保持土壤湿润。叶插的景天属多肉植物15～20天可生根，可以直接长成新的植株，一般生长6～7个月即达到商品标准，但叶插芽点数目和大小不一。

（二）茎插繁殖

茎秆砍头是获得插穗的一个主要方式。选取健壮的枝条，从节间距较长处剪下，为了不伤害母株，一般剪成平口。剪下的枝条在阴凉干燥处晾干（图1B），待伤口愈合后，直接扦插到塑料盆或泥盆的土表，一般15～20天可生根，扦插1周后可少量给水，生根后方可加大给水量以保持土壤湿润，茎秆扦插的植株一般生长3个月可达到商品标准。

（三）播种繁殖

种子萌发的适宜温度为15～28℃。生产中一般用42 cm × 42 cm或54 cm × 27 cm的方盘进行播种育苗，将泥炭土铺到方盘上，保持湿润，由于多肉种子很细小，一般和细沙以1 ∶ 3的比例混合后均匀撒播到方盘上，保持种子在土表，不覆土，置于棚内遮阳网下，遮光率75%，每天微喷喷水，保持土壤湿润，3～14天即可发芽。

图1 景天属不同扦插繁殖方式材料晾晒

注：A. 叶插繁殖叶片晾晒；B. 茎秆砍头繁殖材料晾晒。

四、栽培管理技术

（一）盆栽

1. 基质

底层基质宜选用粒径5 mm以上的火山石或陶粒等；中上部宜选用草炭、珍珠岩、细沙等，添加体积比5%的有机肥、1%～2%的缓释肥、0.4%的多菌灵，拌匀后作栽培基质。

2. 移栽上盆

幼苗长出4～5片叶，根系健壮时挖出，剪去病根、死根，用100倍50%多菌灵溶液浸根3～5秒，晾干根系后栽植入盆内，浸湿基质，使基质含水量在50%左右，保持根系舒展栽入盆内。栽后置于散射光处，保持通风，缓苗1～2周。

3. 光照管理

生长期光照强度宜为30000～80000 lx，光强大于100000 lx时需遮阴。若需促进呈色，光照强度宜为50000～100000 lx。冬型种夏季应避免阳光直射。

4. 温湿度管理

不同种类生长适温不同，大部分种类生长适宜温度为15～28℃。温度低于5℃要采取加温措施，高于30℃要采取降温措施。若需促进呈色，一般在秋季将昼夜温差调整至10～20℃。空气湿度大于60%且温度高于30℃时应加强通风换气。

5. 水肥管理

生长期基质含水量低于20%，采用浸盆法补水。冬型种在夏季、夏型种在冬季，均应待叶片略微蔫皱时再补水。日常管理一般不施肥。换盆时可加入缓释肥。

6. 换盆时间

根系生长空间不足时，可移栽至适宜尺寸的容器。换盆宜在春、秋季进行。

（二）特形培养

1. 丛生培养

采取切除上部只保留基部1～2个生长点、摘除中心，或采用叶插繁殖等手段，形成丛生状态。

2. 老桩培养

生长期光强50000 lx左右，基质含水量低于30%补水，施1次缓释肥颗粒或每30～50天采用浸盆法施1次1∶1500～1∶2000的水溶肥；夏季光强80000～100000 lx，基质含水量10%～30%，促进叶片脱落和茎秆木质化，2～5年培养形成老桩。

3. 锦化品种

抗逆性较弱。夏季保持28℃以下，加强通风，光强不超过80000 lx；冬季保持10℃以上。

4. 缀化品种

根系欠发达，叶片簇拥。基质颗粒比60%～70%，加强通风；若长出正常枝、叶，需待主茎充分木质化后剪除。可采用切取大块缀化叶丛晾晒后扦插繁殖。

（三）主要病害防治

景天属多肉植物的病害主要有炭疽病和白粉病。

1. 炭疽病

炭疽病多发于多肉叶片，发病初期呈现绿色水渍状小点，中期变成红褐色至灰褐色、中央凹陷、圆形或椭圆形病斑，后期病斑黑褐色。高温高湿条件下最易发病。主要防治措施是改善栽培环境使其干净整洁，加强栽培措施和肥水管理。发病初期用 50% 多菌灵可湿性粉剂 500 ～ 700 倍液，或 70% 百菌清 700 ～ 800 倍液喷施，连续喷施 2 ～ 3 次，每次间隔 7 ～ 10 天。

2. 白粉病

白粉病主要危害多肉叶片，发病初期叶片表面出现白色粉末小斑点，严重时叶片像涂了一层白粉。温暖高湿环境下最易发病，其会阻碍叶片生长，严重时会使植物生长停滞直至枯亡。目前比较有效的防治措施是发病初期使用 35% 的德国拜耳露娜润 1500 倍液喷施，连续喷施 2 ～ 3 次，每次间隔 10 ～ 15 天。

（四）主要虫害防治

景天属多肉植物上的害虫主要有介壳虫、根粉蚧、蜗牛等。

1. 介壳虫

是多肉植物常见的虫害，主要侵害多肉茎叶，高发期在早春，吸食茎叶的汁液，其排泄物糖分含量高，易诱发黑霉病，并能吸引蚜虫和蚂蚁。防治方法：勤加检查，发现后立即清除，然后用 18% 阿拉奇吡虫 · 噻嗪酮 1000 ～ 1500 倍液喷杀，间隔期 28 天，每季可以喷施 2 次。

2. 根粉蚧

主要危害多肉植物根部。多肉根被其啃食后，会出现叶色枯黄、长势变差，严重者可导致整株死亡。生产上可用 18% 阿拉奇虫 · 噻嗪酮 1500 倍液灌根。

3. 蛞蝓和蜗牛

这 2 种虫害均易发生于空气潮湿的环境中，进而危害幼嫩的植株。蛞蝓主要啃食幼苗叶片，造成伤疤，降低观赏价值。防治方法：注意多通风，避免湿度过大。保持种植环境干净，及时清除温室中的杂草和被啃食的植株。也可将 6% 四聚乙醛颗粒剂均匀撒施到土表或根系周围，每亩施用量 500 g；虫害严重时，用 40% 四聚乙醛可湿性粉剂 300 ～ 500 倍液连续喷施 2 次，2 次间隔 7 ～ 10 天。

五、价值与应用

该属植物以其株丛生长整齐、花色艳丽、花期及绿期较长、易栽培管理等优点逐渐成为园林建设中不可或缺的优异植物材料，在建筑屋面绿化、护坡绿化、居室美化和增加园林景观多样性等方面有很好的应用前景。

（一）屋面绿化与地被

景天植物中的多年生宿根种类具有植株低矮整齐、色彩亮绿、花朵繁茂、绿期长、综合抗性强、易管理、不用修剪等优点，且根部较小，不会对建筑屋面构成威胁，非常适于屋顶、阳台、平台、立交桥等建筑面等处的绿化。德国、日本已对多种景天属植物进行了驯化研究和相关试验。上海等地区也对景天属几个种（品种）进行了屋面种植试验和应用。佛甲草、垂盆草、反曲景天、圆叶景天等可作屋顶花园地毯式配置，花姿美，色绿如翡翠，颇为整齐壮观，花色金黄鲜艳，群体观赏价值较高。

生长整齐、匍匐性强的景天可大面积应用作为观赏性地被，能呈现特别的质感和色彩。圆叶景天、凹叶景天、垂盆草、反曲景天等均为地被栽培的良好宿根花卉。株型秀美、大型的景天如夏辉景天、长药景天开花时色彩绚丽，群体效果极佳，可布置花坛、花境和点缀草坪、岩石园。佛甲草、垂盆草、松塔景天等可装饰为模纹花坛。

（二）盆栽观赏

景天中株型秀美、色彩艳丽的品种，可作为室内盆栽观赏，景致怡人。翡翠景天，肉质叶抱茎生长，整个株型很像人工制作的玛瑙串珠，是美丽的室内垂吊花卉。八宝景天花色最为艳丽，常见有白色、粉红色、紫红色、玫瑰红色，花序紧凑，可作盆栽观赏。垂盆草属常绿肉质草本，匍匐性生长，亦可作盆栽垂吊来观赏。景天的肉质特征与赤陶花器的搭配也是经典组合，可装点餐桌和案头。

（三）营养及药用产品开发

景天含有多种营养成分，如蛋白质、脂肪、大量元素、微量元素、维生素、氨基酸等。大苞景天作为野生蔬菜，味道鲜美独具风味。费菜可食疗兼用，嫩茎叶中富含蛋白质、粗纤维和胡萝卜素、维生素 B、维生素 C 及烟酸、钙、磷、铁等多种营养物质。垂盆草中微量元素锌、硒、铜、锗、锰的含量高于蔬菜、水果类食物的 3 ～ 10 倍。

景天中含有生物碱、谷甾醇、黄酮类、景天庚糖、果糖、蔗糖和有机酸等药用成分。这些药物成分通过防止血管硬化、降血脂、扩张脑血管、改善冠状动脉循环等途径，达到降血压、防中风、防心脏病的效果。中医论著认为，费菜有活血化瘀、益气强心和宁心平肝、清热凉血的功能，并有减低苯丙胺的毒性和扩张冠状动脉的作用，外用可消肿止血。珠芽景天中钾含量 298.94 μg/g，有助于预防和治疗高血压。

（吴学尉）

Senecio 千里光

菊科千里光属（*Senecio*）多年生草本、亚灌木或灌木，是菊科最大的属，全世界约有1633种，其中270多种已被研究。我国有160余种（或65种，FOC），全国大部分地区有分布。该属有一部分是多肉植物，深受广大多肉爱好者的喜爱。

一、形态特征与生物学特性

（一）形态与观赏特征

直立，稀具匍匐枝，平卧，或稀攀缘具根状茎多年生草本，或直立一年生草本。茎通常具叶，稀近攀缘状。叶不分裂，基生叶通常具柄，无耳，三角形、提琴形或羽状分裂；茎生叶通常无柄，大头羽状或羽状分裂，稀不分裂，边缘多少具齿，基部常具耳，羽状脉。

头状花序通常少数至多数，排列成顶生简单或复伞房花序或圆锥聚伞花序，稀单生于叶腋，具异形小花，具舌状花，或同形，无舌状花，直立或下垂，通常具花序梗；总苞具外层苞片，半球形、钟状或圆柱形；花托平；总苞片5～22，通常离生，稀中部或上部连合，草质或革质，边缘干膜质或膜质；无舌状花或舌状花1～17（～24）；舌片黄色，通常明显，有时极小，具3（～4）～9脉，顶端通常具3细齿；管状花3至多数；花冠黄色，檐部漏斗状或圆柱状；裂片5；花药长圆形至线形，基部通常钝，具短耳，稀或多或少具长达花药颈部1/4的尾；花药颈部柱状，向基部稍至明显膨大，两侧具增大基生细胞；花药内壁组织细胞壁增厚多数，辐射状排列，细胞常伸长；花柱分枝截形或多少凸起，边缘具较钝的乳头状毛，中央有或无较长的乳头状毛。

瘦果圆柱形，具肋，无毛或被柔毛；表皮细胞光滑或具乳头状毛。冠毛毛状，同形或有时异形，顶端具叉状毛，白色、禾秆色或变红色，有时舌状花或稀全部小花无冠毛。

（二）生物学特性

春、秋季生长，比较耐寒、耐暑，易栽培。不能忍受根部极度干燥的状态，所以不论夏季还是冬季休眠期，都不能让它的根部太干燥，就连移栽的时候根部也不能干燥，这一点尤其要注意。通常只要保持充足的光照，就不会发生徒长的现象。

二、种质资源与园艺品种

千里光属为瑞典博物学家林奈于1753年所创立。当时该属是根据植物叶形和头状花序中的舌状花特点进行了分类，物种仅有27种。1831年，德国的H. G. L. Reichenbach依据头状花序的形态和叶形将德国分布的该属植物划分成了3个组：Sect. *Senecio*、Sect. *Jacobaea* 和 Sect. *Doria*。1890年德国植物学家O. Hoffmann又将 *Liguleria*、*Cacalia* 等独立为属，恢复了 *Senecio*，并划分了4个亚属：Subgen. *Emilia*，Subgen. *Eusenecio*，Subgen. *Rleinia* 和 Subgen. *Notonia*。这一观点在很长时间占有重要地位，被各国植物学家所接受，从而独立出很多属，使 *Senecio* 属的范围进一步缩小。1984年，中国科学院植物研究所的陈艺林先生与英国的C. Jeffrey合作，研究了东亚千里光族植物类群，认为 *Sinosenecio*、*Nemosenecio* 和 *Tephroseris* 应该是独立的属，并将 Sect. *Synotis* 提升为 *Synotis* 属，同时建立了非常详细的分类系统。

1. 欧洲千里光 *S. vulgaris*

一年生草本。茎直立，高 12 ～ 45 cm，自基部或中部分枝。叶倒披针状匙形或长圆形，羽状浅裂至深裂。头状花序无舌状花，排列成顶生密集伞房花序，总苞钟状，管状花黄色，花期 4 ～ 10 月。

产我国吉林、辽宁、内蒙古、四川、贵州、云南、西藏。生于开旷山坡、草地及路旁，海拔 300 ～ 2300 m。在欧亚及北非洲有广泛分布（图 1）。

2. 林荫千里光 *S. nemorensis*

多年生草本，根状茎短粗，具多数被茸毛的纤维状根。茎单生或有时数个，直立，高达 1 m，基生叶和下部茎叶在花期凋落；中部茎叶多数，近无柄，披针形或长圆状披针形，长 10 ～ 18 cm，边缘具密锯齿，纸质，两面被疏短柔毛或近无毛。头状花序，具舌状花 8 ～ 10，黄色，管状花 15 ～ 16，花冠黄色，花期 6 ～ 12 月。

产我国新疆、吉林、河北、山西、山东、陕西、甘肃、湖北、四川、贵州、浙江、安徽、河南、福建、台湾等地。生于林中开旷处、草地或溪边，海拔 770 ～ 3000 m。日本、朝鲜、俄罗斯西伯利亚和远东地区、蒙古及欧洲也有分布（图 2）。

3. 多齿千里光（新拟）*S. polyodon*

多年生常绿多肉草本，丛生，高可达 40 cm，

图 1　欧洲千里光

图 2　林荫千里光

图 3　多齿千里光

图 4　海白菜千里光‘天使之翼’

茎多毛。基部叶莲座状，叶片窄，齿状，有光泽。花紫粉色，似雏菊，花期长，从晚春到初秋。成株冠幅 10 ～ 50 cm，喜排水良好的全光照环境，耐寒性较强，-5 ～ -10℃（图 3）。

4. 海白菜千里光‘天使之翼’（新拟）*S. candidans*‘Angel Wings’

从生的多年生常绿草本，高约 40 cm。叶大、圆、柔软、银色，密被柔毛。小花黄色，簇生于茎顶，花期夏季。成株冠幅 10 ～ 50 cm，喜排水良好的全光照环境，耐寒 -5 ～ 1℃（图 4）。

5. 杂种千里光‘银色睡鼠’*S.*‘Silver Dormouse’

多年生常绿灌木，株型紧凑，高 90 cm，冠幅椭圆形。叶片银灰色至灰绿色，被白毛。圆锥花序，单花黄色，雏菊状，花期夏季。成株冠幅 1 ～ 1.5 m，喜排水良好的全光照环境，耐寒，-5 ～ -10℃（图 5）。

图 5　杂种千里光‘银色睡鼠’

图 6　绿玉菊‘花叶’

6. 绿玉菊‘花叶’*S. macroglossus*‘Variegatus’

绿玉菊的品种，多年生常绿缠绕植物，紫色茎。叶片蜡质，深绿色，三角形或常春藤状，边缘乳白色至淡黄色。花单生，淡黄色，雏菊状，直径 5 cm，花期冬季。成株株高 1.5 ～ 2.5 m，冠幅 10 ～ 50 cm，喜潮湿但排水良好的全光照或半阴环境，不耐寒，最低 5 ～ 10℃（图 6）。

三、繁殖与栽培管理技术

（一）播种繁殖

种子细小，发芽率低。适宜的发芽温度为 15 ～ 20 ℃，在 20 ℃时，6 ～ 8 天的发芽率为 10% 左右。

（二）扦插繁殖

生产上采用扦插繁殖，一年四季均可随时扦插。苗床扦插，床高 12 ～ 15 cm，基质可用细河沙，厚度 10 cm 左右。用 0.5% 高锰酸钾溶液消毒灭菌，以提高扦插成活率。另外，还应搭设塑料拱棚来保温、保湿。选择生长健壮、尚未木质化的新梢为好，随剪随插，一般每个插条保留 3 ～ 4 个芽，长 10 ～ 15 cm。剪口要平整，顶端留 1 ～ 2 片叶。正常情况下扦插后 7 ～ 10 天开始形成愈伤组织，10 ～ 20 天就会有不定根从愈伤组织中分化出来。当根条数达 5 条以上、根长达到 3 cm 以上时可上盆。

（三）组培快繁

以千里光幼嫩茎叶为外植体，通过不同浓度 6-BA 和 NAA 的组合，得到最佳愈伤组织诱导培养基为 MS+6-BA 1 mg/L+NAA 1 mg/L+ 蔗糖 30 g/L + 琼脂粉 6 g/L，诱导率达 92%。分化培养基为 MS+6-BA 2 mg/L+NAA 0.2 mg/L+ 蔗糖 30 g/L+ 琼脂粉 6 g/L，出芽率可达 88%。不定芽诱导生根的培养基为 MS+NAA 0.3 mg/L+ 蔗糖 30 g/L+ 琼脂粉 6 g/L，生根率为 67%。

（四）园林栽培

1. 土壤

在疏松肥沃、富含有机质的砂壤土或黏质壤土生长良好。

2. 水肥

盆后浇透定根水，之后浇水把握“见干见湿”原则。虽有较强的耐旱能力，但在旺盛生长期应保证充足的肥水供应，如表现出徒长趋势，则应适当控水控肥，以保持盆土湿润为度。梅雨季节，要注意盆土排水，切忌根部有积水。盛夏时节，进入半休眠状态，更应控制浇水，可以喷代浇，多向周围环境喷水，维持盆土稍湿即可。较喜肥，上盆两周后，每隔 10 天左右施肥 1 次，以氮肥为主。生长季每月施肥 1 次，保证氮、磷、钾三要素均衡供应。冬季施 1 ～ 2 次磷、钾肥，或用 0.1% 尿素和磷酸二氢钾喷洒叶面。

3. 光照

春、秋、冬三季均要求光照充足，夏季适当遮阴，加强通风降低温度，防止高温引起休眠，可通过搭棚遮阴和给环境喷水等措施，使栽培环境保持通风凉爽。待秋季较凉后，对植株作修剪，加强水肥管理，促其枝叶重新萌发。

4. 修剪

苗高长到 6 ～ 8 cm 时可进行第一次摘心，在主茎上留 2 ～ 3 个节，隔 13 ～ 15 天进行第二次摘心，使植株产生分枝，以有效控制株高和株型，使其矮壮丰满，叶片舒展厚实。

（五）病虫害防治

注意叶斑病的防治。通风不良、高温高湿的条件下，叶片易感染，出现大小不等的褐色斑块，严重影响观赏效果。防治方法：发现少量病叶，及时摘去烧毁。发病初期，可用 65% 代森锌可湿性粉剂 500 倍液，或 70% 甲基托布津可湿性粉剂 800 倍液，每隔 10 天喷 1 次，连续喷 2 ～ 3 次。注意交替喷洒，以防产生抗药性。

虫害主要有蚜虫和蜗牛。蚜虫可在发病初期，用吡虫啉可湿性粉剂 2000 倍液喷杀，效果良好。持续阴雨特别是梅雨季节，会出现大量蜗牛啃食叶片，造成叶片出现缺刻和孔洞，严重时会将叶片啃光。防治方法：可在环境中喷洒氨水，也可用菜籽饼的浸出液喷杀，在盆底、盆周撒施石灰、草木灰驱杀，或用 8% 天蝎灵颗粒剂撒布于蜗牛出没处。

四、价值与应用

千里光属很多种类为常绿多年生肉质植物，原产于南非和非洲北部、印度东部及墨西哥，大多数呈矮小灌木状。叶的形状多样，有纺锤形、扇形、卵形、棒形和筒状。茎圆棒形，表皮残留落叶痕迹，头状花序，花色以黄、白、红、紫占多数。可作盆栽观赏。

千里光全草含有生物碱、酚性成分、黄酮类物质、强心苷、鞣质、氨基酸等，性寒、味苦，具有清热解毒，明目、止痒等功效，还可用于牙膏、香皂、沐浴露等日化产品中。

（周泓　夏宜平）

Sidalcea 棯葵

锦葵科棯葵属（*Sidalcea*，又名西达葵属）草本或亚灌木。其属名由古希腊语 *Sida*（像）与 *alcea*（锦葵）组成，暗示与锦葵花相似。俗称格子花（checkerblooms）或棋盘花（checkermallows），源于某些种的花瓣脉纹明显，交织成格子状。花朵密集，花瓣常呈丝绸质地，观赏性强。

一、形态特征与生物学特性

（一）形态与观赏特征

植株有时被白霜。茎直立或斜升或在基部倾倒，倒地者通常生根，匍匐茎有时存在。叶在茎上均匀分布或密集生于近基部（有时莲座状），叶片卵形至圆形或肾形，不裂或掌状浅裂或深裂，多变，叶通常有 3 种类型：长叶柄的基生叶，几乎不裂或仅具圆齿；中间茎生叶，掌状裂 3～7（～9）；上部茎生叶，叶柄短至近无梗，掌状全裂，裂片狭窄。花序顶生，穗状、头状或总状，有时腋生单花；花两性或单性，雌雄同株或异株，花冠杯状或漏斗状，白色、深粉红色、玫粉色、品红、紫色或淡紫色。花期夏季。

（二）生物学特性

喜夏季凉爽且冬季温和的气候，喜光，喜潮湿、排水良好、冬天不潮湿的土壤。在黏重土壤中寿命短（董长根 等，2013；Graham，2012）。

二、种质资源与园艺品种

（一）种质资源

该属有 20 余种，主要分布于北美洲西部及墨西哥。园林应用的主要是锦葵状棯葵及草原棯葵的杂交品种，原种由于植株太高和变异较大而少见应用（Armitage, 2008；Graham，2012）。

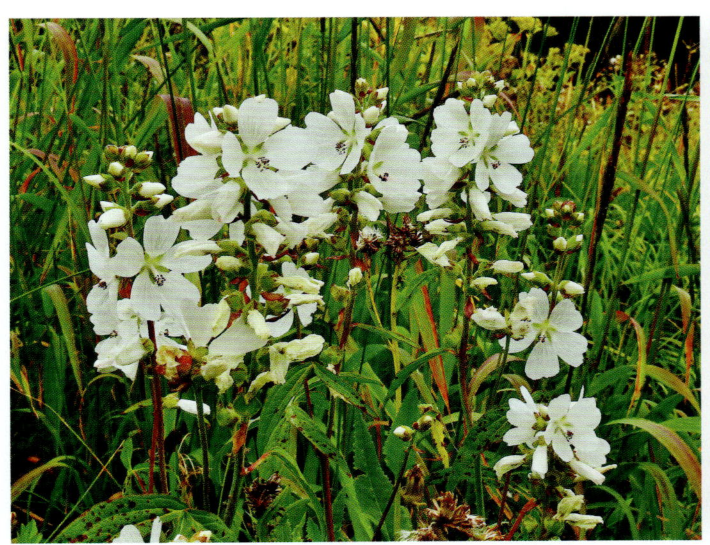

图 1　草原棯葵（Tim Shortell 摄）

图 2　锦葵状棯葵及不同花色（Raphaela E. F. Buzbee 摄）

图 3 'Candy Girl'（Anne 摄）

图 4 'Elsie Heugh'（陈煜初 摄）

图 5 'Little Princess'（Vic 摄）

图 6 'Party Girl'（Sunny Borders 摄）

图 7 'Purpetta'（Joy 摄）

1. 草原棯葵 *S. candida*

俗名草原锦葵或白花格子花。株高 30 ～ 100 cm，丛生状，有时色深。茎直立，上部具分枝。叶形稍有变化，基生叶扇形，茎叶生多少心形，深绿色，掌状 5 裂，径约 20 cm，在充分的阳光下可能会变红。花纯白色至淡粉色，花瓣不重叠，花径 7 ～ 10 cm，花瓣多型，有些较窄，有的圆形。花药蓝色或粉红色（图 1）。花期 6 ～ 7 月。该种是很多品种的亲本。

分布于美国西南部（Armitage, 2008；Graham，2012）。

2. 锦葵状棯葵 *S. malviflora*

株高 20 ～ 60（～ 110 cm）。茎簇生或分散，直立或斜升，或外倾匍匐再近直立；匍匐茎有时生根；不分枝或分枝；茎无白霜；根茎常木质化。叶基生或兼茎生，圆形，有时肾形，无裂或浅裂，（1 ～）4 ～ 15 cm ×（1 ～）4 ～ 12 cm，基部心形，缘具圆齿，先端圆，表面具毛，中部茎叶不裂或掌状 5 ～ 9 浅裂，向上叶渐小，有时近无柄。花序直立或稍斜升，密集，近头状或穗状，通常不分枝，小花 2 ～ 21 朵，0.7 ～ 2（～ 3）cm，浅或亮粉色、浅紫色或深玫瑰紫色，很少白色，脉常不显（图 2）。

分布于美国西部。

（二）园艺品种

园艺品种有 20 余个，主要源自上面两个原种。

'Candy Girl' 株高 50 ～ 80 cm。总状花序顶生，花朵稠密；花冠为艳丽的玫红品色（图 3）。

'Elsie Heugh' 一个很受欢迎的古老品种，1936 年进入市场。株高 60 ～ 90 cm。花朵密集；花径 5 ～ 7 cm，可爱的玫粉色花瓣先端具有独特的流苏（Armitage, 2008；Graham，2012）（图 4）。

图 8 **'Rosaly'**（Rachael Hunter 摄）

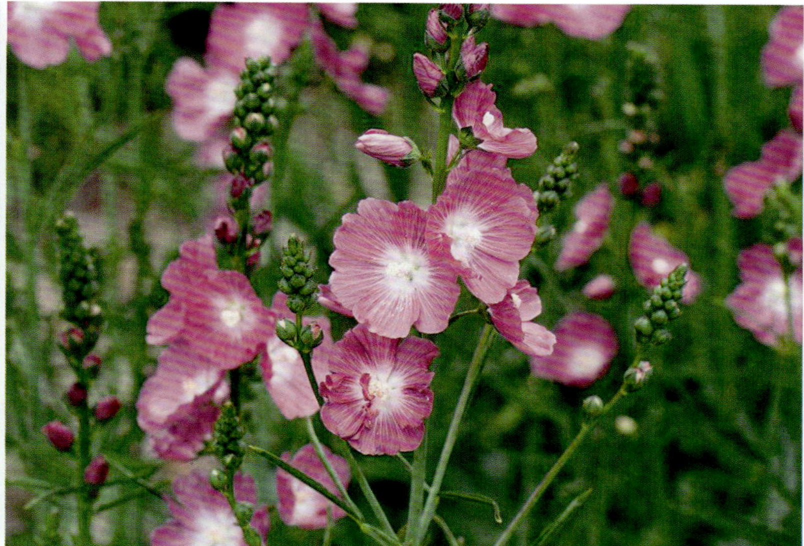

图 9 **'Rosanna'**（Diane Seeds 摄）

'Little Princess' 株高 40 cm，是株型最矮、最紧凑的品种。丰花，柔和的粉色花朵，随着开放渐淡（Armitage, 2008）（图 5）。

'Party Girl' 株高 60 ～ 90 cm，冠幅 45 ～ 60 cm。总状花序顶生，花朵稠密；花冠为艳丽的玫粉色。花期 6 ～ 9 月（图 6）。

'Purpetta' 株高 110 cm。深紫粉色的花，中心白色。可以用播种繁殖，得到性状稳定的后代（Graham，2012）（图 7）。

'Rosaly' 株高 130 cm，花朵淡粉色，叶片裂片极细（Graham，2012）（图 8）。

'Rosanna' 株高 100 cm，花深玫红色（Graham，2012）（图 9）。

三、繁殖与栽培管理技术

（一）播种繁殖

春播或秋播，适用于原种及部分品种。春播于 3 月冷棚进行或于 4 月露天进行，种子点播或撒播后，覆土 1 ～ 2 cm，保持基质潮湿，易萌发。夏季或初秋移栽种植。秋播于冷棚进行，小苗在棚中越冬，翌年春天移栽种植，多数在夏季即可开花（Armitage, 2008；董长根 等，2013）。

（二）分株和扦插繁殖

分株于春秋季进行，整株挖起，丢弃中心老弱部分，将其他部分分成 3 ～ 4 芽一丛，重新种植即可（Armitage, 2008）。

将萌生枝条带踵取下，进行扦插。

（三）园林栽培

1. 土壤

适应性较强，喜透水且保水性好的土壤，在黏重土壤中也可生长，但寿命较短。

2. 水肥

喜湿但忌积水，阴凉条件下稍耐旱，干热季节应补充水分。耐贫瘠，中等肥力即可。

3. 光照

宜植于全光照或半阴处，特别是干热季节，最好有部分遮阴。

4. 修剪及越冬

花后修剪残花序可促使新枝叶生长，并迎来新一轮花期（Graham，2012）。入冬前剪除地上枯枝叶。耐寒性强，可耐 −37℃低温，冬季若能覆盖效果更好。

四、价值与应用

棯葵属植物生长旺盛，枝丛稠密，花色或娇艳或柔美，管理粗放。常用于自然景观中片植或丛植，与其他花卉配植于花境（图 10、图 11），或丛植于庭院中。

图 10 锦葵状棯葵的花境应用（一）（陈煜初 摄）

图 11 锦葵状棯葵的花境应用（二）（陈煜初 摄）

（李淑娟）

Silene 蝇子草

石竹科蝇子草属（*Silene*）草本植物。广泛分布于北半球温带地区，具有较高的园艺、药用和生态价值。蝇子草属是由林奈 1737 年建立的。全球约 700 种，主要分布在北温带，其次为非洲和南美洲。我国有 112 种 2 亚种 17 变种，·广布于长江流域和北部各地，以西北和西南地区较多。

一、形态特征与生物学特性

（一）形态与观赏特征

多年生草本或一二年生植物，少数呈半灌木状。茎直立、上升或匍匐。叶锥形、线形或披针形至卵状披针形。花两性或单性，雌雄同株植物中雄性不育的花较多，与两性花相比，雄性不育的花具有明显短缩的雌雄蕊柄和花瓣裂片；花单生或呈单歧、二歧聚伞花序或聚伞圆锥花序；花萼管状、漏斗状、钟状或卵状，通常具 10 条脉纹，具 5 齿，齿边缘具纤毛呈膜质；花瓣 5 枚，有时具瓣爪，瓣片全缘、2 裂、4 裂或条裂，色彩多样，有副花冠；雄蕊 10 枚，子房内通常具 3 或 5 个隔膜，胚珠多数，花柱 3 或 5，雄蕊和花柱伸出花冠。蒴果 6 或 10 齿裂，少数 5 齿裂。种子肾形，有瘤状突起，有时背面具刺或具环翅。花期 7 ～ 9 月，果期 9 ～ 10 月。

（二）生物学特性

对气候、土壤要求不严，一般土地均可栽培。

二、种质资源

（一）分类概述

横断山—云南高原地区是蝇子草属全球分布格局中一个重要的多样性次中心，也是蝇子草属植物中适应高海拔和高寒类群的重要分化和形成区域。

乔杜里 1957 年在《蝇子草属的研究》一文中认为，女娄菜属是剪秋罗属和蝇子草属复合体。子房隔膜的有无是变化的，不能用于属的划分；属的划分亦不能仅建立在心皮数目上，常有亲缘相近的种，心皮数目并不相同，也是有变化的。蒴果果片为花柱数目的 2 倍是蝇子草属的重要特征。因此，将女娄菜属（绝大部分，还包括一些小属如 *Heliosperma* 等）并入蝇子草属。保留了剪秋罗属，并限制在较狭的范围内。

1996 年，Desfeux 和 Lejeune 对蝇子草属、剪秋罗属、女娄菜属、狗筋蔓属共 26 种植物的 ITS 序列进行了研究，结果支持将剪秋罗属、女娄菜属以及狗筋蔓属放在蝇子草属中，蝇子草属为单系群。

鲁德全在 2001 年将女娄菜属和狗筋蔓属并入蝇子草属中。由此，蝇子草属包括女娄菜属，又因女娄菜属来源于剪秋罗属，且后来划入了一些剪秋罗属植物以扩大范围，且蝇子草属有一些种源于狗筋蔓属，因此广义的蝇子草属也包括狗筋蔓属和剪秋罗属部分种。

2004 年，王汉屏对石竹科部分属的植物进行了细胞分类学研究，发现蝇子草属、女娄菜属、剪秋罗属、狗筋蔓属、麦仙翁属 5 个属有着密切的亲缘关系，故支持将这 5 个属归入到同一个族——剪秋罗族（Lychnideae），还发现剪秋罗族的属间分化是在 x=12 的水平上进行的。

关于蝇子草属的范围界定问题，一直争议较大，基本上有两种观点：①蝇子草属不包括女娄菜属，且蝇子草属中有一部分种根据子房内无隔膜，蒴果1室的特征已转入女娄菜属中。②蝇子草属包括女娄菜属、狗筋蔓属和剪秋罗属部分植物，因为女娄菜属开始是从剪秋罗属中分离出来的，后来又转入了一部分蝇子草属植物和剪秋罗属植物，并且蝇子草属有一些种源于狗筋蔓属植物。本书依后者。

（二）种质资源

1. 滨海蝇子草 *S. uniflora*

真正的海滨植物，为了抵御常年的海风，它有着矮小的身材，通常不会高过30 cm，整体成垫状，蓝绿色的叶片带着蜡质感；十分耐盐碱。极强的生命力可以让其在沙滩、峭壁、瓦片甚至废弃的铁路等各种地方生长。在夏季，开出精致的白花，这些花朵非常吸引昆虫。常见的园艺品种有'Rosea''Compacta''RobinWhite breast''Druett's Variegated'等。原产欧洲西部。

2. 流苏蝇子草 *S. fimbriata*

叶对生。花萼圆筒状，端部5齿裂；流苏样花冠白色。花期春末至夏初。原产亚洲，分布于土耳其至高加索，较耐干旱。

3. 大蔓樱草 *S. pendula*

又名矮雪轮、小町草。一年生或二年生草本，全株被柔毛和腺毛。我国城市庭园有栽培。原产欧洲南部（图1）。

4. 高雪轮 *S. armeria*

原分布于欧洲南部。我国城市庭园多有栽培供观赏。喜阳光充足、温暖气候，亦耐寒；喜肥沃疏松、排水良好的土壤。不耐酷热。高雪轮开花繁茂，色泽鲜艳，可用于布置花境、花坛；亦可盆栽点缀阳台。常作切花用。

5. 细叶蝇子草 *S. tenuis*

又名细蝇子草、滇瞿麦、纤细绳子草。分布于西藏、四川、云南、青海等地。带花地上部分具有清热利水、破瘀通经、燥湿止带的功效。

6. 鹤草 *S. fortunei*

分布于我国长江流域和黄河流域南部，东达福建、台湾，西至四川和甘肃东南部，北抵山东、河北、山西和陕西南部，生于平原或低山草坡或灌丛草地。抗旱、耐寒也耐热。全草入药，治痢疾、肠炎、蝮蛇咬伤、挫伤、扭伤等。鹤草花序长，开花密集，观花效果较好。群植具有一定的观赏价值。

7. 麦瓶草 *S. conoidea*

又名麦仙翁、灯笼草等。全草密生腺毛，聚伞花序顶生或腋生，花紫色或粉红色。分布于华北、西北、西南及长江流域。全草可入药。具有养阴、清热、止血、调经的功效。常用于治疗吐血、衄血、虚痨咳嗽、咯血、尿血、月经不调。

8. 女娄菜 *S. aprica*

又名罐罐花、山牡丹及野罂粟等。全草长20～50 cm，密被短柔毛，聚伞花序，花粉红色或淡棕色，常2～3朵生于分枝上。分布于全国各地。

图1　大蔓樱草

图 2 无鳞蝇子草

9. 无鳞蝇子草 *S. esquamata*

株高 30 ～ 60 cm，根粗壮，茎疏丛生，直立，多分枝，被灰白色疏柔毛，上部分泌黏液。基生叶叶片匙状倒披针形，早枯；茎生叶叶片倒披针形，基部渐狭成柄状或楔形，顶端急尖，中脉明显。花序圆锥状，小聚伞花序对生，具 1 ～ 3 花，苞片草质，花萼筒状，萼齿三角状卵形，雌雄蕊柄长约 5 mm；花瓣淡红色，长约 15 mm，瓣片轮廓倒卵形，雄蕊和花柱均外露。蒴果长圆形；种子圆肾形，暗棕色。花期 7 ～ 8 月，果期 9 月（图 2）。分布于我国云南、四川等地，常见于海拔 2700 ～ 4000 m 的石质草坡或灌丛中。

三、繁殖与栽培管理技术

（一）播种繁殖

大多数种的种子细小（1 mm 左右）且数量繁多；作为一二年生植物采用播种繁殖，大多数种适宜春（4 ～ 5 月）播。

（二）组培快繁

所采用的外植体可以是顶芽或者茎段。用 MS + 6–BA 1.5 mg/L + NAA 0.01 mg/L 的培养基未增殖培养基，其具有较高的繁殖系数；生根培养基则是 1/2 MS + NAA 0.5 mg/L；上述培养基均加入 30 g/L 的蔗糖和 7.5 g/L 的琼脂，pH5.8 ～ 6.0；培养温度 23 ℃ ± 2 ℃。光照 14 小时 / 天，光照强度 1500 ～ 2000 lx。

（三）园林栽培

1. 土壤

对土壤要求不高。一般取菜园、果园等地表的土壤，含有一定的腐殖质，并有较好的物理性能的土壤栽培即可。

2. 水分

喜欢湿润的环境，较耐水湿，也具有一定的耐旱能力。浇水可采用“见干见湿”的原则，浇水时一次浇透，然后等到土壤快干透时再浇第二次水，可防止浇水过多导致烂根和潮湿引起的病虫害。

3. 施肥

种植前土壤施足基肥，可用腐熟的鸡粪或羊粪等有机肥为底肥，在开花之前再追加一次富含氮磷钾的复合肥，例如花卉专用复合肥料，可以提高开花质量。

4. 光照

5 ～ 7 月，气温高，植物蒸发量大，适当遮阴，太强的光照容易灼伤叶片。

（四）病虫害防治

主要是红蜘蛛。在通风不良、空气湿度较大时容易产生，主要危害植物的叶、茎、花、根等，吸取植物的汁液，使受害部位水分减少，表现失绿变白，叶表面呈现密集苍白的小斑点，卷曲发黄。初期症状为叶片失绿，叶缘向上翻卷，此后叶片枯萎、脱落，造成花蕾萎缩，严重时植株发生黄叶、焦叶、卷叶、落叶和死亡等现象，天气炎热干旱，尤其在连日晴热无雨的情况下，发病严重。

科学安排种植密度，确保通风；及时清除枯枝；在 3 ～ 4 月及时打药预防红蜘蛛虫害发生。如果红蜘蛛虫害发生后，可阿维菌素、螺螨酯、乙螨唑、联苯肼酯、联苯菊酯、甲氰菊酯、丙溴磷、氟啶胺等多种药剂复配使用，避免红蜘蛛对单一药产生抗性。除此之外，清园时也可采用矿物油和药剂搭配使用，提升防治效果，延长防护期。

四、价值与应用

蝇子草属植物大多植株低矮，着花繁密，姿态优雅，适合作花境。部分更低矮的种类如矮雪轮更适合作观花地被植物（花海）。

多数种类具药用价值。如女娄菜全草可入药，具有活血调经、下乳、健脾、利湿、解毒的功效。常用于治疗月经不调、乳少、小儿疳积、脾虚浮肿、疔疮肿毒。

（傅小鹏）

Silphium 松香草

菊科松香草属（*Silphium*）多年生草本植物。因其茎叶散发松香树脂的气味而得名。该属的串叶松果香，是我国作为饲料植物引进的。奇特的连基抱茎状叶片，明亮而繁多的黄色花朵，令人难忘。全球12种，分布于北美东部的大草原和林间空地；我国引进1种。

一、形态特征与生物学特性

（一）形态与观赏特征

植株常直立，具分枝；圆柱形或四棱形，具树脂状渗出物。叶基生和茎生；茎生叶轮生、互生、对生或近对生；有时各种着生方式出现在同一植株上；叶片三角形、椭圆形、线形、卵形或菱形，有时浅裂或羽状，全缘或具齿。花序圆锥状或总状，小头花辐射状；总苞钟状至半球形；舌状花具雌蕊，可育，黄色，稀白色，筒状花具花粉（图1，这一点与多数菊科植物不同）。

图1　串叶松香草

（二）生物学特性

喜光，稍耐阴。抗逆性极强。适应范围广，在西安可露地生长10年以上。

二、种质资源

景观中常用有3种（Graham, 2012；Armitage, 2008）。

1. 条裂松香草 *S. laciniatum*

丛生，株高100～300 cm；茎直立，粗壮，圆柱形，密被硬毛。叶基生和茎生；披针形、卵形或菱形，长4～60 cm，常一至二回羽状深裂至近脉处，缘具不均匀齿或全缘，多毛；茎生叶向上渐小；叶片常直立，南北向排列（以躲避正午的强光），故俗称罗盘草。花黄色，花径5～10 cm（图2）。花期6～9月。可耐-37℃低温。

2. 串叶松香草 *S. perfoliatum*

丛生状，茎直立，粗壮，四棱形；株高200～300 cm。叶对生，椭圆形或长椭圆形，长20～30 cm，基部下延，连基抱茎，在茎部形成可盛雨水的空间，故也称杯草。头状花序单生于茎顶及枝端，花径3～8 cm；舌状花黄色（图3）。花期6～8月。可耐-37℃低温。

3. 草原松香草 *S. terebinthinaceum*

株高100～250 cm。基生叶具长柄，形多变，心形、三角形、披针形、卵形或箭头形，长

图 2 条裂松香草（Tony Rozewski 摄）

图 3 串叶松香草

达 40 cm，基部渐狭，心形至截形，全缘或具齿；茎生叶小。花莛红色，松散的圆锥花序顶生，头状花径达 4 ～ 10 cm，舌状花黄色（图 4）。可耐 –37℃低温。

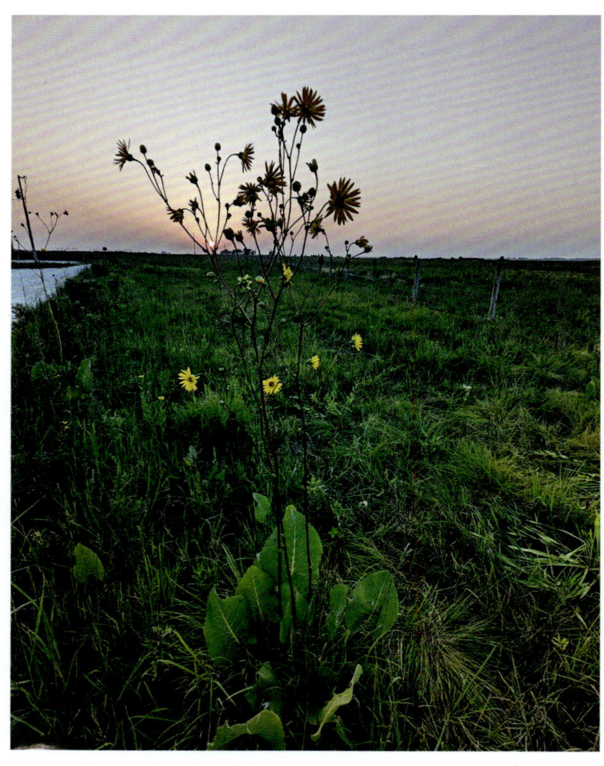

图 4 草原松香草（Matthew Thompson 摄）

三、繁殖与栽培技术

（一）播种繁殖

春播或秋播，直播或苗床育苗。播前温水浸种 8 ～ 10 小时，后与湿沙拌匀催芽，3 ～ 4 天种子露白后播种。幼苗生长缓慢，当年只形成莲座叶，翌年才可开花（董长根 等，2013）。

（二）分株与根插繁殖

可于春季萌动时或秋季分株繁殖。

春季或秋季，掘出粗壮的根条，埋入潮湿的土壤中 5 ～ 10 cm 深，待其萌发（董长根 等，2013）。

（三）园林栽培

1. 土壤

各种土质均可，但需土层深厚。

2. 水肥

生长季节需保持土壤湿度，长期干旱时，应及时补水。对肥力要求不严，中等肥力即可，但定期追肥，生长及开花会更好。

3. 光照

喜阳光充足，稍耐阴。

4. 修剪及越冬

入冬前修剪地上枯枝叶。该属植物耐寒性均

较强，我国绝大多数地区冬季无须保护，极寒地区可根据立地条件进行适当保护。

四、价值与应用

该属的很多种都有独特的特征，粗壮高大的外形也许不适合小型景观，但在自然景观或大型花境却有非凡的表现。植株高大，叶形奇特，花色明艳，抗逆性强。可于自然景观中丛植或片植，或作花境背景等（图5），也可应用于湖池边、小溪旁等潮湿处。

图5　串叶松香草群体

（李淑娟）

Sisyrinchium 庭菖蒲

鸢尾科庭菖蒲属（*Sisyrinchium*）一年生或多年生草本。本属约 200 种，大多原产于北美，但园林应用极少；我国常见引种栽培仅庭菖蒲（*S. rosulatum*）1 种。该属在 20 世纪 90 年代经历了一段复兴期，可用的种类和杂交品种数量有所增加。

一、形态特征与生物学特性

（一）形态与观赏特征

根状茎甚短，须根细弱。茎直立或基部斜上，圆柱形或有狭翅，节明显，上部多分枝。叶条形、披针形或圆柱形，呈扇形排列。疏散的伞形花序状的聚伞花序顶生，包裹小花 2 ～ 8 朵，花苞的大小可作为区分不同种的重要依据；花辐射对称，通常为蓝紫色、淡蓝色或淡黄色；花被裂片 6，同型，近等大，呈 2 轮排列，基部多连合成短的花被管；子房下位，圆球形，3 室，胚珠多数。蒴果圆球形、卵圆形或长圆柱形，室背开裂；种子多数。

（二）生物学特性

多数为常绿宿根草本，喜全光照或半阴环境。对土壤要求不高，壤土最佳，砂土或黏土也可；中性、碱性或酸性土壤均可，土壤湿度中等或略潮湿，不需特殊养护。

二、种质资源与园艺品种

（一）种质资源

该属植物花部特征极为相近，花朵小，非常难以鉴定区分（Armitage，2008）。

除一年生的庭菖蒲（*S. rosulatum*）之外，其余种介绍如下。

1. 阔瓣庭菖蒲 *S. idahoense*

原产北美洲，常见栽培。多年生草本，花瓣通常较宽大，花色以紫色为主。花瓣宽大，狭倒卵形，脉较显著。

2. 狭叶庭菖蒲 *S. angustifolium*

花期春季，蓝色花，原产于美国东部。该种主要识别特征为叶片狭窄，茎有分枝。茎有宽翅，叶通常比花茎短。春天会开出 2 ～ 3 簇具黄色花眼的蓝色小花。该种适应性良好，不需特殊养护，可将其与其他植物混播，无论是种植在花园中小径两侧还是乔木下半阴环境中，均可生长良好。此外，狭叶庭菖蒲可以自播，全光照，排水良好环境有益于植株生长。适宜花园种植或用作花境前景点缀。

3. 智利豚鼻花 *S. striatum*

花期初夏，淡黄色，原产阿根廷、智利。常绿草本，叶丛生，长而窄。直立穗状花序，细长，有 9 ～ 12 多淡黄色小花，类似唐菖蒲。花朵中间颜色较深，背面有紫色条纹，该种叶片比属内大多数物种宽，不开花时容易被误认为是鸢尾。匍匐状根茎可形成大丛，开花后，植株形态变得较为凌乱，可通过施肥减少自然变黄的叶片数量，或者修剪植株至一定高度。适宜阳光充足、排水良好且比较湿润的土壤。虽然温暖地区花量不如冷凉地区，但均可获得较好的观赏效果。适合于花境中配置。

该种可通过分株或播种繁殖。每 2 ～ 3 年进行 1 次分株。播种前将种子在 20 ～ 25℃、高湿环境中沙藏，通常可在 3 ～ 4 周内萌发（图 1）。

4. 大西洋庭菖蒲 *S. atlanticum*

原产美国东部和加拿大，北至新斯科舍，南至佛罗里达，西至密苏里。植株矮小，花朵蓝紫色，叶片狭窄。

5. 贝伦庭菖蒲 *S. bellum*

原产北美洲西部，为常绿多年生草本植物。株型矮小，喜光照充足通风良好的环境，忌闷热潮湿，在长三角地区表现良好，四季常绿，花期5～9月，但耐热和耐寒能力较差。介质宜用排水良好的材料，适合岩石园及露台花园盆栽，非常精致的小庭院植物。

6. 百慕大庭菖蒲 *S. bermudianum*

原产百慕大，为多年生草本植物。花大，蓝紫色，中部为黄色。性强健，容易栽种，可播种或分株繁殖。全日照或半日照栽种为佳，不耐踩，很适合岩石园或一般花园使用。成熟植株高15～20 cm，耐寒性较强。容易与其他种类混淆。

7. 加利福尼亚庭菖蒲 *S. californicum*

又名加州庭菖蒲，原产美国西部。株高20～30 cm，叶片为灰绿色。花星状、黄色，夏季盛开，耐寒性较强（图2）。

（二）园艺品种

主栽品种由种间杂交获得，多数亲本不详。

'Biscutellum' 草状叶片，高30～40 cm，花朵淡黄，略带紫色。

'Devon Skies' 亲本之一可能为狭叶庭菖蒲，但具有与之不同的淡蓝色花朵（图3）。

'E.K. Balls' 高20 cm左右，淡紫色花，叶片灰绿色呈扇形排列。

'Suwannee' 高20 cm，春季开蓝色花，花量大，较耐寒。

'Lucerne' 具有较大的蓝色花朵，观赏价值高，耐寒性一般（图4）。

图1 智利豚鼻花的花境应用（寻路路 摄）

图2 加利福尼亚庭菖蒲（寻路路 摄）

图3 园艺品种'Devon Skies'盛花效果

图4 园艺品种'Lucerne'盛花效果

三、繁殖与栽培管理技术

（一）播种繁殖

多数可以播种繁殖，播种前将种子沙藏一段时间可提高萌发率。

（二）分株繁殖

分株繁殖为主，通常可在春、秋季节进行。植株栽植 2 ～ 3 年后进行分株繁殖有利于植株更新，促进开花。

（三）园林栽培

1. 土壤

庭菖蒲对土壤要求不高，但在肥沃疏松的砂质土壤中生长最好。

2. 水肥

喜温暖湿润的环境，作为盆景栽培时，由于水分蒸发快，应经常浇水和向植株喷水，以保持土壤、空气湿润，但也不要土壤长期积水或将植株泡在水里，以免基部腐烂。花期可向叶面喷施磷酸二氢钾，以补充磷钾肥，有利于开花。

3. 光照

喜阳光充足，耐半阴，若光照不足会造成植株徒长，茎叶羸弱。夏季高温时要注意遮光，以避免烈日灼伤叶片。

（四）病虫害防治

常见有葡萄白腐病、白粉病、黑痘病、炭疽病、灰霉病等病害，可用 25% 多菌灵可湿性粉剂 250 ～ 500 倍液喷雾，每隔 7 ～ 10 天喷 1 次。需要注意的是，多菌灵可与一般杀菌剂混用，但与杀虫剂、杀螨剂混用时要随混随用，不能与铜制剂混用。稀释的药液静置后会出现分层现象，需摇匀后使用。

常见虫害有红蜘蛛、蜗牛、福寿螺、蛞蝓、锈螨、蓟马、蚜虫、菜青虫、小菜蛾、潜叶蛾、甜菜夜蛾、棉铃虫等。可使用 10% 四聚乙醛对蜗牛、蛞蝓等进行喷杀。

四、价值与应用

该属植物原产北美洲，多呈野生状态，园林开发应用较少。近年来少量种类，如阔叶庭菖蒲、狭叶庭菖蒲和智利豚鼻花等陆续引入我国进行试验性栽培。在华东地区，大多数种类可以四季常青，观赏效果好，具有较强的环境适应性和抗性。低矮种类可作为花坛用花、花境前景点缀，也可用于岩石园或缀花草坪（图 5）。

部分种类也可用于盆栽或制作盆景，可单丛独植于小盆中，清雅有韵味，或数丛错落合植于长盆中，显自然之野趣。

图 5　庭菖蒲片植应用（胡梦霄 摄）

（李丹青　夏宜平）

Speirantha 白穗花

天门冬科铃兰族白穗花属（*Speirantha*）多年生常绿草本，单种属，特产于我国的黄山山脉与天目山脉；分布区狭窄，数量较少。英名 Chinese lily-of-the-valley。近年来，江苏、上海、浙江（杭州）有引种栽培，用作观花阴生地被。属于传统花卉，表示健康、幸福、长寿的祝愿。

一、形态特征与生物学特性

（一）形态与观赏特征

株高约 30 cm；叶 4 ～ 8 枚，倒披针形、披针形或长椭圆形，二列簇生于短缩茎；根状茎上侧生细长的匍匐茎，茎端长新植株。花期 5 ～ 6 月，侧生花序，花莛高 13 ～ 20 cm，有花 12 ～ 18，花瓣白色。少有结果植株。果期 7 月，浆果近球形，成熟时绿色。

（二）生物学特性

原生植株生长在山谷溪边和阔叶树林下，海拔 500 ～ 1000m。喜阴，忌阳光直射，耐干旱，喜环境湿润，忌土壤黏重滞水（图 1、图 2）。

二、种质资源

白穗花 *S. gardenii*

根状茎圆柱状。叶 4 ～ 8；叶柄长 3 ～ 5 cm；叶片狭椭圆形至倒披针状椭圆形，先端渐尖。花莛 13 ～ 20 cm；总状花序 12 ～ 18 花；苞片白色或有时微染带红色的，短于花梗；花被开展，披针形；雄蕊 3 ～ 5 mm，花药椭圆形。浆果近球形。花期 5 ～ 6 月，果期 7 月。

生于阔叶林下，常沿着山谷或溪的山腰；分布于海拔 600 ～ 900 m。安徽、江苏、江西、浙江等地有产。

三、繁殖与栽培管理技术

（一）营养繁殖

少有结果植株，以营养繁殖为主。短圆柱形的根状茎上散射状着生 3 ～ 5 条匍匐茎，茎长约 30 cm，茎端萌生一新枝，要求土壤疏松透气，便于新植株扎根生长。

（二）园林栽培

忌阳光直射，宜栽培于林下。耐瘠薄、较高

图 1　白穗花栽培于石埂上效果

图 2　白穗花原生于岩石浮土上

图 3　白穗花作林下地被

pH、高钙的土壤，但要求疏松透气，如栽植地的土壤黏重，可拌入适量的石料。栽培宜浅，根茎有过半露出地表，利于根茎、匍匐茎的生长发育。栽植宜 2 ～ 3 株丛植，丛间距 30 ～ 40 cm，有利于匍匐茎端的新植株扎根于土。

（三）病虫害防治

白穗花的抗病能力较强。常见的病害是炭疽病，通常是阳光灼伤、土壤黏重等环境因素引起的。因此，要注意环境变化，并及时采取相应的防治措施。

四、价值与应用

白穗花植株姿态优雅，终年常绿，叶色亮绿，花白色素雅。远观整洁、明亮，近观优雅、秀气。常可种植于林下，是优良的阴生地被植物。适宜成片栽植于林下（图 3），尤其适合栽植于常绿阔叶林下，也适合庭院、景观石旁路边等点缀。

（张宏伟）

Sphaeralcea 球葵

锦葵科球葵属（*Sphaeralcea*）一年生或多年生草本。其属名由古希腊语 *sphere*（球形）与 *alcea*（锦葵）组成，暗示蒴果（幼果期）的形态。该属约有40种，主要分布于美国南部及墨西哥北部。该属多数种具有漂亮的花朵，抗逆性强。

一、形态特征与生物学特性

（一）形态与观赏特征

茎直立或外倾到再上升，具星状灰白色毛或星状银色鳞片，很少无毛。叶片线形、披针形、圆形、卵形至三角形或心形，不裂或略裂，基部楔形，或截形至心形，边缘全缘或具齿。花序顶生，总状或圆锥花序，或簇生或腋生聚伞状总状花序；红色、橙色、黄色、白色、粉红色或淡紫色。

（二）生物学特性

喜光，不耐湿，喜排水良好、冬天不潮湿的土壤。在砂质或多砾石的土壤中生长良好，在各种疏松排水好的土质中均可生长（董长根 等，2013；Graham，2012）。

二、种质资源

园林应用的主要是沙漠球葵、猩红球葵、灌木球葵、芒氏球葵等及相关品种（Graham，2012）。

1. 沙漠球葵 *S. ambigua*

短命的多年生草本。株高约90 cm，冠幅60～90 cm。基生叶圆形至卵圆形，脉掌状，浅裂或具圆齿，叶片常具皱纹；两面具白色毛；茎生叶沿茎向上渐狭。花杏色至橙色；有玫红色、粉色及白色变种（图1）。花期春天。分布于美国和墨西哥的干燥地区。

2. 猩红球葵 *S. coccinea*

株高30～40 cm。茎斜升或平铺。叶片3～5裂或鸟足状，裂片常较狭。花序穗状，常在枝端呈簇生状；花橙红色，花径约2.5 cm（图2）。花期春季至夏季，或更长，是该属中开花最

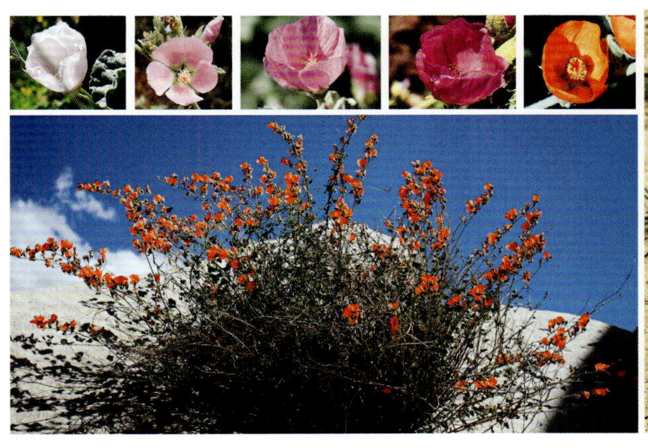

图1 沙漠球葵及其花色（Kit Howard 摄）

图2 猩红球葵（Kaleb Goff 摄）

图 3　灌木球葵（Scott F Smith 摄）及不同花色

旱的种。分布于北美西部，生于干燥平原、草原及路边。

3. 灌木球葵 *S. fendleri*

株高约 120 cm。茎基部常木质化，直立或斜升，通常灰色至灰绿色或绿色，有时紫色至黑色，疏生至密被灰白毛。叶片绿色、灰色或灰绿色，披针形至三角形，3 浅裂或深裂，长（1.5 ～）3 ～ 7 cm，边缘具圆齿到具牙齿，表面多毛或疏生至密被星状软柔毛。狭圆锥状花序，小花密集，橙红色、淡紫色或粉色，花径约 1 cm（图 3）。花期夏末秋初。产气候干燥的美国南部。

4. 芒氏球葵 *S. munroana*

株高 60 ～ 90 cm。茎直立，松散，绿色或灰绿色。叶片绿色至灰绿色，三角形，不裂或 5 浅裂，长 4.5 cm，无皱纹，基部楔形至截形，缘具粗齿，表面被星状短柔毛。花序狭圆锥状，小花多或少；花瓣橙红色至杏粉色，花径 3 ～ 4 cm，花药黄色（图 4）。花期晚春至夏季。产美国西南部干旱平原及山坡。可耐 –32℃低温。

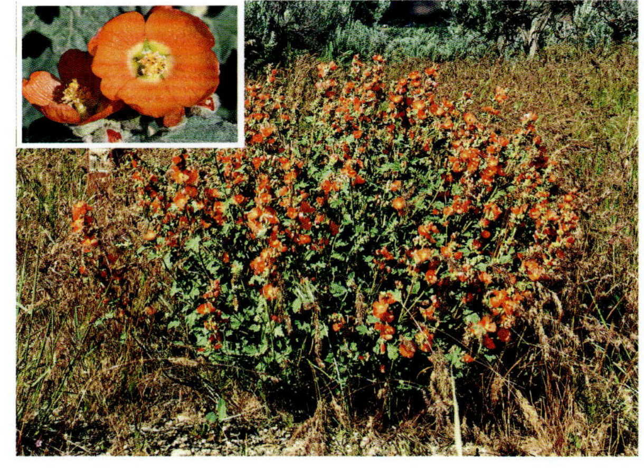

图 4　芒氏球葵（Micah Lauer 摄）

三、繁殖与栽培管理技术

（一）播种繁殖

2 ～ 3 月在温室播种或 9 月在冷棚播种。在湿润基质上撒播后，无须覆土，光照有利于种子萌发，但需用薄膜覆盖保湿；20℃条件下，20～30天萌发。当长出2～3片真叶时，移栽于小容器中；初夏或翌春种植于大田。栽植前需要炼苗7～10天（董长根 等，2013）。

（二）扦插繁殖

春季带踵扦插或初夏嫩枝扦插（Graham，2012；董长根 等，2013）。

（三）园林栽培

1. 土壤

适应性较强，透水性好的各种土壤均可。

2. 水肥

抗旱，忌积水，耐贫瘠。自然降水及一般园土即可满足成年植株的生长。南方多雨地区不适宜种植。

3. 光照

喜光，宜植于全光照或短暂遮阴处。

4. 修剪及越冬

入冬前剪除地上枯枝叶。芒氏球葵耐寒性强，其他几种稍耐寒，可耐-15℃低温，冬季土壤潮湿将大大降低其耐寒性。

四、价值与应用

该属花色明艳，抗旱，较耐寒，抗逆性强，管理粗放，是优良的抗旱植物。常用于岩石园、节水花园或自然景观中片植或丛植（图5）。

图5 猩红球葵构成的野花草地景观（Sciencemom 摄）

（李淑娟）

Stachys 水苏

唇形科水苏属（*Stachys*）宿根花卉。全属约 450 种，广布于南北半球的温带，在热带中除在山区外几乎不见，有少数种扩展到较寒冷的地方或高山，不见于澳大利亚及新西兰，非洲南部及智利少见；我国产 18 种 11 变种，南北均有分布。

一、形态特征与生物学特性

（一）形态与观赏特征

直立多年生或披散一年生草本，稀为亚灌木或灌木。茎叶全缘或具齿，苞叶与茎叶同形或退化成苞片。轮伞花序 2 至多花，常多数组成着生于茎及分枝顶端的穗状花序；花萼 5 或 10 脉，口等大或偏斜，齿 5，等大或后 3 齿较大；花冠筒内藏或伸出，冠檐二唇形，上唇直立或近张开，下唇张开，3 裂，中裂片较大；花红、紫、淡红、灰白、黄或白色，通常较小；雄蕊 4，前对较长，花药 2 室，平行或略叉开。花柱先端近相等 2 浅裂；花盘平顶，或稀在前方呈指状膨大。小坚果卵珠形或长圆形，光滑或具瘤。

（二）生物学特性

因原生地不同，习性差异较大。许多原生在水沟、河岸等湿地上，喜温暖湿润的环境。一部分喜温暖、稍干燥和阳光充足的环境。耐寒、耐干旱、不怕热、忌积水。生长适温 15 ～ 25℃，冬季能耐 -18℃低温。适应性较强，在西安可露地生长 3 ～ 10 年。

二、种质资源

（一）分类概述

依据一年生或多年生草本，小苞片明显程度及植株各部被毛程度，水苏属分成 3 组（中国植物志，1977）。

（1）长毛水苏组（Sect. *Eriostachys*）

直立二年生或多年生草本，具柔软的长柔毛或绵毛；轮伞花序多花；小苞片与花萼等长或几达花萼长度之半。该组下分绵毛水苏系（Ser. *Lanatae*）和刺毛水苏系（Ser. *Setiferae*）。

（2）田野水苏组（Sect. *Olisia*）

一年生植物，下属只有田野水苏（*S. arvensis*）一个种。

（3）水苏组（Sect. *Stachys*）

多年生草本，被疏柔毛、刚毛或无毛，稀为绵毛；轮伞花序少花，近于 6 花，稀 2 ～ 4 花；小苞片微小，或无。该组下属西南水苏系（Ser. *Kouyangenses*）、沼生水苏系（Ser. *Palustres*）、甘露子系（Ser. *Sieboldianae*）和林地水苏系（Ser. *Silvaticae*）。

（二）主要种类

此属中大部分种为药用和食用，主要观赏应用的种及其品种如下。

1. 绵毛水苏 *S. byzantina*

俗称羊耳、羊尾、羊舌。多年生常绿草本，株高 40 ～ 45 cm。全株密被白毛。叶长圆状椭圆形至披针形，厚质，灰绿色，长 10 cm。穗状花序，花紫粉色，花期初夏至初秋。目前观赏应用的主要为绵毛水苏的一些品种。绵毛水苏叶片柔软而富有质感，耐寒、耐干旱、耐热，近年被广泛应用于花境、岩石园、地被、花坛、草坪中的色块。主要应用品种及其特性如下（图 1）。

'Big Ears' 紫色的花，略显灰白色绵毛、大的中绿色叶子，叶长 25 cm。

'Cotton Boll'（'Sheila McQueen'） 叶长 11 cm，花簇生，沿着茎部形成棉絮一样的球。

'Primrose Heron' 有微黄的灰色叶子。

'Silver Carpet' 不开花，并产生强烈的银色、略灰白色的叶子。

2. 林地水苏 *S. sylvatica*

株高 1 m，气味强烈。叶大，卵圆状心形，具长柄。花红色至红紫色，偶尔有粉红色或白色，花期夏天至秋天。野生于新疆天山针叶林、灌丛及高山草甸中，海拔约 1750 m。中欧、西亚、俄罗斯也有。

3. 毛叶水苏（新拟）*S. candida*

半灌木，株高 15 cm 左右。叶灰绿色，长 2.5 cm。穗状花序，似戴头巾的白色花，带紫色条纹或斑点，花期夏季。

4. 毛被水苏（新拟）*S. citrina*

灌木，株高 20 cm 左右。叶橙绿色，被灰色毛，长 5 cm。穗状花序，短、密集，有时断时续的硫黄色花，花期夏季。

5. 粉棉水苏（新拟）*S. lavndulifolia*

灌木，株高 30 cm 左右。叶灰绿色，被灰色毛，叶具齿，长 2～6 cm。紫红色的直立花穗，花期夏季。

6. 主教水苏（新拟）*S. officinalis*

株高 60 cm 左右。几乎无毛或浓密毛，叶中绿色，长 12 cm。长圆形穗状花序，花粉红色、白色或红紫色，花期初夏至早秋。

图 1 部分绵毛水苏品种（Christopher Brickell，2016）
注：A. 'Big Ears'；B. 'Primrose Heron'。

图 2 部分水苏属观赏应用的种（Christopher Brickell，2016）
注：A. 绵毛水苏；B. 毛叶水苏；C. 粉棉水苏；D. 主教水苏。

三、繁殖与栽培管理技术

（一）播种繁殖

是主要繁殖方式。一般基质要求 pH 5.5～6.1，EC 值小于 0.75 mS/cm。发芽温度 18～30℃。光照无特殊要求，黑暗、光照均可。播后用蛭石覆盖，维持较高的空气湿度（95%），直到子叶出现。维持较高的基质湿度（90%～100%），直到胚根出现。一般 5～6 天发芽，生长适温 18～22℃，育苗周期 5～7 周。

（二）分株繁殖

选择春季终霜前后或秋季进行。选晴好天气，将全株挖起，轻轻弹掉上面的土团，使根系裸露出来，然后在母株周围的茎芽中，选取生长最健壮的茎芽，按照自然长势，用手或利刀从植株的根茎空隙处切断。根据需要每丛保留数个健壮萌芽。同时剪除植株上的腐朽根。每穴栽植根茎 1～2 个。种植后，约 30 天出芽。

（三）组培快繁

毛水苏（*S. baucalensis*）组培繁殖可选用茎段为外植体，合适的增殖培养基为WPM+6-BA 1 mg/L；生根培养基为1/2WPM +NAA 0.3 mg/L，生根率达93.85%～100%，生根苗移栽成活率100%（金琼 等，2020）。水苏（*S. japonic*）则可用根茎为材料，进行愈伤组织的诱导和分化。理想的诱导培养基是MS+BA 0.5 mg/L+2,4-D 1～2 mg/L；继代培养基是MS+6-BA 0.5 mg/L +2,4-D 1.5 mg/L；而适宜的愈伤组织分化培养基为MS+6-BA 0.5 mg/L+NAA 0.5 mg/L；生根培养基为White+NAA 0.1 mg/L+IAA 0.4 mg/L（勾姣姣 等，2011）。

（四）园林栽培

1. 土壤

喜疏松排水良好的壤土，pH5.5～6.2。如种植地透水性差，需进行土壤改良，添加有机肥和沙子等提高土壤有机质含量和透水性。

2. 水肥

切忌过于潮湿或积水。每月施肥1次，肥水不能沾污茎叶，氮肥要控制。防止茎叶徒长。江南地区需特别注意梅雨期的管理，夏季浇水忌直接喷洒在叶片上，容易导致闷热腐烂，建议直接在土表浇水或者使用浸盆法。

3. 光照

一般需阳光充足的环境，个别种能忍受部分的遮光。

4. 修剪及越冬

花期春末，夏季处于半休眠状态，老叶片枯萎凋落，需及时整理植株，秋季凉爽时状态又会恢复。花后需及时修剪，可促秋季二次开花。冬季能耐-18℃低温。

5. 生育调控

部分种类主要为了观叶，可通过调节播种时间来调整上市时间。观花可通过修剪等措施，同时加强肥水管理来提前开花。

（五）病虫害防治

白粉病是水苏属的主要病害，发生时首先要求栽植不宜过密，注意通风透光；科学肥水管理，增施磷钾肥，适时灌溉，提高植株抗病力；冬季清除病落叶及病残体集中深埋或烧毁。药剂防治在发病初期开始喷洒36%甲基硫菌灵悬浮剂500倍液或20%三唑酮乳油1500倍液等，隔7～10天喷1次，连喷2～3次。病情严重的可选用25%敌力脱乳油4000倍液、40%福星乳油9000倍液。

四、应用与价值

水苏属植物因耐寒、耐干旱、耐热等抗性及紫红色花朵、美丽的叶片等观赏特性，近年来被广泛应用在花境、花坛、岩石园、庭园等景观绿化中。有些种冬季常绿，可为冬季景观增添灵动的气息。有些种可作为园林应用，如绵毛水苏常常被应用在花境中，作色块或作花境镶边。也可应用在疗愈花园中，柔软的叶片可使人放松身心、缓解压力。绵毛水苏的切花可做成花艺作品；有的茎叶还可作为切叶材料，用于瓶插或制作手捧花及花艺作品，起到装点居室空间的作用。

大部分种类可药用和食用。如地下肥大块茎供食用，作酱菜或泡菜。有些种含芳香油及脂肪油。有些种有药用价值，可入药，民间可用作治疗生殖系统肿瘤、脾硬化、炎症疾病、感冒以及溃疡等。中国民间用全草或根入药，可治百日咳、扁桃体炎、咽喉炎、痢疾等症，根又治带状疱疹（中国植物志，1977）。

（娄晓鸣）

Stevia 甜叶菊

菊科甜叶菊属（*Stevia*）多年生草本。全世界约 240 种，分布于南美洲巴拉圭和巴西交界的阿曼拜山脉及印度西部等热带地区；我国仅有甜叶菊（*S. rebaudiana*）1 种，主要分布在江苏、安徽、黑龙江、甘肃等地；湖南、江西、福建、云南等地有种植，在园林中也有应用。

一、形态特征与生物学特性

（一）形态与观赏特征

株高 0.6 ～ 1 m。叶对生，稀互生，全缘，有细锯齿，有时深 3 裂，常离基三出脉。头状花序较小，花同型，多数排列呈疏松的圆锥花序或紧密的伞房花序；总苞柱状，常较花长，稀较短；总苞片 5 ～ 6，坚硬，近等长；花序托平坦；花冠白色或紫色；雄蕊和花柱外露（图 1）。瘦果线形、倒圆锥形或略纺锤形，扁平，无毛，或仅上有睫状毛；冠毛 1 层稀 2 层。

（二）生物学特性

适应性广泛，无论是从北陲高寒的黑龙江，至炎热酷暑的海南岛，还是从干旱的新疆，到霪雨霏霏的东南沿海，均适宜甜叶菊的生长。在温暖湿润的环境中生长良好，但亦能耐 -5℃的低温，气温在 20 ～ 30℃时最适宜茎叶生长。甜叶菊属于对光照敏感性强的短日照植物，临界日照常为 12 小时，在低纬度地区栽培开花较早。开花受精的胚珠，需 20 ～ 30 天的时间才能发育成种子，成熟后冠毛带种子随风飘扬而传播。甜叶菊种子细小，无休眠期，种子的发芽适温为 20 ～ 25℃，光能促进种子萌发。种子寿命不足一年。

图 1　甜叶菊植株形态

注：A. 幼苗期；B. 开花期。

对土壤要求不严，黄壤、砂壤、草甸土等土壤均能种植，土壤 pH 以中性为佳。在土质肥沃，保肥保水力强，排灌方便，呈中性或微酸性的壤土、砂壤土生长良好，忌盐碱土。前茬作物以小麦、玉米、棉花、油菜地为宜，避免用瓜类、甜菜、豆科植物等茬口，忌重茬或迎重茬。积水地易死苗。

二、品种资源

我国只有 1 个引入的栽培种，但杂交种较多。目前，从日本引进的品种有‘守田 2 号’和‘守田 3 号’。我国选育的优良品种有‘中山 2 号’‘中山 3 号’‘中山 4 号’‘徽农 -2 号’‘慧甜 -4 号’‘绿玉 -131’‘惠农 1 号’‘谱星 1 号’。这些品种萌生力强，株型紧凑，枝细、叶密、叶厚、产量高、含糖量高。

三、繁殖与栽培管理技术

（一）播种繁殖

1. 播种时期

甜叶菊开花后可获得种子。播种时间南北有异，南方最好是 10 ～ 11 月播种，北方一般利用温室或温床播种育苗。

2. 苗床选择与整地

育苗地选择在日光温室内进行。选择疏松肥沃、排灌方便、背风向阳的平坦砂质壤土，可适量施入腐熟的农家肥，并拍细过筛后均匀施入苗床内，然后重新将苗床翻土耙细，整平，使培养土混合均匀。苗床四周起垄，并于播种前 1 ～ 2 天浇足底水。

3. 种子处理

选择质优的种子，在播种前先将种子晾晒 1 ～ 2 天，然后去冠毛。播种前 1 天，将种子用温水（20℃）浸泡 24 小时，捞出后待拌种。

4. 播种与覆盖

播种前先向苗床灌足水分，待水下渗后，将处理过的种子拌入适量的细（沙）土，均匀撒在苗床上，再覆盖 0.5 cm 的沙子，用木板轻压种子使之与土壤接触，再用喷雾器向床面喷水 1 次，保持床上湿润，提高出苗率。用地膜覆盖，当苗出到 60% 左右时，掀去地膜。

（二）扦插繁殖

甜叶菊喜温暖的环境，扦插最好选在春季或秋季。具体时间一般是春季 3 月 20 日至 4 月底，秋季则是 9 月上旬至立冬前，此时扦插存活率更高。土壤肥沃、排水透气性好的砂壤土扦插更容易生根；首先对土壤进行消毒，以灭掉埋藏在地下的害虫，之后适量浇水后待扦插。在整个甜叶菊的扦插繁殖中，插穗的选择尤为重要。可以在甜叶菊盆栽上，选取健壮分枝、侧茎，截取 15 ～ 20 cm 长的小段作插穗（图 2A）。将插穗插入插床上，深度为插穗的 1/3 ～ 1/2，插后用 50% 多菌灵可湿性粉剂 500 ～ 800 倍液随水浇施浇透。若是晴天，就要在 8：00 之前盖上遮阴网全遮盖。一般来说，插后前 4 天不需要揭开遮阴网，从第 5 天开始揭取遮阴网，逐渐增加光照时间，以每天增加 2 小时为宜。这样做后 10 天左右就能生根，之后就不需要遮阴了。40 ～ 60 天就可成苗（图 2B）。

图 2　甜叶菊扦插繁殖

注：A. 插穗；B. 扦插苗。

（三）组培快繁

甜叶菊组织培养的程序为“外植体选择→消毒→接种→愈伤组织及芽的诱导→叶继代培养及丛生芽的增殖→生根诱导→炼苗→移栽”。

外植体消毒用浓度为 0.1% 升汞和 75% 酒精。取甜叶菊茎尖，接种于 MS+6–BA 1 mg/L 的培养基上，培养约 20 天后茎尖长成丛生芽。当外植体茎尖长出多个 1 ～ 2 cm 的不定芽时，分割芽苗接种于 MS+6–BA 0.5mg/L+NAA 0.05 mg/L 的培养基上。当芽苗伸长到 2 cm 左右时，可分离出无根芽苗培养到 1/4MS+IBA 0.1mg/L+NAA 0.1mg/L+ 活性炭 1g/L 的培养基上诱导生根，10 天左右形成根（刘家胜 等，2015）。

（四）露地栽植

一般日平均气温需稳定在 12 ～ 15℃时，可选苗移栽到花盆或园林中。在园林中移栽密度以 15 株 /m^2 为宜。栽植用地膜覆盖较好，膜面栽 3 行，行距 30 cm，株距 15 cm。栽完后立即浇水，水一定要浇透，以后注意保持土壤湿润。

如果要进行盆栽甜叶菊，盆栽土壤采用田园土和腐叶土按重量 2 ∶ 1 混合配制，上盆后打顶摘心，利于多生分枝，增加观赏度（图 3）。甜叶菊喜湿怕干，水分不足时，下部叶片容易脱落，所以要勤浇水，但不能积水。

甜叶菊在南方夏季就可开花，北方地区 9 ～ 10 月开花。甜叶菊为多年生植物，南方可正常越冬，北方不能越冬。

（五）病虫害防治

甜叶菊在生长期间易发生叶斑病。发病初期，在叶片上出现浅色病斑，病斑先从植株下部叶片上发生，由下而上蔓延，病斑大小 2 ～ 13 mm，初期时斑点较小，随后逐渐发展成大的，长形、不规则形的褐色或黑褐色病斑，病斑中间出现小黑点，边缘黄化，严重时多斑连

图 3 盆栽甜叶菊

合，重者整个叶片枯死。发病后期部分叶片脱落，特别是贴近地面部分发病最严重，脱落最多。可用 50% 甲基托布津 1000 倍液喷洒，或用 50% 代森锌或 10% 苯醚甲环唑或吡唑醚菌酯进行叶面喷洒，每隔 7 天喷洒 1 次，连喷 3 次。

在生长期间发现有蚜虫、棉铃虫、玉米螟、甜菜夜蛾危害叶片。可用 40% 乐果 1000 倍液，或 50% 辛硫磷 1000 倍液或 15% 杜邦安进行喷雾防治。盆栽甜叶菊防治时，移到室外进行，1 周后移入。

四、价值与应用

甜叶菊是一种既可观赏又能食用的植物，叶片小巧，搭配均匀，而且四季常青，整体给人一种质朴的视觉享受。清晨起床，看着绿意盎然的甜叶菊，使人心旷神怡。生活中，人们可将甜叶菊盆栽摆放在书房、客厅等地，美化效果较佳。一成不变的室内，多了一盆甜叶菊，将变得更加优雅别致。若栽植于园林，郁郁葱葱，生机一片，美不胜收。面对着美丽的甜叶菊，给人全身心的绿色享受。每当夏天或秋天，开出一丛丛小白花或小紫花，有股淡雅的香，观赏性极佳。此外，甜叶菊具有净化空气的能力，可吸收一氧化碳、甲醛等有害气体。

甜叶菊为一种富含甜菊糖苷的菊科甜叶菊属植物，其甜度是蔗糖的 300 倍 ，而热量仅为蔗糖的 1/300。作为天然甜味剂的甜菊糖苷因味美安全、甜度高热量低，可降低糖尿病、高血脂和高血压等的发病率，是一种深受饮料、食品、医药和日用化工等用糖行业欢迎的新糖源。因其拥有巨大经济效益和药用潜力价值，甜叶菊日益受到人们的关注。

1500 多年前，南美人民就开始种植甜叶菊，巴西和巴拉圭将甜叶菊用于甜茶和医药也有很久的历史。1899 年，瑞士植物学家详细地描述了甜叶菊植物学特性与甜味。1931 年法国化学家分离出了甜叶菊糖苷。1971 年，日本的一家公司开始生产商用甜叶菊甜味剂。1977 年我国由南京中山植物园从日本引进甜叶菊，1978 年试种成功，已在 20 多个省份进行了栽培，栽培面积已经超过了 2 万 hm^2，占据全球市场的 80% 以上，目前是全球最大的甜菊糖苷生产与出口国（曹芳 等，2009）。2004 年 7 月世界联合卫生组织正式通过允许甜叶菊糖苷在世界范围内通用的决议（Hsu et al.，2002），为甜叶菊糖苷的安全性提出了有利的证明。目前，甜菊糖已被广泛应用于食品、饮料和医药等行业，是新型糖源植物。

（陈叶）

Strobilanthes 马蓝

爵床科马蓝属（*Strobilanthes*，又名紫云菜属）多年生草本或灌木。属名 *Strobilanthes* 源于希腊语 *strobilos*（球果）和 *anthos*（花）的合成词，指本属植物花序幼年期呈球果状。全球约有 400 种；我国分布 128 种。该属多数植物为热带及亚热带常绿耐阴植物，故少数如红背耳叶马蓝很早就用于观赏。

一、形态特征与生物学特性

（一）形态与观赏特征

多年生草本或灌木。具多枝，茎四棱，常呈“之”字形曲折。叶宽卵形或菱形，长 2.5 ～ 5.5 cm，边缘具圆锯齿，有时不明显。花序顶生或腋生，疏松或紧缩，头状、穗状或聚伞状，部分单生或完全为圆锥花序或排列成顶生或腋生的总状花序；苞片形状变异极大；花冠管圆柱形，于喉部扩大成较短的漏斗状，蓝色、紫色、白色，偶尔黄色。

（二）生物学特性

耐阴喜湿，不耐寒，喜生长于湿润的酸性至中性土壤中。

二、种质资源

马蓝属多数植物都具有园林应用潜力，但目前被广泛应用的只有以下几种。

1. 假紫苏 *S. alternata*

常绿，高 30 ～ 35 cm，茎匍匐。叶卵状披针形，缘具圆齿；深绿色或灰绿色，也常部分呈紫红色。花近白色，不显，花期晚春至夏季（图 1）。不耐寒，只适宜于 0℃以上区域种植。

2. 红背耳叶马蓝 *S. auriculata* var.*dyeriana*

多年生常绿草本或直立灌木。多分枝；茎四棱，明显具沟，疏被硬毛。叶无柄，卵形或倒卵状披针形，顶端渐尖或尾尖，基部收缩提琴形，下延，缘具锯齿，叶背红紫色，叶面常部分呈红紫色。穗状花序腋生，小花密；花冠

图 1　假紫苏（Plantladylin 摄）

图 2　红背耳叶马蓝（Sarahgugle 摄）

图 3　翅柄马蓝（Siddarth Machad 摄）

图 4　球花马蓝

长 3 ～ 4 cm，稍弯曲，堇色（图 2）。可耐 -7℃低温。

3. 翅柄马蓝 *S. atropurpurea*

多年生常绿草本。茎横走，纤细，四棱形，多分枝，节上生根。叶宽卵圆形，先端长渐尖，基部楔形，边缘具圆齿，叶柄上部具翅。穗状花序偏向一侧，常呈“之”字形曲折；花单生或成对；花冠淡紫或蓝紫色，长约 3.5 cm（图 3）。可耐 -4℃低温。

4. 球花马蓝 *S. dimorphotricha*

又名圆苞金足草，曾归于金足草属（*Goldfussia*）。高 30 ～ 50 cm，有时达 1m 多；茎近梢部常呈“之”字形曲折。叶不等大，椭圆形或椭圆状披针形，大叶长 4 ～ 15 cm，小叶长 1.3 ～ 2.5 cm，先端渐尖，基部渐窄，边缘有锯齿，两面有不明显的钟乳体。头状花序近球形，有 2 ～ 3 花，为苞片所包覆，1 ～ 3 个生于花序轴梗上；苞片近圆形或卵状椭圆形，长 1.2 ～ 1.5 cm；花冠紫红色，长约 4 cm，稍弯曲（图 4）。

分布于长江以南各地，西安可露地越冬。

5. 无柄马蓝 *S. sessilis*

高约 60 cm，茎直立，少分枝，四棱形，全株被硬毛。叶无柄，卵形，长 3 ～ 6 cm，宽 2.5 ～ 3.5 cm，先端锐尖，基部心形，密被糙伏毛。花序顶生或腋生，小花多数；苞片卵形，黄绿色至红紫色；花冠蓝紫色，长 2.5 ～ 3 cm，瓣缘呈波状（图 5）。

图 5　无柄马蓝（Vipin Baliga 摄）

产印度（Josekutty et al.，2018）。

三、繁殖与栽培管理技术

（一）播种繁殖

春播。

（二）分株和扦插繁殖

春季至初夏进行分株，常规方法。

扦插于秋季进行，选取健壮无病的枝条，剪成带有 2 ～ 3 节的插穗。扦插基质需疏松，开

5 cm 沟后，将插穗均匀摆放其中，覆土浇水。冬季注意保温保湿（董长根 等，2013）。

（三）园林栽培

1. 土壤

适应性较强，但喜微酸性至中性、透水性好的土壤。

2. 水肥

喜肥沃的中等至湿润土壤，生长期应保持基质湿度，夏季高温干燥时，及时补充水分。根据基质肥力适当追肥。

3. 光照

喜半阴环境，长期全光照下，叶片失去水润感，故应种植于疏林下等处。

4. 修剪及越冬

入冬前剪除地上枯枝叶。除球花马蓝外，其余种均不耐寒，冬季可根据不同种类及立地条件进行适当保护。

四、价值与应用

耐阴性强，叶翠绿或多彩，常用于庭院和花境中的半阴处，也可作林下地被，部分种用作观叶盆栽。

属内一些种作为传统中药紫云菜或南板蓝根用，具有清热定惊、止血的功效，可用于治疗感冒发热、热病惊厥和外伤出血等症。

（李淑娟）

Symphyotrichum 联毛紫菀

菊科联毛紫菀属（*Symphyotrichum*）一年生或多年生植物。园林常称荷兰菊；曾归属于紫菀属（*Aster*），现修订为一个独立的属。全球有98种，主要分布于北美洲，南美洲、欧洲和亚洲也有少量分布；我国有3种。在英国，该属一些种的盛花期在9月29日前后，也就是米迦勒节（Michaelmas Day）前后，因此得名米迦勒菊（Michaelmas daisy）。

一、形态特征与生物学特性

（一）形态与观赏特征

株高30～80 cm。根直立或具根状茎。茎直立，多分枝，被稀疏短柔毛。叶片椭圆形或披针形，偶心形，全缘或有锯齿。头状花序多数，通常成圆锥状、总状或复伞房状；总苞片近等长；花序托呈蜂窝状；缘花舌状，粉红色或蓝紫色；盘花管状，两性，结实。瘦果倒卵形或倒圆锥形，无毛或具短糙伏毛，具棱；冠毛宿存，白色至褐色（图1、图2）。花期7～9月，果期8～10月。

（二）生物学特性

喜温暖、夏季凉爽、湿润和阳光充足环境，适应性强，抗寒，耐旱，喜肥沃、排水良好的砂壤土或腐叶土。生长适温16～26℃。

二、种质资源与园艺品种

景观中广泛应用的主要包括美国紫菀（*S. novae-angliae*）、联毛紫菀（*S. novi-belgii*）及柳叶白菀（*S. ericoides*）等，同时也是重要的切花材料（董长根 等，2013；Armitage, 2008；Graham, 2012）。

1. 美国紫菀 *S. novae-angliae*

也称新英格兰紫菀（New England aster）。多年生草本，常丛生状，茎粗壮多毛，株高50～100 cm。叶长披针形或椭圆形，多毛，基部耳状抱茎，全缘。头状花序，密集，排列成圆锥状或伞房状；苞片数层，密被具柄腺体；舌状花40～50枚，紫色、堇紫色或粉色，管状花黄色（图3）。

原产北美洲。原种极少应用，园艺品种众多。‘糖果’（‘Andenken an Alma Pötschke’） 株

图1　钻叶紫菀（*S. subulatum*）的花（寻路路 摄）

图2　钻叶紫菀的果（寻路路 摄）

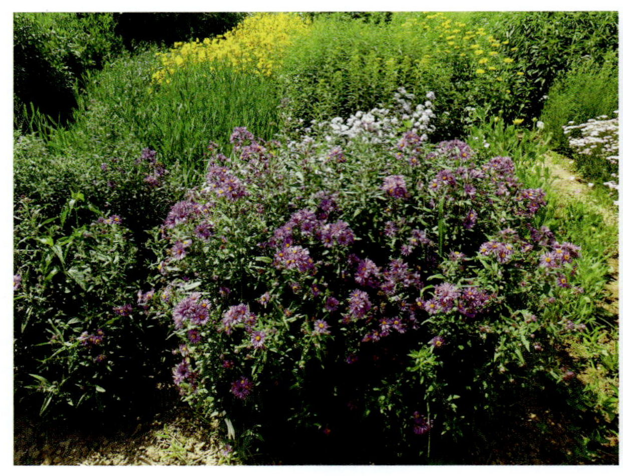

图 3 美国紫菀

图 4 ‘糖果’

图 5 ‘巴尔粉’

图 6 ‘巴尔紫’

高 60 ～ 120 cm。花玫红色，艳丽，花径 3 cm（图 4）。植株较高者花期需支撑。

‘巴尔粉’（‘Barr's Pink’） 株高 90 ～ 120 cm，直立性较好。花玫红色，半重瓣性，花径 4 cm（图 5）。

‘巴尔蓝紫’（‘Barr's Violet’） 与‘巴尔粉’习性相似，花蓝紫色（图 6）。

‘哈林顿粉’（‘Harrington's Pink’） 株高 120 ～ 150 cm，直立性较好。花鲑粉色，花径 4 cm（图 7）。一直很受欢迎的品种。

‘Honeysong Pink’ 株高 90 cm，直立性较好。花粉色，花心亮黄色，花径 4 cm（图 8）。对湿热的耐受力较强。

‘紫色穹顶’（‘Purple Dome’） 株高 45 ～ 60 cm，株型紧凑。深紫色花朵大而艳丽（图 9）。耐贫瘠，在高湿环境中易感病。

‘九月红宝石’（‘September Ruby’） 株高 90 ～ 150 cm。花深宝石红色（10）。花期 5 ～ 6 月，花后去头后，初秋可出现二次花。

2. 联毛紫菀（荷兰菊）*S. novi-belgii*

也称纽约紫菀（New York aster）、米迦勒菊或新比利时紫菀（New Belgium aster）。株高 30 ～ 80 cm。与美国紫菀的主要区别在于，叶片光滑无毛，舌状花只有 15 ～ 20 枚（图 11）。

原产北美东部（包括纽约一带，而此处曾名新比利时（New Belgium，这也是其种加词的由来）。该种及其品种早在 18 世纪 20 年代就应用于欧洲花园，是广义紫菀属中最早被开发的花园植物，有多位著名园艺学家参与育种，经久不衰，故园艺品种众多。联毛紫菀最大的缺点是易感白粉病，故抗白粉病就成为育种者的主要育种目标之一（Armitage, 2008；Graham, 2012）。

图 7 ‘哈林顿粉’

图 8 ‘Honeysong Pink’

图 9 ‘紫色穹顶’

图 10 ‘九月红宝石’

图 11 联毛紫菀

图 12 ‘话匣子’

图 13 ‘理查德’

图 14 ‘詹妮’

Armitage A. M. 将联毛紫菀的品种按株高分为小型、中型和大型。

（1）小型品种

株高低于 40 cm 的品种，数量最多的类型。

‘话匣子’（‘Chatterbox’） 株高约 35 cm，花朵粉红色，花径 5 cm。呈密实的丘状（图 12）。

‘理查德’（‘Heinz Richard’） 株高 30 cm，株型紧凑，花朵密集，鲑粉红（图 13）。

‘詹妮’（‘Jenny’） 株高 30 ～ 40 cm。花深宝石红色（图 14）。

还有其他各色品种（图 15）。

（2）中型品种

株高 41 ～ 120 cm，多用于切花生产，也有很好的花园效果。

‘红锦缎’（‘Crimson Brocade’） 株高约 90 cm，花深玫红色（图 16）。

图 15 小株型联毛紫菀品种
注：A.‘Yomarie III’；B.‘Puff White’；C.‘Peter III’
D.‘Magic Purple’。

‘帕特丽夏’（‘Patricia Ballard’） 株高 60～90 cm，花朵蓝紫色，半重瓣（图 17）。

‘覆盆子旋涡’（‘Raspberry Swirl’） 株高 60～90 cm，舌状花为瑰丽的深玫红色，盘状花金黄色（图 18）。

‘丘吉尔’（‘Winston S. Churchill’） 株高 60～90 cm，花朵紫红色，直立性较好（图 19）。

（3）大型品种

株高高于 120 cm 的品种。花朵繁密，主要用作切花。植株过高而需要支撑，适宜北方种植。

‘摩天大厦’（‘Skyscraper’） 株高 120～180 cm，舌状花淡蓝紫色，盘状花亮黄色（图 20）。

‘白衣女郎’（‘White Ladies’） 株高 150～180 cm，花朵纯白色，花心黄色或橙黄色（图 21）。

3. 柳叶紫菀 *S. ericoides*

又名白翠菊。丛生状，根茎具诱人浓香。茎细长有分枝，被细毛，具有匍匐茎和小根。叶线形，先端尖，全缘，无柄，具粗大中脉。舌状花白色，花心黄色（图 22）。

分布于加拿大及美国北部干燥开阔处。具紫色、淡紫色或紫粉色品种（图 23），主要用作插花材料，在花园中也有较好的表现。根粉是急救止血剂，植株可烟熏或置于陷阱中引诱猎物。（Armitage, 2008；Graham, 2012）。花期极易倒伏，故需支撑；抗白粉病。

图 16 ‘红锦缎’

图 17 ‘帕特丽夏’

图 18 ‘覆盆子旋涡’

图 19 ‘丘吉尔’

图 20 ‘摩天大厦’

图 21 ‘白衣女郎’

图 22 柳叶白菀植株及花期

图 23 柳叶白菀品种

注：A.‘Blue Star’；B.‘Lovely’；C.‘Pink Star’；D.‘Snow Flurry’。

三、繁殖与栽培管理技术

（一）播种与扦插繁殖

一般采用播种、扦插和分株繁殖。种子易自播，易出苗，也易出现变异，故生产中少用。分株是最有效的繁殖方式，多于初春进行。扦插繁殖于春季进行，以萌发的新梢为插穗，较易生根（Armitage, 2008；Graham, 2012）。

（二）园林栽培

1. 土壤

喜中性至微碱性排水良好的土壤。

2. 水肥

种植前在土壤内掺入腐熟的堆肥，生长期内可增施化肥或液肥，盆栽苗可施用缓效肥料。植株的高度与栽培土壤有关，通常在排水好的砂壤土中较矮，而在肥沃湿润的土壤中较高，超过 60 cm 的植株，可立桩保护。根系较浅的品种，在栽培土壤的表面覆盖一层树皮屑，对保持土壤湿度有益。

3. 光照

喜光，不用遮光处理。

4. 修剪及越冬

春夏勤除草，浅松土以免伤根。植株耐寒性强，冬季不用特殊处理。

（三）病虫害防治

植株在干燥、通风不畅的情况下易感染白粉病和褐斑病，需用杀真菌剂防治。

四、价值与应用

联毛紫菀多直立，花期在夏末秋初；其繁密的头状花序及坚挺的花枝，很早就成为切花材料，经久不衰；现在也是花境等景观中不可或缺的夏秋季开花植物材料。性强健，品种多，形态多样，花色丰富，花朵繁密。低矮品种适合布置花坛、花境或路边栽培观赏，也可作地被（图 24、图 25）；中高品种适宜种植于景观中后部，或作夏秋焦点植物或作背景材料，多数品种花枝可作切花材料。

图 24 联毛紫菀品种用作地被

图 25 美国紫菀景观应用

（李淑娟 赵瑜）

Symphytum 聚合草

紫草科聚合草属（*Symphytum*）多年生草本植物，通常被称为紫草。全球 35 种，原产高加索至中欧地区；现在世界各地均有栽培，我国栽培 1 种。1973 年朝鲜将其作为珍贵礼物送给中国，从此开始引种栽培，并逐渐推广到全国多个地区。

一、形态特征与生物学特性

（一）形态与观赏特征

有硬毛或糙伏毛。基生叶通常 50 ～ 80 片，最多可达 200 片，具长柄，叶片带状披针形、卵状披针形至卵形，无柄。镰状聚伞花序在茎的上部集呈圆锥状，无苞片；花萼 5 裂至 1/2 或近基部，裂片（裂齿）不等长；花冠筒状钟形，颜色为淡紫红色至白色，稀为黄色；雄蕊 5，着生于喉部，不超出花冠檐，花药线状长圆形；子房 4 裂，花柱丝形，通常伸出花冠外；雌蕊基平。小坚果卵形，通常有疣点和网状皱纹，边缘常具细齿（图 1）。

图 1　聚合草花部特写（吴棣飞 摄）

（二）生物学特性

适应地域较广，既耐寒又抗高温。对土壤要求不严格，除盐碱地、瘠薄地以及排水不良的低洼地外，一般土地均可种植。抗性强，适应性广，耐移植，在西安可露地生长 10 年以上。既喜阳也耐阴，营养生长期需光照充足，但也很耐

图 2　聚合草园林应用

图 3 糙叶聚合草

阴，在果园或林下间种，也能生长良好（图 2）。植株对水分反应较敏感，苗挖离土地骤蔫，浇水即鲜。

二、种质资源

常见植物主要有聚合草（*S. officinale*）、糙叶聚合草（*S. asperum*）（图 3）、块茎聚合草（*S. tuberosum*）和高加索聚合草（*S. caucasicum*）等。

聚合草 *S. officinale*

高 30 ～ 90 cm，全株被向下稍弧曲的硬毛和短伏毛。根发达、主根粗壮，淡紫褐色。丛生型茎秆数条，直立或斜伸，有分枝。茎中部和上部的叶片较小，无柄。花序含多数花，颜色由淡紫色、紫红色至黄白色，形如垂挂的小灯笼，花期 5 ～ 10 月，可用于花坛、花境的布置。

我国 1964 年和 1972 年先后从日本、澳大利亚、朝鲜引进 3 种聚合草，即日本聚合草、澳大利亚聚合草和朝鲜聚合草。这 3 种的主要区别在基生叶的形态和花色不同。自 1977 年以来，我国大力进行试验推广，栽培面积较大的地区主要集中在长江以北、长城以南，其中四川、湖北、江苏、山东、山西等省栽培较多。聚合草传入中国后，人工培养出了变异的聚合草品种，从淡紫到深紫，从浅黄到白色，各种颜色的聚合草品种相继出现，使得聚合草的观赏性大幅度提高。

三、繁殖与栽培管理技术

（一）播种繁殖

早春宜在温室播种，露地播种可在春季气温稳定在 10℃以上时进行。聚合草种子细小，播种前精细整地。将种子与细沙混合均匀后撒播于苗床，播后覆盖薄土，保持土壤湿润，在适宜的温度和湿度条件下，10 ～ 15 天可出苗。待幼苗长至一定高度后，可进行移栽定植。

（二）分株繁殖

春秋季节较为适宜。将生长健壮的聚合草植株连根挖出。按照芽点将植株分割成若干小株，每小株需带有一定数量的根系和叶片，然后将分株直接定植于准备好的种植地。

（三）切根繁殖

早春或秋季为宜。选择粗壮、无病虫害的聚合草根，切成 3 ～ 5 cm 长的根段。将根段埋入整理好的苗床或种植地，行距 30 ～ 40 cm，株距 10 ～ 15 cm，覆土 3 ～ 4 cm，保持土壤湿润。

（四）茎段扦插

以春季和秋季为佳。选取生长健壮、无病虫害的聚合草枝条，剪取带有 2 ～ 3 个节的茎段作为插穗，去掉下部叶片，保留上部叶片。将插穗插入疏松、湿润的苗床或基质中，扦插深度为插穗长度的 1/2 ～ 2/3，株行距 5 ～ 10 cm。插后保持土壤湿润，适当遮阴，10 ～ 15 天即可生根成活，待新苗长到一定高度时可进行移栽。

（五）露地栽培

1. 基质

聚合草对土壤的适应性较强，但以排水良好、土层深厚、肥沃的壤土或砂壤土为佳。在黏土、酸性土、盐碱土中也能生长，但生长状况可能会受到一定影响。一般来说，栽培聚合草的土壤 pH6.5 ～ 7.5 较为适宜。

2. 水肥

聚合草具有一定的耐旱能力，但在生长期间需要充足的水分供应。在苗期要保持土壤湿润，促进幼苗生长。成株期在干旱季节要及时灌溉，以保证植株的正常生长和发育。但也要注意避免积水，否则容易导致烂根。聚合草是喜肥植物，基肥以有机肥为主，如腐熟的厩肥、堆肥等。在生长期间，需要进行追肥，以氮肥为主，配合磷、钾肥。每次收割后，结合浇水追施尿素，以促进再生。

3. 光照

短日照植物，喜欢阳光充足的环境，但也具有一定的耐阴性。在阳光充足的条件下，植株生长健壮，叶片肥厚，产量高。在半阴环境下也能生长，但生长速度和产量会有所降低。

（六）病虫害防治

聚合草病虫害较少，主要有褐斑病、立枯病、根腐病和地老虎、蛴螬等。病害可通过轮作、合理密植、加强田间管理等措施预防；发病初期，可用多菌灵、百菌清等药剂喷雾防治。虫害可采用毒饵诱杀或药剂灌根等方法防治。在生长后期发现有少量的褐斑病和根腐病发生时，要及时挖除病株，进行深埋或烧毁；也可用多菌灵 500 倍液、波尔多液 200 倍液喷洒，控制病菌发展。

四、价值与应用

聚合草生于山林地带，适宜地域较广，适应性强，花色丰富多变，香气清新，其叶片肥大深绿，观赏性强，虽不耐践踏，但聚合草再生能力强，修剪或者践踏后，再生株叶大、色绿，可形成良好的地被层。值得一提的是，聚合草在荫蔽条件下生长良好，可以有效地解决因荫蔽度高而造成的黄土裸露现象。生长迅速，枝叶繁茂，对于保持水土、防止土壤侵蚀有一定的作用，具有较高的生态价值。

聚合草属植物的提取物在一些天然产物研究和开发中具有潜在的应用价值。聚合草在草药医学中被认为具有清热解毒、祛风止痒、消肿止痛等功效，但其具体的药用效果还需要进一步的科学研究验证。是优质的畜禽饲料作物，具有产量高、利用期长、适口性好等特性。

（任梓铭　夏宜平）

Syneilesis 兔儿伞

菊科兔儿伞属（*Syneilesis*）多年生草本植物。俗名破伞菊，缘于其掌状深裂的叶片形态。全球有7种，分布于我国、日本及韩国；我国有4种。人们将其用于花园，不是为了观花，而是观赏那毛茸茸的嫩叶和成熟叶片如破伞般奇特的形态。

一、形态特征与生物学特性

（一）形态与观赏特征

基生叶盾状，掌裂，具长叶柄，幼时被密卷毛，叶片在开展前子叶内卷；茎生叶互生，少数（图1、图2）。头状花序盘状，无舌状花，多数在茎端排列成伞房状或圆锥状花序；小花花冠淡白色至淡红色，两性，结实。

（二）生物学特性

喜凉爽阴湿的环境，耐寒性强，成熟植株亦耐一定干旱，喜生长于阳光斑驳的潮湿且疏松肥沃的砂壤土或壤土中（Armitage, 2008；Graham, 2012；董长根 等，2013）。

二、种质资源

仅有2种应用于园林。

1. 兔儿伞 *S. aconitifolia*

根状茎短，横走。茎高80～150 cm，分枝或不分枝。基生叶近圆形，叶径20～30 cm，具长柄，掌状深裂，裂片7～9，再2～3裂，小裂片线状披针形，宽4～8 mm；幼时反折呈闭伞状，被密蛛丝状茸毛，后开展成伞状，变无毛，光亮；茎生叶少，线状披针形。头状花序多数，在长茎顶端密集成复伞房状；花冠粉白色（图3、图4）。花期6～7月。

广布于我国除西藏及新疆外的地区。

图1　台湾兔儿伞的幼叶（*S. hayatae*）（葉子 摄）

图2　兔儿伞的叶片

图 3　兔儿伞

图 4　兔儿伞花序

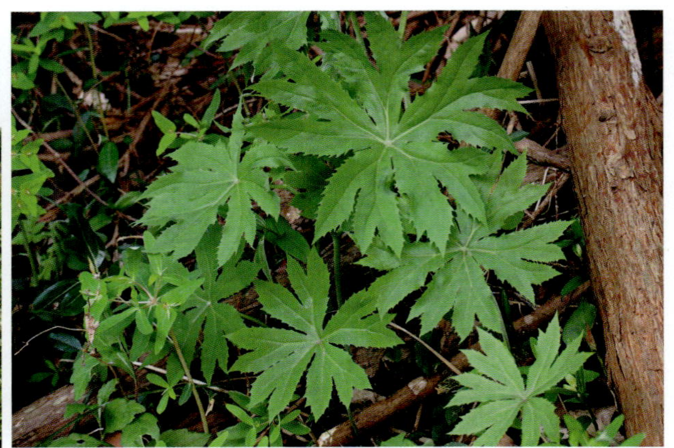

图 5　掌裂兔儿伞（Harum Koh 摄）

2. 掌裂兔儿伞 *S. palmata*

与兔儿伞的区别在于基生叶的小裂片较宽，大于 1 cm；茎生叶较多，掌裂，向上渐小；总花序分枝较少（图 5）。花期 7 ～ 10 月。

分布于日本和朝鲜半岛。

三、繁殖与栽培管理技术

（一）播种繁殖

春播或秋播均可。种子萌发需经一段时间低温，故秋季直播于户外，翌年春季 4 月可自行萌发；4 ～ 5 月春播，则需低温沙藏后播种，约 10 天萌发。

（二）根插或分根繁殖

休眠期挖取根茎扦插，或于春季挖出横走的地下茎，分切成具有 2 ～ 3 芽的段，另行种植即可。

（三）园林栽培

1. 土壤

喜排水良好、肥沃的腐殖质土或砂质土，其他土质则需改良，透水性要好。

2. 水肥

喜湿润，但忌积水，根系建立后，也耐旱。故生长期宜保持土壤处于中等至湿润状态，过旱时再补充水分；雨季应注意排水。可于春季萌发后及花后各追肥一次，复合有机肥即可。

3. 光照

喜半阴环境，以疏林下或斑驳阳光处为佳，若全光条件种植，干热的夏季宜遮光 50%。

4. 修剪及越冬

入冬前剪除地上枯枝。耐寒性强，一般冬季无须保护，东北等冬季极冷地区可适当做地面覆盖防护。

（四）病虫害防治

高温多雨时，有根腐病发生，根部腐烂，地上茎枯萎。防治方法：雨后及时排水；清除病株并烧毁，用石灰粉或 1% 硫酸亚铁对病穴进行消毒；时有蛴螬、蝼蛄、地老虎等危害，可人工捕杀或用毒饵诱杀（沈莉，2009）。

四、价值与应用

兔儿伞以其毛茸茸银伞般的掌状幼叶征服了无数人，是极好的林下耐阴植物。可丛植于林缘、疏林下、背阴墙垣或庭院树下，早春总会给人们带来惊喜。

一直作为传统中药种植，具有祛风湿、舒筋活血、止痛的功效。

（李团结　李淑娟）

Tacca 蒟蒻薯

薯蓣科蒟蒻薯属（*Tacca*）多年生草本。1775 年由 J. R. Forster 和 J. G. A. Forster 建立，属名是根据印度尼西亚摩鹿加群岛上的土著居民对该属植物的名称 Taka 而命名。全球约 15 种，全产热带地区；我国有 3 种，产西南部、海南和台湾。

一、形态特征

具圆柱形或球形的根状茎或块茎。叶全部基生，全缘或羽状分裂至掌状分裂；叶脉羽状或掌状。伞形花序顶生；总苞片 2 ～ 6（～ 12），小苞片线形或缺；花被钟状，上部 6 裂，裂片近相等或不相等，宿存或脱落；雄蕊 6，花丝短，顶部兜状或勺状；子房下位，1 室或不完全的 3 室，侧膜胎座 3，花柱短，柱头 3 瓣裂，常反折而覆盖花柱。果为浆果；种子多数，肾形、卵形至椭圆形，有条纹（图 1）。

二、种质资源

1829 年由 Dumortier 第一次将其提升到科的水平，当时只有模式属 *Tacca*。1881 年 Hance 根据水田七果实开裂的性状，建立了该科植物的第二个属裂果薯属（*Schizocapsa*），并沿用至今。1928 年 Limpricht 等人也对本科植物进行了研究，也认为本科应分两个属，一个是浆果的蒟蒻薯属，另一个是蒴果的裂果薯属。但 1972 年 Drenth 在系统研究蒟蒻薯科时，认为裂果薯属并不存在，并把裂果薯属归并于蒟蒻薯属。2003 年经过修订的 APG Ⅱ将蒟蒻薯属合并到薯蓣科（Dioscoreaceae）中。

1. 箭根薯（老虎须）*T. chantrieri*

根状茎粗壮，近圆柱形。株高约 60 cm。叶片长圆形或长圆状椭圆形，长 20 ～ 50 cm，宽 7 ～ 24 cm。花葶较长；总苞片 4 枚，暗紫色，外轮 2 枚卵状披针形（图 2、图 3）。浆果肉质，

图 1　裂果薯

图 2　箭根薯

图 3　箭根薯花部特写

椭圆形；种子肾形，有条纹，长约 3 mm。花果期 4 ～ 11 月。

分布于越南、老挝、柬埔寨、泰国、新加坡、马来西亚和中国等地；在我国分布于湖南南部、广东、广西、云南等地。生长于海拔 170 ～ 1300 m 的水边、林下、山谷阴湿处，为沟谷热带雨林下阴湿处的标志种。根苦，有毒，药用，但去苦味素后可食。

2. 扇苞蒟蒻薯 *T. subflabellata*

为云南河口 120 ～ 160 m 沟谷雨林特有，它与箭根薯很相似，但其内轮总苞片形状不同，苞片色彩差异也很大。

3. 丝须蒟蒻薯 *T. integrifolia*

分布于巴基斯坦、印度东部、缅甸、泰国、马来西亚，我国仅见于藏东南（墨脱，海拔 800 ～ 850 m 原始林下），滇南也有记录。

4. 裂叶蒟蒻薯 *T. leonpetaloides*

是起源于海岸的植物，果实可漂流多个月，其叶分裂，似魔芋（蒟蒻），块根近球形，我国台湾有栽培，云南蒙自也有标本记录（Hancock，今已不见），在马达加斯加以东到东太平洋岛上常常食用，并大量栽培出售，后来发现有毒才停止食用，现在似乎已在我国绝灭。

5. 水田七 *T. plantaginea*

分布于泰国、老挝、越南至我国云南、贵州、广西、广东、海南、湘南南部、江西南部的南亚热带北缘，生长于海拔 200 ～ 600 m 的水边、沼泽，现多生长在稻田边。性喜雨林边缘潮湿而阳光充足的环境。

三、繁殖与栽培管理技术

（一）播种繁殖

采收成熟种子，洗去果肉，直接播种在苗床上育苗。苗床基质为沙：腐质土 =1 ：1，并经杀菌处理。苗床用塑料拱棚保温保湿，荫蔽度 50%。一般播种 15 天后种子开始萌发，45 天后发芽率可达 90%。种子萌发的最适温度为 25 ～ 30℃，土壤含水量 60% ～ 70%。

（二）组培快繁

本属植物可以以种子、花器官、茎尖作为外植体进行组培繁殖。

种子　用箭根薯成熟种子为材料，培育出无菌幼苗，再用幼叶、叶柄进行试管繁殖。各阶段适宜的培养基分别为种子萌发 MS+6–BA 1 mg/L+NAA 0.1 mg/L、诱导愈伤组织 MS+6–BA 1 mg/L+2,4–D 1.5 mg/L+KT 0.2 mg/L、丛生芽诱导 MS+6–BA 0.5 mg/L+NAA 0.5 mg/L、生根培养 1/2MS+NAA 0.5 mg/L。

花器官　箭根薯雌雄蕊是花器官中诱导愈伤组织较理想的部位，最佳培养基为 MS+ 6–BA 0.5 mg/L + KT 0.2 mg/L + 2,4–D 2 mg/L，愈伤组织分化的适宜培养基为 MS+6–BA 2 ～ 3 mg/L，生根培养的合适培养基为 MS+ NAA 0.3 mg/L。

茎尖　以箭根薯的茎尖为外植体，芽诱导培养基 MS+6–BA 1 mg/L+NAA 0.5 mg/L，增殖培养基 MS+6–BA 0.4 mg/L+NAA 0.05 mg/L，生根培养基 1/2MS+NAA 0.5 mg/L+ 活性炭 0.2%。经炼苗后移栽到腐殖土：珍珠岩 =2 ：1 的混合基质上，30 天后成活率达 95%。

（三）露地栽培

当小苗抽生 4 ～ 5 片叶后，可带土移栽于排水良好、土壤肥沃的园地，浇水遮阴。在热带地区，箭根薯一年四季均可种植成活，种植密度约为 37500 株 /hm^2。栽培基质要求疏松透气，最好垄墒种植，植后浇足定根水，保持基质湿润。移栽 15 天后即可施肥，由于花果期较长，宜在 4 月施 1 次有机肥，5、7、9 月各追施尿素水肥 1 次，6 ～ 8 月各追施复活肥 1 次，10 月结合松土施 1 次有机肥。冬季干旱，应定期浇水，保持基质湿润。

（四）病虫害防治

箭根薯无严重病虫害，主要有小螺蛳和蜗牛啃食叶柄、叶片，可用 800 ～ 1000 倍的杀虫剂防治。在低温干旱季节易感染褐斑病，喷施杀菌剂农药有较好的防效。

四、价值与应用

箭根薯为少见的黑花植物，形与色均如一只展翅的黑蝴蝶，尤为优美，观赏价值较高，1999 年于昆明举办的世界园艺博览会上作为温室参展花卉获得金奖。此外，箭根薯的根状茎还有清热解毒、消炎止痛的功效，是集观赏、药用为一体的珍稀植物，在园林中可用于庭院、道旁、池畔的绿化（图 4）。

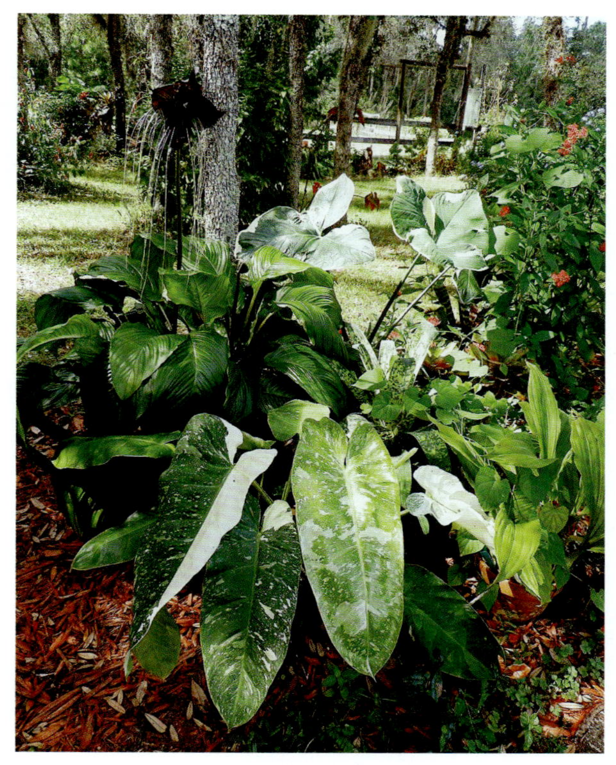

图 4　箭根薯园林应用

（张佳平　夏宜平）

Tanacetum 菊蒿

菊科菊蒿属（*Tanacetum*）多年生草本或半灌木。该属有163种，分布于北半球亚热带地区；我国有7种。其中最有价值、常见观赏栽培的是红花除虫菊（*T. coccineum*）和白花除虫菊（又名除虫菊，*T. cinerariifolium*）。随着不断选育和改进栽培技术，除虫菊在我国主产区云南玉溪、红河等地的花期除春季3～6月，温度适宜时秋季仍可继续开花。多年生单株花朵数可达数百朵甚至上千朵，花径、花型和株型也多种多样。

一、形态特征与生物学特性

（一）形态与观赏特征

叶互生，羽状或二回羽状分裂，被弯曲的长单毛、叉状分枝的毛或无毛。头状花序异型，单生茎顶；或茎生少数头状花序，排成不规则伞房花序；或头状花序多数，在茎枝顶端排成规则伞房花序。边花1层或2层，雌性，舌状，中央两性花管状。总苞浅盘状，总苞片3～5层，草质或厚草质，边缘白色或褐色或黑褐色膜质。花托突起，无托毛，少数种有托毛，托毛易脱落。舌状花白色、红色、黄色，舌片卵形、椭圆形或线形。管状花黄色，有短管部，上半部微扩大或突然扩大，顶端5齿裂。花药基部钝，顶端附片卵状披针形或宽披针形。花柱分枝线形，顶端截形。瘦果圆柱状或三棱状圆柱形，有5～10（～12）条突起的椭圆形纵肋；边缘雌花瘦果的肋常集中于腹面。冠毛冠状，冠缘浅裂或分裂至基部，或瘦果背面的冠缘分裂至基部，或冠缘锯齿状（图1）。

图1　除虫菊花枝

（二）生物学特性

除虫菊喜温暖、湿润环境，适宜在海拔1400 m以上地区种植。除虫菊耐贫瘠、怕过多的水分，适应性比较强，适合生长在寒冷、干燥的地方，且在土层深厚、肥沃疏松、排水良好的砂壤土或者微碱性壤土生长较好。

二、种质资源

最早记载的是生于原南斯拉夫一带，亚得里亚海沿岸及其附近岛屿上的达尔马提亚除虫菊（Grdisa et al., 2013），从1854年开始在达尔马提亚沿海地区广泛栽培。克罗地亚的野生除虫菊种群主要分布在地中海东部较干旱的草原以及伊斯特里亚（Istria）南部、科瓦内尔岛（Kvarner）、韦莱比特（Velebit）和比奥科沃（Biokovo）山脉及达尔马西亚沿海及岛屿（Grdiša et al., 2009）。在很多克罗地亚家庭和农业生产中，除虫菊的粉末被用来防治蚊虫和作物害虫。我国大部集中在新疆，主要栽培种为白花除虫菊、红花除虫菊2种。

1. 白花除虫菊 *T. cinerariifolium*

多年生草本，株高 17～60 cm。根状茎短。茎直立，单生或少数茎成簇生，不分枝或自基部分枝，银灰色，被贴伏的“丁”字形或顶端分叉的短柔毛。基生叶花期生长，卵形或椭圆形，长 1.5～4 cm，宽 1～2 cm，二回羽状分裂。一回为全裂，侧裂片 3～5 对，卵形或椭圆形；二回为深裂或几全裂，裂片全缘或有齿。中部茎叶渐大，与基生叶同形并等样分裂。向上叶渐小，二回羽状或羽状分裂或不裂。具叶柄，基生叶柄长 10～20 cm，中上部茎叶的叶柄长 2.5～5 cm。叶两面银灰色，被贴伏压扁的“丁”字形及顶端分叉的短毛。头状花序单生茎顶或茎生 3～10 个头状花序，排成疏松伞房花序。总苞直径 12～15 mm。总苞片约 4 层。外层披针形，几无膜质狭边，中内层披针形至宽线形，边缘白色狭膜质。全部苞片硬草质，外面有腺点及短毛，外层的毛较多。舌状花白色，舌片长 12～15 mm，顶端平截或微凹。瘦果，有 5～7 条椭圆形纵肋，舌状花瘦果的肋常集中于瘦果腹面。冠状冠毛，边缘浅齿裂。花果期 5～8 月（图 2）。

原产欧洲。栽培药用，主要用作农业杀虫剂。我国 20 世纪 20 年代开始引种栽培。现在，陕西、山东、黑龙江、吉林、辽宁、江苏、浙江、安徽、江西、湖南、四川、广东、云南都有栽培。此种已成为多年驯化的栽培种。

图 2　白花除虫菊

图 3　红花除虫菊

注：A. 红花除虫菊；B. 红花除虫菊粉花变异株。

图 4　红花除虫菊（Maria Spasibenok 摄）

2. 红花除虫菊 *T. coccineum*

多年生草本，株高 25～50 cm。根状茎短。茎直立，单生。基生叶花期生长，卵形或长椭圆形，长 4～8 cm，宽 2.5～4 cm，叶柄长 2～10 cm，二回羽状分裂。一回为全裂，侧裂片 4～8 对，长椭圆形；二回为深裂，裂片边缘有锯齿。茎中部叶小，与基生叶同形，并等样分裂，无柄或几无柄。头状花序下部的叶更小，常羽状全裂。全部叶末回裂片椭圆形、长椭圆形或斜三角形，两面有稀疏的毛或无毛。头状花序单生茎顶或茎生 2 个头状花序。总苞宽 10～15 mm。总苞片约 4 层。外层披针形，被短毛或无毛。中内层长椭圆形至线状倒披针形，无毛。全部苞片边缘浅褐色膜质。舌状花红色，舌片长约 16 mm，长椭圆形，顶端 2～3 齿裂。瘦果，有 5～8 条椭圆形纵肋。冠状冠毛，边缘钝浅裂。花果期 5～10 月。

原产高加索。我国引种栽培，全草可作杀虫剂。此种已成为多年驯化的栽培种，花色上稍有粉色的变化（图 3 至图 8）。

3. 菊蒿 *T. vulgare*

多年生草本，株高 30～150 cm。茎直立，

图 5　红花除虫菊‘杜罗’

图 6　红花除虫菊‘罗宾逊粉’

图 7　红花除虫菊‘罗宾逊红’

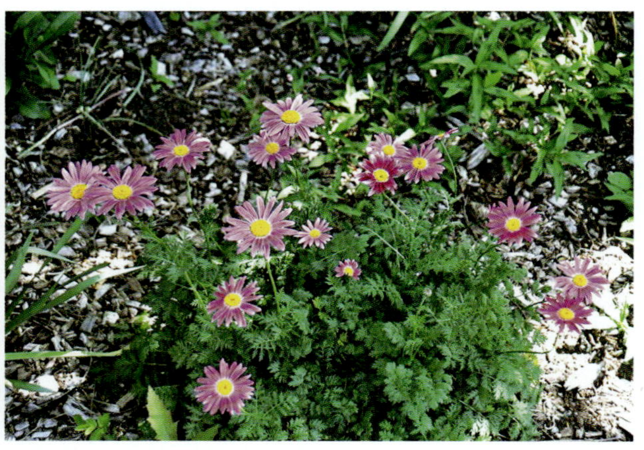

图 8　红花除虫菊‘罗宾逊玫红’

单生或少数茎成簇生，仅上部有分枝，有极稀疏的单毛，但通常光滑无毛。茎叶多数，全形椭圆形或椭圆状卵形，长达 25 cm，二回羽状分裂。一回为全裂，侧裂片达 12 对；二回为深裂，二回裂片卵形、线状披针形、斜三角形或长椭圆形，边缘全缘或有浅齿或为半裂而赋予叶为三回羽状分裂。羽轴有节齿。下部茎叶有长柄，中上部茎叶无柄。叶全部绿色或淡绿色，有极稀疏的毛或几无毛。头状花序多数（10 ～ 20 个）在茎枝顶端排成稠密的伞房或复伞房花序。总苞直径 5 ～ 13 mm。总苞片 3 层，草质。外层卵状披针形，中内层披针形或长椭圆形。全部苞片边缘白色或浅褐色狭膜质，顶端膜质扩大。全部小花管状，边缘雌花比两性花小。瘦果。冠状冠毛，边缘浅齿裂。花果期 6 ～ 8 月（图 9、图 10）。

黑龙江及新疆（阿尔泰、天山）等地有分布。生于山坡、河滩、草地、丘陵地及桦木林下，海拔 250 ～ 2400 m。北美、日本、朝鲜、蒙古、俄罗斯中亚地区及欧洲也有分布。

茎及头状花序含杀虫物质，可作杀虫剂。

4. 大叶菊蒿 *T. macrophyllum*

株高 100 ～ 150 cm。根状茎密集，抽生立茎。茎直立，不分枝。叶片一回羽状深裂，卵形至椭圆形，长约 20 cm，裂片 5 ～ 6 对，小裂片具深锯齿，叶背具茸毛和腺点。头状小花直径约 13 mm，40 ～ 100 朵密集成伞房状，舌状花暗白色，管状花淡黄色（图 4、图 5）。花果期 4 ～ 7 月。似蓍草，在阳光或阴凉处和任何土壤中均可茁壮成长。

原产欧洲南部、高加索及亚洲西南部的林地和高大的草丛中（图 11、图 12）。

5. 岩菊蒿 *T. scopulorum*

多年生草本，高达 35 cm，有分枝的根状茎。茎直立，上部有花序分枝。茎单生或少数

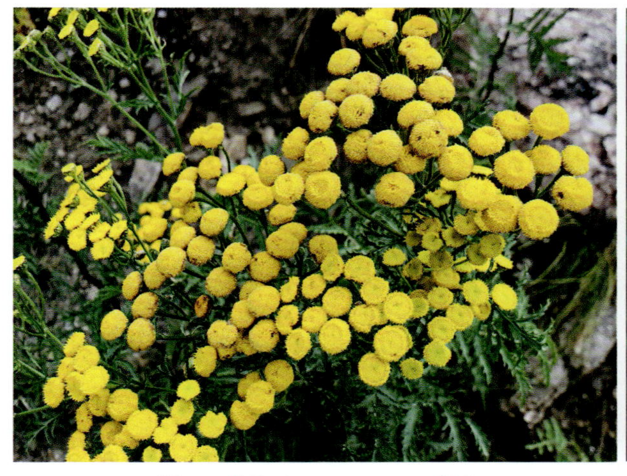

图 9　菊蒿（Alex Harman 摄）

图 10　菊蒿花序（丘群光 摄）

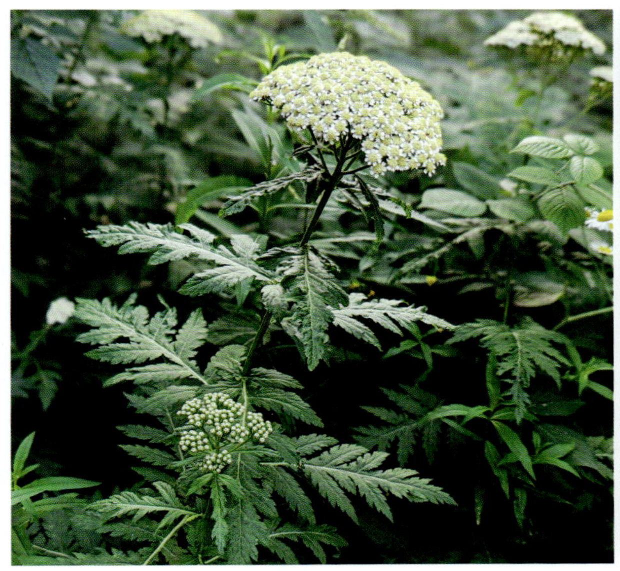

图 11　大叶菊蒿（Jakob Fahr 摄）

图 12　大叶菊蒿花序（Jakob Fahr 摄）

茎成簇生，有稠密的或稀疏的“丁”字形毛或单毛。基生叶线状长椭圆形或椭圆形，长 4 ～ 8 cm，宽 1 ～ 2 cm，二回羽状分裂，一、二回全部全裂或二回为浅裂。末回裂片卵状披针形或斜三角形。叶柄长达 2 cm。茎生叶少数，无柄。下部茎叶二回羽状分裂，二回为半裂或深裂。有时下部茎叶羽状分裂，裂片边缘全缘或有单齿。最上部茎叶羽状分裂或基部羽状分裂。全部叶绿色或淡灰白色，有较多或稍多的单毛或“丁”字形毛。茎生头状花序 3 ～ 6 个，排成不规则的疏散伞房花序，花梗长 1 ～ 8 cm。总苞片硬草质，约 4 层。外层披针形，中内层长椭圆形至线状长椭圆形。全部苞片有长或短毛，顶端白色膜质扩大。边缘雌花管状，多少向舌状花转化，顶端 3 ～ 4 齿裂。瘦果，约有 8 条椭圆形纵肋。冠状冠毛，边缘不规则齿裂。花果期 6 ～ 8 月。

分布于我国新疆（阿尔泰山区）。生于山坡。俄罗斯中亚地区也有分布。

6. 密头菊蒿 *T. crassipes*

多年生草本，株高 20 ～ 60 cm，有短根状茎分枝。茎单生，或少数茎成簇生，仅上部有极短的花序分枝，有稀疏的“丁”字形毛和单毛。基生叶长 8 ～ 15 cm，宽 2 cm，长椭圆形，二回羽状分裂，一、二回全部全裂。一回侧裂片 10 ～ 15 对；末回裂片线状长椭圆形。叶柄长 3 ～ 5 cm。茎叶少数，与基生叶同形并等样分裂，但无柄。

全部叶绿色或暗绿色，有贴伏的“丁”字形毛及单毛。头状花序 3 ～ 7 个，在茎顶密集排列，花梗增粗，长 0.5 ～ 1.5 cm。总苞直径 0.7 ～ 1（1.4）cm。总苞片 3 ～ 4 层，硬草质。中外层披针形，内层线状长椭圆形。全部苞片外面有单毛，仅顶端光亮膜质扩大。边缘雌花有时由管状向舌状转化。瘦果，有 5 ～ 8 条椭圆形突起的纵肋。冠状冠毛，边缘有细齿。花果期 6 ～ 8 月。

分布于我国新疆（阿尔泰山区）。生于石质山坡、草原、针叶林带，海拔 2100 m 左右。俄罗斯中亚地区也有分布。

7. 伞房菊蒿 *T. tanacetoides*

多年生草本，株高 20 ～ 85 cm，有短分枝的根状茎。茎单生或少数茎成簇生，直立，仅上部有花序分枝，被稀疏的“丁”字毛及单毛。基生叶长达 10 cm，宽达 2.5 cm，全形长椭圆形，二回羽状分裂，一、二回全部全裂。一回侧裂片 10 ～ 15 对；末回裂片线形至卵形，全缘或偶有单齿或 3 裂。叶柄长 6 ～ 9 cm。茎叶少数，与基生叶同形并等样分裂，无柄，最上部叶羽状全裂。全部茎叶绿色或灰绿色，有稀疏或稍多的“丁”字形毛或单毛。头状花序 3 ～ 10（18 个）在茎端排成不十分紧密的伞房花序，花梗长 2 ～ 5 cm。总苞片约 4 层，硬草质。中外层三角状披针形至长披针形，内层线状长椭圆形，全部苞片外面有长或短单毛，顶端光亮膜质扩大。边缘雌花通常由管状向具有 3 裂的舌片转化。瘦果，有 6 ～ 8 条椭圆形突起的纵肋。冠状冠毛，边缘齿裂。花果期 6 ～ 8 月。

分布于我国新疆（阿尔泰山）。生于石质山坡，海拔 540 ～ 1800 m。俄罗斯中亚地区也有分布。

8. 散头菊蒿 *T. santolina*

多年生草本，株高 20 ～ 30 cm。茎直立、单生或少数茎成簇生，有短的分枝根状茎，上部有花序分枝。基生叶全形线形或宽线形，长 6 ～ 8 cm，二回羽状分裂。末回裂片椭圆形至椭圆状卵形。叶柄长 4 ～ 8 cm。茎叶少数，与基生叶同形并等样分裂，无柄。全部叶通常灰绿色，有“丁”字形毛及单毛。茎生头状花序 5 ～ 12 个，排列成松散、不规则的伞房花序，花梗不增粗，长 6 ～ 8 cm。总苞片硬草质，约 4 层。外层披针形，边缘膜质极狭，内层线状长椭圆形。边缘雌花管状，通常向舌状花转化而有舌片。瘦果，有 6 ～ 9 条椭圆形突起的纵肋。冠状冠毛，边缘有锯齿或浅裂。花果期 6 ～ 8 月。

分布于我国新疆北部。生于石质山坡或山坡潮湿地，海拔 1100 ～ 2100m。俄罗斯也有分布。

9. 三裂菊蒿 *T. karelinii*

边缘雌花舌状，舌片顶部 3 裂，外层总苞片无膜质狭窄的边缘。总苞直径（8 ～）10 ～ 12（～ 15）mm。

10. 阿尔泰菊蒿 *T. barclayanuzn*

多年生草本，株高 25 ～ 60 cm，有短缩的根状茎分枝。茎单生或少数茎成簇生，直立，通常上部花序分枝。基生叶长椭圆形或线状长椭圆形，长 8 ～ 10 cm，宽 1 ～ 2 cm，二回羽状分裂，一、二回全部全裂。一回侧裂片 10 ～ 18 对；末回裂片线状披针形至卵形。叶柄长达 8 cm。茎叶少数，与基生叶同形并等样分裂，无柄。全部叶绿色或灰绿色，有“丁”字形毛和单毛，毛稀疏或稍多。茎生头状花序 6 ～ 18 个，排列成疏松或疏散的不规则伞房花序，花梗长 0.8 ～ 6 cm，不增粗。总苞直径 7 ～ 12 mm。总苞片硬草质，4 层。外层披针形，顶端白色膜质；中内层长圆形，有狭的白色膜质边缘。边缘雌花常由管状向舌状转变而顶端 3 裂。瘦果，有 7 ～ 9 条椭圆形突起的纵肋。冠状冠毛，边缘全缘或有微齿。花果期 6 ～ 8 月。

分布于我国新疆（阿尔泰山区）。生于山坡灌丛中，海拔 540 ～ 2100 m。俄罗斯也有分布。

11. 二羽菊 *T. bipinnatum*

株高 5 ～ 30（80）cm。茎（有时紫色）分枝，直立、斜升或平卧。叶基生或茎生，卵形、倒卵形或匙形，二至三回羽状复叶，长 7 ～ 25 cm，一回裂片 6 ～ 24 枚，小叶小。头状花序排列成伞房状或单生，小花径 1 ～ 2 cm，花淡黄色或黄色，舌状花极短（图 13）。花期 5 ～ 9 月。

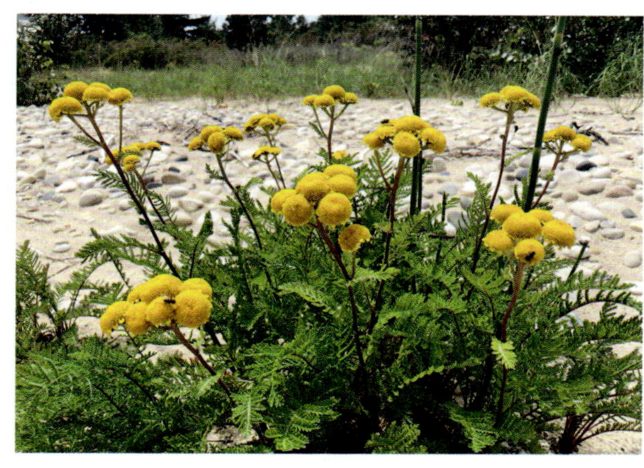

图 13　二羽菊（Kate Wynne 摄）

原生于北美洲钙质土壤的沙丘、沙地及海岸灌丛处。

三、繁殖与栽培管理技术

（一）播种繁殖

除虫菊种植季节性较强，当第 1、2 批花开放时，就可以有计划地留种。当留种的花绿色部分往下发黑到离花朵 6.6 cm 处时，是种子成熟的表现。用刀连秆割下，挂于阴凉通风处，过几天后置于弱光下晒干，避免暴晒，捻出种子，用纸袋或布袋包装保存于干燥通风处。

除虫菊在春秋季均可播种，春播在 3 月下旬至 4 月下旬，秋播在 9 月上旬至 10 月下旬为宜，秋播比春播好，春播每亩种子用量为 250 ～ 300 g。催芽播种或育苗移栽是种好除虫菊的关键。催芽是于播种前 15 天用 35 ～ 40℃的水浸种；育苗时先将育苗床整平，每亩施用农家肥 1000 kg 作底肥，一般常用的农家肥为厩肥、堆肥，要求高温发酵充分腐熟。浇水，待苗床湿润后按每平方米用量为 3 ～ 5 g 均匀地撒上种子，种子表面覆上薄薄的一层细土，15 ～ 20 天即可出苗，待苗高 10 ～ 18 cm 时移栽，不可伤根，不可栽得过深，适宜的栽植深度为 5 ～ 7 cm，移栽后浇透水。

（二）分株繁殖

分株繁殖是先将母株分开再根据生长年限及根的大小分级后带须根进行栽培的方式，可在 9 ～ 10 月或早春植株发芽前进行。选阴雨天，将母株分成 4 ～ 5 株，按每穴 1 株栽植。

（三）扦插繁殖

扦插一般在 3 ～ 4 月进行，选择生长 2 ～ 3 年的母株，把茎切断后插入土内，覆盖秸秆，时常浇水至萌根成活。

（四）组培快繁

利用除虫菊尚未张开的花蕾和种子作为离体培养的外植体，花蕾和种子经过灭菌消毒后，将花蕾接种到花蕾诱导培养基 MS+6-BA 1 ～ 2 mg/L+TDZ 0.1 ～ 0.5 mg/L+IBA 0.1 ～ 0.2 mg/L；种子接种到种子诱导培养基 MS+ GA 0.5 ～ 1 mg/L +TDZ 0.1 mg/L+NAA 0.1 mg/L+ $AgNO_3$ 1 mg/L，将接种好的花蕾和种子摆放到培养室内培养。培养室的温光条件为温度 25℃ ±1℃，光照强度 400 lx，光照时间 14 小时 / 天。培养 20 ～ 30 天以后开始出芽，出芽后得到除虫菊丛生苗，再经过无菌苗增殖以后得到大批量的除虫菊丛生苗，将除虫菊丛生苗转接到生根培养基中，培养得到除虫菊生根苗，经过炼苗后移栽到大田中。

（五）露地栽培

1. 基质

园林栽培采用的基质主要是草炭。

2. 移栽

移栽前苗床淋透水，小苗多带泥土，便于成活。移栽时按株行距 0.33 ～ 0.5 m 开穴，施入过磷酸钙和草木灰，每穴 1 株，覆土不宜过厚。

3. 水肥管理

每亩可均匀撒施普通钙肥 30 ～ 40 kg，并耙入耕作层作为底肥。移栽后 10 天左右施粪肥 1 次，隔半月再施 1 次，每次每亩施用 1000 kg。以后每年施肥 3 次，小雪前每亩施过磷酸钙 20 kg、钙镁磷肥 15 kg、泥灰（草木灰、土杂肥）1000 kg。立春后施 1 次抽薹肥，每亩施人畜粪水 1500 kg，并用磷酸二氢钾 100 g、尿素 500 g，掺水 50 kg，在离根 6.6 cm 处打穴施下，不得直接施入根部。在采完花后需再施 1 次肥。

除虫菊是喜湿植物，土壤常年保持湿润，不

能过干，也不能积水，土壤过干会导致生长不良，而过湿又是诱发根腐病发生的主要环境因素之一。

4. 松土

移栽成活后应浅松土一次，以后每年 3 月、4 月、7 月上旬和冬季各松土、锄草 1 次，7 月松土前应把老茎秆离地面 3.3 cm 处割去。

5. 采摘

5～6 月间，当舌状花冠尚未完全展开，筒状花冠已渐展开时，花中有效成分含量最高，为采收花的最适时间。除虫菊的花，一般在 10 余天内可以开放完毕，故应选择晴天抓紧采收。收花期是小满到芒种。采摘时要根据花的开放程度分批适时采摘，要平蒂采摘，不带花柄。采后及时晒干，若遇雨天可用 55～60℃的温度烘干或风干，使含水量下降到 6%～12%。除虫菊的花所含杀虫成分容易水解失效，所以必须充分干燥，防潮避光贮存。一般不耐久贮，若贮一年，杀虫效力则减少一半。

6. 修剪及越冬

除虫菊可正常越冬，枯萎后可进行重剪，一般保留 3 cm 左右的老桩即可，翌年春天气候适宜时即可萌发。

（六）病虫害防治

1. 立枯病

发病初期，近地面茎叶出现黄褐色湿润状长形病斑，并蔓延、扩展。防治方法：发病初期，用 50% 多菌灵可湿性粉剂 800 倍液淋灌防治。

2. 白绢病

植株根茎部发病变褐腐烂，长满白色菌丝。防治方法：发病初期，用 70% 敌克松 800 倍液淋灌。

3. 根腐病

除虫菊根腐病可使植株根部变褐、腐烂，植株萎蔫，严重的导致整株死亡。防治方法：可用 80% 多菌灵可湿性粉剂 800 倍液淋灌防治。

4. 蚜虫

危害嫩茎和嫩叶。防治方法：发现蚜虫，用 50% 抗蚜威可湿性粉剂 4000 倍液喷杀防治。

5. 蓟马

除虫菊开花期，易发生蓟马危害，严重时花蕾及花瓣、花盘出现卷缩、干枯、变成黄褐色，严重影响品质和产量。防治方法：每亩用 25% 吡虫啉 2～4 g 兑水 45～60 kg 喷雾防治，或用 10% 啶虫脒微乳剂 2000～4000 倍液、25% 噻虫嗪水分散粒剂 5000 倍液喷雾，7～10 天喷 1 次，连喷 2～3 次。

四、价值与应用

除虫菊的头状花序单生枝顶，舌状花呈白色，一般 4～5 月开花，花期可持续 1 个月左右，盛花期一株植株可挂花 100 朵左右，观赏价值高，可开发成盆栽，也可在园林景观中应用。

除虫菊花早期用于妇女头饰、花束和庭院栽培（Gnadinger，1933）。

除虫菊具有药用价值，能够分泌丰富的次生代谢物质（Tekinand，2016），可开发生物农药。

（张艺萍　赵叶子）

Taraxacum 蒲公英

菊科蒲公英属（*Taraxacum*）多年生莛状草本植物。该属约 34 种 + 约 2000 小种（microspecies），主产北半球温带至亚热带地区，少数产热带南美洲，广泛生于中、低海拔地区的山坡草地、路边、田野、河滩。我国有 70 种 1 变种，广布于东北、华北、西北、华中、华东及西南各地，西南和西北地区最多。因其顽强的生命力，使其无处不在，因而也被视为杂草。

一、形态特征与生物学特性

（一）形态与观赏特性

株高 25 cm，全株含白色乳汁。叶基生，呈莲座状，长圆状倒披针形或匙形，边缘羽状浅裂或齿裂，侧裂片 4 ～ 5 对，顶裂片较大，戟状长圆形，基部渐狭成短叶柄，长 5 ～ 15 cm。花莛单一至数十个，上部被蛛丝状柔毛或无毛；头状花序单生花莛顶端，舌状花通常黄色，稀白色、红色或紫红色，先端截平，具 5 齿。果实成熟时如一白色绒球，瘦果倒披针形，褐色，有纵裂，顶生白色冠毛，可随风飞扬（图 1 至图 3）。

（二）生物学特性

花期早春或晚秋，花果期春季 2 月底至 6 月，秋季 9 月底至 10 月底。绿叶期 9 月至翌年 6 月底。适应性强，喜温、喜光、耐寒，抗旱、抗虫能力都很强，对土壤要求不严格，但更喜欢疏松肥沃、湿润、有机质含量高的土壤。

二、种质资源

景观中应用的仅有蒲公英及其品种。

蒲公英 *T. mongolicum*

叶倒卵状披针形、倒披针形或长圆状披针形，长 4 ～ 20 cm，边缘有时具波状齿或羽状深裂，有时倒向羽状深裂或大头羽状深裂，顶端裂片较大，三角形或三角状戟形，全缘或具齿，每侧裂片 3 ～ 5，裂片三角形或三角状披针形，通常具齿，平展或倒向，裂片间常生小齿，基部渐窄成叶柄，叶柄及主脉常带红紫色，疏被蛛丝状白色柔毛或几无毛。花莛 1 至数个，高 10 ～ 25 cm，上部紫红色，密被总苞钟状，长 1.2 ～ 1.4 cm，淡绿色，总苞片 2 ～ 3 层，外层卵状披针形或披针形，长 0.8 ～ 1 cm，边缘宽膜质，基部淡绿色，上部紫红色，先端背面增厚或具角状突起；内层线状披针形，长 1 ～ 1.6 cm，先端紫红色，背面具小角状突起。瘦果倒卵状

图 1　蒲公英（李淑娟 摄）

图 2　蒲公英花朵

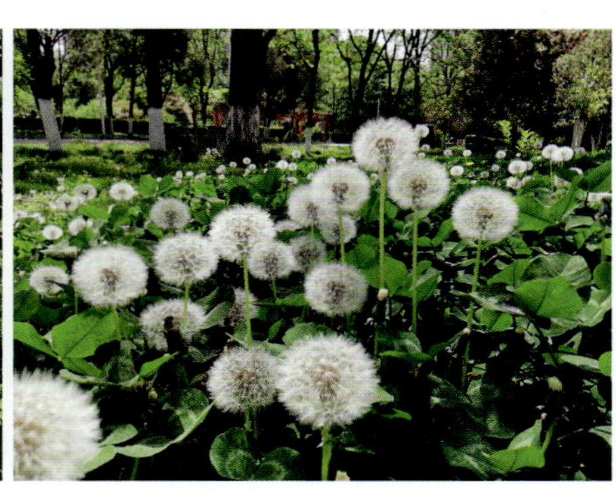

图 3　蒲公英果序（李淑娟 摄）

披针形，暗褐色，上部具小刺，下部具成行小瘤，顶端渐收缩成长圆锥形或圆柱形喙基，喙长0.6～1 cm，纤细；冠毛白色。染色体2n=24，32。广泛生于全国多地中、低海拔地区的山坡草地、路边、田野、河滩。

三、繁殖与栽培技术

（一）播种繁殖

二年生植物就能开花结籽，待花盘外壳由绿色变为黄绿，种子由乳白变褐色时即可采收。切不要等到花盘开裂时再采收，否则种子易分散失落损失较大。将采下的花盘在室内存放后熟1天，待花盘全部散开再阴干1～2天至种子半干时，用手搓掉种子尖端的茸毛，然后晒干种子。选择土壤疏松肥沃、湿润、有机质含量高的向阳地块进行播种。

播种前翻耕土壤，整细耙平；做畦，畦宽120～150 cm；踩实、浇透水，将种子与细沙拌均匀，条播于沟内，覆细沙土1～2 cm。成熟的蒲公英种子没有休眠期，当气温在15℃时即可播种，90个小时左右即可发芽，露地秋季播种栽培从播种到出苗需7～12天。播种量3～4 g/m^2。春季3月底播种栽培从播种到出苗需5～7天。

作为园林应用，一般在4～5月采种，7～8月或翌年3月播种，春天播种的可在9～10月定植。株行距20 cm左右。蒲公英养护方便，管理粗放，除清除杂草外，应在开花前生长旺盛时期追施肥料。

（二）田间防控

蒲公英在园林中可应用于草坪的点缀或图案的造型，但在纯色的草坪中会破坏草坪的整齐性和均一性，还会同草坪草竞争水肥、光照，使草坪草长势衰弱，易感病，所以要被作为杂草进行清除。由于蒲公英根系深，极耐旱，草坪修剪不能防治蒲公英，必须要挖根才可将其除掉，但极为费工，效率低，可用蒲菊净等农药除掉蒲公英。作为草坪点缀时也要在花朵枯萎后及时将花朵摘除，以免种子成熟后飘散到各处，影响造型的整体效果。

四、价值与应用

蒲公英具有较高的观赏价值，其朴实无华，长势极旺，颇为壮观，具有返青早、枯黄晚、习性强健、春秋两季开花等优良特性，花色艳丽，花量大而纯，别具一格，果序绒球轻盈可爱，可花果共赏，无论是孤植、群植，都具有一定的观赏价值。蒲公英植株低矮，花型整齐，故适于模纹图案式种植，可与其他植物混合种植，点缀草坪。

蒲公英既是一种临床常用中药，又是人们餐桌上的一种常见食物。具有清热解毒、消肿散结、利湿通淋、清肝明目等功效。蒲公英内含有丰富的蛋白质、碳水化合物、氨基酸，以及钙、铁、磷、锌、锰等60余种微量元素。蒲公英在牧业生产中的应用也日益广泛，具有良好的开发前景。

（李丹）

Teucrium 香科科

唇形科香科科属（*Teucrium*）多年生草本及半灌木。其属名来源于特洛伊的第一任国王 Teucer，据传他用香科科来缓解胃痛和痛风，确实该属植物在世界各地被用作医药已有数百年的历史。有 250 余种，全球广布，地中海地区较集中；我国有 18 种。

一、形态特征与生物学特性

（一）形态与观赏特征

常具地下茎及逐节生根的匍匐枝。单叶具柄或几无柄，心形、卵圆形、长圆形以至披针形，具羽状脉。轮伞花序具花 2 ～ 3，罕具更多，于茎及短分枝上部排列成假穗状花序；萼筒筒形或钟形，前方基部常一面膨胀，10 脉。花冠仅具单唇，唇片具 5 裂片，且唇片与冠筒成直角，两侧的两对裂片短小，前方中裂片极发达。雄蕊 4，前对稍长。小坚果倒卵形。所有种都具芳香味。

（二）生物学特性

喜光，稍耐阴；耐寒，喜潮湿且排水性好的壤土或砂壤土，也耐旱。适应性强，如西尔加香科科在西安可露地生长 10 年以上。

二、种质资源

景观应用的种较少，仅以下几种（董长根 等，2013；Armitage, 2008）。

1. 加拿大香科科 *T. canadense*

又名美洲香科科。植株强壮，丛生，株高 90 cm。具有纤维根系。茎直立，四棱形，有小的侧分枝及基生根茎。叶对生，下部叶有柄，上部无柄；卵形或披针形，脉下陷，缘具粗齿，长 13 cm，宽 6 cm。总状花序顶生，似穗花，长可达 20 cm，小花白色或淡紫色（图 1）。花期 6 ～ 7 月，从总状花序底部向上开放。

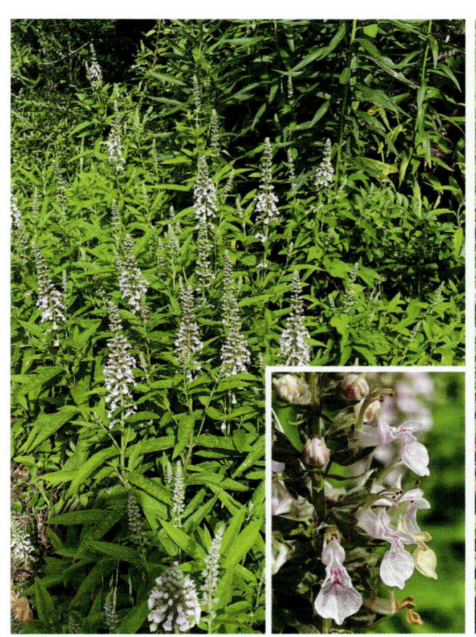

图 1　加拿大香科科（K. Smith 摄）

图 2　石蚕香科科（Olga Zero 摄）

图 3　西尔加香科科（Дмитрий Сергеевич 摄）

图 4 ‘紫尾’（李淑娟 摄）

产北美洲潮湿的草原、灌丛、森林边缘、河流和沼泽边缘，也生于荒地上。抗逆性强。

2. 石蚕香科科 *T. chamaedrys*

丛生状，基部常木质化，具匍匐或斜升或直立的枝，株高 15 ～ 30 cm。叶小，宽卵形，缘具圆齿，长约 2.5 cm，具光泽，芳香。轮伞花序，每轮 2 ～ 6，小花长 1.2 ～ 2 cm；紫红色，下唇常有白色或红色斑点（图 2）。花期 6 ～ 7 月。

原产欧洲。较耐寒，可耐 -25℃低温。极耐修剪，也有作绿篱用。

3. 西尔加香科科 *T. hircanicum*

又名里海香科科。多年生草本或半常绿灌木，株高 60 ～ 80 cm；茎常不分枝。叶椭圆形，基部心形，先端钝圆，缘具圆齿，叶脉下陷。花序假穗状，顶生；花紫红色或蓝紫色（图 3）。花期 8 ～ 9 月。可耐 -25℃低温。品种‘紫尾’（‘Purple Tails’）花序更长、更粗壮（图 4）。

三、繁殖与栽培技术

（一）播种繁殖

春播、秋播均可，也可随采随播。播后覆薄土，保持土壤湿润，出苗快且整齐。

（二）分株繁殖

地下茎横走，易扩散，故种植 2 ～ 3 年后，可于春季萌动时或秋季分株繁殖。

（三）园林栽培

1. 土壤

各种排水良好的壤土或砂壤土。

2. 水肥

抗逆性强，抗旱亦耐贫瘠。生长期间保持土壤中等湿度即可，特别是石蚕香科科，几乎无须人工补水，自然降水即可满足生长；中等肥力的园土则无须追肥。

3. 光照

喜阳光充足，稍耐阴。夏季高温炎热地区，宜种植于半阴环境；夏季凉爽地区，宜种植于全光照条件。

4. 修剪及越冬

由于种子自播能力较强，故无须留种时，可于花后修剪残花序，以防自播。入冬前剪除地上枯枝叶。冬季可根据不同种类的耐寒能力及立地条件进行适当保护。

四、价值与应用

石蚕香科科植株矮小，匍匐性好，也耐修剪，是优良的芳香地被或矮绿篱材料，也可种植于缺水区域如岩石园、垂直美化的盆栽等。其他较高大者，花序挺拔，花色艳丽，抗逆性强，可丛植或片植于花境及其他景观中，春季观叶，夏季观花。

植株芳香，对猫有类似猫薄荷般的吸引力。加拿大香科科很早就被印地安人用作利尿剂和发汗剂，枝叶被用作消毒伤口敷料或制成漱口的酊剂。我国分布的 10 余种香科科也被用作中药，具祛风发表、清热解毒、止痒等功效。

（李淑娟）

Thalia 再力花

竹芋科再力花属（*Thalia*）多年生水生花卉。其属名*Thalia*取自希腊三大女神之一的喜剧与诗歌女神塔利亚，意为“繁荣、开花”，与其旺盛的生命力十分相符。该属最吸引人的是它们郁郁葱葱的叶丛，叶片卵形或长矛形，可以长得很大，最宽可达60 cm，最长可超过90 cm。花呈特殊的银紫色。原产于美洲热带地区，目前在我国华北及以南地区有种植。

一、形态特征与生物学特性

（一）形态与观赏特征

株高100～250 cm；叶基生，4～6片；叶柄较长，40～80 cm，下部鞘状，基部略膨大，叶柄顶端和基部红褐色或淡黄褐色；叶片卵状披针形至长椭圆形，长20～50 cm，宽10～20 cm，硬纸质，浅灰绿色，边缘紫色或红色，全缘（图1）。复穗状花序，生于由叶鞘内抽出的总花梗顶端；总苞片多数，易脱落；小花紫红色，2～3朵小花由两个小苞片包被，紧密着生于花轴。萼片长1.5～2.5 mm，紫色；侧生退化雄蕊呈花瓣状，基部白色至淡紫色，先端及边缘暗紫色，长1.2～1.5 cm，宽约0.6 cm；花冠筒短柱状，淡紫色，唇瓣兜形，上部暗紫色，下部淡紫色；柱头内藏，花柱长约7 cm，具捕虫功能（当有小昆虫进入花冠筒时，花柱会突然弯曲夹住昆虫）（Darwin，2013）（图2）。蒴果近圆球形或倒卵状球形，果径约1 cm，果皮浅绿色，成熟时顶端开裂。成熟种子棕褐色，表面粗糙，具假种皮，种脐较明显。2n = 12。

（二）生物学特性

原产于美国南部和墨西哥。主要生长于河流、水田、池塘、湖泊、沼泽以及滨海滩涂等水湿低地，适生于缓流和静水水域。从水深0.6m浅水水域直到岸边，水没过茎基部均生长良好。喜温暖水湿、阳光充足环境，不耐寒冷和干旱，耐半阴，在微碱性的土壤中生长良好。最适生长温度为20～30℃，低于20℃生长缓慢，10℃以下则几乎停止生长，能忍耐短暂-5℃低温。0℃以下地上部分逐渐枯死，以根状茎在泥里越冬。

图1　再力花

图2　再力花花柱具捕虫功能

图 3　再力花花序

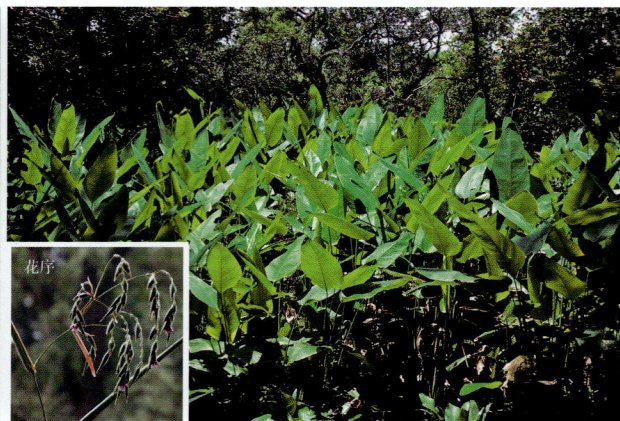

图 4　垂花水竹芋

二、种质资源

全球 6 种，常见栽培的 2 种。

1. 再力花 *T. dealbata*

株高 100 ～ 250 cm，植株中等大小，叶面高度 60 ～ 150 cm，但总花梗细长，常高出叶面 50 ～ 100 cm；叶片卵状披针形至长椭圆形，长 20 ～ 50 cm，宽 10 ～ 20 cm，硬纸质，浅灰绿色，边缘紫色，全缘；叶背表面被白粉；叶基圆钝，叶尖锐尖；横出平行叶脉。花深紫色（图 3）。

喜光、喜温暖气候，亦较耐寒（在西安可露地越冬）；抗逆性较强，生长势强，有一定侵占性，特别是在长江及以南地区，应用时需注意控制。

图 5　红秆垂花水竹芋

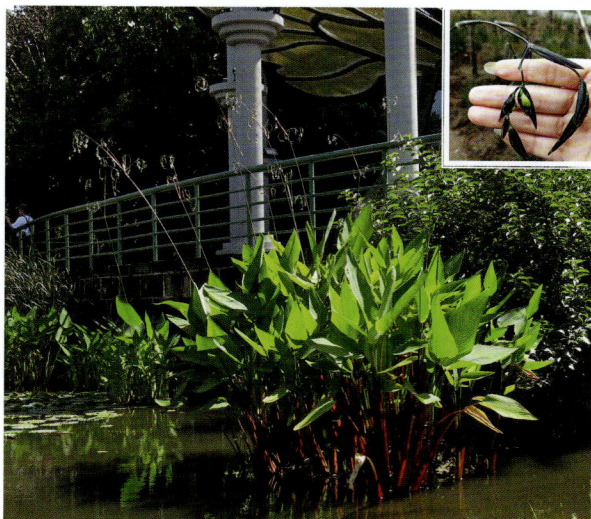

2. 垂花水竹芋 *T. geniculata*

株高 1 ～ 2 m 或更高，地下具根茎；叶鞘为红褐色，叶片长卵圆形，先端尖，基部圆形，全缘，黄绿色。花莛可达 3 m，直立；花序细长，弯垂，花不断开放，花梗呈“之”字形；苞片具细茸毛，花冠粉紫色，先端白色。花期夏秋季蒴果（图 4）。

分布于热带美洲。

2a. 红秆垂花水竹芋 f. *ruminoides*

叶鞘红色或紫红色，花莛深紫色，花苞片紫黑色（图 5）。红色叶鞘与黄绿色叶片相配十分醒目。

三、繁殖与栽培管理技术

（一）播种繁殖

种子成熟后即采即播或春播，播后保持基质湿润，发芽温度 16 ～ 21℃，约 15 天后发芽。

（二）分株繁殖

春季将生长过密的株丛挖出，掰开根部，选择健壮株丛分别栽植；或者以根茎分栽繁殖。即在初春从母株上割下带 1 ～ 2 个芽的根茎，栽入盆内，施足底肥（以花生麸、骨粉为好），放进水池养护，待长出新株，移植于池中生长。

（三）园林栽培

1. 土壤

对土壤适应性较强，无论在黏土、壤土或砂质土中均能生长。对土壤的肥力要求不高，在贫

图 6　再力花景观

图 7　盆栽再力花应用

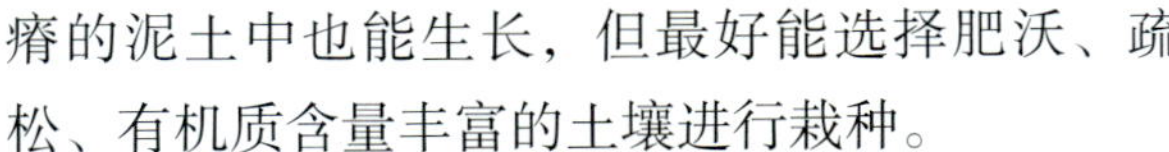
瘠的泥土中也能生长，但最好能选择肥沃、疏松、有机质含量丰富的土壤进行栽种。

如盆栽，可以选用湖塘的淤泥作为盆栽基质，也可直接选用田园土，特别是田园表土。如用生土，在栽种时最好能混入一定量的有机肥作底肥。如果用人工专门配制的营养土，更有利于植物的生长。还可采取无土栽培方式，如采用水苔藓、泥炭、蛭石等基质，结合根部包扎法进行栽培。

2. 水肥

生长季节吸收和消耗营养物质多，除了栽植地施足基肥外，追肥是很重要的一项工作，日常肥可以三元复合肥为主，也可追施有机肥，施肥原则是“薄肥勤施”，灌水要掌握“浅－深－浅”的原则，即春季浅、夏季深、秋季浅，以利植物生长。

对于盆栽来说，由于栽植容器的基质营养条件有限，除基肥外，追肥次数要明显多于露地生产，肥料的种类和浓度应依据植物的不同生长时期而定，一般以无机肥为主，同时应适当追施有机肥料。

3. 光照

喜光植物，但也能耐阴。露天栽植，遇夏季高温、强光时应适当遮光。

4. 修剪及越冬

剪除过高的生长枝和破损叶片，对过密株丛适当疏剪，以利通风透光。

低于 10℃停止生长，冬天温度不能低于 0℃，能耐短时间的 -5℃低温。入冬后地上部分逐渐枯死，及时修剪枯枝，放掉池水，使根茎在泥中越冬。

（四）病虫害防治

植株被蜡质，抗性较强，一般病虫害很少发生。

四、价值与应用

再力花有美丽的外形，其叶、花有很高的观赏价值，植株一年有 2/3 以上的时间翠绿而充满生机，花期长，花和花茎形态优雅飘逸。株型美观洒脱，是水景绿化中的上品花卉。广泛用于湿地景观布置，群植于水池边缘或水湿低地，形成独特的水体景观。或以 3 ～ 5 株点缀公园水面（图 6），或盆栽置于庭园水体中，别具一格（图 7）。

除供观赏外，再力花还有净化水质的作用，常成片种植于水池或湿地。

（李淑娟　陈尘）

Thalictrum 唐松草

毛茛科唐松草属（*Thalictrum*）多年生草本植物。全球有250余种，广布于除大洋洲和南极洲外的世界各地；我国有60余种，全国广布，多数分布于西南地区。物种丰富，株高变化较大，从15 cm到4m，但景观应用相对较少。

一、形态特征与生物学特性

（一）形态与观赏特征

有须根，常无毛。茎圆柱形或有棱，通常分枝。叶基生并茎生，少有全部基生或茎生，一至五回三出复叶；小叶通常掌状浅裂，有少数牙齿，少有不分裂；叶柄基部稍变宽成鞘。花序通常为由少数或较多花组成的单歧聚伞花序，花数目很多时呈圆锥状，少有为总状花序。花通常两性，有时单性，雌雄异株。萼片4～5，通常较小，早落，黄绿色或白色，有时较大，粉红色或紫色，呈花瓣状。花瓣不存在。雄蕊通常多数，偶尔少数；药隔顶端钝或突起成小尖头；花丝狭线形、丝形或上部变粗（图1）。

图1　唐松草花部结构

（二）生物学特性

多数喜阳光充足且凉爽湿润的环境。夏季干热暴晒叶片易枯黄；排水良好、湿润且肥沃的砂质壤土和腐殖质壤土中生长良好。

二、种质资源

以下种类在景观中有应用（Armitage, 2008；Graham，2012）。

1. 欧洲唐松草 *T. aquilegiifolium*

又名耧斗菜叶唐松草。植株全部无毛。茎粗壮，高60～150 cm，粗达1 cm，分枝。基生叶在开花时枯萎。茎生叶为三至四回三出复叶；叶片长10～30 cm；草质，顶生小叶倒卵形或扁圆形，长 1.5 ～ 2.5 cm，宽 1.2 ～ 3 cm，顶端圆或微钝，基部圆楔形或不明显心形，3 浅裂，裂片全缘或有 1 ～ 2 牙齿。圆锥花序伞房状，小花多数，密集；萼片白色或外面带紫色，早落；雄蕊多数，花药淡黄色，花丝白色、粉色或紫红色（图 2、图 3）。瘦果梨形，有 3 条宽纵翅。花期 7 月。

主产欧洲。该种是应用最为广泛的种，较耐热，易种植。

1a. 唐松草 var. *sibiricum*

产我国。花丝白色，瘦果倒卵形。

2. 偏翅唐松草 *T. delavayi*

又名云南唐松草。全株无毛，株高 60 ～ 120 cm。中下部茎生叶三回至四回三出复叶，小叶卵圆形、倒卵形或椭圆形，长 0.5 ～ 3 cm，3 浅裂。松散的圆锥状花序顶生，长 15 ～ 40 cm；小花多数，萼片紫红色，花期不落；花药黄色，花丝同萼片色（图 4）。花期 6 ～ 9 月。

产我国云南至四川西部。该种极具观赏性，有待开发利用，但不甚耐寒，适合南方种植，北方须保护越冬。

3. 黄唐松草 *T. flavum*

全株无毛。株高约 150 cm。三回羽状复叶；茎中部叶长约 30 cm，具柄，顶生小叶楔状倒卵形或狭倒卵形，长 4 ～ 7 cm，宽 2.5 ～ 5.5 cm，上部有 3 粗齿或 3 浅裂，侧生小叶稍斜；茎上部叶长 9 ～ 15 cm，小叶较狭长，楔形或楔状倒披

图 2　欧洲唐松草（Roberto Sindaco 摄）

图 3　欧洲唐松草的不同花色

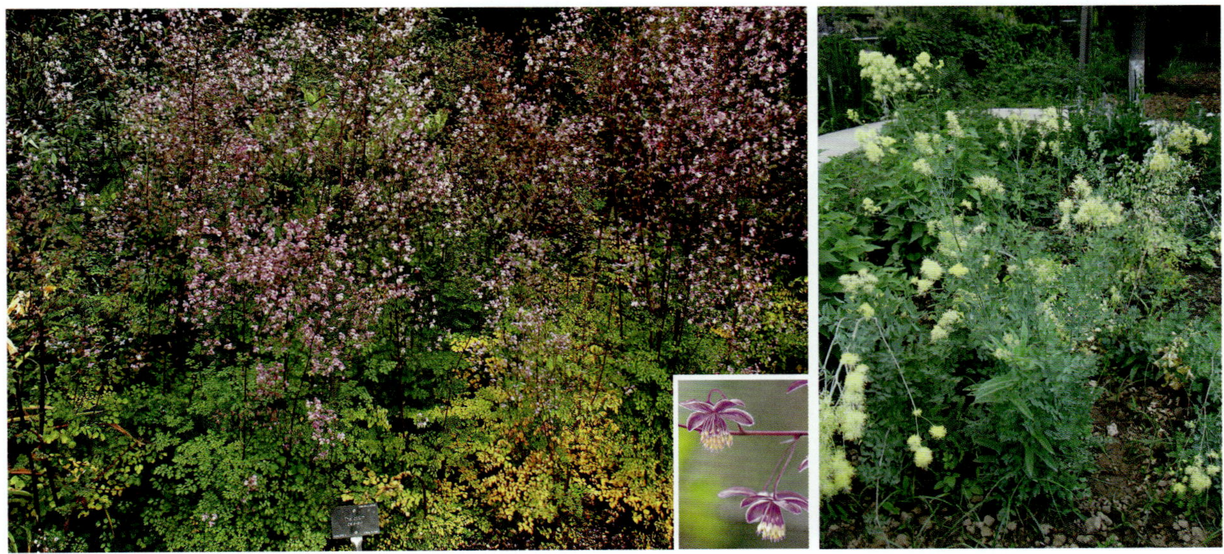

图 4　偏翅唐松草（陈煜初 摄）

图 5　黄唐松草（刘毓 摄）

针形，长达 4 cm。圆锥花序塔形，长约 25 cm，小花多数，密集；萼片 4，狭卵形，脱落；花药线形，花丝丝形，黄色或淡黄色。（图 5）。花期 6 ～ 7 月。

原产亚洲北部和西部，欧洲广布。植株粗壮，较耐热，易种植。

4. 亚欧唐松草 *T. minus*

植株全部无毛。株高 30 ～ 60 cm，宽 60 cm。茎下部叶有稍长柄或短柄，茎中部叶有短柄或近无柄，四回三出羽状复叶；小叶纸质或薄革质，顶生小叶楔状倒卵形、宽倒卵形、近圆形或狭菱形，长 0.7 ～ 1.5 cm，3 浅裂或有疏牙齿，少见不裂，背面淡绿色；叶柄基部有狭鞘。圆锥花序长达 30 cm；萼片淡黄绿色，脱落；雄蕊多数，花药狭长圆形，亮黄色，明显（图 6）。花期 6 ～ 7 月。

5. 紫花唐松草 *T. rochebruneanum*

株高 120 ～ 150 cm，最高可达 400 cm。茎粗壮，紫黑色。三至四回三出羽状复叶；小叶常三浅裂。松散的大型圆锥花序；萼片紫红色或蓝紫色，花期不落；雄蕊多数，黄绿色（图 7）。花期 6 ～ 7 月。是该属直立性最好、最高大的种。原产日本。

6. 箭头唐松草 *T. simplex*

全株无毛。株高 60 ～ 200 cm，株型细高，不分枝或在基部分枝。茎生叶二回羽状复叶，向上渐小；小叶圆菱形、菱状宽卵形或倒卵形，长 2 ～ 4 cm，3 裂，裂片顶端具圆齿。圆锥花序长达 9 ～ 30 cm；萼片淡黄绿色，脱落；雄蕊多数，花药亮黄色，明显（图 8、图 9）。花期 6 月。

产我国新疆及内蒙古西部。我国唐松草属资源丰富，还有许多具观赏价值及抗逆性强的乡土资源有待开发利用。

7. 花唐松草 *T. filamentosum*

植株小巧，白色或紫红色的花丝膨大而显著（图 10）。

8. 瓣蕊唐松草 *T. petaloideum*

株高约 90 cm，叶片蓝绿色，因花丝膨大瓣化而得名（图 11）。

三、繁殖与栽培技术

（一）播种繁殖

净种后干藏至翌年 3 ～ 4 月播种，易出

图 6　亚欧唐松草（Tatyana Zarubo 摄）

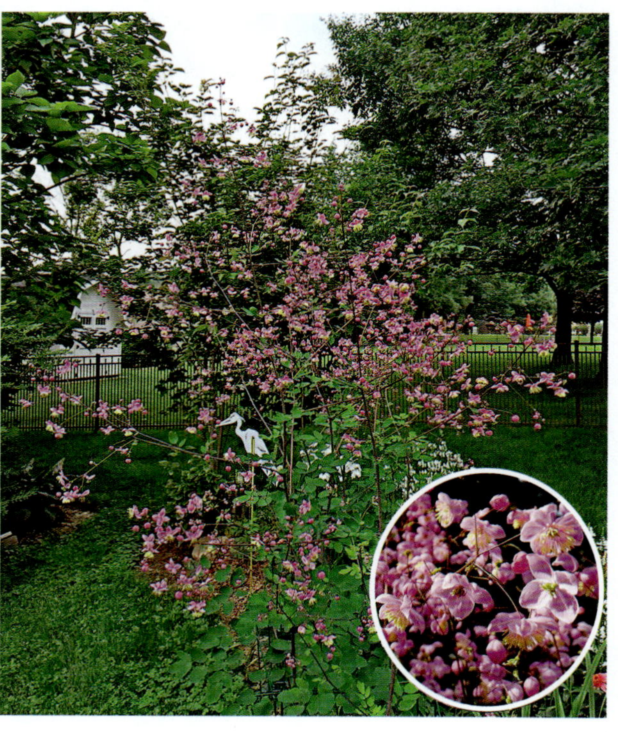

图 7　紫花唐松草（Skipper 摄）

图 8　箭头唐松草

图 9　箭头唐松草叶片

图 10　花唐松草

图 11　瓣蕊唐松草（张军民 摄）

苗。基质采用营养土加珍珠岩或砂壤土；条播或撒播，播后覆土 0.5 ～ 1 cm，保持土壤湿度，7 ～ 20 天出苗。苗高 6 cm 左右时即可移栽。

（二）分株繁殖

高大种类，一般地下茎粗大，不宜分栽，但其基部萌蘖可分离，另行种植。一些具匍匐茎的种类，如花唐松草，则很容易分栽匍匐形成的小苗。

（三）园林栽培

1. 土壤

喜排水良好、富含腐殖质的壤土或砂壤土。

2. 水肥

保持土壤中等湿度至湿润且不积水，特别是夏季干热时节，缺水时叶片易枯黄；喜富含有机质的肥沃土壤，故追肥以有机肥为主，但水肥过多，植株徒长，易倒伏，可在花前适当控水控肥。

3. 光照

夏季土壤干旱时，忌强光暴晒，宜种植于半阴条件或斑驳阳光处。

4. 修剪及越冬

植株高大的种及品种，遇大风易倒伏，故宜多株丛植或与其他植物混植，或拉线搭架扶持。如不需留种，可于花后修剪残花序，以防种子自播。入冬前应及时修剪枯枝叶。该属多数种抗寒能力强，冬季无须保护，偏翅唐松草在北方越冬，则须保护。

四、价值与应用

唐松草叶形花形奇特，小花密集，最吸引人的是它们那一至数回似耧斗菜的叶片，小巧的小叶或圆润，或狭长；时至花期，由萼片和（或）雄蕊组成的白色、黄色、粉色或紫红色花序，似云似雾，高耸于叶丛之上，给人以梦幻之感。高大的种类适宜数株丛植于花境背面、自然景观林缘或城市及庭院一隅。

唐松草属植物在我国有悠久的药用历史，有 30 个种被 15 个民族药用。具有清热解毒、治湿、发汗、止痢、治目赤等功效（邹炎洁 等，2003）。

（李团结　李淑娟）

Thymus 百里香

唇形科百里香属（*Thymus*）矮小半灌木，常作为多年生花卉栽培。全球约有220种，分布于非洲北部、欧洲及亚洲温带地区；我国有17种2变种，主要分布于黄河以北的干旱及半干旱山区砾石坡地和草地。在古希腊神话中，百里香被称为是海伦的眼泪。百里香的英文名称也来自希腊，是“勇气”的意思。作为传统香料植物，百里香的栽培历史最早可以追溯到波斯国早期，现代规模化栽植历史较短。瑞士最早开始进行百里香的规模化栽培，欧洲在百里香的栽培与开发利用方面较为广泛。我国福建、安徽、上海、河南和北京等地区也有百里香的栽植，但未见大规模的人工种植。

一、形态特征与生物学特性

（一）形态与观赏特征

叶小，全缘或每侧具1～3小齿；苞叶与叶同形，至顶端变成小苞片。轮伞花序紧密排成头状花序或疏松排成穗状花序；花具梗，花萼管状钟形或狭钟形，具10～13脉。花冠筒内藏或外伸，冠檐二唇形，上唇直伸，微凹，下唇开裂，3裂，裂片近相等或中裂片较长。雄蕊4，分离，外伸或内藏。小坚果卵珠形或长圆形，光滑（图1）。

图1　百里香（Stephan Mende 摄）

（二）生物学特性

根系发达，细根如网，匍匐茎随处生根（图2），对土壤的要求不高，在十分干旱的流沙阳坡、风化的砂岩上均可正常生长，但在排水良好的石灰质土壤中生长最好，不耐水湿，耐盐碱。阳性植物，喜光也稍耐阴，多成片生长于向阳的砂质土的山坡，干燥或湿润的环境均能生长，但在干燥的沙土阳坡上散生或混生于草灌中，未成优势种，在湿度稍好的沙石坡、沙沟中则往往呈独立群落，呈现群体优势，而且其他杂草较难侵入。适合生长的温度是20～25℃，在高温高湿的夏季生长会变缓，这时候应适当遮阴，并停止施肥，避免根系腐烂。具有叶厚、带肉质的特性，对栽培基质不要求太多的水分。早春3月即返青吐绿，整个夏季绿叶青翠，盛开紫色的小花，深秋叶子变为紫红，观赏期较长。

二、种质资源与园艺品种

景观应用的有柠檬百里香、百里香、阔叶百里香和普通百里香以及它们的品种（董长根 等，2013；Armitage, 2008）。由于百里香属植物不同种之间的形态差异较小，加之近年来国外品种的大量引进，所以，仅以形态学方法难以提供可靠的分类依据。

1. 柠檬百里香 *T.* × *citriodorus*

该种的分类一直有争议，曾认为是阔叶百里香与普通百里香的杂交种，但近代分子研究结果证明其为独立的种。常绿半灌木，茎直立，高10～30 cm。叶椭圆形或披针形，长约1 cm，具明显的柠檬香味。轮伞花序生于枝顶；花冠淡紫色或粉红色（图3）。花期4～6月。具金叶和花叶品种。

'金叶'（'Aureus'） 叶片具较宽的不规则金黄色边（图4A）。

'梅菲尔'（'Mayfair'） 茎紫红色，显著；叶片深绿色（图4B）。

'花叶'（'Variegata'） 叶缘金黄色，较'金叶百里香'的黄色少，叶片绿色（图4C）。

'银边'（'Argenteus'） 叶缘乳白色（图4D）。

'金梦'（'Golden Dream'） 叶片深绿色，一部分叶片的部分或全部呈黄色（图4E）。

2. 百里香 *T. mongolicus*

又名亚洲百里香、地椒叶或千里香。茎多数，匍匐或斜升，株高10～15 cm。叶卵形，长0.4～1 cm，先端钝或稍尖，基部楔形，全缘或疏生细齿，无毛，具腺点。花序头状，花冠紫红色、紫色或粉红色（图5）。花期7～8月。

产青海、甘肃、陕西、山西、河北、内蒙古；蒙古及西伯利亚也有。

3. 阔叶百里香 *T. pulegioides*

株高5～25 cm，茎四棱，红色，匍匐或斜升。叶卵形，基部渐狭，长不足1 cm，全缘。花序头状，花冠淡紫色或粉红色（图6）。花期7～8月。

原产英国。'阿彻金'（'Archer's Gold'），株型紧凑，茎直立，叶片金黄色（图7）；'福克斯雷'（'Foxley'），新叶粉红色，后渐变为淡粉色，老叶中心深绿色（图8）。

4. 普通百里香 *T. vulgaris*

株型紧凑的常绿矮小灌木，株高30 cm，冠幅约40 cm。茎直立或斜升。叶线形至卵圆形，无柄，长约0.8 cm，极香。顶生穗状花序，花冠白色或粉红色（图9）。花期4～6月。

原产西欧，是最受欢迎的烹饪香料。

三、繁殖与栽培管理技术

（一）播种繁殖

用双手轻轻揉搓干枯的花萼，将花萼、白色絮状物轻轻吹走，可留下又小又轻的黑色圆粒种子，将饱满种子播种到基质中的出芽效果较好。园土：草炭=1 ：1和草炭：蛭石=3 ：1这两种基质有利于百里香种子萌发。覆土厚度在0.3～0.5 cm最佳，深于1.0 cm会降低种子发芽率。百里香是优良的乡土植物，具有很强的抗旱性、抗寒性，水分过大对其生长不利。但由于百里香种子极小，播种后、萌发前应及时覆膜保湿，利于种子吸水萌发。一旦种子萌发后，应减

图2 百里香节间着地生根（李淑娟 摄）

图3 柠檬百里香（Christoph Zurnieden 摄）

图 4 柠檬百里香的花叶品种

注：A.'金叶'百里香；B.'梅菲尔'；C.'花叶'百里香；D.'银边'百里香；E.'金梦'百里香。

图 5 百里香（李淑娟 摄）

图 6 阔叶百里香（李淑娟 摄）

少浇水次数和浇水量。

（二）扦插繁殖

取顶芽当作插穗，带 3 ～ 5 节为佳，但注意不要取用已木质化的枝条，其发根能力较差。选择透水性良好的珍珠岩或蛭石为栽培基质，扦插前用 1g/L 生根粉 GGR 浸泡插穗下端 30 分钟。插穗插入基质的深度以穗长 1/3 为宜，插后浇足量的水，使插穗与基质连接紧密；为保持温度和

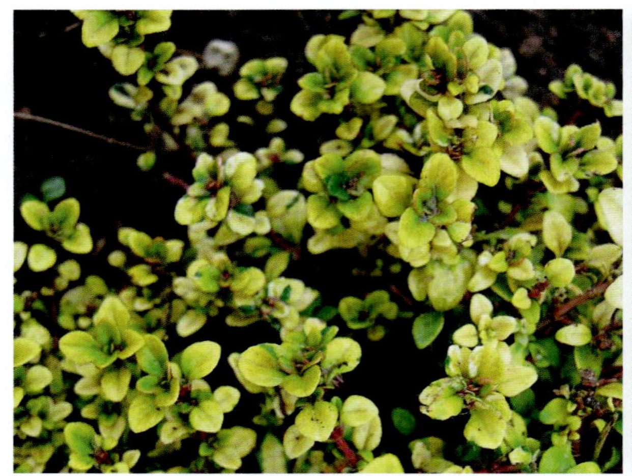

图 7 ‘阿彻金’

图 8 ‘福克斯雷’

图 9 普通百里香（李淑娟 摄）

湿度，前 8 天在插穗上覆盖一层农用塑料薄膜。1 天至第 5 天每日早 8：30、晚 18：00 分别浇 1 次水；第 6 天至第 10 天每天浇 1 次水，浇水要适量，视扦插植株的生长需要，以床土湿润为宜；第 10 天后隔 1 天浇 1 次水即可。

（三）分株繁殖

选用 3 年生以上的植株，于 3 月下旬或 4 月上旬将母株连根挖出，去土后每 4 ～ 5 个芽 1 株，带须根分栽。

（四）组培快繁

1. 外植体与初代材料的获得

在生长良好健壮、无病虫害的优良母株上剪取均匀大小的顶芽和腋芽，冲洗表面，再用洗涤灵水浸泡摇晃 10 ～ 15 分钟，再冲洗 30 分钟，在无菌条件下用 70% ～ 75% 酒精消毒 30 ～ 60 秒，再用 0.1% 氯化汞溶液 +80% 吐温浸泡 8 分钟，然后用无菌水冲洗 3 ～ 5 次。

2. 初代培养与继代培养

切去材料与药液接触的伤口，接种于 MS 基本培养基上。将初代培养萌发的嫩茎剪成单芽茎段接种于增殖培养基：MS+6-BA 1.5 mg/L+IBA 0.1 mg/L+0.6% 琼脂 +2% 蔗糖。培养 10 ～ 15 天后基部开始萌动，1 周后萌动部分长出丛生芽。当丛生芽长到 3 ～ 5 cm 时，可剪下转入培养基中继续培养。

3. 生根培养

将继代增殖的生长健壮的嫩茎剪成约 1 cm 长的茎段，接入生根培养基：1/2MS + IBA0.5 mg/L + 0.7% 琼脂 +2% 蔗糖。

4. 试管苗炼苗与移栽

当幼根在生根培养基上长到 2 ～ 3 cm 时，室温下炼苗 2 天后，除去玻璃瓶的封口膜继续炼苗 3 ～ 5 天，然后取出组培苗，用自来水洗去根部的培养基，转入含水量为 70% 左右的无菌营养土［（河沙 + 草炭）：园土 =3 ：1］中，盖塑料薄膜保湿 5 ～ 7 天，保持温度 25℃左右、湿度 80% ～ 90%，每天喷水 1 ～ 2 次，中午适当遮阴，半个月后移栽到大田。

（五）园林栽培

1. 整地

种植地适宜选半阴半阳或向阳的林边空地，或疏林下的丘陵坡地、沟边以及排灌方便而无污染源的旱地、砂壤土、壤土种植。整地时间选在2～5月。施厩肥4.5万kg/hm^2、草木灰1.5万kg/hm^2，均匀撒入地内，深翻20 cm，然后耙细、整平。

2. 种植

春、夏、秋均可栽植。栽植苗为种子繁殖或扦插、分株繁殖后的幼苗再进行移栽定植。每年的谷雨至芒种期间移栽，成活率高。选择阴天或傍晚浇水1次，边起苗边栽种，起苗时切勿伤根，最好带土移栽。栽前施肥、整地同前。行株距15 cm×10 cm，穴深5 cm，每穴2～3株。天旱时需在穴内先浇透水再栽苗，覆土压实。

3. 除草与松土

在育苗期及定植、追肥后应浅松土，保持土表疏松、湿润，并及时除去杂草。

4. 追肥

在育苗期用0.5%尿素溶液追肥，用量不宜多，不超过225kg/hm^2。定植后，随着新芽开始生长，喷30%磷酸二氢钾1000倍液+70%尿素150～225 kg/hm^2。待新芽开始生长时，每7～10天喷1次30%磷酸二氢钾1000倍液+70%尿素。但在夏季气温较高时植株生长衰弱，应停止施肥，否则易导致植株根系腐烂死亡。

5. 适时修剪

百里香的修剪工作非常重要，若修剪过晚，植株开花、结种后很容易致死；若修剪过早，植株还未完全成熟，利用率低。一般在保留4～5片叶的地方剪取，可促使新生茎的长度一致。

6. 排灌

积水易使植株根部腐烂，甚至死苗，因此畦沟要畅通。浇水时间应掌握土壤稍干后再浇的原则，切忌一直保持潮湿的状态，否则植株长势差，根部无法强壮伸展。

7. 温度

百里香最宜生长的温度是20～25℃，因此在夏季晴天09：00～16：00时遮阳越夏，以利于百里香的生长。

（六）病虫害防治

夏季高温高湿、通风差时，易出现霉菌，发现病株及时拔除，病穴内撒石灰消毒以防蔓延，病害轻者也可用50%多菌灵防治。

四、价值与应用

（一）生态价值与园林应用

百里香属植物植株比较低矮，一般有匍匐茎，茎上的不定芽可以萌发出大量新生根系，从而形成强大的根系网，可以有效防止水土流失以及土壤沙化，且由于其生长迅速、开花时间长、单株花朵数量多以及具有特殊的芳香气味等优良特性，可以同时兼具园林应用中的“绿化”“美化”“芳香化”三大主要功能。因此，在园林应用中是不可多得的优良芳香地被植物。

百里香的冠幅较大，对地面覆盖率高，可以有效控制退化严重的草地的水土流失。百里香生长迅速及其抗性强的特点也提高了其生态价值。百里香为北方乡土植物，适应性强，抗逆性突出，冬季可抵御-30℃以下的低温，夏季能耐受40℃以上的高温，能长期在干旱贫瘠的荒漠地带很好地生长。在十分干旱的流沙阳坡、风化的砂岩上均可正常生长。百里香不仅可以很好地适应恶劣的环境条件，同时可以有效改善生态环境。

百里香花小、繁多、花期长、具有香气，花冠淡紫色，可以达到三季有花、四季有景的效果，产生群体景观，给人们带来良好的视觉体验。百里香生长旺盛、耐瘠薄，养护成本低，是良好的园林绿化植物，常应用于岩石园、芳香园或作地被材料（图10）。

（二）食用

百里香芳香的气味及化学型的多样性，在化工行业、医药行业、食品领域等方面均具有一定的应用价值。因百里香具有独特味道，早在古罗马时期就被添加于奶酪和酒中。在提香方面，许多国家常把百里香的鲜叶、嫩尖或其干制品与其他芳香料调配成混合香辛料，如咖喱粉、炸猪排

图 10 百里香作石缝填充材料（李淑娟 摄）

沙司、汉堡包肉饼等，特别适宜烤肉。中国食用百里香的历史也较为久远，《本草纲目》记载其“味微辛，土人以之煮羊肉，香矣”。百里香具有很高的营养价值，在饲料中添加百里香还可以提高滩羊肉的营养价值和风味品质。除食用口感外，食品中添加百里香还可延长保存时间，比如用百里香精油处理鸡胸肉后在 4℃下保存 3 周，可以抑制脂质氧化和肌浆蛋白质降解。

（三）药用与化工用

在古代人们就发现了百里香的药用价值，《嘉祐本草》《中国药植图鉴》《陕西中草药》《新疆中草药手册》等中医典籍里均有有关百里香的记载。百里香可治疗多种疾病，具有镇痉、祛风、强壮作用，主治炎症、痉挛性咳嗽、百日咳、喉头肿痛。百里香还对过敏性皮炎和过敏性鼻炎有一定治疗效果，对肿瘤也有一定的抑制作用。此外，百里香含有的化学成分有很好的抑菌作用，也是芳香疗法的主要植物材料。

百里香中的精油、麝香草酚具有抗菌能力强、味道芬芳等特点，已用于洗涤剂、香皂、香水、护肤品、洗发液、漱口水等日用化妆品。用于雀斑膏的制作和香熏疗法，起到消除雀斑、嫩滑肌肤的作用。

（杨秀云）

Tradescantia 紫露草

鸭跖草科紫露草属（*Tradescantia*）多年生草本植物。属名 *Tradescantia* 是为了表示对英国园艺学家和植物学家 John Tradescant 父子的敬意。全球有 74 种，主要分布于加拿大南部至阿根廷北部；我国引种栽培 2 种。蓝色的花瓣与金黄色的花药形成了美丽的画面，旺盛的生命力、各色的叶片为花园和花境增添了色彩。

一、形态特征与生物学特征

（一）形态与观赏特征

多数枝茎脆嫩多汁。叶螺旋状或二裂状排列，叶无柄或很少具柄。花序顶生或顶生和腋生，聚伞花序无梗，包裹于匙状苞片中；花两性，放射状对称；萼片 3，离生，近等长；花瓣离生，白色、粉红色、蓝色或紫色；雄蕊 6，常伸出花瓣（图 1）。

图 1　紫露草的花

（二）生物学特性

多数种及品种（如紫霞草品种群）喜温暖湿润气候及半阴环境。原产于热带干旱地区的种如白雪姬喜光，喜中性至干燥的砂质土壤。所有种均喜排水性好的土壤。

二、种质资源与园艺品种

紫背万年青（*T. spathacea*）和吊竹梅（*T. zebrina*）在我国南方已归化。多数种都有观赏价值，景观中常用的有以下几种（Graham, 2012；Armitage, 2008）。

1. 紫霞草品种群 *T.* × *andersoniana*（Andersoniana Group）

Anderson 和 Woodson 1935 年将美洲耐寒物种紫露草（*T. ohiensis*）和无毛紫露草（*T. virginiana*）等之间的杂交后代归于此品种群。今天，大多数品种已被划分在其中，也称为 Andersoniana Group。多数可耐 –30 ℃低温。很多品种的外形相似，主要区别表现在花色或叶色上。

'Sweet Kate'　曾用名'Blue and Gold'，很受欢迎的品种。叶片黄绿色，配以蓝色花朵，形成视觉冲击（图 2、图 3）。

'Little Doll'　株高 40 ～ 60 cm，花瓣雪青色，花丝及所被长毛蓝色，花径 3 ～ 5 cm。

'Red Cloud'　株高约 60 cm，花瓣玫红色，花丝及所被长毛深玫红色，花径 3 ～ 5 cm。最好的品种之一。

'Concorde Grape'　矮小型，高 20 ～ 35 cm，花亮紫色，叶片灰蓝色。

'Osprey'　高 50 cm，丰花，白色花瓣配以蓝色雄蕊，花期晚春至秋季。

'Bilberry Ice' 植株紧凑圆润，高 30 ～ 45 cm，花蕾紫色，开放后花瓣为白色，每瓣中间有一条紫红色斑纹，雄蕊蓝紫色，花期 5 ～ 10 月。

'Innocence' 高 15 ～ 45 cm，花纯白色，花丝为极淡蓝紫色，花期 6 ～ 9 月。

2. 紫竹梅 *T. pallida*

常绿，茎直立、匍匐或下垂，常紫绿色，长 30 ～ 50 cm 或更长。叶互生，具包茎鞘，长椭圆形，先端尖，紫红色（强光下叶色更深），被长茸毛。聚伞花序顶生或腋生，花桃红色或紫红色（图 4）；花期 5 ～ 11 月。

图 2 'Sweet Kate'

图 3 Andersoniana Group

注：A.'Red Cloud'；B.'Bilberry Ice'；C.'Concord Grape'；D.'Osprey'；E.'Innocence'；F.'Little Doll'。

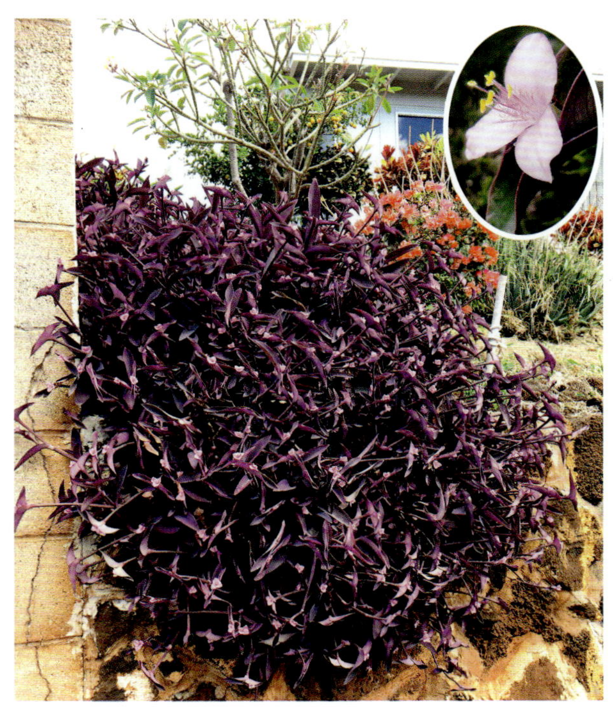

图 4　紫竹梅

原产墨西哥。耐寒性差，0℃时叶片受冻，地下根茎可耐 -10℃低温。

'Blue Sue' 叶绿色，具深紫红色镶边（图 5A）。

'Purpurea' 叶及茎均紫红色，在强光下，色彩更艳（图 5B）。

'Variegata' 叶片具深玫红色、紫绿色及紫色宽度不一的纵条斑，色彩随光照强弱变化（图 5C）。

3. 无毛紫露草（毛萼紫露草）*T. virginiana*

该属中应用最为广泛的种。茎直立或上升，很少在节间生根，高 45 ～ 90 cm，无毛或偶有末梢节间疏生柔毛，冠幅可达 90 cm。叶螺旋状排列，无柄，线状长矛形，30 ～ 50 cm 或更长。花序顶生，苞片叶状，被毛稀疏或稠密；花瓣蓝色、紫色，偶有粉色和白色，花径 2.5 ～ 7.5 cm（图 6）。花期 5 ～ 8 月。适应各种光照条件，喜中等至干燥的中性土壤，适宜于冬季地温高于 -32℃的地区。

4. 紫露草 *T. ohiensis*

在我国应用较多的种。与无毛紫露草的区别在于，萼片无毛或仅在先端具一簇腺毛，有白霜；花径 0.8 ～ 2 cm（图 7）。花期更长，有时早春至秋季。

5. 白雪姬 *T. sillamontana*

全株密被白绢毛，在干旱环境可保护植物免受阳光直射和过度蒸发。嫩枝和茎可达 30 ～ 40 cm 高，先直立，后匍匐，节间着地可生根。叶片排列成整齐的二列；肉质，卵形，长 3 ～ 7 cm。花序顶生或包裹于苞片中；花冠紫粉色至紫色（图 8）。花期夏季。

产南非和墨西哥东北部。在中等至干燥的环境中更易保持整齐的叶序。耐寒性较差，适用于我国亚热带地区种植。常作地被，也可盆栽或作吊篮。

6. 紫背万年青 *T. spathacea*

常绿，茎直立，通常形成群落，无毛。叶互生，有时螺旋状排列，无梗；表面深绿色，背面紫色，长圆状披针形，长 20 ～ 40 cm，宽

图 5　紫竹梅品种

注：A. 'Blue Sue'；B. 'Purpurea'；C. 'Variegata'。

3～6 cm，多少肉质。聚伞花序腋生，小花具梗，白色（图9）；花期冬季。

原产于加勒比地区和中美洲，在我国香港已归化。

7. 吊竹梅 *T. zebrina*

常绿蔓生，茎多分枝，节间生根，长30～50 cm或更长。叶互生，长卵形，先端尖，基部钝，叶面光滑，叶色多变，绿色带白色或紫红色条纹，叶背淡紫红色。聚伞花序顶生，花瓣粉色或紫色，具基部合生成筒状的爪，雄蕊花丝着生于花瓣上，被细长丝毛（图10）。花期夏秋季。

原产墨西哥，在我国南部沿海地区已归化。耐寒性差，可耐-4℃低温。

三、繁殖与栽培管理技术

（一）播种繁殖

春播，2～5月进行，撒播后用蛭石覆盖，保持基质潮湿，20～30℃条件下，3～4周出苗。苗高8 cm时分栽上盆，20 cm时移栽于景观中（董长根 等，2013）。

（二）分株和扦插繁殖

所有品种均可于春秋季分株繁殖。生长季节，可选择主茎或健壮分枝作插穗进行扦插繁殖（董长根 等，2013）。

（三）园林栽培

1. 土壤

各种土质均可，但以透水性好的微酸性至微碱性土壤为佳。

图6　无毛（毛萼）紫露草（丘群光 摄）

图7　紫露草

图8　白雪姬

图9　紫背万年青

图10　吊竹梅

2. 水肥

喜湿，故生长季应保证土壤处于中等至湿润状态。水肥过大时，易徒长，高大品种还有可能倒伏，一般保持中等肥力即可。

3. 光照

紫霞草品种和紫背万年青喜全光照或半阴。前者在半阴且水分充足的环境下，虽然营养生长较好，但开花较少；其他种类喜半阴或明亮阴影环境。

4. 修剪及越冬

耐寒种类花后若回剪至近地面处，促使其萌发新枝叶，有可能形成新的一轮花期；秋末倒苗后，清除地上枯枝叶，以减少病虫害的发生。冬季可根据不同种类的耐寒能力及立地条件进行适当保护。

（四）病虫害防治

主要有蛞蝓和蜗牛危害。常规防治即可。

四、价值与应用

该属植物生长旺盛，适应性强。植株或冠形饱满紧凑或蔓生成片，叶色脆绿或多彩；独特的蓝色三瓣花，花丝与附件长毛色彩艳丽。宜在林缘或花境中作地被，或在景观中作镶边，在北方常盆栽观赏。

北美印地安人将其用于治疗妇科病、肾病及消化系统疾病，还将叶汁涂抹于蜘蛛及蚊虫叮咬处以解毒素（Armitage, 2008）。

（刘青林　李淑娟）

Tricyrtis 油点草

百合科油点草属（*Tricyrtis*）多年生草本。该属植物有 20 种，主要分布于亚洲东部，从不丹、印度至日本；我国产 7 种，分布于华北和秦岭以南各地。油点草的叶子油绿，上面散布着水浸般的暗色斑点，因此得名油点草。该属植物花瓣上的斑点颇具神秘色彩，英文称其为“toad lily”（蛤蟆百合）。因为油点草花朵上的斑点非常像杜鹃鸟脖子上的花纹，所以在日本也称油点草为“杜鹃草”。

一、形态特征与生物学特性

（一）形态与观赏特征

根状茎，横走。茎直立，圆柱形。茎叶互生，卵形或卵状椭圆形，近无柄。花单生或簇生，顶生或生于上部叶腋的二歧聚伞花序。花被 6 片，离生，绿白色、黄绿色或淡紫色（图 1），开放前钟状，开放后花被片直立、斜展或反折，外轮 3 片在基部囊状或具短距；雄蕊 6 枚，花丝扁平，下部常靠合成筒；花药矩圆形，背着，2 室，外向开裂；柱头 3 裂，向外弯垂，裂片上端又 2 深裂，密生腺毛；子房 3 室，胚珠多数。蒴果直立或点垂，狭矩圆形，具 3 棱，上部开裂。种子小而扁，卵形至圆形。

（二）生物学特性

喜温暖湿润，也耐干旱和半阴。较耐寒，喜阳光，但不耐受暴晒。阳光照射过多时，会导致叶片紫色斑纹变淡，影响观赏效果。土壤以肥沃疏松的泥炭土为好。冬季当温度低于 5℃时，地上部分逐渐枯死，翌年 3 月中旬开始恢复生长。

二、种质资源

原生种大多分布在日本，日本也选育出最多的园艺品种，不仅有油点草杂交种、台湾油点草杂交种，还有悬垂开放的黄花油点草杂交种。每到 10 月，日本很多地方的社区和公园会举办油点草的盆栽展出，成为秋季里的一件园艺盛事。

图 1　油点草花、叶部特写（吴棣飞　摄）

1. 油点草 *T. macropoda*

因花和叶片都有紫色油斑，故名油点草。茎上有毛；叶片呈椭圆形；叶缘有糙毛；伞状花序的花序轴二歧分枝，花朵疏生，蒴果直立；花果期 6 ～ 10 月（图 1）。

喜生长在山地林下、草丛中或岩石缝隙中，主要分布于浙江、江西、福建、安徽、江苏（宜兴、溧阳）、湖北（建始）、湖南、广东、广西和贵州（东南部）等地。

2. 黄花油点草 *T. pilosa*

根状茎短或稍长，横走，株高可达 1m。叶互生，长圆形、椭圆形至倒卵形，长 5 ～ 14 cm，宽 4 ～ 9 cm，先端渐尖，茎上部叶基部心形抱茎或圆形而近无柄。二歧聚伞花序顶生或生于上部叶腋，花序轴和花梗生有淡褐色短糙毛，并间生有细腺毛；花梗长 1.4 ～ 2.5 cm 或 1.4 ～ 3 cm；苞片很小，花疏散；花被片通常黄绿色，向上斜展或近水平开展，内面具多数紫红色斑点，卵状椭圆形至披针形，长 1.5 ～ 2 cm，开放后不反折；外轮 3 片花被较内轮宽，在基部向下延伸而呈囊状；雄蕊约等长于花被片，花丝中上部向外弯垂，具紫色斑点；柱头稍高出雄蕊或有时近等高，3 裂；裂片长 1 ～ 1.5 cm，每裂片上端又 2 深裂，密生腺毛。蒴果直立，长 2 ～ 3 cm。花果期 6 ～ 9 月。

3. 台湾油点草'黑美人' *T. formosana* 'Dark Beauty'

命名源于其幼叶上随机分布的深色斑点，在光照较强或叶片长大后斑点会褪去（图 2、图 3）。

分布于台湾全岛及兰屿的中低海拔的林下空间，喜好潮湿、富含有机质、腐殖质的微酸性土壤。

三、繁殖与栽培管理技术

（一）分株繁殖

常用分株和播种繁殖。分株繁殖随时可行，通常将根茎埋入土下 3 cm 处。盆径 20 cm 的盆可以种植 3 段根茎。若春天分株，秋天便能开花。冬季分株，则需要保持土壤干燥，待天气转暖后再浇水防根茎腐烂。脱水严重的根茎在种之前经过浸水处理，也能很快复原成活。

（二）园林栽培

1. 土壤

栽培基质宜选择疏松透气的砂壤土，由于油点草的横走根系不深但是蔓延绵长，因此需要给予足够的生长空间。

2. 水肥

若栽培环境合适，油点草几乎不需要特别的管理，属于典型的低维护植物，多余的肥料和过剩的水分反而会导致其烂根。

3. 光照

喜好阴凉，不耐受夏日阳光直射，所以在栽培过程中偶尔会发生叶边干枯的现象，可通过栽培于林下或设置遮阴网来改善。如果利用花盆栽

图 2　台湾油点草花部分特写

图 3　台湾油点草叶部特写

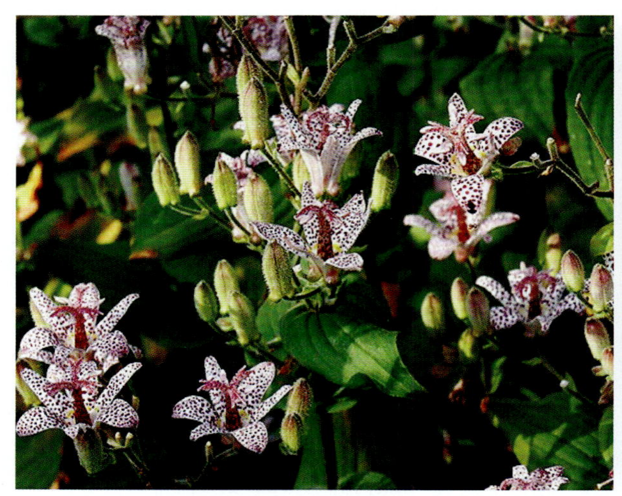

图 4　台湾油点草观花效果

图 5　台湾油点草在阴生花园的应用（沈洪涛 摄）

植，则最好把它和其他宿根植物或木本植物种植在一起。

4. 修剪

盆栽油点草花后要修剪，以保持美观，可重剪至基部以上 2 cm 处。生长多年的盆栽最好每年翻盆分株，防止株丛过密，生长受限。

（三）病虫害防治

油点草的重要病害为根腐病，栽植前宜用 0.3% ～ 0.4% 硫酸铜液浸泡 30 分钟。生长期有蚜虫风险，可用 40% 乐果乳油 1000 倍液喷施。

四、价值与应用

油点草花朵不大，但花形独特，纯白的花被片微微泛着青绿，星星般点缀着众多紫红色斑点。初开的油点草可以从六瓣花清晰地辨认出其百合科的身份，但是随着花期推进，花被自中下部向下反折，露出高高耸出的雄蕊和柱头，造型别致。

强健耐阴、花色素雅，是良好的地被植物。油点草的原生种在日本园林中应用较为广泛，多种植于社区公园、寺庙庭院，作为盆栽展出或者大片种植于木栅和石阶旁，衬托着古旧的建筑山门，颇具禅意。大片油点草可形成紫色的花海，具有很高的观赏价值。近年来，我国也有公园引入油点草栽培，江南地区多种植台湾油点草，其长势旺盛、开花量大、繁殖迅速，是园林绿化的良好植物材料（图 4）。独特的花形和色彩也颇受园艺爱好者的喜爱（图 5）。

油点草属的部分种类具有一定的药用价值，如活血化瘀、行气止痛、补虚止咳等功效。根可入药，具有补虚止咳的功效，可治疗肺虚咳嗽。然而，目前尚未被广泛应用于现代临床医学中，其药用价值还需要进一步的科学研究和验证。

（任梓铭　夏宜平）

Trifolium 车轴草

豆科车轴草（*Trifolium*）一年生或多年生草本植物，又名三叶草。全球约 250 种，分布于欧亚大陆，非洲，南美洲、北美洲的温带，以地中海区域为中心；我国常见引种栽培 13 种，是园林绿化中常用的地被植物。

一、形态特征与生物学特性

（一）形态与观赏特征

株高 10 ~ 60 cm。有时具横出的根茎。茎直立、匍匐或上升。掌状复叶，小叶通常 3 枚，偶为 5 ~ 9 枚；托叶显著，通常全缘，部分合生于叶柄上，叶面上常有“V”字形白斑；小叶具锯齿。花具梗或近无梗，集合成头状或短总状花序，偶为单生，花序腋生或假顶生，基部常具总苞或无；萼筒形或钟形，或花后增大，肿胀或膨大，萼喉开张，或具二唇状胼胝体而闭合，或具一圈环毛，萼齿等长或不等长，萼筒具脉纹 5、6、10、20 条，偶有 30 条；花冠红色、黄色、白色或紫色，也有具双色的，无毛，宿存，旗瓣离生或基部和翼瓣、龙骨瓣连合，后二者相互贴生；雄蕊 10 枚，二体，上方 1 枚离生，全部或 5 枚花丝的顶端膨大，花药同型；子房无柄或具柄，胚珠 2 ~ 8 枚。荚果不开裂，包藏于宿存花萼或花冠中，稀伸出；果瓣多为膜质，阔卵形、长圆形至线形；通常有种子 1 ~ 2 粒，稀 4 ~ 8 粒。种子形状各样，散布时连宿存花萼或整个头状花序为一单元（图 1、图 2）。

（二）生物学特性

长日照植物，不耐荫蔽。具有一定的耐旱性。喜温暖湿润气候，不耐长期积水。白车轴草的侵占性和竞争能力较强，能够有效抑制杂草生长，不用长期修剪，管理粗放且使用年限长，具有改善土壤及水土保持作用，可用于园林、公园、高尔夫球场等绿化草坪的建植。红车轴草花紫红色，多数密集成头状。荚果小。种子肾形。喜温暖湿润气候，不抗旱，适宜水分充足、微酸性土壤。茎、叶富含蛋白质和灰分，主要用作饲

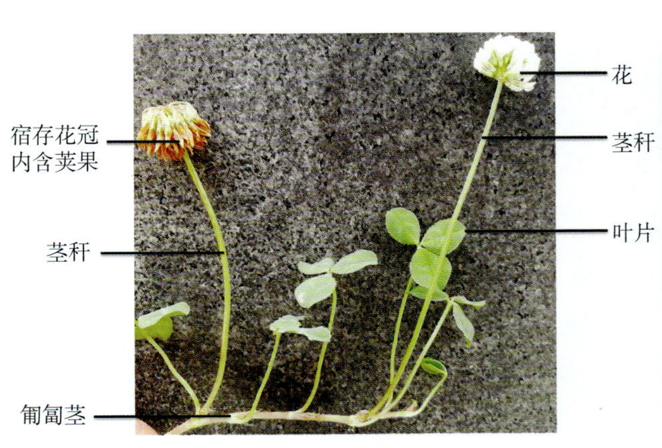

图 1　白车轴草植株结构

图 2　白车轴草叶片

料或绿肥。可青饲或调制干草。生长周期一般为2～6年，在温暖条件下，常缩短为二年生或一年生。

二、种质资源

1. 红车轴草 *T. pratense*

多年生草本，生长期2～5(～9)年。主根深入土层达1m。茎粗壮，具纵棱。掌状三出复叶因此又称为“红三叶”；托叶近卵形，膜质；叶柄较长；小叶卵状椭圆形至倒卵形，先端钝，有时微凹，基部阔楔形，叶面上常有“V”字形白斑；小叶柄短。花序球状或卵状，顶生；无总花梗或具甚短总花梗，具花30～70朵，密集；子房椭圆形，胚珠1～2枚。荚果卵形；通常有1粒扁圆形种子。花果期5～9月。

红车轴草起源于地中海、美洲西北部和非洲东部（Ellison et al., 2006）。在欧洲及俄罗斯、美国、新西兰等海洋性气候地区广泛栽培，我国云南、贵州、湖北、新疆等地有野生种。喜温暖湿润气候，适宜生长的温度为15～25℃。年降水量700～2000 mm以上，夏季不热、冬季不冷的地方最宜生长。抗寒性强，冬季可耐-8℃低温，最低温度低于-15℃，则难于越冬。耐阴耐湿性也强，耐热性较差，夏季温度超过35℃生长受抑制，持续高温，而且昼夜温差小，往往导致其死亡。生长周期一般为2～6年，在温暖条件下，常缩短为二年生或一年生。为长日照作物，日照14小时以上才能开花结实（图3）。

红车轴草自3—4世纪开始就在欧洲广泛栽培。13世纪Abertus Magnus第一次记录了红车轴草的栽培。随后，在意大利（1550），法国（1585）、英国（1645）、美国（1663）和德国（1776）相继有红车轴草栽培的记载（Taylor和Quesenberry，1996）。自20世纪80年代以来，湖北省先后从国内外引进多个红三叶品种，如新西兰红三叶、瑞典四倍体红三叶、戈伦红三叶、吉林红三叶等。目前驯化的地方品种有巴东红三叶、巫溪红三叶和岷山红三叶。湖北省农业科学院历时11年，培育出‘鄂牧5号’红三叶，被农业部作为主导品种推广。

2. 白车轴草 *T. repens*

多年生草本，生长期达5年。主根短，侧根和须根发达。茎匍匐蔓生，上部稍上升，节上生根。掌状三出复叶；小叶倒卵形至近圆形，先端凹头至钝圆，基部楔形渐窄至小叶柄，中

图3　白车轴草与红车轴草花序

脉在下面隆起；小叶柄长，微被柔毛。花序球形，顶生；总花梗甚长，比叶柄长近1倍，具花20～50（～80）朵，密集；花冠白色、乳黄色或淡红色，具香气；子房线状长圆形，花柱比子房略长，胚珠3～4枚。荚果长圆形；种子通常3粒。种子阔卵形。花果期5～10月。

白车轴草原产欧洲和北非，世界各地均有栽培。在我国亚热带及暖温带地区分布较广泛。西南、东南、东北等地均有野生种分布，在东北、华北、华中、西南、华南各地均有栽培种，在新疆、甘肃等地栽培后也表现较好。我国在湿润草地、河岸、路边呈半自生状态。抗寒耐热，在酸性和碱性土壤上均能适应，是本属植物中在我国很有推广前途的种。可作为绿肥、堤岸防护草种、草坪装饰，以及蜜源和药材等用（图3）。白车轴草栽培历史悠久，生态类型很多。一般按叶片大小分为3类：小叶型、中间型和大叶型。

（1）小叶型

也称野生型白三叶，抗逆性强，耐刈耐牧，株矮叶小，可用于放牧、水土保持和草坪观赏。

（2）中间型

也称普通白三叶，大小处在小叶型和大叶型之间。中叶型白三叶应用较广，我国也以此为多，抗性、株型和生产性能居于小叶型和大叶型之间，再生期较长。包括美国"Louisiana"系列，英国的'Aberystwyth.S100'和'Kersey'，新西兰的'Huia'等品种。

（3）大叶型

也称"拉丁诺"白三叶，原产意大利，株高叶大，叶比小叶型大1～5倍，产量高，要求水肥条件也高，抗逆性差，不耐牧，适于青刈利用。大叶型白三叶早在20世纪作为Ladino白三叶从意大利引入美国，从20世纪50年代开始育成了大型白三叶栽培品种'Pilgrim''Merit''Regal'和'Tillman'；意大利育成了'Espanso'品种。

我国育成的白三叶品种，包括湖北省畜牧兽医研究所选育的'胡依阿'和'鄂牧1号'白三叶、四川农业大学选育的'川引拉丁诺'白三叶、云南肉牛牧草研究中心选育的'海法'和'沙弗蕾肯尼亚'白三叶及贵州省饲草饲料站选育的'贵州白三叶'。

3. 大花车轴草 *T. eximium*

多年生草本。主根直，粗壮。茎3～10支，自根茎发出。平卧或上升，上部多分枝。掌状三出复叶；下部托叶鞘状抱茎；叶柄被微毛或无毛。比小叶短；小叶倒卵状椭圆形，先端钝，基部阔楔形，边缘各具14～16枚锯齿。花序伞形；花大，长19～20 mm；花梗被微毛或无毛，花冠粉红色或红色，旗瓣卵形，先端常微凹。荚果扁平。花期6～7月，果期7～8月。

4. 草莓车轴草 *T. fragiferum*

多年生草本。具主根。茎平卧或匍匐，节上生根，全株除花萼外几无毛。掌状三出复叶；托叶卵状披针形，膜质；小叶倒卵形或倒卵状椭圆形，先端钝圆，微凹，基部阔楔形。花序半球形至卵形；总花梗甚长，腋生；具花10～30朵，密集；花小；花梗甚短；花冠淡红色或黄色，旗瓣长圆形；有种子1～2粒。种子扁圆形。花果期5～8月。

5. 延边车轴草 *T. gordejevi*

多年生草本。茎匍匐上升，多分枝，具细棱。掌状三出复叶，颇茂盛；托叶披针形，全缘；小叶倒卵形或长倒卵形，先端钝圆，微凹；小叶几无柄。伞形花序腋生，具花1～3朵；萼筒形；花冠红色，初时白色最后转紫红色，果期宿存。荚果长圆状卵形，扁平；有种子2粒。种子阔卵形。花期6～9月。

6. 杂种车轴草 *T. hybridum*

短期多年生草本，生长期3～5年。主根不发达，多支根。茎直立或上升，具纵棱，疏被柔毛或近无毛。掌状三出复叶；托叶卵形至卵状披针形；叶柄在茎下部甚长，上部较短；小叶阔椭圆形，有时卵状椭圆形或倒卵形。花序球形；总花梗长4～7 cm，比叶长，具花12～20（～30）朵，甚密集；子房线形，花柱几与子房等长，胚珠2枚。荚果椭圆形；通常有种子2粒。种子甚小，橄榄绿色至褐色。花果期6～10月。

7. 野火球 *T. lupinaster*

多年生草本。根粗壮，发达。茎直立，单生，基部无叶。掌状复叶，通常小叶5枚；托叶膜质；叶柄几全部与托叶合生；小叶披针形至线状长圆形；小叶柄短。头状花序着生顶端和上部叶腋，具花20～35朵；花冠淡红色至紫红色，旗瓣椭圆形，先端钝圆，基部稍窄，几无瓣柄。荚果长圆形，有种子（2～）3～6粒。种子阔卵形，橄榄绿色，平滑。花果期6～10月。

8. 中间车轴草 *T. medium*

多年生草本。主根直，地下根茎发达。茎匍匐或上升，分枝少，节呈"Z"字形生长，无毛或稀被贴伏毛。掌状复叶；托叶披针形；茎上部叶柄甚短；小叶椭圆形至阔披针形，先端钝，基部圆，两面近无毛。头状花序于枝梢假顶生，阔卵形或球形，排列疏松；花冠红色至淡紫色，旗瓣长圆状卵形。荚果卵形；种子1粒。花期5～7月，果期6～8月。

三、繁殖与栽培管理技术

（一）播种繁殖

繁殖力强，种子量大，但种子硬实度高。播种前须用机械方法擦伤种皮，或用浓硫酸浸泡20～30分钟，捞出后用清水冲洗干净，晾干播种。量小人工播种即可，量大可以机器播种。播种量0.5～1 kg/亩，播种后5～7天可出苗。1个多月的时间便可以成坪。

（二）营养繁殖

具有发达的匍匐茎。将车轴草匍匐茎切成小段，每段保留3～4个茎节，扦插在翻耕后的土壤里，株行距15～20 cm，埋入土层1～2个茎节，保持土壤湿润，7～10天可成活，1个月左右成坪。

（三）组培快繁

高加索三叶草在MS+2, 4-D 0.25 mg/L +6-BA 0.5 mg/L的培养基中愈伤组织诱导生长最好，愈伤组织在MS+2, 4-D 0.2 mg/L+6-BA 1 mg/L+ 2%蔗糖培养基上生长迅速，质地良好，在MS+2, 4-D 0.25 mg/L+6-BA 1 mg/L培养基上植株分化率达75%（杨珍 等，2008）。

用白车轴草叶片作外植体，最适愈伤组织诱导培养基为MS+6-BA 3 mg/L+NAA 3 mg/L。而以下胚轴上段作外植体，最适愈伤组织诱导培养基为MS+6-BA 3 mg/L+NAA 0.08 mg/L，25 ℃条件下暗培养（杨丽莉 等，2003）。

红车轴草子叶、下胚轴、叶柄、叶片及根段在MS+ 6-BA 0.5 mg/L+ 2,4-D 1～2 mg/L培养基上于25℃条件下暗培养，都极易诱导出愈伤组织。最佳继代培养基为MS+ 6-BA 0.5 mg/L+ 2,4-D 1 mg/L，最佳分化培养基为MS+ 6-BA 0.75 mg/L + NAA 0.5 mg/L，茎芽增殖最佳培养基为MS+ 6-BA 0.5 mg/L+ IBA 1 mg/L，最佳生根条件为IBA 50 mg/L浸泡1小时后植入含IBA 0.5 mg/L的MS培养基中（高雪芹 等，2012）。

（四）露地栽培

车轴草对土壤要求不十分严格，在土壤肥沃、排水良好的地块，植株更健壮，产量更高。土地深耕20～25 cm，使耕层疏松，土块细碎，以利出苗，平整、耙细并施足底肥，每亩施堆肥或厩肥1000～1500 kg。如用化学肥料，可施20 kg过磷酸钙、10 kg钾盐。可春播或秋播，春播以4～5月为宜，秋播以9～10月为宜，气温稳定在12℃左右。在高寒日暖山区以春播为好，冬季霜冻少并且有灌溉条件的地区以秋播为好。播种量0.5～1 kg/亩。播种时，种子与细沙以1 ：5的比例混合播种，可以条播，也可以撒播。条播时行距20 cm左右。播种宜浅不宜深，一般播种后覆盖1～2 cm的细土。播后注意保持土壤湿度。苗期要及时松土锄草，以利幼苗生长，出苗前如遇水造成土壤板结，要用钉齿耙或带齿圆形镇压器等及时破除板结层，以利出苗。幼苗长至5～6 cm时，每2周施追肥1次，按每亩30～40 kg复合肥，开沟施入草坪根部或撒施。施肥后立即灌水，以免烧伤根系，影响植株生长。雨季注意排水。车轴草属豆科植物，自身具有固氮能力，但苗期根瘤菌尚未生成需补充少量氮肥，可每千克种子接种根瘤菌 10 g，促进植株生长。形成群体后则只需补磷、钾肥。苗期应保持土壤湿润，生长期如遇长期干旱也需适当浇水。

（五）盆栽

红车轴草盆栽时选择陶盆，用泥炭土、河沙、蛭石混合作为盆土。种子播后覆盖 1 ～ 2 cm 厚的细土。保持盆土的湿润，幼苗出土后进行间苗。每天保持 6 小时以上的光照，温度不低于 10℃，保证生长良好。

（六）病虫害防治

1. 棒叶病

由类菌原体侵染引起的一类病害。造成植株叶片畸形，变狭长，边缘有不整齐缺刻，植株生长势减弱，影响观赏价值。该病害可通过接触或叶蝉等昆虫传播。防治方法：搞好田园管理，增强植株抗病力和控制传毒媒介。

2. 叶斑病

包括多种真菌性病害，叶片上产生形状、大小、颜色不同的各种病斑，造成叶片枯萎后脱落。防治方法：喷施多菌灵（每亩 100 g 兑水 50 ～ 80 kg）、甲基硫菌灵（30 ～ 50 g 兑水 40 ～ 50 kg）、代森锰锌（可湿性粉剂 120 ～ 180 g 或 70% 代森锰锌可湿性粉剂 137 ～ 206 g, 兑水 45 ～ 60 kg）等杀菌剂进行防治。

3. 菌核病

可危害根茎部、茎基部和下部叶片。病部湿腐变褐、病株霉烂枯死，发病部位有白色菌丝，后期形成黑色球形或不规则菌核。防治方法：喷施乙烯菌核利（农利灵，每亩用 50% 乙烯菌核利可湿性粉剂 75 ～ 100 g，兑水 60 ～ 75 kg）、异菌脲（扑海因，每亩用 50% 异菌脲可湿性粉剂 50 g 兑水 50 ～ 75 kg）、腐霉利（速克灵，每亩 150 ～ 300 g 兑水 50 ～ 75 kg）和多菌灵（每亩 100 g 兑水 50 ～ 80 kg）等药剂。

4. 线虫病

线虫病发生普遍且数量大，危害根部、影响地上长势。防治方法：用氯唑磷（米乐尔，每亩 3% 颗粒剂 4 ～ 6 kg）、克百威（呋喃丹，每亩用 3% 颗粒剂 1.5 ～ 2 kg）等颗粒剂处理土壤，结合浇灌，防治效果可达 95% 以上。

5. 叶蝉

主要以幼虫和成虫栖息于叶背，吮吸植株体内的汁液。轻者叶片褪绿，并在叶片上出现小白点，重则叶片呈苍白色，观赏价值大大降低。防治方法：50% 杀螟松 1500 倍液，或以除虫菊酯类农药 2000 倍液喷杀。喷药要均匀喷施到植株的各部位。

6. 地老虎

早春危害车轴草根芽，有的在地面咬断根茎，有的从地下啃食萌芽，造成植株死亡。防治方法：除常用的毒液诱杀外，每亩用 1500 ～ 2000 g 呋喃丹颗粒进行沟施或穴施。

7. 白粉蝶

车轴草几大害虫之一。每年夏季高温时，常有白粉蝶幼虫危害叶片。啃食植株的叶片，能将叶片吃光。受害植物生长势减弱。防治方法：可在早晨露水未干时，撒 2.5% 敌百虫粉剂，每亩用量 1.5 ～ 2 kg，效果较理想。

8. 斜纹夜蛾

白车轴草的主要害虫之一。主要蚕食车轴草叶片甚至吃光。最适合的生长温度为 15 ～ 25℃。防治方法：傍晚或早晨用 2.5% 敌百虫粉剂、5% 杀螟松粉剂 22.5 ～ 30 kg/ 亩，也可用 90% 敌百虫结晶 1000 ～ 1500 倍液、50% 敌敌畏乳液 1000 ～ 2000 倍液、50% 杀螟松乳剂 1000 倍液 50 ～ 100 kg/ 亩进行喷杀。

四、价值与应用

花、叶均具观赏价值，绿色期长，花期长，耐践踏，可作路径沟边、堤岸护坡保土草坪和厂矿、机关、学校等绿地封闭式草坪。白车轴草的叶色花色美观、绿色期较长，种植和养护成本低，从播种到成坪只需 30 ～ 40 天，种植一次，可连续利用 6 ～ 7 年甚至 10 年，落土的种子具有较强的自播繁殖能力，是优良的绿化观赏草坪材料，既可成片种植，也可与乔木、灌木混搭成层次分明的复合景观。与其他暖季型草坪混合栽培，可起到延长绿色期的效果。白车轴草的根系发达，侧根密集，能固着土壤，茂密的叶片能阻挡雨水对土壤的冲刷和风蚀，因而蓄水保土作用明显，适宜在坡地、堤坝湖岸种植，防止水土流失，同时容易营造出绚丽自然的生态景观。不易发生病虫害，杂草少，成坪后基本不需再人工除杂，有效减少除草用工和化学除草剂的使用量。

车轴草是具有广泛栽培意义的一类重要牧草作物，也是重要的绿肥与水土保持植物。

白车轴草是优良饲料。

红车轴草可用于止咳、止喘、镇痉，《本草拾遗》和《本草纲目》对红车轴草均有记载。其提取物对现代药理学亦有良好的科研价值。

（产祝龙）

Trollius 金莲花

毛茛科金莲花属(*Trollius*)多年生草本植物，是毛茛科有花瓣类群中比较原始的类群之一（李良千，1995）。全球31种，分布于北半球温带至寒温带。我国有16种，分布于西南、西北、华北、东北和台湾；最早在唐代日僧圆仁的《入唐求法巡礼行记》中有金莲花的记载。《广群芳谱》引《五台山志》记载："山有旱金莲，如真金挺生绿地。相传是文殊圣迹"。金莲花一名始见于北宋周师厚（1082）的《洛阳花木记》，其中有"金莲花出嵩山顶"的记载。古代文献中记载的旱金莲和金莲花均指金莲花。

一、形态特征与生物学特性

（一）形态与观赏特征

全株无毛。单叶，全部基生或同时在茎上互生，掌状分裂（图1A）。花单独顶生或少数组成聚伞花序，规则；花托稍隆起。萼片5片至多数，花瓣状，倒卵形，通常黄色，稀淡紫色，通常脱落，间或宿存。花瓣5片至多数，线形，具短爪，在接近基部处有蜜槽。雄蕊多数，螺旋状排列，花药椭圆形或长圆形，在侧面开裂，花丝狭线形（图1B）。心皮5枚至多数，无柄；胚珠多数，呈二列着生于子房室的腹缝线上。蓇葖开裂，具脉网及短喙。种子近球形，种皮光滑（图1C）。

（二）生物学特性

喜凉爽湿润及半阴环境，耐寒、耐阴、忌高温，常年生存在2～15℃，多生长在海拔1800m以上的高山草甸或疏林地带。根系浅，怕干旱，忌水涝，适宜富含有机质、湿润而又排水良好的土壤（蔡连捷，2003）。金莲花属植物花期5～7月，果期8月。

二、种质资源

我国产16种，记载如下。

1. 阿尔泰金莲花 *T. altaicus*

茎直立，不分枝，高26～70 cm，基生叶2～5枚，有长柄，基部具狭鞘；叶片五角形，

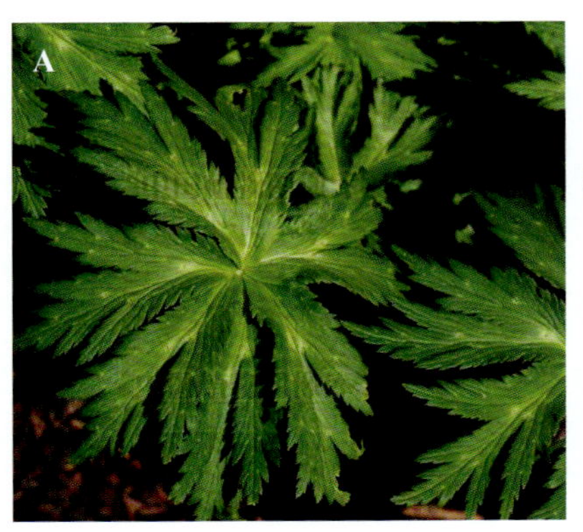

图1　金莲花不同器官和种子

A. 叶片（徐晔春，2018）；B. 金银花花部结构；C. 种子

基部心形，3 全裂，中央全裂片菱形，3 裂近中部，二回裂片有小裂片和锐齿牙；侧全裂片 2 深裂近基部，上方深裂片与中央全裂片相似近等大，脉近平。花两性，花单独顶生；萼片通常 15 ～ 18 枚，橙色，倒卵形或宽倒卵形，顶端圆形，常疏生小齿，有时全缘；花瓣比雄蕊稍短或与雄蕊等长，线形，先端渐狭；心皮 16，花柱紫色（图 2A）。种子椭圆球形，黑色，有不明显纵棱。5 ～ 7 月开花，8 月结果。

2. 宽瓣金莲花 *T. asiaticus*

茎高 25 ～ 50 cm，不分枝或上部分枝。基生叶约 3 枚，有长柄，与短瓣金莲花的叶相似；叶片五角形，基部心形，3 全裂，中央全裂片菱形，3 中裂，边缘有缺刻状尖牙齿，侧全裂片不等 2 裂近基部。茎生叶 2 ～ 3 枚，似基生叶，但变小，有短柄或无柄。花单独生茎或分枝顶端，萼片黄色，10 ～ 15（～ 20）片，宽椭圆形或倒卵形，全缘，或顶端有不整齐小齿；花瓣比雄蕊长，比萼片稍短，匙状线形，从基部向上渐变宽，中上部最宽，顶部向上渐变狭；心皮约 30（图 2B）；6 月开花。

3. 川陕金莲花 *T. buddae*

茎高 60 ～ 70 cm，常在中部或中部以上分枝。基生叶 1 ～ 3 枚，有长柄；叶片五角形，基部深心形，3 深裂至近基部，中央深裂片菱形或宽菱形，3 浅裂，具少数小裂片及卵形小牙齿，脉上面下陷，下面隆起，侧深裂片斜扇形，不等 2 深裂；叶柄基部具狭鞘。茎生叶 3 ～ 4 枚，靠近基部的与基生叶相似，中部以上的变小。花序具 2 ～ 3 朵花；萼片黄色，干时不变绿色，5 片，倒卵形或宽倒卵形，稀椭圆形，脱落；花瓣与雄蕊等长或比雄蕊稍短，狭线形，顶端不变宽或稍变宽；心皮 20 ～ 30。蓇葖顶端稍外弯，具横脉，喙斜展或近水平展出（图 2C）。7 月开花，8 月结果。本种与云南金莲花极为相近，区别主要在于萼片干时不变绿色，花瓣顶端不呈匙状变宽。

4. 金莲花 *T.chinensis*

须根长达 7 cm。茎高 30 ～ 70 cm，不分枝，疏生（2 ～）3 ～ 4 枚叶。基生叶 1 ～ 4 枚，有长柄；叶片五角形，基部心形，3 全裂，全裂片分开，中央全裂片菱形，顶端急尖，3 裂达中部或稍超过中部，边缘密生稍不相等的三角形锐锯齿，侧全裂片斜扇形，2 深裂近基部，上面深裂片与中全裂片相似，下面深裂片较小，斜菱形；叶柄基部具狭鞘。茎生叶似基生叶，下部的具长柄，上部的较小，具短柄或无柄。花单独顶生或 2 ～ 3 朵组成稀疏的聚伞花序，直径通常在 4.5 cm 左右；苞片 3 裂；萼片（6 ～）10 ～ 15（～ 19）片，金黄色，干时不变绿色，最外层的椭圆状卵形或倒卵形，顶端疏生三角形牙齿，间或生 3 个小裂片，其他的椭圆状倒卵形或倒卵形，顶端圆形，生不明显的小牙齿；花瓣 18 ～ 21 个，稍长于萼片或与萼片近等长，稀比萼片稍短，狭线形，顶端渐狭；心皮 20 ～ 30（图 2D）。蓇葖具稍明显的脉网；种子近倒卵球形，黑色，光滑，具 4 ～ 5 棱角。6 ～ 7 月开花，8 ～ 9 月结果。

5. 准噶尔金莲花 *T. dschungaricus*

植株全部无毛。茎高（10 ～）20 ～ 50 cm，疏生 2 ～ 3 枚叶。基生叶 3 ～ 7，有长柄；叶片五角形，基部心形，3 深裂至近基部，深裂片互相覆压，有时近邻接，中央深裂片宽椭圆形或椭圆状倒卵形，上部 3 浅裂，裂片互相多少覆压，边缘生小裂片及不整齐小牙齿，侧深裂片斜扇形，不等 2 深裂，二回裂片互相多少覆压；叶柄基部具狭鞘。花通常单独顶生，有时 2 ～ 3 朵组成聚伞花序；萼片黄色或橙黄色，干时不变绿色，8 ～ 13 枚，倒卵形或宽倒卵形，有时狭倒卵形，顶端圆形，生少数小齿或近全缘；花瓣比雄蕊稍短或与花丝近等长，线形，顶端圆形或带匙形；心皮 12 ～ 18，花柱淡黄绿色（图 2E）。种子椭圆球形，黑色，光滑。6 ～ 8 月开花，9 月果熟。

6. 矮金莲花 *T. farreri*

根状茎短。茎高 5 ～ 17 cm，不分枝。叶 3 ～ 4 枚，全部基生或近基生，有长柄；叶片五角形，基部心形，3 全裂达或几达基部，中央全裂片菱状倒卵形或楔形，与侧生全裂片通常分开，3浅裂，小裂片互相分开，生2～3不规则三角形牙齿，侧全裂片不等2裂稍超过中部，二回裂片生稀疏小裂片及三角形牙齿；叶柄基部具宽鞘。花单独顶生；萼片黄色，外面常带暗紫色，干时通常不变绿色，5（～6），宽倒卵形，顶端圆形或近截形，宿存，偶而脱落；花瓣匙状线形，比雄蕊稍短，顶端稍变宽，圆形；心皮6～9（～25）（图2F）。种子椭圆球形，具4条不明显纵棱，黑褐色，有光泽。6～7月开花，8月结果。

7. 长白金莲花 *T. japonicus*

茎高26～55 cm，疏生2～3枚叶。基生叶3～5枚，有长柄，有时在开花时枯萎；叶片五角形，基部心形，3全裂，中央全裂片菱形，3裂近中部，中央二回裂片菱形，具少数小裂片及小锐牙齿，侧面二回裂片较小，斜三角形，侧全裂片斜扇形，2深裂几达基部，上面深裂片与中全裂片相似并近等大；叶柄基部具狭鞘。茎下部叶与茎生叶相似，上部叶较小，具鞘状短柄。花单生或2～3朵组成疏松的聚伞花序；苞片似茎上部叶，渐变小；萼片5片，黄色，干时不变绿色，倒卵形或圆倒卵形，顶端圆形，生少数小齿；花瓣约9个，与雄蕊近等长，线形，顶端钝；心皮7～15（图2G）。种子椭圆球形，黑色，有光泽，具不明显纵棱。7～8月开花，9月结果。

8. 短瓣金莲花 *T. ledebouri*

茎高60～100 cm；基生叶2～3枚，有长柄；叶片五角形，基部心形，3全裂，全裂片分开，中央全裂片菱形，顶端急尖，3裂近中部或稍超过中部，边缘有小裂片及三角形小牙齿，侧全裂片斜扇形，不等2深裂近基部；叶柄基部具狭鞘。茎生叶与基生叶相似，上部的较小，变无柄。花单独顶生或2～3朵组成稀疏的聚伞花序；苞片无柄，3裂；萼片5～8枚，黄色，干时不变绿色，外层的椭圆状卵形，其他的倒卵形、椭圆形，有时狭椭圆形，顶端圆形，生少数不明显的小齿；花瓣10～22个，长度超过雄蕊，但比萼片短，线形，顶端变狭；心皮20～28（图2H）。6～7月开花，7月结果。

9. 淡紫金莲花 *T. lilacinus*

茎高10～28 cm；疏生2叶，基生叶3～6枚，在开花时常尚未抽出或刚刚抽出，有长柄；叶片五角形，基部心形，3全裂，中央全裂片菱形，3裂至中部或近羽状深裂，二回裂片具少数小裂片及三角形或宽披针形的锐牙齿，侧全裂片斜扇形，不等2深裂近基部，脉平或上面稍下陷；叶柄基部具狭鞘。茎生叶具鞘状短柄或几无柄，比基生叶小。花单独顶生；萼片15～18枚，淡紫色、淡蓝色或白色，倒卵形、宽椭圆形、椭圆形或卵形，顶端圆形，有时急尖或微钝，生不明显小齿；花瓣约8片，比雄蕊稍短，宽线形，顶端钝或圆形；心皮6～11（图2I）。种子椭圆球形，光滑，有少数不明显纵棱。7～8月开花，8～9月结果。

10. 长瓣金莲花 *T. macropetalus*

茎高70～100 cm，疏生3～4叶。基生叶2～4枚，有长柄；叶片与短瓣金莲花及金莲花的叶片均极相似。花直径3.5～4.5 cm；萼片5～7枚，金黄色，干时变橙黄色，宽卵形或倒卵形，顶端圆形，生不明显小齿；花瓣14～22片，长度稍超过萼片，有时与萼片近等长，狭线形，顶端渐变狭，常尖锐；心皮20～40（图2J）。种子狭倒卵球形，黑色，具4棱角。7～9月开花，7月开始结果。

11. 小花金莲花 *T. micranthus*

茎单生，高5～24 cm，无毛，不分枝或在基部生1条分枝，在近基部处生1～3枚叶。基生叶4～5枚，无毛，有长柄；叶片五角形，基部心形，3全裂，全裂片多少分开，中央全裂片宽菱形或楔形，3浅裂，浅裂片或有少数牙齿或全缘，三角形，侧全裂片斜扇形，2深裂超过中部，二回裂片互相稍分开，与中全裂片近似，但稍斜；叶柄基部具狭鞘。花单独顶生，无毛；萼片5枚，黄色，干时带紫色，宿存，狭倒卵形或长圆形，先端钝，有时具少数小牙齿；花瓣比雄蕊短；花丝丝形，稍长于线形的花药。蓇葖约7枚，与萼片等长，顶端截状圆形（图2K）；种子椭圆球形，橄榄色，光滑。7月开花，8月结果。

12. 小金莲花 *T. pumilus*

单茎，开花时高3.5～9 cm，结果时稍伸长，光滑，不分枝。叶3～6枚生茎基部或近基部处，干时不变绿色；叶片五角形或五角状卵形，基部深心形，3深裂至近基部，深裂片近邻接，中央深裂片倒卵形或扇状倒卵形，顶端圆形，3浅裂达或不达中部，浅裂片互相邻接，具2～3枚小裂片，牙齿三角状卵形或宽卵形，顶端具硬的锐尖头，脉上面下陷，下面平或不明显隆起，侧深裂片斜扇形，不等2深裂稍超过中部；叶柄基部具鞘。花单独顶生；萼片黄色，干时不变绿色，5枚，倒卵形或卵形，顶端圆形，通常脱落；花瓣比雄蕊短，匙状线形，顶端圆形；花药椭圆形；心皮6～16（图2L）。喙稍向外弯曲；种子椭圆球形，稍扁，光滑，黑色，有光泽。5～7月开花，8月结果。

13. 毛茛状金莲花 *T. ranunculoides*

茎1～3条，高6～18（～30）cm，不分枝。基生叶数枚，茎生叶1～3枚，较小，通常生茎下部或近基部处，有时达中部以上；叶片圆五角形或五角形，基部深心形，3全裂，全裂片近邻接或上部多少互相覆压，中央全裂片宽菱形或菱状宽倒卵形，3深裂至中部或稍超过中部，深裂片倒梯形或斜倒梯形，2或3裂，小裂片近邻接，生1～2枚三角形或卵状三角形锐牙齿，侧全裂片斜扇形，比中全裂片宽约2倍，不等2深裂近基部；叶柄基部具鞘。花单独顶生；萼片黄色，干时多少变绿色，5（～8）枚，倒卵形，顶端圆形或近截形，脱落；花瓣比雄蕊稍短，匙状线形，上部稍变宽，顶端钝或圆形；花药狭椭圆形；心皮7～9（图2M）。种子椭圆球形，有光泽。5～7月开花，8月结果。

14. 台湾金莲花 *T. taihasenzanensis*

茎高达28 cm，不分枝或具1分枝，等距地生叶。基生叶约5枚，有长柄；叶片坚纸质，五角形，基部心形，3全裂，中央全裂片宽菱形，顶端急尖，基部楔形，在中部之下3深裂，二回裂片具缺刻状小裂片，小裂片及牙齿狭三角形，顶端锐尖，脉在表面稍下陷，在背面近平且不明显，边缘干时稍向背面反卷，侧全裂片斜扇形，不等2深裂近基部，上面深裂片似中全裂片，下面深裂片较小；叶柄基部具狭鞘。花单生于茎或分枝顶端；萼片4～5枚，黄色，有闪光，宽倒卵形至狭倒卵形或宽椭圆形，边缘全缘；花瓣约12片，线状椭圆形，顶端钝圆；雄蕊多数，花药长圆形，花丝近丝形；心皮4～6，无柄（图2N）。蓇葖脉网稍明显；种子椭圆球形，稍扁，紫褐色，光滑。7月开花并结果。

15. 鞘柄金莲花 *T. vaginatus*

须根多数。茎低矮，高4～11 cm，生1～2（～3）枚叶。基生叶1～2（～3）枚，有长柄；叶片五角状肾形，基部深心形，3全裂，中全裂片宽菱形，3深裂近基部，深裂片彼此多少分开，中央深裂片3裂达中部，三回小裂片彼此分开，有1～2三角形的锐牙齿，侧三回小裂片与中脉成锐角展出，披针状三角形，侧深裂片斜菱形，具稀疏的狭三角形小裂片，侧全裂片斜扇形，不等2深裂近基部，上下2深裂片多少分开；叶柄基部具鞘。茎生叶似基生叶，从茎下部到上部等距排列或集中在下部，但具较长柄。花单独生于茎顶端；萼片5枚，黄色，干时外面常带紫褐色，不变绿色，或顶端稍变绿色，宿存，倒卵形或宽倒卵形，顶端圆形，稍呈啮蚀状；花瓣约12个，与花丝等长或稍短，匙状线形，顶端稍变宽，圆形或近扇形；花药狭椭圆形，花丝下部狭线形，上部近丝形；心皮4～6，与花丝近等长（图2O）。6月开花并结果。

16. 云南金莲花 *T. yunnanensis*

茎高（20～）30～80 cm，疏生1～2枚叶，不分枝或在中部以上分枝。基生叶2～3，有长柄；叶片干时常变暗绿色，五角形，基部深心形，3深裂至近基部，深裂片彼此多少分开，稀稍覆压，中央深裂片菱状卵形或菱形，3裂至或稍超过中部，二回裂片互相分开或近邻接，具少数缺刻状小裂片和三角形锐牙齿，侧深裂片斜扇形，不等2深裂稍超过中部；叶柄基部具狭鞘。下部茎生叶似基生叶，但叶柄稍短，上部茎生叶较小，几无柄。花单生茎顶端或2～3朵组成顶生聚伞花序；萼片黄色，干时多少变绿色，5（～7）片，完全展开，宽倒卵形或倒卵形，偶尔宽椭圆形，顶端圆形或截形；花瓣线形，比雄蕊稍短，间或近等长，顶端稍变宽，近匙形；心皮7～25（图2P）。种子狭卵球形，具不明显4条纵棱，光滑。6～9月开花，9～10月结果。

三、繁殖与栽培管理技术

（一）播种繁殖

常采用播种繁殖，也可用嫩枝扦插。一般于3月播种，7～8月开花。因金莲花种子较小，出苗率较低，且种子具有低温休眠特性（丁万隆，2003），因此，在播种前，将种子置于4℃，相对湿度70%的条件下冷湿处理4周以上（顾增辉，1992）或在25℃条件下，用GA_3 500 mg/L浸泡24小时（张芹，2012），打破休眠后才能发芽。将种子点播在装有素沙的浅盆中，上覆细沙厚约1 cm，播后放在向阳处保持湿润，10天左

图2　不同种类的金莲花

注：A. 阿尔泰金莲花（魏毅，2017）；B. 宽瓣金莲花；C. 川陕金莲花（李智选，2009）；D. 金莲花；E. 准噶尔金莲花；F. 矮金莲花；G. 长白金莲花（刘军，2008）；H。短瓣金莲花（周繇，2012）；I. 淡紫金莲花（迟建才，2016）；J. 长瓣金莲花；K. 小花金莲花（武泼泼，2019）；L. 小金莲花（武泼泼，2020）；M. 毛茛状金莲花（李光敏，2008）；N. 台湾金莲花；O. 鞘柄金莲花；P. 云南金莲花（陈又生，2007）。

右出苗，幼苗2片真叶时分栽上盆。

（二）扦插繁殖

以春季室温13～16℃时进行扦插。选择金莲花生长比较健壮的茎，从茎上选择合适的一段，剪取成10 cm左右的插穗，插穗顶端留叶片3～4枚，将插穗插入沙中。扦插后，用喷壶（如扦插量大，直接用水管，水管前面装上喷头）从上方少量浇水，使插穗与基质结合紧密，同时保证充足的水分。浇水后立即用透明塑料薄膜将苗床完全罩起，接缝处可用清水粘连，保持苗床密闭，且每天进行检查，要保证不能漏气，否则插穗水分会快速抽干而不能成活，最后再用50%遮阴网遮光。苗床土壤湿度保持在90%左右为宜，空气相对湿度保持在85%左右为宜。气温高、蒸发量大时，可对苗床进行喷雾以增加湿度（马济民，2015）。10天左右即可发根。

（三）露地栽培

1. 土壤

宜选用富含有机质的砂壤土，pH5～6。

2. 水肥

一般在生长期每隔3～4周施1次10%～15%饼肥水，开花前改用半月施1～2次鸡粪液肥或1%磷酸二氢钾，花后施25%饼肥水或者20%畜粪肥，秋末施用充分腐熟的有机肥2500～3000 kg/亩，施肥后要及时松土，改善通气性，以利根系发育。金莲花喜湿忌涝，土壤水分保持50%左右，生长期间浇水要采取小水勤浇的办法，春秋季节2～3天浇1次水，夏天每天浇1次水，并在傍晚往叶面上喷水1次，以保持较高的湿度，开花后减少浇水，防止枝条旺长。

3. 光照

喜阳光充足，不耐荫蔽，春秋季节应放在阳光充足处培养，光照强度3000～5000 lx为宜，夏季适当遮阴，遮光度控制在30%～50%，盛夏放在凉爽通风处，北方10月中旬入室，南方11月上旬入室，放在向阳处养护，室温保持10～15℃，适当控制肥水。

4. 摘心与更新

当幼苗长到3～4枚真叶时进行摘心，使其多发侧枝，达到叶茂花繁的目的。

一般栽培3年就要进行植株更新，因为老植株生长不旺盛，开花数减少。

（四）采收和加工

采收时间和加工方法对金莲花的产量和质量影响较大。一般来说，生产上应选择金莲花开放3～5天时进行采收，此时间段的金莲花生物产量与总黄酮含量都最高。由于金莲花花期不一致，而且每株顶端花先开，侧枝花后开，所以采收要分批进行，一般为2～3次。将采收的鲜金莲花平铺在烘干托盘内，放入通风烘干箱摆好，加热烘干，烘干温度不超过50℃，有利于提高金莲花的产量和药用价值（王振鹏，2011）。

（五）病害防治

在通风不良时，金莲花属植物易发生叶斑病、萎蔫病和病毒病。

1. 叶斑病

多在生长后期发病，8～9月为发病盛期，在多雨潮湿的条件下发病重。发病初期在叶上形成褐色小点，后扩大成褐色圆病斑或不规则病斑。

2. 萎蔫病

受害植株维管束被侵染，一般至成株期才显症状。初期叶片呈失水状，或出现黄色斑块、网纹状褪色斑等，重病株叶片相继脱落，最终全株枯死。

上述2种病害均可用50%甲基托布津可湿性粉剂500倍液喷洒防治。

3. 病毒病

主要是出现明脉和大块失绿斑。

（六）虫害防治

金莲花属植物易发生的虫害有粉纹夜蛾、粉蝶、白粉虱、红蜘蛛、蝼蛄和金针虫等。当有粉纹夜蛾和粉蝶危害时，可用90%敌百虫原液1000倍喷杀；有白粉虱和红蜘蛛危害时，可用40%氧化乐果1500倍液喷杀；有蝼蛄、金针虫等地下害虫咬食其根状茎，造成断苗时，可用50%敌百虫乳油30倍液1 kg与50 kg炒香的麸皮拌匀撒于畦面诱杀。同时雨季要及时开沟排水，以防烂根。

四、价值与应用

金莲花属茎叶形态优美，花大色艳，适应性强，具有较高的观赏效果，是园林绿化中常用的花卉。可在园林假山置石沟缝处种植；可在城市公共绿地上作为花带、花坛、花境的地被植物。室内可作为盆栽植物布置于阳台、窗台、茶几等处，可吊篮盆栽，翠叶红花纷披而下，用以点缀室内的空间；也可窗箱栽培，构成窗景。

金莲花属金莲花、短瓣金莲花、川陕金莲花、矮金莲花和毛茛状金莲花等在民间常作药用。多为清热解毒药，主要含有黄酮类、生物碱类及有机酸类成分，具有抗菌、消炎、抗病毒等活性（宋冬梅，2005）。作为药用最早记载于《本草纲目拾遗》，谓金莲花“治喉肿口疮 、浮热牙宣、耳痛目疼”“明目、解岚瘴”。《山海草函》谓其“治疔疮大毒诸风”。金莲花性寒、质滑、味苦、无毒。《咽病药谱》谓其能入肺胃二经并能入心、肝、肾诸经。中药之具有清热解毒作用者，多苦寒而不能久用，但金莲花性平和，不伤胃，无不良反应，可以常服。其考证还可见于《广群芳谱》《山西通志》《入海记》《五台山志》和《植物名实图考》。

（张艳秋）

Verbascum 毛蕊花

玄参科毛蕊花属（*Verbascum*）二年生或宿根植物，因其雄蕊花丝密被长毛而得名。属名 *Verbascum* 的起源有不同说法，Witczak（2003）认为其来源于毛蕊花的帕米尔语名字“verbascum”，或由拉丁语“*ver*”替代伊朗语“gari-maska”中的“gari-”（山，石之意）演化而来，有表达毛蕊花生长于山石中之意；Turker & Gurel E（2005）认为属名 *Verbascum* 是 *barbascum* 的讹传，来源于拉丁语 *barba*（胡子），描述该属多毛蓬松的外形。英文名 mullein 来源于中世纪英语单词 moleyne 和古法语单词 moleine，这些词最初均起源于拉丁语 *mollis*，意为“柔软”，形容其全株密被星状毛、长腺毛或长柔毛的特征。

一、形态特征与生物学特性

（一）形态与观赏特征

单叶互生，常密被星状毛、长腺毛或长柔毛，多数种基生叶较大，常为莲座状，有的种冠径达 1 m 以上。花序顶生，穗状、总状或圆锥状花序，30 ～ 150 cm（有达 2 m 以上者）；花萼 5 裂；花冠常黄色、紫色、粉色、橙红色或白色，短花冠筒 5 裂，呈辐状；雄蕊 5 或 4，花丝通常具白色或紫色绵毛或腺毛，花药淡黄色至橙黄色（图 1 至图 3）。花期 5 ～ 9 月。蒴果，种子多数，细小，锥状圆柱形，具纵棱或横纹。

（二）生物学特性

多数具有极强的抗逆性，喜光但不喜炎热，抗寒，抗旱，耐热，耐贫瘠；不喜湿热气候及排水不良土壤。植株密被各种毛，减少了蒸腾，同时，可对啃食者的黏膜层造成刺激，起到保护作用；叶片的排列方式及不沾水的特点，可有效利用降水。通常自然生长于砾石滩、荒地、山坡或开阔林地的干燥处。在西安退化严重，不耐寒、不耐高温、不耐湿，露地生长 3 年以内。

二、种质资源与园艺分类

（一）分类概述

全球约有 360 种，主要分布于欧、亚温带地区，集中于中亚，土耳其最多，超过 200 种（Karaveliogullari，2008）；可能作为草药被几次引入北美洲。我国分布有 6 种，毛瓣毛蕊花（*V. blattaria*）、琴叶毛蕊花（*V. coromandelianum*）、

图 1　毛蕊花属之花丝被长毛

注：A. *Verbascum gaillardotii*；B. *Verbascum sinuatum*；C. *Verbascum arcturuc*；D. *Verbascum phoeniceum*。

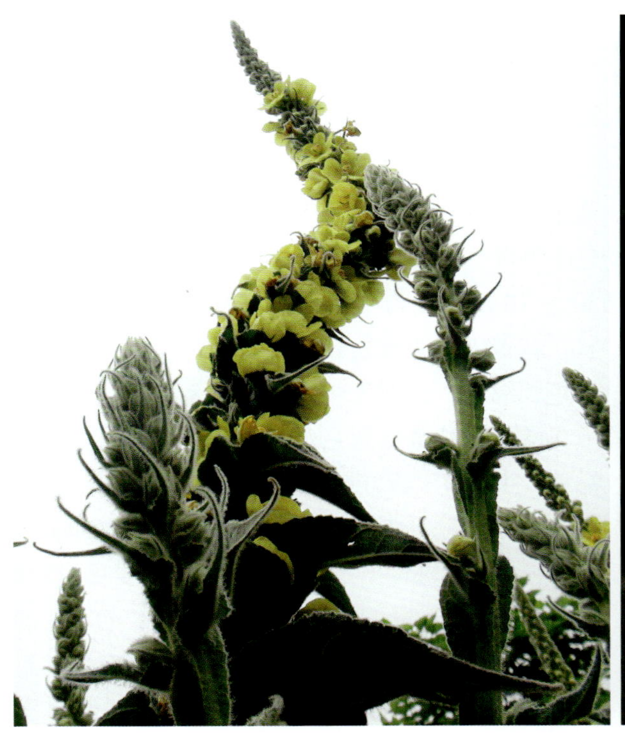

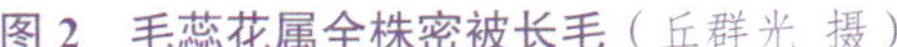

图 2　毛蕊花属全株密被长毛（丘群光 摄）

图 3　毛蕊花花部结构

毛蕊花（*V. thapsus*）（图 3）、东方毛蕊花（*V. chaixii* subsp. *orientale*）、紫毛蕊花（*V. phoeniceum*）和准噶尔毛蕊花（*V. songoricum*）。前三者为一二年生，后三者为多年生。均分布于我国西部，毛蕊花为广布种，琴叶毛蕊花分布于西南地区，其他均分布于新疆（中国植物志编委会，1979）。毛蕊花（*V. thapsus*）多作为药材种植，园林中也有应用。

毛蕊花属植物种质资源丰富，且部分种间易产生自然杂交（Rhodora，1984；Gülden & Feruzan，2012）。园林应用起源于英国的自然式园林。人工育种可能开始于英国，如‘Gainsborough’和‘Cotswold Beauty’就是 20 世纪 20 年代在英国应用的老品种，但育种者不详；21 世纪初，英国育种家 Vic Johnstone 和 Claire Wilson 利用当地（Breckland District, Norfolk County）野生资源培育了 1000 多个杂交后代，从中只选择出最好的 10 余个，被命名为“Breckland”系列和“Riverside”系列（Digging Dog Nursery，2020）。我国尚未见到毛蕊花属的育种报道。目前，国内园林应用的宿根类毛蕊花属种及品种主要有密花毛蕊花、紫毛蕊花、东方毛蕊花、奥林匹克毛蕊花、荨麻叶毛蕊花（*V. chaixii*）及其品种。花色主要有黄色、淡黄色、紫色、粉色、橙红色等。

从生活型上可分为一二年生和多年生。从植株高度上分为高大型（株高 > 1 m）和低矮型（株高 < 1m）。

（二）高大型

1. 东方毛蕊花 *V. chaixii* subsp.*orientale*

荨麻叶毛蕊花的亚种。基生叶宽椭圆形或椭圆形，茎生叶向上渐小，全株被稀疏星状毛；顶生圆锥花序，高 120 cm；花瓣黄色，瓣基有月牙形紫红斑；雄蕊 5，花丝被紫红色长毛，花药黄色；花期 5 ～ 6 月。原种荨麻叶毛蕊花与之区别在于花丝上部无毛。国内还有其品种白花毛蕊花（*V. chaixii*‘Album’），与东方毛蕊的区别在于花瓣纯白色，瓣基紫红色，花药橙红色；冠幅 40 ～ 50 cm，花期 7 ～ 8 月。

欧美育种家用荨麻叶毛蕊花培育了很多经典的品种，国内少见使用，如‘十六烛台’（*V. chaixii*‘Sixteen Candles’）、‘婚礼烛台’（*V.*

chaixii ‘Wedding Candles’)。‘十六烛台’，基生叶灰绿色，不规则扇贝形，具长柄，莲座状，冠幅 60 cm；花莛众多，高 100 cm，花朵密集；花瓣亮黄色，花丝被紫红色长毛，花药橙色（图 4）；花期 6 ～ 8 月。‘婚礼烛台’与‘十六烛台’很像，不同的是花瓣是纯白色的，花丝被紫罗兰色长毛（图 5）；花期 7 ～ 8 月。

2. 密花毛蕊花 *V. densiflorum*

原产欧洲、中亚及北非。基生叶莲座状，宽倒披针形，密被灰黄色星状毛；花莛高达 2m，大型圆锥状，多分枝；花瓣亮黄色，雄蕊淡红色，不显著（图 6）。花期 7 ～ 10 月。

3. 奥林匹克毛蕊花 *V. olympicum*

原产于欧洲的比提尼亚山脉（Bithynian Mountains）。基生叶巨大，边缘波状，秋季形成冠径 60 ～ 100 cm、密被银色星状毛的大莲座叶，且保持一个冬天。翌年初夏抽生高 180 ～ 250 cm 带分枝的大型圆锥花序，亮黄色花朵（花丝红色，被白色长毛）密集簇生其上，颇具视觉冲击力（图 7）。花期 7 ～ 9 月。

（三）低矮型

4. 紫毛蕊花 *V. phoeniceum*

短命的多年生草本，但种子自播能力较强。基生叶莲座状，卵形至矩圆形，几无毛，故呈绿色，茎叶生无或极少，且无叶柄；多茎丛生，高 30 ～ 70 cm，下部具硬毛，上部具腺毛；花序总状，花单生，花瓣紫红色，瓣基色较深；花丝被紫色长绵毛；花期 5 ～ 6 月（图 8）。

欧洲育种家以紫毛蕊花为亲本培育出一系列品种，主要有‘南方魅力’（‘Southern Charm’）（图 9）、‘罗塞塔’（‘Rosetta’）、‘紫罗兰’（‘Violetta’）和‘Flush of White’等（图 10），国内少见应用。

‘南方魅力’为紫毛蕊花与荨麻叶毛蕊花的杂交后代，播种苗当年可开花，不需要春化。总状花序，花莛较多，高 60 ～ 75 cm，花蕾呈金丝绒般的深紫红色，花瓣为复色，由淡紫色、玫红色、奶油色和淡黄色组成，花丝被紫色长毛，花药橙红色；花期 6 ～ 8 月。

图 4 ‘十六烛台’

图 5 ‘婚礼烛台’

‘罗塞塔’ 株高 50 ~ 60 cm，莲座叶深绿色，边缘卷曲，冠幅 45 cm；拥有艳丽的玫红色花瓣，花丝被白色向玫红色过渡的长毛，花药橙色；花期长，5 ~ 8 月。

‘紫罗兰’ 株高 60 ~ 90 cm，基生叶莲座状，平展，叶缘卷曲，冠幅 45 cm；花蕾五角形，像深紫红色金丝绒小包在枝头摇曳，花瓣紫罗兰色，花丝被白色长毛，花丝橙黄色，花期

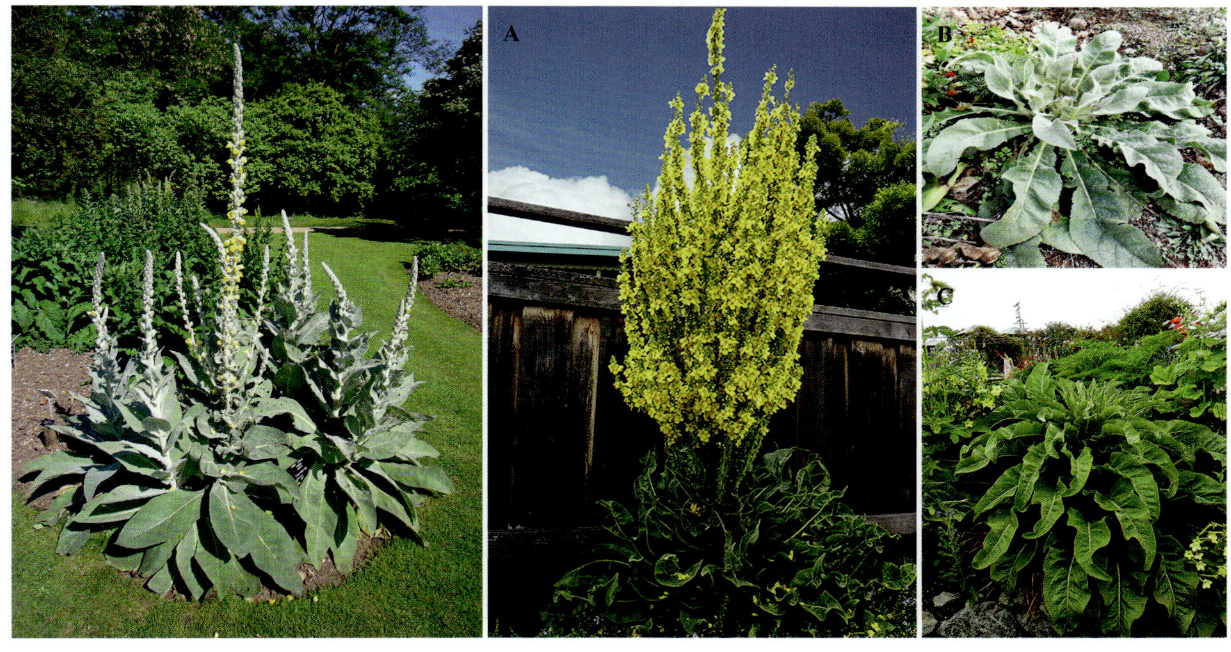

图 6 密花毛蕊花

图 7 奥林匹克毛蕊花（A、C 来自 Digging Dog Nursery）
注：A. 花序；B. 冬季莲座叶；C. 晚春莲座叶。

图 8 紫毛蕊花

图 9 ‘南方魅力’

图 10　低矮型品种

注：A.‘Flush of White’；B.‘紫罗兰’；C.‘罗塞塔’；D.‘Clementine’。

5～8 月。

‘Flush of White’　株高 60～75 cm，莲座叶边缘波纹状，冠幅 45 cm；具有毛蕊花属中罕有的纯白色花瓣，花丝也被白色长毛，仅花药为黄色或稍带橙黄色，纯静淡雅。花期 5 月。

三、繁殖与栽培管理技术

（一）播种繁殖

花后 40～50 天种子成熟。多数种或品种植株需要春化才能开花，紫毛蕊花及其品种无须春化。种子可随采随播，也可秋播或翌年春播。由于种子细小，故不宜深埋，将种子散播于整平的基质上，用平板压入基质或覆 1～2mm 蛭石即可，保持基质潮湿；发芽温度 18～20℃，10～20 天萌发；萌发后基质不宜过湿；长出 4～5 枚真叶时，即可移栽。

（二）组培快繁

以叶盘（直径 7 mm）、叶柄（长 7～8 mm）和根（长 2 cm）为外植体，在 MS+BA 13.32 μmol/L+NAA 5.37 μmol/L 培养基上芽增殖，约 5 周产生愈伤组织，6 周产生新芽；诱导生根培养基选用 MS+NAA 5.37 μmol/L，5 周可生根（Turker & Gurel，2001）。

（三）园林栽培

1. 土壤

对土壤适应性极强，但要求透水性好，以砂质土或富含砾石的土壤为佳。

2. 水肥

耐旱耐贫瘠。一般土壤无须施肥。移栽苗时，一次性灌水固根，一旦缓苗成功则无须再补水，自然降水即可满足生长，若遇雨水过多时，应注意排水。

3. 光照

喜光，多数需在全光照下才可正常生长，光照不足时，易出现徒长、倒伏，影响观赏；仅有紫毛蕊花及其品种可耐少量遮光。

4. 修剪及越冬

除一些杂交品种不结果外，种子自播能力都比较强，故若无须留种，则应在种子成熟前，修剪掉果序，以防自播逸生。另外，几乎所有的毛蕊花可以通过剪除主花序从而促生新的花序，以延长花期。毛蕊花属植物都极耐寒，冬季无须保护。

（四）病虫害防治

毛蕊花抗逆性较强，病虫害较少。干燥的夏季偶发白粉病，发病初期选用 15% 粉锈宁可湿性剂 1500 倍液，或甲基托布津、百菌清等，每隔 10～15 天喷洒 1 次，3～4 次即可控制其传播。另有毛蕊花蛾（*Shargacucullia verbasci*）危害，其幼虫常发生在 5～7 月，以叶和花穗为食，用一般杀虫剂即可灭杀。

四、价值与应用

该属植物多数植株高大，因密被各种毛而呈

现为银色或黄褐色，基生叶巨大，莲座状，特别是高大的圆柱状、穗状花序，由密集的黄色或紫色小花组成，颇为夺目，充满野趣。毛蕊花以高大的花序及具有白色或黄色毡毛的大型基生莲座叶丛引人注目。生命力强，无须特别管理，自然条件下就可茂盛生长，繁花似锦。常用于花园边缘、房前屋后、岩石园中，增加景观纵向线条及野趣。花序还可用作切花材料。毛蕊花（*V. thapsus*）是耶稣会的创始者伊格那修斯罗拉（Ignatius of Loyola）的象征；他将毕生精力用于净化教会，其坚定的信念受世人敬仰，毛蕊花的花语是“信念”。

毛蕊花属的叶子和花具有清热解毒、散瘀止血、镇痛、止咳、收敛的作用，常用于治疗支气管炎、哮喘、肺结核、各种炎症、疮毒及创伤出血等，如在土耳其就被制成茶及烟雾剂等，为家庭常备之物；瑞典人用叶子泡茶来治疗疟疾；黄色的花用来染发，可将头发染成金黄色。毛蕊花的种子有毒，于18世纪中期作为杀鱼剂被引入北美。希腊人和罗马人认为毛蕊花是一种神奇的植物，点燃其干花序以驱赶女巫，实际中，更多的是将干花序蘸上牛油当蜡烛或火炬用。早些时候，人们也将毛绒绒的叶片垫在鞋底来取暖（Turker & Gurel，2005；Graham, 2012）。

（李淑娟）

Verbena 马鞭草

马鞭草科马鞭草属（*Verbena*）一年生、多年生草本或亚灌木。该属有200～250种，除2～3种产东半球外，大多数产于北美洲和中南美洲的热带和温带地区（Brickell，2016）。我国野生有马鞭草1种分布（丁炳扬 等，1989），主要生长在低至高海拔的路边、山坡、溪边或林旁。

一、形态特征与生物学特性

（一）形态与观赏特征

茎直立或匍匐，无毛或有毛。叶对生，稀轮生或互生，近无柄，边缘有齿至羽状深裂，极少无齿。花常排成顶生穗状花序，有时为圆锥状或伞房状。花生于狭窄的苞片腋内，蓝色或淡红色。花萼膜质，管状，有5棱，延伸出成5齿。花冠管直或弯。雄蕊4，着生于花冠管的中部，2枚在上，2枚在下，花药卵形，药室平行或微叉开。花柱短，柱头2浅裂。果干燥包藏于萼内，成熟后4瓣裂为4个狭小的分核。种子无胚乳，幼根向下（中国科学院中国植物志编辑委员会，1982）。

（二）生物学特性

一般喜温暖而湿润的气候，生长温度为5～30℃，25℃最为适宜。大部分不耐严寒，气温低于10℃生长较缓慢。在最低温度0℃以上地区能安全越冬，个别耐寒种类能耐-10℃低温。对土壤要求不严，可生长在强酸性土壤中，也可生长在贫瘠、含沙砾的土壤中，但在土层深厚、肥沃的壤土及砂壤土中长势良好、健壮，重盐碱地、黏性土及低洼易涝地不宜种植。喜欢干燥环境，耐旱能力较强，在多雨季节要注意及时排水。

二、种质资源与园艺品种

原产于热带至温带美洲的柳叶马鞭草（*V. bonariensis*）、美女樱（*V. hybrida*）和细叶美女樱（*V. tenera*）3个种常见栽培，以其优良的观赏特性和广泛的适应性，在城乡园林绿地中推广应用，包括观花草坪、花坛、花境、盆花和地被栽植等，逐渐被人们认识、接受和喜爱。经杂交形成了许多的品种，色彩也非常丰富，常见的有蓝色、紫色、红色、白色和粉色。栽培品种主要为美女樱和细叶美女樱，杂交产生了许多栽培品种，形成了各个系列，目前商业化较常见的品种及特性列于各种之下。

1. 柳叶马鞭草 *V. bonariensis*

株高1.5～2 m，株幅40～45 cm。茎多分枝。似圆锥花序的伞形花序，花序径5 cm，小花蓝紫色，径6 mm。花期夏季至秋季。花开繁茂而观赏期长，植株虽高茎秆强健，不易倒伏，花色柔和，适合作花境的背景材料，布置广场周围、草坪边缘、空旷坡地，充满自然和谐的气氛。

2. 美女樱 *V. hybrida*

开花部分呈伞房状，花色繁多，缤纷多样，常见的有红、蓝、白、粉红等，且许多品种带白眼，花期5～11月，喜光，不耐涝，性强健，可用作花坛、花境材料，也可盆栽观赏或布置花台花园林隙地、树坛。

经杂交，美女樱产生了许多栽培品种，形成“Aztec Magic”、“拉纳”（“Lanai”）、“浪漫”（“Romance”）、“乐华”（“Lehua”）、“Tuscany”“Obsession”“Superbena”等品种系列（Brickell，2016）。其中“拉纳”系列，花色有亮粉、深

粉、樱桃红、亮紫及复色的紫嵌、淡紫星、紫眼等（图 1），适合悬挂观赏。“浪漫”系列，株高 15 ～ 20 cm，株幅 20 ～ 30 cm。花色有粉红、绯红、白、紫等。“乐华”系列，株高 15 ～ 20 cm，株幅 20 ～ 30 cm。花色有紫白眼、红白眼、粉白眼、纯白、红、玫红等，植株矮生，花朵密集，花期长。

3. 细叶美女樱 *V. tenera*

植株低矮，茎叶纤细、叶形奇特、花形娇小，开花呈穗状花序，顶生短缩呈伞房状，花色丰富，有白、粉、红、紫、蓝等，花期 4 ～ 10 月，经久不败（宋良红，2003），且存在二次开花的现象。细叶美女樱的病虫害少，喜光，是花坛、花境、观花地被植物的优秀材料，尤其适用于观花地被。

经杂交产生了各个系列，色彩丰富，有蓝色、紫色、红色、白色和粉色（图 2）。主要有“祥和”系列、“梦幻曲”系列、“沙漠宝石”系列等。其中“祥和”系列，由柔和的淡紫色、白色、胭脂红和粉红组合而成。植株冠幅 30 ～ 40 cm，叶色茂盛浓绿。气候冷凉时，植株矮小宛如地毯。温暖地区可周年生长。“梦幻曲”系列，株高 30 cm，冠幅 60 cm，叶片浓青绿色，花紫罗兰色，耐雨淋，耐干旱，抗病虫，花期长，开花不断，花量大，适于吊钵种植，常摆放窗台。

4. 蓝花马鞭草 *V. hastata*

株高 60 ～ 180 cm。叶对生，披针形至狭披针形，先端尖，基部楔形，边缘具重锯齿，叶面绿色，背面灰绿色，具短柔毛。顶生穗状花序，多分枝，花冠白色、蓝紫色，5 裂。花期春至夏。本种花色鲜艳，生长繁茂，观赏性较佳，可用于公园、庭院的小径、假山旁、篱垣边绿化，也可盆栽观赏。

5. 劲直马鞭草 *V. rigida*

直立或匍匐，多毛、块茎状。叶粗糙，长 8 cm。花期夏季，花芳香，花色亮紫色到洋红色。虽然园艺品种不多，但观感自然，与任何植物很容易搭配。适合种植在花境的前方或中间。

6. 马鞭草 *V. officinalis*

株高达 1m 以上，茎直立，基部木质化。穗状花序顶生或腋生，长 16 ～ 30 cm；花小，紫罗兰色，花期 6 ～ 8 月，果期 7 ～ 10 月。全草供药用，性凉，味微苦，有凉血、散瘀、通经、清热、解毒、止痒、驱虫、消胀的功效（鲍丰玉，2001）。我国主要为药用。

7. 秘鲁马鞭草（新拟）*V. peruviana*

半常绿，植株高达 1 m。短茎，齿状叶，长

图 1　不同花色的美女樱“拉纳”系列

图 2　不同花色的细叶美女樱

5 cm。花期从夏天到秋天，银碟状深红色花。

8. 伞花马鞭草（新拟）*V. corymbosa*

株高 1 ～ 2 m，茎直立，分枝。叶粗糙、长 2.5 ～ 6 cm，通常基部浅裂。圆锥花序，红紫色花，直径 1 cm，花期夏季。

9. 苔叶马鞭草（新拟）*V. tenuisecta*（moss verbena）

植株通常匍匐至外倾，有时直立。叶片有羽状 3 裂叶、线形、全缘或齿裂片。花期夏秋季，花色淡紫色、紫色、白色或蓝色。

三、繁殖与栽培管理技术

（一）播种繁殖

常用播种繁殖，可以短时间获得较多的植株数量，从种子到开花需要 4 ～ 5 月。一般在 1 ～ 5 月播种，发芽适温 20 ～ 25℃，播后 10 ～ 15 天发芽，整个穴盘育苗的周期为 40 ～ 45 天。通常采用 200 孔穴盘育苗，便于移栽定植，介质采用草炭土可确保花苗生长整齐且快速。

（二）扦插繁殖

也是马鞭草的主要繁殖方式，一般在春、夏两季进行。以顶芽扦插为佳，扦插极容易发根，扦插后约 4 周即可成苗。

（三）分株繁殖

在南方地区，马鞭草也可采用切根法繁殖。选取秋季休眠后的母本植株，春季对母本根系进行切割分株。

（四）组培快繁

美女樱的茎尖初代培养中，大花品种‘Quartz’适宜的初代培养基为 MS+6-BA 2 mg/L+NAA 0.05 mg/L，初代培养萌发率可达到 93.5%。而小花品种‘Aztec’的适宜初代培养基为 MS+6-BA 1 mg/L+NAA 0.2 mg/L，初代培养萌发率为 93.3%。继代培养，大花品种‘Quartz’的适宜继代培养基为 MS+6-BA 1 mg/L+NAA 0.2 mg/L，小花品种‘Aztec’的适宜继代培养基为 MS+6-BA 0.5 mg/L+NAA 0.1 mg/L。适宜的生根培养基为 1/2MS+NAA 0.05 mg/L，生根率达 96% ～ 98%（吕清璐 等，2010）。

（五）园林栽培

1. 整地

选择土壤较厚的壤土与砂壤土种植，翻耕深 18 ～ 25 cm，施入充足的基肥。对于土质黏重、土壤盐渍化区域，可通过换土、营造微地形、抬高地势、起垄覆膜等措施，有效防止盐碱侵蚀，从而取得较好效果。

2. 定植

一般于4月定植，夏秋季观花。定植时，为便于排水，一般起垄栽植，株行距约20 cm × 40 cm，栽植10～30株/m^2，以利于分枝和生长发育所需要的空间，若栽植过密在后期生长过程中易导致不透风。

3. 浇水施肥

定植后浇透水，保证20 cm土层保持湿润状态。马鞭草是一个非常耐旱的宿根花卉，所以养护过程中间干间湿，不可过湿。

定植前如施入了足量基肥，后期可不用施肥，若后期生长不旺可适当补给尿素。如基肥不足，可在定植后，10天左右淋1次复合肥水溶液促进生长，隔10天再淋1次。对于植株比较高大的马鞭草，如柳叶马鞭草，枝条细软，风吹下雨易倒伏，在养护过程中除了要控水防止徒长外，还要喷洒钾肥壮秆。

4. 花期调控

马鞭草一般春播，也可秋季播种，秋播需进入低温温室越冬，翌年4月可在露地定植，从而提早开花。播种后反复浇水会降低发芽率，所以应在播种前把土壤浇透，播后保持土壤及空气湿度。

（六）病虫害防治

1. 白粉病

马鞭草白粉病症状为叶片表面出现白色粉状物，叶子变黄变脆，影响生长。发生时首先要及时清除病叶和病灶；科学肥水管理，增施磷钾肥，适时灌溉，提高植株抗病力；冬季清除病落叶及病残体集中深埋或烧毁。药剂防治在发病初期开始喷洒36%甲基硫菌灵悬浮剂500倍液或20%三唑酮乳油1500倍液等，隔7～10天1次，连续防治2～3次。

2. 根腐病

多在高温多雨季节发病，根中下部出现黄褐色锈斑，以后逐渐干枯腐烂，使植株枯死。发病时，需要及时排水、松土或挖除病株，撒石灰粉消毒。可采用50%多菌灵500～600倍液根部浇灌，严重时隔7～10天再进行1次。

3. 虫害

干旱季节主要有红蜘蛛、蓟马危害。红蜘蛛可用40%三氯杀螨醇乳油1000～1500倍液、20%螨死净可湿性粉剂2000倍液，15%哒螨灵乳油2000倍液喷雾防治，均有较好的防治效果。蓟马可用5%啶虫脒可湿性粉剂2500倍液、1.8%阿维菌素乳油3000倍液等防治。每隔5～7天喷施1次，连喷3次，可获得良好防治效果。重点喷洒花、嫩叶和幼果等幼嫩组织。

四、价值与应用

在基督教中，马鞭草被视为神圣的花；还有解除魔咒的作用，因此经常被用来装饰在宗教仪式的祭坛上。也有的会将它插在病人的床边，用它来解除魔咒。在古欧洲，它被视为珍贵的神圣之草，在宗教庆祝的仪式中被赋予和平的象征。在罗马，还有很多关于马鞭草的传说，被认为是维纳斯的草药，是爱情的迷魂药。在文艺作品中，马鞭草对吸血鬼有克制作用。花语为正义、期待，纯真无邪（白色马鞭草），期待自己的爱情回来，同心协力、家和万事兴（红花马鞭草）。

马鞭草属植物具有耐高温、耐干旱、抗病虫能力强、色彩丰富、花期长等优良特性，被广泛应用作地被植物和边缘植物。尤其是国外引进的马鞭草种类，是目前花坛、花境、花海景观、盆花和地被栽植的热门材料。

本属一些植物全草供药用，性凉，味微苦，有凉血、散瘀、通经、清热、解毒、止痒、驱虫、消胀的功效。

（娄晓鸣）

Veronica 婆婆纳

玄参科婆婆纳属（*Veronica*）多年生草本。全属约有 420 种，广布全球，主产欧亚大陆；我国约有 61 种，主要分布于西南山地。有些是外来杂草，如睫毛婆婆纳（*V. hederifolia*）和波斯婆婆纳（*V. persica*）等；有些为传统药用植物，如水苦荬（*V. undulata*）和婆婆纳（*V. polita*）（张仁波 等，2009）。园林中常见栽培。

一、形态特征与生物学特性

（一）形态与观赏特征

多年生有根状茎；一二年生草本无根状茎，有时基部木质化。叶多数为对生，少轮生和互生。总状花序顶生或侧生叶腋，花密集成穗状或花短而呈头状。花萼深裂，裂片 4 或 5 枚。花冠具很短的筒部，近于辐状，或花冠筒部明显。花柱宿存，柱头头状。蒴果形状各式。

（二）生物学特性

种类较多，习性不一。有喜欢光照和排水良好的土壤，有些喜阴暗潮湿的环境。多数抗性强、适应性广，如奥地利婆婆纳（*V. austriaca*）在西安可露地生长 10 年以上。

二、种质资源与园艺品种

我国各地均有，但多数种类产西南地区。本属的主要分类依据为花序顶生还是侧生，花萼裂片的数目（4/5 枚），蒴果形状和花冠筒的长短。目前，国内市场上的婆婆纳属园艺品种，多以穗花婆婆纳杂交系列为主，这里介绍几种园林里常用的种及品种。

1. 长尾婆婆纳 *V. longifolia*

多年生草本，茎单生或直立，不分枝。高 40 cm。叶对生，或上部互生，披针形，先端渐尖，基部圆钝或宽楔形，边缘有深刻的尖锯齿。总状花序常单生，少复出，长穗状，各部分被白色短曲毛；花梗长约 2 mm；花冠紫或蓝色（图 1）。

1a.‘伊芙琳’‘Pink Eveline’

株高 35 ～ 120 cm，茎直立，有时上部分枝，被稀疏柔毛。叶对生，上部数有互生，长圆状披针形，先端渐尖。总状花序，花粉色，花期 6 ～ 7 月（图 2）。

2. 穗花婆婆纳 *V. spicata*

茎单生或数枝丛生，直立或上升，高 15 ～ 50 cm，不分枝，下部密生白毛，茎常灰色或灰绿色。叶对生，茎基部的常密集聚生，叶柄长达 2.5 cm，叶片长矩圆形；中部的叶为椭圆形至披针形，顶端急尖，无柄或有较短的柄；上部的叶有时互生，叶缘具圆齿或锯齿。花序长穗状，花冠紫色或蓝色。幼果球状矩圆形。花期 7 ～ 9 月。

产新疆西北部。欧洲至俄罗斯西伯利亚和中亚地区也有。生草原和针叶林带内，海拔可高至 2500 m。

2a. 婆婆纳‘优客宝贝’‘Younique Baby’

多年生宿根，高 40 cm，分枝较多，株型紧凑，花色有蓝、白、粉，花量大，花期 6 ～ 7 月（图 4）。适应性强，耐热、耐寒、耐涝。可分株繁殖。

图 1　长尾婆婆纳

图 2　婆婆纳‘伊芙琳’

图 3　穗花婆婆纳（夏宜平 摄）

3. 卷毛婆婆纳‘品蓝’*V. teucrium*‘Royal Blue’

匍匐生长，冠幅可达 60 cm；叶丛高约 10 cm，花序高约 30 cm。花深蓝色，五角星形（图 5）。一般在春末和夏初大量盛开。

三、繁殖与栽培管理技术

（一）分株繁殖

在秋季，将根系全部挖出进行分根，可将每一丛根茎分成若干部分，使每部分带有较多的根系及 2～3 个芽，切割后浸泡在 500 倍的多菌灵中进行消毒，浸泡时间为 15～20 分钟，晾干后进行种植。

（二）播种繁殖

种子较小，可用种子盆播或露地直接播。盆播在 3～4 月进行，20℃温度条件下约 20 天发芽。露地播种可于 4～5 月进行，播种后需加水，并用塑料薄膜覆盖约 30 天即可发芽。

（三）园林栽培

1. 土壤

适应性强，对土壤要求不高，但以肥沃、排水良好的土壤为宜。

2. 水肥

在对植株进行分株种植后，植株的根系在恢复到原有的旺盛生长需要一定的时间，也称缓苗期。在缓苗期间，要注意保持基质的湿润，以浇透为准，在 3～5 天后即可进行正常的日常养护。

3. 光照

由于种类与品种极多，虽大多数品种需要全光照条件，但具体是否遮光以具体种或品种的适应性进行操作。

4. 修剪及越冬

连续开花型，不断有新花开出的同时也不断有花谢，因此要及时进行修剪清除残花，在保证观赏性的同时，更有利于营养的保存和地下部分的生长发育。进入越冬期，除了清理枯枝外，还要浇一次防冻水，之后整个冬季都不用采取其他管理方法。

图 4　婆婆纳‘优客宝贝’

图 5　卷毛婆婆纳‘品蓝’

（四）病虫害防治

抗性较强，一般不发生病虫害，但有时会感染白粉病，可于发病初期用 70% 甲基托布津可湿性粉剂 1000 倍液或 50% 多菌灵可湿性粉剂 500 倍液交替喷洒。

四、价值与应用

部分种具有良好的观赏性，可赏叶观花，常用于花坛、花境中，也是良好的切花材料。在我国传统药材中，本属植物具有清热解毒功效，被用于治疗感冒、咳血等多种疾病。

（朱军杰　周翔宇）

Veronicastrum 腹水草

车前科腹水草属（*Veronicastrum*）多年生草本植物。全球 20 种，分布于欧亚大陆及北美洲；我国有 13 种。多具长穗状花序，在夏日的花园里，格外引人注目。

一、形态特征与生物学特征

（一）形态与观赏特征

根状茎肉质、短；茎自基部脱落或宿存而下部木质化，自其上部或旁边发出新枝。叶互生、对生或 3 ～ 5 叶轮生，扁平，无毛。顶生花序复伞房状、伞房圆锥状、伞状伞房状，小花序聚伞状，小花密生；花两性，五基数，少有为四基数；萼片常较花瓣短，基部多少合生；花瓣常离生，白色、粉红色、紫色，或淡黄色、绿黄色，雄蕊 10，较花瓣长或短。蓇葖果，种子多数；种子有狭翅。

（二）生物学特性

喜光，稍耐阴。多数耐寒，喜潮湿且排水性好的土壤。

二、种质资源

观赏应用的主要有草本威灵仙和北美腹水草及其园艺品种（董长根 等，2013；Armitage，2008；Graham，2012）。

1. 草本威灵仙 *V. sibiricum*

又名轮叶婆婆纳。株高 90 ～ 120 cm。茎直立，圆柱形，不分枝。叶 4 ～ 6 枚轮生，自下而上渐小，披针形或宽条形，缘具细齿，下部叶长 8 ～ 15 cm。穗状花序顶生，长尾状；花萼裂片不超过花冠的一半，钻形；花冠红紫色、紫色或淡紫色，长 5 ～ 7 mm，裂片短，1.5 ～ 2 mm（图 1、图 2）。花期 7 ～ 9 月。

2. 北美腹水草 *V. virginicum*

又名弗吉尼亚腹水草。株高 100 ～ 200 cm。茎无毛，通常不分枝。叶 3 ～ 7 枚轮生，狭披针形，缘具齿。总状花序顶生或生上部叶腋，长尾状，直立，长约 23 cm，远观呈烛台状；雄蕊密集，长长地伸出花冠；花冠白色，少蓝紫色（图 3、图 4）。花期 6 ～ 8 月。

原产北美。

三、繁殖与栽培管理技术

（一）播种繁殖

种子需 6 ～ 8 周低温层积处理方可萌发，故一般春季播种；4 ～ 6 周出苗，出苗率低。幼苗生长缓慢，需两年才可开花。

（二）分株及扦插繁殖

可于春季萌动时分株繁殖。也可于春末初夏进行顶穗扦插繁殖。

（三）园林栽培

宜种植于阳光充足或稍有庇荫的环境，以各种肥沃且排水良好的土壤为好。生长期保持土壤中等湿度，每两月施复合有机肥一次。入冬前修剪枯枝叶，也可保留枯枝以观赏果序。冬季无须保护。

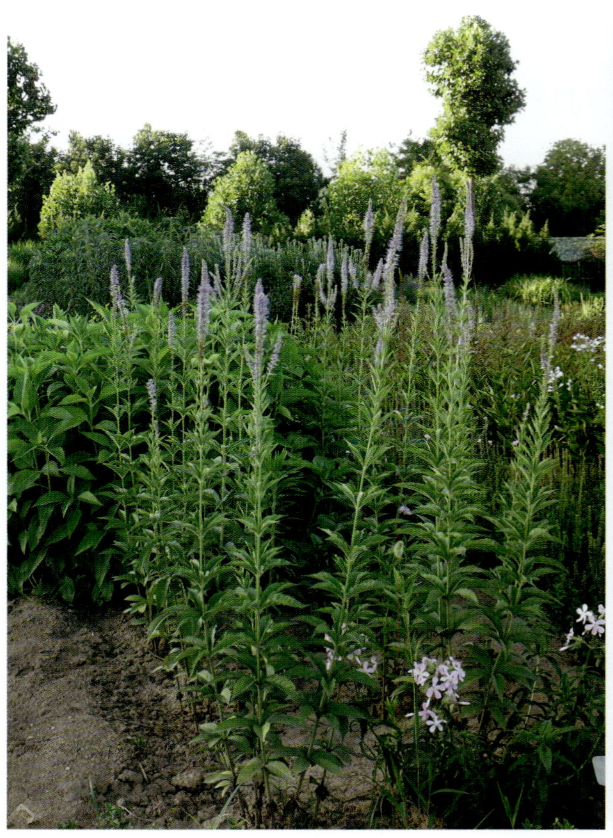

图 1 草本威灵仙

图 2 草本威灵仙的轮生叶

图 3 北美腹水草（Tommalcolm 摄）

图 4 北美腹水草（Scott 摄）

四、价值与应用

腹水草属植物植株高大挺拔，长尾状的花序，挺立而繁盛，小花密集，长长的雄蕊使花序似毛刷状，是夏季花园最吸引眼球的竖线条花卉之一。宜丛植或片植于花境后部及各种景观中。

该属的草本威灵仙是传统中药，全草入药，具祛风除湿、清热解毒的功效，主治风热感冒、咽喉肿痛、腮腺炎、风湿痹痛、虫蛇咬伤等。

（赵叶子）

Victoria 王莲

睡莲科王莲属（*Victoria*）水生花卉。全球2种，原产于南美洲热带地区，在原产地为多年生花卉；我国均有引种栽培。属名*Victoria*是以英国维多利亚女王的名字命名的。在水景园林中，以其巨大无比的盘状叶片以及娇容多变的花朵吸引了许多人的眼球。

一、形态特征与生物学特性

（一）形态与观赏特征

地下部分具短而直立的根状茎，其下丛生着粗壮发达的侧根；叶丛生，初生叶为针形叶，第2、3片叶为戟形叶（图1、图2），第1～3片叶为潜水叶，第4片叶起为浮水叶，披针形，并随叶序渐变为卵形、椭圆形，基部凹缺，约在第10片叶时发展为圆形（图3），第11～14片叶时变成叶缘上卷的成熟叶，形似大圆盘浮于水面；之后，叶片直径随叶序渐大，一般可达100～250 cm。叶片表面绿色无刺，背面紫红色并具凸起的网状叶脉，叶脉上具坚硬长刺，其叶脉结构特殊，背面巨大的主脉辐射开去，主脉上又有若干分支，垂直于这些辐射状的脉络上还有如蜘蛛网般的小叶脉，叶脉内为海绵状中空，充满气体（李爱华 等，2013）（图4），使得王莲叶片具有巨大的浮力，一片能负重50 kg以上（图5）。叶片生长次序颇具规律，呈120° 角方向生长，绝不重叠。王莲的花为两性花（图6），单花花期3天，一般傍晚18：00～20：00开始开放，初开时白色，并具白兰花清香，直至深夜22：00～0：00完全开放，随后逐渐闭合，到第2天中午12：00～13：00完全闭合，第2天下午15：00～17：00重新开放，此时花已逐渐变为紫红色至深红色，到第3天完全闭合后并沉入水中结实（图7）。王莲果大如小球（图8），每果内有200～1000粒种子，成熟种子为军绿色，后渐变为黑褐色，圆球形，外包裹着膜状假种皮，假种皮内气腔发达，其内充满空气，可种

图1　王莲彩色绘图

图2　王莲幼苗

图 3　王莲浮叶形态随叶序变化

图 4　王莲的叶脉结构

图 5　王莲叶片承载力极强

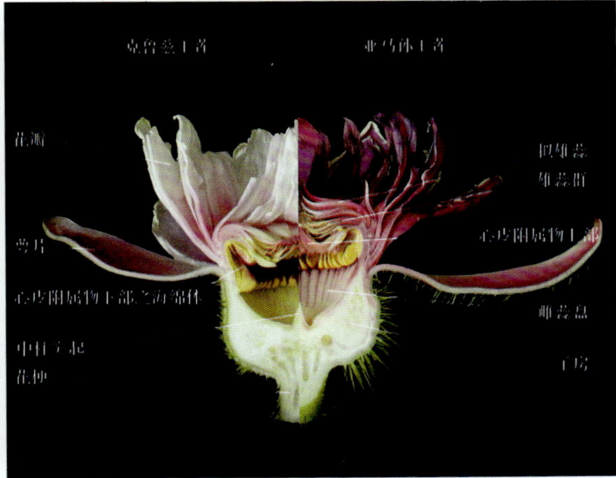

图 6　王莲花内部结构图
（左侧为克鲁兹王莲，右侧为亚马孙王莲）

图 7　王莲花色变化

子漂浮于水面（图 9）。

（二）生物学特性

典型的热带植物，在原产地为常绿多年生型，在亚热带到暖温带呈一年生。一般 4 月开始萌芽，6 ～ 9 月为生长旺盛期，花果期 7 ～ 11 月，11 月后生长衰退。生长对温度要求较高，一般当气温下降到 20℃时，生长停滞，气温下降到 14℃左右时有冷害，气温下降到 8℃左右，受寒死亡，喜光喜肥（陈煜初 等，2016）。在正常情况下，王莲的单株年开花总数为 30 ～ 40 朵。

二、种质资源

目前，王莲属发现并保存下来的只有亚马孙王莲和克鲁兹王莲 2 个原生种及杂交品种‘长木’王莲。

1. 亚马孙王莲 *V. amazonica*

原产于南美的巴西、哥伦比亚、圭亚那和秘鲁，叶片为红褐色，直径 2 ～ 2.5 m，叶缘卷边较低，紫红色，叶脉红铜色，花萼片也为绿色至红褐色，整个远轴面都有刺，第二晚花色为紫红色或深紫红色，耐寒性较差（图 10）。

2. 克鲁兹王莲 *V. cruziana*

原产南美阿根廷和巴拉圭，叶片深绿色，直径 1.5 ～ 1.8 m，叶缘卷边 5 ～ 12 cm，绿色，叶脉黄绿色，花萼片绿色，几无刺，第二晚花色为粉色或淡紫红色，耐寒性较好（图 11）。

3.‘长木’王莲 *V.*‘Longwood Hybrid’

1962 年美国长木公园（Longwood Garden）将克鲁兹王莲和亚马孙王莲杂交，育成了‘长木’王莲（朗伍德王莲，图 12）。由于王莲在亚

图 8　王莲果实

图 9　被假种皮包裹的王莲种子

图 10　亚马孙王莲

图 11　克鲁兹王莲

图 12　‘长木’王莲

热带和温带地区的一年生特征，杂交种只能当年播种，性状无法稳定保持。因此，王莲目前还没有其他公认的品种问世，至今，在国际上享有盛誉并广泛栽培应用的仍为两个原生种与‘长木’王莲。

叶片表面绿色、背面红褐色，直径 2 m 以上，叶缘卷边介于亚马孙王莲和克鲁兹王莲之间，一般 3 ～ 5（～ 10）cm，紫红色，叶脉紫红色，花萼疏被硬刺，耐寒性较好。

三、繁殖与栽培管理技术

（一）播种繁殖

目前，生产上主要采用的是种子繁殖方式。王莲种子一般在 9 月上旬开始成熟，在此之前可用尼龙袋将果实套袋，待果实完全腐烂，种子浮起时捞起。清洗采收后的种子，搓洗掉种子外包裹着的膜状假种皮。种子保藏采用水藏法，中途定期检查，避免种子脱水，并且定时换水并清理腐烂种子，室温保存，冬季不低于 10℃。翌年 2 月下旬至 3 月中旬催芽。育苗可采用“水箱 + 加热棒”简易人工育苗方法，催芽前，将种皮上的种脐（其下为种胚）用锋利的刀尖挑掉。将种子放入有 9 ～ 10 cm 水深的烧杯中，再将烧杯放入 27 ～ 32℃恒温水箱中（水深 7 ～ 8 cm），自然光下催芽。烧杯内的水 1 ～ 2 天更换 1 次，水箱水约 1 周更换 1 次。待种子发芽长出第 2、3 片戟形叶和 1 ～ 3 条根系时，种植于直径为 10 cm 营养钵内，栽培基质为塘泥和育苗土湿润后以 1 ∶ 1 的体积比例配成。置于 28℃水箱中，生长点以上水深 10 cm ± 2 cm，于早晚无阳光照射时适当补光，保证每天光照 14 小时以上。于第 5、14 片浮叶时依次更换直径 16 cm 和 24 cm 的大盆（李淑娟 等，2010）。

（二）园林栽培

1. 土壤

室外种植时，以黏性较好的塘泥为佳。

2. 水肥

整个生长过程都不能离开水。王莲生长量巨大，因此对肥要求较高，一般在露天定植时，1 m^2 塘泥中加入 20 kg 干鸡粪和 30 kg 腐熟的饼肥，花叶期可再追肥 1 ～ 2 次，也可开花前，追施 1 次，追肥用颗粒有机肥或缓释肥。

3. 光照

喜光，在育苗期间，保证每天光照 14 小时以上，定植于露天后，栽培水面应有充足的阳光，每天保证 8 小时左右或以上光照。

4. 越冬

王莲为热带植物，在我国西双版纳、海南等地能露地越冬，在其他地区只能在加温补光的温室内越冬，水温持续保持 28 ～ 30℃，光照：在 100 m^2 的池边安装 9 个 400 W 的钠灯，从 8 月开始室内补光，根据光照的变化，保证每天补光 6 ～ 10 小时（邹丽娟，2011）。王莲冬季保护越冬成本较高，故多采用一年生栽培，冬季任其自然死亡。

（三）病虫害防治

王莲的虫害有斜纹夜蛾和蚜虫。斜纹夜蛾可用 90% 敌百虫原药 800 倍液喷施，蚜虫可用 50% 灭蚜松乳油 1000 倍液喷施防治。另外，幼苗定植期要防止螺类、鱼类啃食。

四、价值与应用

1837 年，探险家 Robert Hermann Schomburgk 在圭亚那野外考察时发现了这一神奇的植物，便将其寄回了不列颠皇家地理学会（The Royal Geographical Society），当收到植物标本和彩色绘图（图 1）时，人们都被这种从未见过的植物所震惊。当时，正值 Victoria 女王即将继位之际，不列颠皇家地理学会便决定将这样一个神奇而华丽的植物作为献礼送给女王，并希望能用女王的名字来命名这一新物种，来体现蒸蒸日上的国运。热爱花卉的维多利亚女王看到献礼时，高兴地接受了命名请求，随后便由植物学家 John Lindley 完成了鉴定工作，并建立了一个以女王名字命名的植物新属 *Victoria*，由于其最先发现在亚马孙河流域，因此，最终被定名为 *Victoria amazonica*（李淑娟 等，2017）。王莲叶片巨大，叶脉粗大，海绵状中空，形成网状结构，因而承载力巨大。这一结构给了英国皇家首席园艺师 Joseph Paxton 一些启发，设计出了 1851 年万国博览会展馆著名的水晶宫（Crystal Palace）（肖月娥 等，2012）。

1958 年，中国科学院植物研究所北京植物园首次将王莲引入我国，在温室种植并开花，此后，西双版纳植物园、华南植物园、武汉植物园、南京中山植物园、西安植物园以及上海、广州、南宁、深圳等地相继引种成功（李淑娟，2008）。2010 年西安植物园种植的王莲，叶片直径达到 290 cm（图 13），打破了当时 278 cm 的世界纪录。

王莲可孤植、片植，小型水池孤植，鹤立鸡群，在大型水体多株形成群体，气势恢宏。如今，王莲已是现代园林水景中必不可少的观赏植物，也是城市花卉展览中必备的珍贵花卉。

图 13　2010 年西安植物园王莲叶片直径达 290 cm

（尉倩　李淑娟）

Vinca 蔓长春花

夹竹桃科蔓长春花属（*Vinca*）多年生草质藤本。该属有5种，主要分布于地中海沿岸、印度、热带美洲；其中，蔓长春花（*V. major*）和小蔓长春花（*V. minor*）在我国江苏、上海、浙江、湖北、台湾等地有栽培。注意英文的vinca或annual vinca是指长春花（*Catharanthus roseus*)，并非本属植物。

一、形态特征与生物学特性

（一）形态与观赏特征

茎蔓性，通常匍匐生长或攀缘，茎细长且柔韧。叶片椭圆形或披针形，叶边缘光滑无锯齿，颜色翠绿。花单生于叶腋，花5瓣，花色多样，常有蓝色、紫色、白色等。蒴果，内含数粒种子。

（二）生物学特性

适应多种土壤类型，但在肥沃、排水良好的土壤中生长更佳。喜欢充足的阳光，但也能在半阴环境下生长。具有一定的耐寒性和耐热性，但极端温度可能影响其生长。生长较为迅速，每年6～8月和10月为生长高峰，能较快地覆盖地面或攀缘附着物。

二、种质资源

1. 蔓长春花 *V. major*

蔓性半灌木，茎偃卧，花茎直立。叶对生，椭圆形，顶端急尖；侧脉每边约4条；叶柄长1 cm。花单生于叶腋，花萼裂片5枚，狭披针形；花冠蓝色，花冠筒漏斗状，花冠裂片5枚，倒卵形；雄蕊5枚，着生于花冠筒的中部之下，花药顶端有毛。蓇葖果双生，直立。

原产欧洲；我国江苏、浙江等地有栽培。

1a. ‘花叶’蔓长春花 ‘Variegata’

叶椭圆形，边缘白色，有黄白色斑点，具有较高的观赏价值；花冠蓝色（图1）。该品种喜温暖、阳光充足的环境，也稍耐阴，抗逆性强，能耐 -8℃低温。

图1 ‘花叶’蔓长春花（吴棣飞 摄）

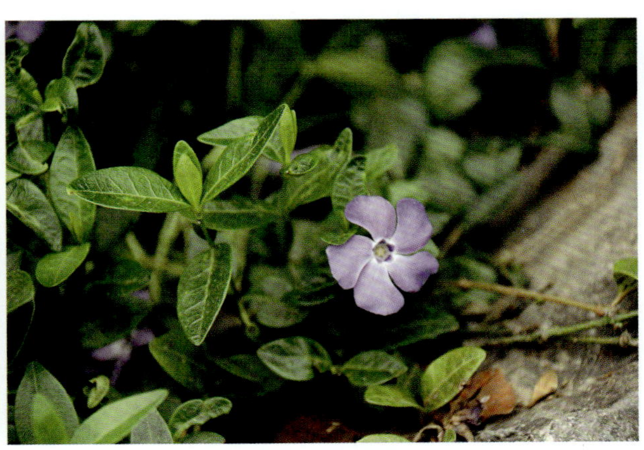

图2 小蔓长春花品种 *Vinca minor* ‘Bowies Variety’（吴棣飞 摄）

原产欧洲及西亚，在我国江苏、上海、浙江、陕西、云南等地有栽培。可通过分株、扦插等方式繁殖。常用于地被、花坛、色块布置，也是良好的垂直绿化材料，适合盆栽用于室内绿化。

2. 小蔓长春花 *V. minor*

蔓性多年生草本，花茎直立，全株无毛。叶长圆形至卵圆形；花萼 5 裂，花冠漏斗状；雄蕊 5 枚；子房由 2 枚离生心皮所组成，花柱端部膨大，柱头有毛。蓇葖 2 个，直立（图 2）。花期 5 月。除具有一般蔓长春花的绿化优势外，更具有抗寒、耐阴、生长势强的特点。小叶蔓长春花紧贴地面生长，且每节均能产生气生根，绿化效果像草坪一样，具有较高的观赏价值。

三、繁殖与栽培管理技术

（一）扦插繁殖

以春季或秋季为宜，这两个季节的气候条件有利于插穗生根和生长。选择生长健壮、无病虫害的枝条作为插穗，长度一般为 5 ～ 1 cm，保留顶部 2 ～ 3 片叶子。将插穗插入疏松、排水良好的基质中，如砂壤土、珍珠岩与泥炭土的混合物等。插入深度为插穗长度的 1/3 ～ 1/2。扦插后保持基质湿润，并适当遮阴，避免阳光直射。一般 2 ～ 3 周即可生根。

（二）压条繁殖

选择靠近地面的枝条，将其弯曲并埋入土壤中，固定住枝条的位置。一段时间后，被埋入土壤的部分会生根，然后将生根的枝条与母株分离，形成新的植株。

（三）组培快繁

以蔓长春花的茎段为外植体，培养基为 MS+6-BA 2 mg/L+NAA 0.1 ～ 0.5 mg/L 能形成大量丛芽，增殖系数达 5.83，且长势好。生根培养结果表明，最佳生根培养基为 1/2 MS+ IBA 0.8 ～ 1.2 mg/L+2% 的蔗糖，生根率高且生根数多。将组培苗移栽至泥炭：细河沙为 3 ： 1 的混合营养土中，湿度保持在 70% 左右，成活率能达到 90% 以上。

（四）园林栽培

1. 基质

适宜在疏松、排水良好的土壤中生长。可以使用腐叶土、泥炭土与珍珠岩或粗沙混合的基质，以保证土壤的透气性和保水性。

2. 水肥

保持适度湿润，避免积水。蔓长春花虽有一定的耐涝性，在雨季仍需注意排水，以保证根系的正常生长。另外，开花期间适当减少浇水量，使花色更加艳丽。夏季高温时，可适当增加浇水频率，但要注意不要过度浇水。在生长季节，每隔 2 ～ 3 周施 1 次稀薄的复合肥。冬季减少施肥，植物生长势弱时可结合施用叶面肥。

3. 光照

喜欢充足的阳光，但在夏季高温时，可能需要适当遮阴，避免强光直射导致叶片灼伤。在散射光充足、光照强度 5000 ～ 30000 lx 时生长迅速，花色艳丽，在全光照环境中也能正常生长，而过于阴暗、光照强度低于 1000 lx 时，则可能影响其生长速度及开花质量。

4. 修剪及越冬

定期修剪可以促进植株分枝和保持良好的形态。在花期过后，及时修剪残花和过长的枝条。蔓长春花属植物大多具有一定的耐寒性。在较寒冷的地区，冬季可以采取适当的保护措施，如覆盖一层稻草或防寒布。减少浇水，停止施肥，帮助植株顺利越冬。

（五）病虫害防治

病虫害较少。主要虫害有常春藤圆盾蚧（*Aspidiotus nerii*）和瓜绢野螟（*Diaphania indica*）。对于常春藤圆盾蚧，在若虫大量孵化后，特别是 5 ～ 6 月，可喷 80% 敌敌畏乳油 800 倍液，或 25% 亚胺硫磷乳油 800 倍液，或 40% 氧化乐果乳油、40% 乐果乳油的 1000 倍液，或 50% 杀螟松乳油 500 倍液毒杀。第一次喷药后，隔 5 ～ 7 天再喷 1 次。对于瓜绢野螟，在幼虫发生初期，人工摘除卷叶，或喷布 90% 敌百虫原药 1000 倍液。

四、价值与应用

蔓长春花是一种适宜半阴条件生长的藤蔓植物，植株终年常绿，生长繁茂，枝叶光滑青翠，富于光泽。将其种于高处，让茎蔓自然下垂、柔顺的枝条看上去轻盈飘逸，绿意盎然，别有韵味。春末夏初，绿叶丛中会悄无声息地绽放出梦幻般的蓝色花朵，淡雅怡人，宁静详和，给人一种清幽朦胧的静态美。

蔓长春花属植物枝蔓繁茂，花色鲜艳，如蓝色、紫色等，花形优美，可用于花坛、花境布置，能为景观增添亮丽的色彩和层次感，适合种植在庭院、公园、街道等场所，营造出优美的环境。蔓长春花也可作为盆栽植物，用于室内装饰，增加室内的生机和美感。在城市景观设计中，常利用蔓长春花的攀缘特性，将其种植在围墙、栅栏或建筑物的墙壁上，还可配植于假山、花坛边以及立交桥上作垂直绿化材料，形成绿色的屏障，花叶绿瀑，美不胜收，还能起到隔离和降噪的作用。

蔓长春花是理想的地被植物，既能很好地覆盖地面，也有保持水土等生态价值（图 3）。可以与其他花卉和灌木搭配种植，营造出丰富多样的生态景观，吸引各类昆虫和鸟类，促进生态系统的稳定和繁荣。为昆虫等生物提供栖息地和食物来源，有助于维持生态平衡。

蔓长春花还是一种药用植物，研究表明其有效成分在治疗和改善脑血管疾病症状方面有良好的疗效。在传统医学中，有祛风利湿、活血消肿、平肝解毒的功效，但其药用使用需要在专业人员指导下进行。

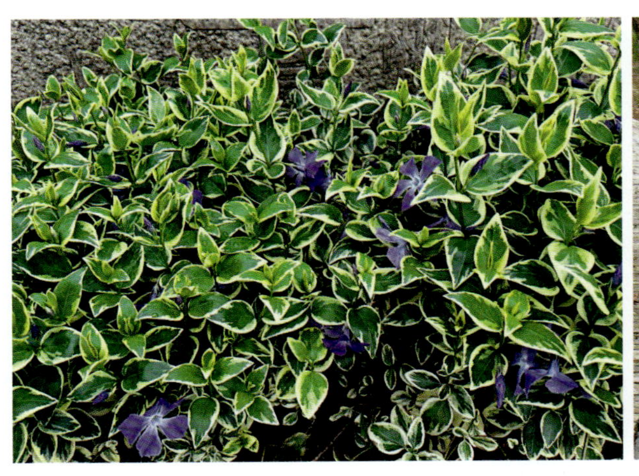

图 3　花叶蔓长春花的覆地与冬季效果（夏宜平 摄）

（任梓铭　夏宜平）

参考文献

包满珠，2016. 花卉学 [M]. 3 版 . 北京：中国农业出版社 .

布里克尔·克里斯托弗，2005. 世界园林植物与花卉百科全书 [M]. 杨秋生，李振宇主译 . 郑州：河南科学技术出版社 .

布里克尔·克里斯托弗，2014. 园艺百科全书 [M]. 王晨，马洪峥主译 . 北京：电子工业出版社 .

陈俊愉，程绪珂，1990. 中国花经 [M]. 上海：上海文化出版社 .

陈耀东，马欣堂，杜玉芬，等，2012. 中国水生植物 [M]. 郑州：河南科学技术出版社 .

陈煜初，周世荣，付彦荣，等，2016. 水生植物园林应用指南 [M]. 武汉：华中科技大学出版社 .

董长根，原雅玲，2013. 多年生草本花卉 [M]. 西安：陕西科学技术出版社 .

李德铢，2020. 中国维管植物科属志 [M]. 北京：科学出版社 .

刘燕，2016. 园林花卉学 [M]. 3 版 . 北京：中国林业出版社 .

夏宜平，2008. 园林地被植物 [M]. 杭州：浙江科学技术出版社 .

徐晔春，2016, 欧洲园林花卉图鉴 [M]. 郑州：河南科学技术出版社 .

原雅玲，2024. 宿根花卉宿根性研究 [C]. 中国园艺学会球宿根花卉分会第 18 届年会主旨报告 . 呼和浩特，2024-08-25.

ARMITGAE A M, 2008. Herbaceous Perennial Plants, 3rd edition [M]. Champaign, IL 61820, USA: Stipes Publishing Co.

BRICKELL C, 1997. The American Horticultural Society A-Z Encyclopedia of Garden Plants, First American Edition [M]. New York: Dorling Kindersley (DK) Publishing, Inc.

BRYAN J E, 2002. Bulbs[M]. Portland, OR 97204, USA: Timber Press, Inc.

CHRISTENHUSZ J M M, FAY F M, CHASE W M, 2017. Plants of the World (PW): An Illustrated Encyclopedia of Vascular Plant Families[M]. London: Royal Botanic Gardens, Kew.

GRAHAM R, 2012. The Royal Horticultural Society (American Horticultural Society) Encyclopedia of Perennials [M]. New York: DK Publishing.

JELITTO L, SCHACHT W, 1990. Hardy Herbaceous Perennials[M]. Portland, OR 97204, USA: Timber Press Inc.

NASH H, STEVE S S, 1999. Plants for Water Gardens [M]. New York: Sterling Publishing.

PILON P, 2006. Perennial Solutions: A Grower's Guide to Perennial Production[M]. West Chicago, IL 60186, USA: Ball Publishing.

PUSHPANGADAN P, GEORGE V, SINGH S P, 2012. Handbook of Herbs and Spices Technology and Nutrition[M]. Abington, UK: Woodhead Publishing.

QUATTROCCHI U, 1999. CRC World Dictionary of Plant Names: Common Names, Scientific Names, Eponyms, Synonyms, and Etymology[M]. Boca Raton, Florida,USA: CRC Press.

SCHACHT W, JELITTO L, 1990. Hardy Herbaceous Perennials (3rd) [M]. Portland, OR 97204, USA: Timber Press Inc.

SPEICHERT G, SPEICHEERT S S, 2004. Encyclopedia of Water Garden Plants [M]. Portland, OR

97204, USA: Timber Press, Inc.

http://www.iplant.cn (植物智)

http://www.eFloras.org

https://powo.science.kew.org/ (Plants of the World Online).

Abelmoschus 秋葵属

龚霄，姜永超，周伟，等，2018. 黄秋葵研究进展及其应用 [J]. 食品工业科技，39(23): 329-333.

康泽培，孙健，张小雨，等，2024. 黄秋葵种质资源主要农艺性状的综合评价 [J]. 种子，43(1): 43-51.

刘国民，李娟玲，王英义，等，2002. 黄秋葵组培快繁的研究 [J]. 云南植物研究 (4): 521-524.

潘世良，2022. 秋葵优质高效栽培技术 [J]. 乡村科技，13(2):57-59.

彭沈凌，吕帅丽，丁雨昊，等，2024. 黄秋葵组织培养及再生体系建立 [J]. 种子，43(2): 142-149.

蒲维娅，张瑜，2022. 秋葵属植物资源研究进展 [J]. 南京中医药大学学报，38(2): 172-179.

Acanthus 老鼠簕

何定萍，王红娟，2008. 叶奇花秀的"金蝉脱壳"[J]. 南方农业 (园林花卉版)(3): 29.

吕秀立，2012. 茛芳花组织培养技术 [J]. 林业工程学报，26(3): 114-116.

STEARN W, 1996. The tortuous tale of 'Bear's Breech', the puzzling book name for "*Acanthus mollis*" [J]. Garden History, 24(1): 122-125.

Achillea 蓍草

姜丽，王鹏，杨志江，2015. 新疆千叶蓍研究进展 [J]. 农产品加工 (7):69-71.

内蒙古自治区市场监督管理局，2019. 大青山千叶蓍栽培技术规程 DB15/T 1608-2019[S].

张国兵，2006. 千叶蓍 [J]. 园林 (6): 33.

Actaea 类叶升麻

KAUR B, McCOY J A, EISENSTEIN E, 2013. Efficient, season-independent seed germination in Black Cohosh (*Actaea racemosa* L.) [J]. American Journal of Plant Sciences, 4: 77-83.

Aconitum 乌头

李娅琼，崔茂应，2015. 濒危药用植物短柄乌头居群生态特性的研究 [J]. 时珍国医国药，26(8): 2007-2010.

张欢强，墓小倩，梁宗锁，2007. 附子连作障碍效应初步研究 [J]. 西北植物学报，27(10): 2112-2115.

周丽霞，2008. 乌头属部分植物的资源调查及引种栽培研究 [D]. 北京：北京林业大学 .

肖培根，王锋鹏，高峰，2006. 中国乌头属植物药用亲缘学研究 [J]. 植物分类学报，44(1): 1-46.

Adenophora 沙参

陈乔，严福林，李聪利，等，2019. 贵州沙参属 (*Adenophora*) 植物资源与应用情况分析 [J]. 贵州科学 (6): 37-40.

牛玉璐，2010. 冀北山地沙参属野生花卉的引种繁育研究 [J]. 衡水学院学报 (1): 48-51.

Agastache 藿香

龚小林，杜一新，雷沈英，2007. 藿香栽培技术 [J]. 现代农业科技 (19): 53, 55.

王跃兵，杨德勇，2009. 药用植物藿香在园艺园林中的应用及丰产栽培技术 [J]. 贵州农业科学，37(2): 18-20.

邢国进，王霞，冷华，2007. 藿香的营养成分利用和栽培技术 [J]. 中国林副特产 (1): 40-42.

由卫华，2008. 药用植物藿香栽培技术 [J]. 现代农业 (8): 21.

赵宏，2008. 藿香栽培技术 [J]. 北京农业 (7): 17.

Agave 龙舌兰

张淼，高阳，王玢，等，2011. 东北地区龙舌兰盆栽技术要点 [J]. 特种经济动植物 (9): 26.

钟哲，翁殊，斐柯峰，2007. 龙舌兰科的六种常用肉质观赏植物 [J]. 广东园林 (6): 33-36.

Ajania 亚菊

红歌，吴潇波，谢菲，等，2013. 单头亚菊的组织培养与快速繁殖 [J]. 植物生理学报，49(12):1359-1362.

谢菲，2016. 广义菊属远缘杂交初探 (Ⅸ)—女蒿等属的种质利用 [D]. 北京：北京林业大学 .

许莉莉，朱文莹，王海滨，等，2017. 菊属与菊蒿属、亚菊属和芙蓉菊属的属间杂种的育种利用研究 [C], 中国观赏园艺研究进展：273-284.

赵宏波，陈发棣，房伟民，等，2008. 利用亚菊属矶菊获得栽培菊花新种质 [J]. 中国农业科学，41(7): 2077-2084.

赵宏波，陈发棣，缪恒彬，等，2009. 栽培菊花与矶菊属间杂种亲和性及 F_1 结实特性研究 [J]. 广西植物，29(2): 171-175.

赵宏波，2007. 东亚春黄菊族系统演化及栽培菊花与矶菊属间杂交研究 [D]. 南京：南京农业大学 .

郑燕，沈景，韩倩，等，2011. 紫花亚菊 (*Ajania purpurea*) 的组织培养与快速繁殖 [J]. 植物生理学报，47(10):983-986.

朱文莹，刘新春，房伟民，等，2012. 小菊品种‘钟山金桂’与亚菊属细裂亚菊 F_1 回交后代的性状遗传表现[J]. 中国农业科学，45(18): 3812-3819.

DE JONG J, RADEMAKER W, 1989. Interspecific hybrids between two chrysanthemum species[J]. HortScience, 24:370-372.

HUANG Y, AN Y M, MENG SY, et al, 2017. Taxonomic status and phylogenetic position of Phaeostigma in the subtribe Artemisiinae (Asteraceae)[J]. Journal of Systematics and Evolution, 55: 426-436.

SHEN C Z, CHEN J, ZHANG C J, et al, 2021a. Dysfunction of CYC2g is responsible for evolutionary shift from radiate to disciform flowerhead in the chrysanthemum group (Asteraceae: Anthemideae)[J]. Plant J, 106(4):1024-1038.

SHEN C Z, ZHANG C J, CHEN, et al, 2021b. Clarifying recent adaptive diversification of the chrysanthemum-group on the basis of an updated multilocus phylogeny of subtribe Artemisiinae (Asteraceae: Anthemideae) [J]. Front Plant Sci, 12: 648026. doi: 10.3389/fpls.2021.648026

SHIBATA M, KAWATA J, AMENO T, et al, 1988. Breeding process and characteristics of ‘Moonlight’, an interspecific hybrid between *Chrysanthemum morifolium* Ramat. And *C. pacificum* Naikai [J]. Bulletin of The National Research Institute of Vegetables, Ornamental Plants & Tea Japan, Ser. A (2):257-277.

SPAARGAREN J J, 2015. Origin & spreading of cultivated chrysanthemum[R]. Cataloguing in Publication (CIP) Royal Library, The Hague.

Ajuga 筋骨草

李卫文，吴文玲，刘守金，等，2009. 筋骨草属植物的化学成分 [J]. 安徽医药，13(3): 329-335.

刘开全，邓洪平，马学萍，2010. 国产唇形科筋骨草属 (*Ajuga*) 研究概况 [J]. 曲靖师范学院学报 (6): 32-35.

Alcea 蜀葵

邓运川，宗川，2009. 蜀葵的栽培管理 [J]. 中国花卉园艺 (2): 21-22.

刘振林，戴思兰，王爽，2009. 中国古代蜀葵文化 [J]. 中国园林 (1): 75-78.

卢宝伟，安凤霞，唐翠，等，2010. 蜀葵组织培养与快繁体系建立 [J]. 国土与自然资源研究 (1): 93-94.

王洪军，卢宝伟，安凤霞，2010. 蜀葵简约化快繁模式的建立 [J]. 国土与自然资源研究 (4): 74-75.

杨丽芬，2015. 浅谈蜀葵在宁南山区园林绿化中的应用 [J]. 宁夏农林科技，56(11): 15-16.

赵会恩，吴涤新，1998. 蜀葵园艺品种花型分类初探 [J]. 北京林业大学学报，20(2): 104-106.

周淑荣，郭文场，刘佳贺，2016. 蜀葵栽培管理与园林绿化应用 [J]. 特种经济动植物 (12): 34-35.

Alchemilla 羽衣草

KARAOGLAN E S, BAYIR Y, ALBAYRAK A, et al, 2020. Isolation of major compounds and gastroprotective activity of *Alchemilla caucasica* on indomethacin induced gastric ulcers in rats[J]. Eurasian Journal of Medicine, 52(3), 249-253.

Aloe 芦荟

陈少萍，2018. 芦荟繁殖与栽培 [J]. 中国花卉园艺 (4): 32-33.

谷卫彬，邢全，苑虎，等，2000. 芦荟属种质资源及措施 [C]. 中国植物学会植物园分会第十五次学术讨论会 .

梁艳，宋宏新，2004. 芦荟的药用与保健 [J]. 食品研究与开发 (5): 25-26.

IAMONICO D, GARCÍA-MORALES J L, 2019. *Aloe vivipara* (Asphodelaceae s.l.): Nomenclature, history, and typification of a complicated Linnaean name[J]. Taxon, 68(6). 1329-1333.

Alyssum 庭荠

DUDLEY T R, 1966. Ornamental madworts (*Alyssum*) and the correct name of the golden tuft alyssum[J]. Arnoldia, 26(6/7): 33-45.

Anchusa 牛舌草

付瑾，刘霞，2015. 维药牛舌草的研究与应用 [J]. 安徽农业科学，43(11): 111-112, 115.

胡博，2021. 牛舌草化学成分及其活性的研究 [D]. 天津：天津大学 .

Anthurium 花烛

毛洪玉，2004. 花烛 [M]. 北京：中国林业出版社 .

潘晓韵，田丹青，葛亚英，等，2010. 红掌种子的贮藏和无菌播种 [J]. 浙江农业科学 (4): 757-762.

潘晓韵，田丹青，周媛，等，2021. 光强光质对红掌组培不同阶段的影响 [J]. 浙江农业科学，62(7): 1358-1361,1369.

田丹青，葛亚英，潘刚敏，2009. 夏季不同的遮光率和肥料浓度对盆栽红掌生长开花的影响 [J]. 浙江农业科学 (2): 292-294.

浙江省园林植物与花卉研究所等，2021. DB33/T2306-2021, 盆栽红掌生产技术规程 [S]. 浙江省市场监督局发布.

Apocynum 罗布麻

柴雨,黄明奇,马莉,等,2023. 罗布麻植物资源开发利用与抗逆性研究进展 [J]. 草学 (4): 8-15.

黄威剑,刘金平,尹欣幸,等,2023. 浙江地区罗布麻高效优质栽培技术 [J]. 农业技术与装备 (12):185-187.

姜黎,张垒,田长彦,2018. 罗布麻资源研究进展及其保育与开发利用 [J]. 江苏农业科学,46(18): 9-13.

徐宗昌,周金辉,张成省,等,2018. 我国罗布麻种质资源研究利用现状 [J]. 植物学报,53(3): 382-390.

张利萍,2019. 罗布麻的组织培养快繁技术研究 [J]. 辽宁林业科技 (1): 36-37, 72.

Aquilegia 耧斗菜

杜艳,2016. 耧斗菜的组织培养 [J]. 山西农业科学 (12): 1776-1779.

樊静静,2017. 基于微卫星分子标记的华北耧斗菜复合体 (*Aquilegia yabeana* Complex) 遗传多样性和遗传分化研究 [D]. 西安:陕西师范大学.

李群,赵富群,陈丽萍,等,2009. 耧斗菜的组织培养 [J]. 植物生理学通讯,45(1): 45-46.

杨阳,亢秀萍,张颖,2011. 春化条件对耧斗菜抽薹开花的影响 [J]. 山西农业大学学报 (自然科学版), (5): 48-51.

予茜,2004. 华北耧斗菜繁殖行为研究 [D]. 武汉:武汉大学.

HODGES S. A, 2015. Evolution and ecology of floral morphology in *Aquilegia* and the influence of horticulture on its emergence as a model system[J]. Acta Horticulturae, 1087: 95-104.

Armeria 海石竹

龙雅宜,2011. 美丽的庭院植物——海石竹 [J]. 中国花卉盆景 (10): 33.

杨俊杰,2013. 海石竹栽培管理技术 [J]. 农业工程技术 (温室园艺)(11): 60-61.

叶剑秋,2004. 国际流行花卉系列海石竹 [J]. 园林 (8): 35.

殷延,2022. 海石竹及其栽培养护与园林应用 [J]. 现代园艺,45(1): 54-55.

Asarum 细辛

董力,王海洋,马立辉,等,2010. 细辛属植物资源开发应用 [J]. 黑龙江农业科学 (1): 55-58.

Asclepias 马利筋

王世敏,程金朋,2011. 马利筋组织培养初探术 [J]. 安徽农业科学,39(25): 15263-15264, 15267.

周朝阳,2016. 马利筋无菌苗增殖培养研究 [J]. 现代园艺 (2): 7-8.

Asparagus 天门冬

黄宝优,韦树根,柯芳,等,2011. 广西天门冬种质资源调查报告 [J]. 北方园艺 (10): 161-163.

厉广辉,于继庆,李书华,等,2016. 我国芦笋育种研究进展及展望 [J]. 核农学报,30(10): 1934-1940.

杨平飞,罗鸣,刘海,等,2019. 天门冬组织培养研究 [J]. 种子,38(5): 100-102.

KNAFLEWSKI M,1996. Genealogy of asparagus cultivars[J]. Acta Horiculturae, 415:87-91.

Asphodeline 日光兰

ZENGIN G, AKTUMSEK A, GIRÓN-CALLE J, et al. 2016. Nutritional quality of the seed oil in thirteen *Asphodeline* species (Xanthorrhoeaceae) from Turkey[J]. International Journal of Fats and Oils: e141.

Asphodelus 阿福花

LIFANTE Z D,1996. A karyological study of *Asphodelus* L. (Asphodelaceae) from the Western Mediterranean[J]. Botanical Journal of the Linnean Society, 121: 285-344.

SAWIDIS T, WERYSZKO-CHMIELEWSKA E, ANASTASIOU V, et al. 2008. The secretory glands of *Asphodelus aestivus* flower[J]. Biologia, 63(6):1118-1123.

Aster 紫菀

陈娜,程磊,孟肖,等,2018. 药用植物紫菀组织培养研究 [J]. 宿州学院学报,33(3): 117-119.

黎维平,陈三茂,2004. 广义紫菀属 (菊科紫菀族) 系统学研究的现状 [J]. 生命科学研究,12(4): 93-96.

杨春贤,刘晓林,2013. 多用途植物紫菀人工栽培技术 [J]. 中国林副特产,125(4): 43-44.

Astibe 落新妇

曾春凤,郭艳敏,刘泽勇,等,2006. 宿根花卉新秀——落新妇的栽培及应用 [J]. 河北林业科技 (4): 54.

詹佳,鲍跃群,唐飞,等,2016. 落新妇组培快繁技术研究 [J]. 现代农业科技 (16): 63-64.

Baptisia 赝靛

窦剑,2017. 蓝花赝靛的园林应用 [J]. 花卉 (17): 17-20.

LARISEY M M,1940. A Monograph of the genus *Baptisia*[J]. Annals of the Missouri Botanical Garden, 27(2): 119-244.

PADMANABHAN P, SHUKLA R M, SULLIVAN A J, et al, 2017. Iron supplementation promotes *in vitro* shoot induction and multiplication of *Baptisia australis*[J]. Plant Cell, Tissue and Organ Culture,129(1):145-152.

Belamcanda 射干

段锦兰，付宝春，康红梅，等，2011. 射干的栽培技术与园林应用 [J]. 山西农业科学，39(6): 562-563.

许娜，蔡兴坤，田梅，等，2019. 射干的开花特性及繁育系统研究 [J]. 植物资源与环境学报，28(3): 91-99.

燕晨宇，张翔，秦民坚，2018. 射干真叶、花蕾诱导愈伤组织的研究 [J]. 中国野生植物资源，37(5): 16-19.

Bergenia 岩白菜

吕秀立，2017. 岩白菜属植物需求状况及发展趋势分析 [J]. 中国农学通报，33(22): 53-57.

毛少利，2016. 温度、光照对秦岭岩白菜种子萌发的影响 [J]. 分子植物育种，14(12): 3609-3614.

Boea 旋蒴苣苔

晁天彩，周守标，常琳琳，等，2013. 光照强度对大花旋蒴苣苔叶形态和生理指标的影响 [J]. 生态学杂志，32(5): 1161-1167.

温放，2008. 广西苦苣苔科观赏植物资源调查与引种研究 [D]. 北京：北京林业大学 .

张丹丹，周守标，周会，2016. 大花旋蒴苣苔对脱水与复水的生理响应 [J]. 生态学杂志，35(1): 72-78.

朱志国，周守标，张丹丹，2018. 环境胁迫对大花旋蒴苣苔种子萌发特性的影响 [J]. 皖西学院学报，34(2): 73-83.

Brachyscome 鹅河菊

SHORT P S, 2014. A taxonomic review of *Brachyscome* Cass. s. Lat. (Asteraceae: Astereae), including descriptions of a new genus, roebuckia, new species and new infraspecific taxa[J]. Journal of the Adelaide Botanic Garden, 28: 1-219.

Bromeliaceae 观赏凤梨

何业华，胡中沂，马均，等，2009. 凤梨类植物的种质资源与分类 [J]. 经济林研究，27(3): 102-107.

胡松华，2003. 观赏凤梨 [M]. 北京：中国林业出版社 .

黄智明，张应麟，钟志权，2000. 观赏凤梨 [M]. 广州：广东科技出版社 .

刘慧春，潘晓韵，朱开元，等，2007. 观赏凤梨生物技术研究进展 (综述)[J]. 亚热带植物科学 (4): 58-61.

卢家仕，王晓国，黄昌艳，等，2016. 观赏凤梨组织培养及催花技术研究进展 [J]. 中国热带农业 (5): 32-36.

马志远，段九菊，康黎芳，等，2011. 不同光照强度对观赏凤梨生长发育的影响 [J]. 中国农学通报，27(31): 189-193.

王炜勇，俞信英，周江华，2003. 不同分株期对观赏凤梨生长与繁殖的影响 [J]. 浙江农业科学 (1): 19-20.

武爱龙，2013. 观赏凤梨的研究进展 [J]. 北方园艺 (14): 188-192.

闫海霞，黄昌艳，何荆洲，等，2013. 观赏凤梨组织培养的影响因素分析 [J]. 北方园艺 (22): 196-200.

Campanula 风铃草

包志远，杨在君，2015. 四川风铃草属野生花卉资源调查及园林应用前景分析 [J]. 中国园艺文摘，31(12): 45-47.

李亚娇，张利枝，聂海彤，等，2017. 风铃草栽培养护技术 [J]. 现代园艺 (19): 91-92.

凌耿贤，陈少萍，2009. 风铃花的栽培管理 [J]. 中国花卉园艺 (18): 42-43.

赵晨星，张枚，向诚，等，2014. 西南风铃草挥发油的化学成分分析 [J]. 植物资源与环境学报，23(4): 99-101.

Catharanthus 长春花

陈少萍，2016. 长春花繁殖与病虫害防治 [J]. 中国花卉园艺 (16): 31-33.

焦会玲，2009. 长春花栽培管理技术及在园林造景中的应用 [J]. 黑龙江农业科学 (2): 89-90.

李博，于晓莹，2019. 浅谈长春花繁殖及栽培管理技术 [J]. 现代农业 (10): 101-102.

孙小芬，潘俊松，孙克兴，等，2008. 长春花品种资源农艺性状的分析 [J]. 上海农业科技 (3): 94-96.

张维成，韩强，王娜，2017. 西北地区长春花栽培管理技术 [J]. 中国园艺文摘，33(8): 170, 174.

MA L, ZHANG L, 2024. Composted green waste as a peat substitute in growing media for *Vinca* (*Catharanthus roseus* (L.) G. Don) and *Zinnia* (*Zinnia elegans* Jacq.) [J]. Agronomy, 14(5): 897. doi.org/10.3390/agronomy14050897

THOMAS P, WOODWARD J, STEGELIN F, et al, 2009. A guide for commercial production of *Vinca*[R]. Georgia: The University of Georgia.

Centaurea 矢车菊

KOUTECKÝ P, 2007. Morphological and ploidy level variation of *Centaurea phrygia* Agg. (Asteraceae) in the Czech Republic, Rlovakia and Ukraine[J]. Folia Geobotanica. 42(1):77-102.

LOCKOWANDT L, 2019. Chemical features and bioactivities of cornflower (*Centaurea cyanus* L.) capitula: The blue flowers and the unexplored non-edible part[J]. Industrial Crops and Products, 128: 496-503.

YANG W, ZHANG L, 2022. Biochar and cow manure organic fertilizer amendments improve the quality of composted green waste as a growth medium for the ornamental plant *Centaurea cyanus* L[J]. Environmental Science and Pollution Research, 29(30): 45474-45486.

Centranthus 距缬草

DWYER J, 2021. Red valerian (*Centranthus ruber* L.J DC)[J]. Australian Garden History, 32(3):21-23.

Chelidonium 白屈菜

刘君，李文庆，王伟，2020. 白屈菜的生物防治应用及人工栽培技术研究 [J]. 中国野生植物资源，39(12): 38-41.

孙桂杰，于秀杰，谭英，2011. 白屈菜人工栽培技术 [J]. 中国农业信息 (7): 23-24.

Chloranthus 金粟兰

孔宏智，2000. 金粟兰属的系统学研究 [D]. 北京：中国科学院植物研究所.

Chlorophytum 吊兰

陈少萍，2020. 吊兰栽培管理 [J]. 中国花卉园艺 (6):34-35.

李娜，陈昆，肖召杰，2017. 吊兰节水节肥栽培技术 [J]. 安徽农学通报，23(18):80-81.

田福忠，2020. 吊兰的室内栽培与养护技术 [J]. 江西农业 (4):36-37.

周涤，刘克林，卫尊征，等，2015. 白纹草的组织培养和快繁技术研究 [J]. 中国农学报，31(34):124-128.

朱小茜，杨杰，徐忠东，等，2010. 大叶吊兰的组织培养与快速繁殖 [J]. 植物生理学通讯，46(10):1067-1068.

Chrysanthemum 菊花

陈发棣，陈佩度，房伟民，等，1998. 栽培小菊与野生菊间杂交一代的细胞遗传学初步研究 [J]. 园艺学报，25(3): 308-309.

陈俊愉，2001. 中国花卉品种分类学 [M]. 北京：中国林业出版社.

戴思兰，1994. 中国栽培菊花起源的综合研究 [D]. 北京：北京林业大学.

戴思兰，温小蕙，2015. 菊花的药食同源功效 [J]. 生命科学，27(8): 1083-1090.

房伟民，2016. 菊花新品种及其在花海（花田）中的应用 [J]. 园林 (2): 32-37.

冯晓燕，2016. 茶用菊新品种选育 [D]. 南京：南京农业大学.

韩正洲，2017. 野菊资源研究与野菊花药材品质评价 [D]. 广州：广州中医药大学.

姜保平，许利嘉，王秋玲，等，2013. 菊花的传统使用及化学成分和药理活性研究进展 [J]. 中国现代中药，15(6): 523-530.

金廒，钱大玮，刘培，等，2016. 菊属药用植物资源化学研究进展 [J]. 中国现代中药，18(9): 1212-1219.

金诗媛，2015. 绿色切花菊新品种选育 [D]. 南京：南京农业大学.

李宝琴，2009. 大菊品种分类研究及核心种质构建初探 [D]. 北京：北京林业大学.

李鸿渐，1993. 中国菊花 [M]. 南京：江苏科学技术出版社.

李鸿渐，邵建文，1990. 中国菊花品种资源的调查收集与分类 [J]. 南京农业大学学报，13(1): 30-36.

李玮，2006. 广义菊属远缘杂交的初步研究 [D]. 北京：北京林业大学.

李煜坤，谭雪，郑丽，2013. 中国食用菊花研究应用现状 [J]. 农学学报，3(2):54-56.

汤访评，2009. 菊属与四个近缘属植物远缘杂交研究 [D]. 南京：南京农业大学.

王凯能，2015. 食用菊品种的筛选评价 [D]. 南京：南京农业大学.

王四清，1993. 地被菊遗传育种研究 [D]. 北京：北京林业大学.

王亚磊，2019. 传统菊品种资源调查与整理分析 [D]. 南京：南京农业大学.

许冰冰，2014. 茶用菊品种的筛选与评价 [D]. 南京：南京农业大学.

姚毓璆，1984. 菊花 [M]. 北京：中国建筑工业出版社.

张树林，戴思兰，2013. 中国菊花全书 [M]. 北京：中国林业出版社.

张鲜艳，2010. 菊属及其近缘属植物遗传多样性及亲缘关系初步研究 [D]. 南京：南京农业大学.

钟声远，2019. 切花菊品种资源调查和整理分析 [D]. 南京：南京农业大学.

CHEN J Y, WANG S Q, WANG X C, et al, 1995. Thirty years studies on breeding ground-cover chrysanthemum new cultivars[J]. Acta Horticulturae, 404: 124-135

CHONG X, ZHANG F, WU Y, et al, 2016. SNP-enabled assessment of genetic diversity, evolutionary relationships and the identification of candidate genes in chrysanthemum [J]. Genome Biology and Evolution, 8(12): 3661-3671.

DENG Y, CHEN S, CHANG Q, et al, 2012. The *Chrysanthemum* × *Artemisia vulgaris* intergeneric hybrid has better rooting ability and higher resistance to alternaria leaf spot than its chrysanthemum parent[J]. Scientia Horticulturae, 134: 185-190.

KIM H J, LEE Y S, 2005. Identification of new dicaffeoylquinic acids from *Chrysanthemum morifolium* and their antioxidant activities [J]. Planta Medica, 71(9):871-876.

Clematis 铁线莲

巩红冬, 2011. 青藏高原东缘铁线莲属藏药植物资源调查 [J]. 北方园艺 (7): 104-105.

季梦成, 单晓宾, 张银丽, 2008. 浙江铁线莲属植物资源调查研究 [J]. 北京林业大学学报, 30(5): 66-72.

江南, 管开云, 王仲朗, 2007. 云南铁线莲属植物地理分布及区系特征 [J]. 云南植物研究, 29(2): 145-154.

李新伟, 李建强, 王映明, 等, 2004. 湖北铁线莲属的区系特征及地理分布 [J]. 武汉植物学研究, 22(4): 294-300.

刘慧, 张钦德, 2012. 铁线莲属药用植物的研究进展 [J]. 安徽农业科学 (27): 13324-13327.

刘晶晶, 高亦珂, 2013. 北京地区野生铁线莲属植物种质资源调查研究 [J]. 黑龙江农业科学 (4): 65-69.

裴会明, 毛浩龙, 2004. 甘肃南部野生铁线莲属植物种质资源及观赏应用 [J]. 中国野生植物资源, 23(6): 30-32.

王文采, 李良千, 2005. 铁线莲属一新分类系统 [J]. 植物分类学报, 43(5): 431- 488.

亚里坤·努尔, 买买提江·吐尔逊, 吐尔逊古丽·托乎提, 2012. 铁线莲属植物资源及其研究与应用价值分析 [J]. 中国林副特产 (1): 89-91.

闫双喜, 张志翔, 2010. 河南铁线莲属植物分类学研究 [J]. 西部林业科学, 39(2): 7-17.

郑维列, 邢震, 边巴多吉, 1999. 西藏色季拉山铁线莲种质资源及其生境类型 [J]. 园艺学报, 26(4): 255-258.

CHOHRA D, FERCHICHI L, CAKMAK Y S, et al, 2020. Phenolic profiles, antioxidant activities and enzyme inhibitory effects of an algerian medicinal plant (*Clematis cirrhosa* L.)[J]. South African Journal of Botany, 132: 164-170.

DONALD D, 2015. The International Clematis Register and Checklist 2002 Fifth Supplement[R]. London, UK: The Royal Horticultural Society.

Coreopsis 金鸡菊

秦贺兰, 2008. 北京奥运用花卉品种系列介绍之十一 大花金鸡菊生产技术 [J]. 中国花卉园艺 (4): 23-25.

曾建军, 肖宜安, 孙敏, 2010. 入侵植物剑叶金鸡菊的繁殖特点及其与入侵性之间的关系 [J]. 植物生态学报, 8: 966-972.

Coronilla 小冠花

冯燕, 2008. 公路护坡绿化植物小冠花及其繁殖技术 [J]. 现代农业科技 (10):39-41.

富波年, 马乐元, 马慧霞, 等, 2021. PEG 引发对小冠花种子萌发及幼苗生理特性的影响 [J]. 草原与草坪, 41(1): 126-131.

梁芳, 衣采洁, 2014. 不同浸种处理对小冠花及蛇鞭菊种子萌发的影响 [J]. 北方园艺 (1): 62-64.

Crossostephium 芙蓉菊

陈雪鹃, 吴珏, 李雪珂, 等, 2012. 芙蓉菊组培快繁技术的研究 [J]. 中南林业科技大学学报, 32(7): 100-104.

黄小军, 兑宝峰, 2009. 芙蓉菊盆景的制作与养护 [J]. 中国花卉园艺 (22): 30-31.

黄有军, 夏国华, 郑炳松, 等, 2007. 芙蓉菊盐胁迫下的生长表现和生理相应 [J]. 江西农业大学学报, 29(3): 389-408.

黄振, 薛玉前, 2017. 药赏兼用芙蓉菊扦插技术 [J]. 北方园艺 (19): 127-130.

张波涛, 王传铭, 石峰, 等, 2022. 芙蓉菊高效低成本无土栽培基质的筛选 [J]. 黑龙江农业科学 (9): 64-68.

Cryptotaenia 鸭儿芹

吴宝成, 刘启新, 2012. 鸭儿芹的综合利用及其栽培与繁殖技术 [J]. 中国野生植物资源 (4): 67-72.

吴宝成, 刘启新, 2014. 鸭儿芹及其近缘植物地被特性的栽培观察 [J]. 江苏农业科学 (1): 125-128.

Cuphea 萼距花

付素静, 莫大美, 邓小梅, 等, 2014. 常绿花灌木萼距花的扦插繁殖研究 [J]. 北方园艺 (15):77-80.

李建新, 付素静, 王岚, 等, 2013. 萼距花的生物学特性及园林应用前景分析 [J]. 现代园艺 (17):35-36.

覃金芳, 杨蒙立, 樊艳梅, 2021. 耐热花卉萼距花“辣椒酱”系列种植技术及应用 [J]. 种子科技, 39(24): 62-63.

GRAHAM S A,1988. Revision of *Cuphea* section *Heterodon* (Lythraceae) [R]. Systematic Botany Monographs, Vol. 20. American Society of Plant Taxonomists.

Cymbidium 兰花

刘清涌，2020. 中国兰花名品珍品鉴赏图典 [M]. 3 版. 福州：福建科学技术出版社.

陆明祥，2020. 养兰技艺 [M]. 福州：福建科学技术出版社.

吕萍，孙崇波，2020.《春兰生产技术规程》DB33T 2245-2020[S]. 浙江省市场监督管理局发布.

孙崇波，2008. 蕙兰种子无菌萌发及植株再生 [J]. 浙江农业学报，20(4): 231-235.

王仲淼、孙崇波，2023. 国兰 [M]. 杭州：浙江大学出版社.

殷华林，2011. 兰花栽培实用技术 [M]. 合肥：安徽科学技术出版社.

浙江省兰花协会，2019. 省花命名 10 周年 [R]. 杭州：浙江省农业农村厅编印.

Cynara 菜蓟

孙淑凤，2017. 花用型朝鲜蓟露地优质高产栽培技术 [J]. 北方园艺 (12): 2.

王中美，张平喜，李树举，等，2015. 朝鲜蓟种类及繁殖技术 [J]. 湖南农业科学 (5): 22-24.

Delphinium 翠雀

董东平，马纯艳，2012. 太行山中段野生翠雀花的种群特征及繁殖技术 [J]. 安徽农业科学，40(10): 6078, 6085.

王文采，2019; 2020. 中国翠雀花属修订 (一；二)[J]. 广西植物，39(11): 1425-1469; 40(S1): 1-254, 261.

尹相博，李卉梓，王冰，2013. 我国翠雀属植物生物碱类化合物的研究进展 [J]. 黑龙江农业科学 (9): 135-137.

张婵，查绍琴，杨永平，等，2012. 蓝翠雀花退化雄蕊上的黄色髯毛对其繁殖成功的影响 [J]. 生物多样性，20(3): 348-353.

周丽，隆林，王苑，等，2021. 云南翠雀花繁育生物学特性研究 [J]. 兴义民族师范学院学报，(1): 119-124.

XU J B, LI Y Z, HUANG S, et al, 2021. Diterpenoid alkaloids from the whole herb of *Delphinium grandiflorum* L[J], Phytochemistry, 190: 12866.

Dianella 山菅兰

胡庆林，2015. 一种山菅兰的播种种植方法 CN201410484041. 2[P].2015-01-28.

卢璐，陈斌，2014. 不同浸种处理对山菅兰种子萌发特性的影响 [J]. 现代农业科技 (15): 176-178.

吴棣飞，2009. 新优彩叶地被——银边山菅兰 [J]. 南方农业，3(6): 18-19.

ZHOU S, MA K, MOWER P J, et al, 2024. Leaf variegation caused by plastome structural variation: an example from *Dianella tasmanica*[J]. Horticulture Research,11: uhea009.

Dianthus caryophyllus 香石竹

林胜男，刘杰玮，张晓妮，等，2021. 香石竹 WRKY 家族全基因组鉴定及其表达分析. 园艺学报，48 (9): 1768-1784.

周旭红，蒋亚莲，李姝影，等，2016. 冬季低温条件下香石竹小孢子败育的细胞学研究 [J]. 西北植物学报，36(4): 37-42.

BIRLANGA V, VILLANOVA J, Cano A, et al, 2015. Quantitative analysis of adventitious root growth phenotypes in Carnation stem cuttings[J]. PLoS ONE 10(7) doi: ARTN e013312310.1371/journal.pone.0133123.

SUN Y Y, HU D D, XUE P C, et al, 2022. Identification of the DcHsp20 gene family in carnation (*Dianthus caryophyllus*) and functional characterization of DcHsp17.8 in heat tolerance[J]. Planta, 256(1) doi:ARTN 210.1007/s00425-022-03915-1.

WANG M, XIAO J, WEI H, et al, 2020a. Supplementary light source affects growth and development of Carnation 'Dreambyul' cuttings[J]. Agronomy, 10 doi:10.3390/agronomy10081217.

WANG Q J, DAN N Z, ZHANG XN, et al, 2020b. Identification, characterization and functional analysis of C-class genes associated with double flower trait in Carnation (L.) [J]. Plants-Basel, 9(1) doi: ARTN 8710.3390/plants9010087.

XUE P C, SUN Y Y, HU D D, et al, 2023. Genome-wide characterization of gene family in carnation (*Dianthus caryophyllus* L.) and functional analysis of DcHsp90-6 in heat tolerance[J]. Protoplasma, 260(3):807-819.

ZHANG X N, LIN S N, PENG D, et al, 2022. Integrated multi-omic data and analyses reveal the pathways underlying key ornamental traits in carnation flowers[J]. Plant Biotechnology Journal, 20(6):1182-1196.

Dichondra 马蹄金

丁华娇，2021. 马蹄金缀花草坪的组合与建坪技术探讨 [J]. 安徽农学通报，27(19): 49-51.

李君，王晖，周守标，2006. 观赏草坪植物马蹄金研究进展 [J]. 安徽农学通报，12(8): 57-59.

Dictamnus 白鲜

陈庆红，郇志娟，黄利亚，等，2014. 白藓研究进展

及引种驯化试验 [J]. 北华大学学报 , 15(6): 808-811.

韩莹 , 王悦 , 丁莲 , 等 , 2010. 白藓组织培养及无性系建立的研究 [J]. 时珍国医药 , 21(2): 504-506.

刘凤霞 , 崔凯峰 , 于长宝 , 等 , 2012. 白藓种子不同处理方法对出苗率的影响 [J]. 吉林林业科技 , 41(2): 11-12.

张中华 , 胡建民 , 李明育 , 等 , 2018. 中国白鲜属植物新变种——绿花白藓 [J]. 国土与自然资源研究 (2): 82-84.

Digitalis 毛地黄

刘方农 , 2010. 毛地黄一族 [J]. 中国花卉盆景 (3): 11-14.

王翔 , 2011. 花姿曼妙的毛地黄 [J]. 花木盆景 (5): 2-4.

杨艳峰 , 2023. 毛地黄繁殖与养护 [J]. 中国花卉园艺 (6): 65-66.

KREIS W, 2017. The Fox gloves (*Digitalis*) revisited[J]. Planta Med, 83(12-13): 962-976.

Dimorphotheca 异果菊

陈龙清 , 黄晓玲 , 2006. 色彩斑斓的花卉新宠蓝眼菊 [J]. 花木盆景 (2): 2.

王翔 , 2011. 色彩斑斓的蓝眼菊 [J]. 花木盆景 : 花卉园艺 (12): 38-39.

张亚 , 2009. 南非万寿菊的播种和扦插 [J]. 中国花卉盆景 (7): 2.

Duchesnea 蛇莓

马永婷 , 2014. 蛇莓的栽培技术与园林应用 [J]. 南方农业 , 8(12): 4-5.

盛振兴 , 朱立敬 , 2010. 蛇莓种子出芽率测试研究 [J]. 山东林业科技 (2): 54-55.

Echinacea 松果菊

陈博 , 闫鑫磊 , 2020. 松果菊的特点及园林应用 [J]. 现代园艺 , 43(17): 91-93.

张焦乐 , 2016. 紫松果菊栽培技术 [J]. 中国园艺文摘 , 32(10): 151, 199.

Echinodorus 肋果慈姑

FERREIRA M I, GONÇALVES G G, MING L C, 2018. *Echinodorus macrophyllus*, Medicinal and Aromatic Plants of South America[M]. Buenos Aires, Argentina: Springer, 211-217.

HAQUE S M, GHOSH B, 2019. A submerged culture system for rapid micropropagation of the commercially important aquarium plant, 'Amazon sword' (*Echinodorus* 'Indian Red')[J]. *In Vitro* Cell. Dev. Biol.-Plant, 55:81-87.

Echinops 蓝刺头

吕艳芳 , 2022. 大青山野生蓝刺头再生体系建立的研究 [D]. 呼和浩特 : 内蒙古农业大学 .

张玉蕾 , 黄俊华 , 杨瑞 , 等 , 2024. 天山蓝刺头种子萌发及出苗的影响因素研究 [J]. 黑龙江农业科学 (7): 57-61.

Eichhornia 凤眼莲

黄露露 , 马晓建 , 2015. 凤眼莲净化富营养化水体效果影响因素的综述 [J]. 科技与创新 (9): 4-5.

周健 , 张光生 , 王丽红 , 2011. 凤眼莲净化水体的研究进展 [J]. 广东农业科学 , 38(13): 140-143.

SANTAMARÍA L, 2002. Why are most aquatic plants widely distributed? Dispersal, clonal growth and small-scale heterogeneity in a stressful environment[J]. Acta Oecologica, 23(3) :137-154.

*Elatostem*a 楼梯草

符龙飞 , 2013. 广西喀斯特洞穴楼梯草属物种多样性及适应机制研究 [D]. 桂林 : 广西师范大学 .

徐耀东 , 童志刚 , 敖小朋 , 2009. 园林地被植物新秀——庐山楼梯草 [J]. 现代园艺 (1): 11.

FU L F, SU L Y, MALIK A, et al, 2017. Cytology and sexuality of 11 species of *Elatostema* (Urticaceae) *inlimestone* karsts suggests that apomixis is a recurring phenomenon[J]. Nordic Journal of Botany, 35: 251-256.

Eomecon 血水草

张遂申 , 苏乾元 , 刘宏硕 , 1989. 中国特有植物血水草的解剖学研究 [J]. 西北植物学报 , 9(4): 247-251, 360.

Epimedium 淫羊藿

潘丕克 , 2016. 淫羊藿繁殖及栽培技术研究进展 [J]. 林业科技通讯 (4): 45-49.

SUZUKI K, 1983. Breeding system and crossability in Japanese *Epimedium* (Berberidaceae)[J]. The Botanical Magazine, 96: 343-350.

Erigeron 飞蓬

董志渊 , 杨丽英 , 王馨 , 等 , 2014. 灯盏细辛离体叶片再生植株的研究 [J]. 中国林副特产 (4): 5-8.

李鹂 , 党承林 , 2007. 短葶飞蓬的花部综合特征与繁育系统 [J]. 生态学报 , 27(2): 571-578.

王初华 , 赵会芬 , 杨生超 , 2005. 不同施肥配比对灯盏花产量和灯盏乙素含量的影响 [J]. 云南农业大学学报 , 20(6): 882-884.

王平理 , 杨生超 , 杨建文 , 等 , 2007. 云南灯盏花种质资源的考察与采集 [J]. 现代中药研究与实践 , 22(2):

25-28.

赵璐滟，李唯奇，王丹丹，2019. 药用植物灯盏花种子储存条件及萌发特性研究 [J]. 广西植物，39(12): 1636-1647.

Eryngium 刺芹

王意成，2016. 扁叶刺芹 [J]. 花木盆景（花卉园艺）(8): 27.

吴帅男，2023. 新疆野生植物扁叶刺芹引种试验及观赏性评价 [D]. 乌鲁木齐：新疆农业大学 .

Erythranthe 沟酸浆

BARKER W R, NESOM G, BEARDSLEY P M, et al, 2012. A taxonomic conspectus of Phrymaceae: A narrowed circumscription for *Mimulus*, new and resurrected genera, and new names and combinations[J]. Phytoneuron, 39: 1-60.

TILFORD G L, 1997. Edible and medicinal plants of the West[M]. Missoula, MT 59801,USA: Mountain Press Publishing Co. 98-99.

Eschscholtzia 花菱草

田婧，吴超权，2024. 花菱草作为膳食补充剂的研究进展 [J]. 山东化工，53(1): 101-103.

王霄飞，陈鑫峰，王小军，2015. 花菱草的生物学特性和栽培技术 [J]. 现代园艺 (14): 49.

姚悦梅，潘耀平，戴忠良，等，2002. 温度和药剂处理对花菱草种子萌发的影响 [J]. 种子科技 (6): 37-38.

张君艳，2016. 黄盏花菱草的栽培与园林应用 [J]. 林业科技通讯 (7): 48-49.

Euphorbia 大戟

马莹，2023. 禾叶大戟‘白色魅力’栽培与应用 [J]. 中国花卉园艺 (1): 64-65.

王水燕，孙宇红，2018. 一品红嫩枝全光照喷雾扦插繁育及其盆花栽培技术 [J]. 上海农业科技 (6): 99-100, 127.

吴保欢，石文婷，刘朝玉，等，2018. 中国大陆大戟属新归化植物——禾叶大戟 [J]. 亚热带植物科学，47(4): 377-379.

许冬月，朱自坤，宋瑷珏，2016. 大戟属多肉植物的栽培、管理与发展浅析 [J]. 南方农业，10(27): 63-64.

杨凉花，2020. 一品红的组织培养技术研究 [J]. 特种经济动植物，23(8): 22-23.

Euryops 黄蓉菊

王意成，2015. 黄金菊 [J]. 花木盆景（花卉园艺）(9): 30.

叶剑秋，2009. 容器花园调色板 - 金木菊（黄金菊）[J]. 园林 (6): 58-59.

BARKER N P, NORDENSTAM B, LADISLAV M A, 2010. multilocus phylogeny of *Euryops* (Asteraceae, Senecioneae) *augments* support for the “Cape to Cairo” hypothesis of floral migrations in Africa[J]. Taxon, 59(1):57-67.

NORDENSTAM B, CLARK V R, DEVOS N, et al, 2009. Two new species of *Euryops* (Asteraceae: Senecioneae) from the Sneeuberg, Eastern Cape Province, South Africa[J]. South African Journal of Botany, 75(1):145-152.

Fagopyrum 荞麦

胡在进，张媛，朱景娟，2020. 金荞麦的市场前景和栽培技术探讨 [J]. 基层农技推广，8(11): 81-83.

冉江，邓蓉，张定红，2021. 黔中金荞麦的栽培和生产利用技术 [J]. 贵州畜牧兽医，45(1): 63-65.

任奎，沈伦豪，唐宇，2022. 中国野生金荞麦种质资源的调查与收集 [J]. 植物遗传资源学报，23(4): 964-971.

苏安伟，2022. 金荞麦的营养价值、生物学功能及其在动物生产中的应用研究进展 [J]. 饲料研究，45(22): 157-160.

袁建平，卢云龙，田园，2019. 金荞麦良种选育及栽培技术 [J]. 中国民族民间医药，28(9): 23-26.

张燕，祁云枝，周军辉，等，2017. 秦巴山区资源植物野生金荞麦的引种繁殖和开发前景 [J]. 陕西农业科学，63(2): 62-64.

Farfugium 大吴风草

胡忠义，2010. 斑点大吴风草叶片再生体系的建立 [J]. 北方园艺 (21): 177-179.

沈娟，2014. 两种大吴风草的耐荫特性研究 [J]. 植物生理学报，50(7): 967-972.

张勇，2012. 大吴风草化学成分与药理活性研究进展 [J]. 中草药，43(5): 1009-1017.

周士景，2012. 黄斑大吴风草的组织培养和植株再生 [J]. 江苏农业科学，40(1): 63-65.

朱忠华，2016. 大吴风草的性状及显微鉴别研究 [J]. 时珍国医国药，27(11): 2660-2662.

Fittonia 网纹草

何强，黄聪灵，陈少萍，2021. 网纹草繁殖与病虫害防治 [J]. 中国花卉园艺 (12): 52-55.

杨琼，何贵整，王华宇，等，2017. 网纹草的规模化繁育与栽培关键技术概述 [J]. 安徽农学通报，23(19): 86, 118.

邹金美，张秀惠，陆銮眉，2017. 地被植物网纹草标准化盆栽技术研究 [J]. 闽南师范大学学报（自然科学版），

30(4): 66-71.

Fragaria 草莓

邓明琴，雷家军，2005. 中国果树志・草莓卷 [M]. 北京：中国林业出版社.

雷家军，张运涛，赵密珍，2011. 中国草莓 [M]. 沈阳：辽宁科学技术业出版社.

薛莉，雷家军，刘源，2012. 红花草莓育种及应用研究进展 [J]. 东北农业大学学报，43(10): 172-176.

LEI J J, XUE L, GUO R X, DAI H P, 2017. The *Fragaria* species native to China and their geographical distribution[J]. Acta Horticulturae, 1156:37-46.

STAUDT G,1989. The species of *Fragaria*, their taxonomy and geographical distribution[J]. Acta Horticulturae, 265: 23-33.

Gaura 山桃草

刘龙昌，杜改改，司卫杰，等，2015. 不同生境小花山桃草自然种群表型变异与协变 [J]. 草业学报，24(7): 41-51.

Gazania 勋章菊

李叶峰，王宁，陆小平，等，2011. 盆栽勋章菊对自然干旱胁迫的生理响应研究 [J]. 北方园艺 (2): 85-88.

沈汉国，陈少萍，陈永明，2007. 勋章菊的繁殖与病虫害防治 [J]. 中国花卉园艺 (16): 20-21.

杨俊杰，付红梅，2008. 勋章菊栽培技术要点 [J]. 温室园艺 (6): 61-62.

Gentiana 龙胆

付海滨，张敏，徐宜宏，等，2020. 出口龙胆草规范化生产标准操作技术规程 (SOP)[J]. 现代农业科技 (13): 69-70.

和桂琴，曹立峰，袁理春，2020. 滇龙胆草高效栽培技术 [J]. 云南农业科技 (4): 42-44.

李金泽，许凤，苏艳，等，2023. 龙胆科观赏植物生理特性与育种技术综述 [J]. 黑龙江农业科学 (2): 111-116, 121.

孙爱群，林长松，杨友联，等，2016. 5 种龙胆属植物种子生物学特性比较 [J]. 种子，35(9): 37-40.

孙姗姗，付鹏程，2019. 龙胆族 (龙胆科) 分类与进化研究进展 [J]. 西北植物学报，39(2): 178 - 185 .

HO T N, LIU S W, 2001. A Worldwide Monograph of *Gentiana* [M]. Beijing: Science Press.

Geranium 老鹳草

吴超然，王雪芹，刘恒星，等，2017. 两种老鹳草属种子萌发特性研究 [J]. 北方园艺 (14): 65-69.

赵永亮，孙友谊，李艳洁，等，2015. 老鹳草种子处理机设计与试验研究 [J]. 甘肃农业大学学报，50(4): 152-155.

PAPER R, 2015. The Plant Lover's Guide to Hardy Geraniums[M]. Portland, OR 97204, USA: Timber Press Inc.

Gerbera 非洲菊

包宇珩，毕晓颖，2018. 非洲菊切花新品种观赏性状评价体系建立及良种筛选 [J]. 北方园艺，18(16): 126-132.

方丽，叶琪明，郭方其，2023. 浙江地区非洲菊菌核病的病原鉴定及品种抗性鉴定 [J]. 浙江农业科学，64(1): 214-216.

郭方其，陈文海，叶琪明，2020. 不同非洲菊品种在浙北地区的适应性评价 [J]. 浙江农业科学，61(10): 2056-2059.

郭烨，李绅崇，王星淇，2021. 非洲菊 CAD 基因的克隆及非生物胁迫下的表达 [J]. 应用与环境生物学报，27(5): 1390-1398.

过聪，袁斌，陈锋，2022. 常见非洲菊品种生长习性与栽培 [J]. 江苏农业学报，38(5): 1366-1373.

李彪，2019. 上海地区非洲菊鲜切花大棚保护地优质高产栽培技术 [J]. 上海农业科技 (4): 82-83, 130.

李涵，鄢波，张婷，2009. 切花非洲菊多倍体诱变初报 [J]. 园艺学报，36(4): 605-610.

李绅崇，2020. 非洲菊单倍体种质创制及重组抑制基因 TOP3α 的克隆与表达分析 [D]. 重庆：西南大学.

聂京涛，潘俊松，何欢乐，2011. 非洲菊部分品种资源遗传多样性的 ISSR 分析 [J]. 上海交通大学学报 (农业科学版), 29(3): 76-82.

沈强，衣常红，赵娟，2005. 非洲菊品种的收集、繁育及保存研究 [J]. 上海农业学报，21(1): 45-48.

吴海红，赵兴华，张晶晶，2011. 北方切花非洲菊的繁殖方法及温室栽培技术 [J]. 北方园艺，11(23): 70-72.

夏朝水，江斌，邓永生，2021. 福建主栽非洲菊品种遗传多样性 ISSR 分析 [J]. 福建农业科技 (1): 9-14.

杨光穗，2003. 非洲菊最佳营养条件研究 [D]. 海口：华南热带农业大学.

周韦成，赵建军，2015. 上海地区非洲菊真菌病害鉴定 [J]. 生物灾害科学，38(4): 339-344.

朱朋波，邵小斌，孙明伟，2021. 基于不同基质及播种方式对非洲菊种子育苗影响试验 [J]. 现代园艺 (19): 33-34.

朱朋波，赵统利，邵小斌，2017. 日光温室条件下切花非洲菊品种引进比较试验 [J]. 上海农业学报，33(3): 91-95.

祝红艺，张显，2005. 非洲菊遗传育种研究进展 [J]. 西北林学院学报，2(1): 84-88.

Geum 路边青

吕小旭，黄文迪，韩贵芹，等，2022. 不同温度下路边青种子的萌发特征 [J]. 陕西农业科学，68(10): 39-42.

陶薇，王凯，王金凤，等，2018. 民族药蓝布正化学成分及药理作用研究进展 [J]. 中草药，49(1): 233-238.

田广环，吴桐，潘福竺，等，2023. 蓝布正本草考证及其治疗心脑血管药理作用研究进展 [J]. 中国实验方剂学杂志，29(21): 274-282.

Glechoma 活血丹

陈光登，黎云祥，韩素菊，等，2007. 活血丹组织培养与快速繁殖技术研究 [J]. 广西植物 (2): 265-271.

陈介，1979. 欧亚大陆活血丹属及其邻近属的关系 [J]. 云南植物研究 (1): 81-89.

陈一博，李享，宋红，2019. 铅胁迫对活血丹光合特性的影响 [J]. 经济林研究，37(4): 155-162.

刘丽，2012. 活血丹种质资源及其药材品质评价 [D]. 南京：南京农业大学.

徐娜，宁淑香，李洁，等，2011. 活血丹嫩茎无性系建立的研究 [J]. 现代园艺 (2): 4-6.

张彦，张寒，郑梦迪，等，2019. 活血丹文献考证与陕西地区资源分布调查 [J]. 中国中医药信息杂志，26(2): 6-9.

张瑜，柏彦伸，孙靖靓，等，2012. 活血丹子叶无性系建立的研究 [J]. 黑龙江农业科学 (11): 21-24.

邹俊，刘丽，郭巧生，等，2018. 土壤容重对活血丹生长、生理及药材品质的影响 [J]. 中国中药杂志，43(19): 3848-3854.

Helenium 堆心菊

秦贺兰，2007. 北京奥运用花品种系列介绍之四堆心菊生产技术 [J]. 中国花卉园艺 (24): 37.

Helleborus 铁筷子

李朋收，范冰舵，刘洋洋，等，2014. 铁筷子化学成分及药理作用研究进展 [J]. 中华中医药学刊，32(6): 1286-1289.

史小华，邹清成，金亮，等，2018. 铁筷子花粉育性与形态比较研究 [J]. 分子植物育种，16(5): 1690-1697.

王自芬，2008. 毛茛科植物胚珠形态、结构、发育及其系统学意义 [D]. 西安：陕西师范大学.

杨瑞武，周永红，1997. 铁筷子的形态解剖学研究 [J]. 四川农业大学学报，15(1): 107-110.

赵雪艳，王莉，王方圆，等，2021. 铁筷子种胚形态后熟过程的解剖学研究 [J]. 陕西农业科学，67(8): 56-58.

ZHAO X Y, WANG F Y, WANG L, et al, 2024. Deep simple epicotyl morphophysiological dormancy in seeds of endemic Chinese *Helleborus thibetanus*[J]. Agriculture, 14(7),1041. https://doi.org/10.3390/agriculture14071041.

Hemerocallis 萱草

白庆荣，韩双，赵莹，等，2013. 萱草叶枯病菌生物学特性及对药剂敏感性研究 [J]. 园艺学报，40(12): 2513-2519.

陈丽飞，王克凤，金鹏，等，2011. 不同遮阴处理对大花萱草形态及生物量的影响 [J]. 安徽农业科学，39(29): 17808-17810.

杜娥，张志国，马力，2005. 氮磷钾肥料在大花萱草上的试验效果 [J]. 安徽农业科学，33(4): 615, 626.

何琦，高亦珂，2011. 不同处理下萱草种子萌发研究 [J]. 种子，30(7): 94-96.

李军超，苏陕民，李文华，1995. 光强对黄花菜植株生长效应的研究 [J]. 西北植物学报，15(1): 78-81.

李钧，2005. 黄花菜锈病的综合防治技术 [J]. 湖南农业科学，(4): 65-66.

马柏林，刘旭，罗桂杰，等，2022. 植物生长延缓剂对盆栽萱草的矮化效应 [J]. 北方农业学报，50(1): 80-86.

任毅，高亦珂，朱琳，等，2016. 萱草属种质资源多样性研究进展 [J]. 北方园艺 (16): 188-193.

施冰，刘晓东，李义，2001. 大花萱草不同发育阶段矿质营养及水分含量的动态研究 [J]. 东北林业大学学报，29(2): 113-116.

王佰胜，高翔，2018. 黄花菜绿色栽培技术 [M]. 北京：中国农业大学出版社.

王峰，白晓红，2017. 黄花菜主要病虫害绿色防控技术 [J]. 现代农业科技 (12): 25-26.

王雪芹，高亦珂，2014. 萱草 [M]. 北京：中国林业出版社.

邢宝龙，曹冬梅，王斌，2022. 黄花菜种植与利用 [M]. 北京：气象出版社.

张黎杰，周玲玲，余翔，等，2019. 黄花菜锈病研究进展 [J]. 北方农业学报，47(4): 81-86.

张志国，金红，2021. 中华母亲花 萱草 [M]. 北京：中国林业出版社.

赵天荣，徐志豪，张晨辉，等，2015. 持续极端高温干旱天气对大花萱草生长的影响 [J]. 草业科学，32(2): 196-202.

GRENFELL D, 1998. The Gardener's Guide to Growing Daylilies[M]. Portland: Timber Press, Inc.

GROSVENOR G, 1999. Daylilies for Garden[M]. Portland: Timber Press, Inc.

PETIT L T, PEAT P J, 2008. The New Encyclopedia of Daylilies [M]. Portland: Timber Press, Inc.

Hemiboea 半蒴苣苔

阮慧泽，李珍，任燕燕，等，2014. 半蒴苣苔的叶片组织培养及植株再生 [J]. 浙江农林大学学报，31(1): 162-166.

ZHANG L, TAN Y, LI J, et al, 2014. *Hemiboea malipoensi*, a new species of Gesneriaceae from southeastern Yunnan, China[J], Phytotaxa, 174(3): 165-172.

Hepatica 獐耳细辛

叶康，杨青山，秦俊，等，2012. 江苏毛茛科新记录属——獐耳细辛属 [J]. 种子，31(10): 78-79.

Hesperis 香花芥

成克武，卢振启，王燕龙，等，2009. 香花芥属一新变型——二色雾灵香花芥 [J]. 河北林果研究，24(1): 53-54.

郭美，2003. 优良的景观庭院花卉蓝香芥 [J]. 中国花卉园艺 (18): 37.

DVORAK F, 1973. Infrageneric classification of *Hesperis* L[J]. Feddes Repertorium, 84: 259-271.

Heuchera 矾根

HEIMS D, GRAHAME WARE G, 2005. Heucheras and Heucherellas: Coral Bells and Foamy Bells[M]. Portland: Timber Press, Inc.

Hibiscus 木槿

张庆革，2009. 芙蓉葵当年培育成苗技术 [J]. 林业实用技术 (6): 55-56.

SEREDA M, PETRENKO V, KAPRALOVA O, et al, 2024. Establishment of an *In Vitro* Micropropagation Protocol for *Hibiscus moscheutos* L. 'Berry Awesome' [J]. Horticulturae, 10(1): 21.

Hosta 玉簪

莫健彬，2008. 玉簪属品种资源分类及耐热品种筛选 [D]. 上海：上海交通大学 .

余树勋，康晓静，余晓东，2004. 玉簪花 [M]. 北京：中国建筑工业出版社 .

GRENFELL D, 1996. The Gardener's Guide to Growing Hostas (2ed)[M]. Portland, Oregon, USA: Timber Press, Inc.

SCHMID W G, 1991. The Genus *Hosta* [M]. Portland, Oregon, USA: Timber Press, Inc.

Houttuynia 蕺菜

江方明，2014. 蕺菜高产高效栽培技术 [J]. 四川农业科技 (5): 23.

罗辉，2015. 蕺菜栽培技术 [J]. 福建农业科技 (1): 58-59.

Hydrocleys 水罂粟

王斌，2012. 水生植物：水罂粟 [J]. 园林 (6): 60.

Hydrocotyle 天胡荽

林水娟，缪叶旻子，大云，等，2008. 天胡荽大棚设施高效栽培技术初探 [J]. 现代农业科技 (14): 51, 53.

刘克龙，杜一新，梁碧元，2022. 天胡荽人工栽培技术 [J]. 上海蔬菜 (6): 21-23.

张兰，张德志，2007. 天胡荽的研究进展 [J]. 今日药学，17(1): 15-17.

Hylomecon 荷青花

范春楠，程岩，郑金萍，等，2016. 早春类短命植物生物量研究（Ⅳ）——荷青花生物量及其模型构建 [J]. 北华大学学报（自然科学版），17(3): 308-314.

王静，2017. 荷青花中皂苷类化合物的研究（Ⅰ）[D]. 长春：吉林大学 .

Hylotelephium 八宝

娇国荣，张国梁，吴秀峰，等，2006. 八宝景天等四种景天属植物的引种驯化与繁育 [J]. 园林科技 (3): 5-10, 14.

任爽英，董丽，2006. 八宝景天的组织培养和快速繁殖 [J]. 植物生理学通讯，42(2): 246.

王珏，2010. 华北八宝组织培养及其黄酮类化合物成分研究 [D]. 北京：中央民族大学 .

张晓艳，云清，2007. 八宝景天的组织培养与快速繁殖 [J]. 吉林师范大学学报（自然科学版）(2): 60-62.

Hypoestes 枪刀药

WANG C, 1991. Propagation, height control, and flowering of *Hypoestes phyllostachya*[D]. Blacksburg, Virginia: Virginia Polytechnic institute and State University.

Incarvillea 角蒿

CHEN S T, GUAN K Y, ZHOU Z K, 2006. A new subgenus of *Incarvillea* (Bignoniaceae). In Annales Botanici Fennici [J]. 43(4): 288-290.

RANA K S, LUO D, RANA K H, et al, 2021. Molecular phylogeny, biogeography and character evolution of the montane genus *Incarvillea* Juss.(Bignoniaceae)[J]. Plant Diversity,43(1):1-14.

Ipomoea 番薯

李欢，陈雷，王晨静，等，2015. 4 个观赏甘薯的抗旱性比较 [J]. 浙江农业学报，27(11): 1945-1952.

孟羽莎，赖齐贤，2019. 观赏甘薯的应用及展望 [J]. 浙江农业科学，60(12): 2181-2184, 2244.

邱俊凯，隋伟策，木泰华，等，2021. 58 个不同品种甘薯茎叶营养与功能成分的研究 [J]. 核农学报，35(4): 911-922.

苏一钧，2018. 菜用和观赏甘薯种质资源多样性与品质分析 [D]. 北京：中国农业科学院 .

王晨静，陆国权，赵习武，等，2015. 观赏甘薯的观赏性综合评价 [J]. 江苏农业科学 (2): 176-178.

赵习武，王晨静，周雅倩，等，2013. 不同遮阴处理对四种观赏甘薯光合特性的影响 [J]. 北方园艺 (24): 55-59.

周雅倩，陆国权，张迟，等，2012. 观赏甘薯在室内植物景观配置中的应用及推广 [J]. 北方园艺 (12): 82-84.

周雅倩，陆国权，2012. 水培观赏甘薯的栽培管理及其在家庭绿化中的应用 [J]. 北方园艺 (22): 83-86.

周雅倩，陆国权，2013. 观赏甘薯水培营养液优选研究 [J]. 中国农学通报，29(31): 129-136.

周雅倩，陆国权，2013. 主成分分析法对观赏甘薯品种耐弱光性综合评价 [J]. 浙江农业学报，25(6): 1194-1201.

ARMITAGE A M, GARNER J M,2001. 'Margarita' [J]. HortScience, 36(1):178.

WINSLOW B K, 2012. Interspecific hybridization and characterization of variegation in ornamental sweetpotato [(L.) Lam.] [D]. Raleigh City, North Carolina State University.

YENCHO G C, PECOTA K, HANCOCK C N. Ornamental sweetpotato plant named 'Sweet Caroline Sweetheart Red' :US, PP19013[P].2008-07-15; 'Sweet Caroline Green Yellow' : US, PP18673 [P].2008-04-01; 'Sweet Caroline Bewitched Purple' : US, PP18574[P]. 2008-03-11; 'Sweet Caroline Sweetheart Purple' : US, PP18573[P].2008-03-11; 'Sweet Caroline Sweetheart Light Green' : US,PP18572[P].2008-03-11; 'Sweet Caroline Red' : US, PP17483[P].2007-03-13; 'Sweet Caroline Bronze' : US, PP15437[P].2004-12-21; 'Sweet Caroline Green' : US, PP15056[P]. 2004-08-03; 'Sweet Caroline Light Green' : US, PP15028[P]. 2004-07-20; 'Sweet Caroline Purple' :US,PP14912[P].2004-06-15; 'NCORNSP-012EMLC' : US, PP21744[P].2011-03-01; 'NCORNSP-012EMLC' :US, PP21743[P]. 2011-03-01.

Iris 鸢尾

付尧，刘程宏，2021. 鸢尾花文化初探与发展研究 [J]. 现代园艺 (17): 127-128.

胡永红，肖月娥，2012. 湿生鸢尾：品种赏析，栽培及应用 [M]. 北京：科学出版社 .

李康，李丹青，张佳平，等，2016. 鸢尾属植物种子休眠研究进展 [J]. 植物科学学报，34(4): 662-668.

沈艺侬，刘妙延，田元，等，2024. 听，花开的声音——湿生鸢尾的欣赏与应用 [M]. 北京：中国林业出版社 .

王海英，2013. 地栽鸢尾主要病虫害防治 [J]. 园林 (8): 64-65.

魏晓羽，刘春贵，刘红，等，2024. 鸢尾属植物组培快繁技术研究进展 [J/OL]. 分子植物育种，7: 1-17.

肖月娥，俞新平，胡永红，等，2008. 西南鸢尾种子萌发特性初步研究 [J]. 种子，27(2): 18-20.

郑林，2020. 常见鸢尾属植物的栽培技术及园林应用探究 [J]. 南方农业，14(24): 55, 105.

朱旭东，田松青，袁建明，等，2010. 路易斯安娜鸢尾种子繁殖初步研究 [J]. 种子，29(11): 76-78.

Kalimeris 马兰

王以荣，周耀健，吴俊杰，等，2013. 有机马兰优质高效周年栽培技术 [J]. 上海蔬菜 (1): 24-26.

胥成刚，杨生高，王以荣，等，2013. 大棚马兰有机栽培技术 [J]. 长江蔬菜 (2): 59-61.

Kniphofia 火把莲

WHITEHOUSE C M, 2016. Kniphofia. The Complete Guide[M]. London: Royal Horticultural Society.

Lamprocapnos 荷包牡丹

马冬梅，2010. 荷包牡丹栽培繁殖技术 [J]. 种子世界 (1): 35-36.

宋良红，2013. 玲珑可爱的荷包牡丹 [J]. 花木盆景 (4): 42-43.

余力，2015. 如何繁殖荷包牡丹 [J]. 中国花卉园艺 (9): 35.

Lavendula 薰衣草

李慧，白红彤，2019. 从地中海到天山脚下的浪漫传奇——薰衣草资源引进与新品种选育 [J]. 生命世界 (6): 16-21.

秦启萍，2019. 薰衣草组织培养研究 [D]. 哈尔滨：东北林业大学 .

郑兴国，陆中元，陈建香，等，2005. 薰衣草繁殖技

术 [J]. 新疆农业科技 (2): 45-46.

Leonurus 益母草

罗远鸿, 2015. 川产益母草规范化栽培关键技术研究 [D]. 成都: 成都中医药大学.

徐建中, 王志安, 俞旭平, 2006. 益母草 GAP 栽培技术研究 [J]. 现代中药研究与实践, 20(4): 53-54.

Leucanthemum 滨菊

嵇凌, 2015. 大滨菊和短舌匹菊生殖特性研究 [D]. 南京: 南京农业大学.

王华宇, 张树明, 何贵整, 2012. 大滨菊离体快繁技术研究 [J]. 北方园艺 (19): 143-145.

再依同古丽・斯拉一丁, 2016. 大滨菊在库尔勒地区的栽培管理技术 [J]. 中国园艺文摘, 32(1): 154-155.

Lewisia 露薇花

高含, 2023. 露薇花种源对株型和开花的影响及高效扩繁体系构建 [D]. 银川: 宁夏大学.

Limonium 补血草

何春霞, 2014. 大叶补血草资源综合开发利用 [J]. 中国野生植物资源, 33(6): 52-54.

黄勇, 孟宪磊, 2002. 野生花卉补血草属及其开发利用 [J]. 中国种业 (8): 42-42.

田福平, 陈子萱, 路远, 等, 2010. 黄花补血草的开发利用价值与栽培技术 [J]. 中国野生植物资源, 29(4): 64-67.

周子晴, 张翠欣, 2009. 二色补血草的利用价值及繁育方法 [J]. 河北林业科技 (3): 52.

Linaria 柳穿鱼

孙伟, 2010. 野生柳穿鱼扦插繁殖技术研究 [J]. 中国农学通报, 26(13): 298-301.

魏照信, 荆爱霞, 2010. 柳穿鱼制种 [J]. 中国花卉园艺 (18): 32.

Liriope 山麦冬

陈菁瑛, 苏海兰, 黄颖桢, 等, 2011. 不同种植密度对短葶山麦冬生长动态及产量质量的影响 [J]. 中国农学通报, 27(27): 226-230.

张佳平, 聂晶晶, 张芬耀, 等, 2016. 兰花三七的“身世”之谜 [J]. 园林工程 (6): 70-73.

张佳平, 汪远, 夏宜平, 2019. 园林植物科学名称的规范化使用探讨——以沿阶草属和山麦冬属为例 [J]. 园林 (12): 58-63.

XIA G H, JIN S H, MA D D, et al, 2012. *Liriope zhejiangensis* (Asparagaceae), a new species from eastern China[J]. Annales Botanici Fennici, 49(1-2): 64-66.

Lithospermum 紫草

古丽尼沙・热合曼, 布早拉木, 帕塔木, 等, 2007. 紫草的栽培技术 [J]. 新疆农业科技 (3): 33.

罗新宁, 2006. 紫草栽培技术 [J]. 现代农业科技 (4): 22-23.

朱格麟, 1980. 中国产紫草属和软紫草属的研究 [J]. 西北师范大学学报 (自然科学版)(2): 35-41.

Lotus 百脉根

陈明, 2008. 新型园林地被植物百脉根的栽培技术 [J]. 北方园艺 (6): 144-145.

李宗英, 2019. 百脉根分子生物学主要领域研究进展 [J]. 草业科学, 36(11): 2871-2886.

宋双, 2017. 不同处理方法对百脉根种子发芽的影响 [J]. 甘肃农业科技 (2): 43-48.

王丹, 2014. 百脉根种质评价、创制与 LcSRA13 耐盐调控机理研究 [D]. 兰州: 兰州大学.

王琪, 2014. 节水耐旱植物百脉根的应用研究 [J]. 陕西林业科技 (4): 5-7.

Lupinus 羽扇豆

楚爱香, 2003. 多叶羽扇豆的引种栽培 [D]. 北京: 北京林业大学.

杜宗敏, 2019. 羽扇豆栽培管理 [J]. 中国花卉园艺 (6): 29.

贾永华, 王飞, 张占艳, 2006. 硫酸和 PEG 处理对多叶羽扇豆种子萌发和某些生理生化指标的影响 [J]. 西北农业学报, 15(3): 104-108.

吕晋慧, 2009. 矮生羽扇豆品种‘画廊’的组织培养和快速繁殖 [J]. 植物生理学通讯, 45(4): 397-398.

王菲, 陆庆轩, 王金菊, 等, 2013. 不同有机肥在羽扇豆上应用效果研究 [J]. 园林科技 (4): 42-44.

王庆, 刘安成, 张瑞博, 等, 2010. 土壤 pH 对羽扇豆叶片保护酶活性的影响 [J]. 西北林学院学报, 25(6): 10-12.

Lychnis 剪秋罗

冯敏, 2014. 大花剪秋萝组织培养技术研究 [D]. 长春: 吉林农业大学.

冯敏, 顾德峰, 董然, 2014. 大花剪秋萝离体快繁技术 [J]. 东北林业大学学报, 42(1): 90-93, 103.

杭悦宇, 2020. 何当共剪春秋罗 [J]. 生命世界 (5): 26-29.

黄利亚, 崔凯峰, 于长宝, 2019. 长白山区剪秋罗开发利用与栽培管理 [J]. 北华大学学报 (自然科学版), 20(6): 728-732.

Lysimachia 珍珠菜

陈延松，沈章军，欧祖兰，2014. 安徽省珍珠菜属植物资源现状与应用展望 [J]. 合肥师范学院学报，32(3): 52-56.

夏斌，张彦妮，袁福修，等，2015. 珍珠菜属植物研究进展 [J]. 天津农业科学，21(8): 147-150.

张朝阳，许桂芳，向佐湘，2008. 4 种珍珠菜属植物的抗寒性及其抗寒生理响应 [J]. 西南林学院学报，28(6): 10-13.

郑伟，2009. 珍珠菜属 4 种园林植物的种质特性及创新研究 [D]. 武汉：华中农业大学.

Lythrum 千屈菜

陈旸升，毕胜男，于杰，等，2010. 千屈菜的组织培养及再生体系建立的研究 [J]. 河南科学，28(10): 1261-1264.

郭延荣，朱为德，孙晓妮，等，2016. 千屈菜的特征特性与培育技术 [J]. 现代农业科技 (20): 115, 117.

李素娜，徐亚同，李秀艳，等，2011. 千屈菜生态浮床对景观水体的净化作用 [J]. 上海化工 (9): 1-5.

欧克芳，刘念，谢广林，等，2011. 园林植物千屈菜的研究与应用 [J]. 辽宁农业科学 (3): 46-48.

吴诗杰，陈慧娟，许小桃，等，2016. 美人蕉、鸢尾、黄菖蒲和千屈菜对富营养化水体净化效果研究 [J]. 安徽大学学报 (自然科学版), 40(1): 98-108.

张丽艳，郭玲，2019. 探讨千屈菜生物浮床载带异养硝化 - 好氧反硝化菌对水体中氮磷的去除效果 [J]. 中国资源综合利用，37(5): 157-159.

Macleaya 博落回

程巧，乐捷，曾建国，2015. 药用植物博落回形态与发育解剖学研究 [J]. 植物学报，50(1): 72-82.

郭振，2019. 博落回繁殖栽培体系初探 [J]. 江西农业 (8): 3.

郭振，2019. 博落回在园林造景中的应用 [J]. 江西农业 (10): 72.

宋锡帅，彭琼，柳亦松，等，2014. 博落回花药离体培养及植株再生研究 [J]. 湖南农业科学 (7): 28-31.

王珂佳，刘芸，2015. 药用植物博落回研究进展 [J]. 河南农业 (7): 62-64.

杨庆森，蔡继增，牟顺泰，等，2012. 小果博落回繁殖技术研究 [J]. 黑龙江农业科学 (7): 162-163.

邹序安，方小宁，田丹，等，2014. 博落回根段繁殖技术 [J]. 绿色科技 (12): 48-49.

Maianthemum 舞鹤草

安晓云，慈嘉，申琼，2010. 鹿药组织培养的研究 [J]. 中国园艺文摘，26(10): 13-15.

丁海伶，房晓君，2014. 鹿药的生长发育节律及繁殖研究 [J]. 陕西林业科技 (3): 60-62.

王芝恩，王兴宝，2014. 鹿药林地栽培技术 [J]. 农业开发与装备 (6): 139.

谢艳阳，2023. 舞鹤草属系统发育基因组学与杂交进化 [D]. 吉首：吉首大学.

赵淑杰，李彦颖，韩梅，等，2012. 鹿药生长发育特性、繁殖特性及生态特征的初步研究 [J]. 特产研究，34 (3): 25-28.

赵淑杰，杨利民，2009. 鹿药属植物研究进展 [J]. 时珍国医国药，20(11): 2856-2857.

Malva 锦葵

宋利娜，弓传伟，孙丽萍，等，2017. 北京地区锦葵科草本观赏植物引种栽培试验 [J]. 北京农学院学报，32(3): 89-93.

RAY M，1995. Systematics of *Lavatera* and *Malva* (Malvaceae, Malveae) - a new perspective[J]. Plant Systematics and Evolution,198: 29-53.

Matteuccia 荚果蕨

贾敬涛，郝欣宇，王文阁，2013. 荚果蕨人工栽培技术 [J]. 吉林林业科技，42(4): 62.

李兴国，2018. 蕨菜的人工栽培技术 [J]. 黑龙江科学 (9): 74-75.

谢秀芳，李崇宁，2015. 荚果蕨植物学性状的生长发育规律研究 [J]. 黑龙江农业科学 (3): 52-54.

Medicago 苜蓿

柴金平，2019. 紫花苜蓿的价值和种植方法 [J]. 现代畜牧科技 (3): 44-45.

方强恩，李宇泊，2019. 国产苜蓿属植物的分类与资源分布特征 [J]. 草原与草业，31(3): 1-7.

郭芳，郑敏娜，梁秀芝，等，2019. 浅谈苜蓿花粉形态特征及观察方法 [J]. 农业科技通讯 (6): 234-236.

蒋宏，2021. 紫花苜蓿优质高产栽培管理技术 [J]. 农业科技与信息 (5): 45-49.

寇亚玲，2024. 紫花苜蓿栽培技术要点 [J]. 农村新技术 (3): 8-10.

李鸿坤，闻铁，赵蕊，等，2019. 我国苜蓿病虫害发生情况及防治对策 [J]. 天津农林科技 (1): 43-46.

NEWELL S, UNDERSANDER D J, DONALD V D, et al, 2023. Estimation of alfalfa fall dormancy using spaced plant and sward trials across multiple environments[J]. Grassland Research, 2(1). DOI:10.1002/glr2.12042.

SMALL E, JOMPHE M, 1989. A synopsis of the genus *Medicago* (Leguminosae). Canadian Journal of Botany, 67: 3260-3294.

Melissa 蜜蜂花

陈建明，2002. 香味植物——香蜂花的栽培 [J]. 农技服务 (12): 14.

Monochoria 雨久花

刘彩云，王春强，张丽辉，等，2020. 雨久花种群开花期生殖株构件表型可塑性及生长分析 [J]. 分子植物育种，18(7): 2366-2370.

唐新霖，胡小三，2010. 雨久花的繁殖栽培与应用 [J]. 特种经济动植物，13(12): 32.

汪光熙，李伟，万小春，等，2003. 泰国雨久花属（雨久花科）一新变种——窄叶鸭舌草（英文）[J]. 植物分类学报，41(6): 569-572.

邹翠霞，王黎波，李永德，等，2009. 雨久花的组织培养及无性系的建立 [J]. 大连民族学院学报，11(1): 13-16.

Morina 刺参

MOCAN A, ZENGIN G, UYSAL A, et al, 2016. Biological and chemical insights of *Morina persica* L.: A source of bioactive compounds with multifunctional properties[J]. Journal of Functional Foods, 25: 94-109.

Musa 芭蕉

邓文莉，2017. 芭蕉的文化意蕴及其在中国古典园林中的应用 [J]. 建筑与文化 (12): 133-134.

方坚平，2000. 芭蕉家族中的观赏花卉——红花蕉 [J]. 中国花卉盆景 (7): 6, 52.

李小慧，2022. 观赏芭蕉的栽培技术及在园林景观中的应用 [J]. 智慧农业导刊，2(9): 56-58.

刘洋，卢群，周志远，等，2013. 芭蕉植物的研究及开发进展 [J]. 广东药学院学报，29(6): 675-677, 681.

切麦，2021. 云南勐养镇芭蕉栽培管理技术要点 [J]. 农业工程技术，41(11): 85, 87.

Musella 地涌金莲

傅本重，刘丽，伍建榕，2010. 地涌金莲研究进展 [J]. 中国农学通报，26(15): 164-167.

马宏，李正红，万友名，等，2013. 地涌金莲新品种‘佛悦金莲’[J]. 园艺学报，40(6): 1219-1220.

马宏，李正红，万友名，等，2013. 地涌金莲新品种‘佛乐金莲’[J]. 园艺学报，40(8): 1625-1626.

田美华，唐安军，2012. 珍稀优良花卉地涌金莲的繁殖研究进展 [J]. 重庆师范大学学报，29(1): 87-90.

万友名，李正红，马宏，等，2013. 地涌金莲新品种‘佛喜金莲’[J]. 园艺学报，40(4): 811-812.

周翊兰，龙春林，2019. 民族传统文化滋养下的地涌金莲 [J]. 科学，71(2): 17-19.

Nanocnide 花点草

JIN X, ZHANG J, LU Y, et al, 2019. *Nanocnide zhejiangensis* sp. nov. (Urticaceae: Urticeae) from Zhejiang Province, East China[J]. Nordic Journal of Botany, 37(10): e02339 doi: 10.1111/njb.02339.

Nelumbo 荷花

陈煜初，余东北，2012. 水生植物园林应用概论 (I) [J]. 人文园林 (4): 58-63.

李尚志，陈煜初，2020. 中国荷文化史 [M]. 深圳：海天出版社.

潘富俊，2011. 中国文学植物学 [M]. 台北：猫头鹰出版社.

王其超，张行言，2005. 中国荷花品种图志 [M]. 北京：中国林业出版社.

曾宪宝，徐广喜，陈煜初，等，2013, 荷花美学及其园林应用初步研究 [J], 人文园林 (4): 94-101.

张行言，2011. 中荷花新品种图志 [M]. 北京：中国林业出版社.

Nuphar 萍蓬草

李肖依，赵娜，王宇，等，2008. 萍蓬草的组织培养及快速繁殖的研究 [J]. 科技信息 (29): 381-382.

吴亮，2017. 水生美人蕉和萍蓬草对铜尾矿渗出液耐性机理及修复潜力研究 [D]. 南昌：江西财经大学.

周庆源，2005. 睡莲科的花的生物学和生殖形态学研究 [D]. 北京：中国科学院植物研究所.

周小力，张吉发，黄帅，等，2013. 萍蓬草属植物中生物碱成分和药理作用研究进展 [J]. 中草药，44(7): 910-917.

Nymphaea 睡莲

黄国振，李钢，2015a. 耐寒睡莲新品‘澳大利亚红’[J]. 花木盆景（花卉园艺）(9): 2.

黄国振，李钢，张岩，等，2015b. 淡妆浓抹总相宜——2014 耐寒睡莲新品种 [J]. 中国花卉盆景 (5): 10-12.

黄国振，李钢，张岩，等，2016. 耐寒睡莲新品种 [J]. 花木盆景（花卉园艺）(3): 33-35.

黄国振，李钢，2010. 耐寒睡莲国际登录新品种简报 [J]. 花木盆景（花卉园艺）(7): 9-10.

黄国振，2013. 华美的耐寒睡莲新品种——国际睡莲水景园协会第一届睡莲与荷花品种展 (2011) 获奖品种选粹（之一、二）[J]. 中国花卉盆景 (6): 14-17; (7): 8-10.

黄国振，邓惠琴，李祖修，等，2008. 睡莲 [M]. 北京：中国林业出版社.

李钢，2010. 睡莲新优品种 [J]. 中国花卉园艺 (18): 50-52.

李尚志，陈煜初，2019. 睡莲文化与应用 [M]. 武汉：湖北科学技术出版社.

李淑娟，樊璐，吴永朋，2016. 一种提高 *Lotos* 亚属睡莲繁殖系数的方法 [P]. 中国 201510014601.2, 2016-04-18.

李淑娟，陶连兵，2008. 柔毛齿叶睡莲 × 埃及白睡莲新品种选育 [J]. 西北林学院学报，23(5): 95-98.

李淑娟，尉倩，陈尘，等，2019. 中国睡莲属植物育种研究进展 [J]. 植物遗传资源学报，20(4): 829-835.

李淑娟，尉倩，张昭，等，2017b. 睡莲新品种 '貂婵' 和 '西施' 简介 [J]. 陕西林业科技 (3): 74-75.

李淑娟，尉倩，张昭，等，2018b. 耐寒睡莲新品种 '天赐' 的选育 [J]. 北方园艺 (3): 208-210.

李淑娟，樊璐，吴永朋，等，2017a. 一种促使 Lotos 亚属睡莲形成休眠球的方法 [P]. 中国 201510016026.X, 2017-02-01.

李淑娟，尉倩，刘安成，等，2018a. 一种越冬繁殖伊斯兰达睡莲的方法 [P]. 中国 201610485300.2, 2019-03-11.

苏群，卢家仕，田敏，等，2019b. 睡莲新品种 '红粉佳人' [J]. 园艺学报，46(S2): 2894-2895.

苏群，田敏，王虹妍，等，2019a. 睡莲新品种 '粉黛' [J]. 园艺学报，46(S2): 2892-2893.

吴倩，张会金，田洁，等，2018. 睡莲新品种 '粉玛瑙' [J]. 园艺学报，45(S2): 118-119.

尉倩，李淑娟，尚煜东，等，2018. 一种广热带亚属睡莲越冬贮藏方法 [P]. 中国 201610495104.3, 2018-07-06.

赵军，徐芳，吉腾飞，等，2014. 睡莲属植物化学成分及生物活性研究进展 [J]. 天然产物研究与开发，26(1): 142-141.

邹秀文，黄国振，2003. 国内培育的耐寒睡莲品种新秀 [J]. 中国花卉盆景 (4): 32-33.

CONARD H, 1905. The Waterlilies[R]. Washington: The Carnegie Institution of Washington.

JACOBS S W L, 1992. New species, lectotypes and synonyms of Australasian Nymphaea (Nymphaeaceae)[J]. Telopea, 4(4): 635-641.

KILBANE T, 2015. 2015 Plant registrations new waterlilies[J]. IWGS Water Garden Journal, 30(4): 15-17.

KILBANE T, 2016. 2016 Plant registrations new waterlilies[J]. IWGS Water Garden Journal, 31(4): 14-16.

KILBANE T, 2017. 2017 Plant registrations new waterlilies[J]. IWGS Water Garden Journal, 32(4): 8-14.

KILBANE T, 2018. 2018 Plant registrations new waterlilies[J]. IWGS Water Garden Journal, 33(4): 24-31.

KILBANE T, 2019. 2019 Plant registrations new waterlilies[J]. IWGS Water Garden Journal, 34(4): 19-28.

LANDON K, EDWARDS R A, NOZAIC P I, 2006. A New Species of Waterlily (*Nymphaea Minuta*, Nymphaeaceae) From Madagascar[J]. SIDA, Contributions to Botany, 22(2): 887-893.

LI S J, 2011. New waterlily varieties *Nympheae lotus* var. *pubescen* × *Nympheae lotus* 'Xi shi' and *Nympheae lotus* var. *pubescen* × *Nympheae lotus* 'Diao chan'. In: Proceedings of International Waterlily & Water Gardening Society, 2011 Qingdao Symposium and the 1st International Waterlily & Lotus Exhibition [C]. International Waterlily & Water Gardening Society, 78-82.

MAGDALENA C, 2010. The world's first hybrid between day bloomer and night bloomer[J]. The Water Garden Journal, 24(3) 18-19.

PROTOPAPAS A, 2023. The Re-discovery of *Nymphaea micrantha*, Part 2[J]. IWGS Water Garden Journal, 38(4): 6-9.

SLOCUM P D, 2005. Waterlilies and Lotuses: species, cultivars, and new hybrids [M]. Portland: Timber Press Inc.

SLOCUM P D, ROBINSON P, 1996. Water Gardening Water Lilies and Lotuses [M]. Portland: Timber Press Inc.

WASUWAT P, CHUKIATMAN K, 2018. Thai Nationality Waterlily in Pang U Bon [M]. Din Daeng, Bangkok: Plus Press Co Ltd.

Ocimum 罗勒

马成亮，周海，2002. 罗勒的栽培与利用 [J]. 特种经济动植物，5(6): 24.

钱前，张秀娟，2019. 罗勒栽培技术研究进展 [J]. 南方农业 (27): 18-19.

Oenothera 月见草

陈晓梅，郭启高，陆方方，等，2008. 月见草离体快繁的初步研究 [J]. 南方农业 (3): 23-24.

贾恩吉，张文龙，张玉欣，等，2010. 月见草新品种 '绿禾 101 号' 选育报告 [J]. 吉林农业大学学报，32(3): 242-244, 248.

南桂仙，金光德，安金花，2008. 不同浓度植物激素对月见草种子发芽的影响 [J]. 安徽农业科学，36(21):

8900-8901, 8921.

潘铖烺，2014. 海边月见草在福州地区的观赏栽培与园林应用研究 [D]. 福州：福建农林大学 .

王乃根，罗肖旭，沈晓燕，等，2012. 福建平潭月见草组织培养与快繁技术 [J]. 亚热带农业研究，8(1): 62-68.

杨再军，2015. 不同磷浓度处理对粉花月见草生长的影响 [J]. 凯里学院学报，33(6): 56-59.

于漱琦，田永清，2000. 我国月见草育种、发育和栽培研究进展 [J]. 中草药，31(1): 70-72.

张博，2016. 月见草的生态适应性及管理技术研究 [J]. 景观农业 (9): 64.

Ophiopogon 沿阶草

谢彩云，范国华，莫志萍，2018. 观赏草新品种剑江沿阶草栽培技术规程 [J]. 现代农业科技 (22): 136-137.

张佳平，汪远，夏宜平，2019. 园林植物科学名称的规范化使用探讨——以沿阶草属和山麦冬属为例 [J]. 园林 (12): 58-63.

Origanum 牛至

卢奇宇，蔡东，许志鹏，等，2019. 植物生长调节剂和物理处理对牛至种子萌发的影响 [J]. 植物学研究，8(3): 204-21.

殷庭超，2021. 牛至快繁、育苗和定植技术优化研究 [D]. 南京：南京农业大学 .

MASTRO D G, TARRAF W, VERDINI L, et al, 2017. Essential oil diversity of *Origanum vulgare* L. populations from Southern Italy[J]. Food Chemistry, 235:1-6. doi: 10.1016/j.foodchem.

SOTIROPOULOU D, KARAMANOS A, 2010. Field studies of nitrogen application on growth and yield of Greek oregano [(*Origanum vulgare* ssp. *hirtum* (Link) Ietswaart)] [J]. Industrial Crops & Products, 32(3):450-457.

TIBALDI G, FONTANA E, NICOLA S, 2011. Growing conditions and postharvest management can affect the essential oil of *Origanum vulgare* L. ssp. *hirtum* (Link) Ietswaart[J]. Industrial Crops & Products, 34(3):1516-1522.

Orthosiphon 鸡脚参

王剑，2017. 傣药肾茶种苗繁育关键技术研究 [J]. 农民致富之友 (18):120.

Paeonia 芍药

秦魁杰，2004. 芍药 [M]. 北京：中国林业出版社 .

于晓南，2019. 观赏芍药 [M]. 北京：中国林业出版社 .

张建军，2020. 芍药根茎芽发育更新特性及休眠越冬机理研究 [D]. 北京：北京林业大学 .

HONG D, 2011.Peonies of the World: Polymorphism and Diversity[M].Chicago: The University of Chicago Press.

Panax 人参

沈亮，吴杰，李西文，等 . 2016. 人参全球产地生态适宜性分析及农田栽培选地规范 [J]. 中国中药杂志，41(18): 3314-3322.

沈亮，徐江，董林林，等，2015. 人参栽培种植体系及研究策略 [J]. 中国中药杂志，40(17): 3367-3373.

王铁生，2001. 中国人参 [M]. 沈阳：辽宁科学技术出版社 .

吴征镒，1975. 人参属植物的三帖成分和分类系统、地理分布的关系 [J]. 植物分类学报，13(2): 29.

XU J, CHU Y, LIAO B S, et al, 2017. *Panax ginseng* genome examination for ginsenoside biosynthesis [J]. Gigascience, 6(11): doi.org/10.1093/gigascience/gix093.

Paris 重楼

陈蔚林，陈巧环，周佳，2022. 云南地区滇重楼病害调查及有效杀菌剂筛选 [J]. 中药材，45(4): 778-783.

段宝忠，马维思，刘玉雨，2018. 滇重楼无公害栽培关键技术 [J]. 世界中医药，13(12): 2975-2979.

李恒，1998. 重楼属植物 [M]. 北京：科学出版社 .

李恒，苏豹，张兆云，2015. 中国重楼资源现状评价及其种植业的发展对策 [J]. 西部林业科学，44(3): 1-7, 15.

马维思，杨斌，严世武，2017. 滇重楼茎秆软腐病病原鉴定 [J]. 西南农业学报，30(7): 1582-1587.

杨斌，李绍平，严世武，2012. 滇重楼资源现状及可持续利用研究 [J]. 中药材，35(10): 1698-1700.

JI Y H, 2020. A monograph of *Paris* (Melanthiaceae) [M]. Beijing: Science Press.

Pelargonium 天竺葵

程建军，曹爱珍，陈瑶，等，2011. 大花天竺葵组织培养初探 [J]. 四川林业科技，32(1): 130-132.

鞠玉栋，杨敏，吴维坚，等，2015. 玫瑰天竺葵组培快繁技术体系的建立 [J]. 安徽农学通报，21(1): 26-28.

清元，夏凯国，江明，等，2010. 香叶天竺葵离体芽的培养及生产应用研究 [J]. 西南农业学报，23(2): 561-564.

王琴，陈金涛，叶剑飞，等，2013. ‘地平线’天竺葵的花芽分化及光周期特性 [J]. 园艺学报，40(4): 773-781.

王庆，李艳，尉倩，等，2017. 天竺葵种子萌发特性研究 [J]. 种子，36(12): 14-16.

魏照信，荆爱霞，2009. 北方地区天竺葵制种 [J]. 中

国花卉园艺 (6): 30-31.

赵曼祯，2014. 天竺葵繁殖及园林应用 [J]. 中国花卉园艺 (20): 40-41.

LOEHRLEIN M M , CRAIG R, 2001. History and culture of regal pelargonium[J]. HortTechnology, 11(2), 289-296.

Penstemon 钓钟柳

卢金荣，唐成波，钟巍，2013. 红花钓钟柳引种栽培技术研究 [J]. 中国园艺文摘，29(9): 10-12,28.

莫秀媚，吴秀华，李明惠，等，2014. 红花钓钟柳的组织培养及离体快速繁殖 [J]. 西南大学学报（自然科学版），36(6): 62-66.

宁妍妍，2016. 露地花卉钓钟柳的栽培与应用 [J]. 林业科技通讯 (2): 56-57.

汤绍虎，莫秀媚，李明惠，等，2014. 卵叶钓钟柳的离体再生及特殊中药成分的 HPLC 检测 [J]. 西南大学学报（自然科学版），36(11): 64-69.

Pentanema 苇谷草

GUTIÉRREZ-LARRUSCAIN D, SANTOS-VICENTE M, ANDERBERG, et al, 2018. Phylogeny of the *Inula* group (Asteraceae: Inuleae): Evidence from nuclear and plastid genomes and a recircumscription of Pentanema. Taxon, 67(1):149-164.

Pentas 五星花

姜琳，李青，2017. 五星花离体培养研究 [C]. 中国园艺学会观赏园艺专业委员会、国家花卉工程技术研究中心. 中国观赏园艺研究进展. 四川：中国园艺学会：634-640.

吴强，2011. 繁星花生产栽培技术 [J]. 农业科技与信息 (4): 23-25.

杨俊杰，刘华锋，郭中顺，2010. 繁星花温室栽培管理技术 [J]. 农业工程技术 (10): 40-41.

KÅREHED J, BREMER B, 2007. The systematics of Knoxieae (Rubiaceae): molecular data and their taxonomic consequences [J]. International Association for Plant Taxonomy (IAPT), 56: 1051-1074.

Perovskia 分药花

周俊，黄超冠，余一江，等，2015. 滨藜叶分药花化学成分研究 [J]. 中国中药杂志，40(6): 1108-1113.

GHADERI S, EBRAHIMI N S, AHADI H, et al, 2019. *In vitro* propagation and phytochemical assessment of *Perovskia abrotanoides* Karel. (Lamiaceae) - A medicinally important source of phenolic compounds[J]. Biocatalysis and Agricultural Biotechnology, 19: doi.org/10.1016/j.bcab.2019.101113.

Phlomoides 糙苏

王永强，2018. 糙苏属三种野生植物引种驯化 [D]. 邯郸：河北工程大学.

ZHAO Y, CHEN Y P, DREW B T, et al, 2024. Molecular phylogeny and taxonomy of *Phlomoides* (Lamiaceae subfamily Lamioideae) in China: Insights from molecular and morphological data[J]. Plant Diversity, 46(4): 462-475.

Physostegia 假龙头花

姜忠康，杨齐红，2016. 假龙头花寒地栽培技术 [J]. 现代化农业 (6): 24-25.

任爱华，2015. 假龙头在新疆库尔勒地区的栽培与园林应用 [J]. 中国园艺文摘，31(10): 157-158.

于华，杨洁玲，张瑞利，等，2010. 北方地区假龙头的养护管理 [J]. 中国花卉园艺 (22): 25.

张圣芸，2014. 假龙头繁殖生物学特性研究 [D]. 乌鲁木齐：新疆农业大学.

Phytolacca 商陆

谢学强，2014. 干旱河谷野生药用观赏植物商陆及其栽培应用 [J]. 特种经济动植物 (8): 26-27.

余德，吴德峰，郑真珠，2010. 商陆的利用及其栽培技术 [J]. 福建农业科技 (4): 85-86.

郑世炎，胡伟平，2016. 商陆资源开发利用途径 [J]. 药用植物 (5): 42-44.

Plantago 车前

郭水良，2002. 车前属 (*Plantago* L.) 植物生态与进化生物学研究进展 [J]. 植物学通报，19(5): 567-574.

李平，陈华，李银心，2005. 大车前体外再生体系的建立和优化 [J]. 生物工程学报，21(6): 916-922.

廖丽霞，2017. 杨树林下经济车前草的栽培模式探析 [J]. 现代农业科技 (19): 154, 156.

王晓旭，2013. 平车前组织培养及无性系建立的研究 [D]. 大连：辽宁师范大学.

Platycodon 桔梗

刘自刚，张雁，王新军，等，2006. 桔梗育种研究进展 [J]. 中草药，37(6): 962-964.

王志民，2019. 桔梗种植关键技术 [J]. 江西农业 (8): 13.

严一宇，朴锦，薛均诚，等，2010. 白花桔梗和紫花桔梗种质资源地上部性状的比较 [J]. 北方园艺 (8): 28-30.

尤海涛，2008. 桔梗规范化生产 (GAP) 的关键栽培

技术研究 [D]. 长春：吉林农业大学 .

Plectranthus 延命草

陈雅君，2016. 梦幻般的浪漫——“特丽莎”香茶菜 [J]. 花卉 (7): 20-21.

Pleione 独蒜兰

吴沙沙，陈蕾，赵亚梅，等，2020a. 独蒜兰属种质资源及杂交育种研究进展 [J]. 植物遗传资源学报，21(4): 785-793.

吴沙沙，李威，沈立明，等，2019. 独蒜兰：雾境“仙葩” [J]. 森林与人类 (11): 62-65.

吴沙沙，沈立明，曹孟霞，等，2020b. 独蒜兰和云南独蒜兰无公害种植体系研究 [J]. 世界中医药，15(13): 1920-1925.

袁颖，2020. 秋花独蒜兰无菌播种快繁技术研究 [D]. 福州：福建农林大学 .

CRIBB P, BUTTERFIELD I, 1999. The Genus *Pleione* (2nd edition)[M]. London: Royal Botanic Gardens, Kew.

QIN J, ZHANG W, GE Z W, et al, 2019. Molecular identifications uncover diverse fungal symbionts of *Pleione* (Orchidaceae)[J]. Fungal Ecology, 37: 19-29.

WU S S, JIANG M T, MIAO J L, et al, 2023. Origin and diversification of a Himalayan orchid genus *Pleione*[J]. Molecular Phylogenetics and Evolution, 184: doi.org/10.1016/j.ympev.2023.107797.

Plumbago 白花丹

陈果，2012. 蓝雪花 (*Plumbago auriculata*) 种子生物学与扦插繁殖特性初步研究 [D]. 雅安：四川农业大学 .

陈毅，2013. 蓝雪花 (*Plumbago auriculata*) 植物组织培养技术研究 [D]. 雅安：四川农业大学 .

吴佩纹，2015. 蓝花丹 (*Plumbago auriculata*) 花粉与种子采集及其储存技术研究 [D]. 雅安：四川农业大学 .

FERRERO V, DE VEGA C, STAFFORD G I, et al, 2009. Heterostyly and pollinators in *Plumbago auriculata* (Plumbaginaceae) [J]. South Africa Journal of Botany, 75(4): 778-784.

SINGH K, NAIDOO Y, BAIJNATH H, 2018. A comprehensive review on the genus *Plumbago* with focus on *Plumbago auriculata* (Plumbaginaceae)[J]. African Journal of Traditional, Complementary and Alternative Medicines, 15(1): 199-215.

Pollia 杜若

褚维杨，2013. 杜若抗旱性、耐荫性及其组织培养的研究 [D]. 临安：浙江农林大学 .

Polygala 远志

邓晓霞，靳光乾，2020. 远志的人工种植情况及发展建议 [J]. 山东林业科技，50(3): 102-106, 76.

侯成祥，2021. 陕北地区中药材远志种植现状与技术要点 [J]. 农业工程技术，41(26): 89, 93.

翁倩倩，赵佳琛，张悦，等，2020. 经典名方中远志的本草考证 [J]. 中国现代中药，22(8): 1238-1244.

Polystichum 耳蕨

敖金成，苏文华，张光飞，等，2010 a. 对马耳蕨的组织培养与快速繁殖 [J]. 植物生理学通讯，46(5): 483-484.

敖金成，苏文华，张光飞，等，2010 b. 对马耳蕨光合作用对生境光强增加的响应 [J]. 西北植物学报，30(11): 2265-2271.

敖金成，苏文华，张光飞，等，2011. 不同光强下对马耳蕨叶绿素荧光参数的日变化 [J]. 南京林业大学学报，35(1): 135-138.

敖金成，苏文华，郭晓荣，等，2012. 对马耳蕨孢子体和配子体光合生理生态特性比较 [J]. 中南林业科技大学学报，32(11): 67-72.

敖金成，苏文华，张光飞，等，2012. 对马耳蕨配子体不同发育阶段的光合作用特性 [J]. 云南大学学报，34(6): 717-721.

王赛赛，王全喜，戴锡玲，2012. 对马耳蕨孢子囊早期发育的显微结构研究 [J]. 上海师范大学学报，41(1): 89-93.

Pontederia 梭鱼草

高军侠，陶贺，党宏斌，等，2016. 睡莲、梭鱼草对铜污染水体的修复效果研究 [J]. 地球与环境，44(1): 96-102.

李德鑫，富天思，曲艺姣，等，2013. 梭鱼草微型根茎繁殖的研究 [J]. 现代园艺 (6): 6-8.

韦菊阳，陈章和，2013. 梭鱼草和芦苇人工湿地对重金属和营养的去除率比较 [J]. 应用与环境生物学报，19(1): 179-183.

余红兵，杨知建，肖润林，等，2012. 梭鱼草 (*Pontederia cordata*) 拦截沟渠中氮、磷的效果研究 [J]. 农业现代化研究，33(4): 508-511.

Potamogeton 眼子菜

陈开宁，强胜，李文朝，等，2003. 篦齿眼子菜繁殖多样性研究 [J]. 植物生态学报，27(5): 672-676.

陈永根，2006. 竹叶眼子菜种植及生长影响要素实验研究 [D]. 南京：中国科学院南京地理与湖泊研究所 .

李洪林，刘锋，高丽，等，2007. 沉水植物竹叶眼子菜的组织培养和快速繁殖 [J]. 植物生理学通讯, 43(2): 329.

王辰, 2006. 中国眼子菜属的分类学研究 [D]. 北京: 北京师范大学.

袁龙义, 李伟, 刘贵华, 等, 2006. 微齿眼子菜 (*Potamogeton maackianus* A. Benn.) 茎段的无性繁殖特点研究 [J]. 武汉植物学研究, 24(4): 339-343.

朱丹婷, 李铭红, 乔宁宁, 2010. 光照、温度和氮对竹叶眼子菜生长的影响 [J]. 生态科学, 29(4): 345-350.

Potentilla 委陵菜

郝庆云, 张英丽, 乔建国, 等, 2005. 匍枝委陵菜引种驯化试验 [J]. 河北林果研究, 20(4): 407-410.

李军乔, 2005. 鹅绒委陵菜的生态适应性及栽培技术研究 [J]. 中国野生植物资源, 24(4): 36-37.

张庆良, 陈秀红, 张仁富, 等, 2006. 匍枝委陵菜的园林应用研究 [J]. 山东林业科技 (2): 25-26.

赵英兰, 2019. 金露梅栽培和繁殖技术 [J]. 农业工程, 9(5): 112-114.

Primula 报春花

陈文志, 2007. 药物处理对报春花抗热性的影响研究 [D]. 雅安: 四川农业大学.

贾茵, 2010. 小报春新品种选育研究 [D]. 北京: 北京林业大学.

金晓霞, 张启翔, 2005. 报春花属植物的育种研究进展 [J]. 植物学通报, 22(6): 738-745.

梁树乐, 2006. 中国西南地区部分野生报春的引种与杂交育种研究 [D]. 北京: 北京林业大学.

杨桂丽, 2023. 贵州省野生报春花属 (*Primula* L.) 物种多样性与地理分布格局研究 [D]. 贵阳: 贵州大学.

游晓会, 马玉磊, 李小远, 2012. 报春花属植物组织培养研究进展 (综述)[J]. 亚热带植物科学, 41(1): 73-78.

张永鑫, 王慧春, 2014. 报春花属植物引种繁育研究进展 [J]. 青海草业, 23(3): 16-19, 23.

周丽, 2011. 云南报春花资源及其园林应用 [J]. 山东农业科学 (2): 49-52.

KARLSSON M G, 2001. Primula culture and production[J]. HortTech, 11(4): 627-635.

Psephellus 绒矢车菊

WAGENITZ G, HELLWIG F H, 2000. The genus *Psephellus* Cass. (Compositae, Cardueae) revisited with a broadened concept[J]. Willdenowia, 30(1): 29-44.

Pulmonaria 肺草

MEEUS S, JANSSENS S, HELSEN K, et al, 2016. Evolutionary trends in the distylous genus *Pulmonaria* (Boraginaceae): Evidence of ancient hybridization and current interspecific gene flow [J]. Molecular Phylogenetics and Evolution,98: 63-73.

Pulsatilla 白头翁

李海燕, 2011. 朝鲜白头翁开花与繁育特性研究 [D]. 沈阳: 沈阳农业大学.

李海燕, 张午曲, 李宏博, 2020. 朝鲜白头翁开花与繁育特性研究 [J]. 时珍国医国药, 31(4): 942-944.

杨洪秀, 尹志海, 2012. 白头翁栽培管理 [J]. 特种经济动植物 (4): 41.

Reineckia 吉祥草

刘东东, 马贝贝, 金艳丽, 2011. 吉祥草栽培与养护 [J]. 现代农村科技 (9): 43-44.

吴志明, 向国红, 2010. 吉祥草的耐阴性试验及在常德地区应用建议 [J]. 中国园艺文摘, 26(8): 23-25.

严潜, 2007. 吉祥草对光照强度适应性的研究 [D]. 长沙: 湖南农业大学.

杨俊杰, 张爱玲, 王海荣, 2014. 吉祥草栽培管理技术 [J]. 农业工程技术 (温室园艺)(12): 48-49.

Rohdea 万年青

张子学, 胡能兵, 张从宇, 等, 2009. 金边万年青的核型分析和细胞学观察 [J]. 安徽科技学院学报, 23(2): 28-30.

Ruta 芸香

何报作, 1998. 芸香的原产地应为中国 [J]. 中国中药杂志, 23(2): 73-75.

邢秀芳, 刘鸣远, 1997. 冬绿植物——芸香 [J]. 北方园艺 (1): 65.

张贺, 2011. 芸香生理生化指标的季节性变化与抗寒性的关系 [D]. 哈尔滨: 哈尔滨师范大学.

Sagittaria 慈姑

陈建明, 张珏锋, 钟海英, 2016. 慈姑病虫害的发生与防治 [J]. 浙江农业科学, 57(10):1742-1745.

王灿洁, 王业鹏, 蒋双林, 等, 2019. 天门市九真慈姑高效栽培技术 [J]. 长江蔬菜 (21): 41-42.

Salvia 鼠尾草

常宇航, 魏宇昆, 马永鹏, 等, 2020. 中国原生鼠尾草属植物园林应用现状与展望 [J]. 西部林业科学, 49(5): 37-41, 53.

成晓丹, 魏宇昆, 黄艳波, 等, 2020. 鼠尾草属品种 DUS 测试指南的研制 [J]. 园艺学报, 47(S2): 3154-3163.

冯琪, 王鑫, 田琳, 等, 2020. 鼠尾草属植物杂交亲

和性探究 [J]. 河北师范大学学报, 44(3): 260-266.

黄艳波, 林楚航, 刘凤栾, 2024. 鼠尾草属植物资源的分类研究进展 [J]. 植物遗传资源学报, 25(4): 483-494.

SONG Z, LIN C, XING P, et al, 2020. A high-quality reference genome sequence of *Salvia miltiorrhiza* provides insights into tanshinone synthesis in its red rhizomes[J]. Plant Genome, 13(3): e20041. doi: 10.1002/tpg2. 20041.

Sambucus 接骨木

方建新, 2007. 接骨草的利用开发 [J]. 中国林副特产 (6): 85-87.

穆向荣, 马逾英, 杨枝中, 等, 2014. 药用植物根腐病防治的研究进展 [J]. 中药与临床, 5(2): 5-8.

Sanguisorba 地榆

杨肖荣, 2016. 地榆野生资源的保护及栽培技术 [J]. 农技服务, 33(12): 2.

Saponaria 肥皂草

谭成标, 2006. 新优宿根花卉——肥皂草 [J]. 中国花卉园艺 (18): 25-27.

Saruma henryi 马蹄香

毛少利, 周亚福, 李思锋, 2014. 珍稀濒危植物马蹄香的生物学及化学成分研究进展 [J]. 时珍国医国药, 25(7): 1701-1704.

赵宁, 张莹, 韩桂军, 等, 2017. 不同处理对马蹄香种子及枝条扦插繁育的影响 [J]. 贵州农业科学, 45(12): 12-14.

ZHOU T H, QIAN Z Q, LI S, 2010. Genetic diversity of the endangered Chinese endemic herb *Saruma henryi* Oliv. (Aristolochiaceae) and its implications for conservation[J]. Population Ecology, 52(1): 223-231.

Saxifraga 虎耳草

邓家彬, 2015. 虎耳草科的分子系统发育、时间分化及其生物地理学研究 [D]. 雅安: 四川农业大学.

唐世梅, 2024. 虎耳草属的资源分类及育种进展 [J]. 广西植物, 44(1): 193-206.

田代科, 2015. 中国首个虎耳草属国际登录新品种: ‘黑魁’ [J]. 中国花卉盆景 (5): 4-5.

田代科, 2022. 我国虎耳草国际登录的三个品种 [J]. 花木盆景 (5): 36-39.

Scabiosa 蓝盆花

阿拉坦其其格, 孙淑英, 张瑞霞, 等, 2015. 华北蓝盆花的生物学特性及园林应用研究现状 [J]. 黑龙江农业科学 (6): 161-164.

苏达毕力格, 何陈林, 朝格巴达拉夫, 等, 2023. 蓝盆花属植物化学成分及药理作用研究进展 [J]. 中国现代应用药学, 40(8): 1136-1146.

尹晶晶, 2021. 华北蓝盆花组织培养及快繁体系的建立 [D]. 呼和浩特: 内蒙古农业大学.

Scutellaria 黄芩

李永文, 寇凤仙, 李红, 等, 2007. 黄芩组培工厂化技术研究 [J]. 中国农学通报, 23(4): 71-73.

王伟, 2020. 黄芩栽培技术 [J]. 现代化农业 (4): 36-37.

NURUL I M, FRANCES D, CARL K Y N, 2013. Comprehensive profiling of flavonoids in *Scutellaria incana* l. using lc-q-tof-ms[J]. Acta Chromatographica, 25(3):555-569.

Sedum 景天

崔杰, 2016. 逆境胁迫对三种景天科拟石莲花属多肉植物叶片着色的影响 [D]. 沈阳: 沈阳农业大学.

胡莹冰, 2013. 景天科多肉植物应用调查研究 [D]. 长沙: 中南林业科技大学.

李静敏, 2017. 景天科多肉植物的生物学特征及栽培技术研究 [D]. 上海: 上海交通大学.

孙丽萍, 2012. 几种景天科植物扦插繁殖研究 [J]. 北方园艺 (2): 84-86.

张先进, 李素华, 张旭, 2019. 我国多肉植物引种繁育与应用现状研究 [J]. 安徽农学通报, 25(7): 94-95.

Senecio 千里光

王丽平, 谌琴琴, 梁瑾, 等, 2019. 千里光组织培养体系的构建与遗传转化 [J]. 分子植物育种, 17(18): 6000-6005.

JEFFREY C, CHEN Y L, 1984. Taxonomic studies on the tribe *Senecioneae* (Compositael) of Eastern Asia[J]. Kew Bulletin, 39(2): 205-432.

Silene 蝇子草

潘晓玲, 1993. 新疆蝇子草属的分类系统 [J]. 干旱区研究, 10(4): 21-28.

孙卫卫, 2018. 中国蝇子草属及其近缘植物 (石竹科) 的叶表皮及种皮微形态研究 [D]. 曲阜: 曲阜师范大学.

Stachys 水苏

勾娇娇, 宋家宝, 刘松洋, 等, 2011. 水苏无性系技术建立的研究 [J]. 河南科学, 29(5): 542-545.

金琼, 刘悦, 刘德江, 等, 2020. 毛水苏组织培养技术研究 [J]. 种子, 39(6): 155-1636.

秦贺兰, 2008. 北京奥运用花品种系列介绍之六绵毛水苏生产技术 [J]. 中国花卉园艺 (2): 32-33.

Stevia 甜叶菊

郝再彬，董振红，李子院，2011. 高品质甜叶菊品系“1096”的组培快繁 [J]. 中国糖料，33(3): 9-11.

刘家胜，高晓慧，赖桂秀，等，2015. 甜叶菊组培快繁与工厂化育苗技术 [J]. 生物技术世界 (3): 21.

THIYAGARAJAN M, VENKATACHALAM P, 2012. Large scale in vitro propagation of *Stevia rebaudiana* (Bert) for commercial application: Pharmaceutically important and antidiabetic medicinal herb[J]. Industrial Crops and Products, 37(1): 111-117.

Strobilanthes 马蓝

JOSEKUTTY E J, 2018. *Strobilanthes kannanii* - a new species of Acanthaceae from the Western Ghats, India[J]. Nordic Journal of Botany, 36(8):1-5.

Symphyotrichum 联毛紫菀

黎维平，陈三茂，2004. 广义紫菀属（菊科紫菀族）系统学研究的现状 [J]. 生命科学研究，12(4): 93-96.

Symphytum 聚合草

耿慧，王志锋，2017. 聚合草的栽培与利用 [J]. 新农业 (21): 29-31.

武丽娜，2017. 园林景观中牧草的应用与栽培——以聚合草为例 [J]. 现代园艺 (14): 129.

于千桂，2013. 聚合草的栽培与管理 [J]. 科学种养 (7): 47.

Syneilesis 兔儿伞

沈莉，2009. 特种蔬菜兔儿伞的繁殖与栽培 [J]. 北京农业 (10): 17.

Tacca 蒟蒻薯

刘颂颂，叶永昌，招晓东，等，2002. 蒟蒻薯的组织培养及植株再生 [J]. 植物生理学通讯，39(3): 254.

刘召华，2015. 老虎须研究进展 [J]. 安徽农业科学，43(32): 220-221, 224.

王锦，张静，沈雅，等，2009. 蒟蒻薯‘千手观音’的栽培管理 [J]. 中国花卉园艺 (6): 18-19.

钟志权，2004. 美丽的“黑蝴蝶”——蒟蒻薯 [J]. 中国热带农业 (1): 38.

Tanacetum 菊蒿

柏自顺，2016. 除虫菊大田栽培管理技术要点 [J]. 现代园艺 (6): 19-20.

解有升，蒋学杰，2017. 除虫菊无公害种植技术 [J]. 特种经济动植物 (4): 45.

张守路，陈流军，王守期，等，2018. 除虫菊组织培养研究进展 [J]. 现代农业科技 (14): 147-148.

TEKIN M, KARTAL C, 2016. Comparative anatomical investigations on six endemic *Tanacetum* (Asteraceae) taxa from turkey[J]. Pakistan Journal of Botany, 4: 1501-1515.

Taraxacum 蒲公英

高淑敏，李洁，2011. 高寒地区野生蒲公英生物学特性及栽培繁殖技术研究 [J]. 现代农业科技 (18): 111, 113.

姜秋会，刁治民，熊亚，等，2005. 青海蒲公英属植物资源生物学特性及化学成分 [J]. 青海草业，14(4): 41-45.

乔鸿尧，2020. 对蒲公英属植物繁殖生物学的研究 [J]. 绿色科技 (2): 31, 35.

Thalia 再力花

陈思，丁建，2011. 外来湿地植物再力花适生性分析 [J]. 植物科学学报，29(6): 675-682.

冯义龙，朱华明，2008. 优良的湿地挺水植物——再力花 [J]. 南方农业，2(4): 36-37.

Thalictrum 唐松草

邹炎洁，杜雪，黄代竹，2003. 15 个民族药用唐松草情况概述 [J]. 民族民间医药，12(1): 20-22.

Thymus 百里香

权俊萍，吕国华，何树兰，等，2012. 我国百里香属植物资源调查分析 [J]. 北方园艺 (2): 87-91.

宋阳，王冲，魏岩，2014. 兴安百里香播种繁殖研究 [J]. 种子，33(1): 116-118.

王玲，苏含英，2008. 黑龙江省 4 种百里香属植物嫩枝的扦插繁殖 [J]. 东北林业大学学报，36(1): 12-13, 30.

王有江，孟林，田小霞，2014. 流行香料植物栽培管理技术之三百里香栽培管理 [J]. 中国花卉园艺 (10): 47-49.

魏艳，聂艳霞，赵惠恩，等，2007. 百里香的组织培养 [J]. 植物生理学通讯 (3):516.

Tricyrtis 油点草

周百黎，2014. 药草花园的花园故事（十四）秋日杜鹃——油点草 [J]. 园林 (8): 84-85.

朱震辉，2014. 俏皮可爱油点草 [J]. 中国花卉盆景 (9): 26-27.

Trifolium 车轴草

高雪芹，王俊杰，云锦凤，等，2012. 红三叶新品系组织培养和植株再生 [J]. 草地学报，20(1): 159-165.

杨珍，何丽君，王明玖，等，2008. 高加索三叶草和白三叶草再生体系的建立 [J]. 内蒙古农业大学学报，29(4): 68-73.

ELLISON N W, LISTON A, STEINER J J, et al, 2006. Molecular phylogenetics of the clover genus (*Trifolium—Leguminosae*)[J]. Molecular Phylogenetics and Evolution,

39: 688-705.

TAYLOR N L, QUESENBERRY K H,1996. Red clover science [M]. Amsterdam: Kluwer Academic Publishers.

Trollius 金莲花

丁万隆，陈震，陈君，2003. 金莲花属药用植物资源及利用 [J]. 中国野生植物资源，22(6):19-21.

马济民，2015. 金莲花扦插快繁技术 [J]. 现代农业 (8): 10.

张芹，李保会，龙双红，2012. 不同处理条件对金莲花种子萌发的影响 [J]. 河北农业大学学报，35(6): 23-26, 45.

DOROSZEWSKA A, 1974. The genus *Trollius* L — A taxonomical study[M]. In: Kostyniuk M ed. Monographiae Botanicae,Vol 41. Warszawa: Polish Botanical Society. doi.org/10.5586/mb.1974.002.

Verbascum 毛蕊花

GÜLDEN Y, FERUZAN D, 2012. The genus *Verbascum* L. in European Turkey [J]. Botanica Serbica, 36(1): 9-13.

KARAVELIOGULLARI F A, AYTAC Z, 2008. Revision of the Genus *Verbascum* L. (Group A) in Turkey [J]. Botany Research Journal, 1(1): 9-32.

TURKER A U, GUREL N D C, 2001. *In vitro* culture of common mullein (*Verbascum thapsus* L.) [J]. In Vitro Cellular & Developmental Biology-Plant, 37(1): 40-43.

Verbena 马鞭草

吕清璐，沈向群，汪玉，2010. 美女樱 (*Verbena hybrida*) 茎尖组织培养 [J]. 西北农业学报，19(3): 198-202.

宋良红，2003. 细叶美女樱的栽培及应用研究 [J]. 河南林业科技，23(3): 25-26.

Veronica 婆婆纳

马金贵，郭淑英，2008. 穗花婆婆纳的栽培技术与园林应用 [J]. 现代农业科技 (9): 45-46.

张仁波，窦全丽，2009. 国内婆婆纳属药用植物研究进展 [J]. 科技资讯 (31): 242, 244.

Victoria 王莲

窦剑，赵春霈，陈玉林，2011. 5 种栽培基质对克鲁兹王莲成苗期间生长的影响 [J]. 江苏农业科学，39(3): 234-236.

李爱华，叶奕佐，叶嵘，等，2013. 克鲁兹王莲繁殖器官的解剖结构和开花结实习性的初步研究 [J]. 湖北林业科技 (1): 14-17.

李淑娟，2008. 朗 · 伍德杂交王莲在西安植物园的引种栽培 [J]. 中国花卉园艺 (20): 44-46.

李淑娟，李团结，张宽清，2010. 克鲁兹王莲苗期形态特征及生长规律研究 [J]. 西北林学院学报，25(4): 104-106.

李淑娟，尉倩，尚煜东，等，2017. 王莲属 (*Victoria*) 植物学地位的确立 [J]. 自然杂志，39(4): 293-298.

肖月娥，屠莉，2012. 池中王后——王莲 [J]. 园林 (11): 62-65.

徐立铭，刘艳玲，李洪林，2005. 一种快速繁殖王莲的方法 [P]. 中国：发明专利 CN 1586173A.

邹丽娟，2011. 王莲越冬栽培技术 [J]. 现代园艺 (9): 28.

Vinca 蔓长春花

崔丽，晏升禄，徐爽，等，2012. 蔓长春花的组织培养与快速繁殖体系的建立 [J]. 贵州农业科学，40(7): 48-50.

杜鹃，2022. 花叶蔓长春花的栽培技术及在园林设计中的应用 [J]. 河南农业 (35): 19-21.

（刘青林　汇编）

宿根花卉重要性状一览表

序号	属（种）学名	属（种）中名	科名	类别	株高	株型	光照	观赏期				花色								
								春	夏	秋	冬	白	粉	红	紫	蓝	绿	黄	橙	其他
1	***Abelmoschus***	秋葵属	锦葵科		大															
2	***Acanthus***	老鼠簕属	爵床科	半常绿	中	直	向阳		夏			白			紫					
3	***Achillea***	蓍属	菊科		中、小	直	向阳		夏			白						黄		
4	*Achimenes*	长筒花属	苦苣苔科		小	直、蔓	向阳但不耐直射		夏				粉	红	紫				橙	
5	*Aciphylla*	针叶芹属	伞形科	常绿	中	莲、丛	向阳	春	夏									黄		
6	***Aconitum***	乌头属	毛茛科		中	直	向阳、半阴		夏						紫			黄		
7	***Actaea***	类叶升麻属	毛茛科		中	丛	全阴		夏			白								
8	*Ada*	爱达兰属	兰科	常绿	小		遮阴	春											橙	
9	***Adenophora***	沙参属	桔梗科		中															
10	***Adiamtvem***	铁线蕨属	凤尾蕨科	蕨类																
11	*Adonis*	侧金盏花属	毛茛科		小	丛	半阴	春				白						黄		
12	*Aechmea*	尖萼凤梨属	凤梨科		中	莲	向阳、半阴	春	夏	秋				红	紫	蓝		黄		
13	*Aegopodium*	羊角芹属	伞形科		小	蔓	耐阴		夏			白								
14	*Aeschynanthus*	芒毛苣苔（口红花）属	苦苣苔科	常绿	小	蔓	半阴		夏											橙红
15	*Agapanthus*	百子莲属	百子莲科		中	丛	向阳		夏							蓝				
16	***Agastache***	藿香属	唇形科		中															
17	***Agave***	龙舌兰属	天门冬科	多肉																
18	*Aglaonema*	广东万年青（亮丝草）属	天南星科	常绿	小	丛	半阴	春	夏	秋	冬	白					绿			
19	***Agrimonia***	龙牙草属	蔷薇科		中															
20	***Ajania***	亚菊属	菊科		中															
21	***Ajuga***	筋骨草属	唇形科		中															
22	***Alcea***	蜀葵属	锦葵科		大															
23	***Alchemilla***	羽衣草属	蔷薇科		小	丛	向阳、半阴		夏								绿	黄		
24	*Aliceara*	文堇兰属	兰科	常绿	小		半阴	不定						红	紫		绿	黄		
25	***Alisma***	泽泻属	泽泻科	水生																

续表

序号	属（种）学名	属（种）中名	科名	类别	株高	株型	光照	观赏期				花色								
								春	夏	秋	冬	白	粉	红	紫	蓝	绿	黄	橙	其他
26	*Alocasia*	海芋属	天南星科	常绿	中	丛	半阴	春	夏	秋	冬				紫		绿	黄		
27	***Aloe***	芦荟属	阿福花科	多肉																
28	*Alpinia*	山姜属	姜科	常绿	大	丛			夏			白								
29	***Alyssum***	庭芥属	十字花科		小															
30	***Amsonia***	水甘草属	夹竹桃科		中、小	丛	向阳		夏							蓝				
31	*Ananas*	凤梨属	凤梨科	常绿	中	莲	半阴	春	夏	秋	冬				紫	蓝				
32	*Anaphalis*	香青属	菊科		中、小	丛	向阳		夏			白								
33	*Anchusa*	牛舌草属	紫草科		中	直、丛	向阳		夏						紫	蓝				
34	***Anemone***	银莲花属	毛茛科		大、中、小	直、丛	半阴	春	夏	秋		白	粉		紫			黄		
35	*Anemonopsis*	假银莲属	毛茛科		中、小	丛	半阴		夏						紫	蓝				
36	*Angelica*	当归属	伞形科		大	直	向阳		夏			白					绿			
37	*Angraecum*	武夷兰属	兰科	常绿	小		半阴		夏			白						黄		
38	*Anigozanthos*	袋鼠爪属	血皮草科		小、中	灌、丛	向阳	春	夏					红			绿	黄		
39	***Anthemis***	春黄菊属	菊科		中、小	丛	向阳		夏			白						黄	橙	
40	*Anthericum*	圆果吊兰属	天门冬科		小	直	向阳		夏			白								
41	***Anthurium***	花烛属	天南星科	常绿	中	直、攀、蔓	向阳忌直射	春	夏	秋	冬			红			绿	黄		
42	*Aphelandra*	单药花属	爵床科	常绿	中	直	向阳		夏									黄		
43	***Apocynum***	罗布麻属	夹竹桃科		大															
44	***Aquilegia***	耧斗菜属	毛茛科		中	丛	向阳	春	夏					红			绿			
45	***Argyranthemum***	木茼蒿属	菊科	常绿	中	灌	向阳		夏			白	粉	红				黄		
46	***Armeria***	海石竹属	白花丹科		小															
47	***Artemisia***	蒿属	菊科	常绿、半常绿	大、中	直		春	夏	秋	冬	白								
48	***Aruncus***	假升麻属	蔷薇科		大、中	冠圆丘状			夏			白								
49	***Asarum***	细辛属	马兜铃科	常绿																
50	***Asclepias***	马利筋属	夹竹桃科	常绿																
51	***Asparagus***	天门冬属	天门冬科	常绿	中、小	直、蔓		春	夏	秋	冬	白	粉							
52	***Asphodeline***	日光兰属	阿福花科		中	丛	向阳	春										黄		
53	***Asphodelus***	阿福花属	阿福花科		中	直	向阳	春	夏			白								
54	*Aspidistra*	蜘蛛抱蛋属	天门冬科	常绿	中		耐阴	春	夏	秋	冬	白								

续表

序号	属（种）学名	属（种）中名	科名	类别	株高	株型	光照	观赏期				花色								
								春	夏	秋	冬	白	粉	红	紫	蓝	绿	黄	橙	其他
55	***Asplenium***	铁角蕨属	铁角蕨科	蕨类																
56	***Aster***	紫菀属	菊科	落叶、常绿	中、小	丛	向阳、半阴		夏	秋		白	粉	红	紫			黄		
57	***Astilbe***	落新妇属	虎耳草科		小、中	丛	半阴		夏			白	粉	红						
58	***Aubrieta***	南庭荠属	十字花科		小															
59	***Aurinia***	金庭荠属	十字花科		小															
60	***Baptisia***	赝靛属	豆科		中	直	向阳									蓝				
61	*Barbarea*	山芥属	十字花科		小	莲	向阳		夏									黄		
62	*Begonia*	秋海棠属	秋海棠科	部分常绿	大、中、小	直、藤本状、匍、丛、灌	向阳、半阴	春	夏	秋	冬	白	粉	红			绿	黄	橙	
63	***Belamcanda***	射干属	鸢尾科		中															
64	***Bergenia***	岩白菜属	虎耳草科	常绿	小	丛	耐阴	春				白	粉	红						
65	*Berkheya*	贝克菊属	菊科		中	直	向阳		夏									黄		
66	***Betonica***	药水苏属	唇形科		中															
67	*Billbergia*	水塔花属	凤梨科	常绿	中	丛	半阴	春	夏	秋	冬						绿			
68	***Bletilla***	白及属	兰科	落叶	中		遮阴	春	夏			白		红						
69	***Boea***	旋蒴苣苔属	苦苣苔科	常绿																
70	***Brachyscome***	鹅河菊属	菊科		小															
71	*Brassavola*	修胫兰属	兰科	常绿	小		向阳	春	夏				粉		紫		绿	黄		
72	*Brassocattleya*	长萼卡特兰属	兰科	常绿	小		向阳	陆续开花					粉		紫					
73	*Bromelia*	红心凤梨属	凤梨科	常绿	中	莲		春	夏	秋	冬			红	紫					
74	***Bromeliaceae***	观赏凤梨	凤梨科	常绿																
75	*Browallia*	歪头花属	茄科		中	丛		春	夏	秋	冬				紫	蓝				
76	*Brunnera*	蓝珠草属	紫草科		小	地被	半阴	春								蓝				
77	*Bulbophyllum*	石豆兰属	兰科	常绿	小		半阴	春												褐
78	***Buphthalmum***	牛眼菊属	菊科		中	蔓	向阳		夏									黄		
79	*Caladium*	花叶芋属	天南星科		中	丛	半阴	春	夏	秋	冬	白								
80	*Calanthe*	虾脊兰属	兰科	落叶	中		半阴				冬	白								
81	*Calathea*	肖竹芋属	竹芋科	常绿	大、中	丛	半阴	春	夏	秋	冬	白			紫					
82	*Calceolaria*	荷包花属	苦苣苔科	常绿	小	丛	向阳	春	夏									黄		
83	***Callirhoe***	罂粟葵属	锦葵科		小															

续表

序号	属（种）学名	属（种）中名	科名	类别	株高	株型	光照	观赏期				花色								
								春	夏	秋	冬	白	粉	红	紫	蓝	绿	黄	橙	其他
84	*Caltha*	驴蹄草属	毛茛科	水生																
85	*Calypso*	布袋兰属	兰科	落叶	小		半阴	春	夏				粉		紫					
86	***Campanula***	风铃草属	桔梗科	常绿	大、中、小	直、丛、莲	向阳		夏	秋		白	粉		紫	蓝				
87	*Cardamine*	碎米荠属	十字花科		小	丛、直		春				白			紫			黄		
88	***Catananche***	蓝苣属	菊科		中、小	丛	向阳		夏						紫					
89	***Catharanthus***	长春花属	夹竹桃科	常绿																
90	*Cattleya*	卡特兰属	兰科	常绿	小		半阴		夏	秋				红	紫					
91	*Cautleya*	距药姜属	姜科		中	直	向阳		夏	秋								黄	橙	
92	*Centaurea*	疆矢车菊属	菊科		中、小	直	向阳		夏				粉	红						
93	***Centaurea***	矢车菊属	菊科		小	蔓	向阳		夏			白	粉		紫	蓝				
94	***Centranthus***	距缬草属	忍冬科		中		向阳	春	夏	秋		白		红						
95	***Cerinthe***	蜜蜡花属	紫草科		中															
96	***Chamaemelum***	果香菊属	菊科		小															
97	***Chelidonium***	白屈菜属	罂粟科		中	直	向阳		夏									黄		
98	*Chelone*	龟头花属	玄参科		中	直	半阴		夏	秋			粉							
99	*Chirita*	唇柱苣苔属	苦苣苔科	常绿	中	直	半阴	春	夏	秋					紫	蓝				
100	***Chloranthus***	金粟兰属	金粟兰科	常绿																
101	***Chlorophytum***	吊兰属	天门冬科	常绿	小	丛，莲	半阴	春	夏	秋	冬	白								
102	***Chrysanthemum***	菊属	菊科	常绿、半常绿	中	灌、莲	向阳		夏	秋			粉							
103	*Cichorium*	菊苣属	菊科		中	丛	向阳		夏							蓝				
104	*Cimicifuga*	升麻属	毛茛科		大	直	半阴			秋		白								
105	***Clematis***	铁线莲属	毛茛科			藤														
106	*Coelogyne*	贝母兰属	兰科	常绿	小		向阳、半阴	春	夏		冬	白						黄	橙	
107	*Columnea*	金鱼花属	苦苣苔科	常绿	中	蔓、灌	半阴	春	夏	秋	冬			红				黄		
108	*Convallaria*	铃兰属	天门冬科	常绿	小		半阴	春				白								
109	***Coreopsis***	金鸡菊属	菊科		中、小	丛	向阳		夏									黄		
110	***Coronilla***	小冠花属	豆科		中															
111	***Corydalis***	紫堇属	罂粟科		小															
112	*Cosmos*	秋英属	菊科		小、中	直	向阳		夏	秋		白	粉	红						
113	***Crambe***	两节荠属	十字花科		大、小				夏			白								

续表

序号	属（种）学名	属（种）中名	科名	类别	株高	株型	光照	观赏期				花色								
								春	夏	秋	冬	白	粉	红	紫	蓝	绿	黄	橙	其他
114	***Crossostephium***	芙蓉菊属	菊科	常绿																
115	*Cryptanthus*	姬凤梨属	凤梨科	常绿	中	丛	半阴	春	夏	秋	冬	白								
116	***Cryptotaenia***	鸭儿芹属	伞形科		中															
117	*Ctenanthe*	栉花芋属	竹芋科	常绿	中	丛	半阴	春	夏	秋	冬	白								
118	***Cuphea***	萼距花 属	千屈菜科	常绿																
119	***Cymbidium***	兰属	兰科	常绿	中		半阴	春	夏	秋	冬	白		红			绿	黄		
120	***Cynara***	菜蓟属	菊科		大	丛	向阳		夏						紫					
121	*Darmera*	雨伞草属	虎耳草科		中		向阳	春				白	粉							
122	***Davallia***	骨碎补属	水龙骨科	蕨类																
123	***Delphinium***	翠雀属	毛茛科		大	直						白	粉		紫	蓝		黄		
124	*Dendrobium*	石斛属	兰科	落叶、常绿	中、小		半阴	春				白	粉					黄		栗
125	***Dianella***	山菅兰属	阿福花科	常绿	中	直	向阳		夏							蓝				
126	*Dianthus*	石竹属	石竹科	常绿、半常绿	小	丛	向阳		夏			白	粉	红	紫			黄	橙	
127	***Dianthus caryophyllus***	香石竹	石竹科	常绿																
128	*Diascia*	双距花属	玄参科	部分半常绿	小	丛	向阳						粉						橙	
129	*Dicentra*	马裤花属	罂粟科		中、小	丛	半阴	春	夏			白	粉	红						
130	***Dichondra***	马蹄金属	旋花科	常绿																
131	*Dichorisandra*	鸳鸯草属	鸭跖草科	常绿	中	直、丛	半阴		夏	秋					紫					
132	***Dictamnus***	白鲜属	芸香科		中	直	向阳		夏			白	粉	红	紫					
133	*Dieffenbachia*	黛粉芋属	天南星科	常绿	小	丛	半阴	春									绿			
134	***Digitalis***	毛地黄属	车前科		中	莲	半阴		夏			白							橙	
135	***Dimorphotheca***	异果菊属	菊科	常绿																
136	*Diplarrhena*	澳菖蒲属	鸢尾科		小	丛			夏			白								
137	*Doronicum*	多榔菊属	菊科		中	丛	半阴	春										黄		
138	*Doryanthes*	矛花属	矛花科	常绿	大	莲	向阳							红						
139	***Duchesnea***	蛇莓属	蔷薇科		小															
140	*Dyckia*	剑山属	凤梨科	常绿	中	莲	向阳	春	夏	秋	冬								橙	
141	***Echinacea***	松果菊属	菊科		中	直	向阳		夏				粉	红						
142	***Echinodorus***	肋果慈姑属	泽泻科	水生																
143	***Echinops***	蓝刺头属	菊科		大、中	丛、直	向阳	春	夏			白			紫	蓝				
144	***Eichhornia***	凤眼莲属	雨久花科	水生																
145	***Elatostema***	楼梯草属	荨麻科	常绿																

续表

序号	属（种）学名	属（种）中名	科名	类别	株高	株型	光照	观赏期				花色								
								春	夏	秋	冬	白	粉	红	紫	蓝	绿	黄	橙	其他
146	*Ensete*	象腿蕉属	芭蕉科	常绿	大		向阳							红			绿			
147	***Eomecon***	血水草属	罂粟科		小															
148	*Epidendrum*	树兰属属	兰科	常绿	大、中、小		半阴			秋				红			绿			
149	***Epilobium***	柳叶菜属	柳叶菜科	落叶	大	直			夏			白	粉	红						
150	***Epimedium***	淫羊藿属	小檗科	常绿、半常绿	小	丛	半阴	春				白		红	紫			黄	橙	
151	***Epipremnum***	麒麟叶属	天南星科	常绿																
152	*Episcia*	喜荫花属	苦苣苔科	常绿	小	爬、匍	半阴	春	夏	秋	冬	白		红						
153	*Eremurus*	独尾草属	阿福花科		大	直			夏			白	粉						橙	
154	***Erigeron***	飞蓬属	菊科		小	丛			夏				粉		紫			黄	橙	
155	*Eriophyllumlanatum*	棉叶菊属	菊科		小	矮垫状	向阳		夏									黄		
156	*Erodium*	牻牛儿苗属	牻牛儿苗科		小	垫、蔓	向阳		夏			白	粉							
157	***Eryngium***	刺芹属	伞形科	常绿	大、中	枝拱形、莲、丛、直			夏						紫	蓝	绿			
158	***Erythranthe***	沟酸浆属	透骨草科		中															
159	***Eupatorium***	泽兰属	菊科		大、中	直	半阴		夏	秋		白	粉	红	紫					
160	***Euphorbia***	大戟属	大戟科	半常绿、常绿	中、小	直、灌	半阴		夏	秋				红	紫		绿	黄		
161	***Euryops***	黄蓉菊属	菊科	常绿																
162	***Fagopyrum***	荞麦属	蓼科		中															
163	***Farfugium***	大吴风草属	菊科	常绿																
164	*Ferula*	阿魏属	伞形科		大	直	向阳	春	夏								绿			
165	***Filipendula***	蚊子草属	蔷薇科		大	直	半阴	春	夏				粉	红	紫					
166	***Fittonia***	网纹草属	爵床科	常绿	小	匍	半阴	春	夏	秋	冬									
167	***Fragaria***	草莓属	蔷薇科	常绿																
168	***Gaillardia***	天人菊属	菊科		中	直	向阳		夏					红				黄		
169	*Galega*	山羊豆属	豆科		大、中	直	向阳		夏				粉		紫	蓝				
170	*Galium*	猪殃殃属	茜草科		小	铺	半阴		夏			白								
171	***Gaura***	山桃草属	柳叶菜科		中															
172	***Gazania***	勋章菊属	菊科		小	铺	向阳		夏									黄	橙	
173	***Gentiana***	龙胆属	龙胆科	常绿、半常绿	中、小	直、丛	向阳、半阴		夏	秋						蓝		黄		
174	***Geranium***	老鹳草属	牻牛儿苗科	半常绿	中、小	丛、直、蔓	向阳、半阴	春	夏	秋		白	粉	红	紫	蓝	绿			
175	***Gerbera***	非洲菊属	菊科	常绿	中	丛、莲	向阳	春	夏	秋	冬									
176	***Geum***	路边青属	蔷薇科		中、小	丛	向阳		夏									黄	橙	

续表

序号	属（种）学名	属（种）中名	科名	类别	株高	株型	光照	观赏期				花色								
								春	夏	秋	冬	白	粉	红	紫	蓝	绿	黄	橙	其他
177	*Gillenia*	星草梅属	蔷薇科		中	直	向阳		夏			白		红						
178	*Glaucidium*	白根葵属	毛茛科		小		半阴	春							紫					
179	***Glechoma***	活血丹属	唇形科	常绿	小	铺	向阳	春	夏	秋	冬									
180	*Globba*	舞花姜属	姜科	常绿	小	丛	半阴	春										黄		
181	*Glycyrrhiza*	甘草属	豆科		中	直	向阳		夏			白			紫					
182	*Gomesa*	宫美兰属	兰科	常绿	小		半阴			秋							绿			
183	*Gomphocarpus*	钉头果属	萝藦科		大	直、灌	向阳		夏			白								
184	*Gongora*	爪唇兰属	兰科	常绿	小		半阴		夏									黄	橙	棕褐
185	*Gunnera*	大叶草属	大叶草科		大		向阳		夏								绿			
186	*Guzmania*	果子蔓属	凤梨科	常绿	中	莲	半阴	春	夏	秋	冬	白						黄		
187	*Gypsophila*	石头花属	石竹科		中		向阳		夏			白								
188	*Hedychium*	姜花属	姜科		大	直	向阳		夏	秋				红				黄		
189	*Hedysarum*	岩黄芪属	豆科		中		向阳		夏					红						
190	***Helenium***	堆心菊属	菊科		中	直	向阳		夏	秋				红				黄		
191	*Helianthus*	向日葵属	菊科		大	直	向阳		夏	秋								黄	橙	
192	*Helichrysum*	蜡菊属	菊科		中、小	丛	向阳		夏									黄		
193	*Heliconia*	蝎尾蕉属	芭蕉科		大	丛	向阳		夏								绿		橙	
194	***Heliopsis***	赛菊芋属	菊科		大、中	直	向阳		夏									黄	橙	
195	***Helleborus***	铁筷子属	毛茛科	半常绿、常绿	小	丛	半阴	春			季	白	粉		紫					
196	*Heloniopsis*	胡麻花属	藜芦科		小	莲	半阴	春					粉							
197	***Hemerocallis***	萱草属	阿福花科		大、中、小		向阳					白	粉	红	紫			黄	橙	
198	***Hemiboea***	半蒴苣苔属	苦苣苔科		小															
199	*Hemigraphisrepanda*	半柱花属	爵床科	常绿	小		半阴	春	夏	秋	冬	白								
200	***Hepatica***	獐耳细辛属	毛茛科		小															
201	***Hesperis***	香花芥属	十字花科		中	直	向阳		夏			白				紫				
202	*Heterocentron*	四瓣果属	野牡丹科	常绿		铺	向阳		夏	秋					紫					
203	***Heuchera***	矾根属	虎耳草科	常绿	小	丛	半阴		夏			白	粉	红						
204	*Heucherella*	肾形唢呐草属	虎耳草科	常绿	小	丛	半阴		夏				粉							
205	***Hibiscus***	木槿属	锦葵科		大															
206	*Hieraciumlanatum*	山柳菊属	菊科		小	丛	向阳		夏									黄		
207	***Hosta***	玉簪属	天门冬科		大、中、小	丛	全阴、半阴、向阳		夏	秋		白			紫红	紫蓝				
208	***Houttuynia***	蕺菜属	三白草科		小															
209	***Hydrocleys***	水金英属	泽泻科	水生																
210	***Hydrocotyle***	天胡荽属	伞形科		小															

续表

序号	属（种）学名	属（种）中名	科名	类别	株高	株型	光照	观赏期				花色								
								春	夏	秋	冬	白	粉	红	紫	蓝	绿	黄	橙	其他
211	***Hylomecon***	荷青花属	罂粟科		小															
212	***Hylotelephium***	八宝属	景天科		小															
213	***Hypoestes***	枪刀药属	爵床科	常绿	中	丛	向阳	春	夏	秋	冬		粉		紫					
214	***Hyssopus***	神香草属	唇形科		中															
215	***Iberis***	屈曲花属	十字花科		小															
216	*Impatiens*	凤仙花属	凤仙花科		小	匍	向阳		夏									黄		
217	***Incarvillea***	角蒿属	紫葳科		小	丛	向阳		夏				粉							
218	***Inula***	旋覆花属	菊科		中	直、丛	向阳		夏	秋								黄		
219	***Ipomoea***	番薯属	旋花科			藤														
220	***Iris***	鸢尾属	鸢尾科									白	粉	红	紫	蓝	绿	黄	橙	
221	***Jacobaea***	疆千里光属	菊科		小															
222	*Kaempferia*	山柰属	姜科		小	丛	半阴		夏						紫					
223	***Kalanchoe***	伽蓝菜属	景天科		小															
224	***Kalimeris***	马兰属	菊科		小															
225	*Kirengeshoma*	黄山梅属	绣球科		中	直	半阴		夏	秋								黄		
226	***Knautia***	孀草属	忍冬科		中	直	向阳		夏					红	紫					
227	***Kniphofia***	火把莲属	阿福花科	常绿	中	直	向阳		夏	秋				红			绿	黄	橙	
228	*Kohleria*	艳斑岩桐属	苦苣苔科		中	直	半阴		夏			白	粉	红						
229	*Laelia*	蕾丽兰属	兰科	常绿	小		半阴、向阳			秋	冬								橙	粉紫红
230	***Lamium***	野芝麻属	唇形科	半常绿	小	铺	全阴	春				白	粉		紫					
231	***Lamprocapnos***	荷包牡丹属	罂粟科		中															
232	*Lathraea*	齿鳞草属	列当科		小	蔓	半阴	春							紫					
233	*Lathyrus*	山黧豆属	豆科		小		向阳	春	夏			白	粉		紫	蓝				
234	***Lavandula***	薰衣草属	唇形科		中															
235	*Lavatera*	花葵属	锦葵科		大	灌			夏			白	粉							
236	*Lemboglossum*	舟舌兰属	兰科	常绿	小		喜阴	春	夏	秋	冬	白	粉				绿	黄		
237	***Leonotis***	狮耳花属	唇形科		大															
238	***Leonurus***	益母草属	唇形科		中															
239	***Leucanthemum***	滨菊属	菊科		中、小		向阳		夏			白	粉							
240	***Lewisia***	露薇花属	水卷耳科		小															
241	*Liatris*	蛇鞭菊属	菊科		小	丛	向阳		夏				粉		紫					
242	*Libertia*	丽白花属	鸢尾科		中	丛	向阳		夏			白								
243	***Ligularia***	橐吾属	菊科		大	直、丛	向阳		夏									黄		
244	***Limonium***	补血草属	白花丹科		小	丛	向阳		夏末						紫					
245	***Linaria***	柳穿鱼属	车前科		中	直	向阳		夏				粉	红	紫			黄	橙	
246	***Linum***	亚麻属	亚麻科		中、小	丛	向阳	春	夏							蓝				
247	***Liriope***	山麦冬属	天门冬科	常绿	小	蔓	向阳								紫					

续表

序号	属（种）学名	属（种）中名	科名	类别	株高	株型	光照	观赏期				花色								
								春	夏	秋	冬	白	粉	红	紫	蓝	绿	黄	橙	其他
248	***Lithospermum***	紫草属	紫草科		小															
249	*Lnula*	杓兰属	百合科		大	直丛	向阳		夏									黄		
250	***Lobelia***	半边莲属	桔梗科	落叶、常绿	小、中	丛	向阳		夏					红						
251	***Lotus***	百脉根属	豆科	半常绿	小	蔓	向阳		夏					红						
252	***Lupinus***	羽扇豆属	豆科		中	丛	向阳		夏			白	粉	红						
253	*Lycaste*	薄叶兰属	兰科	落叶	小		半阴	春									绿	黄		
254	***Lychnis***	剪秋罗属	石竹科		小、中	丛	向阳		夏				粉	红						
255	***Lysimachia***	珍珠菜属	报春花科		中	丛	向阳		夏			白						黄		
256	***Lythrum***	千屈菜属	千屈菜科		中	丛	向阳		夏					红						
257	***Macleaya***	博落回属	罂粟科		大	丛			夏			白	粉					黄		
258	***Maianthemum***	舞鹤草属	天门冬科		中															
259	***Malva***	锦葵属	锦葵科		中	灌	向阳		夏				粉	红						
260	*Masdevallia*	尾萼兰属	兰科	常绿	小		遮阴		夏	秋		白		红				黄		
261	***Matteuccia***	荚果蕨属	铁角蕨科	蕨类																
262	*Meconopsis*	绿绒蒿属	罂粟科		大、中、小	直	耐阴	春	夏						紫	蓝		黄	橙	
263	***Medicago***	苜蓿属	豆科		中															
264	***Melissa***	蜜蜂花属	唇形科		小															
265	*Melittis*	异香草属	唇形科		小	直	全阴		夏			白			紫					
266	*Mentha*	薄荷属	唇形科	半常绿	小	垫、蔓	向阳		夏			白			紫					
267	*Mertensia*	滨紫草属	紫草科		小		向阳	春								蓝				
268	*Miltonia*	密尔顿兰属	兰科	常绿	小		半阴		夏	秋								黄		褐
269	*Miltoniopsis*	美堇兰属	兰科	常绿	小		遮阴		夏			白		红						
270	*Mirabilis*	紫茉莉属	紫茉莉科		中	灌	向阳		夏			白	粉	红				黄		
271	*Mithiantha*	绒桐草属	苦苣苔科		中	直	半阴							红						
272	***Monarda***	美国薄荷属	唇形科		中	丛	向阳		夏				粉	红	紫					
273	***Monochoria***	雨久花属	雨久花科	水生																
274	***Morina***	刺参属	忍冬科	常绿	中	丛莲	向阳		夏			白		红						
275	***Musa***	芭蕉属	芭蕉科	常绿	大	直	向阳		夏				粉							
276	***Musella***	地涌金莲属	芭蕉科	常绿																
277	*Myosotidium*	勿忘草属	紫草科	常绿	中、小	丛	半阴		夏							蓝				
278	*Myrrhis*	茉莉芹属	伞形科		中		向阳		夏			白								
279	***Nanocnide***	花点草属	荨麻科	常绿																
280	***Nelumbo***	莲属	莲科	水生																
281	***Neomarica***	巴西鸢尾属	鸢尾科		小															
282	*Neoregelia*	彩叶凤梨属	凤梨科	常绿	中	附生	半阴	春	夏	秋	冬				紫	蓝				
283	*Nepenthes*	猪笼草属	猪笼草科	常绿	中	附生	半阴	春	夏	秋	冬						绿			

续表

序号	属（种）学名	属（种）中名	科名	类别	株高	株型	光照	观赏期				花色								
								春	夏	秋	冬	白	粉	红	紫	蓝	绿	黄	橙	其他
284	***Nepeta***	荆芥属	唇形科		中	直	半阴		夏						紫	蓝				
285	***Nephrolepis***	肾蕨属	水龙骨科	蕨类																
286	*Nicotiana*	烟草属	茄科	半常绿	大、中	丛	向阳		夏			白		红	紫			黄		
287	***Nuphar***	萍蓬草属	睡莲科	水生																
288	***Nymphaea***	睡莲属	睡莲科	水生																
289	***Nymphoides***	荇菜属	睡莲科	水生																
290	***Ocimum***	罗勒属	唇形科		小															
291	*Odontioda*	瘤唇兰属	兰科	常绿	小		遮阴	不定						红				黄	橙	
292	*Odontocidium*	齿文兰属	兰科	常绿	小		遮阴	不定						红				黄		
293	*Odontoglossum*	齿舌兰属	兰科	常绿	小		遮阴	不定		秋	冬	白		红				黄		
294	***Oenanthe***	水芹属	伞形科	水生																
295	***Oenothera***	月见草属	柳叶菜科		小	丛	向阳		夏									黄		
296	*Oncidium*	文心兰属	兰科	常绿	小		半阴			秋				红	紫			黄		褐
297	***Ophiopogon***	沿阶草属	天门冬科	常绿																
298	*Ophrys*	眉兰属	兰科	落叶	小		半阴	春	夏			白	粉			蓝	绿	黄		棕
299	*Oplismenus*	求米草属	禾本科	常绿	小	匍	半阴	春	夏	秋	冬	白								
300	*Orchis*	红门兰属	兰科	落叶	小		向阳、半阴	春				白		红	紫					
301	***Origanum***	牛至属	唇形科		小	铺	向阳		夏									叶		
302	***Orthosiphon***	鸡脚参属	唇形科		大															
303	*Osteospermum*	骨籽菊属	菊科	常绿	小	直、丛	向阳		夏			白	粉							
304	*Pachyphragma*	厚隔芥属	十字花科		小	莲	半阴	春				白								
305	***Paeonia***	芍药属	芍药科									白	粉	红				黄	橙	
306	***Panax***	人参属	五加科		小															
307	*Papaver*	罂粟属	罂粟科		中		向阳		夏			白		红						
308	*Paphiopedilum*	兜兰属	兰科	常绿	小		遮阴	春	夏	秋	冬	白	粉	红			绿		橙	
309	*Parahebeperfo*	拟长阶花属	玄参科	常绿	中、小		向阳		夏							蓝				
310	***Paris***	重楼属	黑药花科		中															
311	***Pelargonium***	天竺葵属	牻牛儿苗科	常绿	中小		向阳					白	粉		紫			黄	橙	
312	***Penstemon***	钓钟柳属	车前科	常绿、半常绿	中	直、莲、匍	向阳		夏	秋		白	粉	红	紫	蓝				
313	***Pentanema***	苇谷草属	菊科		小															
314	***Pentas***	五星花属	茜草科	常绿																
315	*Peperomia*	草胡椒属	胡椒科	常绿	小	丛	半阴	春	夏	秋	冬	白								
316	***Peristrophe***	观音草属	爵床科	常绿	小		半阴	春					粉	红						
317	***Perovskia***	分药花属	唇形科		中															

续表

序号	属（种）学名	属（种）中名	科名	类别	株高	株型	光照	观赏期				花色								
								春	夏	秋	冬	白	粉	红	紫	蓝	绿	黄	橙	其他
318	*Persicaria*	蓼属	蓼科	半常绿、落叶	中、小	丛、冠圆丘状	向阳、半阴、全阴		夏	秋		白	粉	红						
319	*Petasites*	蜂斗叶属	菊科		小	蔓	向阳、耐阴	春				白						黄		
320	*Phaius*	鹤顶兰属	兰科	半常绿	中		遮阴	春					粉							
321	*Phalaenopsis*	蝴蝶兰属	兰科	常绿	小		遮阴、喜阴	春	夏	秋	冬	白	粉				绿	黄		
322	***Philodendron***	喜林芋属	天南星科	常绿																
323	***Phlomoides***	糙苏属	唇形科	常绿	中	直	向阳		夏									黄		
324	*Phlox*	福禄考属	花荵科				向阳、半阴		夏			白	粉	红	紫					
325	*Phormium*	麻兰属	阿福花科	常绿	大、中	直、丛	向阳	春	夏	夏	冬			红						
326	***Phuopsis***	长柱花属	茜草科		小															
327	***Physostegia***	假龙头花属	唇形科		中、小	直	向阳		夏				粉	红						
328	***Phytolacca***	商陆属	商陆科		大															
329	*Pilea*	冷水花属	荨麻科	常绿	小	灌	半阴	春	夏	秋	冬	白								
330	***Pilosella***	细毛菊属	菊科		小															
331	***Pimpinella***	茴芹属	伞形科		中															
332	***Plantago***	车前属	车前科		小															
333	***Platycodon***	桔梗属	桔梗科		中、小	丛	向阳								紫					
334	***Plectranthus***	延命草属	唇形科	常绿	中	蔓、灌	半阴、向阳	春	夏	秋	冬	白			紫		绿			
335	***Pleione***	独蒜兰属	兰科	落叶	小		半阴	春		秋	冬	白	粉		紫					
336	***Plumbago***	白花丹属	白花丹科	常绿																
337	*Podophyllum*	八角莲属	小檗科		小		半阴	春				白								
338	*Polemonium*	花荵属	花荵科		中、小	丛	向阳		夏				粉		紫					
339	***Pollia***	杜若属	鸭跖草科		小															
340	***Polygala***	远志属	远志科		小															
341	*Polygonatum*	黄精属	天门冬科		中		阴	春				白					绿			
342	***Polystichum***	耳蕨属	水龙骨科	蕨类																
343	***Pontederia***	梭鱼草属	雨久花科	水生																
344	***Potamogeton***	眼子菜属	眼子菜科	水生																
345	***Potentilla***	委陵菜属	蔷薇科		中、小	丛	向阳		夏					红				黄		
346	*Potinara*	春黄兰属	兰科	常绿	小		向阳	春										黄		

续表

序号	属（种）学名	属（种）中名	科名	类别	株高	株型	光照	观赏期				花色								
								春	夏	秋	冬	白	粉	红	紫	蓝	绿	黄	橙	其他
347	**Primula**	报春花属	报春花科	部分常绿、半常绿	小	莲	向阳	春	夏			白	粉	红	紫	蓝		黄	橙	
348	**Prunella**	夏枯草属	唇形科		小															
349	**Psephellus**	绒矢车菊属	菊科		小															
350	*Psychopsis*	拟蝶唇兰属	兰科	常绿	小		向阳											黄		棕
351	**Pteris**	凤尾蕨属	凤尾蕨科	蕨类																
352	**Pulmonaria**	肺草属	紫草科	落叶、半常绿	小	簇生	喜阴	春				白		红	紫	蓝				
353	**Pulsatilla**	白头翁属	毛茛科		小															
354	*Puya*	火星草属	凤梨科	常绿	中	丛	向阳	春	夏	秋	冬				紫	蓝	绿	黄		
355	**Pycnanthemum**	密花薄荷属	唇形科		中															
356	*Pycnostachys*	密穗花属	唇形科		大	丛	向阳	春			冬					蓝				
357	*Ranunculus*	毛茛属	毛茛科		中	丛	向阳	春	夏			白								
358	**Ratibida**	草光菊属	菊科		中															
359	**Rehmannia**	地黄属	列当科		中	蔓	向阳		夏						紫					
360	**Reineckea**	吉祥草属	天门冬科	常绿																
361	*Rheum*	大黄属	蓼科		大	丛	向阳处		夏			白		红						
362	*Rhodiola*	红景天属	景天科		小	丛	向阳	春	夏									黄		
363	**Rodgersia**	鬼灯檠属	虎耳草科		中	丛	向阳		夏			白								
364	**Rohdea**	万年青属	天门冬科	常绿																
365	*Romneya*	裂叶罂粟属	罂粟科	落叶	大	丛			夏			白								
366	*Rossioglossum*	罗斯兰属	兰科	常绿	小		遮阴			秋								黄		栗色
367	*Rudbeckia*	金光菊属	菊科		大、中	直	向阳		夏	秋								黄		
368	**Ruellia**	芦莉草属	爵床科	常绿	中、小	丛	半阴		夏			白		红						
369	*Russelia*	炮仗竹属	玄参科	常绿	中、大	丛	向阳		夏	秋				红						
370	**Ruta**	芸香属	芸香科		小															
371	**Sagittaria**	慈姑属	泽泻科	水生																
372	*Saintpaulia*	非洲堇属	苦苣苔科	常绿	小	莲	半阴					白	粉	红	紫	蓝				
373	**Salvia**	鼠尾草属	唇形科		大	丛	向阳	春	夏	秋			粉	红	紫					
374	**Sambucus**	接骨木属	忍冬科		大															
375	**Sanguisorba**	地榆属	蔷薇科		大	丛			夏					红						
376	*Sansevieria*	虎尾兰属	天门冬科	常绿	小	莲		春				白	粉				绿			
377	**Saponaria**	肥皂草属	石竹科		小															
378	*Sarraceniaflava*	瓶子草属	瓶子草科		小	直	向阳	春	夏								绿	黄		
379	**Saruma**	马蹄香属	马兜铃科		中															
380	**Saxifraga**	虎耳草属	虎耳草科		小															

续表

序号	属（种）学名	属（种）中名	科名	类别	株高	株型	光照	观赏期				花色								
								春	夏	秋	冬	白	粉	红	紫	蓝	绿	黄	橙	其他
381	**Scabiosa**	蓝盆花属	忍冬科		中、小	丛	向阳		夏						紫					
382	*Schizostylis*	裂柱莲属	鸢尾科		中	丛	向阳			秋				红						
383	*Scopolia*	欧莨菪属	茄科		小	丛	喜阴	春							紫					
384	**Scutellaria**	黄芩属	唇形科		小															
385	**Sedum**	景天属	景天科		小	直、丛	向阳		夏					红				黄		
386	**Senecio**	千里光属	菊科		中、小		向阳		夏	秋				红						
387	**Sidalcea**	棯葵属	锦葵科		中	直	向阳		夏				粉	红						
388	**Silene**	蝇子草属	石竹科		小															
389	**Silphium**	松香草属	菊科		大															
390	*Sinningia*	大岩桐属	苦苣苔科	落叶	小	丛	向阳		夏			白	粉	红	紫					
391	**Sisyrinchium**	庭菖蒲属	鸢尾科	常绿																
392	*Smilacina*	鹿药属	百合科		中	丛	半阴	春	夏			白								
393	*Solidago*	一枝黄花属	菊科		中	丛、直	向阳		夏									黄		
394	*Solidasterluteus*	一枝菀属	菊科		中	丛	向阳		夏									黄		
395	×*Sophrolaeliocattleya*	贞嘉兰属	兰科	常绿	小		向阳	春	夏				粉		紫			黄	橙	
396	*Spathiphyllum*	白鹤芋属	天南星科	常绿	中、小	丛	半阴	春	夏	秋	冬	白								
397	**Speirantha**	白穗花属	天门冬科	常绿																
398	**Sphaeralcea**	球葵属	锦葵科	落叶、常绿	中	灌	向阳		夏	秋			粉						橙	
399	*Spiranthes*	绶草属	兰科	落叶	小		半阴			秋		白						黄		
401	**Stachys**	水苏属	唇形科	常绿	小	丛、铺	向阳		夏	秋				红	紫					
402	**Stevia**	甜叶菊属	菊科		中															
403	*Stokesia*	琉璃菊属	菊科	常绿	小	莲	向阳		夏						紫					
404	*Strelitzia*	鹤望兰属	旅人蕉科	常绿	大、小	丛	半阴	春				白			紫	蓝		黄	橙	
405	*Streptocarpus*	海角苣苔属	苦苣苔科	部分常绿	小	直、丛、莲	半阴	春	夏	秋	冬	白		红	紫					
406	**Strobilanthes**	马蓝属	爵床科	常绿	中	直	半阴		夏	秋					紫	蓝				
407	**Symphyotrichum**	联毛紫菀属	菊科		中															
408	**Symphytum**	聚合草属	紫草科		中	丛	向阳	春	夏				粉		紫	蓝				
409	**Syneilesis**	兔儿伞属	菊科		中															
410	**Tacca**	蒟蒻薯	薯蓣科		小															
411	**Tanacetum**	菊蒿属	菊科		中	直	向阳	春	夏				粉	红						
412	**Taraxacum**	蒲公英属	菊科		小															
413	*Tellima*	饰缘花属	虎耳草科	半常绿	中	丛	半阴	春	夏	秋	冬			红						
414	**Teucrium**	香科科属	唇形科		中															
415	**Thalia**	再力花属	竹芋科	水生																
416	**Thalictrum**	唐松草属	毛茛科		中	丛	向阳		夏			白			紫			黄		
417	*Thermopsis*	黄华属	豆科		中	直、蔓	向阳		夏									黄		

续表

序号	属（种）学名	属（种）中名	科名	类别	株高	株型	光照	观赏期 春	夏	秋	冬	花色 白	粉	红	紫	蓝	绿	黄	橙	其他
418	***Thymus***	百里香属	唇形科		小															
419	*Tillandsia*	铁兰属	凤梨科	常绿	中	丛	半阴	春	夏	秋	冬		粉	红	紫	蓝	绿	黄		
420	***Tradescantia***	紫露草属	鸭跖草科	部分常绿	小	丛、蔓、铺	向阳	春	夏	秋	冬	白		红	紫 蓝					
421	***Tricyrtis***	油点草属	百合科		中	直	向阳、半阴		夏	秋			粉							
422	***Trifolium***	车轴草属	豆科		小															
423	*Trillium*	延龄草属	藜芦科		小	丛	半阴	春				白	粉	红	紫					
424	***Trollius***	金莲花属	毛茛科		小	丛	向阳	春						红				黄	橙	
425	*Tulbaghia*	紫娇花属	石蒜科	半常绿	中、小	丛	向阳		夏	秋					紫					
426	*Uvularia*	垂铃儿属	秋水仙科		小	丛	半阴	春										黄		
427	*Valeriana*	缬草属	忍冬科		中、小	丛	向阳	春	夏			白	粉							
428	*Vanda*	万代兰属	兰科	常绿	中		向阳	二次花							紫	蓝				
429	*Veratrum*	藜芦属	百合科		大	直	半阴		夏			白			紫			黄		
430	***Verbascum***	毛蕊花属	玄参科	半常绿	大、中	莲、丛	向阳		夏									黄		
431	***Verbena***	马鞭草属	马鞭草科	部分半常绿	大、小	直	向阳		夏	秋		白	粉	红	紫	蓝				
432	***Veronica***	婆婆纳属	玄参科	半常绿、常绿	小、中	丛、铺	向阳、半阴	春	夏						紫	蓝				
433	***Veronicastrum***	腹水草属	车前科		中	直	向阳		夏			白	粉							
434	***Victoria***	王莲属	睡莲科	水生																
435	***Vinca***	蔓长春花属	夹竹桃科	常绿																
436	*Vriesea*	丽穗凤梨属	凤梨科	常绿	中	莲	半阴	春	夏	秋	冬						绿	黄		
437	*Vuylstekeara*	伍氏兰属	兰科	常绿	小		遮阴							红						
438	*Wilsonara*	威尔逊兰属	兰科	常绿	小		遮阴							红						
439	*Xanthosoma*	黄肉芋属	天南星科		中	丛	半阴	春	夏	秋	冬				紫		绿	黄		
440	*Zygopetalum*	轭瓣兰属	兰科	常绿	小		半阴				冬				紫					

备注：a. 属学名：RHS New Encyclopedia of Plants and Flowers。属名加黑的为本书收录的。

=[英]布里克尔·克里斯托弗主编，杨秋生，李振宇主译，2005. 世界园林植物与花卉百科全书 [M]. 郑州：河南科学技术出版社 .

－董长根，原雅玲。多年生草本花卉。西安：陕西科学技术出版社，2013.

b. 属中名：植物智 iPlant，中国维管植物科属词典。

c. 科名：中国维管植物科属志，APG Ⅳ分类系统－多识植物百科（PDF）。

d. 类别：落叶、常绿、蕨类、多浆、水生。

e. 株高：大 >1.2 m，中 0.6 ～ 1.2 m，小 <0.6 m。

f. 株型（习性）：直立、丛生、灌木状，莲座、铺地状，藤蔓、爬行、匍匐状等（可简化为首字）。

g. 光照：向阳处、向阳干燥处、半阴处、半阴处（落叶树下）、明亮的阴处、全阴处。

h. 观赏期：春、夏、秋、冬。

i. 花色：白、粉、红、紫、蓝、灰、绿、黄、橙。

APG Ⅳ分类索引

（66 科 258 属）

超菊类基部群

菊类

Phuopsis 长柱花属 0858
389 龙胆科
Gentiana 龙胆属 0432
392 夹竹桃科
Amsonia 水甘草属 0078
Apocynum 罗布麻属 0096
Asclepias 马利筋属 0122
Catharanthus 长春花属 0203
Vinca 蔓长春花属 1109
393 紫草科
Anchusa 牛舌草属 0081
Cerinthe 蜜蜡花属 0214
Lithospermum 紫草属 0654
Pulmonaria 肺草属 0928
Symphytum 聚合草属 1034
395 旋花科
Dichondra 马蹄金属 0322
Ipomoea 番薯属 0569
404 苦苣苔科
Boea 旋蒴苣苔属 0175
Hemiboea 半蒴苣苔属 0502
405 车前科
Linaria 柳穿鱼属 0644
Penstemon 钓钟柳属 0833
Plantago 车前属 0870
Veronicastrum 腹水草属 1101
406 玄参科
Digitalis 毛地黄属 0329
Verbascum 毛蕊花属 1088
Veronica 婆婆纳属 1098
412 爵床科
Acanthus 老鼠簕属 0010
Fittonia 网纹草属 0410
Hypoestes 枪刀药属 0556
Peristrophe 观音草属 0847
Ruellia 芦莉草属 0951
Strobilanthes 马蓝属 1026
413 紫葳科
Incarvillea 角蒿属 0562
417 马鞭草科
Verbena 马鞭草属 1094
418 唇形科
Agastache 藿香属 0033
Ajuga 筋骨草属 0047
Betonica 药水苏属 0168
Glechoma 活血丹属 0463
Hyssopus 神香草属 0558
Lamium 野芝麻属 0610
Lavandula 薰衣草属 0618
Leonotis 狮耳花属 0625
Leonurus 益母草属 0627
Melissa 蜜蜂花属 0701
Monarda 美国薄荷属 0703
Nepeta 荆芥属 0740
Ocimum 罗勒属 0776
Origanum 牛至属 0789
Orthosiphon 鸡脚参属 0793
Perovskia 分药花属 0849
Phlomoides 糙苏属 0856
Physostegia 假龙头花属 0860
Plectranthus 延命草属 0878
Prunella 夏枯草属 0919
Pycnanthemum 密花薄荷属 0935
Salvia 鼠尾草属 0962
Scutellaria 黄芩属 0986
Stachys 水苏属 1020
Teucrium 香科科属 1051
Thymus 百里香属 1061
420 透骨草科
Erythranthe 沟酸浆属 0377
422 列当科
Rehmannia 地黄属 0940
429 桔梗科
Adenophora 沙参属 0026
Campanula 风铃草属 0196

中文名索引

E

F

G

H

N

O

P

Q

Y

学名索引

A

B

M

T